国外名校名著

材料科学与工程基础

Fundamentals of Materials Science and Engineering

（原著第四版）

4th Edition

[美] 小威廉·卡丽斯特（William D.Callister,Jr.）
大卫·来斯威什（David G.Rethwisch） 著
郭福 马立民 等译

化学工业出版社
·北京·

本书是《材料科学与工程基础》的第四版，相比前三版，本版补充修改了若干新的章节，并对其他章节进行了修改和扩展。全书分为20章，分别介绍了导言；原子结构与原子键；金属和陶瓷的结构；高分子结构；固体缺陷；扩散；力学性能；变形和强化机制；失效；相图；相变；电学性能；材料类型及其应用；材料的合成、制备和加工；复合材料；材料腐蚀和降解；热学性能；磁学性能；光学性能；材料科学与工程学科中涉及的经济、环境及社会问题。附录部分给出了相关性能参数。

本书可供材料科学与工程专业师生参考，也可供相关行业从业人员使用。

图书在版编目（CIP）数据

材料科学与工程基础/［美］卡丽斯特（Callister, W. D.），来斯威什（Rethwisch, D. G.）著；郭福，马立民等译．—北京：化学工业出版社，2015.2（2022.11重印）

书名原文：Fundamentals of Materials Science and Engineering

ISBN 978-7-122-22495-8

Ⅰ．①材… Ⅱ．①卡…②来…③郭…④马… Ⅲ．①材料科学-高等学校-教材 Ⅳ．①TB3

中国版本图书馆CIP数据核字（2014）第287582号

Fundamentals of Materials Science and Engineering，4th edition/by William D. Callister，Jr. & David G. Rethwisch

ISBN 978-1-118-32269-7

北京市版权局著作权合同登记号：01-2014-1369

责任编辑：王　婧　杨　菁　　文字编辑：颜克俭

责任校对：边　涛　　装帧设计：韩　飞

出版发行：化学工业出版社（北京市东城区青年湖南街13号　邮政编码100011）

印　　装：北京缤索印刷有限公司

787mm×1092mm　1/16　印张52　字数1356千字　2022年11月北京第1版第6次印刷

购书咨询：010-64518888　　售后服务：010-64518899

网　　址：http://www.cip.com.cn

凡购买本书，如有缺损质量问题，本社销售中心负责调换。

定　　价：198.00元

译者序

无论是从古至今的人类文明兴衰，还是过去两个多世纪以来的全球经济发展，抑或是农业及工业机械自动化的进步、能源产出与消耗的急速增长，以及日新月异的信息交流网络在我们日常生活中的渗透，均离不开人类对材料本质的认知及对材料日趋精密与复杂的应用。如今，材料与能源、信息共同构成了支撑人类现代社会及经济发展的三大支柱。

然而，“材料科学与工程（MSE）”这一学科概念却是在20世纪60年代才被独立提出的。在此之前，材料相关的科学技术研究以及人才培养被细分为冶金、机械、金属、陶瓷、电子、高分子以及化工等多个专业领域，直到20世纪80年代中后期，欧美各国的高校才开始逐渐出现完整的材料科学与工程这一独立学科与专业。我国更是在20世纪末期才将材料科学相关的人才培养从细分模式转变成综合培养模式，这一改变使得该学科人才能够更好地适应当今前沿科技的发展，而不是局限于某个细分的领域，并且能够根据个人的爱好及社会经济发展对材料应用的需求灵活变化。“材料科学与工程基础”作为现今高等教育材料专业学生的专业基础必修课，通过对“材料科学”，亦即“为什么”，以及“材料工程”，亦即“怎样做”的学习，为学生建立起材料物质结构、性质、加工及使用性能间的相互联系并由此形成扎实的材料科学与工程知识体系，为学生们进一步深入研究探索材料科学或更有效地在实际工业生产中应用材料提供基础。

随着《国家中长期教育改革与发展规划纲要（2010—2020年）》对应用型、复合型和国际化人才培养提出的更高要求，在材料科学与工程专业培养与国际接轨的高素质人才势在必行。由美国犹他大学的Dr. William D. Callister所著的*Materials Science and Engineering: An Introduction*及*Fundamentals of Materials Science and Engineering: An Integrated Approach*这套教材在美国几乎被全部高校的材料类专业选用作为本科生教材，在新加坡、韩国、日本等国家和我国台湾、香港地区的材料学科基础教育中也得到了广泛应用。Dr. Callister曾于2006年访问了北京工业大学，并与“材料科学基础”本科课程教学团队深入探讨了课程设置、学生学习指导以及习题选用等方面的问题。本课程教学团队也在近十年的本科“材料科学基础”课程的双语教学工作中尝试选用了Dr. Callister所著的这本教材，并得到了同学们的广泛好评。经过多年的建设，目前北京工业大学“材料科学基础”课程已经被评为国家级双语教学示范课以及北京市精品课程。

此次化学工业出版社征得了著者的同意，我们组织团队翻译了2013年新出版的*Fundamentals of Materials Science and Engineering: An Integrated Approach, 4th ed.*一书。该版改变了原有的传统编写方式，采用“集成”的方式，即在展开某种特定的结构/性质/使用性能的讨论之前，先全面介绍三大类材料的某一特定的结构、性质及使用性能。这种新的编写方式有利于让学生们逐渐认识并欣赏不同材料之间结构与性质的区别，并且在考察材料性质与加工工艺时的关系时能够全面地考虑到所有的材料类型。

该版教材的语言简洁易懂，条理清晰，特别适于具有基本高等数学、物理以及化学基础知识的大学生阅读与学习，同时也可作为材料科学爱好者的自学辅导用书，而且各个章节循序渐进的展开方式也值得从事材料科学教学工作的教师们借鉴。特别是，教材中各章节有明确的教学目标以及教学内容对学生在材料科学与工程专业毕业要求达成方面的支撑指标点，符合美国工程技术认证委员会（ABET）对专业认证的要求。教材共分为20个章节，内容设计上由易到难，前12个章节侧重于介绍材料科学相关基础理论，建议同学们依序阅读，而后8个章节则侧重于材料工程应用方面的问题，可以根据自己的需要有选择性地进行学习。在大多数章节后，该版教材新增了一系列的工程应用问题，要求学生根据所学知识用Excel等工具解决实际工程问题。此外，在*WileyPLUS*中添加了数学技巧复习，进而帮助同学们更好地理解材料科学问题，并运用数学工具解决材料科学与工程问题。

本译著旨在帮助同学们跨越英文原版教材在阅读过程中可能遇到的语言障碍，帮助同学们更好地理解材料科学与工程基础知识，同时获得材料科学与工程专业国际实质等效的教育。但尽管如此，我们仍建议同学们对本译著的阅读还应以英文原著为依托，以便于同学们在研读过程中能够不断积累起中英文专业词汇与概念，为日后进行更深更广的阅读以及国际化研究奠定基础。

北京工业大学材料学院的郭福、马立民、崔丽、杨晓军、舒雨田、汉晶以及刘思涵、王雁、赵雪薇、赵然等研究生参与了本书的翻译、整理等工作。“材料科学基础”课程教学团队的马捷、宋晓艳、王为、严建华、邹玉林教授以及美国密歇根州立大学化工与材料科学系的Andre Lee教授也在本书翻译过程中提出了宝贵的建议和意见。译者团队还特别感谢北京工业大学材料学院、学校教务处以及化学工业出版社对本教材翻译出版的大力支持。由于我们水平有限，不妥之处在所难免，敬请读者批评指正。

译　者

2014年12月于北京工业大学

序言

在材料科学与工程第四版书中保留了之前版本的目标与方法。

第一个，而且最主要的目标是以适当的水平给刚学完微积分、化学和物理课程的大学/学院学生介绍基本原理。为了实现这个目标，对于第一次接触材料科学与工程课程的学生，我们尽量使用学生们熟悉的术语，当然也要定义并解释他们所不熟悉的术语。

第二个目标是以从简单到复杂的逻辑顺序介绍学科问题。每个章节都是以其前一章为基础展开的。

第三个目标，或者说我们努力保持贯穿全文的理念是如果有主题或概念值得深入探讨，那么我们会充分详细地探讨，使得学生有机会充分了解它，而不必参考其他资料；另外，在大多数情况下，我们会提供一些实用的相关资料。讨论的目的是对问题更清楚明了，并且开始在适当水平上了解。

第四个目标是书中包含的特色会促进学习的过程。以下是一些学习辅助。

- 大量插图和照片，提供可视化参考；
- 每章设有学习目标，将学生的注意力集中在应该学到的知识；
- “为什么学习……”和“重要材料”，提供相关主题讨论；
- “概念检查”是检测学生们是否在概念水平上理解了学科问题；
- 关键术语和描述性关键公式在页面边缘标出，可以快速参阅；
- 每章最后的课后练习题是为了进一步提高学生对概念的理解及加强对能力和技巧的培养；
- 部分练习题的答案可以让学生们自我检查；
- 词汇表、符号表和参考书帮助对学科问题进行理解。

第五个目标是通过使用适用于多数工程专业教师和学生的崭新技术提高教学和学习过程。

文章结构

材料科学与工程有两个常用的方法——一个是我们称为“传统”的方法，另一个是多数所指的“集成”方法。集成方法是指在展开某一种材料结构、特征、性质讨论之前，先介绍所有三大类材料的特定结构、特征或性质，这就是本书陈述的顺序，可用下面的示意图表示。

结构 →	缺陷 →	扩散 →	力学性能
金属	金属	金属	金属
陶瓷	陶瓷	陶瓷	陶瓷
聚合物	聚合物	聚合物	聚合物

一些教师会选择这种方法有以下原因：① 学生会注意并了解不同材料类型的特征与性能的差异；② 在考虑性能和工艺时，应该包含所有的材料类型。

传统方法是先介绍金属的结构、特征、性能，再类比讨论陶瓷材料和聚合物材料的特征和性能。Dr. William D. Callister出版的*Materials Science and Engineering：An Introduction，Eighth Edition*一书中是按照这种方法介绍的。

此版本新内容

新的、修正的内容

本书第四版做了若干重要的变化。一个最明显的变化是补充修改了若干新的章节，以及修改、扩展了其他章节。新的章节、讨论如下。

- 半导体材料中的扩散（6.6节）。
- 快闪存储器或闪存（12.15节）。
- 第20章中重要材料部分的“生物可降解和生物可再生高分子/塑胶材料”。
- 工程原理大多数章节的课后练习题出现在最后的课后练习题部分，并且给学生机会练习解答与工程原理考试内容相近的练习题。
- WileyPLUS中的数学技巧复习。教师们向我们反映说大多数情况下学生们并不会在理解材料科学概念的过程中遇到困难，而是在解决材料科学问题中记忆和使用他们已学的数学技巧时有一定障碍。回顾WileyPLUS中数学技巧的内容包括：
  - ◆ 阅读内容；
  - ◆ 办公时间视频——与数学相关的关键概念和题目的讨论视频；
  - ◆ 实践互动；
  - ◆ 问题分配。

修改、扩展的章节包括如下内容。

- 进一步讨论了纳米材料（1.5节）。
- 更全面地讲解了六方晶胞晶向和三轴晶系向四轴晶系转换（3.13节）内容。
- 修改了韧性（7.6节）和断裂韧性测试（9.8节）的内容。
- 修改并扩展了陶瓷硬度和硬度测试（7.17节）的内容。
- 扩展了钛合金（13.3节）的内容。
- 将第15章“网球中的纳米复合材料”的重要材料部分更新，变为“纳米复合材料阻隔涂层”。
- 更新了磁存储器（硬盘设备和磁带，18.11节）内容。
- 更新及修改了第20章（材料科学与工程的经济、环境和社会问题），特别是回收再利用部分。
- 修改了章节最后总结，作为学习指导更好地为学生服务。
- 每章最后有一个重要公式汇总表。
- 每章最后有一个符号汇总表。
- 增加了新的开章照片和布局，着眼于材料科学应用，来吸引学生，并激励他们渴望更多地了解材料科学。
- 实际上所有需要进行计算的作业题都是新的。

工艺、结构、性能、应用的相互关系

本版书有一个贯穿始终的新特点，就是四种不同材料：钢铁合金、玻璃-陶瓷、聚合物纤维和硅半导体的工艺、结构、性能和应用之间相互关系。这个概念的要点在第1章（1.7节），包括“项目时间表”的介绍。时间表记录位置（按章）的讲述涉及了四种材料类型中某一种的工艺、结构、性能和应用。

这些章节的最后也包含了概念图的总结，概念图涉及至少一种类型材料的工艺、结构、性能和/或工艺方面的讨论。

重要材料

重要材料部分我们讨论了相似有趣的材料及其应用。这些部分增加了一些相关的专题报道，并且在本书大多数章节中都有。包括如下内容。

- 碳酸饮料容器（第1章）；
- 水（结冰后体积膨胀）（第2章）；
- 碳纳米管（第3章）；
- 锡（及其同素异形转变）（第3章）
- 催化剂（表面缺陷）（第5章）；
- 集成电路互连铝线（第6章）；
- 收缩包装聚合物薄膜（第8章）；
- 无铅钎料（第10章）；
- 形状记忆合金（第11章）；
- 导电铝线（第12章）；
- 欧元硬币所用金属合金（第13章）；
- 压电陶瓷（第13章）；
- 酚醛台球（第13章）；
- 纳米复合材料阻隔涂层（第15章）；
- 殷钢及其他低膨胀系数合金（第17章）；
- 用于变压器铁芯的铁-硅合金（第18章）；
- 发光二极管（第19章）；
- 生物可降解和生物可再生高分子/塑胶材料（第20章）。

机械工程学科特殊模块

学科特殊模块为标注在书上的网址（学生之友网址：www.wiley.com/college/callister）。这个模块讨论了没有印在书中的与机械工程相关的材料科学或工程。

书中印出了所有作业练习题

先前版本中，每章最后大约有一半的作业练习题只以电子形式出现（即只在书上网址出现）。此版书将所有的作业练习题都印在了书中。

案例分析

此版本收集了先前版本出现的案例分析，而现在发布在书库的书上网址（学生之友网址）。书库中案例如下。

- 扭转应力下圆轴的材料选择；
- 汽车气门弹簧；
- 汽车后桥的失效；
- 人工全髋关节置换术；
- 防化服。

学生学习资源（www.wiley.com/college/callister）

书上网站（在学生之友网址下面）也有一些补充的重要教学要素，包括如下内容。

1.VMSE：**虚拟材料科学与工程**。这是一个辅助先前版本软件程序的扩展版。有以下组成部分。

互动式模拟和动画：增强材料科学与工程中关键概念的了解。例如，学生可以在一个类似三维环境下看到并调整分子，以更好地设想并理解分子结构。以下截图（与先前页面出现的图相似）就是读者在VMSE中能够看到并调整的效果。

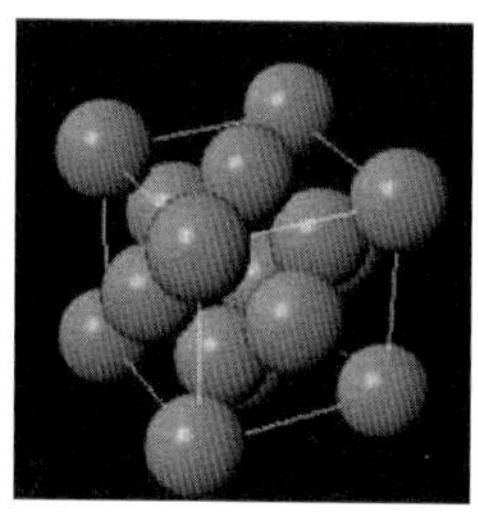

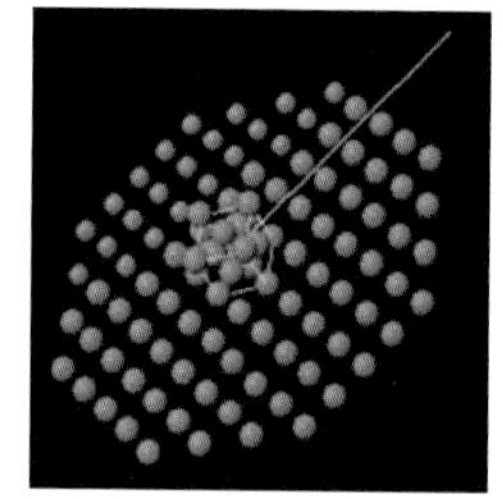

VMSE截图显示了三种不同的棱形立方晶体结构晶胞的视图。每个视图都可以拖拽旋转，从而更好理解这个晶体结构

材料性能、成本数据库：这个数据库是在材料性能和成本的基础上帮助对材料进行选择。数据库包含的数据为电子数据表形式，有177种不同的材料，事实上，同组材料在本书附录B和附录C也有。

无论是文章中还是练习题中，VMSE的补充贯穿始终，书的边缘（有些边缘会以VMSE截图形式补充）的小图标表示包含相关的模块。这些模块及其相应图标如下所示。

金属晶体结构和晶体学	相图
陶瓷晶体结构	扩散
重复单元和聚合物结构	拉伸试验
位错	固溶强化

学生们可以通过书上网址：www.wiley.com/college/callister进入VMSE。

2.**概念检查题的答案**。学生们可以进入网站来获得概念检查问题的标准答案。

3.**扩展学习目标**。有一个比每章开端列出的更广泛的学习目标。这些学习目标引导学生更深入地学习材料学科。

4.**直接访问在线自我评估测试**。这是一个基于网站的评估程序，其练习题与书中的相似，是按照课本的章节有条理、有代表性出的。当用户完成答案后，程序会立刻评分，并给错误的题点评。学生们可以利用这个电子资源复习课程材料，评估他或她对书中内容的掌握和理解情况。

5. 学习方式索引。当应答44题的调查问卷后，能够评估用户学习方式偏好。

6. 学生讲课幻灯片。PowerPoint®幻灯片实际上与老师讲课的幻灯片相同。学生组可以在幻灯片上做笔记并且打印出来。

7. 机械工程学科特殊模块。如上文所述。

教师资源

使用本书的教师可以使用教师之友网址（http：//www.wiley.com/college/callister）。进入网站并注册后方可使用。网上包含以下资源。

1. 教师答案手册。教师答案手册上有每章最后的所有练习题详解（Word®格式和Adobe Acrobat®PDF格式）。

2. 书中的照片、插图和表格（即图库和设计好的PowerPoint幻灯片）。这些图表均为PPT格式或JPEG格式，方便老师打印讲义或准备幻灯片或转换为他或她所需的其他格式。

3. 一组PowerPoint讲课幻灯片。这些幻灯片由Peter M.Anderson（俄亥俄州州立大学）制作，并由作者调试，与本书课题顺序一致，其中的资料来自于本书和其他资源。教师们可以直接用这个幻灯片讲课，或者根据教学需求编辑调试后使用。

4. 一份课堂演示和实验室试验清单。书中哪些是要描述的现象和/或要讲解的原理；并提供了一些能够进一步详细解释的参考文献。

5. 问题转换指导。这些指导笔记用于每个作业练习题（按顺序），可能先前的版本有，也可能先前的版本没有，如果有，其顺序与指导笔记一致。大多数练习题已经改变（即习题题目中所给的参数值变了），更新的习题也在指导笔记中。

6. 建议了各种工程学科的课程大纲。为了使课程有逻辑、有计划，教师们可以参阅教学大纲指南。

7. 学生学习辅助资料。另外，先前列举的所有学生学习辅助资料在教师之友网站上有。

WileyPLUS

WileyPLUS是一个具有创新性、基于研究的有效教学与学习的在线平台。

学生可以从WileyPLUS获得什么?

一个以研究为基础的计划。WileyPLUS提供了一个在线学习的平台，这个平台以容易接受的框架整合了相关的资源，包括整个数字课本，可以帮助学生更有效地学习。

- WileyPLUS通过将教材内容整合有序，使添加章节内容更加易于管理。
- 通过建立媒体、实例和样品实践项目的联系，强化学习目标。
- 创新特色如日程表、试听进度跟踪和自我评估工具加强了时间的管理并强化了弱项。

一对一参与。材料科学与工程基本原理的第四版中，有了WileyPLUS，学生可以获得24/7可用资源，从而促进积极的学习成果。学生参与的相关实例（各种媒体中的）和样品实践项目包含：

- VMSE动画和模拟（互动）；
- 指导在线（GO）教程问题；
- 概念检查题；
- 数学技巧回顾。

预见性结果。每学习一段时间，学生们能评估自己的学习效果，并且获得快速的回馈。WileyPLUS提供一份包含优势和弱势的详细报告和特别的小测试，可以让学生更加相信他们把时间用在了对的地方。有了WileyPLUS，学生们可以实时准确地了解他们付出努力的结果。

教师可以从WileyPLUS获得什么呢?

WileyPLUS为老师们提供了可靠的、定制的资源，加强课堂上和课堂下的课程目标，了解每个学生的进步。预先准备的材料和活动帮助老师优化他们的时间。

定制课程计划。WileyPLUS提供了独特的学科问题专家所设计的预先准备好的课程计划。简单的拖拉工具就可以轻而易举地分配课程计划或者修改下来照应你的课程教学大纲。

预先准备的活动包括：

- 提问；
- 读物和资源；
- 报告；
- 已印好的测验。

课程资料和评估内容：

- PowerPoint讲课幻灯片；
- 图库和设计好的PowerPoint幻灯片；
- 教师答案手册；
- 数学技巧回顾；
- 阅读内容；
- 办公时间视频——关键数学概念和题目讨论视频；
- 实践互动；
- 问题分配——每章最后习题编号选择提示、与原文的联系、一个白色书写板/显示解题特点和教师限制解决问题的帮助。

成绩册。WileyPLUS随时提供班级表现趋势报告，学生使用的课程材料和距学习目标的进度，帮助通知决定和促使课堂讨论。

从WileyPLUS可以获知更多。http：//www.wileyplus.com

本站有成熟的技术，并建立在认知基础上，WileyPLUS丰富了来自于不止20个国家的数以万计学生的教育。

反馈

我们真诚希望可以满足材料科学与工程领域的教师和学生的需求，因此我们恳求可以得到对此版本的反馈。意见、建议和批评都可以通过邮箱提交给我们，邮箱：billcallister@comcast.net。

感谢

由于我们承担了此版本和先前版本的编写任务，对于完成此教学与学习的工具，教师和学生，数不胜数的人分享了如何更有效地投入和贡献。对于那些帮助过我们的人，我们由衷表示感谢。

我们感谢那些曾经对此书做过贡献的人们。特别感谢肯特州立大学的Michael Salkind，他帮助我们更新并浓缩若干章节的重要材料。另外，我们感谢Grant E.Head的专家编程能力，帮助我们编辑了虚拟材料科学与工程软件。除此之外，我们感谢那些帮我们检查原稿，并复查和撰写WileyPLUS内容的人们。我们感谢这些做出宝贵贡献的人：

Arvind Agarwal，Florida International University

Sayavur I.Bakhtiyarov，New Mexico Institute of Mining and Technology

Prabhakar Bandaru，University of California-San Diego

Valery Bliznyuk，Western Michigan University

Suzette R.Burckhard，South Dakota State University

Stephen J.Burns，University of Rochester

Audrey Butler，University of Iowa

Matthew Cavalli，University of North Dakota

Alexis G.Clare，Alfred University

Stacy Gleixner，San José State University

Ginette Guinois，Dubois Agrinovation

Richard A.Jensen，Hofstra University

Bob Jones，University of Texas，Pan American

Molly Kennedy，Clemson University

Kathleen Kitto，Western Washington University

Chuck Kozlowski，University of Iowa

Masoud Naghedolfeizi，Fort Valley State University

Todd Palmer，Penn State University

Oscar J.Parales-Perez，University of Puerto Rico at Mayaguez

Bob Philipps，Fujifilm USA

Don Rasmussen，Clarkson University

Sandie Rawnsley，Murdoch University

Wynn A.Ray，San José State University

Hans J.Richter，Seagate Recording Media

Joe Smith，Black Diamond Equipment

Jeffrey J.Swab，U.S.Military Academy

Cindy Waters，North Carolina Agricultural and Technical State University

Yaroslava G.Yingling，North Carolina State University

我们也感激赞助编辑Jennifer Welter在修订方面的帮助和指导。

最后，我们深深地、真诚地感谢鼓励和支持我们的家人和朋友。

WILLIAM D.CALLISTER, JR.

DAVID G.RETHWISCH

目录

第1章　导言　/001

学习目标　/002
1.1　历史展望　/002
1.2　材料科学与工程　/002
1.3　为什么学习材料科学与工程？　/004
1.4　材料的分类　/004
重要材料——碳酸饮料容器　/008
1.5　先进材料　/009
1.6　现代材料需求　/010
1.7　工艺/结构/性能/应用间的相互关系　/011
总结　/013
参考文献　/014
习题　/014

第2章　原子结构与原子键　/015

学习目标　/016
2.1　概述　/016
原子结构　/016
2.2　基本概念　/016
2.3　原子中的电子　/017
2.4　元素周期表　/022
固体中的原子键　/023
2.5　键合力与键能　/023
2.6　原子间主价键　/025
2.7　次价键或范德华键　/028
重要材料——水（结冰后体积膨胀）　/030
2.8　分子　/031
总结　/031
参考文献　/033
习题　/033
工程基础问题　/035

第3章　金属和陶瓷的结构　/036

学习目标　/037
3.1　概述　/037
晶体结构　/037
3.2　基本概念　/037
3.3　晶胞　/038
3.4　金属晶体结构　/038
3.5　密度计算——金属　/043
3.6　陶瓷晶体结构　/043
3.7　密度计算——陶瓷　/048
3.8　硅酸盐陶瓷　/049
3.9　碳　/052
3.10　多晶型和同素异形体　/053
3.11　晶系　/053
重要材料——碳纳米管　/054
晶体点阵、晶向、晶面　/056
重要材料——锡（同素异形体转变）　/056
3.12　点坐标　/057
3.13　晶向　/058
3.14　晶面　/063
3.15　线密度和面密度　/067
3.16　密排晶体结构　/068

晶体和非晶材料　/070
3.17　单晶　/070
3.18　多晶材料　/071
3.19　各向异性　/072
3.20　X射线衍射：晶体结构的确定　/072
3.21　非晶固体　/076
总结　/078
参考文献　/081
习题　/082
工程基础问题　/088

第4章　高分子结构　/089

学习目标　/090
4.1　概述　/090
4.2　碳氢化合物分子　/090
4.3　聚合物分子　/092
4.4　高分子化学　/093
4.5　分子量　/097
4.6　分子形状　/099
4.7　分子结构　/100
4.8　分子构型　/101
4.9　热塑性和热固性聚合物　/104
4.10　共聚物　/105
4.11　聚合物的结晶度　/106
4.12　聚合物晶体　/109
总结　/110
参考文献　/113
习题　/113
工程基础问题　/116

第5章　固体缺陷　/117

学习目标　/118
5.1　概述　/118
点缺陷　/118
5.2　金属中的点缺陷　/118
5.3　陶瓷中的点缺陷　/120
5.4　固体中的杂质　/123
5.5　高分子中的点缺陷　/126
5.6　成分表述　/126
其他缺陷　/129
5.7　位错——线缺陷　/129
5.8　面缺陷　/132
5.9　体缺陷　/134
5.10　原子振动　/135
重要材料——催化剂（以及表面缺陷）　/135
显微组织观察　/136
5.11　显微镜基本概念　/136
5.12　显微技术　/137
5.13　晶粒尺寸测定　/140
总结　/142
参考文献　/146
习题　/146
设计问题　/150
工程基础问题　/150

第6章　扩散　/151

学习目标　/152
6.1　概述　/152
6.2　扩散机制　/153
6.3　稳态扩散　/154
6.4　非稳态扩散　/156
6.5　影响扩散的因素　/160
6.6　半导体材料中的扩散　/165
重要材料——集成电路互连铝线　/168
6.7　其他扩散路径　/169
6.8　离子化合物和聚合物中的扩散　/169
总结　/171
参考文献　/175
习题　/175

设计问题 /179
工程基础问题 /180

第7章 力学性能 /181

学习目标 /182
7.1 概述 /182
7.2 应力和应变概念 /183
弹性变形 /186
7.3 应力-应变行为 /186
7.4 滞弹性 /189
7.5 材料的弹性性能 /190
力学行为——金属 /192
7.6 拉伸性能 /193
7.7 真应力和真应变 /199
7.8 塑性变形后的弹性回复 /201
7.9 压缩、剪切、扭转变形 /202
力学行为——陶瓷 /202
7.10 弯曲强度 /202
7.11 弹性行为 /204
7.12 孔隙率对陶瓷力学性能的影响 /204
力学行为——高分子 /205
7.13 应力-应变行为 /205
7.14 宏观变形 /207
7.15 黏弹性 /208
硬度及其他力学性能 /212
7.16 硬度 /212
7.17 陶瓷材料的硬度 /217
7.18 高分子的撕裂强度与硬度 /218
物性多样性和设计/安全因素 /218
7.19 材料性能多样性 /218
7.20 设计/安全因素 /220
总结 /222
参考文献 /227
习题 /228
设计问题 /238
工程基础问题 /239

第8章 变形和强化机制 /241

学习目标 /242
8.1 概述 /242
金属的变形机制 /242
8.2 历史 /243
8.3 位错的基本概念 /243
8.4 位错的特征 /245
8.5 滑移系 /246
8.6 单晶体的滑移 /248
8.7 多晶体的塑性变形 /250
8.8 孪晶产生的变形 /252
金属的强化机制 /253
8.9 晶粒细化强化 /253
8.10 固溶强化 /254
8.11 应变强化 /256
回复、再结晶和晶粒长大 /259
8.12 回复 /259
8.13 再结晶 /259
8.14 晶粒长大 /263
陶瓷材料变形机制 /264
8.15 晶体陶瓷 /265
8.16 非晶陶瓷 /265
聚合物变形及增强机制 /266
8.17 半结晶聚合物的变形 /266
8.18 影响半结晶聚合物的力学性能的因素 /269
重要材料——收缩包装聚合物薄膜 /271
8.19 弹性体的变形 /271
总结 /273
参考文献 /279
习题 /279
设计问题 /285
工程基础问题 /285

第9章 失效 /286

学习目标 /287
9.1 概述 /287
断裂 /288
9.2 断裂基础 /288
9.3 延性断裂 /288
断口研究 /289
9.4 脆性断裂 /290
9.5 断裂力学原理 /292
9.6 陶瓷的脆性断裂 /299
9.7 高分子的断裂 /302
9.8 断裂韧性测试 /304
疲劳 /308
9.9 交变应力 /308
9.10 S-N 曲线 /310
9.11 高分子材料的疲劳 /312
9.12 裂纹的萌生与扩展 /312
9.13 影响疲劳寿命的因素 /314
9.14 环境因素 /316
蠕变 /317
9.15 广义蠕变行为 /317
9.16 应力和温度的影响 /318
9.17 数据外推法 /320
9.18 高温用合金 /321
9.19 陶瓷和高分子材料的蠕变 /321
总结 /322
参考文献 /325
习题 /326
设计问题 /331
工程基础问题 /332

第10章 相图 /333

学习目标 /334
10.1 概述 /334
定义和基本概念 /334
10.2 溶解度极限 /335
10.3 相 /335
10.4 显微结构 /336
10.5 相平衡 /336
10.6 单组分（一元）相图 /337
二元相图 /338
10.7 二元匀晶系统 /338
10.8 相图分析 /340
10.9 匀晶合金显微组织演变 /343
10.10 匀晶合金的力学性能 /346
10.11 二元共晶系统 /347
重要材料——无铅钎料 /351
10.12 共晶合金显微组织演变 /352
10.13 存在中间相或化合物的平衡相图 /357
10.14 共析和包晶反应 /359
10.15 同成分相变 /360
10.16 陶瓷相图 /361
10.17 三元相图 /365
10.18 吉布斯相律 /365
铁-碳系统 /367
10.19 铁碳（Fe-Fe3C）相图 /367
10.20 铁碳合金显微组织演变 /369
10.21 其他合金元素的影响 /376
总结 /376
参考文献 /380
习题 /380
工程基础问题 /388

第11章 相变 /389

学习目标 /390
11.1 概述 /390
金属中的相变 /390

11.2　基本概念　/391
11.3　相变动力学　/391
11.4　亚稳态与平衡态　/400
铁-碳合金中显微结构与性能的改变　/400
11.5　等温转变图　/401
11.6　连续冷却转变图　/409
11.7　铁-碳合金的力学行为　/412
11.8　回火马氏体　/416
11.9　铁-碳合金的相变及力学性能的回顾　/418
重要材料——形状记忆合金　/419
沉淀硬化　/421
11.10　热处理　/422
11.11　硬化机制　/423
11.12　其他说明　/425
高分子中的结晶、熔化和玻璃化转变现象　/426
11.13　结晶　/426
11.14　熔化　/427
11.15　玻璃化转变　/427
11.16　熔化温度和玻璃化温度　/427
11.17　熔化温度和玻璃化温度的影响因素　/428
总结　/430
参考文献　/435
习题　/436
设计问题　/441
工程基础问题　/442

第12章　电学性能　/443

学习目标　/444
12.1　概述　/444
电导　/444
12.2　欧姆定律　/444
12.3　电导率　/445
12.4　电子和离子导电　/446
12.5　固体能带结构　/446
12.6　能带传导与原子成键模型　/448
12.7　电子迁移率　/450
12.8　金属的电阻率　/450
12.9　工业合金的电学特性　/453
重要材料——铝电导线　/453
半导电性　/455
12.10　本征半导体　/455
12.11　杂质半导体　/457
12.12　温度对载流子浓度的影响　/460
12.13　影响载流子迁移率的因素　/462
12.14　霍尔效应　/465
12.15　半导体器件　/467
离子型陶瓷和聚合物的电导　/472
12.16　离子型材料的电导　/472
12.17　聚合物的电学性能　/473
介电性能　/474
12.18　电容器　/474
12.19　场矢量和极化　/475
12.20　极化类型　/478
12.21　与频率相关的相对介电常数　/480
12.22　介电强度　/481
12.23　介电材料　/481
材料的其他电学特性　/481
12.24　铁电性　/481
12.25　压电性　/482
总结　/483
参考文献　/489
习题　/490
设计问题　/495
工程基础问题　/496

第13章　材料类型及其应用　/497

学习目标　/498

13.1　概述　/498
金属合金的类型　/498
13.2　铁合金　/498
13.3　非铁金属及其合金　/509
重要材料——欧元硬币所用的金属合金　/517
陶瓷的种类　/518
13.4　玻璃　/518
13.5　玻璃陶瓷　/519
13.6　黏土制品　/520
13.7　耐火材料　/521
13.8　磨料　/523
13.9　水泥　/523
13.10　先进陶瓷　/524
重要材料——压电陶瓷　/526
13.11　金刚石和石墨　/527
聚合物的类型　/528
13.12　塑料　/528
重要材料——酚醛台球　/531
13.13　橡胶　/531
13.14　纤维　/533
13.15　其他应用　/533
13.16　先进高分子材料　/535
总结　/538
参考文献　/541
习题　/542
设计问题　/543
工程基础问题　/544

第14章　材料的合成、制备和加工　/545

学习目标　/546
14.1　概述　/546
金属的制备　/546
14.2　成型加工　/547
14.3　铸造　/548
14.4　其他技术　/549
金属的热加工　/551
14.5　退火工艺　/551
14.6　钢的热处理　/553
陶瓷材料制造　/561
14.7　玻璃和玻璃陶瓷的制造与加工　/562
14.8　黏土制品的制造与加工　/566
14.9　粉末压制　/570
14.10　流延成型　/572
聚合物的合成与加工　/573
14.11　聚合反应　/573
14.12　聚合物添加剂　/575
14.13　塑料成型技术　/576
14.14　橡胶的成型　/579
14.15　纤维和薄膜的成型　/579
总结　/580
参考文献　/585
习题　/586
设计问题　/588
工程基础问题　/589

第15章　复合材料　/590

学习目标　/591
15.1　概述　/591
颗粒增强复合材料　/593
15.2　大颗粒复合材料　/593
15.3　弥散增强复合材料　/596
纤维增强复合材料　/597
15.4　纤维长度的影响　/597
15.5　纤维取向和浓度的影响　/598
15.6　纤维相　/606
15.7　基体相　/607
15.8　聚合物基复合材料　/608

15.9　金属基复合材料　/613
15.10　陶瓷基复合材料　/614
15.11　碳/碳复合材料　/615
15.12　混杂复合材料　/616
15.13　纤维增强复合材料的加工　/616
结构复合材料　/618
15.14　层状复合材料　/619
15.15　夹芯板　/619
重要材料——纳米复合涂层　/620
总结　/621
参考文献　/624
习题　/624
设计问题　/628
工程基础问题　/629

第16章　材料腐蚀和降解　/630

学习目标　/631
16.1　概述　/631
金属的腐蚀　/631
16.2　电化学因素　/632
16.3　腐蚀速率　/638
16.4　腐蚀速率预测　/639
16.5　钝化　/645
16.6　环境影响　/646
16.7　腐蚀形式　/646
16.8　腐蚀环境　/653
16.9　腐蚀防护　/654
16.10　氧化　/656
陶瓷材料的腐蚀　/659
聚合物的降解　/659
16.11　溶胀和溶解　/659
16.12　键断裂　/661
16.13　风化　/662
总结　/663
参考文献　/666
习题　/666
设计问题　/670
工程基础问题　/670

第17章　热学性能　/671

学习目标　/672
17.1　概述　/672
17.2　热容　/672
17.3　热膨胀　/675
重要材料——因瓦和其他低膨胀系数合金　/677
17.4　热导率　/678
17.5　热应力　/681
总结　/682
参考文献　/684
习题　/684
设计问题　/686
工程基础问题　/687

第18章　磁学性能　/688

学习目标　/689
18.1　概述　/689
18.2　基本概念　/689
18.3　反磁性和顺磁性　/692
18.4　铁磁性　/694
18.5　反铁磁性和亚铁磁性　/695
18.6　温度对磁性行为的影响　/698
18.7　磁畴和磁滞现象　/699
18.8　磁各向异性　/702
18.9　软磁材料　/703
重要材料——用于变压器铁芯的铁-硅合金　/704
18.10　硬磁材料　/705

18.11　磁存储器　/707
18.12　超导现象　/710
总结　/713
参考文献　/715
习题　/716
设计例题　/719
工程基础问题　/719

第19章　光学性能　/720

学习目标　/721
19.1　概述　/721
基本概念　/721
19.2　电磁辐射　/721
19.3　光与固体间的相互作用　/723
19.4　原子和电子间的相互作用　/724
金属材料的光学性质　/725
非金属材料的光学性质　/726
19.5　折射　/726
19.6　反射　/727
19.7　吸收　/728
19.8　透射　/731
19.9　颜色　/731
19.10　绝缘体中的不透明和半透明　/733
光学现象的应用　/733
19.11　发光　/733
19.12　光电导　/734
重要材料——发光二极管　/734
19.13　激光　/736
19.14　光纤通信　/740
总结　/742
参考文献　/745
习题　/745
设计问题　/747
工程基础问题　/747

第20章　材料科学与工程学科中涉及的经济、环境及社会问题　/748

学习目标　/749
20.1　概述　/749
经济因素　/749
20.2　组件设计　/750
20.3　材料　/750
20.4　制造技术　/750
环境和社会因素　/751
20.5　材料科学与工程中的回收问题　/753
重要材料——生物可降解的和可生物再生的高分子材料/塑胶材料　/755
总结　/758
参考文献　/758
设计问题　/759

附录A　国际单位制（SI）　/760

附录B　部分工程材料的性能　/762

附录C　部分工程材料的成本和相对成本　/797

附录D　常见聚合物的重复单元结构　/803

附录E　常见聚合物玻璃化转变温度和熔点　/807

符号列表

括号中的数字表示符号被提到或讲解所在章节。

A=面积

Å=埃单位

A_i=元素i的原子量（2.2）

APF=原子致密度（3.4）

a=点阵参数：晶胞x-轴长（3.4）

a=表面裂纹裂缝长度（9.5）

at%=原子百分比（5.6）

B=磁通量密度（磁感应强度）（18.2）

B_r=剩磁（18.7）

BCC=体心立方晶体结构（3.4）

b=点阵参数：晶胞y轴长度（3.11）

b=柏氏矢量（5.7）

C=电容（12.18）

C_i=组成物i的质量百分比（组分）（5.6）

C_i'=组成物i的原子百分比（组分）（5.6）

C_v,C_p=恒温恒压热容（17.2）

CPR=腐蚀渗透速率（16.3）

CVN=夏氏V型缺口（9.8）

%CW=冷加工的百分数（8.11）

c=点阵参数：晶胞z轴长（3.11）

c_v,c_p=恒温恒压定容比热（17.2）

D=扩散系数（6.3）

D=电位移（12.19）

DP=聚合度（4.5）

d=直径

d=平均粒径（8.9）

d_{hkl}=米勒指数h，k，l晶面的平面间距（3.20）

E=能量（2.5）

E=弹性模量或杨氏模量（7.3）

$\mathscr{E}$=电场强度（12.3）

E_f=费米能级（12.5）

E_g=带隙能量（12.6）

$E_r(t)$=松弛模量（7.15）

%EL=塑性，以伸长百分比表示（7.6）

e=每个电子的电荷（12.7）

e^-=电子（16.2）

erf=高斯误差函数（6.4）

exp=e，自然对数的底

F=原子间力或机械力（2.5，7.2）

$\mathscr{F}_{fe}$=法拉第常数（16.2）

FCC=面心立方晶体结构（3.4）

G=剪切模量（7.3）

H=磁场强度（18.2）

H_c=磁矫顽力（18.7）

HB=布氏硬度（7.16）

HCP=密排六方晶体结构（3.4）

HK=努氏硬度（7.16）

HRB，HRF=洛氏硬度：B和F尺度（7.16）

HR15N，HR45W=表面洛氏硬度：15N和45W尺度（7.16）

HV=维氏硬度（7.16）

h=普朗克常量（19.2）

(hkl)=一个晶面的米勒指数（3.14）

I=电流（12.2）

I=电磁辐射强度（19.3）

i=电流密度（16.3）

i_C=腐蚀电流密度（16.4）

J=扩散通量（6.3）

J=电流密度（12.3）

K_c=断裂韧度（9.5）

K_{Ic}=模式I裂纹表面位移的平面应变断裂韧性（9.5）

k=玻尔兹曼常数（5.2）

k=热传导率（17.4）

l=长度

l_c=临界纤维长度（15.4）

ln=自然对数

lg=底为10的对数

M=磁化强度（18.2）

$\overline{M}_n$ =聚合物数均分子量（4.5）

$\overline{M}_W$ =聚合物重均分子量（4.5）

mol%=摩尔百分比

N=疲劳循环次数（9.10）

N_A=阿伏伽德罗常数（3.5）

N_f=疲劳寿命（9.10）

n=主量子数（2.3）

n=单位晶胞原子数（3.5）

n=应变硬化指数（7.7）

n=电化学反应中的电子数（16.2）

n=每立方米导电的电子数（12.7）

n=折射率（19.5）

n'=每个陶瓷晶胞中单位化学式的数目（3.7）

n_i=本征载流子（电子和空穴）浓度（12.10）

P=电介质极化（12.19）

P-B ratio=Pilling–Bedworth比（16.10）

p=每立方米空穴数目（12.10）

Q=激活能

Q=电荷存储量（12.18）

R=原子半径（3.4）

R=气体常数

%RA=塑性，以缩短百分比表示（7.6）

r=原子间距离（2.5）

r=反应率（16.3）

r_A，r_C=阴离子和阳离子的离子半径（3.6）

S=疲劳应力幅（9.10）

SEM=扫描电子显微镜

T=温度

T_c=居里温度（18.6）

T_C=超导临界温度（18.12）

T_g=玻璃态转变温度（11.15）

T_m=熔化温度

TEM=透射电子显微镜

TS=抗拉强度（7.6）

t=时间

t_r=断裂寿命（9.15）

U_r=回弹模量（7.6）

[uvw]=晶向指数（3.13）

V=电势差（伏特）（12.2）

V_C=晶胞体积（3.4）

V_C=腐蚀电位（16.4）

V_H=霍耳电压（12.14）

V_i=相i的体积分数（10.8）

v=速度

vol%=体积百分比

W_i=相i的质量分数（10.8）

wt%=质量百分比（5.6）

x=长度

x=空间坐标

Y=断裂韧性表示中的无量纲参数或函数（9.5）

y=空间坐标

z=空间坐标

α=点阵参数：晶胞y-z轴间夹角（3.11）

α，β，γ=相的名称

α_l=线性热膨胀系数（17.3）

β=点阵参数：晶胞x-z轴间夹角（3.11）

γ=点阵参数：晶胞x-y轴间夹角（3.11）

γ=剪切应变（7.2）

Δ=在参数符号之前表示有限改变

ϵ=工程应变（7.2）

ϵ=介电常数（12.18）

ϵ_r=相对介电常数（12.18）

$\dot{\epsilon}_s$=稳态蠕变速率（9.16）

ϵ_T=真应变（7.7）

η=黏度（8.16）

η=过电压（16.4）

θ=布θ拉格衍射角（3.20）

θ_D=迪拜温度（17.2）

λ=电磁辐射波长（3.20）

μ=磁导率（18.2）

μ_B=玻尔磁子（18.2）

μ_r=相对磁导率（18.2）

μ_e=电子迁移率（12.7）

μ_h=空穴迁移率（12.10）

ν=泊松比（7.5）

ν=电磁辐射频率（19.2）

ρ=密度（3.5）

ρ=电阻率（12.2）

ρ_t=裂缝尖端曲率半径（9.5）

σ=工程应力、拉力或压缩（7.2）

σ=电导率（12.3）

σ^*=纵向强度（复合材料）（15.5）

σ_c=裂纹扩展临界应力（9.5）

σ_{fs}=弯曲强度（7.10）

σ_m=最大应力（9.5）

σ_m=平均应力（9.9）

σ'_m=复合材料失效时基体应力（15.5）

σ_T=真应力（7.7）

σ_w=安全应力或工作应力（7.20）

σ_y=屈服强度（7.6）

τ=剪切应力（7.2）

τ_c=纤维基体黏结强度/基体剪切屈服强度（15.4）

τ_{crss}=临界分解切应力（8.6）

χ_m=磁化系数（18.2）

下标

c=复合材料

cd=不连续纤维复合材料

cl=纵向（纤维复合材料）

ct=横向（纤维复合材料）

f=最后的

f=断裂时

f=纤维

i=瞬间的

m=基体

m,max=最大值

min=最小值

0=原始的

0=平衡时

0=在真空中

第1章 导言

众所周知，饮料容器可由3种不同材料制备而成。市场上通用的饮料瓶包括铝罐（金属，上）、玻璃瓶（陶瓷，中）以及塑料瓶（高分子聚合物，下）。

（以上图片的使用已得到可口可乐公司授权。可口可乐、可口可乐经典、瓶轮廓设计和动态丝带均由可口可乐公司注册商标并得到了使用许可。正被倒入玻璃杯中的苏打水：© blickwinkel/Alamy）

学习目标

通过本章的学习，你需要掌握以下内容。

1.列举6种决定材料用途的性能分类。

2.指出涉及材料设计、生产以及应用的四大要素，并描述各要素间的关系。

3.指出材料选择过程中的3个重要标准。

4.（a）列举固体材料的3个基本分类，并指出各类别的化学特征。

（b）举出4种先进材料及其特点。

5.（a）简要定义“智能材料/系统”。

（b）就材料应用方面，简要解释“纳米科技”这一概念。

1.1 历史展望

材料在我们的文化中往往比在我们的意识中更要根深蒂固。几乎我们日常生活的每一个环节或多或少都要受到材料的影响——交通运输、住房、服装、通信、娱乐、食品生产。实际上，早期文明已由材料的发展水平决定（石器时代、青铜时代、铁器时代）❶。

最早的人类只能获取石材、木材、黏土、毛皮等自然材料，这些材料的数目非常有限。随着时间的推移，他们找到了制备比自然材料性能优越的材料的技术，这些新材料包括陶器和各种金属。此外，他们还发现通过热处理和加入其他物质可以改变材料的性能。此时，材料的利用率就是从所给材料中的选择过程，凭借其性能特点从一组有限的材料中选择最合适材料来进行加工。直到近代，科学家们才开始明白材料结构元素与其性能之间的关系。拥有了对这种过去近百年获得的关系理解，人们已经普遍地能够去塑造材料的特性。因此，数千万种具有自己独特性能的不同材料的发展满足了我们复杂的现代社会的需求，这些材料包括金属、塑料、玻璃和纤维。

各种技术的发展已与合适可行的材料紧密联系在一起，使我们的生活更加舒适。我们对材料进步的理解往往是从原材料到与技术结合的材料逐步发展的过程。例如，如果没有廉价的钢或其他类似的替代品，汽车就可能不会出现。在当代，精密电子设备取决于它的组件，这种组件是由被称为半导体的材料制成的。

1.2 材料科学与工程

有时将材料科学与工程细分为材料科学和材料工程两科是很有意义的。严格地说，材料科学涉及材料结构与性能之间关系的研究，而材料工程是在这些结构与性能之间关系的基础上设计材料的结构以实现所需的性能❷。从功能的角度来看，材料科学是开发合成新材料，而材料工程则是用现有的材料创造产品或体系，或发展材料制备工艺技术。大多数材料工程的毕业生都进行了材料科学与材料工程的学习。

---

❶ 石器时代、青铜时代、铁器时代的起源年代分别约为公元前250万年、公元前3500年和公元前1000年。

❷ 在整个这段文字中，我们提醒注意材料性能与结构成分之间的关系。

上述的“结构”是一个模糊的术语，下面做些解释。简单地说，材料的结构通常与其内部的组成有关。亚原子结构为电子与其原子核的相互作用。在原子水平上，结构为原子与原子之间或分子与分子之间组成关系。比亚原子结构更大的领域为微观组织，这个领域可使用某种显微镜直接进行观察，微观组织由大量原子聚集在一起。最后，能用肉眼直接观察到的结构成分称为宏观组织。

下面对性能的概念进行阐述。在使用中，所有材料受到外界刺激时都会产生某种反应。比如，样品受压后会产生变形，被抛光的金属表面会反光。性能是材料受到不同种类、不同幅度刺激时产生的特定反应。一般情况下，性能与材料的形状和大小无关。

几乎所有固体材料的重要性能可以分为6个不同的种类：力学性能、电学性能、热学性能、磁学性能、光学性能及性能衰退。对于每一个性能只有特定类型的刺激才能引起相应的反应。力学性能将变形与所施加的载荷或力联系起来，得到弹性模量（刚度）、强度和韧性。电学性能的刺激是电场，得到导电性和介电常数。固体的热学行为可以由热容和热导率表示。材料磁学性能的反映在磁场应用中可体现出。对于光学性能，反应行为为电磁或光辐射，折射率与反射率是光学性能的代表参数。最后，性能衰退的特征与材料的化学反应有关。接下来的章节将会讨论以上6种性能。

除了结构与性能外，在材料科学与工程中还有2个重要的组成是工艺和应用。这4个组成之间的关系：材料的结构取决于它是如何加工的，材料的应用由它的性能决定。因此，工艺、结构、性能、应用之间的相互关系可绘制成示意图，如图1.1所示。我们要关注这4个组成部分之间的关系，尤其在设计、生产和材料使用上。

工艺 → 结构 → 性能 → 应用

图1.1　材料科学与工程中的4个组成部分及其相互关系

接下来，我们对工艺、结构、性能、应用之间的关系举个例子，如图1.2所示，有3个圆盘薄片样品放在印刷品上。我们可以很明显地看出，这3种不同材料的光学性能（即光透射率）各不相同，左边的样品是透明的（即几乎所有的反射光都穿过了它），而中间的和右边的分别为半透明和不透明。这3种样品均由相同的材料三氧化二铝制成，但是最左边的一个具有高度完美结构（我们称为单晶），这种结构导致其产生透明现象。中间的样品是由众多非常小的单晶结

图1.2　由三氧化二铝制成的3个圆盘状薄片样品置于印刷纸上，来表明它们的透射性不同

左边样品是透明的（即几乎所有纸的反射光穿过了它），而中间样品是半透明的（意味着只有一部分反射光通过样品），右边的样品不透明，没有光通过它。不同光的透射性是材料结构不同产生的结果，这种结果是因为材料加工工艺不同（样品由P.A.Lessing制备，图片由S.Tanner摄影）

构连接组成，这些小晶体之间的晶界将一部分光从印刷品反射出来，使得这种材料产生半透光。最后，右边的样品不仅有许多相互连接的微小晶体，也有大量微小的气孔和孔洞。这些孔隙将反射光有效地分散，使这种材料不透明。

因此，这3种样品由于晶界和孔隙结构的不同影响了光的透射性能。此外，每种材料由不同的加工技术生产出来，结果也不相同。当然，在最终实际应用中，每种材料的性能也会不同。

1.3 为什么学习材料科学与工程?

我们为什么学习材料？无论是机械、土木、化学还是电气专业的科学家或工程师都难免遇到与材料相关的设计问题，如一个传动齿轮、一个建筑的上部结构、一个炼油设备的零件，或是一个集成电路的芯片。当然，参与材料的研究与设计的科学家和工程师都是专家。

材料问题往往是从成千上万种可用材料中选择最合适的材料，最终的选择也是基于若干个标准。首先，必须知道使用条件的情况，因为这些决定了所需材料的性能。只有在罕见的情况下，一种材料会拥有最大或最理想的综合性能。因此，了解材料各种服役条件下的性能是很有必要的。举一个典型的强度和延展性的例子，通常具有高强度的材料仅具有有限的延展性，在这种情况下，妥协两种或者更多性能是很有必要的。

第二个要考虑的因素是在服役运作过程中材料性能的衰退。比如，在经受高温或腐蚀性环境时会明显降低机械强度。

最后要考虑的重要因素是材料的经济：成品成本是多少？价格昂贵的材料可能会拥有很多种理想的性能，这种情况下，一些妥协是不可避免的。产品制造成所需形状的过程中所产生的任何费用也包含在成品成本中。

在材料选择上，越熟悉各种条件与结构性能的关系（如材料的加工技术）的工程师或科学家，越能熟练与自信地在这些标准之上作出明智的选择。

1.4 材料的分类

固体材料依据化学组成和原子结构通常被分为3个基本类型：金属、陶瓷和聚合物，并且大部分材料都有自己的分组。此外，还有一种复合材料，这种材料是由两种或多种不同的材料设计组合而成。接下来我们简单解释下这些材料分类方式和典型特征。还有一类材料为先进材料，这种材料用于高科技应用，如半导体、生物材料、智能材料、纳米材料，我们会在1.5节对此进行讨论。

（1）金属

金属是由一种或多种金属元素组成的（如铁、铝、铜、钛、金、镍），也经常含有一些含量相对较小的非金属元素（如碳、氮、氧）[1]。金属或合金中原子以非常有序的方式排列（会在第3章进行讨论），与陶瓷和聚合物相比，原子相对密集（图1.3）。从力学性能上看，这些材料具有相对较好的刚度（图1.4）、强

[1] 术语合金指由两种或两种以上金属元素组成的物质。

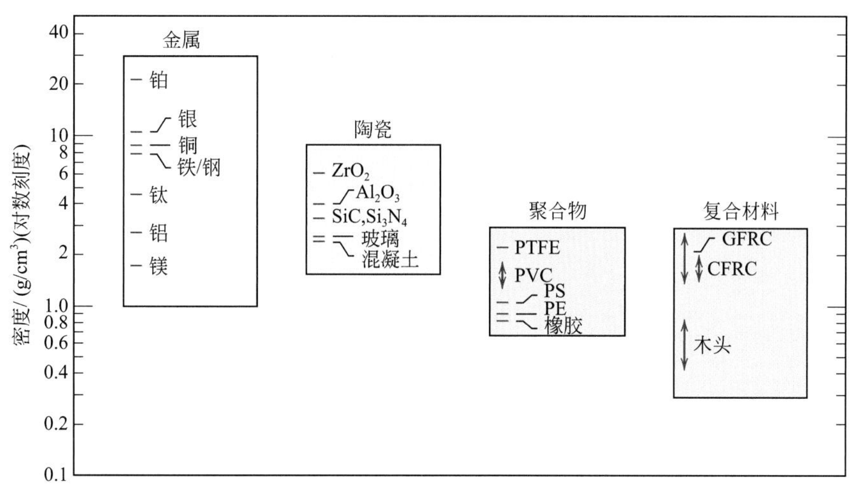

图1.3　不同金属、陶瓷、聚合物和复合材料在室温下的密度值柱状图

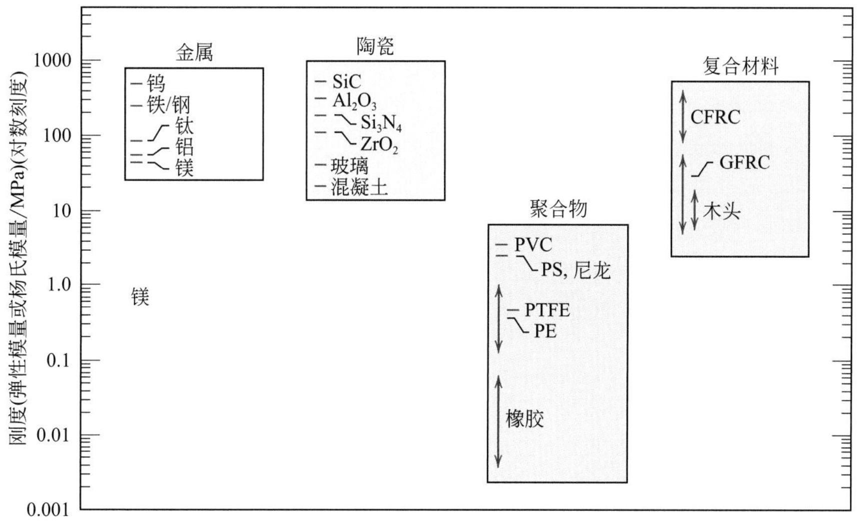

图1.4　不同金属、陶瓷、聚合物和复合材料在室温下的刚度值（即弹性模量）柱状图

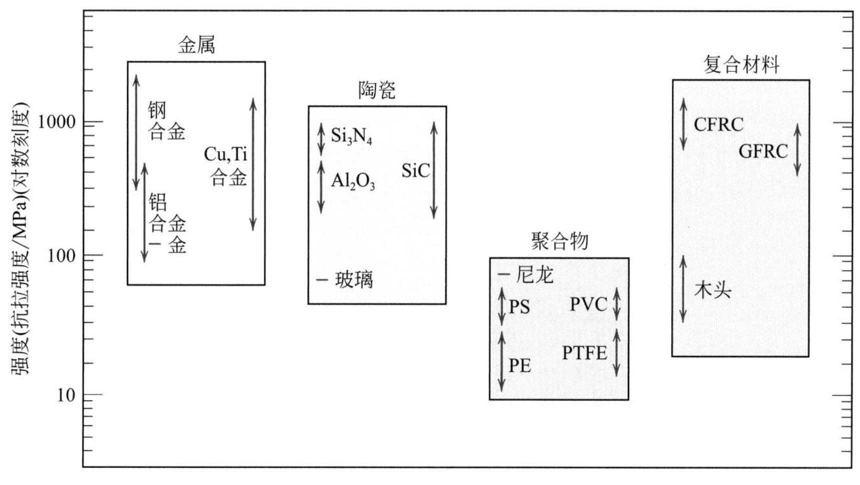

图1.5　不同金属、陶瓷、聚合物和复合材料在室温下的强度值（即抗拉强度）柱状图

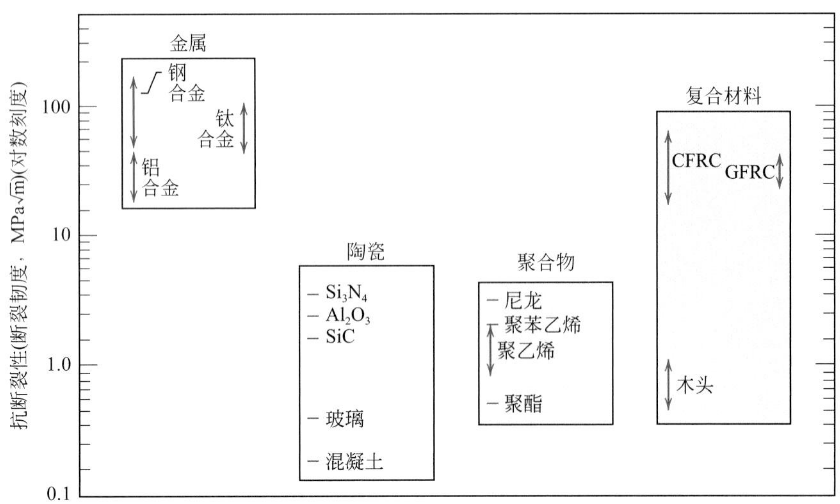

图1.6 不同金属、陶瓷、聚合物和复合材料在室温下的抗断裂性（即韧性断裂）柱状图

（转载自Engineering Materials 1：An Introduction to Properties，Applications and Design，third edition，M.F.Ashby and D.R.H.Jones，pages 177 and 178，Copyright 2005，获得Elsevier许可）

度（图1.5）、延展性（即大量变形但不折断的能力）、抗断裂性（图1.6），这使它们在结构应用中可以得到广泛的使用。金属材料有大量不固定的电子，也就是说这些电子没有被绑定在特定的原子上。金属的许多性能都直接归功于这些电子。例如，金属是非常好的电导体（图1.7）和热导体，但不可透过可见光；抛光的金属表面外观光泽。此外，有些金属具有理想的磁性能（如铁、钴、镍）。

图1.8显示了由金属材料制成的几种普通常用的物体。另外，金属和合金的类型及应用将在第13章中进行讨论。

（2）陶瓷

陶瓷是由金属元素与非金属元素复合而成的，它们往往大多为氧化物、氮化物和碳化物。例如常见的陶瓷材料包括氧化铝（或铝土，Al_2O_3）、二氧化硅（或硅石，SiO_2）、碳化硅（SiC）、氮化硅（Si_3N_4）以及那些组成传统陶瓷的黏土矿物（即陶器），水和玻璃。从力学行为上讲，陶瓷材料相对比较坚硬——刚度和强度可以与那些金属相媲美（图1.4和图1.5）。从以往看，陶瓷非常脆（缺乏延展性）并且非常易碎（图1.6）。但是，新型陶瓷的抗断裂性已被设计改进，

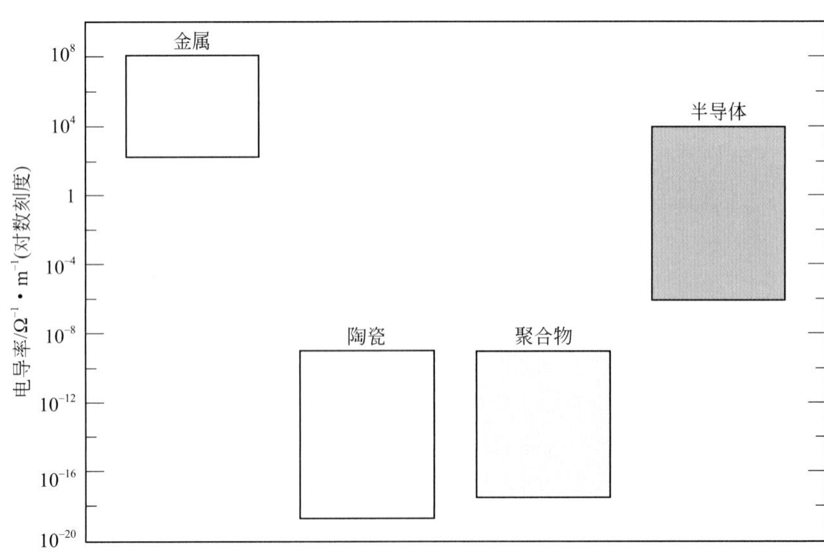

图1.7 金属、陶瓷、聚合物和半导体材料在室温下的电导率范围柱状图

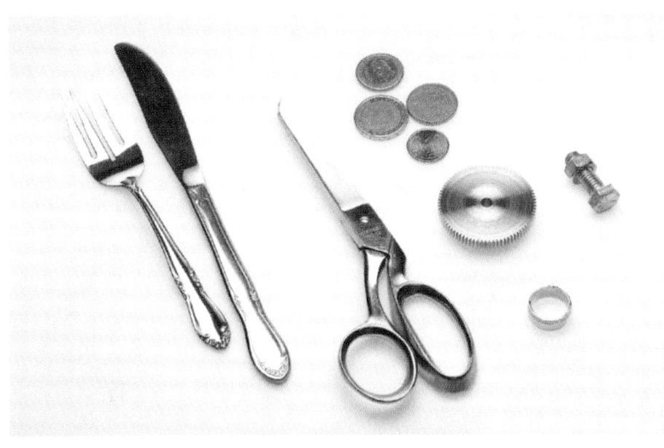

图1.8　由金属和合金制成的常见物品（从左往右）：银器（叉和刀）、剪刀、硬币、齿轮、结婚戒指以及螺丝和螺母

图1.9　由陶瓷材料制成的常用物品：剪刀、瓷器茶杯、建筑用砖、地砖、玻璃花瓶

这些材料应用于厨具、餐具，甚至汽车发动机部件。此外，陶瓷材料通常隔绝热通道和电通道（即具有低电传导性，图1.7），并且比金属和高分子材料更耐高温、更适应恶劣环境。对于光学性能，陶瓷可以是透明的、半透明的或是不透明的（图1.2），并且一些氧化物陶瓷（如Fe_3O_4）可表现出磁性。

几种常见的陶瓷物品在图1.9中列出。它的特征，分类及每类材料的应用将在第13章进行讨论。

（3）聚合物

聚合物包括常见的塑料和橡胶材料。许多聚合物是以碳，氢和其他非金属元素（如O，N，Si）为基础的有机化合物。此外，聚合物往往是以碳原子为主链的巨大分子链状结构。一些常见的聚合物有聚乙烯（PE）、尼龙、聚酯纤维（氯乙烯）、聚氯乙烯（PVC）、聚碳酸酯（PC）、聚苯乙烯（PS）和硅橡胶。这些材料通常具有较低的密度（图1.3），与金属和陶瓷材料相比，它们既不坚硬，也不如其他类型材料强度高（图1.4和图1.5）。但是由于其密度低，很多时候单位质量的刚度和硬度可与金属和陶瓷相媲美。此外，许多聚合物具有非常好的延展性和柔韧性（即塑性），意味着可以很容易加工成复杂的形状。通常，聚合物化学惰性较大，并且在大多数环境中不发生反应。聚合物的主要缺点是容易变软，在适宜的温度易分解，使其使用条件受到了限制。另外，聚合物具有低的电导率（图1.7），没有磁性。

图1.10列举了许多读着所熟悉的由聚合物制成的物品。第4章和第13、14章将专门讨论聚合物的结构、性能及其工艺。

图1.10　由聚合材料制成的几种常用物品：塑料餐具（勺子、叉、刀）、台球、自行车头盔、两个骰子、割草机轮（塑料轮毂和橡胶轮胎）以及塑料牛奶桶

重要材料

碳酸饮料容器

我们生活中常见的碳酸饮料容器是一个能够展现一些有趣材料性能的物品。它必须满足以下条件：① 为容器中处于压力作用下的二氧化碳提供一道屏障；② 无毒，且不与饮料反应，最好能被回收利用；③ 强度相对较大，能够在装满饮料的状态下承受从几尺高跌落的冲击力；④ 包括最终成型步骤在内的总成本低廉；⑤ 如果是透明材料，要能保持其光学清晰度；⑥ 能被加工成不同颜色并且饰以装饰性标贴。

3种基本材料——金属（铝）、陶瓷（玻璃）以及高分子聚合物（聚酯塑料）——均被用于碳酸饮料容器的制作（参照本章导论首页的照片）。以上的所有材料均无毒且不与饮料反应。此外，每种材料均有其可取与不可取之处。比如，铝合金的相对强度较大（但容易产生凹痕），可以提供一个良好的阻挡二氧化碳气体扩散的屏障，易于回收，可使饮料快速冷却，并且其表面可涂上标贴。然而铝罐不透明，且生产成本相对较高。玻璃可以阻挡二氧化碳的通过，是一种价格相对低廉的材料，可被回收，但是玻璃易产生裂纹，甚至破裂，并且玻璃瓶相对较重。而塑料具有较好的强度，可被制成透明容器，价格低廉且质轻，而且可被回收利用，但其对二氧化碳的阻挡作用稍差于铝和玻璃。你可能已经注意到了铝罐和玻璃瓶可在几年之后仍能保持饮料的碳酸发泡性（即发出"嘶嘶"声），但一个2L塑料瓶中的碳酸饮料在几个月内气就"跑光"了。

（4）复合材料

复合材料是由两种（或多种）前面所讨论的（金属、陶瓷和聚合物）材料组成的。复合材料的设计目的是为了在不同材料结合后产生独特的性能，这种性能是任意单一材料所不具有的，并且复合材料也将复合之前的材料的最好性能联合体现出来。不同的金属，陶瓷和聚合物组成了各种类型的复合材料。此外，有些天然存在的材料也是复合材料，例如木材和骨。然而，我们讨论最多的是人工合成的（或人造的）复合材料。

最常见、最普通的一种复合材料是玻璃纤维，它是由小的玻璃纤维嵌入在聚合材料（通常为环氧树脂或聚酯）中形成的[1]。玻璃纤维具有相对较高的刚度与强度（但也很脆），而聚合物更柔韧些。因此玻璃纤维材料相对较硬，较强（图1.4和图1.5）并且易弯曲。另外，它的密度也很低（图1.3）。

另一种重要的技术材料是碳纤维增强聚合物（CFRP），它是碳纤维嵌入在聚合物中。这种材料比玻璃纤维增强材料更强更硬（图1.4和图1.5），但是也更昂贵。碳纤维增强聚合物材料使用在一些飞机和航空航天材料上，使用在一些高科技的运动装备上（如自行车，高尔夫棍棒，网球拍和滑冰、滑雪板），最近也应用于汽车减震器。新波音787的机身主要是由碳纤维增强聚合物复合材料制成。

这些有趣的复合材料将在第15章继续讲解。

[1] 玻璃纤维有时也被称为"玻璃纤维增强聚合物复合材料"，简称GFRP。

1.5 先进材料

用于高科技的材料有时被称为先进材料。在高科技水平下，我们可以用相对复杂、深奥的原理来设计一种可以操作或运行的装置或产品，例如电子设备（摄像机、CD/DVD机等）、电脑、光纤系统、飞船、飞机和军用火箭。这些先进的材料是典型的传统材料，但是它的性能已得到提升，而且经过新开发后具有了更高的性能。并且这些材料可能是各种类型的材料（如金属、陶瓷、聚合物），通常成本非常昂贵。先进材料包括半导体，生物材料和我们称为“材料的未来”的材料（即智能材料和纳米工程材料），接下来我们会对这些材料进行讨论。这些先进材料的性能和应用，例如激光器、集成电路、磁信息存储、液晶显示器（LCD）和光纤所用的材料，我们也在随后章节中讨论。

（1）半导体

半导体具有介于导电体（即金属和合金）与绝缘体（即陶瓷和聚合物）之间的电学性能，如图1.7。此外，这些材料的电学性能对每分钟通过材料的杂质原子浓度非常敏感，并且它的浓度在非常小的空间区域内可以控制。半导体使集成电路的存在成为可能，在过去的30年彻底改变了电子工业和计算机工业（更不用提我们的生活）。

（2）生物材料

生物材料用于制作植入人体中的仿生元件，以取代病变或受损的身体部位。这些材料必须无毒，并且必须与身体组织兼容（即必须不会产生不良生物反应）。上述所有的材料——金属、陶瓷、聚合物、复合材料和半导体都有可能用做生物材料。例如，一些人工髋关节置换术中使用的生物材料已在在线生物材料模块进行了讨论。

（3）智能材料

智能材料是一种最先进的新型材料，这种材料对许多技术有重要的影响，目前正处于发展阶段。形容词智能意味着这种材料能够感受到环境的变化，并且对这种变化产生预定的反应方式，这种特点也经常在生物体中发现。另外，这个“智能”的概念正在向较复杂的体系扩展，包括智能和传统材料。

一个智能材料的组成（或系统）包括某些类型的传感器（检测到输入信号），和一个执行器（执行响应和适应性作用）。为了响应温度、电场或磁场的变化，执行器可能会被要求改变形状、位置、自然频率或力学性能。

用做执行器的材料通常有4种：形状记忆合金、压电陶瓷、磁致伸缩材料和电流变液/磁流体。形状记忆合金是变形后的材料在温度发生变化时恢复到原来形状的金属（见11.9节重要材料详解）。为了响应施加的电场（或电压），压电陶瓷扩大或收缩；相反，当它们的尺寸发生改变时，也会产生一个电场。磁致伸缩材料的机理与压电材料类似，不同的是它们只对磁场进行响应。此外，电流变液和磁流体在电场应用和磁场应用时，液体黏度会各自发生剧变。

传感器的材料、设备包括：光纤（19.14节）、压电材料（包括一些聚合物）、微电机系统（MEMS，13.10节）。

例如，直升机的智能系统用旋转的动叶片来制造，是为了减少驾驶舱气动噪声。插入叶片的压电传感器检测叶片的应力和变形。从传感器回馈的信号被送入计算机控制的自适应装置后，将产生抗噪声消除噪声。

（4）纳米材料

有一种新的材料类，它具有吸引人的性能和巨大的技术前途，这种材料是纳米材料。纳米材料可以是4种基本材料——金属、陶瓷、聚合物、复合材料中的任何一种。然而与这些材料不同，它们不以区分化学性质为基础，而是大小。用纳米这个前缀表示的这些材料实际结构尺寸大约为1nm（10^{-9}m），且小于100nm（相当于约500个原子直径）。

纳米材料出现之前，科学家们了解材料的化学性能和物理性能的一般过程是研究巨大而复杂的结构，然后研究这些结构较小较简单的基本构建组成。这种方法有时被称为“自上而下”的科学。然而，随着扫描探针显微镜（5.12节）的发展，人们有条件观察单个原子和分子，从原子级的构成（一个原子或分子）上使设计和建立新结构成为可能（即“材料设计”）。谨慎排列原子的能力为机械、电、磁以及其他不可能的性能提供了发展机会。这种“自下而上”研究材料性能的方法为纳米技术❶。

当颗粒的大小接近原子尺寸时，一些物质表现出来的物理性能和化学性能可能会发生巨大的变化。例如，在肉眼可见区域不透明的材料在纳米级别上会变成透明的，固体变为液体，化学稳定的材料变成易燃材料，电绝缘体变为导体。另外，在纳米级别范围，材料的性能可能取决于材料大小。这些变化中有些源于量子力学，有些与表面现象有关——随着位于颗粒表面位置原子比例的快速增加，其尺寸减小。

纳米材料的这些独特性能使其在电子、生物医学、体育、能源生产及其他工业应用上得到广泛运用。

① 汽车的催化转换器——第5章重要材料。

② 碳纳米管——第3章重要材料。

③ 加强汽车轮胎炭黑粒子——第15章2节。

④ 网球中的纳米复合材料——第15章重要材料。

⑤ 用于硬盘驱动器的磁性纳米颗粒——第18章11节。

⑥ 将数据存储在磁带的磁性颗粒——第18章11节。

每当一个新材料开发出来时，我们必须要考虑它对人体和动物潜在的有毒有害作用。小纳米颗粒有较大的表面积与体积比，这可能使其产生较高的化学活性。尽管纳米材料的安全性还未得到验证，但有人担心它们大部分会通过皮肤、肺、消化道被人体吸收，而且如果达到足量，那么纳米材料就会对健康造成危害——比如破坏DNA或导致肺癌。

1.6 现代材料需求

尽管材料科学与工程学科在过去几年已经取得了巨大的进步，但是技术挑

❶ Richard Feynman在1959年美国物理学会演讲题目“底部有充足的空间”中为传说并预言的联想纳米工程材料提供了可能性。

战依然存在，包括更复杂、更专业的材料的发展，以及材料生产对环境影响的考虑。为了自圆其说，对于这些问题的一些评论还是很恰当的。

核能源很有前景，但是很多问题的解决仍需涉及到材料，如燃料、容器结构以及处理放射性废物的设施。

重要的能源涉及到运输。降低运输工具（汽车、飞机、火车等）的重量，提高发动机的工作温度会提高燃油效率。新型高强度、低密度结构材料，以及用于发动机部件的具有高温性能的材料仍然有待开发。

此外，寻找新的经济型能源，并且能够更有效地使用是很有必要。材料无疑在这些发展中起着重要作用。例如，太阳能直接转换为电能已被证实，但太阳能电池采用一些比较复杂而昂贵的材料。为了确保技术可行，转换过程中高效低成本的材料必须得到开发。

氢燃料电池是另一种非常有前途又可行的能量转换技术，并且无污染。人们刚开始实施电池装置，并且作为汽车发电机非常有前景。为获得更高效燃料电池，也为更好催化生产氢气，新材料仍有待开发。

另外，环境质量取决于我们控制空气和水污染的能力。控制污染的技术要用到各种材料。而且，材料的加工和提炼方法需要加以改进来减少环境恶化，即污染少、原料开采少的材料。在一些材料制造过程中，对其产生的有毒物质和影响生态的物质的处理也必须加以考虑。

我们用的许多材料属于不可再生资源——即不能够再生，包括大多数聚合物，其中最基本的原材料是石油和一些金属。这些不可再生资源逐渐枯竭，使①发掘额外资源储备；②开发性能相对优异，对环境不利影响较小的新材料；③提高回收效率和开发新的回收技术很有必要。考虑到生产、环境影响和生态因素上所产生的经济学后果，在整个制造过程中，这种“从摇篮到坟墓”的循环材料越来越重要。

材料科学家和工程师所扮演的角色对这些问题，以及其他的环境和社会问题将在第20章更详细的讨论。

1.7 工艺/结构/性能/应用间的相互关系

如上文所述（1.2节），材料科学与工程涉及了4个相互关联的组成部分：工艺、结构、性能和应用（图1.1）。由于本书的余下部分讨论了不同材料类型的组成，这就决定了它会引领读者关注那些独特材料的特殊组成部分的处理方法。而有些内容会在独立一章中提到，其他的会在多个章节中叙述。对于后者以及我们选择的每一种材料，我们已经创建了一个“项目时间表”，上面标出在哪可以找到4个组成部分的位置（按章节）。图1.11列举了下列材料的项目时间表：钢、玻璃-陶瓷、聚合纤维以及硅半导体。另外，在每一章的开头（在“为什么学习？”部分），我们标注了章节中所讨论材料的工艺、结构、性能、应用的一些方面。最后，每章的结尾会有一个工艺、结构、性能、应用的总结，在时间表最后一项显示——例如，第14章的钢、玻璃陶瓷和聚合纤维，第12章的硅半导体。

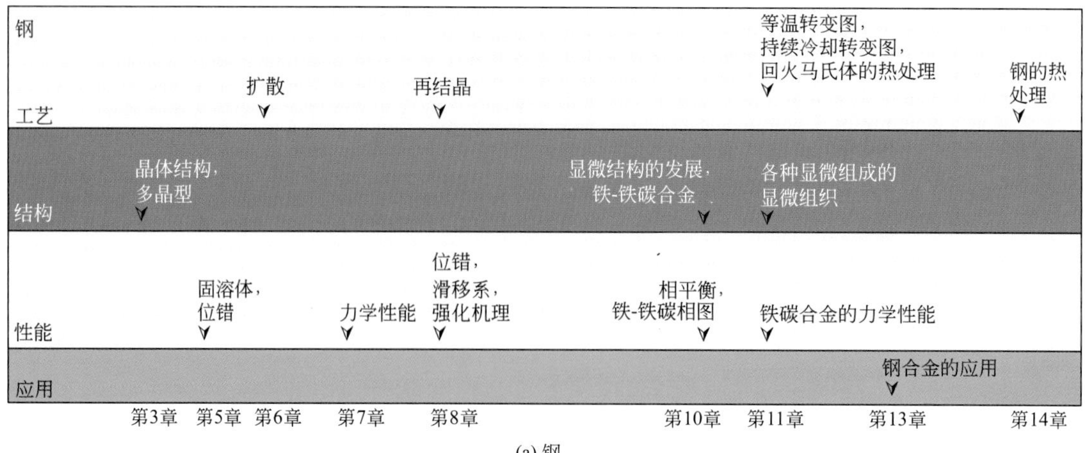

(a) 钢

玻璃-陶瓷

工艺：持续冷却转变图；黏稠的概念；结晶化，加工，热处理

结构：多晶性；石英玻璃的原子结构；非结晶固体

性能：力学、热学、光学性能；绝缘板的不透明性和半透明性

应用：应用

第3章　第8章　第11章　第13章　第14章　第19章

(b) 玻璃-陶瓷

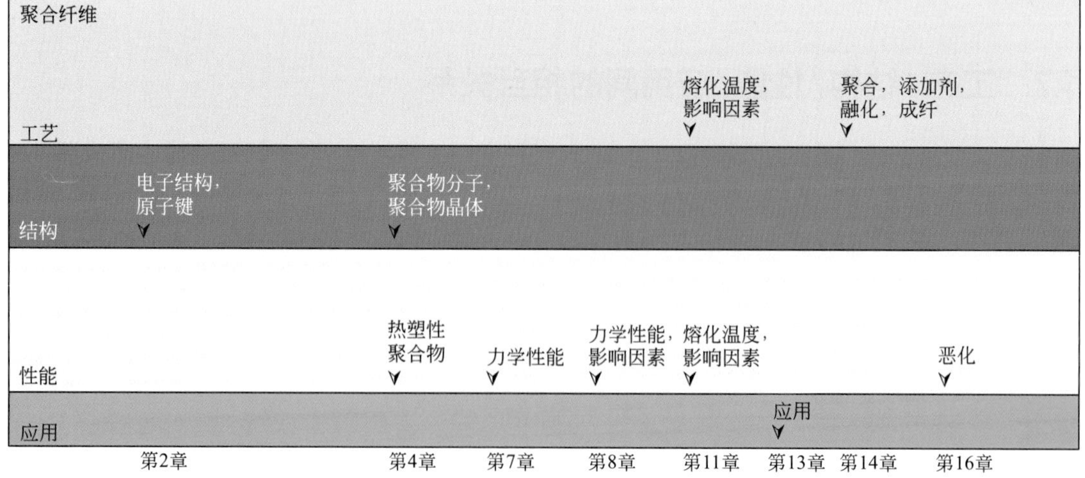

(c) 聚合纤维

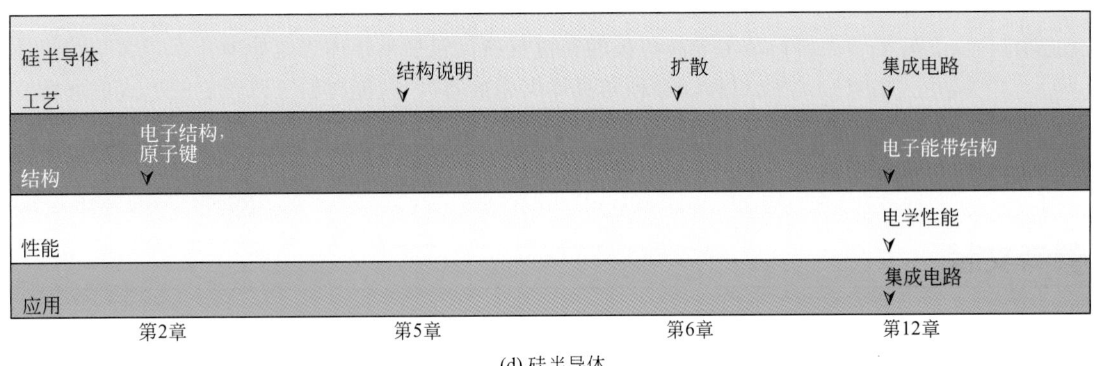

(d) 硅半导体

图1.11 工艺、结构、性能、应用项目时间表（a）钢，（b）玻璃陶瓷，（c）聚合物纤维，（d）硅半导体

另外，在每一章节的尾声，关于四种材料中至少一种材料的加工、结构、性质和应用的讨论部分旁边，会有一个在“概念地图”中给出的总结。“概念地图”表明了概念之间的关系。我们通过箭头（通常是横着的）来表示这些关系；每一个箭头（从左到右）都从一个概念指向另一个概念。这些联系是按照层次组织的，也就是说，在理解箭头右边定义之前，箭头左边的定义是已经掌握了的。对于每一个图来说，至少会有一个概念在这个章节中被讨论，其他概念可能会出现在之前或之后的章节中。例如，图1.12代表出现在第11章的钢铁合金加工概念地图的一部分。

图1.12 第11章中钢铁合金工艺的部分概念地图

总结

材料科学与工程

- 按材料用途有6种不同性能分类：力学性能、电学性能、热学性能、磁学性能、光学性能和性能的衰退。
- 材料科学的一个方面是研究材料结构与性能之间存在的关系。由材料的结构，我们知道材料内部成分是如何组成的。结构元素包括亚原子、原子、微观组织和宏观组织。
- 对于材料的设计、生产及使用，有4个因素要考虑——工艺、结构、性能和应用。材料的应用取决于它的性能，材料的结构决定其性能，此外，材料的结构视其工艺而定。
- 材料选择的3个重要准则：适应材料的服役条件，生产中可能出现的性能衰退，以及制造产品的成本。

材料的分类

- 在化学与原子结构的基础上，材料通常分为3类：金属（金属元素），陶瓷（金属元素与非金属元素的复合物）和聚合物（由碳、氢和其他非金属元素组成的复合物）。此外，复合材料由两种以上不同材料类型组成。

先进材料 ● 另一类材料是用于高科技的先进材料，包括半导体（电导率介于导体与绝缘体之间），生物材料（必须与身体组织兼容），智能材料（以预定的方式在环境变化时感知并产生相应反应）和纳米材料（具有纳米级的结构特点，其中一些能够在原子、分子级别上进行设计）

参考文献

Ashby，M.F.，and D.R.H.Jones，*Engineering Materials1*，*An Introduction to Their Propertiesand Applications*，3rd edition，Butterworth-Heinemann，Woburn，UK，2005.

Ashby，M.F.，and D.R.H.Jones，*Engineering Materials 2*，*An Introduction to Microstructures*，*Processing and Design*，3rd edition，Butterworth-Heinemann，Woburn，UK，2005.

Ashby，M.，H.Shercliff，and D.Cebon，*Materials Engineering*，*Science*，*Processing and Design*，Butterworth-Heinemann，Oxford，2007.

Askeland，D.R.，and P.P.Phulé，*The Science and Engineering of Materials*，5th edition，Nelson，Toronto，2006.

Baillie，C.，and L.Vanasupa，*Navigating the Materials World*，Academic Press，San Diego，CA，2003.

Fischer，T.，*Materials Science for Engineering Students*，Academic Press，San Diego，CA，2009.

Jacobs，J.A.，and T.F.Kilduff，*Engineering Materials Technology*，5th edition，Prentice Hall PTR，Paramus，NJ，2005.

McMahon，C.J.，Jr.，*Structural Materials*，MerionBooks，Philadelphia，2004.

Murray，G.T.，C.V.White，and W.Weise，*Introductionto Engineering Materials*，2nd edition，CRC Press，Boca Raton，FL，2007.

Schaffer，J.P.，A.Saxena，S.D.Antolovich，T.H.Sanders，Jr.，and S.B.Warner，*The Science and Design of Engineering Materials*，2nd edition，McGraw-Hill，New York，1999.

Shackelford，J.F.，*Introduction to Materials Sciencefor Engineers*，7th edition，Prentice Hall PTR，Paramus，NJ，2009.

Smith，W.F.，and J.Hashemi，*Foundations of Materials Science and Engineering*，5th edition，McGraw-Hill，New York，2010.

Van Vlack，L.H.，*Elements of Materials Science and Engineering*，6th edition，Addison-Wesley Longman，Boston，1989.

White，M.A.，*Properties of Materials*，Oxford University Press，New York，1999.

习题

选择一个或多个下列现代物品或设备，并进行网络搜索，确定这个物品用什么材料制成，具有什么特别的性能，以使这个物品能够正常地运行。最后，写个短文来汇报你的发现。

手机、数码相机电池	汽车车体（钢合金除外）	滑雪鞋
手机显示屏	空间望远镜反射镜	滑雪板
太阳能电池	军用防弹衣	冲浪板
风力涡轮叶片	体育器材	高尔夫棍棒
燃料电池	足球	高尔夫球
汽车发动机缸体（铸铁除外）	篮球	皮艇
	滑雪杖	轻型自行车车架

第2章　原子结构与原子键

本页底部的图片中是一个壁虎。

壁虎是一种无害的热带爬行动物，是一种非常迷人的特别的动物。它的脚具有非常强的黏性（本页中间左侧图片展示了壁虎的一只脚），几乎可以抓住任何表面。有了这一特征，它们可以在垂直的墙壁和水平的天花板上快速爬行。实际上，壁虎可以用一根脚趾支撑其整个身体！这种非凡能力的奥秘在于壁虎的每个趾垫上都有数量非常庞大的小绒毛。当这些绒毛接触到表面时，绒毛分子与表面分子间产生微弱的吸引力（即范德华力）。这就是为什么壁虎能在平面上抓得如此紧。要放松抓力，只要简单地弯曲脚趾，使绒毛远离表面即可。

利用这种附着力原理，科学家们已经研发出若干种超强的人工黏着剂。其中一种是胶带（左上图片中），这是一种非常有前景的工具，可在外科手术中替代缝合线与扣钉来愈合伤口。这种材料在潮湿环境中也保持其黏着性，可在伤口愈合过程中生物降解，并且它的分解不会释放有毒物质。顶部中间图片为这种胶带的显微特征。

（胶带：CourtesyJeffrey Karp；壁虎脚：Emanuele Biggi/Getty图片公司；壁虎：BarbaraPeacock/Photodisc/Getty图片公司）

为什么学习原子结构与原子键?

从一些实例中了解固体原子间结合键的一个重要益处是结合键的类型可以有助于解释材料的性能。例如碳，它可以以石墨或金刚石的形式存在。石墨相对较软，并有一种油滑的感觉，而金刚石是公认的最坚硬材料。此外，金刚石和石墨的电性能是不一样的：金刚石是不良导电体，但石墨是非常好的导体。这些性能的差异在于石墨中有一种原子间结合键，但这种原子间结合键不存在于金刚石中（见3.9节）。

学习目标

通过本章的学习你需要掌握以下内容。

1. 举例说明两种原子模型，并指出它们的不同之处。
2. 叙述重要的量子力学原理及其电子能态。
3. (a) 指出图中两个原子或离子间吸引能、排斥能与净能量对原子间距的关系。
   (b) 指出图中平衡距离与结合能的关系。
4. (a) 简述离子键、共价键、金属键、氢键和范德华键。
   (b) 指出哪些材料具有上述结合键类型。

2.1 概述

固体材料的一些重要性能取决于分子中原子几何排列，也取决于这些原子或分子间的相互作用。本章一些基本与重要的概念——原子结构、原子与周期表中电子组态以及不同类型的原子间主价键与次价键（原子间结合键将原子聚集在一起构成固体）。本章将用假定的一些读者所熟悉的材料来简要介绍这些概念。

原子结构

2.2 基本概念

每个原子均由一个原子核及其周围持续运动着的核外电子构成。原子核是由质子和中子组成的。电子与质子均为带电粒子，所带电荷大小为1.602×10^{-19}C，其中电子带负电而质子带正电，中子呈电中性。这些亚原子粒子的质量极小；质子和中子的质量相近，约为1.67×10^{-27}kg，远远大于电子质量，9.11×10^{-31}kg。

原子序数（Z）

每种化学元素都由其原子核中的质子数，或原子序数（Z）[1]决定。对于呈电中性或者完整的原子，其原子序数与电子数目相等。该原子序数的范围从1号氢原子开始，到自然界中原子序数最高的92号铀原子为止。

同位素
原子量
原子质量单位（amu）

一个指定原子的原子质量（A）可以由原子核中质子数与中子数之和来表示。虽然所有特定元素原子的质子数是相同的，但中子数（N）是不一样的。因此，有些元素的原子有两种或多种不同的原子质量，称这种元素为同位素。一个元素的原子量等于这个元素各同位素的原子质量平均值[2]。原子质量单位（amu）是用来计算原子量的。统一规定用最常见的碳同位素碳12（^{12}C）（A=12.00000）的十二分之一来定义1原子质量单位。有了这个规定，质子量和中子量的和会比原子质量略大一些，即

$$A \approx Z + N \tag{2.1}$$

摩尔

一个元素的原子量或一个化合物的分子质量可以在每原子质量单位的原子（分子）或每摩尔质量材料的基础上进行描述。每摩尔物质中有6.022×10^{23}（阿伏伽德罗常数）个原子或分子。这两个原子量规定通过以下公式关联起来：

$$1\text{原子质量单位/原子(分子)}=1\text{g/mol}$$

例如铁的原子量是55.85amu/atom，或55.85g/mol。有时用每原子质量单位的原子或分子来计量会方便，但一般用克（或千克）每摩。后者为本书常用单位。

概念检查2.1　为什么元素的原子量通常不是整数？举出两个理由。
[解答可参考*www.wiley.com/college/callister*（学生之友网站）]

2.3　原子中的电子

（1）原子模型

量子力学

19世纪后人们才意识到固体中电子的许多现象不能用经典力学来解释。随后建立了一套可以处理原子和亚原子体系的原理和定律，称为量子力学。对原子和结晶固体中电子的运动行为进行了解必然要围绕量子力学的概念讨论。但是，详细探讨这些将会超出本书范围，因此只非常简单浅显的讨论一些。

玻尔原子模型

量子力学的一个早期产物是简化玻尔原子模型，此模型假设电子围绕原子核轨道进行离散运动，而任何特定电子的位置或多或少依据其轨道而定义。这个原子模型如图2.1所示。

另一个重要的量子力学原理认为电子的能量被量子化，也就是说，电子能量只有唯一的特定值。一个电子有可能发生能量变化，但是发生能量变化时往往伴随量子的跃迁，如向较高的能量跃迁（吸收能量），或较低的能量跃迁（释放能量）。为了方便起见，通常将这些电子能量等同于能级或能态。能态不随着

[1] 用粗字的术语的定义在附录E的词汇表中有详解。
[2] 术语原子质量比原子量更精准，是因为在此背景下我们计算的是质量而不是重量。但是按照惯例，原子量是优选术语，并且将在整本中使用。读者应该注意，这里将万有引力常数分离出分子量。

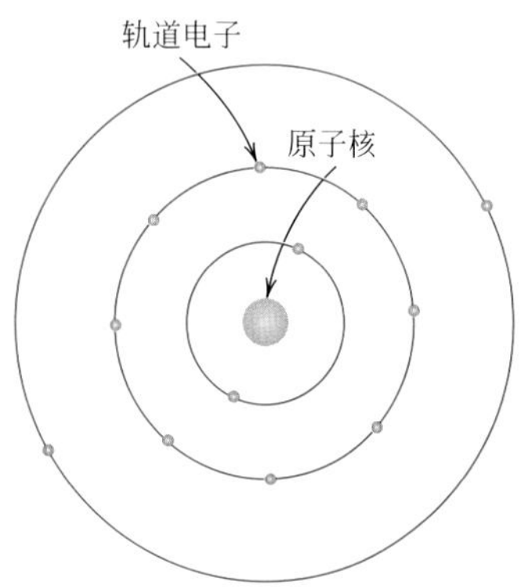

图2.1 玻尔原子示意图

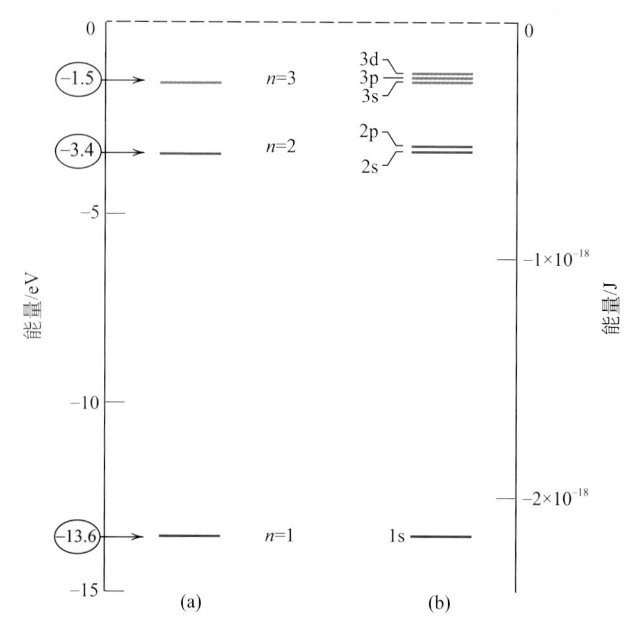

图2.2 （a）玻尔氢原子的前3个电子能量层；（b）氢原子波动力学的前3个电子能量层

（根据W.G.Moffatt，G.W.Pearsall，and J.Wulff，The Structure and Properties of Materials，Vol.I，Structure，p.10.Copyright © 1964 by John Wiley & Sons，New York改编。获得John Wiley & Sons公司重印许可）

能量的变化而连续变化，也就是相邻能态通过有限的能量区分。例如以玻尔氢原子能态表示，如图2.2（a）。这些能量为负值，是以未键合或自由电子为基准（能量值为零）。当然，氢原子的单电子会填入这个能态。

因此，玻尔模型代表了早期对原子中电子进行描述的一种尝试，它包括位置（电子轨道）和能量（量子化能量水平）两个方面。

然而玻尔模型有一些明显的局限性，因为有一些电子相关现象无法解释。而电子以波动性和粒子性呈现的波动力学模型解决了这个问题，这个模型中，电子不再被视为在离散轨道中运动的一个粒子，而是电子在原子核周围不同位置出现的概率。换句话说，电子位置被描述为分布概率或电子云。图2.3把氢原子的玻尔模型和波动力学模型进行了比较。本书自始至终都使用了这两个模型，对模型的选择取决于哪一种模型可以更简单地解释现象。

波动力学模型

（2）量子数

根据波动力学，每一个原子中的电子可以用4个参数来表示其特性，这4个参数称为量子数。电子概率密度的大小、形状和空间方向用3个量子数来表示。此外，玻尔能级分为几个电子层，而量子数决定每层的能量。各层都用一个主量子数n来表示，这些主量子数均为从1开始的整数。而这些电子层用K、L、M、N、O等字母表示，分别对应n=1、2、3、4、5、…，如表2.1。注意，此量子数只与玻尔模型相关。此量子数与电子到原子核的距离或它的位置有关。

量子数

角量子数l表示电子亚层的形状，用小写字母s、p、d或f表示。另外，这些亚层的数目受n的大小的限制。可能存在的亚层列于表2.1中。每个亚层能级

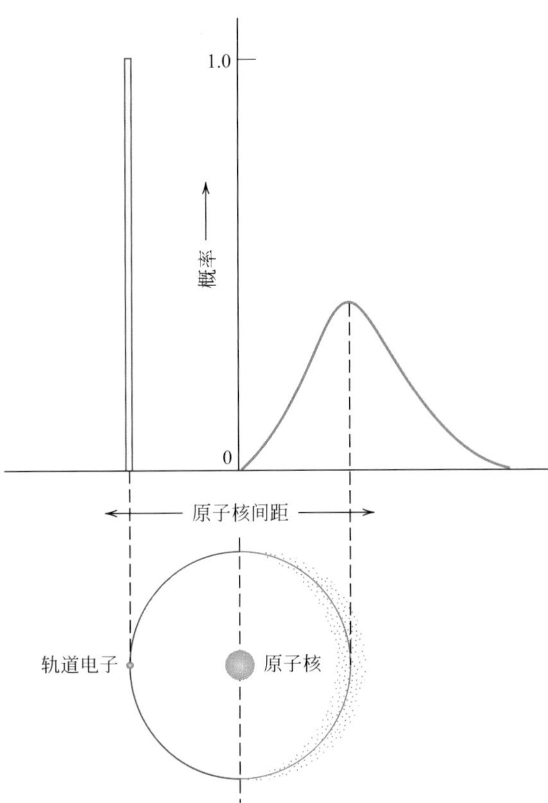

图2.3 比较（a）玻尔模型和（b）波动力学原子模型电子分布

（根据Z.D.Jastrzebski，The Nature andProperties of Engi-neeringMaterials，3rd edition，p.4.Copyright © 1987 by JohnWiley & Sons，New York改编。获得John Wiley & Sons公司重印许可）

的数目取决于第三量子数m_l。s亚层中，只有一个能级，而p、d和f分别有3个、5个和7个能级（表2.1）。在没有外磁场作用时，每个亚层能级具有相等的能量。但是，当出现外磁场时，这些亚层能级分开，每个能级的能量略微不同。

与电子自转相关的是第四量子数——自旋磁矩m_s，电子只能以顺时针或逆时针方向自转。自旋磁矩只有两个可能数值（$+\frac{1}{2}$和$-\frac{1}{2}$），每个旋转方向有一个。因此，由于波动力学引入了3个表示每个电子层中电子亚层的新量子数，玻尔模型得到了进一步完善。将这两种模型的氢原子图进行比较，如图2.2（a）和2.2（b）所示。

表2.1 一些电子层和电子亚层的可用电子能级编号

主量子数	主层名称	亚层	能级数	电子数	
				每个亚层	每个主层
1	K	s	1	2	2
2	L	s	1	2	8
		p	3	6	
3	M	s	1	2	18
		p	3	6	
		d	5	10	
4	N	s	1	2	32
		p	3	6	
		d	5	10	
		f	7	14	

依据波动力学模型导出的不同电子层和电子亚层的完整能级图如图2.4所示。图中有几个特征值得注意，首先，主量子数越小，能级越低，例如，1s能级的能量比2s的低，2s能级的能量比3s的低。其次，每个电子层中，亚层能级随着角量子数l的增加而增大。例如，3d的能态比3p大，3p的能态比3s大。最后，一个电子层的能量可能会与相邻电子层的能量重叠，特别是d与f能态；例如，3d能态的能量通常比4s高一些。

（3）电子组态

电子态
泡利不相容原理

先前的内容涉及了电子态——电子能具有的能量值。为了确定这些电子层填充电子的方式，我们用另一个量子力学概念——泡利不相容原理来解决。原理规定每个电子态不能填入超过两个电子，并且这两个电子的自旋方向必须相反。因此，s、p、d、f亚层分别容纳2、6、10、14个电子；表2.1列出了前四个电子层每层所能容纳的最大电子数。

基态
电子组态

当然，一个原子中不是所有能态都会填满电子。对于大多数原子来说，电子一般先填满低能态的电子层和亚电子层，每个能态有两个自旋方向相反的电子。图2.5所示为一个钠原子的能量结构示意图。在满足先前限定条件下，当所有电子填满低能级时，这个原子就处于基态了。但是，如第12章和第19章所述，电子也有可能向高能态跃迁。原子的电子组态或结构代表了这些能态填充电子的方式。按照传统的方式，把每个亚层的电子数标在电子层-电子亚层名称之上来表示。例如，氢、氦、钠的电子组态分别为$1s^1$、$1s^2$、$1s^22s^22p^63s^1$。一些常见元素的电子组态列于表2.2中。

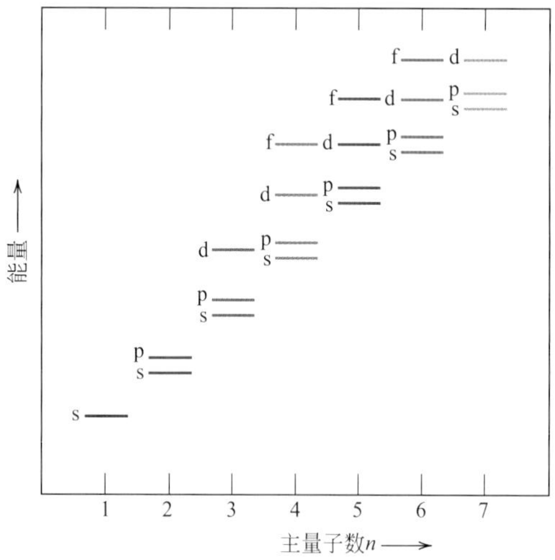

图2.4　不同电子层与电子亚层相关能量示意图

（源于K.M.Ralls，T.H.Courtney，andJ.Wulff，Introduction to MaterialsScience and Engineering，p.22.Copyright © 1976 by John Wiley &Sons，New York。获得John Wiley &Sons，Inc重印许可）

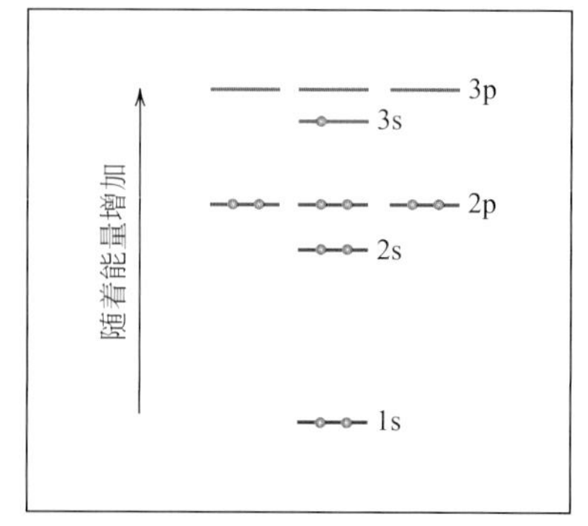

图2.5　钠原子能态填满与未填满示意图

表2.2 一些常见元素的期望电子组态表①

元素	符号	原子数	电子组态
氢	H	1	$1s^1$
氦	He	2	$1s^2$
锂	Li	3	$1s^22s^1$
铍	Be	4	$1s^22s^2$
硼	B	5	$1s^22s^22p^1$
碳	C	6	$1s^22s^22p^2$
氮	N	7	$1s^22s^22p^3$
氧	O	8	$1s^22s^22p^4$
氟	F	9	$1s^22s^22p^5$
氖	Ne	10	$1s^22s^22p^6$
钠	Na	11	$1s^22s^22p^63s^1$
镁	Mg	12	$1s^22s^22p^63s^2$
铝	Al	13	$1s^22s^22p^63s^23p^1$
硅	Si	14	$1s^22s^22p^63s^23p^2$
磷	P	15	$1s^22s^22p^63s^23p^3$
硫	S	16	$1s^22s^22p^63s^23p^4$
氯	Cl	17	$1s^22s^22p^63s^23p^5$
氩	Ar	18	$1s^22s^22p^63s^23p^6$
钾	K	19	$1s^22s^22p^63s^23p^64s^1$
钙	Ca	20	$1s^22s^22p^63s^23p^64s^2$
钪	Sc	21	$1s^22s^22p^63s^23p^63d^14s^2$
钛	Ti	22	$1s^22s^22p^63s^23p^63d^24s^2$
钒	V	23	$1s^22s^22p^63s^23p^63d^34s^2$
铬	Cr	24	$1s^22s^22p^63s^23p^63d^54s^1$
锰	Mn	25	$1s^22s^22p^63s^23p^63d^54s^2$
铁	Fe	26	$1s^22s^22p^63s^23p^63d^64s^2$
钴	Co	27	$1s^22s^22p^63s^23p^63d^74s^2$
镍	Ni	28	$1s^22s^22p^63s^23p^63d^84s^2$
铜	Cu	29	$1s^22s^22p^63s^23p^63d^{10}4s^1$
锌	Zn	30	$1s^22s^22p^63s^23p^63d^{10}4s^2$
镓	Ga	31	$1s^22s^22p^63s^23p^63d^{10}4s^24p^1$
锗	Ge	32	$1s^22s^22p^63s^23p^63d^{10}4s^24p^2$
砷	As	33	$1s^22s^22p^63s^23p^63d^{10}4s^24p^3$
硒	Se	34	$1s^22s^22p^63s^23p^63d^{10}4s^24p^4$
溴	Br	35	$1s^22s^22p^63s^23p^63d^{10}4s^24p^5$
氪	Kr	36	$1s^22s^22p^63s^23p^63d^{10}4s^24p^6$

① 对于C、Si和Ge元素，由于它们具有共价键，所以很容易形成sp氢键。

价电子

这些电子组态的标注是很有必要的。首先，价电子（即占据最外层电子层的电子）参与了原子间键合，形成原子和分子的聚集，所以很重要；此外，许多固体的物理与化学性能也取决于这些价电子。

另外，有些原子具有稳定电子组态；也就是说，最外层或价电子层的能态完全被填满。例如氖、氩、氪，用8个电子占满了s和p能态；氦除外，氦只有一个包含两个电子的1s层。这些元素（氖、氩、氪和氦）为惰性元素，它们的气体几乎没有化学活泼性。有些元素的原子虽然价电子没有填满，但通过得电子或失电子形成价电子，或与其他原子共价来获得稳定的电子组态。这是化学反应和固体原子键合的基本原则，我们会在2.6节详细解释。

在特殊情况下，s和p轨道会结合形成sp^n杂化轨道，其中n表示p轨道所含的电子数，可能值为1、2或3。周期表中ⅢA、ⅣA和ⅤA族元素大多数会形成杂化轨道。形成杂化轨道的驱动力为价电子的低能态。碳的sp^3杂化在有机物和聚合物化学中非常重要。sp^3杂化的形态决定了109°（或四面体的）角在聚合物链中常出现（第4章）。

写出Fe^{3+}和S^{2-}的电子组态。

[解答可参考 *www.wiley.com/college/callister*（学生之友网站）]

2.4 元素周期表

元素周期表

所有元素可根据其不同的电子组态归类在元素周期表中（图2.6）。随着原子数的增加，将原子置于若干横排，成为周期。所有元素排列好，特定纵排或族有相似的价电子组态，也具有相似的化学和物理性能。这些性能沿着横向的每个周期和垂直向的每个纵列逐渐改变。

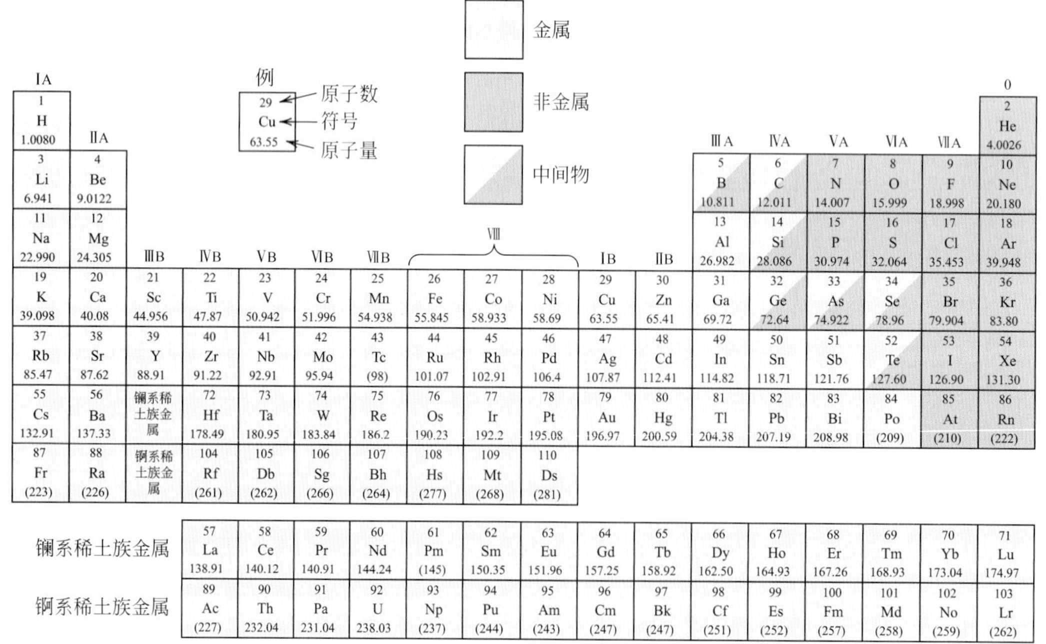

图2.6　元素周期表。圆括号中的数为最稳定或最常见同位素的原子量。

最右边的0族元素为惰性气体，其电子层充满的电子且具有稳定的电子组态。ⅦA和ⅥA族元素分别缺少一个和两个电子，而不能拥有稳定结构。ⅦA族元素（F、Cl、Br、I和At）有时被称为卤素。碱金属和碱土金属（Li、Na、K、Be、Mg、Ca等）分别被列为ⅠA和ⅡA族，分别比稳定结构多了一个和两个电子。ⅢB族和ⅡB族的三个长周期元素被称为过渡金属，其d层电子能态部分被填满，有时其中的一个或两个电子在下一个更高的电子层。ⅢA、ⅣA和ⅤA族元素（B、Si、Ge、As等）为金属与非金属之间的中间物，通过价电子结构来展现它们的特点。

电正性

电负性

如在元素周期表指出的那样，大多数元素归为金属类。有些被称为电正性元素，表示它们能够舍弃自己的一些价电子变为正价阳离子。此外，位于元素周期表右手边的元素具有电负性；也就是它们随时接受电子形成负价离子，或者有时它们会与其他原子共用电子。图2.7列出了按照元素周期表排列的元素的电负性值。按照一般规则，从左往右，自下而上电负性逐渐增加。如果原子最外层几乎被填满，同时它们很少受到原子核的“庇护”（即距原子核较近），就更容易接收电子。

ⅠA	ⅡA	ⅢB	ⅣB	ⅤB	ⅥB	ⅦB	Ⅷ	Ⅷ	Ⅷ	ⅠB	ⅡB	ⅢA	ⅣA	ⅤA	ⅥA	ⅦA	0
1 H 2.1																	2 He –
3 Li 1.0	4 Be 1.5											5 B 2.0	6 C 2.5	7 N 3.0	8 O 3.5	9 F 4.0	10 Ne –
11 Na 0.9	12 Mg 1.2											13 Al 1.5	14 Si 1.8	15 P 2.1	16 S 2.5	17 Cl 3.0	18 Ar –
19 K 0.8	20 Ca 1.0	21 Sc 1.3	22 Ti 1.5	23 V 1.6	24 Cr 1.6	25 Mn 1.5	26 Fe 1.8	27 Co 1.8	28 Ni 1.8	29 Cu 1.9	30 Zn 1.6	31 Ga 1.6	32 Ge 1.8	33 As 2.0	34 Se 2.4	35 Br 2.8	36 Kr –
37 Rb 0.8	38 Sr 1.0	39 Y 1.2	40 Zr 1.4	41 Nb 1.6	42 Mo 1.8	43 Tc 1.9	44 Ru 2.2	45 Rh 2.2	46 Pd 2.2	47 Ag 1.9	48 Cd 1.7	49 In 1.7	50 Sn 1.8	51 Sb 1.9	52 Te 2.1	53 I 2.5	54 Xe –
55 Cs 0.7	56 Ba 0.9	57–71 La–Lu 1.1–1.2	72 Hf 1.3	73 Ta 1.5	74 W 1.7	75 Re 1.9	76 Os 2.2	77 Ir 2.2	78 Pt 2.2	79 Au 2.4	80 Hg 1.9	81 Tl 1.8	82 Pb 1.8	83 Bi 1.9	84 Po 2.0	85 At 2.2	86 Rn –
87 Fr 0.7	88 Ra 0.9	89–102 Ac–No 1.1–1.7															

图2.7 按照元素周期表排列的元素的电负性值

（源于Linus Pauling，*The Nature of the Chemical Bond*，3rd edition.Copyright 1939 and 1940，3rd edition copyright © 1960，by Cornell University。获得Cornell University Press出版商使用许可）

固体中的原子键

2.5 键合力与键能

通过原子间作用力（将原子束缚在一起）知识的学习，我们对许多材料的物理性能更加了解。原子键合原则也许最能解释两个独立原子如何相互作用使得它们从有限距离被拉近。在较大的距离，相互作用力可以忽略，因为原子间的距离太远以至于不能相互影响；但是在较小距离，每个原子对其他原子存在作用力。这些作用力分为两种：吸引力（F_A）和排斥力（F_R），每种作用力的大小取决于原子间距（r）；图2.8（a）为F_A与F_R对r的示意图。简单解释一下，吸引力（F_A）来源于两个原子之间的特殊类型的键。排斥力来源于两个原子负价电子云之间的相互作用，并且只有在两个原子的外层电子层开始重叠［图2.8（a）］，即r值很小时，排斥力才很明显。

两原子间合力（F_N）为吸引力与排斥力的总和，即：

$$F_N=F_A+F_R \tag{2.2}$$

也是原子间距的函数，已在图2.8（a）中绘出。当F_A与F_R平衡或相等时，没有合力，即：

$$F_A+F_R=0 \tag{2.3}$$

出现平衡态。两个原子的中心会保持平衡间距r_0，如图2.8（a）所示。大多数原子的r_0约为0.3nm。此时若将两个原子向反向移开，就会被吸引力阻碍，若将两个原子移近，就会受到排斥力的阻碍。

有时计算两个原子间的势能比计算它们之间的受力更方便。势能（E）和力（F）的关系为：

两个原子间力与势能的关系

$$E=\int F\mathrm{d}r \tag{2.4}$$

或者对于原子体系，有：

$$E_N=\int_{\infty}^{r}F_N\mathrm{d}r \tag{2.5}$$

$$=\int_{\infty}^{r}F_A\mathrm{d}r+\int_{\infty}^{r}F_R\mathrm{d}r \tag{2.6}$$

$$=E_A+E_R \tag{2.7}$$

式中，E_N、E_A和E_R分别为两个独立且相邻原子的净能量、吸引能和排斥能。

图2.8（b）画出了两个原子原子间距与引力能、排斥能和净能量之间的函数。从公式（2.7）中可以看出净能曲线为引力能与排斥能曲线之和。净能曲线最小值所对应的平衡间距为r_0。此外，这两个原子的键能E_0对应于能量的最小值点［图2.8（b）中已标出］，它代表了将两个有限距离的原子分开所需的能量。

键能

先前解决的只是两个原子的理想情况，固体材料中存在相似的更复杂的情况，因为要考虑许多原子间存在的相互作用力和相互能量关系。然而，键能与上述E_0类似，与每个原子都有关系。不同材料的键能大小和能量对原子间距曲线形状均不同，但都取决于原子键的类型。另外，许多材料的性能与E_0、曲线形状和键的类型有关。例如，具有较大键能的材料也有较高的熔点；在室温下，固体物质具有较大的键能，而气态则具有较小的键能；中等键能组成液态。除此之外，在7.3节讨论的材料的机械刚度（或弹性模量）与原子键作用力对原子间距曲线的形状有关（图7.7）。在$r=r_0$的位置上，相对较硬材料的曲线斜率会非常陡；弹性材料的曲线斜率相对较平缓。并且，无论材料经过加热膨胀多少或者经过冷却缩小多少（即它的线性热膨胀系数）都与E_0与r_0的曲线有关。若曲线出现深而窄的凹谷，则该材料具有较大键能，这通常与它的低线性热膨胀系数和相对较小的温度变化有关。

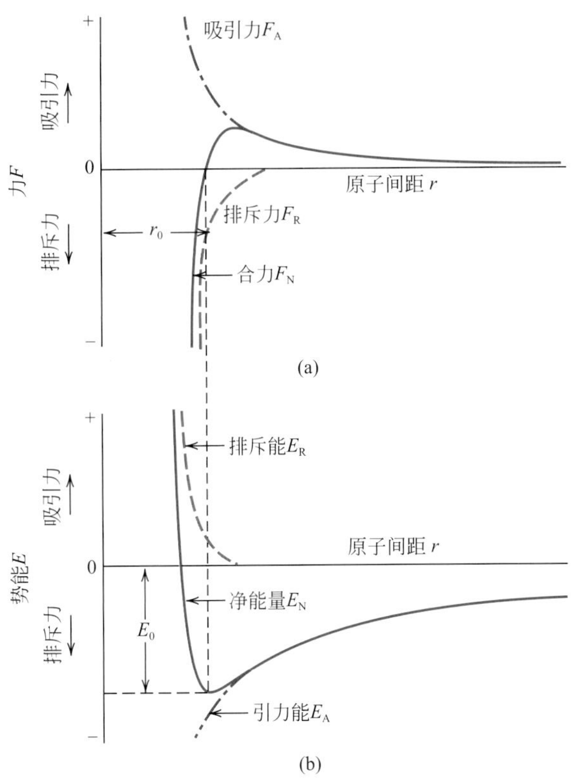

图2.8 (a)两个独立原子的排斥力、吸引力与原子间距的合力关系；(b)两个独立原子的排斥力、吸引力与原子间距上净能量的关系

主价键

固体中常见的3种不同主价键或化学键类型有：离子键、共价键和金属键。无论是哪种类型的化合键都与价电子有关，并且，化学键的性质取决于原子的电子结构。一般，这3种化学键的任意一种都会使原子获得倾向于稳定的电子结构，像惰性气体一样完全填满最外层电子层。

第二作用力或物理力和能量也经常出现在固体材料中，它们比主价键弱，但也影响材料的物理性能。下节会解释原子间的主价键和次价键。

2.6 原子间主价键

（1）离子键

离子键

离子键也许是最容易描述和设想的，它是由金属和非金属元素（位于元素周期表横向两端的元素）组成的化合物中的键合力。金属元素的原子容易失去它们的价电子给非金属原子，这个过程使所有原子都获得了稳定结构（或惰性气体组态）和电荷，即它们变为了离子。氯化钠是典型的离子材料。钠原子可以通过失去一个3s价电子给氯原子获得氖电子结构（带一个净正电荷）。电子传递后，氯离子带一个净负电荷与氩的电子组态相同。氯化钠中，所有的钠和氯都是以离子状态存在的。图2.9示意说明了这种键。

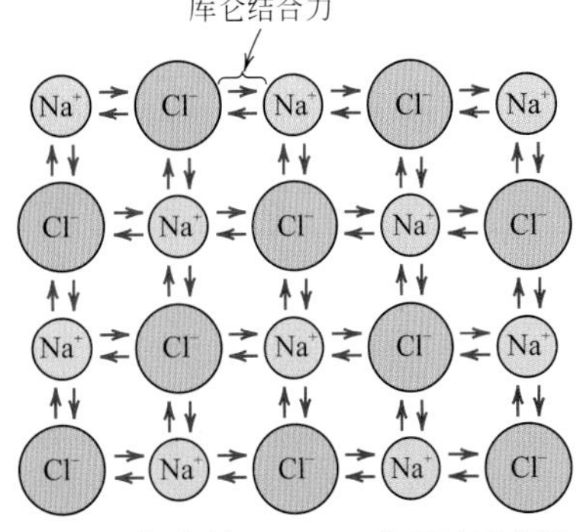

图2.9 氯化钠（NaCl）离子键示意图

库仑力

吸引结合力为库仑力，即凭借静电荷的力量使正离子和负离子相互吸引。两个独立离子引力能E_A与原子间距的函数关系为❶：

引力能与原子间距的关系

$$E_A = -\frac{A}{r} \tag{2.8}$$

排斥能的公式与其类似为❷：

排斥能与原子间距的关系

$$E_R = \frac{B}{r^n} \tag{2.9}$$

表达式中的A、B和n为常数，其值取决于特定的离子系统。n值约为8。

通常认为离子键无方向性，即键能大小在粒子周围所有方向都相等。由此可以认为离子材料很稳定，所有正离子在三维体系中必须有与其最邻近的负离子，反之亦然。陶瓷材料中主要结合键为离子键。这些材料的一些离子排列方式会在第3章进行讨论。

离子键的键能一般介于600～1500kJ/mol（3～8eV/atom）之间，相对较大，因此具有较高熔点❸。表2.3列出了一些离子材料的键能和熔化温度。离子材料的典型特点是硬而脆，并且具有电绝缘性和热绝缘性。在下一章会讨论到，这些性能是电子组态和（或）离子键的本质直接导致的结果。

表2.3 各种材料的键能和熔化温度

化合键类型	材料	键能		熔化温度/℃
		kJ/mol	eV/原子、离子、分子	
离子键	NaCl	640	3.3	801
	MgO	1000	5.2	2800
共价键	Si	450	4.7	1410
	C（金刚石）	713	7.4	>3550
	Hg	68	0.7	–39
金属键	Al	324	3.4	660
	Fe	406	4.2	1538
	W	849	8.8	3410
范德华力	Ar	7.7	0.08	–189
	Cl_2	31	0.32	–101
氢键	NH_3	35	0.36	–78
	H_2O	51	0.52	0

❶ 公式（2.8）中的常数A等于：

$$\frac{1}{4\pi\epsilon_0}(Z_1 e)(Z_2 e)$$

式中，ϵ_0为真空电容率（8.85×10^{-12}F/m）；Z_1和Z_2为两个离子的化合价；e为电子电荷（1.602×10^{-19}C）。

❷ 公式（2.9）中常数B的值为适当经验值。

❸ 有时键能表示为每原子或每离子的电子伏特值，这种情况下，电子伏特（eV）为合适的小单位。根据定义，它的能量源于电子，其降低一伏特电位所释放出的能量。电子伏特与焦耳的关系为1.602×10^{-19}=1eV。

（2）共价键

共价键

共价键是通过与相邻原子共用电子而获得稳定的电子组态。共价键上的两个原子，每个原子至少贡献一个电子去键合，并且共用的电子共同属于这两个原子。图2.10为甲烷（CH_4）分子共价键示意图。碳原子有4个价电子，4个氢原子中每个只有一个价电子。每个氢原子与碳原子共用自己的一个电子，可以得到氦电子组态（两个1s层价电子）。碳原子获得了4个额外的共用电子后（每一个电子都来自一个氢原子），共有8个价电子，与氖的电子组态相同。共价键具有方向性，即共价键在特定原子间，并且只可能在参与电子共用的两个原子方向上。

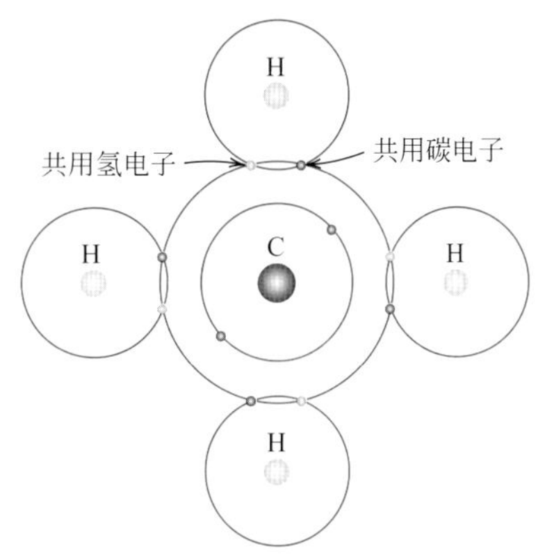

图2.10 甲烷（CH_4）分子共价键示意图

许多相同非金属元素分子（H_2、Cl_2、F_2等），以及不相同非金属元素分子（如CH_4、H_2O、HNO_3和HF）都具有共价键。此外，这类化学键在元素固体中，如金刚石（碳）、硅、锗以及由位于周期表右手边元素组成的其他固体化合物，如砷化镓（GaAs）、锑化铟（InSb）和碳化硅（SiC）中经常发现。

特定原子可能含有的共价键数目由价电子决定。对于N'价电子，原子可以与最多$8-N'$个其他的原子共价键和。例如，氯$N'=7$，$8-N'=1$，也就是说Cl原子只能与一个其他原子键合，如Cl_2。同样，碳$N'=4$，每个碳原子有8–4=4个电子可以共用。金刚石就是简单的三维互联结构，其中每个碳原子与其他四个碳原子共价。排列方式示意图如图3.16所示。

共价键作用可以非常强，如金刚石，非常硬，并且有很高的熔化温度，大于3550℃（6400 ℉），共价键作用也可以非常弱，如铋，在大约270℃（518 ℉）时就会融化。一些共价键材料的键能和熔化温度列在表2.3中。聚合物为典型的具有共价键的材料，它的基本分子结构通常为共价键键合的碳原子长链，占用了每个碳原子可共用4个电子中的2个，剩下的两个原子通常与其他原子共用，但也是共价键。聚合分子结构将在第4章进行详细讨论。

原子间化学键中可以同时具有离子键和共价键，而且，实际上很少有化合物只存在离子键或共价键。键合类型取决于构成元素在元素周期表（图2.6）中的相对位置，以及它们之间电负性（图2.7）的差异。元素周期表中元素在左下方和右上方的距离（相对ⅣA族的横向与纵向距离）越远（即电负性差异越大），形成离子键的可能性越大。相反，离得越近（即电负性差异越小），形成共价键的可能性越大。元素A与元素B键合时，其离子特性百分比可以近似表示为：

$$离子特性 = \{1 - \exp[-(0.25)(X_A - X_B)^2]\} \times 1 \qquad (2.10)$$

式中，X_A和X_B分别为元素A与元素B的电负性。

（3）金属键

金属键

最后一种主价键类型是金属键，经常存在于金属材料及合金材料中。一个

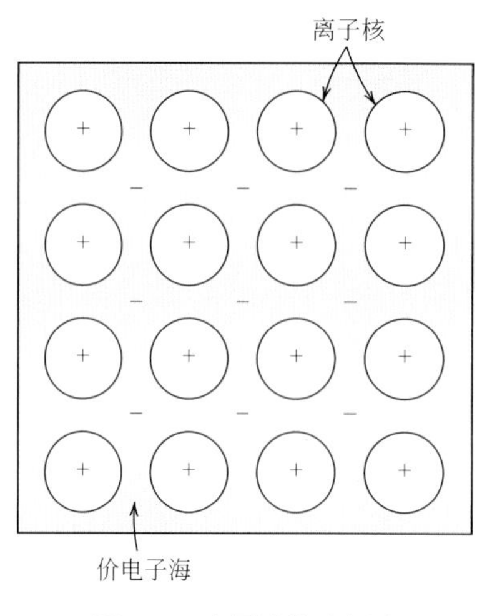

图2.11 金属键的示意图

相对简单且非常接近键合形式的模型已被提出。金属材料有1个、2个，或者最多3个价电子。这个模型中，这些价电子没有与固体中任何特定原子绑在一起，而是可以在整个金属中随意移动。可以认为这些电子属于整个金属，或者认为它们形成了一个“电子海”或一个“电子云”。剩余的非价电子与原子核形成了离子核，离子核具有净正电荷，其电荷数目等于每个原子所有价电子总共的电荷数。图2.11为金属键的示意图。自由电子保护正价离子核不受到静电力的相互排斥作用，因此金属键不具有方向性。另外，这些自由电子像“胶水”一样黏在离子核上。一些金属的键能和熔化温度列于表2.3。离子键有时很强，有时很弱，键能范围从68kJ/mol（0.7eV/atom）的汞到849kJ/mol（8.8eV/atom）的钨。它们的熔化温度分别为–39℃和3410℃（–38 ℉和6170 ℉）。

元素周期表中Ⅰ A族和Ⅱ A族元素金属中存在金属键，其实，所有金属元素中都存在金属键。

不同材料类型（即金属、陶瓷、聚合物）的特性行为不同，可能因为化学键类型不同造成的。例如，金属是良好的电导体和热导体，因为它有自由电子（见12.5节、12.6节和17.4节）。而离子键和共价键材料为典型的电绝缘和热绝缘材料，这是因为它们没有大量的自由电子。

此外，在8.5节我们会讲到，室温下大多数金属及其合金不具有良好的韧性，即材料经过一定程度的永久变形后会发生断裂。用变形机理来解释这种行为，毫无疑问的与金属键的特性相关。相反，室温下离子键材料容易变脆，这是因为组成的离子具有带电的性质（见8.15节）。

概念检查2.3　解释为什么共价键材料的密度通常比离子键或金属键材料密度小。
[解答可参考 *www.wiley.com/college/callister*（学生之友网站）]

2.7 次价键或范德华键

次价键
范德华键

与主价键（或化学键）相比次价键、范德华键或物理键要弱些，通常键能大约只有10kJ/mol（0.1eV/atom）。次价键几乎存在于所有的原子或分子间，但是如若3种主键中的任何一种存在，它的存在就显得很隐蔽。

偶极子

次价键作用力来源于原子或分子的偶极子。从本质上讲，当原子或分子的正电荷和负电荷分开到一定程度时，会产生电偶极。键合是由于一个偶极正端与一个相邻偶极负端间的库仑吸引力产生的，如图2.12所示。偶极相互作用产生于偶极与偶极间、偶极与极性分子间（具有永久偶极），及极性分子与极性分子间。一种特殊的次价键——氢键存在于一些由氢组成的分子中。下面简述这些键的机理。

氢键

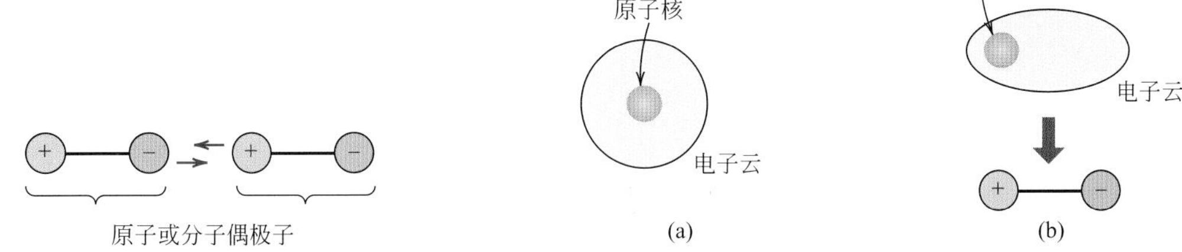

图2.12　两个偶极子间范德华键示意图

图2.13 （a）电对称原子示意图；（b）诱导原子偶极示意图

（1）振动诱导偶极键

偶极子产生于电对称的原子或分子中，即全部电子空间分布于相对带正电的原子核对称，如图2.13（a）所示。所有原子不断地振动，可能会导致一些原子或分子瞬间且短暂的电对称变形，并产生小的电偶极，如图2.13（b）所示。这些偶极一个一个依次取代相邻分子或原子的电子分布，使得第二个原子或分子被诱导成为另一个偶极，但是与第一个相比吸引力或键合作用更弱，即形成范德华键。这些吸引力存在于大量原子或分子间，短暂且随时间而变化。

一些惰性气体及其他电中性或对称的分子（如H_2和Cl_2）的液化过程，甚至凝固过程得以实现，是因为诱导偶极键的存在。诱导偶极键起主要作用的材料熔点和沸点非常低，它是分子间所有可能存在的键中最弱的键。氩和氯的键能和熔化温度见表2.3。

（2）极性分子-诱导偶极键

一些正电荷区和负电荷区不对称分布的分子中存在永久偶极矩，这种分子称为**极性分子**。图2.14为氯化氢分子的示意图，永久偶极矩在HCl分子中氢和氯两端的净正电荷与净负电荷上产生。

极性分子

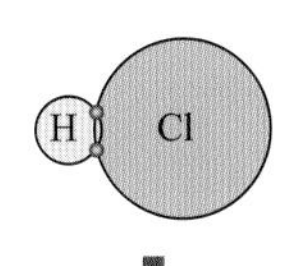

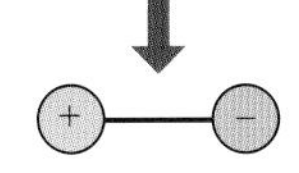

图2.14　极性氯化氢（HCl）分子示意图

极性分子也可以在邻近非极性分子中产生偶极，两个分子间的吸引力会形成键。另外，这种方式形成的键的能量比振动诱导偶极更大。

（3）永久偶极键

范德华力也存在于相邻极性分子间。键能比诱导偶极键大的多。

最强的次价键类型是氢键，氢键是极性分子键的特例，产生于氢与氟（如HF）、与氧（如H_2O），及与氮（如NH_3）共价键合形成的分子中。每个H—F键、H—O或H—N键的唯一氢电子都与另一个原子共用。因此，氢键中氢原子那端本质上是一个带正价的纯质子，不屏蔽任何电子。带正电荷这端的分子具有很强的吸引力，吸引相邻带负电荷端的分子，如图2.15所示为HF示意图。单个质子在两个带负电荷的原子间形成了一个“桥梁”。氢键的键能比其他类型次价键都要强，可高达51kJ/mol（0.52eV/molecule），如表2.3所示。虽然氟化氢和水的分子量较低，但是它们的熔点和沸点却异常高，这就是氢键作用的结果。

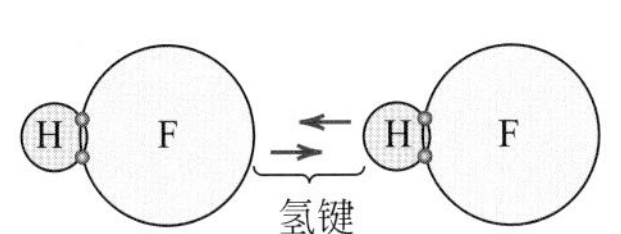

图2.15　氟化氢（HF）示意图

重要材料

水（结冰后体积膨胀）

结冰后（即液态冷却转变为固态）大多数物质的密度都会增加（或体积相应减小）。但水是一个例外，水结冰后体积异常的膨胀了——约膨胀了9个体积百分比。这种现象可以用氢键原理来解释。每个H_2O分子有两个氢原子，两个氢原子与一个氧原子键合；此外，这个唯一的O原子可以与其他H_2O分子上的两个氢原子键合。因此，固态冰中每个水分子拥有4个氢键，如图2.16（a）三维示意图所示，此图的氢键用虚线标出，每个水分子有4个最近邻的分子。这种结构相对开放——即分子不是密集排列的，因此，密度相对较低。熔化时，这种结构被破坏，水分子排列更加密集［图2.16（b）］，在室温时，最邻近水分子的平均数目可增加到约4.5，导致密度增加。

这种特殊结晶现象的结果众所周知。这个现象解释了冰山为什么漂浮，为什么天冷的时候要给汽车的制冷系统（使引擎不会破裂）添加防冻剂，以及为什么冻融作用破坏了街道路面并形成了坑洼。

喷壶沿着侧面板与底面板接缝破裂。一个寒冷的晚秋夜晚，被留在喷壶里的水结冰使喷壶破裂。（图片源于S. Tanner）

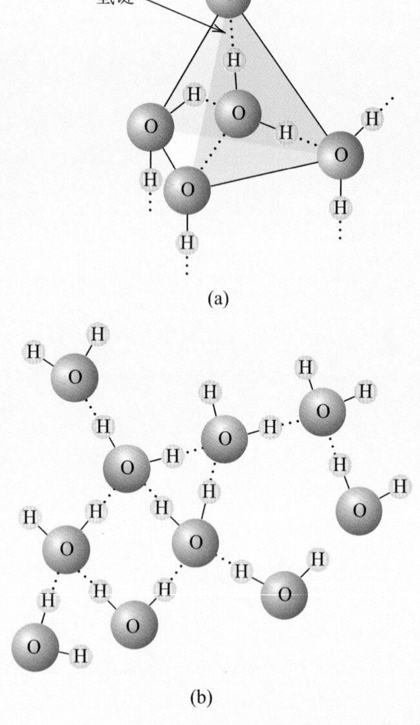

图2.16 （a）固态冰和（b）液态水的水（H_2O）分子排列

2.8 分子

许多常见的分子是由强共价键连接起来的原子团组成的，包括元素双原子分子（F_2、O_2、H_2等），以及许多化合物（H_2O、CO_2、HNO_3、C_6H_6、CH_4等）。在黏稠液态或固态中，分子间的结合键为次价键。因此，分子材料具有相对较低的熔点和沸点。大多数由几个原子组成的小分子在常温常压下以气态存在。另外，许多现代聚合物（由巨大分子组成的分子材料）以固体形式存在；它们的性能取决于范德华键和氢次价键。

总结

原子中的电子

- 2个原子模型为玻尔模型和波动力学模型。其中玻尔模型假定电子绕原子核在离散轨道上运行，波动力学模型认为电子是波状，并且电子的位置呈概率分布。
- 电子能量量化——即只有在特定能量值时才发生量化。
- 4个电子量子数为n、l、m_l和m_s。每个特定的量子数有独特的电子特征。
- 根据泡利不相容原理，每个电子能态最多只能容纳2个电子，并且这2个电子具有相反的自旋方向。

元素周期表

- 元素周期表的每列（或族）元素都有不同的电子组态。例如0族元素（惰性气体）电子层被填满，ⅠA族元素（碱金属）比填满的电子层还多一个电子。

键合力和键能

- 键合力与键能的关系见公式（2.4）。
- 两个原子或离子间的引力能、排斥能和净能取决于原子间距，示意图如图2.8（b）。
- 从两个原子或离子的原子间距与作用力的图中可知，平衡间距与零作用力的值相对应。
- 从两个原子或离子的原子间距与势能的图中可知，键能与曲线最小能量值相对应。

原子间主价键

- 离子键中，一类原子向另一类原子转移价电子形成带电离子。这类化学键出现在陶瓷材料中。
- 相邻原子间共用价电子形成的化学键为共价键。聚合物和一些陶瓷材料中可找到共价键。
- 两个元素（A和B）的离子特征百分比取决于它们的电负性，依据公式（2.10）。
- 金属键中，价电子形成“电子海”，即电子分散在金属离子核周围，像胶水一样附着在离子核。金属键存在于金属材料中。

次价键或范德华键

- 相对较弱的范德华键产生于诱导或永久的电子偶极间的吸引力。
- 氢键中，当氢与非金属元素（如氟）共价键合时形成极性分子。

公式总结

公式编号	公式	求解
（2.4）	$E=\int F\mathrm{d}r$	两原子间的势能
（2.8）	$E_A=-\dfrac{A}{r}$	两原子间的引力能

续表

公式编号	公式	求解
（2.9）	$E_R = \frac{B}{r^n}$	两原子间的排斥能
（2.10）	离子特性 $= \{1 - \exp[-(0.25)(X_A - X_B)^2]\} \times 100\%$	离子特性百分比

符号列表[1]

符号	意义	符号	意义
A、B、n	材料常数	F	原子（或离子）间作用力
E	原子（或离子）间势能	r	原子（或离子）间间距
E_A	原子（或离子）间引力能	X_A	化合物BA负电元素的电负值
E_R	原子（或离子）间排斥能	X_B	化合物BA正电元素的电负值

工艺/结构/性能/应用总结

本章我们讲了原子的电子组态影响了与其他原子形成的化学键的类型。键合类型也影响了其他结构元素的材料：硅的电子带结构（第12章）；聚合材料（即纤维）的分子结构（第4章）。这些关系可用下图表示。

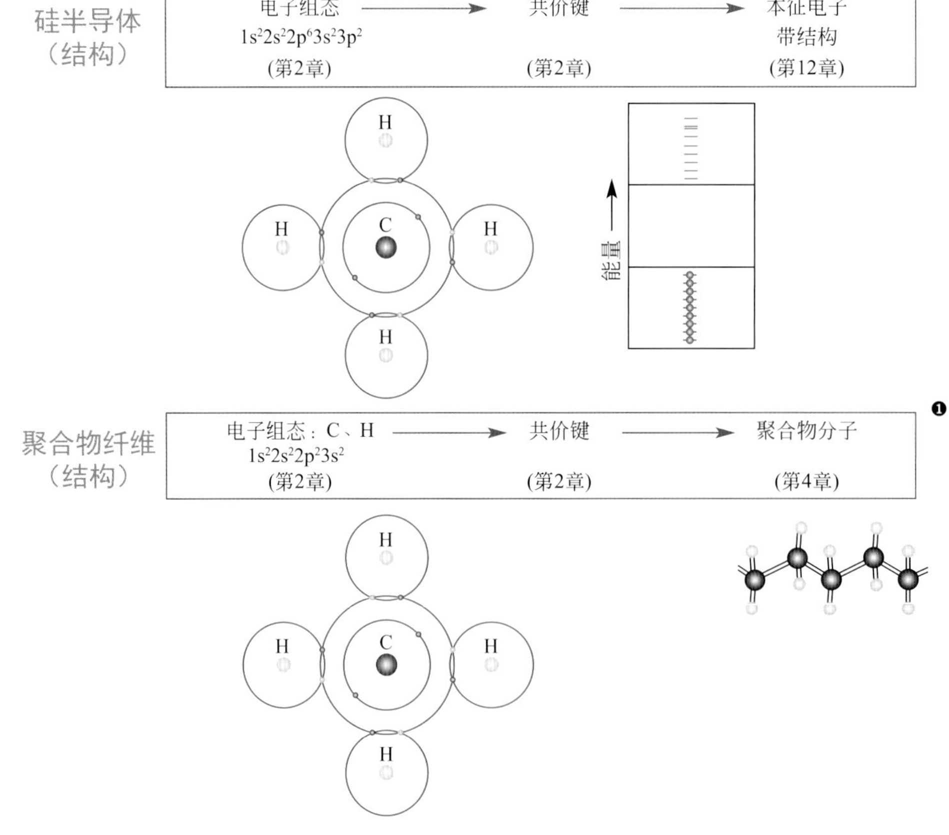

[1] 每个章节中大部分列在重要术语与概念部分的术语在附录E词汇表中有详细解释。文中所有章节的其他术语也很重要，可依据目录或索引寻找详细解释。

重要术语和概念

原子质量单位（amu）	偶极子（带电的）	离子键	主价键
原子数（Z）	电子组态	同位素	量子力学
原子量（A）	带负电的	金属键	量子数
波尔原子模型	电子态	摩尔	次价键
键能	带正电的	泡利不相容原理	价电子
库仑力	基态	元素周期表	范德华键
共价键	氢键	极性分子	波动力学模型

参考文献

本章大多数材料覆盖于大学化学课本。列出两个作为参考。

Ebbing，D.D.，S.D.Gammon，and R.O.Ragsdale，*Essentials of General Chemistry*，2nd edition，Cengage Learning，Boston，2006.

Jespersen,N. D., Brady J.E., and Hyslop, A. *Chemistry:Matter and Its Changes,* 6th edition, Wiley, Hoboken, NJ, 2012.

习题

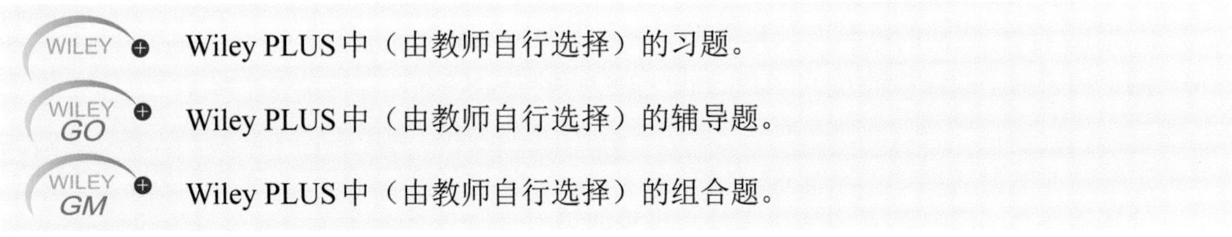

Wiley PLUS中（由教师自行选择）的习题。

Wiley PLUS中（由教师自行选择）的辅导题。

Wiley PLUS中（由教师自行选择）的组合题。

基本概念

原子中的电子

2.1 指出原子质量与原子量的区别。

2.2 铬有4种天然形成的同位素：4.34%的^{50}Cr（原子量为49.9460amu），83.79%的^{52}Cr（原子量为51.9405amu），9.50%的^{53}Cr（原子量为52.9407amu），及2.37%的^{54}Cr（原子量为53.9389amu）。依据这些数据证明Cr的平均原子量为51.9963amu。

2.3 （a）1amu材料有多少克？

（b）本书上下文中，摩尔采用单位克-摩尔。在此基础上，一个英磅-摩尔的物质有多少个原子？

2.4 （a）用玻尔原子模型来说明两个重要的两个量子力学概念。

（b）用波动力学补充说明两个重要的量子力学概念。

2.5 利用电子和电子能态的关系，解释4个量子数中每个具体指什么？

2.6 电子的量子数可用值如下：

n=1，2，3，…

l=0，1，2，3，…，n–1

m_l=0，±1，±2，±3，…，±l

$m_s=\pm\frac{1}{2}$

n与指定电子层的关系见表2.1。相关亚层：

l=0 对应于s亚层

l=1 对应于p亚层

l=2 对应于d亚层

l=3 对应于f亚层

K层中，1s能态的两个电子中的每个电子的第四量子数，按nlm_lm_s的顺序为$100\frac{1}{2}$和$100\left(-\frac{1}{2}\right)$。写出L层和M层所有电子的第四量子数，注意与其对应的s、p、d亚层。

2.7 写出下列离子的电子组态：Fe^{2+}、Al^{3+}、Cu^{+}、Ba^{2+}、Br^{-}和O^{2-}。

WILEY 2.8 氯化钠（NaCl）中占支配地位的是离子键。Na^{+}和Cl^{-}与哪两个惰性气体电子结构一样？

元素周期表

2.9 元素周期表中ⅦA族所有元素的电子组态有什么共同点？

2.10 原子序数114属于元素周期表中的哪族？

WILEY 2.11 不查阅图2.6或表2.2，确定下列电子组态为惰性气体、卤素、碱金属、碱土金属还是过渡金属，并解释。

（a）$1s^22s^22p^63s^23p^63d^74s^2$　　（b）$1s^22s^22p^63s^23p^6$

（c）$1s^22s^22p^5$　　（d）$1s^22s^22p^63s^2$

（e）$1s^22s^22p^63s^23p^63d^24s^2$　　（f）$1s^22s^22p^63s^23p^64s^1$

WILEY 2.12 （a）元素周期表中的稀土系列元素中，什么电子的亚层是被填满？

（b）在锕系元素中，什么电子亚层是被填满的？

键合作用力和键能

WILEY GO 2.13 计算K^{+}与O^{2-}之间的吸引力，其中离子中心距为1.5nm。

WILEY 2.14 两个相邻离子的净势能E_N可以用公式（2.8）和与式（2.9）的和表示，即：

$$E_N = -\frac{A}{r} + \frac{B}{r^n} \tag{2.11}$$

计算键能E_0，用参数A、B和n表示，过程如下：

①对E_N求r的导数，设结果表达式为0，因为E_N与r的曲线极小值为E_0。

②解出r，用A、B和n表示，得到平衡离子间距r_0。

③用r_0替换式（2.11）中的r，得到E_0的表达式。

WILEY 2.15 K^{+}-Cl^{-}离子对的引力能和排斥能分别为E_A和E_R，它们与离子间距r有关，关系式为：

$$E_A = -\frac{1.436}{r}$$

$$E_R = \frac{5.86\times10^{-6}}{r^9}$$

这个表达式中每个K^{+}-Cl^{-}离子对的能量用电子伏表示，间距r用纳米表示。净能E_N为这两个表达式的和。

（a）分别画出E_N、E_R、E_A关于r的曲线，其中r的数值取到1.0nm。

（b）在这个图的基础上，确定（Ⅰ）K^{+}与Cl^{-}的平衡间距r_0，（Ⅱ）两个离子间键能E_0的大小。

（c）用2.14题的解法计算r_0和E_0的值，并与（b）中的图比较。

WILEY GM 2.16 某个X^{+}-Y^{-}离子对，其平衡离子间距和键能值分别为0.35nm和–6.13eV。若已知公式（2.11）中的n为10，用2.14题的解法，计算公式（2.8）和公式（2.9）中的引力能E_A和排斥能E_R。

WILEY 2.17 两个邻近离子的净势能E_N有时可用公式（2.12）表示：

$$E_N = -\frac{C}{r} + D\exp\left(-\frac{r}{\rho}\right) \tag{2.12}$$

式中，r为离子间距，常数C、D和ρ取决于材料本身的性质。

①导出键能E_0关于平衡离子间距r_0与常数D和ρ的表达式，过程如下：

a. 对E_N求r的导数，并令表达式结果等于0。

b. 解出C，并用D、ρ和r_0表示。

c. 替换公式（2.12）中的C，解出E_0的表达式。

②用与①题类似的过程导出E_0关于r_0、C和ρ的另一个表达式。

原子间主价键

2.18 （a）简要说出离子键、共价键和金属键之间的主要区别。

（b）叙述泡利不相容原理。

WILEY GO 2.19 计算下列化合物离子键的离子特征百分数：TiO_2、ZnTe、CsCl、InSb和$MgCl_2$。

WILEY GO 2.20 绘出表2.3中列出金属的键能与熔化温度的曲线图。并用这个图计算铜的键能，其中铜熔点为1084℃。

WILEY 2.21 依据表2.2，确定下列元素原子中可能存在的共价键数目：锗、磷、硒和氯。

WILEY 2.22 下列材料中每种材料具有哪些类型的化学键：黄铜（铜锌合金）、橡胶、硫化钡（BaS）、固态氙、青铜、尼龙和磷化铝（AlP）？

次价键或范德华键

WILEY 2.23 解释为什么氟化氢（HF）的原子量较小，但比氯化氢（HCl）的熔点（19.4℃与–85℃）高。

电子表格问题

2.1SS 制作一个表格，可以让用户输入A、B和n的值［公式（2.8）、公式（2.9）和公式（2.11）］，并做以下步骤：

（a）画一个两个原子或离子势能对原子间距的图，图中包括吸引能（E_A），排斥能（E_R）和净能（E_N）。

（b）并计算平衡间距（r_0）和键能（E_0）。

2.2SS 制作一个可以计算两个元素原子间键的离子特性百分数的表格，可以让用户输入元素电负性的值。

工程基础问题

2.1FE 尼龙6,6的化学组成是化学式$C_{12}H_{22}N_2O_2$的重复单位。组成元素的原子量为$A_C=12$，$A_H=1$，$A_N=14$，$A_O=16$。依据这个（尼龙6,6）化学式，尼龙66的碳含量（质量百分比）最可能接近：

（A）31.6%　（B）4.3%　（C）14.2%　（D）63.7%

2.2FE 下列电子组态中哪个是惰性气体的？

（A）$1s^22s^22p^63s^23p^6$　（B）$1s^22s^22p^63s^2$

（C）$1s^22s^22p^63s^23p^64s^1$　（D）$1s^22s^22p^63s^23p^63d^24s^2$

2.3FE 黄铜（铜锌合金）中可能有哪种键？

（A）离子键　（B）金属键　（C）共价键和范德华键　（D）范德华键

2.4FE 橡胶中可能有哪种键？

（A）离子键　（B）金属键　（C）共价键和范德华键　（D）范德华键

第3章　金属和陶瓷的结构

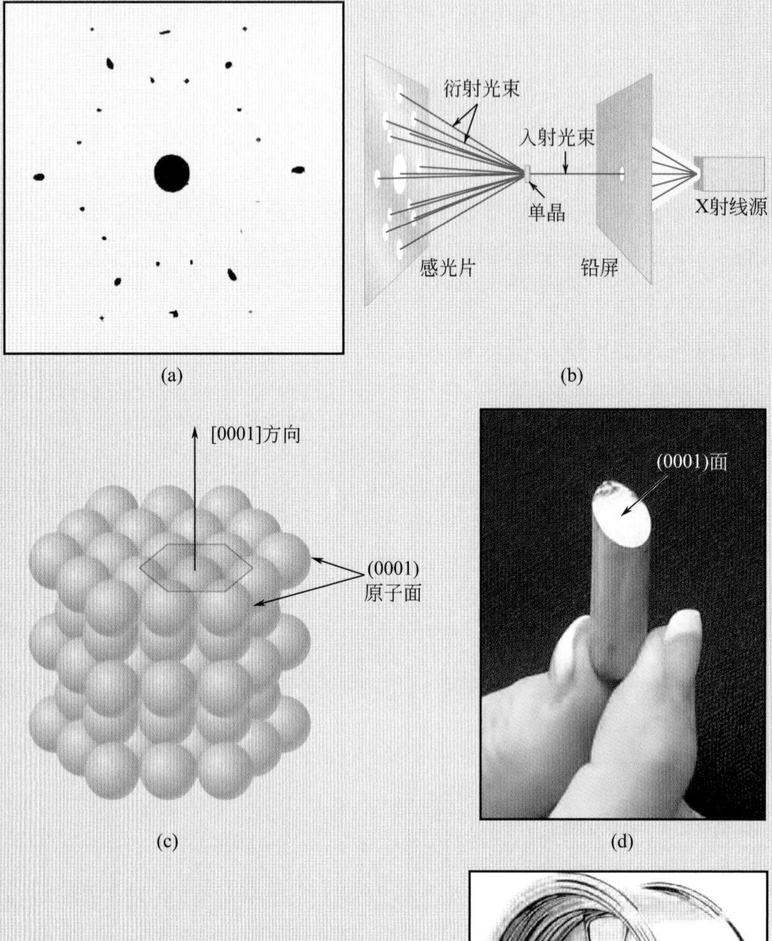

(a)　(b)　(c)　(d)

图（a）为镁单晶X射线衍射图[或劳厄图（3.20节）]。示意图（b）说明图（a）中的点是如何产生的。除了单一方向的窄射束，铅屏遮住了所有由X射线源产生的光束。入射光通过单晶个别晶面（具有不同取向）发生衍射，使不同衍射光束打到感光片。感光片显影时，相交的光束与底片形成了点。图（a）中心的大点来源于入射光束，平行于[0001]结晶方向。值得注意的是，镁的密排六方晶体结构［图（c）所示］特性可由衍射光斑花样表现出来。

图（d）为沿（0001）面切开的镁单晶——水平面为（0001）面。垂直于切面的方向为[0001]方向。

图（e）为一个“镁轮毂”——由镁制成的轻质汽车轮毂。

(e)

[图（a）来源于J.G.Byrne，Department ofMetallurgical Engineering，University of Utah。图（b）来源于J.E.Brady and F.Senese，*Chemistry*：*Matter and Its Changes*，4th edition. Copyright © 2004 by John Wiley & Sons，Hoboken，NJ。获得John Wiley & Sons，Inc重印许可。图（e）来源于iStockphoto。]

为什么学习金属和陶瓷的结构？

材料的性能与其晶体结构息息相关。例如未变形的纯镁和纯铍有相同的晶体结构，它们比像金和银这样的有另一种晶体结构的未变形的纯金属更易碎（即低程度变形易断裂）（见8.5节）。

此外，具有相同组成的晶体与非晶体材料存在明显的性能差异。例如非结晶陶瓷和聚合物通常是透明的，相同材料的晶体（或半结晶）往往倾向于不透明的，或者最多是半透明的。

学习目标

通过本章的学习你需要掌握以下内容。

1. 描述原子或分子中晶体材料与非晶体材料结构的差异。
2. 画出面心立方、体心立方和密排六方晶体结构的晶胞。
3. 推导面心立方晶体结构和体心立方晶体结构中晶胞边长和原子半径的关系。
4. 计算已知晶胞尺寸的面心立方和体心立方晶体结构的密度。
5. 画出或描述氯化钠、氯化铯、闪锌矿、钻石立方、萤石和钙钛矿晶体结构的晶胞，并且描述石墨和石英玻璃的原子结构。
6. 已知陶瓷复合物的化学式及其组成离子的离子半径，猜测其晶体结构。
7. 已知3个方向指数整数，在晶胞内画出相应的这些方向。
8. 根据晶胞内已画的平面，说出未勒指数。
9. 描述面心立方结构和密排六方晶体结构是怎么由密排原子面堆积而成。描述氯化钠结构是怎么由阴离子密排面组成。
10. 区分单晶与多晶材料。
11. 根据材料的性能定义各向同性和各向异性。

3.1 概述

第2章主要讲由单个原子的电子结构决定的各种类型原子键。本章要讨论的是材料结构的下一层次，特别是固态中原子的排列。在这个框架下，引出晶体和非晶体的概念。结晶固体是由晶体结构的概念呈现出的，再由晶胞的概念详细说明。金属中有3种常见的晶体结构，由晶点、晶向和晶面具体表示。单晶、多晶以及非晶材料也会在本章中讨论。本章将有一节简要介绍了实验中怎样用X射线衍射技术确定晶体结构。

晶体结构

3.2 基本概念

晶体

固体材料可以通过原子或离子的排列规律进行分类。晶体材料是在较大原子距离范围内，原子进行周期性重复排列而成的，即长程有序的排列，在凝固过程中，原子将它们自己重复排列在三维模型里，且每个原子与其最近邻的原子键合。所有的金属、大多数的陶瓷材料以及某些聚合物在正常凝固过程中都会形成的晶体结构。那些不结晶的材料缺乏这种长程有序的原子排列，这些非结晶或无定形态的材料将在本章结尾简要讨论。

晶体结构

结晶固体的有些性能取决于材料的**晶体结构**，即原子、离子或分子在空间排列的方式。有非常多的不同种晶体结构都具有长程有序的原子排列，从金属这种相对简单的结构到像一些陶瓷和聚合材料这种极其复杂的结构。本章会讨论几种常见金属和陶瓷的结晶结构。下章主要讲聚合物的结构。

在描述晶体结构时，原子（或离子）通常被看成具有已知直径的实心球，因此被称为原子硬球模型。此模型中，球代表最近邻的相互接触的原子。一个常见金属元素原子排列的硬球模型例子见图3.1（c）。在这种特定情况下，所有原子都是相同的。有时文中用术语**点阵**来表示晶体结构，这里点阵指以点代表原子位置（或球心）的一个三维点阵。

点阵

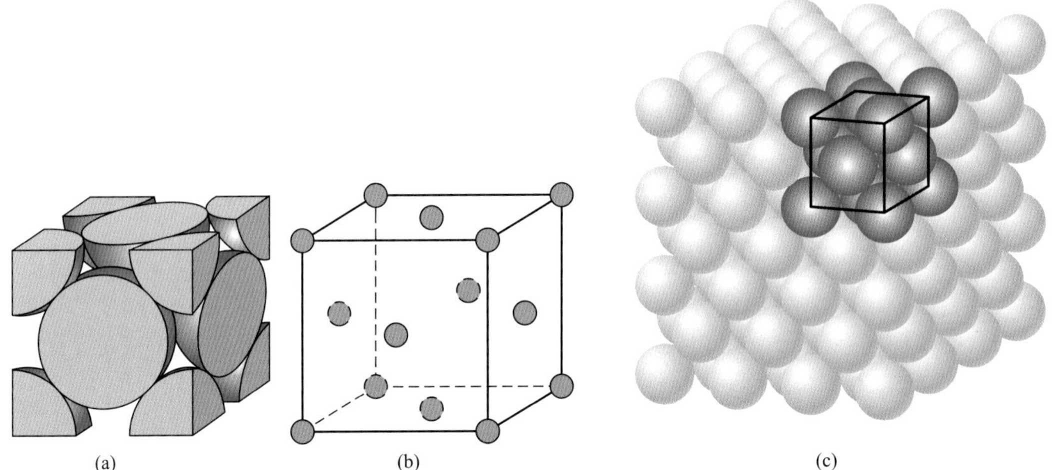

图3.1 面心立方晶体结构中（a）用硬球晶胞表示，（b）用简化球晶胞表示及（c）许多原子的聚集表示

［图（c）改编于W.G.Moffatt，G.W.Pearsall，and J.Wulff，*The Structure and Properties of Materials*，Vol.I，*Structure*，p.51.Copyright © 1964 by John Wiley & Sons，NewYork。获得John Wiley &SonsSons，Inc重印许可。］

3.3 晶胞

晶胞

结晶固体中的原子顺序表示小原子群形成的重复模型。因此，在描述晶体结构时，通常将结构分为许多小的重复单位，称为**晶胞**。大多数晶体结构的晶胞为具有3组平行面的平行六面体或棱柱体，如画在球的聚集体图［图3.1（c）］中的一个立方体。晶胞表示晶体结构的对称性，将晶胞沿着它的边的整数倍平移，就可以得到所有原子组成的晶体。因此，晶胞是晶体结构的基本结构单元或建筑基石，并且可以通过晶胞的几何形状和原子位置决定晶体结构。为了方便，通常规定平行六面体的角与硬球原子中心位置一致。此外，在一个特定的晶体结构中也许不只有单一的晶胞。但是，我们通常用具有高度几何对称的单位作为晶胞。

3.4 金属晶体结构

金属材料的原子键是金属键，本质上没有方向性。因此，对最近邻原子的数目和位置没有太多限制，这使大多数金属晶体结构具有较多的最近邻原子和较密的原子堆积。对于金属我们同样用硬球模型来表示它的晶体结构，每个球代表一个离子中心。表3.1列出了一些金属的原子半径。在大多数常见金属中可以发现有3种相对简单的晶体结构：面心立方结构、体心立方结构和密排六方结构。

表3.1 16种金属的原子半径与晶体结构

金属	晶体结构①	原子半径② /nm	金属	晶体结构	原子半径/nm
铝	FCC	0.1431	钼	BCC	0.1363
镉	HCP	0.1490	镍	FCC	0.1246
铬	BCC	0.1249	铂	FCC	0.1387
钴	HCP	0.1253	银	FCC	0.1445
铜	FCC	0.1278	钽	BCC	0.1430
金	FCC	0.1442	钛（α）	HCP	0.1445
铁（α）	BCC	0.1241	钨	BCC	0.1371
铅	FCC	0.1750	锌	HCP	0.1332

① FCC=面心立方；HCP=密排六方；BCC=体心立方。

② 1纳米（nm）等于10^{-9}m；从纳米转换为埃单位（Å）需将纳米值乘以10。

（1）面心立方晶体结构

面心立方（FCC）

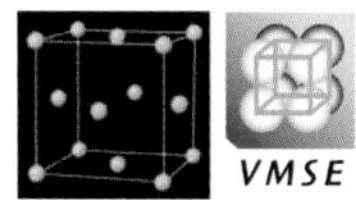

金属晶系和晶胞

在许多金属中可以找到原子位于立方体中各个角和各个立方面中心的晶胞所构成的晶体结构，称为面心立方（FCC）晶体结构。一些熟悉的结构如铜、铝、银、金（见表3.1）具有这样的晶体结构。图3.1（a）画出了FCC晶胞的硬球模型，而图3.1（b）的原子中心用小圆表示，可以更好地了解原子位置透视情况。图3.1（c）中聚集的原子表示了许多由FCC晶胞组成的晶体。这些硬球或离子中心彼此挨着排在面对角线上，立方体边长a和原子半径R的关系表达式为：

面心立方晶胞边长

$$a = 2R\sqrt{2} \tag{3.1}$$

此结果由例题3.1获得。

有时我们需要确定每个晶胞的原子数。原子数取决于原子的位置，它可能与相邻的晶胞共用一个原子，也就是说，一个原子只有一定比例分配给特定的晶胞。例如，立方晶胞中，晶胞内的原子完全属于这个晶胞，而在面上的原子与另一个晶胞共用，在角上的8原子都要与其他的晶胞共用。每个晶胞的原子数N可以用下面的公式计算：

$$N = N_i + \frac{N_f}{2} + \frac{N_c}{8} \tag{3.2}$$

式中，N_i为心部原子数；N_f为面上原子数；N_c为角上原子数。

对于FCC晶体结构来说，有8个角原子（N_c=8），6个面原子（N_f=6），并且没有心部原子（N_i=0）。因此，由公式（3.2），有：

$$N = 0 + \frac{6}{2} + \frac{8}{8} = 4$$

也可以说有4个整个原子可以分配给一个指定的晶胞。如图3.1（a），在立方体的限制下，只有部分球表示出来。晶胞所包含的立方体的体积由各角原子中心围成，如图所示。

角位置和面位置是相同的，即将立方体的角从最初的角原子转换为面中心的原子，不会改变晶胞的结构。

配位数
致密度
（APF）

晶体结构的其他两个重要性质是配位数和致密度（APF）。金属中每个原子都有相同的邻近原子数或接触的原子数，这就是配位数。面心立方体的配位数是12。这可以由图3.1（a）对照确认，正面的面心原子有4个邻近的角原子，前面、后面各有四个面心原子与之相接触，图中没有显示出。

APF是一个晶胞（假设原子硬球模型）中所有原子球体积总和除以晶胞体积，即：

原子致密度定义

$$\text{APF}=\frac{\text{晶胞中原子体积}}{\text{晶胞总体积}} \tag{3.3}$$

具有相同直径的球在最大堆积可能情况下，FCC结构原子致密度为0.74。APF的计算也出现在例题里。

（2）体心立方晶体结构

体心立方
（BCC）

另一种常见金属的晶体结构是体心立方（BCC）晶体结构，该结构晶胞的8个角各有一个原子，和一个立方体中间的原子。图3.2（a）和图3.2（b）分别为BCC结构晶胞的硬球模型和简化球模型，图3.2（c）为原子聚集体示意图。从图3.2中可以看出，中心原子和沿体对角线的角原子相互紧密接触，由此可找出晶胞边长a与原子半径R的关系为：

体心立方晶胞边长

$$a=\frac{4R}{\sqrt{3}} \tag{3.4}$$

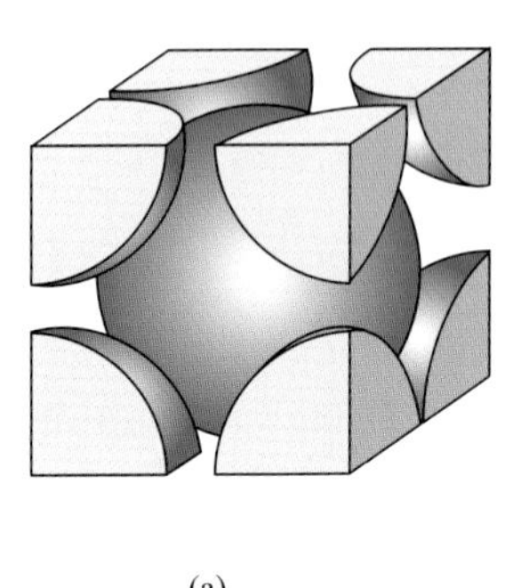

(a)

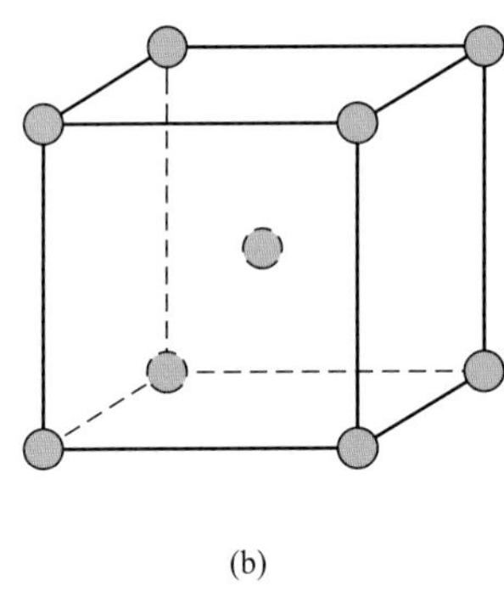

(b)

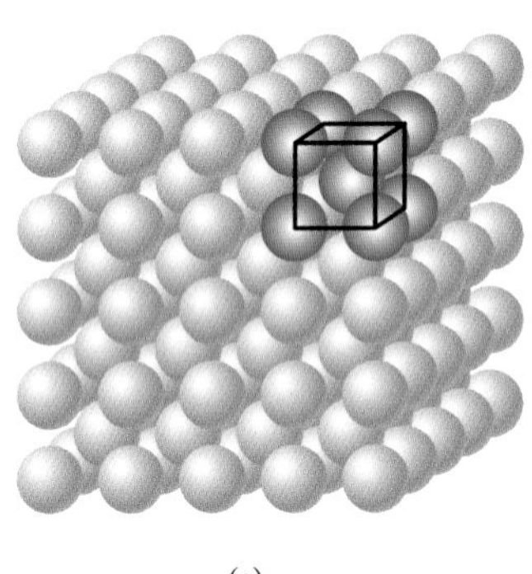

(c)

图3.2 体心立方晶体结构

（a）用硬球晶胞表示，（b）用简化硬球晶胞表示，（c）许多原子聚集表示。[图（c）源于W.G.Moffatt，G.W.Pearsall，and J.Wulff，*The Structure and Properties of Materials*，Vol.I，*Structure*，p.51.Copyright © 1964 by John Wiley & Sons，New York。获得John Wiley & Sons，Inc重印许可。]

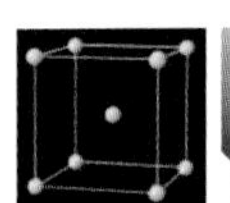

金属晶系和晶胞

表3.1列出了铬、铁、钨以及其他一些金属都属于BCC结构。

每个BCC结构晶胞有两个原子：一个原子来自于八个角，每个角的原子由8个晶胞共用，还有一个单独在晶胞内的中心原子。另外，角原子位置与中心原子位置是相同的。由公式（3.2），每个BCC结构原子数是：

$$N = N_i + \frac{N_f}{2} + \frac{N_c}{8} = 1 + 0 + \frac{8}{8} = 2$$

BCC晶体结构的配位数是8，每个角原子有8个与其紧密接触的角原子。由于BCC结构的配位数比FCC结构的少，所以BCC结构的原子致密度较小为0.68而不是0.74。

（3）密排六方晶体结构

密排六方（HCP）

并不是所有金属的晶胞都是对称立方体，最后要讨论的常用金属晶体结构是具有六方晶体结构的晶胞。图3.3（a）显示了密排六方（HCP）晶胞的简化球模型。若干个HCP晶胞聚集在一起就如图3.3（b）[1]所示。晶胞的顶面和底面由7个原子组成，一个原子在中间，6个原子围绕着它形成规则六边形。夹在晶胞顶面与底面中间的面由3个额外的原子组成。中间面的原子与相邻两个面原子接触。

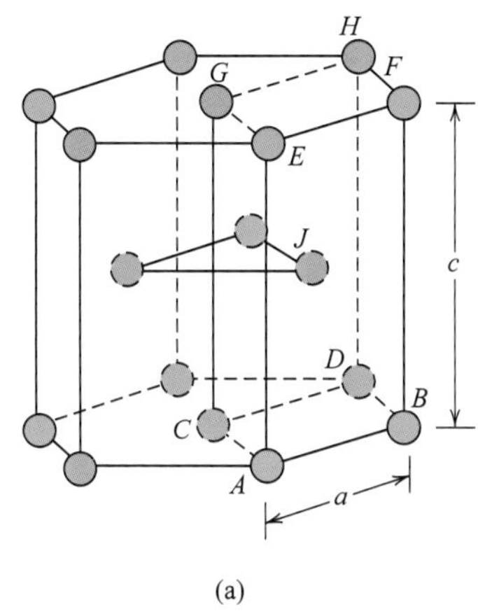

(a)

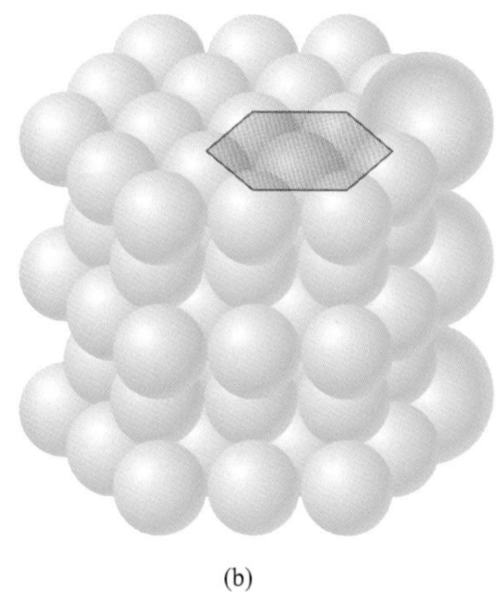

(b)

图3.3　密排六方结构中，（a）简化球晶胞示意图（a和c分别表示短边和长边长度），（b）原子聚集示意图[图（b）来源于W.G.Moffatt，G.W.Pearsall，and J.Wulff，*The Structure and Properties of Materials*，Vol.I，*Structure*，p.51. Copyright © 1964 by John Wiley & Sons，New York。获得John Wiley & Sons，Inc重印许可。]

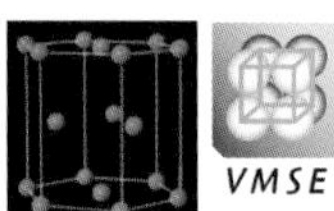

金属晶系和晶胞

为了计算每个HCP晶体结构晶胞中的原子数，将式（3.2）变形为：

$$N = N_i + \frac{N_f}{2} + \frac{N_c}{6} \tag{3.5}$$

即每个角原子的六分之一将分配给这个原子（而不是立方结构的8个）。因为HCP结构的每个顶面和底面都有6个角原子（一共是12个角原子），2个面心原子（每个顶面和底面各有1个），和3个中间心部原子，依据式（3.5）可得HCP结构的N值为：

$$N = 3 + \frac{2}{2} + \frac{12}{6} = 6$$

因此，每个晶胞有6个原子。

---

❶ HCP晶胞中原子组成的平行六面体可用符号A到H标出，如图3.3（a）。因此，原子J位于晶胞内。

如果用a和c分别表示晶胞短边和长边尺寸，如图3.3（a），c/a的比例应为1.633。但是，有些HCP结构金属的c/a比例会偏离此理想值。

HCP晶体结构的配位数和原子致密度与FCC结构相同，分别为12和0.74。HCP结构的金属有隔、镁、钛、锌，在表3.1中列出。

例题3.1

计算FCC晶胞的体积

计算FCC晶胞的体积，用原子半径R表示。

解：

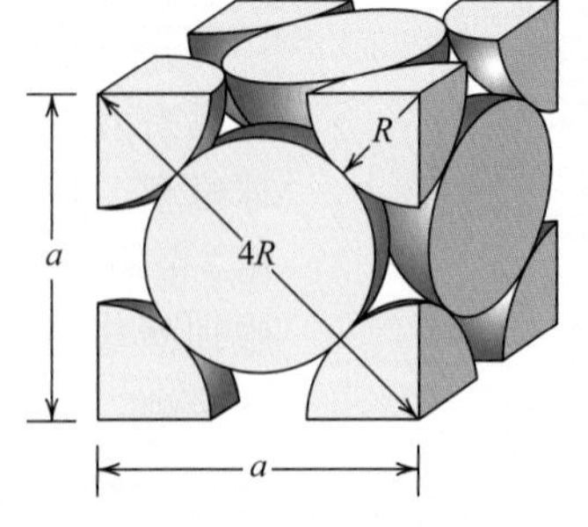

在FCC晶胞示意图中，面对角线上的原子相互接触，面对角线长为$4R$。因为晶胞是一个立方体，所以它的体积为a^3，其中a为晶胞的边长。从表面的直角三角形可知：

$$a^2+a^2=(4R)^2$$

解出a，

$$a=2R\sqrt{2} \tag{3.1}$$

FCC晶胞的体积V_C可以计算得：

$$V_C=a^3=(2R\sqrt{2})^3=16R^3\sqrt{2} \tag{3.6}$$

例题3.2

计算FCC结构的原子致密度

证明FCC晶体结构的原子致密度是0.74。

解：

APF的定义是实心球体积在晶胞中所占比例，或

$$\text{APF}=\frac{\text{晶胞中原子体积}}{\text{晶胞整个体积}}=\frac{V_S}{V_C}$$

所有的原子体积和晶胞体积都可以计算出来，并用原子半径R表示。一个球的体积是$\frac{4}{3}\pi R^3$，因为每个FCC晶胞有四个原子，所以FCC原子（或球）总体积是：

$$V_S=(4)\frac{4}{3}\pi R^3=\frac{16}{3}\pi R^3$$

由例题3.1可知，整个晶胞体积为：

$$V_C=16R^3\sqrt{2}$$

因此，原子致密度是：

$$\text{APF}=\frac{V_S}{V_C}=\frac{\frac{16}{3}\pi R^3}{16R^3\sqrt{2}}=0.74$$

3.5 密度计算——金属

金属固体的晶体结构可以通过以下推导公式计算理论密度：

金属理论密度

$$\rho = \frac{nA}{V_C N_A} \tag{3.7}$$

式中，n为每个晶胞中原子的数目；A为原子量；V_C为晶胞的体积；N_A为阿伏伽德罗常数（6.022×10^{23}/mol）。

例题3.3

计算铜的理论密度

铜的原子半径为0.128nm，晶体结构为FCC，原子量为63.5g/mol。计算它的理论密度，并与测量密度比较。

解：

式（3.7）可用于解这个问题。因为铜为FCC晶体结构，每个晶胞中的原子数n是4。此外，原子量A_{Cu}已知为63.5g/mol。FCC的晶胞体积由例题3.1可知为$16R^3\sqrt{2}$，其中原子半径R为0.128nm。将各种参数带入公式（3.7）中，得：

$$\rho = \frac{nA_{Cu}}{V_C N_A} = \frac{nA_{Cu}}{(16R^3\sqrt{2})N_A} = \frac{4\times 63.5\text{g/mol}}{[16\sqrt{2}(1.28\times10^{-8}\text{cm})^3](6.022\times10^{23}/\text{mol})}$$
$$= 8.89\text{g}/\text{cm}^3$$

铜密度的实际值为8.94g/cm^3，计算值与实际值非常接近。

3.6 陶瓷晶体结构

因为陶瓷是由至少两种或者更多元素组成的，它们的晶体结构通常比金属结构更加复杂。这些材料的原子键从纯离子键到纯共价键，许多陶瓷也存在两种键类型共存的情况，它的离子特征结构取决于原子的电负性。表3.2为一些常用陶瓷材料的离子特征百分数，这些值依据式（2.10）和图2.7中的电负性。

表3.2 一些陶瓷材料原子键的离子特征百分数 单位：%

材料	离子特征百分数
CaF_2	89
MgO	73
NaCl	67
Al_2O_3	63
SiO_2	51
Si_3N_4	30
ZnS	18
SiC	12

对于那些以离子键为主的陶瓷材料，它的晶体结构可以看成是由带电离子组成而不是原子组成。金属离子（或阳离子）带正电，因为它们失去价电子，给了带负电荷的非金属离子（或阴离子）。晶体陶瓷材料中组成离子影响其晶体结构体现在两个方面：每个组成离子的电负性大小，以及阳离子与阴离子的相对尺寸。对于第一方面，晶体必须成电中性，即所有带正电的阳离子数目必须与带负电阴离子的数目相等。化合物化学式表示了阳离子与阴离子的比，或达到电荷的平衡时的组成。例如，氟化钙中，每个钙离子有两个电荷（Ca^{2+}），每个氟离子只有一个负电荷（F^-）。因此，F^-必须为Ca^{2+}的2倍，用化学式表示为CaF_2。

第二方面涉及到阳离子和阴离子的尺寸或离子半径，分别为r_C和r_A。因为金属原子离子化时丢失了电子，阳离子又一般比阴离子小，所以r_C/r_A比1小。每个阳离子倾向于获得尽可能多的最近邻的阴离子。阴离子也希望有最大数目最近邻的阳离子。

当多个阴离子围着一个阳离子，并且与阳离子相接触时形成的陶瓷结构最稳定，如图3.4所示。其配位数（即一个阳离子最近邻的阴离子数）与阳离子-阴离子的半径比有关。对某个特定的配位数而言，都有一个临界的或最小的r_C/r_A比值，此时阳离子—阴离子的联系是稳健的（图3.4），此比例也许取决于纯几何因素（见例题3.4）。

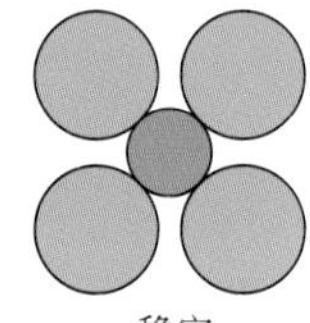

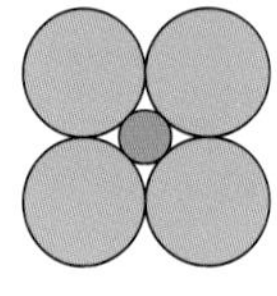

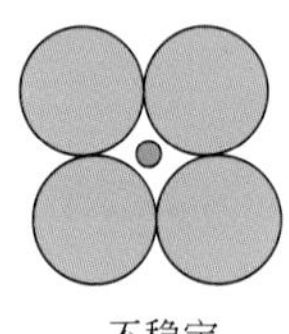

图3.4 稳定与不稳定的阴离子-阳离子配位构型
红圈代表阴离子，蓝圈代表阳离子

不同r_C/r_A比例的配位数和最邻近的几何形状列于表3.3中。当r_C/r_A小于0.155时，最小的阳离子与两个阴离子以直线方式键合。如果r_C/r_A的比值在0.155和0.225之间，那么阳离子的配位数为3。也就是每个阳离子被3个阴离子包围，形成平面等边三角形，阳离子在中心。当r_C/r_A的比值在0.225和0.414之间时配位数为4，阳离子位于四面体的中心，阴离子在四面体的4个角处。当r_C/r_A的比值在0.414和0.732之间时，阳离子可以被看成处于被6个阴离子围绕形成的八面体的中间，每个角一个阴离子，如表中所示。当r_C/r_A的比值在0.732和1.0之间时，配位数为8，阴离子都在立方体的角上，阳离子处于中心位置。当半径比大于1时，配位数为12。陶瓷材料最常见的配位数为4、6和8。表3.4中列出了常见陶瓷材料的若干阴离子与阳离子的离子半径。

配位数与阳离子-阴离子半径比（列于表3.3中）之间的关系基于几何因素和假定的“硬球”离子模型，因此，这种关系是近似的，当然也有例外。例如，一些陶瓷化合物r_C/r_A比值大于0.44，具有大量的共价键，但是它的配位数为4（而不是6）。

离子的尺寸取决于若干种因素。其中之一是配位数：随着最近邻相反电荷数量的增加，离子半径也逐渐增加。表3.4中列出了配位数为6的离子半径。因此，配位数为8的半径会更大一下，配位数为4的半径会更小一些。

表3.3 不同阳离子-阴离子半径比（r_C/r_A）的配位数及几何形态

配位数	阳离子-阴离子半径比	配位几何
2	＜0.155	
3	0.155 ～ 0.225	
4	0.225 ～ 0.414	
6	0.414 ～ 0.732	
8	0.732 ～ 1.0	

来源：W.D.Kingery，H.K.Bowen，and D.R.Uhlmann，*Introduction to Ceramics*，2nd edition.Copyright © 1976 by John Wiley & Sons，New York. 获得John Wiley & Sons，Inc重印许可。

另外，离子的电荷会影响其半径。例如，由表3.4可知Fe^{2+}和Fe^{3+}的半径分别为0.077nm和0.069nm，依照表铁原子半径应为0.124 nm。当原子或离子失去电子时，剩下的价电子会被原子核键合的更紧，将会导致离子半径减小。相反，当原子或离子得到电子时，离子半径会增加。

表3.4 配位数为6的若干阳离子及阴离子的离子半径

阳离子	离子半径/nm	阴离子	离子半径/nm
Al^{3+}	0.053	Br^-	0.196
Ba^{2+}	0.136	Cl^-	0.181
Ca^{2+}	0.100	F^-	0.133
Cs^+	0.170	I^-	0.220
Fe^{2+}	0.077	O^{2-}	0.140
Fe^{3+}	0.069	S^{2-}	0.184
K^+	0.138		
Mg^{2+}	0.072		
Mn^{2+}	0.067		
Na^+	0.102		
Ni^{2+}	0.069		
Si^{4+}	0.040		
Ti^{4+}	0.061		

例题3.4

计算配位数为3的最小阳离子–阴离子半径比。

证明配位数为3的最小阳离子–阴离子半径比为0.155。

解：

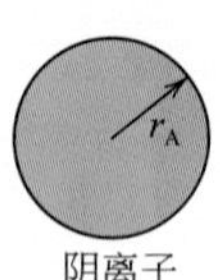

阴离子

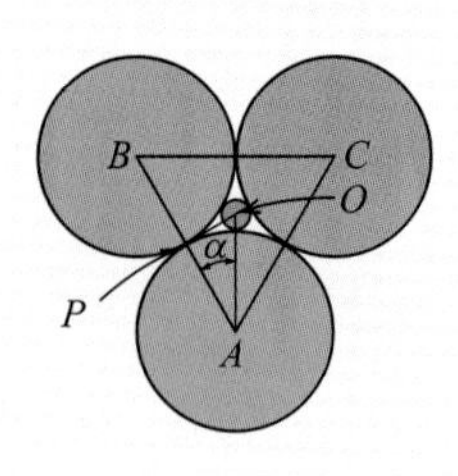

对于这种配位，小的阳离子被3个阴离子包围，形成等边三角形，如图所示三角形ABC，4个原子的中心共面。

这可以用相关的简单平面三角问题解决。观察右边的直角三角形APO可知，边长与阴离子和阳离子的半径r_A和r_C的关系为：

$$\overline{AP} = r_A$$

并且，

$$\overline{AO} = r_A + r_C$$

而且，边长比$\overline{AP}/\overline{AO}$与角$\alpha$的函数关系为：

$$\frac{\overline{AP}}{\overline{AO}} = \cos\alpha$$

α的大小为30°，因为线段$\overline{AO}$平分60°角BAC。因此有：

$$\frac{\overline{AP}}{\overline{AO}} = \frac{r_A}{r_A + r_C} = \cos 30^\circ = \frac{\sqrt{3}}{2}$$

解得阳离子–阴离子半径比为：

$$\frac{r_C}{r_A} = \frac{1-\sqrt{3}/2}{\sqrt{3}/2} = 0.155$$

（1）AX型晶体结构

有些常见陶瓷材料具有相同的阳离子数和阴离子数，通常被称为AX型化合物，其中A代表阳离子，X代表阴离子。AX型化合物有很多种晶体结构，每种以其常用的材料来命名特定的结构。

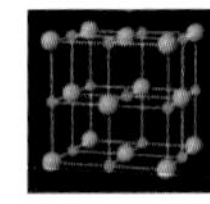

NaCl晶胞

① 岩盐型结构　也许最常见的AX型晶体结构就是氯化钠（NaCl），或岩盐型。阳离子和阴离子的配位数共为6，因此，阳离子–阴离子半径比约在0.414和0.732之间。其晶体结构的晶胞（图3.5）由以FCC结构排列的阴离子及在立方体中心和12个立方体棱边中心的阳离子组成。等价于阳离子呈面心立方结构排列的晶体结构。因此，岩盐晶体结构可以被看成两个交替穿插的FCC结构点阵：一部分是阳离子组成的FCC结构；另一部分是由阴离子组成的FCC结构。一些岩盐晶体结构的常见陶瓷材料有NaCl、MgO、MnS、LiF和FeO。

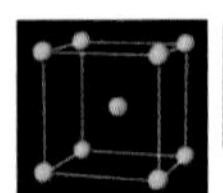

CsCl晶胞

② 氯化铯结构　图3.6为氯化铯（CsCl）晶体结构的晶胞，所有离子类型的配位数为8。阴离子位于立方体的每个角上，唯一的阳离子位于立方体心部。阴离子与阳离子位置互换产生的晶体结构相同，反之亦然。此结构不是BCC晶

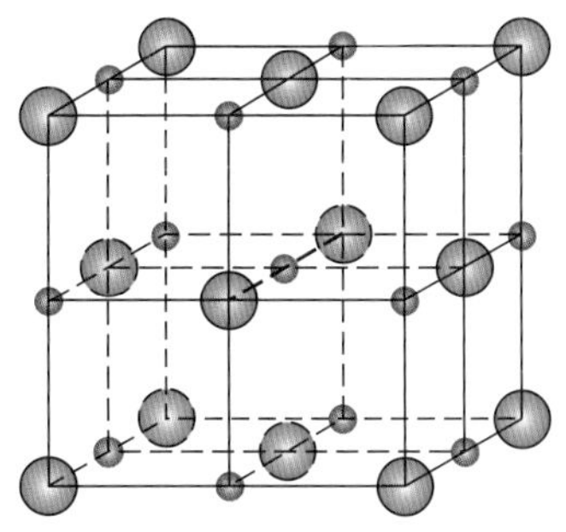

图3.5 岩盐（或氯化钠）晶体结构的晶胞

● Na^+；● Cl^-

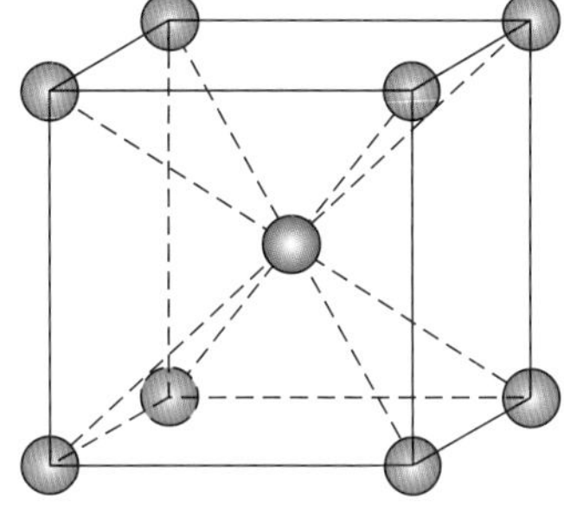

图3.6 氯化铯（CsCl）晶体结构的晶胞

● Cs^+；● Cl^-

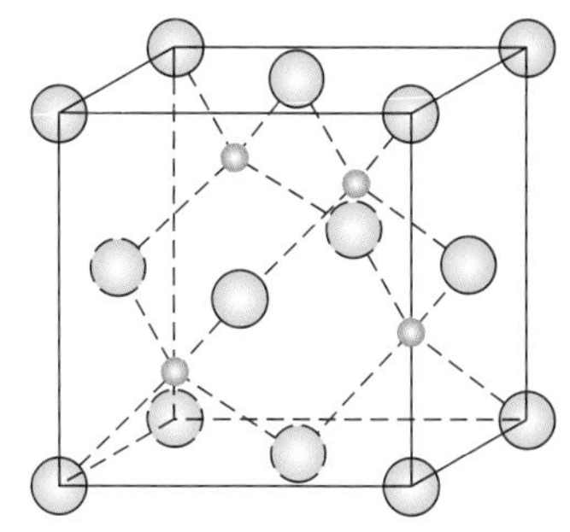

图3.7 闪锌矿（ZnS）晶体结构的晶胞

● Zn；● S

体结构，因为此结构有2种不同的离子组成。

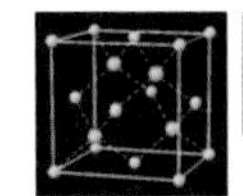

ZnS晶胞

③ 闪锌矿结构　第三种AX型结构的配位数为4，即所有离子呈四面体配位，称为闪锌矿结构，用硫化锌（ZnS）的矿物学术语命名。见晶胞示意图3.7，立方晶胞所有角位置和面位置被S原子所占，而Zn原子填充了心部四面体位置。将Zn和S原子位置互换形成的晶体结构与之等价。因此，每个Zn原子与4个S原子键合，反之亦然。这种晶体结构（表3.5）的化合物中最常用的原子键大多数为共价键，包括ZnS、ZnTe及SiC。

（2）A_mX_p型晶体结构

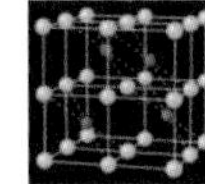

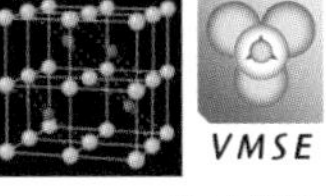

CaF_2晶胞

如果阳离子和阴离子的电荷数不相同，化合物可以以A_mX_p化学式形式存在，其中m和（或）$p \neq 1$。A_mX_p型结构的一个典型例子是AX_2，此结构的常见晶体结构是萤石（CaF_2）。CaF_2的离子半径比r_C/r_A为0.8，依据表3.5可知，其配位数为8。由化学式可知Ca^{2+}的数量为F^-的一半，因此，除了有一半的立方体心部位置被Ca^{2+}占据以外，其晶体结构与CsCl的晶体结构（图3.6）相似。CsCl的一个晶胞由8个立方体组成，如图3.8所示。其他这种晶体结构的化合物包括：ZrO_2（立方体）、UO_2、PuO_2和ThO_2。

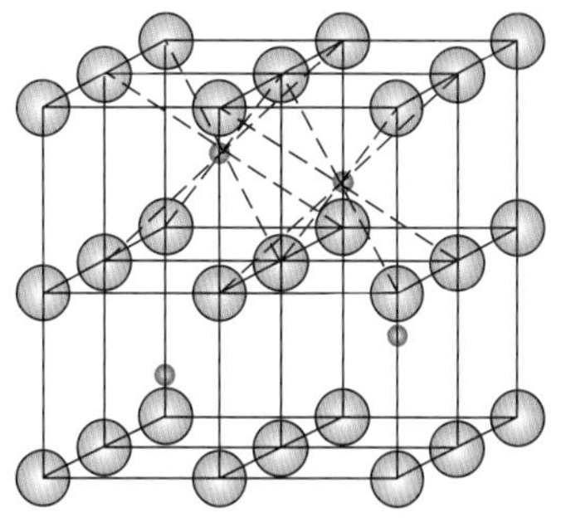

图3.8 萤石（CaF_2）晶胞晶体结构

● Ca^{2+}；● F^-

（3）$A_mB_nX_p$型晶体结构

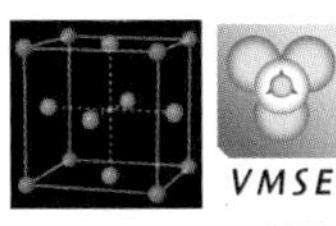

$BaTiO_3$晶胞

陶瓷化合物可以由不止一种阳离子组成，由两种阳离子（用A和B表示）组成的化学式可以表示为$A_mB_nX_p$。同时具有Ba^{2+}和Ti^{4+}的钛酸钡（$BaTiO_3$）就属于这种类型的晶体结构。钛酸钡具有钙钛矿晶体结构，它有趣的机电性能我们稍后介绍。当温度高于120℃（248℉）时，晶体结构为立方体。这种结构的晶胞如图3.9所示，Ba^{2+}位于立方体的8个角上，唯一的Ti^{4+}位于立方体的心部，O^{2-}位于每六个面的中心。

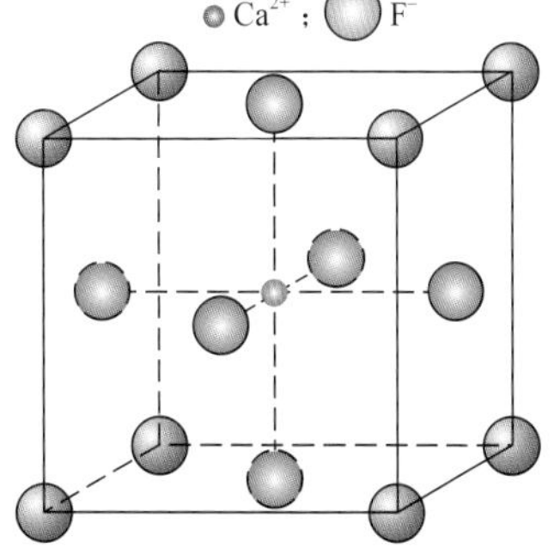

图3.9 钙钛矿晶胞晶体结构

● Ti^{4+}；● Ba^{2+}；● O^{2-}

表3.5总结了岩盐、氯化铯、闪锌矿、萤石和钙钛矿晶体结构的阳离子-阴离子比和配伍数，并分别举了例子。当然，也存在其他陶瓷晶体结构。

表3.5 一些常见陶瓷晶体结构概述

结构名称	结构类型	阴离子堆积情况	配位数		例子
			阳离子	阴离子	
岩盐（氯化钠）	AX	FCC	6	6	NaCl、MgO、FeO
氯化铯	AX	简单立方	8	8	CsCl
闪锌矿	AX	FCC	4	4	ZnS、SiC
萤石	AX_2	简单立方	8	4	CaF_2、UO_2、ThO_2
钙钛矿	ABX_3	FCC	12（A） 6（B）	6	$BaTiO_3$、$SrZrO_3$、$SrSnO_3$
尖晶石	AB_2X_4	FCC	4（A） 6（B）	4	$MgAl_2O_4$、$FeAl_2O_4$

来源：W.D.Kingery，H.K.Bowen，and D.R.Uhlmann，*Introduction to Ceramics*，第2版。Copyright © 1976 by John Wiley & Sons，New York。获得John Wiley & Sons，Inc重印许可。

例题3.5

陶瓷晶体结构推测

依据离子半径（表3.4），推测FeO是什么晶体结构？

解：

首先注意到FeO是AX型化合物。接着，确定阳离子-阴离子半径比，由表3.4可知

$$\frac{r_{Fe^{2+}}}{r_{O^{2-}}}=\frac{0.077\text{nm}}{0.140\text{nm}}=0.550$$

所得值位于0.414和0.732之间，因此，由表3.3可知Fe^{2+}的配位数是6，所以O^{2-}的配位数也是6，因为阳离子数与阴离子数相等。猜测此种晶体结构为岩盐结构，其AX晶体结构的配位数为6，如表3.5所示。

概念检查3.1 表3.4给出了K^+和O^{2-}的半径分别为0.138 nm和0.140nm。

（a）每个O^{2-}的配位数是多少？

（b）简述所得K_2O的晶体结构。

（c）解释为什么称这种结构为反萤石结构。

[解答可参考www.wiley.com/college/callister（学生之友网站）]

3.7 密度计算——陶瓷

依据晶胞的资料，用与3.5节中计算金属材料理论密度相似的方法可以计算晶体陶瓷材料的理论密度。因此，计算密度ρ可以用式（3.7）调整后的公式：

陶瓷材料理论密度

$$\rho=\frac{n'\left(\sum A_C+\sum A_A\right)}{V_C N_A} \tag{3.8}$$

式中，n'为晶胞内单位化学式数目[1]；$\sum A_C$为单位化学式所有阳离子原子量的和；$\sum A_A$为单位化学式所有阴离子原子量的和；V_C为晶胞体积；N_A为阿伏伽德罗常数，6.022×10^{23}单位化学式/摩尔。

例题3.6

氯化钠理论密度的计算

计算氯化钠晶体结构的理论密度。与测量的密度相比如何？

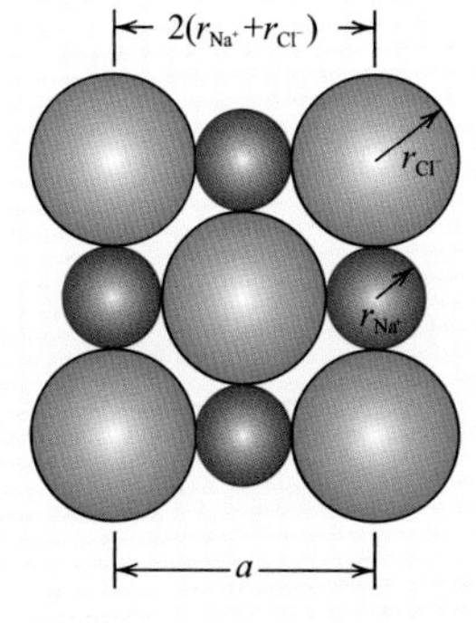

解：

计算理论密度用公式（3.8），其中每个NaCl晶胞单位n'为4，因为钠离子和氯离子均形成FCC结构点阵。此外，

$$\sum A_C=A_{Na}=22.99\text{g/mol}$$
$$\sum A_A=A_{Cl}=35.45\text{g/mol}$$

因为晶胞是立方体，所以$V_C=a^3$，a为晶胞边长。立方晶胞的一个面如右图所示，

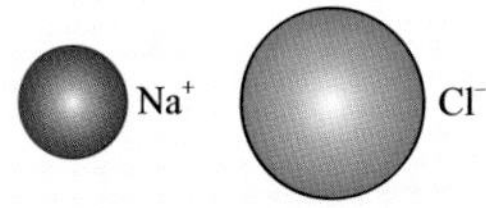

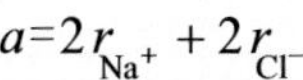

$$a=2r_{Na^+}+2r_{Cl^-}$$

r_{Na^+}和r_{Cl^-}是钠离子和氯离子的半径，由表3.4可知其值分别为0.102nm和0.181nm。因此，

$$V_C=a^3=\left(2r_{Na^+}+2r_{Cl^-}\right)^3$$

所以，

$$\rho=\frac{n'\left(A_{Na}+A_{Cl}\right)}{\left(2r_{Na^+}+2r_{Cl^-}\right)^3 N_A}$$
$$=\frac{4(22.99+35.45)}{\left[2\left(0.102\times10^{-7}\right)+2\left(0.181\times10^{-7}\right)\right]^3\left(6.022\times10^{23}\right)}$$
$$=2.14\text{g/cm}^3$$

与测量值2.16g/cm^3相比误差不大。

3.8 硅酸盐陶瓷

硅酸盐主要由地球表层含量最多的两种元素硅和氧组成的，因此，泥土、

[1] 这里的单位化学式为包含在单位化学式中的所有离子。例如，$BaTiO_3$的化学式由一个钡离子、一个钛离子和三个阳离子组成。

石头、黏土和砂子均归入硅酸盐类。与其用晶胞描述这些材料晶体结构，倒不如用SiO_4^4四面体（图3.10）的各种排列来描述更方便。每个硅原子与4个氧原子键合，4个氧原子位于四面体的各个角上，硅原子位于四面体中心。因为这是硅酸盐的基本单位，所以通常被视为带有负电荷的实体。

一般不把硅酸盐视为离子化合物，因为原子间Si-O的键合（表3.2）具有明显的共价特征——具有方向性并且很强。尽管硅酸盐具有Si-O键合特征，我们依然习惯认为每个SiO_4^4四面体带有4个负电荷，因为每4个氧原子需要额外的电子使其获得稳定的电子结构。不同硅酸盐结构的SiO_4^4排列的方式也不同，SiO_4^4单位可以以一维、二维或三维排列组合。

（1）二氧化硅

最简单的硅酸盐材料是二氧化硅，或称为硅石（SiO_2）。它的结构为三维网状结构，是因为每个四面体角上的氧原子与相邻四面体共用。因此，材料呈电中性，并且所有原子都有稳定的电子结构。在这种情况下，由化学式可知Si与O原子的比例为1 ∶ 2。

将这些四面体有规则、有顺序的排列，就可以形成二氧化硅的晶体结构。二氧化硅有3种主要的多晶型晶体形式：石英、方石英（图3.11）和鳞石英。它们的结构相对复杂，相对宽松，也就是说，原子不是密堆在一起。因此，这些晶体二氧化硅的密度相对较低。例如，在室温下石英的密度只有2.65g/cm^3。Si-O原子间键的强度也反映出石英具有相对较高的熔化温度——1710℃（3110 ℉）。

二氧化硅也可以以非晶态固体或玻璃的形式存在，我们将在3.21节讨论它的结构。

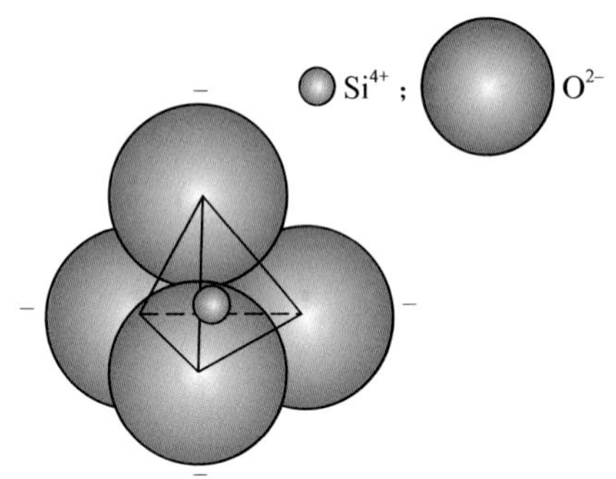

图3.10 硅-氧（SiO_4^4）四面体

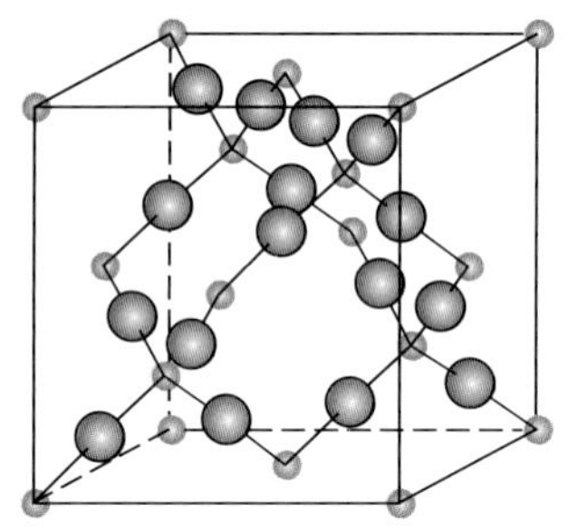

图3.11 方英石（多晶型SiO_2）晶胞中硅原子与氧原子的排列

Si^{4+} ; O^{2-}

（2）硅酸盐

对于不同的硅酸盐矿物质，SiO_4^{4-}四面体中一个、两个或三个角上的氧原子与其他四面体共用形成更加复杂的结构。其中的一些化学式为SiO_4^{4-}、$Si_2O_7^{6-}$、$Si_3O_9^{6-}$等，如图3.12所示。也可以形成单链结构，如图3.12（e）所示。带正电的阳离子如Ca^{2+}、Mg^{2+}和Al^{3+}有两个作用。第一，它们抵消了SiO_4^{4-}单位的负电荷，从而获得电中性；第二，这些阳离子将SiO_4^{4-}四面体离子键合在一起。

① 简单硅酸盐 在这些硅酸盐中，大部分的结构是包含独立四面体［图3.12（a）］的简单结构。例如，镁橄榄石（Mg_2SiO_4）的每个四面体中相当于有2个Mg^{2+}，每个Mg^{2+}与6个氧近邻。

当两个四面体共用一个氧原子时形成$Si_2O_7^{6-}$［图3.12（b）］。镁黄长石（$Ca_2MgSi_2O_7$）相当于由两个Ca^{2+}和一个Mg^{2+}与每个$Si_2O_7^{6-}$单元键合组成的矿物质。

② 层硅酸盐类 每个四面体共用3个氧离子时可以形成二维片状或层状结构（图3.13），此结构重复的单位式可表示为$Si_2O_5^{2-}$。未键合氧原子的净负电荷伸向纸面外。当第二个平面片状结构获得额外的阳离子（与未键合的Si_2O_5中的氧离子键合）时通常形成电中性。这种材料称为片状或层状硅酸盐，具有这种基本结构是黏土和其他矿物质的特征。

最常见的黏土矿物质是高岭石，具有相对简单的两层硅酸盐片层结构。高岭石黏土的化学式是$Al_2(Si_2O_5)(OH)_4$，其中化学式为$Si_2O_5^{2-}$的二氧化硅四面体层因相邻的$Al_2(OH)_4^{2+}$层存在而呈电中性。此结构的单片层如图3.14所示，为了更方便看到离子的位置，我们将它置于垂直方向，图中有两个明显的层。中间层的阴离子由$Si_2O_5^{2-}$层的O^{2-}和部分$Al_2(OH)_4^{2+}$层的OH^-组成。而这两个片层间的键很强，并且为离子-共价键混合型，相邻片层与另一个片层只是通过范德华力松弛结合。

高岭石晶体就是由一系列这些双层结构相互平行堆积起来的，形成小于1μm接近六边形的小型平板。图3.15为高倍电子显微镜下的高岭石晶体。

这些硅酸盐片层结构不只出现在黏土中，也在其他硅酸盐类矿物质中存在，如滑石[$Mg_3(Si_2O_5)_2(OH)_2$]和云母[如白云母$KAl_3Si_3O_{10}(OH)_2$]，这些也是重要的陶瓷原材料。从化学式可推断，一些硅酸盐结构在所有无机材料中最复杂。

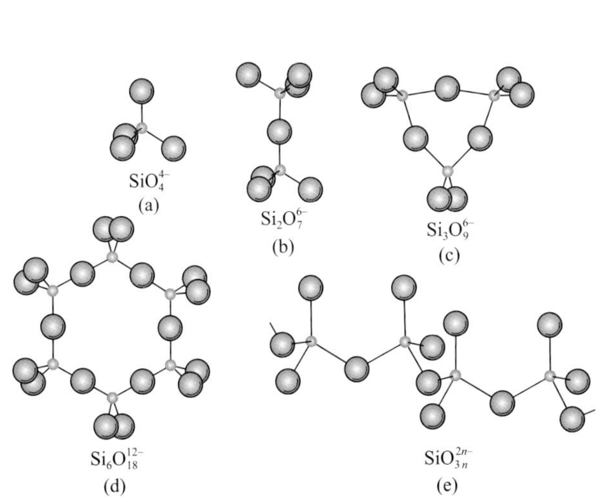

图3.12 由SiO_4^{4-}四面体形成的5种硅酸盐离子结构

Si^{4+}；O^{2-}

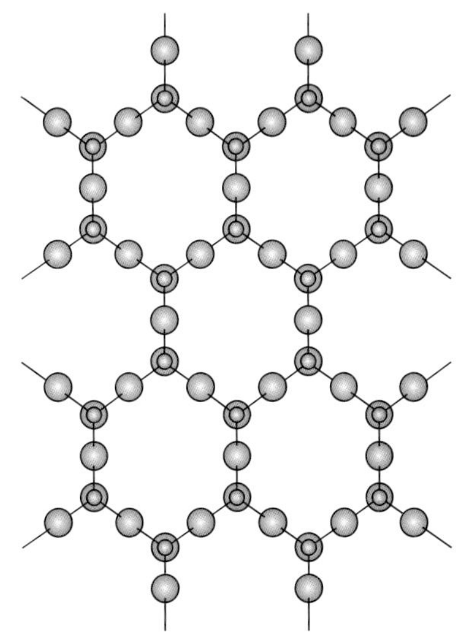

图3.13 具有$Si_2O_5^{2-}$重复单元的二维硅酸盐片层结构的示意图

Si^{4+}；O^{2-}

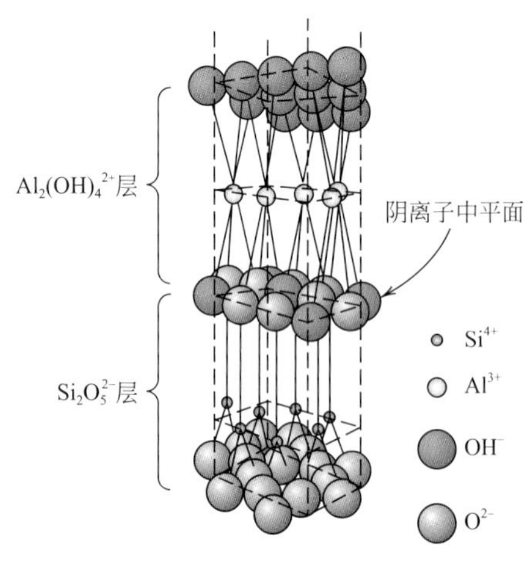

图3.14 高岭石黏土结构
（根据W.E.Hauth，“陶瓷晶体化学”，*American Ceramic Society Bulletin*，Vol.30，No.4，1951，p.140改编）

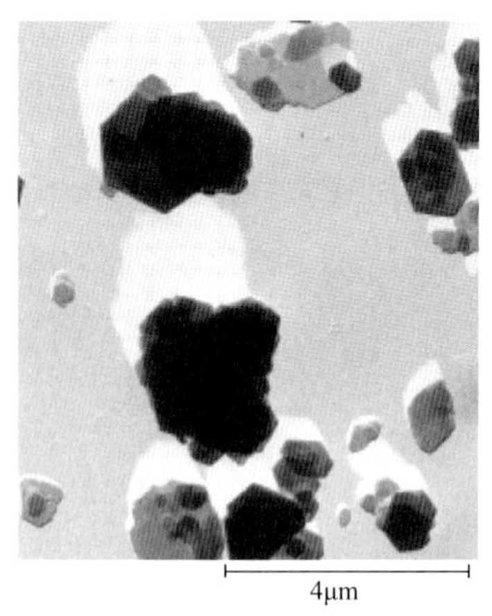

图3.15 高岭石晶体电子显微图片
它们形成了六面体平面，一个堆积在另一个上面（7500×）。（图片源于Georgia Kaoling Co.，Inc.。）

3.9 碳

碳元素存在于各种多晶型物中，也存在于无定形态中。这类材料并不真正属于传统金属、陶瓷或聚合物的分类中。但是我们在这章讲这节因为石墨也是多晶型物中的一种，有时也会被分为陶瓷类。本节主要讲碳素材料的结构和石墨、金刚石、富勒烯以及碳纳米管的特征。这些材料的特征和目前的及潜在的应用将在13.11节讨论。

（1）金刚石

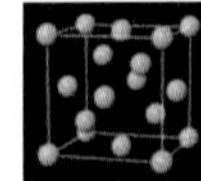

金刚石晶胞

金刚石在常温常压下属于亚稳态碳的多晶型。它的晶体结构是闪锌矿的变异结构，其碳原子占据了所有的位置（Zn和S的位置），其晶胞如图3.16所示。因此，每个碳原子与其他4个碳原子键合，这些键全为共价键。这种结构称为菱形立方晶体结构，也存在于元素周期表中ⅣA族的其他元素中［如锗、硅和13℃（55 ℉）以下的灰锡］。

（2）石墨

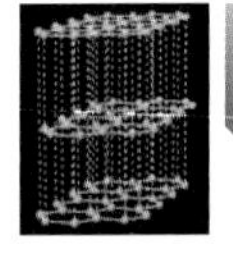

石墨晶胞

石墨的晶体结构（图3.17）与金刚石的明显不同，也比金刚石结构在常温常压下更稳定。石墨由碳原子排列成的六边形层状结构叠加而成，每层中的每个碳原子与3个共面的相邻原子通过很强的共价键键合。第4个键电子以微弱的范德华键键合存在于层间。

（3）富勒烯

碳的另一种多晶型物在1985年被发现。以离散的分子形式存在，由60个碳原子聚集的空心球形组成，单个分子表示为C_{60}。每个分子由碳原子群组成，每个碳原子与另一个碳原子键合形成六边形（六碳原子）和五边形（五碳原子）几何图案。每个分子由20个六边形和12个五边形组成，其中没有2个五边形共

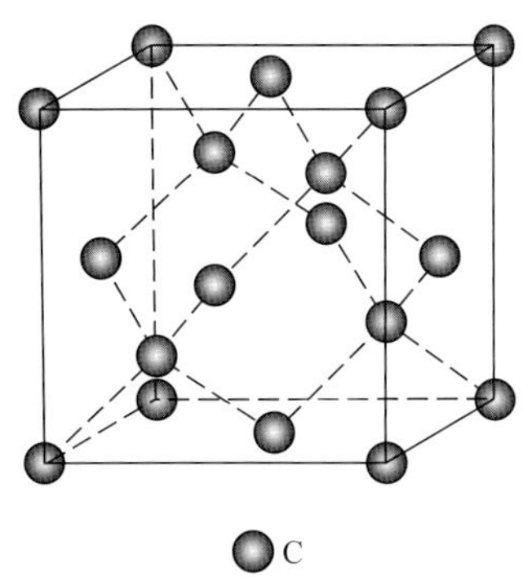

图3.16 菱形立方晶体结构的晶胞

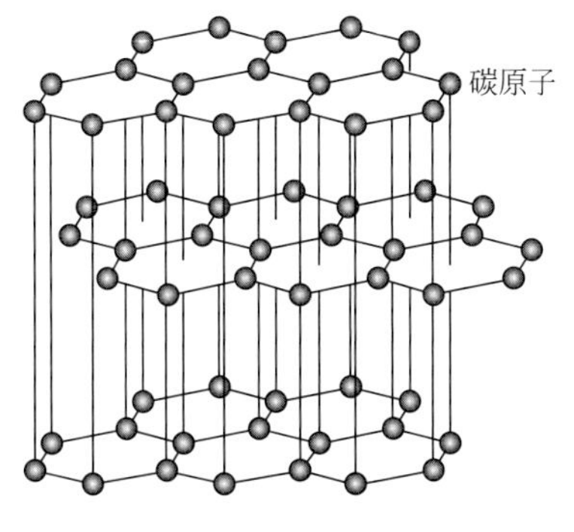

图3.17 石墨的晶体结构

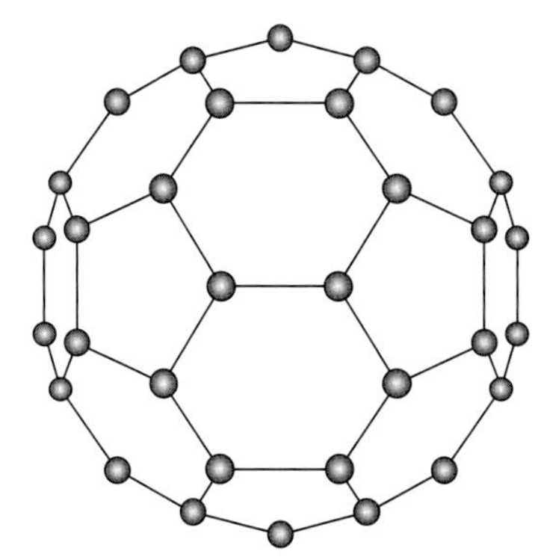
图3.18 C_{60}分子的结构

用一个边，因此分子表面展现出完美的足球形，如图3.18所示。由C_{60}分子组成的材料被称为巴克敏斯特富勒烯，以创造了网格球顶的R.Buckminster Fuller的名字命名。每个C_{60}分子是一个简单的“巴克球”圆顶的复制版。术语富勒烯用于表示有这种由分子组成的材料类别。

金刚石和石墨可被称为网状固体，其所有的碳原子与相邻的原子在整个固体内形成主价键。通过对比，巴克敏斯特富勒烯的碳原子键合在一起形成这些球状分子。在固态中，C_{60}单元形成晶体结构，并堆积成面心立方排列。

作为一个纯的结晶固体，这种材料是电绝缘的。但是通过适当加入杂质，可以得到较高的导电性和半导电性。

3.10 多晶型和同素异形体

多晶型
同素异形体

有些金属或非金属有不止一种晶体结构，这种现象称为多晶型。当这种物质为元素固体时，称之为同素异形体。晶体结构取决于温度和外部压力。举个熟悉的碳的例子：石墨在普通环境条件下为稳定的晶体，而金刚石是在非常高的高压下形成的。又如纯铁在室温下为BCC晶体结构，但在912℃（1674 ℉）下变为FCC结构的铁。大多数多晶型转变伴随着密度及物理性质的改变。

3.11 晶系

金属晶系和晶胞

由于晶体有很多种可能的晶体结构，为了方便，通常根据晶胞的组态或原子的排列方式将它们进行分类。有一种分类方式是以晶胞的几何形态为依据，即找出合适的平行六面体晶胞，不考虑晶胞中原子位置。在这个框架下，以晶胞的一个角为原点建立xyz坐标系，每个x、y、z轴沿着平行六面体边伸出来，如图3.20所示。根据此系统，晶胞的几何形态可由六个参数完全定义：三个边长a、b和c，以及三个轴的夹角α、β和γ。这些参数称为晶体结构的点阵参数，并在图3.20中标出。

点阵参数

重要材料

碳纳米管

由碳形成的另一种分子近期被发现，具有独特的、有前途的性能。其结构为单个片层石墨卷成管状，并以C_{60}富勒烯半球封口。碳纳米管示意图如图3.19所示。用纳米前缀命名是因为管直径大约达到纳米级（即100nm或更小）。每个纳米管是一个由百万个原子组成的单个分子，分子长度比它的直径要大很多（大约为数千倍）。由同轴圆筒组成的多壁碳纳米管也被发现。

这些纳米管具有很高的强度、硬度和较大的韧性。单壁纳米管的拉伸强度在30 ~ 200GPa之间（其数量级大于碳纤维），这是目前最强的材料。其弹性模量值大约为特帕斯卡[TPa（$1TPa=10^3GPa$）]，断裂应力在5% ~ 20%之间。此外，纳米管具有相对较低的密度。基于此，碳纳米管被称为“最终的纤维”，是非常有前途的复合材料强化物。

碳纳米管也具有独特的、结构敏感的电性能。根据石墨烯平面（即管壁）六边形单元相对碳纳米管轴向取向，纳米管可以形成带电金属或半导体。最近报道了平面全彩的显示器（即电视和电脑显示屏）用碳纳米管制备了场至发射阴极，该产品与阴极射线管显示屏和液晶显示屏相比生产成本低，耗费功率低。此外，将来碳纳米管电子应用可能覆盖二极管和晶体管。

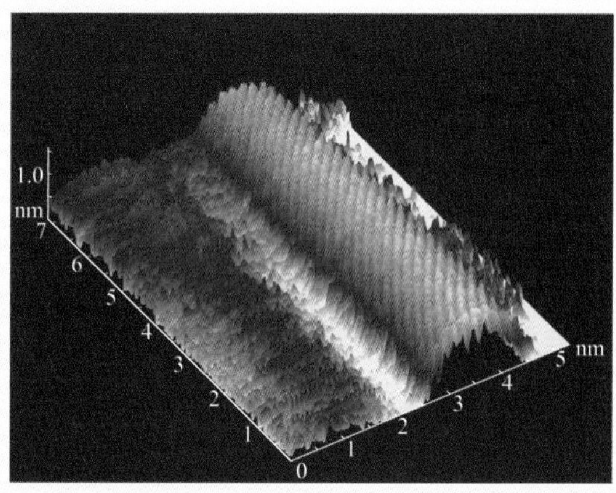

用扫描隧道显微镜拍下的碳纳米管原子分辨图像（扫描探针显微镜的照片见5.12节）。注意显微照片边界的尺寸规模（纳米范围）。（显微照片源于Vladimir K.Nevolin，Moscow Institute of Electronic Engineering）

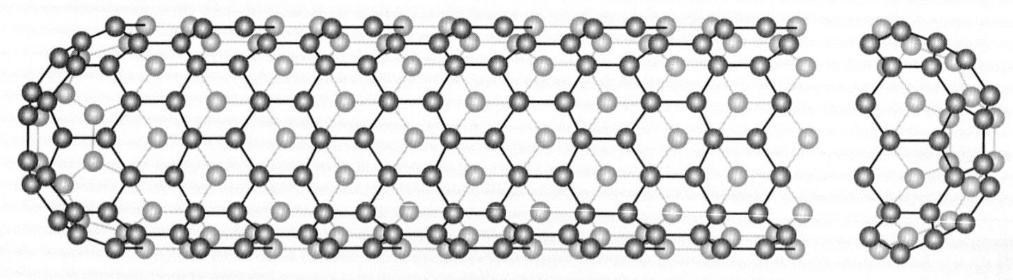

图3.19　碳纳米管结构

（获得*American Scientist*，magazine of Sigma Xi，The Scientific Research Society重印许可。插图来源于Aaron Cox/*American Scientist*。）

晶系

在a、b和c及α、β和γ的基础上，可以有7种不同的组合，每一个组合代表一种晶系。这七个晶系是立方、四方、六方、正交、棱方、单斜、三斜晶系。每个晶胞的参数关系与晶系简图在表3.6中列出。立方晶系中a=b=c，并且α=β=γ=90°，具有最高的对称程度。对称程度最差的晶系为三斜晶系，因为$a \neq b \neq c$，且$\alpha \neq \beta \neq \gamma$。

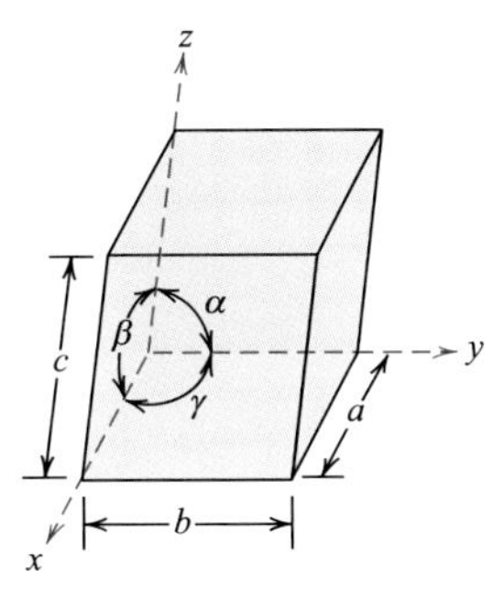

图3.20 有x、y和z坐标轴的晶胞，并标出了各轴长度（a、b和c）和各轴间的夹角（α、β和γ）

从前面对金属晶体结构的讨论中，明显可知FCC和BCC结构属于立方晶系，而HCP则属于六方晶系。通常六方晶胞是由3个平行六面体组成，如表3.6所示。

概念检查3.2 晶体结构与晶系的区别是什么？

[解答可参考www.wiley.com/college/callister（学生之友网站）]

表3.6 点阵参数间的关系与7种晶系的晶胞几何形态图示

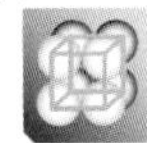

VMSE 金属晶系和晶胞

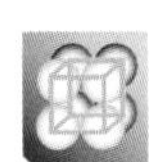

晶系	各轴关系	轴间夹角	晶胞几何形态
立方	$a = b = c$	$\alpha = \beta = \gamma = 90°$	
六方	$a = b \neq c$	$\alpha = \beta = 90°$，$\gamma = 120°$	
四方	$a = b \neq c$	$\alpha = \beta = \gamma = 90°$	
棱方	$a = b = c$	$\alpha = \beta = \gamma \neq 90°$	
正交	$a \neq b \neq c$	$\alpha = \beta = \gamma = 90°$	
单斜	$a \neq b \neq c$	$\alpha = \gamma = 90° \neq \beta$	
三斜	$a \neq b \neq c$	$\alpha \neq \beta \neq \gamma \neq 90°$	

晶体点阵、晶向、晶面

当分析一个晶体材料时，通常需要指出晶胞内的一个特殊点、一个结晶方向、或一些原子晶面。一般用3个数字或指数来表示点、线和面的位置。确定指数值以晶胞为基准建立右手坐标系，坐标系包含3个以一个角为基点的坐标轴，并且3个轴与晶胞的边一致，如图3.20所示。有些晶系（即六方、棱方、单斜和三斜晶系）的3个坐标轴不是相互垂直的，可用与直角坐标系同样的方法确定指数。

重要材料

锡（同素异形体转变）

另一种会发生同素异形体转变的常见金属是锡。白锡（或β-锡）在室温下具有体心四方晶体结构，在13.2℃（55.8℉）时转变为灰锡（或α-锡），灰锡的晶体结构与金刚石相似（即金刚石立方晶体结构），转变示意图如下：

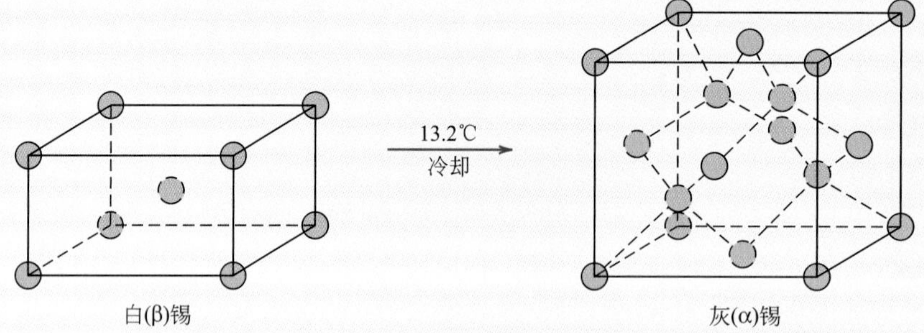

转变速度非常的慢，但是温度越低（低于13.2℃）转变速度越快。随着白锡向灰锡的转变，体积增加（27%），通常密度变小（从7.30g/cm³到5.77g/cm³）。因此，体积的膨胀导致白锡金属破碎为灰色同素异形体粗粉。正常低温下，不用担心锡产品发生破裂，因为转变发生的速率非常慢。

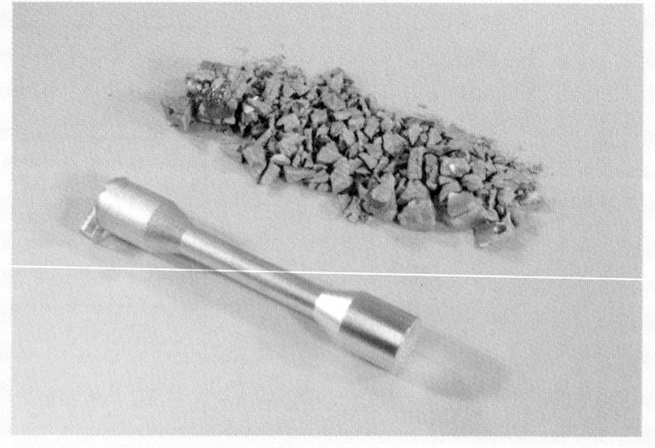

白锡样品（左下）。通过冷却，并在低于13.2℃下保温一段时间，样品破裂转变为灰锡（右上）（照片源于Professor Bill Plumbridge，Department of Materials Engineering，The Open University，Milton Keynes，England。）

1850年白锡向灰锡的转变在俄罗斯产生了意想不到的结果。那年冬天特别的冷，温度持续下降了一段时间。瑞士军人的制服用的锡制纽扣，由于天气非常冷，许多扣子都裂了，教堂的锡制管风琴也裂了。称为著名的“锡病”。

3.12 点坐标

晶胞内任何点的位置可以用晶胞边长（即a、b和c）的分数倍数标出它的坐标。例如，图3.21所示的晶胞和晶胞内P点位置。我们用广义坐标q、r和s标定P点，其中q为沿着x轴的边长a的分数倍，r为沿着y轴边长b的分数倍，s同理。因此，P点位置用坐标q、r和s标定的值小于或等于1。此外，不要用逗号或其他标点符号（这是惯例）来分开这些坐标值。

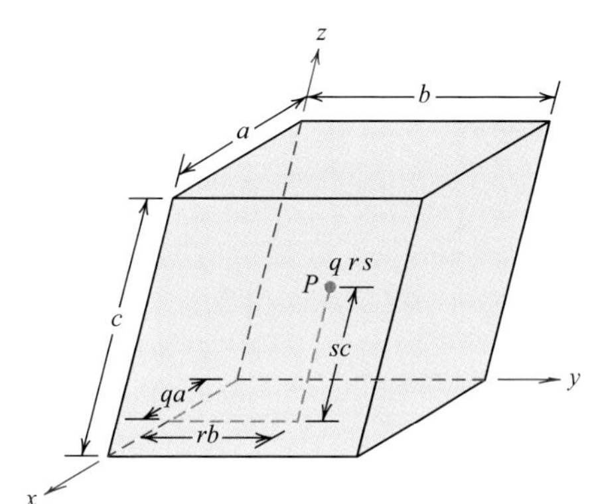

图3.21 晶胞内点P用q、r和s坐标标定方法

q坐标（值为分数）等于沿着x轴的qa的距离，其中a为晶胞边长。坐标r和s分别用相似方法在y和z轴上标定

例题3.7

标出指定坐标的点

如图（a）所示晶胞，标出坐标$\frac{1}{4}1\frac{1}{2}$ 点的位置。

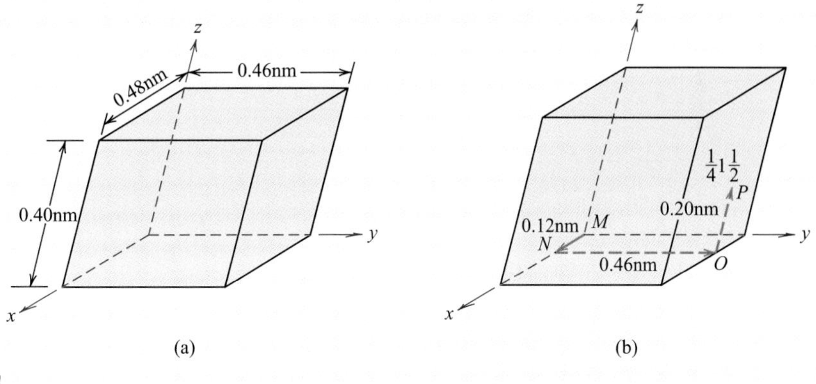

解：

由图（a）可知，这个晶胞的边长为：a=0.48nm，b=0.46nm，c=0.40nm。根据上述讨论，分数长度为$q=\frac{1}{4}$，r=1，$s=\frac{1}{2}$。因此，首先我们从晶胞的原点（点M）沿着x轴（向N）移动$qa=\frac{1}{4}$（0.48nm）=0.12nm个单位，如图（b）所示。同样，我们继续沿y轴平移rb=（1）（0.46nm）=0.46nm个单位，从点N向点O移动。最后，我们从点O开始移动，平行于z轴移动$sc=\frac{1}{2}$（0.40nm）=0.20nm个单位到点P，如图（b）所标。点P即为$\frac{1}{4}1\frac{1}{2}$ 坐标点。

例题3.8

标出点坐标

标出BCC晶胞内所有原子的点坐标。

解：

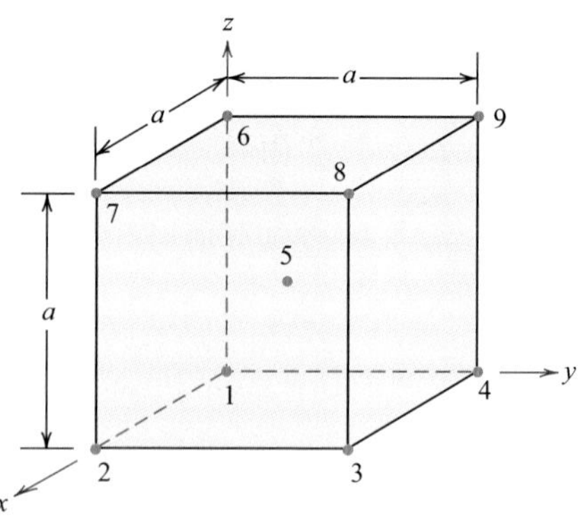

如图3.2中的BCC晶胞，原子位置的点坐标对应晶胞中所有原子的中心位置——即八个角原子和一个中心原子。这些位置都在右图标出（并标了序号）。

点1的坐标是0 0 0，这个点位于坐标系的原点，因此，沿x、y、z轴晶胞边长分数分别是$0a$、$0a$和$0a$。此外，由于点2在沿x轴的晶胞边长上，所以它的边长分数分别为a、$0a$和$0a$，产生的点坐标为1 0 0。下表列出了9个点中每个点沿x、y、z轴的晶胞边长分数和它们所对应的点坐标。

点编号	分数长度			点坐标
	x轴	y轴	z轴	
1	0	0	0	0 0 0
2	1	0	0	1 0 0
3	1	1	0	1 1 0
4	0	1	0	0 1 0
5	$\frac{1}{2}$	$\frac{1}{2}$	$\frac{1}{2}$	$\frac{1}{2}\frac{1}{2}\frac{1}{2}$
6	0	0	1	0 0 1
7	1	0	1	1 0 1
8	1	1	1	1 1 1
9	0	1	1	0 1 1

3.13 晶向

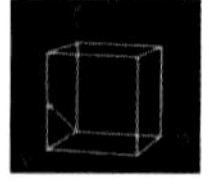

VMSE
晶向

规定两个点之间的线段所成向量为一个晶向。晶向的3个指数可由下列步骤确定。

① 将一段长度的向量移至坐标系中，使其起点与坐标系原点重合，且与原向量平行。

② 将该向量投影在3个轴的每个轴上，并用晶胞尺寸a、b、c进行测量。

③ 将3个数同乘或同除以一个因数变为最小整数值。

④ 将3个指数用方括号括起来，不用逗号分开，如[uvw]。u、v、w分别对

应x、y、z轴上投影的最简整数。

3个轴的每个轴都会存在正坐标和负坐标。因此，在对应的指数上标一条横线来表示负指数，例如$[1\bar{1}1]$方向包含一个$-y$方向分量。同时改变所有指数的符号会变成相反方向，即$[\bar{1}1\bar{1}]$与$[1\bar{1}1]$方向相反。如果用不止一个方向（或平面）标定一个特定的晶体结构，保持正反习惯的一致性是有必要的，一旦建立这种习惯就不能改变。

[100]、[110]、[111]是常见的方向，已在图3.22的晶胞中画出。

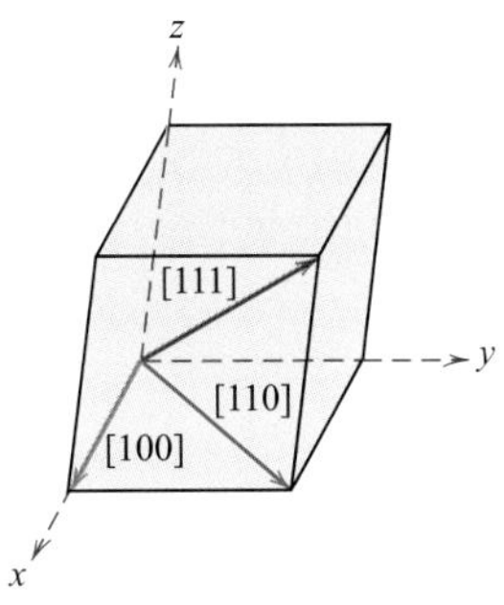

图3.22 晶胞内[100]、[110]、[111]的晶向

例题3.9

确定方向指数

确定下图晶向指数。

解：

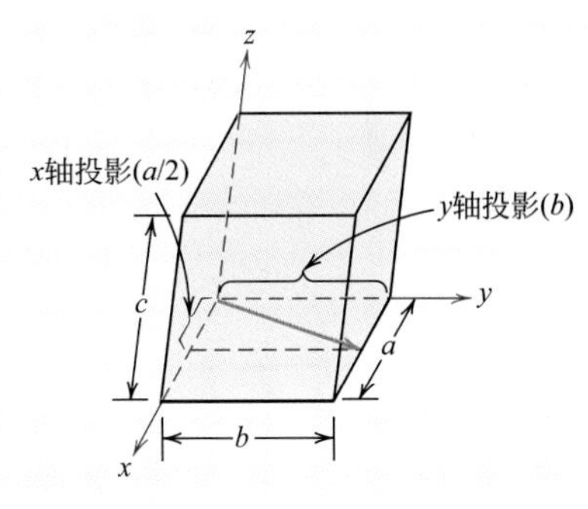

画出的向量已通过了坐标系的原点，因此不用平移。将向量投影在x、y、z轴上，分别为$a/2$、b、$0c$，所以晶胞参数为$\frac{1}{2}$、1、0（即将a、b、c去掉）。将每个数乘以2简化为最小整数，得到整数1、2、0，用方括号括起来，即[120]。

这个过程可以概括为下表：

项目	x	y	z
投影	$a/2$	b	$0c$
（去掉a、b、c的）投影	$\frac{1}{2}$	1	0
简化	1	2	0
括起来	[120]		

例题3.10

画出指定晶向

在立方晶胞中画出$[1\bar{1}0]$方向。

解：

首先画一个合适的晶胞，构建坐标系。如右图，晶胞是立方体，坐标系原点O在立方体的一个角。

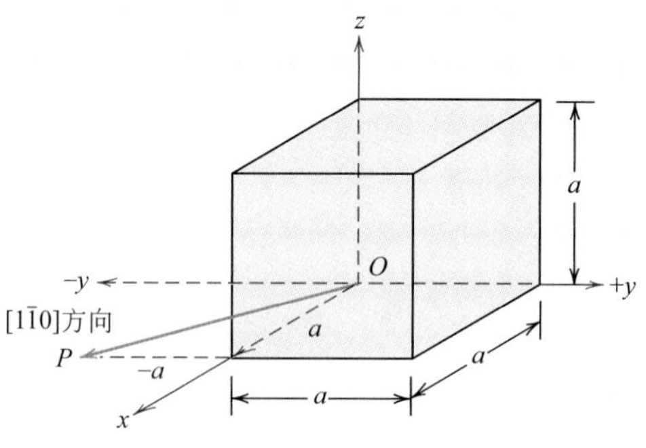

解决这个问题可用与上题相反的步骤。$[1\bar{1}0]$方向沿x、y、z轴的投影分别为a、$-a$、$0a$，该向量由原点指向点P。首先沿x轴移动a单位，从这个位置向y轴平移$-a$个单位，如图所示。向量中没有z方向，因为z轴的投影是0。

对于有些晶体结构而言，一些指数不同的非平行方向的晶向等效，也就是每个方向的原子间隔是相同的。例如，立方晶体中由[100]、$[\bar{1}00]$、[010]、$[0\bar{1}0]$、[001]、$[00\bar{1}]$表示的所有方向是相同的。为了方便，相同的晶向归为一族，用尖括号括起来，如<100>。此外，立方晶体中具有相同指数的晶向相同，无论指数顺序或是否有符号，例如[123]和$[\bar{2}1\bar{3}]$。通常而言，这种晶向等效的情况对其他晶系不适用。例如四边形对称晶体中，[100]和[010]方向相同，但[100]和[001]方向不同。

六方晶体

对于六方晶系有一个问题，就是等效晶向没有一组相同的指数。为了解决这个问题，用四轴或米勒-布拉菲坐标系，如图3.23所示。a_1、a_2、a_3三个坐标轴在一个平面内（称为基面），并且互成120°。z轴垂直于基面。包含前面提到的指数，方向指数有4个，如$[uvtw]$，通常，前三个指数分别为基面中a_1、a_2、a_3轴的投影。

三轴坐标系转换为四轴坐标系：

$$[u'v'w'] \rightarrow [uvtw]$$

用以下公式转换：

$$u = \frac{1}{3}(2u' - v') \tag{3.9a}$$

$$v = \frac{1}{3}(2v' - u') \tag{3.9b}$$

$$t = -(u+v) \tag{3.9c}$$

$$w = w' \tag{3.9d}$$

其中有“′”的指数用于三轴坐标系，没有“′”的指数用于新的米勒-布拉菲四轴坐标系。（同样，所有指数必须化简为最小整数，与之前所述一致。）例

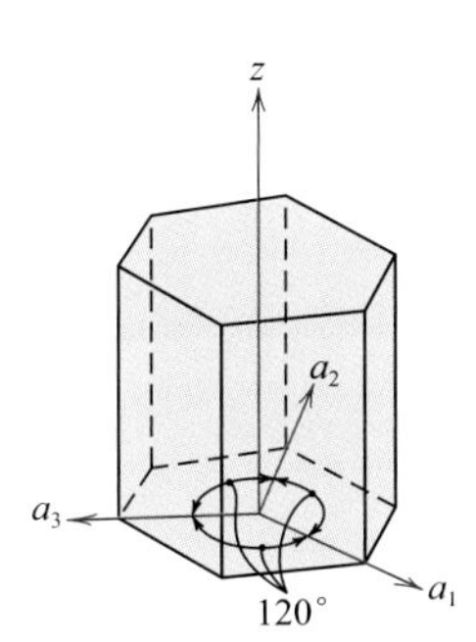

图3.23 六方晶胞坐标轴系（米勒-布拉菲坐标系）

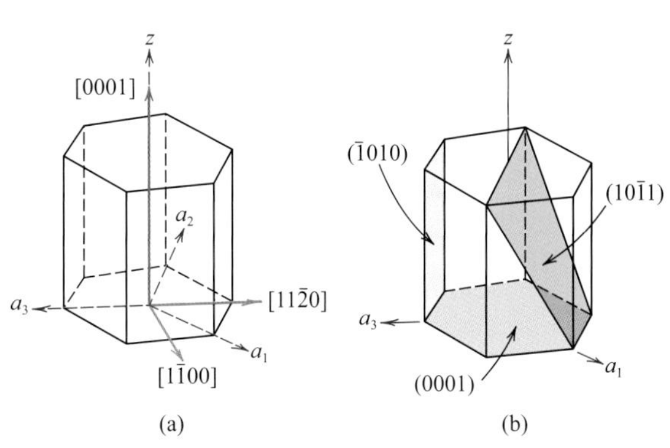

图3.24 六方晶系中，(a) [0001]、[1$\bar{1}$00]、[11$\bar{2}$0]晶向，(b) (0001)、(10$\bar{1}$1)、($\bar{1}$010)晶面

如，[010]方向使用上式可转化为[$\bar{1}2\bar{1}0$]。六方晶胞中不同方向的指数已标出［图3.24（a）］。

画六方晶体的晶向比在其他六个晶系中画晶向更复杂。在六方体中画晶向用四轴坐标系更方便，如图3.25。可以说，基面上画出的格子都是由与a_1、a_2、a_3轴平行的线组成。六方晶胞的两组平行线（如与a_2和a_3平行的两组线）的交叉点把晶胞中的坐标轴三等分（如把a_1轴分成3份）。此外，图3.25中的z轴也同样被分为三等份（三等分点为m和n）。我们把这个图作为缩小比例坐标系的参考图。

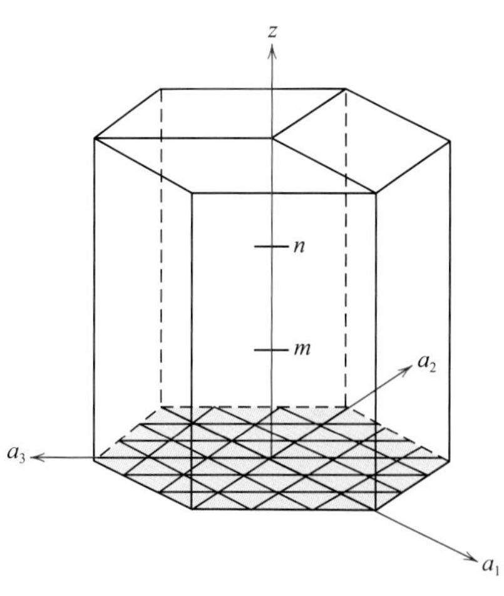

图3.25 六方晶胞的缩小比例坐标轴系，可用于画晶向

用给定的四个指数画出晶向的过程与先前过程相似（将向量投影在相应的轴）。如果不用投影的点阵参数a（a_1、a_2、a_3轴投影）和c（z轴投影），可以用缩小比例的图3.25的坐标系——即用$\frac{a}{3}$和$\frac{c}{3}$代替。下面的例题会详述这个过程。

例题3.11

转换与构建六方晶胞晶向指数

（a）将[111]方向转换为六方晶体的四轴坐标系。

（b）在缩小比例的坐标系中（如图3.25）画出此方向。

（c）在六方晶胞中用三轴坐标系（a_1, a_2, z）画出[111]方向。

解：

（a）用式（3.9a）、式（3.9b）、式（3.9c）、式（3.9d）进行转换，其中

$$u'=1 \quad v'=1 \quad w'=1$$

因此，

$$u=\frac{1}{3}(2u'-v')=\frac{1}{3}[(2)(1)-1]=\frac{1}{3}$$

$$v=\frac{1}{3}(2v'-u')=\frac{1}{3}[(2)(1)-1]=\frac{1}{3}$$

$$t=-(u+v)=-\left(\frac{1}{3}+\frac{1}{3}\right)=-\frac{2}{3}$$

$$w=w'=1$$

将这些指数同乘以3，化简为最小整数，得到u、v、t、w的值分别为1、1、–2、3。所以[111]方向转换为[$11\bar{2}3$]。

（b）下图（a）中六方晶胞已经画好了缩小比例的坐标系。

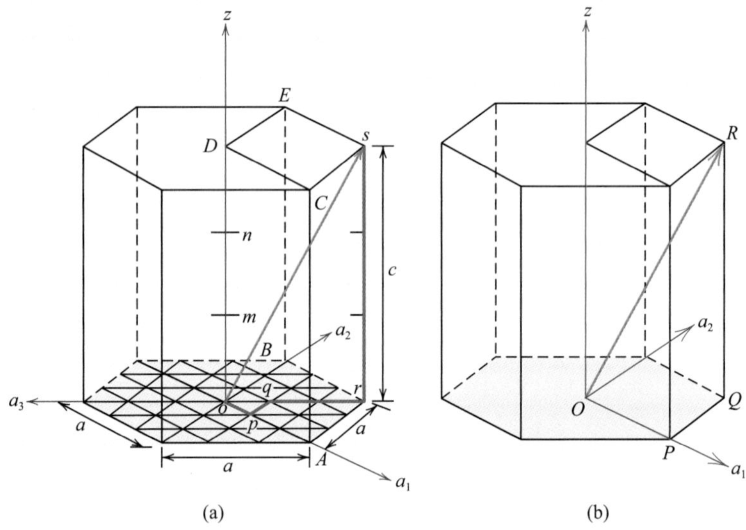

(a) (b)

3个平行六面体构成了一个六方晶胞，其中的一个平行六面体在图中画了出来，它的各个角分别标上了字母o–A–r–B–C–D–E–s，a_1–a_2–a_3–z坐标轴的原点在角o处。我们在这个晶胞内画[$11\bar{2}3$]方向。沿着a_1、a_2、a_3和z轴的投影分别为$\frac{a}{3}$、$\frac{a}{3}$、$-\frac{2a}{3}$、$\frac{3c}{3}$（或c）。从原点（点o）开始画，首先沿着a_1轴移动$\frac{a}{3}$个单位到点p，接着从这点平行于a_2轴移动$\frac{a}{3}$个单位到点q，然后平行于a_3轴移动$-\frac{2a}{3}$个单位到点r，最后平行于z轴移动c个单位到点s。所以，从点o到点s的向量为[$11\bar{2}3$]方向。

（c）同样，我们可以用三轴坐标系（a_1–a_2–z）和传统方法画等价的[111]方向在图（b）中。a_1、a_2和z轴的投影分别为a、a和c。首先从原点（点O）开始，沿着a_1轴移动a个单位（到点P），然后平行于a_2轴移动a个单位（到点Q），最后平行于z轴移动c个单位（到点R），所得的从O到R的向量即为[111]方向。

注意，这个[111]方向与图（b）中的[$11\bar{2}3$]方向相同。

另一种情况是根据所给的六方晶胞方向计算晶向指数。这种情况下，将a_1–a_2–z三轴坐标系的三个指数转换为等价的四轴坐标系的指数更为方便。下面的例题说明了这个过程。

例题3.12

确定六方晶胞的晶向指数

确定下图所示晶胞的晶向指数（用四轴坐标系指数表示）。

解：

首先我们要做的是确定图中三轴坐标系晶胞中所画的向量指数。因为该向量通过坐标系原点，所以不需要平移。向量在a_1、a_2和z轴的投影分别为$0a$、$-a$和$c/2$，得到的晶胞参数为0、−1和$\frac{1}{2}$。将这些数同乘以2化简为最小整数，得到0、−2和1，用括号括起来为$[0\bar{2}1]$。

现在要将这些指数转变为四轴坐标系指数。这要用到式（3.9a）、式（3.9b）、式（3.9c）、式（3.9d）的公式。对于$[0\bar{2}1]$方向，有：

$u'=0 \quad v'=-2 \quad w'=1$

且

$$u=\frac{1}{3}(2u'-v')=\frac{1}{3}[(2)(0)-(-2)]=\frac{2}{3}$$

$$v=\frac{1}{3}(2v'-u')=\frac{1}{3}[(2)(-2)-0]=-\frac{4}{3}$$

$$t=-(u+v)=-\left(\frac{2}{3}-\frac{4}{3}\right)=\frac{2}{3}$$

$$w=w'=1$$

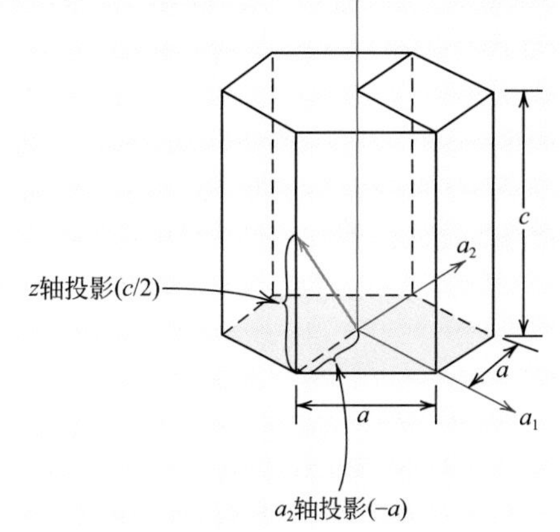

将这些指数同乘以3化简为最小整数，得到的u、v、t和w的值分别为2、−4、2和3。所以，图中所示方向为$[2\bar{4}23]$。

3.14 晶面

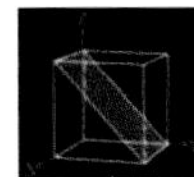

VMSE 晶面

米勒指数

晶体结构平面的方向可用相似的方法表示。同样，以晶胞为基础绘制三轴坐标系，如图3.20所示。除了六方晶系以外的所有晶系，其晶面均可以用3个米勒指数表示为（hkl）。任意两个相互平行的平面等价，并且有相同的指数。确定h、k、l指数的方法如下。

① 如果平面通过所定原点，其他任意平行面必须通过适当的平移到晶胞内，或确定一个新的原点在晶胞的另一个角。

② 此时，晶面交叉或平行于3个坐标轴，每个轴的平面截距确定了点阵参数a、b和c。

③ 取这些数的倒数。平行于坐标轴的平面截距无限大，因此倒数为0。

④ 如果有必要，将3个数同乘或同除以一个数变为一组最小整数[1]。

❶ 有时指数不用化简（如3.20节X射线衍射的研究），例如（002）不能化简为（001）。另外，陶瓷材料中化简的指数平面的离子排列可能与没化简的不一样。

⑤ 最后，所得指数用圆括号括起来，不用逗号分开，如（*hkl*）。

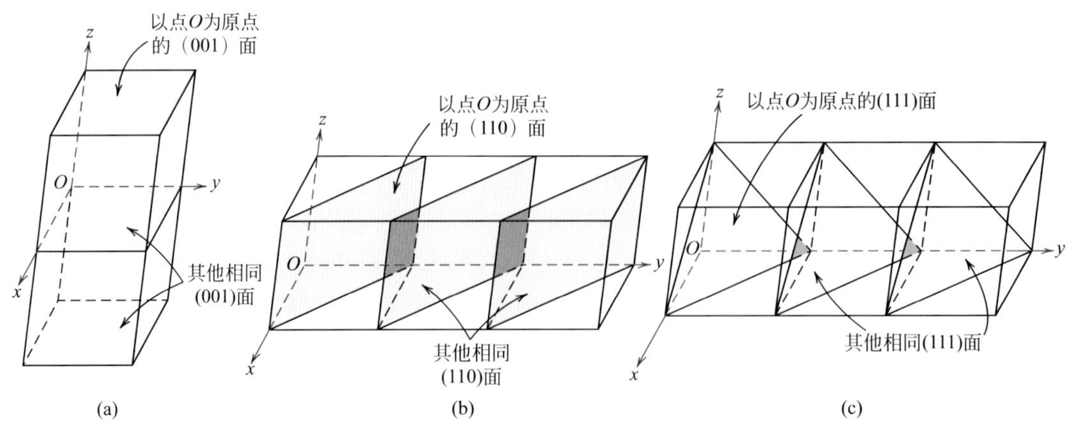

图3.26 （a）（001），（b）（110）和（c）（111）一系列晶面的表示

原点负方向截得的截距在其指数上添加一条横线来表示。并且，将所有指数的正负值转变，所得的平面与原平面平行且等距。此外，图3.26画了几个低指数平面。

立方晶体的唯一特点是具有相同指数的晶面与晶向相互平行，但是对于其他晶系，具有相同指数的晶面与晶向没有简单的几何关系。

例题3.13

确定晶面（米勒）指数

确定下图（a）中平面的米勒指数。

解：

由于平面通过所选原点，所以必须在相邻晶胞建立一个新的原点，标为O'，如图（b）所示。此平面平行于x轴，因此截距可以写为∞a。平面在新原点处与y轴和z轴相交，截距分别为$-b$和$c/2$。因此，点阵参数a、b和c所对应的截距分别为∞、-1和$\frac{1}{2}$，其倒数为0、-1和2，由于全是整数，所以不用化简。最后用圆括号括起来，得$(0\bar{1}2)$。

这些步骤简单概括为：

项目	x	y	z
截距	∞a	$-b$	$c/2$
（点阵参数对应的）截距	∞	-1	$\frac{1}{2}$

续表

项目	x	y	z
倒数	0	−1	2
化简（无需化简）括起来	$(0\bar{1}2)$		

例题 3.14

画出指定晶面

在立方晶胞中画出$(0\bar{1}1)$晶面。

解：

为了解这个题，我们将上一题的过程倒着做。首先，将圆括号去掉，剩下的指数取倒数得∞、−1和1。也这意味着要画的平面平行于x轴，并与y轴和z轴分别交于$-b$和c，如图（a）所示。在图（b）中画出这个平面，与晶胞平面或其延伸面相交处可用线段表示。如图，线段ef是$(0\bar{1}1)$面和晶胞顶面的交线，线段gh是$(0\bar{1}1)$面和晶胞底面延伸面的交线。同样，线段eg和fh分别是$(0\bar{1}1)$与晶胞后面和晶胞前面的交线。

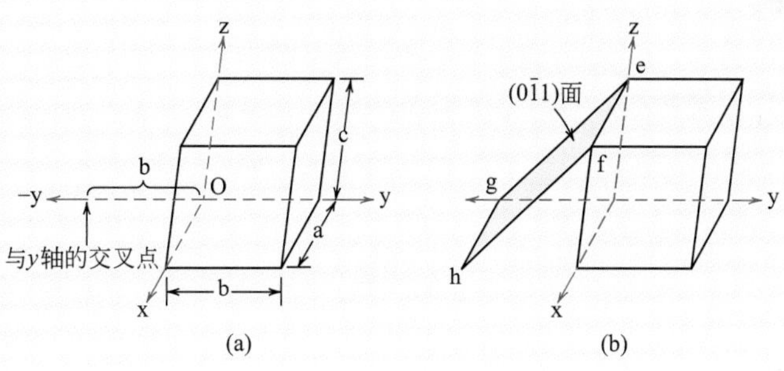

（1）原子排列

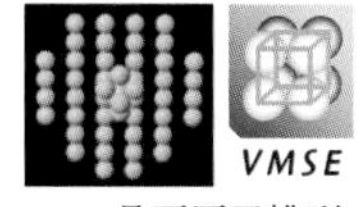

晶面原子排列

晶面的原子排列很有趣，它取决于晶体结构。用简化球模型表示晶胞如图3.27和图3.28所示，将FCC结构和BCC结构的(110)晶面进行比较，可看到两种结构原子的堆积方式不同。圆圈表示从完整硬球模型中截取的晶面上的原子。

晶面族包含与一个晶面相同的所有平面——即具有相同原子堆积的平面，规定晶面族的指数用大括号括起来，如{100}。举个例子，在立方晶体中，(111)、$(\bar{1}\bar{1}\bar{1})$、$(\bar{1}11)$、$(1\bar{1}\bar{1})$、$(11\bar{1})$、$(\bar{1}\bar{1}1)$、$(\bar{1}1\bar{1})$和$(1\bar{1}1)$晶面同属于{111}晶面族。另外，四方晶体结构的{100}晶面族只包含(100)、$(\bar{1}00)$、(010)和$(0\bar{1}0)$，因

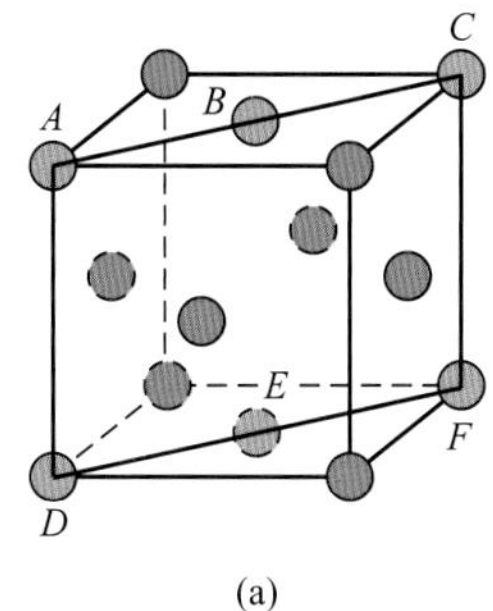

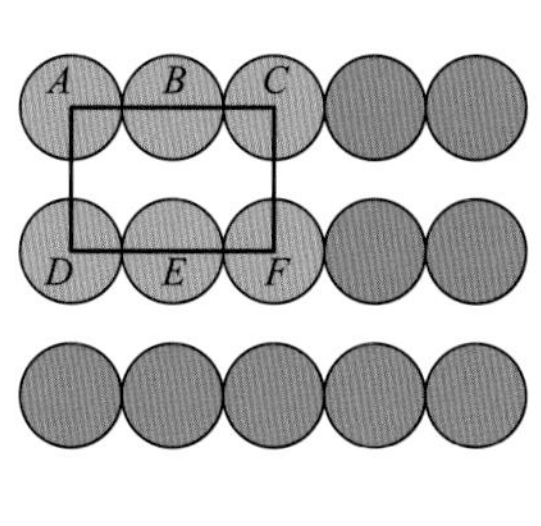

图3.27 （a）FCC晶胞(110)晶面简化球示意图；（b）FCC结构(110)面原子堆积示意图，与（a）中原子位置对应

图3.28 （a）BCC晶胞(110)面简化球示意图；（b）BCC结构(110)面原子堆积示意图，与（a）中原子位置对应

为(001)和$(00\bar{1})$与前四个不是晶体等价。在立方晶系中只要具有相同指数的平面就等价，无关顺序与符号。如$(1\bar{2}3)$和$(3\bar{1}2)$平面均属于{123}晶面族。

（2）六方晶体

对于六方对称晶体，我们很容易理解等价平面具有相同的指数，就像在图3.23中的晶向一样，可以通过米勒-布拉菲坐标系表示出来。按照惯例我们用四轴指数（*hkil*）表示，因为对于大多数情况四轴指数能更清楚地分辨六方晶体平面的方向。还有一点要说明，指数i由h和k的和决定，关系式为：

$$i=-(h+k) \tag{3.10}$$

另外，h、k、l这3个指数在所有的指数体系中相同。图3.24（b）显示了许多六方对称晶体中常见的平面。

例题3.15

确定六方晶胞中某个平面的米勒－布拉菲指数

确定下图六方晶胞中平面的米勒－布拉菲指数。

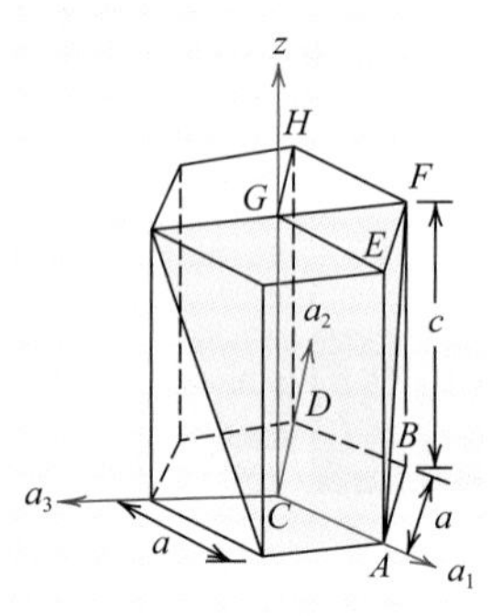

解：

为了确定这些米勒-布拉菲指数，且方便表示图中平面，将平行六面体的各个顶角按A到H标上字母。已知平面与a_1轴交于距a_1-a_2-a_3-z轴坐标系原点（点C）a距离处，并且，交叉线与a_2轴和z轴分别交于$-a$和c。因此，用点阵参数表示截距为1、–1和1。并且这些数的倒数也为1、–1和1。

因此，有：

$$h=1$$

$$k=-1$$

$$l=1$$

由式（3.10）得：

$$i=-(h+k)=-(1-1)=0$$

所以（*hkil*）指数为$(1\bar{1}01)$。

注意第三个指数是0（即倒数=∞），也就是平面平行于a_3轴。检查以上过程，确保答案正确。

3.15 线密度和面密度

前两节讲了非平行晶向和晶面的等价性。从意义上讲，方向等价与线的密度有关，对于特定的金属，等价方向有相同的线密度。与晶面参数相对应的是面密度，并且具有相同面密度值的平面也等价。

线密度（LD）的定义是中心排列在某晶向方向向量上的单位长度的原子数。也就是，

$$\mathrm{LD}=\frac{\text{中心排列在方向向量上的原子数}}{\text{方向向量的长度}} \tag{3.11}$$

线密度的单位是长度的倒数（即nm^{-1}、m^{-1}）。

以FCC晶体结构中[110]方向的线密度为例。FCC晶胞（简化球模型）和晶胞中[110]方向如图3.29（a）所示。图3.29（b）所示为晶胞底面排列的5个原子，[110]方向向量先后穿过原子X、Y和Z的中心。对于原子个数，要考虑与相邻晶胞共享的原子（像3.4节讲的原子致密度计算）。每个X和Z角原子均与其他相邻晶胞的[110]方向原子共享（即只算晶胞中这类原子的二分之一），而整个原子Y在晶胞内。因此，晶胞内沿[110]方向向量上相当于只有两个原子。方向向量长度等于$4R$［图3.29（b）］，因此，由式（3.11）可知，FCC晶胞沿[110]方向线密度为：

$$LD_{110}=\frac{2}{4R}=\frac{1}{2R} \tag{3.12}$$

同理，面密度（PD）是中心排列在某个晶面的单位面积的原子数，或

$$\mathrm{PD}=\frac{\text{中心排列在晶面的原子数}}{\text{平面面积}} \tag{3.13}$$

面密度单位为面积的倒数（即nm^{-2}、m^{-2}）。

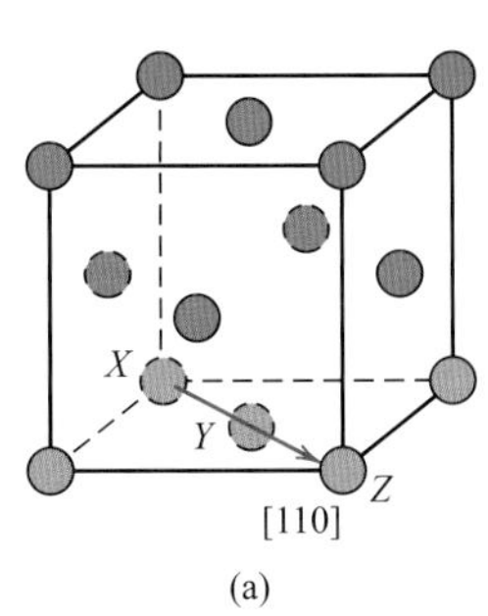

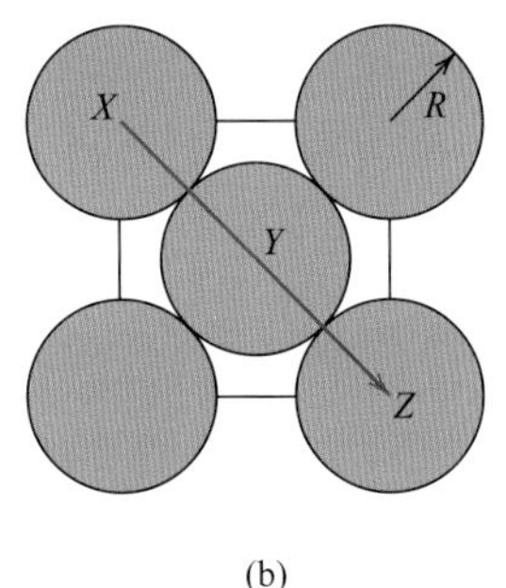

图3.29 （a）FCC晶胞中[110]方向简化球示意图；（b）图（a）FCC晶胞底面[110]方向原子堆积图，方向矢量穿过标为X、Y和Z的原子

以图3.27（a）和图3.27（b）所示FCC晶胞内（110）晶面为例，虽然有6个原子的中心在这个面上［图3.27（b）］，但是原子A、C、D和F每个只算四分之一以及原子B和E每个只算二分之一，所以这个平面上相当于总共有2个原子。此外，这个矩形截面部分的面积等于它的长与宽之积。由图3.27（b），因为矩形与FCC晶胞边长［式（3.1）］相对应，所以长（水平距离）等于$4R$，宽（垂直距离）等于$2R\sqrt{2}$。因此，这个平面面积为$(4R)(2R\sqrt{2})=8R^2\sqrt{2}$，面密度可由公式计算得：

$$PD_{110}=\frac{2}{8R^2\sqrt{2}}=\frac{1}{4R^2\sqrt{2}} \tag{3.14}$$

线密度和面密度是滑移过程要考虑的重要因素——即金属塑性变形的机理（8.5节）。滑移大多数发生在密排晶面，并沿着原子排列程度最大的方向滑移。

3.16 密排晶体结构

（1）金属

（金属）密排面结构

你应该还记得我们讲过的金属晶体结构（3.4节）中面心立方和密排六方晶体结构有相同的原子致密度0.74，这是等尺寸球或原子最有效的排列方式。除了用晶胞表示外，这两种晶体结构可以用原子密排面法（即有最大原子或球堆积密度的平面）表示，原子密排面的一部分如图3.30（a）所示。这两种晶体结构都是通过这些密排面从上到下一个一个堆积起来的，但这两种结构的区别在于堆积的顺序不同。

我们把一个密排面的所有原子中心都标上*A*。与这一密排面挨着的是由3个相邻原子组成的两组相等的凹进的三角形，凹入部分是下个原子密排面露出的部分。顶点朝上的三角形标为*B*，剩下的顶点朝下的三角形标为*C*，如图3.30（a）所示。

第二层密排面的原子中心位置可能在*B*处或*C*处，这两种情况是相同的。若选择堆积在*B*处，堆积顺序称为*AB*，如图3.30（b）。FCC和HCP的真正区别在于第三层密排面的位置。HCP结构第三层原子面堆积中心直接对准原来*A*的位置。堆积顺序为*ABABAB*…不断重复。当然，*ACACAC*…排列顺序也是HCP晶体结构。这种HCP的密排面为（0001）晶面，密排面与晶胞对应关系如图3.31所示。

对于面心立方晶体结构，第三层堆积面的原子中心位于第一层的*C*位置[图3.32（a）]，得到*ABCABCABC*…重复排列的堆积顺序，即原子排列每到第三个平面重复一次。将FCC的晶胞与堆积的密排面联系起来不太容易。图3.32（b）可以演示这种关系。这些密排面为FCC的（111）晶面，FCC晶胞的大概轮廓如图3.32（b）正面左上透视图所示。FCC和HCP密排面的意义会在第8章中详细说明。

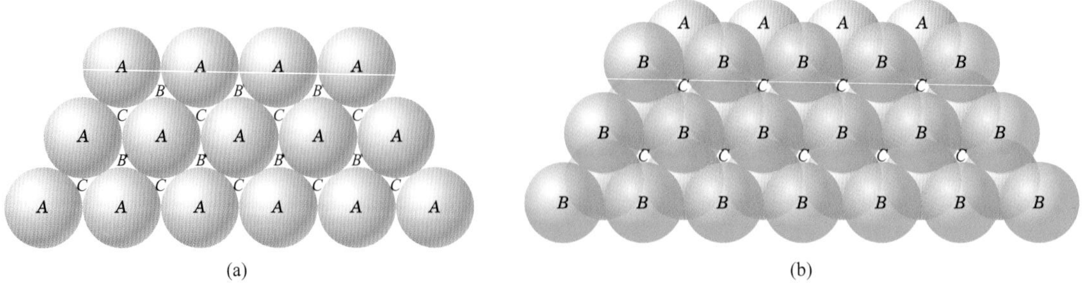

图3.30 （a）部分密排面的原子，已标出*A*、*B*和*C*的位置；（b）密排面的*AB*堆积顺序

（根据W.G.Moffatt，G.W.Pearsall，and J.Wulff，*The Structure and Properties of Materials*，Vol.I，*Structure*，p.50.Copyright © 1964 by John Wiley & Sons，New York改编。获得John Wiley & Sons，Inc重印许可。）

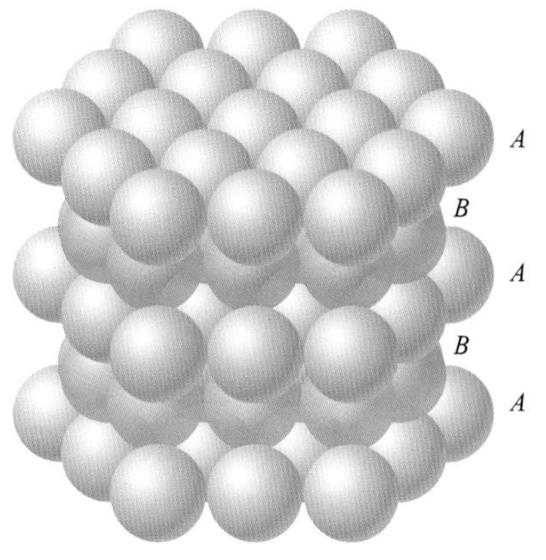

图3.31 密排六方结构密排面堆积顺序

（根据W.G.Moffatt，G.W.Pearsall，and J.Wulff，*The Structure and Properties of Materials*，Vol.I，*Structure*，p.51.Copyright © 1964 by John Wiley & Sons，New York改编。获得John Wiley & Sons，Inc重印许可。）

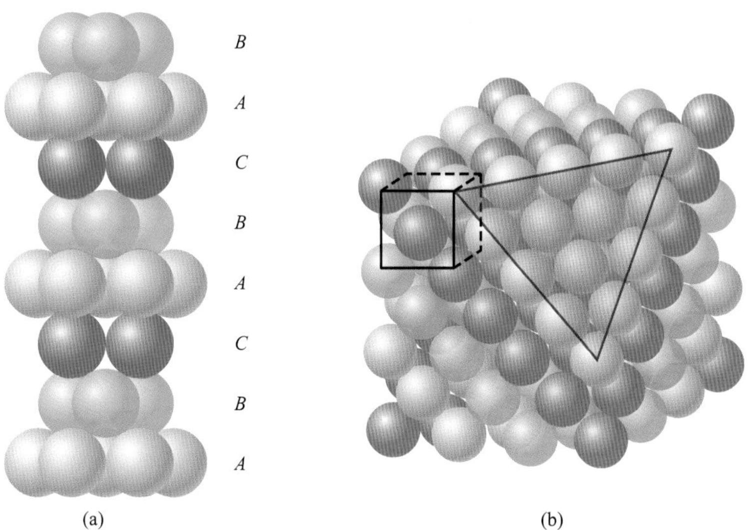

图3.32 （a）面心立方体密排面堆积顺序；（b）切掉一个角的FCC晶体结构，示意原子密排面的堆积顺序与FCC晶体结构的关系，其中三角形的轮廓在（111）面

[图（b）来源于W.G.Moffatt，G.W.Pearsall，and J.Wulff，*The Structure and Properties of Materials*，Vol.I，*Structure*，p.51.Copyright © 1964 by John Wiley & Sons，New York。获得John Wiley & Sons，Inc重印许可。]

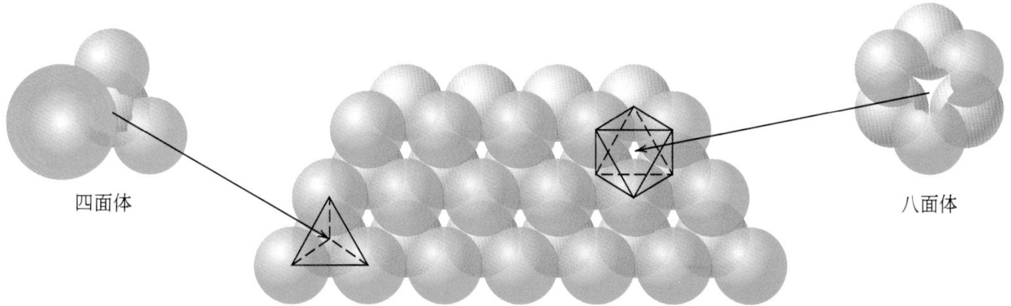

图3.33 第一个密堆面（橘色）硬球（阴离子）堆积在另一个面上（蓝色球），四面体和八面体几何形状在平面中标出

（源于W.G.Moffatt，G.W.Pearsall，and J.Wulff，*The Structure and Properties of Materials*，Vol.I，*Structure*.Copyright © 1964 by John Wiley & Sons，New York。获得John Wiley & Sons，Inc重印许可。）

VMSE
密排结构

(2) 陶瓷

许多陶瓷晶体结构也被认为具有密堆离子平面（与具有密堆原子平面的金属相对）。通常陶瓷的密排面是由大量的阴离子组成。随着这些平面相互堆积在一起，它们之间形成小的间隙位置可以让阳离子填入。

四面体位置

八面体位置

这些间隙位置以两种不同的类型存在，如图3.33所示。4个原子（其中的3个在一个平面，另外一个原子在相邻的平面）围绕着一个原子的类型称为四面体位置，因为从中心硬球向周围硬球画直线可形成有4个面的四面体。另一种类型如图3.33所示，有6个离子硬球，每3个硬球在一个面，共有2个面。因为连接这6个硬球的中心形成了八面体，这种类型称为八面体位置。因此填充了四面体和八面体位置的阳离子的配位数分别为4和6。此外，每个离子硬球的存在都会出现一个八面体位置和两个四面体位置。

这类陶瓷晶体结构由两个因素决定：① 密排离子层的堆积顺序（有可能是FCC排列和HCP排列，即ABCABC…顺序和ABABAB…顺序），② 阳离子填充间隙位置的方式。例如我们先前讲的岩盐型晶体结构。其晶胞立体对称，并且每个阳离子（Na^+）有6个Cl^-近邻，如图3.5所示。也就是说，立方体中心的Na^+有六个最近邻的Cl^-，且这些Cl^-都在立方体表面的中心。具有立体对称的晶体结构可以认为离子密排面按照FCC结构排列，并且所有平面都为{111}型。阳离子存在于八面体位置是因为它们有6个最近邻的阴离子。此外，所有的八面体位置都被填满，因为每个阴离子只有一个八面体位置，阴离子与阳离子的比例为1 ∶ 1。此种晶体结构的晶胞与密排离子面堆积示意图如图3.34所示。

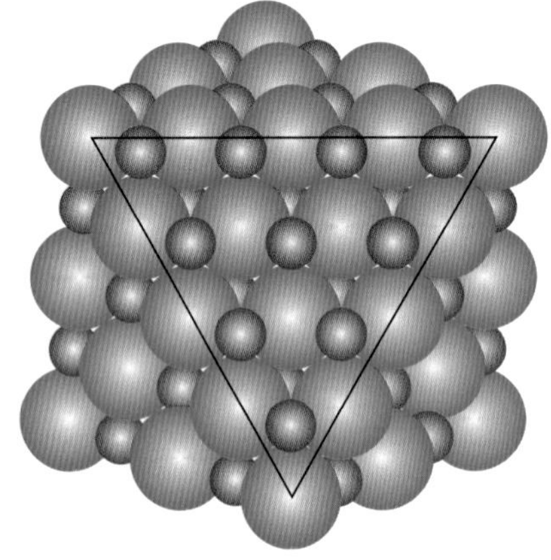

图3.34 岩盐型晶体结构被切开的部分截面图

所露出的阴离子（三角内绿色球）平面为{111}型平面，阳离子（红色球）占据了间隙八面体位置。

VMSE
尖晶石/反尖晶石

另外，有些陶瓷晶体结构也可以被归为闪锌矿型结构和钙钛矿结构。尖晶石结构是$A_mB_nX_p$型结构的一种，出现在铝酸镁或尖晶石（$MgAl_2O_4$）中。尖晶石结构的O^{2-}形成FCC点阵，M^{2+}填入四面体间隙，Al^{3+}填入八面体间隙。磁性陶瓷或铁素体的晶体结构与针状结构稍微有些不同，并且磁性特征与四面体和八面体位置有关（见18.5节）。

晶体和非晶材料

3.17 单晶

单晶

结晶固体中，若原子呈周期性重复排列，非常完美或贯穿于整个样品而没有中断，则称这样的晶体为单晶。单晶中所有的晶胞以相同的方式连接，并且具有相同的方向。单晶在自然界中存在，也可以由人工制造。由于环境必须严格控制，所以通常很难生成。

如果单晶的末端可以继续生长，并且没有外部条件限制，晶体会形成像一些宝石一样具有平坦晶面的规则几何形状，且其形状能表示晶体结构。图3.35为一张石榴石单晶的图片。在过去的几年内，单晶成为许多现代技术中的重要材料，尤其是使用硅单晶和其他半导体单晶于电子电路制造中。

图3.35 在中国福建省通北发现的石榴石单晶的照片
（图片源于Irocks.com网Megan Foreman的照片）

3.18 多晶材料

晶粒
多晶

大多数结晶固体是由许多小晶体或晶粒集合而成，将这种材料称为多晶。多晶样品凝固过程的各阶段如图3.36所示。一开始，小晶体或晶核在各个位置形成，它们有随机的晶向，用方格子表示出来。接着，小晶粒通过周边液态原子不断转变为晶粒原子而生长。在凝固过程快结束时，相邻晶粒的末端相互碰撞，如图3.36所示，晶粒与晶粒间晶向各不相同。两个晶粒相遇的区域存在一些原子错配，形成晶界，此内容会在5.8节更加详细讨论。

晶界

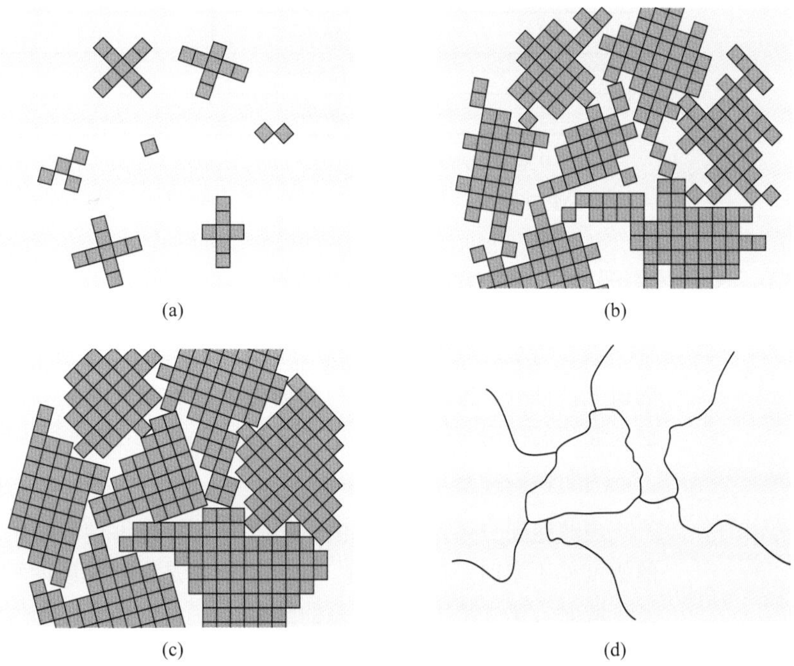

图3.36 多晶材料凝固过程不同阶段示意图，方格代表晶胞

（a）小晶核。（b）微晶生长，一些晶粒生长受到相邻晶粒的阻碍。（c）当凝固完成的时候，晶粒不规则形态基本形成。（d）显微镜下显示的晶粒的结构，黑线代表晶界。（根据W.Rosenhain，*An Introduction to the Study of Physical Metallurgy*，2nd edition，Constable & Company Ltd.，London，1915改编。）

3.19 各向异性

各向异性 各向同性

一些单晶材料的物理性能取决于晶向。例如，同一晶体内[100]和[111]方向的弹性模数、电导率和折射率不同。与晶体方向性有关的性能称为各向异性，它与晶向原子或离子间距的变化有关。若材料的性能与晶体方向无关，称为各向同性。晶体材料各向异性的程度与晶体结构的对称性呈函数关系，结构对称性越小各向异性程度越大——三斜晶系结构通常具有高度各向异性。不同材料的[100]、[110]和[111]方向的弹性模量值如表3.7所示。

对于许多多晶材料，单个晶粒的晶向完全随机。在这种情况下，即使每个晶粒都是各向异性，但由晶粒聚集组成的样品可能表现为各向同性。所测性能也表现为一些方向值的平均值。有时多晶材料的晶粒具有方向优先选择，称为“织构”。

变压器磁芯中使用的铁合金磁性材料属于各向异性——即晶粒（或单晶）在<100>方向比其他任意方向更易具有磁性。变压器磁芯通过利用这些合金制成的多晶薄片的“磁性织构”将能量损失最小化：每个薄片上的晶粒大多与<100>晶向排列方向相同，并与叠加磁场方向平行。铁合金的磁性织构将在18.9节下面的第18章重要材料中详细讲解。

表3.7 不同金属不同晶向的弹性模量值

晶向 金属	弹性模量/GPa		
	[100]	[110]	[111]
铝	63.7	72.6	71.6
铜	66.7	130.3	191.1
铁	125.0	210.5	272.7
钨	384.6	384.6	384.6

来源：R.W.Hertzberg，*Deformation and Fracture Mechanics of Engineering Materials*，3rd edition.Copyright © 1989 by John Wiley & Sons，New York。获得John Wiley & Sons，Inc重印许可。

3.20 X射线衍射：晶体结构的确定

纵观历史，我们对固体原子和分子排列的大多数了解都是通过X射线衍射的研究，此外，X射线在新材料研发上也起着非常重要的作用。我们现在对衍射现象和怎样用X射线对原子平面间距和晶体结构进行推断做以下简单的回顾。

（1）衍射现象

当波遇到一系列有规则的空间阻碍：① 能够使波发生散射；② 间距与波长的幅度差不多时，产生衍射。因此，衍射是在两种或两种以上的波遇到障碍而发生散射，建立特殊相位关系的结果。

如图3.37（a），波1与波2有相同的波长（λ），并且在点O-O'间同相。我们现在假设这两个波通过不同的路径而发生散射。扩散波的相位关系取决于路径长度差。其中一种可能结果是当路径长度差为光波波长的整数倍，如图3.37（a）所示，这些散射波（标为1′和2′）同相位，我们称之为相互加强（相长干涉），

衍射

并且两振幅相加，波形变为右图的样子，这即为衍射，我们可以认为衍射束是

由大量相互增强的散射波组成。

另一种极端情况如图3.37（b）所示，散射波之间相位关系不会产生相互加强作用。散射后路径长度差为半波长的整数倍。散射波不同相——即相应的振幅取消或抵消另一个，或相消干涉（即合成波振幅为零），如右图所示。当然，这两个极端情况中间的相关系只导致部分增强。

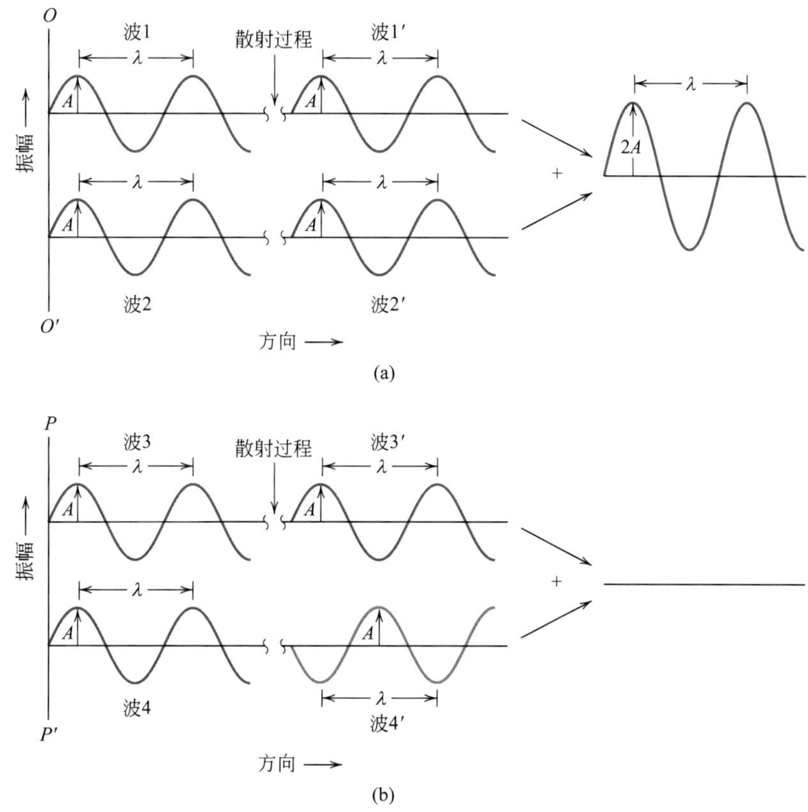

图3.37 （a）波长（λ）相同且的两个波（波1和波2）散射后（波1′和波2′）如何相互相长干涉的示意图。散射波振幅相互叠加得到最后的波。（b）波长相同且不同相的两个波（波3和波4）散射后（波3′和波4′）如何相互相消干涉的示意图。两个散射波的振幅相互抵消。

（2）X射线衍射和布拉格定律

X射线是电子辐射的一种形式，具有高能量短波长，波长与固体原子间距相近。当一束X射线照射在固体材料上时，部分光束会被位于该光束线路径上的各个原子或离子的电子散射到各个方向。我们现在来研究一下周期性排列原子的X射线衍射的必要条件。

如图3.38所示，两个平行原子面A-A'和B-B'具有相同的h、k、l米勒指数，两个平面间距为d_{hkl}。现在假设一个波长为λ的平行单色相干（同相）X射线光束以角θ照射这两个平面。这束光的两条入射光（标为1和2）在原子P和原子Q处发生散射。如果1-P-1′与2-Q-2′（即$\overline{SQ}+\overline{QT}$）的路径长度差为波长的整数倍$n$，散射线1′和2′在$\theta$角平面发生相干衍射。衍射条件为：

$$n\lambda = \overline{SQ} + \overline{QT} \tag{3.15}$$

布拉格定律—X射线波长、原子间距、相干衍射角的关系

或

$$n\lambda = d_{hkl}\sin\theta + d_{hkl}\sin\theta = 2d_{hkl}\sin\theta \tag{3.16}$$

布拉格定律

式（3.16）称为布拉格定律，反射级n为任意整数（1、2、3、…），并与$\sin\theta$值一致，$\sin\theta$值不超过1。因此，我们有了一个X射线波长与衍射角对应原子间距的一个简单表达式。如果不满足布拉格定律，干涉不相长，得到低强度衍射束。

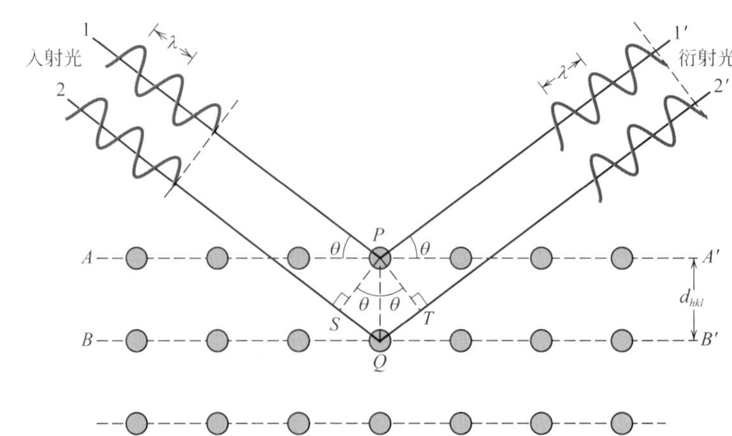

图3.38　原子平面（A-A'和B-B'）的X射线衍射

两个相邻平行原子面（即平面间距d_{hkl}）的距离大小由米勒指数（h、k和l）和点阵参数（S）决定。例如立体对称晶体结构，有以下关系：

指数为h、k和l平面的平面间距

$$d_{hkl} = \frac{a}{\sqrt{h^2 + k^2 + l^2}} \tag{3.17}$$

式中，a为点阵参数（晶胞边长）。表3.6列出的其他6个晶系的这种关系与式（3.17）类似，但更复杂。

对于实际晶体，布拉格定律［式（3.16）］为衍射的必要不充分条件。它规定了只有位于晶胞顶角位置才会发生衍射。但是，位于其他位置的原子（如FCC和BCC结构晶胞的表面和内部）则为额外的散射中心，在某个布拉格角度产生不同相的散射。根据式（3.16）计算的结果是本应存在的衍射束不存在了。例如：BCC晶体结构中，只有$h+k+l$的和为偶数时，才发生衍射；而在FCC晶体结构中，h、k、l必须同时为奇数或偶数时，才会发生衍射。

概念检查3.3　立方晶体中随着平面指数h、k和l值的增加，相邻面和平行面间距增加还是减少？为什么？

[解答可参考 *www.wiley.com/college/callister*（学生之友网站）]

（3）衍射技术

最常见的衍射技术是将粉状样品或由许多精细、取向自由颗粒状多晶样品置于单色X射线下。每个粉末颗粒（或晶粒）都是一个具有不同随机取向的晶体，从而确保一些颗粒有合适的取向，每组晶面都有衍射的可能。

衍射仪是用于确定粉末样品发生衍射时的角度的仪器，它的示意图如图3.39所示。将样品S放在一个平板支撑，使其可以绕着轴O旋转，该轴垂直于纸面。单色X射线束从T点产生射出，并且衍射束的强度可由图中C处探测器监测。图中样品、X射线源和探测器共面。

探测器装在可以绕着O轴旋转的活动架上，它的角坐标以2θ为单位标上刻度[1]。活动架与样品机械的连接在一起，使得样品旋转θ角时探测器旋转2θ角，确保了入射角与反射角保持相等（图3.39）。对直器在光束路径上产生一个明确的聚焦光束。另外，使用滤光器提供一个近单色光束。

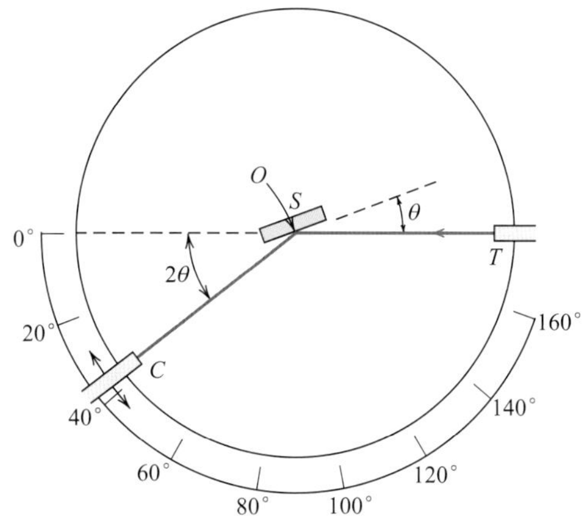

图3.39 X射线衍射仪示意
其中T=X射线源，S=样品，C=探测器，O=围绕样品和探测仪转动的轴

随着探测器以恒定角速度移动，记录器自动记录衍射光强度（由探测器监测）用2θ表示，2θ称为衍射角，是由实验直接测得的。图3.40显示了多晶α-铁衍射图样。当衍射面满足布拉格衍射条件时产生高强度衍射峰。这些衍射峰的面指数如图所示。

另一种粉末技术是以影像记录方式将衍射束强度和位置记录下来，而不是用探测器监测。

X射线衍射法的主要用途之一是确定晶体结构。晶胞的尺寸与几何形态可以通过衍射峰的角坐标来确定，并且晶胞内的原子排列与衍射峰的强度有关。

X射线，以及电子束和中子束也可以用于其他材料的研究。例如，单晶的晶向可以用X射线衍射（或劳厄）照片来解析。本章首页的图（a）就是用X射线入射束照射镁晶体产生的，每个点（除了靠近中心最暗的点外）是由某组晶面发生衍射的X射线束产生的。X射线的其他用途包括定性、定量化学鉴定，确定残余应力和晶粒尺寸。

[1] 注意符号θ在本章中用在了两种不同情况。在这里θ表示X射线源和探测器相对样品表面的角坐标。此前［如式（3.16）］则表示满足布拉格定律衍射条件的角度。

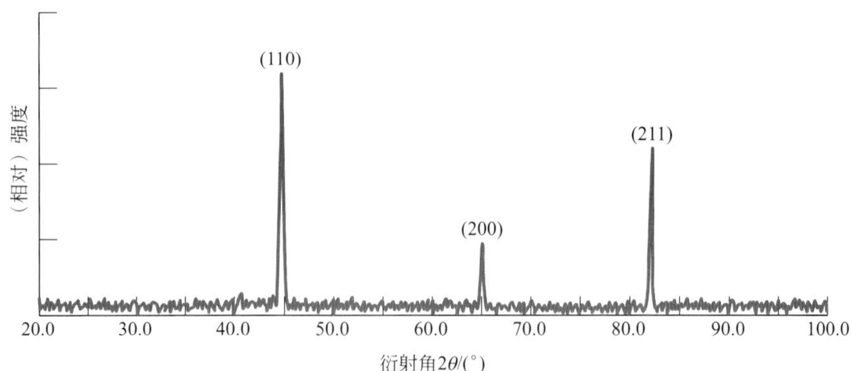

图3.40　多晶α-铁衍射图样

例题 3.16

平面间距和衍射角的计算

计算BCC结构铁的（a）平面间距和（b）（220）晶面的衍射角。Fe的点阵参数是0.2866nm。假设使用的单色辐射波长为0.1790nm，反射级为1。

解：

（a）面间距d_{hkl}值的计算用式（3.17），已知a=0.2866nm，因为计算（220）组面，所以h=2，k=2，l=0。因此

$$d_{hkl}=\frac{a}{\sqrt{h^2+k^2+l^2}}$$

$$=\frac{0.2866\text{nm}}{\sqrt{(2)^2+(2)^2+(0)^2}}=0.1013\text{nm}$$

（b）θ值的计算用式（3.16），因为是一级衍反射，所以n=1：

$$\sin\theta=\frac{n\lambda}{2d_{hkl}}=\frac{(1)(0.1790\text{nm})}{(2)(0.1013\text{nm})}=0.884$$

$$\theta=\sin^{-1}(0.884)=62.13°$$

衍射角2θ为：

$$2\theta=(2)(62.13°)=124.26°$$

3.21　非晶固体

非晶　无定形态

之前提过，在较大原子距离范围内，非晶固体缺乏有系统、有规则的原子排列。有时也把这种材料称作无定形态（字面意思是“没有形成”），或过冷液体，这是因为它们的原子结构与液态相似。

无定形态可以通过与陶瓷化合物二氧化硅（SiO_2）的晶体结构和非晶结构相比较来说明，二氧化硅可以以这两种状态存在。图3.41（a）和图3.41（b）示意了SiO_2两种结构的二维示意图。两种结构都是以1个硅离子连接3个氧离子，除此之外，非晶结构更混乱，更没有规则。

无论形成结晶固体还是非晶固体都取决于凝固过程中液态自由原子结构变

为有序态的难易程度。因此无定形态材料的特点是它的原子或分子结构相对复杂，并且变为有序排列具有一定难度。此外，经过冰点快速冷却有利于形成非晶固体，因为没有时间进行排列过程。

硅原子
氧原子

(a) (b)

图3.41 （a）二氧化硅晶体和（b）二氧化硅非晶体二维结构示意图

金属通常形成晶体结构，有些陶瓷材料也为晶体结构，而其他的陶瓷材料，如无机玻璃，都为无定形态。聚合物可以是完整的非结晶体，也可以是由不同结晶度组成的半结晶体。更多有关无定形态材料的结构和性质将在随后一章讨论。

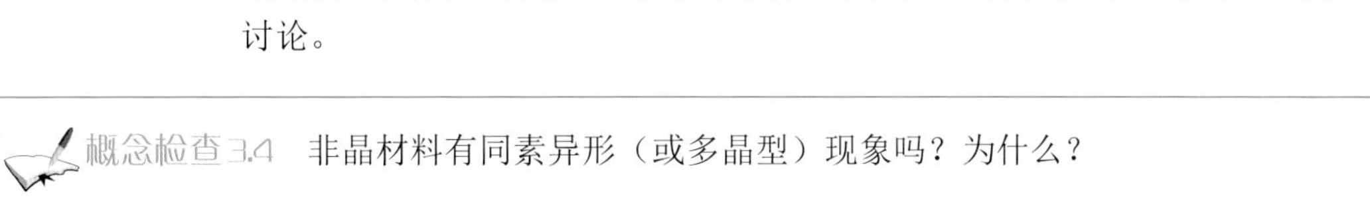

概念检查3.4 非晶材料有同素异形（或多晶型）现象吗？为什么？

概念检查3.5 非晶材料有晶界吗？为什么？

[解答可参考 www.wiley.com/college/callister（学生之友网站）]

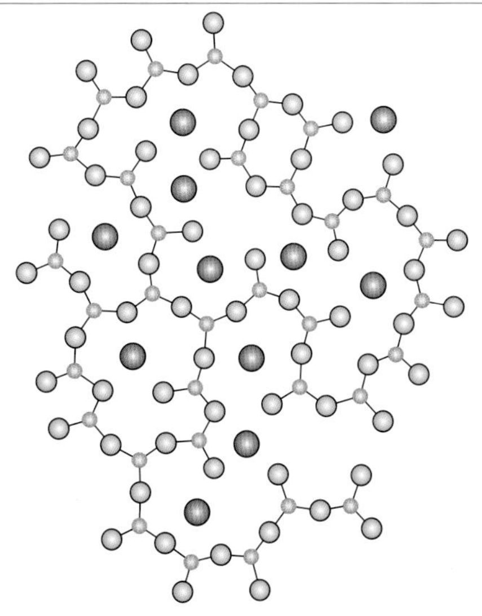

图3.42 硅酸钠玻璃离子位置示意图

Si^{4+} O^{2-} Na^{+}

二氧化硅玻璃

非晶态二氧化硅（SiO_2）称为熔融石英或玻璃状石英，其结构示意图如图3.41（b）所示。其他氧化物（如B_2O_3、GeO_2）也可能形成玻璃结构（和多面体氧化物结构，与图3.12相似），这些材料和SiO_2被称为网状形成物。

用于制作容器、玻璃等常见的无机玻璃为添加了其他氧化物（如CaO和Na_2O）的二氧化硅玻璃。这些氧化物不能形成多面体网状。而它们的阳离子混入，并且改变了SiO_4^{4-}网，因此，它们的氧化物添加剂被称为网络修饰体。例如，图3.42所示为硅酸钠玻璃结构示意。其他氧化物（如TiO_2和Al_2O_3）虽然没有形成网状形成物，但是替代了硅，成为网状结构的一部分，并稳定存在，称其为中间体。从实际角度看，添加了这些调节剂和中间剂会降低熔点和玻璃黏稠度，并且在较低的温度更容易形成（14.7节）。

总结

基本概念

- 结晶固体中原子有规律重复排列着，相反，随机无序分布的原子常见于非晶材料或无定型材料。

晶胞

- 具有几何形状和原子排列特征的平行六面体晶胞称为晶体结构。

金属晶体结构

- 常见的金属中至少存在3种相对简单的晶体结构中的一种。

  面心立方（FCC）结构，具有立方晶胞（图3.1）。

  体心立方（BCC）结构，也具有立方晶胞（图3.2）。

  密排六方结构（HCP），具有对称六边形晶胞［图3.3（a）]。

- 晶胞边长（a）与原子半径（R）关系

  面心立方结构公式（3.1）。

  体心立方结构公式（3.4）。

- 晶体结构的两个特点

  配位数——最邻近原子的数目。

  原子致密度——硬球在晶胞中的体积分数。

金属密度计算

- 金属的理论密度（ρ）是每个晶胞中相同数量的原子、原子量、晶胞体积和阿伏伽德罗常数的函数［式（3.7)]。

陶瓷晶体结构

- 陶瓷的原子间键从纯离子键到纯共价键不等。
- 当离子键占主要地位：

  金属阳离子带正电，而非金属离子带负电。

  陶瓷结构取决于（1）每个离子电荷的多少，（2）每种离子类型的半径。

- 一些简单晶体结构晶胞的表述：

  岩盐型（图3.5）；

  氯化铯型（图3.6）；

  闪锌矿型（图3.7）；

  萤石型（图3.8）；

  钙钛矿型（图3.9）。

陶瓷密度计算

- 陶瓷材料的理论密度可以用式（3.8）计算。

硅酸盐陶瓷

- 硅酸盐的结构通常以相互连接的SiO_4^{4-}四面体（图3.10）为单位表述。当其他阳离子（如Ca^{2+}、Mg^{2+}、Al^{3+}）和阴离子（如OH^-）加入时会形成相对复杂的结构。
- 硅酸盐陶瓷包括如下结构：

  晶体二氧化硅（SiO_2）（如方石英，图3.11）；

  层状硅酸盐（图3.13和图3.14）；

  非晶二氧化硅玻璃（图3.42）。

碳

- 碳（有时也归于陶瓷类）可以以各种多晶形物存在：

  金刚石（图3.16）；

  石墨（图3.17）；

  富勒烯（例如C_{60}，图3.18）；

  纳米管（图3.19）。

多晶型和同素异形体

- 多晶型是某种材料具有多种晶体结构。同素异形体是同一种元素具有多种晶体结构。

晶系

- 晶系的概念以晶胞的几何形态（即晶胞边长和轴间夹角）为基础对晶体结构进

行分类。共有7种晶系：立方、四方、六方、正交、棱方、单斜、三斜晶系。

点坐标
晶向
晶面

- 晶点、晶向和晶面均可由指数体系来表述。确定每个指数的依据是由某个晶体结构的晶胞所规定的坐标轴体系。

  晶胞中点的位置用坐标来表示，其中坐标为晶胞边长的分数倍。

  晶向指数的计算依据向量在每个坐标轴上的投影。

  晶面（米勒）指数的确定依据其与轴截距的倒数。

- 对于六方晶胞而言，用四轴坐标系表示晶面和晶向会更方便。

线密度和面密度

- 晶向与晶面的等价性分别和原子的线密度与面密度相关。

  （特定晶向）线密度定义为原子中心排列在某晶向方向向量上的单位长度的原子数［式（3.11）］。

  （特定晶面）面密度定义为原子中心排列在某个晶面的单位面积的原子数［式（3.13）］。

- 对于特定的晶体结构，具有不同米勒指数而有相同的原子堆积顺序的晶面属于同一晶面族。

密排晶体结构

- FCC和HCP晶体结构都是由原子密排面从上到下堆积而成。在这种体系下，用A、B和C来表示密排面上原子可能的位置。

  HCP结构的堆积顺序为ABABAB…

  FCC结构的堆积顺序为ABCABCABC…

- FCC和HCP的密排面分别为{111}和{0001}。

  一些陶瓷晶体结构可以由阴离子密排面堆积而成，阴离子填入四面体或八面体间隙位置，存在于相邻面中间。

单晶
多晶材料

- 单晶是原子排列顺序连续不间断的贯穿于整个样品的材料；在某种情况下，单晶具有平整的表面和规则的几何形状。
- 大多数结晶固体是多晶，由许多具有不同晶向的小晶体或晶粒组成。
- 晶界是区分由原子错配而形成两个晶粒的分界线。

各向异性

- 各向异性是指材料的性能具有方向依赖性。各向同性材料的性能不依赖于测量的方向。

X射线衍射：晶体结构的确定

- X射线衍射用来确定晶体结构和晶面间距。X射线光束指向晶体材料会产生衍射现象（相长干涉），这是由于一系列平行原子面相互作用的结果。
- 布拉格定律提出X射线的衍射条件——式（3.16）。

非晶固体

- 非晶固体材料在较大距离（在原子级别）缺乏有规律的原子或离子排列。有时也用术语无定型态来描述这种材料。

公式总结

公式编号	公式	适用求解
（3.1）	$a = 2R\sqrt{2}$	FCC晶胞边长
（3.3）	$\text{APF} = \dfrac{\text{晶胞中原子体积}}{\text{晶胞总体积}} = \dfrac{V_S}{V_C}$	原子致密度
（3.4）	$a = \dfrac{4R}{\sqrt{3}}$	BCC晶胞边长
（3.7）	$\rho = \dfrac{nA}{V_C N_A}$	金属理论密度

续表

公式编号	公式	适用求解
(3.8)	$\rho=\dfrac{n'\left(\sum A_C+\sum A_A\right)}{V_C N_A}$	陶瓷材料的理论密度
(3.11)	$LD=\dfrac{\text{中心排列在方向向量上的原子数}}{\text{方向向量的长度}}$	线密度
(3.13)	$PD=\dfrac{\text{中心排列在晶面的原子数}}{\text{平面面积}}$	面密度
(3.16)	$n\lambda=2d_{hkl}\sin\theta$	布拉格定律：衍射束的波长、平面间距、衍射角
(3.17)	$d_{hkl}=\dfrac{a}{\sqrt{h^2+k^2+l^2}}$	立方对称晶体的平面间距

符号列表

符号	意义	符号	意义
a	立方体的晶胞边长，晶胞x轴长	n'	晶胞中单位式的数量
A	原子量	N_A	阿伏伽德罗常数（6.022×10^{23}/mol）
ΣA_A	单位式中所有阴离子原子量总和	R	原子半径
ΣA_C	单位式中所有阳离子原子量总和	V_C	晶胞体积
d_{hkl}	晶面中指数h、k、l的晶面间距	λ	X射线波长
n	X射线衍射反射级	ρ	密度，理论密度
n	晶胞中原子数		

工艺/结构/性能/应用总结

这章我们讨论了晶体结构，体心立方晶体结构和金属晶体结构（多晶型）承受变化的能力。这些概念的知识帮助我们理解第11章中BCC结构铁转变为马氏体（另一种晶体结构）。这个关系可以用下图表示：

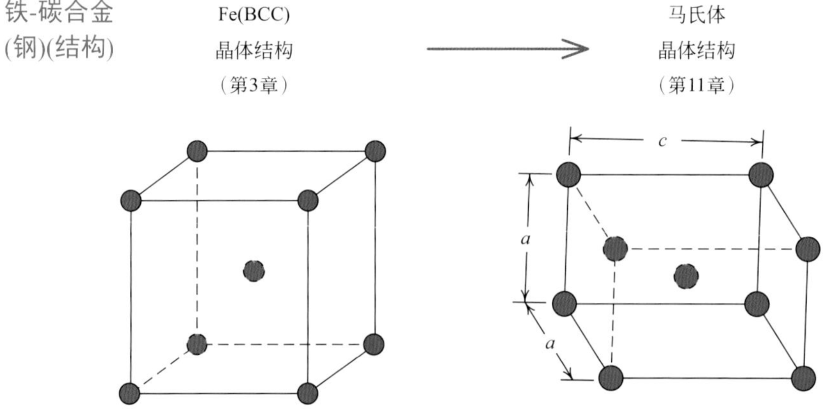

这章也讲了非晶材料的概念。玻璃陶瓷（第14章）是由非晶二氧化硅玻璃（第3章）经过热处理形成，这个过程实际上是形成晶体的过程。下图指出了这个关系。

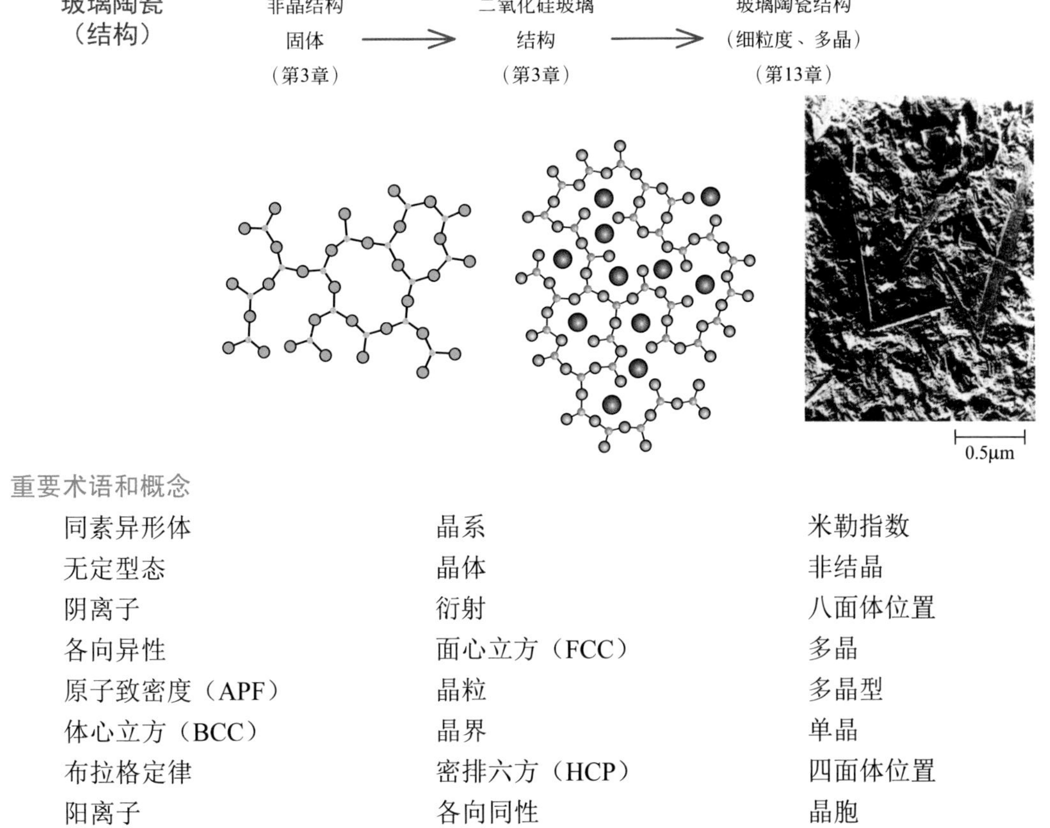

重要术语和概念

同素异形体	晶系	米勒指数
无定型态	晶体	非结晶
阴离子	衍射	八面体位置
各向异性	面心立方（FCC）	多晶
原子致密度（APF）	晶粒	多晶型
体心立方（BCC）	晶界	单晶
布拉格定律	密排六方（HCP）	四面体位置
阳离子	各向同性	晶胞
配位数	点阵	
晶体结构	点阵参数	

参考文献

Buerger，M.J.，*Elementary Crystallography*，Wiley，New York，1956.

Chiang，Y.M.，D.P.Birnie，III，and W.D.Kingery，*Physical Ceramics：Principles for Ceramic Science and Engineering*，Wiley，New York，1997.

Cullity，B.D.，and S.R.Stock，*Elements of X-Ray Diffraction*，3rd edition，Prentice Hall，Upper Saddle River，NJ，2001.

Curl，R.F.，and R.E.Smalley，"Fullerenes，" *Scientific American*，Vol.265，No.4，October 1991，pp.54-63.

DeGraef，M.，and M.E.McHenry，*Structure of Materials：An Introduction to Crystallography，Diffraction，and Symmetry*，Cambridge University Press，New York，2007.

Hammond，C.，*The Basics of Crystallography and Diffraction*，2nd edition，Oxford University Press，New York，2001.

Hauth，W.E.，"Crystal Chemistry in Ceramics，" *American Ceramic Society Bulletin*，Vol.30，1951：No.1，pp.5-7；No.2，pp.47-49；No.3，pp.76-77；No.4，pp.137-142；No.5，pp.165-167；No.6，pp.203-205.A good overview of silicate structures.

Kingery，W.D.，H.K.Bowen，and D.R.Uhlmann，*Introduction to Ceramics*，2nd edition，Wiley，New York，1976.Chapters 1-4，14，and 15.

Massa，W.（Translated by R.O.Gould），*Crystal Structure Determination*，Springer，New York，2004.

Richerson，D.W.，*The Magic of Ceramics*，American Ceramic Society，Westerville，OH，2000.

Richerson，D.W.，*Modern Ceramic Engineering*，3rd edition，CRC Press，Boca Raton，FL，2006.

Sands，D.E.，*Introduction to Crystallography*，Dover，Mineola，NY，1969.

习题

 Wiley PLUS中（由教师自行选择）的习题。

 Wiley PLUS中（由教师自行选择）的辅导题。

 Wiley PLUS中（由教师自行选择）的组合题。

基本概念

3.1 原子结构与晶体结构的区别是什么？

晶胞

金属晶体结构

3.2 铝的原子半径是0.143nm，计算它的晶胞体积为多少立方米。

3.3 证明体心立方晶体结构中晶胞边长a与原子半径R的关系式为$a=4R/\sqrt{3}$。

3.4 证明HCP晶体结构理想c/a比例为1.633。

3.5 证明BCC结构的原子致密度是0.68。

3.6 证明HCP结构的原子致密度是0.74。

密度计算——金属

3.7 铁具有BCC结构，它的原子半径为0.124nm，原子量为55.85g/mol。计算它的理论密度，并与封皮的实验值相比较。

3.8 计算铱原子半径，已知Ir为FCC晶体结构，密度为22.4g/cm^3，原子量为192.2g/mol。

3.9 计算钒原子半径，已知V为BCC晶体结构，密度为5.96g/cm^3，原子量为50.9g/mol。

3.10 假设一种金属为简单立方晶体结构，如图3.43。如果它的原子量为70.4g/mol，原子半径为0.126nm，计算它的密度。

3.11 锆具有HCP晶体结构，它的密度为6.51g/cm^3。

（a）它的晶胞体积为多少立方米？

（b）如果c/a比例为1.593，计算c和a的值。

3.12 根据封面资料表中原子量、晶体结构和原子半径，计算铅、铬、铜和钴的理论密度，并与表中所列的实际密度值相比较。钴的c/a比例为1.623。

3.13 铑的原子半径为0.1345nm，密度为12.41g/cm^3。确定它的晶体结构是FCC还是BCC。

3.14 假定的3个合金原子量、密度和原子半径在下表列出，确定它的晶体结构是FCC、BCC还是简单立方体结构，并证明你的结论。简单立方体晶胞如图3.43。

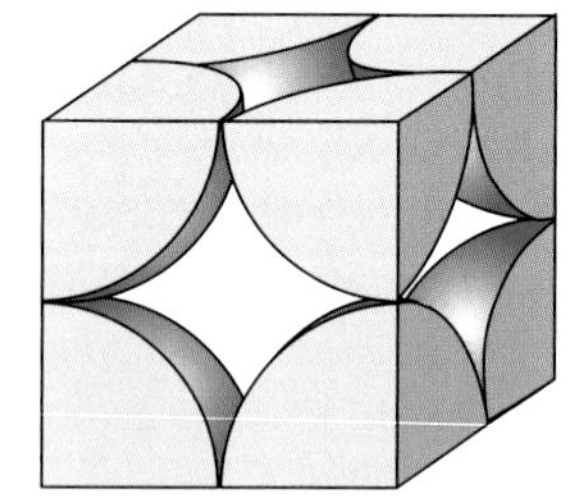

图3.43 简单立方晶体结构硬球晶胞示意图

合金	原子量/（g/mol）	密度/（g/cm^3）	原子半径/nm
A	77.4	8.22	0.125
B	107.6	13.42	0.133
C	127.3	9.23	0.142

WILEY GO 3.15 锡晶胞为四方晶系，*a*和*b*的点阵参数分别为0.583nm和0.318nm。如果它的密度、原子量和原子半径分别为7.27g/cm^3、118.71g/mol和0.151nm，计算原子致密度。

WILEY 3.16 碘的正交晶胞参数*a*、*b*、*c*分别为0.479nm、0.725nm和0.978nm。

（a）如果原子致密度和原子半径分别为0.547 nm和0.177nm，计算每个晶胞中原子数。

（b）碘的原子量为126.91g/mol，计算它的理论密度。

WILEY 3.17 钛具有HCP结构晶胞，点阵参数*c/a*比例为1.58。如果Ti原子半径是0.1445nm，（a）计算晶胞体积，（b）计算Ti的密度，并与实际值相比较。

WILEY GO 3.18 锌为HCP晶体结构，它的*c/a*比例为1.856，密度为7.13g/cm^3，计算Zn的原子半径。

3.19 铼具有HCP晶体结构，它的原子半径为0.137nm，*c/a*比例为1.615，计算Re晶胞的体积。

陶瓷晶体结构

3.20 对于陶瓷化合物，其晶体结构取决于组成离子的哪两个因素？

3.21 证明配位数为4的最小阳离子-阴离子半径比为0.225。

3.22 证明配位数为6的最小阳离子-阴离子半径比为0.414 [提示：用NaCl晶体结构（图3.5），并假设阴离子和阳离子沿立方体棱边相互挨着，并穿过面对角线。]

3.23 证明配位数为8的最小阳离子-阴离子半径比为0.732。

WILEY GM 3.24 依据表3.4中的离子电荷和离子半径，猜测下列材料的晶体结构，并证明你的结论。

（a）CsI （b）NiO （c）KI （d）NiS

WILEY 3.25 猜测表3.4中哪种阳离子能形成氯化铯晶体结构的碘化物？并证明你的结论。

密度计算——陶瓷

3.26 计算r_C/r_A=0.414的岩盐型结构的原子致密度。

WILEY GM 3.27 Cr_2O_3晶胞具有六方对称结构，其点阵参数为*a*=0.4961nm，*c*=1.360nm。如果此材料的密度为5.22g/cm^3，计算它的原子致密度。计算中假设Cr^{3+}和O^{2-}半径分别为0.062nm和0.140nm。

WILEY 3.28 依据表3.4的离子半径计算氯化铯的原子致密度，并假设离子沿立方体对角线相互接触。

WILEY 3.29 计算FeO的理论密度，已知FeO具有岩盐型晶体结构。

WILEY GM 3.30 氧化镁为岩盐型晶体结构，其密度为3.58g/cm^3。

（a）计算晶胞边长。

（b）与由表3.4中的半径计算得的边长相比结果如何（假设Mg^{2+}和O^{2-}沿着边长相互接触）？

WILEY 3.31 硫化镉（CdS）具有立方体晶胞，从X射线衍射资料可知其晶胞边长为0.582nm。如果所测量的密度为4.82g/cm^3，每个晶胞中有多少个Cd^{2+}和S^{2-}？

WILEY 3.32 （a）用表3.4中离子半径计算CsCl的理论密度。（提示：用例题3.3中的结果进行修改。）

（b）测量密度为3.99g/cm^3。如何解释计算值与测量值之间的轻微差异的存在？

WILEY 3.33 依据表3.4，计算具有萤石结构的CaF_2的理论密度。

WILEY 3.34 假定一个AX型的陶瓷材料密度为2.65g/cm^3，立体对称晶胞边长为0.43nm。A和X元素的原子量分别为86.6g/cm^{3}和40.3g/mol。基于这些信息判断这种材料可能具有以下哪种晶体结构：岩盐型、氯化铯型或闪锌矿型？并证明你的结论。

WILEY 3.35 $MgFe_2O_4$（$MgO-Fe_2O_3$）晶胞是立体对称的，其晶胞边长为0.836nm。如果它的密度为4.52g/cm^3，计算其原子致密度。计算中，需要使用表3.4中的离子半径表。

硅酸盐陶瓷

3.36 利用键合的知识解释为什么硅酸盐材料的密度相对较低。

3.37 计算SiO_4^{4-}四面体共价键间的角度。

碳

3.38 计算金刚石的理论密度，已知C-C间距和键角分别为0.154nm和109.5°。理论密度值与测量值相比如何？

3.39 计算ZnS的理论密度，已知Zn-S间距和键角分别为0.234nm和109.5°。理论密度值与测量值相比如何？

3.40 计算金刚石立方晶体结构（图3.16）的原子致密度。假定键合原子相互接触，其相邻键角为109.5°，并且晶胞内每个原子的位置与两个最近邻晶面的距离为$a/4$（a为晶胞边长）。

晶系

3.41 右图为某个金属的晶胞。

（a）这个晶胞属于哪种晶系？

（b）这种晶体结构叫什么？

（c）计算金属密度，已知原子量为141g/mol。

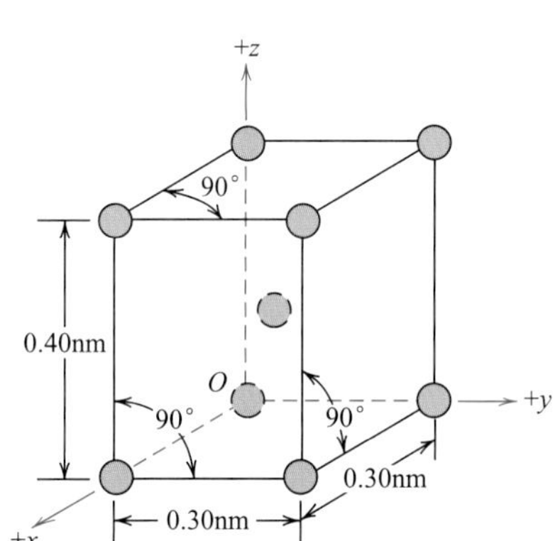

3.42 画一个体心正交晶体结构晶胞。

点坐标

3.43 列出FCC结构晶胞（图3.1）所有原子的点坐标。

3.44 列出钙钛矿晶体结构（图3.9）晶胞中钛、钡和氧离子的点坐标。

3.45 列出金刚石立方体晶胞（图3.16）中所有原子的点坐标。

3.46 画一个四方晶胞，并在晶胞内画出$\frac{1}{2}1\frac{1}{2}$和$\frac{1}{4}\frac{1}{2}\frac{3}{4}$点坐标的位置。

3.47 在本书的网址[www.wiley.com/college/Callister（学生之友网站）]中的“金属晶体结构和晶体学”和“陶瓷晶体结构”VMSE模型，用分子定义用途做一个金属键化合物$AuCu_3$的三维晶胞，已知：（1）晶胞是边长为0.374nm的立方体，（2）金原子位于立方体的各角，（3）铜原子位于所有晶胞面中心。

3.48 在本书的网址[www.wiley.com/college/Callister（学生之友网站）]中的“金属晶体结构和晶体学”和“陶瓷晶体结构”VMSE模型，用分子定义用途做一个二氧化钛TiO_2的三维晶胞，已知：（1）晶胞为四面体，其中a=0.459nm，c=0.296nm，（2）氧原子的位置为下列点坐标：

0.356 0.356 0　　0.856 0.144 $\frac{1}{2}$　　0.664 0.664 0　　0.144 0.856 $\frac{1}{2}$

（3）Ti原子的位置为下列点坐标：

000　　101

100　　011

010　　111

001　　$\frac{1}{2}\frac{1}{2}\frac{1}{2}$

　　　110

晶向

3.49 画一个正交晶胞，并在晶胞内画出$[12\bar{1}]$方向。

3.50 画一个单斜晶胞，并在晶胞内画出$[0\bar{1}1]$方向。

3.51 下图中两个向量的方向指数是多少？

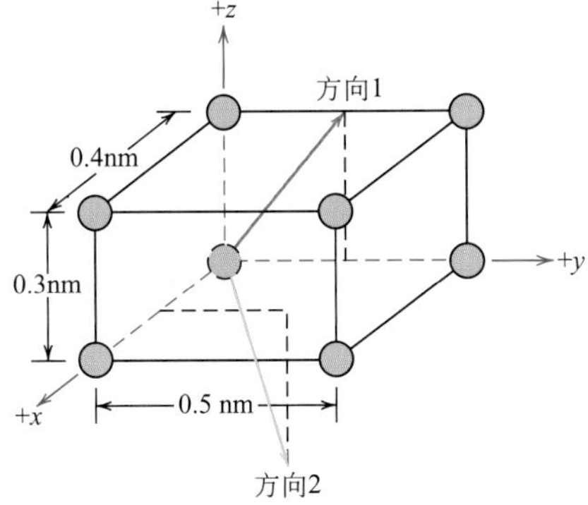

3.52 在立方晶胞内，画出以下方向：

(a) $[\bar{1}10]$ (c) $[0\bar{1}2]$ (e) $[\bar{1}\bar{1}1]$ (g) $[1\bar{2}\bar{3}]$

(b) $[\bar{1}\bar{2}1]$ (d) $[1\bar{3}3]$ (f) $[\bar{1}22]$ (h) $[\bar{1}03]$

3.53 确定下面立方晶胞中画出的晶向指数：

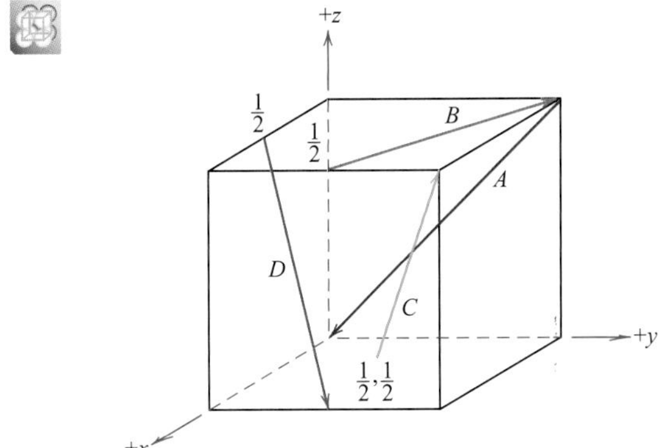

3.54 确定下面立方晶胞中画出的晶向指数：

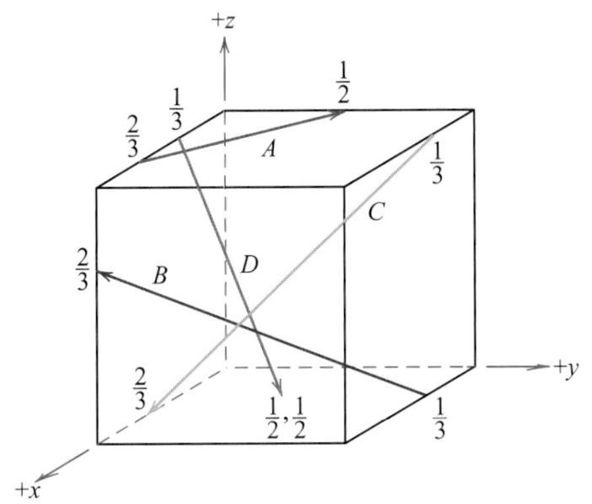

3.55 列出四方晶体中与下列方向指数相同的方向：

（a）[001]

（b）[110]

（c）[010]

3.56 在六方晶胞中，将[100]和[111]方向转换为四轴米勒-布拉菲坐标系方向。

3.57 确定下列六方晶胞中所画方向的指数：

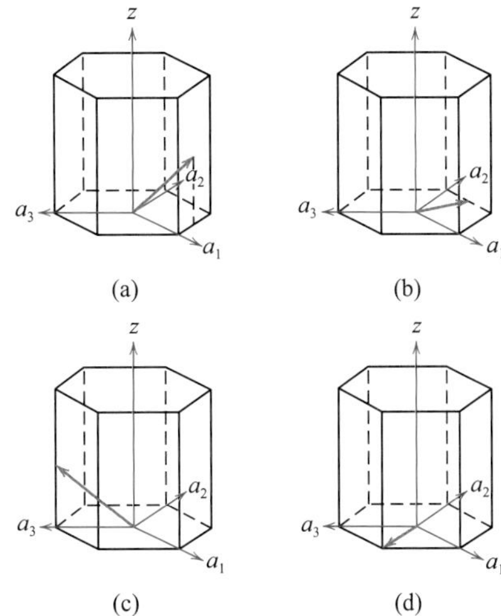

3.58 在六方晶胞中画出$[\bar{1}\bar{1}23]$和$[10\bar{1}0]$方向。

3.59 用式（3.9a）、式（3.9b）、式（3.9c）和式（3.9d）将4个不带标点的指数（u、v、t和w）表示为带标点的三个指数（u'、v'和w'）。

晶面

3.60 （a）画一个正交晶胞，并在晶胞内画一个（210）面。

（b）画一个单斜晶胞，并在晶胞内画出（002）面。

3.61 下图中画的两个晶面指数是什么？

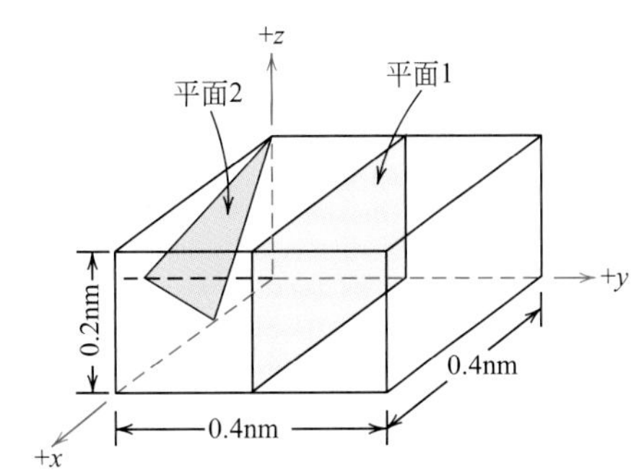

3.62 在立方晶胞中画出下列平面：

(a)$(0\bar{1}\bar{1})$ (b)$(11\bar{2})$ (c)$(10\bar{2})$ (d)$(1\bar{3}1)$

(e)$(\bar{1}1\bar{1})$ (f)$(1\bar{2}\bar{2})$ (g)$(12\bar{3})$ (h)$(0\bar{1}3)$

WILEY GM 3.63 确定下图晶胞中所画平面的米勒指数：

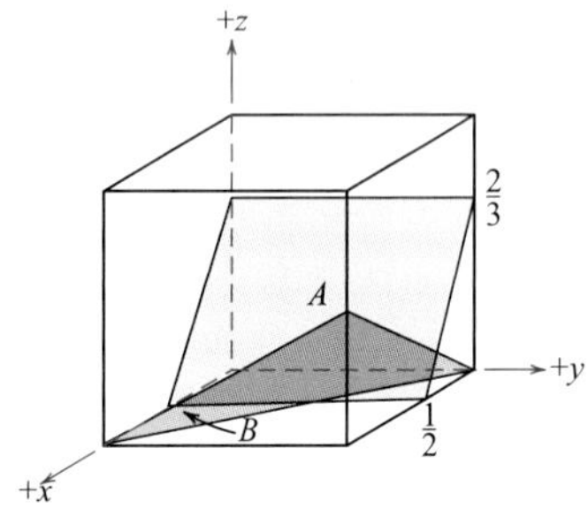

3.64 确定下图晶胞中所画平面的米勒指数：

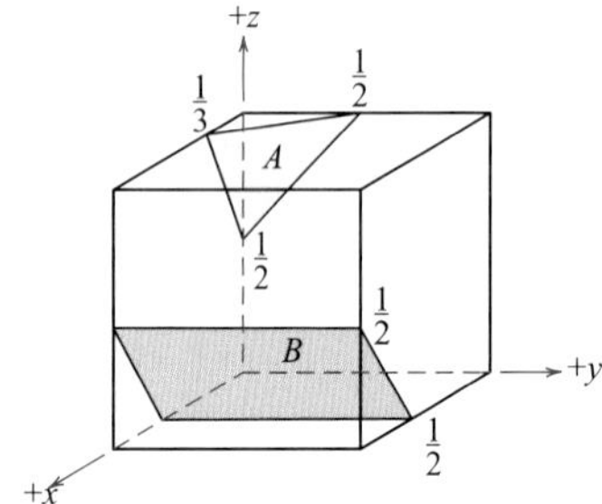

3.65 确定下图晶胞中所画平面的米勒指数：

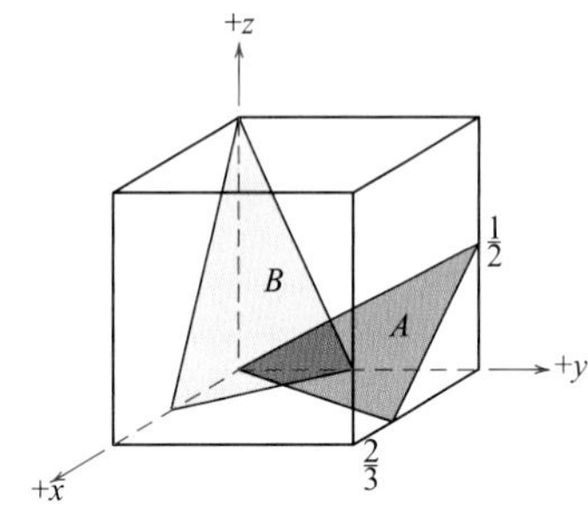

3.66 列出立方晶体中下列每对平面交叉产生晶向的指数：(a)（100）和（010）面，(b)（111）和$(11\bar{1})$面，(c)$(10\bar{1})$和（001）面。

3.67 画出（a）BCC晶体结构的（100）面的原子密排面，和（b）FCC晶体结构的（201）面的原子密排面[与图3.27(b)和图3.28(b)相似]。

3.68 按照图3.27和图3.28的方式表示出下列每个晶体结构中的特定平面，指出哪个是阴离子，哪个是阳离子。

（a）岩盐晶体结构的（100）面

（b）氯化铯晶体结构的（110）面

（c）闪锌矿晶体结构的（111）面

（d）钙钛矿晶体结构的（110）面

3.69 习题3.41的简化球晶胞中，若坐标系的原点位于点O处，下列平面组中哪组平面相同：

（a）$(00\bar{1})$，(010)和$(\bar{1}00)$

（b）$(1\bar{1}0)$，$(10\bar{1})$，$(0\bar{1}1)$和$(\bar{1}\bar{1}0)$

（c）$(\bar{1}\bar{1}\bar{1})$，$(\bar{1}1\bar{1})$，$(\bar{1}\bar{1}1)$和$(1\bar{1}1)$

3.70 下图为某个金属的几个不同晶向原子排列示意图。每个方向上的圆代表了晶胞内的原子，圆比实际尺寸小。

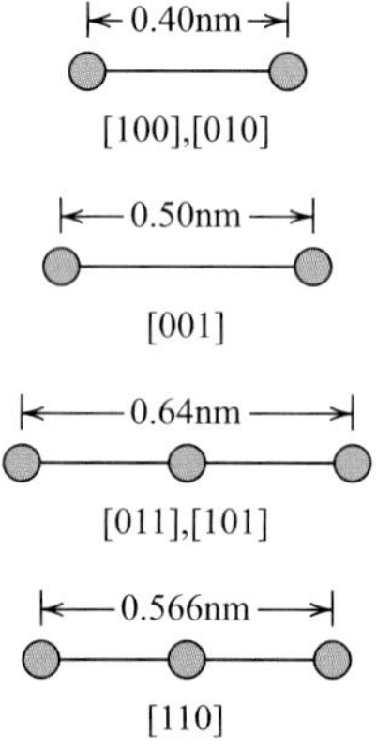

（a）这个晶胞属于什么晶系？

（b）这个晶体结构叫什么？

3.71 下图为某金属晶胞的三个不同晶面。圆圈代表原子。

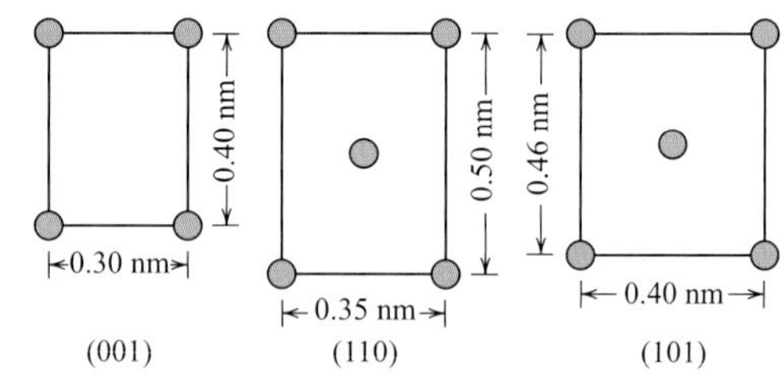

（a）这个晶胞属于什么晶系？

（b）这个晶体结构叫什么？

（c）如果这个金属的密度为$8.95g/cm^3$，计算它的原子量。

3.72 把六方晶胞的（010）面和（101）面用四轴米勒-布拉菲坐标轴表示。

3.73 确定下图六方晶胞中所画平面的晶面指数。

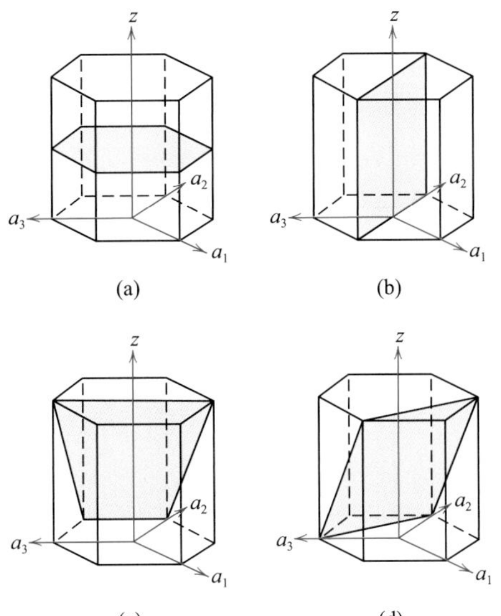

3.74 在六方晶胞中画出$(1\bar{1}01)$和$(11\bar{2}0)$面。

线密度和面密度

3.75 （a）推导出FCC结构[100]和[111]方向线密度表达式，用原子半径R表示。

（b）计算并比较银的相同两个方向的线密度值。

3.76 （a）推导出BCC结构[110]和[111]方向线密度表达式，用原子半径R表示。

（b）计算并比较钨的两个相同方向的线密度值。

WILEY GM 3.77 （a）推导出FCC结构（100）和（111）方向面密度表达式，用原子半径R表示。

（b）计算并比较镍的两个相同面的面密度值。

3.78 （a）推导出BCC结构（100）和（110）方向面密度表达式，用原子半径R表示。

（b）计算并比较钒的两个相同面的面密度值。

WILEY GM 3.79 （a）推导出HCP结构（0001）方向面密度表达式，用原子半径R表示。

（b）计算面相同的镁的面密度值。

密排结构

3.80 闪锌矿晶体结构的密排面是由阴离子组成的。

（a）此结构的堆积顺序为FCC还是HCP？为什么？

（b）阳离子填充四面体位置还是八面体位置？为什么？

（c）有多少比例的位置会被占据？

3.81 Al_2O_3中的刚玉晶体结构由HCP排列的O^{2-}和占据八面体位置的Al^{3+}组成。

（a）Al^{3+}可填入八面体位置的比例有多少？

（b）画出堆积顺序为AB的两个密排O^{2-}面，并标出Al^{3+}填入的八面体位置。

3.82 硫化铁（FeS）能形成由HCP排列的S^{2-} WILEY 离子组成的晶体结构。

（a）Fe^{2+}所占的间隙位置是什么类型？

（b）Fe^{2+}可能填入间隙位置的比例是多少？

3.83 硅酸镁（Mg_2SiO_4）可以形成由HCP排 WILEY 列的O^{2-}组成的橄榄石晶体结构。

（a）Mg^{2+}会填入什么间隙位置？为什么？

（b）Si^{4+}会填入什么间隙位置？为什么？

（c）总共填入四面体位置所占比例是多少？

（d）总共填入八面体位置所占比例是多少？

多晶材料

3.84 解释为什么大多数多晶材料为各向同性。

X射线衍射：晶体结构的确定

3.85 用表3.1中钼的资料，计算（111）组面 WILEY 的平面间距。

3.86 确定FCC结构铂（113）面的第一反射级期望衍射角，已知使用的单色辐射波长为0.1542nm。

3.87 利用表3.1的铝的资料，计算（110）组 WILEY GO 面与（221）组面的平面间距。

3.88 金属铱具有FCC晶体结构。如果（220）组面的衍射角为69.22°（第一级反射），波长为0.1542nm的单色X射线被使用，计算（a）这组平面的平面间距，（b）铱原子的原子半径。

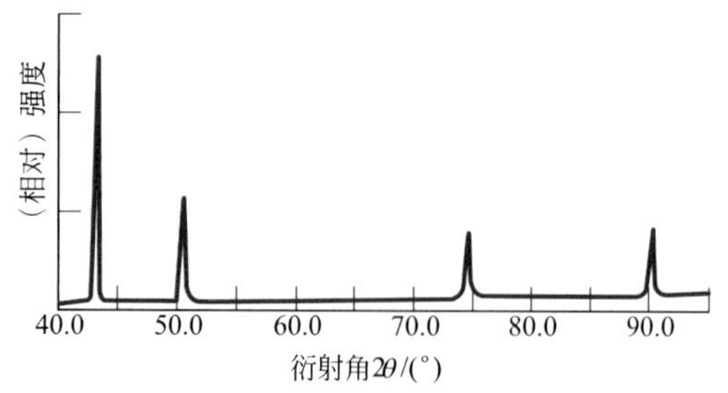

图3.44 多晶铜衍射模型

3.89 金属铷具有BCC晶体结构。如果（321）组面的衍射角为27.00°（第一级反射）波长为0.0711nm的单色X射线被使用计算（a）这组平面的平面间距，（b）铷原子的原子半径。

3.90 当使用波长为0.0711nm的单色辐射时，BCC结构的铁的哪组晶面会在第一级衍射峰产生的46.21°衍射角？

3.91 图3.40所示是一个α铁X射线衍射模型，用了衍射计和波长为0.1542nm的单色X射线，模型上每个衍射峰已经标上了指数。计算每组平面指数的平面间距，和每个峰Fe的点阵参数。

3.92 如图3.40所示衍射峰，依据BCC反射规律标上了指数（即$h+k+l$的和必须为偶数）。列出FCC晶体结构的h、k和l的四分之一衍射峰指数，其中h、k和l全为奇数或偶数。

3.93 图3.44所示是铜的X射线衍射模型四分之一峰，其中铜为FCC晶体结构，用的单色X射线波长为0.1542nm。

（a）标出每个峰的指数（即h、k、l指数）。

（b）计算每个峰的平面间距。

（c）计算每个峰的Cu原子半径，并与表3.1的值比较。

非晶固体

3.94 你猜会有一种材料，其原子键中离子键占主要地位，固化过程中形成非结晶固体而不是共价键材料？为什么？（见2.6节）

电子数据表问题

3.1SS 对一个具有立体对称晶胞的金属的X射线衍射模型（有所有峰的平面指数），制作一个电子数据表，可以输入X射线波长，并计算每个面的（a）d_{hkl}和（b）点阵参数a。

工程基础问题

3.1FE 假定一个金属具有BCC晶体结构，其密度为7.24g/cm^3，原子量为48.9g/mol。这种金属的原子半径是：

（a）0.122nm （c）0.0997nm

（b）1.22nm （d）0.154nm

3.2FE 下列中哪组是陶瓷材料最常用的配位数？

（a）2和3 （c）6、8和12

（b）6和12 （d）4、6和8

3.3FE 一个AX型陶瓷化合物具有岩盐型结构。如果A和X的半径分别为0.137 nm和0.241nm，原子量分别为22.7 g/mol和91.4g/mol，那么这种材料的密度是多少g/cm^3？

（A）0.438g/cm^3 （C）1.75g/cm^3

（B）0.571g/cm^3 （D）3.50g/cm^3

3.4FE 下图晶胞中，哪个矢量代表的方向为[121]？

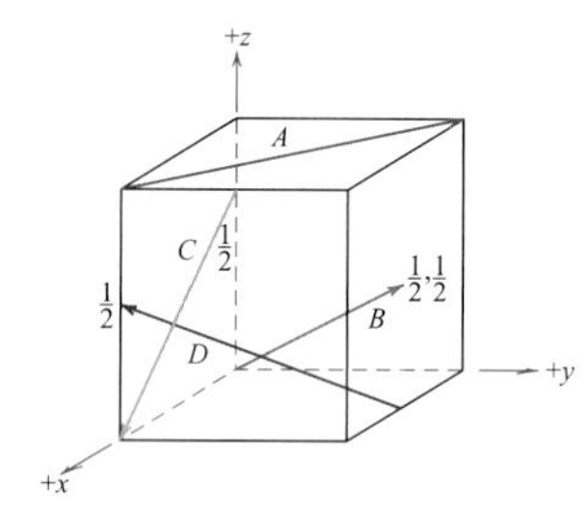

3.5FE 下图立方晶胞中所画平面的米勒指数是多少？

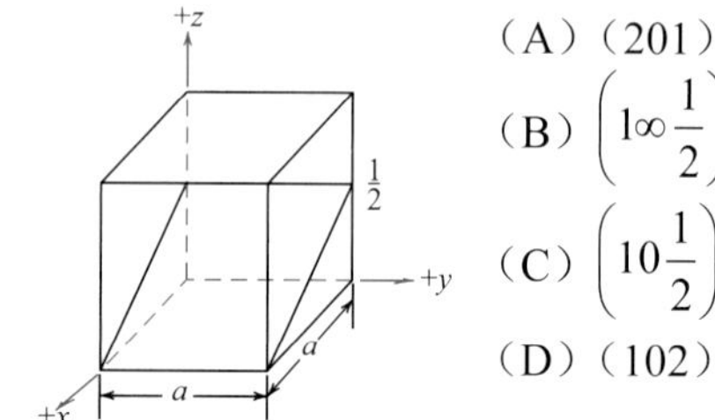

（A）（201）

（B）$\left(1\infty\frac{1}{2}\right)$

（C）$\left(10\frac{1}{2}\right)$

（D）（102）

第4章　高分子结构

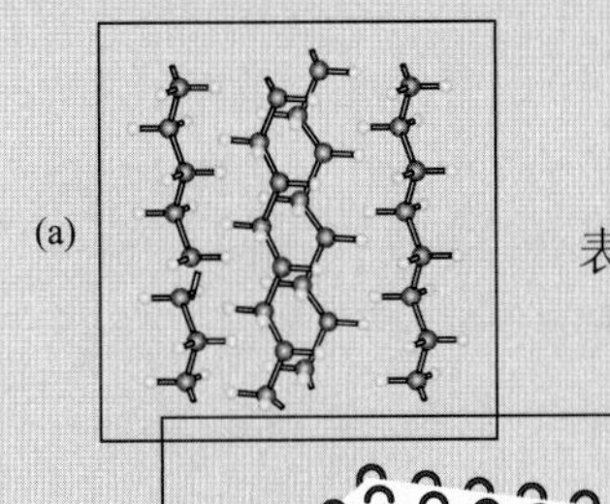

(a)

（a）聚乙烯结晶区的分子链排列示意图。黑色球和灰色球分别代表碳原子和氢原子

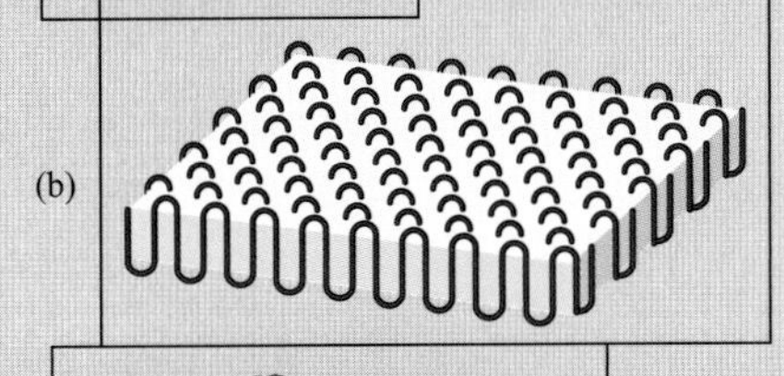

(b)

（b）聚合物链折叠结晶示意图-分子链（红色直线/曲线）在其上反复折叠的片状晶区；这种折叠发生在结晶表面

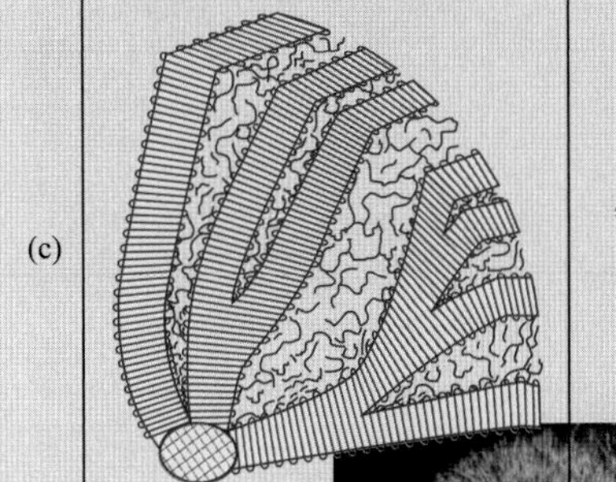

(c)

（c）在一些半结晶高分子中发现的球晶结构示意图。折叠链从一个共同的中心向外辐射结晶。隔离和连接这些晶粒的是无定形材料区，其中分子链（红色曲线）呈混乱排列

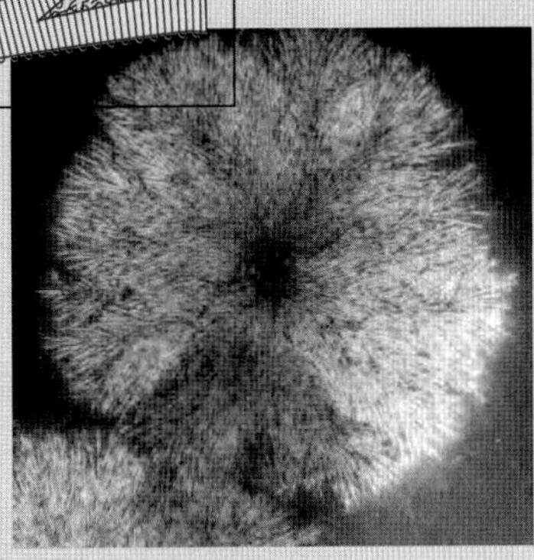

(d)

（d）球晶结构的透射电子显微镜照片。厚度大约为10nm的折叠链层状晶区（白色直线）从中心沿辐射方向扩展（15000×）

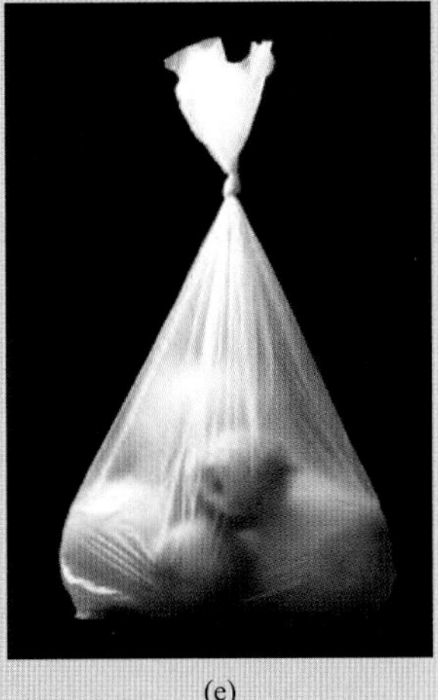

(e)

（e）装有一些水果的聚乙烯袋子

[图（d）的照片由P.J.Phillips提供，首次发表在R.Bartnikas和R.M.Eichhorn的论文“Electrical Properties of Solid Insulating Materials：Molecular Structure and Electrical Behavior”中，*Engineering Dielectrics*，Vol.IIA，1983.版权属ASTM，1916 Race Street，Philadelphia，PA 19103.授权重印。图（e）来自Glow Images.]

为什么要学习高分子的结构？

高分子材料的大量化学和结构特征影响其性能和行为。其中一些影响如下。

1. 半结晶聚合物的结晶程度——对密度、硬度、强度和延展性的影响（4.11节和8.18节）。
2. 交联程度——对橡胶类材料的硬度的影响（8.19节）
3. 高分子化学——对熔点和玻璃化转变温度的影响（11.17节）

学习目标

通过本章的学习，你需要掌握以下内容。

1. 按照链结构描述典型聚合物分子，此外，猜想分子是怎样由重复单元形成的。
2. 写出聚乙烯、聚氯乙烯、聚四氟乙烯、聚丙烯和聚苯乙烯的重复单元。
3. 计算一种特定聚合物的数均分子量和重均分子量以及聚合度。
4. 命名并简要描述
   (a) 四种常见聚合物分子结构；
   (b) 三类立体异构体；
   (c) 两种几何异构体；
   (d) 四类共聚物。
5. 列举热塑性和热固性聚合物的行为和分子结构的差异。
6. 简要描述高分子材料的结晶态。
7. 简要描述或图示半结晶聚合物的球晶结构。

4.1 概述

天然存在的聚合物——即来源于植物和动物的那些聚合物，已经使用了许多世纪。这些材料包括木材、橡胶、棉花、羊毛、皮革以及丝。其他天然聚合物，如蛋白质、酶、淀粉和纤维素，在动植物的生物学和生理学过程中很重要。现代科学研究工具使确定这类材料的分子结构变得可能，及研制多种由小的有机分子合成的高分子。许多有用的塑料、橡胶和纤维材料是合成高分子。事实上，自第二次世界大战结束之后，材料领域几乎已经被合成高分子的出现彻底改变了。高分子可以廉价生产，并且其性能可调控，在许多方面已经超过其相应的天然材料的价值。在一些应用中，金属和木材的部分已经被塑料取代，其性能令人满意，并且生产成本更低。

与金属和陶瓷一样，高分子的性能与材料的结构要素之间的关系很复杂。本章探讨高分子的分子结构和结晶结构，第8章讨论结构和一些力学性能的相互关系。

4.2 碳氢化合物分子

因为多数高分子来源于有机物，我们简要回顾一些与其分子结构相关的基本概念。首先，许多有机材料是碳氢化合物烃，即它们是由氢原子和碳原子组成的。此外，分子内的化合键是共价键。每个碳原子有四个可参与到共价键中的电子，而每一个氢原子只有一个可成键电子。当两个成键原子中的每一个都贡献一个电子时，产生一个共价单键，如图2.10中甲烷（CH_4）分子所示意的。两个碳原子之间的双键和叁键分别包括两个和三个共用电子对。例如，在化学结构式为C_2H_4的乙烯中，两个碳原子是双键键合在一起的，并且每个碳还与两个氢原子单键键合，如下结构式所示：

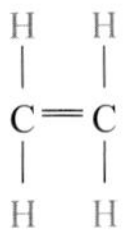

```
H   H
|   |
C = C
|   |
H   H
```

其中，“—”和“══”分别表示共价单键和共价双键。在乙炔C_2H_2中，可找到三键的例子：

$$H—C\equiv C—H$$

不饱和的

含双键和三键的分子被称为不饱和的。即每一个碳原子没有与其他原子键合到最大值（4个），因此，其他原子或原子基团有可能与原始分子结合。此外，对于一个饱和的碳氢化合物，所有的键都是单键，并且不能与新原子结合，除非除去其他已经键合的原子。

饱和的

一些简单的碳氢化合物属于烷烃族。链状烷烃分子包括甲烷（CH_4）、乙烷（C_2H_6）、丙烷（C_3H_8）和丁烷（C_4H_{10}）。表4.1中包含了烷烃分子的组成和分子结构。每一个分子中的共价键都很强，但分子间只有弱的氢键和分子间作用，因此这些碳氢化合物熔点和沸点相对较低。但是，沸点随分子量的增大而升高（表4.1）。

表4.1 一些烷烃化合物C_nH_{2n+2}的组成及分子结构

名称	组成	结构	沸点/℃
甲烷	CH_4	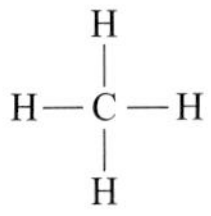 H—C(H)(H)—H	–164
乙烷	C_2H_6	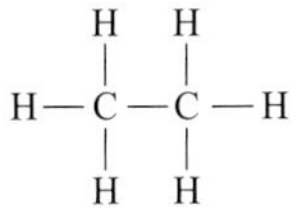 H—C(H)(H)—C(H)(H)—H	–88.6
丙烷	C_3H_8	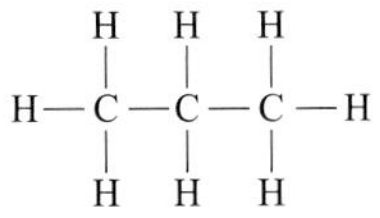 H—C(H)(H)—C(H)(H)—C(H)(H)—H	–42.1
丁烷	C_4H_{10}		–0.5
戊烷	C_5H_{12}		36.1
己烷	C_6H_{14}		69.0

同分异构现象

相同组成的碳氢化合物可具有不同的原子排列，被称为同分异构现象。例如，丁烷有两种异构体，正丁烷的结构为

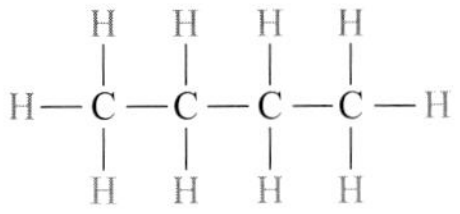

```
    H   H   H   H
    |   |   |   |
H — C — C — C — C — H
    |   |   |   |
    H   H   H   H
```

而异丁烷分子如下所示：

$$\begin{array}{ccccccc} & & & \text{H} & & & \\ & & & | & & & \\ & & \text{H}- & \text{C} & -\text{H} & & \\ & \text{H} & & | & & \text{H} & \\ & | & & | & & | & \\ \text{H}- & \text{C} & - & \text{C} & - & \text{C} & -\text{H} \\ & | & & | & & | & \\ & \text{H} & & \text{H} & & \text{H} & \end{array}$$

碳氢化合物的一些物理性能取决于同分异构态，例如，正丁烷和异丁烷的沸点分别是–0.5℃（31.1 ℉）和–12.3℃（9.9 ℉）。

还有许多其他有机基团，其中一些在聚合物结构中涉及。较常见的几种基团列于表4.2中，其中R和R′代表有机基团，如CH_3（甲基）、C_2H_5（乙基）和C_6H_5（苯基）。

概念检查 4.1 区分多晶型（参见第3章）和同分异构体。
答案可参考 *www.wiley.com/college/callister*（学生之友网站）

4.3 聚合物分子

大分子

聚合物中的分子与已讨论过的烃分子相比是巨大的；基于它们的尺寸，通常被称作**大分子**。在每一个分子中，原子是由原子间的共价键结合在一起的。对于碳链聚合物，每个链的骨架是一串碳原子。每一个碳原子与两侧相邻的两个碳原子单键结合，在二维平面上图示如下：

$$\begin{array}{c} \;|\quad\;|\quad\;|\quad\;|\quad\;|\quad\;|\quad\;| \\ -\text{C}-\text{C}-\text{C}-\text{C}-\text{C}-\text{C}-\text{C}- \\ \;|\quad\;|\quad\;|\quad\;|\quad\;|\quad\;|\quad\;| \end{array}$$

对于每个碳原子中的两个剩下的价电子来说，每个价电子都可能与此链邻近位置的原子或原子团侧键键合。当然，主链双键和侧链双键都是可能的。

表4.2 一些常见的碳氢基团

分类	特征单元	代表化合物
醇	R—OH　　$\begin{array}{ccc} & \text{H} & \\ & | & \\ \text{H}- & \text{C} & -\text{OH} \\ & | & \\ & \text{H} & \end{array}$	甲醇
醚	R—O—R′　　$\begin{array}{ccccc} & \text{H} & & \text{H} & \\ & | & & | & \\ \text{H}- & \text{C} & -\text{O}- & \text{C} & -\text{H} \\ & | & & | & \\ & \text{H} & & \text{H} & \end{array}$	二甲基醚
酸	$\text{R}-\text{C}\begin{array}{l}\diagup \text{OH} \\ \diagdown\!\!\diagdown \text{O}\end{array}$　　$\begin{array}{ccccc} & \text{H} & & & \\ & | & & & \\ \text{H}- & \text{C} & - & \text{C} & \begin{array}{l}\diagup \text{OH} \\ \diagdown\!\!\diagdown \text{O}\end{array} \\ & | & & & \\ & \text{H} & & & \end{array}$	醋酸

续表

分类	特征单元	代表化合物
醛	$\begin{array}{l} R \\ \quad \diagdown \\ \quad\ C=O \\ \quad \diagup \\ H \end{array}$ $\begin{array}{l} H \\ \quad \diagdown \\ \quad\ C=O \\ \quad \diagup \\ H \end{array}$	甲醛
芳烃[①]	R—(苯环) OH—(苯环)	苯酚

① 简化结构（苯环）表示苯基 C_6H_5—（H—C、C—H 的六元环，环上碳原子交替以单键、双键相连）

重复单元

单体

这些长链分子由称为重复单元的结构实体构成，重复单元为沿着链连续重复部分❶。术语单体是指合成聚合物的小分子。因此，单体和重复单元指的是不同的东西，但有时术语单体或单体单元常用于替代术语重复单元。

4.4 高分子化学

再考虑碳氢化合物乙烯（C_2H_4），乙烯常温常压下是气体，具有如下分子结构：

$$\begin{array}{cc} H & H \\ | & | \\ C & = C \\ | & | \\ H & H \end{array}$$

乙烯气体在适当条件下反应，将转化为固态聚合物材料聚乙烯（PE）。当通过引发剂或催化剂（R·）与乙烯单体反应形成活性中心时，此过程开始，如下所示：

$$R\cdot + \begin{array}{c} H \\ | \\ C \\ | \\ H \end{array} = \begin{array}{c} H \\ | \\ C \\ | \\ H \end{array} \longrightarrow R - \begin{array}{c} H \\ | \\ C \\ | \\ H \end{array} - \begin{array}{c} H \\ | \\ C\cdot \\ | \\ H \end{array} \qquad (4.1)$$

聚合物

聚合物链通过单体单元顺序加入到这个活性生长的链分子中而形成。活性部位或未成对电子（由·表示）转移到每一个逐次与链连接的末端单体上。图示如下：

$$R - \begin{array}{c} H \\ | \\ C \\ | \\ H \end{array} - \begin{array}{c} H \\ | \\ C\cdot \\ | \\ H \end{array} + \begin{array}{c} H \\ | \\ C \\ | \\ H \end{array} = \begin{array}{c} H \\ | \\ C \\ | \\ H \end{array} \longrightarrow R - \begin{array}{c} H \\ | \\ C \\ | \\ H \end{array} - \begin{array}{c} H \\ | \\ C \\ | \\ H \end{array} - \begin{array}{c} H \\ | \\ C \\ | \\ H \end{array} - \begin{array}{c} H \\ | \\ C\cdot \\ | \\ H \end{array} \qquad (4.2)$$

在许多乙烯单体单元加成之后，最终形成聚乙烯分子❷。此分子的一部分和聚乙烯重复单元如图4.1（a）所示。聚乙烯链结构还可表示为

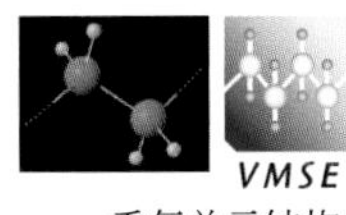

重复单元结构

$$-\!\!\left(\begin{array}{c} H \\ | \\ C \\ | \\ H \end{array} - \begin{array}{c} H \\ | \\ C \\ | \\ H \end{array} \right)_{\!n}\!\!-$$

❶ 重复单元有时还被称为链节，来源于希腊语meros，意思是“部分”，术语**聚合物**意指“许多链节”。

❷ 有关聚合反应的更详细的讨论，包括加成和缩合机理，在14.11节中给出。

或者是

$$\text{-(}CH_2-CH_2\text{)}_n\text{-}$$

重复单元

(a)

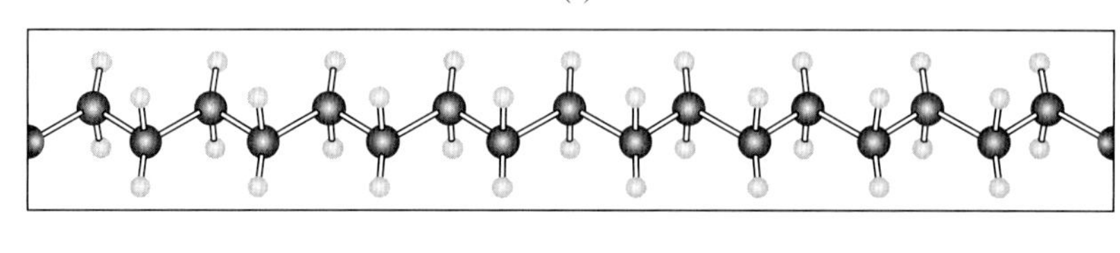

(b)

图4.1 对于聚乙烯，(a) 单体单元和链结构的示意图，(b) 锯齿形主链结构的分子透视图

这里重复单元被括在括号中，下标n表示重复单元重复的次数[1]。

图4.1（a）中的表示方法严格来说并不正确，其中单键碳原子之间的角不是图上所示的180°，而是接近109°。更确切的三维模型是其中的碳原子形成锯齿形图案（图4.1b），C—C键长是0.154nm。在这一讨论中，聚合物分子通常用图4.1（a）中所示的线形链模型简化描述。

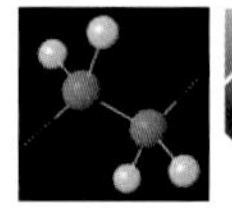

重复单元结构

当然具有其他化学结构的聚合物也是可能的。例如，四氟乙烯单体，$CF_2=CF_2$，可聚合生成如下所示的聚四氟乙烯（PTFE）：

$$n\left[CF_2=CF_2\right] \longrightarrow \text{-(}CF_2-CF_2\text{)}_n\text{-} \tag{4.3}$$

聚四氟乙烯（商品名特氟龙）属于被称为碳氟化合物的聚合物家族。

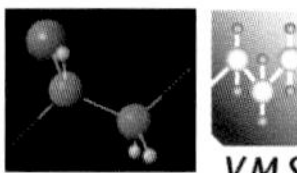

重复单元结构

氯乙烯单体（$CH_2=CHCl$）与乙烯略有不同，氯乙烯中4个H原子中的一个被Cl原子取代。它的聚合反应表示为：

$$n\left[CH_2=CHCl\right] \longrightarrow \text{-(}CH_2-CHCl\text{)}_n\text{-} \tag{4.4}$$

并且生成另一种常见聚合物聚氯乙烯（PVC）。

一些聚合物可采用以下通式表示：

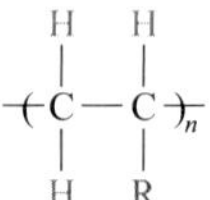

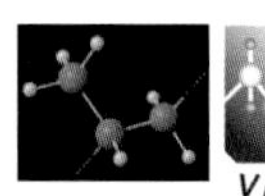

重复单元结构

其中，R代表一个原子（即，对于聚乙烯或聚氯乙烯，R分别为H或Cl）

[1] 链末端/末端基团［即方程（4.2）中的R′］通常不能用链结构表示。

或一个有机基团，如CH_3、C_2H_5和C_6H_5（甲基、乙基和苯基）。例如，当R代表CH_3基团时，聚合物为聚丙烯（PP）。聚氯乙烯和聚丙烯链结构如图4.2所示。表4.3列出一些常见聚合物的重复单元，其中一些相对复杂，例如尼龙、聚酯和聚碳酸酯。很多比较常见的聚合物的重复单元在附录D中给出。

均聚物
共聚物

当沿链长方向的所有重复单元都是同一类型时，得到的聚合物被称为均聚物。聚合物链也可能由两种或多种不同的重复单元组成，被称为共聚物（参见4.10节）。

双官能基
官能度
三官能基

目前讨论的单体具有可与其他单体反应生成两个共价键的活性键，生成二维链状分子结构，如前面提到的乙烯。这种单体被称为双官能基单体。通常，官能度是给定单体可以生成键的数目。例如，像苯酚-甲醛这样的单体是三官能基单体，它们有3个活性键，由此得到三维分子网状结构。

```
   F   F   F   F   F   F   F   F
   |   |   |   |   |   |   |   |
 — C — C — C — C — C — C — C — C —
   |   |   |   |   |   |   |   |
   F   F   F   F   F   F   F   F
```

重复单元

(a)

```
   H   H   H   H   H   H   H   H
   |   |   |   |   |   |   |   |
 — C — C — C — C — C — C — C — C —
   |   |   |   |   |   |   |   |
   H   Cl  H   Cl  H   Cl  H   Cl
```

重复单元

(b)

```
   H   H   H   H   H   H   H   H
   |   |   |   |   |   |   |   |
 — C — C — C — C — C — C — C — C —
   |   |   |   |   |   |   |   |
   H  CH3  H  CH3  H  CH3  H  CH3
```

重复单元

(c)

图4.2 （a）聚四氟乙烯；（b）聚氯乙烯；（c）聚丙烯的重复单元和链结构

表4.3 10种较常见聚合物材料的重复单元

VMSE
重复单元结构

<table>
<tr><th>聚合物</th><th>重复单元</th></tr>
<tr><td>聚乙烯（PE）</td><td>H H
—C—C—
H H</td></tr>
<tr><td> 聚氯乙烯（PVC）</td><td>H H
—C—C—
H Cl</td></tr>
<tr><td> 聚四氟乙烯（PTFE）</td><td>F F
—C—C—
F F</td></tr>
<tr><td> 聚丙烯（PP）</td><td>H H
—C—C—
H CH_3</td></tr>
</table>

续表

聚合物	重复单元
聚苯乙烯（PS）	$-\mathrm{CH_2}-\mathrm{CH}(\mathrm{C_6H_5})-$
聚甲基丙烯酸甲酯（PMMA）	$-\mathrm{CH_2}-\mathrm{C}(\mathrm{CH_3})(\mathrm{COOCH_3})-$
酚醛树脂（电木）	OH 取代苯环上连有三个 $-\mathrm{CH_2}-$
聚己二酰己二胺（尼龙6,6）	$-\mathrm{NH}-[\mathrm{CH_2}]_6-\mathrm{NH}-\mathrm{CO}-[\mathrm{CH_2}]_4-\mathrm{CO}-$
聚对苯二甲酸乙二醇酯（PET，一种聚酯）	$-\mathrm{CO}-\mathrm{C_6H_4}^{a}-\mathrm{CO}-\mathrm{O}-\mathrm{CH_2}-\mathrm{CH_2}-\mathrm{O}-$
聚碳酸酯（PC）	$-\mathrm{O}-\mathrm{C_6H_4}^{a}-\mathrm{C}(\mathrm{CH_3})_2-\mathrm{C_6H_4}-\mathrm{O}-\mathrm{CO}-$

a：主链中的符号 —⌬— 表示芳环 $-\mathrm{C_6H_4}-$（环上四个 H）。

> 概念检查4.2　基于在上一部分中列出的结构，画出聚氟乙烯的重复单元结构。
> 答案可参考 *www.wiley.com/college/callister*（学生之友网站）

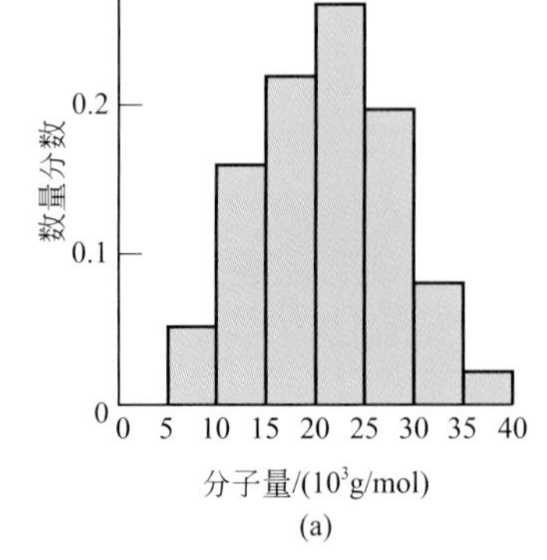

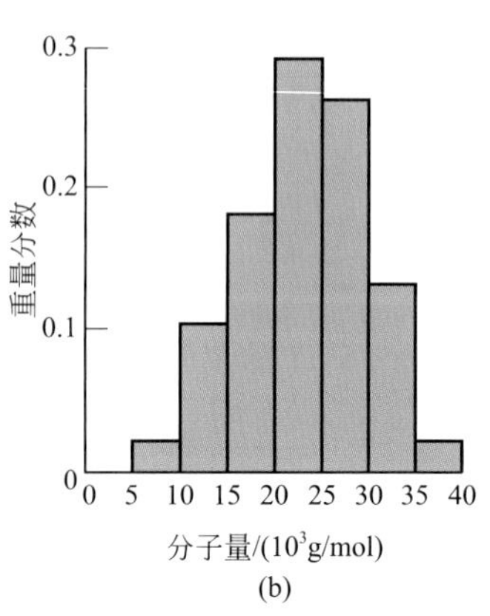

图4.3　假设聚合物基于分子的（a）数量分数和（b）重量分数的分子尺寸分布

4.5 分子量

带有非常长的分子链的聚合物具有非常大的分子量[1]。在聚合过程中，并非所有聚合物链都长成同样长度，这就导致链长或分子量具有一定分布。通常，平均分子量是确定的，可以通过测量各种物理性能来确定，如黏度和渗透压。

有几种定义平均分子量的方法。数均分子量$\overline{M}_n$是通过将分子链划分成一系列尺寸范围，并确定每一尺寸范围内的分子链的数量百分比而得到的［图4.3（a)］。数均分子量表示为：

数均分子量

$$\overline{M}_{\mathrm{n}} = \sum x_i M_i \tag{4.5a}$$

式中，M_i表示尺寸范围i的平均（中间）分子量；x_i是相应尺寸范围内的分子链占分子链总数的比例。

重均分子量$\overline{M}_{\mathrm{W}}$是基于在各个尺寸范围内的分子的重量百分比［图4.3（b)］。计算依据：

重均分子量

$$\overline{M}_{\mathrm{W}} = \sum w_i M_i \tag{4.5b}$$

式中，M_i是某一尺寸范围内的平均分子量，而w_i表示在同一尺寸间隔内的分子的重量百分比。在例题4.1中进行了数均分子量和重均分子量的计算。在图4.4中显示了典型的分子量分布及这些分子量平均值。

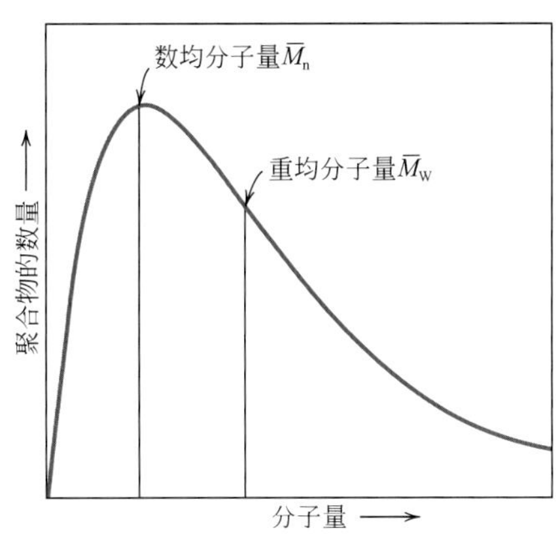

图4.4 典型聚合物的分子量分布及这些分子量平均值

聚合度

聚合物的平均分子链尺寸的另一表达方式是聚合度DP，表示在分子链中的重复单元的平均数量。DP与数均分子量的关系为：

聚合度—取决于数均分子量和重复单元分子量

$$DP = \frac{\overline{M}_{\mathrm{n}}}{m} \tag{4.6}$$

式中，m是重复单元分子量。

[1] 有时使用分子质量、摩尔质量和相对分子质量，事实上在此讨论背景下，这些术语比分子量更恰当——在实际情况中，我们处理的是质量而非重量。然而，分子量在聚合物文献中更常见，因而在本书中将使用这一术语。

例题4.1

平均分子量和聚合度的计算

假设图4.3中显示的是聚氯乙烯的分子量分布。对于这种材料，计算（a）数均分子量，（b）聚合度，及（c）重均分子量。

解：

（a）将从图4.3（a）中取得的计算所需数据列于表4.4（a）中。按照式（4.5a），将所有的x_iM_i乘积（来自表格右列）加在一起得到数均分子量，在本题中是21150g/mol。

表4.4（a） 例题4.1中用于数均分子量计算的数据

分子量范围/（g/mol）	中间值M_i/（g/mol）	x_i	x_iM_i
5000 ～ 10000	7500	0.05	375
10000 ～ 15000	12500	0.16	2000
15000 ～ 20000	17500	0.22	3850
20000 ～ 25000	22500	0.27	6075
25000 ～ 30000	27500	0.20	5500
30000 ～ 35000	32500	0.08	2600
35000 ～ 40000	37500	0.02	750
			$\overline{M}_n$=21150

（b）为确定聚合度［式（4.6）］，首先需要计算重复单元的分子量。对于PVC，每一个重复单元包含2个碳原子、3个氢原子和1个氯原子（表4.3）。此外，C、H和Cl的原子量分别是12.01g/mol、1.01g/mol和35.45g/mol。因此，对于PVC，有：

$$m=2(12.01\text{g/mol})+3(1.01\text{g/mol})+35.45\text{ g/mol}=62.50\text{g/mol}$$

并且

$$DP=\frac{\overline{M}_n}{m}=\frac{21150\text{g}/\text{mol}}{62.50\text{g}/\text{mol}}=338$$

（c）表4.4（b）显示从图4.3（b）中获取的重均分子量的数据。相应尺寸间隔的w_iM_i乘积列于表的右列。将这些乘积［式（4.5b）］加在一起得到$\overline{M}_w$，值为23200g/mol。

表4.4（b） 例题4.1中用于重均分子量计算的数据

分子量范围/（g/mol）	中间值M_i/（g/mol）	w_i	w_iM_i
5000 ～ 10000	7500	0.02	150
10000 ～ 15000	12500	0.10	1250
15000 ～ 20000	17500	0.18	3150
20000 ～ 25000	22500	0.29	6525
25000 ～ 30000	27500	0.26	7150
30000 ～ 35000	32500	0.13	4225
35000 ～ 40000	37500	0.02	750
			$\overline{M}_W$=23200

聚合物的许多性能受聚合物链长度的影响。例如，熔点或软化温度随分子量的增加而增加（对于分子量$\overline{M}$高达约100000g/mol来说）。在室温下，超短链（分子量约为100 g/mol）的聚合物通常以液态存在。分子量大约在1000g/mol的聚合物通常是蜡状固体（如石蜡）和软树脂。此处主要关注固态聚合物（有时被称为高聚物），通常其分子量在10000g/mol至几百万g/mol之间。因此，同一种聚合物材料，如果分子量不同，性能差异会很大。其他取决于分子量的性能还包括弹性模量和强度（参见第8章）。

4.6 分子形状

在前面的章节中，不考虑主链原子的锯齿状排列［图4.1（b）］，聚合物分子被描述为线形链。单链结合键可在三维方向旋转和弯曲。考虑图4.5（a）中的链原子，第三个碳原子可以在回转锥面的任一点，并且仍然与另两个原子之间的键成约109°的键角。当相邻的链原子处于图4.5（b）中所示的位置时，得到伸直的链段。另外，当主链原子旋转到其他位置时，如图4.5（c）❶中所示，有可能产生链的弯曲和扭转。因此，可以假设由许多链原子组成的单个分子链的形状与图4.6中所示的相似，包含大量的弯曲、扭转和扭折❷。在该图中还标示了聚合物链的两个链端之间的距离r，该距离要比总链长度短得多。

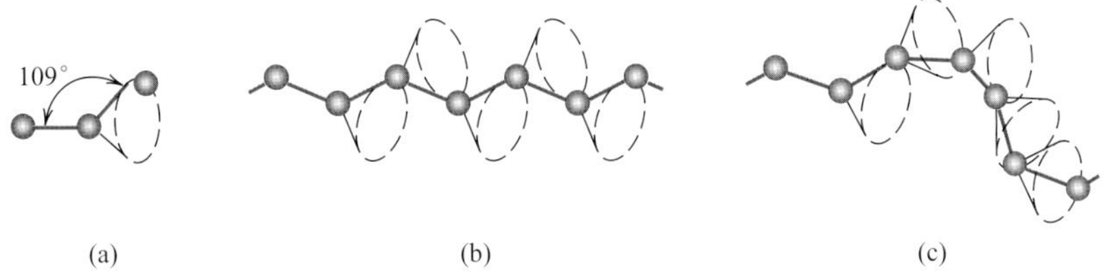

图4.5 图示聚合物链的形状是怎样被主链碳原子的位置（灰色的圈）所影响的（a）所示为最右端的原子可能位于虚线圆圈上的任一点，并且仍然与另两个原子之间的键成约109°的键角。当主链原子处于（b）和（c）中的位置时，分别形成直链段和扭转链段。

（源于Askeland，Science and Engineering of Materials，3E.© 1994 Cengage Learning，Inc.授权重印。www.cengage.com/permissions）

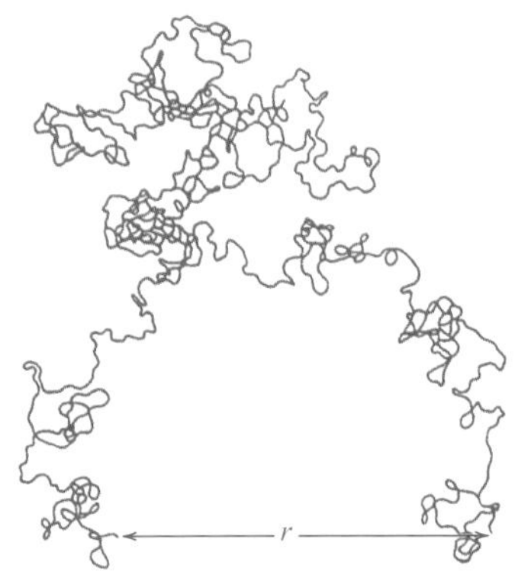

图4.6 具有由链单键旋转而产生的很多随机扭折和卷曲的单个聚合物分子链图示

（源于L.R.G.Treloar，*The Physics of Rubber Elasticity*，2nd edition，Oxford University Press，Oxford，1958，p.47.）

❶ 对于一些聚合物，碳主链原子在圆锥体内的旋转可能被与之邻近的链原子上庞大的侧基元素阻碍。

❷ 在提到只能通过单键链原子的旋转而改变的分子外部轮廓或分子形状时，通常使用术语构象。

聚合物由大量分子链组成，每一个分子链都可能以图4.6的方式弯曲、缠结及扭折。这导致大量的缠结及相邻分子链的缠绕，类似于在严重混乱的渔线中所看到的情况。这些随机的卷曲和分子链的缠绕是使聚合物具有许多重要特性的原因，包括橡胶材料所具有较大弹性伸长。

聚合物的一些力学特性及热性能随链段受到外加应力或热振动而发生旋转的能力变化而变化。旋转的灵活性取决于重复单元的结构和化学组成。例如，带有双键（C═C）的链段区域刚性强，不易旋转。还有，庞大的侧基对旋转运动有限制作用。例如，带有苯基侧基（表4.3）的聚苯乙烯分子对旋转运动的抵抗作用比聚乙烯链更强。

4.7 分子结构

聚合物的物理特性不仅取决于其分子量和形状，还取决于分子链的结构差异。现代聚合物合成工艺使得对各种可能结构具有相当大的可控性。除了各种同分异构体外，本节还讨论包括线型、支化、交联和网状结构的几种分子结构。

（1）线型高分子

线型高分子

线型高分子是那些在单个链中重复单元以首尾相连的方式连接在一起的聚合物。这些长链是柔韧的，并且可以看作是一团意大利面，如图4.7（a）中所示，其中每一个圆圈代表一个重复单元。对于线型高分子，链与链之间可能有大量的范德华力和氢键。一些常见的线形结构聚合物有聚乙烯、聚氯乙烯、聚苯乙烯、聚甲基丙烯酸甲酯、尼龙和氟碳化合物。

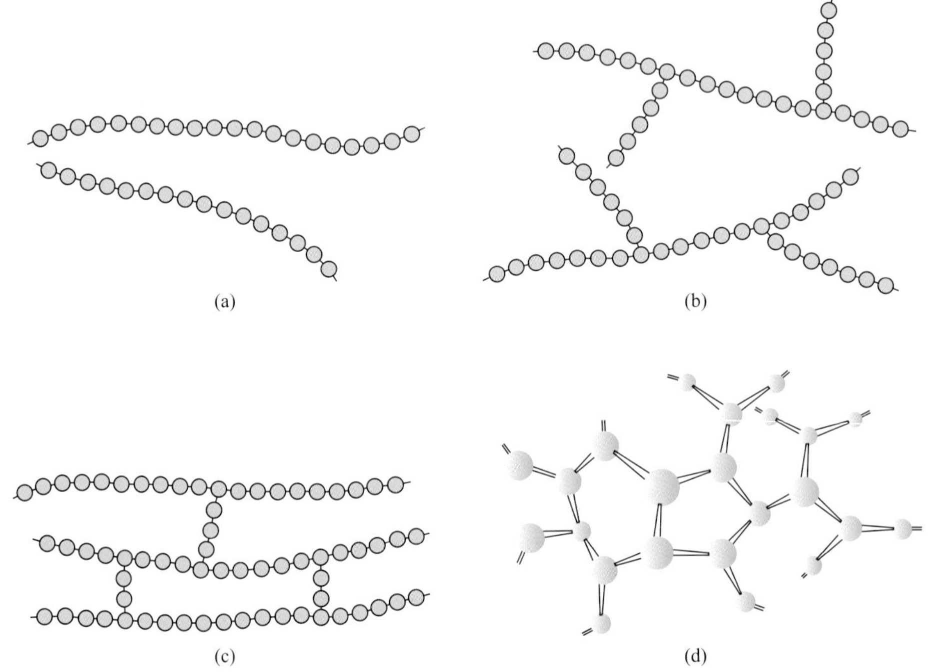

图4.7 （a）线型、（b）支化、（c）交联和（d）网状（三维）分子结构的示意图
圆圈表示各重复单元。

（2）支化高分子

支化高分子

聚合物可被合成为侧支链与主链连接的结构，如图4.7（b）中所示，它们被称为支化高分子。被认为是主链分子一部分的支链可能产生于聚合物合成过程发生的副反应中。随着侧支链的形成，链的堆积效率降低，进而导致聚合物密度的降低。形成线型结构的聚合物也可能支化。例如，高密度聚乙烯（HDPE）主要是线型高分子，而低密度聚乙烯（LDPE）包含短支链。

（3）交联高分子

交联高分子

在交联高分子中，相邻的线形链在不同位置通过共价键互相连接，如图4.7（c）所示。交联过程可以在合成过程中完成，也可以通过不可逆的化学反应完成。通常，以共价键结合到链上的外加原子或分子来完成交联。许多橡胶弹性材料是交联的，在橡胶中，交联被称作硫化，在8.19节中描述该过程。

（4）网状高分子

网状高分子

形成三个或多个活性共价键的多官能度单体可生成三维网状结构，被称作网状高分子。事实上，高度交联的聚合物也可归类为网状高分子。这些材料具有独特的力学特性和热性能，环氧树脂、聚氨酯和酚醛树脂就属于这类。

聚合物通常不只具有一种以上结构类型。例如，以线型结构为主的聚合物可能含有有限的支化结构和交联结构。

4.8 分子构型

对于具有一个以上与主链结合的侧基原子或原子团的聚合物，侧基排列的规律性和对称性可对性能产生重要影响。考虑如下重复单元

$$\begin{array}{ccccc} & \mathrm{H} & & \mathrm{H} & \\ & | & & | & \\ - & \mathrm{C} & - & \mathrm{C} & - \\ & | & & | & \\ & \mathrm{H} & & \textcircled{R} & \end{array}$$

其中，R代表除氢以外的原子或侧基（如Cl、CH_3）。一种可能排列是按如下方式，连续的重复单元的R侧基与碳原子交替连接。

$$\begin{array}{ccccccccc} & \mathrm{H} & & \mathrm{H} & & \mathrm{H} & & \mathrm{H} & \\ & | & & | & & | & & | & \\ - & \mathrm{C} & - & \mathrm{C} & - & \mathrm{C} & - & \mathrm{C} & - \\ & | & & | & & | & & | & \\ & \mathrm{H} & & \textcircled{R} & & \mathrm{H} & & \textcircled{R} & \end{array}$$

这种排列被称作头-尾构型[1]。作为头-尾构型的补充，当R基团与相邻的链原子键合时，产生头-头构型。

---

[1] 在提到沿链轴方向重复单元的排列，或是除了通过破坏后重新形成主价键才改变的原子位置时，使用术语构型。

在多数聚合物中，头-尾构型占大多数；通常，头-头构型的R基团之间有极性排斥力。

在组成相同但原子构型可能不同的聚合物分子中，也存在异构体（见4.2节）。两个异构子集——立体异构和几何异构——是随后章节中的讨论题目。

（1）立体异构

立体异构

VMSE
立体异构和几何异构

立体异构是指原子以相同的次序（头-尾）连接在一起，但在空间排列上有差异的情况。一种立体异构体是所有的R基团都位于链的同一侧，如下所示：

全同立构

这种构型称作**全同立构**。此图显示碳链原子的锯齿状示意图。此外，由楔形键所表示的，体现三维方向上的几何结构也很重要；实心的楔形代表从纸所在的平面中伸出的键，而虚线的楔形代表伸进纸所在平面的键[1]。

间同立构

VMSE
立体异构和几何异构

在**间同立构**中，R基团交替位于链的两侧[2]：

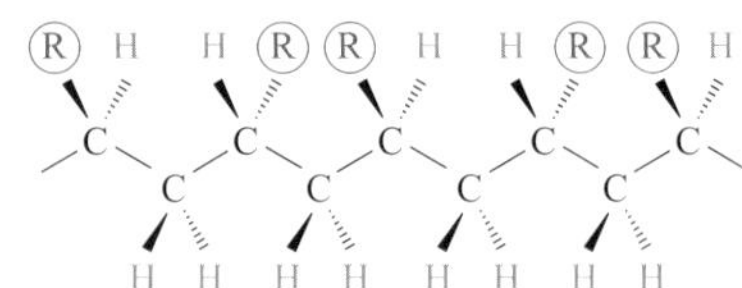

对于随机位置的

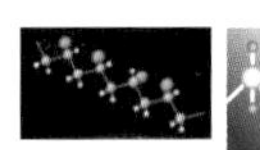

VMSE
立体异构和几何异构

---

❶ 全同立构有时采用以下线性（即非锯齿形）二维示意图表示：

❷ 间同立构的线性二维示意图表示为：

无规立构

使用术语无规立构。[1]

从一种立体异构体到另一种（例如，全同立构到间同立构）的转化是不可能通过简单的单链键的旋转来完成的。这些键必须先断开，然后在适当旋转之后，重新结合才能形成新的构型。

事实上，特定的聚合物不会只呈现这些构型中的一种；占主导地位的构型取决于合成方法。

（2）几何异构

另一种重要的链构型，即几何构型，可能存在于主链碳原子有双键的重复单元。双键上与每一个碳原子结合的可能是位于主链一侧或另一侧的侧基。考虑异戊二烯重复单元具有以下结构

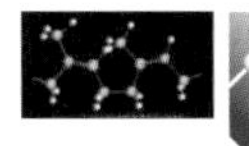

立体异构和几何异构

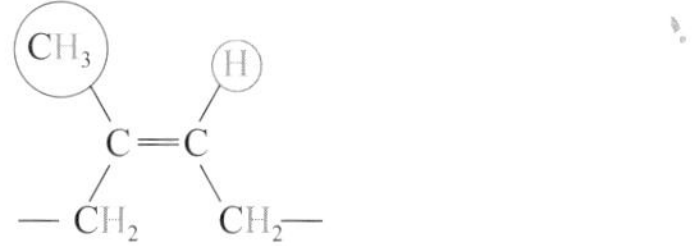

顺式（结构）

其中，CH_3基团和H原子处于双键的同一侧。这种结构被称为顺式结构，所得聚合物顺式聚异戊二烯是一种天然橡胶。另一种异构体：

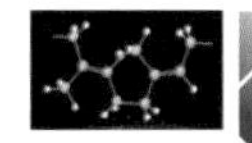

立体异构和几何异构

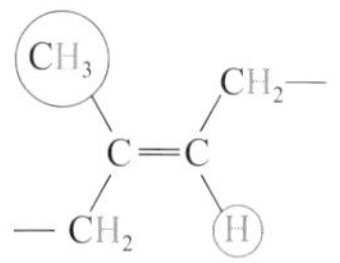

反式（结构）

为反式结构，CH_3基团和H原子处于双键的两侧[2]。这种异构体所得的聚合物反式聚异戊二烯有时被称为杜仲胶，具有与天然橡胶完全不同的性能。由于主链双键刚性非常强，不易旋转，顺式到反式的转换，或者反过来，都不可能通过简单的主链键的旋转来实现。

总结前面的部分：聚合物分子可根据其尺寸、形状和结构来进行表征。分

---

❶ 无规立构的线性二维示意图为：

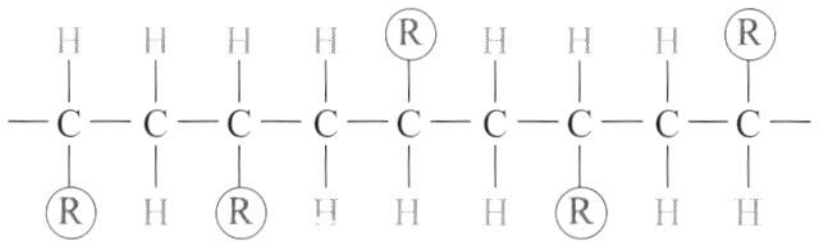

❷ 顺式异戊二烯的线性示意如下：

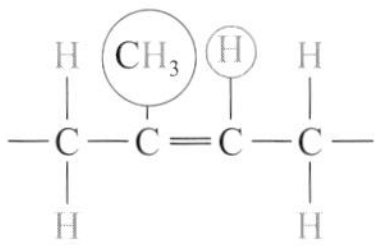

而反式结构的线性示意为：

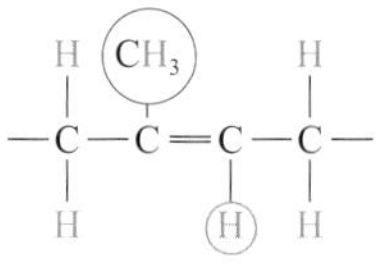

子尺寸是根据分子量（或聚合度）来确定的。分子形状与链扭转、卷曲及弯曲的程度有关。分子结构取决于结构单元的结合方式。除了几种异构构型（全同立构、间同立构、无规立构、顺式和反式异构）之外，线型、支化、交联和网状结构都有可能出现。这些分子特征列于图4.8所示的分类图中。注意有些结构因素并不是相互排斥的，并且可能有必要根据不止一种结构因素来明确分子结构。例如，线型高分子也可以是全同立构的。

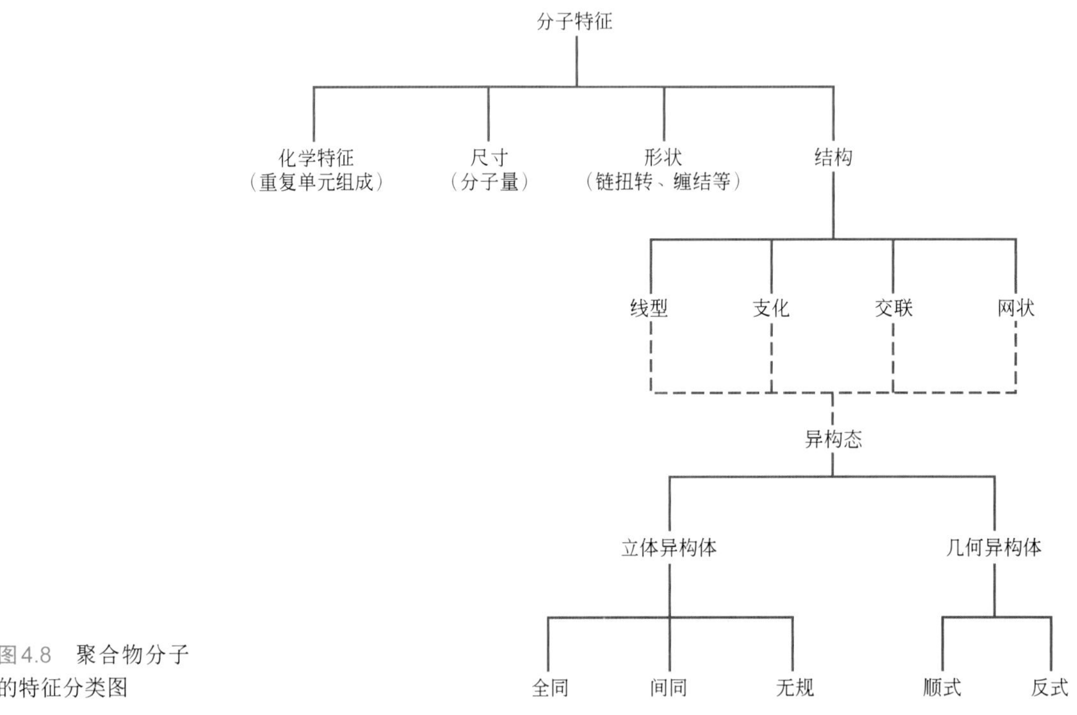

图4.8 聚合物分子的特征分类图

概念检查4.3 与高分子链有关的构型和构象之间的区别是什么？
答案可参考 *www.wiley.com/college/callister*（学生之友网站）

4.9 热塑性和热固性聚合物

热塑性聚合物
热固性聚合物

在升高温度时，聚合物对机械力的响应与其主要的分子结构相关。事实上，这些材料可根据随温度升高的行为进行分类。热塑性塑料（或热塑性聚合物）和热固性塑料（或热固性聚合物）是其中的两类。热塑性塑料加热时软化（并且最终液化），冷却时硬化——此过程完全可逆并且可重复进行。在分子水平，随着温度的升高，次价键力逐渐减小（通过分子运动的加剧），因而当施加应力时，相邻分子链的相对运动变得容易进行。当熔融的热塑性聚合物被加热到过高的温度时，导致不可逆的降解过程。此外，热塑性聚合物都比较柔软。多数线型高分子和带有柔性链支链结构的聚合物具有热塑性。这些材料一般通过加热加压的方式成型（参照14.13节）。通用热塑性聚合物的实例包括聚乙烯、聚苯乙烯、聚对苯二甲酸乙二醇酯和聚氯乙烯。

热固性聚合物是网状高分子。它们在成型过程中永久固化，并且加热也不软化。网状高分子在相邻分子链之间存在共价的交联键。在热处理过程中，这些键将分子链固定在一起，以抵抗高温下的振动和旋转链运动。因此，加热时材料不会软化。通常交联范围很广，有10% ～ 50%的主链重复单元发生交联。只有加热到过高的温度才会导致交联键的破坏和聚合物降解。热固性聚合物通常比热塑性聚合物坚硬，强度也更高，具有更好的尺寸稳定性。多数交联高分子和网状高分子，包括硫化橡胶、环氧树脂和酚醛树脂及一些聚酯树脂，都具有热固性。

概念检查4.4　一些聚合物（例如聚酯）既可能是热塑性的，又可能是热固性的。试说明原因。
答案可参考www.wiley.com/college/callister（学生之友网站）

4.10 共聚物

高分子化学家和科学家一直在寻找性能得到改善或具有比之前讨论的均聚物更好的综合性能，并且合成、制造简单，经济的新材料。其中一类是共聚物。

考虑由图4.9中的●和●所代表的两种重复单元组成的共聚物。不同的聚合过程及两种重复单元的相对百分比，可能产生沿聚合物主链不同的排列顺序。其中一种如图4.9（a）中所示，两种不同单元沿主链随机分布，被称为无规共聚物。交替共聚物，正如该名称所表示的，两种重复单元在链上的位置是交替的，如图4.9（b）所示。嵌段共聚物是指同一种重复单元沿主链以嵌段的方式排列的共聚物［图4.9（c）］。最后，可以将一种类型的均聚物侧链接枝到不同重复单元组成的均聚物主链上，这样的材料被称为接枝共聚物［图4.9（d）］。

无规共聚物
交替共聚物
嵌段共聚物
接枝共聚物

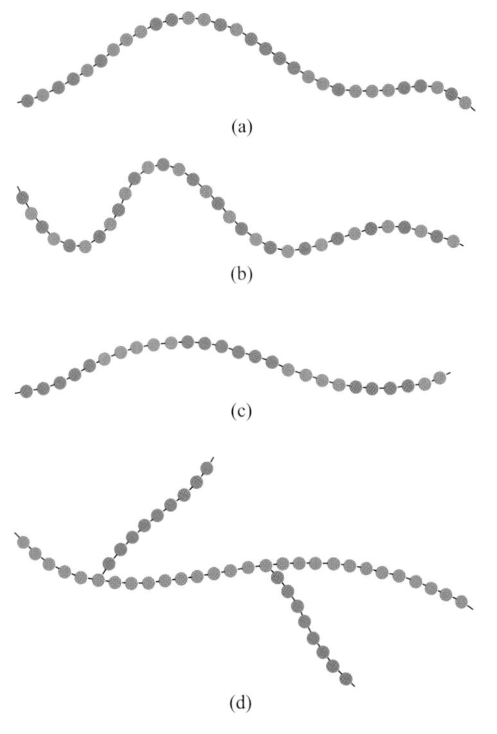

图4.9 （a）无规共聚物、（b）交替共聚物、（c）嵌段共聚物和（d）接枝共聚物图示

两种不同的重复单元类型用蓝色和红色圆圈表示。

在计算共聚物的聚合度时，式（4.6）中的m值用式（4.7）中求得的平均值$\overline{m}$取代

共聚物重复单元分子量的平均值

$$\overline{m}=\sum f_j m_j \tag{4.7}$$

在这一表达式中，f_j和m_j分别是重复单元j在聚合物链中的摩尔分数和分子量。

13.13节中讨论的合成橡胶通常是共聚物。表4.5中列出了一些共聚物橡胶中采用的化学重复单元。丁苯橡胶（SBR）是一种常见的无规共聚物，用于制造汽车轮胎。丁腈橡胶（NBR）是另一种由丙烯腈和丁二烯组成的无规共聚物。它也是高弹性，还抗有机溶剂溶胀。汽油软管是由NBR制造的。抗冲击改性的聚乙烯是由苯乙烯和丁二烯的交替嵌段组成的嵌段共聚物。弹性的橡胶嵌段起延缓裂缝在材料中扩展的作用。

表4.5 用于共聚物橡胶中的重复单元

重复单元名称	重复单元结构	重复单元名称	重复单元结构
丙烯腈 VMSE	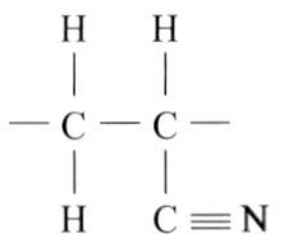 H　H |　| —C—C— |　| H　C≡N	异戊二烯	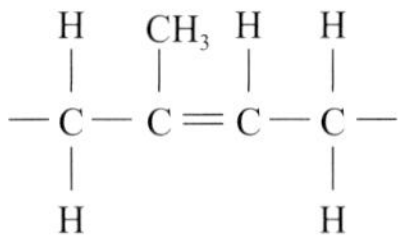 H　$\mathrm{CH_3}$　H　H |　|　|　| —C—C═C—C— |　　　| H　　　H
苯乙烯	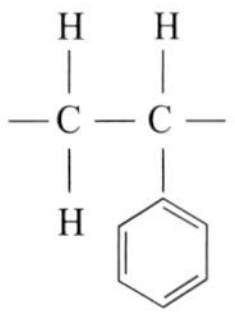 H　H |　| —C—C— |　| H　(苯环)	异丁烯	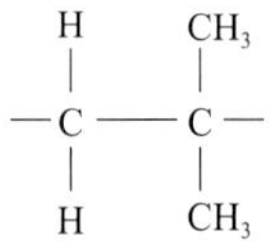 H　$\mathrm{CH_3}$ |　| —C——C— |　| H　$\mathrm{CH_3}$
丁二烯	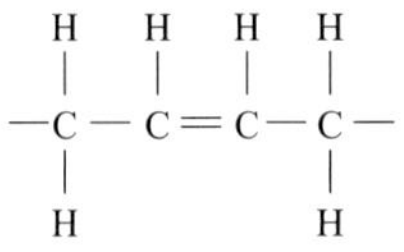 H　H　H　H |　|　|　| —C—C═C—C— |　　　| H　　　H	二甲基硅氧烷	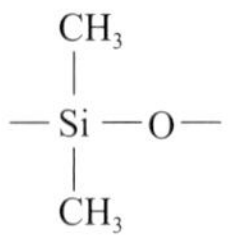 $\mathrm{CH_3}$ | —Si—O— | $\mathrm{CH_3}$
氯丁二烯	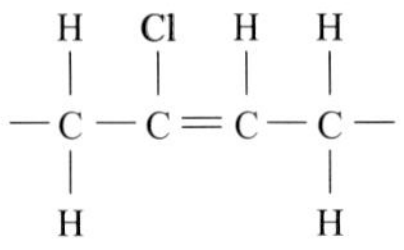 H　Cl　H　H |　|　|　| —C—C═C—C— |　　　| H　　　H		

4.11 聚合物的结晶度

聚合物的结晶度

高分子材料中存在结晶态。然而，由于聚合物的结晶态与分子有关，而不仅仅是像金属和陶瓷中的原子或离子，因而聚合物的原子排列将会更复杂。我们认为**聚合物的结晶度**是分子链的堆积以产生有序的原子排列。晶体结构可根据晶胞确定，晶胞通常是非常复杂的。例如，图4.10显示聚乙烯的晶胞及其与分子链的结构的关系；该晶胞属正交晶系（表3.6）。当然，分子链还会向晶胞外延伸，如图所示。

含小分子（如水和甲烷）的分子物质通常不是完全结晶的（如固体），就是完全非晶的无定形态（如液体）。由于聚合物分子尺寸大，且通常结构复杂，聚

合物分子通常只是部分结晶（或半结晶），即结晶还分散在剩余的非结晶材料中。任何的链无序或错位都会导致非晶区的形成，由于链的扭转、扭折和缠绕阻碍了每个分子链的链段的严格有序排列，因此非晶区是非常常见的。即将讨论的其他结构因素也对结晶程度有影响。

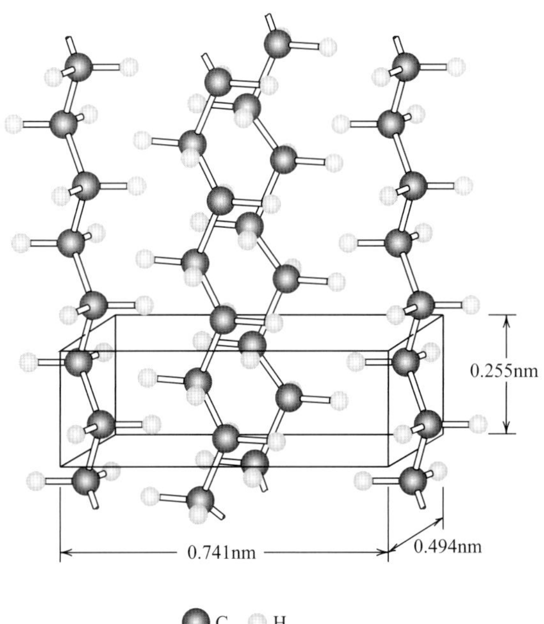

图4.10　聚乙烯的晶胞及其与分子链的结构的关系

（摘自C.W.Bunn，*Chemical Crystallography*，Oxford University Press，Oxford，1945，p.233）

结晶度的范围可在完全非晶和几乎完全（高达约95%）结晶之间，相比之下，金属样品几乎总是完全结晶的，而许多陶瓷不是完全结晶，就是完全非晶。半结晶聚合物在一定程度上与后续章节中讨论的两相金属合金类似。

结晶聚合物的密度比同种材料及相同分子量的非晶聚合物高，因为结晶结构中的分子链排列得更紧密。按重量计的结晶度可由精确的密度测量结果确定，根据

结晶百分比（半结晶聚合物）——取决于样品密度、完全结晶和完全非晶材料的密度

$$\%结晶度=\frac{\rho_c(\rho_s-\rho_a)}{\rho_s(\rho_c-\rho_a)}\times 100 \tag{4.8}$$

式中，ρ_s是结晶百分比待确定的样品密度；ρ_a是完全非晶态聚合物的密度；ρ_c是理想结晶聚合物的密度。ρ_a和ρ_c的值须通过其他实验手段测得。

聚合物的结晶度取决于凝固过程中的冷却速率，及分子链的构型。在结晶过程中，当从熔化温度冷却时，在黏稠液体中极度混乱和缠结的分子链必须呈现规整构型。为此，必须有足够的时间供分子链移动和排列。

分子化学组成和链构型都对聚合物的结晶能力有影响。由化学结构复杂的重复单元组成的聚合物（例如聚异戊二烯）不利于结晶。另外，在如聚乙烯和聚四氟乙烯这样的化学结构简单的聚合物中，即使冷却速率非常迅速，结晶也不易被阻碍。

对于线型高分子，由于几乎没有阻碍链排列的限制，结晶很容易进行。任

何侧链都会阻碍结晶，因而支化高分子从不会是高度结晶的。事实上，过度支化可能阻止所有的结晶过程。多数网状和交联高分子都是几乎完全非晶的，因为交联阻碍聚合物链的重排及排布于结晶结构中。少量交联聚合物是部分结晶的。就立体异构体来说，无规聚合物很难结晶，然而，全同聚合物和间同聚合物的结晶就容易得多，因为侧基基团的几何规整性有利于相邻分子链排列在一起。而且，侧基原子团的体积越大或量越多，结晶趋势越小。

对于共聚物，通常是重复单元的排列越无规和混乱，非晶的形成趋势越大。对于交替和嵌段共聚物，有结晶的可能性。另外，无规和接枝共聚物通常是非晶的。

聚合材料的物理性能在某种程度上受结晶度的影响。结晶聚合物通常强度更高，且更耐溶和加热软化。其中一些性能在后续章节中讨论。

概念检查4.5 （a）对比金属和高分子中的结晶态。（b）对比高分子和陶瓷玻璃的非晶态。

答案可参考www.wiley.com/college/callister（学生之友网站）

例题4.2

计算聚乙烯的密度和结晶百分比

（a）计算完全结晶聚乙烯的密度。聚乙烯的正交晶胞如图4.10所示，并且，在每一个晶胞中相当于包含两个乙烯重复单元。

（b）利用（a）的答案，计算密度为0.925g/cm^{3}的支化聚乙烯的结晶百分比。完全非晶材料的密度是0.870 g/cm^3。

解：

（a）将第3章中用于求金属密度的公式（3.7）用于聚合材料中，用于解决此问题。采用相同的形式，即：

$$\rho=\frac{nA}{V_c N_c}$$

式中，n代表晶胞中重复单元的数目（对于聚乙烯n=2），而A是重复单元分子量，对于聚乙烯

$$A=2(A_C)+4(A_H)=(2)(12.01\text{g/mol})+(4)(1.008\text{g/mol})=28.05\text{g/mol}$$

V_c是晶胞体积，是图4.10中晶胞的三条边的乘积，或

$$\begin{aligned}V_c&=(0.741\text{nm})(0.494\text{nm})(0.255\text{nm})\\&=(7.41\times10^{-8}\text{nm})(4.94\times10^{-8}\text{nm})(2.55\times10^{-8}\text{nm})\\&=9.33\times10^{-23}\text{cm}^3\text{/unit cell}\end{aligned}$$

将此值，上述n和A值，及N_A值代入式（3.7）中，导出

$$\rho=\frac{nA}{V_c N_c}=\frac{(2\text{repeat units / unit cell})(28.05\text{g / mol})}{(9.33\times10^{-23}\text{cm}^3\text{ / unit cell})(6.022\times10^{23}\text{repeat units / mol})}=0.998\text{g/cm}^3$$

（b）运用式（4.4）计算支化聚乙烯的结晶百分比，ρ_c=0.998g/cm^3，ρ_a=0.870g/cm^3，ρ_s=0.925g/cm^3。于是有：

$$\%结晶=\frac{\rho_c(\rho_s-\rho_a)}{\rho_s(\rho_c-\rho_a)}\times 100$$

$$=\frac{0.998\text{g}/\text{cm}^3(0.925\text{g}/\text{cm}^3-0.870\text{g}/\text{cm}^3)}{0.925\text{g}/\text{cm}^3(0.998\text{g}/\text{cm}^3-0.870\text{g}/\text{cm}^3)}\times 100$$

$$=46.4\%$$

4.12 聚合物晶体

微晶

半结晶聚合物包含小的晶区（微晶），每一个晶区都具有明确的排列，分散在由随机取向的分子所组成的非晶区中。晶区的结构可通过考察从稀溶液中生长的聚合物单晶的结构而推断出。这些晶体具有规则的形状，是厚度约为10～20nm，长度为10μm数量级的薄板（或薄片）。这些薄板往往形成多层结构，如同图4.11中的聚乙烯单晶的电子显微照片中所显示的。在每一个薄板中分子链来回折叠，在表面上出现折叠，这种结构被巧妙地称为折叠链模型，图4.12中示意的。每一个薄板包含许多分子，然而，平均分子链长度比薄板的厚度要大得多。

折叠链模型

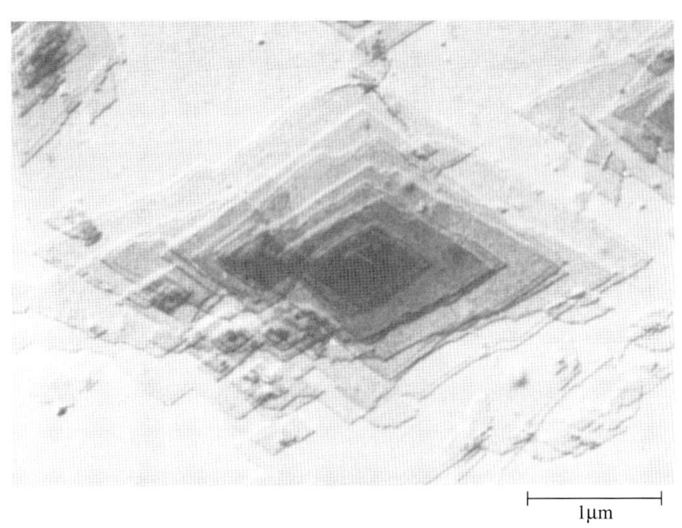

图4.11 聚乙烯单晶的电镜照片（20000×）

［摘自A.Keller，R.H.Doremus，B.W.Roberts，and D.Turnbull（Editors），*Growth and Perfection of Crystals.*General Electric Company and John Wiley & Sons，Inc.，1958，p.498.］

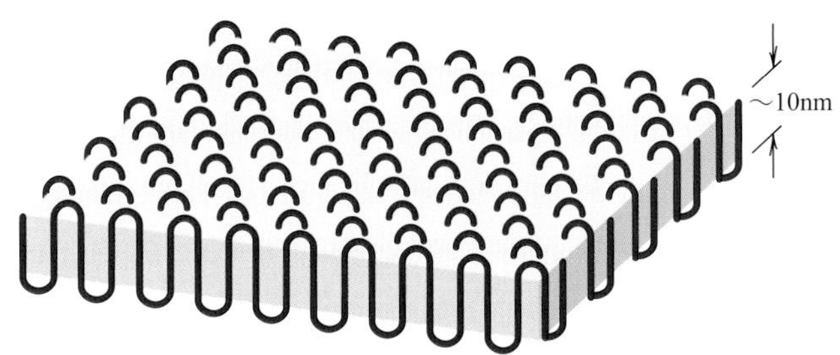

图4.12 片状聚合物微晶的折叠链结构

球晶

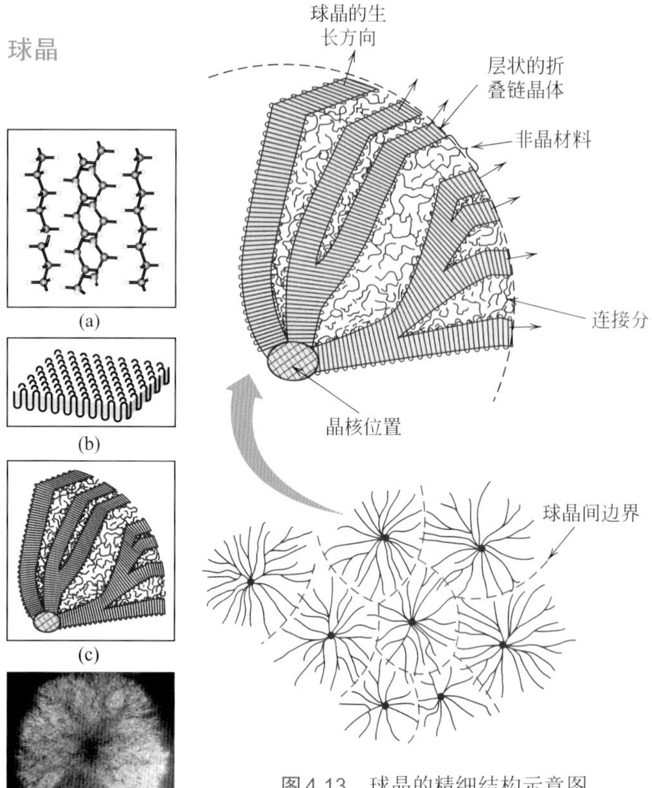

图4.13 球晶的精细结构示意图

许多从熔体中结晶的块状聚合物是半结晶的，并形成球晶结构。每个球晶都可能长成粗糙的球状，正如其名字的含意。在天然橡胶中存在球晶，如本章开头照片（d）中的扫描电镜照片中，以及在相邻的左边空白处的照片中所示。球晶由大约10nm厚的带状折叠链微晶（片晶）的聚集体组成，片晶从中心的单一晶核位置向外辐射。在该电镜照片中，这些片晶显示为细的白线。球晶的详细结构示意于图4.13中。图中显示了被非晶材料区分的单个折叠链片晶。起连接相邻片晶作用的连接链分子从这些非晶区穿过。

当球晶结构的结晶过程接近结束时，相邻球晶的边缘开始彼此接触，形成或多或少的平面边界。在此之前，它们保持球状外形。在采用正交偏振光的聚乙烯显微照片图4.14中，这些边界很明显。在每个球晶中显现了马耳他十字特征图案。在球晶图像中的带或环是由片晶从中心向外带状延伸时片晶的扭转引起的。

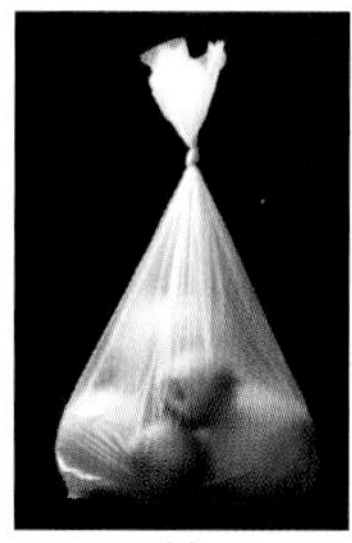
(e)

自然橡胶样品中球晶结构的透射电子显微照片

球晶被认为是与多晶金属和陶瓷中的晶粒类似的聚合物晶粒。然而，正如前面所讨论的，每个球晶实际上是由许多不同的片状晶体及另外一些非晶材料组成的。聚乙烯、聚丙烯、聚氯乙烯、聚四氟乙烯和尼龙是在熔体结晶时形成球晶结构。

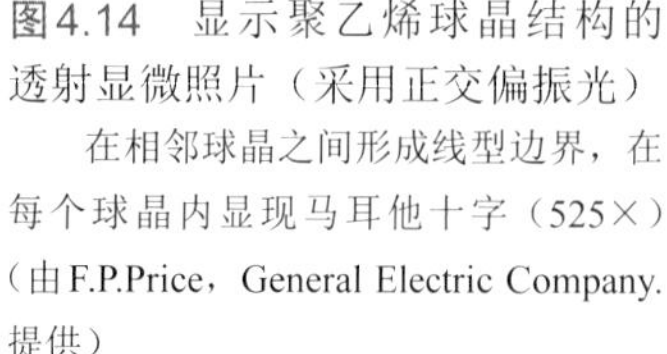

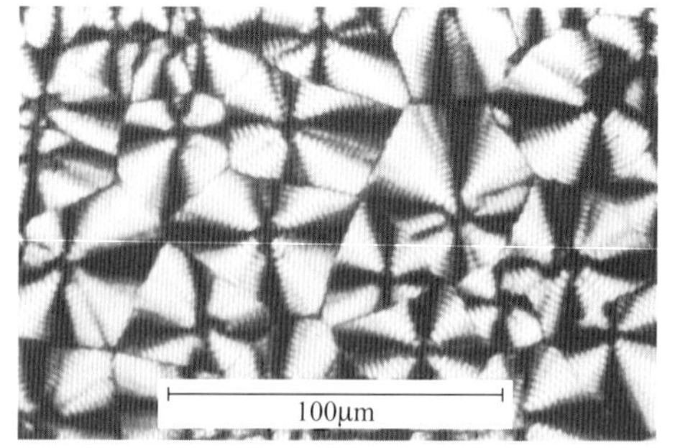

图4.14 显示聚乙烯球晶结构的透射显微照片（采用正交偏振光）

在相邻球晶之间形成线型边界，在每个球晶内显现马耳他十字（525×）（由F.P.Price，General Electric Company.提供）

总结

聚合物分子

- 多数聚合材料是由带有侧基的非常大的分子链组成的，侧基是各种原子（O、Cl等）或有机基团，如甲基、乙基或苯基。

- 这些大分子是由重复单元——较小的结构体——沿分子链重复构成的。

聚合物分子的化学组成

- 一些化学组成简单的聚合物（聚乙烯、聚四氟乙烯、聚氯乙烯、聚丙烯等）的重复单元列于表4.3中。
- 均聚物是指所有的重复单元都是同种类型的聚合物。共聚物的分子链是由两种或更多种类的重复单元构成的。
- 按照活性键的数目（即官能度）对重复单元分类。

  对于双官能基单体，由含两个活性键的单体生成二维链状结构。

  三官能基单体含三个活性键，由此生成三维网状结构。

分子量

- 高聚物的分子量可超过一百万。由于并不是所有分子都有相同尺寸，因此存在分子量分布。
- 分子量通常用数均分子量和重均分子量表示，这些参数的值可分别运用式（4.5a）和式（4.5b）获得。
- 分子链长度还可用聚合度——平均每个分子所含的重复单元的数目——表示[式（4.6）]。

分子形状

- 当分子链由于键的旋转而呈现扭转、缠绕和扭折的形状或轮廓时，产生分子链缠结。
- 当链上存在双键时或当庞大的侧基是重复单元的一部分时，旋转柔顺性降低。

分子结构

- 有四种不同的聚合物分子链结构：线型[图4.7（a）]、支化[图4.7（b）]、交联[图4.7（c）]和网状[图4.7（d）]。

分子构型

- 对于含一个以上与主链键合的侧基原子或原子基团的重复单元：

  存在头-头和头-尾构型。

  这些侧基原子或原子基团的空间排列的差异导致全同、间同和无规立构体。
- 当重复单元包含主链双键时，存在顺式和反式几何异构体。

热塑性和热固性聚合物

- 就聚合物的高温行为而言，聚合物可分为热塑性或热固性。

  热塑性聚合物具有线型和支链结构，它们加热时软化，冷却时凝固。

  相比之下，热固性聚合物一旦固化，加热时将不再软化，它们的结构是交联和网状的。

共聚物

- 共聚物包括无规[图4.9（a）]、交替[图4.9（b）]、嵌段[图4.9（c）]和接枝[图4.9（d）]四种类型。
- 共聚橡胶材料中常用的重复单元列于表4.5中。

聚合物的结晶度

- 当分子链以规整的原子排列整齐排列并堆积时，被认为是结晶态。
- 还存在无定形态聚合物（非晶态聚合物），其分子链排列混乱不规整。
- 除完全非晶外，聚合物还可能呈现不同程度的结晶度，即晶区在非晶区域内分散。
- 化学组成简单及链结构规整和对称的聚合物易结晶。
- 根据式（4.4），半结晶聚合物的结晶百分比取决于其密度，及完全结晶和完全非晶材料的密度。

聚合物晶体

- 晶区（或微晶）是片状的，且具有折叠链结构（图4.12）——在片层内的分子链整齐排列并来回折叠，在片层表面上出现折叠。
- 许多半结晶聚合物形成球晶，每个球晶由一系列自中心向外辐射生长的带状折叠链片晶组成。

公式总结

公式序号	公式	求解
(4.5a)	$\overline{M}_n=\sum x_i M_i$	数均分子量
(4.5b)	$\overline{M}_W=\sum w_i M_i$	重均分子量
(4.6)	$DP=\dfrac{\overline{M}_n}{m}$	聚合度
(4.7)	$\overline{m}=\sum f_j m_j$	共聚物重复单元的平均分子量
(4.8)	$\%结晶度=\dfrac{\rho_c(\rho_s-\rho_a)}{\rho_s(\rho_c-\rho_a)}\times 100$	结晶百分比（按重量）

符号列表

符号	含义	符号	含义
f_j	重复单元j在共聚物分子链中的摩尔分数	w_i	处于尺寸范围i内的分子质量百分比
m	重复单元分子量	ρ_a	完全非晶态聚合物的密度
M_i	尺寸范围i内的平均分子量	ρ_c	完全结晶聚合物的密度
m_j	重复单元j在共聚物分子链中的分子量	ρ_s	结晶百分比待确定的聚合物样品的密度
x_i	处于尺寸范围i内的分子链占分子链总数的百分比		

工艺/结构/性能/应用总结

在下列两幅图中，说明了聚合物的各种结构因素之间的关联，如同本章（和第2章）所讨论的，这些关联影响聚合物纤维的性能和工艺，如同第13章和第14章中所讨论的。

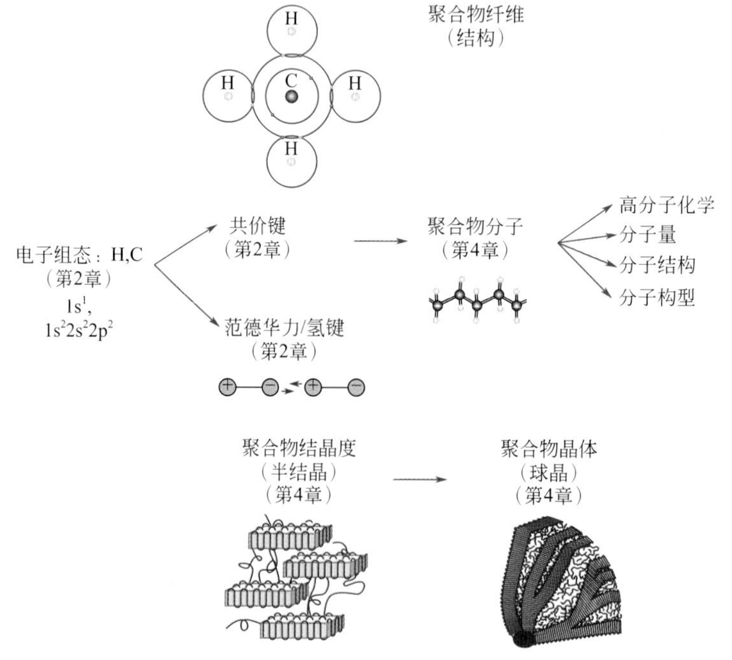

重要术语和概念

交替共聚物
无规立构
双官能基
嵌段共聚物
支化高分子
折叠链模型
顺式（结构）
共聚物
交联高分子
结晶度（聚合物）
微晶
聚合度
官能度
接枝共聚物
均聚物
同分异构体
全同立构
线型高分子
大分子
分子化学
分子结构
分子量
单体
网状高分子
聚合物
无规共聚物
重复单元
饱和的
球晶
立体异构
间同立构
热塑性聚合物
热固性聚合物
反式（结构）
三官能基
不饱和的

参考文献

Carraher，C.E.，Jr.，*Seymour/Carraher's Polymer Chemistry*，7th edition，CRC Press，Boca Raton，FL，2007.

Cowie，J.M.G.，and V.Arrighi，*Polymers：Chemistry and Physics of Modern Materials*，3rd edition，CRC Press，Boca Raton，FL，2007.

Engineered Materials Handbook，Vol.2，*Engineering Plastics*，ASM International，Materials Park，OH，1988.

McCrum，N.G.，C.P.Buckley，and C.B.Bucknall，*Principles of Polymer Engineering*，2nd edition，Oxford University Press，Oxford，1997.Chapters 0-6.

Painter，P.C.，and M.M.Coleman，*Fundamentals of Polymer Science：An Introductory Text*，2nd edition，CRC Press，Boca Raton，FL，1997.

Rodriguez，F.，C.Cohen，C.K.Ober，and L.Archer，*Principles of Polymer Systems*，5th edition，Taylor & Francis，New York，2003.

Rosen，S.L.，*Fundamental Principles of Polymeric Materials*，2nd edition，Wiley，New York，1993.

Sperling，L.H.，*Introduction to Physical Polymer Science*，4th edition，Wiley，Hoboken，NJ，2006.

Young，R.J.，and P.Lovell，*Introduction to Polymers*，2nd edition，CRC Press，Boca Raton，FL，1991.

习题

Wiley PLUS中（由教师自行选择）的习题。

Wiley PLUS中（由教师自行选择）的辅导题。

Wiley PLUS中（由教师自行选择）的组合题。

碳氢化合物分子

聚合物分子

聚合物分子化学组成

4.1 基于本章中列出的结构，画出以下聚合物的重复单元结构：(a) 聚三氟氯乙烯和 (b) 聚乙烯醇。

分子量

4.2 计算以下重复单元的分子量：(a) 聚氯乙烯，(b) 聚对苯二甲酸乙二醇酯，(c) 聚碳酸酯，(d) 聚二甲基硅氧烷。

4.3 聚丙烯的数均分子量是1000000g/mol，计算其聚合度。

4.4 (a) 计算聚苯乙烯的重复单元分子量，

(b) 计算聚合度为25000的聚苯乙烯的重均分子量。

4.5 下表列出了聚丙烯材料的分子量数据。计算 (a) 数均分子量，(b) 重均分子量，(c) 聚合度

分子量范围/(g/mol)	x_i	w_i	分子量范围/(g/mol)	x_i	w_i
8000 ～ 16000	0.05	0.02	32000 ～ 40000	0.28	0.30
16000 ～ 24000	0.16	0.10	40000 ～ 48000	0.20	0.27
24000 ～ 32000	0.24	0.20	48000 ～ 56000	0.07	0.11

4.6 下表列出了一些聚合物的分子量数据。计算 (a) 数均分子量，(b) 重均分子量，(c) 如果已知这种材料的聚合度是710，该聚合物是表4.3中列出的哪种聚合物？为什么？

分子量范围/(g/mol)	x_i	w_i	分子量范围/(g/mol)	x_i	w_i
15000 ～ 30000	0.04	0.01	75000 ～ 90000	0.24	0.27
30000 ～ 45000	0.07	0.04	90000 ～ 105000	0.12	0.16
45000 ～ 60000	0.16	0.11	105000 ～ 120000	0.08	0.12
60000 ～ 75000	0.26	0.24	120000 ～ 135000	0.03	0.05

4.7 分子量数据如下所示，且数均聚合度是527的聚甲基丙烯酸甲酯均聚物是否存在？

分子量范围/(g/mol)	x_i	w_i	分子量范围/(g/mol)	x_i	w_i
8000 ～ 20000	0.05	0.02	56000 ～ 68000	0.18	0.23
20000 ～ 32000	0.15	0.08	68000 ～ 80000	0.10	0.16
32000 ～ 44000	0.21	0.17	80000 ～ 92000	0.03	0.05
44000 ～ 56000	0.28	0.29			

4.8 高密度聚乙烯可通过氯原子无规取代氢原子而被氯化。

(a) 若取代5%的氢原子，求必须添加的氯的浓度（按重量百分比）。

(b) 氯化聚乙烯与聚氯乙烯的差别在哪些方面？

分子形状

4.9 对于线性自由旋转的聚合物分子，总链长L取决于链原子之间的键长d，分子中键的总数N，及相邻主链原子之间的键角θ，如下式：

$$L=Nd\sin\left(\frac{\theta}{2}\right) \tag{4.9}$$

此外，像图4.6中那样随机卷曲的聚合物分子平均链端距离r等于

$$r=d\sqrt{N} \tag{4.10}$$

线性聚四氟乙烯的数均分子量是500000g/mol，计算这种材料的L和r的平均值。

WILEY 4.10 应用总分子链长L的定义［式（4.9）］和平均链端距离r［式（4.10）］，求线性聚乙烯的以下值：

（a）L=2500nm的聚乙烯的数均分子量

（b）r=20nm的聚乙烯的数均分子量

分子构型

WILEY 4.11 依照本章第102脚注1所示的二维示意图，画出线型（a）间同，（b）无规，和（c）全同聚苯乙烯分子的一部分。

WILEY 4.12 依照本章第103页脚注2所示的二维示意图，画出（a）丁二烯和（b）氯丁二烯的顺式和反式结构。

热塑性和热固性聚合物

4.13 （a）基于加热时的力学特性，和（b）根据可能的分子结构，对比热塑性和热固性聚合物。

WILEY 4.14 （a）把酚醛树脂研成粉磨并再利用是否可能？为什么？

（b）把聚丙烯研成粉磨并再利用是否可能？为什么？

共聚物

WILEY 4.15 画出以下每个交替共聚物的重复结构：（a）聚（丁二烯-氯丁二烯），（b）聚（苯乙烯-甲基丙烯酸甲酯），和（c）聚（丙烯腈-氯乙烯）。

WILEY 4.16 聚（苯乙烯-丁二烯）交替共聚物的数均分子量为1350000g/mol。求平均每个分子所含（a）苯乙烯和（b）丁二烯重复单元的数目。

WILEY GM 4.17 计算无规丁腈橡胶[聚（丙烯腈-丁二烯）共聚物]的数均分子量，其中丁二烯重复单元的百分比是0.30，假定该含量对应的聚合度是2000。

4.18 已知交替共聚物的数均分子量是250000g/mol，且聚合度是3420。若一种重复单元是苯乙烯，则另一种重复单元是以下的哪一种？乙烯、丙烯、四氟乙烯和氯乙烯？

4.19 （a）求数均分子量为350000g/mol，且聚合度为4425的共聚物中丁二烯和苯乙烯重复单元的比例。

（b）该共聚物会是以下几种可能性中的哪一种或哪几种？无规、交替、接枝和嵌段？为什么？

WILEY GO 4.20 含60%（质量）乙烯和40%（质量）丙烯的交联高分子可能具有与天然橡胶相似的弹性。求该组成的共聚物中两种重复单元的百分比。

WILEY 4.21 无规聚（异丁烯-异戊二烯）共聚物的数均分子量是200000g/mol，聚合度是3000，计算异丁烯和异戊二烯重复单元在共聚物中的百分比。

聚合物的结晶性

4.22 简要解释为什么聚合物结晶的趋势随分子量的增加而降低。

WILEY 4.23 对于以下每一对聚合物：（1）说明是否有可能确定一种聚合物比另一种更容易结晶；（2）如果可能，指出哪一种更易结晶，并列举你选择的依据；（3）如果不可能确定，说明为什么。

（a）线型间同聚氯乙烯；线型全同聚苯乙烯

（b）网状酚醛树脂；线型且高度交联顺式异戊二烯

（c）线型聚乙烯；轻度支化全同聚丙烯

（d）交替聚（苯乙烯-乙烯）共聚物；无规聚（氯乙烯-四氟乙烯）共聚物

WILEY 4.24 完全结晶聚丙烯室温下的密度是0.946g/cm^3，且室温下该材料的晶胞属单斜晶系，具有以下晶格参数：

a=0.666nm　　α=90°

b=2.078nm　　β=99.62°

c=0.650nm　　γ=90°

若单斜晶胞的体积V_{mono}是这些晶格参数的函数，为：

$$V_{mono}=abc\sin\beta$$

求每一晶胞中重复单元的数目。

4.25 两种聚四氟乙烯材料的密度和相应结晶百分比如下所示：

密度ρ/(g/cm^3)	结晶度/%
2.144	51.3
2.215	74.2

（a）计算完全结晶和完全非晶聚四氟乙烯的密度。

（b）求密度为0.948 g/cm^{3}的样品的结晶百分比。

4.26 两种尼龙6,6材料的密度和相应结晶百分比如下所示：

密度ρ/(g/cm^3)	结晶度/%
1.188	67.3
1.152	43.7

（a）计算完全结晶和完全非晶尼龙6,6的密度。

（b）求结晶度为55.4%的样品密度。

电子表格习题

4.1SS 对于一种特定聚合物，至少给出两个密度值和相应的结晶百分比值，开发一种电子表格，使得使用者能求得以下值：（a）完全结晶聚合物的密度，（b）完全非晶态聚合物的密度，（c）给定密度样品的结晶百分比，和（d）给定结晶百分比样品的密度。

工程基础问题

4.1FE 在碳氢化合物分子的原子之间有哪（几）种键？

（A）离子键　　（B）共价键

（C）范德华键　　（D）金属键

4.2FE 比较具有相同分子量的同种材料的结晶和非晶态聚合物的密度？

（A）结晶聚合物的密度<非晶态聚合物的密度

（B）结晶聚合物的密度=非晶态聚合物的密度

（C）结晶聚合物的密度>非晶态聚合物的密度

4.3FE 以下重复单元代表的聚合物的名称是什么？

（A）聚甲基丙烯酸甲酯　　（C）聚丙烯

（B）聚乙烯　　（D）聚苯乙烯

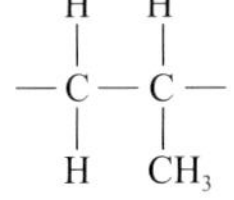

第5章　固体缺陷

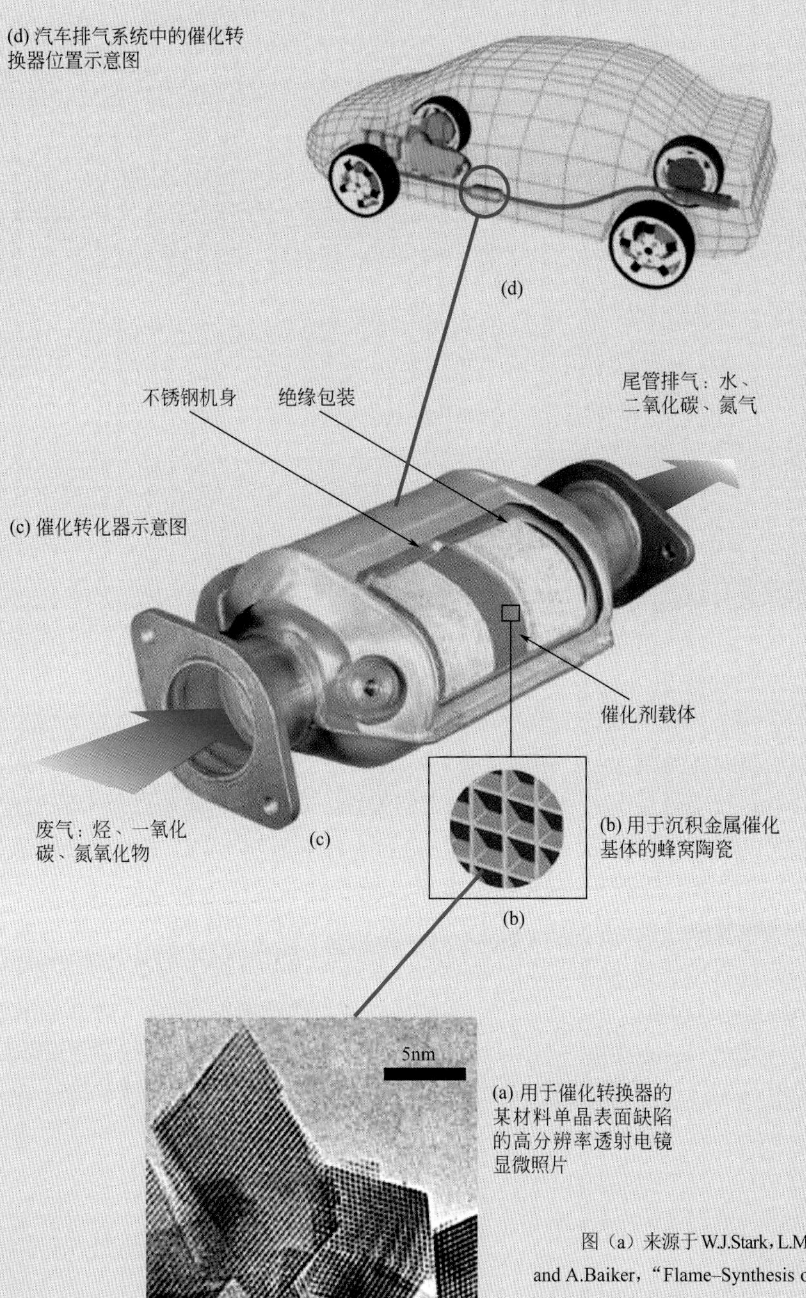

原子缺陷是造成现今汽车引擎气体污染物排放量减少的原因。位于汽车排气系统中的催化转换器是一种污染物分解装置。气体污染物分子可以吸附于该催化转化器中的晶体金属材料表面缺陷处。在吸附的过程中，这些气体污染物分子会通过化学反应转变成无污染或污染程度较轻的物质。本章的重要材料部分对该过程给予了详细描述。

图（a）来源于 W.J.Stark，L.Mädler，M.Maciejewski，S.E.Pratsinis，and A.Baiker，“Flame–Synthesis of Nanocrystalline Ceria/Zirconia：Effect of Carrier Liquid，” *Chem.Comm.*，588–589（2003）.复制得到英国皇家化学学会的许可。

为什么学习固体缺陷？

缺陷的存在对有些材料的性能产生很深的影响。因此，了解可能存在的缺陷类型以及其在影响材料行为中所扮演的角色十分重要。比如，纯金属的力学性能会在合金化（添加杂质原子）后发生显著地变化——如，黄铜（70%铜-30%锌）的硬度和强度就要远远高于纯铜（8.10节）。

电脑、计算器以及家用电器中的集成电路微电子器件之所以能够正常工作，也是因为在半导体材料（12.11节和12.15节）某些特定位置进行了精确控制杂质浓度的掺杂。

学习目标

通过本章的学习你需要掌握以下内容。

1. 描述空位和自间隙晶体缺陷。
2. 在已知相关常数的条件下，计算材料在给定温度的平衡空位数。
3. 指出并描述陶瓷化合物中八种不同的离子点缺陷（包括肖脱基和弗兰克尔缺陷）。
4. 指出两种固溶体并给出简单的文字定义和/或示意图说明。
5. 指出并描述陶瓷材料中八种不同的离子点缺陷。
6. 在已知金属合金中两种及以上元素质量和原子量的条件下，计算每种元素的质量百分数和原子百分数。
7. 对于刃位错、螺位错以及混合型位错：
（a）描述并画出示意图；
（b）标出位错线的位置；
（c）指出位错线扩展延伸的方向。
8. 描述（a）晶界和（b）孪晶界邻近位置的原子结构。

5.1 概述

缺陷

到目前为止，我们默认晶体材料在原子尺度存在完美有序的排列。然而，这种理想化的固体并不存在。所有固体均存在数量巨大的各种瑕疵或缺陷。事实上，材料的很多性能与完美晶体有一定的偏差。这种影响并非总是不利的，多数情况下，某些特性会通过控制引入特定缺陷数量的方式得以实现，这将在后面的章节中给予详细讲解。

点缺陷

晶体缺陷是指具有一个或多个原子直径单位的点阵不规则性。晶体缺陷通常是基于其几何形状或维度来进行分类的。本章讨论了几种不同类型的缺陷，包括点缺陷（一个或两个原子位置），线缺陷（或一维缺陷）、以及二维面缺陷（界面缺陷或晶界）。本章也将对固体中的杂质展开讨论，因为杂质原子可能以点缺陷的形式存在。最后将简单介绍和描述缺陷以及材料结构的显微检测技术与方法。

点缺陷

5.2 金属中的点缺陷

空位

最简单的点缺陷是空位，或晶格缺位，是由于正常晶格位置的原子缺失而产生的点缺陷（图5.1）。所有的结晶固体均包含点缺陷，而且事实上，不可能

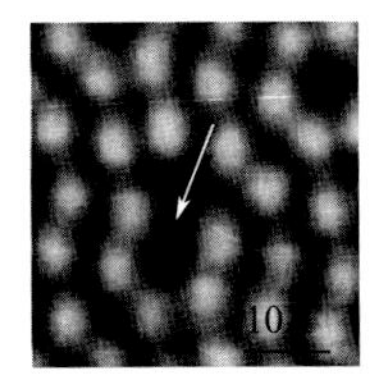

硅晶体（111）面空位的扫描探针显微照片。放大倍数约为7000000×。（显微照片由斯坦福大学D.Huang提供）

创造出没有这些缺陷的材料。空位存在的必然性可以通过热力学基本原理解释说明。本质上，空位的存在提高了晶体的熵值（即随机性）。

空位平衡数对温度的依赖性

某给定材料的空位平衡浓度N_v取决于温度且按照下述表达式随温度变化：

$$N_v = N\exp\left(-\frac{Q_v}{kT}\right) \tag{5.1}$$

玻尔兹曼常数

式中，N是原子位置总数；Q_v是空位形成能；T是绝对温度❶，单位为开尔文；k是气体常数或玻尔兹曼常数。k值为1.38×10^{-23}J/(atom·K)，或8.62×10^{-5}eV/(atom·K)取决于Q_v❷的单位。因此，空位数随温度呈指数增长，亦即，随着式（5.1）中T值的上升，指数项exp（$-Q_v/kT$）的值也会增大。对于大多数金属来说，稍低于熔点温度时的空位百分比N_v/N约为10^{-4}，即，每10000个晶格中有一个空缺。在随后的讨论将会指出，大量的材料参数均会表现出类似于式（5.1）描述的随温度呈指数增长的趋势。

自间隙原子

自间隙原子是指晶体中被挤入间隙位置的原子。间隙位置是指在通常情况下不被原子占据的空隙。该缺陷的示意图如图5.1所示。在金属中，一个自间隙原子会导致周围晶格发生相对较大的畸变，这是因为原子的体积大于间隙位置的空间大小。因此，该缺陷的形成概率不大，且其在晶体中存在的浓度很低，远远低于空位缺陷的浓度。

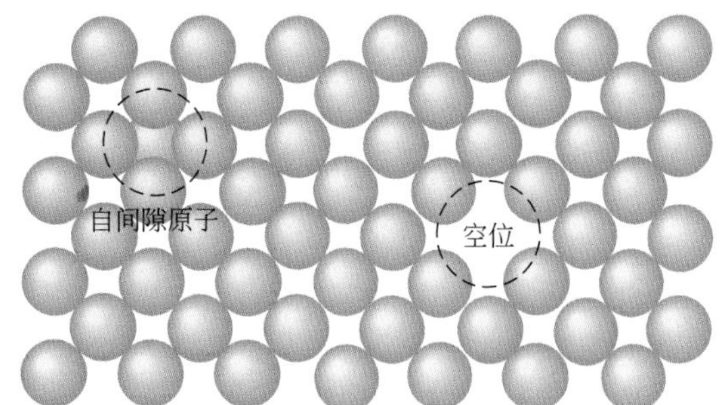

图5.1　空位和自间隙原子的二维示意图
（摘自W.G.Moffatt, G.W.Pearsall, and J.wulff, *The Structure and Properties of Materials,* Vol.I, *Structure,* p.77.版权©1964 John Wiley & Sons, New York.获得了John Wiley & Sons，Inc.的重印许可。）

例题5.1

计算给定温度的空位数

计算1000℃时每立方米铜中的空位数。已知空位形成能为0.9eV/atom，铜的原子量和密度（在1000℃时）分别为63.5g/mol和8.40g/cm^3。

解：

本题可通过式（5.1）进行求解。我们首先必须确定N的值——每立方米铜中的原子位置数——已知铜的原子量A_{Cu}、密度ρ以及阿伏伽德罗常数N_A，根据式：

❶ 以开尔文（K）为单位的绝对温度等于℃ +273。

❷ 每摩尔原子数的玻尔兹曼常数即为气体常数R，此时，R=8.31J/(mol·K)。

金属中单位体积的原子数

$$N = \frac{N_A \rho}{A_{Cu}} = \frac{(6.022\times10^{23}\,\text{atoms/mol})(8.4\text{g/cm}^3)(10^6\,\text{cm}^3/\text{m}^3)}{63.5\text{g/mol}} = 8.0\times10^{28}\,\text{atoms/m}^3 \tag{5.2}$$

因此，1000℃（1273K）时的空位数为：

$$N_v = N\exp\left(-\frac{Q_v}{kT}\right) = (8.0\times10^{28}\,\text{atoms/m}^3)\exp\left[-\frac{(0.9\text{eV})}{(8.62\times10^{-5}\,\text{eV/K})(1273\text{K})}\right] = 2.2\times10^{25}\,\text{vacancies/m}^3$$

5.3 陶瓷中的点缺陷

陶瓷化合物中可能存在基体原子的点缺陷。在金属中，可能形成单个原子的空位和间隙原子点缺陷，然而，由于陶瓷材料包含了至少两种离子，因此对应于每种离子，空位和间隙离子均有可能出现。以NaCl为例，Na的空位和间隙离子以及Cl的空位和间隙离子均可能存在。其中有大量阴离子间隙原子的情形不太可能发生。阴离子体积相对较大，当其进入间隙位置时必然会造成周围的离子产生很大的应变。图5.2展示了阴离子和阳离子空位以及间隙阳离子。

缺陷结构

我们通常将陶瓷中原子缺陷的类型和浓度用缺陷结构表示。由于原子以带电离子的形式存在，当考虑缺陷结构时，我们必须要保持电中性条件。电中性是指正负离子所带电荷数相等的状态。因此，陶瓷中的缺陷不会单独出现，而是成对产生。其中一种缺陷结构包含了一个阳离子空位和一个间隙阳离子，我们称之为弗兰克尔缺陷（图5.3）。该缺陷结构可以想象成是由一个阳离子离开其正常的晶格位置，移动到一个间隙位置而形成的。由于阳离子作为间隙离子时仍然保持同样的正电荷，因此该缺陷结构的形成不会引起电荷变化。

电中性

弗兰克尔缺陷

另一种会出现在AX型陶瓷化合物中缺陷结构，由一个阳离子空位–阴离子空位对构成，我们称之为肖脱基缺陷，如图5.3所示。该缺陷结构可以想象成是一个阳离子和一个阴离子同时从晶体内部移至外表面所形成的。由于该型化合物的阴阳离子带电荷数量相同，且每个阴离子空位都有与其相对应的阳离子，因此晶体将继续保持其电中性不变。

肖脱基缺陷

无论是弗兰克尔缺陷或是肖脱基缺陷的形成都不会对阴阳离子的比例产生影响。在没有其他缺陷存在的条件下，该材料具有化学计量性。化学计量性是指离子化合物中的阴阳离子比例与其化学式完全相符合的状态。比如，如果NaCl的Na^+与Cl^-比例为精确的1 ∶ 1，则NaCl具有化学计量性。如果陶瓷化合物的离子比例与精确的比例有偏差，则称其具有非化学计量性。

化学计量性

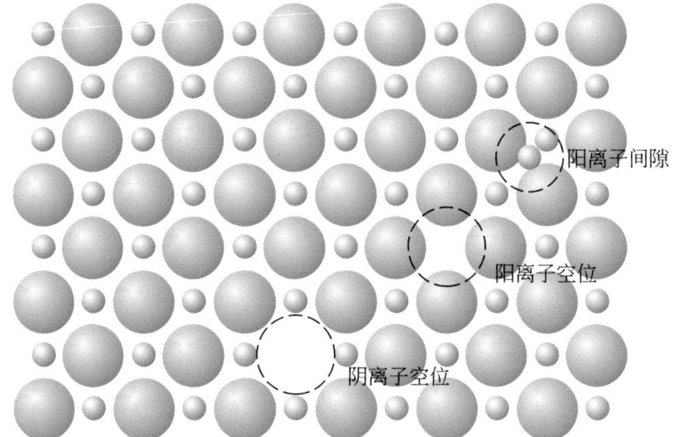

图5.2 阳离子空位、阴离子空位、以及间隙阳离子示意图

（摘自W.G.Moffatt，G.W.Pearsall，and J.wulff，*The Structure and Properties of Materials*，Vol.I，*Structure*，p.78.版权©1964 John Wiley & Sons，New York.获得了John Wiley & Sons，Inc.的重印许可。）

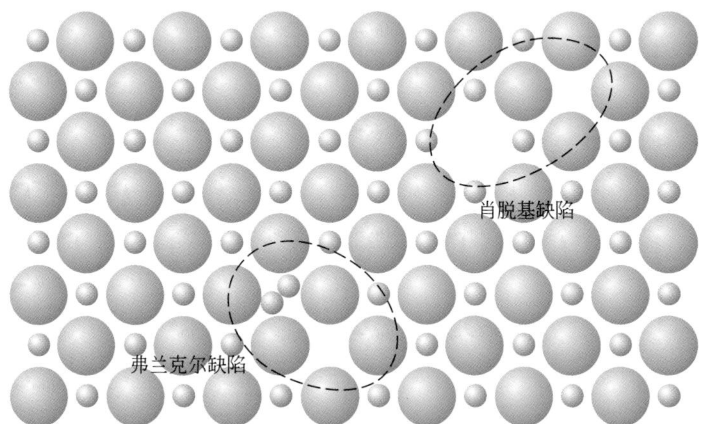

图5.3 离子型团体中的弗兰克尔和肖脱基缺陷示意图

（摘自W.G.Moffatt，G.W.Pearsall，and J.wulff，*The Structure and Properties of Materials*，Vol.I，*Structure*，p.78.版权©1964 John Wiley & Sons，New York.获得了John Wiley & Sons，Inc.的重印许可。）

非化学计量性可能会在某些由一种或多种具有两个价态（或离子态）元素组成的陶瓷化合物中出现。氧化亚铁（浮氏体，FeO）就属于这种陶瓷化合物，因为铁具有二价Fe^{2+}和三价Fe^{3+}两种价态。每种铁离子的数目由温度和环境氧压所决定。三价铁离子Fe^{3+}的形成会引入一个额外的正电荷，因此会破坏整个晶体的电中性，因此需要形成某些缺陷结构以抵消该额外的正电荷。对应于每两个Fe^{3+}的产生，可通过形成一个Fe^{2+}空位（或移除两个正电荷）来实现晶体的整体电中性（图5.4）。此时由于阳离子比铁离子多出来一个，该晶体将不再具有化学计量性，但将仍然保持电中性。这种现象在铁氧化物中相当常见，而且，事实上，其化学式通常写为$Fe_{1-x}O$（其中x是某个小于单位1的可变小数）以表明由于Fe不足而造成的非化学计量性。

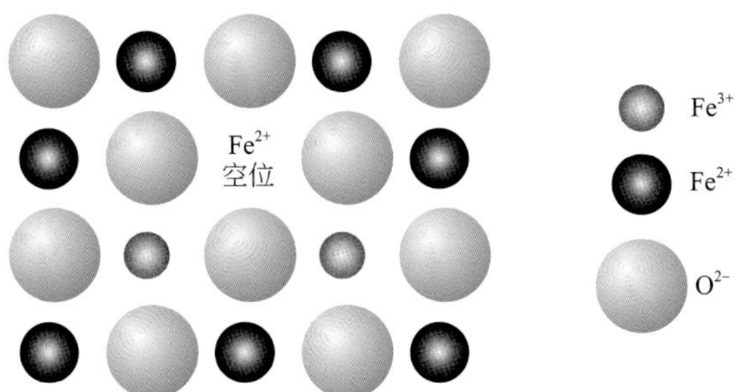

图5.4 由两个Fe^{3+}的形成所产生的一个Fe^{2+}空位示意图

概念检查 5.1　肖脱基缺陷是否能够存在于K_2O中？如果能，对该缺陷进行简要描述。如果不能，请解释原因。
[解答可参考www.wiley.com/college/callister（学生之友网站）]

弗兰克尔缺陷和肖脱基缺陷的平衡浓度随温度变化的规律类似于金属中空位平衡浓度随温度的变化规律［式（5.1）］。对于弗兰克尔缺陷来说，其阳离子空位/间隙阳离子对的数目（N_{fr}）按照下述表达式随温度变化：

$$N_{\mathrm{fr}} = N \exp\left(-\frac{Q_{fr}}{2kT}\right) \tag{5.3}$$

式中，Q_{fr}为每个弗兰克尔缺陷形成所需要的能量；N是点阵位置总数。（如前所述，k和T分别为玻尔兹曼常数和绝对温度）。上式指数项括号内分母部分的系数2是由于弗兰克尔缺陷结构涉及了两个缺陷（一个缺失的阳离子和一个间隙阳离子）。

同样，对于肖脱基缺陷来说，在一个AX型化合物中，其平衡浓度（N_s）随温度变化的关系式为：

$$N_{\mathrm{s}} = N \exp\left(-\frac{Q_{\mathrm{s}}}{2kT}\right) \tag{5.4}$$

式中，Q_s为肖脱基缺陷的形成能。

例题 5.2

计算KCl中的肖脱基缺陷数量

计算500℃时每立方米氯化钾中的肖脱基缺陷平衡浓度。已知每种肖脱基缺陷的形成能为2.6eV，且KCl在500℃时的密度为1.955g/cm^3。

解：

本题的求解需要用到式（5.4）。然而，我们必须首先计算出N（每立方米的点阵位置数）的值，对式（5.2）做适当变化即可得到：

$$N = \frac{N_{\mathrm{A}}\rho}{A_{\mathrm{K}} + A_{\mathrm{Cl}}} \tag{5.5}$$

式中，N_A为阿伏伽德罗常数（6.022×10^{23}atoms/mol）；ρ为密度；A_K和A_{Cl}分别为钾和氯的原子量（即39.10g/mol和35.45g/mol）。

因此有：

$$N = \frac{(6.022\times10^{23}\,\mathrm{atoms/mol})(1.955\,\mathrm{g/cm^3})(10^6\,\mathrm{cm^3/m^3})}{63.5\,\mathrm{g/mol} + 35.45\,\mathrm{g/mol}}$$
$$= 1.58\times10^{28}\,\text{lattice sites}/\mathrm{m^3}$$

现在，将求得的N值代入式（5.4）即可得到N_s的值：

$$N_s = N\exp\left(-\frac{Q_s}{2kT}\right)$$
$$=\left(1.58\times10^{28}\,\text{atoms/m}^3\right)\exp\left[-\frac{(2.6\text{eV})}{(2)\left(8.62\times10^{-5}\,\text{eV/K}\right)(500+273\text{K})}\right]$$
$$=5.31\times10^{19}\,\text{defects/m}^3$$

5.4 固体中的杂质

（1）金属中的杂质

只包含一种原子的纯金属几乎不可能存在，金属中总是会有杂质或其他原子，而其中一部分杂质则以点缺陷的形式存在。事实上，即使利用相当精细复杂的技术，也很难将金属提纯至99.9999%。即便达到了这种纯度，每立方米材料中依然存在数量级约为$10^{22}\sim10^{23}$的杂质原子。多数我们所熟悉的金属并不纯，而且多是合金，是人为地添加了杂质原子来为材料赋予某些特定性能。通常情况下，合金化会被用于提高金属的机械强度和抗腐蚀性。比如，标准纯银是92.5%银-7.5%铜合金。在普通的周围环境中，纯银具有很强的抗腐蚀性但质地特别软，铜的添加可显著提高其机械强度并且不会对其抗腐蚀性能产生较大影响。

合金

在金属中添加杂质原子会形成固溶体和/或新的第二相，具体的产物取决于杂质的种类、添加浓度以及合金化的温度。本节的讨论将以固溶体为主，而有关于第二相的讨论将在第10章中展开。

固溶体

首先需要指出几个与杂质和固溶体相关的术语。我们在探讨合金时常常用到溶质和溶剂这两个术语。溶剂是数量较多的元素或化合物，有时候我们也称溶剂原子为基质原子。溶质则是指那些存在浓度较低的元素或化合物。

溶质，溶剂

（2）固溶体

当溶质原子添加于基质材料中后，基质晶体结构保持不变且不形成新的结构时就形成了固溶体。可能将其与液态溶液进行类比会更加容易理解一些。如果两种液体可以互溶（如水和酒精），将它们混合在一起就会产生一个分子混合在一起的液态溶液，而且该溶液的成分处处均匀。固溶体也具有均匀的成分，亦即溶质原子随机地均匀分散于固体中。

固溶体中存在两种杂质点缺陷类型：置换固溶体和间隙固溶体。对于置换固溶体来说，溶质或杂质原子取代或置换溶剂原子（图5.5）。决定溶质原子在溶剂原子中溶解度的因素主要包括以下几点。

置换固溶体

间隙固溶体

① 原子尺寸系数　只有当溶质与溶剂原子的原子半径大小相差不到±15%时，两者形成的固溶体中才会溶入数量相对可观的溶质原子。否则溶质原子会造成较大程度的晶格畸变并形成新的相。

② 晶体结构　为了得到较大的固溶度，两种金属的晶体结构必须相同。

③ 电负性　两种金属元素的电负性相差越大，这两种金属越容易形成金属间化合物而不是形成置换固溶体。

④ 化合价　当其他因素相同时，金属溶剂更易溶解具有较高化合价的溶质原子。

铜和镍混合形成的固溶体就是置换固溶体的一个例子。这两种元素以任何比例混合都是完全互溶的。现在我们以铜和镍为例，考虑一下前面提到的影响溶解度的几个因素：铜和镍的原子半径分别为0.128nm和0.125 nm；两种金属均为FCC晶体结构，且它们的电负性分别为1.9和1.8（图2.7），最后，铜最常见的价态为+1（尽管有时也会有+2价），镍最常见的价态为+2。

对于间隙固溶体来说，杂质原子填充于基质原子的间隙位置（图5.5）。对于具有相对较高原子致密度的金属材料来说，这些间隙位置相对较小。因此，间隙杂质原子的直径必须远小于基质原子。通常情况下，间隙杂质原子的最大可溶浓度较低（小于10%）。即使是非常小的间隙杂质原子，其体积往往也大于间隙位置的大小，因此间隙杂质原子会引发其周围基质原子的晶格应变。习题5.12将要求大家求解能够刚好进入FCC和BCC晶体结构的间隙位置而不引发晶格应变的间隙杂质原子的半径（已知基质原子的半径为R）。

碳原子添加到铁中时会形成间隙固溶体，其最大添加浓度大约为2%。碳原子的原子半径远小于铁：0.071nm对0.124nm。

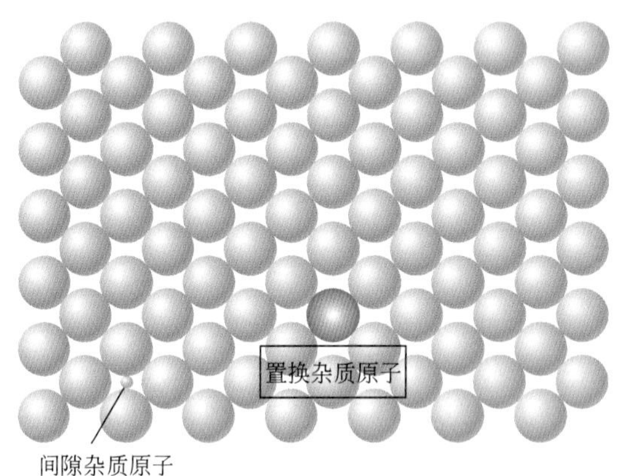

图5.5　置换和间隙杂质原子的二维示意图

（摘自W.G.Moffatt，G.W. Pearsall，and J.wulff，*The Structure and Properties of Materials*，Vol.I，*Structure*，p.77.版权©1964 John Wiley & Sons，New York.重印获得了John Wiley & Sons，Inc.的许可。）

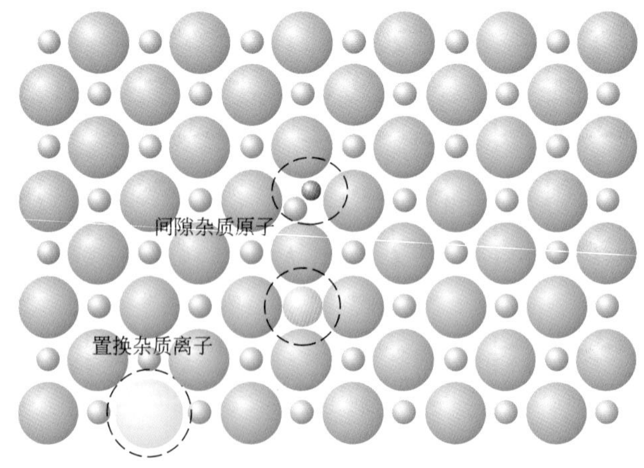

图5.6　离子化合物的间隙杂质原子，阴离子置换杂质原子和阳离子置换原子示意图

（摘自W.G.Moffatt，G.W. Pearsall，and J.wulff，*The Structure and Properties of Materials*，Vol.I，*Structure*，p.78.版权©1964 John Wiley & Sons，New York.重印获得了John Wiley & Sons，Inc.的许可。）

（3）陶瓷中的杂质

与在金属中类似，杂质离子也能在陶瓷材料中形成固溶体，且置换固溶体和间隙固溶体均有可能形成。对于间隙固溶体来说，杂质的离子半径与阴离子相比必须相对较小。由于陶瓷化合物中既有阳离子也有阴离子，置换杂质离子会置换与其电性更加相似的基质离子：如果杂质原子在陶瓷材料中形成阳离子，则它更有可能置换基质阳离子。比如，在氯化钠基质中，杂质Ca^{2+}和O^{2-}更有可能分别与Na^+和Cl^-进行置换。置换阳离子、置换阴离子以及间隙杂质离子的示意图如图5.6。置换杂质原子要在陶瓷材料基质中达到较高的溶解度，其离子尺寸以及离子电荷数必须与某一种基质离子非常接近。当基质离子被带有不同电荷数的杂质离子置换时，该晶体必须补偿置换前后产生的电荷差以保持固体的电中性。正如先前所讨论的，其中一种方式就是形成晶体缺陷——阴阳空位离子或间隙离子。

例题5.3

确定NaCl中由于Ca^{2+}的存在可能出现的点缺陷类型

如果要求保持电中性，当有Ca^{2+}存在且与Na^+发生替换时，NaCl晶体中可能出现哪些点缺陷？对于每个Ca^{2+}，各种类型的点缺陷分别有多少？

解：

Ca^{2+}对Na^+的替换会引入额外的正电荷。为了要保持电中性，我们可以通过消除一个正电荷或添加一个负电荷来实现。移除一个正电荷可以通过形成一个Na^+空位来实现；或者Cl^-间隙离子的形成也能提供一个额外的负电荷来抵消每个Ca^{2+}的作用。然而，如前所述，Cl^-间隙离子形成的可能性是相当低的。

在Al_2O_3中添加MgO杂质后可能形成怎样的点缺陷？每形成一个上述点缺陷需要添加多少Mg^{2+}？
[解答可参考www.wiley.com/college/callister（学生之友网站）]

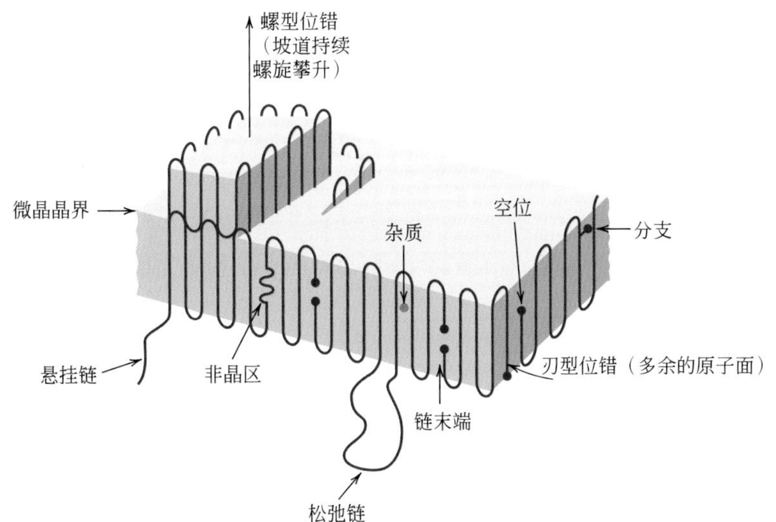

图5.7 高分子微晶中的缺陷示意图

5.5 高分子中的点缺陷

由于高分子中的链状大分子以及其结晶状态的性质，高分子中的点缺陷与金属及陶瓷中的点缺陷概念有所不同。在高分子的微晶区，我们发现了类似于金属中的点缺陷，这些点缺陷同样包括空位以及间隙原子和间隙离子。分子链末端由于与普通的链单元在化学上具有差异性，因此我们将它们视为缺陷。空位的存在也是与分子链末端相关联的（图5.7）。然而，其他的缺陷可由高分子链的分支或从晶体中产生的链段引发。一个链段可以脱离高分子晶体并从另一点重新进入晶体形成回路，亦或进入另一个晶体形成缚结分子（图4.13）。杂质原子、离子或原子、离子群可能在分子结构中以间隙杂质的形式存在，它们也可能与主链相关联或形成短支链。

5.6 成分表述

成分

通常我们都会通过合金中的某一组成元素来描述其成分（或浓度）[1]。最常用的两种描述成分的方式是质量百分比以及原子百分比。合金中某特定元素质量百分比［%（质量）］是指该元素质量与合金总质量的相对值。假定一合金由元素1和元素2构成，元素1由质量百分比表示的浓度可定义为：

质量百分比

质量百分比计算（二元合金）

$$C_1 = \frac{m_1}{m_1 + m_2} \times 100 \tag{5.6}$$

式中，m_1和m_2分别为元素1和元素2的质量。元素2的浓度也可以用同样的方式计算。

原子百分比

原子百分比［%（原子）］的计算是基于合金中某一元素摩尔数与元素总摩尔数的比例。给定质量的某假定元素1的摩尔数，n_{m_1}，可通过式（5.7）求得：

$$n_{m_1} = \frac{m'_1}{A_1} \tag{5.7}$$

式中，m'_1和A_1分别为元素1的质量（g）和原子量。

由元素1与元素2组成的合金中元素1的原子百分比C'_1定义如下[2]

原子百分比计算（二元合金）

$$C'_1 = \frac{n_{m_1}}{n_{m_1} + n_{m_2}} \times 100 \tag{5.8}$$

类似地，我们也可以计算出元素2的原子百分比。

除了摩尔数外，原子百分比的计算也可以以原子数为基础，因为1mol的物质所包含相同数量的原子数。

---

[1] 在本书中，成分和浓度所表达的意思相同（即合金中某元素或组分的相对含量），因此会被交替使用。

[2] 为了避免对本节中所使用的符号的混淆，特此说明撇号（如C'_1和m_1'）用于表示原子百分比和以克为单位的材料质量。

成分转换

有时候，我们需要在不同的成分表述方式间进行转换——比如，从质量百分比转换为原子百分比。现在我们以假想的元素1和元素2为例给出相应的转换表达式。我们继续沿用上节对物理量的定义（即，用C_1和C_2表示质量百分比，C_1'和C_2'表示原子百分比，A_1 和A_2表示原子量），各成分间的相互转化关系如下所示：

质量百分比到原子百分比的转换（二元合金）

$$C'_1 = \frac{C_1A_2}{C_1A_2 + C_2A_1} \times 100 \tag{5.9a}$$

$$C'_2 = \frac{C_2A_1}{C_1A_2 + C_2A_1} \times 100 \tag{5.9b}$$

原子百分比到质量百分比的转换（二元合金）

$$C_1 = \frac{C'_1A_1}{C'_1A_1 + C'_1A_2} \times 100 \tag{5.10a}$$

$$C_2 = \frac{C'_2A_2}{C'_1A_1 + C'_2A_2} \times 100 \tag{5.10b}$$

由于我们只考虑两种元素，涉及上述方程的计算可以进一步简化，只要满足以下条件：

$$C_1 + C_2 = 100 \tag{5.11a}$$

$$C'_1 + C'_2 = 100 \tag{5.11b}$$

此外，有时候我们需要将浓度从质量百分比转换为单位体积材料的质量[即从%（质量）转换为kg/m^3]，后一种成分表述方式常用于与扩散有关的计算中（6.3节）。我们用双撇号（即，C_1''和C_2''）表示以此为单位的浓度，与之相关的计算表达式如下所示：

质量百分比与每单位体积质量的转换（二元合金）

$$C''_1 = \left(\frac{C_1}{\frac{C_1}{\rho_1} + \frac{C_2}{\rho_2}}\right) \times 10^3 \tag{5.12a}$$

$$C''_2 = \left(\frac{C_2}{\frac{C_1}{\rho_1} + \frac{C_2}{\rho_2}}\right) \times 10^3 \tag{5.12b}$$

由于密度ρ的单位为g/cm^3，上述表达式得到的C_1''和C_2''的单位为kg/m^3。

此外，当我们已知以质量百分比或原子百分比表示的成分信息时，有时候我们想要得到二元合金的密度和原子量信息。如果用ρ_{ave}和A_{ave}分别表示合金的密度和原子量，那么有：

密度计算（二元金属合金）

$$\rho_{ave} = \frac{100}{\frac{C_1}{\rho_1} + \frac{C_2}{\rho_2}} \tag{5.13a}$$

$$\rho_{ave} = \frac{C'_1A_1 + C'_2A_2}{\frac{C'_1A_1}{\rho_1} + \frac{C'_2A_2}{\rho_2}} \tag{5.13b}$$

原子量计算（二元合金）

$$A_{\text{ave}} = \frac{100}{\dfrac{C_1}{A_1} + \dfrac{C_2}{A_2}} \tag{5.14a}$$

$$A_{\text{ave}} = \frac{C'_1 A_1 + C'_2 A_2}{100} \tag{5.14b}$$

需要注意的是，式（5.12）与式（5.14）并不是绝对的。在它们的推导过程中，我们假设合金的总体积等于两种元素的体积之和。实际上大多数合金并不完全符合这种情况。然而，这是一个相对合理地假设，而且对于稀溶液体系以及固溶体存在的成分范围来说，该假设并不会引起很大的误差。

例题5.4

推导成分转换方程

推导式（5.9a）。

解：

为了简化该推导过程，我们将假设质量以克为单位，并用撇号表示（如，m'_1）。另外，合金的总质量（以克为单位）M'为：

$$M' = m'_1 + m'_2 \tag{5.15}$$

利用对C'_1［式（5.8）］的定义以及n_{m_1}，式（5.7），以及类似的n_{m_1}的表达式可得：

$$C'_1 = \frac{n_{m_1}}{n_{m_1} + n_{m_2}} \times 100 = \frac{\dfrac{m'_1}{A_1}}{\dfrac{m'_1}{A_1} + \dfrac{m'_2}{A_2}} \times 100 \tag{5.16}$$

对式（5.6）进行调整可得：

$$m'_1 = \frac{C_1 M'}{100} \tag{5.17}$$

将上述表达式以及与之类似的m_2'的表达式代入式（5.16）可得：

$$C'_1 = \frac{\dfrac{C_1 M'}{100 A_1}}{\dfrac{C_1 M'}{100 A_1} + \dfrac{C_2 M'}{100 A_2}} \times 100 \tag{5.18}$$

简化可得：

$$C'_1 = \frac{C_1 A_2}{C_1 A_2 + C_2 A_1} \times 100$$

与式（5.9a）一致。

例题5.5

成分转换——从质量百分比到原子百分比

计算确定由97%（质量）铝和3%（质量）组成的合金中各元素的原子百分比。

解：

如果我们分别用C_{Al}=97和C_{Cu}=3表示铝与铜的质量百分比，并代入式（5.9a）和式（5.9b）中可得

$$C'_{Al}=\frac{C_{Al}A_{Cu}}{C_{Al}A_{Cu}+C_{Cu}A_{Al}}\times 100$$

$$=\frac{(97)\left(63.55\dfrac{g}{mol}\right)}{(97)\left(63.55\dfrac{g}{mol}\right)+(3)\left(26.98\dfrac{g}{mol}\right)}\times 100$$

$$=98.7\%（原子）$$

而

$$C'_{Cu}=\frac{C_{Cu}A_{Al}}{C_{Cu}A_{Al}+C_{Al}A_{Cu}}\times 100$$

$$=\frac{(2)\left(26.98\dfrac{g}{mol}\right)}{(3)\left(26.98\dfrac{g}{mol}\right)+(97)\left(63.55\dfrac{g}{mol}\right)}\times 100$$

$$=1.30\%（原子）$$

其他缺陷

5.7 位错——线缺陷

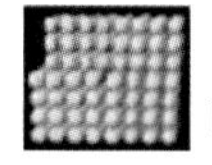

VMSE
刃型

刃型位错

位错线

位错是一个线性的，或一维的缺陷，其周围的原子会产生错排。图5.8展示了一种位错：一个边缘终止于晶体内部的额外的原子面，或半原子面。我们称为刃型位错，它是一个以半原子面在晶体内部的终止线为中心的线缺陷。我们有时候将该中心线称为位错线，对于图5.8所示的刃型位错来说，其位错线垂直于纸面的那条线。在该位错线周围的局部范围内存在一定程度的晶格畸变。如图5.8所示，位错线上方的原子被挤得更加紧密，而位错线下方的原子间的距离则被拉开了。我们可以看到在那个额外半原子面两边的垂直原子面呈现出一定的弧度。这种畸变的程度随着与位错间距离的增大而逐渐减小；在远离位错线的位置，晶格的结构几乎是接近于完美晶体的。我们有时候用符号⊥表示刃型位错，如图5.8所示，该符号也标明了位错线的位置。刃型位错的形成也可以通过从晶体下方插入一个半原子平面形成，其对应的符号为⊤。

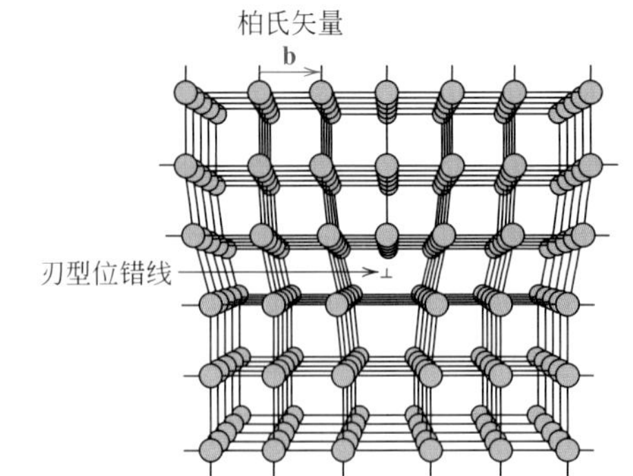

图5.8 刃型位错周围的原子位置，半原子面按透视法展示

（摘自A.G.Guy，*Essentials of Materials Science*，McGraw–Hill，New York，1976，p.153.）

螺型位错

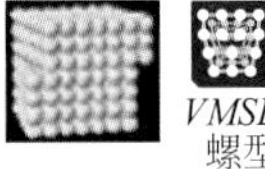

另一种类型的位错，称为螺型位错，可以想象成施加的剪切应力使晶格变形，从而形成螺型位错，如图5.9（a）所示：晶体上方的前端相对于晶体下方向右移动了一个原子间距的距离。与螺型位错相关的原子错排也是线型的，且沿着位错线的方向，即沿着图5.9（b）中的*AB*线。我们之所以称之为螺位错，是因为原子的原子平面在该位错线周围呈现出螺旋的形态。我们有时候用符号 ↻ 来表示螺型位错。

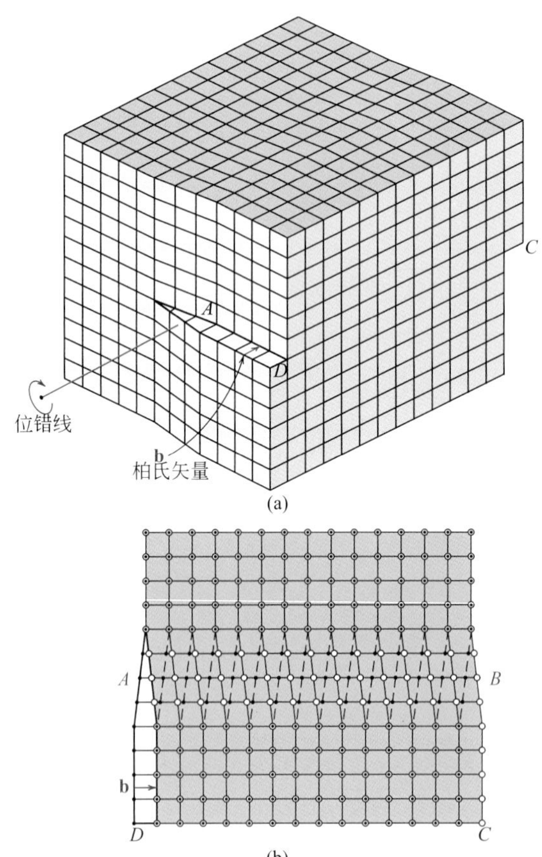

图5.9 （a）晶体中的螺型位错；（b）螺型位错的俯视图

位错线沿着*AB*延伸。滑移面上方的原子位置用空心圆表示，下方的原子位置用实心圆表示。

[图（b）来源于W.T.Read，Jr.，*Dislocations in Crystals*，McGraw-Hill，New York，1953.]

混合位错

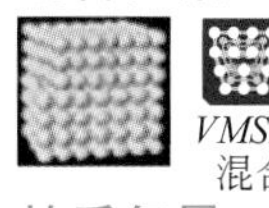

柏氏矢量

晶体材料中的大多数位错都不是纯刃型位错或纯螺型位错，而是两种类型位错的组合；我们称为混合位错。所有3种位错的示意图如图5.10所示。在离表面一段距离的位置产生了混合位错，具有不同程度的螺型位错和刃型位错特征。

我们用柏氏矢量表示由位错引起的晶格畸变的大小与方向，其符号为**b**。图5.8和图5.9中分别标出了刃型位错和螺型位错的柏氏矢量。此外，位错的类型（即刃型、螺型或混合）由位错线与柏氏矢量的相对方向决定。对于刃型位错来说，位错线与柏氏矢量相互垂直（图5.8），而对于螺型位错来说，位错线与柏氏矢量相互平行（图5.9），对于混合位错来说，位错线与柏氏矢量既不垂直也不平行。此外，尽管位错在晶体中会改变方向和类型（如从刃型位错变为混合位错，再变为螺型位错），其每一点所对应的柏氏矢量保持不变。比如，图5.10中的弯曲位错具有图中所示的柏氏矢量如图所示。在金属材料中，位错线的柏氏矢量将指向晶体的密排方向，大小等于密排方向的原子间距。

我们将在8.3节中指出，大多数晶体材料的永久形变都是由于位错运动产生的。另外，柏氏矢量是用于解释这种形变理论中的一个基本要素。

晶体材料中的位错可以通过电子显微技术进行观察。图5.11是一张高倍透射电镜显微照片，深色的线即为位错。

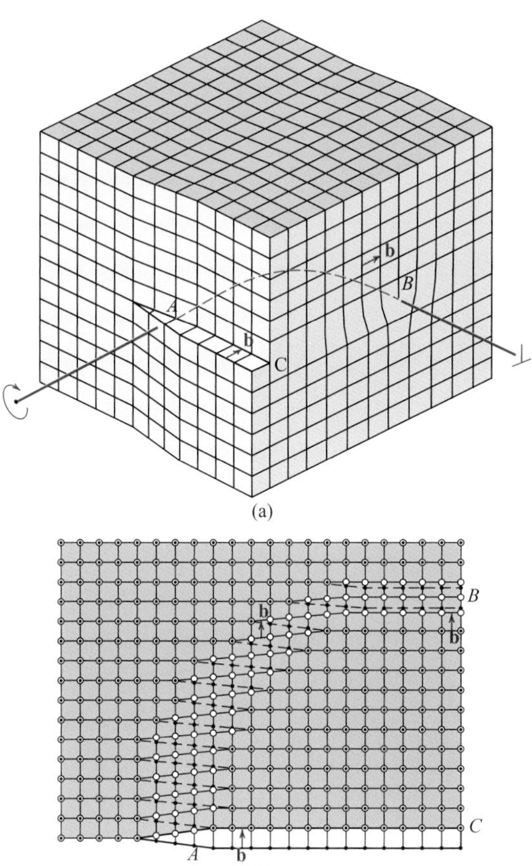

图5.10 （a）具有刃型、螺型和混合位错的示意图；（b）俯视图，滑移面上方的原子位置用空心圆表示，下方的原子位置用实心圆表示

在*A*点处为纯螺位错，而在*B*点处为纯刃位错。在两点之间的区域，即位错线弯曲的部分为混合位错，具有刃型位错和螺型位错两种位错类型的特征。

[图（b）来源于W.T.Read，Jr.，*Dislocations in Crystals*，McGraw-Hill，New York，1953.]

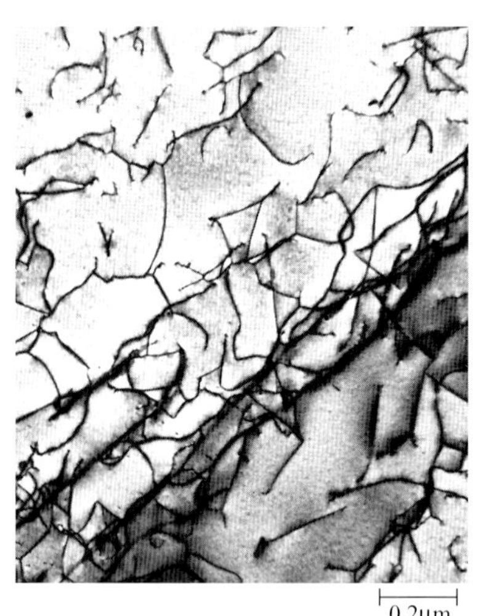

图5.11 钛合金的透射电镜显微照片，其中深色线为位错（51450×）

（由M.R.Plichta，Michigan Technological University提供）

几乎所有的晶体材料都会包含一些位错，这些通常是在凝固、塑性变形以及由快速冷却产生的热应力所引起的。在金属和陶瓷中，位错与晶体材料的塑性变形有关，将在第8章讨论。在高分子材料中也能观察到位错，如图5.7所示的螺型位错示意图。

5.8 面缺陷

面缺陷是二维的，并且是会将材料中具有不同晶体结构和/或晶粒取向区域隔开的界面。这样的缺陷包括外表面、晶界、相界、孪晶界和堆垛层错。

（1）外表面

最明显的一种界面就是外表面，外表面沿着晶体结构终止的位置。表面原子没有与最近邻原子的最大数量键合，因此相比于晶体内部的原子来说，表面的原子处于更高的能量状态。表面原子键的不饱和即产生了表面能，用单位面积的能量表示（J/m^2或erg/cm^2）。为了减少该表面能，材料趋于尽可能减少其表面总面积。比如，液体呈现出表面积最少的状态——液滴变成球形。当然，这种变化对于坚硬的固体来说是不可能的。

（2）晶界

另一种表面缺陷——晶界，我们在3.18节中将其定义为多晶材料中两个具有不同晶粒取向的小晶粒或晶体之间的界面。图5.12为从原子尺度晶界示意图。在大约只有几个原子间距宽的晶界区域内，不同取向的相邻晶粒之间存在一定程度的原子错配。

相邻晶粒间各种角度的取向都可能存在（图5.12）。当取向差异较小，在几度之内时，我们称之为小角度晶界。这些晶界可以通过位错阵列进行描述。当刃型位错按照图5.13的方式排列时可形成一个简单的小角度晶界。这种类型的晶界我们称为倾斜晶界，两相邻晶粒的取向夹角或晶界角θ，也已在图中标出。当该晶界角平行于晶界时，则会产生扭转晶界，我们可用螺型位错阵列对其进行描述。

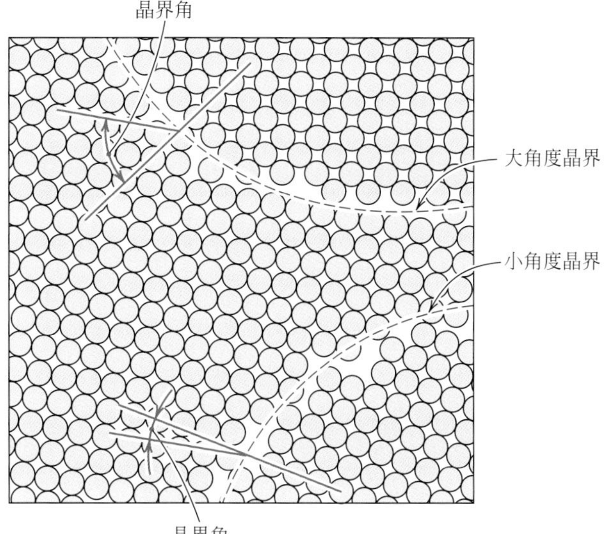

图5.12 小角度与大角度晶界以及邻近原子位置的示意图

沿着晶界处的原子排列较不规则（如键合角度更长），因此会存在一个与之前描述过的表面能类似的界面或晶界能。该能量的大小是晶界角角度的函数，晶界角越大，则该能量越大。由于界面能的存在，晶界比晶粒具有更强的化学活性。而且，由于晶界具有更高的能量状态，杂质原子也更易于沿着晶界分开。具有较大或较粗晶粒的材料，其总的界面能低于晶粒较细的材料，这是因为前者的总界面面积小于后者。当温度升高时，晶粒会长大以减少总的界面能，该现象会在8.14节中加以解释。

尽管沿着晶界的位置的原子排布混乱，缺乏规则键合，但在晶界内部及晶界处存在黏结力，因此多晶材料的强度依然很大。此外，多晶材料的密度与单晶材料几乎没有差别。

（3）相界

相界存在于多相材料中（10.3节），相界两边的材料具有不同的相，此外各连续相均有其不同的物理和/或化学性能。我们将在随后的章节中看到，相界对有些多相金属合金的力学性能起着决定性的重要作用。

（4）孪晶界

孪晶界是一种特殊的晶界，在其两侧的晶格呈镜像对称，即孪晶界一侧的原子位置为另一侧原子位置的镜像（图5.14）。这些孪晶界间的区域我们称之为孪晶。孪晶是由原子错位所导致的。原子错位可能产生于机械剪切力（机械孪晶）或变形后退火热处理的过程中（退火孪晶）。根据晶体结构的不同，孪晶会出现在特定的晶面和晶向上。退火孪晶通常存在于具有FCC晶体结构的金属中，而机械孪晶则通常出现在具有BCC或HCP晶体结构的金属中。机械孪晶在变形过程中的作用将在8.8节进行讨论。我们可以在如图5.18（c）所示的多晶黄铜试样的显微照片中观察到退火孪晶。像这些具有相对较直且平行的面的区域所对应的孪晶与其所在的非孪晶区域相比具有不同的对比度。显微照片中所产生的结构对比性的原因将在5.12节中给出详细解释。

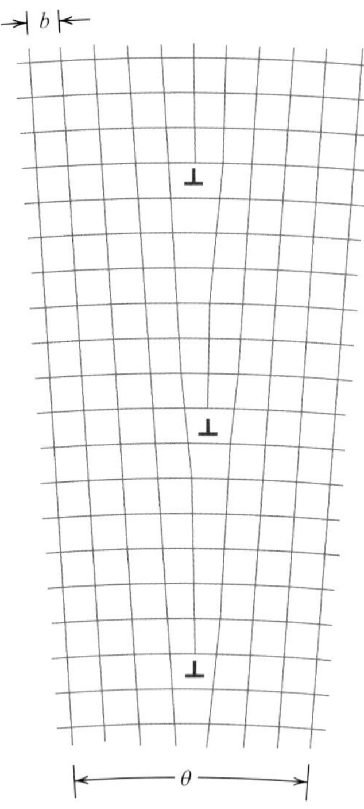

图5.13 由刃型位错排列所形成的取向夹角为θ的倾斜晶界示意图

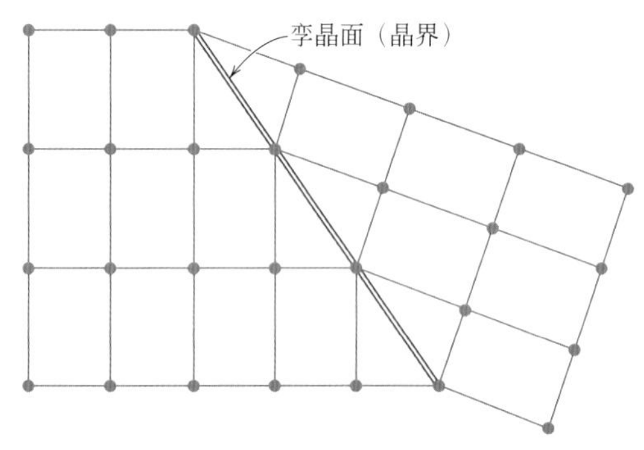

图5.14 孪晶面或孪晶界以及邻近原子位置（彩色圆圈）的示意图

（5）其他面缺陷

其他可能存在的面缺陷还包括堆垛层错和铁磁畴壁。当FCC金属中的原子密排面（3.16节）*ABCABCABC*堆叠顺序被打乱时，即会出现堆垛层错。对于铁磁性或亚铁磁性材料来说，将具有不同磁化方向的区域隔开的界面被称为畴壁，在18.7节中会详细讨论。

对于高分子材料，我们将其链折叠层（图4.13）的表面视为界面缺陷，类似于两相邻结晶区的界面。

与本节所讨论的缺陷相关的能量是界面能，其大小取决于晶界类型，且随着材料种类的不同而改变。通常情况下，外表面具有最高的界面能，而畴壁具有最低的界面能。

概念检查5.3 单晶的表面能取决于其晶体取向。随着面密度的增加表面能增大还是减小？为什么？

[解答可参考www.wiley.com/college/callister（学生之友网站）]

5.9 体缺陷

固体材料中还存在着比我们之前讨论过的体积要大很多的缺陷。这些缺陷包括气孔、裂纹、外来夹杂物以及其他杂相。它们通常是在加工与制造的过程中被引入的。关于这些缺陷对材料性能的影响将在后面的章节中进行讨论。

5.10 原子振动

原子振动

固体材料中的每个原子都会在其晶格的点阵位置附近快速振动。从某种意义上来看，这种原子振动也可以被看作是一种缺陷。在每一个瞬间，并不是所有的原子都具有相同的振动频率和振幅或振动能量。在某一温度，组成原子在某平均能量附近会存在一个能量分布。在一段时间之内，任意一个特定原子的振动能也会呈现一种随机状态。随着温度的上升，上述能量分布的平均值也会随之上升，而且，固体的温度实际上仅仅是对原子或分子平均振动程度的一种衡量。在室温条件下，典型的振动频率大约在每秒10^{13}次，而振幅则约为千分之几个纳米左右。

固体材料的很多性能和变化过程都是振动原子运动的表现形式。比如，当原子振动达到足以造成大量的原子键断裂的强度时，熔化产生。原子振动以及其对材料性能的影响将在第17章给予详细介绍。

重要材料

催化剂（以及表面缺陷）

催化剂是一种能够加速化学反应速率的物质，但其自身并不参与化学反应，亦即不被消耗。固态是催化剂的存在形式之一，当气相或液相的反应物分子吸附❶于催化剂表面，产生促进反应物分子化学反应速率提高的作用。

催化剂表面的吸附位通常是与原子面相关的表面缺陷，在缺陷位置与吸附的分子形成原子键/分子键。图5.15所示的几种表面缺陷示意包括割阶、扭折、台阶、空位、以及个别吸附原子（即吸附于表面的原子）。

催化剂的一种重要应用是汽车上的催化转换器，该转换器用于减少一氧化碳（CO）、氮氧化物（NO_x，其中x可变）以及未燃的烃等汽车尾气污染物的排放。（可参考本章开头图示和照片。）空气被引入汽车引擎产生的尾气中，然后，该混合气体通过催化剂，并在其表面上吸附CO、NO_x以及O_2。NO_x分解成N和O，O_2分解成氧原子。成对的氮原子结合形成N_2分子，而一氧化碳则被氧化成为二氧化碳（CO_2）。此外，任何未燃的烃也被氧化并形成CO_2和H_2O。

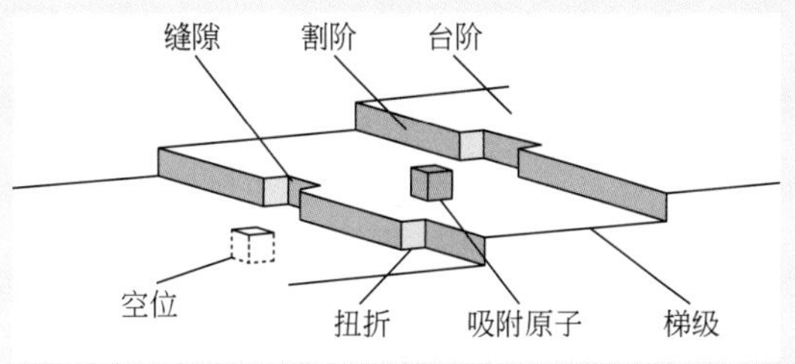

图5.15 可能成为催化作用吸附位的几种表面缺陷
单个的原子位用立方体表示

一种用于上述应用的催化剂材料是$(Ce_{0.5}Zr_{0.5})O_2$。图5.16为该材料中几个单晶的高分辨率透射电子显微照片。单个原子以及图5.15中的缺陷均可在这张显微照片中看到。如前所述，这些表面缺陷起到了为原子和分子提供吸附位的作用。因此，涉及到这些原子/分子的分解、化合以及氧化反应得到了促进，从而使尾气中的污染物（CO、NO_x以及未燃的烃）含量得以显著地减少。

---

❶ 吸附（adsorption）是指气体或液体分子附着于固体表面，不应该与吸收（absorption）混淆。吸收是指分子被吸收进入固体或液体中。

图5.16 $(Ce_{0.5}Zr_{0.5})O_2$单晶体的高分辨透射电子显微照片

该材料被用于汽车的催化转换器中。晶体中标明了图5.15中所示的几种表面缺陷。

[来源于W.J.Stark，L.Mädler，M.Maciejewski，S.E.Pratsinis，and A.Baiker，“Flame-Synthesis of Nanocrystalline Ceria/Zirconia：Effect of Carrier Liquid，” *Chem.Comm.*，588–589（2003）. 获得The Royal Society of Chemistry的重印许可。]

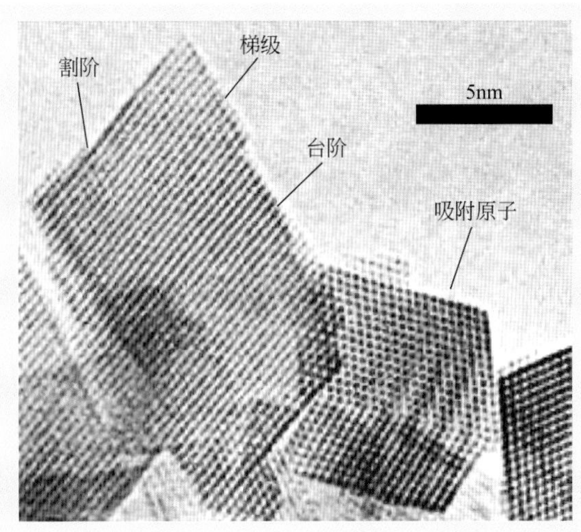

显微组织观察

5.11 显微镜基本概念

我们有时候会需要观察影响材料性能的结构因素以及缺陷。有一些结构因素是宏观的，亦即其尺度足够大，我们用肉眼就能够对其进行观察。比如，一个多晶材料的晶粒形状、平均大小以及直径等都是重要的结构特征。我们通常可以在铝的街灯杆上或者公路护栏上观察到肉眼可见的晶粒。又如图5.17中，我们可以明显地看到铜铸锭截面上具有不同质地的较大晶粒。然而在大多数材料中，其组成晶粒均具有微观尺度，其直径大约在几个微米左右❶，其细节必须使用相应的显微镜进行研究。晶粒的大小和形状只是被我们称为显微组织的两个特征，晶粒的大小与形状以及很多其他的显微组织特征将在之后的章节中给予详细的讨论与说明。

显微组织

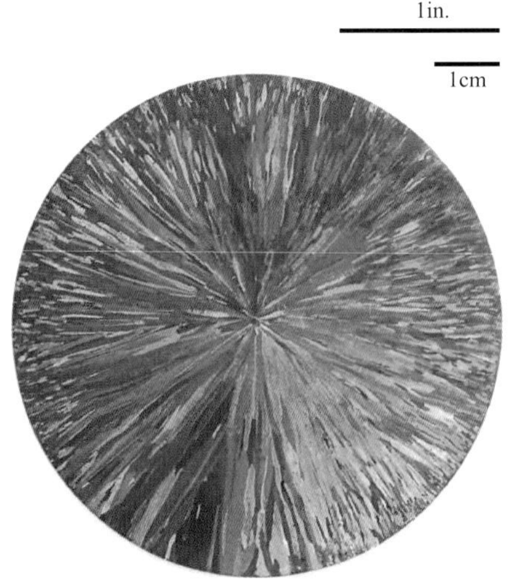

图5.17 圆柱形铜铸锭的横截面，可以观察到小的针形晶粒从中心延径向呈放射状向外延伸

❶ 1微米（μm）为10^{-6}m。

显微观测　　光学、电子以及扫描探针显微镜常用于显微观测。这些仪器有助于研究不同类型材料的显微组织和结构特征。一部分技术将照相设备与显微镜联合起来

显微照片　　加以使用。由照相设备所记录的图像被称为显微照片。此外，很多显微组织和结构图像都是通过计算机产生和/或增强的。

在研究与表征材料的过程中，显微镜观察是一项极为有用的工具。显微组织观察的几个重要作用如下：保证对材料性能与其结构（和缺陷）间关联性的正确理解，一旦建立起材料性能与其结构的关系后，即可对材料性能加以合理地预测，设计具有全新综合性能的合金，判定材料的热处理方式是否合理，以及确定机械断裂的模式。接下来我们将讨论在上述研究中常用的几种显微技术。

5.12 显微技术

（1）光学显微镜

光学显微观测中利用光学显微镜对显微组织进行研究；光学和照明系统是其基本组成元件。对于那些对可见光不透明的材料（所有的金属以及很多陶瓷与高分子）来说，只有其表面属于被观测对象，且光学显微镜必须使用反射模式。图像中的对比度来源于显微组织不同区域反射率的差异性。这种类型的显微组织观测我们通常称之为金相观察，因为这种技术最早被用于金属表面的观察。

通常情况下，为了揭示显微组织的重要细节，我们需要进行细致认真的表面处理。试样表面必须先经过研磨和抛光，直到表面呈现出光滑镜面般的状态。我们往往使用一系列粒度逐渐减小的砂纸和抛光粉来实现这一过程。然后，通过使用合适的化学试剂对抛光后的表面进行处理，从而显示出细节的显微组织，我们将这一过程称为刻蚀。一些单相材料的晶粒化学活性取决于各晶粒的取向。因此，多晶试样的不同晶粒间具有不同的刻蚀特征。图5.18（b）展示了一般情况下，3个刻蚀后的具有不同取向的表面晶粒对入射光的反射方式。图5.18（a）描绘了显微镜下可能观测到的表面组织图，每个晶粒的光泽或纹理取决于其反射特性。具有这些特征的多晶试样显微照片如图5.18（c）所示。

此外，由于刻蚀的作用，沿着晶界会形成小的凹槽。这是因为沿着晶界部分的原子具有更高的化学活性，因此它们的溶解速率会略高于晶粒内部的原子。由于这些凹槽对光的反射角度不同于晶粒本身，因此我们可以在显微镜下对其进行分辨，该效果如图5.19（a）所示。图5.19（b）则展示了一张多晶试样的显微照片，我们可以很清晰地看到晶界凹槽的深色线条。

当我们观测一个两相合金时，通常选用能够让每种相显示出不同纹理的刻蚀剂，从而能在显微照片中区分出不同的相。

（2）电子显微镜

光学显微镜的放大上限大约为2000倍。因此，有一些特别细小的结构要素无法通过光学显微镜进行观测。在这种情况下，我们就需要使用具有更高放大倍数的电子显微镜。

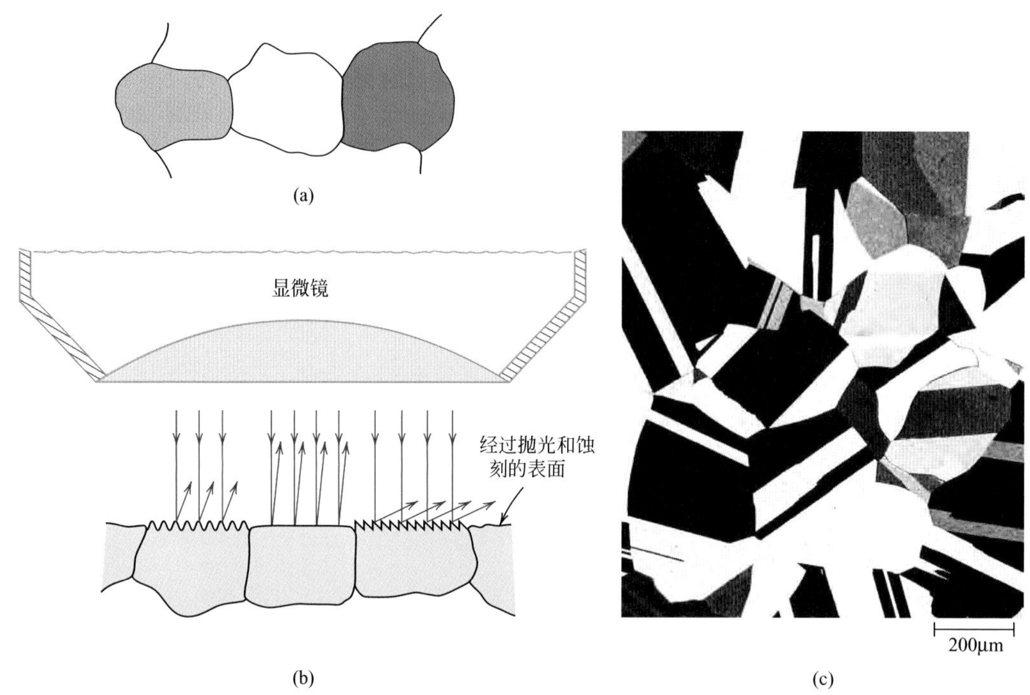

图5.18 （a）显微镜下可能观测到的经过抛光和刻蚀后的晶粒形貌；（b）晶粒截面图，展示刻蚀特征及刻蚀后的表面纹理如何由于晶粒取向的不同而不同；（c）多晶黄铜试样表面的显微照片（60×）

（显微照片由J.E.Burke，General Electric Co.提供）

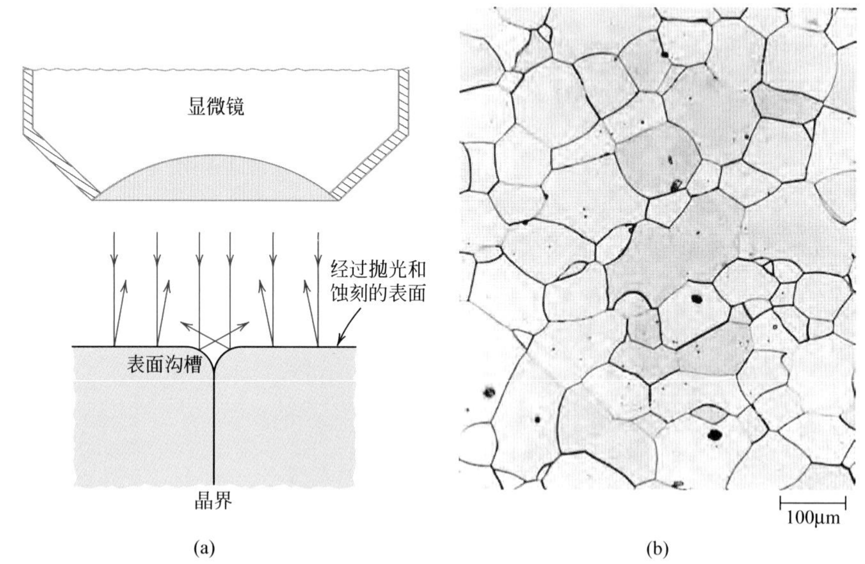

图5.19 （a）晶界截面图和由刻蚀产生的表面凹槽，以及凹槽附近的光反射特征；（b）多晶铁铬合金试样表面在抛光和刻蚀后的显微照片，其中的晶界显得颜色较暗（100×）

［显微照片由L.C.Smith和C.Brady，the National Bureau of Standards，Washington，DC（now the National Insti-tute of Standards and Technology，Gaithersburg，MD）提供］

我们用电子束代替光辐射来形成显微组织及结构的图像。根据量子力学，高速的电子会显现出波动性，其波长与其速率成反比。当经过高电压加速后，电子可以具有0.003nm（3pm）左右的波长。电子显微镜的高放大倍数与高分辨率就是因为其具有极短的波长。电子束聚焦后通过磁透镜形成图像；除此之外，电子显微镜组件的构造基本上与光学系统一致。电子显微镜可以具有透射与反射光束操作模式。

透射电子显微镜（TEM）

① 透射电子显微镜（TEM）的图像是由透过试样的电子束所形成的。透射电镜可以使我们观察到材料内部显微组织特征的细节；图像中的对比度是由于不同的显微组织或缺陷造成不同的电子束散射与衍射方式所形成的。由于固体材料对电子束具有很强的吸收性，因此被检试样必须制备成很薄的薄片，以保证有足够的入射光能够穿透试样。透射电子束则被投影于一个荧光显示屏或者感光胶片，从而形成可供观察的图像。透射电子显微镜可以达到1000000×的放大倍数，常被用于研究位错。

扫描电子显微镜（SEM）

② 扫描电子显微镜。一种更新的且极为有用的研究工具是扫描电子显微镜（SEM）。电子束对待检试样的表面进行扫描，并收集反射（或背散射）电子束，然后以同样的扫描速率在阴极射线管（CRT；类似于CRT电视显示屏）上进行显示。被拍摄在显示屏上的图像则展示了试样的表面特征。试样表面不一定非要经过抛光与刻蚀，但必须保证有良好的导电性。对于非导体材料，其表面需要镀上一层很薄的金属表面涂层。扫描电子显微镜的放大倍数可以从10×到50000×，且具有大的景深。通过一些辅助设备还能对局部区域的元素组成进行定性和半定量的测定与分析。

（3）扫描探针显微观测

扫描探针显微镜（SPM）

在过去的二十年里，显微镜学领域由于一种新型的扫描探针显微镜的发展，经历了革命性的变化。扫描探针显微镜（SPM）与光学和电子显微镜不同，其成像使用的既不是光束也不是电子束。扫描探针显微镜在原子尺度生成一幅表面形貌图，显示了被测样品的表面特征。SPM与其他显微技术的不同之处在于以下几点。

① 由于其放大倍数能够达到10^9×，因此能够进行纳米尺度的观测，与其他显微技术相比，可达到更高的分辨率。

② 能够生成提供有用特性表面形貌信息的三维放大图像。

③ 有一些SPM能在多种环境中进行操作（如真空、空气、液态环境），因此，一些特定试样可在其最适合的环境中进行观测。

扫描探针显微镜利用一个具有非常尖细尖端的微小探针，使其与样品的表面十分贴近（即几个纳米的距离），然后对样品的表面进行光栅扫描。在扫描的过程中，探针会经历垂直于样品表面平面的偏转，这是因为在探针与样品表面之间存在着电子或其他交互作用力。探针的表面平面运动和离开非平面运动由具备纳米级分辨率的陶瓷压电原件进行控制（12.25节）。此外，这些探针的运动由电子设备监控并被转移和储存至电脑中，然后形成三维的表面图像。

这些新的SPM的出现，使得在原子和分子级别对材料表面进行检测成为可能，从而提供了从集成电路芯片到生物分子等多种材料的丰富信息。SPM的出现将我们真正地引入了纳米材料的时代，该类材料的性能可通过设计和处理原子与分子结构得以实现。

图5.20（a）是一个展示了材料中几种结构尺寸范围的水平条图（注意，横轴是对数坐标）。

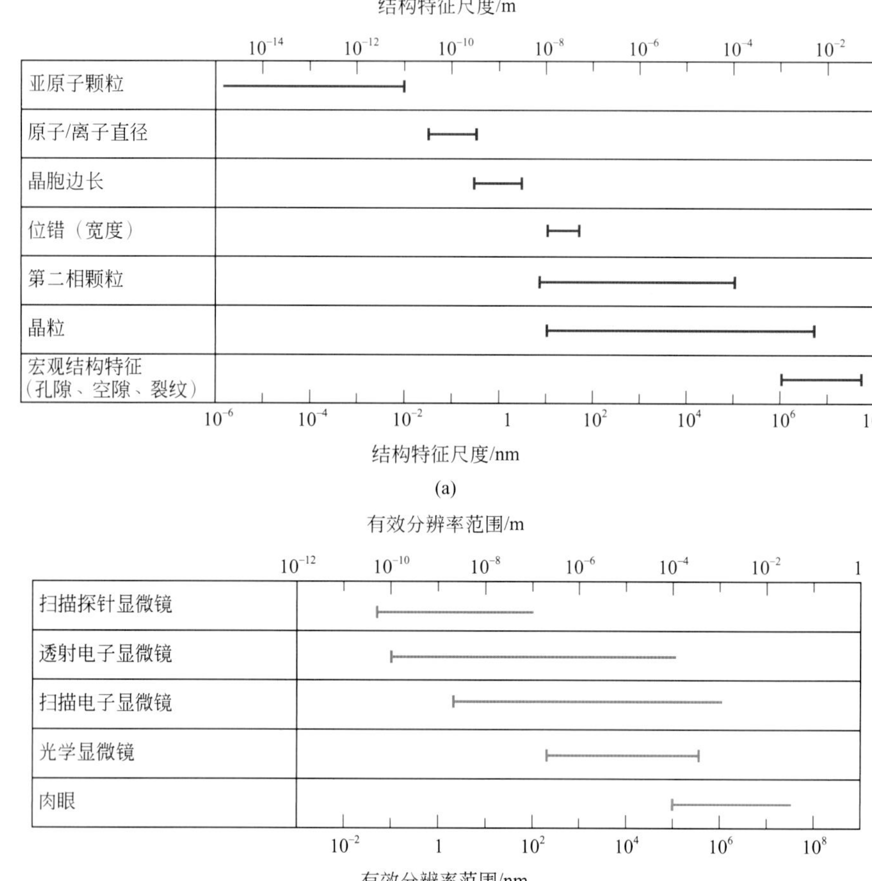

图5.20（a）材料中几种结构特征尺寸范围的水平条图；(b) 包括肉眼和本章所讨论的4种显微技术分辨率适用范围的水平条图

（由Sidnei Paciornic 教授，DCMM PUC-Rio，Rio de Janeiro，Brazil，和 Carlos Pérez Bergmann，Federal University of Rio Grande do Sul，Proto Alegre，Brazil 提供。）

本章中讨论的几种显微技术（包括肉眼）的有效空间分辨率范围如图5.20（b）的水平条图所示。对于以上介绍的3种显微技术（SPM、TEM以及SEM），并没有按各个显微镜的特性为其强加一个分辨率的上界。因此，分辨率的上界从某种程度上来说具有一定的任意性且没有明确的定义。此外，通过对比图5.20（a）和图5.20（b），我们可以根据不同的结构类型选择一种或几种适合观测的显微技术。

5.13 晶粒尺寸测定

晶粒尺寸

当我们考虑一种多晶材料的性能时，总会去测定其晶粒尺寸。就这一点而言，存在一些通过平均晶粒体积、直径、或面积进行晶粒尺寸测定的方法。晶粒尺寸可通过如下所述的截距法进行估算。在几张不同的显示出晶粒结构的显微照片上画出具有相同长度的直线段。统计出被每条直线横穿的晶粒的数量，并计算出被所有线段穿过的晶粒平均数，然后用线段的长度除以该平均数。将上述步骤获得的结果除以显微照片的线性放大率，即可估算得到平均的晶粒直径。

然而，也许最常用的方法是由美国材料与试验协会（ASTM）所设计的方法[1]。该ASTM提供了几种具有不同平均晶粒尺寸的标准对比图。每个晶粒尺寸均被分配了一个1 ～ 10的号码，我们称为晶粒度。为了显示出晶粒结构，材料样品必须经过合理的处理，并在100× 的放大倍数下进行拍照。晶粒尺寸则由与标准图中最为相近的晶粒所对应的晶粒度进行表示。因此，我们可以对晶粒度进行一个相对简单和方便的视觉测定。晶粒度广泛用于定义钢的规格。

对这些不同的晶粒图指定相应晶粒度，其背后是有一定基本原理的。现在让我们用n表示晶粒度，N表示放大100× 后每平方英寸的平均晶粒数。这两个参数之间的关系可通过以下表达式进行描述：

ASTM晶粒度与每平方英寸晶粒数的关系式（100×）

$$N=2^{n-1} \tag{5.19}$$

概念检查 5.4　晶粒度[式（5.19）中的n]随晶粒尺寸的减小是增大还是减小？为什么？

[解答可参考 www.wiley.com/college/callister（学生之友网站）]

例题5.6

计算ASTM晶粒度以及单位面积的晶粒数目

（a）如果某金属试样表面在放大100倍后每平方英寸有45个晶粒，请计算该金属的ASTM晶粒度。

（b）对于同样的金属试样，在放大85倍时，每平方英寸会有多少个晶粒？

解：

（a）为了确定晶粒度，我们需要用到式（5.19）。对式（5.19）等号两边同时取对数，可得

$$\lg N=(n-1)\lg 2$$

对n进行求解得到：

$$n=\frac{\lg N}{\lg 2}+1$$

针对本题，N=45，因此有：

---

[1] ASTM 标准 E 112，“确定平均晶粒尺寸的标准测定方法”

$$n = \frac{\lg 45}{\lg 2} + 1 = 6.5$$

（b）对于放大倍数不为100×时，我们需要对式（5.19）进行如下修订：

$$N_M\left(\frac{M}{100}\right)^2 = 2^{n-1} \tag{5.20}$$

在上述表达式中，N_M是放大倍数为M时，每平方英寸内的晶粒数。此外，（M/100）^{2}这一项的引入依据了一个事实，即，鉴于放大倍数是一个长度参数，面积则以长度的平方进行表达。因此，单位面积内晶粒数的增加随着放大倍数的平方而增加。

已知M=85且n=6.5，对式（5.20）进行求解即可得到N_M的值，

$$N_M = 2^{n-1}\left(\frac{100}{M}\right)^2 = 2^{(6.5-1)}\left(\frac{100}{85}\right)^2 = 62.6\text{grains}/\text{in}^2$$

总结

金属中的点缺陷

- 点缺陷是与一个或两个原子位置相关的缺陷，包括空位（或空缺的晶格位置）以及自间隙原子（占据间隙位置的基质晶体原子）。
- 空位平衡浓度随温度变化的规律遵从式（5.1）所示规律。

陶瓷中的点缺陷

- 陶瓷中的点缺陷可能存在阴阳间隙离子和阴阳离子空位等类型（图5.2）。
- 由于电荷数与陶瓷材料中的原子点缺陷有关，因此陶瓷中的点缺陷有时会成对出现（如，弗兰克尔和肖脱基缺陷）以保持电中性。
- 具有化学计量性的陶瓷是指其阴阳离子的比例完全符合化学式。
- 当某种离子具有多种离子态时即有可能出现非化学计量材料——如，$Fe_{(1-x)}O$中存在Fe^{2+}和Fe^{3+}。
- 杂质原子的添加可能导致置换固溶体或间隙固溶体的形成。对于置换固溶体来说，杂质原子会替换与其电性最相似的溶剂原子。

固体中的杂质

- 合金是由两种或多种元素组成的金属物质。
- 当在固体中添加杂质原子时可能会形成固溶体，此时将保持原始的晶体结构且不会有新相生成。
- 当杂质原子置换溶剂原子时形成置换固溶体。
- 当杂质原子相对较小并占据溶剂原子间的间隙位置时形成间隙固溶体。
- 对于置换固溶体来说，只有当杂质原子与溶剂原子具有相似的直径和电负性，两种元素具有相同的晶体结构，且杂质原子的化合价等于或低于溶剂原子时才会有较高的溶解度。

高分子中的点缺陷

- 尽管高分子中点缺陷的概念不同于金属和陶瓷，但在高分子结晶区中发现了空位、间隙原子和杂质原子/离子以及间隙原子/离子组。
- 其他缺陷包括链末端、悬挂和松弛链以及位错（图5.7）。

成分表述

- 合金的成分可以以质量百分比［基于质量分数；式（5.6）］或原子百分比（基于摩尔或原子分数）来指定。
- 式（5.9a）和式（5.10a）给出了质量百分比与原子百分比间的相互转换关系式。
- 二相合金平均密度和平均原子量的计算可利用本章引用的其他方程式［式（5.13a）、式（5.13b）、式（5.14a）、以及式（5.14b）］。

位错——线缺陷

- 位错是一维晶体缺陷，单一类型的位错包括刃型和螺型两种。

  刃型位错可看成是沿一额外半原子面末端的晶格畸变。

  螺型位错可看成是螺旋形坡道。

  混合位错中既有纯刃型位错也有纯螺型位错的组成部分。
- 与位错相关联的晶格畸变的大小与方向由柏氏矢量给定。
- 柏氏矢量与位错线的相对取向：① 垂直为刃型；② 平行为螺型；③ 既不垂直也不平行为混合型。

面缺陷

- 在晶界附近（几个原子距离宽度），具有不同晶粒取向两相邻晶粒间存在一定程度的原子错配。
- 对于大角度晶界来说，晶界角相对较大；而对于小角度晶界来说，晶界角相对较小。
- 在孪晶界两侧的原子互为镜像。

显微技术

- 材料的微观结构由微观尺度的缺陷与结构要素组成。显微观测是指通过某种显微镜观察显微组织。
- 光学或电子显微镜均可被用于进行显微观测，通常结合照相设备一起使用。
- 每种显微镜都可能使用透射和反射模式，模式的选用由待检试样，以及结构元素或缺陷决定。
- 为了使用光学显微镜观察多晶材料的晶粒结构，试样表面必须被打磨和抛光以形成一个非常平滑的类镜面表面。然后必须对抛光后的表面用相应的化学试剂（刻蚀剂）进行刻蚀以显示出晶界或使组成晶粒产生不同的光学反射特性。
- 两种电子显微镜分别是透射（TEM）和扫描（SEM）电镜：TEM技术中，穿过试样的电子束发生散射或折射后成像；SEM利用电子束在试样表面进行扫描，并通过背散射或反射电子成像。
- 扫描探针显微镜使用一个极小极细的探针对试样表面进行扫描。探针在与表面原子相互作用的过程中发生平面外偏转。由电脑形成的表面三维图像具有纳米级别的分辨率。

晶粒尺寸测定

- 通过截距法测量晶粒大小时，先在显微照片上画出一系列直线段（长度均相同）。然后用线段长度除以与每条线段穿过晶粒的平均数。该计算结果除以显微照片的放大倍数即得平均晶粒尺寸。
- 通过将显微照片（放大倍数100×）与ASTM标准图进行比对可得到晶粒度并用以表征晶粒大小。
- 放大倍数100×的显微照片上每平方英寸的晶粒平均数与晶粒度间的关系见式（5.19）。

公式总结

公式序号	公式	求解
(5.1)	$N_v = N\exp\left(-\dfrac{Q_v}{kT}\right)$	单位体积空位数
(5.2)	$N = \dfrac{N_A\rho}{A}$	单位体积原子位置数
(5.6)	$C_1 = \dfrac{m_1}{m_1 + m_2} \times 100$	成分质量百分比
(5.8)	$C'_1 = \dfrac{n_{m_1}}{n_{m_1} + n_{m_2}} \times 100$	成分原子百分比
(5.9a)	$C'_1 = \dfrac{C_1A_2}{C_1A_2 + C_2A_1} \times 100$	质量百分比到原子百分比的转换
(5.10a)	$C_1 = \dfrac{C'_1A_1}{C'_1A_1 + C'_1A_2} \times 100$	原子百分比到质量百分比的转换
(5.12a)	$C''_1 = \left(\dfrac{C_1}{\dfrac{C_1}{\rho_1} + \dfrac{C_2}{\rho_2}}\right) \times 10^3$	质量百分比到单位体积的质量的转换
(5.13a)	$\rho_{ave} = \dfrac{100}{\dfrac{C_1}{\rho_1} + \dfrac{C_2}{\rho_2}}$	二元合金的平均密度
(5.14a)	$A_{ave} = \dfrac{100}{\dfrac{C_1}{A_1} + \dfrac{C_2}{A_2}}$	二元合金的平均原子量
(5.19)	$N=2^{n-1}$	放大倍数100时每平方英寸的晶粒数

符号列表

符号	意义
A	原子量
k	玻尔兹曼常数［1.38×10^{-23}J/（atom・K），8.62×10^{-5}eV/（atom・K）］
m_1，m_2	合金中元素1和元素2的质量
n	ASTM晶粒度
N_A	阿伏伽德罗常数（6.022×10^{23}mol^{-1}）
n_{m_1}, n_{m_2}	合金中元素1和元素2的摩尔数
Q_v	空位形成能
ρ	密度

工艺/结构/性能/应用总结

在本章中，我们讨论了几种描述一种元素在另一种元素构成物质中浓度的表述方式，我们还给出了不同表述方式间的相互转换公式。在将单晶硅加工成集成电路原件的过程中（第6章和第12章），对杂质原子浓度的规范和控制必需要极为精确。本章节与后续章节中我们将要学习的内容间的关系如下图所示。

硅半导体（加工）

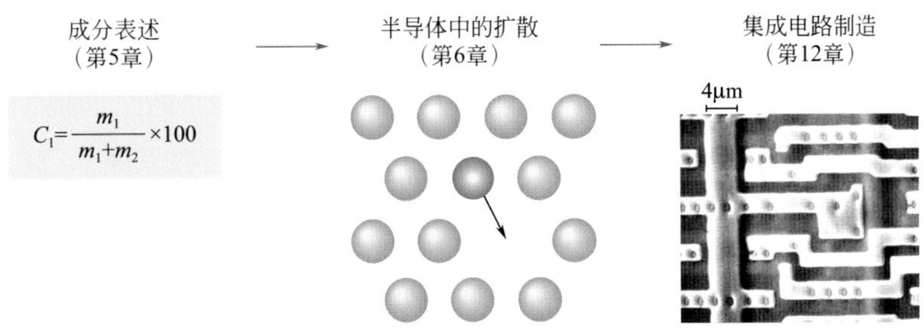

本章还讨论了固溶体的概念。铁碳合金或钢（马氏体）中的一种固溶体正是通过形成间隙固溶体（碳溶于铁中）来获得高的强度与硬度。下方的概念图展示这一关系：

铁碳合金（钢）（加工）

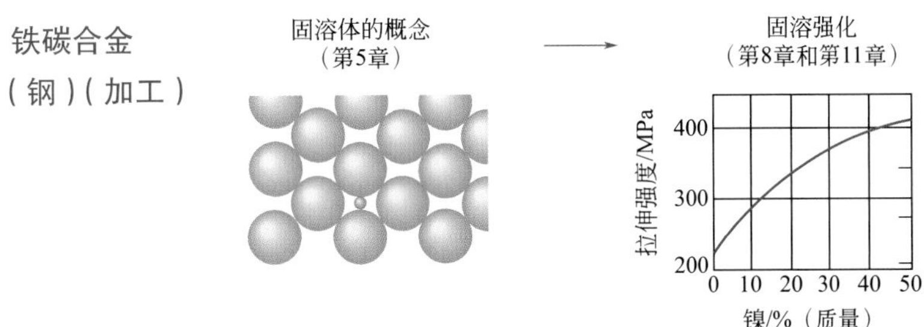

通过对位错特征的了解，我们能够了解金属[如铁碳合金（钢）]永久变形的机理（第8章），此外，我们还能够了解改善这些材料力学性能的技术。下方的概念图指出了这一关系。

铁碳合金（钢）（性能）

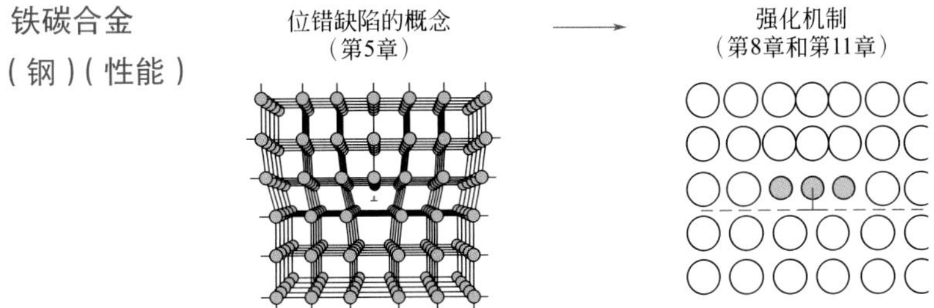

重要术语和概念

合金
原子百分比
原子振动
玻尔兹曼常数
伯氏矢量
成分
缺陷结构
位错线
刃型位错
电中性
弗兰克尔缺陷
晶粒尺寸
缺陷
间隙固溶体
显微镜
显微组织
混合位错
显微照片
点缺陷
扫描电子显微镜（SEM）
扫描探针显微镜（SPM）
肖脱基缺陷
螺型位错
自间隙原子

固溶体　　化学计量性　　空位
溶质　　置换固溶体　　质量百分比
溶剂　　透射电子显微镜（TEM）

参考文献

ASM Handbook，Vol.9，*Metallography and Microstructures*，ASM International，Materials Park，OH，2004.

Brandon，D.，and W.D.Kaplan，*Microstructural Characterization of Materials*，2nd edition，Wiley，Hoboken，NJ，2008.

Chiang，Y.M.，D.P.Birnie III，and W.D.Kingery，*Physical Ceramics*：*Principles for Ceramic Science and Engineering*，Wieley，New York，1997.

Clarke，A.R.，and C.N.Eberhardt，*Microscopy Techniques for Materials Science*，CRC Press，Boca Raton，FL，2002.

Kingery，W.D.，H.K.Bowen，and D.R.Uhlmann，*Introduction to Ceramics*，2nd edition，Wiley，New York，1976.Chapters 4 and 5.

Van Vueren，H.G.，*Imperfections in Crystals*，North–Holland，Amsterdam，1960.

Vander Voort，G.F.，*Metallography*，*Principles and Practice*，ASM International，Materials Park，OH，1984.

习题

Wiley PLUS中（由教师自行选择）的习题。

Wiley PLUS中（由教师自行选择）的辅导题。

Wiley PLUS中（由教师自行选择）的组合题。

金属中的点缺陷

5.1　计算铅在其熔点327℃（600K）时空缺原子位置所占的百分数。假设空位形成能为0.55eV/atom。

5.2　计算铁在850℃时每立方米的空位数。其空位形成能为1.08eV/atom。此外，Fe的密度和原子量分别为7.65g/cm^3（在850℃）和55.85g/mol。

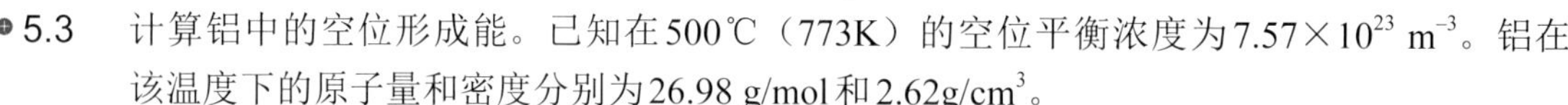
5.3　计算铝中的空位形成能。已知在500℃（773K）的空位平衡浓度为7.57×10^{23} m^{-3}。铝在该温度下的原子量和密度分别为26.98 g/mol和2.62g/cm^3。

陶瓷中的点缺陷

5.4　你认为在离子陶瓷中阴离子弗兰克尔缺陷会大量存在吗？为什么？

5.5　计算氯化钠在其熔点（801℃）时的肖脱基缺陷的晶格位置百分数。假设缺陷形成能为2.3eV。

5.6　计算氧化锌在1000℃时每立方米的弗兰克尔缺陷数。已知缺陷形成能为2.51eV，ZnO在1000℃的密度为5.55g/cm^3。

5.7　利用以下给出的与某些氧化物陶瓷（化学式为MO）肖脱基缺陷相关的数据，解答以下问题：

（a）缺陷形成能（单位：eV）？

（b）1000℃时，每立方米的肖脱基缺陷平衡浓度？

(c) 氧化物的类型(即M是什么金属?)

T/℃	ρ/(g/cm^3)	N_s/m^{-3}
750	5.50	9.21×10^{19}
1000	5.54	?
1250	5.37	5.0×10^{22}

5.8 用你自己的语言简要定义术语化学计量。

5.9 如果将氧化铜(CuO)置于高温还原气氛中,有一部分Cu^{2+}将被还原成Cu^+。

(a) 在上述情形下,为了保证电中性,请你指出一种可能形成的缺陷。

(b) 每一个缺陷的形成需要多少Cu^+?

(c) 你会怎样表示该非化学计量材料的化学式?

5.10 当Al_2O_3在MgO中作为杂质存在时可能出现什么点缺陷?对应于每个缺陷的形成,需要添加多少Al^{3+}。

固体中的杂质

5.11 下表中给出了几种元素的原子半径、晶体结构、电负性以及最常见的化合价,对于非金属元素,只给出了原子半径。

元素	原子半径/nm	晶体结构	电负性	化合价
Cu	0.1278	FCC	1.9	+2
C	0.071			
H	0.046			
O	0.060			
Ag	0.1445	FCC	1.9	+1
Al	0.1431	FCC	1.5	+3
Co	0.1253	HCP	1.8	+2
Cr	0.1249	BCC	1.6	+3
Fe	0.1241	BCC	1.8	+2
Ni	0.1246	FCC	1.8	+2
Pd	0.1376	FCC	2.2	+2
Pt	0.1387	FCC	2.2	+2
Zn	0.1332	HCP	1.6	+2

你认为上表列出的元素中有哪些可以和铜形成下述物质?

(a) 完全互溶的置换固溶体。

(b) 不完全互溶的置换固溶体。

(c) 间隙固溶体。

5.12 FCC和BCC晶体结构中均有两种不同的间隙位置。在每种情况下,都有一种间隙位置的空间往往大于另一种且通常被杂质原子占据。对于FCC来说,较大的间隙位于各晶胞边长的中心,我们称之为八面体间隙。而在BCC中,较大的间隙位于$0\frac{1}{2}\frac{1}{4}$的位置——即,位于{100}面上，我们称为四面体间隙。对于FCC和BCC两种晶体结构，计算刚好能够进入上述两种间隙的杂质原子半径r。

5.13 （a）假设将Li_2O作为杂质加入CaO中。如果Li^+置换了Ca^{2+}，你认为可能会形成什么空位？每添加一个Li^+会形成多少这种空位？

（b）假设将$CaCl_2$作为杂质加入CaO中。如果Cl^-置换了O^{2-}，你认为可能会形成什么空位？每添加一个Cl^-会形成多少这种空位？

成分表述

5.14 推导以下关系式：

（a）式（5.10a）

（b）式（5.12a）

（c）式（5.13a）

（d）式（5.14b）

5.15 由30%（质量）Zn和70%（质量）Cu组成的合金，其成分用原子百分比表示是多少？

5.16 由6%（原子）Pb和94%（原子）Sn组成的合金，其成分用质量百分比表示是多少？

5.17 由218.0kg钛、14.6kg铝和9.7kg钒组成的合金，其成分用质量百分比表示是多少？

5.18 由98 g锡和65 g铅组成的合金，其成分用原子百分比表示是多少？

5.19 由99.7lb_m铜、102lb_m锌和2.1lb_m铅组成的合金，其成分用原子百分比表示是多少？

5.20 由97%（质量）Fe和3%（质量）Si组成的合金，其成分用原子百分比表示是多少？

5.21 将问题5.19中的原子百分比转换成质量百分比。

5.22 计算铝中每立方米的原子数。

5.23 铁–碳合金中碳的浓度为0.15%（质量）。每立方米该合金中含有多少千克碳？

5.24 估算由64.5%（质量）Cu、33.5%（质量）Zn和2%（质量）Pb组成的高铅黄铜的密度。

5.25 计算由85%（质量）Fe-15%（质量）V的合金晶胞的边长。所有钒都存在于固溶体中，且在室温下，该合金为BCC结构。

5.26 某种假定合金由12.5%（质量）金属A和87.5%（质量）金属B组成。如果金属A和B的密度分别为4.27g/cm^{3}和6.35g/cm^3，且各自的原子量分别为61.4g/mol和125.7g/mol，请问该合金的晶体结构是简单立方、面心立方、还是体心立方。已知晶胞边长为0.395nm。

5.27 对于由两种元素（元素1和2）组成的固溶体，有时候我们需要知道某种元素在固溶体中每立方厘米的原子数，N_1。已知该元素的质量百分比，C_1。我们可以通过式（5.21）计算N_1：

$$N_1 = \frac{N_A C_1}{\dfrac{C_1 A_1}{\rho_1} + \dfrac{A_1}{\rho_2}(100 - C_1)} \tag{5.21}$$

式中，N_A为阿伏伽德罗常数，ρ_1和ρ_2分别为两种元素的密度，且A_1是元素1的原子量。请从式（5.2）和5.6节中的关系式推导出式（5.21）。

5.28 金可与银形成置换固溶体。某金银合金含有10%（质量）Au和90%（质量）Ag，计算每立方厘米金原子数。纯金和纯银的密度分别为19.32g/cm^{3}和10.49g/cm^3。

5.29 锗和硅可形成置换固溶体。计算含量为15%（质量）Ge和85%（质量）Si锗-硅合金每立方厘米的锗原子数。纯硅和纯锗的密度分别为5.32g/cm^{3}和2.33g/cm^3。

5.30 对于由两种原子组成的合金，有时候为了得到特定的浓度（以每立方厘米的原子数为单位）N_1，我们需要确定该元素的质量百分比C_1。我们可以通过下式进行计算：

$$C_1 = \frac{100}{1 + \frac{N_A \rho_2}{N_1 A_1} - \frac{\rho_2}{\rho_1}} \tag{5.22}$$

式中，N_A为阿伏伽德罗常数；ρ_1和ρ_2分别为两种元素的密度，且A_1是元素1的原子量。请从式（5.2）和5.6节中的关系式推导出式（5.22）。

WILEY 5.31 钼可与钨形成置换固溶体。若要某钼钨合金中每立方厘米含有1.0×10^{22}个Mo原子，需要添加的钼的质量百分比应该为多少。纯钼和钨的密度分别为10.22g/cm^{3}和19.30g/cm^3。

WILEY 5.32 铌和钒可形成置换固溶体。若要某铌钒合金中每立方厘米含有1.55×10^{22}个Nb原子，计算需要添加的铌的质量百分比应该为多少。纯铌和钒的密度分别为8.57g/cm^{3}和6.10g/cm^3。

WILEY WILEY GM 5.33 银和钯均具有FCC晶体结构，Pd可在室温下形成各种浓度的置换固溶体。计算75%（质量）Ag-25%（质量）Pd合金晶胞的边长。Pd的室温密度为12.02g/cm^3，其原子量和原子半径分别为106.4g/mol和0.138nm。

位错——线缺陷

5.34 列举相关的柏氏矢量——刃型位错、螺型位错和混和位错的位错线取向。

面缺陷

5.35 对于FCC单晶，你认为（100）面的表面能会高于还是低于（111）面？为什么？（注：你可以查阅第3章结尾的3.77题）

WILEY 5.36 对于BCC单晶，你认为（100）面的表面能会高于还是低于（110）面？为什么？（注：你可以查阅第3章的3.78题）

WILEY 5.37 （a）你认为材料的表面能会高于、等于还是低于晶界能？为什么？

（b）小角度晶界的晶界能低于大角度晶界的晶界能，为什么？

5.38 （a）简要描述孪晶和孪晶界。

（b）说明机械孪晶和退火孪晶的区别。

5.39 对于下面列出的FCC金属中的堆垛顺序，说明存在的面缺陷类型：

（a）$\cdots ABCABCBACBA\cdots$

（b）$\cdots ABCABCBCABC\cdots$

复制以上堆垛顺序，并用竖短划线标出面缺陷的位置。

晶粒尺寸测定

5.40 （a）用截距法计算图5.19（b）所示的显微照片的平均晶粒尺寸（mm），至少画七条直线段。

（b）估计上述材料的ASTM晶粒度。

5.41 （a）用截距法计算图10.29（a）所示钢试样显微照片的平均晶粒尺寸，至少画七条直线段。

（b）估计上述材料的ASTM晶粒度。

5.42 如果ASTM晶粒度为8，在以下两种情况下，大约每平方英寸有多少晶粒？

（a）放大倍数为100×。

（b）没有任何放大。

WILEY 5.43 如果放大倍数为600×时每平方英寸有25个晶粒，计算ASTM晶粒度。

5.44 如果放大倍数为50×时每平方英寸有20个晶粒，计算ASTM晶粒度。

数据表练习题

5.1SS 请为用户制作一张电子数据表，使其能将二元合金中某一元素的浓度从质量百分比转换成原子百分比。

5.2SS 请为用户制作一张电子数据表，使其能将二元合金中某一元素的浓度从原子百分比转换成质量百分比。

5.3SS 请为用户制作一张电子数据表，使其能将二元合金中某一元素的浓度从质量百分比转换成每立方厘米的原子数。

5.4SS 请为用户制作一张电子数据表，使其能将二元合金中某一元素的浓度从每立方厘米的原子数转换成质量百分比。

设计问题

成分计算

WILEY • 5.D1 铝-锂合金在飞机制造工业用于减轻重量以及增强飞机性能。商用飞机蒙皮材料的密度为2.55g/cm^3。计算Li［%（质量）］的浓度。

5.D2 铁和钒都具有BCC晶体结构，且室温时V在Fe中形成置换固溶体的浓度可高达20%（质量）。若要合金晶胞的边长为0.289nm，计算需要在铁中添加多少质量百分比的钒。

5.D3 砷化镓（GaAs）和磷化镓（GaP）均具有闪锌矿结构且彼此完全互溶。若要合金晶胞的边长为0.5570nm，计算需要在GaAs中添加多少质量百分比的GaP。GaAs和GaP的密度分别为5.316g/cm^{3}和4.130g/cm^3。

工程基础问题

5.1FE 某金属的空位形成能为1.22eV/atom，密度为6.25g/cm^3，原子量为37.4g/mol。计算该金属在1000℃时每立方厘米的空位数。

（A）1.49×10^{18} m^{-3}

（B）7.18×10^{22} m^{-3}

（C）1.49×10^{24} m^{-3}

（D）2.57×10^{24} m^{-3}

5.2FE 某合金由4.5%（质量）Pb和95.5%（质量）Sn组成，该合金各组分的原子百分比是多少？Pb和Sn的原子量分别为207.19 g/mol和118.71g/mol。

（A）2.6%（原子）Pb 和 97.4%（原子）Sn

（B）7.6%（原子）Pb 和 92.4%（原子）Sn

（C）97.4%（原子）Pb 和 2.6%（原子）Sn

（D）92.4%（原子）Pb 和 7.6%（原子）Sn

5.3FE 某合金由94.1%（原子）Ag和5.9%（质量）Cu组成，该合金各组分的质量百分比是多少？Ag和Cu的原子量分别为107.87g/mol和63.54g/mol。

（A）9.6%（质量）Ag 和 90.4%（质量）Cu

（B）3.6%（质量）Ag 和 96.4%（质量）Cu

（C）90.4%（质量）Ag 和 9.6%（质量）Cu

（D）96.4%（质量）Ag 和 3.6%（质量）Cu

第6章 扩散

本页第一幅图是经过表面硬化处理的钢齿轮照片。其外表面的选择性硬化是通过高温热处理实现的。在热处理的过程中，碳原子从周围环境中扩散进入钢的表面层。图中齿轮被剖切部分的暗色边缘即为被硬化的表面层。碳含量的增加可以提升钢齿轮的表面硬度，从而提高齿轮的耐磨性（详见本书11.7节）。此外，残余压应力也被引入了表面硬化区，进而提升齿轮在服役过程中的抗疲劳性能（第9章）。

表面硬化后的钢齿轮被用于汽车变速箱中，如钢齿轮下方的照片所示。

（顶部图片：由Surface Division提供；中间图片：由Ford Motor Company提供；底部右图：© BRIAN KERSEY/UPI/Landov LLC；底部插图：© iStockphoto。）

为什么学习扩散?

大多数材料往往会通过热处理来提升其性能，而热处理过程中出现的现象几乎无一例外地包含了原子的扩散。通常情况下我们需要加速扩散速率，但偶尔也会采取某些方法来降低其速率。有时热处理温度时间及或冷却速率通常可以通过描述扩散过程的数学关系式以及恰当的扩散常数来进行预测。第151页（上部）示出的钢齿轮经过了表面硬化处理（9.13节），亦即其表面的硬度和抗疲劳性能通过过量碳原子和氮原子的扩散得到了提升。

学习目标

通过本章的学习你需要掌握以下内容。

1. 说出并描述两种扩散的原子机制。
2. 区分稳态扩散与非稳态扩散。
3. （a）写出菲克第一和第二定律的对应公式并定义所有参数。
   （b）指出每种公式分别用于描述怎样的扩散过程。
4. 写出当半无限固体表面的扩散物质浓度为常数时，其所对应的菲克第二定律方程的解。定义方程中的所有参数。
5. 在给定扩散常数的条件下，计算在特定温度下材料的扩散系数。
6. 给出金属和离子固体的扩散机制的一项不同之处。

6.1 概述

扩散

很多材料处理过程中的重要反应及其过程都取决于物质从液相、气相、亦或另一种固相向某特定固体（微观尺度）中的迁移。该过程必然伴随着扩散，即一种通过原子运动实现的物质传递现象。本章将讨论扩散发生的原子机制，扩散的数学描述，以及温度和扩散物质种类对扩散速率的影响。

互扩散/杂质扩散

扩散现象可以通过扩散偶进行演示。将两种不同的金属条的截面紧密接触在一起即形成了扩散偶。图6.1为铜和镍组成的扩散偶界面处原子位置与组成的示意图。该扩散偶在高温（但低于两种金属熔点）下加热一段时间后冷却至室温。化学分析表明在该扩散偶两端的纯金属被界面处的合金层分开了，如图6.2所示。两种金属的浓度随位置的变化关系均如图6.2（c）所示。该结果表明，铜原子迁移或扩散进了镍基体，而镍原子则扩散进入了铜基体。这种两种金属原子扩散到另一种金属内部的过程被称为互扩散或杂质扩散。

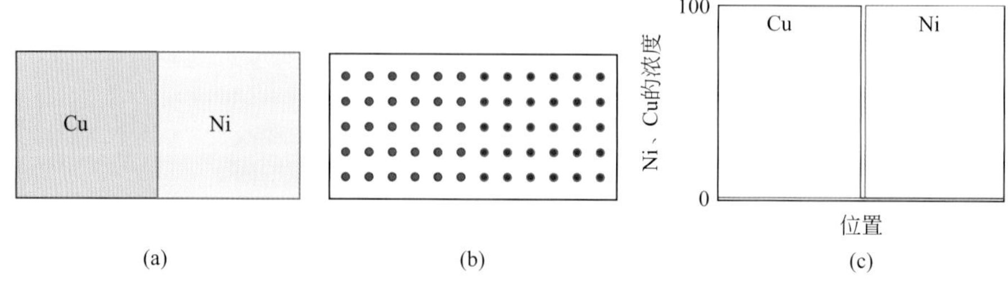

图6.1 （a）高温热处理前的铜-镍扩散偶；（b）扩散偶中铜原子（红点）和镍原子（蓝点）位置示意图；（c）铜和镍原子浓度随其在扩散偶中位置而变化的曲线

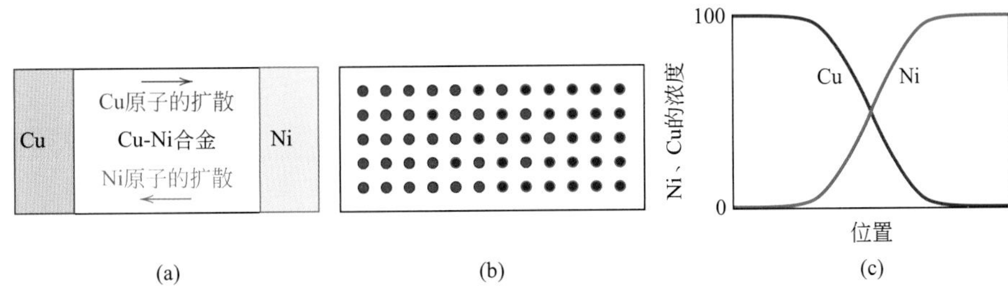

图6.2 （a）高温热处理后的铜–镍扩散偶；（b）扩散偶中铜原子（红点）和镍原子（蓝点）位置示意图；（c）铜和镍原子浓度随其在扩散偶中位置而变化的曲线

互扩散过程可以通过宏观浓度随时间的变化进行辨别。以上所示Cu–Ni扩散偶存在着原子从高浓度向低浓度的净漂移或输运。在纯金属中也会发生扩散，但是所有进行位置交换的原子种类相同，该过程被称为自扩散。当然，自扩散现象通常情况下不能通过成分的改变进行观察。

自扩散

6.2 扩散机制

从原子的角度来看，扩散只是一个原子从某晶格位置向另一晶格位置逐步迁移的过程。实际上，固体材料中的原子总是处于运动的状态，并且快速地改变着位置。原子要实现位置的改变必须满足两个条件：① 必须有邻近的空位；② 该原子必须有足够的能量挣脱与其周围原子的结合并在变换位置的过程中引发晶格畸变。该能量的本质是振动能（5.10节）。在某特定温度，有一小部分原子可以在其振动能的驱动下实现扩散运动。能实现该扩散运动的原子百分比随温度升高而增大。

针对于这种原子运动已经提出了多种模型，其中对应于金属扩散的主要有以下两种扩散机制。

（1）空位扩散机制

在第一种扩散过程中，原子从常态的晶格位置迁移至邻近的点阵空位或晶格空位，如图6.3（a）所示。我们将这一过程称为空位扩散。当然，该过程要求晶体中存在着空位，且空位扩散发生的程度是空位缺陷存在数量的函数。在高温条件下，金属中的空位浓度可能会相当高（5.2节）。由于扩散原子与空位的位置交换，原子的扩散方向与空位的运动方向是相反的。自扩散与互扩散都是通过该机制而发生的，只不过对于后者来说，杂质原子会与基体原子发生置换。

空位扩散

（2）间隙扩散机制

在第二种扩散过程中，原子从一个间隙位置迁移到另一个间隙位置。像氢、碳、氮以及氧等原子半径小到足以进入晶格间隙的原子通常通过该机制进行扩散。基体或替代杂质原子几乎不会成为间隙原子，而且通常情况下不会以该机制进行扩散。我们称第二种扩散现象为间隙扩散［图6.3（b）］。

间隙扩散

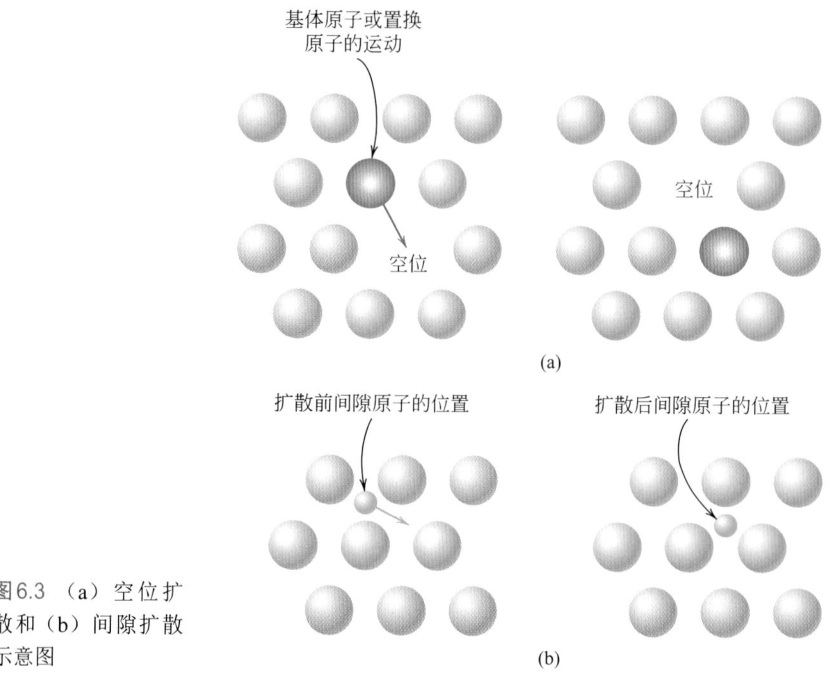

图6.3 （a）空位扩散和（b）间隙扩散示意图

间隙原子由于体积较小而具有更强的移动性，因此在大多数合金中，间隙扩散速率远远高于空位扩散。此外，晶格中的间隙位置多于晶格空位，因此，间隙原子迁移的概率远远高于空位扩散。

6.3 稳态扩散

扩散通量

扩散是一个依赖于时间的过程，亦即，从宏观的角度来看，物质扩散的数量是时间的函数。通常情况下，我们有必要去了解扩散过程进行的快慢，或物质传输的速率。该速率往往表述为扩散通量（J），定义为单位时间内通过单位横截面积的扩散物质质量（或原子数量）M，其数学表达式如下：

扩散通量定义式

$$J = \frac{M}{At} \tag{6.1a}$$

式中，A为发生扩散的横截面面积；t为扩散进行的时间，其微分形式如下：

$$J = \frac{1}{A} \times \frac{\mathrm{d}M}{\mathrm{d}t} \tag{6.1b}$$

J的单位是kg/（m^2・s）或atoms/（m^2・s）。

稳态扩散

如果上述扩散通量不随时间变化，则存在一个稳态条件。一个常见的稳态扩散的例子是当某金属板两边的气体浓度（或压强）均保持不变的情况下，气体原子在金属板内部扩散的情况，如图6.4（a）所示。

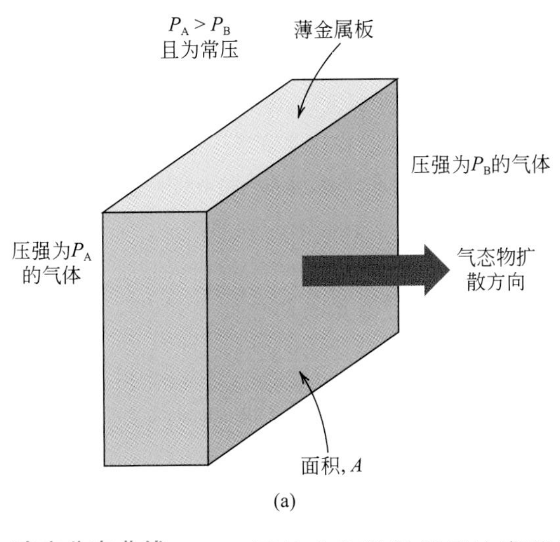

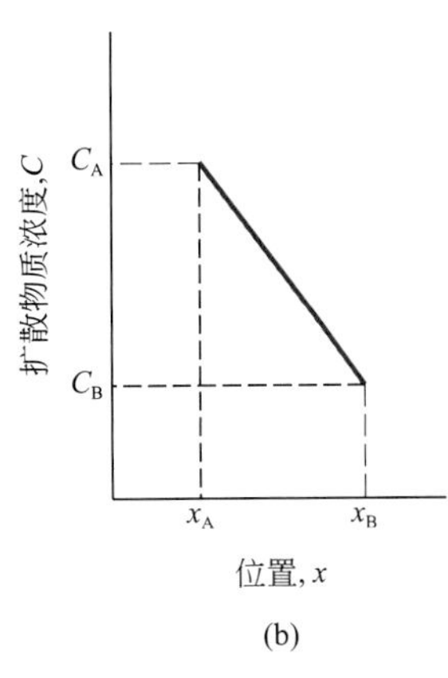

图6.4 (a) 通过一块薄板的稳态扩散；(b) 线性浓度分布，对应于 (a) 中的扩散过程

浓度分布曲线
浓度梯度

固体内部扩散原子浓度随其扩散位置（或扩散距离）变化的曲线称为浓度分布曲线；该曲线上某一点的斜率称为浓度梯度：

$$浓度梯度 = \frac{dC}{dx} \tag{6.2a}$$

现在假设一个线性的浓度分布曲线，如图6.4（b）所示，且

$$浓度梯度 = \frac{\Delta C}{\Delta x} = \frac{C_A - C_B}{x_A - x_B} \tag{6.2b}$$

对于扩散问题，通常将浓度表达为固体单位体积内的扩散物质质量（kg/m^3或g/m^3）[1]。

菲克第一定律——稳态扩散的扩散通量（单一方向）

一个方向上（x）稳态扩散的数学表述相对比较简单，即扩散物质的通量与该方向上的浓度梯度成正比：

$$J = -D\frac{dC}{dx} \tag{6.3}$$

扩散系数

式中，常数D为扩散系数，m^2/s；式前的负号表示扩散进行的方向与浓度梯度方向相反，亦即扩散是从高浓度向低浓度进行的。

菲克第一定律
驱动力

式（6.3）被称为菲克第一定律（Fick's fist law）。

我们有时候会使用驱动力这一概念来描述导致某一反应发生的原因。对于扩散反应的发生，有几种可能的驱动力；但是由式（6.3）所描述的扩散反应，其驱动力为浓度梯度。

氢提纯即是稳态扩散的一个生产应用实例。在氢提纯的过程中，钯金属板的一侧为由氢气以及其他气体，如氮气、氧气、水蒸气等组成的混合气氛中，另一侧则为具有较低恒定压强的氢气，从而选择性地实现氢气从混合气体一侧向另一侧的扩散。

[1] 通过式（5.12）可将浓度由重量百分比转换成单位体积的质量（kg/m^3）。

例题6.1

计算扩散通量

一块铜板的一侧置于渗碳（富含碳）的气氛中，另一侧则置于脱碳（缺少碳）的气氛中，环境温度为700℃（973K）。如果达到了稳态扩散的条件，且金属板中距渗碳5mm和10mm（5×10^{-3}m和10^{-2}m）处的碳原子浓度分别为1.2kg/m^{3}和1.8kg/m^3。假设该温度下的扩散系数为3×10^{-11}m^2/s，计算铜板中的碳通量。

解：

菲克第一定律，式（6.3）可被用于求解扩散通量。将已知条件代入式（6.3）即得：

$$J=-D\frac{C_\mathrm{A}-C_\mathrm{B}}{x_\mathrm{A}-x_\mathrm{B}}=-(3\times10^{-11}\mathrm{m}^2/\mathrm{s})\frac{(1.2-0.8)\mathrm{kg}/\mathrm{m}^3}{(5\times10^{-3}-10^{-2})\mathrm{m}}$$
$$=2.4\times10^{-9}\mathrm{kg}/(\mathrm{m}^2\cdot\mathrm{s})$$

6.4 非稳态扩散

菲克第二定律

大多数实际发生的扩散都属于非稳态扩散，即固体中某些特定位置扩散通量和浓度梯度随时间的变化而变化，表现为扩散物质的净增长或损耗。图6.5展示了对应于不同扩散时间长度的浓度分布曲线。在非稳态条件下，式（6.3）不再适用；以下所示偏微分方程，即菲克第二定律（Fick's second law）被用来描述扩散过程。

$$\frac{\partial C}{\partial t}=\frac{\partial}{\partial x}\left(D\frac{\partial C}{\partial x}\right) \tag{6.4a}$$

如果扩散系数不依赖于成分（需针对于每种特定的扩散情况进行验证），式（6.4）可以简化为：

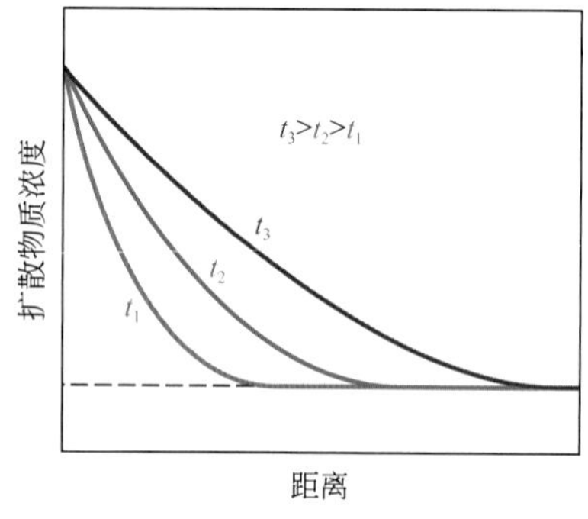

图6.5 对应于非稳态扩散过程3个不同时间点，t_1、t_2、t_3的浓度分布曲线

菲克第二定律——非稳态条件下扩散方程的解（一维）

$$\frac{\partial C}{\partial t}=D\frac{\partial^2 C}{\partial x^2} \tag{6.4b}$$

在给出具有物理意义的边界条件时即可获得上述表达式的解（某位置某时间所对应的浓度）。Crank、Carslaw和Jaeger给出了一系列解（见参考文献）。

其中一种在实际应用中具有重要意义的解对应于表面扩散物质浓度保持恒定的半无限固体[1]，扩散物质源多为气相，其分压保持恒定，且满足以下3条假设前提：

① 在扩散开始前，固体中所有扩散溶质原子均匀分布，浓度为C_0；

② 表面处为原点，即x为零，且沿着固体内部延伸的方向为正方向；

③ 扩散开始的时间对应t=0的初始状态。

上述边界条件可以简单地表述为：

当t=0时，$C=C_0$，$0\leqslant x\leqslant\infty$

当$t>0$时，$C=C_x$（表面浓度保持恒定），x=0

$C=C_0$，$x=\infty$

在表面浓度保持恒定条件下菲克第二定律的解（半无限固体）

通过以上边界条件求解方程（6.4b）可解得：

$$\frac{C_x-C_0}{C_s-C_0}=1-\text{erf}\left(\frac{x}{2\sqrt{Dt}}\right) \tag{6.5}$$

式中，C_x为扩散时间t时距表面x处的扩散物质浓度。表达式$\text{erf}(x/2\sqrt{Dt})$是高斯误差函数[2]，对应于不同$(x/2\sqrt{Dt})$的值可通过查询统计数据表获取；该数据表的部分值如表6.1所示。式（6.5）中出现的浓度参数所表达的物理含义可参照图6.6，某特定时间所对应的浓度分布曲线所示。因此，式（6.5）展示了浓度、位置和时间之间的关系，亦即任何时间和任何位置的C_x，作为无量纲参数$x\sqrt{Dt}$的函数，可以在已知C_0、C_s以及D的条件下进行求解。

假设我们需要在某合金中获得具有某特定浓度C_1的溶质原子，则式（6.5）的左侧将变为：

$$\frac{C_1-C_0}{C_s-C_0}=\text{常数}$$

表6.1 误差函数列表

z	erf（z）	z	erf（z）	z	erf（z）
0	0	0.55	0.5633	1.3	0.9340
0.025	0.0282	0.60	0.6039	1.4	0.9523
0.05	0.0564	0.65	0.6420	1.5	0.9661
0.10	0.1125	0.70	0.6778	1.6	0.9763
0.15	0.1680	0.75	0.7112	1.7	0.9838
0.20	0.2227	0.80	0.7421	1.8	0.9891
0.25	0.2763	0.85	0.7707	1.9	0.9928
0.30	0.3286	0.90	0.7970	2.0	0.9953
0.35	0.3794	0.95	0.8209	2.2	0.9981
0.40	0.4284	1.0	0.8427	2.4	0.9993
0.45	0.4755	1.1	0.8802	2.6	0.9998
0.50	0.5205	1.2	0.9103	2.8	0.9999

---

[1] 当扩散发生的过程中，如果扩散原子没有从金属块的一端到达另外一端，我们可将该金属块视为半无限固体。当$l>10\sqrt{Dt}$，一个长为l的金属条被认为是半无限固体。

[2] 上述高斯误差函数的定义式如下

$$\text{erf}(z)=\frac{2}{\sqrt{\pi}}\int_0^z e^{-y^2}\,\mathrm{d}y$$

式中$x/2\sqrt{Dt}$被变量z所替代。

在这种情况下，该表达式的右侧也应该为常数，即：

$$\frac{x}{2\sqrt{Dt}}=常数 \tag{6.6a}$$

或

$$\frac{x^2}{Dt}=常数 \tag{6.6b}$$

有些与扩散有关的数学计算就基于以上关系式，如例题6.3。

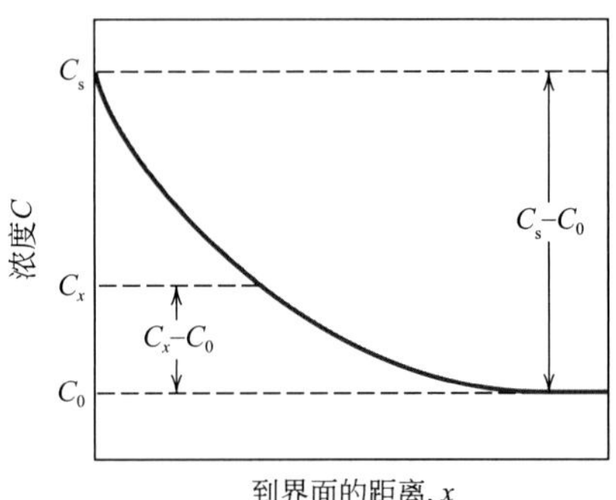

图6.6 非稳态扩散浓度分布曲线
浓度参数与式（6.5）相关

例题6.2

非稳态扩散时间计算 Ⅰ

在有些应用中，我们需要使钢（或铁–碳合金）的表面硬度高于其内部基体。一种常用的表面硬化方法就是通过渗碳处理增加钢表面碳原子的浓度；在该处理过程中，钢被置于富含碳氢化合物，如CH_4的高温气氛中。

渗碳

某合金其内部的初始碳含量分布均匀，浓度为0.25%（质量）且在950℃（1223 K）的温度下进行渗碳处理。如果该合金表面的碳浓度突然增加至并且保持在1.2%（质量），请问在离表面0.5 mm处的碳浓度达到0.8%（质量）需要多长时间？已知在该环境温度下，碳原子的扩散系数为1.6×10^{-11} m²/s；假设该铁块可被视为半无限固体。

解：

由于本题讨论的是非稳态扩散过程，且固体表面的成分保持恒定，因此我们可以使用式（6.5）进行求解。该表达式中除了时间以外的参数都以给出，如下：

C_0=0.25%（质量）C

C_s=1.20%（质量）C

C_x=0.80%（质量）C

x=0.50 mm=5×10^{-4} m

D=1.6×10^{-11} m^2/s

因此，

$$\frac{C_x - C_0}{C_s - C_0} = \frac{0.80 - 0.25}{1.20 - 0.25} = 1 - \mathrm{erf}\left[\frac{(5\times10^{-4}\,\mathrm{m})}{2\sqrt{(1.6\times10^{-11}\,\mathrm{m}^2/\mathrm{s})(t)}}\right]$$

$$0.4210 = \mathrm{erf}\left(\frac{62.5\mathrm{s}^{1/2}}{\sqrt{t}}\right)$$

现在我们需要从表6.1中找到与误差函数值0.4210相对应的z值，在这里我们需要用到插值法，如下：

z	erf（z）
0.35	0.3794
z	erf（z）
0.40	0.4284

$$\frac{z - 0.35}{0.40 - 0.35} = \frac{0.4210 - 0.3794}{0.4284 - 0.3794}$$

或

$$z=0.392$$

因此，有：

$$\frac{62.5\mathrm{s}^{\frac{1}{2}}}{\sqrt{t}} = 0.392$$

对t进行求解可得：

$$t = (\frac{62.5\mathrm{s}^{\frac{1}{2}}}{0.392})^2 = 25400\mathrm{s} = 7.1\mathrm{h}$$

例题6.3

非稳态扩散时间计算Ⅱ

500℃和600℃时，铜在铝中的扩散速率分别为$4.8\times10^{-14}\ \mathrm{m^2/s}$和$5.3\times10^{-13}\ \mathrm{m^2/s}$。请确定在500℃的条件下，扩散过程要持续多久才能达到600℃条件下扩散10h的结果（根据铝中某特定位置铜的浓度来进行确定）。

解：

求解该扩散问题我们可以利用式（6.6a）。两种扩散情形下同一位置的成分相同（即x也是一个常数），因此有：

$$Dt=\text{常数} \tag{6.7}$$

题中给出的两种温度条件则对应了以下关系式：

$$D_{500}t_{500}=D_{600}t_{600}$$

或

$$t_{500}=\frac{D_{600}t_{600}}{D_{500}}=\frac{[5.3\times10^{-13}\,m^2/s](10h)}{4.8\times10^{-14}\,m^2/s}=110.4h$$

6.5 影响扩散的因素

（1）扩散物质

扩散系数D的大小说明了原子扩散速率的快慢。表6.2列出了几种金属体系中自扩散与互扩散系数。扩散物质以及基体材料均会对扩散系数产生影响。比如，500℃时，α-铁中碳原子的互扩散系数远远大于铁的自扩散系数（$2.4\times10^{-12}m^2/s$相对$3.0\times10^{-21}m^2/s$）。该对比也证明了前面所讨论的空位扩散与间隙扩散两种机制间的区别。自扩散通过空位扩散机制发生，而碳在铁中的扩散则属于间隙扩散。

（2）温度

温度对扩散系数和扩散速率的影响最大。比如，当温度从500℃上升到900℃

表6.2 扩散数据列表

扩散物质	基体金属	D_0/（m^2/s）	激活能Q_d		计算值	
			kJ/mol	eV/atom	T/℃	D/（m^2/s）
Fe	α-Fe（BCC）	2.8×10^{-4}	251	2.60	500 900	3.0×10^{-21} 1.8×10^{-15}
Fe	γ-Fe（FCC）	5.0×10^{-5}	284	2.94	900 1100	1.1×10^{-17} 7.8×10^{-16}
C	α-Fe	6.2×10^{-7}	80	0.83	500 900	2.4×10^{-12} 1.7×10^{-10}
C	γ-Fe	2.3×10^{-5}	148	1.53	900 1100	5.9×10^{-12} 5.3×10^{-11}
Cu	Cu	7.8×10^{-5}	211	2.19	500	4.2×10^{-19}
Zn	Cu	2.4×10^{-5}	189	1.96	500	4.0×10^{-18}
Al	Al	2.3×10^{-4}	144	1.49	500	4.2×10^{-14}
Cu	Al	6.5×10^{-5}	136	1.41	500	4.1×10^{-14}
Mg	Al	1.2×10^{-4}	131	1.35	500	1.9×10^{-13}
Cu	Ni	2.7×10^{-5}	256	2.65	500	1.3×10^{-22}

来源：E. A. Brandes and G.B. Brook（Editors），*Smithells Metals Reference Book*，7th edition，Butterworth，Heinemann，Oxford. 1992。

时，铁原子在α-Fe中的自扩散系数几乎提高了6个数量级（从3.0×10^{-21} m²/s到1.8×10^{-15} m²/s）（表6.2）。扩散系数对温度的依赖关系为：

扩散系数对温度的依赖关系

$$D = D_0 \exp\left(-\frac{Q_d}{RT}\right) \tag{6.8}$$

其中

D_0=与温度无关的指前因子，m^2/s；

激活能

Q_d=扩散激活能，J/mol或eV/atom；

R=气体常数，8.31 J/（mol·K）或8.62×10^{-5}eV/（atom·K）；

T=绝对温度，K。

激活能可以理解为令1mol的原子产生扩散运动的能量。大的激活能对应着相对较小的扩散系数。表6.2列出了一系列不同扩散体系的D_0与Q_d值。

对式（6.8）两边取自然对数可得：

$$\ln D = \ln D_0 - \frac{Q_d}{R}\left(\frac{1}{T}\right) \tag{6.9a}$$

或，取以10为底的对数

$$\lg D = \lg D_0 - \frac{Q_d}{2.3R}\left(\frac{1}{T}\right) \tag{6.9b}$$

由于D_0，Q_d，和R均为常数，因此式（6.9b）可等同于线性方程：

$$y=b+mx$$

式中，y和x分别对应于变量$\lg D$和$1/T$。因此，如果$\lg D$与绝对温度倒数间的关系图是一条直线，那么其斜率和截距分别为$-Q_d/2.3R$与$\lg D_0$。事实上，Q_d与D_0的值就是通过实验并按照这种方式计算得到的。从图6.7可见，这种线性关系在图中所示的所有合金体系中都存在。

概念检查6.1 从大到小排列以下体系中扩散物质的扩散系数大小：

N在Fe中，700℃

Cr在Fe中，700℃

N在Fe中，900℃

Cr在Fe中，900℃

现在对你的排序给予说明。（注：Fe和Cr都是BCC晶体结构，且Fe、Cr、和N的原子半径分别为0.124 nm、0.125 nm、0.065nm。你可能需要参考5.4节的有关内容。）

概念检查6.2 考虑两种假想材料A和B之间的自扩散。在一张$\ln D$ vs.$1/T$的坐标纸上画出（并标出）两金属的扩散曲线，假设D_0（A）＞D_0（B）且Q_d（A）＞Q_d（B）。[解答可参考www.wiley.com/college/callister（学生之友网站）]

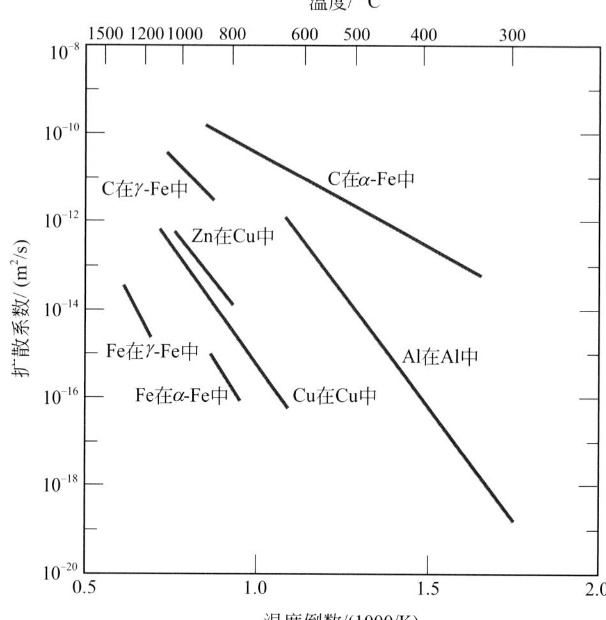

图6.7 几种金属的扩散系数-温度倒数的曲线

[数据来源于E. A. Brandes and G. B. Brook（Editors），*Smithells Metals Reference Book*，7th edition，Butterworth-Heinemann，Oxford，1992。]

例题6.4

计算扩散系数

利用表6.2中的数据，计算550℃时镁在铝中的扩散系数。

解：

扩散系数可以通过式（6.8）进行求解；从表6.2中可得知D_0和Q_d的值分别为1.2×10^{-4} m²/s和131 kJ/mol。因此有：

$$D=(1.2\times10^{-4}\,\text{m}^2/\text{s})\exp\left(-\frac{(131000\text{J}/\text{mol})}{(8.31\text{J}/(\text{mol}\cdot\text{K}))(550\text{K}+273\text{K})}\right)=5.8\times10^{-13}\,\text{m}^2/\text{s}$$

例题6.5

扩散激活能和指前因子计算

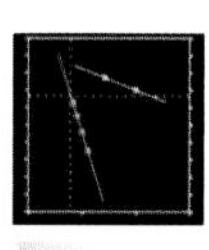

VMSE 实验数据中的D_0和Q_d

图6.8给出了以10为底的铜在金中扩散系数与温度倒数关系图。根据该图计算激活能以及指前因子。

解：

根据式（6.9b），图6.8中线段的斜率等于$-Q_d/2.3R$，且在$1/T=0$处的截距给出了$\lg D_0$的值。因此，扩散激活能可以通过下式解得：

$$Q_d=-2.3R(\text{斜率})=-2.3R\left[\frac{\Delta(\lg D)}{\Delta\left(\frac{1}{T}\right)}\right]=-2.3R\left[\frac{\lg D_1-\lg D_2}{\frac{1}{T_1}-\frac{1}{T_2}}\right]$$

式中，D_1和D_2是分别对应于$1/T_1$和$1/T_2$的扩散系数。我们在图中线段上任意取$1/T_1=0.8\times10^{-3}$（K）$^{-1}$和$1/T_2=1.1\times10^{-3}$（K）$^{-1}$，此时我们可以通过图6.8读出相对应的$\lg D_1$与$\lg D_2$的值。

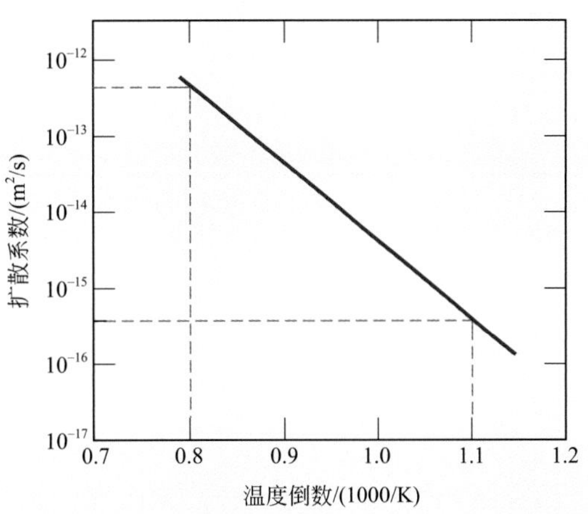

图6.8　铜在金中扩散系数与温度倒数关系图

然而在这之前我们需要注意的是，图6.8中的纵坐标是以10为基的对数；然而图上标出的确是未经转换的原始的扩散系数。例如，对于$D=10^{-14}$ m^2/s，其以10为基的对数是–14.0，不是10^{-14}。此外，这种对数比例会影响两相邻数量级间的读数。如在10^{-14}与10^{-15}之间的数不是5×10^{-15}，而是$10^{-14.5}=3.2\times10^{-15}$。

因此，由图6.8可得知，在$1/T_1=0.8\times10^{-3}$（K）$^{-1}$时，$\lg D_1=-12.40$，而在$1/T_2=1.1\times10^{-3}$（K）$^{-1}$时，$\lg D_2=-15.45$，而依据图6.8中线段斜率计算得到的激活能为：

$$Q_d=-2.3R\left[\frac{\lg D_1-\lg D_2}{\frac{1}{T_1}-\frac{1}{T_2}}\right]$$

$$=-2.3\left(8.31\text{J/(mol·K)}\right)\left[\frac{-12.40-(-15.45)}{0.8\times10^{-3}(\text{K})^{-1}-1.1\times10^{-3}(\text{K})^{-1}}\right]$$

$$=194000\text{J/mol}=194\ \text{kJ/mol}$$

现在，与其采用图解外推法，我们可以利用式（6.9b）得到更加精确的分析方法，而且我们由图6.8出得到了某一扩散系数D（或$\lg D$）与其相对应的温度T（或$1/T$）。因为我们已知在$1/T=1.1\times10^{-3}$（K）$^{-1}$时$\lg D=-15.45$，那么

$$\lg D_0=\lg D+\frac{Q_d}{2.3R}\left(\frac{1}{T}\right)$$

$$=-15.45+\frac{(194000\text{J/mol})\left(1.1\times10^{-3}[\text{K}]^{-1}\right)}{(2.3)[8.31\text{J/(mol·K)}]}$$

$$=-4.28$$

因此，$D_0=10^{-4.28}$ m^2/s$=5.2\times10^{-5}$ m^2/s。

设计题6.1

扩散温度 - 时间热处理技术参数

钢齿轮的耐磨损性能可通过硬化其表面得以提高。实现表面硬化的一种方式是通过碳原子在钢中扩散的过程提高齿轮表面碳原子的浓度；将钢齿轮置于较高的温度下，并在外部提供富含碳原子的气体。钢中碳原子的初始含量为0.20%（质量），其表面的气氛中碳原子浓度将保持1.00%（质量）不变。为了使钢齿轮的表面被有效地硬化，据表面0.75 mm处的碳含量需要达到0.60%（质量）。请给出合适的热处理技术参数，考虑900 ～ 1500℃这个区间内的温度，说明渗碳处理需要持续的时间。利用表6.2中碳在γ-Fe中的扩散数据。

解：

由于该问题涉及非稳态扩散过程，让我先使用式（6.5），并利用以下已知的浓度值：

$$C_0=0.20\%\text{（质量）C}$$
$$C_s=1.00\%\text{（质量）C}$$
$$C_x=0.60\%\text{（质量）C}$$

因此

$$\frac{C_x-C_0}{C_s-C_0}=\frac{0.60-0.20}{1.00-0.20}=1-\text{erf}\left(\frac{x}{2\sqrt{Dt}}\right)$$

可得

$$0.5=\text{erf}\left(\frac{x}{2\sqrt{Dt}}\right)$$

通过例题6.2中介绍过的插值法以及表6.1中的数据，我们可以得到：

$$\frac{x}{2\sqrt{Dt}}=0.4747 \tag{6.10}$$

题中给出了x=0.75 mm=7.5×10^{-4} m。因此

$$\frac{7.5\times10^{-4}\,\text{m}}{2\sqrt{Dt}}=0.4747$$

可求得

$$Dt=6.24\times10^{-7}\text{m}^2$$

此外，扩散系数随温度变化的关系式为式（6.8），而且由表6.2，碳在γ-铁中的扩散数据可知，D_0=2.3×10^{-5} m^2/s且Q_d=148000 J/mol。因此，

$$Dt=D_0\exp\left(-\frac{Qd}{RT}\right)(t)=6.24\times10^{-7}\,\text{m}^2$$

$$(2.3\times10^{-5}\,\text{m}^2/\text{s})\exp\left\{\frac{148000\text{J/mol}}{[8.31\text{J}/(\text{mol}\cdot\text{K})](T)}\right\}(t)=6.24\times10^{-7}\,\text{m}^2$$

求解上式可得：

$$t = \frac{0.0271}{\exp\left(-\dfrac{17810}{T}\right)}$$

因此，某些特定温度（K）下的扩散时间可被求得。下面的表格中列出了题中所给温度范围内4个温度下所需的扩散时间。

温度/℃	时间	
	s	h
900	106400	29.6
950	57200	15.9
1000	32300	9.0
1050	19000	5.3

6.6 半导体材料中的扩散

半导体集成电路（ICs）的制造是一项广泛应用到固态扩散的科学技术（12.15节）。集成电路芯片是一个大小为6mm×6mm×4mm的方形的薄晶片；且在其一面上嵌入了上百万的电子器件和电路。绝大多数ICs的基材都是单晶硅。为了使这些IC器件正常工作，需要在硅片上错综复杂且精细的图形中的微小空间范围内掺入精确浓度的杂质原子，其中一种杂质掺入方式就是通过原子扩散实现的。

在这一过程中用到了两种典型的热处理方式。

第一种，或称为预淀积扩散，杂质原子通常从分压保持恒定的气相中扩散进入硅基体。因此，表面的杂质原子浓度保持恒定，而其在硅基体内部的浓度变化则如式（6.5）所示，是位置与时间的函数。预淀积处理通常在900～1000℃的温度范围内进行，持续时间一般不超过一个小时。

第二种处理工艺，有时我们称为驱入扩散，通常用于使杂质原子更加深入硅基体，从而在不增加杂质原子总含量的基础上达到一个更加合适的杂质原子浓度分布。该处理过程的温度要高于上面提到的预淀积（高达1200℃），且要在一个氧化气氛中进行，进而在基体表面形成一层氧化层。穿过形成的SiO_2氧化层的扩散速率相对较低，因此几乎没有杂质原子会从硅基体中扩散或逃逸出去。对应于该扩散过程3个不同时间点的浓度分布曲线如图6.9所示；可将这些浓度分布曲线与图6.5中那些表面扩散物质浓度保持恒定情况下的浓度分布曲线进行对比。另外，图6.10对比了预淀积和驱入扩散过程的浓度分布曲线。

如果我们假设通过预淀积处理所引入的杂质原子被限于硅基体表面极薄的区域（当然这里只是一种近似），那么菲克第二定律的解［式6.4（b)］将为以下形式

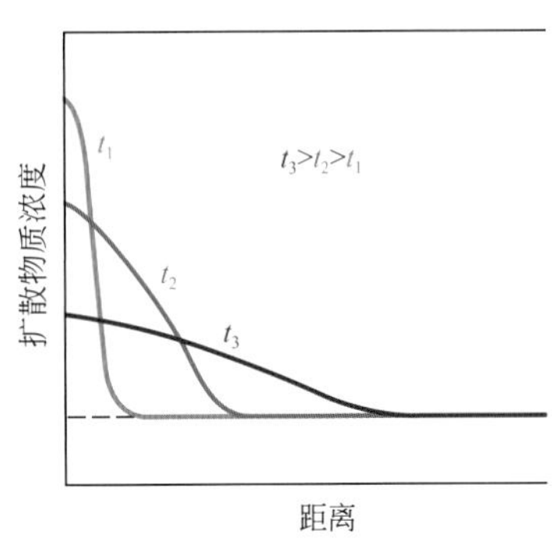

图6.9 半导体驱入扩散过程中3个不同时间点对应的浓度分布曲线

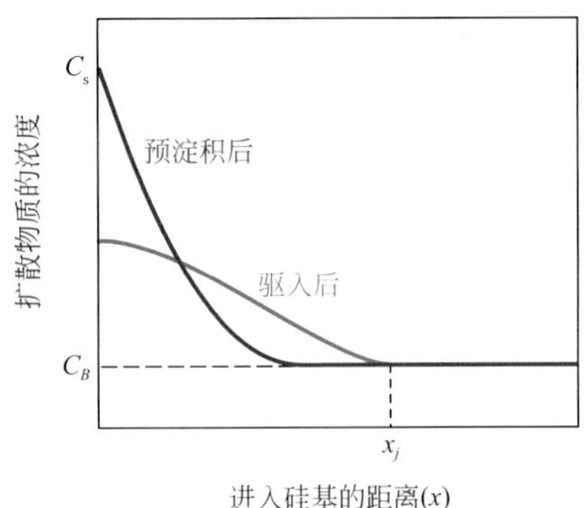

图6.10 半导体中（1）预淀积后和（2）驱入后的浓度分布曲线
图中给出了结深度，x_j

$$C(x,t)=\frac{Q_0}{\sqrt{\pi Dt}}\exp\left(-\frac{x^2}{4Dt}\right) \tag{6.11}$$

这里的Q_0表示通过预淀积处理引入固体内部杂质的量（单位面积的杂质原子数）；上述表达式中的其他各参数的物理意义保持不变。此外还有如下关系式：

$$Q_0=2C_s\sqrt{\frac{D_P t_P}{\pi}} \tag{6.12}$$

式中，C_s是预淀积步骤所对应的表面杂质浓度（图6.10），为常数，D_P为扩散系数，而t_P为预淀积处理的持续时间。

另外一个重要的扩散参数是结深度，x_j。结深度（即x的值）是指扩散杂质原子的浓度与硅基体中杂质原子背景浓度（C_B）刚好相等的位置（图6.10）。对于驱入扩散，x_j可通过以下表达式进行计算：

$$x_j=\left[(4D_d t_d)\ln\left(\frac{Q_0}{C_B\sqrt{\pi D_d t_d}}\right)\right]^{1/2} \tag{6.13}$$

式中，D_d和t_d分别指扩散系数和驱入扩散的时间。

例题6.6

硼原子在硅基中的扩散

硼原子在硅基中的扩散将采用预淀积和驱入扩散两种热处理方式；已知硅基中硼原子的背景浓度为1×10^{20} atoms/m^3。预处理过程在900℃持续了30min；硅基表面的硼原子的浓度保持在3×10^{26} atoms/m^3。驱入扩散过程在1100℃持续了2h。B在Si中的扩散的Q_d和D_0分别为3.87eV/atom和2.4×10^{-3} m^2/s。

（a）计算Q_0的值。

（b）计算驱入扩散过程中x_j的值。

（c）对于驱入扩散，计算出距表面1μm处硅基内部的硼原子浓度。

解：

（a）Q_0的值可以通过式（6.12）进行求解。然而在利用该公式进行求解之前，我们需要通过式（6.8）求出预淀积扩散过程的D值[在T=T_P=900℃（1173 K）时的D_P值]。[注：对于式（6.8）中的气体常数R，我们换用玻尔兹曼常数k，其值为8.62×10^{-5}eV/（atom · K）]。因此，

$$D_P = D_0 \exp\left(-\frac{Q_d}{kT_P}\right)$$

$$=(2.4\times10^{-3}\mathrm{m^2/s})\exp\left\{\frac{3.87\mathrm{eV/atom}}{[8.62\times10^{-5}\mathrm{eV/(atom\cdot K)}](1173\mathrm{K})}\right\}$$

$$=5.73\times10^{-20}\mathrm{m^2/s}$$

Q_0值可确定如下：

$$Q_0 = 2Cs\sqrt{\frac{D_p t_p}{\pi}}$$

$$=2\times3\times10^{26}\mathrm{atom/m^3}\sqrt{\frac{(5.73\times10^{-20}\mathrm{m^2/s})(30\,\mathrm{min})(605\mathrm{s/min})}{\pi}}$$

$$=3.44\times10^{18}\mathrm{atom/m^2}$$

（b）计算结深需要用到式（6.13）。然而，我们首先需要计算出在驱入扩散温度下的D值 [1100℃时的D_d值]。因此有：

$$D_d=(2.4\times10^{-3}\mathrm{m^2/s})\exp\left\{-\frac{3.87\mathrm{eV/atom}}{[8.62\times10^{-5}\mathrm{eV/(atom\cdot K)}](1373\mathrm{K})}\right\}$$

$$=1.51\times10^{-17}\mathrm{m^2/s}$$

现在，通过式（6.13），有：

$$x_j=\left[(4D_d t_d)\ln\left(\frac{Q_0}{kC_B\sqrt{\pi D_d t_d}}\right)\right]^{1/2}$$

$$=(4)(1.51\times10^{-17}\mathrm{m^2/s})(7200\mathrm{s})\times$$

$$\ln\left[\frac{3.44\times10^{18}\mathrm{atoms/m^2}}{(1\times10^{20}\mathrm{atoms/m^3})\sqrt{(\pi)(1.51\times10^{-17}\mathrm{m^2/s})(7200\mathrm{s})}}\right]^{1/2}$$

$$=2.19\times10^{-6}\mathrm{m}=2.19\mu\mathrm{m}$$

（c）对于驱入扩散过程，在x=1时，我们可以利用式（6.11）以及前面计算得到的Q_0和D_d的值计算B原子的浓度：

$$C(x,t)=\frac{Q_0}{\sqrt{\pi D_d t}}\exp\left(-\frac{x^2}{4Dt}\right)$$

$$=\frac{3.44\times10^{18}\mathrm{atoms/m^2}}{\sqrt{(\pi)(1.51\times10^{-17}\mathrm{m^2/s})(7200\mathrm{s})}}\exp\left[-\frac{(1\times10^{-6}\mathrm{m})^2}{(4)\ (1.51\times10^{-17}\mathrm{m^2/s})(7200\mathrm{s})}\right]$$

$$=5.90\times10^{23}\mathrm{atoms/m^3}$$

重要材料

集成电路互连铝线

在上述预淀积和驱入扩散热处理步骤之后，另一个在集成电路制造中相当重要的步骤是沉积一层又细又薄的导电路径以使电流能够从一个器件流向另外一个器件；我们将这些导电路径称为互连线，如图6.11的IC芯片扫描电镜显微照片所示。当然，用作互连线的材料必须具有高的电导率——金属，因为在所有材料中，金属具有最高的电导率。表6.3给出了银、铜、金和铝的电导率数值，这4种金属是电导率最高的金属。基于电导率的考虑而忽略材料的价格，银是最佳选择，其次分别是铜、金和铝。

表6.3　室温下银、铜、金、铝的电导率（4种导电性最强的金属）

金属	电导率/$\Omega^{-1}\cdot m^{-1}$
银	6.8×10^7
铜	6.0×10^7
金	4.3×10^7
铝	3.8×10^7

在沉积互连线之后，IC芯片还需要经过其他热处理，有些处理温度高达500℃。如果在那些后续热处理过程中，互连线金属原子扩散进入硅基体中，将会破坏IC芯片的电子功能。所以，由于扩散的程度依赖于扩散系数的大小，我们需要选择一个在硅中扩散系数小的材料。图6.12给出了铜、金、银和铝在硅中扩散的扩散系数D的对数随温度倒数变化的曲线。在500℃的位置作出一条虚线，我们可以从图上看出在该温度4种金属所对应的D值。通过对比可见铝在硅中的扩散系数（$2.5\times10^{-21}\ m^2/s$）比其他金属的扩散系数至少低了四个数量级（即10^4倍）。

在一些集成电路互连线中我们需要用到铝；尽管铝的电导率相对银、铜、金较低，但它极低的扩散系数使其成为了作为集成电路互连线的最佳材料。有时候我们也会用到一种铝-铜-硅合金［94.5%（质量）Al-4%（质量）Cu-1.5%（质量）Si］；它不仅能更好地与芯片表面结合，而且具有比纯铝更强的抗腐蚀性。

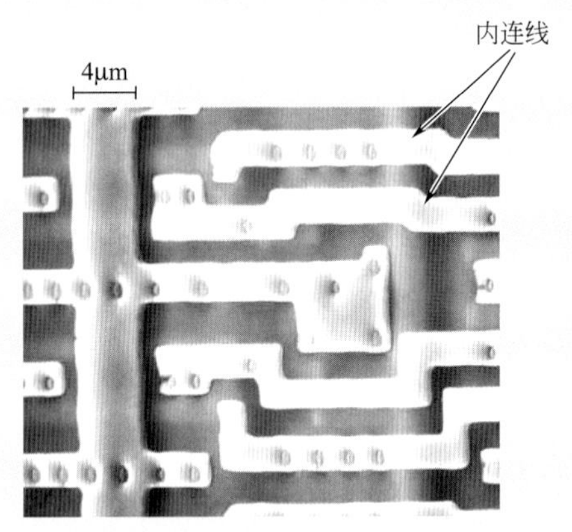

图6.11　集成电路芯片的扫描电镜显微照片，箭头标出了铝互连线的区域（约为2000×）

（照片由National Semiconductor Corporation提供。）

近来，铜铝线也被用作互连线材料。但是在沉积铜线之前需要在铜的下方沉积一层钽或氮化钽，以起到阻挡铜向硅中进行扩散的作用。

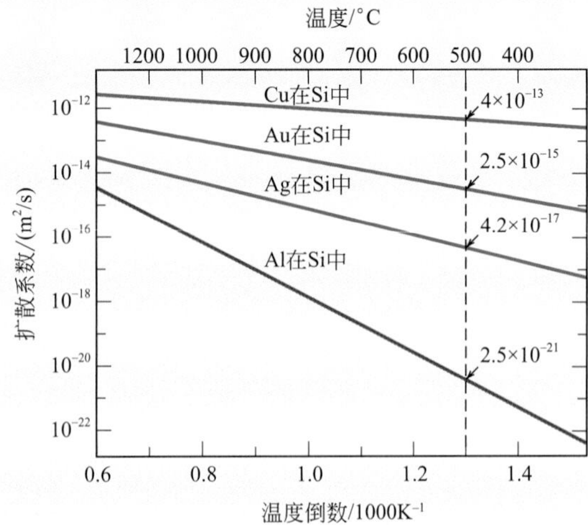

图6.12　铜、金、银和铝在硅中扩散系数对温度倒数的关系曲线注意500℃时D的值。

6.7 其他扩散路径

原子还会沿着位错、晶界以及外表面进行迁移。我们有时候将这些路径称为“短路”扩散，因为沿着这些路径进行的扩散速率要远远高于体扩散。然而，在大多数情况下，短路扩散对整体的扩散通量并没有显著作用，这是因为这些路径的横截面积极为有限。

6.8 离子化合物和聚合物中的扩散

现在我们来了解一下离子化合物和聚合物中的扩散原理。

(1) 离子化合物

对于离子化合物来说，扩散现象比金属更加复杂，因为我们需要考虑两种具有相反电性的离子。离子化合物中的扩散一般通过空位扩散机制进行［图6.3（a)]。如5.3节中所述，为了保持离子化合物的电中性，对于空位扩散需要注意以下几点。① 离子空位总是成对出现[如肖脱基缺陷（图5.3)]，② 它们在非化学计量性的化合物中形成（图5.4）；③ 它们由与基体原子具有不同价态的置换杂质原子形成（例题5.3)。不管是哪种情形，与单个离子扩散运动相关的总是电荷的迁移。为了保持该移动离子附近的局部电中性，其他具有相同或相反电荷的载体必须配合该离子的扩散运动。一些可能的带电载体包括另一个空位、一个杂质原子、或一个载流子[即电子或空穴（12.6节)]。因此这些带电粒子对的扩散速率会被其中扩散速率较低的粒子所限制。

当在一离子固体外部施加一个电场时，带电离子会在电场力的作用下发生迁移（即扩散)。我们将在12.16节中讨论到，这种离子迁移会产生电流。此外，离子的迁移率是扩散系数的函数［式（12.23)]。因此，很多离子固体的扩散数据都来源于电导率测试。

(2) 聚合物材料

对于聚合物高分子材料来说，我们关注的是那些处于分子链之间的异质小分子（如O_2、H_2O、CO_2、CH_4）的扩散，而不是高分子结构中分子链原子的扩散。高分子的渗透与吸收特性与异质分子在其中发生扩散的程度相关。这些异质分子的进入会使高分子材料发生膨胀和/或与材料中的分子发生化学反应，这些变化通常会损害材料的力学和物理性能（16.11节)。

非晶区的扩散速率高于结晶区的扩散速率；非晶区的结构更加“开放”。这种扩散机制类似于金属中的间隙扩散机制——即，在高分子中，扩散运动在高分子链之间的小空洞间发生，杂质原子从非晶区的一个间隙迁移到邻近的间隙。

异质分子的大小也会对扩散速率产生影响：小分子的扩散速率要高于大分子。此外，那些具有化学惰性的异质分子比那些会与高分子发生化学反应的分子扩散速率更快。

穿过某高分子膜的扩散过程也包含了扩散分子在膜材料中的溶解过程。该溶解过程具有时效性，如果溶解慢于扩散，则可能限制整体的扩散速率。因此，高分子的扩散性能通常用渗透系数（用P_M表示）进行表征。对于穿过高分子膜的稳态扩散过程来说，菲克第一定律被修改为：

$$J = P_{M}\frac{\Delta P}{\Delta x} \tag{6.14}$$

在上述表达式中，J是通过高分子膜的气体分子的扩散通量[cm^3 STP/（$cm^2\cdot s$）]；P_M是渗透系数；Δx是膜的厚度；ΔP是膜两侧的气压差。对于非玻璃质聚合物中的小分子来说，其渗透系数可以近似为扩散系数（D）与扩散物质在高分子中溶解度（S）的乘积，即：

$$P_M = DS \tag{6.15}$$

表6.4给出了氧气、氮气、二氧化碳和水蒸气在几种常见的高分子中的渗透系数❶。

表6.4　温度为25℃的条件下氧气、氮气、二氧化碳以及水蒸气在多种聚合物中的渗透系数P_M

聚合物	缩写	P_M/［$\times10^{-13}cm^3$ STP·cm/($cm^2\cdot s\cdot Pa$)]			
		O_2	N_2	CO_2	H_2O
聚乙烯（低密度）	LDPE	2.2	0.73	9.5	68
聚乙烯（高密度）	HDPE	0.30	0.11	0.27	9.0
聚丙烯	PP	1.2	0.22	5.4	38
聚氯乙烯	PVC	0.034	0.0089	0.012	206
聚苯乙烯	PS	2.0	0.59	7.9	840
聚偏氯乙二烯	PVDC	0.0025	0.00044	0.015	7.0
聚对苯二甲酸乙二醇酯	PET	0.044	0.011	0.23	—
丙烯酸甲酯	PEMA	0.89	0.17	3.8	2380

对于有些应用来说，我们需要穿过高分子材料的渗透速率较低，如食物和饮料的包装以及汽车车轮和内胎。高分子膜通常用作过滤器材料来选择性地将一种化学物质与其他物质进行分离（如水脱盐）。在这种情况下，通常需要被过滤的物质的浓度远高于其他物质。

例题6.7

计算二氧化碳通过一个塑料饮料瓶的扩散通量以及饮料保质期。

装碳酸饮料（有时候被称作苏打水、汽水或苏打汽水）的塑料瓶子是由聚对苯二甲酸乙二醇酯（PET）制成的。汽水发出的“嘶嘶声”产生于溶解其中的二氧化碳（CO_2）；由于CO_2可以透过PET，因此时间长了之后，储存于PET瓶子中的汽水的气就漏完了（即失去嘶嘶声）。一瓶20盎司的汽水，其内部CO_2的压强约为400kPa，而瓶外的CO_2压强为0.4 kPa。

（a）假定一个稳态条件，计算穿过瓶壁的CO_2扩散通量。

（b）如果瓶子漏掉750（cm^3 STP）CO_2就会失去汽水味，那么一瓶汽水的保质

❶ 表6.4中渗透系数的单位解释如下。当扩散分子是气体时，其溶解度为：

$$S = \frac{C}{P}$$

式中，C为扩散物质在高分子中的浓度[单位为cm^3 STP/cm^3气体]；P为气体分压（单位为Pa）。STP是指气体在标准温度和压强下的体积[273K（0℃）以及101.3 kPa]。因此，S的单位是cm^3 STP/（$Pa\cdot cm^3$）。由于D是用cm^2/s表示的，因此渗透系数的单位是cm^3 STP·cm/（$cm^2\cdot s\cdot Pa$）。

期是多久？

注：假设每个瓶子的表面积为500cm^2，瓶壁厚为0.05cm。

解：

（a）这是一道有关渗透的问题，需要用到式（6.13）。CO_2穿过PET的渗透率（表6.4）为0.23×10^{-13}cm^3 STP · cm/（cm^2 · s · Pa）。因此，扩散通量为：

$$
\begin{aligned}
J &= -P_{\mathrm{M}}\frac{\Delta P}{\Delta x} = -P_{\mathrm{M}}\frac{P_2 - P_1}{\Delta x} \\
&= -0.23\times10^{-13}\,\frac{\mathrm{cm^3STP\cdot cm}}{\mathrm{cm^2\cdot s\cdot Pa}}\left[\frac{400\mathrm{Pa} - 400000\mathrm{Pa}}{0.05\mathrm{cm}}\right] \\
&= 1.8\times10^{-7}\,\mathrm{cm^3STP/(cm^2\cdot s)}
\end{aligned}
$$

（b）CO_2穿过瓶壁的流速$\dot{V}_{CO_2}$为：

$$\dot{V}_{\mathrm{CO_2}} = JA$$

式中，A为瓶子的表面积（即500cm^2）；因此，

$$\dot{V}_{\mathrm{CO_2}} = \left[1.8\times10^{-7}\,\mathrm{cm^3STP/(cm^2\cdot s)}\right]\left(500\mathrm{cm^2}\right) = 9.0\times10^{-5}\,\mathrm{(cm^3STP)/s}$$

体积（V）为750cm^3 STP的气体全部逸出需要的时间为：

$$\text{time} = \frac{V}{\dot{V}_{\mathrm{CO_2}}} = \frac{750\mathrm{cm^3STP}}{9.0\times10^{-5}\,\mathrm{cm^3STP/s}} = 8.3\times10^6\,\mathrm{s} = 97\text{天（或约为3个月）}$$

总结

导言

- 固态扩散是固体材料中通过逐步的原子运动实现物质传输的方式。
- 互扩散这一术语用于杂质原子的扩散；对于基体原子，我们用自扩散这一术语。

扩散机制

- 有两种可能的扩散机制：空位扩散和间隙扩散。

  空位扩散通过正常晶格位置上的原子与其邻近空位互相交换而发生。

  间隙扩散过程中，原子从一个间隙位置迁移到邻近的间隙位置。
- 对于给定的金属基体，一般来说间隙原子扩散更快。

稳态扩散

- 扩散通量是由扩散物质的质量、横截面积以及扩散时间，依据式（6.1a）所定义的。
- 浓度分布是浓度与扩散物质进入固体材料距离关系的曲线。
- 浓度梯度是浓度分布曲线上一点的斜率。
- 通量不随时间变化的扩散条件为稳态扩散。
- 稳态扩散条件下，扩散通量与扩散物质浓度梯度的负值成正比，关系式如式（6.3）所描述的菲克第一定律所示。
- 稳态扩散的驱动力为浓度梯度（dC/dx）。

非稳态扩散

- 非稳态扩散过程中，存在扩散物质的净增长和净损耗，且扩散通量随时间变化。

- 在一维x方向上的非稳态扩散（且当扩散系数不依赖于浓度时）由菲克第二定律式（6.4b）所描述。
- 对于表面物质浓度保持恒定的边界条件，菲克第二定律［式（6.4b）］的解为式（6.5），式中包含了高斯误差函数（erf）。

影响扩散的因素

- 扩散系数的大小表明了原子运动速率的快慢，其大小取决于溶剂原子和溶质原子以及温度。
- 扩散系数是温度的函数，如式（6.8）。

半导体材料中的扩散

- 在集成电路制造过程中用于扩散杂质的两种热处理方式是预淀积和驱入扩散。

  在预淀积过程中，杂质原子通常由气相扩散进入硅基体，气相杂质的分压保持恒定。

  在驱入扩散过程中，杂质原子被驱入硅基体内部更深的位置，在不提高整体杂质含量的基础上得到更合适的浓度分布。
- 集成电路互连线通常由铝制成——而不是其他如铜、银和金等具有更高电导率的金属——基于扩散的考虑。在高温热处理条件下，互连金属原子会扩散进入硅基体，当达到一定浓度时则会影响芯片的功能性。

离子化合物中的扩散

- 离子化合物中的扩散一般通过空位扩散发生；由带电空位和其他带电载体成对的扩散运动以保证局部的电中性。

聚合物中的扩散

- 在高分子中，异质小分子在分子链间通过间隙扩散机制从一个非晶区扩散邻近的非晶区。
- 气态物的扩散（或渗透）通常是由渗透系数表征的，渗透系数是扩散系数和扩散物质在高分子中溶解度的乘积［式（6.15）］。
- 渗透速率可通过调整后的菲克第一定律进行描述式［式（6.14）］。

公式总结

公式编号	公式	求解
（6.1a）	$J=\dfrac{M}{At}$	扩散能量
（6.3）	$J=-D\dfrac{\mathrm{d}C}{\mathrm{d}x}$	菲克第一定律——稳态扩散的扩散能量
（6.4b）	$\dfrac{\partial C}{\partial t}=D\dfrac{\partial^2 C}{\partial x^2}$	菲克第二定律——非稳态条件下扩散方程的解
（6.5）	$\dfrac{C_x-C_0}{C_\mathrm{s}-C_0}=1-\mathrm{erf}\ (\dfrac{x}{2\sqrt{Dt}})$	在表面浓度保持恒定条件下菲克第二定律的解
（6.8）	$D=D_0\exp\left(-\dfrac{Q_\mathrm{d}}{RT}\right)$	扩散系数对温度的依赖关系

符号列表

符号	意义
A	垂直于扩散方向的横截面面积
C	扩散物质浓度
C_0	扩散开始前扩散物质的初始浓度
C_s	表面的扩散物质浓度
C_x	经过时间t后距表面x处的扩散物质浓度
D	扩散系数
D_0	不依赖于温度的常数
M	扩散物质的质量
ΔP	聚合物膜两侧的气压差
P_M	穿过聚合物膜发生稳态扩散的渗透系数
Q_d	扩散激活能
R	气体常数［8.31J/（mol·K）］
t	扩散时间
x	扩散方向上的位置（或距离）坐标，通常以固体表面某一点作为原点
Δx	发生扩散的聚合物膜厚度

工艺/结构/性能/应用总结

6.6节中介绍了半导体材料中的扩散。预淀积和驱入扩散过程是非稳态扩散——菲克第二定律的解可用于描述两种扩散过程。非稳态扩散和这些热处理方式是硅基体加工中的两个组成部分，如下面的概念图所示：

硅半导体（加工）

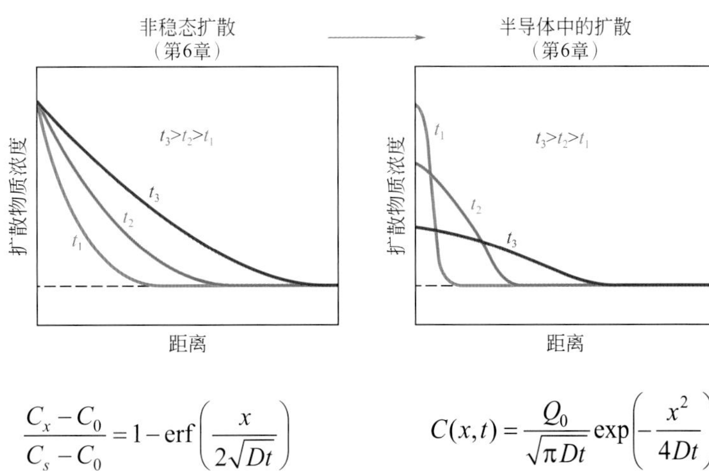

$$\frac{C_x - C_0}{C_s - C_0} = 1 - \mathrm{erf}\left(\frac{x}{2\sqrt{Dt}}\right) \qquad C(x,t) = \frac{Q_0}{\sqrt{\pi Dt}}\exp\left(-\frac{x^2}{4Dt}\right)$$

在设计半导体中引入杂质（即掺杂，第12章）以及生产钢合金（第11章）热处理设计过程中，了解扩散系数对温度的依赖性十分关键。下面的概念图展示了这两种材料的扩散系数与温度间的关系：

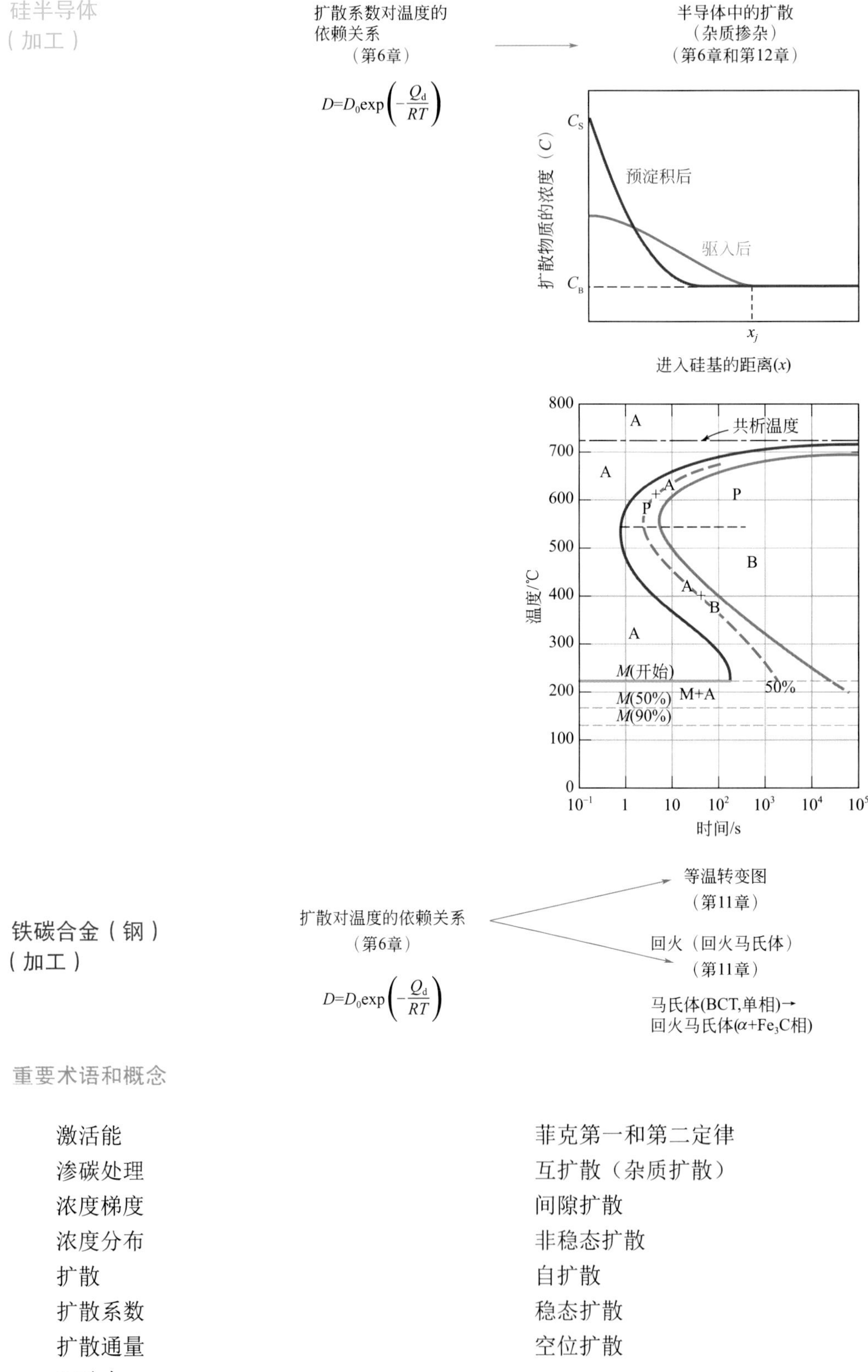

重要术语和概念

激活能
渗碳处理
浓度梯度
浓度分布
扩散
扩散系数
扩散通量
驱动力
菲克第一和第二定律
互扩散（杂质扩散）
间隙扩散
非稳态扩散
自扩散
稳态扩散
空位扩散

参考文献

Carslaw，H.S.，and J.C.Jaeger，*Conduction of Heat in solids*，2nd edtion，Oxford University Press，Oxford，1986.

Crank，J.，*The Mathematics of Diffusion*，Oxford University Press，Oxford，1980.

Gale，W.F.，and T.C.Totemeier（Editor），*Smithells Metals Reference Book*，8th edition，Butterworth–Heinemann，Woburn，UK，2003.

Glicksman，M.，*Diffusion in Solids*，Wiley–Interscience，New York，2000.

Shewmon，P.G.，*Diffusion in Solids*，2nd edition，The Minerals，Metals and Materials Society，Warrendale，PA，1989.

习题

Wiley PLUS中（由教师自行选择）的习题。

Wiley PLUS中（由教师自行选择）的辅导题。

Wiley PLUS中（由教师自行选择）的组合题。

导言

6.1 简要说明自扩散和互扩散的区别。

6.2 自扩散过程中发生迁移的原子类型相同；因此和互扩散不同，我们不能通过成分变化进行观测。建议一种可以监测自扩散过程的方法。

扩散机制

6.3 （a）比较间隙扩散和空位扩散的原子机制。

（b）找出为什么通常情况下间隙扩散比空位扩散更快的两个原因。

稳态扩散

6.4 简要说明扩散中稳态的概念。

6.5 （a）简要说明驱动力的概念。

（b）稳态扩散的驱动力是什么？

WILEY GO 6.6 在6.3节中我们讨论了将氢气通过钯片进行纯化的过程。计算500℃时，每小时有多少千克氢气能够通过一个面积为$0.20m^2$，厚度为5mm钯板。假定扩散系数为$1.0\times10^{-8}m^2/s$，板两边的氢气浓度分别为$2.4kg/cm^3$和$0.6kg/cm^3$，并且达到了稳态扩散的条件。

WILEY 6.7 一块1.5mm厚的铁板置于1200℃的环境中，且两侧都为氮气并且满足稳态扩散条件。该温度下氮在铁中的扩散系数为$6\times10^{-8}\ m^2/s$，且扩散通量为$1.2\times10^{-8}kg/(m^2\cdot s)$。我们还知道铁板压强较高一侧的氮气浓度为$4kg/m^3$。离高浓度一侧多远处的氮浓度为$2.0kg/m^3$？假设线性的浓度分布曲线。

6.8 一张BCC结构的2mm厚铁板被置于725℃的环境下，一侧为渗碳气氛，另一侧为脱碳气氛。当到达稳态扩散条件后，铁板被迅速冷却到室温。铁板两侧的碳浓度分别为0.012和0.0075%（质量）。已知扩散通量为$1.6\times10^{-8}kg/(m^2\cdot s)$，计算扩散系数。提示：用式（5.12）将浓度单位由质量百分比转换成单位体积铁内碳的质量。

WILEY GM 6.9 当α-Fe处于氢气气氛中时，进入铁中氢气的浓度，C_H（质量百分比），是氢气压强，p_{H_2}（MPa），以及绝对温度（T）的函数，如下

$$C_H = 1.34\times10^{-2}\sqrt{p_{H_2}}\exp\left(-\frac{27.2\text{kJ}/\text{mol}}{RT}\right) \tag{6.16}$$

此外，该扩散系统的D_0和Q_d分别为1.4×10^{-7} m²/s和13400J/mol。考虑250℃的一张厚为1mm的铁膜。如果该铁膜两侧的氢气压强分别为0.15MPa和7.5MPa，计算通过该铁膜的扩散通量。

非稳态扩散

6.10 证明

$$C_x = \frac{B}{\sqrt{Dt}}\exp\left(-\frac{x^2}{4Dt}\right)$$

也是方程（6.4b）的解。参数B是一个常数，且不依赖于x和t。

6.11 某铁碳合金的初始含碳量为0.20%（质量）C，计算距其表面2.4mm处碳含量达到0.45%（质量）所需的时间。已知其表面碳含量保持1.30%（质量）C 不变，且该热处理的温度为1010℃。利用表6.2中γ-Fe的扩散数据。

WILEY 6.12 一铁碳合金的初始碳含量为0.35%（质量）C，被置于富氧但无碳的环境中，环境温度为1400K（1127℃）。在这种条件下，碳从合金中扩散出来并在其表面与环境中的氧气发生反应；即合金表面的碳含量实际上是0%（质量）C。（这种消耗碳的过程我们称之为脱碳。）在10h的热处理之后，合金内部什么位置的碳浓度会减少为0.15%（质量）？已知1400K时D的值为6.9×10^{-11} m²/s。

6.13 在700℃时氮从气相扩散进入纯铁中。如果表面浓度保持为0.11%（质量）N，10h后1mm处的氮浓度为多少？700℃时氮在铁中的扩散系数为2.5×10^{-11} m²/s。

6.14 考虑一个由两个半无限固体组成的扩散偶，两个固体为同种金属，但两侧的杂质原子浓度不同；此外，假定两侧的杂质原子浓度保持不变。在这种情况下，菲克第二定律的解为如下形式：

$$C_x = \left(\frac{C_1 + C_2}{2}\right) - \left(\frac{C_1 - C_2}{2}\right)\text{erf}\left(\frac{x}{2\sqrt{Dt}}\right) \tag{6.17}$$

在上述表达式中，将扩散偶的界面处作为x=0的位置，那么C_1为$x < 0$的杂质浓度，而C_2为$x > 0$的杂质浓度。

一个扩散偶由两块银–金合金组成；这些合金的成分分别为98%（质量）Ag-2%（质量）Au和95%（质量）Ag-5%（质量）Au。计算在750℃时，在含2%（质量）Au一侧50μm处成分变为2.5%（质量）Au所需经过的时间。Au在Ag中扩散的指前因子以及激活能分别为8.5×10^{-5} m²/s和202100 J/mol。

6.15 某钢合金在渗碳热处理10h后会使其距表面2.6mm处的碳浓度增长至0.45%（质量）。估算同一温度下，对于同种钢合金，在其内部距表面5.0mm处达到同样浓度所需时间。

影响扩散的因素

6.16 计算900℃时碳在α-铁（BCC）和γ-铁中的扩散系数。哪个更大？解释其原因。

WILEY 6.17 利用表6.2中的数据，计算650℃时锌在铜中扩散的扩散系数D值。

6.18 在什么温度下，铜在镍中的扩散系数为6.5×10^{-17} m²/s？利用表6.2中的数据。

6.19 铁在钴中扩散的指前因子和激活能分别为$1.1 \times 10^{-5} m^2/s$和253300J/mol。在什么温度下，扩散系数的值为$2.1 \times 10^{-14} m^2/s$。

6.20 C在Cr中扩散的激活能为193000J/mol。计算1100K（827℃）时的激活能。已知1100K（727℃）时的D值为$1.0 \times 10^{-14} m^2/s$。

6.21 下表中给出了两个不同温度下铁在镍中的扩散系数：

T/K	$D/(m^2/s)$
1273 1473	9.4×10^{-16} 2.4×10^{-14}

（a）计算D_0和激活能Q_d的值；

（b）1100℃（1373K）时D的值为多少？

6.22 下表中给出了两个不同温度下银在铜中的扩散系数：

T/℃	$D/(m^2/s)$
650 900	5.5×10^{-16} 1.3×10^{-13}

（a）计算D_0和激活能Q_d的值；

（b）875℃时D的值为多少？

6.23 下图为铁在铬中的扩散系数对数（以10为底）对绝对温度倒数的曲线。计算扩散激活能和指前因子。

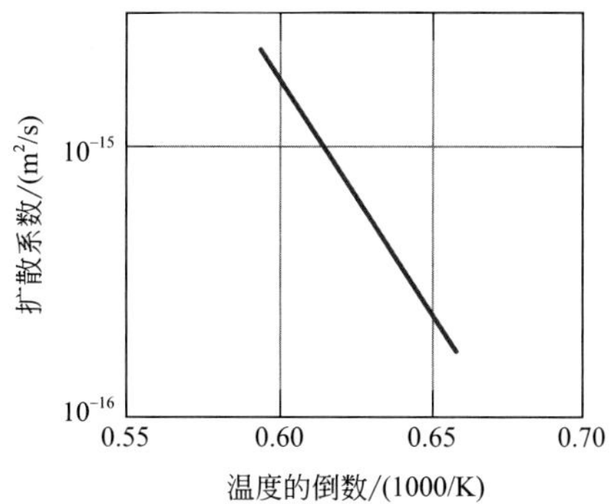

6.24 碳原子要扩散通过一块厚为15mm的钢板。钢板两侧的碳原子浓度分别为0.65kg C/cm³ Fe和0.30kg C/cm³ Fe，并保持恒定不变。如果指前因子和激活能分别为$6.2 \times 10^{-7} m^2/s$和80000 J/mol，计算扩散通量为1.43×10^{-9}kg/（m² · s）所对应的温度。

6.25 在727℃（1000K）某金属板中浓度梯度为–350kg/m⁴时，通过该金属板的稳态扩散通量为5.4kg/（m² · s）。对于同样的浓度梯度，计算1027℃（BOOK）时该金属板中的扩散通量，假设扩散激活能为125000 J/mol。

6.26 γ铁试样在多高的温度环境下渗碳2h后的扩散结果与在900℃环境下渗碳处理15h后的结果相同。

6.27 （a）计算500℃ 时铜在铝中的扩散系数。

（b）要得到与500℃热处理10h相同的扩散结果，需要在600℃热处理多长时间？

6.28 现有类似于如图6.1（a）所示的金属A-B扩散偶。当在1500K热处理30min后，B中6mm处A的浓度为84%（质量）。该扩散偶在什么温度加热30min后会在4mm处得到同样的浓度［即84%（质量）A］？已知A在B中扩散的指前因子和激活能分别为1.0×10^{-4} m^2/s和75000 J/mol。

WILEY GO 6.29 现有一个由假想金属A和B组成的类似于图6.1（a）所示的扩散偶。当在1000K热处理30h后（并紧接着冷却到室温），A在B中15.5mm处的浓度为3.2%（质量）。如果同样的扩散偶在800K的温度下热处理30h，B中什么位置处A的浓度会达到3.2%（质量）？假设指前因子和扩散激活能分别为1.8×10^{-5} m^2/s和152000J/mol。

6.30 一个钢齿轮的表面要通过增加其内部的碳含量以使其硬化；碳原子将通过富含碳的气氛来提供，并保持在较高的温度。一个在850℃进行10min的扩散热处理可使钢齿轮表明以下1.0mm处的碳含量增加至0.90%（质量）。估算650℃时，在同样的位置达到同样浓度所需的扩散时间。假定两种温度条件下钢齿轮表面的碳浓度都保持恒定。利用表6.2中C在α铁中扩散的数据。

WILEY GM 6.31 一个FCC铁–碳合金的初始碳含量为0.20%（质量）C，现将其置于高温环境下，并使其表面气氛中的碳含量保持在1.0%（质量）。如果在49.5h后，在其表面下4.0mm处的碳含量为0.35%（质量），请计算该扩散热处理所进行的温度。

半导体材料中的扩散

6.32 磷原子将通过预淀积和驱入两种热处理方式扩散进入硅基体；已知硅中P的背景浓度5×10^{19} atoms/m^3。预淀积处理将在950℃持续45min；硅基表面的P浓度将保持在1.5×10^{26} atoms/m^3。驱入扩散将在1200℃持续2.5h。P在硅中扩散的Q_d和D_0值分别为3.40eV/atom和1.1×10^{-4} m^2/s。

（a）计算Q_0的值。

（b）计算驱入扩散的x_j值。

（c）计算驱入扩散过程中P原子浓度为$10^{24}/m^3$的位置x。

6.33 磷原子将通过预淀积和驱入两种热处理方式扩散进入硅基体；已知硅中Al的背景浓度3×10^{19}atoms/m^3。驱入扩散处理将在1050℃持续4.0h，得到的结深x_j为3.0μm。如果硅基表面的Al浓度保持在2×10^{25} atoms/m^3，计算预淀积扩散在950℃所持续的时间。已知Al在Si中扩散的Q_d和D_0值分别为3.41eV/atom和1.38×10^{-4} m^2/s。

高分子材料中的扩散

WILEY GO 6.34 现考虑水蒸气穿过2 mm厚的聚丙烯（PP）薄膜。薄膜两侧的H_2O压强分别为1kPa和10kPa，并保持恒定。假设达到了稳态条件，298 K时的扩散通量［cm^3 STP/（cm^2·s）］为多少?

6.35 在325K时，氩气以$4.0\times10^{-7}$$cm^3$ STP/（cm^2·s）的速率穿过60mm厚的高密度聚乙烯（HDPE）膜。已知膜两侧的气体压强分别为5000kPa和1500kPa，并保持恒定不变。假设达到了稳态条件，那么325K时的渗透系数是多少?

WILEY 6.36 一种小分子在某高分子中德渗透系数对绝对温度的依赖关系如下式：

$$P_M = P_{M_0}\exp\left(-\frac{Q_P}{RT}\right)$$

式中，P_{M_0}和Q_P对于给定的气体–高分子体系为常数。考虑氢气扩散穿过20mm厚聚二甲基硅氧烷（PDMSO）膜的情形。PDMSO膜两侧的氢气压强分别为10kPa和1kPa，并

保持恒定不变。计算350 K时的扩散通量[(cm^3 STP)/(cm^2 · s)]。对于该扩散体系

$$P_{M_0}=1.45\times10^{-8}\ \mathrm{cm^3STPcm/(\,cm^2\cdot s\cdot Pa\,)}$$

$$Q_P=13.7\ \mathrm{kJ/mol}$$

假设稳态扩散条件。

数据表练习题

6.1SS 对于非稳态扩散，给定表面和初始状态的成分（表面成分恒定），以及扩散系数的值，制作一个数据表使用户能够计算在距固体表面给定距离处得到给定成分所需要的时间。

6.2SS 对于非稳态扩散，给定表面和初始状态的成分（表面成分恒定），以及扩散系数的值，制作一个数据表使用户能够计算在一定扩散时间后得到给定成分的位置距固体表面的距离。

6.3SS 对于非稳态扩散，给定表面和初始状态的成分（表面成分恒定），以及扩散系数的值，制作一个数据表使用户能够计算在一定扩散时间后距固体表面给定距离的成分。

6.4SS 在已知至少两组扩散系数值以及与其对应温度的条件下，制作一个数据表使用户能够计算（a）扩散激活能和（b）指前因子。

设计问题

稳态扩散

影响扩散的因素

6.D1 有一氢气–氮气混合气体，两种气体的分压均为0.1013MPa（1atm），现在我们需要增加氢气在该混合气体中的分压。有人提议将该混合气体在高温条件下通过某种金属薄片；由于氢气在该金属中的扩散速率高于氮气，因此在金属片的另外一侧会获得具有较高氢气分压的混合气体。该设计要求氢气和氮气的分压分别为0.0709 MPa（0.7atm）和0.02026 MPa（0.2atm）。该金属中氢气和氮气的浓度（C_H和C_N，单位为mol/m^3）是气体分压（p_{H_2}和p_{N_2}，单位为MPa）和温度的函数，如下所示：

$$C_H = 2.5\times10^3\sqrt{p_{H_2}}\exp\left(-\frac{27.8\mathrm{kJ/mol}}{RT}\right) \tag{6.18a}$$

$$C_N = 2.75\times10^3\sqrt{p_{N_2}}\exp\left(-\frac{37.6\mathrm{kJ/mol}}{RT}\right) \tag{6.18b}$$

此外，这些气体在金属中的扩散系数是绝对温度的函数，如下所示：

$$D_H(\mathrm{m^2/s}) = 1.4\times10^{-7}\exp\left(-\frac{13.4\mathrm{kJ/mol}}{RT}\right) \tag{6.19a}$$

$$D_N(\mathrm{m^2/s}) = 3.0\times10^{-7}\exp\left(-\frac{76.15\mathrm{kJ/mol}}{RT}\right) \tag{6.19b}$$

用这种方式净化氢气有可能吗？如果可能的话，请给出一个可以进行该过程的温度，以及对金属片的厚度要求。如果不可能的话，解释其原因。

6.D2 一混合气体含有A和B两种双原子气体，其分压均为0.05065MPa（0.5atm）。现在我们将

该混合气体通过一金属薄板以实现增加气体A分压的目的。得到的混合气体中，气体A的分压为0.02026MPa（0.2atm），而气体B的分压为0.01013MPa。气体A和气体B的浓度（C_A和C_B，单位为mol/m^3）均为气体分压（p_{A_2}和p_{B_2}，单位为MPa）和绝对温度的函数，如下列表达式所示：

$$C_A = 200\sqrt{p_{A_2}}\exp\left(-\frac{25.0\text{kJ/mol}}{RT}\right) \tag{6.20a}$$

$$C_B = 200\sqrt{p_{B_2}}\exp\left(-\frac{30.0\text{kJ/mol}}{RT}\right) \tag{6.20b}$$

此外，这些气体在金属中的扩散系数是绝对温度的函数，如下所示：

$$D_A(\text{m}^2/\text{s}) = 4.0\times10^{-7}\exp\left(-\frac{15.0\text{kJ/mol}}{RT}\right) \tag{6.21a}$$

$$D_B(\text{m}^2/\text{s}) = 2.5\times10^{-6}\exp\left(-\frac{24.0\text{kJ/mol}}{RT}\right) \tag{6.21b}$$

用这种方式可能净化气体A吗？如果可能，请给出一个可以进行该过程的温度，以及金属片的厚度。若不可能的话，解释其原因。

非稳态扩散

影响扩散的因素

6.D3 钢制滚轴的耐磨性可以通过硬化其表面得到提升。我们可以让氮扩散进入钢的表面从而增加钢表层的氮含量来提升其表面的硬度。氮原子将通过外界的富氮气氛提供，并且保持外界环境在一恒定高温。钢中的初始氮原子浓度为0.002%（质量），而其表面的氮原子浓度则保持在0.50%（质量）。为了使这一表面处理有效，在距离钢表面0.40mm处的氮原子浓度必须达到0.10%（质量）。给出在475℃和625℃这一温度区间内热处理的温度和对应的时间。氮在铁中扩散的指前因子和激活能分别为3×10^{-7} m^2/s和76150J/mol。

半导体中的扩散

6.D4 某集成电路的设计要求将砷扩散到硅晶片中；Si中As的背景浓度为2.5×10^{20} atoms/m^3。预淀积热处理将在1000℃持续45min，并且硅基体表面的As浓度保持在8×10^{26} atoms/m^3。在驱入扩散处理温度为1100℃时，计算要达到1.2μm的结深所需要的时间。对于该体系而言，Q_d和D_0值分别为4.10eV/atom和2.29×10^{-3} m^2/s。

工程基础问题

6.1FE 以下哪种元素的原子在铁中扩散最快？

（A）Mo （B）C （C）Cr （D）W

6.2FE 计算600℃时铜在铝中的扩散系数。该体系的指前因子和激活能分别为6.5×10^{-5}m^2/s和136000J/mol。

（A）5.7×10^{-5} m^2/s （B）9.4×10^{-17} m^2/s

（C）4.7×10^{-13} m^2/s （D）3.9×10^{-2} m^2/s

第7章 力学性能

(a) (b) (c)

图（a）给出了使用拉伸力测试金属力学性能的仪器（7.3节、7.5节和7.6节）。

图（b）为由上述仪器测试一钢试样所得到的曲线。测试得到的数据为应力（纵轴–作用力的大小）应变（横轴–与试样伸长程度相关）。通过应力–应变曲线，我们可以得知如图所示弹性模量（刚度，E）、屈服强度（σ_y）、以及拉伸强度（TS）等力学性能。

图（c）为一吊桥照片。桥面以及其上汽车的重量对竖直的拉索施加了拉伸力。这些力被转移至呈类似于抛物线状态的主拉索。用于制造这些拉索的金属合金必须满足一定的刚度和强度要求。合金的刚度和强度可通过上图所示的拉伸试验机（以及得到的应力–应变曲线）进行评估。

[图（a）型号H300KU万能试验机 Tinius Olsen；图（c）© istockphoto]

为什么学习力学性能？

工程师必须了解如何去测量材料的各种力学性能以及它们所代表的含义。他们会被要求使用给定材料去设计结构/部件，并确保不会发生不可接受的变形和失效。我们将在设计例题7.1中演示设计拉伸试验机过程中所涉及的相关步骤。

学习目标

通过本章的学习你需要掌握以下内容。

1. 定义工程应力和工程应变。
2. 描述胡克定律，并指出其适用条件。
3. 定义泊松比。
4. 在给出的应力－应变曲线上指出（a）弹性模量，（b）屈服强度（应变截距0.002），（c）拉伸强度以及（d）估测伸长率。
5. 描述柱形延性金属试样的变形至断裂过程中的剖面变化。
6. 通过拉伸至断裂后的伸长率和断面收缩率计算材料的延展性。
7. 对于拉伸试验中的试样，在已知作用力、瞬时横截面积以及初始和瞬时长度的条件下，计算真应力和真应变的值。
8. 计算三点弯曲陶瓷杆的挠曲强度。
9. 画出高分子材料的3种典型的应力－应变行为示意图。
10. 给出两种常见硬度测试技术，指明它们之间两点不同之处。
11. （a）给出并简要描述两种不同的显微硬度测试技术；（b）说明这些技术通常用于什么情况。
12. 计算延性材料的工作应力。

7.1 概述

很多材料在服役过程中都会受到力的作用，比如飞机机翼制造所使用的铝合金以及汽车轮轴制造所使用的钢。在这些情况下，我们必须了解材料的性能，这样才能进行合理设计以保证材料所制成的产品在服役过程中的形变程度合理而不会发生失效。材料的力学行为体现为材料在外加载荷或力的作用下所产生的表现和形变。关键的力学设计性能包括刚度、强度、硬度、延展性以及韧性。

材料的力学性能是通过仔细设计能够在最大程度上模拟其实际服役环境的实验来进行测定的。需要考虑的实验设计因素主要包括外加载荷的性质、加载时间以及环境因素。载荷性质可以是拉伸、压缩或剪切，而其大小可以保持恒定不变或持续浮动。加载时间可以不到1s，也可以持续很多年。服役温度可能是一个非常重要的因素。

具有不同需求的客户或机构（如生产商和消费者、研究机构、政府部门等）都十分关注材料的力学性能。因此有必要在材料测试和阐释测试结果的过程中保持一定的一致性。这种一致性通过使用标准测试技术来实现。这些测试标准的建立和发表往往由专业协会进行协调。在美国最活跃的协会是美国测试与材料协会（ASTM）。该协会的标准年鉴（http：//www.astm.org）包括很多卷，每年都会进行发布和更新，年鉴中的大部分标准都与力学测试技术有关。在本章和后面章节的内容中会以脚注的形式对其中的几种标准测试技术进行引用。

土建工程师的职责是确定在给定外加载荷作用下组件的应力和应力分布。这可以通过实验测试技术和理论以及数学应力分析实现。在与应力分析和材料强度相关的传统资料中介绍了有关话题。

而另一方面，材料和冶金工程师们关注的则是材料的生产和制造是否能够满足由上述应力分析所给出的服役要求。这就要求对材料显微组织（即内部结构）和其力学性能之间的关系有一定的了解。

具有良好力学性能特点的材料常被用于各种结构应用。本章将讨论金属、陶瓷和高分子材料的应力–应变曲线和相关的力学性能，以及其他重要的力学特性。对于变形过程中显微组织方面的内容以及强化力学性能的方法将在第8章中进行讲解。

7.2 应力和应变概念

如果施加载荷为静载荷或随时间变化相对较慢，且在构件横截面或表面的力度分布均匀，那么这种条件下的力学行为可以通过一种简单的应力-应变试验进行确定，这种试验最常用于室温下金属的测试。载荷的施加方式主要有3种：拉伸、压缩和剪切［图7.1（a）、（b）、（c）］。在工程实践中，很多载荷都是扭转而不是纯剪切，这种类型的载荷如图7.1（d）所示。

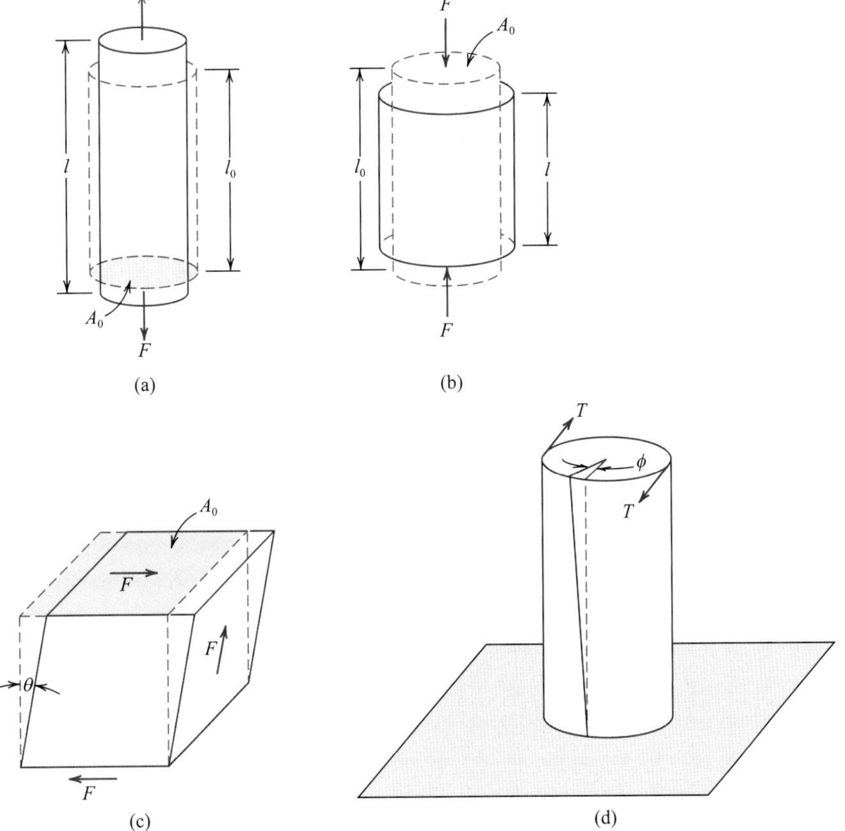

图7.1 （a）拉伸载荷下试样伸长并产生线性正应变的示意图，虚线为形变前的形状，实线为形变后的形状；（b）压缩载荷下试样压缩并产生线性负应变的示意图；（c）剪切应变γ的示意图，其中$\gamma=\tan\theta$；（d）力矩T作用下产生的扭转变形（即扭转角ϕ）示意图

（1）拉伸试验[1]

最常见的力学应力–应变试验就是拉伸试验。我们将会看到，拉伸试验可用于确定多种在设计中十分重要的材料力学性能。在沿试样长轴方向上的一个持续增加的单轴载荷作用下，试样被拉伸，并通常被拉至断裂为止。一个标准的拉伸试样如图7.2所示，一般来说，试样横截面是圆形的，但是矩形的试样也会被用到。我们选用这种“狗骨形”试样以使变形被限制在狭窄的中心区域（有统一的横截面积），也减少断裂在试样两端发生的可能性。横截面的标准直径约为12.8mm（0.5in.），而变截面区间的长度至少为该直径的4倍，通常为60mm（2.25in.）。在塑性计算中会用到标距长度，如7.6节中所讨论的，标准值为50mm（2.0in.）。试样的两端固定在仪器的夹具上（图7.3）。拉伸试验机被设计成以恒定速率拉伸试样并同时对瞬时载荷（通过测力传感器）以及伸长度（通过引伸计）进行持续的测量。一般典型的应力–应变试验需要持续几分钟而且属于破坏性试验，即试样会发生永久变形而且通常会发生断裂。[本章开头的图（a）为一台现代拉伸测试机。]

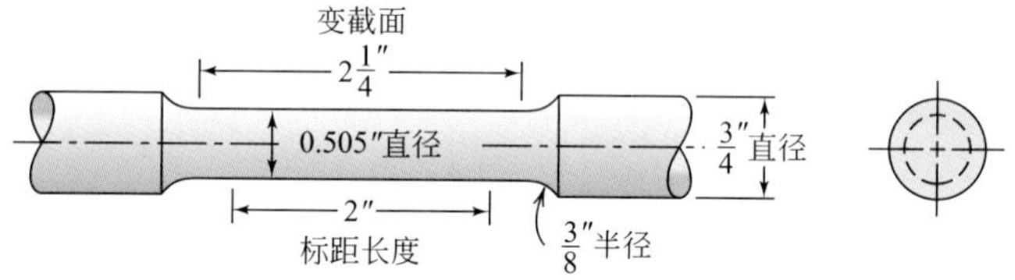

图7.2 具有圆形横截面的标准拉伸试样

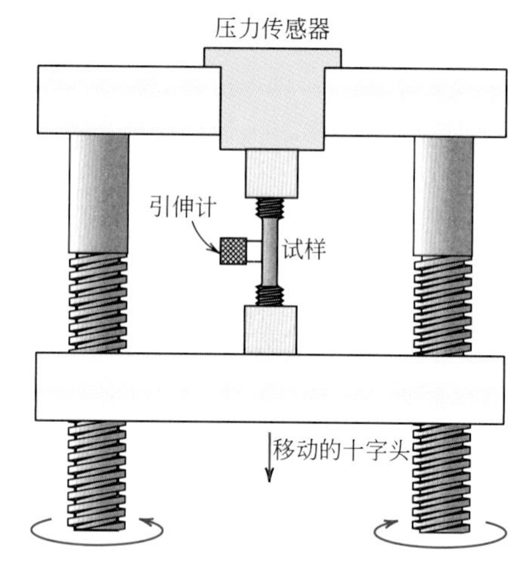

图7.3 拉伸应力–应变试验机示意图

试样由移动的十字头拉伸，压力传感器或引伸计分别测量施加载荷和伸长度（来源于H.W.Hayden，W.G.Moffatt，and J.Wulff，*The Structure and Properties of Materials*，Vol. Ⅲ，*Mechanical Behavior*，p.2.版权©1965 by John Wiley&Sons，New York.重印得到了John Wiley&Sons，Inc.的许可。）

工程应力
工程应变

拉伸试验所记录的结果（通常由电脑进行）为载荷或作用力随伸长度的变化。这些载荷–形变特征取决于试样的大小。比如，如果试样的横截面积增大两倍，我们需要两倍的载荷才能得到同样程度的伸长度。为了缩小这些几何因素，载荷及伸长度被标准化为相应的工程应力和工程应变参数。工程应力的定义由如下关系式所示：

[1] ASTM标准E 8和E 8M，“Standard Test Methods for Tension Testing of Metallic Materials.”

工程应力的定义（拉伸和压缩）

$$\sigma = \frac{F}{A_0} \tag{7.1}$$

式中，F为垂直于试样横截面的瞬时载荷，N或lb_f；A_0为施加负载前的横截面积，m^2或in^2。

工程应力的单位（后面简称为应力）是兆帕，MPa（SI）（$1MPa=10^6\ N/m^2$）。也可以是磅力每平方英尺，psi（美国习惯）。[1]

工程应变ϵ定义式如下：

工程应变的定义（拉伸和压缩）

$$\epsilon = \frac{l_i - l_0}{l_0} = \frac{\Delta l}{l_0} \tag{7.2}$$

式中，l_0是施加载荷前的初始长度；l_i是瞬时长度。有时候我们用Δl表示l_i–l_0，其值为某一瞬间在初始长度基础上的伸长量或长度的变化。工程应变（后面简称为应变）无量纲，但经常用米每米或英尺每英尺表示；显然应变的值与单位系统无关。有时候应变也会用百分数表示，即将应变的值乘以100。

（2）压缩试验[2]

当服役受力类型为压缩性质时，我们可以采用压缩应力–应变试验。压缩试验与拉伸试验类似，区别在于所施加的载荷为压缩载荷，而试样沿应力方向压缩。式（7.1）和式（7.2）分别被用于计算压应力和压应变。按照惯例，压缩载荷为负值，因此产生的是负应力。此外，由于l_0大于l_i，由式（7.2）计算得到的压应变也是负值。通常我们更多的使用拉伸实验来测试材料性能是因为它实施起来相对简单，而且对于大多数结构应用中的材料来说，压缩试验给出的信息较少。当需要在大的或永久（即塑性）应变下测试材料的行为，或当材料在拉伸作用下太脆时，我们会采用压缩试验。

（3）剪切和扭转试验[3]

对于图7.1（c）中所示的纯剪切试验，剪切应力τ通过式（7.3）进行计算：

剪切应力定义

$$\tau = \frac{F}{A_0} \tag{7.3}$$

式中，F为载荷或平行于上下表面所施加的力，上下表面面积均为A_0。剪切应变定义为应变角θ的正切值，如图所示。剪切应力和剪切应变的单位与拉伸应力和应变一样。

扭转是按如图7.1（d）所示方式扭曲的结构构件中的各种纯剪切力引起的变化，扭转力使构件的一端相对另一端以长轴为中心发生转动。扭转的实例有机械轴杆和传动轴以及螺旋钻等。扭转试验一般使用柱形固体杆或管。剪切应力是施加扭矩T的函数，而剪切应变γ则与扭转角ϕ有关，如图7.1（d）所示。

（4）应力状态的几何因素

由图7.1中所示拉伸、压缩、剪切和扭转力计算得到的应力或平行或垂直于

---

[1] 两种单位的转换：145psi=1MPa。

[2] ASTM标准E 9，"Standard Test Methods of Compression Testing of Metallic Materials at Room Temperature."

[3] ASTM标准E 143，"Standard Test Method for Shear Modulus at Room Temperature."

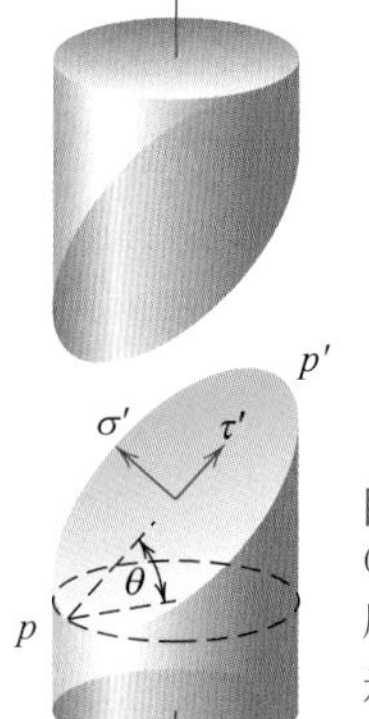

图7.4 与垂直于拉伸应力（σ）的表面呈θ的平面上正应力（σ′）和剪切应力（τ′）示意图

试样端面。我们需要注意的是应力状态是应力作用的平面之取向的函数。比如，图7.4中的柱形拉伸试样受到了平行于其中心轴的拉伸应力σ。另外，考虑与试样端面呈任意θ夹角的平面p–p'。在该平面上，所加载的应力不再是单纯的拉应力，而是一种更复杂的应力状态，由垂直于p–p'面的拉伸（或正）应力σ'与平行于该平面的τ'构成，如图7.4所示。利用材料力学[1]原理，我们可以用σ和θ得到σ'与τ'的表达式如下：

$$\sigma' = \sigma\cos^2\theta = \sigma\left(\frac{1+\cos 2\theta}{2}\right) \tag{7.4a}$$

$$\tau' = \sigma\sin\theta\cos\theta = \sigma\left(\frac{\sin 2\theta}{2}\right) \tag{7.4b}$$

我们使用同样的力学原理可将应力分量从一个坐标系转换到另一个具有不同取向的坐标系，该部分内容不在本书讨论的范围内。

弹性形变

弹性变形

7.3 应力–应变行为

胡克定律–弹性形变工程应力和工程应变间的关系（拉伸和压缩）

一个结构变形的程度或应变取决于所施加应力的大小。当多数金属处于相对较低的拉伸状态时，应力和应变互成比例，其关系如以下表达式所示：

$$\sigma = E\epsilon \tag{7.5}$$

弹性模量

这是众所周知的胡克定律，而式中的比例常数E（GPa或psi）[2]是弹性模量，或杨氏模量。对于多数典型金属来说，该模量的大小变化范围可从镁的45GPa（6.5×10^6psi）到钨的407GPa（59×10^6psi）。陶瓷材料的弹性模量稍高于金属，变化范围在70～500GPa［（10～70）$\times10^6$psi］之间。高分子材料的弹性模量比金属和陶瓷都要低，变化范围约为0.007～4GPa（10^3～0.6×10^6psi）。表7.1中给出了室温条件下一些金属、陶瓷以及高分子材料的弹性模量值。附录B中的表B.2给出了更为全面的弹性模量值。

表7.1 各种材料在室温条件下的弹性和剪切模量以及泊松比

材料	杨氏模量/GPa		剪切模量/GPa		泊松比
	GPa	10^6psi	GPa	10^6psi	
金属合金					
钨	407	59	160	23.2	0.28
钢	207	30	83	12.0	0.30
镍	207	30	76	11.0	0.31
钛	107	15.5	45	6.5	0.34
铜	110	16	46	6.7	0.34

❶ 如W.F.Riley，L.D.Sturges，and D.H.Morris，*Mechanics of Materials*，6th edition，Wiley，Hoboken，NJ，2006.

❷ 弹性模量的SI单位是吉帕斯卡，GPa，1GPa=10^9 N/m^2=10^3 MPa。

续表

材料	杨氏模量/GPa		剪切模量/GPa		泊松比
	GPa	10^6psi	GPa	10^6psi	
金属合金					
黄铜	97	14	37	5.4	0.34
铝	69	10	25	3.6	0.33
镁	45	6.5	17	2.5	0.35
陶瓷					
氧化铝（Al_2O_3）	393	57	—	—	0.22
碳化硅（SiC）	345	50	—	—	0.17
氮化硅（Si_3N_4）	304	44	—	—	0.30
尖晶石（$MgAl_2O_4$）	260	38	—	—	—
氧化镁（MgO）	225	33	—	—	0.18
氧化锆（ZrO_2）①	205	30	—	—	0.31
莫来石（$3Al_2O_3$–$2SiO_2$）	145	21	—	—	0.24
玻璃陶瓷（Pyroceram）	120	17	—	—	0.25
石英玻璃（SiO_2）	73	11	—	—	0.17
钠钙玻璃	69	10	—	—	0.23
高分子②					
酚醛树脂	2.76 ～ 4.83	0.40 ～ 0.70	—	—	—
聚氯乙烯（PVC）	2.41 ～ 4.14	0.35 ～ 0.60	—	—	0.38
聚对苯二甲酸乙二醇酯（PET）	2.76 ～ 4.14	0.40 ～ 0.60	—	—	0.33
聚苯乙烯（PS）	2.28 ～ 3.28	0.33 ～ 0.48	—	—	0.33
聚甲基丙烯酸甲酯（PMMA）	2.24 ～ 3.24	0.33 ～ 0.47	—	—	0.37 ～ 0.44
聚碳酸酯（PC）	2.38	0.35	—	—	0.36
尼龙6,6	1.59 ～ 3.79	0.23 ～ 0.55	—	—	0.39
聚丙烯树脂	1.14 ～ 1.55	0.17 ～ 0.23	—	—	0.40
聚乙烯–高密度（HDPE）	1.08	0.16	—	—	0.46
聚四氟乙烯（PTFE）	0.40 ～ 0.55	0.058 ～ 0.080	—	—	0.46
聚乙烯–低密度（LDPE）	0.17 ～ 0.28	0.025 ～ 0.041	—	—	0.33 ～ 0.40

① 用3%（摩尔）Y_2O_3进行部分稳定。

② 来源：*Modern Plastics Encyclopedia ’ 96.*Copyright 1995.The McGraw–Hill Companies.重印得到许可。

弹性形变

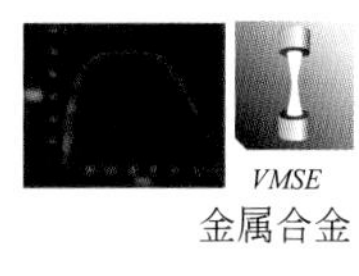

我们将应力与应变互成比例的形变称为弹性形变。图7.5给出了一张应力（纵坐标）-应变（横坐标）间的线性关系图。线性段的斜率相当于弹性模量E。该模量可以被看作是刚度，或者材料对弹性形变的抵抗能力。弹性模量越大，材料刚性越强，或当给定同样的作用力时材料的弹性应变越小。弹性模量是计算弹性挠度的一个重要参数。

弹性形变不具有永久性，也就是说当载荷被卸除后，试样会回复到初始的形状。在图7.5中所示的应力-应变曲线中，加载的过程对应于从原点沿着直线上升的过程。当卸除载荷时，该线条沿着反方向移动回到原点。

对于一部分材料（如灰铸铁、水泥以及很多高分子材料）来说，应力-应变曲线的弹性部分并不是线性的（图7.6），因此我们不可能按照前述方式计算弹性模量。对于非线性行为，我们通常使用切线或割线模量。切线模量被认为是应力–应变曲线上某给定应力处的斜率，而割线模量是指从原点到σ–ε曲线上某点连线的斜率。这些模量的确定方法如图7.6所示。

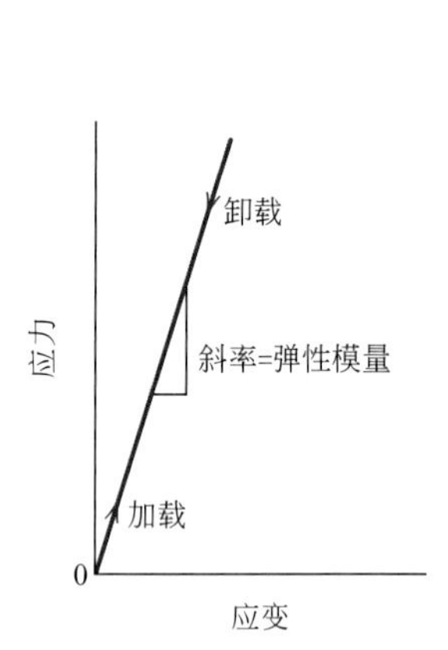

图7.5 加载和卸载过程中的线性弹性形变应力-应变示意图

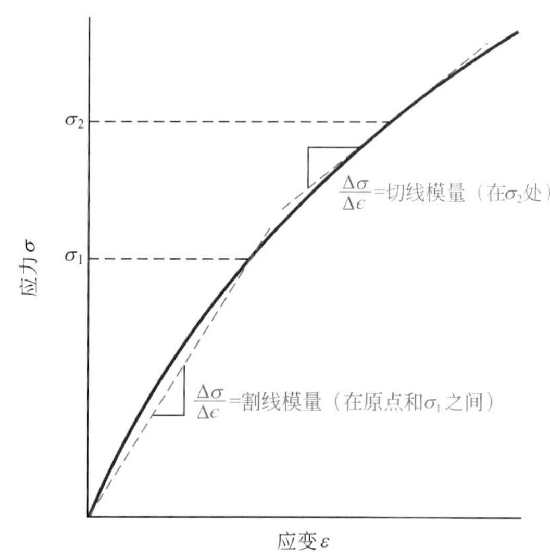

图7.6 非弹性行为应力-应变曲线以及割线与切线模量示意图

在原子尺度上，宏观的弹性应变表现为原子间距的细微变化以及原子间键的拉伸。因此，弹性模量的大小是对分离相邻原子的阻力，亦即原子间键合力的一种度量手段。此外，弹性模量与原子间作用力-原子间距曲线［图2.8（a）］上平衡原子间隔处的斜率呈比例：

$$E \propto \left(\frac{\mathrm{d}F}{\mathrm{d}r}\right)_{r_0} \tag{7.6}$$

图7.7给出了具有强原子键合与弱原子键合的原子间作用力-原子间距的曲线以及r_0处的斜率。

金属、陶瓷以及高分子材料弹性模量的差异是由于这3种材料原子键合类型不同直接产生的结果。此外，随着温度的上升，除了某些橡胶材料以外，其他所有材料的弹性模量均会下降。几种金属材料弹性模量随温度变化的这种趋势如图7.8所示。

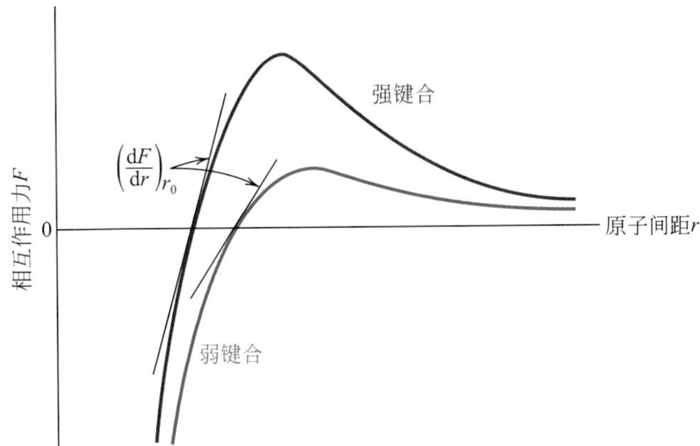

图7.7 弱键合强键合的原子间力对原子间距关系图。弹性模量的大小与平衡原子位置r_0处的斜率呈比例

可以预想，压缩、剪切或扭转应力也会引起弹性行为。在低应力水平下，拉伸和压缩情况下的应力-应变特征几乎一样，均包含了弹性模量。剪切应力和应变之间互成比例，关系式如下：

弹性形变剪切应力和剪切应变间的关系

$$\tau=G\gamma \tag{7.7}$$

式中，G为剪切模量——是剪切应力-应变曲线线性弹性区域的斜率。表7.1给出了几种常见金属的剪切模量。

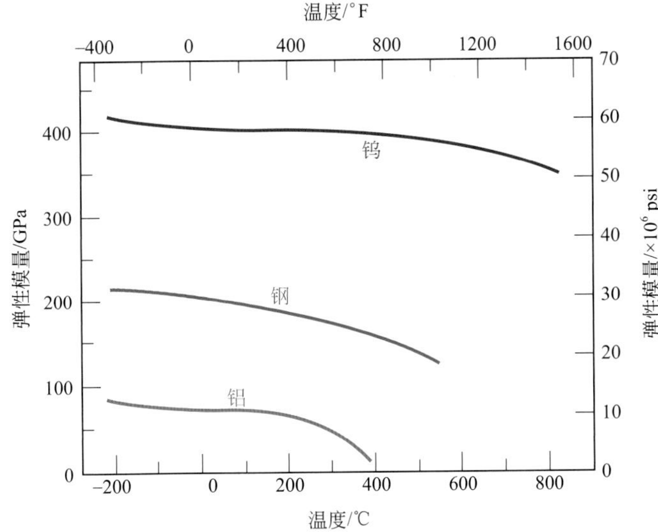

图7.8 钨、钢和铝的弹性模量随温度变化的曲线

（来源于K.M.Ralls，T.H.Courtney，and J.Wulff，*Introduction to Materials Science and Engineering*. 版权©1976 by John Wiley & Sons，New York. 重印得到了John Wiley & Sons, Inc. 许可）

7.4 滞弹性

滞弹性

到目前为止，我们一直都假设弹性形变是不依赖于时间的——即，应力施加的同时即能够瞬间产生弹性应变，并且在保持应力不变的情况下应变也保持恒定。我们也假设了当载荷卸除的同时，应变会完全恢复——亦即，应变立刻变为零。然而，在多数工程材料中，都会存在着一个依赖于时间的应变分量——即，在施加载荷后会发生持续的弹性形变，而在卸除载荷后，需要一定的时间才能完全恢复。我们称这种依赖于时间的弹性行为**滞弹性**，这是由那些

与形变相关的依赖于时间的显微及原子尺度的变化过程所导致的。对于金属来说，这种滞弹性部分通常很小，往往可以被忽略。然而对于高分子来说，滞弹性的作用显著，在这种情况下我们称为黏弹性行为，在7.15节中将进行该话题的讨论。

例题7.1

计算伸长量（弹性）

现用276MPa（40000psi）的应力拉伸一块原长为305mm（12in.）的铜条。如果形变完全是弹性的，最后达到的伸长量是多少？

解：

由于形变是弹性的，应变与应力间的关系如式（7.5）。此外，伸长度Δl与原长的关系见式（7.2）。将上述两个表达式联系起来并求解Δl可得：

$$\sigma = \epsilon E = \left(\frac{\Delta l}{l_0}\right)E$$

$$\Delta l = \frac{\sigma l_0}{E}$$

已知σ和l_0的值分别为276MPa和305mm，且从表7.1中可得知铜的弹性模量E为110GPa（16×10^6psi）。通过将这些已知条件代入上述表达式可得：

$$\Delta l = \frac{(276\text{MPa})(305\text{mm})}{110\times10^3\text{MPa}} = 0.77\text{mm（0.03in.）}$$

7.5 材料的弹性性能

当给一个金属试样施加一个拉伸应力时，试样会发生弹性伸长并在应力方向（任意方向z）上伴随着应变ϵ_z，如图7.9所示。由于纵向伸长的发生，在垂直于外加拉伸应力的横向（x和y方向）上会伴随着收缩，通过这些收缩，我们可以确定压缩应变ϵ_x和ϵ_y。如果加载应力是单轴的（只在z方向上）且材料是各向同性的，那么ϵ_x=ϵ_y。一个被称为泊松比v的参数被定义为横向与纵向的应变之比，或者对于几乎所有的结构材料来说，ϵ_x和ϵ_z的都是异号的；因此，在前面出现的表达式中的负号就保证了v为正值[1]。

泊松比

泊松比定义为横向与纵向应变的比值

$$v = -\frac{\epsilon_x}{\epsilon_z} = -\frac{\epsilon}{\epsilon} \tag{7.8}$$

理论上来说，各向同性材料的泊松比应该为$\frac{1}{4}$，而且v的最大值为0.50。对于很多金属以及其他合金材料来说，泊松比的值在0.25～0.35的范围内。表7.1给出了几种常见材料的泊松比，更加全面详细的数值在附录B的表B.3中给出。

对于各向同性材料，剪切和弹性模量以及泊松比间的关系如式（7.9）所示：

---

[1] 有些材料（如，尤其是高分子泡沫材料）在纵向拉伸时也会伴随着横向扩展。在这些材料中，式（7.8）中ϵ_x和ϵ_z的符号均为正，因此泊松比为负值。我们称具有这种效应的材料为拉胀材料。

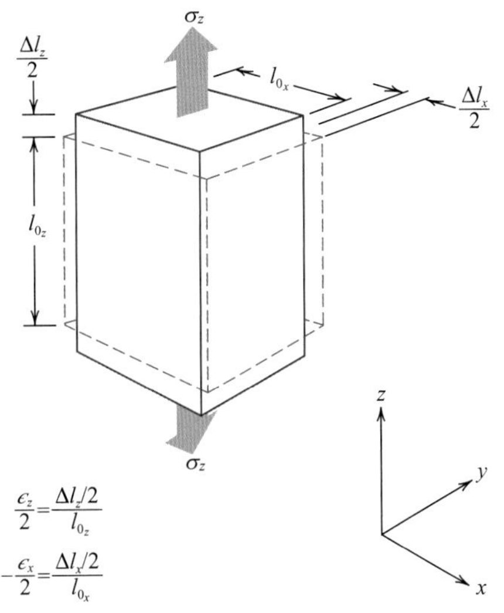

图7.9 在拉伸应力作用下的轴向（z）伸长（正应变）和横向（x和y）收缩（负应变）

实线为拉伸后；虚线为拉伸前。

弹性参数——弹性模量、剪切模量、和泊松比之间的关系

$$E=2G(1+\nu) \tag{7.9}$$

在大多数金属中，G约为$0.4E$。因此，如果我们已知了一个模量，就可以近似地估算出另外一个模量。

多数材料都是弹性各向异性的，亦即，弹性行为（如E的大小）随晶向的变化而变化（见表7.2）。这些材料的弹性性质只有通过规定的几个弹性常数才能得到完全描述，常数的值取决于晶体结构的特征。即使是对于各向同性材料来说，完整地表征其弹性性能也至少需要两个常数。由于在多数多晶材料中，晶粒取向都是随机的，因此我们可以把整个材料近似地看作是各向同性的。无机陶瓷玻璃也是各向同性的。在接下来对力学行为展开的讨论中，我们假设材料具有各向同性且是多晶体（对金属和陶瓷），因为大多数工程材料都具有这样的特征。

表7.2 概念检查7.1和7.6中用到的几种假想金属的拉伸应力–应变数据

材料	屈服强度/MPa	拉伸强度/MPa	断裂时的应变	断裂强度/MPa	弹性模量/GPa
A	310	340	0.23	265	210
B	100	120	0.40	105	150
C	415	550	0.15	500	310
D	700	850	0.14	720	210
E	屈服前发生断裂			650	350

例题7.2

计算产生一定直径变化所需要的载荷大小

现要在一个初始直径为10mm（0.4in.）的圆柱形铜柱上沿其纵轴方向施加一个拉伸应力。如果形变完全是弹性的，那么使其直径产生2.5×10^{-3}mm（10^{-4}in.）的变化，计算需要施加多大的载荷？

解：

题设中的形变情形如右侧示意图所示。

当施加外力F时，试样会沿着z向伸长，与此同时x方向上的横截面直径会减

少 Δd，2.5×10^{-3} mm。x方向上的应变如下，

$$\epsilon_x=\frac{\Delta d}{d_0}=\frac{-2.5\times10^{-3}\text{mm}}{10\text{mm}}=-2.5\times10^{-4}$$

由于直径缩小，因此上式得到的数值为负。

接下来我们需要通过式（7.8）计算z方向上的应变。铜的泊松比为0.34（表7.1），因此有：

$$\epsilon_z=-\frac{\epsilon_x}{\nu}=-\frac{\left(-2.5\times10^{-4}\right)}{0.34}=7.35\times10^{-4}$$

现在我们可以通过式（7.5）计算所施加的应力。从表7.1可得到弹性模量的值为97GPa（14×10^6psi），因此有：

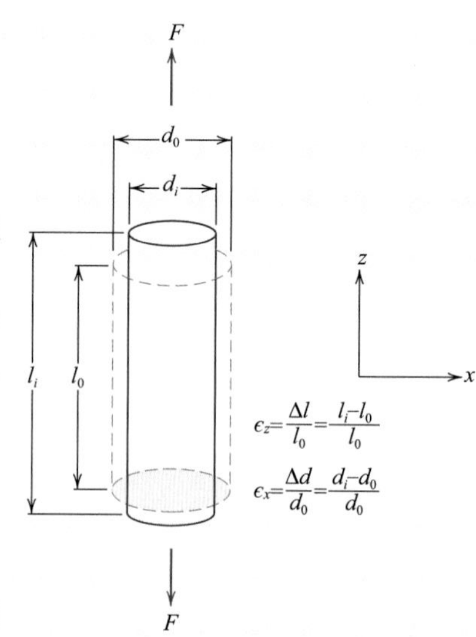

$$\sigma=\epsilon_z E=\left(7.35\times10^{-4}\right)\left(97\times10^3\text{MPa}\right)=71.3\text{MPa}$$

最后，由式（7.1）可求得，施加的力应为：

$$F=\sigma A_0=\sigma\left(\frac{d_0}{2}\right)^2\pi=\left(71.3\times10^6\text{N/m}^2\right)\left(\frac{10\times10^{-3}\text{m}}{2}\right)^2\pi=5600\text{N}(1293\text{ lbf})$$

力学行为——金属

塑性形变

对于大多属金属来说，弹性形变只能持续到应变为0.005的程度。当金属的形变超过这一极限时，应力和应变就不再互成比例了［胡克定律，式（7.5），不再成立］，而会发生永久的、不可恢复的塑性形变。图7.10（a）给出了典型金属在塑性变形区域的拉伸应力-应变行为示意图。大多数金属材料弹性到塑性的转变是一个渐变的过程，在塑性形变开始的时候会产生一些弧度，并随着应力的增加而增大。

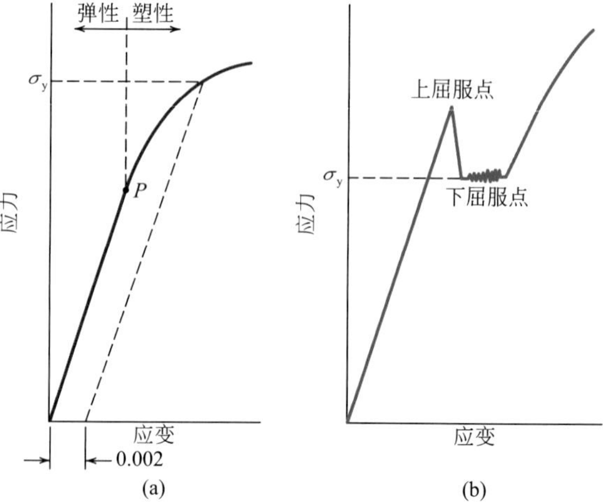

图7.10 （a）典型的金属材料应力–应变行为，展示了弹性与塑性形变、弹性极限P以及通过应变截距0.002所确定的屈服强度σ_y；（b）具有代表性的某些钢材料的应力–应变行为，显示出了屈服现象

从原子的角度来看，塑性形变对应着大量原子或分子相对于彼此进行运动时，相邻原子间键的断裂以及与新邻近原子之间新键的形成过程。当应力卸除后，这些原子不会回到其初始的位置。金属材料这种永久的形变是通过所谓的滑移过程来实现的，该过程包含了8.3节中将要讨论的位错运动。

7.6 拉伸性能

（1）屈服和屈服强度

很多结构设计中我们需要确保在施加应力的条件下只会发生弹性形变。某一个结构或者组件在经历了塑性变形或者说形状发生了永久性的变化之后可能就无法满足其应有的功能要求。因此，我们必需要了解在怎样的应力水平下会产生发生塑性变形，或哪里发生屈服现象。对于经历这种渐变的弹性-塑性转变的金属材料来说，屈服发生的点可以通过应力-应变曲线最初开始偏离线性关系的位置来确定，该点我们有时候称之为弹性极限，如图7.10（a）中的P点所示，代表着显微级别上塑性变形的开始。然而P点的精确位置较难测定。因此，我们建立了以下惯例，从某个特定的应变截距（通常选定为0.002）处开始引出一条平行于弹性部分的直线。该直线与应力-应变曲线弯向塑性变形区间的交点所对应的应力被定义为屈服强度σ_y[1]，如图7.10（a）所示。屈服强度的单位为MPa或psi[2]。

屈服

弹性极限

屈服强度

对于具有非线性弹性区间（图7.6）的材料来说，不可能使用应变截距的方法，通常将产生某特定程度应变（如ϵ=0.005）所需的应力定义为屈服强度。

有些钢和其他材料具有如图7.10（b）所示的应力-应变行为。其弹性–塑性转变十分明显而且出现非常突然，我们称这种现象为屈服点现象。在上屈服点处，塑性形变由工程应力的明显下降开始。形变在某上下小范围浮动的应力值之内持续发生，我们称该应力为下屈服点；接下来应力随着应变的增加而升高。对于具有这种效应的金属来说，其屈服强度被认为是与下屈服点相关的平均应力值，因为该应力比较明显且对测试过程敏感性较低[3]。因此对于这些材料来说，我们没有必要使用应变截距的方法。

材料的屈服强度是这种材料抵抗塑性变形能力的度量。屈服强度的范围从低强度铝的35MPa（5000psi）直到高于高强度钢的1400MPa（200000psi）。

（2）拉伸强度

拉伸强度

在屈服发生之后，使金属继续发生塑性形变所需的应力增长到最大值，图7.11中的M点，然后开始下降并最终在F点发生断裂。拉伸强度TS（MPa或psi）就是对应于工程应力-应变曲线（图7.11）最高点的应力值。该强度对应于构件所能承受的最大拉伸应力。如果持续施加应力则会发生断裂。到该点之前，拉伸试样较细部分的形变都是一致的。然而，在该最大应力处，拉伸试样的某点会开始缩小或产生一个脖颈，之后的所有形变都将局限于该脖颈处。如

❶ 在这里使用强度而不是应力，因为强度是金属的性能，而应力则是与外加载荷相关联的。

❷ 在美国习惯单位系统中，有时也会用到千磅每平方英寸（ksi）这个单位。

❸ 注意，为了观察到屈服点现象，必须使用“刚性”拉伸试验机。这里的“刚性”是指该仪器在加载过程中的弹性形变是极为有限的。

图7.11所示。我们称该现象为颈缩，且最终的断裂将发生于颈缩处[1]。断裂强度对应于断裂发生时的应力值。

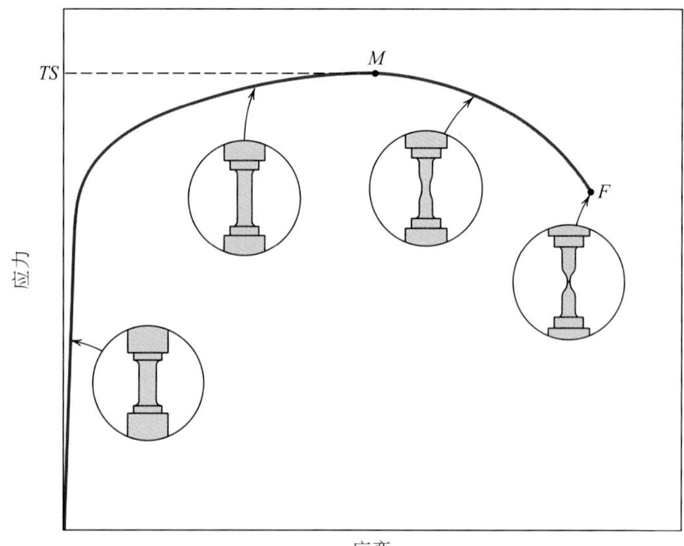

图7.11 典型的从开始到断裂点F的应力–应变行为。拉伸强度（TS）如图上点M所示

圆形的插图对应着试样在曲线上不同位置处的几何形状。

拉伸强度的变化范围可以从铝的50MPa（7000psi）高至高强度钢的3000 MPa（450000psi）。通常情况下，当我们为了满足设计目的而选用材料时，一般都会考虑其屈服强度。这是因为当材料所受到的外力达到其拉伸强度时，材料已经经历了较大程度的塑性变形而无法满足需求了。另外，对于工程设计来说一般不会标明断裂强度。

例题7.3

根据应力–应变曲线确定力学性能

根据图7.12所示的黄铜试样拉伸应力–应变曲线，确定下列力学性能：

（a）弹性模量；

（b）应变截距为0.002时的屈服强度；

（c）初始直径为12.8 mm（0.505in.）的圆柱形试样能承受的最大的载荷；

（d）初始长度为250 mm（10in.）的试样在345 MPa（50000psi）拉伸应

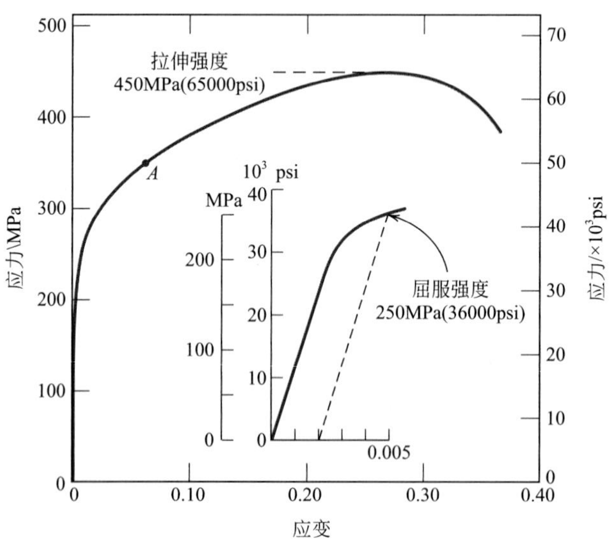

图7.12 例题7.3中所讨论的黄铜试样的应力-应变行为

[1] 图7.11中在超过最大点后工程应力的持续下降伴随着持续的形变是由颈缩现象所引起的。我们会在7.7节中解释到，实际上的真应力（在颈缩处）是增加的。

力作用下的长度变化。

解：

（a）弹性模量是应力–应变曲线的弹性或初始的线性部分的斜率。为了帮助计算，应变坐标轴的放大图如图7.12中的插图所示。线性区域的斜率是上升的速度或应力的变化除以相应的应变变化，对应的数学表达式为：

$$E = 斜率 = \frac{\Delta\sigma}{\Delta\epsilon} = \frac{\sigma_2 - \sigma_1}{\epsilon_2 - \epsilon_1} \tag{7.10}$$

由于线段通过原点，因此我们可以选取σ_1和ϵ_1为0。如果我们选择σ_1为150 MPa，那么对应的ϵ_2为0.0016，因此有：

$$E = \frac{(150-0)\text{MPa}}{0.0016-0} = 93.8\text{GPa}(13.6\times10^6\text{psi})$$

与表7.1中给出的铜的弹性模量97GPa（14×10^6psi）十分接近。

（b）找到0.002的应变截距并引出与弹性形变区域平行的线段，如插图所示；交点所对应的应力值约为250MPa（36000psi），即为黄铜的屈服强度。

（c）试样能够承受的最大载荷可由式（7.1）进行计算，式中的σ即为图7.12中的拉伸强度，450MPa（65000psi）。求解最大载荷F可得：

$$F = \sigma A_0 = \sigma\left(\frac{d_0}{2}\right)^2\pi = \left(450\times10^6\,\text{N/m}^2\right)\left(\frac{12.8\times10^{-3}\,\text{m}}{2}\right)^2\pi = 57900\text{N}(13000\ \text{lbf})$$

（d）为了计算式（7.2）中的长度变化，Δl，我们首先必须计算出在345MPa作用下所产生的应变大小。我们通过在应力-应变曲线上找到相应的应力，点A，从应变轴上读出对应的应变值，大约为0.06。由于l_0=250 mm，我们可以得到：

$$\Delta l = \epsilon l_0 = (0.06)(250\text{mm}) = 15\text{mm}(0.6\text{in.})$$

（3）延展性

延展性

延展性是另一个重要的力学性能。它是衡量材料在断裂前所能够承受的塑性变形程度的物理量。一个金属在断裂时发生了很少或没有塑性形变的特性被称为脆性。图7.13给出了延性和脆性金属的拉伸应力-应变行为示意图。

延展性可定量表达为伸长率或断面收缩率。伸长率，%EL，是断裂时塑性应变的百分比，或

用伸长百分数表示的延展性

$$\%\text{EL} = \left(\frac{l_f - l_0}{l_0}\right)\times100 \tag{7.11}$$

式中，l_f为断裂时的长度[1]，l_0在前面提到过，为初始标距长度。由于断裂时的大部分塑性变形都局限于颈缩区域，因此%EL的大小将依赖于试样的标距

[1] l_f和A_f都是在断裂后将两断裂端拼接起来后进行测量的。

长度。初始标距长度l_0越短，颈缩处的伸长所占的比例就越大，最终的%EL值就越大。因此，当我们在引用伸长率时需要给定初始标距长度，一般来说是50 mm（2in.）。

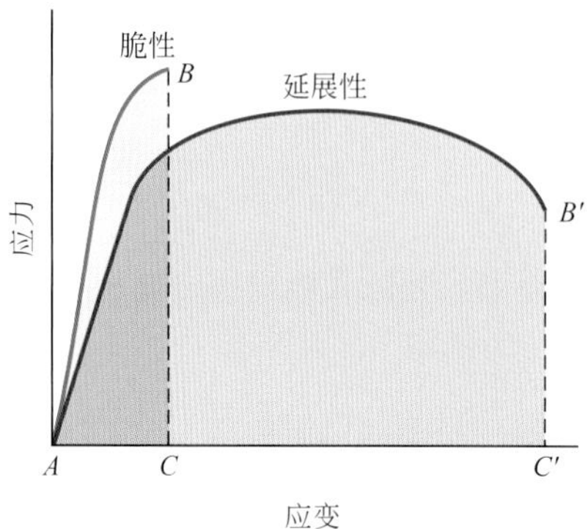

图7.13 脆性和延展性金属加载至断裂的拉伸应力–应变行为示意图

断面收缩率，%RA的定义式为：

用断面收缩率表示的延展性

$$\%RA = \left(\frac{A_0 - A_f}{A_0}\right) \times 100 \qquad (7.12)$$

式中，A_0为初始横截面积；A_f为断裂时的横截面积❶。断面收缩率的值既不依赖于l_0，也不依赖于A_0。而且，对于任一给定材料，其%EL和%RA的值一般来说是不一样的。大多数金属在室温条件下都会呈现一定程度的延展性，然而，有些金属在温度下降后会变为脆性（9.8节）。

对于材料延展性的了解之所以十分重要的原因主要体现在两个方面。首先，它可以告诉设计者某一材料结构在断裂前会经历的塑性变形的程度。其次，它规定了材料在成型加工过程中可以接受的塑性变形范围。如果在设计应力值计算中出现了误差，有些材料可能只会发生局部形变而不会断裂，我们称这些延展性相对较好的材料是“宽容的”。

我们近似地认为那些断裂应变小于5%的材料为脆性材料。

总的来说，我们可以通过拉伸应力-应变测试得到金属的几个重要力学性能。表7.3给出了一些常见金属（也包含了一些高分子和陶瓷材料）在室温下的屈服强度、拉伸强度以及延展性值。这些性能对于材料所经历的形变、杂质或任何热处理过程都十分敏感。弹性模量是对上述这些因素较不敏感的一个力学参数。和弹性模量一样，屈服强度和拉伸强度都会随着温度的升高而下降。这与延展性相反，延展性会随温度的升高而得到增强。图7.14是铁的应力-应变行为随温度变化的示意图。

（4）回弹性

回弹性

回弹性是指材料在弹性形变过程中吸收能量，并在卸载过程中将该能量释放并恢复初始状态的能力。与该性能相关的物理量为回弹模量，U_r，即使材料从无载荷初始状态加载至发生屈服所需要的单位体积应变能。

从计算上来看，一个经过单轴拉伸测试的试样，其回弹模量就是工程应力-应变曲线从原点到屈服点下方的面积（图7.15），或

表7.3 各种材料在室温条件下的力学性能（拉伸）

材料	屈服强度		拉伸强度		延展性/%EL［原长50mm（2in.）］①
	MPa	ksi	MPa	ksi	
金属合金②					
钼	565	82	655	95	35
钛	450	65	520	75	50
钢（1020）	180	26	380	55	25
镍	138	20	480	70	40
铁	130	19	262	38	45
黄铜（70 Cu-30 Zn）	75	11	300	44	68
铜	69	10	200	29	45
铝	35	5	90	13	40
陶瓷材料③					
氧化锆（ZrO_2）④	—	—	800～1500	115～215	—
氮化硅（Si_3N_4）	—	—	250～1000	35～145	—
氧化铝（Al_2O_3）	—	—	275～700	40～100	—
碳化硅（SiC）	—	—	100～820	15～120	—
玻璃陶瓷（Pyroceram）	—	—	247	36	—
莫来石（$3Al_2O_3$-$2SiO_2$）	—	—	185	27	—
尖晶石（$MgAl_2O_4$）	—	—	110～245	16～36	—
石英玻璃（SiO_2）	—	—	110	16	—
氧化镁（MgO）⑤	—	—	105	15	—
钠钙玻璃	—	—	69	10	—
高分子					
尼龙6,6	44.8～82.8	6.5～12	75.9～94.5	11.0～13.7	15～300
聚碳酸酯（PC）	62.1	9.0	62.8～72.4	9.1～10.5	110～150
聚对苯二甲酸乙二醇酯（PET）	59.3	8.6	48.3～72.4	7.0～10.5	30～300
聚甲基丙烯酸甲酯（PMMA）	53.8～73.1	7.8～10.6	48.3～72.4	7.0～10.5	2.0～5.5
聚氯乙烯（PVC）	40.7～44.8	5.9～6.5	40.7～51.7	5.9～7.5	40～80
酚醛树脂	—	—	34.5～62.1	5.0～9.0	1.5～2.0
聚苯乙烯（PS）	25.0～69.0	3.63～10.0	35.9～51.7	5.2～7.5	1.2～2.5
聚丙烯（PP）	31.0～37.2	4.5～5.4	31.0～41.4	4.5～6.0	100～600
聚乙烯-高密度（HDPE）	26.2～33.1	3.8～4.8	22.1～31.0	3.2～4.5	10～1200
聚四氟乙烯（PTFE）	13.8～15.2	2.0～2.2	20.7～34.5	3.0～5.0	200～400
聚乙烯-低密度（LDPE）	9.0～14.5	1.3～2.1	8.3～31.4	1.2～4.55	100～650

① 对于高分子是断裂伸长率。

② 金属合金是退火态的性能值。

③ 陶瓷材料的拉伸强度被认为是挠曲强度（7.10节）。

④ 用3%（摩尔）Y_2O_3进行部分稳定。

⑤ 经过烧结且孔隙率为5%。

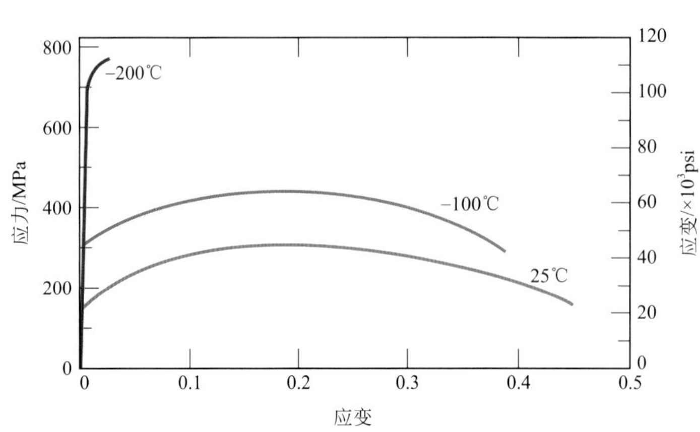

图7.14　铁在3种不同温度条件下的应力-应变行为

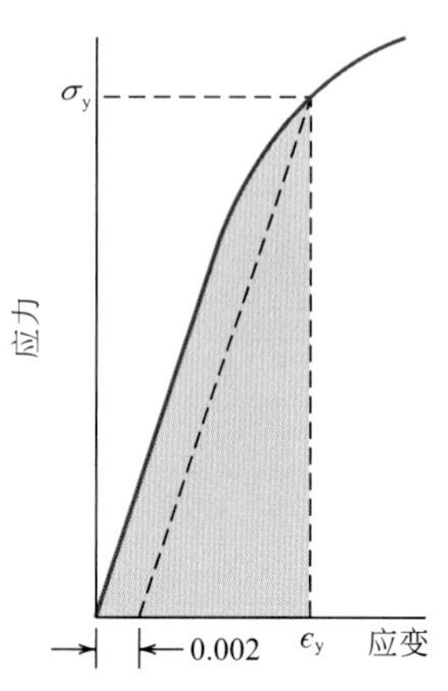

图7.15　由材料的应力-应变曲线计算回弹模量（对应于图中阴影部分）的示意图

回弹模量的定义

$$U_r = \int_0^{\epsilon_y} \sigma \mathrm{d}\epsilon \tag{7.13a}$$

现假设一线性弹性区域，我们可以得到：

线性弹性行为的回弹模量

$$U_r = \frac{1}{2}\sigma_y\epsilon_y \tag{7.13b}$$

式中，ϵ_y为屈服时的应变。

回弹模量的单位是应力-应变曲线横纵坐标轴两个物理量乘积的单位。用SI单位表示则为J/m^3，等同于Pa。焦耳是能量单位，因此应力-应变曲线下方的面积代表了每单位体积（单位为立方米或立方英寸）材料所吸收的能量。

将式（7.5）带入式（7.13b）可得：

结合胡克定律，线性弹性行为的回弹模量

$$U_r = \frac{1}{2}\sigma_y\epsilon_y = \frac{1}{2}\sigma_y\left(\frac{\sigma_y}{E}\right) = \frac{\sigma_y^2}{2E} \tag{7.14}$$

由上式可以看出，回弹材料是那些具有高屈服强度和低弹性模量的材料，这样的合金被用于弹簧应用中。

（5）韧性

韧性

韧性是一个在很多情况下都会被用到的力学术语。其中一种情况下，韧性（更准确地说，断裂韧性）是指当材料中有裂纹（或其他会导致应力集中的因素，9.5节）存在时，该材料的抗断裂能力。由于制造零缺陷的材料几乎是不可能的（以及昂贵的），因此断裂韧性是所有结构材料的一个主要考虑因素。

另外一种对韧性的定义是材料吸收能量以及在断裂前经受塑性变形的能力。对于动态（高应变速率）加载条件以及有缺口（或应力集中点）存在时，缺口韧性一般通过冲击测验进行评估，我们将在9.8节中讨论相关内容。

对于静态（低应变速率）的情况，金属韧性的测量（由塑性变形得出）可以通过拉伸应力-应变的结果进行确认。它对应着σ-ϵ曲线从起点到断裂点下方的面积。其单位与回弹模量相同（即单位体积材料的能量）。强韧的金属必须既具备强度又具备韧性。图7.13展示了两种金属的应力-应变曲线。因此，尽管脆性金属具有较高的屈服强度和拉伸强度，但当我们比较图7.13中*ABC*和*AB'C'*两区域的面积时会发现，其韧性要低于延展性金属。

概念检查7.1 在表7.4中所列出的金属中：

（a）哪种金属经历的断面收缩率最小？为什么？

（b）哪种金属是最强的？为什么？

（c）哪种金属刚性最强？为什么？

[解答可参考www.wiley.com/college/callister（学生之友网站）]

表7.4 用于概念检查7.1和7.6中的一些假定材料的拉伸应力-应变数据

材料	屈服强度/MPa	拉伸强度/MPa	断裂应变	断裂强度	弹性模量
A	310	340	0.23	265	210
B	100	120	0.40	105	150
C	415	550	0.15	500	310
D	700	850	0.14	720	210
E	屈肢前断裂			650	350

7.7 真应力和真应变

颈缩处的横截面积

由图7.11我们可以发现，当应力超过最大点——*M*点后，继续发生形变所需要的应力逐渐减小，这样看来金属似乎变得越来越弱。但事实上完全不是这样的。实际上，金属的强度反而在增加。然而，发生变形的颈缩处横截面积在快速下降。这便导致了试样承载能力的下降。从式（7.1）计算得到的应力是基于变形开始前初始横截面积的结果，而没有考虑颈缩处横截面积的减小。

真应力

有时候我们使用真应力-真应变曲线会更有意义。真应力σ_T的定义是载荷F除以每一个瞬间发生塑性形变的横截面面积A_i（即，过拉伸点后，考虑颈缩处），用公式表示：

真应力定义

$$\sigma_T = \frac{F}{A_i} \tag{7.15}$$

真应变

此外，有时候我们使用真应变ϵ_T表示应变会更加方便，其定义式为：

真应变定义

$$\epsilon_T = \ln\frac{l_i}{l_0} \tag{7.16}$$

如果在变形过程中没有体积变化——即，如果

$$A_i l_i = A_0 l_0 \tag{7.17}$$

那么真应变、真应力以及工程应力、应变间的关系如下：

工程应力换算成真应力

$$\sigma_T = \sigma(1+\epsilon) \tag{7.18a}$$

工程应变换算成真应变

$$\epsilon_T = \ln(1+\epsilon) \tag{7.18b}$$

上面给出的式（7.18a）和式（7.18b）只有在颈缩开始前才成立。在颈缩开

始之后，真应力和真应变应该根据实际载荷、横截面积以及实际测量的标距长度进行计算。

图7.16对比了工程应力-应变与真应力-应变行为。值得注意的是，在超过拉伸点M'后，保持应变增长所需的真应力是继续增大的。

与颈缩形成同时发生的还有颈缩处复杂的应力状态（即除了轴向应力外，还有其他应力分量的存在）。因此，颈缩处修正后的应力（轴向）要稍低于由载荷和颈缩处横截面积得到的应力值。于是便产生了图7.16中的“修正”曲线。

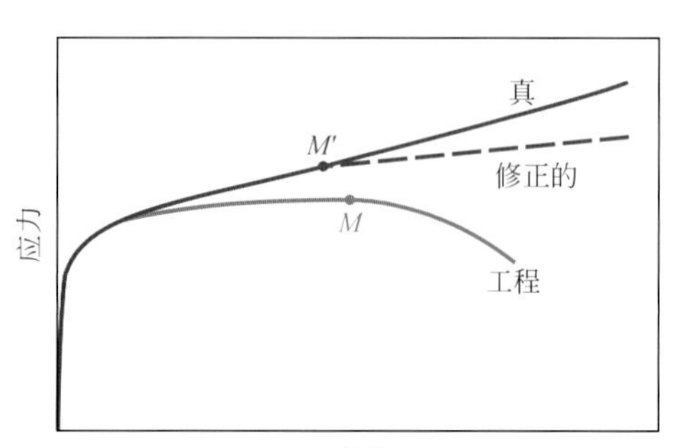

图7.16 典型的拉伸工程应力-应变和真应力-应变行为对比

工程曲线上颈缩处的M点对应着真曲线上的M'点。经过修正的真应力–应变曲线考虑了颈缩处的复杂应力状态。

对于部分金属和合金来说，在真应力–应变曲线上从塑性变形起点到颈缩开始处可以近似为

塑性变形区（到颈缩点）的真应力-真应变关系

$$\sigma_T = K\epsilon_T^n \tag{7.19}$$

在上述表达式中，K和n是常数；不同合金所对应的常数值会不一样，而且也依赖于材料的状况（即是否经历过塑性变形、热处理等）。参数n通常被称为应变–硬化指数且其值小于1。表7.5给出了几种合金的n和K的值。

表7.5 几种合金的n和K的值[式（7.19）]

材料	n	K	
		MPa	psi
低碳钢（退火）	0.21	600	87000
4340合金钢（315℃回火）	0.12	2650	385000
304不锈钢（退火）	0.44	1400	205000
铜（退火）	0.44	530	76500
海军黄铜（退火）	0.21	585	85000
2024铝合金（热处理-T3）	0.17	780	113000
AZ-31B镁合金（退火）	0.16	450	66000

例题7.4

计算材料延展性和断裂时的真应力

现将一个初始直径为12.8mm（0.505in.）的圆柱形钢试样拉伸至断裂，发现其工程断裂强度σ_f为460MPa（67000psi）。如果该试样在断裂时的横截面直径为10.7mm（0.422in.），请计算下列问题：

（a）用断面收缩率表示其延展性；

（b）断裂时的真应力。

解：

(a) 可通过式（7.12）计算延展性，如下

$$\%RA=\frac{\left(\frac{12.8\text{mm}}{2}\right)^2\pi-\left(\frac{10.7\text{mm}}{2}\right)^2\pi}{\left(\frac{12.8\text{mm}}{2}\right)^2\pi}\times 100=\frac{128.7\text{mm}^2-89.9\text{mm}^2}{128.7\text{mm}^2}\times 100=30\%$$

(b) 真应力是由式（7.15）定义的，在该式中用到的面积是断裂面积A_f。但是我们需要由断裂强度计算出断裂载荷，如下

$$F=\sigma_f A_0=\left(460\times10^6\text{N/m}^2\right)\left(128.7\text{mm}^2\right)\left(\frac{1\text{m}^2}{10^6\text{mm}^2}\right)=59200\text{N}$$

因此，我们可计算得到真应力为：

$$\sigma_T=\frac{F}{A_f}=\frac{59200\text{N}}{\left(89.9\text{mm}^2\right)\left(\frac{1\text{m}^2}{10^6\text{mm}^2}\right)}=6.6\times\frac{10^8\text{N}}{\text{m}^2}=660\text{MPa}(95700\text{psi})$$

例题7.5

计算应变硬化指数

某合金在真应力为415MPa（60000psi）时产生的真应变为0.10，请计算式（7.19）中的应变硬化指数n，假设K的值为1035MPa（150000psi）。

解：

我们需要对式（7.19）进行一些变化，将n放在等式左边成为因变参数。这可以通过对等式两边取对数并进行简单的数学转换来实现。求解n得到：

$$n=\frac{\lg\sigma_T-\lg K}{\lg\epsilon_T}=\frac{\lg(415\text{MPa})-\lg(1035\text{MPa})}{\lg(0.1)}=0.40$$

7.8 塑性变形后的弹性回复

当在应力-应变测试过程中将载荷卸除时，总变形的一部分会以弹性应变的形式恢复。图7.17中的工程应力-应变曲线示意图展示了这一行为。在卸载循环过程中，曲线从卸载点（D点）开始几乎是沿着一条直线下降，而该直线的斜率几乎等同于弹性模量，或平行于曲线初始的弹性部分。这一在卸载过程中重新得到的弹性应变大小对应于应变回复，如图7.17。如果重新开始加载，曲线会沿着同一线性部分向与卸载方向相反的方向移动，屈服会在卸载开始时的卸载应力处再次发生。在断裂过程中也会有相应的弹性应变回复。

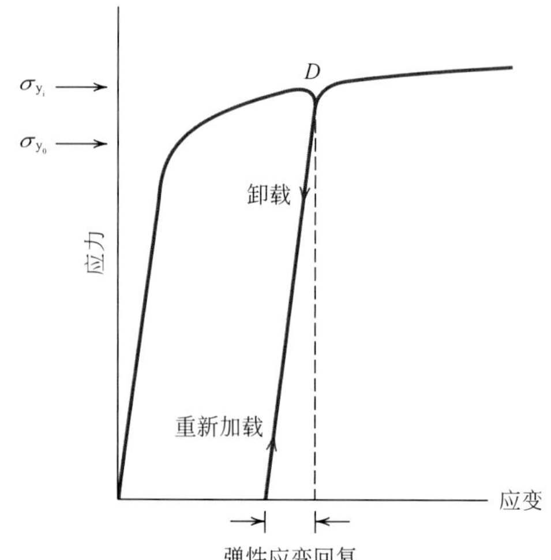

图7.17 拉伸应力-应变弹性应变回复和应变硬化行为示意图

初始屈服强度为σ_{y_0}，σ_{y_i}是在D点卸载又重新加载后的屈服强度。

7.9 压缩、剪切、扭转变形

当然，金属在压缩、剪切以及扭转载荷的作用下也有可能发生塑性变形。最终得到的应力-应变行为的塑性变形区间与拉伸应力-应变行为极其相似［图7.10（a）屈服和相关的弯曲］。然而，对于压缩测试来说并没有最大值，因为永远不会发生颈缩，而且，其断裂模式也不同于拉伸。

概念检查7.2 画出一个典型合金从拉伸开始直至断裂的工程应力-应变行为示意图。然后在画出的示意图上加上同种合金的压缩应力-应变曲线。解释两曲线间的区别。

[解答可参考*www.wiley.com/college/callister*（学生之友网站）]

力学行为——陶瓷

陶瓷材料的力学性能在很多方面都不如金属，因此陶瓷材料的应用从某种程度上受到了其力学性能的限制。陶瓷材料的最大缺点就是易于发生忽然的脆性断裂，而几乎没有吸收能量的能力。我们将在本小节探讨陶瓷材料的几个典型的力学性能以及相应的测试方法。

7.10 弯曲强度

脆性陶瓷材料的应力-应变行为一般不采用7.2节中介绍的拉伸测试，主要有以下三大原因。第一，准备具有规定要求几何形状的测试试样十分困难。第二，在夹紧脆性材料的时候很容易使其发生断裂。第三，陶瓷材料在受到大约0.1%应变后就会失效，这就要求拉伸试样的定位十分完美以排除任何弯曲应力的存在，而这一点也是很难实现的。因此，更常用的测试方法是横向弯曲试验，该试验使用的是具有圆形或矩形横截面的杆状试样，采用三点或四点加载技术[1]。图7.18给出了三点加载的示意图。在加载时，试样的上表面处于压缩状态，而下表面则处于拉伸状态。应力是通过试样横截面厚度、弯矩和惯性力矩计算得出的；图7.18中标明了矩形和圆形横截面试样相应的各个参数。最大拉伸应力（由这些应力表达决定）位于试样下表面正对加载点的位置。由于陶瓷材料的拉伸强度大约只有其压缩强度的十分之一，且断裂发生于拉伸试样表面，因此弯曲试验是替代拉伸试验的一个合理的测试方法。

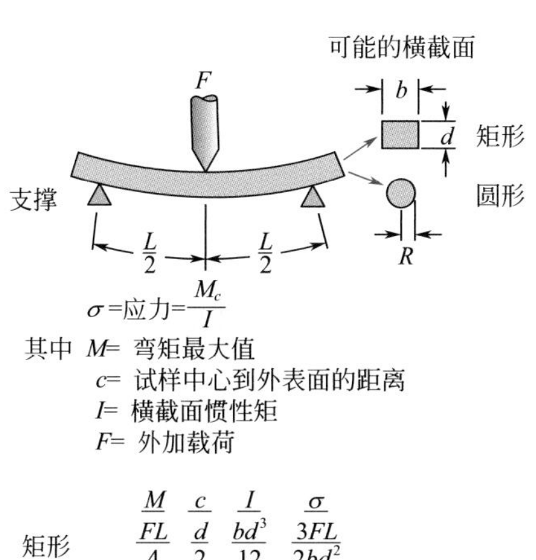

	M	c	I	σ
矩形	$\frac{FL}{4}$	$\frac{d}{2}$	$\frac{bd^3}{12}$	$\frac{3FL}{2bd^2}$
圆形	$\frac{FL}{4}$	R	$\frac{\pi R^4}{4}$	$\frac{FL}{\pi R^3}$

图7.18 测试脆性陶瓷应力–应变行为以及挠曲强度的三点弯曲试验示意图，以及计算横截面分别为矩形和圆形试样的示意图

弯曲强度

通过弯曲试验所测得的断裂时的应力大小被称为弯曲强度、断裂模量、断裂强度或弯曲强度，是脆性陶瓷材料的一个重要力学参数。对于横截面为矩形的试样来说，弯曲强度σ_{fs}由式（7.20a）给出：

矩形截面试样的弯曲强度

$$\sigma_{fs} = \frac{3F_f L}{2bd^2} \tag{7.20a}$$

式中，F_f为断裂时的载荷；L是支撑点间的距离，其他参数在图7.18中分别进行了标明。当试样横截面为圆形时，则有：

圆形截面试样的弯曲强度

$$\sigma_{fs} = \frac{F_f L}{\pi R^3} \tag{7.20b}$$

式中，R为试样半径。

表7.2列出了几种典型陶瓷材料的弯曲强度。此外，σ_{fs}的值还依赖于试样的大小。我们将在9.6节中了解到，随着试样体积（即，受到拉伸应力作用的试样体积）增大，出现裂纹–生成缺陷的概率会上升，弯曲强度则会下降。另外，对于某特定陶瓷材料来说，用弯曲试验测得的弯曲强度大于使用拉伸试验测得的断裂强度。该现象可以通过不同测试中试样受到拉伸应力作用的体积差异进行解释。拉伸试验中整个试样都处于拉伸应力作用下，而在弯曲试验中只有一部分试样处于拉伸状态——那些处于加载点对面的试样表面周围区域。

[1] ASTM 标准C 1161，“Standard Test Method for Flexural Strength of Advanced Ceramics at Ambient Temperature.”

7.11 弹性行为

使用弯曲试验得到的陶瓷材料的弹性应力–应变行为类似于金属的拉伸试验结果：在应力和应变间呈线性的关系。图7.19比较了氧化铝和玻璃的应力-应变行为。和之前一样，弹性区域的斜率对应于弹性模量，陶瓷材料的弹性模量要稍高于金属（表7.1和表B.2，附表B）。从图7.19可以看出，玻璃和氧化铝在断裂前都没有经过塑性变形。

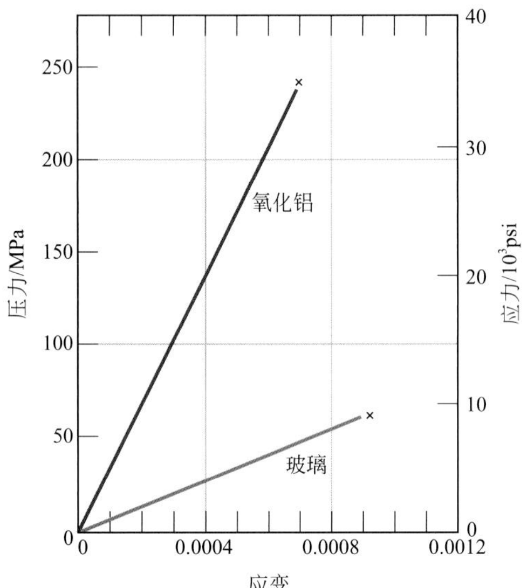

图7.19　氧化铝和玻璃典型的应力-应变行为

7.12 孔隙率对陶瓷力学性能的影响

在一些陶瓷制造工艺（14.8节和14.9节）中，前驱体是粉体形式。之后的压实和成型过程中，粉末粒子之间会存在孔隙或空隙。在之后的热处理过程中，大部分的孔隙会被消除，然而这些孔隙消除的过程往往是不完全的，总会留下一些残余孔隙（图14.27）。任何残留的孔隙都会对材料的弹性性能和强度产生有害的影响。比如，对于某些陶瓷材料来说，弹性模量E的大小随孔隙率P依据下述表达式所示的规律变化：

弹性模量对孔隙率的依赖性

$$E=E_0(1-1.9P+0.9P^2) \tag{7.21}$$

式中，E_0为无孔材料的弹性模量。

孔隙率对氧化铝弹性模量的影响如图7.20所示，图中的曲线是根据式（7.21）作出的。

孔隙率会损害弯曲强度的原因主要有两个：① 孔隙的存在减小了承受载荷的试样横截面积；② 孔隙还起到了应力集中的作用——一个孤立的球形孔洞，会使其周围材料受到的拉伸应力大小增大2倍。孔隙率对强度的影响是相当大的。比如，和无孔材料相比，10%（体积）孔隙率通常会使材料的弯曲强度下降50%。同样是对于氧化铝来说，孔隙率对弯曲强度的影响程度如图7.21所示。实验表明弯曲强度随孔隙率（P）的增大呈指数下降，变化关系如式（7.22）：

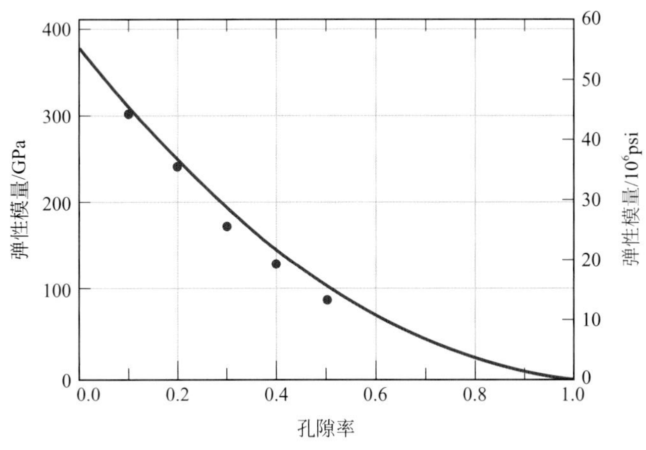

图7.20 室温条件下，孔隙率对氧化铝弹性模量的影响

曲线是根据式（7.21）作出的

（图片来源于R.L Coble和W.D. Kingery，"Effect of Porosity on Physical Properties of Sintered Alumina，" *J.Am. Ceram.Soc.*，39，11，Nov.1956，p.381. 重印得到了American Ceramic Society的许可）

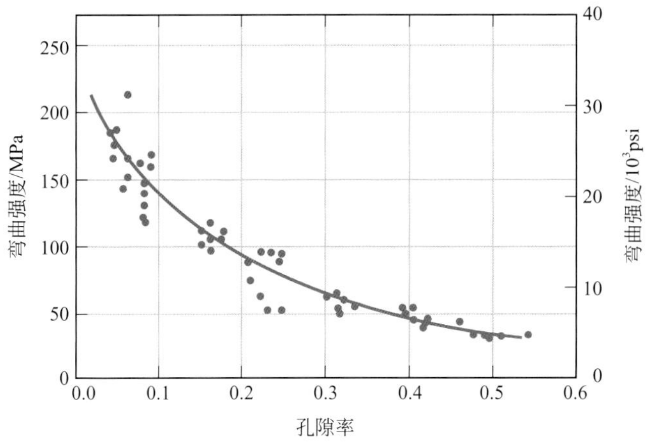

图7.21 室温条件下孔隙率对氧化铝弯曲强度的影响

（图片来源于R.L Coble和W.D. Kingery，"Effect of Porosity on Physical Properties of Sintered Alumina，" *J.Am. Ceram.Soc.*，39，11，Nov.1956，p.382. 重印得到了American Ceramic Society的许可）

弹性强度对孔隙率的依赖性

$$\sigma_{fs} = \sigma_0 \exp(-nP) \tag{7.22}$$

式中，σ_0和n均为实验所得常数。

力学行为——高分子

7.13 应力-应变行为

高分子

聚合物的力学性能是由许多与用于金属的参数相同的参数来描述的——即弹性模量、屈服和拉伸强度。对于许多高分子材料，简单应力-应变测试被用来来表征其中的一些机械参数[1]。高分子的多数机械特性对变形速率（应变速率）、温度和环境的化学特性（水、氧气、有机溶剂等的存在）是高度敏感的。对于高分子材料，尤其是橡胶这样的高弹性材料，改进对用于金属材料的一些测试技术和试样结构是必要的。

[1] ASTM标准D638，"Standard Test Method for Tensile Properties of Plastics."

如图7.22所示，高分子材料有三种不同类型的典型应力-应变行为。曲线*A*表示的是在弹性变形时断裂的脆性高分子的应力-应变特征。塑料的应力-应变行为，如曲线*B*所示，与许多金属材料的应力-应变行为相似，初始变形是弹性变形，随后是屈服和塑性变形区。最后，曲线*C*所显示的变形是完全弹性变形，一类被称作弹性体的高分子所显示的就是这种橡胶状弹性（在低应力水平产生的大可逆应变）。

弹性体

聚合物的弹性模量（被称作拉伸模量，或者有时只称作聚合物的模量）和以伸长率表示的延展性采用与金属相同的方式测定。对于塑料类聚合物（图7.22中的曲线*B*），出现在刚过线性弹性区终点位置的曲线最高点被认为是屈服点（图7.23）。此最高点对应的应力值是屈服强度（σ_y）。此外，拉伸强度（TS）对应于断裂发生时的应力值（图7.23），*TS*可能高于或低于σ_y。对于这些塑性聚合物，通常以拉伸强度作为强度的表征。表7.2和附录B中的表B.2～表B.4给出一些高分子材料的力学性能。

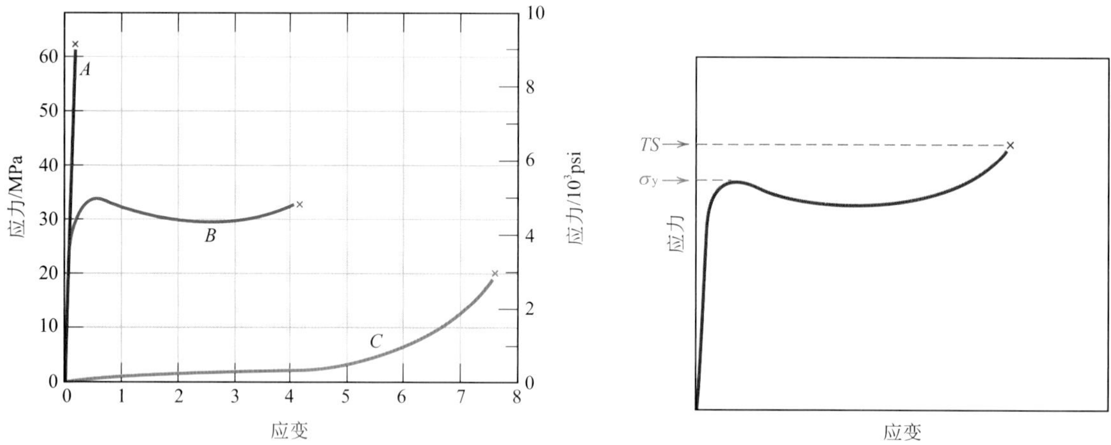

图7.22　脆性（曲线*A*）、塑性（曲线*B*）及高弹性（弹性体的）（曲线*C*）聚合物的应力-应变行为

图7.23　如何在塑性聚合物的应力-应变曲线上确定屈服和拉伸强度的示意图

高分子的力学行为在许多方面与金属和陶瓷材料不同（图1.4～图1.6）。例如，高弹性聚合物材料的模量可能低至7MPa（10^3psi），但一些非常坚硬的聚合物材料的模量可高达4GPa（0.6×10^6psi）；金属的模量值要更高一些（表7.1）。聚合物拉伸强度的最高值约为100MPa（15000psi），而对于一些金属合金，该值为4100MPa（600000psi）。此外，尽管金属很难塑性伸长至100%以上，但一些高弹性聚合物可经历高于1000%的伸长率。

除此以外，聚合物的机械特性对于室温附近的温度变化更加敏感。考虑聚甲基丙烯酸甲酯在4～60℃（40～140℉）之间的几个温度下的应力-应变行为（图7.24）。升高温度引起：① 弹性模量的降低；② 拉伸强度的减小；③ 延展性的增强——在4℃（40℉）下，材料是完全脆性的，而在50℃和60℃（122℉和140℉）下，材料都有相当大的塑性变形。

应变速率对机械行为的影响也可能是很重要的。通常，降低变形速率与增加温度对于应力-应变特性的影响是相同的，即材料变得更软，延展性更强。

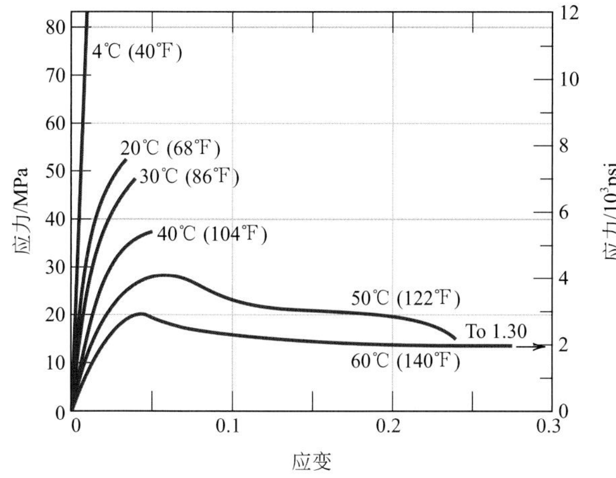

图7.24 温度对聚甲基丙烯酸甲酯的应力-应变特性的影响

（来源于T.S.Carswell and H.K.Nason，Effect of Environmental Conditions on the Mechanical Properties of Organic Plastics，" *Symposium on Plastics*，American Society for Testing and Materials，Philadelphia，1944.Copyright，ASTM，1916 Race Street，Philadelphia，PA 19103.重印已得到许可）

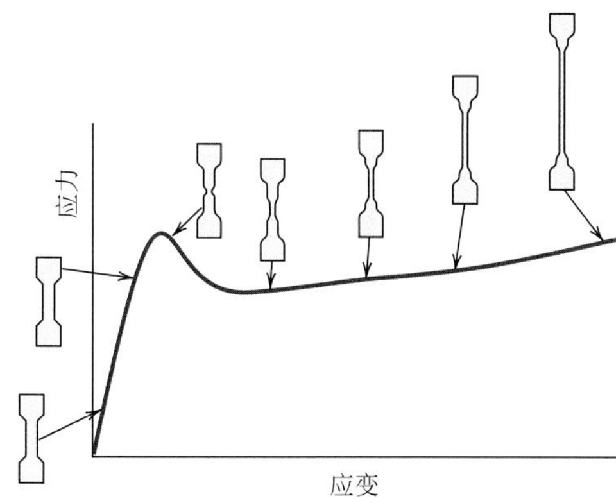

图7.25 半结晶聚合物的拉伸应力-应变曲线示意图

包括在几个变形阶段的试样轮廓。

（来源于Jerold M.Schultz，*Poly-mer Materials Science*，copyright ©1974，p.488.重印已得到Prentice Hall，Inc.，Englewood Cliffs，NJ.许可）

7.14 宏观变形

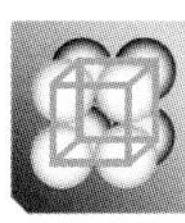

高分子

半结晶聚合物宏观变形的一些方面值得我们关注。图7.25所示为初始无变形的半结晶材料的拉伸应力-应变曲线，图中还包括处于不同变形阶段的试样轮廓示意图。上下屈服点在曲线上都很明显，随后是接近水平的区域。在上屈服点，试样的标距部分产生小的细颈。在细颈内，分子链产生取向［即分子链平行于延伸方向排列，图8.28（d）中示意的情况］，导致局部强化。因此，在这一点的继续变形受到阻碍，试样的延伸通过这一细颈区域沿标距长度的扩展而进行，链取向现象［图8.28（d）］伴随这一细颈扩展发生。这种拉伸行为可与延性金属的拉伸行为进行对比（7.6节），相同之处是一旦形成细颈，随后的所有变形都限定在细颈区域内。

概念检查7.3 当引用半结晶聚合物以延伸率表示的延展性时，没有必要与金属的情况一样指定试样的标距长度。这是为什么？

［答案可参考*www.wiley.com/college/callister*（学生之友网站）］

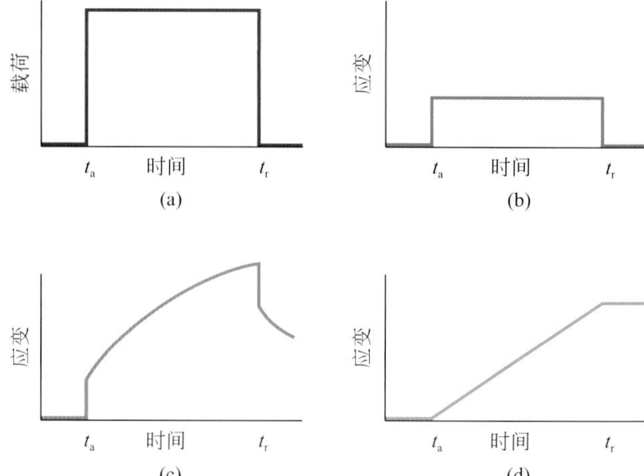

图7.26 （a）负载随时间的变化，在t_a时刻瞬间施加负载，并在t_r时刻瞬间解除负载。对于（a）中的负载随时间的周期变化，应变随时间的响应是完全的弹性（b）、黏弹性（c）和黏性（d）行为。

7.15 黏弹性

黏弹性

非晶聚合物可能在低温下表现为类似玻璃的行为，在中间温度下为橡胶状固体[在玻璃化温度以上（11.15节）]，并且当温度进一步升高时为黏性液体。对于较小形变，低温下的力学行为可能是弹性的，即符合虎克定律，$\sigma=E\epsilon$。在温度最高时，以黏性或类似液体的行为为主。在中间温度下聚合物是橡胶状固体，显示这两种极端情况相结合的机械特性，这种状态被称为黏弹性。

弹性变形是瞬间的，这意味着整个变形（或应变）发生在施加或解除应力的瞬间（即应变与时间无关）。另外，一旦解除外加应力，变形完全回复——试样呈现原始尺寸。对于图7.26（a）中所示的瞬间负载-时间曲线，这种弹性行为作为应变与时间的关系示意于图7.26（b）中。

作为对比，对于完全黏性行为，变形或应变不是瞬间的，即变形对所施加应力的响应是滞后的或依赖于时间。而且，这种变形是不可逆的，在应力被解除后，变形不能完全回复。这一现象示于图7.26（d）中。

对于中间的黏弹行为，以图7.26（a）的方式施加应力导致瞬时的弹性应变，以及黏性的、随时间变化的应变，是滞弹性的一种（7.4节），这种行为示意于图7.26（c）中。

一个有关黏弹性的为大家所熟知的例子是以“橡皮泥”著称的有机硅聚合物中被作为新事物销售。当有机硅聚合物被滚成球，并降落到水平表面上时，它可以回弹——在回弹过程中的变形速率非常迅速。另一方面，若以逐渐增加的外加张应力拉伸时，材料伸长或像高黏度液体一样流动。对于此种或其他类型的黏弹性材料，应变速率决定变形是弹性的还是黏性的。

（1）黏弹性松弛模量

松弛模量

高分子材料的黏弹行为取决于时间和温度，可采用几种试验技术来测试并量化这一行为。应变松弛测试代表了一种可能方法。借助于这些试验，试样预先被快速拉伸至预设的相对较低的应变水平。在保持温度恒定的条件下，测量维持这一应变所必需的应力与时间的函数关系。我们发现应力随时间减小，这是由于在聚合物中发生了分子的松弛过程。我们定义松弛模量$E_r(t)$，一个针

对黏弹性聚合物的，具有时间依赖性的弹性模量

松弛模量—与时间有关的应力与恒定应变值的比值

$$E_r(t)=\frac{\sigma(t)}{\epsilon_0} \tag{7.23}$$

式中，$\sigma(t)$是测得的与时间有关的应力，ϵ_0是保持恒定的应变水平。

此外，松弛模量的大小是温度的函数；为了更全面地描述聚合物的黏弹性行为，必须进行一系列温度下的等温应变松弛测量。图7.27是显示黏弹性行为的聚合物的lgE_r（t）对lg$t$的变化曲线示意图。包含各种温度下形成的曲线。这种曲线的关键特征有：①E_r（t）的大小随时间减小［对应于应变的衰减，方程(7.23)］；②随着温度升高，曲线向更低E_r（t）水平移动。

为描述温度的影响，从lgE_r（t）对lg$t$的变化曲线上取特定时刻的数据点——例如，图7.27中的t_1，然后绘制成lgE_r（t_1）对温度的曲线。图7.28是非晶（无规）聚苯乙烯的这一曲线；在这种情况下，t_1是取的加载10s后的任意时刻。在该图显示的曲线上，我们注意到有几个不同的区域。最低温度下，在玻璃态区，材料是坚硬并呈脆性的，E_r（10）是对应的弹性模量，该值几乎与温度无关。图7.26（b）中表示出在此一温度范围内的应变–时间特性。在分子水平上，在这些温度下，长链分子基本被冻结在原位置上。

随着温度的升高，在20℃（35℉）的温度区间内，E_r（10）突然下降约10^3，这一区域有时被称为似皮革的或玻璃化转变区域，玻璃化转变温度（T_g，11.16节）在上极限温度附近。对于聚苯乙烯（图7.28），T_g=100℃（212℉）。在这一温度区间，聚合物试样类似皮革；即形变与温度有关，且解除施加的负载，形变不能完全回复，如图7.26（c）。

在橡胶平台的温度区间内（图7.28），材料以类似橡胶的方式变形。这时，弹性和黏性组分都存在，且由于松弛模量相对较低，容易产生形变。

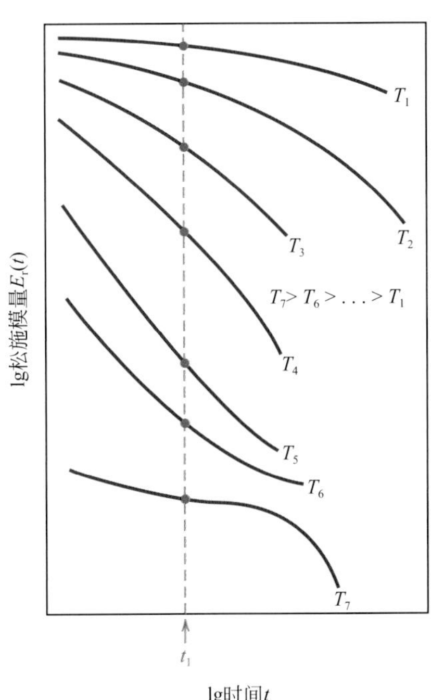

图7.27 黏弹性聚合物的松弛模量对数对时间对数的曲线示意图

生成温度从T_1到T_7的等温曲线

松弛模量的温度依赖性以lgE_r（t_1）对温度的曲线的方式表现。

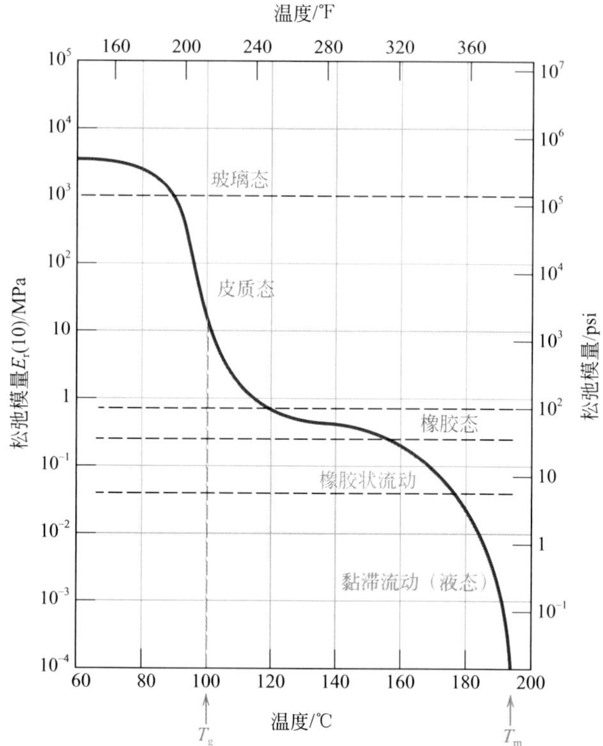

图7.28 非晶聚苯乙烯的松弛模量的对数对温度的曲线，显示黏弹行为的5个不同区域

（来源于A.V.Tobolsky，*Proper-ties and Structures of Polymers*.Copyright © 1960 by John Wiley & Sons，New York.重印得到John Wiley & Sons，Inc.许可）

最后的两个高温区域是橡胶状流动和黏性流动区。当加热经历这些温度区间时，材料逐渐转变为软的、橡胶状态，并且最终成为黏性液体。在橡胶状流动区，聚合物是非常黏的液体，并呈现既具弹性又具黏性的流动特征。在黏性流动区，模量随温度升高而急剧降低；应变–时间行为如图7.26（d）中所示。从分子角度，链运动大大加剧，以致发生黏性流动，链段经历很大程度上彼此独立的振动和旋转运动。在这些温度下，任何变形都是完全黏性的，基本上没有弹性行为发生。

通常，黏性聚合物的变形行为是由黏度来描述的，是一个材料在剪切作用下的流动阻力的度量。在8.16节中讨论了无机玻璃的黏度。

施加应力的速率也影响黏弹特性。增加加载速率具有与降低温度相同的影响。

具有几种分子构型的聚苯乙烯材料的$\lg E_r$（10）对温度的行为绘制于图7.29中。非晶材料的曲线（曲线*C*）与图7.28相同。轻度交联的无规聚苯乙烯（曲线*B*）中，弹性区形成一个延伸到聚合物分解温度的平台，该材料不会经历熔融过程。交联程度增加，E_r（10）平台的高度也会增加。橡胶或弹性体材料显示这类行为，并且通常在对应这一平台范围的温度下使用。

图7.29中还显示了几乎完全结晶的等规聚苯乙烯的温度依赖性（曲线*A*）。与其他聚苯乙烯材料相比，曲线*A*在T_g时E_r（10）的降低非常不明显，因为该材料只有很小的体积分数是非晶的，并经历玻璃化转变。此外，随温度升高，松弛模量保持相对较高的值，直到接近其熔融温度T_m。从图7.29可知，该等规聚苯乙烯的熔融温度大约是240℃（460 ℉）。

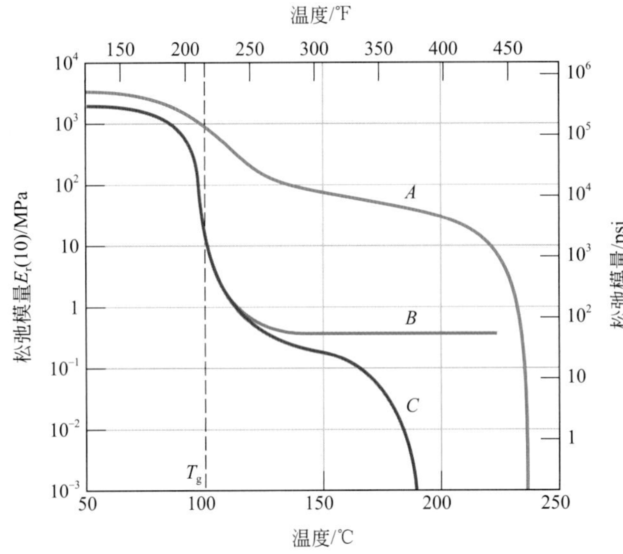

图7.29 结晶等规（曲线A）、轻度交联无规（曲线B）和非晶（曲线C）聚苯乙烯的松弛模量的对数值对温度的曲线

（来源于A.V.Tobolsky，*Properties and Structures of Polymers.* Copyright © 1960 by John Wiley & Sons，New York. 重印得到John Wiley & Sons，Inc. 许可）

（2）黏弹性蠕变

当应力水平保持恒定时，许多聚合物材料易发生与时间有关的变形；这种变形被称作黏弹性蠕变。在低于材料屈服强度的适中应力作用下，即使是在室温下，这类变形也有可能是显著的。例如，当汽车长时间停放时，在汽车轮胎的接触面上可能形成扁平面。聚合物的蠕变试验与金属的方式相同（第9章）；即瞬间施加应力（通常是拉伸）并保持在恒定水平，同时测量作为时间的函数的应变值。此外，该试验在等温条件下进行。蠕变结果以随时间变化的蠕变模量E_c（t）来表示，定义为[1]：

$$E_c(t)=\frac{\sigma_0}{\epsilon(t)} \tag{7.24}$$

式中，σ_0是恒定的外加应力；$\epsilon(t)$是随时间变化的应变。蠕变模量也是对温度敏感的，并随温度的升高而降低。

关于分子结构对蠕变特性的影响，作为一般规律，对蠕变的敏感性随结晶度的增加而减小[即$E_c(t)$增加]。

概念检查7.4 列举弹性、非弹性、黏弹性和塑性变形行为的主要区别。

概念检查7.5 在120℃变形的非晶聚苯乙烯将显示图7.26中所示的哪种行为？
[答案可参考www.wiley.com/college/callister（学生之友网站）]

[1] 在本文中有时也采用蠕变模量的倒数，蠕变柔量，J_c（t）。

硬度及其他力学性能

7.16 硬度

硬度

我们需要考虑的另外一个重要的力学性能是硬度，是测量材料抵抗局部塑性变形（如，一个小凹痕或划痕）能力的物理量。早期的硬度测试的基础是天然矿物以及相应的一套粗糙的度量标准，这个度量标准仅建立在一种材料划过另一种材料并产生划痕的能力之上。最终发展出了一个定性的在某种程度上比较随意的索引表，被称为莫氏硬度，其变化范围为1 ～ 10，分别对应于软的云母石和硬的金刚石。后来发展出了定量的硬度技术，即在对载荷和加载速率进行控制的条件下将一个小的压头压入待测材料表面。然后测量产生的压痕深度和大小，并与硬度值相关联，材料越软，压痕就越大越深，而硬度指数则越低。测得的硬度值是相对的（而不是绝对的），当对比不同测试技术得到的硬度值时需要特别注意。

硬度测试比其他力学测试更常用的原因主要有以下几点。

① 方便经济——通常来说，不用准备特别的试样，而且测试仪器相对来说较便宜。

② 非破坏性——试样既不会发生大的形变也不会断裂；一个小的压痕是唯一产生的形变。

③ 其他力学性能通常可以通过硬度数据进行估算，比如拉伸强度（图7.31）。

（1）洛氏硬度[1]

洛氏硬度是最常用的硬度测试方法，因为该方法十分简单且不需要任何特殊操作技巧。通过改变压头和载荷的组合可以使用几种不同的尺度，从而使测试几乎所有金属（以及有些高分子）材料成为可能。压头包括直径分别为1.588mm、3.175mm、6.350mm和12.70mm（1/16in.、1/8in.、1/4in.和1/2in.）的碳化钨球，以及一个用于测试最硬材料的锥形金刚石（Brale）压头。

在洛氏硬度体系中，硬度值的确定是通过施加一个初始小载荷以及一个大载荷产生的压痕深度差异所确定的，小载荷的使用可以增加测试的精确度。基于大载荷和小载荷的大小，有两种试验：洛氏硬度试验和洛氏表面硬度试验。在洛氏硬度试验中，小载荷为10kg，而大载荷为60kg、100kg和150kg。每种尺度都由一个字母表示。表7.6和表7.7（a）列出了几种尺度以及相应的压头和载荷。在洛氏表面硬度试验中，3kg为小载荷，15kg、30kg和45kg则是几种可能被使用的大载荷。这些尺度由15、30或45（根据所选载荷）后接N、T、W、X或Y（根据所选压头）进行标定。表面硬度试验经常用于较薄的试样。表7.7（b）给出了几种表面硬度尺度。

---

[1] ASTM标准E 18，“Standard Test Methods for Rockwell Hardness of Metallic Materials.”

表7.6 硬度测试技术

试验	压头	压痕形状		载荷	硬度值公式[①]
		侧视图	俯视图		
布氏	10mm钢球或碳化钨球	D d	d	P	$HB=\frac{2P}{\pi D[D-\sqrt{D^2-d^2}]}$
维氏显微硬度	金刚石锥体	136°	d_1 d_1	P	$HV=1.854P/d_1^2$
努氏显微硬度	金刚石锥体	t $l/b=7.11$ $b/t=4.00$	b l	P	$HK=14.2P/l^2$
洛氏和表面洛氏	金刚石圆锥；直径为1.588mm、3.175mm、6.350mm和12.70mm（1/16、1/8、1/4和1/2in.）的碳化钨球	120°		60kg、100kg、150kg 洛氏 15kg、30kg、45kg 表面洛氏	

① 对于给出的硬度公式，P(载荷)的单位是kg，D、d、d_1以及l的单位是mm。

来源：Adapted from H.W.Hayden，W.G.Moffatt，and J.Wulff，*The Structure and Properties of Materials*，Vol Ⅲ，*Mechanical Behavior*，Copyright©1965 by John Wiley & Sons，New York. 重印得到 John Wiley &Sons，Inc 允许.

表7.7 （a）洛氏硬度试验

刻度符号	压痕	主载荷/kg
A	钻石	60
B	1/16in.球	100
C	钻石	150
D	钻石	100
E	1/8in.球	100
F	1/16in.球	60
G	1/16in.球	150
H	1/8in.球	60
K	1/8in.球	150

表7.7 （b）洛氏表面硬度试验

刻度符号	压痕	主载荷/kg
15N	钻石	15
30N	钻石	30
45N	钻石	45
15T	1/16in.球	15
30T	1/16in.球	30
45T	1/16in.球	45
15W	1/8in.球	15
30W	1/8in.球	30
45W	1/8in.球	45

当对洛氏硬度及表面硬度给予说明时，必须给出硬度值以及尺度符号。尺度由符号HR后接恰当的尺度标识组成❶。比如，80（HRB）代表了B尺度上的数值为80的硬度，而60（HR30W）则表示30W尺度上数值为60的表面硬度。

对于每种尺度，硬度值可能高达130；然而，不管是哪种尺度，当硬度值超过100或低于20时都会变得不精确，而且由于各尺度间有彼此重叠的部分，因此当发生这种情况时，最好是换用下一级更硬或更软的尺度。

其他可能会造成硬度试验不精确的情形包括，测试试样太薄，压痕位置太靠近试样的边缘或两个硬度压痕彼此过于接近。试样的厚度至少应该为压痕深度的10倍以上，而硬度压痕中心与试样边缘或与邻近压痕中心的距离则应保持至少3倍压痕直径以上。另外，在做硬度试验时不推荐将多个试样叠加起来进行测试。试验精度还取决于压痕压入处试样表面的光滑与平整度。

现在的洛氏硬度测试仪器是自动的而且使用十分简便，可以直接进行硬度值的读取，而且只需要几秒的时间。现在的测试仪器也可以使用不同的加载时间。在理解分析硬度数据时也必须考虑该时间变量。

（2）布氏硬度❷

与洛氏硬度试验类似，在布氏硬度试验中，一个硬的球形压头被压入待测金属试样的表面中。硬化钢（或碳化钨）压头的直径为10.00 mm（0.394in.）。标准载荷的范围在500～3000kg之间，增量为500kg。在试验过程中，载荷大小保持一定的时间（在10～30s之间）。硬的材料需要更大的载荷。布氏硬度值,HB，是载荷大小以及最后得到的压痕直径的函数（表7.6）❸。压痕直径是由一个特殊的低倍显微镜进行测定的，尺度被蚀刻于目镜上。测得的直径大小通

❶ 洛氏硬度也常用R以及恰当的尺度字母下标进行标定，比如R_C表示洛氏硬度C尺度。
❷ ASTM标准E10，“Standard Test Methods for Brinell Hardness of Metallic Materials.”
❸ 布氏硬度也可由BHN表示。

过一个数据表转换成恰当的HB值。在该试验方法中只有一种尺度。

布氏硬度的测试可使用半自动化技术。该技术使用了光学扫描系统，该系统由安装于一个柔性探头上的数码相机构成，柔性探头使相机可在压痕上各处进行定位。相机取得的数据被传送至计算机，从而实现对压痕的分析，测定其大小，并计算布氏硬度值。该测试技术对表面光洁度的要求通常要比那些手动测试方法更加严格。

最小的试样厚度和压痕位置（相对于试样边缘）以及最小的压痕间距要求与洛氏试验相同。此外，还需要一个清晰的压痕，这就需要一个光滑、平整的表面。

(3) 努普和维氏显微硬度试验[❶]

另外还有两种硬度试验技术分别为努普（Knoop）和维氏（有时称之为金刚石角锥体）硬度试验。在每种试验中，一个非常小的具有金字塔结构的钻石压头被压入试样表面中。施加的载荷大小要远远小于洛氏和布氏试验，变化范围在1～1000g之间。得到的压痕在显微镜下进行观察和测量，测试结果则被转换为硬度值（表7.6）。为了得到可被精确测量的清晰压痕，我们需要对试样表面进行仔细的处理（打磨和抛光）。努普硬度值和维氏硬度值分别用HK和HV进行标定[❷]。两种硬度测试技术的尺度大致相同。基于压头的大小，努普和维氏硬度试验被称为显微硬度测试方法。两种试验技术均适用于测试试样表面较小的选择性区域。此外，努普测试技术被用于测试像陶瓷那样的脆性材料。

现代的显微硬度测试技术通过联合硬度计压头装置与一个包含了计算机和软件包的图像分析仪实现了自动化。软件控制了重要的系统功能，包括压痕定位、压痕间距、硬度值计算和数据绘制。

还有其他一些常用的硬度测试技术，但在本书中不会进行详细介绍。这些技术包括超声显微硬度、动态（肖氏硬度）、硬度计（针对塑料和橡胶材料）以及刮痕硬度试验。这些技术在本章末尾提供的参考文献中有对应的详细介绍。

(4) 硬度转换

我们需要将不同尺度上测得的硬度值进行转换以进行比对。然而，硬度并不是一个具有明晰定义的材料性能，而且由于不同测试技术的试验间的差异性，目前还没有一个十分完整的转换方案。硬度转换数值是由实验所确定的，而且往往依赖于材料的类型和特征。合金钢具有最可靠的硬度转换数据，图7.30给出了一些努普硬度、布氏硬度和两种洛氏硬度尺度的转换数据，也包含了莫氏硬度。多种其他金属和合金材料的硬度转换表可参见ASTM标准E140，“Standard Hardness Conversion Tables for Metals.”根据之前所讨论的内容，我们在不同合金系统间进行数据转换时应该特别小心。

---

❶ ASTM标准E92，“Standard Test Method for Vickers Hardness of Metallic Materials，”以及ASTM标准E 384，“Standard Test for Microindentation Hardness of Materials.”

❷ 有时候会使用KHN和VHN来分别表示努普和维氏硬度值。

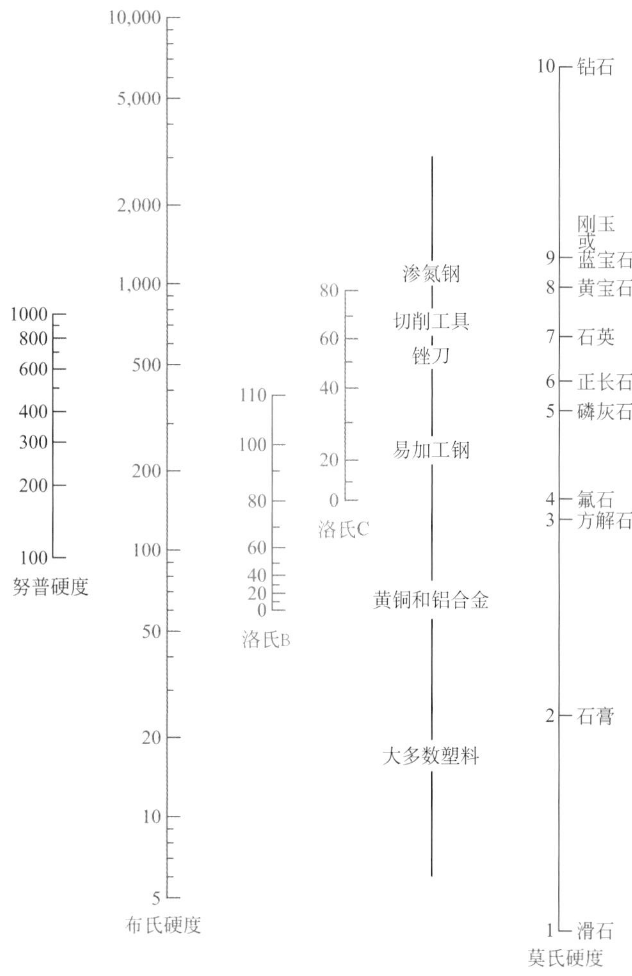

图7.30　几种硬度尺度的比较

（来源于G.F.Kinney，*Engineering Properties and Applications of Plastics*，p.202. Copyright © 1957 by John Wiley & Sons，New York. 重印得到了John Wiley & Sons，Inc的许可。）

（5）硬度与拉伸强度间的相互关系

拉伸强度和硬度都是材料对塑性变形抵抗能力的指标。因此，拉伸强度和硬度HB两者大致成比例，铸铁、钢和黄铜的拉伸强度随硬度变化的函数关系如图7.31所示。同时，图7.31还可以告诉我们，不同的金属具有不同的比例关系。一般对于大多数钢来说，HB和拉伸强度间的关系如下：

合金钢，布氏硬度换算成拉伸强度

$$TS(MPa)=3.45\times HB \qquad (7.25a)$$

$$TS(psi)=500\times HB \qquad (7.25b)$$

概念检查7.6　表7.5所列出的各种金属中最硬的是哪种金属？为什么？
[解答可参考*www.wiley.com/college/callister*（学生之友网站）]

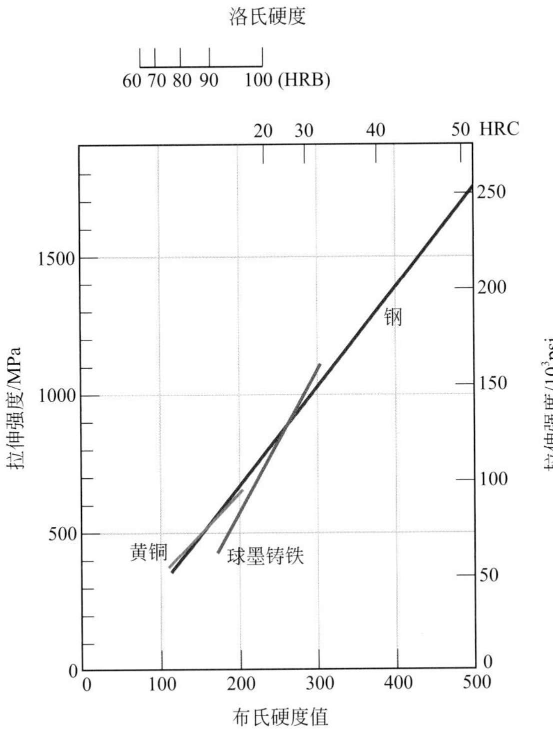

图7.31 钢、黄铜和铸铁硬度与拉伸强度间的关系

[数据来源于*Metals Handbook*：*Properties and Selection*：*Irons and Steels*，Vol.1，9th edition，B.Bardes（Editor），American Society for Metals，1978，pp.36 and 461；and *Metals Handbook*：*Properties and Selection*：*Nonferrous Alloys and Pure Metals*，Vol.2，9th edition，H.Baker（Managing Editor），American Society for Metals，1979，p.327.]

7.17 陶瓷材料的硬度

由于陶瓷材料很脆而且极易在压头压入表面时产生裂纹，因此很难对陶瓷材料的硬度进行精确测量，大量的裂纹形成会导致不精确的读数。在对陶瓷材料进行硬度测试时通常不使用球形压头（如洛氏硬度和布氏硬度试验），因为球形压头会造成严重的裂纹。相对的，这类材料的硬度测试通常使用维氏硬度和努普硬度测 试技术❶。维氏硬度试验被广泛用于测量陶瓷的硬度。然而，对于非常脆的材料，通常使用努普硬度试验。另外，对于以上两种硬度试验来说，硬度值均会随着载荷（或压痕大小）的增加而下降，并最终达到一个不依赖于载荷的恒定常数平台，不同陶瓷在该平台所对应的硬度值会有所不同。一个理想的硬度测试会使用该平台附近足够大且不会造成过多裂纹的载荷。

对于陶瓷材料来说，或许最值得期待的力学性能就是它们的硬度值。目前所知的最硬的材料就属于这一类材料。表7.8列出了一系列不同陶瓷材料的维氏硬度值❷。我们通常在需要磨料或研磨功能时用到这些材料（表13.8）。

---

❶ ASTM标准C1326，“Standard Test Method for Knoop Indentation Hardness of Advanced Ceramics，”和标准C1327，“Standard Test Method for Vickers Indentation Hardness of Advanced Ceramics.”

❷ 维氏硬度以前所使用的单位是kg/mm^2，在表7.7中，我们使用SI单位，GPa。

表7.8 八种陶瓷材料的维氏（和努普）硬度

材料	维氏硬度/GPa	努普硬度/GPa	说明
钻石（碳）	130	103	单晶，(100) 面
碳化硼（B_4C）	44.2	—	多晶，烧结
氧化铝（Al_2O_3）	26.5	—	多晶，烧结，纯度99.7%
碳化硅（SiC）	25.4	19.8	多晶，化学结合，烧结
碳化钨（WC）	22.1	—	熔融
氮化硅（Si_3N_4）	16.0	17.2	多晶，热压
氧化锆（ZrO_2）（部分稳定）	11.7	—	多晶，9%（摩尔）Y_2O_3
钠钙玻璃	6.1	—	

7.18 高分子的撕裂强度与硬度

当我们考虑高分子在某些特定应用中的适用性时可能会关注的力学性能包括撕裂强度和硬度。抵抗撕裂的能力对一些塑料材料来说是十分重要的性能，特别是那些用于包装的薄膜材料。撕裂强度，这一力学参数测量了撕裂一个带缺口的标准试样所需要的能量。撕裂强度的大小与拉伸强度也有一定的关联。

高分子较金属和陶瓷材料更软，而且大多数硬度试验都是类似于7.16节中所描述的与金属有关的压痕试验法。洛氏试验经常被用于测试高分子材料的硬度[1]。其他可能被用到的压痕技术包括橡胶硬度计和巴氏硬度试验[2]。

物性多样性和设计/安全因素

7.19 材料性能多样性

在这里，我们有必要讨论一个让很多工程学科的学生感到困扰的问题——我们测得的材料性能并不是一个确切的数值。也就是说，即使我们有最精确的测试仪器以及一个严格控制的测试过程，对同一种材料试样进行试验所采集的数据总会存在一定程度的分散或差异。比如，让我们考虑一系列由一根合金条所制得的拉伸试样，这些试样随后在同一仪器中进行应力-应变测试。我们极有可能观察到每一个试样的拉伸应力-应变曲线都会有些许出入。这将让我们得到多个不同的弹性模量、屈服强度以及拉伸强度的值。导致测得数据不确定性的因素有很多。其中包括试验方法、试样制备过程中的误差、操作误差以及仪器的校正等。此外，在同一批材料中也有可能存在一定程度的不均匀性以及成分偏差，或不同批次材料间的其他多种差异。当然，我们要采用适当的试验来减小出现测量误差的可能性以及缓解上述可能造成数据差异的因素。

---

[1] ASTM标准D 785，"Standard Testing Method for Rockwell Hardness of Plastics and Electrical Insulating Materials."

[2] ASTM标准D 2240，" Standard Test Method for Rubber Property-Durometer Hardness，" 和ASTM标准D 2583，" Standard Test Method for Indentation Hardness of Rigid Plastics by Means of a Barcol Impressor."

对于其他一些材料性能，如密度、电导率以及热膨胀系数，其测量数据也会存在一定的分散和差异。

设计工程师必须要清晰地认识到材料性能测试数据的分散和差异是不可避免的，而且应该对数据进行合理的处理。有时候，数据必须经过统计学处理并对概率进行确定。比如，工程师应该习惯于问，“在这些给定条件下，这种合金失效的概率是多大？”而不是问，“这种合金的断裂强度是多大？”。

我们通常想要了解某测定性能的典型值以及其数值的离散（或分散）程度，这往往通过分别求平均值以及标准偏差来得到相关信息。

（1）计算平均值与标准偏差

平均值是通过用测得数值的总和除以测量值的数目计算得到的。在数学术语上，平均值 $\bar{x}$ 为：

平均值的计算

$$\bar{x}=\frac{\sum_{i=1}^{n}x_i}{n} \tag{7.26}$$

式中，n为观测或测量的次数；x_i为每一次测量得到的数值。

另外，标准偏差s是通过下述数学表达式进行确定的：

标准差的计算

$$s=\left[\frac{\sum_{i=1}^{n}(x_i-\bar{x})^2}{n-1}\right]^{\frac{1}{2}} \tag{7.27}$$

式中，x_i，$\bar{x}$和n的定义和之前相同。标准偏差的值越大，则数据的离散程度越大。

例题7.6

平均值与标准偏差的计算

现测得4个钢合金试样的拉伸强度如下所示。

试样编号	拉伸强度/MPa
1	520
2	512
3	515
4	522

（a）计算拉伸强度平均值。

（b）确定标准偏差。

解：

（a）拉伸强度的平均值（$\overline{TS}$）可通过式（7.26）求得，其中n=4：

$$\overline{TS}=\frac{\sum_{i=1}^{4}(TS)_i}{4}=\frac{520+512+515+522}{4}=517(\text{MPa})$$

（b）对于标准偏差，我们通过式（7.27）可得：

$$s=\left[\frac{\sum_{i=1}^{4}\{(TS)_i-\overline{TS}\}^2}{4-1}\right]^{\frac{1}{2}}$$

$$=\left[\frac{(520-517)^2+(512-517)^2+(515-517)^2+(522-517)^2}{4-1}\right]^{1/2}$$

$$=4.6(\text{MPa})$$

图7.32画出了该例题中不同编号试样的拉伸强度并以图形的方式表示了数据。拉伸强度数据点［图7.32（b）］对应着平均值$\overline{TS}$，而分散度则由数据点符号上下的误差线（短横线）表示，并且将平均值数据点与误差线用竖直线进行连接。上误差线所对应的值为平均值加上标准偏差（$\overline{TS}$+s），而下误差线所对应的值则为平均值减去标准偏差（$\overline{TS}$–s）。

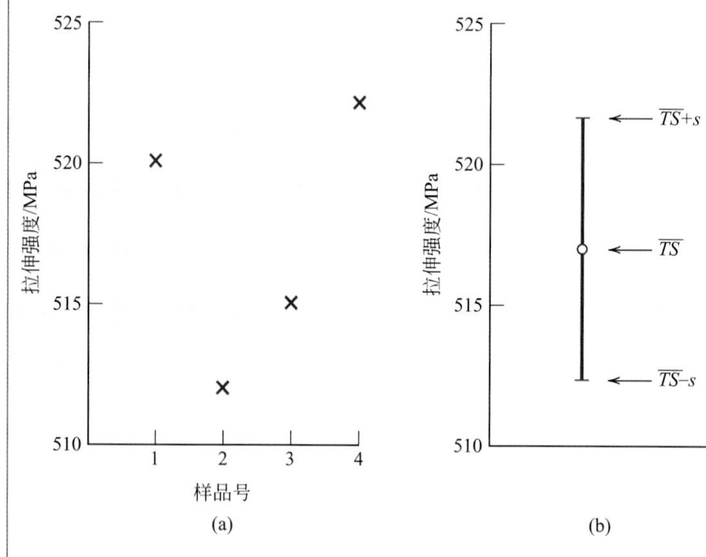

图7.32 （a）例题7.6中的拉伸强度数据；（b）数据的图形表示方式。数据点对应于平均值（$\overline{TS}$）；误差线表明了在平均值附近的离散程度，正负标准偏差（$\overline{TS}\pm s$）

7.20 设计/安全因素

对于服役中的应用来说，在表征施加载荷程度大小以及相应的应力水平时总会存在不确定性。通常来说，载荷的计算仅仅是一个近似值。另外，我们在之前的小节中提到过，在制造过程中引入了缺陷，几乎所有工程材料的力学性能的测量都表现出一定的变动性，而且在有些情况下，会在服役过程中存在持续损害。因此，我们使用的设计方法必须要能够让材料免受意料之外的失效。20世纪以来，我们通过设计安全系数来减少外加应力。尽管对于一些结构上的应用来说还可以使用这种方式，但对于那些在飞机以及桥梁中所用到的关键部件并不能提供足够的安全保障。目前针对于这些关键性的结构应用，我们使用具有足够韧性的材料并在结构设计中提供冗余结构（即过量的或重复的结构），对缺陷进行定期检测并且在需要的时候对组件进行移除或修复。（这些话题将在第9章，失效——尤其是9.5节中进行详细讨论。）

设计应力

对于处于一般静态条件下的韧性材料来说，设计应力σ_d，为计算得到的应力水平σ_c乘以一个设计系数N'，即：

$$\sigma_d = N'\sigma_c \tag{7.28}$$

式中，N'大于1。因此，被选于某特定应用的材料需要具有至少为σ_d的屈服强度。

安全应力

除此之外，一个安全应力或工作应力σ_w，被用于替代设计应力。该安全应力基于材料的屈服强度，其定义为屈服强度除以一个安全系数N，或

安全（工作）应力的计算

$$\sigma_w = \frac{\sigma_y}{N} \tag{7.29}$$

通常来说，我们更倾向于使用设计应力［式（7.28）］，因为设计应力基于预期最大外加载荷而不是材料的屈服强度。一般来说，预测该工作应力水平比明确屈服应力具有更大的不确定度。然而，在这里的讨论中，我们关心的是影响金属合金屈服强度的因素而不是确定外加载荷的因素；因此，我们在后面将讨论与工作应力和安全系数有关的内容。

选择一个恰当的N值是十分必要的。如果N太大，则会产生超安全标准设计，会使用过多的材料或者使用具有高于必要强度的材料。N的取值范围通常在1.2～4.0之间。对于N的选择取决于很多因素，包括经济、以前的经验、机械力和材料性能的确定精度以及最重要的，就使用寿命损失和性能损害来说的失效。由于大的N值会导致材料费用和重量的增加，结构设计师们会在经济上合算的条件下，使用具有冗余（以及可检验）设计的韧性更好的材料。

设计例题7.1

规定支柱的直径

现需要建造一个试样拉伸设备，其能够承受的最大载荷需要达到220000N（50000 lbf）。该设计要求有两根圆柱形支柱，每个支柱都要能够支撑最大载荷的一半。此外，还会用到普通碳钢（1045）底座以及轴轮，该合金的最小屈服强度和拉伸强度分别为310MPa（45000psi）和565MPa（82000psi）。请计算给出这些支柱的直径规格。

解：

该设计过程的第一步是确定安全系数，N，进而通过［式（7.29）］计算得出工作应力。此外，为了确保该设备的操作安全性，我们也要测试圆柱在试验过程中发生弹性变形的程度。因此，我们需要使用一个相对保守的安全系数，比如说N=5。因此，工作应力σ_w为：

$$\sigma_w = \frac{\sigma_y}{N} = \frac{310\text{MPa}}{5} = 62\ (\text{MPa})\ (9000\text{psi})$$

由应力的定义，式（7.1）可得：

$$A_0 = \left(\frac{d}{2}\right)^2 \pi = \frac{F}{\sigma_w}$$

式中，d为圆柱的直径；F为所施加的外力。另外已知，每根柱子都必须承担总作用力的一半，即110000N（25000psi）。求解上式中的d可得：

$$d = 2\sqrt{\frac{F}{\pi\sigma_w}} = 2\sqrt{\frac{110000\text{N}}{\pi\left(62\times10^6\text{N/m}^2\right)}} = 4.75\times10^{-2}\text{m} = 47.5\text{mm}(1.87\text{in.})$$

因此，每根圆柱的直径应该为47.5 mm，或1.87in.。

总结

导言

- 在设计评估服役材料力学性能的实验室试验时应该考虑三个因素，即外加载荷的性质（如拉伸、压缩、剪切）、加载持续时间以及环境条件。

陶瓷中的点缺陷

- 对于拉伸和压缩载荷，

  工程应力σ被定义为瞬时载荷除以试样的原始横截面积［式（7.1）］。

  工程应变ϵ被表达为长度的变化（沿着加载方向）除以原始长度［式（7.2）］。

应力-应变行为

- 在应力作用下，材料首先会经历非弹性的或非永久性的形变。
- 大多数材料在发生弹性形变时，应力和应变互成比例——亦即，应力对应变的曲线呈现线性。
- 对于拉伸和压缩加载的情况，应力-应变曲线的线性部分为弹性模量（E），依据胡克定律［式（7.5）］。
- 对于呈现出非线性弹性行为的材料，我们会用到切线模量和割线模量。
- 在原子尺度上，材料的弹性形变对应于原子键的伸长以及相应的轻微原子位移。
- 对于剪切弹性形变，剪切应力（τ）和剪切应变（γ）彼此互成比例［式（7.7）］。该比例系数为剪切模量（G）。
- 依赖于时间的弹性形变被称为滞弹性。

材料的弹性性能

- 另一个弹性参数，泊松比（ν），表示为横向应变和纵向应变（分别为ϵ_x和ϵ_z）比值的负值——式（7.8）。金属材料的典型泊松比在0.25和0.35之间。
- 对于各向同性材料来说，剪切和弹性模量以及泊松比间的关系见式（7.9）。

拉伸性能（金属）

- 屈服现象发生于塑性变形或永久变形开始时。
- 屈服强度表示了塑性变形开始时所对应的应力大小。对于大多数材料来说，屈服强度是在应力–应变曲线上通过0.002应变截距的方法进行确定的。
- 拉伸强度对应着工程应力-应变曲线最高点的应力水平，它表示了一个试样能够承受的最大拉伸应力。
- 对于大多数金属材料来说，当应力达到其应力-应变曲线的最高点时，在已发生形变的试样上的某点会开始发生收缩或颈缩。所有在那之后发生的形变都将局限于该颈缩处，并在该处发生最终的断裂。

- 延展性是对材料到断裂为止所发生的塑性变形程度的测量。
- 定量地来看，延展性是以伸长率和断面收缩率的形式进行测量的。

  伸长率（%EL）测量的是断裂时的塑性应变［式（7.11）］。

  断面收缩率（%RA）可通过式（7.12）进行计算。
- 屈服和拉伸强度以及延展性对任何前置形变、杂质的存在和/或任何热处理都很敏感。弹性模量相对来说对上述条件不太敏感。
- 随着温度的上升，弹性模量以及拉伸和屈服强度会下降，而延展性则会提高。
- 回弹模量是使材料到达屈服点所需的单位体积内的应变能——或应力–应变曲线弹性部分下方的面积。对于呈现线性弹性行为的金属材料，其回弹模量可通过式（7.14）进行求解。
- 韧性衡量的是材料在断裂时吸收的能量，对应于整个工程应力–应变曲线下方的面积。延展性好的金属其韧性通常比脆性金属的韧性更好。

真应力和真应变

- 真应力（σ_T）被定义为瞬时载荷除以瞬时横截面面积［式（7.15）］。
- 根据式（7.16），真应变（ϵ_T）等于试样瞬时长度与原始长度比值的对数。
- 对于一些金属，从塑性变形开始到颈缩开始，真应力和真应变间的关系如式（7.19）。

塑性变形后的弹性回复

- 试样在发生塑性变形后，若卸除载荷则会发生弹性回复。该现象如图7.17的应力-应变曲线所示。

弯曲强度（陶瓷）

- 陶瓷材料的应力-应变行为和断裂强度可通过横向弯曲试验进行测定。
- 通过［式7.20（a）］和［式7.20（b）］可分别得到矩形和圆形横截面试样使用三点横向弯曲试验测得的弯曲强度。

孔隙率的影响（陶瓷）

- 很多陶瓷基体都包含有残余的孔隙，这些孔隙的存在会损害其弹性模量和断裂强度。

  弹性模量随孔隙率减小的变化规律如式（7.21）。

  弯曲强度随孔隙率减小的变化规律如式（7.22）。

应力–应变行为（高分子）

- 基于应力–应变行为，可将高分子分为三种类型（图7.22）：脆性（曲线A），塑性（曲线B），以及高弹性（曲线C）。
- 高分子的强度和刚度均不及金属。然而，它们的高柔韧性、低密度以及抗腐蚀性使它们得到了广泛的应用。
- 高分子的力学性能对温度的变化以及应变率都较敏感。随着温度的上升或应变率的下降，高分子的弹性模量下降，拉伸强度降低，而延展性增强。

黏弹变形

- 黏弹性力学行为介于完全的弹性和完全的黏性之间，很多高分子材料都表现出这一特性。
- 该行为由松弛模量——一个依赖于时间的弹性模量进行表征。
- 松弛模量的大小对温度十分敏感。玻璃质、皮质、橡胶质以及黏流区间可在松弛模量对数对温度的关系图上进行区别（图7.28）。
- 松弛模量对数随温度变化的行为依赖于分子构型——结晶度、交联的存在等（图7.29）。

硬度

- 硬度衡量的是材料对局部塑性变形的抵抗能力。
- 最常见的两种硬度测试技术是洛氏硬度和布氏硬度试验。

  洛氏硬度存在多种尺度，而对于布氏硬度来说只有一种尺度。

布氏硬度是通过压痕大小进行确定的，洛氏硬度则是基于大小载荷在材料表面形成的压痕深度之差进行确定的。

- 两种显微硬度测试技术是努普和维氏试验。这两种试验技术使用小的压头以及相对较轻的载荷。这两种技术被用于测量脆性材料（如陶瓷）以及试样很小的局部的硬度。
- 对于一些金属来说，硬度对拉伸强度的曲线是线性的——亦即，这两个参数互成比例。

陶瓷的硬度

- 陶瓷材料由于其脆性特征以及在施加压痕时容易产生裂纹，较难测定其硬度。
- 我们一般使用努普和维氏试验对陶瓷材料进行硬度测量。
- 目前已知的最硬的材料是陶瓷，这一特性使它们作为磨料材料很有吸引力（13.8节）。

材料性能多样性

- 五个可能引起材料性能测量值分散的因素包括：测试方法、试样制备过程的差异、操作误差、仪器校正以及试样与试样间的非均质性和/或成分差异。
- 材料的典型性能通常用平均值（$\bar{x}$）表示，而数据分散的程度可以表示为标准偏差（s）。可以分别使用式（7.26）和式（7.27）计算上述参数。

设计/安全因素

- 由于测量力学性能和服役外加载荷均存在不确定性，因此我们在进行工程设计时通常会使用设计或安全应力。对于延性材料，安全（或工作）应力σ_w由材料的屈服强度和安全系数决定，如式（7.29）所示。

公式总结

公式序号	公式	求解
（7.1）	$\sigma = \dfrac{F}{A_0}$	工程应力
（7.2）	$\epsilon = \dfrac{l_i - l_0}{l_0} = \dfrac{\Delta l}{l_0}$	工程应变
（7.5）	$\sigma = E\epsilon$	弹性模量（胡克定律）
（7.8）	$v = -\dfrac{\epsilon_x}{\epsilon_z} = -\dfrac{\epsilon_y}{\epsilon_z}$	泊松比
（7.11）	$\%\text{EL} = \left(\dfrac{l_f - l_0}{l_0}\right) \times 100$	延展性，伸长百分比
（7.12）	$\%\text{RA} = \left(\dfrac{A_0 - A_f}{A_0}\right) \times 100$	延展性，横截面收缩百分比
（7.15）	$\sigma_T = \dfrac{F}{A_i}$	真应力
（7.16）	$\epsilon_T = \ln \dfrac{l_i}{l_0}$	真应变
（7.19）	$\sigma_T = K\epsilon_T^n$	真应力和真应变（到颈缩处为止所发生的塑性变形）

续表

公式序号	公式	求解
［7.20（a）］	$\sigma_{fs}=\dfrac{3F_f L}{2bd^2}$	横截面为矩形的杆状试样弯曲强度
［7.20（b）］	$\sigma_{fs}=\dfrac{F_f L}{\pi R^3}$	横截面为圆形的杆状试样弯曲强度
（7.21）	$E=E_0(1-1.9P+0.9P^2)$	多孔陶瓷的弹性模量
（7.22）	$\sigma_{\rm fs}=\sigma_0\exp(-nP)$	多孔陶瓷的弯曲强度
（7.23）	$E_{\rm r}(t)=\dfrac{\sigma(t)}{\epsilon_0}$	松弛模量
（7.25）	$TS(\text{MPa})=3.45\times\text{HB}$	由布氏硬度得到的拉伸强度
（7.29）	$\sigma_{\rm w}=\dfrac{\sigma_{\rm y}}{N}$	安全（工作）应力

符号列表

符号	意义	符号	意义
A_0	加载前试样的横截面面积	$l_{\rm i}$	加载过程中试样的瞬时长度
$A_{\rm f}$	断裂时试样的横截面面积	N	安全系数
$A_{\rm i}$	加载过程中试样瞬时的横截面面积	n	应变硬化指数
b，d	横截面为矩形的试样宽度和高度	n	实验常数
E	弹性模量（拉伸和压缩）	P	孔隙体积分数
E_0	致密陶瓷的弹性模量	TS	拉伸强度
F	外加作用力	ϵ_0	应变水平——在黏弹性松弛模量测试过程中保持恒定
F_f	断裂时的外加作用力	ϵ_x，ϵ_y	垂直于加载方向的应变值（即横向）
HB	布氏硬度	ϵ_z	加载方向的应变值（即径向）
K	材料常数	σ_0	致密陶瓷的弯曲强度
L	弯曲试样支撑点间的距离	$\sigma(t)$	随时间变化的应力——在黏弹性松弛模量测试过程中进行测定
l_0	加载前的试样长度	$\sigma_{\rm y}$	屈服强度
$l_{\rm f}$	断裂时试样的长度		

工艺/结构/性能/应用总结

在本章中，我们定义和讨论了金属材料经历的形变类型（弹性和塑性），以及相关的性能（弹性模量、屈服强度、硬度等）。为了提高金属合金的力学性能[如钢（11章）]，首先我们需要理解这些性能分别有怎样的含义。下面的概念图展示了性能定义与铁碳合金材料力学性能间的关系。

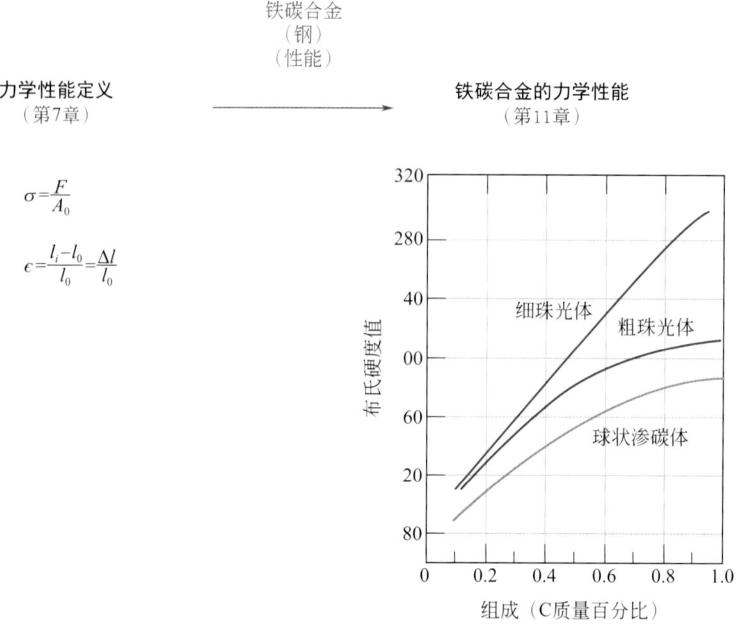

下面的概念图给出了高分子纤维的力学性能和应力-应变行为间的关系（本章讨论过的内容），以及半结晶高分子纤维形变机制和影响其力学性能的因素（如第8章所讨论的）。

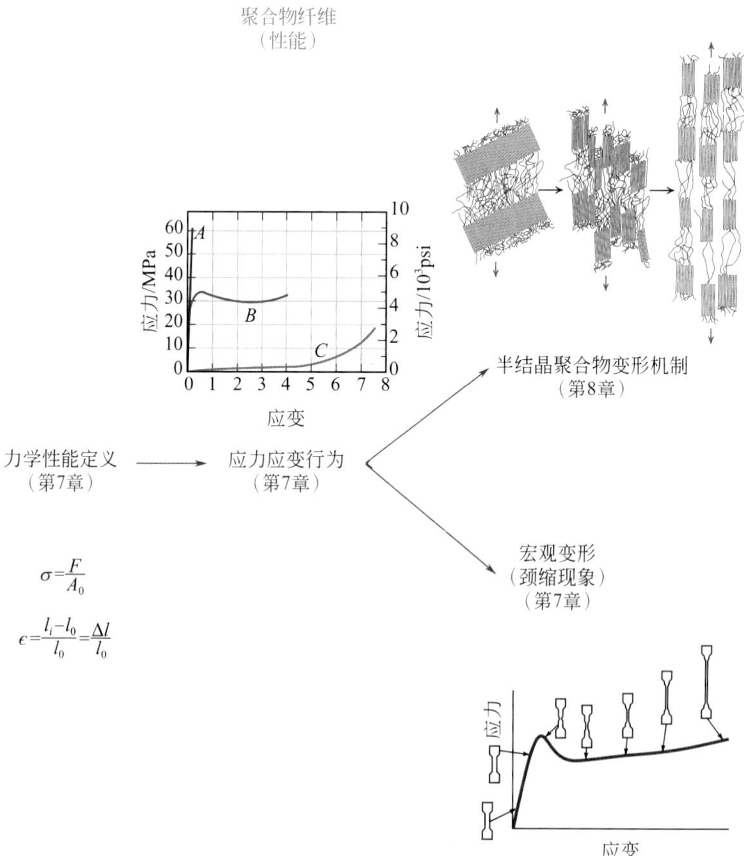

重要术语和概念

滞弹性	硬度	拉伸强度
设计应力	弹性模量	韧性
延展性	塑性形变	真应变
弹性形变	泊松比	真应力
弹性恢复	弹性极限	黏弹性
弹性体	松弛模量	屈服
工程应变	回弹性	屈服强度
工程应力	安全应力	
挠曲强度	剪切	

参考文献

ASM Handbook，Vol.8，*Mechanical Testing and Evaluation*，ASM International，Materials Park，OH，2000.

Billmeyer，F.W.，Jr.，*Textbook of Polymer Science*，3rd edition，Wiley Interscience，New York，1984.

Bowman，K.，*Mechanical Behavior of Materials*，Wiley，Hoboken，NJ，2004.

Boyer，H.E.（Editor），*Atlas of StressStrain Curves*，2nd edition，ASM International，Materials Park，OH，2002.

Chandler，H.（Editor），*Hardness Testing*，2nd edition，ASM International，Materials Park，OH，2000.

Davis，J.R.（Editor），*Tensile Testing*，2nd edition，ASM International，Materials Park，OH，2004.

Dieter，G.E.，*Mechanical Metallurgy*，3rd edition，McGraw–Hill，New York，1986.

Dowling，N.E.，*Mechanical Behavior of Materials*，3rd edition，Prentice Hall（Pearson Education），Upper Saddle River，NJ，2007.

Engineered Materials Handbook，Vol.2，*Engineering Plastics*，ASM International，Metals Park，OH，1988.

Engineered Materials Handbook，Vol.4，*Ceramics and Glasses*，ASM International，Metals Park，OH，1991.

Green，D.J.，*An Introduction to the Mechanical Properties of Ceramics*，Cambridge University Press，Cambridge，1998.

Harper，C.A.（Editor），*Handbook of Plastics*，*Elastomers and Composites*，4th edition，McGraw–Hill，New York，2002.

Hosford，W.F.，*Mechanical Behavior of Materials*，Cambridge University Press，New York，2005.

Kingery，W.D.，H.K.Bowen，and D.R.Uhlmann，*Introduction to Ceramics*，2nd edtion，Wiley，New York，1976.Chapter 15.

Lakes，R.S.，*Viscoelastic Solids*，CRC Press，Boca Raton，FL，1999.

Landel，R.F.（Editor），*Mechanical Properties of Polymers and Composites*，2nd edition，Marcel Dekker，New York，1994.

Meyers，M.A.，and K.K.Chawala，*Mechanical Behavior of Materials*，2nd edition，Cambridge University Press，Cambridge，2009.

Richerson，D.W.，*Modern Ceramic Engineering*，3rd edition，CRC Press，Boca Raton，FL，2006.

Rosen，S.L.，*Fundamental Principles of Polymeric Materials*，2nd edition，Wiley，New York，1993.

Tobolsky，A.V.，*Properties and Structures of Polymer*，Wiley，New York，1960.Advanced treatment.

Wachtman，J.B.，W.R.，Cannon，and M.J.Matthewson，*Mechanical Properties of Ceramics*，2nd edition，Wiley，Hoboken，NJ，2009.

Ward，I.M.，and J.Sweeney，*An Introduction to the Mechanical Properties of Solid Polymers*，2nd edition，Wiley，Hoboken，NJ，2004.

习题

Wiley PLUS 中（由教师自行选择）的习题。

Wiley PLUS 中（由教师自行选择）的辅导题。

Wiley PLUS 中（由教师自行选择）的组合题。

应力和应变的概念

7.1 利用材料力学原理（即，自由体受力图力学平衡方程），推导式［7.4（a）］和式［7.4（b）］。

7.2 （a）式［7.4（a）］和式［7.4（b）］分别为正应力（σ'）和切应力（τ'）作为外加拉伸应力（σ）函数的表达式，且这些应力所处平面的倾角为θ（图7.4）。请画出这些关系式（即，$\cos^2\theta$和$\sin\theta\cos\theta$）与θ的方位参数。

（b）从图中来看，倾角多大时正应力最大？

（c）倾角多大时切应力最大？

应力-应变行为

7.3 现在用35500 N（8000 lb_f）的力拉伸一个具有10mm×12.77mm（0.4in.×0.5in.）矩形截面的铝试样，该试样只发生弹性形变。计算所产生的应变。

7.4 一个圆柱形钛合金试样的弹性模量为107GPa（15.5×10^6psi），原始直径为3.8mm（0.15in.）。当施加2000N（450 lb_f）外力时只发生了弹性形变。如果该试样最大只能伸长0.42mm（0.0165in.），计算该试样在变形前可能的最大长度。

7.5 一个100mm（4.0in.）长，且具有边长为20mm（0.8in.）正方形截面的钢条在89000 N（20000 lb_f）的外力作用下伸长了0.10mm（4.0×10^{-3}in.）。假设该变形完全是弹性的，计算该钢试样的弹性模量。

7.6 考虑一个直径为3.0mm（0.12in.），长度为2.5×10^4mm（1000in.）的圆柱形钛丝。计算外加载荷为500 N（112 lb_f）时的伸长度。假设该形变完全是弹性的。

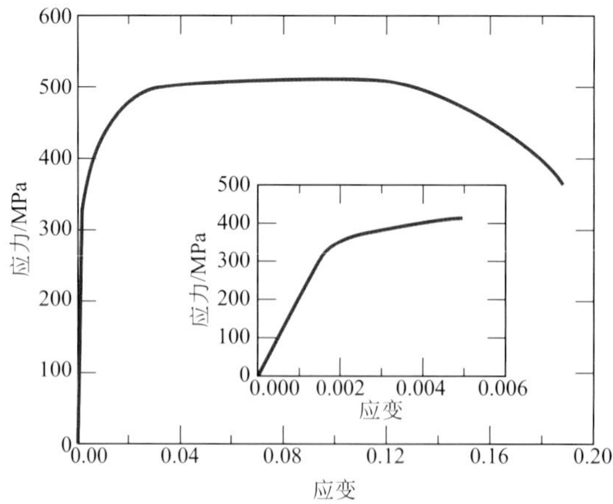

图7.33 钢合金的拉伸应力-应变行为

7.7 对于黄铜合金，塑性变形开始于275MPa（40000psi）处，且弹性模量为115GPa（16.7×10^6psi）。

（a）对于横截面积为325mm^2（0.5in^2.）黄铜试样，在不发生塑性变形的条件下能够承受的最大载荷为多少?

(b)如果试样的原始长度为115mm(4.5in.),在不发生塑性变形的条件下该试样能够被拉伸的最大长度为多少?

7.8 一个圆柱形铜柱[E=110 GPa(16×10^6psi),屈服强度为240 MPa(35000psi)]将要承受6660N(1500 lb_f)的载荷。如果圆柱的长度为380mm(15.0in.),要使该圆柱能够承受0.50mm(0.020in.)的伸长度,其直径应该为多少?

7.9 计算下列金属合金的弹性模量,在虚拟材料科学与工程(*VMSE*)中可观察各材料的应力-应变行为:(a)钛,(b)回火钢,(c)铝,和(d)碳钢。这些数据与表7.1相比怎么样?

7.10 考虑一个被拉伸的直径为10.0mm(0.39in.),长度为75 mm(3.0in.)的圆柱形钢合金试样。计算载荷为20000N(4500 lb_f)时的伸长度。钢合金的应力-应变行为如图7.33所示。

7.11 图7.34给出了灰铸铁拉伸工程应力-应变曲线的弹性区间。计算(a)10.3MPa(1500psi)时的切线模量和(b)6.9MPa(1000psi)时的割线模量。

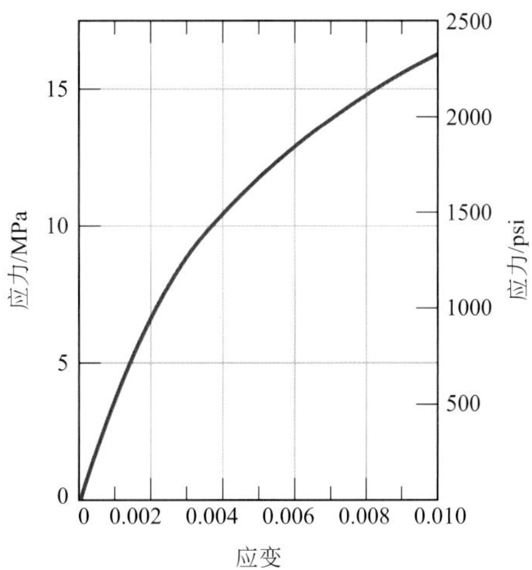

图7.34 灰铸铁的拉伸工程应力-应变曲线

7.12 在3.19小节中我们提到过,对于某些单晶体来说,其物理性能具有各向异性,亦即,取决于晶向。其中一种物理性能就是弹性模量。对于立方单晶来说,在任意[*uvw*]取向上的弹性模量,E_{uvw},可描述为下述表达式

$$\frac{1}{E_{uvw}}=\frac{1}{E_{\langle 100\rangle}}-3\left(\frac{1}{E_{\langle 100\rangle}}-\frac{1}{E_{\langle 111\rangle}}\right)\left(\alpha^2\beta^2+\beta^2\gamma^2+\gamma^2\alpha^2\right)$$

式中,$E_{<100>}$和$E_{<111>}$分别是〈100〉和〈111〉方向的弹性模量;α,β和γ是[*uvw*]分别和[100]、[010]和[001]间夹角的余弦值。请确定表3.7中铝、铜和铁的$E_{<110>}$是否正确。

7.13 在2.6节中,我们提到两个孤立的正负离子间的键能E_N是两离子间距r的函数:

$$E_N=-\frac{A}{r}+\frac{B}{r^n} \tag{7.30}$$

式中,A,B和n分别是对应于不同离子对的常数。式(7.30)也适用于固体材料中两相邻原子的结合能。弹性模量E与离子间的结合力-离子间距曲线上平衡离子间距处的斜率成比例,亦即:

$$E\propto\left(\frac{dF}{dr}\right)_{r_0}$$

推导弹性模量对A，B和n这些参数（对于一个二离子体系）的依赖关系，采取以下步骤：

（1）建立力F与r之间的关系，得到：

$$F = \frac{dE_N}{dr}$$

（2）然后对上式求导dF/dr。

（3）推导出r_0，平衡间距的表达式。由于r_0对应于E_N–r曲线［图2.8（b）］最小值处的r值，求导dE_N/dr，使其等于零，然后求解r，所得值即为r_0。

（4）最后，将r_0的表达式带入由dF/dr所得到的关系式中。

7.14 利用问题7.13得到的结果，为下表列出了X，Y和Z三种假想材料的弹性模量并从大到小进行了排序。这三种材料对应的A，B和n［式（7.30）］值如下表所示，它们得到的E_N单位为电子伏特，r以纳米为单位：

材料	A	B	n
X	2.5	2.0×10^{-5}	8
Y	2.3	8.0×10^{-6}	10.5
Z	3.0	1.5×10^{-5}	9

材料的弹性性能

7.15 一个圆柱形铝试样的直径为19mm（0.75in.），长度为200mm（8.0in.）。该试样在48800 N（11000 lb_f）外力的拉伸作用下发生了弹性形变。利用表7.1中的数据，计算以下问题：

（a）该试样在拉伸方向上的伸长量。

（b）试样直径的变化量。直径会增加还是减少？

7.16 一个圆柱形钢条的直径为10mm（0.4in.），该试样将在轴向外力作用下发生弹性变形。利用表7.1中的数据，计算会使该试样直径弹性收缩3×10^{-3} mm（1.2×10^{-4}in.）的力的大小。

7.17 一个圆柱形合金试样的直径为8mm（0.31in.），并在拉伸应力作用下发生弹性形变。一个大小为15700N（3530 lb_f）的外力会使试样的直径缩小5×10^{-3} mm（2×10^{-4}in.）。如果该材料的弹性模量为140 GPa（20.3×10^6psi）的话，计算其泊松比。

7.18 某一假想金属合金的圆柱形试样受到了压应力的作用。如果其初始和最终直径分别为20.000mm和20.025mm，且其最终长度为74.96mm，如果形变完全是弹性的话，计算其初始长度。该合金的弹性和剪切模量分别为105和39.7 GPa。

7.19 考虑某一假想金属合金的圆柱形试样，其直径为8.0mm（0.31in.）。一个大小为1000N（225 lb_f）的拉力会使其直径产生2.8×10^{-4} mm（1.10×10^{-5}in.）的弹性收缩。计算该合金的弹性模量，已知其泊松比为0.30。

7.20 已知一个黄铜合金的屈服强度为275 MPa（40000psi），拉伸强度为380MPa（55000psi），弹性模量为103GPa（15.0×10^6psi）。该合金一圆柱形试样的长度为250mm（10.0in.），直径为12.7mm（0.50in.），并在拉伸载荷的作用下伸长了7.6mm（0.30in.）。基于现有的已知条件，我们可不可以计算出使该试样产生上述伸长量所施加的载荷大小？如果可以的话，计算出载荷大小。如果不可以的话，解释原因。

7.21 一个圆柱形金属试样的直径为12.7mm（0.50in.），原始长度为250mm（10in.），外加拉伸应力为28MPa（4000psi），在该应力水平下所发生的形变完全是弹性的。

（a）如果伸长量必须小于0.080mm（3.2×10^{-3}in.），根据表7.1中的数据，哪些金属材料比较适合用于制作该试样？为什么？

（b）如果，在上述条件基础上，在28MPa拉伸应力作用下所允许的最大直径收缩为

1.2×10^{-3} mm（4.7×10^{-5}in.），应选用（a）中的哪些金属？为什么？

7.22 考虑黄铜合金，其应力-应变行为如图7.12所示。该材料的一圆柱形试样直径为6 mm（0.24in.），原始长度为50 mm（2in.），并在大小为5000 N（1125 lb_f）的外力作用进行拉伸。如果已知该合金的泊松比为0.30，计算（a）试样的伸长量和。（b）试样直径的缩小量。

WILEY GM • 7.23 一个圆棒长度为100 mm，直径为10.0 mm，并将在大小为27500 N的拉伸力作用下发生形变。要确保该圆棒试样不会发生塑性变形，且直径的缩小量也不能大于7.5×10^{-3} mm。在下表所列出的材料中，哪些比较合适？对你的选择给出合理的说明。

材料	弹性模量/GPa	屈服强度/MPa	泊松比
铝合金	70	200	0.33
黄铜	101	300	0.34
钢	207	400	0.30
钛合金	107	650	0.34

7.24 一个长380 mm（15.0in.），直径10.0mm(0.40in)的圆棒受到拉伸载荷的作用。如果当载荷为24500N（5500 lb_f）时，该圆棒没有发生塑性变形而且伸长量不大于0.9mm（0.035in.），下表列出的4种金属或合金材料中哪些是合适的？说明你的选择。

材料	弹性模量/GPa	屈服强度/MPa	泊松比
铝合金	70	255	420
黄铜	100	345	420
铜	110	250	290
合金钢	207	450	550

拉伸性能（金属）

7.25 图7.33给出了合金钢的拉伸工程应力-应变行为。

（a）弹性模量是多少？

（b）弹性极限是多少？

（c）在应变截距0.002处的屈服强度是多少？

（d）拉伸强度是多少？

7.26 一黄铜圆柱形试样的长度为60mm（2.36in.），在50000N（11240 lb_f）的拉力作用下必须只能伸长10.8mm（0.425in.）。为了满足上述条件，试样的半径应该为多少？该黄铜的应力–应变行为如图7.12所示。

7.27 在一合金钢（应力-应变行为如图7.33所示）圆柱形试样两端施加大小为85000N（19100 lb_f）的载荷，已知该试样的横截面直径为15mm（0.59in.）。

（a）该试样会发生弹性和/或塑性变形吗？为什么？

（b）如果试样的原始长度为250mm（10.0in.），当加载时其长度会增加多少？

7.28 一具有图7.33所示应力-应变行为的合金钢条状试样受到拉伸载荷的作用，试样长度为300mm（12in.），正方形横截面的边长为4.5mm（0.175in）。

（a）计算使伸长量达到0.45mm（0.018in.）所需的载荷大小。

（b）在卸载后的形变属于怎样的性质？

7.29 一圆柱形铝试样的直径为12.8mm（0.505in.），标距长度为50.800mm（2.000in.），受到拉伸应力的作用。利用下表给出的载荷–长度数据完成问题（a）～（f）。

载荷/N		长度/mm	
N	lbf	mm	in.
0	0	50.800	2.000
7330	1650	50.851	2.002
15100	3400	50.902	2.004
23100	5200	50.952	2.006
30400	6850	51.003	2.008
34400	7750	51.054	2.010
38400	8650	51.308	2.020
41300	9300	51.816	2.040
44800	10100	52.832	2.080
46200	10400	53.848	2.120
47300	10650	54.864	2.160
47500	10700	55.880	2.200
46100	10400	56.896	2.240
44800	10100	57.658	2.270
42600	9600	58.420	2.300
36400	8200	59.182	2.330
断裂			

（a）画出工程应力-应变曲线图。

（b）计算弹性模量。

（c）计算应变截距为0.002时的屈服强度。

（d）计算该合金的拉伸强度。

（e）用伸长率衡量的延展性为多少？

（f）计算回弹模量。

7.30 一延展性铸铁试样的矩形横截面为4.8mm×15.9mm（$\frac{3}{16}$ in.×$\frac{5}{8}$ in.），受到拉伸应力的作用。利用下表给出的载荷-长度数据，完成问题（a）到（f）。

载荷/N		长度/mm	
N	lbf	mm	in.
0	0	75.000	2.953
4740	1065	75.025	2.954
9140	2055	75.050	2.955
12920	2900	75.075	2.956
16540	3720	75.113	2.957
18300	4110	75.150	2.959
20170	4530	75.225	2.962
22900	5145	75.375	2.968
25070	5635	75.525	2.973
26800	6025	75.750	2.982
28640	6440	76.500	3.012
30240	6800	78.000	3.071
31100	7000	79.500	3.130
31280	7030	81.000	3.189
30820	6930	82.500	3.248
29180	6560	84.000	3.307
27190	6110	85.500	3.366
24140	5430	87.000	3.425
18970	4265	88.725	3.493
断裂			

(a) 画出工程应力-应变曲线图。

(b) 计算弹性模量。

(c) 计算应变截距为0.002时的屈服强度。

(d) 计算该合金的拉伸强度。

(e) 计算回弹模量。

(f) 用伸长率衡量的延展性为多少?

金属合金

7.31 钛合金的应力-应变行为可在虚拟材料科学与工程(*VMSE*)中的拉伸实验模块进行观察。对于钛合金,解答下列问题:

(a) 计算近似的屈服强度(0.002应变截距),

(b) 拉伸强度,

(c) 用伸长率表示的近似延展性。

这些计算结果与附录表B.4给出的Ti-6Al-4V合金有什么相似和不同之处?

金属合金

7.32 回火合金钢的应力-应变行为可在虚拟材料科学与工程(*VMSE*)中的拉伸实验模块进行观察。对于回火合金钢,解答下列问题:

(a) 计算近似的屈服强度(0.002应变截距),

(b) 拉伸强度,

(c) 用伸长率表示的近似延展性。

这些计算结果与附录表B.4给出的油淬和回火4140以及4340合金钢有什么相似和不同之处?

金属合金

7.33 铝合金的应力-应变行为可在虚拟材料科学与工程(*VMSE*)中的拉伸实验模块进行观察。对于铝合金,解答下列问题:

(a) 计算近似的屈服强度(0.002应变截距),

(b) 拉伸强度,

(c) 用伸长率表示的近似延展性。

这些计算结果与附录表B.4给出的2024铝合金(T351回火)有什么相似和不同之处?

金属合金

7.34 普通碳钢合金的应力-应变行为可在虚拟材料科学与工程(*VMSE*)中的拉伸实验模块进行观察。对于普通碳钢,解答下列问题:

(a) 计算近似的屈服强度(0.002应变截距),

(b) 拉伸强度,

(c) 用伸长率表示的近似延展性。

WILEY 7.35 一圆柱形金属试样的原始直径为12.8mm(0.505in.),标距长度为50.80mm(2.000in.)。该试样在拉伸应力的作用下伸长直至断裂。断裂处的直径为6.60mm(0.260in.),且断裂时的标距长度为72.14mm(2.840in.)。分别计算用断面收缩率和伸长率表示的延展性。

7.36 计算具有图7.12和图7.33所示应力-应变行为的材料的回弹模量。

WILEY 7.37 计算下表列出的几种合金的回弹模量:

材料	屈服强度	
	/MPa	/psi
合金钢	550	80000
黄铜	350	50750
铝合金	250	36250
钛合金	800	116000

利用表7.1给出的弹性模量值。

7.38 一用于弹簧的黄铜合金，其回弹模量至少要达到0.75MPa（110psi）。那么其屈服强度最小应为多少？

真应力和应变

7.39 证明在变形过程不发生体积变化的条件下式［7.18（a）］和式［7.18（b）］的合理性。

7.40 证明当试样体积在形变过程中保持恒定时真应力的表达式（7.16）可以表述为：

$$\epsilon_T = \ln \frac{A_0}{A_i}$$

在发生颈缩时哪个表达式更加合理？为什么？

7.41 利用问题7.29中的数据以及式（7.15）、式（7.16）和式［7.18（a）］，做出铝的真应力-应变曲线。当过了颈缩处时，式［7.18(a)］不再适用；因此，测量得到的直径如下表所示，表中给出的是最后4个数据点，这些数据应被用于真应力的计算中。

载荷		长度		直径	
/N	/lb_f	/mm	/in.	/mm	/in.
46100	10400	56.896	2.240	11.71	0.461
44800	10100	57.658	2.270	11.26	0.443
42600	9600	58.420	2.300	10.62	0.418
36400	8200	59.182	2.330	9.40	0.370

7.42 一金属试样经过拉伸实验，得到当真应力为575MPa（83500psi）时，真塑性应变为0.20。对于同种金属，式（7.19）中K的值为860 MPa（125000psi）。计算真应力为600MPa（87000psi）时所产生的真应变。

WILEY 7.43 某种金属合金在真应力415MPa（60175psi）的作用下产生了塑性真应变0.475. 由该种材料制成的试样，如果原始长度为300mm（11.8in.），那么在325MPa（46125psi）的真应力作用下，伸长量会达到多少？假设应变硬化指数n为0.25。

WILEY 7.44 下表给出了黄铜合金的真应力所产生的真塑性应变数据：

真应力		真应变
MPa	psi	
344.74	50000	0.10
413.69	60000	0.20

若要产生0.25的真应变所需的真应力大小为多少？

WILEY 7.45 对于黄铜合金，在发生颈缩之前，下表列出的工程应力会产生相应的塑性工程应变：

工程应力/MPa	工程应变
235	0.194
250	0.296

基于上述已知条件，计算产生0.25工程应变所需要的工程应力。

WILEY GO 7.46 计算经历了弹性和塑性形变的金属的韧性（或导致断裂的能量）。假设对于式（7.5）的弹性形变，弹性模量为172GPa（25×10^6psi），而且弹性形变在应变为0.01时终止。对于塑性变形，假设应力和应变的关系由式（7.19）描述，其中K和n的值分别为6900MPa（1×10^6psi）和0.30。此外，塑性变形发生于0.01到0.75的应变范围内，在0.75处发生断裂。

7.47 对于拉伸试验，我们可以证明颈缩开始时

$$\frac{d\sigma_T}{d\epsilon_T} = \sigma_T \qquad (7.31)$$

利用式（7.19），计算在颈缩开始时真应变的值。

7.48 对式（7.19）两边求导可得：

$$\lg\sigma_T = \lg K + n\lg\epsilon_T \qquad (7.32)$$

因此，我们如果作出塑性区域lg σ_T对lg ϵ_T的图，会得到一条斜率为n，截距为lg K（lg σ_T=0）的直线。利用问题7.29中给出的恰当数据，画出lg σ_T对lg ϵ_T的曲线图，并确定n和K的值。我们需要通过式［7.18（a）］和式［7.18（b）］将工程应力和工程应变转换成真应力和真应变。

塑性变形后的弹性回复

WILEY GM 7.49 一直径为7.5 mm（0.30in.）长为90.0 mm（3.54in.）的圆柱形黄铜合金试样受到了6000N（1350 lb_f）的拉力作用，稍后卸除该载荷。

（a）计算卸载后试样的最终长度。该合金的拉伸应力–应变行为如图7.12所示。

（b）计算当时间载荷增大到16500N（3700 lb_f）再卸载后试样的最终长度。

WILEY 7.50 一合金钢试样的横截面为12.7mm×6.4mm（0.5in.×0.25in.）的矩形，其应力-应变行为如图7.33所示。该试样受到38000N（8540 lb_f）的拉力作用。

（a）计算弹性和塑性应变值。

（b）如果试样原始长度为460mm（18.0in.），那么卸载后试样的最终长度是多少？

弯曲强度（陶瓷）

WILEY GM 7.51 对一玻璃试样进行三点弯曲试验，该试样矩形横截面的高度d=5mm（0.2in.），宽度为b=10mm（0.4in），支撑点间的距离为45mm（1.75in.）。

（a）如果断裂时的载荷为290N（65 lb_f），计算弯曲强度。

（b）发生最大弯曲Δy的点发生于试样中心，可用下式进行描述

$$\Delta y = \frac{FL^3}{48EI}$$

式中，E是弹性模量；I是横截面转动惯量。计算载荷为266N（60 lb_f）时的Δy。

WILEY 7.52 一圆柱形MgO试样在三点弯曲模式下进行加载。计算在425N（95.5 lb_f）的外力作用，试样不发生断裂的最小半径，弯曲强度是105MPa（15000psi），加载点间的距离为50mm（2.0in.）。

7.53 对一氧化铝试样进行三点弯曲试验，该试样的圆形横截面半径为3.5mm(0.14in.)；当外力为950N（215 lb_f）时该试样发生断裂，支撑点间的距离为50mm（2.0in）。现将对同种材料的另一试样进行同样的试验，但该试样的横截面为正方形，边长为12mm（0.47in.）。如果支撑点间的距离为40mm（1.6in.），你认为该试样会在多大的载荷作用下发生断裂。

7.54（a）一个圆柱形氧化铝试样在三点横向弯曲试验中得到的弯曲强度为390MPa（56600psi）。如果该试样的半径为2.5mm（0.10in.）且支撑点间的距离为30mm（1.2in.），你认为当外加载荷为620N（140 lb_f）时试样会发生断裂吗？说明你的答案。

（b）你对（a）中得出的结论100%肯定吗？为什么？

孔隙率对陶瓷力学性能的影响

7.55 孔隙率为5%（体积分数）的氧化铍（BeO）试样的弹性模量为310GPa（45×10^6psi）。

（a）计算致密试样的弹性模量。

（b）计算孔隙率为10%（体积）试样的弹性模量。

WILEY GO 7.56 孔隙率为5%（体积分数）的碳化硼（B_4C）试样的弹性模量为290GPa（42×10^6psi）。

（a）计算致密材料的弹性模量。

（b）材料孔隙率为多少时弹性模量为235GPa（34×10^6psi）？

7.57 利用表7.2中的数据计算以下问题。

（a）假设式（7.22）中n的值为3.75，计算致密MgO的弯曲强度。

（b）材料孔隙率为多少时MgO的弹性模量为62MPa（9000psi）？

7.58 具有不同孔隙率的同种陶瓷材料的弯曲强度如下表所示：

σ_{fs}/MPa	P
100	0.05
50	0.20

（a）计算完全致密的这种陶瓷材料的弯曲强度。

（b）计算孔隙率体积分数为0.10的该种材料的弯曲强度。

应力应变行为（高分子）

WILEY 7.59 由图7.24给出的聚甲基丙烯酸甲酯应力-应变数据，计算室温（20℃）（68 ℉）下该材料的弹性模量和拉伸强度，并与表7.1和表7.2中给出的数据进行对比。

7.60 下列各高分子的应力-应变行为可在虚拟材料与工程（*VMSE*）的拉伸试验中进行观察，试计算这些材料的弹性模量：（a）高密度聚乙烯，（b）尼龙和（c）酚醛树脂（胶木）。这些计算结果和表7.1中给出的数据相比如何？

高分子

7.61 尼龙的应力-应变行为可在虚拟材料与工程（*VMSE*）的拉伸试验中进行观察，试计算下列问题：

高分子

（a）屈服强度。

（b）用伸长率近似表示其延展性。

这些计算结果与表7.2中给出的数据相比如何？

7.62 酚醛树脂（胶木）的应力–应变行为可在虚拟材料与工程（*VMSE*）的拉伸试验中进行观察，试计算下列问题：

高分子

（a）拉伸强度。

（b）用伸长率近似表示其延展性。

这些计算结果与表7.2中给出的数据相比如何？

黏弹性变形

7.63 用自己的语言简要描述黏弹现象。

WILEY WILEY GM 7.64 黏弹性高分子在应力释放试验过程中，应力随时间减小的关系式如下

$$\sigma(t)=\sigma(0)\exp\left(-\frac{t}{\tau}\right) \tag{7.33}$$

式中，σ（t）和σ（0）分别表示随时间变化的和初始（即时间=0）的应力，t和τ分

别代表经过的时间和弛豫时间；τ是表征材料的一个不依赖于时间的常数。一个应力释放符合式（7.33）的高分子材料被忽然拉伸，测得应变为0.6。现保持该应变恒定不变，对作为时间的函数的应力进行测定。计算E_r（10），已知初始应力水平为2.76 MPa（400psi），并在60s后下降至1.72 MPa（250psi）。

WILEY 7.65 在图7.35中给出了不同温度条件下聚异丁烯的E_r（t）对数对时间对数的关系图。请画出E_r（10）随温度变化的关系图，并估算T_g。

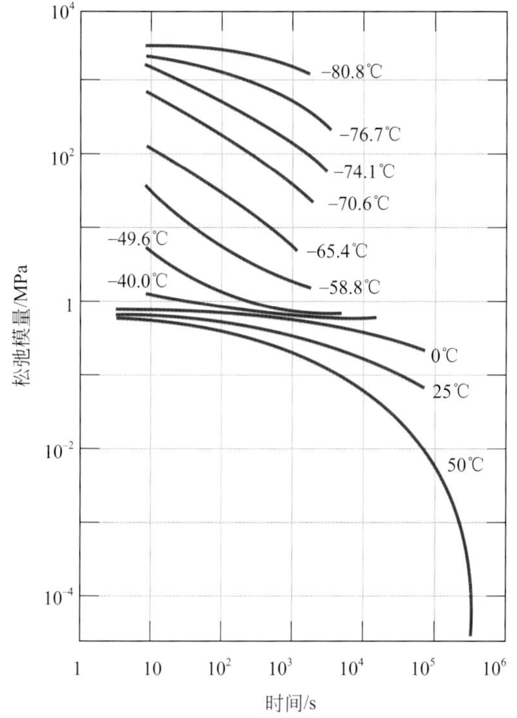

图7.35 聚异丁烯在−80 ~ 50℃之间松弛模量对数随时间对数变化的关系图

（摘自E.Catsiff and A.V.Tobolsky，"Stress–Relaxation of Polyisobutylne in the Transition Region [1，2]，" *J.Colloid Sci.*，10，377（1955）. 重印得到了Academic Press，Inc.的许可）

WILEY 7.66 基于图7.35，画出下列聚苯乙烯材料在给定温度条件下的应变-时间示意图：

（a）120℃非晶，

（b）150℃交联，

（c）230℃结晶，

（d）50℃交联。

7.67 （a）比较应力释放和黏弹性蠕变这两种试验方式。

（b）对于每种试验，指出相应的试验参数以及确定方法。

7.68 画出两幅非晶高分子的松弛模量对数随温度变化的示意图（图7.29曲线C）。

（a）在其中一条曲线上，说明该行为会如何随分子量的增加而变化。

（b）在另一条曲线上，指出该行为会如何随交联度的增加而变化。

硬度

7.69 （a）在布氏硬度试验中，一直径为10mm的压头在载荷为500kg时在合金钢表面产生了直径为1.62mm的压痕。计算该材料的硬度。

（b）当用500kg载荷时，直径多大的压痕会得到硬度450 HB？

7.70 根据以下已知条件估计布氏硬度和洛氏硬度：

（a）应力-应变行为如图7.12的海军黄铜。

（b）应力-应变行为如图7.33所示的合金钢。

7.71 利用图7.31中的数据，列出黄铜和球墨铸铁拉伸强度与布氏硬度间的关系式，类似于合金钢的式（7.25）。

材料性能多样性

7.72 给出5个导致材料性能测量值分散的原因。

WILEY 7.73 根据下面列出的从一个钢试样上测得的洛氏B硬度数据，计算硬度平均值以及标准偏差。

83.3	80.7	86.4
88.3	84.7	85.2
82.8	87.8	86.9
86.2	83.5	86.3
87.2	85.5	84.4

设计/安全因素

7.74 安全因素是基于哪三条标准的？

WILEY 7.75 两种合金的应力-应变行为分别如图7.12和图7.33所示，计算合金的工作应力，假设安全系数为2。

数据表练习题

7.1SS 一圆柱形金属试样在拉力作用下被拉至断裂，给定一组载荷和对应长度数据，以及变形前的直径和长度，请为用户制作一张电子数据表，使其能够画出（a）工程应力-工程应变曲线以及（b）到颈缩处为止的真应力–真应变曲线。

设计问题

成分计算

WILEY 7.D1 一个巨塔由一系列铁丝进行支撑。估计每根铁丝上的载荷为11100N（2500 lb_f）。计算铁丝的最小直径，假设安全系数为2且屈服强度为1030MPa（15000psi）。

7.D2 （a）氢气在1.013MPa（10atm）常压下流入半径为0.1m的圆柱形薄壁镍管中。该管的温度为300℃，外部氢气的压强保持在0.01013MPa（0.1atm）。如果扩散通量不能大于1×10^{-7} mol/($m^2\cdot s$)，计算最小壁厚。氢在镍中的浓度［C_H（每立方米镍中的氢气）］是氢气压［P_{H2}（单位为MPa）］以及绝对温度［T］的函数，根据

$$C_H = 30.8\sqrt{P_{H_2}}\exp\left(-\frac{12.3\text{kJ/mol}}{RT}\right) \tag{7.34}$$

此外，H在Ni中的扩散系数对温度的依赖关系如下：

$$D_H(\text{m}^2/\text{s}) = 4.76\times10^{-7}\exp\left(-\frac{39.56\text{kJ/mol}}{RT}\right) \tag{7.35}$$

（b）处于压力作用下的圆柱形薄壁管，周向应力是壁两侧压强差（Δp）、圆柱半径（r）以及管壁厚（Δx）的函数，如下：

$$\sigma = \frac{r\Delta p}{4\Delta x} \tag{7.36}$$

计算该圆柱管所受到的周向应力。

(c) 镍的室温屈服强度为100 MPa (15000psi)，且每上升50℃屈服强度下降5MPa。你认为 (b) 中计算得到的壁厚适合300℃的Ni圆管吗？为什么？

(d) 如果该厚度合适，计算在使用过程中不会发生任何变形的最小壁厚。随着厚度的减少，扩散通量会增加多少？另外，如果 (c) 中计算得到的厚度不合适，请指出你会使用的最小壁厚。在这种情况下，扩散通量会下降多少？

7.D3 考虑问题7.D2中所涉及的氢气穿过镍管壁的稳态扩散过程。有一个设计要求扩散通量为5×10^{-8} mol/($m^2\cdot s$)，管的半径为0.125m，其内外压强分别为2.026MPa (20atm) 和0.0203MPa (0.2atm)，允许的最高温度为450℃。给出合适的温度和壁厚，确保能够达到要求的扩散通量，并保证管壁不会发生永久变形。

7.D4 我们需要选用一个陶瓷材料，其受力模式类似于三点弯曲 (图7.18)。试样必须具有圆形横截面且半径为2.5mm (0.10in.)，而且在受到275N的外力时，材料不会断裂且其中心点发生的弯曲不能超过6.2×10^{-2} mm (2.4×10^{-3}in.)。如果支撑点之间的距离为45mm (1.77in.)，表7.2中的哪些陶瓷材料是合适的？中心点的弯曲幅度可以通过问题7.51中的表达式计算得到。

工程基础问题

7.1FE 一钢柱在小于其屈服强度的作用力下被拉伸，可以怎样计算其弹性模量：

(A) 轴向应力除以轴向应变

(B) 轴向应力除以长度的变化

(C) 轴向应力乘以轴向应变

(D) 轴向载荷除以长度的变化

7.2FE 一个圆柱形黄铜试样的直径为20mm，拉伸弹性模量为110GPa，泊松比为0.35，受到大小为40000N的外力作用。如果形变完全是弹性的，该试样发生的应变为多大？

(A) 0.00116

(B) 0.00029

(C) 0.00463

(D) 0.01350

7.3FE 图7.36给出了一合金钢的应力–应变曲线。

(a) 该合金的拉伸强度是多大？

(A) 1400MPa

(B) 1950MPa

(C) 1800MPa

(D) 50000MPa

(b) 它的弹性模量多大？

(A) 50GPa

(B) 22.5GPa

(C) 1000GPa

(D) 200GPa

（c）屈服强度多大？

（A）1400MPa

（B）1950MPa

（C）1600MPa

（D）50000MPa

7.4FE 一个钢试样的矩形横截面宽20mm高40mm，剪切模量为207GPa，且泊松比为0.30。如果该试样受到60000N的拉力作用，且只发生了弹性形变，那么宽度的变化为多少？

（A）宽度增加3.62×10^{-6}m

（B）宽度减少7.24×10^{-6}m

（C）宽度增加7.24×10^{-6}m

（D）宽度减少2.18×10^{-6}m

7.5FE 一个未经变形的圆柱形黄铜试样原始半径为300mm，在外力作用下产生了0.001的弹性应变。如果该黄铜的泊松比为0.35，试样直径的变化为多少？

（A）增加0.028mm

（B）减少1.05×10^{-4}m

（C）减少3.00×10^{-4}m

（D）增加1.05×10^{-4}m

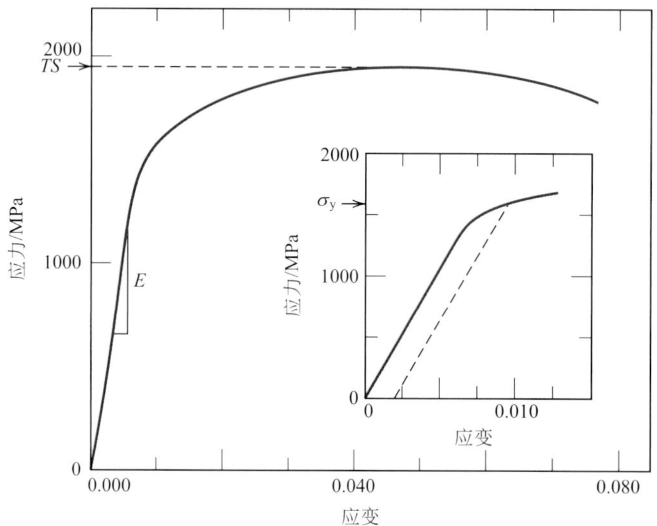

图7.36 某合金钢的拉伸应力-应变行为

第8章 变形和强化机制

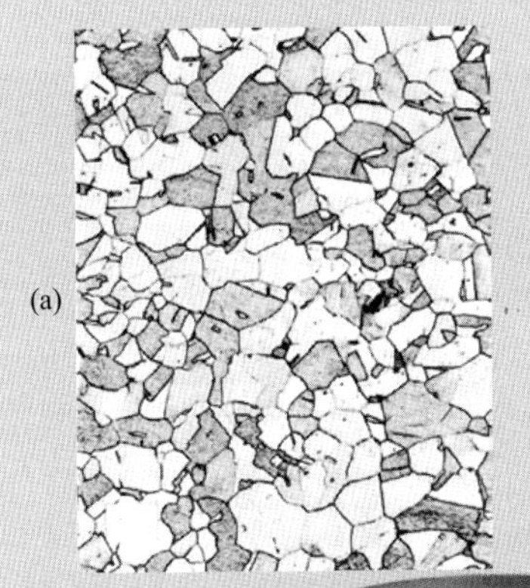

图（b）为部分成形的铝饮料罐图片。其材料显微组织的照片[图（a）]显示了铝晶粒组织的形态——也就是说，晶粒是等轴的（在所有的方向上具有大致相同的尺寸）。

一个完全成形的饮料罐图片如图（c）所示。这个罐子的生产是经过一系列的深冲加工过程完成的，在这个过程中罐壁经过了塑性变形（即被拉伸）。罐壁铝晶粒改变了形状——也就是说，晶粒沿拉伸的方向被拉长。相应的晶粒组织将会与显微照片图（d）所示的组织形态相似。图（a）和图（d）的放大倍数是150×。

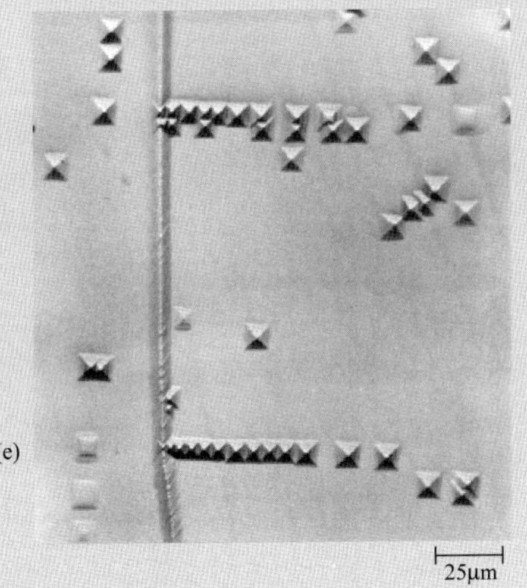

（e）在单晶LiF的显微组织照片中，小的锥形坑代表了位错切割表面的位置。这个表面经过抛光和随后的化学处理。这些“腐蚀坑”是位错周围局部的化学腐蚀的结果，因此表明了位错的分布（385×）。

为什么学习变形和强化机制?

运用位错及它们在塑性变形过程中的重要作用的知识，我们能够理解用来强化和硬化金属及其合金的基本原理。因此，设计和改善材料的力学性能成为可能，例如，金属基复合材料具有较高的强度或韧性。

另外，对于高分子材料弹性变形和塑性变形机制的理解使控制它们的弹性模量和强度成为可能（8.17节和8.18节）。

学习目标

通过本章的学习，你需要掌握以下内容。

1. 从原子的角度描述刃型和螺型位错的运动。
2. 描述塑性变形如何在施加切应力的作用下，通过刃型位错和螺型位错的运动发生。
3. 定义滑移系并举出一个例子。
4. 描述多晶体金属塑性变形时晶体结构是如何变化的。
5. 解释晶界如何阻碍位错运动并说明晶粒细小的金属比晶粒粗大金属强度高的原因。
6. 用晶格应变与位错的相互作用来描述和解释间隙原子的固溶强化。
7. 用位错和应变场的相互作用来描述和解释应变强化（或冷加工强化）的现象。
8. 用材料的组织和力学特征的改变来描述再结晶。
9. 从显微和原子角度来描述晶粒生长的现象。
10. 从滑移方面考虑，解释为什么陶瓷晶体材料通常是脆性的。
11. 描述/画出半结晶（球粒状）高分子材料的弹性和塑性变形的各个阶段。
12. 讨论下面的因素对高分子弹性模量和/或强度的影响：(a) 分子量，(b) 结晶度，(c) 预变形，(d) 未变形材料的热处理。
13. 描述弹性高分子材料的弹性变形的分子机制。

8.1 概述

在这一章我们将用已提出的各种变形机制来解释金属、陶瓷以及高分子材料的变形行为。用这些变形机制来描述和解释可用来强化各种类型材料的方法。

金属的变形机制

第7章解释了金属材料可能发生的两种变形：弹性变形和塑性变形。塑性变形是永久的，强度和硬度是用来衡量材料抵抗变形的指标。从微观角度看，塑性变形是在外加切应力的作用下的一种大量原子的净运动。在这个过程中，原子键被破坏然后重新组合。此外，塑性变形通常是指位错的运动——晶体的线缺陷已在5.7节中讲述。目前的章节主要讨论位错的特性以及它们在塑性变形中的作用。8.9～8.11节给出了几种单相金属强化的方法，并用位错理论来描述其机制。

8.2 历史

早期的材料研究计算了完美晶体的理论强度，比实际测得的数值大许多倍。在20世纪30年代，理论上认为力学强度的这种偏差可用一种人们熟知的线缺陷，即位错来解释。然而，直到50年代，才通过电子显微镜直接观察到这种位错缺陷的存在。从那以后，位错理论被用来解释金属[和陶瓷晶体（8.15节）]中的许多物理和力学现象。

8.3 位错的基本概念

刃型位错和螺型位错是两类基本的位错类型。在一个刃型位错中，沿着一个多余的原子面存在着局部的晶格畸变，多余的原子面的底边为位错线（图5.8）。螺型位错被认为是切应力作用的结果，它的位错线通过螺旋的、原子面斜坡的中心（图5.9）。晶体材料的许多位错既有刃型也有螺型的部分，这些为混合位错（图5.10）。

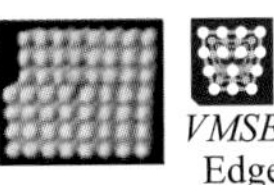

塑性变形是通过大量位错的运动来实现的。刃型位错会在外加的垂直于位错线的切应力作用下发生运动，位错运动的机制如图8.1所示。假定初始的多余半原子面为面*A*。当外加切应力如图8.1（a）所示时，原子面*A*被迫向右运动，并依次推动原子面*B*，*C*，*D*的上半部分沿相同的方向运动。如果外加的切应力足够大，原子面*B*间的原子键沿着剪切面分离，然后原子面*B*的上半部分成为多余原子面，而原子面*A*与原子面*B*下部的原子面连接［图8.1（b)］。这个过程随后被其他的原子面重复，结果，多余的半原子面经过连续、重复地打破原子键和移动原子间距几个步骤，从左向右运动。

位错的运动经过晶体某些特定区域之前和之后，原子的排列是有序的和完整的，仅仅当多余的半原子面经过时晶格结构被破坏。最终这个多余的半原子面可能出现在晶体的右面，形成了一个原子间距的棱边，如图8.1（c）所示。

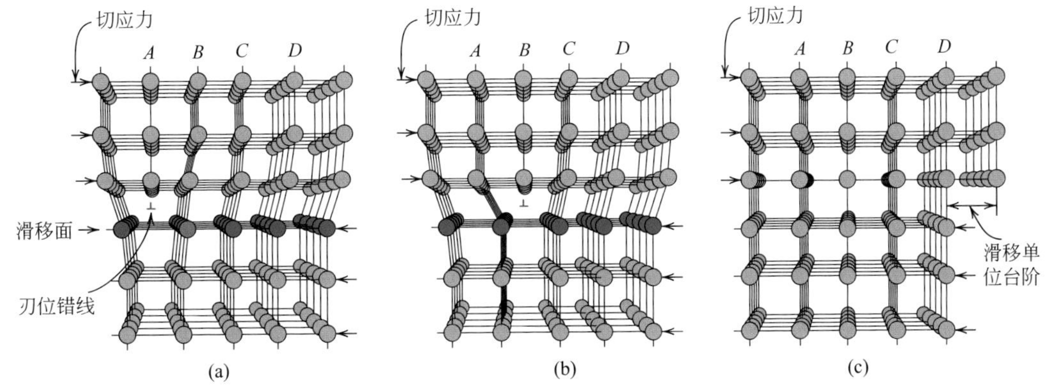

图8.1　在切应力作用下刃型位错运动时的原子重排

（a）标定为*A*的多余半原子面。（b）位错运动一个原子间距到达右侧，而原子面A与B下部的原子面相连；在这过程中，B的上半部分成为多余的原子面。（c）多余半原子面的存在使晶体表面形成了一个台阶。

（摘自A. G. Guy，*Essentials of Materials Science*，McGraw-Hill Book Company，New York，1976，p153）

滑移

塑性变形是通过位错的运动产生的，这个运动被称为滑移；被位错线横切的晶面为滑移面，如图8.1所示。宏观的塑性变形表现为在外加切应力作用下位错运动或滑移产生的永久变形，如图8.2（a）所示。

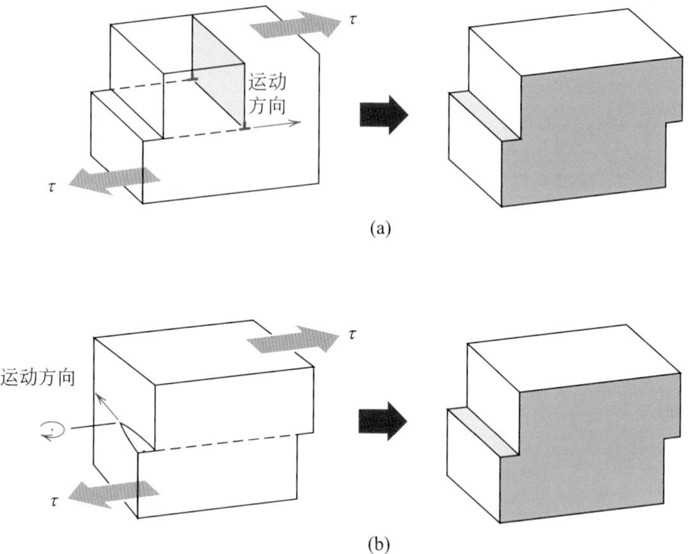

图8.2 在晶体表面通过（a）刃型位错和（b）螺型位错运动形成的台阶

注意：对于刃型位错来说，位错线沿着外加切应力τ的方向运动；对于螺型位错来说，位错线的运动方向垂直切应力。

（摘自H. W. Hayden，W. G. Moffatt，G.W.Pearsall，and J. Wulff，*The Structure and Properties of Materials*，Vol.III，*Mechanical Behavior*，p.70.版权©1965 John Wiley & Sons，New York.重印获得了John Wiley & Sons，Inc.的许可。）

位错的运动与毛毛虫的运动模式类似（图8.3）。毛毛虫通过拉它最后的那对腿移动一个单位的腿距离，在它尾部形成一个“峰”。通过反复地拉和移动它的几对腿，这个“峰”不断地被推进。当这个“峰”到达前部，整个毛毛虫已经向前移动了一个腿距。毛毛虫的“峰”和它的运动对应了塑性变形中位错模型中的多余半原子面。

在外加切应力作用下，螺型位错的运动如图8.2（b）所示，运动的方向垂直于应力方向。对于刃型位错来说，运动方向与切应力的方向平行。但是，两种类型位错运动的净塑性变形是相同的（图8.2）。混合位错线运动的方向既不垂直于也不平行于外加应力，而是位于这两个方向之间。

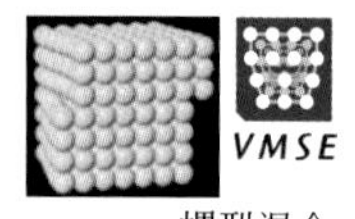

螺型混合

图8.3 毛毛虫和位错运动的对比

位错密度

所有的金属及合金中都存在若干位错，这是凝固结晶、塑性变形过程中快速冷却形成的热应力导致的。材料的位错数量或位错密度可以用单位体积中位错线总长度来表示，或者，等同于一个任意区域内单位面积上穿过的位错的数量。位错密度的单位是每立方毫米上位错的毫米长度，或者是每平方毫米的倒数。凝固金属晶体的典型位错密度可低至10^3mm^{-2}。对于高度变形的金属，位错密度可高达$10^9\sim10^{10}mm^{-2}$。将变形金属的试样进行热处理可降低位错密度到$10^5\sim10^6mm^{-2}$。与之相比，陶瓷材料的典型位错密度在$10^2\sim10^4mm^{-2}$；在集成电路中使用的单晶硅晶体的位错密度值一般在$0.1\sim1mm^{-2}$。

8.4 位错的特征

位错的几个特征对于金属的力学性能很重要。这些特征包括位错周围存在的应变场，应变场对于位错的运动以及增殖的能力有重要的决定性作用。

当金属塑性变形时，形变能的一部分（大约5%）在内部保留下来，其余作为热量散失了。被储存的能量中大部分是位错的应变能。以如图8.4所示的刃型位错为例。如前面所述，由于多余半原子面的出现，位错线周围存在一些原子的晶格畸变。结果形成了若干区域，这些区域对周围原子施加压缩的、拉伸的和剪切的晶格应变。例如，直接位于位错线上方或邻近位置的原子被挤压在一起，结果，这些原子相对于完美晶体或远离位错位置的原子，被认为经历了压缩应变，如图8.4所示。在半原子面的正下面，影响正好相反，晶格原子承受如图所示的拉伸应变。在刃型位错的邻近区域也存在剪切应变。螺型位错的晶格应变是纯剪切的。这些晶格畸变被认为是来自位错线的应变场。应变扩展到周围的原子，并且应变的大小随着与位错之间径向距离的增大而降低。

晶格应变

彼此邻近的位错周围的应变场之间可能相互作用，这样作用在每一个位错上的力是它相邻的所有位错的相互作用的总和。

例如，以具有相同符号和相同滑移面的两个刃型位错为例，如图8.5（a）所示，两个刃型位错的压缩和拉伸应变场都位于滑移面的同一侧，由于应变场的相互作用使这两个独立的位错之间产生了一个相互排斥力并最终使它们分开。另一方面，具有同一个滑移面的两个符号相反的位错将会彼此吸引，如图8.5（b）所示，并且当它们相遇时会发生位错的相互抵消。也就是说，两个多余的

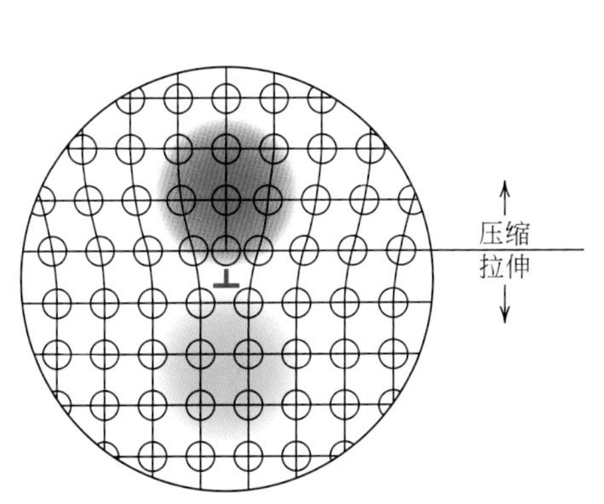

图8.4 刃型位错周围的压缩区（绿色）和拉伸区（黄色）

（摘自W. G. Moffatt，G. W. Pearsall and J. Wulff，*The Structure and Properties of Materials*，Vol.I，*Structure*，p.85.版权©1964 John Wiley & Sons，New York.重印获得了John Wiley & Sons，Inc.的许可。）

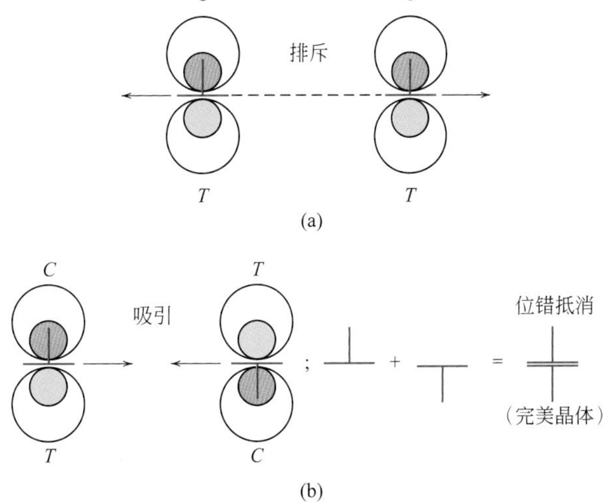

图8.5 （a）在同一滑移面上同样符号的两条刃型位错产生彼此排斥力，C和T分别代表压缩和拉伸区域；（b）在同一滑移面上相反符号的两条刃型位错发生了相互吸引，一旦相遇，它们相互抵消并留下一个完整晶体区

（摘自H. W. Hayden，W. G. Moffatt，G. W. Pearsall，and J. Wulff，*The Structure and Properties of Materials*，Vol.III，*Mechanical Behavior*，p.75.版权©1965 John Wiley & Sons，New York.重印获得了John Wiley & Sons，Inc.的许可。）

半原子面会合并而成为一个完整的原子面。刃型位错、螺型位错和/或混合型位错之间都可能存在各种取向的相互作用。这些应变场及产生的力在金属的强化机制中起着重要的作用。

在塑性变形过程中，位错的数量大大增加。经过大量变形的金属的位错密度可高达10^{10} mm^{-2}。这些新位错的一个重要来源就是现有的位错，这些位错可以增殖。此外，晶界、内部缺陷和表面的不规则，如擦、划痕，这些作为应力集中源，在变形过程中都可成为位错源。

8.5 滑移系

位错在原子的所有晶面和晶向上运动的难易程度是不同的。通常存在一个最优的晶面，在这个晶面上位错沿着特定的晶向运动，这个面被称为滑移面，位错运动的方向被称为滑移方向。滑移面和滑移方向的组合被称为**滑移系**。滑移系取决于金属的晶体结构，在位错系中，伴随着位错运动产生的原子畸变是最小的。对于一种特定的晶体结构，滑移面就是原子排列的密排面——也就是说，具有最高的面密度。滑移方向对应着这个面上原子排列的密排方向——也就是，最高的线密度。原子的线密度和面密度已在3.15节讨论。

滑移系

以面心立方晶体结构为例，其中的一个晶胞如图8.6（a）所示。晶胞中有一套{111}晶面族，均为密排晶面。晶胞中的一个{111}型晶面如图8.6（b）所示。在图8.6（b）中，这个晶面的原子排列，均与周围原子紧密接触。

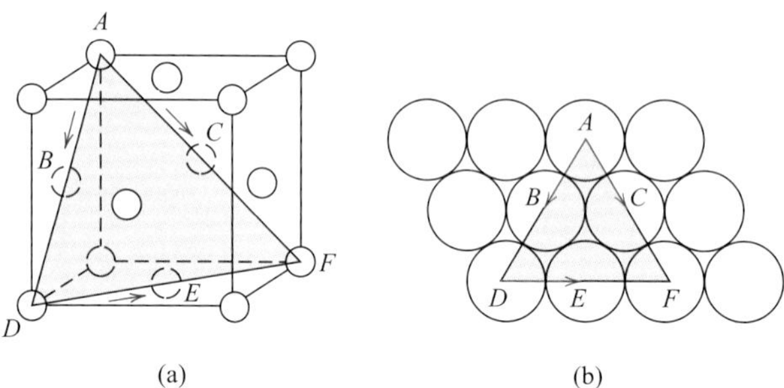

图8.6 （a）在一个FCC晶胞内的{111}<110>滑移系。（b）图（a）中{111}晶面和在那个平面内三个<110>滑移方向（如箭头所示）组成的可能滑移系。

在{111}晶面上沿着<110>型晶向发生滑移，如图8.6中的箭头所示。因此，{111}<110>代表了滑移面和滑移方向的组合，或者是FCC的滑移系。图8.6（b）表明了一个给定的滑移面上可能有不止一个滑移方向。可见，一个特定的晶体结构可存在多个滑移系；滑移系的数目代表了滑移面和滑移方向的几种可能的不同组合。例如，面心立方结构有12个滑移系：四个{111}滑移面以及每个滑移面上三个<110>滑移方向。

BCC和HCP晶体结构的可能滑移系如表8.1所示。对于每一个这样的晶体结构来说，滑移也有可能在一个以上的晶面族中进行（例如，对于BCC结构有{110}，{211}和{321}晶面族）。对于具有两种晶体结构的金属，一些滑移系通常仅在高温下才可能发生滑移。

具有FCC和BCC晶体结构的金属通常有相对多的滑移系（至少12）。由于沿着各种滑移系可进行大量的塑性变形，所以这些金属塑性很好。相反，HCP

型金属，具有较少的滑移系，通常是较脆的。

在5.7节中介绍了柏氏矢量，**b**，在刃型、螺型和混合型位错中的**b**分别如图5.8～图5.10所示。由于滑移过程中，柏氏矢量的方向对应着位错的滑移方向，而它的大小等于单位滑移距离（或这个方向上原子间的距离）。当然，b的方向和大小都取决于晶体结构。

表8.1 FCC、BCC和HCP结构金属的滑移系

金属	*滑移面*	*滑移方向*	*滑移系数目*
	面心立方		
Cu、Al、Ni、Ag、Au	{111}	$<1\bar{1}0>$	12
	体心立方		
α-Fe、W、Mo	{110}	$<\bar{1}11>$	12
α-Fe、W	{211}	$<\bar{1}11>$	12
α-Fe、K	{321}	$<\bar{1}11>$	24
	密排六方		
Cd、Zn、Mg、Ti、Be	{0001}	$<11\bar{2}0>$	3
Ti、Mg、Zr	$\{10\bar{1}0\}$	$<11\bar{2}0>$	3
Ti、Mg	$\{10\bar{1}1\}$	$<11\bar{2}0>$	6

可方便地用单位晶胞边长（a）和晶向指数标定柏氏矢量。FCC、BCC和HCP晶体结构的柏氏矢量如下所示：

$$b(\text{FCC}) = \frac{a}{2}\langle 110 \rangle \tag{8.1a}$$

$$b(\text{BCC}) = \frac{a}{2}\langle 111 \rangle \tag{8.1b}$$

$$b(\text{HCP}) = \frac{a}{3}\langle 11\bar{2}0 \rangle \tag{8.1c}$$

下面的哪一个是简单立方晶胞的滑移系？为什么？

{100}<110>

{110}<110>

{100}<010>

{110}<111>

（注意：简单立方结构的一个晶胞如图3.43所示。）

[解答可参考www.wiley.com/college/callister（学生之友网站）]

8.6 单晶体的滑移

滑移的进一步解释可通过研究单晶体滑移的过程来简化，然后再适当地扩展到多晶体材料。如前所述，刃型、螺型和混合型位错在切应力作用下沿着滑移面和滑移方向运动。如章节7.2所述，虽然外加应力可能是纯拉伸的（或压缩的），但是剪切应力的分量几乎存在于所有方向，除了垂直或平行于应力的方向。这些切应力被称为**分切应力**，它们的大小不仅取决于外加应力而且还取决于滑移面和滑移方向在滑移面上的取向。设定滑移面法向和外加应力方向的夹角为ϕ，滑移和应力方向的夹角为λ，如图8.7所示。所需的切应力τ_R可表示为：

分切应力

分切应力——取决于施加的应力和应力性对于滑移面法向和滑移方向的取向

$$\tau_R = \sigma \cos\phi \cos\lambda \tag{8.2}$$

式中，σ为外加应力。一般情况下，$\phi+\lambda \neq 90°$，因为拉伸轴、滑移面法向和滑移方向不必都位于同一个平面。

单晶金属有大量不同滑移系可进行塑性变形。一般滑移所需的分切应力彼此不同，这是由于每一个分切应力相对应力轴（ϕ和λ的角度）的取向不同。但是，一个滑移系通常沿着最有利于滑移的取向进行——也就是，具有最大的分切应力，τ_R（max）：

$$\tau_R(\max) = \sigma(\cos\phi \cos\lambda)_{\max} \tag{8.3}$$

临界分切应力

在外加拉伸或压缩应力下，当分切应力达到一定的临界值时，单晶体在最有利的滑移系取向上开始滑移，这个临界值被称为**临界分切应力**τ_{crss}，它代表了滑移开始所需的最小切应力，是当屈服发生时材料的一种性能。当τ_R（max）$=\tau_{crss}$时，单晶体塑性变形或屈服，并且要求产生屈服（也就是屈服强度）的外加切应力的大小为：

单晶体的屈服强度—取决于临界切应力和最优滑移系所在的取向

$$\sigma_y = \frac{\tau_{crss}}{(\cos\phi \cos\lambda)_{\max}} \tag{8.4}$$

当单晶体位于$\phi=\lambda=45°$取向时，发生屈服所需切应力最小，在这个条件下，有：

$$\sigma_y = 2\tau_{crss} \tag{8.5}$$

对于一个受到拉伸作用的单晶体试样，变形将如图8.8所示，试样轴向的不同位置上，滑移沿着大量等效且最优的晶面和晶向进行。这种滑移变形在单晶体表面形成了彼此平行的小台阶和环绕在试样表面的圆环，如图8.8所示。每一个台阶是大量位错沿着相同的滑移面运动导致的结果。在抛光后的单晶体试样表面，这些台阶形成了相互平行的线，称为滑移线。单晶锌被塑性变形到一定程度，就可以观察到如图8.9所示的滑移线。

随着单晶体被连续地拉伸变形，滑移线的数量和滑移台阶的宽度都会增加。对于FCC和BCC结构金属，滑移最终可能沿着第二滑移系开始——这个滑移系是相对于拉伸轴的第二有利取向的滑移系。此外，对于滑移系较少的HCP晶

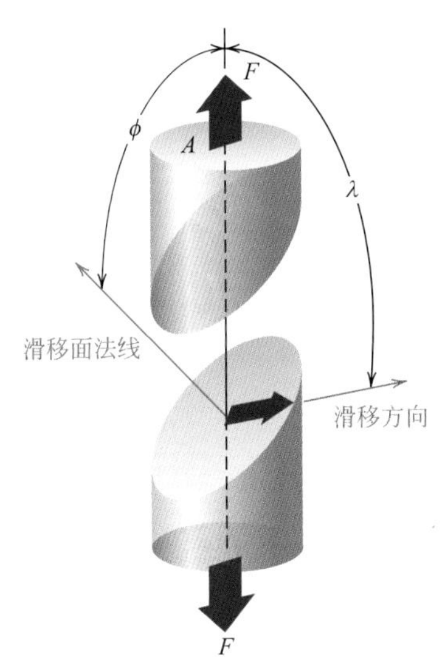

图8.7 单晶体中切应力计算使用的拉伸轴、滑移面和滑移方向之间的几何关系

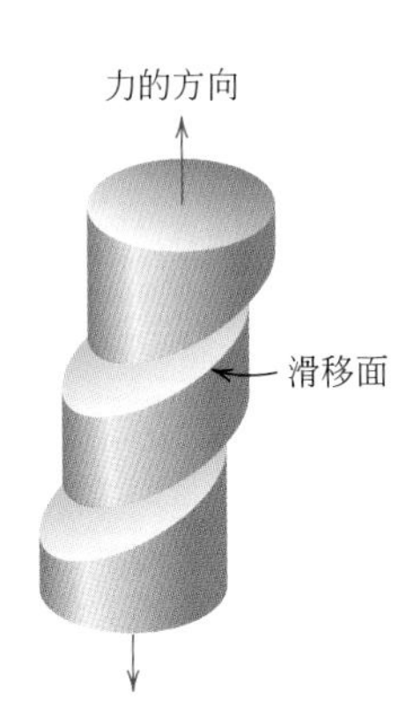

图8.8 单晶体的宏观滑移

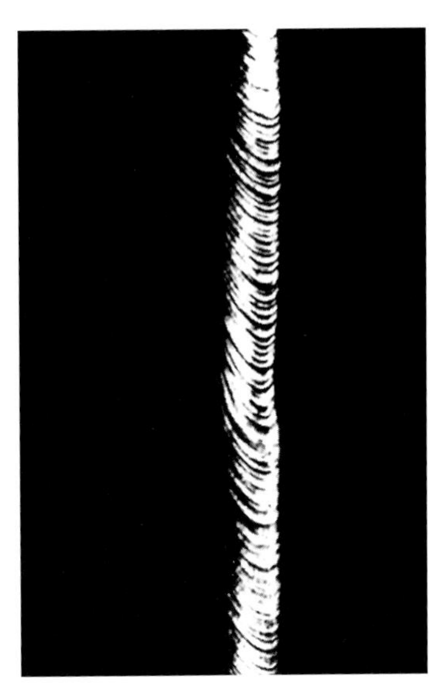

图8.9 在锌单晶体中的滑移
（摘自C. F. Elam，The *Distortion of Metal Crystals*，Oxford University Press，London，1935）

体，如果最优滑移系的应力轴是或者垂直于滑移方向（λ=90°）或者平行于滑移面（ϕ=90°），那么临界分切应力的值将为零。对于这些极端的取向，晶体通常发生断裂而不是塑性变形。

 概念检查8.2 解释一下分切应力和临界分切应力的差别。
[解答可参考 *www.wiley.com/college/callister*（学生之友网站）]

例题8.1

分切应力和应力－产生－屈服的计算

以一个单晶铁BCC结构为例，外加拉伸应力沿着[010] 方向。

（a）当受到52 MPa的拉应力时，计算沿（110）晶面和[$\bar{1}$11]晶向的分切应力。

（b）如果在（110）晶面和[$\bar{1}$11]晶向产生滑移，临界分切应力是30 MPa，计算产生屈服所需的实际拉伸应力。

解：

（a）一个BCC晶胞的滑移方向和滑移面以及受到的应力方向，如示意图所示。为了解决这个问题，我们必须使用式（8.2）。但是，首先必须确定ϕ、λ的数值，由前面的示意图可知，ϕ是（110）晶面的法向（即[110]晶向）与[010]晶向之间的夹角，λ为[$\bar{1}$11]晶向与[010]晶向之间的夹角。通常，对于一个立方晶胞，晶向1[$u_1v_1w_1$]和晶向2[$u_2v_2w_2$]之间的夹角θ可和通过公式来表示

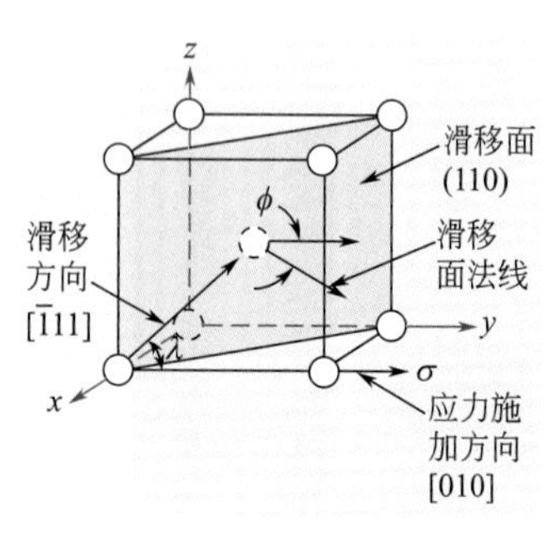

$$\theta=\cos^{-1}\left[\frac{u_1u_2+v_1v_2+w_1w_2}{\sqrt{(u_1^2+v_1^2+w_1^2)(u_2^2+v_2^2+w_2^2)}}\right] \quad (8.6)$$

为了确定ϕ的大小，让$[u_1v_1w_1]$=[110]，$[u_2v_2w_2]$=[010]，可得

$$\phi=\cos^{-1}\left\{\frac{(1)(0)+(1)(1)+(0)(0)}{\sqrt{\left[(1)^2+(1)^2+(0)^2\right]\left[(0)^2+(1)^2+(0)^2\right]}}\right\}=\cos^{-1}\left(\frac{1}{\sqrt{2}}\right)=45^\circ$$

但是，为了求λ，我们设$[u_1v_1w_1]$=[$\bar{1}$11]，$[u_2v_2w_2]$=[010]，可得

$$\lambda=\cos^{-1}\left[\frac{(-1)(0)+(1)(1)+(1)(0)}{\sqrt{\left[(-1)^2+(1)^2+(1)^2\right]\left[(0)^2+(1)^2+(0)^2\right]}}\right]=\cos^{-1}\left(\frac{1}{\sqrt{3}}\right)=54.7^\circ$$

因此，根据式（8.2）

$$\begin{aligned}\tau_R&=\sigma\cos\phi\cos\lambda=(52\text{MPa})(\cos 45^\circ)(\cos 54.7^\circ)\\&=(52\text{MPa})\left(\frac{1}{\sqrt{2}}\right)\left(\frac{1}{\sqrt{3}}\right)\\&=21.3\text{MPa (3060psi)}\end{aligned}$$

（b）屈服强度σ_y可以根据式（8.4）计算，ϕ、λ的数值与（a）部分相同，可得

$$\sigma_y=\frac{30\text{MPa}}{(\cos 45^\circ)(\cos 54.7^\circ)}=73.4\text{MPa}(10600\text{psi})$$

8.7 多晶体的塑性变形

对于多晶体来说，由于大量晶粒的晶体取向随机分布，不同晶粒的滑移方向也不相同。对于每一个晶粒来说，位错沿着最优取向（即最高的切应力）的滑移系运动。以一个塑性变形的多晶铜试样的显微组织照片为例，变形前将试样抛光。滑移线❶清晰可见（图8.10），通过平行不相交的两套滑移线可以证实大多数晶粒是沿着两个滑移系进行滑移的。另外，晶粒取向的变化可用几个晶粒滑移线排列方向的差别来说明。

多晶体试样的总塑性变形对应着单个晶粒通过滑移产生的畸变。在变形过程中，晶粒晶界保持了力学完整性和连续性，也就是说，晶粒晶界通常没有被破坏或割裂。因此，在某种程度上，每一个晶粒在形状上都受到它周围晶粒的限制。总的塑性变形导致晶粒畸变的方式如图8.11所示。在变形前晶粒是等轴的，或在各个方向上的尺寸大致相同。经过这种特定的变形，晶粒沿着试样被拉伸的方向伸长。

❶ 这些滑移线是一个晶粒中的位错产生的显微棱边［图8.1（c）］，当用显微镜观察时显示为线。它们与单晶体变形表面发现的宏观台阶相似（图8.8和图8.9）。

图8.10 抛光后变形的多晶体铜合金试样表面的滑移线（173×）

［显微照片由C. Brady，the National Bureau of Standards，Washington，DC（现在由the National Institute of Standards and Technology，Gaithersburg，MD）提供］

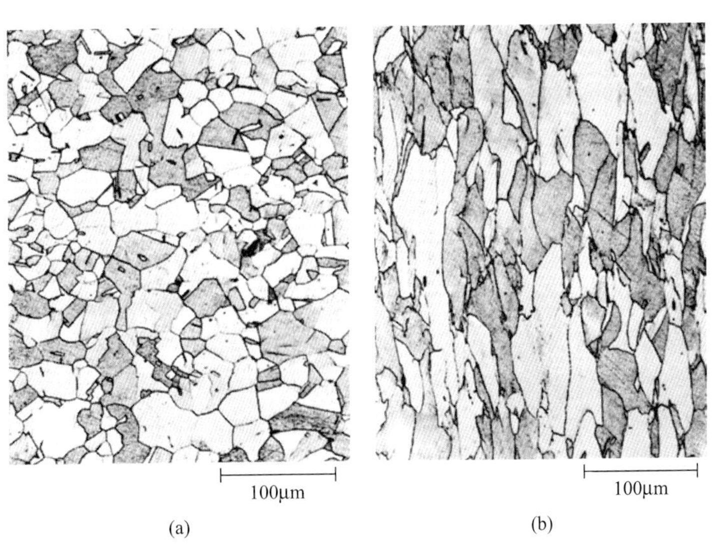

图8.11 多晶体金属塑性变形后晶粒组织的变化

（a）变形前晶粒是等轴的；（b）变形使晶粒拉长（170×）

（摘自W. G. Moffatt，G. W. Pearsall，and J. Wulff，*The Structure and Properties of Materials*，Vol.I，*Structure*，p.140.版权©1964 John Wiley & Sons，New York.重印获得了John Wiley & Sons，Inc.的许可。）

多晶体金属比它们相应的单晶体金属强度高，这意味着需要更大的应力来产生初始滑移和随后的屈服。在很大程度上，这也是在变形过程中晶粒受到的几何形状限制的结果。虽然一个晶粒可能处于相对外加应力的有利滑移的取向，但是直到相邻的、不利滑移取向上的其他晶粒发生滑移之后，它才能发生变形。这需要较高水平的外加应力。

8.8 孪晶产生的变形

除了滑移之外，一些金属材料的塑性变形是通过机械孪晶或孪生的形成发生的。在5.8节中介绍了孪生的概念，也就是说，切应力的作用使一个晶面（孪晶界）一侧的原子与另一侧的原子构成镜面对称关系的原子错排。这种原子形成的错排方式如图8.12所示。图中空心圆代表原子没有移动，直线和实心圆分别代表孪晶区域原子的初始和最终的位置。如图所示，孪晶区域（如箭头所示）错排的程度与两个晶面的距离成正比。此外，孪晶的发生取决于晶体结构，发生在一个特定晶面的特定晶向上。例如，BCC金属的孪晶面和晶向分别为（112）和[111]。

一个单晶体受到切应力τ作用发生的滑移和孪晶变形的对比如图8.13所示。滑移棱如图8.13（a）所示，它们的形成已在8.6节中讲述。孪晶的剪切变形是均匀的［图8.13（b）］。这两种变形有几个方面的不同。首先，滑移变形前和变形后滑移面上、下的晶体取向是相同的，对于孪晶，跨过孪晶面存在重新取向。其次，滑移发生是原子间距的整数倍，而孪晶的原子错排距离小于原子间距。

在低温、高速率载荷（冲击载荷），滑移过程受到抑制的条件下，具有BCC和HCP晶体结构的金属发生机械孪晶，也就是说，几乎没有滑移系存在。通常，孪晶发生的总塑性变形量相对小于滑移导致的变形量。但是，孪晶的重要意义在于相应的晶体取向的重新取向。孪晶可发生在新的滑移系上，其取向为相对于应力轴有利的取向，这样之后滑移发生。

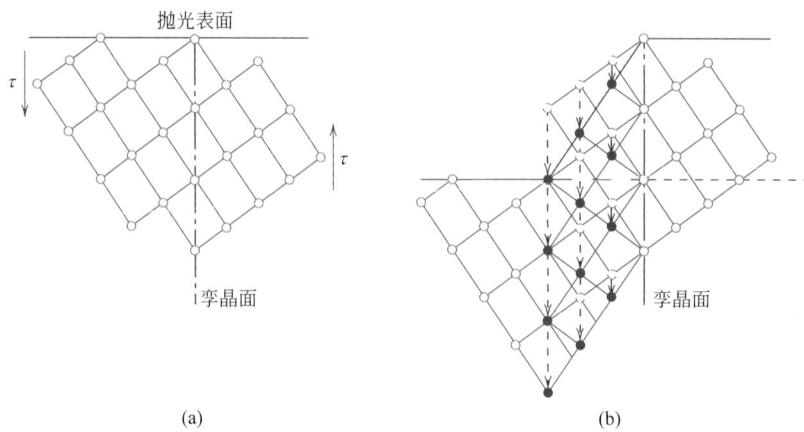

图8.12 切应力τ作用下如何形成孪晶的示意图

在图（b）中，空心圆代表原子没有移动位置；直线和实心圆分别代表了孪晶区域原子的初始和最终的位置。

（摘自G.E.Dieter，*Mechanical Metallurgy*，3rd edition。版权©1986 McGraw–Hill Book Company，New York，重印获得了McGraw-Hill Book Company的许可。）

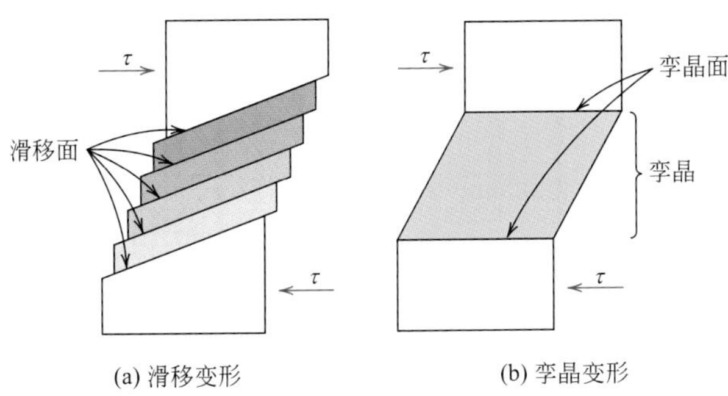

图8.13 单晶体受到切应力τ作用

金属的强化机制

冶金和材料工程师经常被要求设计具有高强度及一定塑韧性的合金，然而，当一种合金被强化时，通常会降低其塑性。工程师可使用几种硬化方法，合金的选择取决于材料在特定应用下保持所需要的力学特性的能力。

理解强化机制的要点在于位错运动与金属力学行为之间的关系。因为宏观的塑性变形对应于大量位错的运动，一种金属塑性变形的能力取决于位错运动的能力。因为硬度和强度（屈服的和抗拉的）都与塑性变形可发生的难易程度有关。通过减少位错的运动，可提高力学强度，也就是说，需要较大的机械力来产生塑性变形。相反，位错运动的阻碍越小，金属变形的能力越大，金属变得越软和越弱。实际上，所有强化方法都遵循这个简单的原理：限制或阻碍位错的运动使材料变得更硬、更强。

目前的讨论仅限于单相金属的强化机制，包括细化晶粒、固溶合金化和应变硬化。多相合金的变形和强化更加复杂，涉及的概念超出了目前讨论的范围，后面章节的处理方法可用来强化多相合金。

8.9 晶粒细化强化

多晶金属的晶粒尺寸或晶粒的平均直径影响着其力学性能。当然，对于一个共有的晶界，相邻原子通常具有不同的晶粒取向，如图8.14所示。在塑性变形过程中，滑移或位错的运动必须经过这个共有的晶界——在图8.14中从晶粒A到晶粒B。晶界阻碍了位错的运动有两个原因。

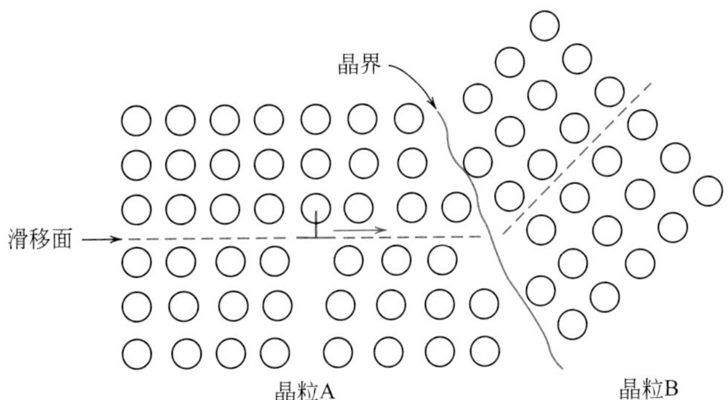

图8.14 当位错遇到晶界时，位错的运动显示了晶界是如何阻碍连续滑移。滑移面是不连续的，并且方向经过晶界时是变化的

（摘自Van Vlack，*Textbook of Materials Technology*，1st edition，版权©1973，重印和电子复制获得了Pearson Education，Inc，Upper Saddle River，New Jersey的许可。）

① 因为两个晶粒的取向不同，进入晶粒B的位错必须改变其运动的方向。当晶体取向差增大时，这变得更加困难。

② 晶界上原子错排区会导致一个晶粒到另一个晶粒的滑移面的不连续。

应该提到的是，对于大角度晶界，变形过程中位错很难穿过晶界，而是在晶界处“堆积”（或聚集）。这些堆积使滑移面的前面产生应力集中，这将使相邻的原子产生新的位错。

一个细晶材料（具有细小晶粒的材料）比晶粒粗大的材料具有更高的硬度和强度。这是因为前者具有较大的晶界面积来阻碍位错的运动。对大多数的材料而言，屈服强度随着晶粒的尺寸变化遵循：

*Hall-Petch*公式——屈服强度与晶粒尺寸的关系

$$\sigma_y = \sigma_0 + k_y d^{-1/2} \tag{8.7}$$

这个公式被称为*Hall-Petch*公式，d为晶粒的平均直径，σ_0和k_y对某一材料来说为常数。注意：对于非常大（也就是粗大）的晶粒和特别细小的多晶体材料，公式（8.7）均不适用。图8.15显示了某一铜合金的屈服强度与晶粒尺寸的关系。可以通过控制液相的凝固速率以及塑性变形后采取合适的热处理来细化晶粒，如8.14节的讨论。

需要提到的是晶粒细化不仅可提高材料的强度也可使许多合金的塑韧性得到改善。

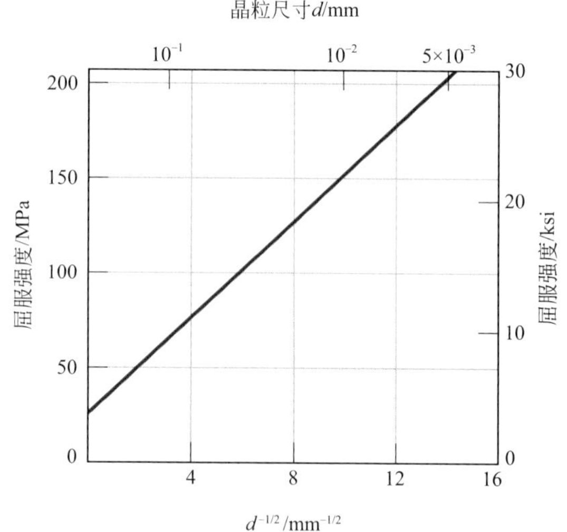

图8.15 晶粒尺寸对70Cu-30Zn黄铜合金的屈服强度的影响

注意从左到右晶粒直径增加但不是线性的。

（摘自H. Suzuki，“*The Relation Between the Structure and Mechanical Properties of Metals*”，Vol.II，National Physical Laboratory，*Symposium No.15*，1963，p524）

由于晶界的原子错排较小，小角度晶界（5.8节）不能有效地阻碍位错滑移过程。另一方面，孪晶晶界（5.8节）会有效地阻碍滑移，因此显著提高材料的强度。两个不同相之间的相界也可阻碍位错的运动，这在更加复杂合金中的强化是非常重要的。组成相的尺寸和形态对于多相合金的力学性能有非常重要影响，这些是11.7节、11.8节和15.1节讨论的内容。

8.10 固溶强化

固溶强化

另一种强化和硬化金属的方法是杂质原子进入置换固溶体或间隙固溶体的合金化。因此，这被称为固溶强化。高纯度金属总是比同种金属的合金更软和更弱。增加铜中镍杂质的浓度导致了抗拉强度和屈服强度的增加，分别如图8.16（a）和8.16（b）所示。镍杂质的浓度对韧性的影响如图8.16（c）所示。

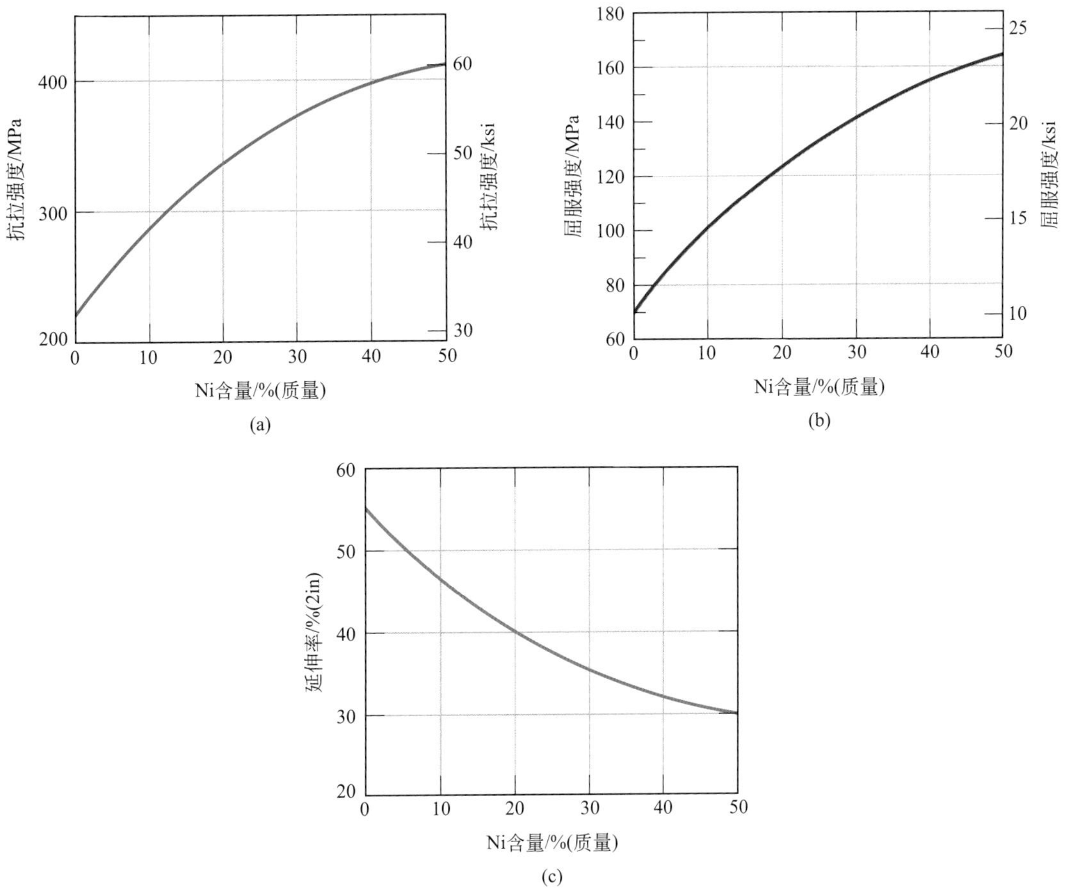

图8.16 Cu-Ni合金中镍含量与（a）抗拉强度，（b）屈服强度，（c）塑性（%EL）的变化关系，表现出强化的作用

由于杂质原子进入固溶体通常对周围的原子产生晶格应变，这样合金的强度总是高于纯金属的强度。

位错与这些杂质形成的晶格应变场之间相互作用的结果使位错的运动受到阻碍。例如，一个较小的杂质原子替代了一个基体原子，对周围基体原子产生了拉伸应变，如图8.17（a）所示。相反，一个大的置换原子对它周围产生了压缩应变［图8.18（a)］。这些溶质原子趋向于扩散并分布到位错的周围，这样会减小总的应变能—也就是说，使位错周围的一些应变消失。为了实现

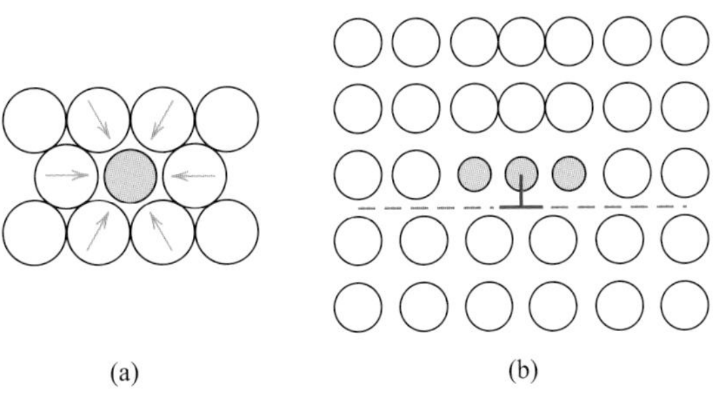

图8.17 （a）一个较小的置换杂质原子对基体原子产生的拉伸晶格应变的示意图。(b）较小的杂质原子相对于一个刃型位错的可能位置，这样将会有部分的杂质-位错之间晶格应变消失

这一过程，较小的杂质原子会位于其拉伸应变能够被其他位错的压缩应变抵消的位置。对于图8.17（b）所示的刃型位错，这个杂质原子将与位错线相邻且在滑移面的上面。较大的杂质原子将位于如图8.18（b）所示的位置。

当杂质原子出现时，滑移阻力较大，这是因为如果位错被它们割裂，整体的晶格应变就会增加。此外，在塑性变形过程中，杂质原子和运动的位错之间也存在同样的晶格应变交互作用［图8.17（b）和图8.18（b）］。因此，与纯金属相反，固溶体合金需要较大的外加应力来首先激发和随后维持连续的塑性变形，这可以用强度和硬度的提高来证实。

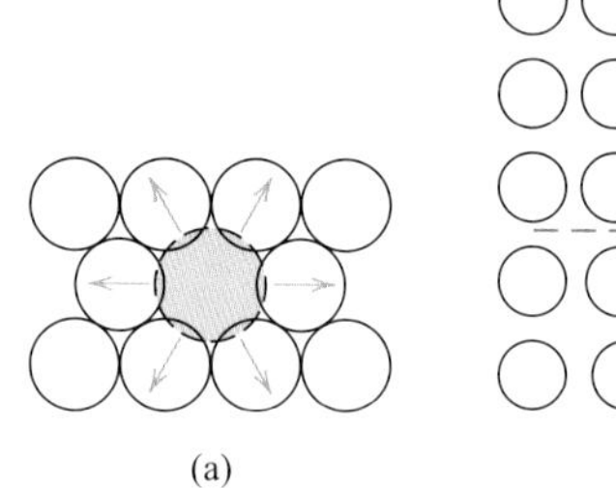

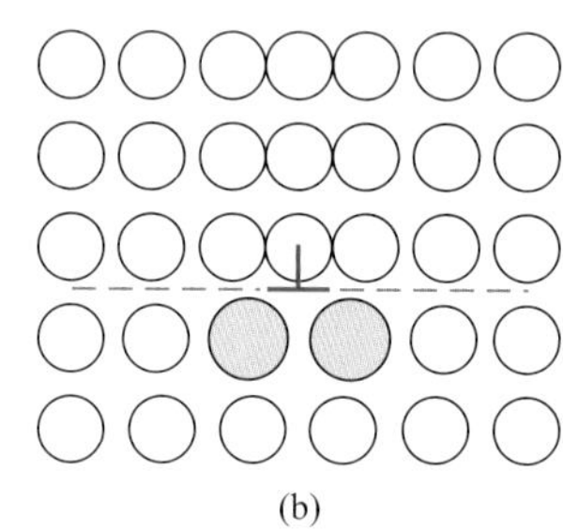

图8.18 （a）一个较大的置换杂质原子对基体原子产生的压缩晶格应变的示意图。（b）较大的杂质原子相对于一个刃型位错的可能位置，这样将会有部分的杂质-位错之间晶格应变消失

8.11 应变强化

应变强化

应变强化是一种韧性金属在塑性变形时变得更硬且更强的现象。有时也称为加工硬化，或冷加工硬化，因为这种变形发生的温度相对于金属的熔点来说是“冷”的，大多数金属在室温进行应变强化。

冷加工

有时很方便地用冷变形的百分数而不是应变来表示塑性变形的程度。冷加工的百分数（%CW）可以定义为：

冷加工的百分数——原始与变形截面积的比值

$$\%\mathrm{CW}=\left(\frac{A_0-A_d}{A_0}\right)\times 100 \tag{8.8}$$

式中，A_0是经历塑性变形的横截面的原始面积；A_d为变形后的截面面积。

图8.19（a）和图8.19（b）表明了随着冷加工变形的增加，钢、黄铜和紫铜的屈服强度和抗拉强度的增加。这种硬度和强度的提高导致了金属塑性的降低，如图8.19（c）所示，对于相同的3种合金，随着冷加工变形百分数的增加，金属的塑性降低，以延伸率的百分数来表示。冷加工对某一低碳钢的应力-应变行为的影响如图8.20所示，延伸率为0%CW、4%CW和24%CW的应力-应变曲线。

应变强化已在较早的应力-应变图中（图7.17）得到体现。首先，屈服强度为σ_{y_0}的金属部分变形到D点，应力被释放，然后再施加应力产生一个新的屈服强度σ_{y_i}，这样金属在变形过程中越来越强，因为σ_{y_i}比σ_{y_0}大。

与8.4节讨论的内容相似，应变强化现象可以用位错–位错应变场之间的相互作用来解释。如前所述，由于变形过程中位错的增殖或新位错的形成，金属中的位错密度随着变形或冷加工增加而增加，因此位错之间的平均距离降低——位错之间更紧密了，整体上位错-位错应变作用是排斥的。综合结果是位错的运动受其他位错出现的阻碍。随着位错密度的增加，其他位错对位错运动的阻碍变得越来越显著。因此，金属变形需要施加的应力随着冷加工变形的增加而增大。

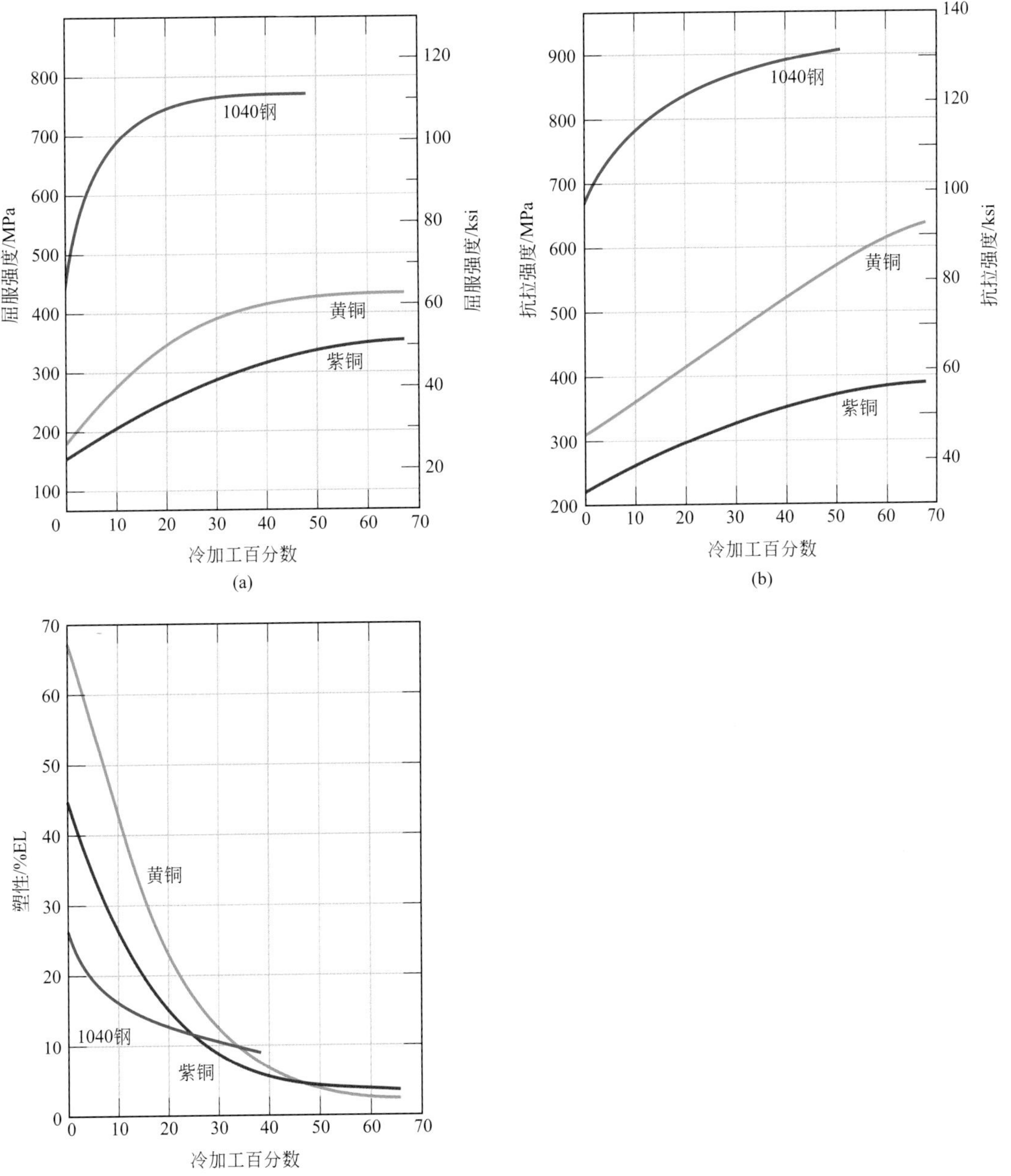

图8.19 1040钢、黄铜和紫铜合金冷加工百分数（a）屈服强度的增加，（b）抗拉强度的增加和（c）塑性的降低（%EL）

（摘自Metal Handbook：*Properties and Selection*：*Irons and Steels*，Vol.1，9th，B.Bardes（Editor），Americal Society for Metals，1978，p.226；and Metal Handbook：*Properties and Selection*：*Nonferrous Alloys and Pure Metals*，Vol.2，9th，H.Baker（Managing Editor），Americal Society for Metals，1979，pp.276 and 327.）

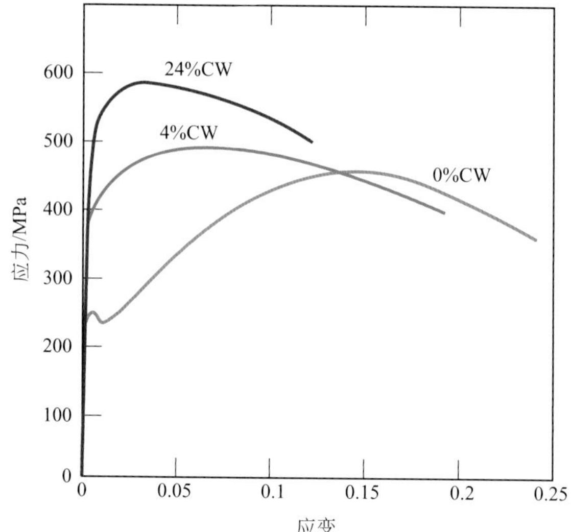

图8.20　冷加工对某一低碳钢的应力-应变行为的影响延伸率0%CW、4%CW和24%CW的应力-应变曲线。

在生产过程中，应变强化通常被用来提高金属的力学性能。可以通过退火热处理来去除应变强化的效果，如14.5节的讨论。

真应变–应力相关的数学表达式为式（7.19），参数n被称为应变–强化指数，是用来衡量金属应变硬化的能力，n数值越大，一定量的塑性应变的应变硬化的程度越大。

概念检查8.3　在测量硬度时，使凹痕非常接近预制凹痕的影响是什么？为什么？

概念检查8.4　在室温，你认为一个多晶体陶瓷材料会产生应变硬化吗？为什么会或为什么不会？

[解答可参考*www.wiley.com/college/callister*（学生之友网站）]

例题8.2

确定冷加工铜的抗拉强度和韧性

如果一个圆柱体铜棒经冷加工成形，直径从15.2mm减小到12.2mm，计算它的抗拉强度和塑性（%EL）。

解：

首先必须求得冷加工变形的百分数。这通过式（8.8）来求

$$\%CW=\frac{\left(\dfrac{15.2\text{mm}}{2}\right)^2\pi-\left(\dfrac{12.2\text{mm}}{2}\right)^2\pi}{\left(\dfrac{15.2\text{mm}}{2}\right)^2\pi}\times 100=35.6\%$$

从铜曲线［图8.19（b）］直接读出抗拉强度值为340MPa（50000psi）。从图8.19（c）可知，在35.6%CW时的塑性是7%EL。

总之，我们已经讨论了可用来强化和硬化单相金属合金的3种机制：细晶强

化、固溶强化和应变强化。当然他们也可以结合起来使用，例如，一个固溶强化合金也可被应变强化。

值得注意的是晶粒细化和应变强化的效果可能通过高温热处理来消除或至少减弱（8.12节和8.13节）。与之相比，固溶强化则不受热处理的影响。

回复、再结晶和晶粒长大

在本章之前，一个多晶体金属试样在低于其熔点的温度下的塑性变形使组织和性能发生的变化包括：（1）晶粒形态的变化（8.7节），（2）应变强化（8.11节），和（3）位错密度的增加（8.4节）。在变形过程中增加的能量一部分被储存起来成为应变能，这个能量与新产生的位错周围的拉伸、压缩和剪切区有关（章节8.4）。此外，其他性能，如电导率（8.12节）和抗腐蚀性，由于塑性变形的作用也可能发生变化。

这些性能和组织也可通过适当的热处理而恢复到预变形加工的状态（有时称为退火处理）。这种恢复的结果来源于发生在高温的两个不同的过程：回复和再结晶，它们之后是晶粒长大。

8.12 回复

回复

在回复过程中，由于位错的运动储存的一部分应变能被释放出来（无外部应力作用），结果促进了原子在高温的扩散。在这个回复过程中，位错数量降低，并且具有低应变能的位错形态（与图5.13所示的相似）发生变化。此外，物理性能如电导率、热导率回复到它们冷加工之前的状态。

8.13 再结晶

再结晶

即使在回复完成之后，晶粒仍然处于一种相对高应变能的状态。再结晶就是新的无应变、具有低位错密度的等轴晶粒（即在所有的方向上的尺寸大致相同）的形成过程，这些晶粒具有冷加工状态之前的特征。产生这种新晶粒的驱动力是有畸变和无畸变晶粒之间的内能差。新晶粒经非常微小的晶核形核和长大，直到它们全部代替原来的母体材料，这是短程扩散的过程。再结晶过程的几个阶段如图8.21（a）～图8.21（d）所示。在这些显微照片中，小的、斑点状晶粒是那些发生再结晶的晶粒。因此，由冷加工金属的再结晶可以用来细化晶粒。

此外，在再结晶过程中，冷加工导致的力学性能的变化，可以回复到它们在冷加工前的大小，也就是说，金属变得越来越软、弱，然而韧性更好。可设计一些热处理工艺使再结晶发生，实现力学性能的改善（14.5节）。

再结晶的程度取决于时间和温度。再结晶的程度（或百分数）随着时间增加而增加，如图8.21（a）～图8.21（d）的显微照片所示。再结晶的确切时间在11.3节末加以更详细地说明。

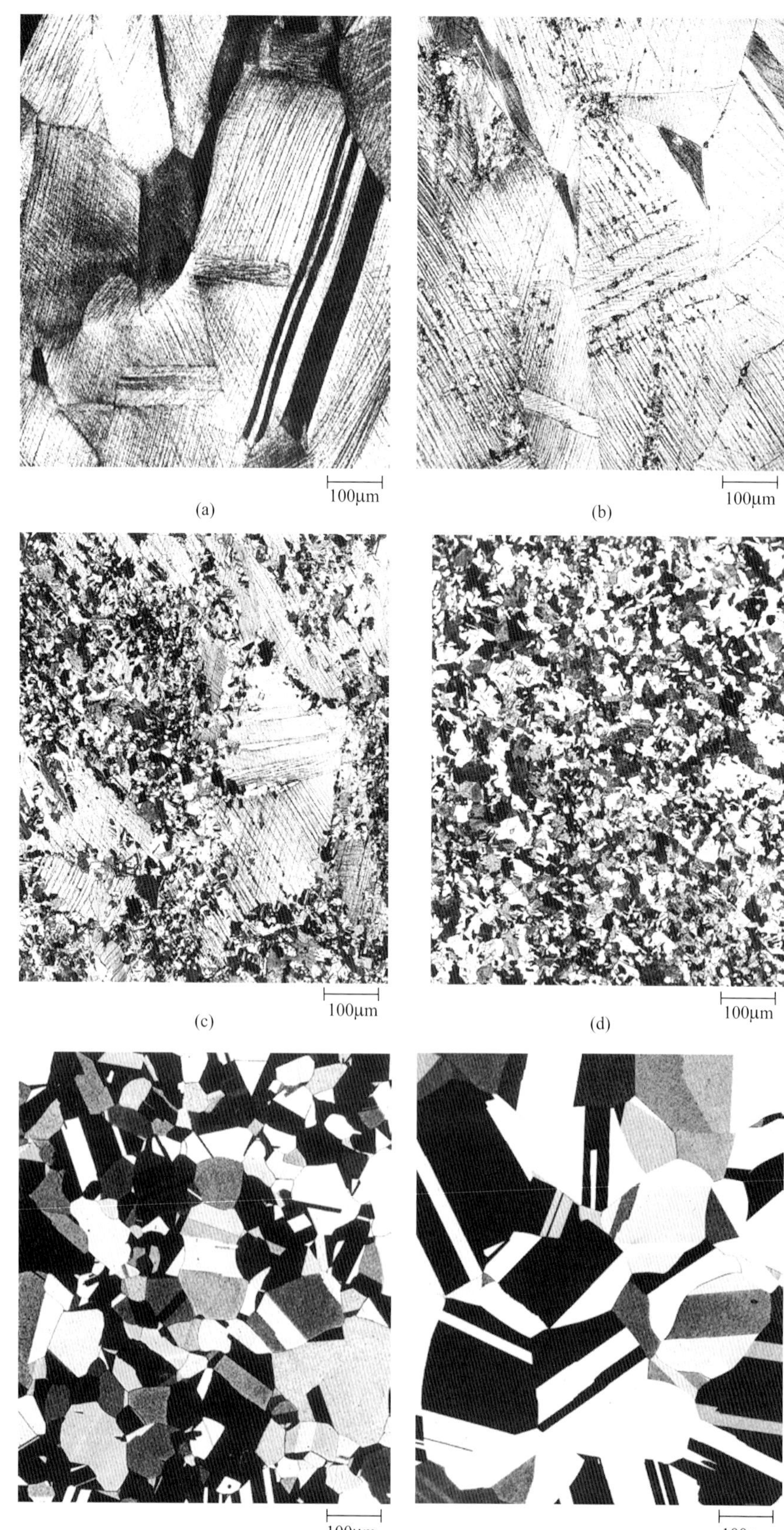

图8.21 黄铜再结晶的几个阶段和晶粒长大的显微照片

(a) 冷加工 (33% CW) 的晶粒组织。(b) 在580 ℃加热3s再结晶的初始阶段。(c) 冷加工的晶粒部分被再结晶晶粒替代 (在580 ℃加热4s)。(d) 再结晶完成 (在580 ℃加热8s)。(e) 在580 ℃加热15min的晶粒长大。(f) 在700℃加热10min的晶粒长大。所有的图片 (70×)

(显微照片得到了J. E. Burke, General Electric Company许可。)

温度的影响如图8.22所示，黄铜合金在不同温度下，热处理保温1h的抗拉强度和塑性（室温下）与温度的关系。在再结晶过程的各阶段的晶粒组织也用示意图展现出来。

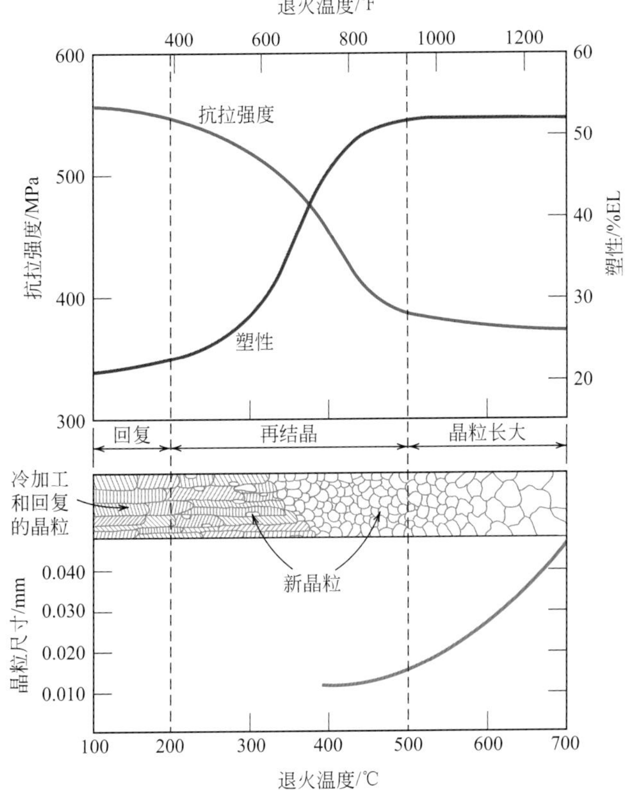

图8.22 退火温度（退火时间1h）对黄铜合金的抗拉强度和韧性的影响。晶粒尺寸与退火温度的关系也如图所示。回复、再结晶和晶粒长大阶段的晶粒组织示意图

（摘自G. Sachs和K. R. Van Horn，*Practical Metallurgy*，*Applied Metallurgy and the Industrial Processing of Ferrous and Nonferrous Metal and Alloys*，American Society for Metals，1940，p.139.）

再结晶温度

一种特定金属合金的再结晶行为有时用**再结晶温度**来标定，这是再结晶刚完成1h后的温度。可见，图8.22中黄铜合金的再结晶温度大约是450℃。一般情况下，一种金属或合金的再结晶温度在其熔点的1/3 ～ 1/2温度区间内，这取决于冷加工预变形的程度和合金的纯度。增加冷加工变形率可提高再结晶的速率，并降低再结晶温度，且在较大变形量时接近一常数或一限定值，这种影响如图8.23所示。同时，在文献中通常标出这个有限的或最低的再结晶温度。存在着冷加工变形量的临界值，低于这个值再结晶不会发生，如图所示，通常这个值在冷加工变形量2% ～ 20%之间。

再结晶在纯金属中比在合金中进行的更快。在再结晶过程中，新晶粒形核然后长大，晶界发生运动。杂质原子在这些再结晶晶粒的晶界处偏聚和相互作用，因而削弱了它们（晶界）的运动，这导致了再结晶速率的降低并提高了再结晶温度，有时影响程度很大。对于纯金属，再结晶温度通常是$0.4T_m$，T_m为熔点；对于合金来说，再结晶温度可高达$0.7T_m$。一些金属和合金的再结晶温度和熔点如表8.2所示。

通常，发生在再结晶温度以上的塑性变形加工称为热加工，在14.2节中进行描述。在变形过程中，由于没有应变强化，材料保持了相对较好的塑韧性，因此大量的塑性变形是可能的。

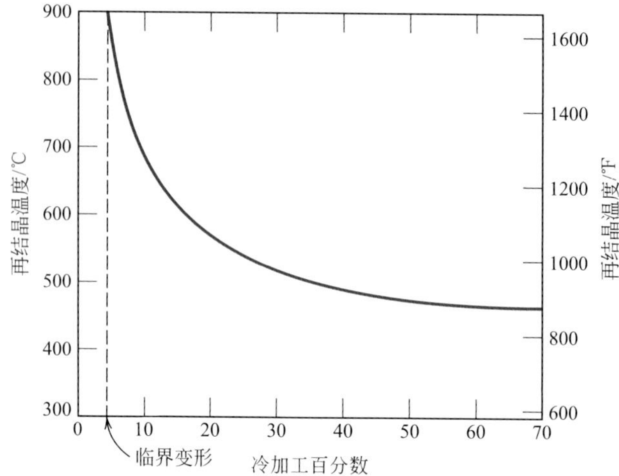

图8.23 纯铁的冷加工变形量与再结晶温度变化的关系

变量小于再结晶不发生的临界值（约5%CW）。

表8.2 各种金属和合金的再结晶温度和熔点

金属	再结晶温度/℃	熔点/℃
铅	–4	327
锡	–4	232
锌	10	420
铝［99.999%（质量）］	80	660
铜［99.999%（质量）］	120	1085
黄铜（60Cu-40Zn）	475	900
镍［99.99%（质量）］	370	1455
铁	450	1538
钨	1200	3410

概念检查8.5　简要说明为什么某些金属（如铅和锡）在室温下不会发生应变强化。

概念检查8.6　你认为陶瓷材料有可能会产生应变硬化吗？为什么会或为什么不会？
[解答可参考网页 *www.wiley.com/college/callister*（学生之友网站）.]

设计例题8.1

减小直径过程的描述

初始直径为6.4mm的非冷加工黄铜圆柱棒经深冲冷加工成形将棒体截面积减小。要求冷加工的屈服强度不低于345MPa，塑性超过20%EL。此外，最终直径为5.1mm。描述进行这个过程可能发生的方式。

解：

让我们首先考虑冷加工黄铜试样从直径6.4mm（设为d_0）减小至5.1mm（设为

d_i）的结果（用屈服强度和塑性来表征）。根据式（8.8）计算%CW为：

$$\%CW=\frac{\left(\frac{d_0}{2}\right)^2\pi-\left(\frac{d_i}{2}\right)^2\pi}{\left(\frac{d_0}{2}\right)^2\pi}\times100=\frac{\left(\frac{6.0mm}{2}\right)^2\pi-\left(\frac{5.1mm}{2}\right)^2\pi}{\left(\frac{6.4mm}{2}\right)^2\pi}\times100=36.5\%CW$$

由图8.19（a）和图8.19（b）可知，经过这个变形，获得了屈服强度为410MPa（60000psi）和8%EL的塑性。遵照要求的标准，屈服强度是令人满意的，但是塑性却太低。

另一个替代的过程是先将直径部分减小，然后进行抵消冷加工效果的再结晶热处理。通过第二步的深冲过程可获得所需的屈服强度、塑性和直径。

而且，图8.19（a）表明，取得20%CW所需的屈服强度是345MPa。另外，由图8.19（c）可知，塑性大于20%EL仅仅在变形量为23%CW或更小的条件下才有可能。这样，在最终的深冲过程中，变形量必须在20%～23%CW之间。让我们取这两个边界的平均值，21.5%CW，然后计算第一次深冲直径d_0'为最终直径，这个值为第二次深冲的原始直径。再一次应用式（8.8）

$$21.5\%CW=\frac{\left(\frac{d_0'}{2}\right)^2\pi-\left(\frac{5.1mm}{2}\right)^2\pi}{\left(\frac{d_0'}{2}\right)^2\pi}\times100$$

现在，根据前面的表达式求得d_0'值：

$$d_0'=5.8mm\ (0.226in.)$$

8.14 晶粒长大

再结晶完成后，如果金属试样继续处于高温下［图8.21（d）～图8.21（f）］，那么无应变的晶粒将继续生长，这种现象称为晶粒的长大。晶粒的长大不一定在回复和再结晶之后，它可发生在所有的多晶体材料中——金属和陶瓷。

晶粒长大

能量与晶界有关，如5.8节所述。当晶粒尺寸增加时，晶界的总体面积减小，使晶界的表面能相应降低，这就是晶粒长大的驱动力。

晶粒长大的发生是晶界移动的作用结果。明显的是，并非所有的晶粒都长大，而是那些大的晶粒吞并小晶粒。这样，随着时间增加，平均的晶粒尺寸增加，并且晶粒在某一特定时刻会有一个范围。晶界的运动就是原子从晶界的一侧到另一侧的短程扩散过程。晶界和原子运动的方向是彼此相反的，如图8.24所示。

对于多晶体材料，晶粒尺寸d随着时间的变化的关系式为：

晶粒生长时，晶粒尺寸与时间的关系

$$d^n-d_0^n=Kt \qquad (8.9)$$

式中，d_0为时间t=0时的直径；K和n为与时间无关的常数；n值通常等于或大于2。

晶粒尺寸与时间和温度的关系如图8.25所示，黄铜合金在几个温度下，晶粒尺寸的对数与时间对数的关系。在较低的温度下，曲线是线性的。此外，随着温度的升高，晶粒的生长更快，也就是说，曲线上升至较大的晶粒尺寸。这可以用温度的升高使原子扩散的速率增加来解释。

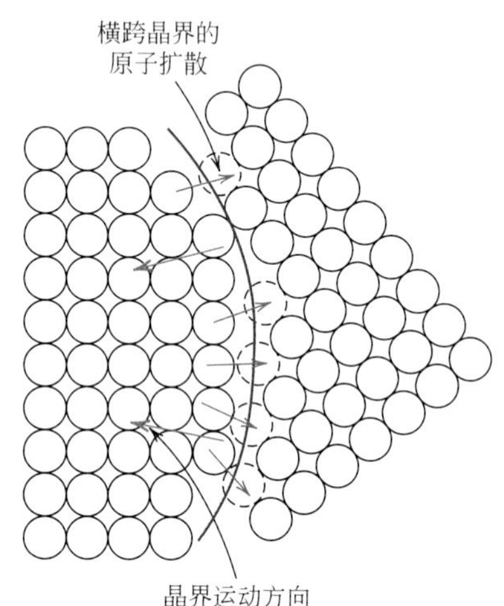

图8.24　经过原子扩散的晶粒生长的示意图

（摘自VAN VLACK L H，*Elements of Materials Science and Engineering*，6th，版权© 1989.印刷和电子复制得到Pearson Education，Inc.，Upper Saddle River，New Jersey许可）

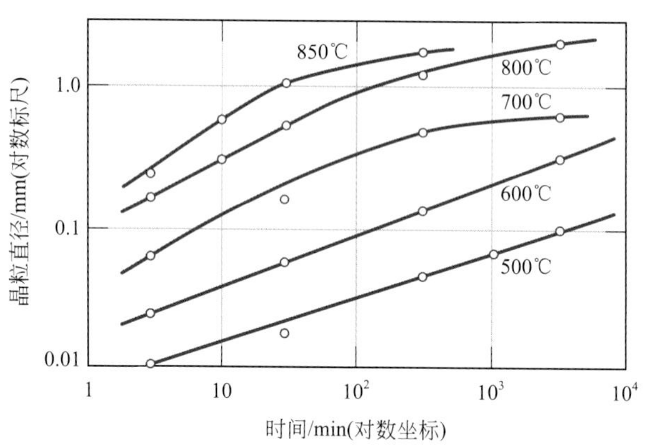

图8.25　在几个温度下，黄铜晶粒生长的晶粒直径的对数与生长时间的对数的关系

（摘自J. E. Burke，“Some Factors Affecting the Rate of Grain Growthin Metals”.复制得到*Metallurgical Transactions*，Vol.180，1949，a publication of The Metallurgical Society of AIME，Warrendale，Penns-ylvania.）

晶粒细小的金属在室温下的力学性能通常是优于晶粒粗大金属的性能（也就是说，具有较高的强度和塑韧性）。如果一个单相合金的晶粒比所希望的粗大，可通过材料的塑性变形来细化晶粒，然后再使其进行如前所述的再结晶热处理。

陶瓷材料变形机制

虽然在室温条件下，大部分陶瓷材料都会在塑性变形开始前就发生断裂，但是我们还是需要简要探讨一下陶瓷的变形机制。在下面的讨论中我们会看见，晶体陶瓷和非晶陶瓷的塑性变形是不一样的。

8.15 晶体陶瓷

对于晶体陶瓷来说，塑性变形类似于金属，通过位错运动进行。这些材料之所以硬而脆的原因之一是由于难以发生滑移（或位错运动）。晶体陶瓷材料中以离子键为主，可能发生位错运动的滑移体系（晶面和这些晶面内的晶向）非常少。这是由于离子本身带电这一特征所决定的。在某些方向上发生的滑移，带同样电荷的离子彼此会十分靠近，由于电子互斥，这是一种受到很大限制的滑移方式。但在金属中，这种滑移方式不存在任何问题，因为所有金属原子都是电中性的。

从另一方面来看，对于以共价键结合的陶瓷来说，滑移也十分困难，而且它们硬脆的原因主要包括以下方面：① 共价键强度相对较大；② 滑移体系的数量十分有限；③ 位错体系十分复杂。

8.16 非晶陶瓷

在非晶陶瓷中塑性变形的发生不是靠位错运动实现的，因为在这些陶瓷中没有规则的原子结构。这些材料的变形主要靠黏性流动来实现，类似于液体变形的方式，变形的速率与外加载荷的大小成比例。在外加应力的作用下，原子或离子通过断键和再成键来实现相对于彼此的滑动。然而，这一过程的发生并没有像位错运动一样有明确模式或方向性。宏观尺度上的黏性流动如图8.26所示。

黏度

表征黏性流动的特性，黏度是衡量非晶材料抵抗变形的能力的物理量。在两块平行平板上施加剪切应力，进而产生于液体中的黏性流动，其黏度η是所施加的剪切应力τ与流速$\mathrm{d}v$随垂直于平板距离$\mathrm{d}y$变化的比值，或

$$\eta = \frac{\tau}{\mathrm{d}v/\mathrm{d}y} = \frac{F/A}{\mathrm{d}v/\mathrm{d}y} \tag{8.10}$$

如图8.26所示。

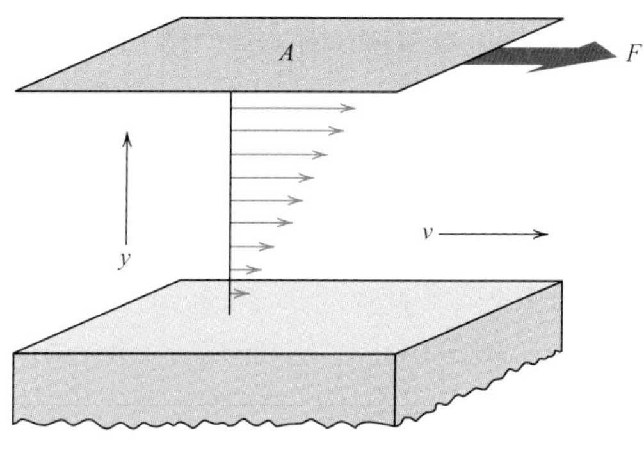

图8.26 液体或液态玻璃在外加剪切应力作用下发生黏性流动的示意图

黏性的单位是泊（P）和帕斯卡–秒（Pa · s）；1 P = 1 dyne · s/cm^2，而1 Pa · s = 1 N · s/m^2。两种单位体系间的单位转换关系式为：

10P=1Pa · s

液体的黏度相对来说较低，比如，水在室温下的黏度约为10^{-3} Pa · s。相对

的，玻璃在室温下的黏度非常得大，这是由于强原子间键合造成的。随着温度的升高，键合强度下降，从而有利于原子或离子间的流动，伴随着黏度的降低。我们将在14.7节中详细讨论玻璃黏度对温度的依赖性。

聚合物变形及增强机制

理解聚合物的变形机制是重要的，能使我们更好地掌握这些材料的机械特性。在这方面，两种不同类型的聚合物——半结晶的和弹性的变形模型值得我们关注。半结晶材料的硬度和强度通常要重点考虑。在随后的章节中将探讨弹性和塑性变形机制，用于硬化及强化这些材料的方法在8.18节中讨论。另外，弹性体的应用是基于其独特的弹性，弹性体的变形机制也涉及其中。

8.17 半结晶聚合物的变形

许多块体形态的半结晶聚合物具有4.12节中描述的球晶结构。回顾之前所学内容，每个球晶由大量从球晶的中心向外辐射生长的折叠链带状物或薄片组成。分隔这些薄片的是无定形区（图4.13），相邻的薄片由穿过这些无定形区的弯曲链连接。

（1）弹性变形机制

与其他类型材料相比，在应力–应变曲线上，聚合物的弹性变形出现相对较低的应力水平（图7.22）。半结晶聚合物的弹性变形的开始是由无定形区的分子链在外加张应力的方向上伸展引起的。两个相邻折叠链薄片以及薄片间的无定形材料的这一过程如图8.27中的第一阶段所示。在第二阶段的持续变形是由无定形区和薄片晶区的共同变化引起的。无定形区的分子链继续规整排列并被拉伸。此外，还有薄片晶体内主链强共价键的弯曲和伸长。这导致薄片晶体厚度有微小的且可逆的增长，如图8.27（c）中的Δt所显示的。

由于半结晶聚合物是由晶体和无定形区共同组成的，在一定程度上，可以把它们看作复合材料。因此，其弹性模量可当作是晶体和无定形相的模量的某种组合。

（2）塑性变形机制

在图8.28中的第三阶段，发生了从弹性变形到塑性变形的转变。[注意图8.27（c）与图8.28（a）相同] 在第三阶段中，薄片晶体中的相邻分子链相互滑移［图8.28（b）］；这导致薄片晶体的倾斜，从而使链的折叠部分进一步沿拉伸轴的方向规整排列。任何链的位移都会受到相对较弱的次价键或范德华键的抵抗。

在第四阶段［图8.28（c）］，晶区一块块从薄片中分离，彼此由连接链连接。在最后阶段，第五阶段，晶区块和连接链沿拉伸轴方向取向［图8.28（d）］。因此，半结晶聚合物的显著的拉伸变形产生高度取向结构。这一取向过程被称为

牵伸 牵伸，通常用于提高聚合物纤维和薄膜的机械性能（在14.15节中详细讨论）。

在延伸率适度的变形过程中，球晶的形状发生改变。然而，对于大形变，球晶结构会发生实质性破坏。而且，图8.28中示意的过程在一定程度上是可逆的。

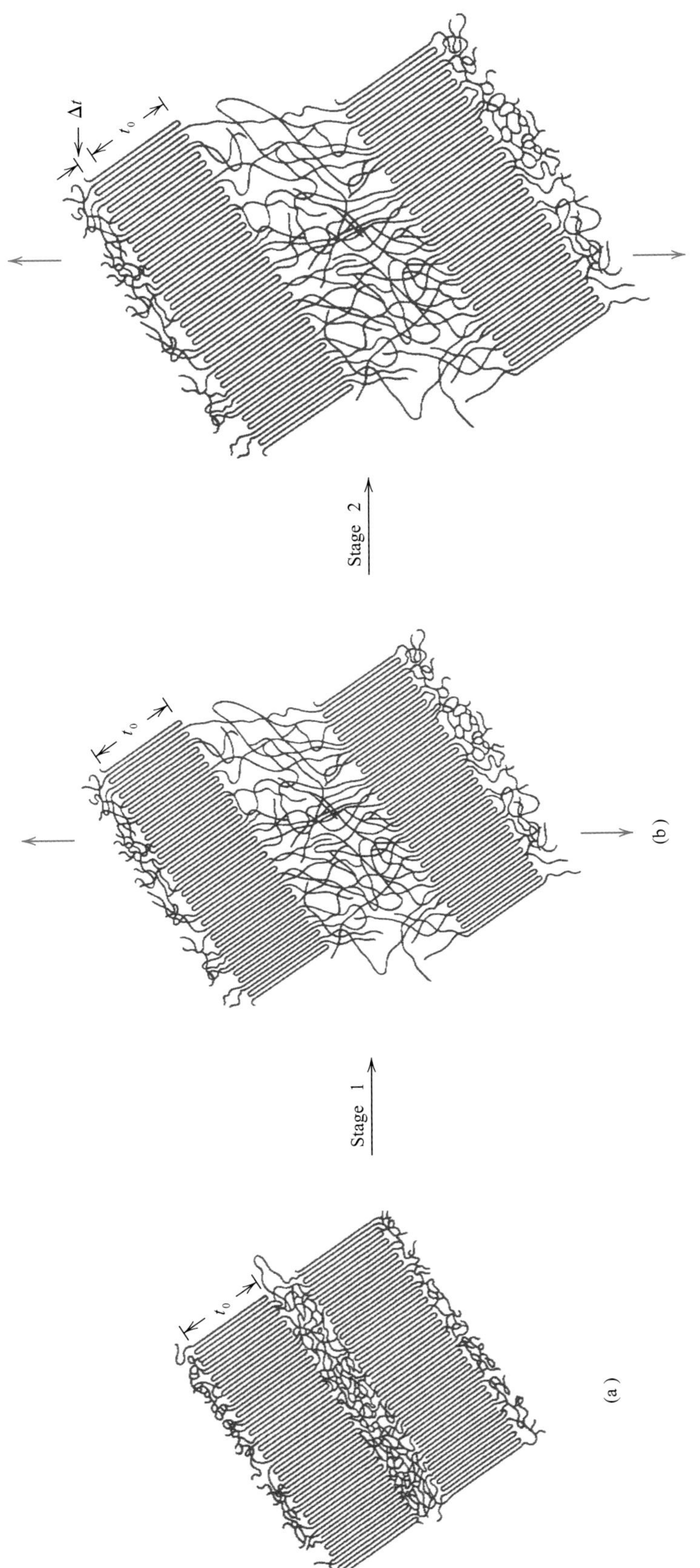

图8.27 半结晶聚合物的弹性变形阶段（a）变形前的两个相邻折叠链的片晶和层间片晶的非晶材料；（b）非晶系链的伸长变形的第一阶段；（c）在微晶区由于链的弯曲和伸展使得层状级晶厚度增加

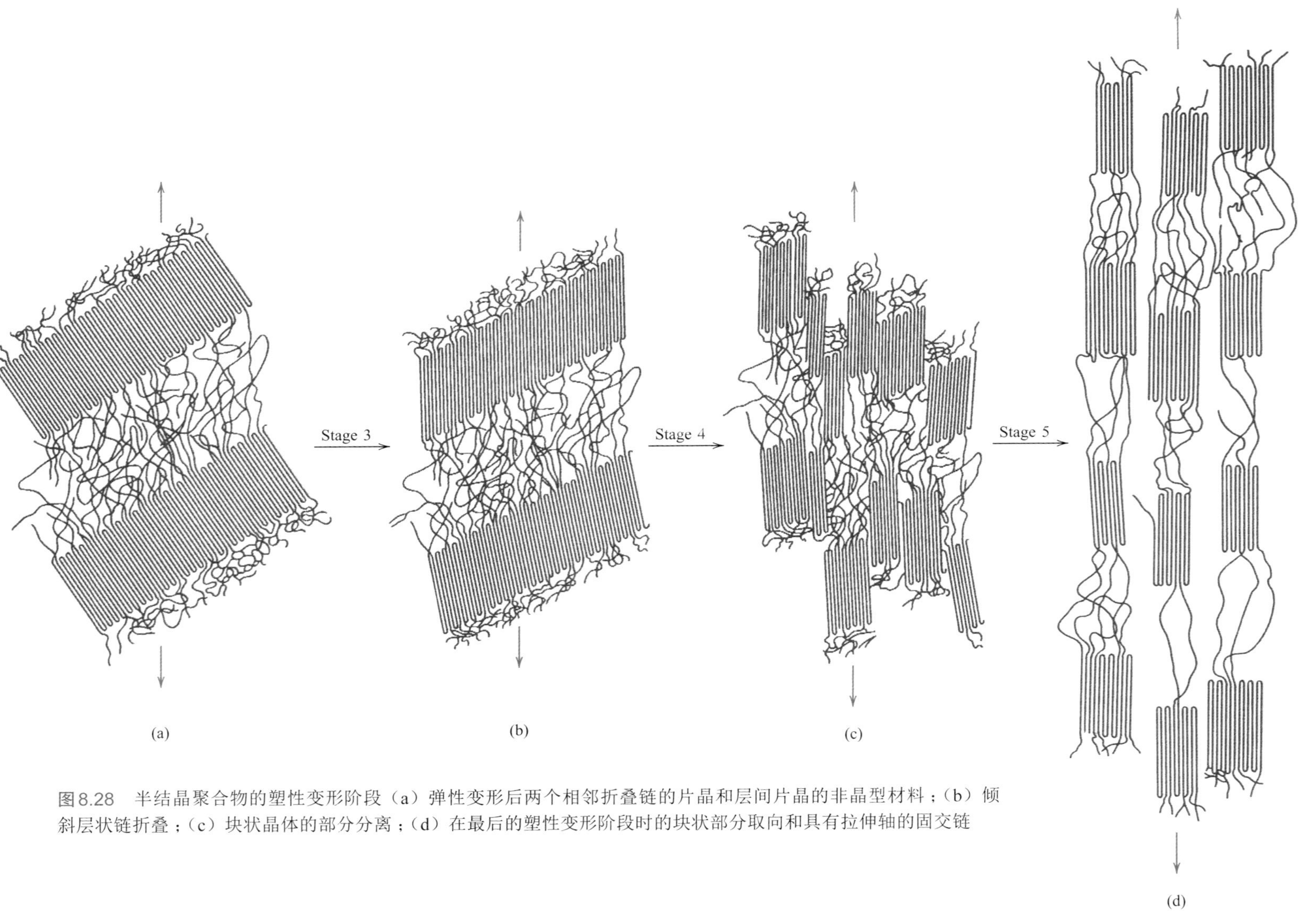

图 8.28　半结晶聚合物的塑性变形阶段（a）弹性变形后两个相邻折叠链的片晶和层间片晶的非晶型材料；（b）倾斜层状链折叠；（c）块状晶体的部分分离；（d）在最后的塑性变形阶段时的块状部分取向和具有拉伸轴的固交链

也就是说，如果形变在任意一阶段被终止，并且将样品加热到接近其熔点的温度（即退火），材料将重结晶，再次形成球晶结构。此外，样品会趋向于部分回缩到变形前所具有的尺寸。外形和结构回复的程度取决于退火温度，还有伸长程度。

8.18 影响半结晶聚合物的力学性能的因素

影响聚合材料的力学特性的因素有很多。例如，我们已经讨论过温度和应变速率对应力-应变行为的影响（7.13节，图7.24）。升高温度或降低应变速率导致拉伸模量的减小，拉伸强度的降低，以及延展性的增加。

此外，结构/加工因素对聚合材料的力学行为（即强度和模量）有决定性影响。无论对图8.28所示过程施加何种限制，强度都会增加。例如，大量的分子链缠结或显著的分子间相互作用阻碍分子链的相对运动。即使分子间的次价键（如范德华力）要比共价键弱得多，分子链之间大量的范德华力作用的形成仍导致产生显著的分子间作用。此外，模量随次价键强度和链排列的规整性的增加而增加。因此，带有极性基团的聚合物的次价键更强，弹性模量更大。现在讨论结构/加工因素[分子量、结晶度、预变形（牵引）及热处理]怎样影响聚合物的力学行为。

（1）分子量

拉伸模量的量级看似并不受分子量直接影响。另外，对于许多聚合物，发现拉伸强度随分子量的增加而增加。TS是数均分子量的函数：

对于一些聚合物，拉伸强度对于数均分子量的依赖性

$$TS = TS_{\infty} - \frac{A}{\overline{M}_{n}} \tag{8.11}$$

式中，TS_{∞}是分子量为无限大时的拉伸强度；A是常数。由该方程描述的行为可解释为是由于分子链的缠结程度随$\overline{M}_{n}$的增加而增加。

（2）结晶度

对于特定聚合物，结晶度对力学性能有重要影响，因为结晶度影响分子间次价键结合程度。对于分子链以平行有序排列的方式紧密堆砌的晶区，通常在相邻链段之间存在大量的次价键。由于分子链的无序排列，在无定形区这种次价键要少得多。因而，对于半结晶聚合物，拉伸模量随结晶度的增加而显著增加。例如，对于聚乙烯，当结晶度的分数值从0.3提高到0.6时，模量增加约一个数量级。

此外，聚合物结晶度的增加通常会提高其强度。除此以外，材料趋向于变得更脆。分子链化学和结构（支化、立体异构等）对结晶度的影响在第4章中讨论过。

结晶度和相对分子质量两者对聚乙烯物理状态的影响示于图8.29中。

（3）牵引预变形

基于商业应用，用于提高机械强度和拉伸模量的最重要的工艺之一是使聚合物在拉伸作用下产生永久变形。这一过程有时被称为牵伸（在8.17节中也有描述），且其与图7.25中图示的颈缩过程相对应，相应的取向结构示于图8.28（d）中。根据性能变化，聚合物的牵伸与金属中的应力硬化类似，是应用于纤维和薄

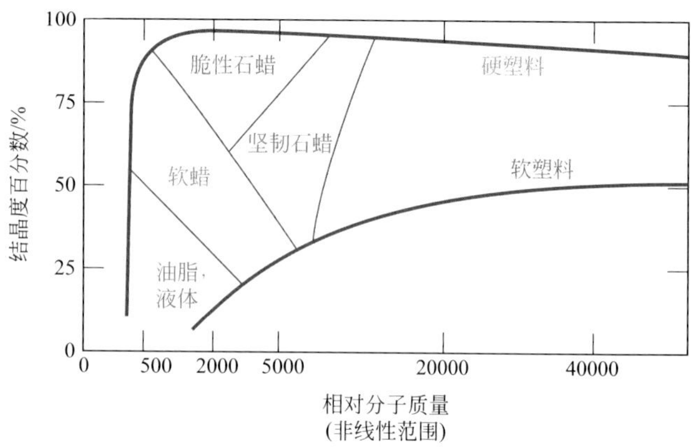

图8.29 结晶度和分子量对聚乙烯物理性能的影响

（来源于R.B.Richards,"*Polyethylene-Structure*，*Crystallinity and Properties*，" J.Appl.Chem.，1，370，1951.）

膜生产的重要的硬化和强化工艺。在牵伸过程中，分子链彼此滑移，呈高度取向的状态。对于半结晶材料，分子链呈现的构象与图8.28（d）中所示意的相似。

强化和硬化的程度取决于材料的变形（或伸展）程度。此外，牵伸聚合物的性能是高度各向异性的。对于单轴拉伸的材料，在变形方向上的拉伸模量和强度值显著高于其他方向上的。与未牵伸材料相比，在牵伸方向上的拉伸模量可增强大约3倍。在与拉伸轴成45°角的方向上，模量最低，在这一方向，模量值是未牵伸聚合物的1/5。

与未牵伸材料相比，与取向方向平行的方向上的拉伸强度可提高至少2～5倍。另外，与取向方向垂直的方向上，拉伸强度降低1/3～1/2。

对于在高温下牵伸的无定形聚合物，取向的分子结构只有当材料快速冷却至室温时才能保留，这一过程产生了如上所述的强化和硬化效应。另外，如果拉伸之后，聚合物仍停留在牵伸温度，则分子链松弛并呈现变形前的状态所特有的无规构象。因此，牵伸将不对材料的力学性能产生影响。

（4）热处理

半结晶聚合物的热处理（或退火）会导致结晶度和晶体尺寸及完善程度的增加，同时改善球晶结构。对于经受固定热处理时间的未牵伸材料，增加退火温度导致以下效果：① 拉伸模量的增加；② 屈服强度的增加；③ 韧性降低。注意这些退火效果与金属材料的典型现象（8.13节）——弱化、软化及延展性增加是相反的。

对于一些牵伸的聚合物纤维，退火对拉伸模量的影响与未牵伸材料相反。也就是说，由于分子链取向和应力诱导结晶的缺失，模量随退火温度的增加而降低。

概念检查8.7　对于下列聚合物，回答以下问题：① 说明是否有可能确定一种聚合物比另一种的拉伸模量高；② 如果可以，指出哪种聚合物的拉伸模量高并注明原因；③ 如果不能确定，说明为什么。

- 数均分子量是400000 g/mol的间同聚苯乙烯。
- 数均分子量是650000 g/mol的全同聚苯乙烯。

[答案可参考*www.wiley.com/college/callister*（学生之友网站）]

重要材料

收缩包装聚合物薄膜

热处理在聚合物中的一个有趣的应用是用于包装的热收缩膜。热收缩膜是一种聚合物薄膜，通常由聚氯乙烯、聚乙烯或聚烯烃（聚乙烯和聚丙烯膜交替组成的多层薄片）制成。首先将这种聚合物薄膜进行塑性变形（冷拉伸）至约20% ~ 300%，得到预拉伸（取向）薄膜。将此薄膜包裹在待包装的物体周围，并在边缘处密封。当加热到约100 ~ 150℃时，这种预拉伸薄膜收缩，形变回复80% ~ 90%，从而得到牢固地包围、无褶皱的透明聚合物薄膜。例如，CD和许多其他消费品都是用热收缩膜包装的。

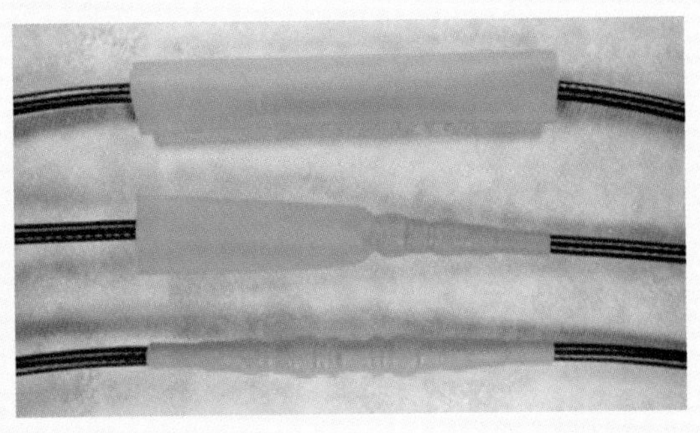

上图：置于一段聚合物热收缩管中的电气连接。中间和下图：对管子加热引起其尺寸收缩。聚合物管以这种收缩方式使连接处稳固并提供电气绝缘

（承蒙Insulation Products Corporation提供照片）

概念检查8.8　对于下列聚合物，回答以下问题：(1) 说明是否有可能确定一种聚合物比另一种的拉伸强度高；(2) 如果可以，指出哪种聚合物的拉伸强度高并注明原因；(3) 如果不能确定，说明为什么。

- 数均分子量是600000 g/mol的间同聚苯乙烯。
- 数均分子量是500000 g/mol的全同聚苯乙烯。

[答案可参考*www.wiley.com/college/callister*（学生之友网站）]

8.19 弹性体的变形

弹性材料最令人着迷的性能是其橡胶一样的弹性。换句话说，它们具有产生非常大的形变量的变形能力，并且可弹性回复到最初的外形。这是由聚合物的交联键导致的，交联链提供使分子链回到其未变形构象的恢复力。弹性行为最初可能是在天然橡胶中观察到的。然而，在过去几年，已实现了合成大量具有各种性能的弹性体。弹性材料的典型应力-应变特征显示于图7.22中的曲线*C*中。其弹性模量非常小，并且由于其应力-应变曲线是非线性的，弹性模量随着应变的变化而变化。

在无应力状态下，弹性体是无定形的，由高度扭转、缠绕和卷曲的交联分子链组成。施加拉伸负载时产生的弹性形变仅仅是分子链在应力方向上的部分伸展、解缠结和伸直及产生的延伸，这一现象示于图8.30中。在解除应力时，分子链弹回至其预应力构象，宏观样品也回到其原始形状。

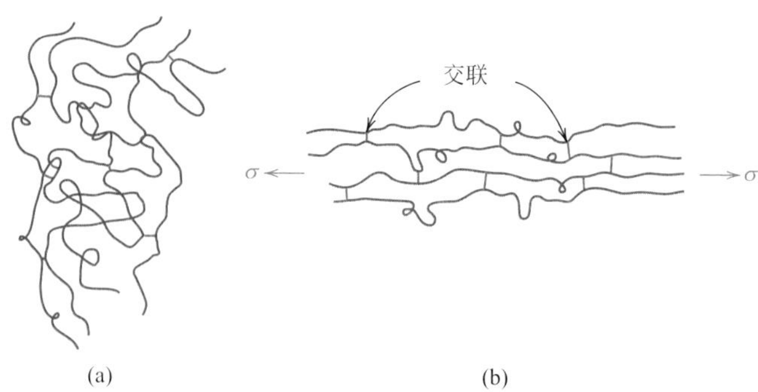

图8.30 交联聚合物分子链示意图（a）在无应力状态，和（b）在弹性形变过程中，对外加拉伸应力做出反应

（摘自Z. D. Jastrzebski，*The Nature and Properties of Engineering Materials*，3rd edition. Copyright © 1987 by John Wiley & Sons，New York. 重印得到了John Wiley & Sons，Inc. 许可）

弹性形变的部分驱动力是称为熵的热力学参数，该参数是系统内混乱程度的度量，熵随混乱程度的增加而增加。当弹性体被拉伸时，分子链伸直，排列变得更规整，体系变得更有序。如果分子链从此状态回到其原始的缠绕和卷曲状态，熵增加。由熵增效应引起两个有趣的现象。首先，当拉伸时，弹性体经历温度的升高；其次，弹性模量随温度的升高而增加，与其他材料中观察到的行为相反（参见图7.8）。

弹性聚合物必须满足的几条准则。① 不能是易结晶的。弹性材料是无定形的，在无应力状态，分子链自然卷曲和缠结。② 主链上键的旋转必须是相对自由的，使卷曲的分子链便于对外加作用力做出反应。③ 对于弹性变形相对较大的弹性体，弹性形变的起始点必须被延后。通过交联来限制分子链彼此的滑移运动可满足这一要求。交联键在分子链之间起锚固点的作用，阻止链滑移的发生，交联键在形变过程中的作用如图8.30所示。许多弹性体中的交联是以即将讨论的称为硫化的过程实施的。④ 最后，弹性体必须处于其玻璃化转变温度之上（11.16节）。许多通用橡胶保持橡胶态行为的最低温度在–90 ～ –50℃之间。低于其玻璃化转变温度，橡胶变脆，且其应力–应变行为类似于图7.22中的曲线*A*。

硫化

橡胶中的交联过程称为**硫化**，是通过不可逆的化学反应实现的，通常在升温条件下进行。在多数硫化反应中，需向加热的橡胶中加入含硫化合物。硫原子链与邻近的聚合物骨架链结合，并使聚合物交联，交联过程按以下反应实施：

$$
\begin{array}{ccccccccc}
 & \mathrm{H} & & \mathrm{CH_3} & & \mathrm{H} & & \mathrm{H} & \\
 & \vert & & \vert & & \vert & & \vert & \\
- & \mathrm{C} & - & \mathrm{C} & = & \mathrm{C} & - & \mathrm{C} & - \\
 & \vert & & & & & & \vert & \\
 & \mathrm{H} & & & & & & \mathrm{H} & \\
 & & & & & & & & \\
 & \mathrm{H} & & & & & & \mathrm{H} & \\
 & \vert & & & & & & \vert & \\
- & \mathrm{C} & - & \mathrm{C} & = & \mathrm{C} & - & \mathrm{C} & - \\
 & \vert & & \vert & & \vert & & \vert & \\
 & \mathrm{H} & & \mathrm{CH_3} & & \mathrm{H} & & \mathrm{H} &
\end{array}
\quad + (m+n)\,\mathrm{S} \longrightarrow \quad
\begin{array}{ccccccccc}
 & \mathrm{H} & & \mathrm{CH_3} & & \mathrm{H} & & \mathrm{H} & \\
 & \vert & & \vert & & \vert & & \vert & \\
- & \mathrm{C} & - & \mathrm{C} & - & \mathrm{C} & - & \mathrm{C} & - \\
 & \vert & & \vert & & \vert & & \vert & \\
 & \mathrm{H} & & \vert & & \vert & & \mathrm{H} & \\
 & & & (\mathrm{S})_m & & (\mathrm{S})_n & & & \\
 & \mathrm{H} & & \vert & & \vert & & \mathrm{H} & \\
 & \vert & & \vert & & \vert & & \vert & \\
- & \mathrm{C} & - & \mathrm{C} & - & \mathrm{C} & - & \mathrm{C} & - \\
 & \vert & & \vert & & \vert & & \vert & \\
 & \mathrm{H} & & \mathrm{CH_3} & & \mathrm{H} & & \mathrm{H} &
\end{array}
\qquad (8.12)
$$

其中显示的两个交联键分别包含m和n个硫原子。主链的交联点是碳原子，这些碳原子硫化前是双键，硫化后变为单键。

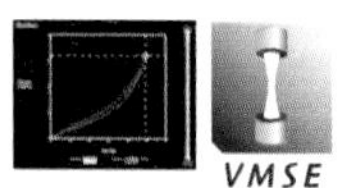

高分子材料：橡胶

未硫化橡胶含非常少的交联键，是软而黏的，并且耐磨性差。通过硫化，弹性模量、拉伸强度和抗氧化降解性都得以增强。弹性模量的数量级与交联密度成正比。硫化和未硫化天然橡胶的应力–应变曲线示于图8.31中。为生产能产生大延伸率而不破坏链的主价键的橡胶，必须有相对较少的交联键，且相距较远。当加入约1 ～ 5份（按重量计）的硫到100份橡胶时，能生成可用的橡

胶。这相当于每10～20个重复单元中有约1个交联键。增加硫含量可使橡胶进一步硬化，且使其延伸性降低。另外，由于弹性材料是交联的，其本质上是热固性的。

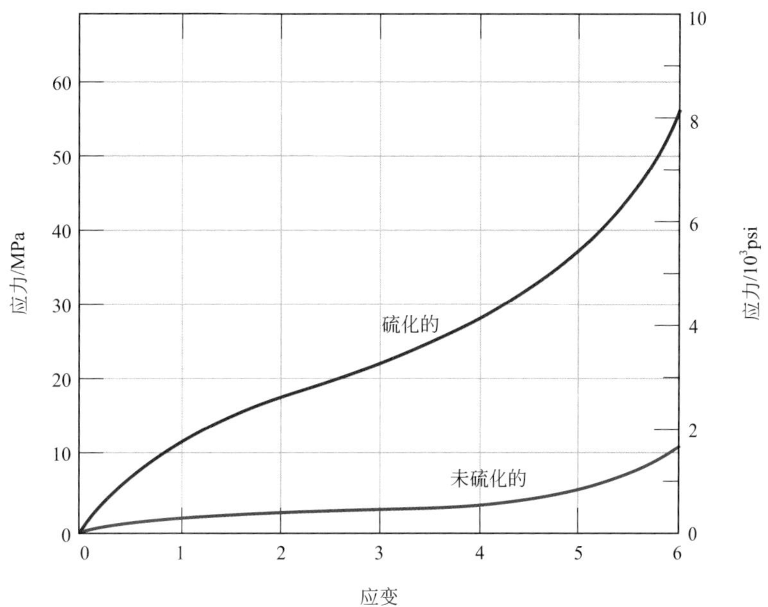

图8.31 未硫化和硫化的天然橡胶的应力–应变曲线（至伸长率600%）

概念检查8.9 对于下列聚合物，在同一幅图上画出并标示应力–应变曲线示意图。

● 数均分子量是100000 g/mol的聚（苯乙烯-丁二烯）无规共聚物，交联点占可交联位置的10%，20℃下测试。

● 数均分子量是120000 g/mol的聚（苯乙烯-丁二烯）无规共聚物，交联点占可交联位置的15%，–85℃下测试。

提示：聚（苯乙烯-丁二烯）共聚物可能呈现弹性行为。

概念检查8.10 根据分子结构，解释为什么酚醛树脂（电木）不能是弹性体。(酚醛的分子结构列于表4.3中)

[答案可参考*www.wiley.com/college/callister*（学生之友网站）]

总结

基本概念

● 从微观角度看，塑性变形是在外加切应力作用下位错的运动。刃型位错的运动由连续、重复地打破原子键和半原子面移动原子间距引起。

● 对于刃型位错，位错线运动和外加切应力的方向平行。而螺型位错运动的方向垂直于应力方向。

● 位错密度可以用单位体积上总的位错线长度来表示。位错密度的单位是每平方毫米。

- 刃型位错位错线附近存在拉伸、压缩和剪切应力场。剪切晶格应变只存在于纯螺型位错中。

滑移系

- 位错在外加应力作用下的运动称为滑移。
- 滑移发生在特定晶面的特定晶向。滑移系为滑移面和滑移方向的组合。
- 可能的滑移系取决于材料的晶体结构。滑移面是指原子排列具有最高面密度的面，滑移方向对应于这个面上原子排列的线密度的方向。
- 对于FCC晶体结构，其滑移面为{111}<110>；对于BCC晶体结构，其可能的滑移面为{110}<111>，{211}<111>，{321}<111>。

单晶的滑移

- 分切应力的大小取决于外加应力和滑移面及滑移方向在滑移面上的取向。它的值与外加应力和方向的关系见式（8.2）。
- 临界分切应力代表了位错运动（滑移）开始所需的最小切应力，需要产生屈服强度的施加切应力的大小见式（8.4）。
- 对于受到拉应力的单晶，表面形成了彼此平行的小台阶和试样表面环绕的圆环。

多晶金属的塑性变形

- 对多晶材料而言，滑移发生于各个晶粒内部，沿着最有利于外加应力方向的滑移系统。而且，变形过程中，在存在大量塑性变形的位置，晶粒改变形状并且沿着这些方向伸展。

孪生变形

- 在某些情况下，BCC和HCP金属会通过机械孪晶产生有限的塑性变形。切应力的作用使一个晶面（孪晶界）一侧的原子与另一侧的原子构成镜面对称关系的原子错排。

金属的强化机制

- 一种金属塑性变形的能力取决于位错运动的能力。限制位错的运动会增加材料的硬度和强度。

细晶强化

- 晶界阻碍了位错的运动有两个原因：

  进入晶粒的位错必须改变它运动的方向。

  晶界上原子错排区会导致一个晶粒到另一个晶粒的滑移面的不连续。
- 具有细小晶粒的金属比晶粒粗大的金属具有更高的强度。这是因为前者具有较大的晶界面积来阻碍位错的运动。
- 对大多数的金属来说，屈服强度随着晶粒的尺寸变化遵循式（8.7），即Hall-Petch公式。

固溶强化

- 另一种强化和硬化金属的方法是杂质原子进入置换固溶体或间隙固溶体的合金化。
- 固溶强化是由于位错和这些杂质形成的晶格应变场之间相互作用的结果，这种作用使位错的运动受到阻碍。

应变硬化

- 应变强化是一种金属在塑性变形时变得强度增加（韧性降低）的现象。
- 塑性变形的程度可以用冷变形的百分比来表示，冷加工的百分比取决于原始和变形横截面积，如式（8.8）所示。
- 屈服强度、拉伸强度和金属的硬度随着冷变形百分比的增加而增加［如图8.19（a）和图8.19（b）所示］，韧性降低［如图8.19（c）所示］。
- 塑性变形过程中，位错密度增加，相邻位错之间的平均距离减小，而且由于位错间应变场的相互作用，位错运动更为受限，因此，金属得到了强化和硬化。

回复

- 在回复过程中：

  由于位错的运动储存的一部分应变能被释放出来。

位错密度降低，并且具有低应变能的位错形态。

材料性能回复到冷加工之前的状态。

再结晶

- 在再结晶过程中：

  形成一系列新的无应变且具有低位错密度的等轴晶粒。

  金属变软、变弱，韧性变得更好。

- 再结晶的驱动力是有畸变和无畸变晶粒之间的内能差。
- 在冷变形金属再结晶过程中，热处理时间不变，随着温度增加，拉伸强度降低，韧性增加（如图8.22所示）。
- 一种金属合金的再结晶温度是该金属的再结晶能在1h之内完成的温度。
- 影响再结晶温度的两个因素是冷变形程度和杂质含量。

  再结晶温度随着冷变形量增加而降低。

  增加杂质含量会提高再结晶温度。

- 金属在高于再结晶温度进行塑性变形称为热加工，低于再结晶温度进行的变形称为冷加工。

晶粒长大

- 晶粒长大是多晶材料平均晶粒尺寸增加，晶粒长大是晶界移动的作用结果。
- 晶粒长大的驱动力是总晶界能的减小。
- 晶粒尺寸与时间的关系如式（8.9）所示。

陶瓷材料的变形机制

- 晶体材料的塑性变形是位错运动的结果，这种材料的脆性部分取决于其有限的滑移系。
- 非晶材料的塑性变形模式是由于黏性流动引起的，一种材料抵抗变形的能力是用黏度表示的（单位为Pa·s）。室温下，许多非晶陶瓷的黏度相当高。

半结晶聚合物的变形

- 在对具有球晶结构的半结晶聚合物施加张应力的弹性变形过程中，无定形区的分子在应力方向上伸长（如图8.27所示）。
- 球晶聚合物的拉伸塑性变形分几个阶段，无定形连接链和折叠链晶块（从带状片晶中分离的）沿拉伸轴取向（如图8.28所示）。
- 另外，在变形过程中，球晶的外形发生了改变（对于适度变形）。相对较大程度的变形导致球晶的完全破坏及形成高度取向的结构。

影响半结晶聚合物的力学性能的因素

- 聚合物的机械行为受使用和结构/加工因素的共同影响。
- 提高温度和/或减小应变速率导致拉伸模量和拉伸强度的降低及韧性的增强。
- 其他影响力学性能的因素：

  分子量——拉伸模量对分子量相对不敏感。然而，拉伸强度随$\overline{M}_n$的增加而增加［方程（8.11）］。

  结晶度——拉伸模量和强度都随结晶度的增加而增加。

  牵伸预变形——硬度和强度通过在拉力下使聚合物产生永久变形而增强。

  热处理——对未牵伸的半结晶聚合物进行热处理导致硬度和强度增加及韧性降低。

弹性体的变形

- 对于无定形并轻度交联的弹性材料，有可能产生大的弹性伸长。
- 形变对应于响应外加拉伸应力而发生的链的解缠绕和伸展。

  交联通常是在硫化过程中完成的；增加交联会增强弹性体的弹性模量和拉伸强度。

- 许多弹性体是共聚物，而硅橡胶实际上是无机材料。

公式总结

公式编号	公式	意义
（8.2）	$\tau_R = \sigma\cos\phi\cos\lambda$	分切应力
（8.4）	$\sigma_y = \dfrac{\tau_{crss}}{(\cos\phi\cos\lambda)_{max}}$	临界分切应力
（8.7）	$\sigma_y = \sigma_0 + k_y d^{-1/2}$	屈服强度（为平均晶粒尺寸的函数）-Hall-Petch公式
（8.8）	$\%CW = \left(\dfrac{A_0 - A_d}{A_0}\right)\times 100$	冷加工百分比
（8.9）	$d^n - d_0^n = Kt$	平均晶粒尺寸（晶粒长大过程中）
（8.11）	$TS = TS_\infty - \dfrac{A}{\overline{M}_n}$	聚合物拉伸强度

符号列表

符号	意义
A_0	试样变形前横截面积
A_d	试样变形后截面面积
d	平均晶粒尺寸，晶粒长大过程中的平均晶粒尺寸
d_0	晶粒长大前的平均晶粒尺寸
K，k_y	材料常数
$\overline{M}_n$	数均分子量
TS_∞，A	材料常数
t	发生晶粒长大的时间
n	晶粒尺寸指数——对某些材料其值接近2
λ	单晶拉伸轴和滑移方向的夹角（如图8.7所示）
ψ	线性热膨胀系数
σ_0	裂纹尖端的曲率半径
σ_y	最小应力（交变）

工艺/结构/性能/应用总结

对金属强化机制的理解需要一些知识，包括：① 位错移动和塑性变形的关系；② 缺陷的特征（例如环绕应力场和应力场的相互作用）；③ 晶体结构方面（例如滑移系的概念）。钢中某一相（马氏体）的高硬度（低延性）用固溶强化和滑移系较少来解释。以下的概念图表示出这些关系：

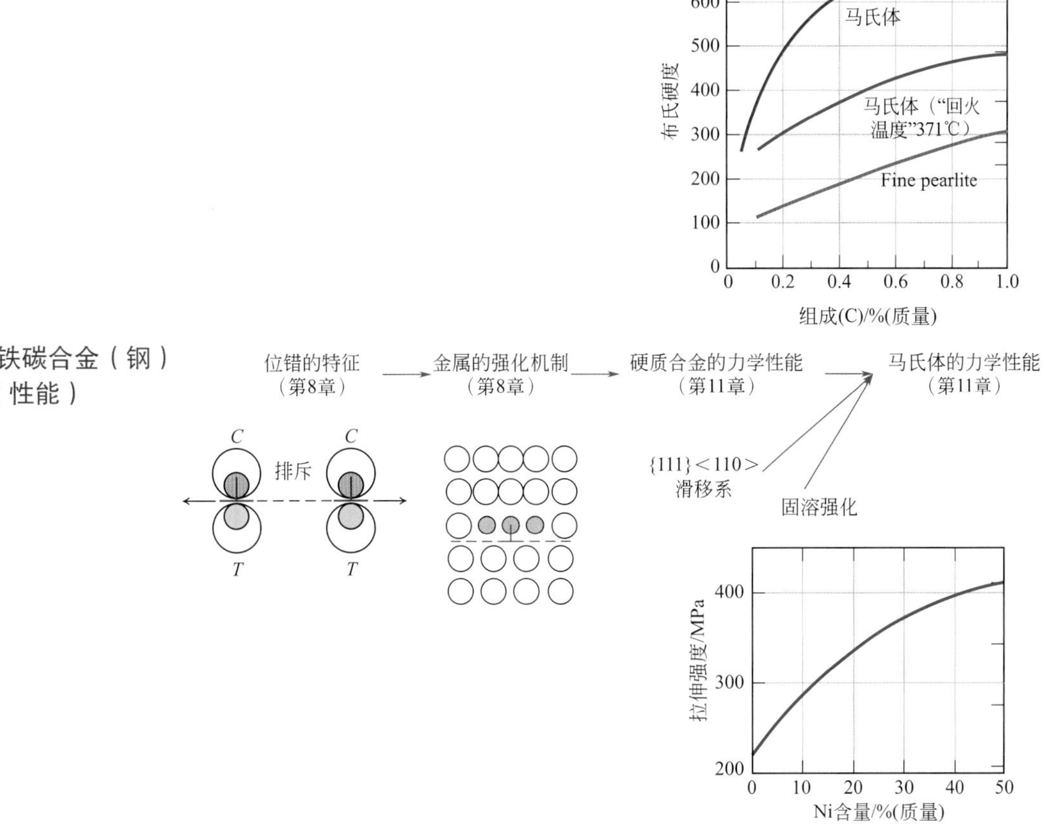

其他热处理的目的是使经过应变强化的金属合金发生再结晶，使它们变软且更具韧性，并且获得更好的晶体结构。两种这样的处理如14.5节所述，即钢的退火和正火。其关系如以下概念图所示：

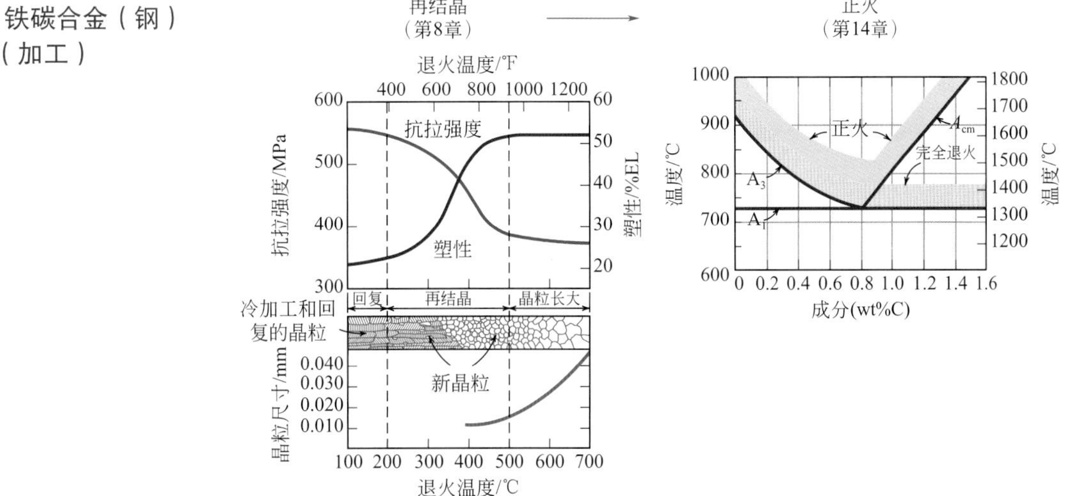

正如本章所述，玻璃被熔化和加工的能力取决于它的黏度。第14章中我们讨论了黏度与成分和温度有关，其关系图如以下概念图所示：

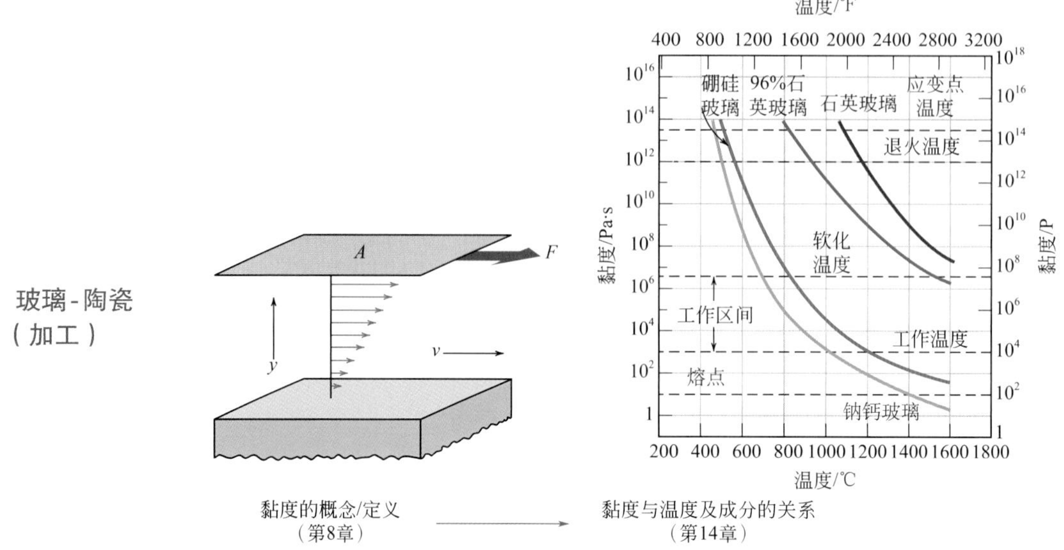

在第7章中，我们探讨了聚合材料的力学性能和应力-应变行为，而在本章中我们将讨论扩展到包括半结晶聚合物（包括纤维）的变形机理，及影响这类材料的力学行为的因素。以下概念图描述了这些论题之间的关系：

聚合物纤维
（性能）

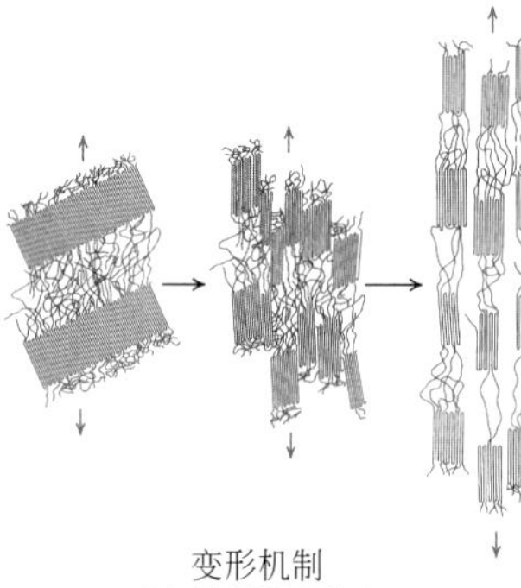

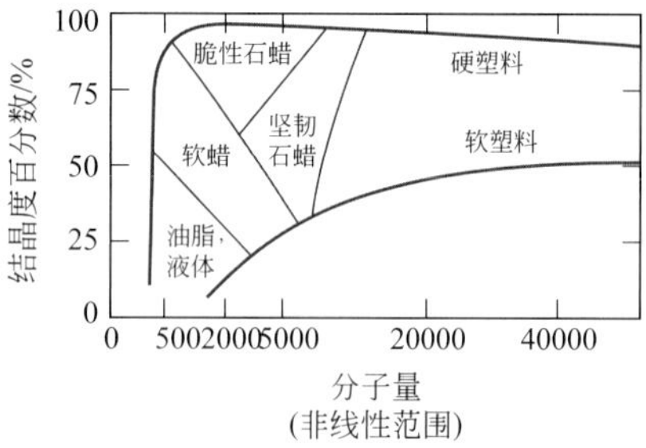

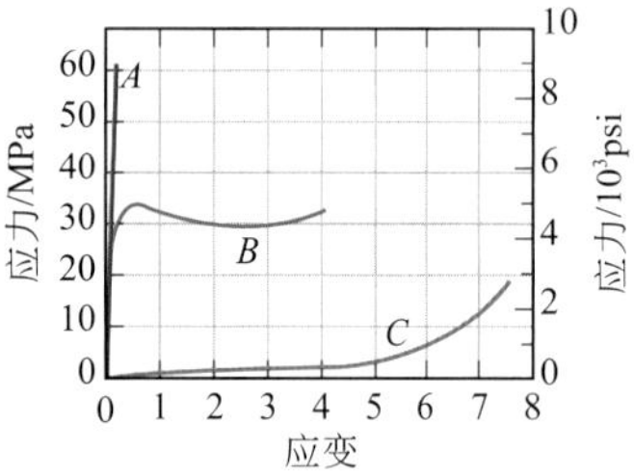

结晶度百分数/%
脆性石蜡
硬塑料
坚韧
石蜡
软蜡
软塑料
油脂，
液体
0 500 2000 5000 20000 40000
分子量
（非线性范围）

应力/MPa
应力/10^3psi
A
B
C
应变

变形机制
（半结晶聚合物）
（第8章）

影响力学性能的因素
（第8章）

分子量
结晶度
预变形
热处理

力学行为
（定义）
（第7章）

应力-应变行为
（第7章）

宏观变形
（颈缩现象）
（第7章）

$$\sigma=\frac{F}{A_0}$$

$$\varepsilon=\frac{l_i-l_0}{l_0}=\frac{\Delta l}{l_0}$$

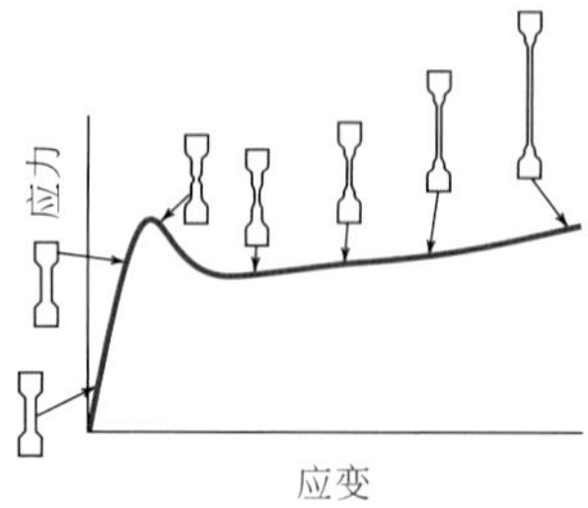

应力
应变

重要术语和概念

冷加工	晶粒长大	再结晶温度	固溶强化
临界分切应力	晶格应变	分切应力	应变硬化
位错密度	回复	滑移	黏度
牵伸	再结晶	滑移系	硫化

参考文献

Hirth，J. P.，and J. Lothe，*Theory of Dislocations*，2nd edition，Wiley-Interscience，New York，1982. Reprinted by Krieger，Melbourne，FL，1992.

Hull，D.，and D. J. Bacon，*Introduction to Dislocations*，4th edition，Butterworth- Heinemann，Oxford，2001.

Kingery，W. D.，H. K. Bowen，and D. R. Uhlmann，*Introduction to ceramics*，2nd edition，Wiley，New York，1976.Chapter 14.

Read，W. T.，Jr.，*Dislocations in Crystals*，McGraw-Hill，New York，1953.

Richerson，D. W.，*Modern Ceramic Engineering*，3rd edition，CRC Press，Boca Raton，FL，2006.

Schultz，J.，*Polymer Materials Science*，Prentice Hall PTR，Paramus，NJ，1974.

Weertman，J.，and J. R. Weertman，*Elementary Dislocation Theory*，Macmillan，New York，1964.Reprinted by Oxford University Press，New York，1992.

习题

WILEY ⊕ Wiley PLUS中（由教师自行选择）的习题。

WILEY GO ⊕ Wiley PLUS中（由教师自行选择）的辅导题。

WILEY GM ⊕ Wiley PLUS中（由教师自行选择）的组合题。

位错的基本概念

WILEY ⊕ 8.1 为了对原子缺陷大小有所概念，考虑一个金属试样，其位错密度为10^4mm^{-2}。假设将1000mm^3（1cm^3）中的位错全部取出并将其首尾相连，则总长度是多少？若该金属冷加工后位错密度增为10^{10}mm^{-2}，则1000mm^{3}下的位错总长度为多少？

8.2 考虑下图两个方向相反且滑移面相隔数个原子距离的刃型位错，请简述当两个位错对齐后造成的缺陷。

8.3 两个异号螺型位错可以相互抵消吗？解释你的答案。

WILEY ⊕ 8.4 对于一个刃型、螺型和混合型位错，举出施加剪切应力的方向和位错移动的方向之间的关系。

滑移系

8.5 （a）说出滑移系的定义。

（b）是不是所有的金属都有相同的滑移系？为什么？

位错的特征

8.6 （a）比较FCC（100）、（110）和（111）平面的平面密度（3.15节和习题3.77）。

（b）比较BCC（100）、（110）和（111）平面的平面密度（习题3.78）

8.7 BCC晶体结构的其中一个滑移系是{110} < 111 >。请用类似图8.6（b）的方法画出BCC结构的另一个{110}面，以圆圈表示原子位置，并在这个平面上以箭头标出两个不同的< 111 >滑移方向。

8.8 HCP晶体结构的其中一个滑移系是{0001} < $11\bar{2}0$ >。请用类似图8.6（b）的方法画出BCC结构的另一个{0001}面，以圆圈表示原子位置，并在这个平面上以箭头标出三个不同的< $11\bar{2}0$ >滑移方向。你可能需要参考图3.24。

8.9 式（8.1a）和式（8.1b）表示FCC和BCC晶体结构的柏氏矢量，可表示成

$$b = \frac{a}{2} < uvw >$$

式中，a为晶胞的边长。已知柏氏矢量的大小可由下式表示：

$$|b| = \frac{a}{2}\left(u^2 + v^2 + w^2\right)^{1/2} \quad (8.13)$$

试求铝和铬的$|b|$值。你可能需要参考表3.1。

8.10 （a）按照式（8.1a）和式（8.1c），说明简单立方晶格结构的柏氏矢量。图3.43给出了晶胞结构。而且简单立方是图5.8所示刃型位错的晶体结构，图8.1给出了其运动方式。你可能需要参考概念检查8.1。

（b）基于式（8.13），计算简单立方晶体结构柏氏矢量$|b|$的表达式。

单晶滑移

8.11 有时式（8.2）中的$\cos\varphi\ \cos\lambda$称为施密特因子，确定[100]方向平行于加载轴的FCC单晶的该值。

8.12 某单晶金属，其滑移面法向量以及滑动方向和拉伸轴的夹角分别为43.1°和47.9°，若临界分切应力是20.7MPa（3000psi），则当施加应力为45MPa（6500psi）时，能否造成单晶的屈服？若不能，则需要多大的应力才能造成？

8.13 单晶铝拉伸测试，其滑移面法向量和拉伸轴的夹角为28.1°。三个可能的滑动方向和拉伸轴的夹角分别为62.4°，72.0°和81.1°。

（a）这三个滑移方向中哪个最容易发生滑动？

（b）如果塑性变形发生在1.95MPa（280psi）拉伸应力作用下，确定铝的临界分切应力。

8.14 考虑银单晶的拉伸轴与其[001]方向一致，如果滑移发生在（111）平面及$[\bar{1}01]$方向，且当时施加的拉应力为1.1MPa（160psi），求其临界分切应力。

8.15 某单晶金属具有FCC结构，其[110]方向平行于拉伸应力方向，若金属的临界分切应力为1.75MPa，计算能够在（111）面的$[1\bar{1}0]$、$[10\bar{1}]$和$[01\bar{1}]$方向上引起滑移的外加应力值。

8.16 （a）某单晶金属具有BCC结构，其[010]方向平行于拉伸轴，若施加应力大小为2.75MPa，求在（110）和（101）平面上的$[\bar{1}11]$方向的分解应力。

（b）从以上分切应力的值，判断哪一个滑移系统最容易产生滑移？

8.17 假设某单晶结构金属具有FCC结构，拉伸轴与其$[\bar{1}02]$方向一致，如果滑移发生在（111）面的$[\bar{1}01]$方向，且其临界分切应力为3.42MPa，试计算金属的屈服应力。

8.18 铁的临界分切应力为27MPa（4000psi），求此单晶铁进行拉伸试验时可能的最大屈服强度。

孪生变形

8.19 列举孪生和滑移在变形机制、产生条件和最终结果方面的4个主要区别。

细晶强化

8.20 简单解释为什么小角度晶界对于滑移的干扰不如大角度晶界有效。

8.21 简单解释为什么HCP金属通常比FCC和BCC金属脆。

8.22 用自己的话描述这章中的3种增强机制（细晶强化、固溶强化和应变硬化）。解释位错在每种机制中起到的作用。

8.23 （a）图8.15为成分为70Cu-30Zn七三黄铜（弹壳黄铜）的屈服强度，试确定式（8.7）的常数σ_0和k_y。

（b）若该合金的平均晶粒直径为1.0×10^{-3}mm时，试预测其屈服强度。

8.24 平均晶粒直径为5×10^{-2}mm的铁的较低屈服点是135MPa（19500psi）。当平均晶粒直径变为8×10^{-3}mm时，屈服点升高为260MPa（37500psi）。试确定较低屈服点为205MPa（30000psi）时，铁的平均晶粒直径。

8.25 图8.15是指未经冷加工的黄铜，试确定图8.19中该合金的晶粒大小，假设两图中的合金成分相同。

固溶强化

8.26 按照图8.17（b）和8.18（b）的形式，指出刃型位错附近最有可能存在间隙杂质原子的位置。并根据晶格应变简要解释原因。

应变硬化

8.27 （a）证明对于拉伸试验，有式：

$$\%\text{CW}=\left(\frac{\epsilon}{\epsilon+1}\right)\times100$$

如果试样体积在变形过程中没有变化（即，$A_0l_0=A_dl_d$）。

（b）用（a）部分的结论，当施加400MPa（58000psi）应力时，计算黄铜冷加工百分比（其应力-应变行为见图7.12）。

8.28 两个相同合金的圆柱形试样，初始均未发生变形，以减少其截面积（但保持圆形截面）的方法使其应变硬化。第一个试样初始和变形后的半径分别是16mm和11mm。第二个试样的最初半径为12mm，若希望第二个试样变形后与第一个试样变形后的硬度相同，试计算第二个试样变形后的半径。

8.29 两个相同合金的圆柱形试样，初始均未发生变形，以减少其截面积的方法使其应变硬化。一个试样具有圆形截面，另一个试样具有方形截面，变形过程中分别保持圆形截面和方形截面不变。它们的初始和变形后的尺寸如下：

项目	*圆形（直径）*/mm	*方形*/mm
初始尺寸	15.2	125×175
变形后尺寸	11.4	75×200

在塑性变形后，哪个试样会是最硬的？为什么？

WILEY 8.30 某经过冷加工的圆柱形试样其延性为（%EL）25%，如果冷加工后的半径为10mm（0.40in.），求其变形前的半径是多少？

WILEY 8.31 （a）屈服强度为275MPa（40000psi）的黄铜的近似延性（%EL）为多少？

（b）屈服强度为690MPa（100000psi）的1040钢的近似Brinell硬度为多少？

WILEY 8.32 实验上观察到许多单晶金属的临界分切应力τ_{crss}是位错密度ρ_D的函数：

$$\tau_{crss} = \tau_0 + A\sqrt{\rho_D}$$

式中，τ_0和A是常数。对铜而言，位错密度为10^5mm^{-2}时的临界分切应力为2.10MPa（305psi）。已知本题铜的A值为6.35×10^{-3}MPa · mm（0.92psi · mm），计算位错密度为10^7mm^{-2}时的τ_{crss}。

回复

再结晶

晶粒长大

8.33 简述回复和再结晶过程的区别。

8.34 估计图8.21（c）显微组织图片中的再结晶比率。

8.35 试解释冷加工金属和冷加工后再结晶金属晶粒结构的区别。

8.36 （a）再结晶的驱动力是什么？

（b）晶粒长大的驱动力是什么？

WILEY 8.37 （a）试根据图8.25计算500℃黄铜材料平均晶粒直径由0.01mm增加到0.1mm所需要的时间。

（b）在600℃重复以上计算。

WILEY 8.38 黄铜材料的平均晶粒直径是时间的函数，下表是650℃不同时间下的平均晶粒：

时间/min	*晶粒直径/mm*
30	3.9×10^{-2}
90	6.6×10^{-2}

（a）最初的晶粒直径为多少？

（b）在150min，650℃时的晶粒直径为多少？

8.39 某未变形合金试样具有0.040mm 平均晶粒直径。要求将其平均晶粒直径降低到0.010mm。可能实现吗？假如可能，试解释你将采用什么方法，并且说出需要采用的处理。如果不可能，请解释原因。

8.40 晶粒长大受到温度的影响（即晶粒长大速率随温度上升而增加），然而在式（8.9）中并没有明确地看到温度这个参数。

（a）你觉得式中哪个参数包含着温度的意义？

（b）根据你的直觉，导出一个明确受温度影响的式子。

WILEY WILEY GO 8.41 某一未经过冷加工的黄铜试样，其平均晶粒大小为0.008mm，其屈服强度为160MPa（23500psi）。当此合金被加热至600℃保持1000s，试估计其屈服强度，假设已知k_y为12.0MPa · $mm^{1/2}$（1740psi · $mm^{1/2}$）。

结晶陶瓷（陶瓷材料的变形机制）

8.42 说出为什么陶瓷材料通常意义上比金属硬脆。

半结晶聚合物的变形
（弹性体的变形）

8.43 用自己的语言描述半结晶聚合物的（a）弹性变形；（b）塑性变形机理；（c）弹性体弹性变形机理。

影响半结晶聚合物的力学性能的因素
弹性体的变形

8.44 简要解释下列每一个因素是怎样影响半结晶聚合物的拉伸模量的？为什么？

（a）分子量

（b）结晶度

（c）牵伸变形

（d）无形变材料的退火

（e）拉拔材料的退火

8.45 简要解释下列每一个因素是怎样影响半结晶聚合物的拉伸或屈服强度的？为什么？

（a）分子量

（b）结晶度

（c）拉拔变形

（d）无形变材料的退火

8.46 正丁烷和异丁烷的沸点分别是–0.5℃和–12.3℃。基于4.2节中列出的分子结构，简要解释该行为。

8.47 两种聚甲基丙烯酸甲酯材料的拉伸强度和数均分子量如下：

拉伸强度/MPa	*数均分子量/(g/mol)*
107	40000
170	60000

估算数均分子量为30000g/mol的聚甲基丙烯酸甲酯的拉伸强度。

8.48 两种聚乙烯材料的拉伸强度和数均分子量如下：

拉伸强度/MPa	*数均分子量/(g/mol)*
85	12700
150	28500

估算拉伸强度为195MPa的聚乙烯材料所需要的数均分子量。

8.49 对于以下每对聚合物，（1）说明是否有可能确定一种聚合物比另一种的拉伸模量更高；（2）如果可能，指出哪一种的拉伸模量更高，并列举选择依据；（3）如果不可能确定，说明为什么。

（a）交联点占可交联位置的10%的丙烯腈-丁二烯无规共聚物；交联点占可交联位置的5%的丙烯腈-丁二烯交替共聚物。

（b）聚合度为5000的支化间同聚丙烯；聚合度为3000的线型全同聚丙烯。

（c）数均分子量为250000g/mol的支化聚乙烯；数均分子量为200000g/mol的线形全同聚氯乙烯。

8.50 对于以下每对聚合物，（1）说明是否有可能确定一种聚合物比另一种的拉伸模量更高；（2）如果可能，指出哪一种的拉伸模量更高，并列举选择依据；（3）如果不可能确定，说明为什么。

（a）数均分子量为600000g/mol的间同聚苯乙烯；数均分子量为500000g/mol的无规聚苯乙烯

（b）交联点占可交联位置的10%的丙烯腈-丁二烯无规共聚物；交联点占可交联位置的5%的丙烯腈-丁二烯嵌段共聚物

（c）网状聚酯；轻度交联聚丙烯

WILEY 8.51 你认为聚三氟氯乙烯的拉伸强度是高于、相等还是低于相同分子量和结晶度的聚四氟乙烯样品？为什么？

8.52 对于以下每对聚合物，在同一幅图上画出并标示应力-应变曲线示意图[即画出（a）至（c）各自的曲线]。

（a）重均分子量为120000g/mol的全同线形聚丙烯；重均分子量为100000g/mol的无规线形聚丙烯

（b）聚合度为2000的支化聚氯乙烯；聚合度为2000的高度交联聚氯乙烯

（c）数均分子量为100000g/mol，交联点占可交联位置的10%的聚（苯乙烯-丁二烯）无规共聚物，在20℃下测试；数均分子量为120000g/mol，交联点占可交联位置的15%的聚（苯乙烯-丁二烯）无规共聚物，在–85℃下测试。提示：聚（苯乙烯-丁二烯）共聚物可能呈现弹性行为。

WILEY 8.53 列举两种弹性体所必需的分子特性。

WILEY 8.54 你认为在室温下，下列哪种聚合物是弹性体？哪种是热固性聚合物？解释每个选择。

（a）具有网状结构的环氧树脂

（b）玻璃化转变温度为–50℃的轻度交联聚（苯乙烯-丁二烯）无规共聚物

（c）玻璃化转变温度为–100℃的轻度支化半结晶聚四氟乙烯

（d）玻璃化转变温度为0℃的高度交联聚（乙烯-丙烯）无规共聚物

（e）玻璃化转变温度为75℃的热塑性弹性体

8.55 用10kg硫硫化4.8kg聚氯丁二烯，假定平均每个交联键中有4.5个硫原子，以硫交联的交联点占可交联位置的百分数是多少？

WILEY 8.56 假定每个交联键中有5个硫原子，计算完全交联氯丁二烯-丙烯腈交替共聚物所必需加入的硫的重量百分比。

8.57 根据方程（8.12），用硫原子硫化聚异戊二烯。假定平均每个交联键中有5个硫原子，如果57%（质量）的硫与聚异戊二烯结合，则与每个异戊二烯重复单元结合的交联键有多少？

WILEY 8.58 对于聚异戊二烯的硫化，假定平均每个交联键结合3个硫原子，计算确保交联8%的可交联位置所必需加入的硫的重量百分比。

8.59 以与方程（8.12）相似的方式，说明丁二烯橡胶中的硫化过程可能是怎样发生的。

数据表习题

8.1SS 对于立方对称的晶体，生成一个数据表，在给出晶向指数的条件下，让使用者能够计算出两晶向之间的夹角。

设计问题

应变硬化

再结晶

WILEY 8.D1 判断是否可能通过冷加工的方式使钢同时获得一个最小为225布氏硬度以及至少12% EL的塑性，并对你的判断作出合理解释。

WILEY 8.D2 判断是否可能通过冷加工的方式使黄铜同时获得一个最小120布氏硬度以及至少20% EL的塑性，并对你的判断作出合理解释。

WILEY GM 8.D3 一个经过冷加工后的圆柱形钢试样的布氏硬度值为250。

（a）按照伸长率估算其塑性。

（b）如果试样在变形过程中保持圆柱形，且其原始半径为5 mm（0.20in.），计算其变形后的半径。

8.D4 现在需要选用一金属合金，要求其屈服强度至少为345 MPa（5000psi），并保持其塑性（EL%）至少为20%。如果该金属可能会经过冷加工，判断下列哪些可以成为备选金属合金：铜、黄铜、1040钢。为什么？

8.D5 一个初始直径为15.2 mm（0.60in.）的1040钢棒要经过拉拔冷加工，在变形过程中其横截面仍然保持圆形。我们需要得到超过840 MPa（122000psi）的拉伸强度以及至少为12% EL的塑性。此外，最终的直径必须是10 mm（0.40in.）。说明如何得到满足要求的钢棒。

8.D6 一个初始直径为16.0 mm（0.625in.）的铜棒要经过拉拔冷加工，在变形过程中其横截面仍然保持圆形。我们需要得到超过250 MPa（36250psi）的屈服强度以及至少为12% EL的塑性。此外，最终的直径必须是11.3 mm（0.445in.）。说明如何得到满足要求的铜棒。

8.D7 现需要一个圆柱形1040钢棒的最小拉伸强度为865 MPa（125000psi），塑性至少为10% EL，且最终得到的直径为6.0 mm（0.25in.）。现在有经过20%冷加工的直径为7.94 mm（0.313in.）的1040钢存货。说明为了获得所需材料你将采取的加工过程。假设1040钢在冷加工40%时会产生裂纹。

工程基础问题

8.1FE 在室温条件下对金属试样进行塑形变形通常会导致下列哪些材料性质的变化？

（A）拉伸强度上升，塑形下降　（B）拉伸强度下降，塑形上升

（C）拉伸强度上升，塑形上升　（D）拉伸强度下降，塑形下降

8.2FE 在晶体中插入一个半原子面所形成的位错被称为

（A）螺位错　（B）空位位错

（C）间隙位错　（D）刃位错

8.3FE 螺位错周围的原子会经历哪种应变？

（A）拉伸应变　（B）剪切应变

（C）压缩应变　（D）B和C两种应变

第9章 失效

(a)

(b)

为了撕开一小包坚果、糖果或其他甜点的塑料包装而耗尽耐心，你曾为此而苦恼吗？你也许也注意到了当包装边缘存在一个小切口时，只需要极小的力就可以把包装撕开，如图（a）所示。这种现象与断裂力学的一条基本原理相关：外加拉应力在小切口或缺口的尖端被放大。

图（b）所示为一艘油轮，这艘油轮由于裂纹沿其船腹周围扩展而产生了脆性断裂。裂纹起初以小缺口或裂缝的形式存在。随着油轮在海中前进，产生的应力在切口或裂缝的尖端被放大，最终达到裂纹形成和快速扩展的程度，最终油轮发生完全断裂。

图（c）所示为一架于1988年4月28日经历了暴发性减压和结构失效的波音737-200商业飞机（Aloha Airlines flight 243）。事故原因调查发现，由于飞机在沿海的环境（潮湿和多盐）中工作，缝隙腐蚀（16.7节）造成金属疲劳加剧导致飞机破坏。短途飞行过程中，客舱受到的压应力和拉应力造成了机身应力循环。航空公司恰当的维修保养就能发现疲劳损伤并阻止事故发生。

(c)

（油轮照片作者为Neal Boenzi，重印得到New York Times允许。波音737-200照片来自Star Bulletin/Dennis Oda/© AP/Wide World Photos.）

为什么要学习失效?

一个零件或结构的设计总是要求工程师将失效发生的可能性降到最低，因此，了解各种失效方式发生的机制非常重要，这些失效方式包括断裂、疲劳和蠕变，此外，熟悉并运用适当的设计原理来防范服役中的失效也很重要。例如，我们在机械工程在线支持模块的M.14至M.16节中讨论了与汽车气门弹簧疲劳失效相关的材料选择和加工问题。

学习目标

通过本章的学习，你需要掌握以下内容。

1. 描述延性和脆性断裂模式的裂纹扩展机制。
2. 解释为什么脆性材料的强度值比理论计算值低很多。
3. 利用（a）简单的陈述和（b）方程，定义断裂韧性，并定义方程中的所有参数。
4. 简要解释为什么同一种陶瓷材料的断裂强度通常存在很大的离散性。
5. 简要描述微裂纹（crazing）现象。
6. 指出并描述两种冲击破坏测试的名称和方法。
7. 定义“疲劳”，并说明疲劳发生的条件。
8. 通过某材料的疲劳图确定（a）(在某一特定应力大小下的）疲劳寿命，（b）(在某一特定循环次数下的）疲劳强度。
9. 定义“蠕变”，并说明蠕变发生的条件。
10. 通过材料的蠕变图确定（a）稳态蠕变速率，和（b）断裂寿命。

9.1 概述

由于工程材料的破坏会危及生命安全、造成经济损失以及干扰产品和服务的供应等多种原因，人们通常不希望工程材料发生破坏。但是即使我们知道材料破坏的原因及材料的性质，也难以保证材料不发生破坏。常见的材料破坏原因包括材料选用不当、加工不当和原件设计不当或使用不当。同时，结构部分在服役过程中也会发生破坏，因此，定期检查、维修和更换结构件对安全设计非常重要。工程师的责任包括预先考虑到材料可能发生的破坏，而且当破坏发生时，确定其原因并采取适当的防范措施，以免将来再次发生意外。

本章介绍了以下概念：简单断裂（韧性和脆性模式），断裂力学基础，断裂韧性测试，韧脆转变，疲劳和蠕变。内容包括失效机制，测试方法以及可以用来控制或防止失效的方法。

概念检查 9.1　举出失效可能来自零件或产品设计环节的两个例子。

[解答可参考 *www.wiley.com/college/callister*（学生之友网站）]

断裂

9.2 断裂基础

简单断裂是指一个物体在低温（相对于熔点）和静应力（即应力为常数或随时间缓慢改变）的作用下，分裂为两个或更多的碎片。疲劳（外加循环应力）或蠕变（随时间发生变形，通常在较高的温度下）也可能导致断裂，这两种断裂机制将于9.9节～9.19节进行讨论。尽管外加应力可以为拉伸应力、压缩应力、剪切应力或扭转应力（或这几种应力的综合），但目前的讨论仅限于单轴拉伸所造成的断裂。对金属材料而言，根据材料发生塑性变形的能力将其分类，存在两种可能的断裂模式：延性和脆性。延性材料在断裂之前通常出现高能量吸收的大量塑性变形，而脆性材料的破坏则几乎没有塑性变形发生，（只有很低的能量吸收）。两种破坏的拉伸应力-应变行为如图7.13所示。

延性断裂和脆性断裂

"延性"和"脆性"是相对的名词，某一特定的断裂属于哪种模式视情形而定。延展性可以由伸长百分率［式（7.11）］或面积收缩百分率［式（7.12）］定量化。此外，韧性是材料温度、应变速率和应力状态的函数。9.8节会讨论到通常呈现延性的材料却倾向以脆性方式断裂的情况。

任何断裂的过程都包括两步，即由于外加应力导致的裂纹形成和扩展。断裂的模式在很大程度上取决于裂纹扩展的机制。延性断裂的特征是裂纹扩展过程中在其周围产生大量的塑性变形，随着裂纹长度的增加，这一过程进行得相对缓慢，这样的裂纹通常称为"稳定的"裂纹，也就是说，除非继续施加应力，否则裂纹可以抑制自身的进一步的扩展。此外，在延性断裂的断裂面上可以看到严重的变形（如扭曲和撕裂）。另一方面，脆性断裂的裂纹可能在极少的塑性变形下迅速扩展，这种裂纹称为"不稳定的"裂纹，而且裂纹一旦开始扩展，会在不增加外加应力的情况下，自发性地扩展下去。

通常，我们希望发生的是延性断裂，这主要是由于以下两方面的原因。第一，脆性断裂会在毫无征兆的情况下，由于裂纹扩展的快速性和自发性突然发生而造成灾难。而延性断裂所产生的塑性变形会提醒我们断裂即将发生，使我们得以采取防范措施。第二，由于延性材料一般韧性较好，因此延性断裂的产生通常需要较大的应变能。在受到拉伸应力作用时，大多数金属材料发生延性断裂，陶瓷则呈现典型的脆性断裂模式，而高分子材料则可能同时存在这两种断裂模式。

9.3 延性断裂

延性断裂面在宏观和微观上都呈现出显著特征。图9.1为两种典型断裂的宏观外观示意图。图9.1（a）所示的图形代表极软的金属，比如室温下的纯金和铅，以及高温下的其他金属、高分子和无机玻璃等。这些高延性材料的断裂面颈缩到一个点，断面收缩率达到100%。

延性金属最常见的断裂形式如图9.1（b）所示，断裂发生时只存在中等程度的颈缩。断裂过程通常分几个阶段（如图9.2所示），首先，颈缩开始后，在截面内部形成小的空洞，或称为微孔洞，如图9.2（b）所示。接着，随着变形的增加，微孔洞变大、聚集，最终合并成一个椭圆形的裂缝，其长轴垂直于应力方向。随着微孔洞合并过程的继续，该裂缝沿着平行于其主轴的方向生长［如图9.2（c）所示］。最后，裂纹沿着颈部外围快速扩展，造成断裂［如图9.2（d）所示］。断裂的外缘与拉伸轴向大约呈45°角的剪切变形方向发生，这个角度存在最大的剪切应力。具有这种表面特征的断裂，有时被称为杯锥状断裂（cup-and-cone fracture），因为两个吻合的断裂表面，一边呈杯状，而另一边呈锥状。这种断裂试样［如图9.3（a）所示］的断面中心区域具有不规则和纤维状的外观，这也是塑性变形的象征。

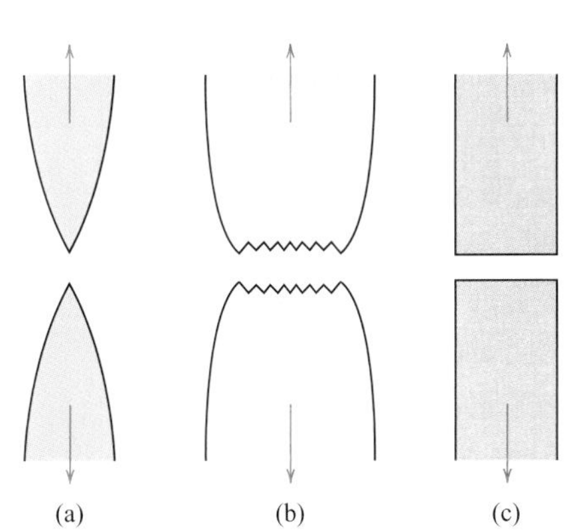

图9.1 （a）高延性断裂，试样颈缩至一点，（b）些许颈缩后的中等延性断裂，（c）没有发生任何塑性变形的脆性断裂。

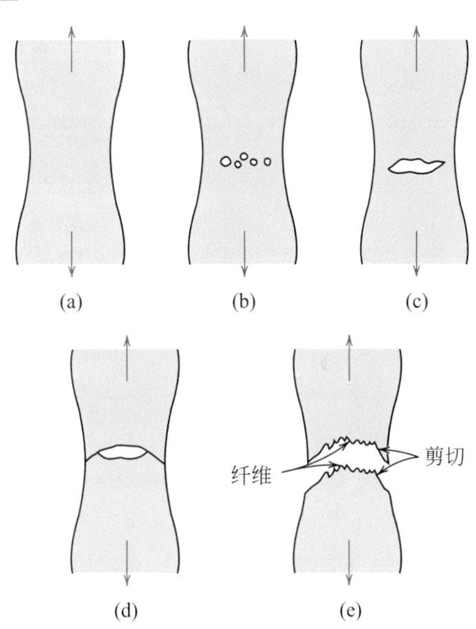

图9.2 杯锥状断裂的几个阶段。（a）最初颈缩，（b）微孔形成，（c）微孔合并成裂纹，（d）裂纹扩展，（e）最终剪切裂纹发生于与拉伸方向呈45°角的方向
（来源于K.M.Ralls，T.H.Courtney，and J.Wulff，*Introduction to Materials Science and Engineering*，p.468.Copyright © 1976 by John Wiley & Sons，New York.Reprinted by permission of John Wiley & Sons，Inc.）

(a) (b)

图9.3 （a）铝的杯锥状断裂，（b）中碳钢的脆性断裂

断口研究

断口分析：通过显微镜（通常是扫描电子显微镜）我们可以观察到关于断裂机理的详细信息，这类研究称为断口分析。在进行断口观察时，扫描电子显

微镜要优于光学显微镜，这是因为它具有较好的解析度和景深，而这些正是观察断口形状所必备的功能。

应用扫描电子显微镜以高倍率观察杯锥状断口的中心纤维状区时，可以发现它是由许多小的球形凹坑［如图9.4（a）所示］组成的，这样的组织是单轴拉伸失效的特征，每个凹坑都是半个微孔，这些微孔在断裂的过程中被分成两半。杯锥状断裂的45°角剪切唇处也存在凹坑，但是这些凹坑被拉长呈C形，如图9.4（b）所示，其抛物线的外形显示出这是剪应力导致断裂的结果。除此之外，还可能存在其他微观断面特征。如图9.4（a）和图9.4（b）所示，断口还有助于分析断裂的其他相关信息，如断裂模式、应力状态及裂纹起始位置等。

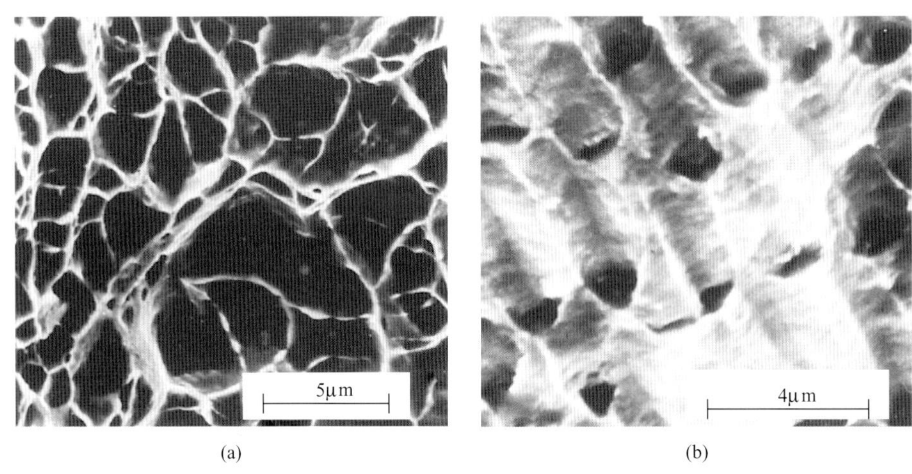

图9.4 （a）扫描电子显微镜显示断口的球状凹坑，这是延性材料在单轴拉伸后的特征（3300×）；（b）扫描电子显微镜显示断口的抛物线形凹坑，这是延性材料受到剪力的结果（5000×）；

（来源于R.W.Hertzberg，*Deformation and Fracture Mechanics of Engineering Materials*，3rd edition.Copyright © 1989 by John Wiley & Sons，New York.Reprinted by permission of John Wiley & Sons，Inc.）

9.4 脆性断裂

脆性断裂发生时裂纹扩展迅速，断裂前基本不发生塑性变形。裂纹的扩展方向与外加拉应力方向几乎垂直，得到相对平齐的断口，如图9.1（c）所示。

材料发生脆性断裂，其断口也存在明显特征，不会发生大量塑性变形。例如，有些钢材中，一系列V形的“人字纹”在断口中心附近形成，并指向裂纹起始的位置［如图9.5（a）所示］。其他脆性断口上，则存在由裂纹源辐射出来的扇形脊线［如图9.5（b）所示］。以上两种裂纹往往都粗大到足以用肉眼辨识，但是对于非常硬的和细晶的金属，断裂纹路就无从分辨。非晶质材料的脆性破坏，例如陶瓷玻璃，会产生相对光亮平滑的表面。

对多数脆性晶体材料而言，裂纹扩展相当于沿着特定晶面相继重复地破坏原子间结合键［如图9.6（a）所示］，这一过程称为解理，这种形式的断裂被称为穿晶断裂，因为裂纹穿过了晶粒内部。宏观上，断口可能存在晶粒状或小平面的组织［如图9.3（b）所示］，这是由于解理面从一个晶粒到另一个晶粒方向发生改变的结果。图9.6（b）是解理特征的高倍率扫描电子显微镜图片。

穿晶断裂

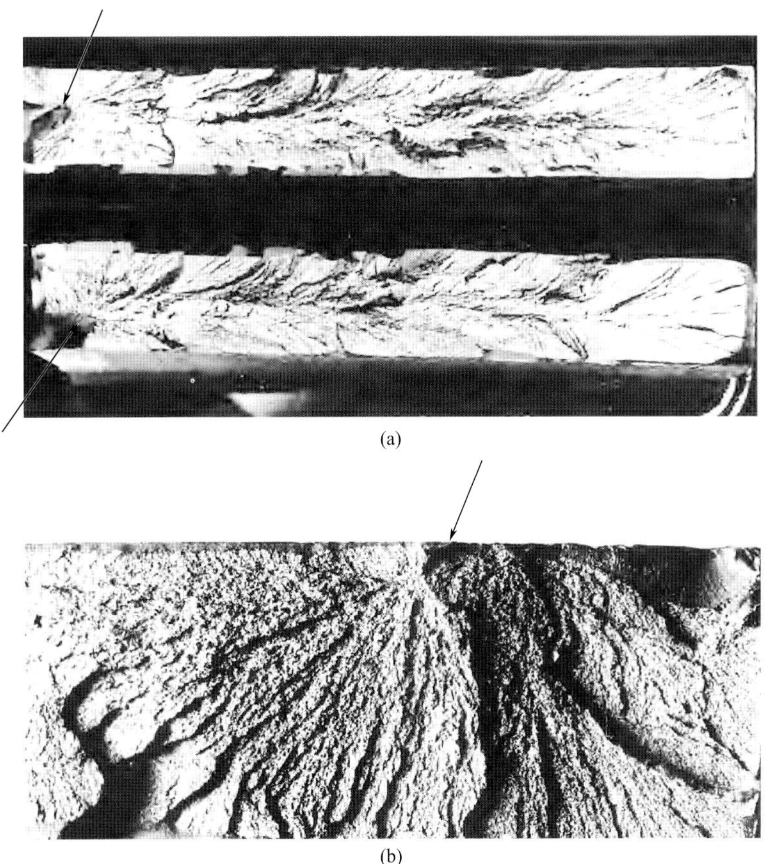

图9.5 （a）照片显示脆性断裂的V形的“人字纹”特征，箭头指示裂纹源，本图约为实际大小；（b）照片显示脆性断口的辐射扇形脊线，箭头指示裂纹源，约放大2倍

［（a）来源于R. W. Hertzberg，*Deformation and Fracture Mechanics of Engineering Materials*，3rd edition.Copyright © 1989 by John Wiley & Sons，New York.重印得到John Wiley & Sons，Inc. 许可图片由Roger Slutter，Lehigh University.提供（b）转载经过D.J.Wulpi同意，*Understanding How Components Fail*，American Society for Metals，Materials Park，OH，1985.］

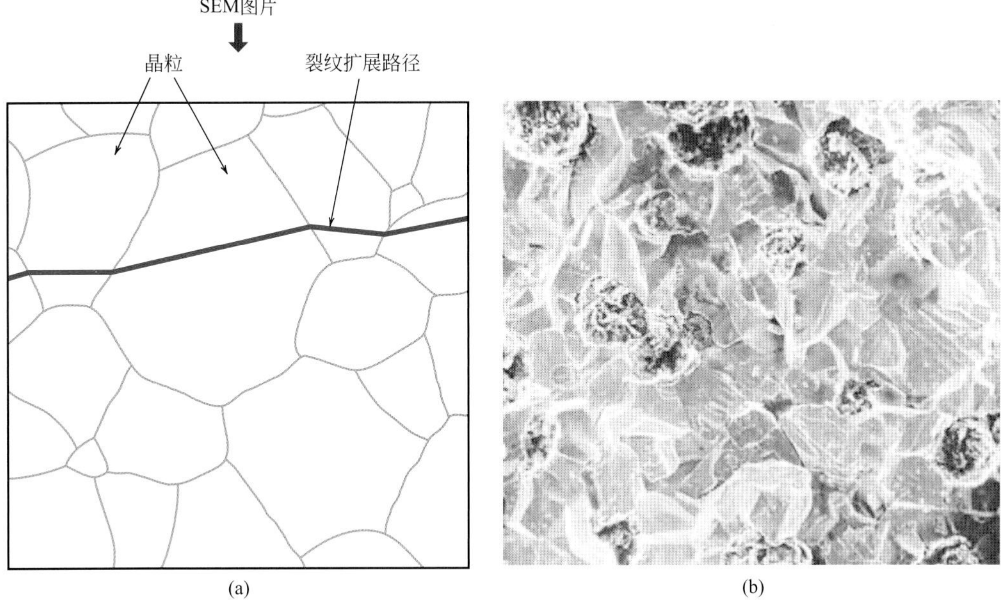

图9.6 （a）穿晶断裂时，裂纹沿晶粒内部扩展的剖面示意图，（b）韧性铸铁的穿晶断口的扫描电子显微镜图片。放大倍率不详[图片（b）来自V.J.Colangelo and F.A.Heiser，*Analysis of Metallurgical Failures*，2nd edition. Copyright © 1987 by John Wiley & Sons，New York. 重印得到John Wiley & Sons，Inc. 允许]

沿晶断裂

某些合金的裂纹沿晶界扩展［如图9.7（a）所示］，这种形式的断裂我们称之为沿晶断裂。图9.7（b）所示的扫描电子显微镜图片显示了典型的沿晶断裂，从图中可以看出晶粒的三维形貌。这种形式的断裂通常在被弱化或脆化了的晶界区域发生。

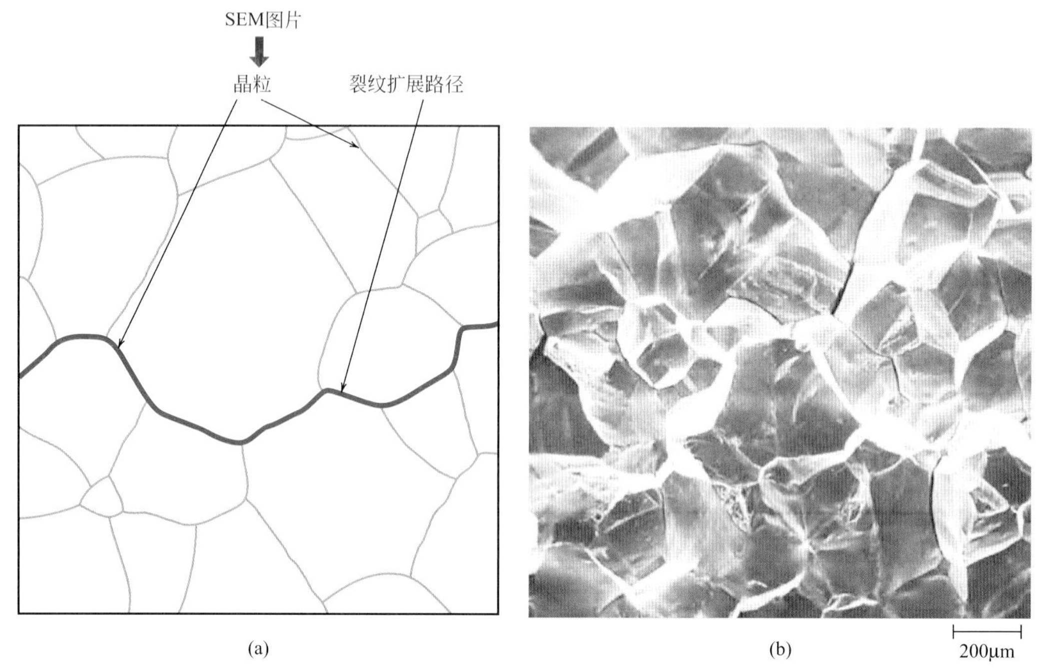

图9.7 （a）沿晶断裂时，裂纹沿晶界扩展的剖面示意图；（b）断口扫描电子显微镜图片显示沿晶断裂（50×）［图片（b）转载得到*ASM Handbook*允许，Vol.12，*Fractography*，ASM International，Materials Park，OH，1987.］

9.5 断裂力学原理[1]

断裂力学

如本章一开始的照片（油轮）所示，通常呈延性的材料却发生脆性断裂，这表明深入了解断裂机理是非常有必要的。通过过去几十年的广泛研究，已经引发了断裂力学（fracture mechanics）这个领域的进一步发展。这门学科对材料性质、应力水平、导致裂纹产生的缺陷的存在以及裂纹扩展机理等之间的关系予以量化，使得设计工程师能够更有效地预防并防止结构破坏。我们目前的讨论主要针对断裂力学的基本原理。

（1）应力集中

对于大多数材料，测量到的断裂强度都明显低于根据原子结合能计算得到的理论值，这是由于在通常情况下，材料表面或内部总是存在非常微小的瑕疵或裂缝，这些缺陷会使断裂强度变小，因为外加应力会在裂纹的尖端被放大或集中，应力放大的量取决于裂纹的方向和几何形状。这种现象如图9.8所示，图

[1] 有关断裂力学原理更为详细的讨论见机械工程在线模块M.4节。

中显示存在一内部裂纹的横截面的应力变化曲线，如曲线所示，局部应力随着与裂纹尖端距离的增大而减小，在距离裂纹尖端很远的地方，应力值就是公称应力σ_0，即载荷除以试样横截面积（横截面垂直载荷方向时）。由于这些缺陷具有在其所在之处放大应力的能力，因此有时会被称为**应力集中源**。

应力集中源

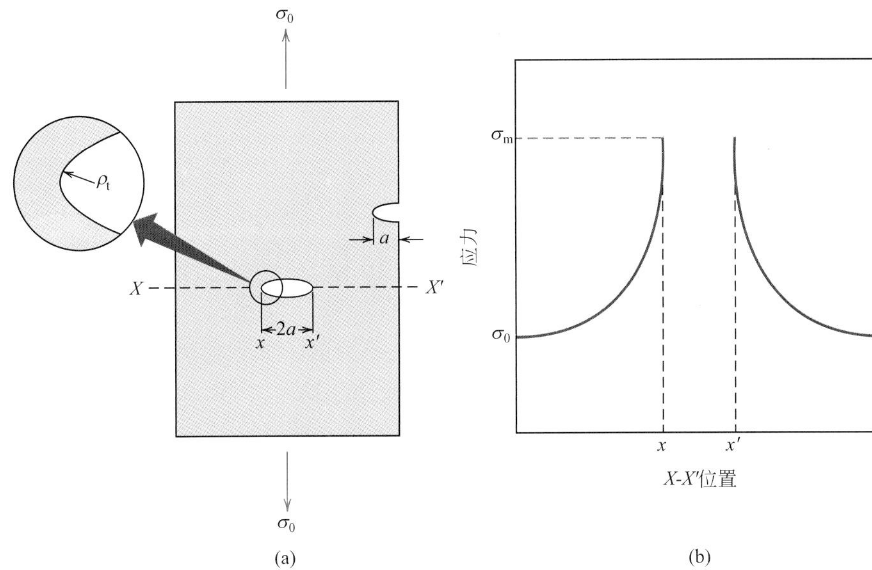

图9.8 （a）表面和内部裂纹的几何形状，（b）图示沿（a）中X-X'线的应力变化曲线，说明在裂纹尖端存在应力放大现象。

假设一条裂纹相当于贯穿大平板的一个椭圆形的洞且其垂直于外加应力的方向，则裂纹尖端的最大应力值（σ_m）约为：

拉伸载荷下，计算裂纹尖端的最大应力

$$\sigma_m = 2\sigma_0\left(\frac{a}{\rho_t}\right)^{1/2} \tag{9.1}$$

式中，σ_0为公称拉应力值；ρ_t为裂纹尖端的曲率半径［如图9.8（a）所示］；a表示表面裂纹的长度，或内部裂纹长度的一半。

对于较长且尖端曲率半径较小的微裂纹而言，$(a/\rho_t)^{1/2}$因子可能非常大，在这样的情况下，σ_m值就是σ_0值的几倍。

有时比值σ_m/σ_0被称为应力集中因子K_t：

$$K_t = \frac{\sigma_m}{\sigma_0} = 2\left(\frac{a}{\rho_t}\right)^{1/2} \tag{9.2}$$

应力集中因子表示外加应力在裂纹尖端被放大的程度。

其实应力的放大不仅限于这些微观缺陷处，它可能发生在肉眼可见的内部不连续处（例如孔洞或夹杂物）、尖角、划痕或大构件的切口处。

此外，应力集中源在脆性材料中的作用比在延性材料中显著。对延性材料而言，当最大应力超过屈服强度时就会发生塑性变形，这使应力集中源附近的应力分布较为均匀，因此，最大应力集中因子就比理论值低。在脆性材料的缺陷或不连续处，类似上述延性材料的屈服过程和应力再分布过程不会明显的发生，因此，基本上可以得到理论的应力集中值。

脆性材料裂纹扩展的临界应力σ_c，可应用断裂力学原理进行计算：

脆性材料裂纹扩展临界应力

$$\sigma_c = \left(\frac{2E\gamma_s}{\pi a}\right)^{1/2} \tag{9.3}$$

式中 E——弹性模量；

γ_s——比表面能；

a——内部裂纹长度的一半。

所有的脆性材料都含有许多不同尺寸、几何形状和方向的裂纹与缺陷，当其中一个缺陷尖端处的拉应力超过临界应力时，就形成一条裂纹，裂纹扩展直至破坏。极小的且几乎没有任何缺陷的金属及陶瓷晶须的断裂强度接近理论值。

例题 9.1

最大裂纹长度的计算

一个相当大的玻璃片承受40MPa的拉应力，若玻璃的比表面能和弹性模量分别为0.3 J/m^{2}和69GPa，试确定不发生断裂的表面裂纹的最大长度。

解：

解决这一问题必须利用式（9.3），整理该式使a成为因变量，且已知σ=40MPa，γ_s=0.3J/m^2，E=69GPa，可得：

$$\begin{aligned} a &= \frac{2E\gamma_s}{\pi\sigma^2} \\ &= \frac{(2)(69\times10^9\,\text{N/m}^2)(0.3\text{N/m})}{\pi(40\times10^6\,\text{N/m}^2)^2} \\ &= 8.2\times10^{-6}\,\text{m} = 0.0082\text{mm} \\ &= 8.2\mu\text{m} \end{aligned}$$

（2）断裂韧性

应用断裂力学原理还可以表示出裂纹扩展的临界应力σ_c与裂纹长度a的关系式：

断裂韧性-取决于裂纹扩展临界应力和裂纹长度

$$K_c = Y\sigma_c\sqrt{\pi a} \tag{9.4}$$

断裂韧度

式中，K_c为**断裂韧度**，表示当裂纹存在时，材料抵抗脆性断裂的能力。值得注意的是K_c的单位为MPa$\sqrt{\text{m}}$或psi$\sqrt{\text{in.}}$（或ksi$\sqrt{\text{in.}}$）。而Y是一个无单位参数或变量，其值取决于裂纹和试样的尺寸及几何形状以及加载方式。

对于裂纹远小于试样宽度的平面试样，参数Y的值大约等于1。例如，图9.9（a）中，一无限宽平板中有一贯通厚度方向的裂纹，Y=1.0；而图9.9（b）中，一个半无限宽平板中有一长度为a的裂纹，$Y\approx1.1$。针对几何形状不同的裂纹和试样，Y值存在不同的数学表达式，通常都十分复杂。

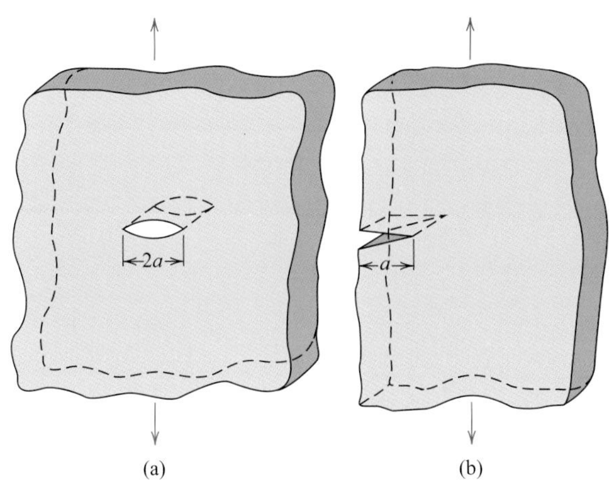

图9.9 (a)无限宽平板的内部裂纹；(b)半无限宽平板边缘上的一个裂纹

平面应变

平面应变断裂韧度

对于较薄的试样，K_c的值取决于试样的厚度，当试样厚度远大于裂纹的大小时，K_c的值就变得与厚度无关，这就是构成平面应变的条件。所谓平面应变的意义如图9.9（a）所示载荷作用于裂纹的情形，垂直于前后平面均无应变分量。这个厚试样条件下的K_c值，称为平面应变断裂韧度（plane strain fracture toughness）K_{Ic}，可定义为：

Ⅰ模式裂纹表面位移的平面应变断裂韧度

$$K_{Ic} = Y\sigma\sqrt{\pi a} \tag{9.5}$$

K_{Ic}是我们常用的一种断裂韧度。K_{Ic}下标中的Ⅰ（即，罗马数字“1”）表示平面应变断裂韧度的裂纹属于模式Ⅰ，如图9.10（a）所示[1]。

对于脆性材料，由于扩展中的裂纹前端不会发生塑性变形，其K_{Ic}值很小，因此容易发生突发性的失效，另一方面，延性材料的K_{Ic}值相对脆性材料大。断裂力学对于预测中等延性材料的失效特别有效。一些不同材料的平面应变断裂韧度值如表9.1（和图1.6）所示，更多的K_{Ic}值参见附录B中的表B.5。

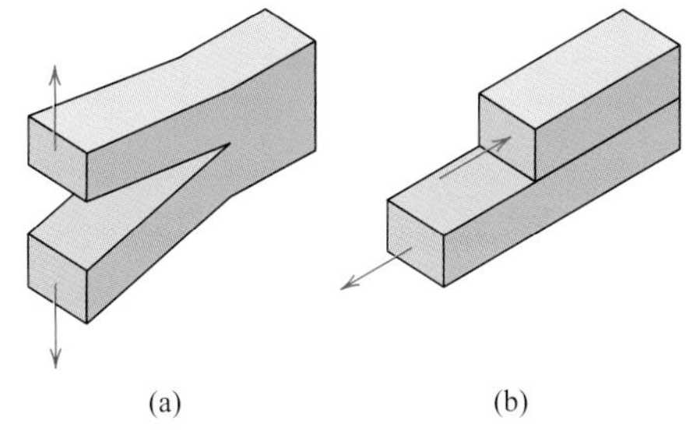

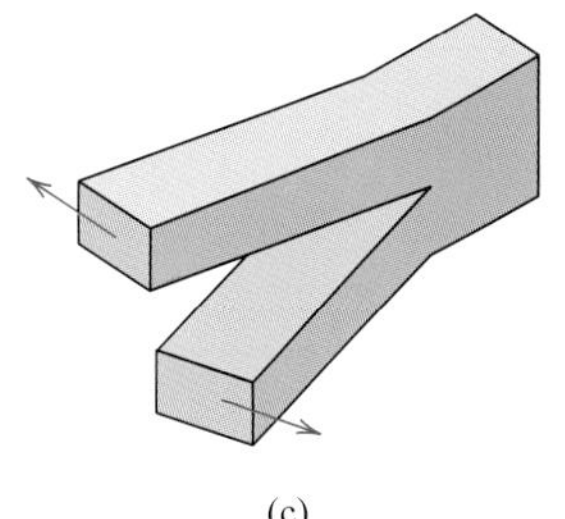

图9.10 裂纹表面位移的3种模式

（a）模式Ⅰ，张开型；（b）模式Ⅱ，滑开型；（c）模式Ⅲ，撕开型。

平面应变断裂韧度K_{Ic}是受诸多因素影响的材料基本性质之一，影响K_{Ic}的主要因素有温度、应变速率和显微组织等。K_{Ic}随着应变速率的增加和温度的降低而减小。此外，固溶、添加物弥散或是应变硬化在增加屈服强度的同时常会导致K_{Ic}减小。另外，当成分和其他显微组织保持不变时，K_{Ic}通常随着晶粒尺寸的减小而增大。表9.1列出了一些材料的屈服强度。

可以通过几种不同的测试方法测量K_{Ic}（见9.8节）。只要符合Ⅰ型裂纹位移，

---

[1] 另外两种可能的裂纹位移模式为模式Ⅱ和模式Ⅲ，分别如图9.10（b）和图9.10（c）所示。模式Ⅰ仍是最常见的断裂模式。

不受试样尺寸和形状限制，这几种测试方法均可采用，而且只要将合适的参数Y代入式（9.5）中，就可以得到准确的K_{Ic}值。

表9.1　一些工程材料在室温下的屈服强度和平面应变断裂韧度数据

材料	屈服强度		K_{Ic}	
	/MPa	/ksi	/$MPa\sqrt{m}$	/$ksi\sqrt{in}$
金属				
铝合金[①]（7075-T651）	495	72	24.0	22.0
铝合金[①]（2024-T3）	345	50	44.0	40.0
钛合金[①]（Ti-6Al-4V）	910	132	55.0	50.0
合金钢[①]（4340回火260℃）	1640	238	50.0	45.8
合金钢[①]（4340回火425℃）	1420	206	87.4	80.0
陶瓷				
混凝土	—	—	0.2 ～ 1.4	0.18 ～ 1.27
钠钙玻璃	—	—	0.7 ～ 0.8	0.64 ～ 0.73
氧化铝	—	—	2.7 ～ 5.0	2.5 ～ 4.6
聚合物				
聚苯乙烯（PS）	25.0 ～ 69.0	3.63 ～ 10.0	0.7 ～ 1.1	0.64 ～ 1.0
聚甲基丙烯酸甲酯（PMMA）	53.8 ～ 73.1	7.8 ～ 10.6	0.7 ～ 1.6	0.64 ～ 1.5
聚碳酸酯（PC）	62.1	9.0	2.2	2.0

① 资料来源：重印得到允许*Advanced Materials and Processes*，ASM International，© 1990.

（3）利用断裂力学进行设计

根据式（9.4）和式（9.5），对于某些结构件发生断裂的可能性，有3个变量必须加以考虑，即断裂韧度K_c或平面应变断裂韧度K_{Ic}，外加应力σ和缺陷尺寸a，当然，首先必须假设Y值已知。当设计一个零件时，最重要的是判断这些变量中哪些受到应用方面的限制，哪些受到设计的支配。例如，材料的选用（K_c或K_{Ic}）经常受到密度（轻量级应用）或环境的腐蚀特征所支配。或者，可容许的缺陷尺寸由目前所掌握的缺陷侦测技术测量或确定。要注意的是，一旦上述变量中的任意两个已知，即可求出第三个［式（9.4）和式（9.5）］。例如，假设在应用上限制了K_{Ic}和a的大小，则设计（或称临界）应力σ_c必须为：

设计应力的计算

$$\sigma_c = \frac{K_{Ic}}{Y\sqrt{\pi a}} \tag{9.6}$$

另一方面，如果设计条件限定了应力和平面应变断裂韧度的大小，则最大容许裂纹长度a_c为：

最大容许裂纹长度的计算

$$a_c = \frac{1}{\pi}\left(\frac{K_{Ic}}{\sigma Y}\right)^2 \tag{9.7}$$

目前已经发展出许多无损检测（NDT）方法以检测并度量材料内部或表面

的缺陷[1]。这些方法用来检查服役中的结构件是否存在可能导致早期失效的缺陷或裂纹。此外，NDTs也用于生产过程中的质量控制。顾名思义，这些方法在检测时不会对材料或结构造成破坏。另外，有些检测必须在实验室进行，有些则可以在现场实施。表9.2列出了一些常见的NDT方法及特性[2]。

NDT的一个重要应用实例是用于检测偏远地区（如阿拉斯加）输油管壁上的裂纹及渗漏，超声波分析结合“自动分析仪”，可在输油管中相当长的距离范围内进行检测。

表9.2 常用的无损检测（NDT）方法

方法	缺陷位置	缺陷大小敏感度/mm	实验地点
扫描电子显微镜（SEM）	表面	>0.001	实验室
燃料渗透	表面	0.025 ～ 0.25	实验室/现场
超声波	次表面	>0.050	实验室/现场
光学显微镜	表面	0.1 ～ 0.5	实验室
目视	表面	>0.1	实验室/现场
声波放射	表面/次表面	>0.1	实验室/现场
放射线（X射线/伽马射线）	次表面	>试样厚度的2%	实验室/现场

设计例题9.1

球形压力槽的材料规格

设计一个可以应用于压力容器的薄壁球形槽，其半径为r，厚度为t（如图9.11所示）。

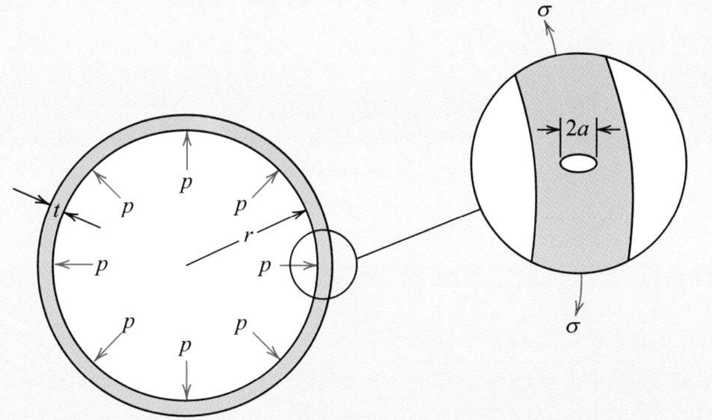

图9.11 一个球形横截面的示意图

球形槽承受p的内压力，并且在其壁上有长度为$2a$的一条径向裂纹。

（a）设计要求圆槽在破坏之前槽壁材料先产生屈服，这里所谓的破坏是由于裂纹达到临界大小后的快速扩展。因此，槽壁会发生塑性扭曲，并在发生失效之前释放槽内的压力。因此，我们要求选用的材料有较大的临界裂纹长度。基于这些原则，请对附录B中表B.5的金属合金的临界裂纹大小，由最长至最短加以排序。

（b）另一种常用于压力槽的设计方式被称为先泄漏后破坏（leak-before-

[1] 有时也称为无损探伤（NDE）或无损检查（NDI）。

[2] 机械工程在线模块M.5节讨论了NDTs如何应用于缺陷和裂纹的检测。

break），这种设计是利用断裂力学原理，使裂纹在快速扩展之前已经穿透槽壁（如图9.11所示），也就是说裂纹会在突发性失效发生之前穿透槽壁，我们就可以通过检测加压流体的泄漏来检测裂纹位置。应用这个方法，可以取临界裂纹长度a_c（即内部裂纹长度的一半）为压力槽厚度t。取$a_c=t$而非$a_c=t/2$的原因，就是要保证在槽内危险高压增加之前，里面的液体会先泄露出来。请利用这个准则，对附录B中表B.5的金属合金所能许用的最大压力加以排序。

对于这个球形压力槽，其周围槽壁的应力σ是槽内压力p、半径r以及壁厚t的函数：

$$\sigma = \frac{pr}{2t} \tag{9.8}$$

假设（a）和（b）皆为平面应变的条件。

解：

（a）第一种设计的原则是要求周围槽壁的应力小于材料的屈服强度，在式（9.5）中以σ_y代替σ，同时代入安全系数N，得到：

$$K_{Ic} = Y\left(\frac{\sigma_y}{N}\right)\sqrt{\pi a_c} \tag{9.9}$$

式中，a_c为临界裂纹长度。求解a_c得到：

$$a_c = \frac{N^2}{Y^2\pi}\left(\frac{K_{Ic}}{\sigma_y}\right)^2 \tag{9.10}$$

因此，临界裂纹长度与（K_{Ic}/σ_y）的平方成正比，据此可以将表B.5中的金属合金予以排序，其结果如表9.3，从表中可以看出中碳（1040）钢因其比值最大，具有最长的临界裂纹长度，基于屈服设计准则，中碳钢是最符合要求的材料。

（b）如上所述，符合先泄露后破坏的原则，就是当内部裂纹长度的一半等于压力槽的厚度时，即$a=t$，将其代入式（9.5）可得：

表9.3 根据临界裂纹长度（屈服原则），用于薄壁球形压力槽的几种金属的排序

材料	$\left(\frac{K_{Ic}}{\sigma_y}\right)^2$/mm
中碳（1040）钢	43.1
AZ31B镁合金	19.6
2024铝合金（T3）	16.3
Ti-5Al-2.5Sn钛合金	6.6
4140钢（于482℃回火）	5.3
4340钢（于425℃回火）	3.8
Ti-6Al-4V钛合金	3.7
17-7PH钢	3.4
7075铝合金（T651）	2.4
4140钢（于370℃回火）	1.6
4340钢（于260℃回火）	0.93

$$K_{Ic}=Y\sigma\sqrt{\pi t} \tag{9.11}$$

同时，根据式（9.8），有：

$$t=\frac{pr}{2\sigma} \tag{9.12}$$

以屈服强度取代应力，因为槽的设计要求必须能承受压力且不发生屈服。进一步将式（9.12）代入式（9.11），整理后得到式（9.13）：

$$p=\frac{2}{Y^2\pi r}\left(\frac{K_{Ic}^2}{\sigma_y}\right) \tag{9.13}$$

因此，对于某一半径为r的球形槽，符合先泄漏后破坏原则的最大许用压力与K_{Ic}^2/σ_y成正比，表9.4所示的是相同的材料根据这一比值的排序，其中中碳钢可以承受最大压力。

表9.4所示的11种金属合金中，无论是根据屈服或是先泄漏后破坏原则，中碳钢都是排名第一。基于以上原因，在不考虑极端温度和腐蚀的情况下，许多压力槽都是用中碳钢建造的。

表9.4 根据最大许用压力（先泄漏后破坏原则），用于薄壁球形压力槽的几种金属的排序

材料	$\frac{K_{Ic}^2}{\sigma_y}$/MPa · m
中碳（1040）钢	11.2
4140钢（于482℃回火）	6.1
Ti-5Al-2.5Sn钛合金	5.8
2024铝合金（T3）	5.6
4340钢（于425℃回火）	5.4
17-7PH钢	4.4
AZ31B镁合金	3.9
Ti-6Al-4V钛合金	3.3
4140钢（于370℃回火）	2.4
4340钢（于260℃回火）	1.5
7075铝合金（T651）	1.2

9.6 陶瓷的脆性断裂

在室温下，结晶和非结晶陶瓷在受到拉伸载荷时，断裂几乎都发生在其塑性变形之前。此外，本章前面阐述的脆性断裂力学和断裂力学原理仍然适用于这些材料。

值得注意的是，脆性材料的应力集中源可能是表面或内部极小的裂纹（微裂纹）、内部细孔及晶粒隅角等，这些缺陷实际上不可能被完全除去或加以控

制。例如，刚拉制出的玻璃纤维，就可能因为空气中的水汽或污染物而产生表面裂纹，这些裂纹对强度有不良的影响。此外，陶瓷材料的平面应力断裂韧度值比金属低，一般都在10 $MPa\sqrt{m}$（9ksi · $\sqrt{in.}$）以下，一些陶瓷材料的K_{Ic}值见表9.1和附录B的表B.5。

在某些环境下，当应力实际上是静态的，且式（9.5）中右半边的值小于K_{Ic}时，陶瓷材料的断裂是由于裂纹的缓慢扩展而发生的，这种现象被称为静态疲劳或是延迟断裂。其实这里的“疲劳”一词存在会对人们产生误导，因为这里所讲的断裂不是经历循环应力后发生的（金属的疲劳将在稍后进行讨论）。这种类型的断裂，对环境条件特别敏感，尤其是在大气中含有水分时。就机制来说，裂纹尖端很有可能发生应力-腐蚀过程，也就是在应力和湿气的共同作用下，材料的离子键会发生断裂，导致裂纹变尖变长，直至达到式（9.3）中足以进行快速扩展的裂纹大小。此外，应力的增大，材料可以使用的时间就越短，因此，当提及静力疲劳强度时，应力施加的时间也应规定清楚。硅酸盐玻璃特别容易以这种形式断裂，其他陶瓷材料中也观察到了这类断裂，这些陶瓷材料包括：瓷器、波特兰水泥、高氧化铝陶瓷、钛酸钡和氮化硅等。

同一种脆性陶瓷材料做得的不同试样所测得的断裂强度值常常存在相当大的变化和分数，氮化矽的断裂强度值分布如图9.12。这种现象可以解释为：足以产生裂纹的缺陷，其存在概率会影响断裂强度的大小，此机率对同一材料随着试样的不同而有所改变，因为它受到制造方法和后续处理的影响。试样大小或体积也会影响断裂强度，越大的试样存在缺陷的机率越高，其断裂强度越低。

对于压应力而言，没有因为缺陷造成的应力放大现象，因此，脆性陶瓷的抗压强度比抗拉强度高得多（相差10倍的等级），常被用来承受压载荷。而且，脆性陶瓷的断裂强度也可以通过在表面施加残余压应力而得到大幅提升，达成方法之一是通过热回火。

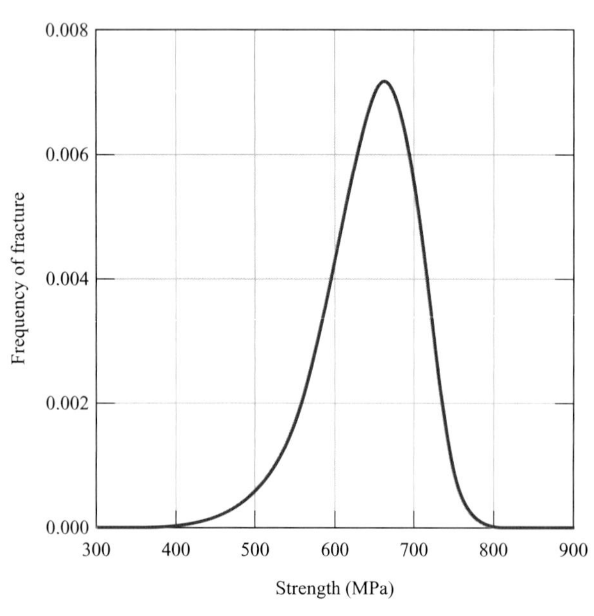

图9.12　氮化硅断裂强度的分布频率

有些配合实验数据的统计理论已经发展起来，以判断某一材料发生断裂的风险，这些讨论超出我们目前阐述的范围。然而，因脆性陶瓷的断裂强度值相当分散，7.19节和7.20节所讨论的平均值及安全系数在设计上并不适用。

（1）陶瓷断口

我们经常需要知道造成陶瓷断裂的原因，以便采取，断裂分析通常集中于缺陷裂纹起始的位置、形式和起源的判断。9.3节中的断口分析就是这种分析的一部分，此分析包括检视裂纹扩展路径以及断口的显微特征。进行这一类的检视往往不需使用昂贵的设备，例如，一支放大镜或者一台配备光源的低倍率体式双眼光学显微镜即可。如果需要更高的倍率时，就要借助扫描电子显微镜。

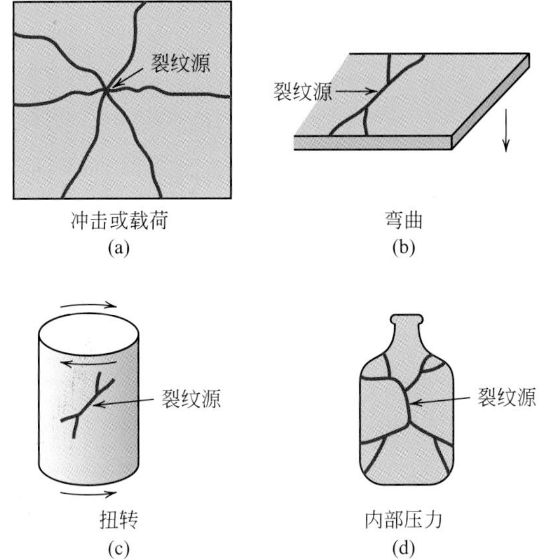

图9.13 脆性陶瓷材料裂纹的源点和不同载荷造成的裂纹形态

（a）冲击载荷（点接触），（b）弯曲，（c）扭转载荷，（d）内部压力（来源于D.W.Richerson，*Modern Ceramic Engineering*，2nd edition，Marcel Dekker，Inc.，New York，1992.Reprinted from *Modern Ceramic Engineering*，2nd edition，p.681，by courtesy of Marcel Dekker，Inc.）

当一条裂纹形成之后，它的扩展会一直加速至一临界（或最终）速度为止，对玻璃而言，这速度大约是音速的一倍。在达到临界速度的过程中，一条裂纹可能产生分支或分叉，这样的过程可以一再地重复，直到形成一系列的裂纹为止。4种常见载荷造成的典型裂纹形态如图9.13。裂纹形成的源点常可以被追溯到一组裂纹汇集或聚集在一起的交点上。此外，随着应力水平的增加，裂纹扩展的加速率也会增大，相应的随着应力的增大，分叉的程度也会增加。例如，从经验上我们知道当一个大石头撞击（往往会撞破）一片窗户时，所产生的裂纹分支会比小石头撞击的多（即会有更多更小的裂纹或更多的碎片形成）。

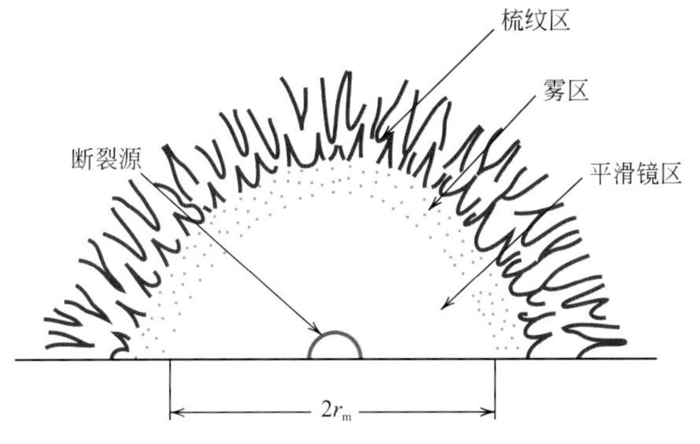

图9.14 典型的脆性陶瓷断口特征（改编自J.J.Mecholsky，R.W.Rice，and S.W.Freiman，"Prediction of Fracture Energy and Flaw Size in Glasses from Meaerrememts of Mirror size，" J.Am. Ceram.Soc.，57[10]440（1974），重印得到The American Ceramic Society允许，www.ceramics.org.Copyright 1974.All rights reserved.）

裂纹在扩展的过程中，会与材料的显微组织、应力以及生成的弹性波产生交互作用；这些交互作用造成了断口的不同特征。进而提供了裂纹从哪里开始还有产生裂纹的缺陷根源等重要信息，除此之外，对造成断裂的应力进行测量也是很有用的，应力的大小可以告诉我们，断裂原因究竟是陶瓷本身太弱，还是应力超过了原来的预设值。

常见的一些断裂陶瓷的断口微观特征如图9.14。图9.15是显微照片。裂纹扩展的最初加速阶段，其裂隙表面十分平滑，称之为镜区（图9.14），对玻璃的断裂而言，镜区非常平而且高度反光；另一方面，多晶陶瓷的镜区平面则较为粗糙而且有晶粒组织。镜区的外缘以裂纹源点为中心，大致呈圆形。

当裂纹达到临界速度时就会开始分叉，也就是裂纹表面改变扩展的方向，从显微镜看，裂纹表面会变得非常粗糙，而形成另两种表面特征——雾区和梳纹区，这些区域也标示于图9.14和图9.15。雾区是位于镜区外围的一模糊环形区域，此区包含一系列由裂纹源点沿裂纹扩展方向向外辐射出的纹路或是线条，同时，这些条纹或线条相交于裂纹起点附近，也可借此指出裂纹的源点。

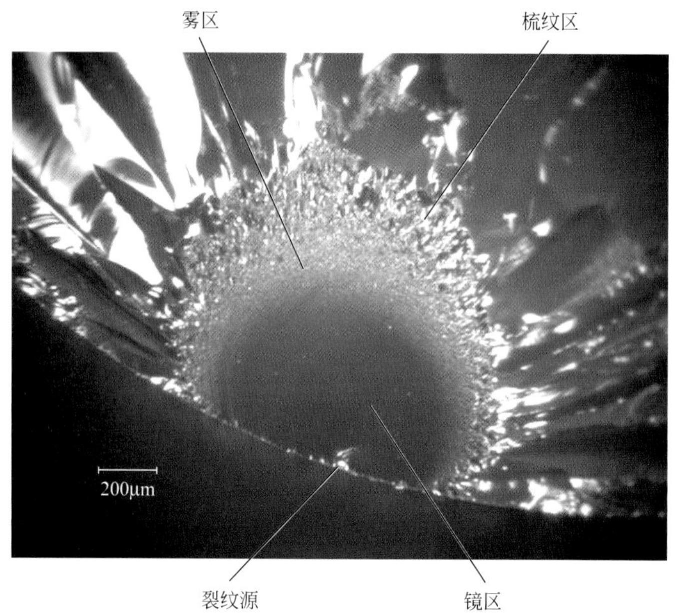

图9.15　一支直径6mm熔融硅石杆，经历四点弯曲断裂后，其断口的显微组织照片，这种断裂的典型特征已经被标示出来，包括源点、镜区、雾区和梳纹区（60×）（承蒙George Quinn提供照片，National Institute of Standards and Technology，Gaithersburg，MD.）

测量镜区半径（图9.14中的r_m）可以获得造成断裂应力大小的定性数据，镜区半径是某一新形成裂纹加速率的函数，也就是说，加速率越大，裂纹越快达到它的临界速度，也就有越小的镜区半径。同时，加速率也随着应力的增加而增大。因此，随着断裂应力增大，镜区半径就会减小，实验分析可得：

$$\sigma_{\mathrm{f}} \propto \frac{1}{r_{\mathrm{m}}^{0.5}} \tag{9.14}$$

式中，σ_f是断裂发生时的应力水平。

在断裂发生时也会产生弹性（声）波，这些波的轨迹与裂纹扩展端的交叉点可形成另一典型特征：瓦纳线。弧形的瓦纳线可提供应力分布和裂纹扩展等相关信息。

9.7　高分子的断裂

高分子的断裂强度比金属或陶瓷低。一般来讲，热固性高分子（高度交联网络）的断裂模式是属于脆性的。简单来说，在断裂过程中，裂纹在局部应力集中区（即刮痕、刻痕和尖锐的缺陷）处形成。同金属一样（9.5节），应力在裂纹的尖端处被放大，导致裂纹的扩展和断裂。网状或交联结构的共价键在断裂过程中发生严重破坏。

至于热塑性高分子，延性和脆性两种断裂模式都有可能发生，而且有许多材料可以经历延性到脆性的转换。利于脆性断裂的因素有温度的降低、应变速率的增加、尖锐刻痕的存在、试样厚度的增加以及任何可以提升玻璃转换温度（T_g）的高分子结构改质方法（参见11.17节）等。玻璃状热塑性体在相对低的温度下很脆，但随着温度上升至材料相应的T_g附近时，就变得有延性，并在断裂发生前产生塑性屈服。这种性质可以用图7.24聚甲基丙烯酸甲酯（PMMA）的应力-应变特性来说明，在4℃时，PMMA是完全脆性的，到了60℃，它就变得极具延性。

玻璃状热塑性高分子材料在断裂前常发生龟裂现象，伴随龟裂的是非常局部的屈服，导致相互连续的微孔洞的形成［图9.16（a）］。随着分子链变得有方向性［图8.28（d）］，在这些微孔洞之间会形成纤维状桥。如果施加的拉应力够大的话，这些桥就会伸长并且断裂，使得微孔洞长大并结合；随着微孔洞的结合，裂纹形成，如图9.16（b）。龟裂与裂纹的不同之处，在于它能承受横穿其表面的载荷，而且断裂发生前的龟裂可以有效地吸收断裂能量，以提升高分子材料的断裂韧性。玻璃状高分子材料的裂纹扩展仅伴随着极少龟裂的形成，因此断裂韧性较低。龟裂常形成于有刮痕、瑕疵和分子不均质的高应力区，而且它们沿着与施加拉伸应力垂直的方向扩展，厚度通常小于5μm，图9.17为龟裂的显微图片。

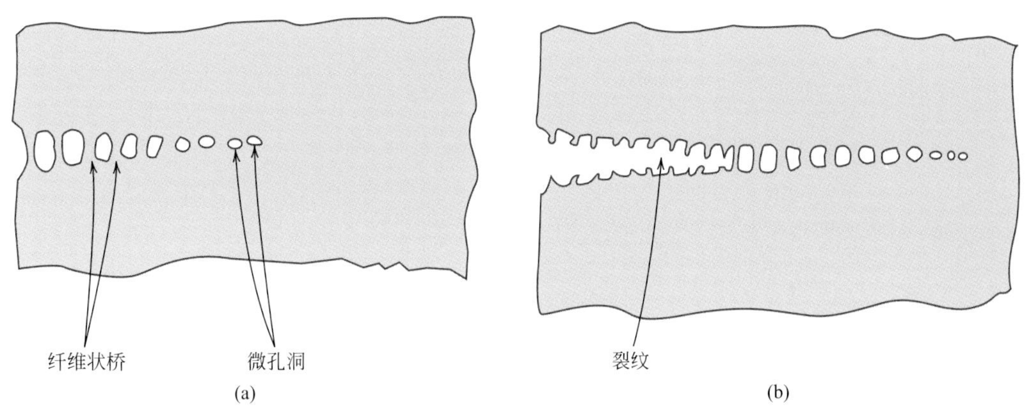

图9.16 （a）龟裂下的微孔洞和纤维状桥，和（b）龟裂后产生裂纹的示意图

（来源于J.W.S.Hearle，Polymers and Their Properties，Vol.1，Fundamentals of Structure and Mechanics，Ellis Horwood，Ltd.，Chichester，West Sussex，England，1982.）

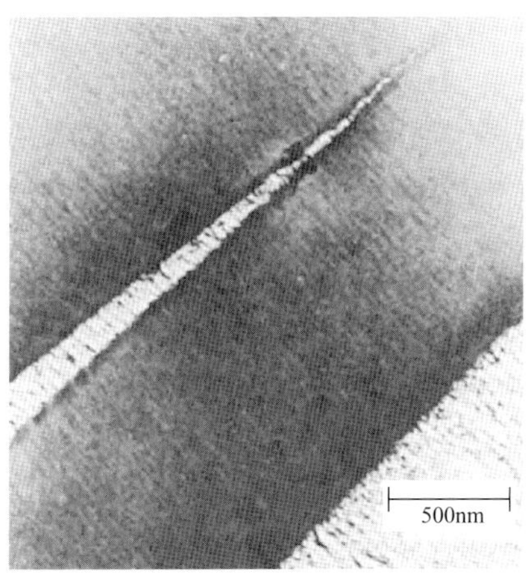

图9.17 聚氧化二甲苯的龟裂显微图片（32000×）

（来源于R.P.Kambour and R.E.Robertson，"The Mechanical Properties of Plastics，" in Polymer Science，A Materials Science Handbook，A.D.Jenkins，Editor.重印得到Elsevier Science Publishers允许）

9.5节阐述的断裂力学理论也适用于脆性或准脆性高分子。当裂纹存在时，这些材料对断裂的敏感性可通过平面应变断裂韧度来表示。K_{IC}的大小取决于高分子材料的特性（即分子量、结晶度百分比等）、温度、应变速率和外在环境等。一些高分子材料的K_{IC}值见表9.1和附录B的表B.5。

9.8 断裂韧性测试

人们设计一系列不同的测量结构件断裂韧度值的标准测试方法[1]。在美国这些标准测试方法由美国ASTM开发。大部分试验的过程以及试样的几何参数相对复杂，在此就不赘述了。简要地说，对于每一种测试方法，试样（具有特定的几何形状及尺寸）都会包含一个预置的缺陷，这个缺陷通常是一个尖裂纹。测试装置以额定速率对试样进行加载，同时测量载荷值及裂纹扩展值，这些数据用于分析确定它们是否达到了已建立的标准以确认断裂韧度值是否可靠。目前大部分测试是针对金属进行的，但是也发展出了一些针对陶瓷、聚合物和复合材料的测试方法。

（1）冲击测试

在断裂力学成为一门学科之前，人们已经建立了冲击测试的方法用以了解材料在高速冲击状态下的断裂特征。我们知道实验室得到的拉伸测试结果（在低加载速率下）不能推断出断裂行为，例如，在某些环境下，平常具有韧性的金属会在高加载速率下几乎不发生塑性变形而突然发生断裂。因此，冲击测试所选择的条件常为可能发生断裂的最严重的状况，即①在相对低温下变形，②高应变速率（即变形速率），和③三轴应力状态（可通过切口的存在引入）。

夏比、悬臂冲击试验
冲击能

两种标准测试法[2]。夏比和悬臂冲击试验，至今仍被用来测量冲击能（有时也被称为缺口韧性）。夏比V形压痕测试法（CVN）在美国应用最为广泛。对于夏比和悬臂冲击测试，试样形状都是具有正方形截面的短棒，并且加工出V形切口［如图9.18（a）所示］。进行V形切口冲击测试的装置，如图9.18（b）所示，其载荷来自负重摆锤翘起至固定高度h后放下的冲击，如图所示，试样置于下方，当摆锤释放下来时，摆锤上的刀口冲击试样，并在试样的切口处破坏试样，切口的作用就是作为在高速冲击下的应力集中点。摆锤继续摆至上升的最大高度h'，h'的高度比h低，由h'和h的差所计算出的能量吸收值就是冲击能。夏比和悬臂冲击测试的最大差别在于试样的支撑方法不同，如图9.18（b）所示。此外，它们之所以被称为冲击试验是为了强调其载荷加载的方式。影响试验结果的变量包括试样尺寸和形状以及切口的形状和深度。

平面应变断裂韧度和以上这些冲击试验判定了材料的断裂性质。前者在本质上是定量的，可判定材料的特定性质（即K_{Ic}）。而另外，冲击测试的结果相对定性，因此不能作为设计的依据。冲击能主要用于材料的比较和选择，其绝

---

[1] 例如:ASTM Standard E 399，"Standard Test Method for Linear-Elastic Plane-Strain Fracture Toughness of Metallic Materials."（这种测试技术详见机械工程在线支持模块M.6节。）两种其他的断裂韧性测试技术是ASTM Standard E 561-05E1，"Standard Test Method for K-R Curve Determination，" 和ASTM Standard E 1290-08，"Standard Test Method for Crack-Tip Opening Displacement（CTOD）Fracture Toughness Measurement."

[2] ASTM Standard E 23，"Standard Test Methods for Notched Bar Impact Testing of Metallic Materials."。

对数值没有什么实际意义。曾有人试图确定平面应变断裂韧度和CVN能的联系，但成果有限。平面应变断裂测试比冲击测试难于操作，而且设备和试样都更为昂贵。

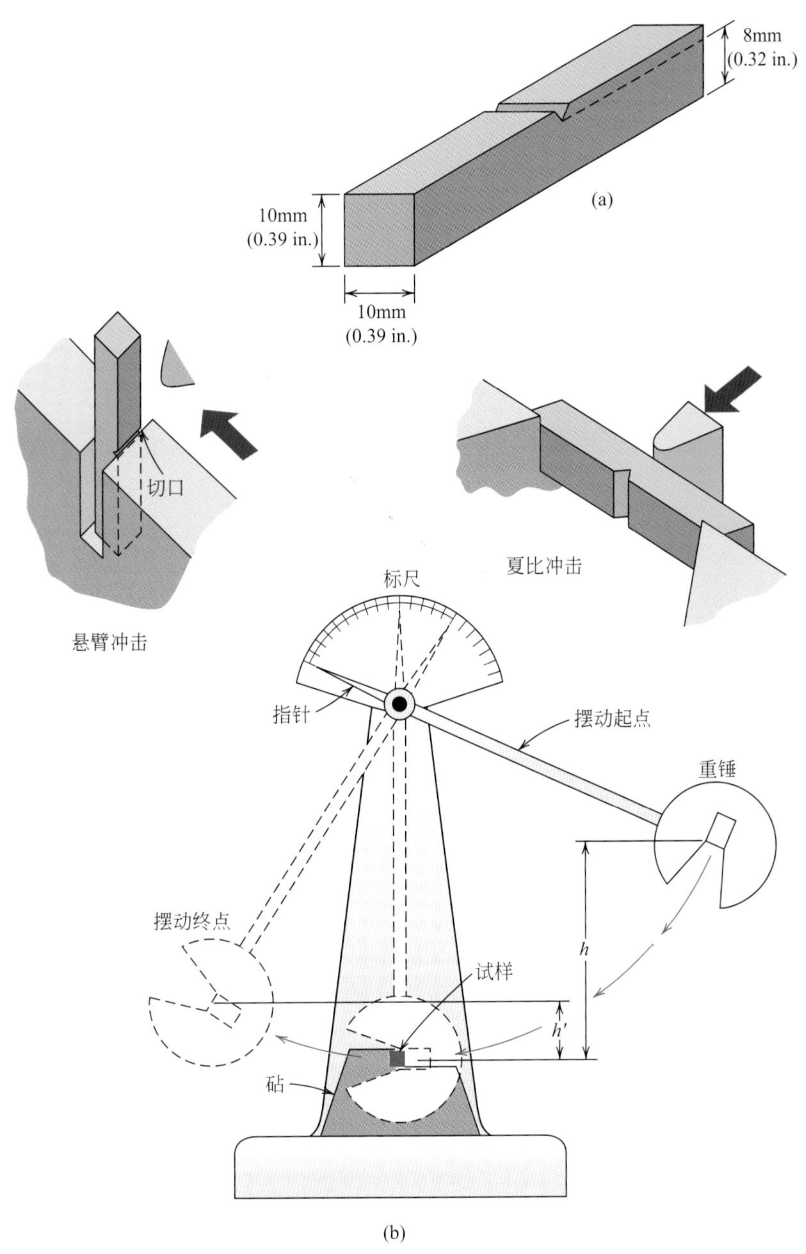

图9.18 （a）夏比和悬臂冲击试验的试样，（b）冲击试验的设备示意图

重锤由固定高度h放下并冲击试样，破坏所消耗的能量反映为h和h'的高度差。该图也显示了夏比和悬臂冲击试验的试样放置方式[图（b）改编自H.W.Hayden，W.G.Moffatt，and J.Wulff，*The Structure and Properties of Materials*，Vol.III，*Mechanical Behavior*，p.13.Copyright © 1965 by John Wiley & Sons，New York.重印得到John Wiley & Sons，Inc.允许]

(2)韧脆转变

韧脆性转变

夏比和悬臂冲击试验的主要作用之一，是判断材料随着温度降低的过程是否经历韧脆性转变以及发生转变的温度范围。值得注意的是，本章开篇的油轮断裂图片中，应用广泛的钢存在的韧脆转变造成了灾难性的后果。韧性至脆性转变与受温度影响的冲击能吸收值有关。某钢的转变情形如图9.19中的*A*曲线所示。在高温时，CVN能量较大，其断裂属于韧性断裂模式；当温度下降时，冲击能在狭窄的温度范围内陡降，直到降至一个较低的值并趋于稳定，显示脆性断裂模式。

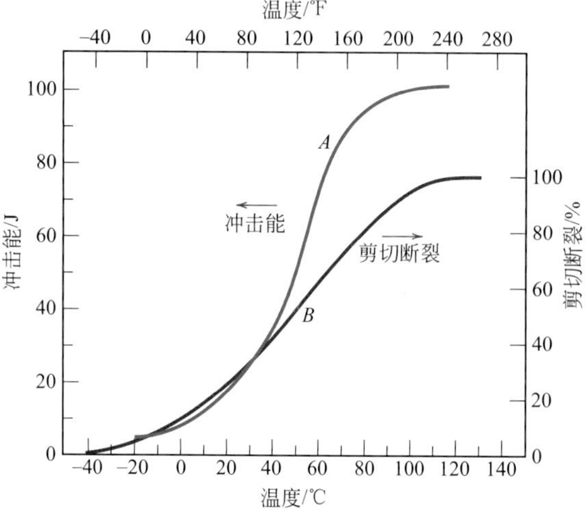

图9.19 受温度影响的A283钢夏比V形切口冲击能（曲线*A*）及剪切断裂百分比（曲线*B*）（重印自*Welding Journal*. 得到of the American Welding Society. 允许）

另一个方法是由断口的外观判断断裂的模式，并依此推断转变温度。韧性断裂的断口呈现纤维状或灰暗无光泽（或呈现剪切特征），如图9.20所示的于79℃进行测试的钢试样；相反的，完全的脆性断口呈现晶粒状（闪亮的）组织（或呈现解理特征）(–59℃进行测试的试样，如图9.20所示)。在韧性至脆性转变的过程中，两种特征并存（如图9.20中在–12℃、4℃、16℃、24℃下进行测试的试样所示)。剪切断裂百分比常绘制成与温度的关系曲线，如图9.19曲线*B*所示。

对于许多合金而言，其韧脆转变在一定温度范围内发生（如图9.19所示)，因此，很难确定具体的韧性至脆性转变温度点。由于没有明确的标准，因此一般都将转变温度定义为某一CVN能量值（例如，20 J）对应的温度，或依据断口外观定义（例如，50%的纤维状组织)。而根据以上这些标准会得到不同的转变温度，因此问题变得更为复杂。或许最为可靠的转变温度就是当断口变成100%纤维状时，据此图9.19中合金钢的转变温度约为110℃（230 ℉)。

具有韧脆转变行为的合金应用于结构件时，只能在转变温度以上使用，以避免其脆性断裂及灾难性的失效。这种失效的典型例子发生在第二次世界大战，许多焊接的运输船在停运期间，突然意外地裂成两半。这些船是以合金钢打造的，室温下拉伸试验的结果显示其具有一定的韧性，但是脆性断裂发生在大约为4℃（40 ℉）的相对较低的环境温度下，正处于合金的转变温度附近。每一条裂纹都源自一个应力集中点，可能是一个尖锐的角或是加工缺陷，进而扩展至船的整周。

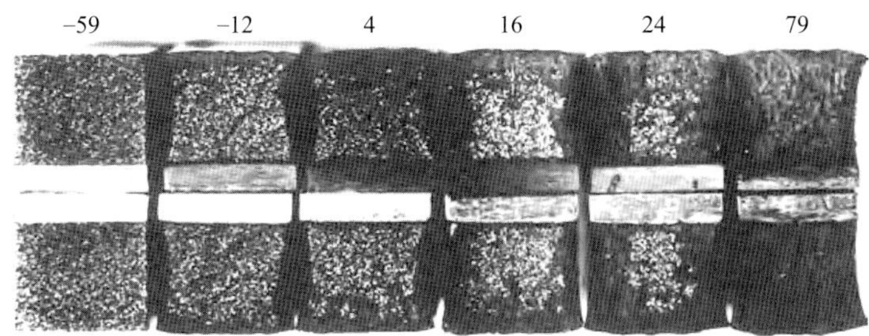

图9.20 A36钢夏比V形切口试样在所示温度（℃）下的断口照片（来源 于R.W.Hertzberg，*Deformation and Fracture Mechanics of Engineering Materials*，3rd edition，Fig.9.6，p.329. Copyright © 1989 by John Wiley & Sons，Inc.，New York.重印得到John Wiley & Sons，Inc.允许）

除了图9.19所示的韧脆转变之外，我们还得到其他两种冲击能与温度的关系，如图9.21中的上、下两条曲线所示。在此，我们注意到低强度的FCC金属（一些铝和铜合金）和大部分HCP金属都不存在韧脆转变（相当于图9.21中的上曲线），它们在温度下降后仍能维持高的冲击能（即保持韧性）。至于高强度材料（例如高强钢和钛合金），其冲击能对温度变化也不敏感（图9.21中的下曲线），正如它们低的冲击能所反映出的特性，这些材料相当脆。当然，典型的韧脆转变可以通过图9.21的中间曲线来表示。具有BCC结构的低强度钢往往表现出韧性至脆性转变性质。

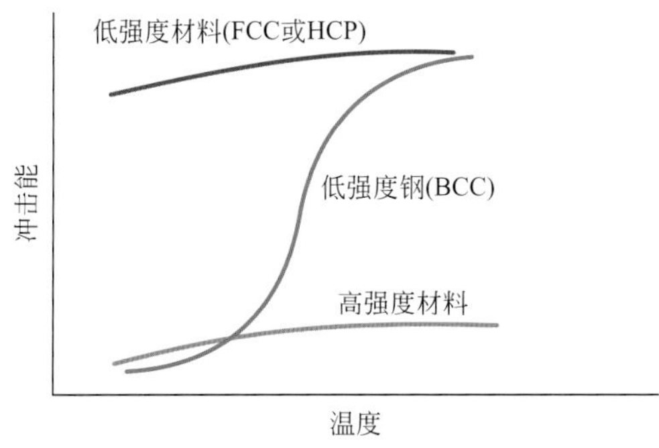

图9.21 三种类型的冲击能与温度关系曲线

对这些低强度钢而言，转变温度对于合金成分和显微组织的变化都十分敏感。例如，减小钢的平均晶粒大小会降低转变温度，因此，细化晶粒在强化钢材（8.9节）的同时还可以韧化钢材。相比之下，增加碳含量提高了钢的强度，也提高了钢的CVN转换温度，如图9.22所示。

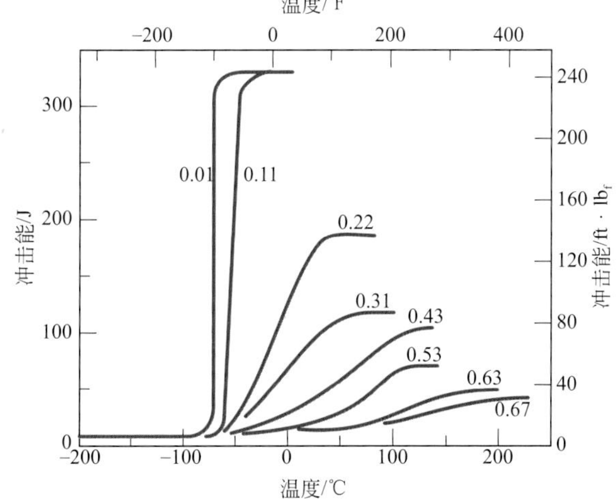

图9.22 碳含量对钢的夏比V形切口能量与温度行为影响的示意图（重印得到ASM International允许，Materials Park，OH 44073-9989，USA；J.A.Reinbolt and W.J.Harris，J“Effect of Alloying Elements on Notch Toughness of Pearlitic Steels，”*Transactions of ASM*，Vol.43，1951.）

夏比和悬臂冲击试验也被用来评估高分子材料的冲击性能。与金属相似，高分子材料在受到冲击时也会出现韧性或脆性断裂，这取决于温度、试样尺寸、应变速率及载荷的模式。正如我们在前面讨论过的一样，半结晶或非结晶材料在低温下都很脆，并且冲击强度比较低。但是，经过一个很窄的温度范围后（与图9.19中钢的曲线类似），它们都会发生韧脆转变。当然，冲击强度也会随着温度上升而升高，并变得更软。一般，在室温具有高的冲击强度，低于室温发生韧脆转变。

大多数陶瓷也会经历韧脆转变，转变通常只发生在1000℃（1850 ℉）以上的高温。

疲劳

疲劳

疲劳是结构件（例如，桥梁、飞机和机器零件）承受动态及脉动应力而发生的一种破坏形式。在这种情况下，材料可能在低于其静载拉伸或屈服强度的应力下发生断裂。我们使用“疲劳”这个名词，是因为这种形式的断裂通常发生在长时间的重复应力或应变循环之后。疲劳是造成金属断裂的最大单一原因，约有90%的金属断裂来自疲劳。高分子材料和陶瓷（除玻璃之外）也会存在这种断裂模式。此外，疲劳是在不知不觉间加剧的，往往在毫无征兆的情况下突然发生而造成灾难。

即使是平常表现为韧性的金属，在发生疲劳破坏时实质上也像是脆性的断裂，也就是说破坏过程中没有发生大量的塑性变形。疲劳由于裂纹的萌生和扩展而发生，通常断口垂直于外加拉应力的方向。

9.9 交变应力

外加应力本质上可能是轴向的（拉伸-压缩）、折弯的（弯曲）或是扭力的（扭转）。通常有3种可能的不同的脉动应力-时间形式。第一种形式为随时间规则变化的正弦波形，如图9.23（a）所示，其振幅对称于平均零应力水平线，例如，在大小相等的极大值拉应力（σ_{max}）和极小值压应力（σ_{min}）之间变动，这种形式称为反向应力循环。第二种形式为重复应力循环，如图9.23（b）所示，其最大值和最小值相对于零应力水平线并不对称。第三种形式，应力大小和频率不规则地变动，如图9.23（c）所示。

另外，如图9.23（b）所示，我们通过一些参数来描述脉动应力循环的特征。平均应力σ_m定义为循环中最大和最小应力的平均值，即：

周期载荷平均应力-取决于最大和最小应力值

$$\sigma_m = \frac{\sigma_{max} + \sigma_{min}}{2} \tag{9.15}$$

此外，应力范围σ_r是指σ_{max}和σ_{min}的差，即：

周期载荷应力范围的计算

$$\sigma_r = \sigma_{max} - \sigma_{min} \tag{9.16}$$

应力振幅σ_a为应力范围的一半，即

周期载荷应力振幅的计算

$$\sigma_a = \frac{\sigma_r}{2} = \frac{\sigma_{max} - \sigma_{min}}{2} \tag{9.17}$$

最后，应力比R为最小和最大应力值的比值：

应力比的计算

$$R = \frac{\sigma_{min}}{\sigma_{max}} \tag{9.18}$$

通常，拉应力为正，压应力为负。例如，反向应力循环的R值为–1。

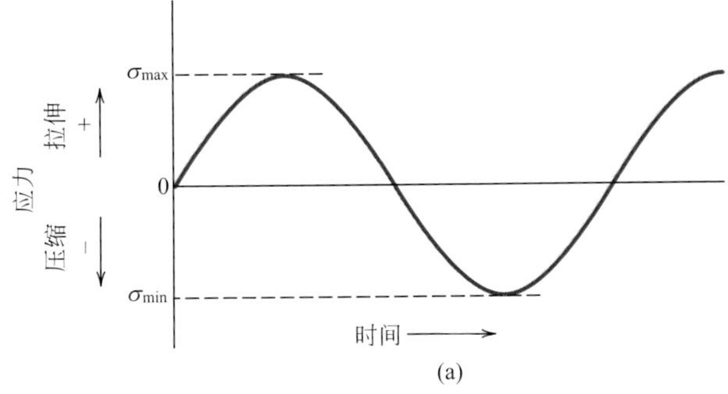

(a)

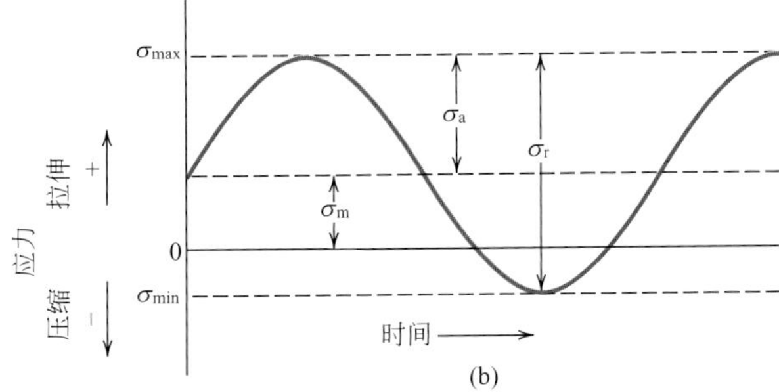

(b)

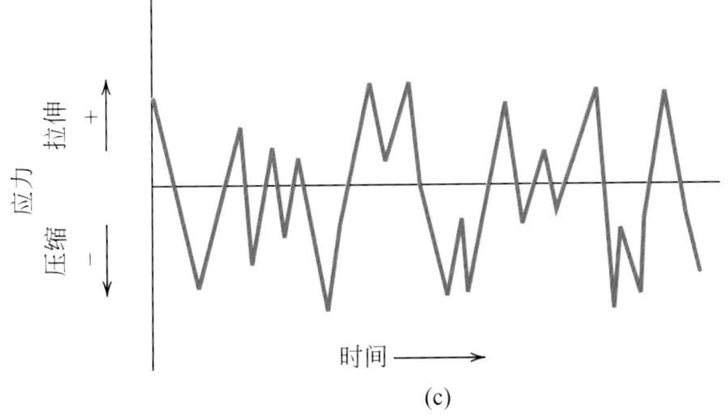

(c)

图9.23 造成疲劳断裂的应力随时间变化情形

（a）反向应力循环，应力从最大拉应力（+）至最大压应力（–），且拉、压应力大小相等；（b）重复应力循环，最大和最小应力并不对称于零应力水平线，同时图上标示出了平均应力σ_m、应力范围σ_r和应力大小σ_a；（c）随机应力循环。

概念检查 9.2　试绘出应力比R=+1的应力与时间关系图。

概念检查 9.3　利用式（9.17）和式（9.18）证明增加应力比R会导致应力振幅（σ_a）的减小。

[解答可参考 www.wiley.com/college/callister（学生之友网站）]

9.10 *S-N*曲线

与其他力学性能一样，材料的疲劳特性可通过实验室中的模拟试验来判定[1]。试验装置要尽可能复制出与实际使用时相似的应力条件（应力大小、时间频率、应力形式等）。图9.24为常用于疲劳试验的旋转-弯曲试验装置，随着试样同时弯曲与旋转，试样承受拉应力与压应力。此外，也经常采用单轴拉伸-压缩应力循环进行加载试验。

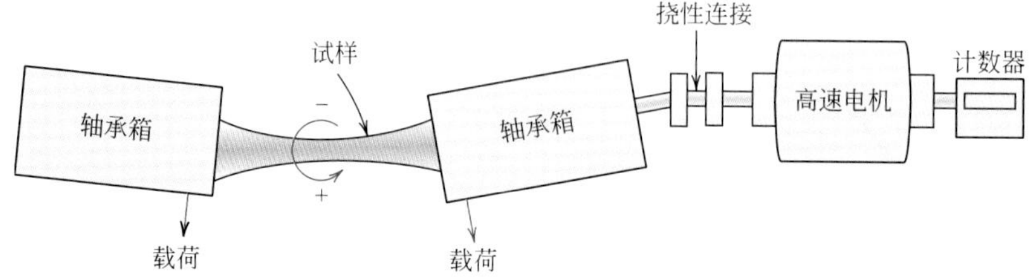

图9.24　供作旋转–弯曲试验的疲劳试验装置示意图

（来源于*KEYSER*，*MATERIALS SCIENCE IN ENGINEERING*，*4th*，© *1986*.Electronically reproduced by permission of Pearson Education，Inc.，Upper Saddle River，New Jersey.）

通过将试样置于具有较大最大应力振幅（σ_{max}，一般约为静态拉伸强度的2/3）的应力循环中来展开一系列的测试，并记录断裂产生时的循环次数。这个过程被重复于其他试样，但测试中应力循环的最大应力振幅是逐渐减小的。将每个试样的应力*S*和断裂时的循环次数*N*的对数绘制成关系图。*S*通常取应力振幅值［式（9.17）中的σ_a］，有时也取σ_{max}或σ_{min}的值。

图9.25表示两种不同形式的*S-N*行为。如图所示，应力振幅越高，材料在断裂之前所能承受的循环次数越少。某些铁（铁基）合金和钛合金，其

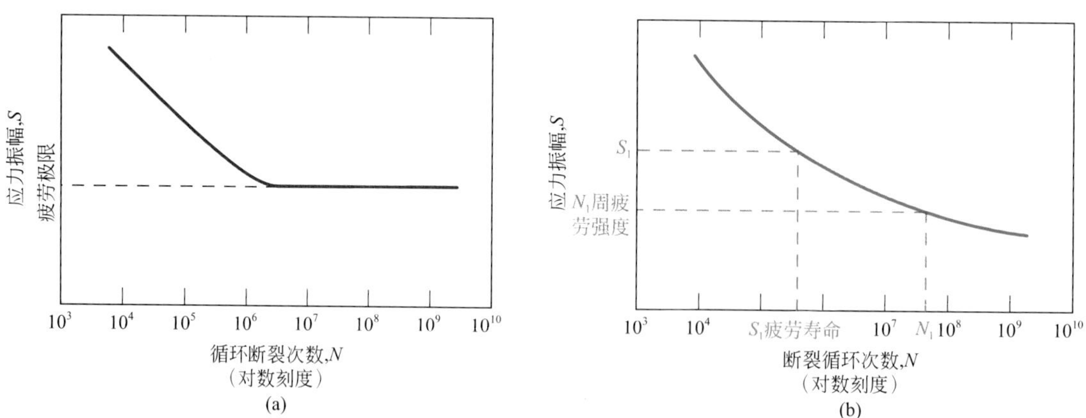

图9.25　应力振幅（*S*）与产生疲劳断裂的循环次数（*N*）对数的关系图（a）材料存在疲劳极限；（b）材料不存在疲劳极限。

---

[1] 参见ASTM Standard E 466，“Standard Practice for Conducting Force Controlled Constant Amplitude Axial Fatigue Tests of Metallic Materials，”和ASTM Standard E 468，“Standard Practice for Presentation of Constant Amplitude Fatigue Test Results for Metallic Materials.”

S-N曲线［如图9.25（a）所示］在N值较大时趋于水平，这些材料存在极限应力值，即疲劳极限有时也被称为耐久极限，只要应力低于该值就不会发生疲劳断裂。此疲劳极限代表本质上无限次循环后也不会发生断裂的最大脉动应力值。对许多钢而言，疲劳极限约在其抗拉强度的35%～60%之间。

疲劳极限

大部分非铁合金（例如铝、铜、镁）并不存在疲劳极限，其S-N曲线会随着N值的增加而持续下降［如图9.25（b）所示］，这样无论应力的大小如何，疲劳终将发生。对于这些材料，其疲劳性质常以指定的疲劳强度表示。疲劳强度定义为某指定循环次数（例如，10^7循环）下发生疲劳的应力大小。疲劳强度的确定如图9.25（b）所示。

疲劳强度

疲劳寿命

另一个描述材料疲劳性质的重要参数是疲劳寿命N_f，指在某一特定应力大小下，材料发生疲劳所需的循环次数，如图9.25（b）的S-N曲线所示。

然而，疲劳的数据总是存在相当程度的离散性，也就是说，一些试验在相同应力大小下所测量的N值有所变化，所以当考虑疲劳寿命或疲劳极限（或强度）时，会造成设计上相当的不确定性。疲劳数据的离散性，是由于无法精确控制试验方法和材料参数对疲劳的敏感度造成的，这些参数包括试样加工和表面处理、冶金上的区别，以及设备、平均应力和测试频率的校准等。

图9.25所示的疲劳S-N曲线，其实是将各数据点取平均值所绘制的最佳拟合曲线。然而，大约有一半试样实际试验所得的破坏应力值比此曲线所示的值低25%（经统计得知）。

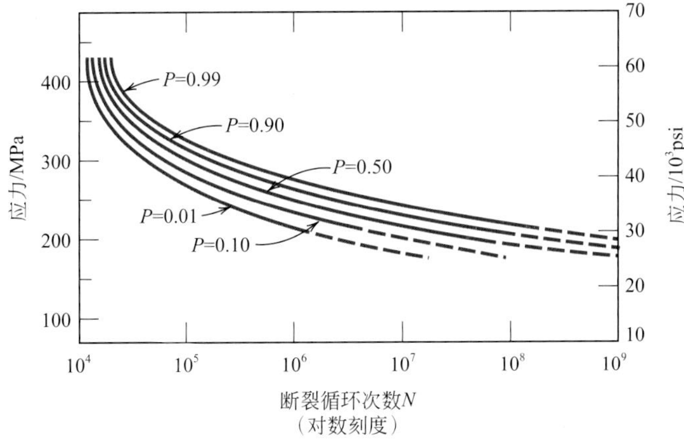

图9.26 7075-T6铝合金的疲劳S-N破坏概率曲线，P代表破坏的概率

（来源于G.M.Sinclair and T.J. Dolan，*Trans.ASME*，75，1953，p867.重印得到the American Society of Mecha-nical Engineers.允许）

许多统计方法采用机率来描述疲劳寿命和疲劳极限。如图9.26所示，其中一种方法就是将数据以一系列等概率曲线表现，其中每一条曲线的P值表示发生破坏的机率。例如，在应力为200MPa时，预期1%的试样会在10^6循环下破坏以及50%会在2×10^7循环下破坏等。所以必须牢记，除非特别注明，否则文献上的S-N曲线通常是指平均值。

图9.25（a）和图9.25（b）中所显示的疲劳行为可以分为两个区段。一个区段是指在相对高负荷时，每一次循环不仅存在弹性应变还存在塑性应变，所以疲劳寿命较短，此区段称为低循环疲劳，其疲劳寿命通常少于10^4～10^5循环。另一个区段称为高循环疲劳（high-cycle fatigue），在低应力区，其变形是完全弹性的，因此疲劳寿命也较长，需要相对多次的循环来造成疲劳破坏。高循环疲劳的疲劳寿命高于10^4～10^5循环。

9.11 高分子材料的疲劳

高分子材料也会在循环载荷的情况下发生疲劳断裂。和金属一样，疲劳在应力低于屈服强度时发生。高分子材料的疲劳试验并不如金属那么广泛，然而，两类材料的疲劳数据都以相同的方法做出关系图，而且曲线形状大致相同。图9.27为几种常见高分子材料的应力与断裂循环次数（对数刻度）关系图，其中一些高分子材料具有疲劳极限。不出所料，高分子材料的疲劳强度和疲劳极限均远低于金属。

高分子的疲劳性质对于载荷频率的敏感性远高于金属。高频率循环和/或高应力会使高分子材料局部升温，使得材料常因软化而破坏，而非由于一般的疲劳过程造成的破坏。

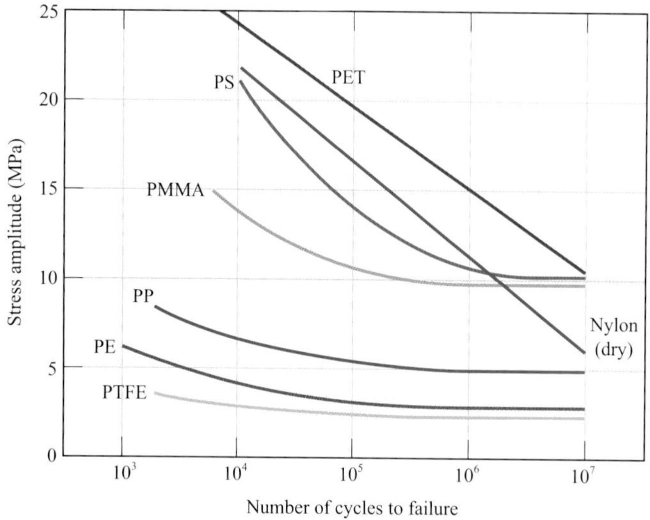

图9.27　聚对苯二甲酸二乙酯（PET）、聚苯乙烯（PS）、聚甲基丙烯酸甲酯（PMMA）、聚丙烯（PP）、聚乙烯（PE）和聚四氟乙烯（PTFE）的疲劳曲线（应力振幅与断裂循环次数）。试验频率为30Hz。

（来源于M.N.Riddle，“A Guide to Better Testing of Plastics”*Plast.Eng.*，Vol.30，No.4，p.78，1974.）

9.12 裂纹的萌生与扩展❶

疲劳破坏的过程分为3个阶段：① 裂纹萌生，极小的裂纹在高应力集中点形成；② 裂纹扩展，裂纹随着每次应力循环扩展；③ 最终断裂，裂纹生长到临界大小时迅速发生断裂。疲劳破坏的裂纹几乎都是发生（或形成）于零件表面上的某一应力集中点，裂纹的形成位置包括表面的刮痕、尖锐的内角、键槽、螺纹、缺口等。此外，由于位错滑移，循环载荷会造成表面的微观不连续性，形成应力集中源，因此成为裂纹萌生的位置。

裂纹扩展期间所形成的断口存在两种纹路特征，分别为沙滩纹及辉纹，这两种纹路都显示裂纹尖端在某一时间点出现，并以同心脊纹的形式由裂纹萌生点扩展开来，形成圆形或半圆形图案。沙滩纹（有时也称为“贝壳纹”）属于宏观尺度（如图9.28所示），可用肉眼直接观察，这些纹路常见于在裂纹扩展阶段遭遇应力加载中断的零件上，例如，只在工厂正常轮班时间才运转的机器。每条沙滩纹代表一段裂纹扩展的时间。

另外，疲劳辉纹属于微观尺寸，必须通过电子显微镜（TEM或SEM）才能观察到。图9.29所示的断口扫描电镜图片显示了这一特征，每条辉纹都被认为是经历一次循环后裂纹尖端扩展的距离。辉纹宽度随应力范围的增加而增加。

在此必须强调的是，尽管沙滩纹和辉纹都是疲劳断口的特征，并且形貌相

❶ 更多更详细的关于疲劳裂纹扩展的讨论见机械工程在线模块M.10和M.11节。

似，但是它们的起源和大小却不相同，每条沙滩纹里面可能会包含数千条辉纹。

图9.28 经历疲劳破坏的旋转钢轴断口

照片中可见沙滩纹脊纹。（再版得到D.J.Wulpi允许，*Understanding How Components Fail*，American Society for Metals，Materials Park，OH，1985.）

我们经常通过断口检查来追溯疲劳的原因。由断口上出现的沙滩纹和/或辉纹可确认破坏是由于疲劳造成的。尽管如此，如果断口上不存在上述任意一种纹路或者完全不存在任何纹路，疲劳仍有可能是造成破坏的原因。

关于疲劳断口的最后一项说明是：沙滩纹和辉纹不会出现在破坏发生很快的区域。当然，快速的破坏可能是延性或脆性的，若存在塑性变形就是延性断裂，否则是脆性断裂。这样的断裂区域如图9.30所示。

图9.29 铝中疲劳裂纹的透射电子显微镜图片（9000×）

（来源于V.J.Colangelo and F.A.Heiser，*Analysis of Metallurgical Failures*，2nd edition.Copyright © 1987 by John Wiley & Sons，New York重印得到John Wiley & Sons，Inc.）

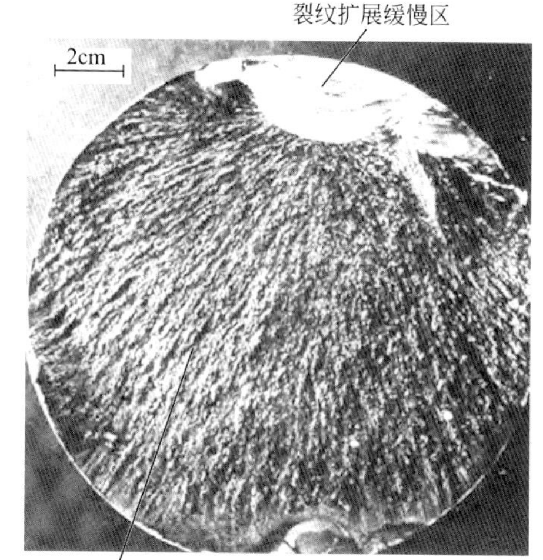

图9.30 疲劳断口。上端形成一条裂纹。靠近上端的平滑区域是裂纹扩展缓慢的区域。快速破坏发生的区域呈现灰暗及纤维状组织（最大的区域）（约0.5×）

[再版得到 *Metals Handbook* 允许：*Fractography and Atlas of Fractographs*，Vol.9，8th edition，H.E. Boyer (Editor)，American Society for Metals，1974.]

概念检查 9.4　某些因为疲劳而破坏的钢试样表面存在光亮的结晶或晶粒状组织，有人将其解释为金属在使用过程中发生了结晶，试对该解释提出你的观点。

[解答可参考 www.wiley.com/college/callister（学生之友网站）]

9.13 影响疲劳寿命的因素[1]

正如9.10节提到的，工程材料的疲劳行为对很多参数都十分敏感。影响的因素包括平均应力大小、几何结构设计、表面作用、冶金区别及环境因素等。本节将讨论这些因素及可用来增强结构件抵抗疲劳能力的方法。

（1）平均应力

从*S-N*曲线关系图可以看出应力振幅对疲劳寿命的影响，这些数据通常取自一个恒定的平均应力σ_m值，且经常为反向循环的情况（σ_m=0）。平均应力本身的变化也会影响疲劳寿命，其影响可由一系列的*S-N*曲线表示，如图9.31所示，每一曲线测自不同的σ_m。必须注意的是，增加平均应力大小会导致疲劳寿命的缩短。

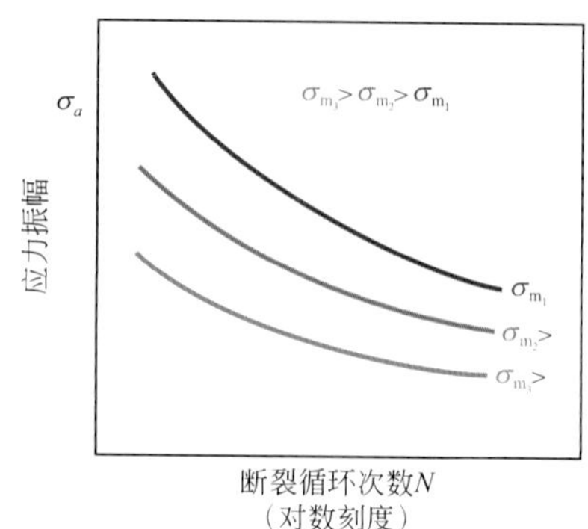

图9.31 平均应力σ_m对*S-N*疲劳行为的影响

[1] 机械工程在线模块M.14～M.16中对汽车气门弹簧的案例研究与本节讨论的内容相关。

（2）表面作用

对于通常的载荷情况，一个零件或结构承受的最大应力常位于其表面，这使得许多导致疲劳破坏的裂纹从表面开始萌生，特别是在应力放大的位置。因此，疲劳寿命对于零件的表面状态或形状十分敏感。妥善运用这些影响抗疲劳性的因素，包括设计准则以及多种表面处理方法，可以增加疲劳寿命。

（3）设计因素

零件的设计对其疲劳特性有显著的影响。任何缺口或结合上的不连续都是应力集中源和疲劳裂纹的萌生处：这些设计部分包括沟槽、孔、键槽、螺纹等。中断处越尖锐（即曲率半径越小），应力集中就越严重。避免可能的结构上的不平整或改进设计以消除外形突然改变的锐角等，可降低疲劳破坏的概率，例如，在一旋转轴直径改变处引入大曲率半径的圆角（如图9.32所示）。

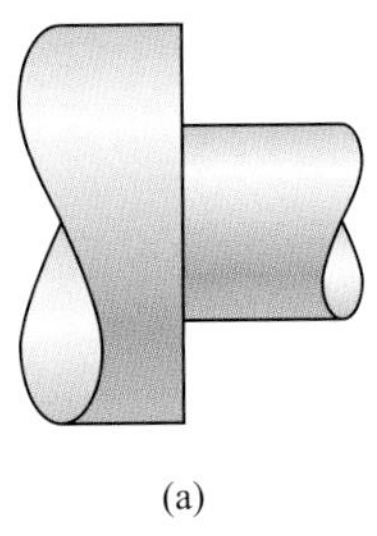
(a)

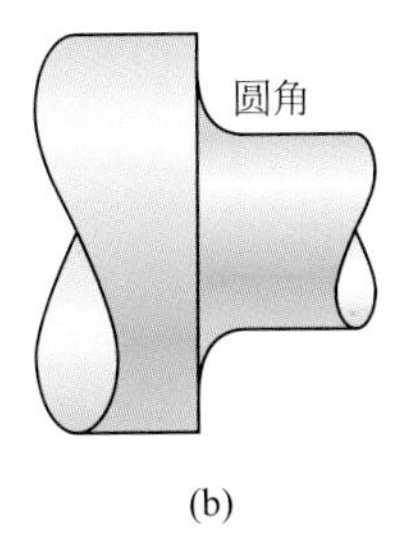

(b)

图9.32 设计如何降低应力大小的示意图

（a）不良设计：尖锐的内角，（b）好的设计：在旋转轴直径改变处导入圆角提高疲劳寿命。

（4）表面处理

车削等加工过程，难免在工作表面留下小的刮痕或沟槽，这些表面痕迹会降低疲劳寿命。以抛光的方式完成表面加工，可以显著地提高疲劳寿命。

增进疲劳性能最有效的方法之一就是在外表面薄层造成残留压应力，残留压应力会抵消掉部分表面拉应力，表面拉应力减小，最后，不仅裂纹萌生的可能性降低，疲劳破坏的可能性也因此降低。

残留压应力一般是以加工方式在韧性金属表面区域造成局部塑性变形而产生的。商业上经常以喷丸硬化的过程来完成。将又小又硬的颗粒（珠子）（直径约0.1 ～ 1.0 mm），高速喷射在待处理的表面，结果因变形造成深度约1/4 ～ 1/2珠子直径的压应力。喷丸硬化对钢疲劳性质的影响如图9.33所示。

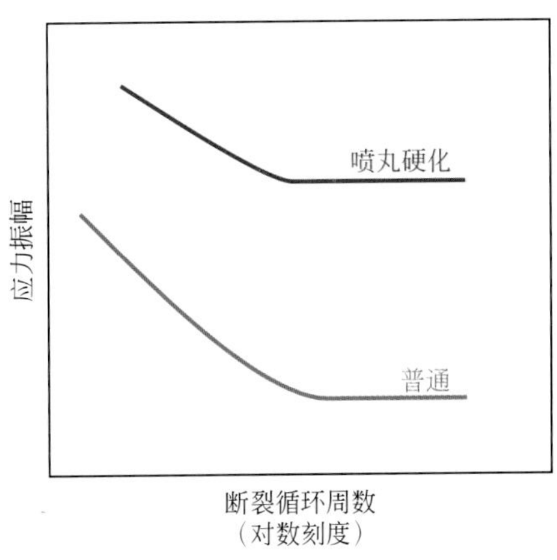

图9.33 普通钢和喷丸硬化钢的*S-N*疲劳曲线

表面硬化

表面硬化是一种可以同时增加合金钢表面硬度和疲劳寿命的方法。通过将零件置于含碳或含氮的高温气体中，发生渗碳或渗氮反应来达到表面硬化的目的。由于气相原子的扩散，可得到富碳或富氮的表层（或表壳）。表壳的厚度约1mm，而且比材料内部硬度高。[含碳量对Fe-C合金硬度的影响如图11.30（a）所示]。表壳硬度的增加，加上在渗碳或渗氮过程中形成的残留压应力，显著改善了材料的疲劳性能。从第六章开篇所附的齿轮照片中可看到富碳的外壳，在剖面呈现深色的外缘。如图9.34中的显微图片所示，表面硬度有所增加，其中的黑色长菱形是Knoop显微硬度压痕，而上方的压痕（位于渗碳层内）比内部的压痕尺寸小。

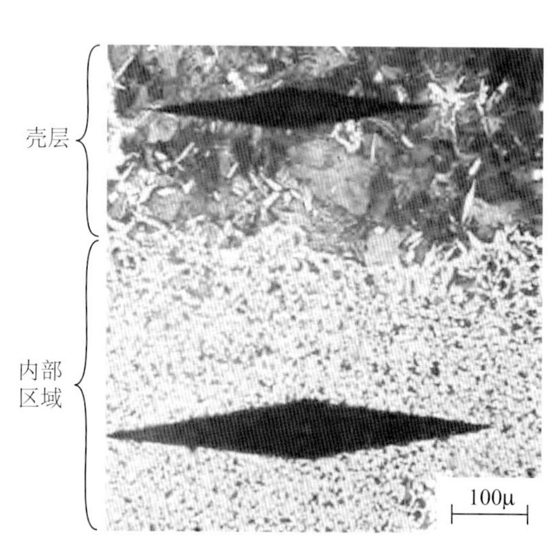

图9.34 显微图片显示，表面硬化钢内部（下方）和渗碳钢（上方）的区域。渗碳层硬度较高，因为其显微硬度压痕较小（100×）

（来源于R. W. Hertzberg，*Deformation and Fracture Mechanics of Engineering Materials*，3rd edition.Copyright © 1989 by John Wiley & Sons，New York.重印得到John Wiley & Sons，Inc.允许）

9.14 环境因素

环境因素也会影响材料的疲劳行为，下面简要介绍两类环境促使的疲劳失效——热疲劳和腐蚀疲劳。

热疲劳

热疲劳通常在高温下由于波动的热应力引起，并不需要外加的机械应力。热应力的产生是为了限制结构件在温度变化下尺寸的膨胀和/或收缩。当温度变化为ΔT时，热应力的大小取决于热膨胀系数α_l和弹性模量E：

热应力-取决于热膨胀系数、弹性模量和温度变化

$$\sigma = \alpha_l E \Delta T \tag{9.19}$$

（热膨胀和热应力的讨论见17.3节和17.5节）当然，如果没有机械约束，就不会产生热应力，因此，预防此类疲劳的方法之一就是去除（或至少降低）限制源，比如考虑选用不会因温度改变而造成尺寸变化的设计，或是选用具有合适物理性质的材料等。

腐蚀疲劳

受到波动应力和腐蚀介质的联合作用而引起的破坏现象称为**腐蚀疲劳**。腐蚀环境对疲劳寿命有不良影响，即使是一般的大气环境也会影响一些材料的疲劳行为。由环境和材料间化学反应造成的蚀坑是应力集中源，因此也是裂纹萌生的位置。除此之外，腐蚀环境也会增加裂纹扩展的速率。应力循环的性质将会影响疲劳行为，例如，降低载荷的频率会增加裂纹开口与环境接触的时间，因此会缩短材料的疲劳寿命。

目前有数种防止腐蚀疲劳的方法。一方面，我们可以采取第16章中将提到的一些能够降低腐蚀速率的方法，例如，加上保护性涂层、选择更耐腐蚀的材料以及降低环境的腐蚀性等；同时，我们可采取一些减少正常疲劳破坏概率的方法，例如，减少外加拉伸应力的大小以及在零件表面制造残留压应力等。

蠕变

蠕变

材料经常会一直服役于高温与静态机械应力条件下（例如，承受离心应力的喷射引擎和蒸汽涡轮发电机的涡轮叶片，以及高压蒸汽管道），这种环境下产生的变形被称为**蠕变**。蠕变的定义为材料在固定载荷或应力下，随着时间而产生的永久变形。蠕变通常是我们不愿见到的现象，因为它是限制零件使用寿命的因素之一。蠕变可发生在所有种类的材料中，对金属而言只有当温度高于$0.4T_m$（T_m为绝对熔点温度）时，蠕变才显示出其重要性。

9.15 广义蠕变行为

典型的蠕变试验[1]是使试样在一定温度下承受固定载荷或应力，测量其变形或应变并将其绘制成与时间的关系图。大多数的试验都是在固定载荷下进行的，可得到符合工程性质的数据，同时，在固定应力下进行的试验，使我们较容易了解蠕变的机理。

图9.35为金属在固定载荷下的典型蠕变行为示意图。如图所示，在试样上施加载荷，会立即产生瞬间变形，这种瞬间变形大多是弹性的。之后产生的蠕变曲线由三部分组成，每一部分都有其特有的应变-时间特征。第一阶段蠕变是初期蠕变或过渡蠕变，通常其蠕变速率连续地递减，即曲线的斜率随时间逐渐减小。这表明材料抗蠕变力的提升或是经历了应变硬化

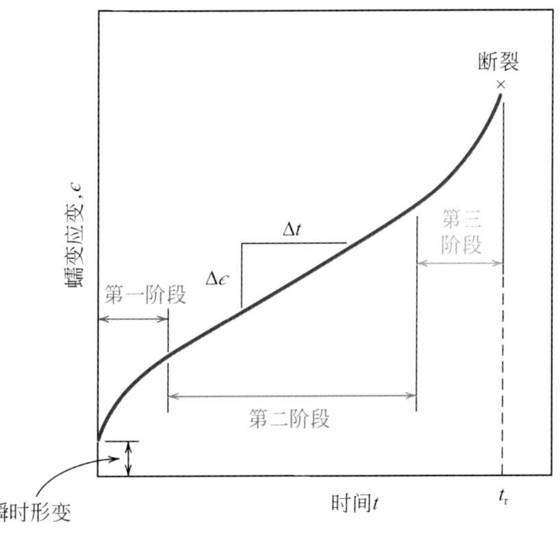

图9.35 一定高温与载荷下典型的应变与时间变化的蠕变曲线。最小蠕变率 $\Delta\epsilon/\Delta t$为第二阶段中直线部分的斜率。断裂寿命t_r为产生断裂的总时间

[1] ASTM Standard E 139，“Standard Test Methods for Conducting Creep，Creep-Rupture，and Stress-Rupture Tests of Metallic Materials.”

（8.11节）——材料的应变使得进一步变形更加困难。第二阶段蠕变，有时被称为稳态蠕变，蠕变速率为常数，即曲线在这一部分呈直线状态。往往此阶段经历的时间最长。蠕变速率为常数的原因可以解释为应变硬化和回复作用平衡的结果，回复（8.12节）的过程，使材料硬度降低并且维持其持续变形的能力。最后为第三阶段蠕变，此时蠕变速率加速并最后导致破坏。最终的断裂是由于显微组织和/或冶金的变化所致，例如，晶界分离、内部裂纹、小孔洞的形成等。另外，对拉伸负荷而言，颈缩可能发生在变形区域的任意一点，会导致有效截面积的减小与应变速率的增加。

对金属材料而言，大多数的蠕变试验都以单轴拉伸方式进行，试样的形状与拉伸试验（如图7.2所示）相同。另外，单轴压缩试验特别适用于脆性材料，因为没有拉伸负荷时产生的应力放大和裂纹扩展，较容易得到蠕变的内在性质。压缩试验的试样通常是正圆柱体或平行六面体，其长度与直径的比值为2 ～ 4。大多数材料的蠕变性质与载荷方向无关。

蠕变试验中得到的最重要的参数大概就是第二阶段蠕变曲线的斜率（$\Delta\epsilon/\Delta t$，如图9.35所示），此参数通常被称为最小或稳态蠕变速率$\dot{\epsilon}_s$，稳态蠕变速率也是考虑长期应用的一个工程设计参数，例如，核电站的零件须运转数十年，就要避免破坏或大量的应变。另外，对于许多相对短时间的蠕变情况（例如，军用飞机的涡轮叶片和火箭发动机喷嘴），断裂时间，或称之为断裂寿命t_r就成为设计主要考虑的问题，如图9.35所示。当然，要确定断裂寿命，蠕变试验就要执行到断裂为止，也就是蠕变断裂试验。通过对这些材料蠕变特性的了解，设计工程师可以知道材料对于应用的适用性。

将等拉伸应力和等拉伸载荷的应变-时间蠕变曲线重叠在一起，解释其性质有何不同。

[解答可参考www.wiley.com/college/callister（学生之友网站）]

9.16 应力和温度的影响

温度和外加应力大小都会影响蠕变的特性（如图9.36所示）。当温度持续低于$0.4T_m$且初始变形结束之后的过程中，应变事实上不受时间影响。随着应力或温度的增加，我们可以发现：①施加应力时的瞬时应变增加；②稳态蠕变速率增加；③断裂寿命缩短。

蠕变断裂试验的结果常表示为应力的对数与断裂寿命的对数的关系图。图9.37为S-590合金的该关系图，在每个不同温度都可得到一系列线性的关系。对于某些合金，在较大的应力范围内曲线会呈现非线性。

根据试验，稳态蠕变速率可表示成应力和温度的函数，稳态蠕变速率与应力的关系可以写成：

应力对蠕变速率的影响

$$\dot{\epsilon}_s = K_1\sigma^n \tag{9.20}$$

式中，K_1和n是常数，绘制$\dot{\epsilon}_s$的对数与σ的对数的关系图，可以得到一条斜率为n的直线，图9.38为S-590合金在四个不同温度下的关系图，显然，每个温度下都得到一段或两段直线段。

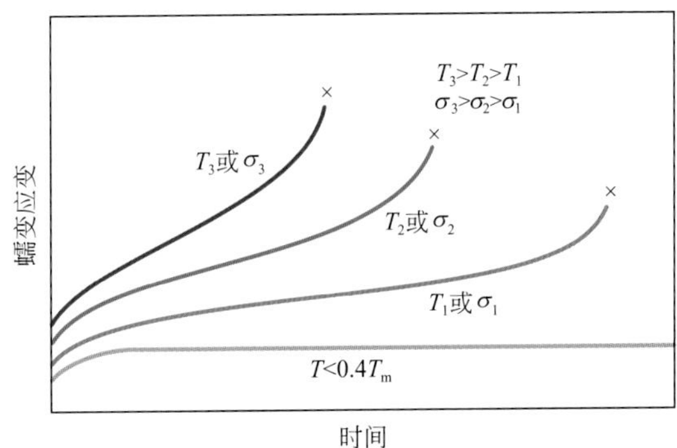

图9.36 应力σ和温度T对蠕变行为的影响

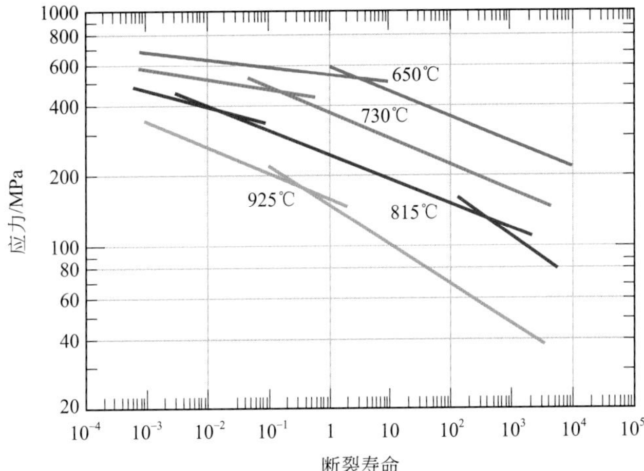

图9.37 S-590在四种温度下的应力（对数刻度）与断裂寿命（对数刻度）关系图[The composition (in wt%) of S-590 is as follows : 20.0 Cr，19.4 Ni，19.3 Co，4.0 W，4.0 Nb，3.8 Mo，1.35 Mn，0.43 C，and the balance Fe.]（重印得到ASM International允许.® All rights reserved.www.asminternational.org）

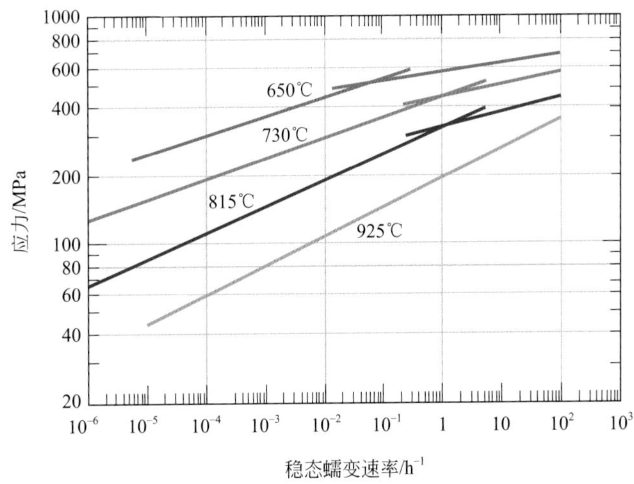

图9.38 S-590合金在4种温度下，应力（对数刻度）与稳态蠕变速率（对数刻度）的关系图

（重印得到ASM International. 允许® All rights reserved.www.asminternational.org）

现在，把温度的影响结合进来：

应力和温度（K）对蠕变速率的影响

$$\dot{\epsilon}_s = K_2 \sigma^n \exp\left(-\frac{Q_c}{RT}\right) \tag{9.21}$$

式中，K_2和Q_c为常数；Q_c为蠕变活化能。

已经存在一些解释不同材料蠕变行为的理论机制，包括应力诱发空位扩散、晶界扩散、位错运动和晶界滑移等，根据式（9.20），每一种机制都会得到不同的n值，因此，对于特定材料，我们可以将试验的n值与根据不同机制预测得到的n值相比较来揭示其蠕变机理。此外，还可获得蠕变活化能（Q_c）和扩散活化能［Q_d，式（6.8）］的关系。

具有以上性质的蠕变数据，经常被研究者表示为应力-温度关系图，即变形机制图。这些图能表示出在不同机制主导下的应力-温度区间。人们常常会在图中标示等应变速率线，因此，对于某一蠕变情况，给定适当的变形机制图及3个参数（即温度、应力大小和蠕变应变速率）中的任意2个，即能求出第3个参数。

9.17 数据外推法

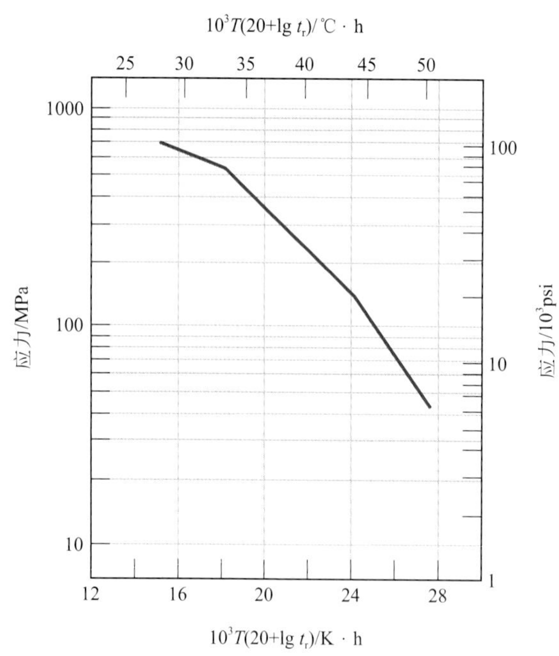

图9.39　S-590的应力对数与纳森-米勒参数关系图

（来源于F.R.Larson and J.Miller，*Trans.ASME*，74，765，1952.重印得到ASME.允许）

由于一般实验室的试验不容易得到工程上所需的蠕变数据，尤其是对于长时间使用（数年）的情况。要解决这一问题，可以在较高的温度下，以较短的时间及可供比较的应力规模下执行蠕变或蠕变断裂试验，再以适当的外推法推算实际使用的状况。一种常用的外推法是引用纳森-米勒参数，定义为：

纳森-米勒参数——以温度和断裂寿命表示

$$T(C+\lg t_r) \tag{9.22}$$

式中，C为常数（其值约为20），T的单位为开尔文，断裂寿命t_r的单位为小时。某一特定材料在一定应力水平下的断裂寿命会随着温度而改变，因此纳森-米勒参数保持不变。图9.39为应力的对数与纳森-米勒参数的关系图。设计题9.2为数据外推法的应用例题。

设计例题9.2

断裂寿命预测

利用图9.39中S-590合金的纳森-米勒数据预测此材料在应力140MPa（20000psi）和800℃（1073K）下的断裂寿命。

解：

根据图9.39，在140MPa（20000psi），纳森-米勒参数是24.0×10^3，T和t_r的单位分别为K和h，所以有：

$$24.0 \times 10^3 = T(20 + \lg t_r) = 1073(20 + \lg t_r)$$

解出时间

$$22.37 = 20 + \lg t_r$$
$$t_r = 233\text{h}(9.7\text{天})$$

9.18 高温用合金

影响金属蠕变特性的因素有许多种，包括熔点、弹性模量和晶粒大小。一般来讲，熔点越高、弹性模量越高、晶粒尺寸越大的材料抗蠕变能力越强。较小的晶粒存在较多的晶界滑移，产生较高的蠕变速率，因此晶粒尺寸大小会影响材料的抗蠕变能力。晶粒大小对材料蠕变性能的影响可与其对材料低温机械性能的影响进行对比［即增加强度（8.9节）和韧性（9.8节）］。

不锈钢（13.2节）和超合金（13.3节）的抗蠕变能力十分强，常应用于高温下。固溶或析出相的形成可增强超合金对蠕变的抗力。此外，也可以利用较为先进的制作技术，如定向凝固，以得到相当长的晶粒或者单晶零件（如图9.40所示）。

图9.40 （a）以传统铸造方法制造的多晶涡轮叶片。可通过复杂的定向凝固技术得到定向柱状晶组织（b）改善高温抗蠕变能力。若使用单晶叶片（c），则抗蠕变能力还可提高。

（蒙Pratt & Whitney.提供照片）

9.19 陶瓷和高分子材料的蠕变

陶瓷材料在高温下承受应力（通常是压应力）往往会发生蠕变。一般来讲陶瓷的蠕变行为和金属类似（图9.35），只不过陶瓷的蠕变发生在更高的温度下而已。

对于高分子材料的蠕变现象我们称之为黏弹性蠕变，已经在7.15节中讨论过。

总结

导言

- 3种常见的失效原因：

  材料选择或加工过程不当；

  元件设计不当；

  使用不当。

断裂基础

- 在相对低的温度下受到拉伸负荷的断裂可能是延性或脆性断裂。
- 通常情况下，更希望产生延性断裂，这是因为延性断裂时产生的塑性变形表明破坏即将发生，因此可以采取有效的预防性措施；韧性断裂较脆性断裂需要更多的能量。
- 延性材料中的裂纹是稳定的（即外加应力不增加的情况下可以抑制裂纹扩展）。
- 脆性材料中的裂纹不稳定（即裂纹一旦开始扩展，外加应力不增加的情况下也会持续自发地扩展）。

延性断裂

- 对于延性材料，可能存在两种拉伸断裂外观。

  对于高延性金属，断口会颈缩至一点［如图9.1（a）所示］；对于中等延性金属，断口呈现杯锥形［如图9.1（b）所示］。

脆性断裂

- 脆性断裂的断口相对平直且垂直于拉伸载荷的方向［如图9.1（c）所示］。
- 穿晶断裂和沿晶断裂皆可在脆性多晶材料中见到。

断裂力学原理

- 脆性材料的理论和实际断裂强度存在明显差异，这是由于小缺陷的存在，这些小缺陷会放大它们附近的拉应力，导致裂纹的形成。其中一条裂纹尖端的应力超过理论强度值时，断裂便会发生。
- 根据式（9.1），裂纹［方向如图9.8（a）所示］尖端的最大应力取决于裂纹长度、裂纹尖端的曲率半径以及外加应力的大小。
- 尖角也可能造成应力集中，在设计承受应力的结构件时应该避免。
- 裂纹表面位移的三种形式（如图9.10所示）：张开型、滑开型和撕开型。
- 当试样厚度远大于裂纹的长度时，就构成平面应变的条件，即无应变分量垂直于试样平面。
- 断裂韧性表示当裂纹存在时，材料抵抗脆性断裂的能力。根据式（9.5），平面应变条件（模式Ⅰ）取决于外加应力、裂纹长度以及无单位参数 Y。
- K_{Ic}通常由设计因素决定。韧性材料的K_{Ic}值较大（脆性材料的K_{Ic}值较小）。
- K_{Ic}值受到显微组织，应变速率和温度的影响。
- 想从设计方面降低断裂的可能性，必须考虑材料（断裂韧性）、应力大小、缺陷尺寸探测范围等因素。

陶瓷的脆性断裂

- 对于陶瓷材料，造成施加应力放大以及导致相对低断裂强度（抗折强度）的微裂纹极难控制。
- 不同试样中产生裂纹的缺陷尺寸不同可以导致同种材料试样所测得的破坏强度值有很大差异。
- 对于压应力而言，不存在应力放大现象，因此，陶瓷的抗压强度很高。

- 陶瓷材料的断面断口分析可以揭示产生裂纹缺陷的位置和来源（图9.15）。

高分子的断裂

- 高分子材料的断裂强度低于金属和陶瓷。
- 脆性和延性断裂都有可能。
- 有些热塑性材料随着温度的下降、应变速率的增加和/或试样厚度及几何形状的改变，经历延性至脆性转变。
- 对于某些热塑性材料，裂纹由龟裂作用产生。龟裂是局部的变形和微孔洞区（图9.16）。
- 龟裂可导致材料延性和韧性的增加。

断裂韧性测试

- 材料是否发生韧脆性转变取决于其在较低温度、高应变速率和存在尖锐缺口时受到的应力。
- 材料的断裂行为可由夏比和悬臂冲击测试定量确定（如图9.18所示）。
- 由冲击能（或断口外观）受温度影响的特性，可判定某材料是否经历韧脆转变及转变的温度范围。
- 低强度合金钢具有韧脆转变的行为特征，其结构件可应用于超过转变范围的温度区间。而且，低强度FCC金属，大部分HCP金属以及高强度金属不经历韧脆转变。
- 可以通过细化晶粒和降低含碳量的方法降低低强度合金钢的韧脆转变温度。

疲劳

- 疲劳是外加应力随时间变化而产生的一种常见的突发的破坏形式。当最大应力大小远低于静态拉伸或屈服强度时，也可能发生疲劳失效。

周期应力

- 周期应力存在3种普遍的应力-时间模式：反向模式、重复模式和随机模式（如图9.23所示）。反向模式和重复模式采用平均应力、应力范围和应力振幅表征。

S-N 曲线

- 试验数据常绘成应力（常为应力振幅）与发生断裂的循环次数对数的关系图。
- 对许多金属和合金而言，随着断裂的循环次数增加，应力不断减小，应用疲劳强度和疲劳寿命表示金属和合金的疲劳特性［如图9.25（b）所示］。
- 对于其他金属（如铁合金和钛合金），在某一点之后，应力不再下降，变为与循环次数无关，这类材料以疲劳极限表示其疲劳性质［如图9.25（a）所示］。

裂纹的萌生与扩展

- 疲劳裂纹通常起始于零件表面某一应力集中点。
- 疲劳断口的两个特征是沙滩纹和辉纹。

零件经历了外加应力的中断而形成沙滩纹，通常可由肉眼看到。

在显微镜下才能观察到疲劳辉纹，每一条辉纹代表了裂纹尖端在每次循环扩展的距离。

影响疲劳寿命的因素

- 延长疲劳寿命的方法包括：

  ① 降低平均应力的大小；

  ② 消除尖锐的表面中断；

  ③ 以抛光改进表面状况；

  ④ 以喷丸硬化方法在表面造成残留压应力；

  ⑤ 以渗碳或渗氮方法进行表面硬化。

环境因素

- 零件处在温度变化下，其热膨胀或收缩又受到限制时，会产生热应力，在这种情况下的疲劳称为热疲劳。
- 在腐蚀性环境中，可能会由于腐蚀疲劳造成疲劳寿命的缩短。几种防止腐蚀疲劳的方法如下：

① 加上保护性涂层；
② 选择更耐腐蚀的材料；
③ 降低环境的腐蚀性；
④ 减少外加拉应力的大小；
⑤ 在零件表面制造残留压应力。

广义蠕变行为

- 材料在温度 $0.4T_m$ 以上承受固定负荷（或应力）而产生随时间改变的塑性变形，称为蠕变。
- 一条典型的蠕变曲线（应变对时间）通常分为三个不同区段（如图9.35所示）：过渡（或第一阶段）蠕变、稳态（或第二阶段）蠕变和第三阶段蠕变。
- 从曲线上可获得重要的设计参数，包括稳态蠕变率（直线区的斜率）和断裂寿命（如图9.35所示）。

应力和温度的影响

- 温度和外加应力大小都会影响蠕变行为。增加任一参数将会造成：
  瞬时变形量增加；
  稳态蠕变率增加；
  断裂寿命缩短。
- 蠕变分析式表示出温度和应力与 $\dot{\epsilon}_s$ 的关系［式（9.21）］。

数据外推法

- 由应力的对数与纳森-米勒参数关系图可外推出特殊合金（如图9.39所示）的低温-长时间区域的蠕变试验数据。

高温用合金

- 弹性模量高、熔点高的金属合金抵抗蠕变的能力特别强，包括超合金、不锈钢和难熔金属。可用许多不同的制作技术改善高温用合金的蠕变性质。

公式总结

公式编号	公式	意义
（9.1）	$\sigma_m = 2\sigma_0\left(\frac{a}{\rho_t}\right)^{1/2}$	椭圆形裂纹尖端的最大应力值
（9.4）	$K_c = Y\sigma_c\sqrt{\pi a}$	断裂韧度
（9.5）	$K_{Ic} = Y\sigma\sqrt{\pi a}$	平面应变断裂韧度
（9.6）	$\sigma_c = \frac{K_{Ic}}{Y\sqrt{\pi a}}$	设计（或临界）应力
（9.7）	$a_c = \frac{1}{\pi}\left(\frac{K_{Ic}}{\sigma Y}\right)^2$	最大容许裂纹长度
（9.15）	$\sigma_m = \frac{\sigma_{max} + \sigma_{min}}{2}$	平均应力（疲劳试验）
（9.16）	$\sigma_r = \sigma_{max} - \sigma_{min}$	应力范围（疲劳试验）
（9.17）	$\sigma_a = \frac{\sigma_r}{2} = \frac{\sigma_{max} -}{2}$	应力振幅（疲劳试验）
（9.18）	$R = \frac{\sigma_{min}}{\sigma_{max}}$	应力比（疲劳试验）
（9.19）	$\sigma = \alpha_l E\Delta T$	热应力

续表

公式编号	公式	意义
(9.20)	$\dot{\epsilon}_s = K_1\sigma^n$	稳态蠕变速率(等温)
(9.21)	$\dot{\epsilon}_s = K_2\sigma^n \exp\left(-\frac{Q_c}{RT}\right)$	稳态蠕变速率
(9.22)	$T\left(C+\lg t_r\right)$	纳森–米勒参数

符号列表

符号	意义	符号	意义
a	表面裂纹的长度	t_r	断裂寿命
C	蠕变常数,其值约为20,(T的单位为开尔文,t_r的单位为小时)	Y	无单位参数或变量
E	弹性模量	α_l	线性热膨胀系数
K_1,K_2,n	不受应力和温度影响的蠕变常数	ρ_t	裂纹尖端的曲率半径
Q_c	蠕变活化能	σ	外加应力
R	气体常数[8.31 J/(mol·K)]	σ_0	外加拉应力
T	绝对温度	σ_{max}	最大应力(交变)
ΔT	温差或温度变化	σ_{min}	最小应力(交变)

重要术语和概念

脆性断裂
表面硬化
夏比试验
疲劳极限
疲劳强度
断裂力学
断裂韧性
腐蚀疲劳
蠕变
韧性断裂
冲击能
沿晶断裂
悬臂试验
平面应变
韧脆转变
疲劳
疲劳寿命
平面应变断裂韧性
应力集中源
热疲劳
穿晶断裂

参考文献

ASM Handbook,Vol.11,Failure Analysis and Prevention,ASM International,Materials Park,OH,2002.

ASM Handbook,Vol.12,Fractography,ASM International,Materials Park,OH,1987.

ASM Handbook,Vol.19,Fatigue and Fracture,ASM International,Materials Park,OH,1996.

Boyer,H.E.(Editor),*Atlas of Fatigue Curves*,ASM International,Materials Park,OH,1986.

Colangelo,V.J.,and F.A.Heiser,*Analysis of Metallurgical Failures*,2nd edition,Wiley,New York,1987.

Collins,J.A.,*Failure of Materials in Mechanical Design*,2nd edition,Wiley,New York,1993.

Dennies,D.P.,*How to Organize and Run a Failure Investigation*,ASM International,Materials Park,OH,2005.

Dieter,G.E.,*Mechanical Metallurgy*,3rd edition,McGraw-Hill,New York,1986.

Esaklul,K.A.,*Handbook of Case Histories in Failure Analysis*,ASM International,Materials Park,OH,1992 and 1993.In two volumes.

Fatigue Data Book：*Light Structure Alloys*，ASM International，Materials Park，OH，1995.

Hertzberg，R.W.，*Deformation and Fracture Mechanics of Engineering Materials*，4th edition，Wiley，New York，1996.

Liu，A.F.，*Mechanics and Mechanisms of Fracture*：*An Introduction*，ASM International，Materials Park，OH，2005.

McEvily，A.J.，*Metal Failures*：*Mechanisms*，*Analysis*，*Prevention*，Wiley，New York，2002.

Stevens，R.I.，A.Fatemi，R.R.Stevens，and H.O.Fuchs，*Metal Fatigue in Engineering*，2nd edition，Wiley，New York，2000.

Wachtman，J.B.，W.R.Fatemi，R.R.Stevens，and H.O.Fuchs，*Metal Fatigue in Engineering*，2nd edition，Wiley，New York，2000.

Ward，I.M.，and J.Sweeney，*An Introduction to the Mechanical Properties of Solid Polymers*，2nd edition，Wiley，Hoboken，NJ，2004.

Wulpi，D.J.，*Understanding How Components Fail*，2nd edition，ASM International，Materials Park，OH，1999.

习题

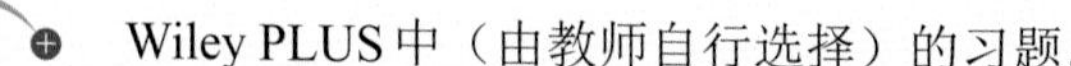
Wiley PLUS 中（由教师自行选择）的习题。

Wiley PLUS 中（由教师自行选择）的辅导题。

Wiley PLUS 中（由教师自行选择）的组合题。

断裂力学原理

9.1 内部裂纹的曲率半径为2.5×10^{-4}mm（10^{-5}in.），长度为2.5×10^{-2}mm（10^{-3}in.）。已知外加拉应力为170MPa（25000psi），其裂纹尖端最大应力为多少？

9.2 脆性材料中存在一椭圆形表面裂纹，其长度为0.25mm（0.01in.），尖端曲率半径为1.2×10^{-3}mm（4.7×10^{-5}in.），已知外加应力为1200MPa（174000psi），估算其理论断裂强度。

9.3 钠钙玻璃的比表面能为0.3J/m^2，参考表7.1中的数据，试计算长度为0.05mm的表面裂纹扩展所需的临界应力。

9.4 某聚苯乙烯零件需承受1.25MPa（180psi）的拉应力而不断裂。已知聚苯乙烯的表面能为0.5J/m^2，假定弹性模量为3.0GPa，试确定最大容许表面裂纹的长度。

9.5 4340合金钢试样的平面应变断裂韧度为45MPa$\sqrt{m}$（41ksi$\sqrt{in.}$），已知外加应力为1000MPa（2.86×10^{-3}in.-lb$_f$/in.^{2}），试样中最长的表面裂纹为0.75mm（0.03in.），则试样是否会断裂？为什么？假设参数Y的值为1.0。

9.6 某飞机零件由铝合金制造，其平面应变断裂韧度为35MPa$\sqrt{m}$（31.9ksi$\sqrt{in.}$）。已知当最大（或临界）内部裂纹的长度为2.0mm（0.08in.）时，材料会在250MPa（36250psi）应力下断裂。相同的零件及合金，若最大内部裂纹的长度为1.0mm（0.04in.），且承受325MPa（47120psi）应力时会断裂吗？为什么？

9.7 假设飞机机翼零件由铝合金制造，其平面应变断裂韧性为40MPa$\sqrt{m}$（36.4ksi$\sqrt{in.}$）。已知当最大（或临界）内部裂纹的长度为2.5mm（0.10in.）时，材料会在365MPa（35000psi）应力下断裂。相同的零件及合金，若临界内部裂纹的长度为4.0mm（0.16in.），试计算其承受多大应力时会断裂。

9.8 某合金钢制成的大板的平面应变断裂韧度为55MPa$\sqrt{m}$（50ksi$\sqrt{in.}$），假如在使用过程中，平板承受的拉应力为200MPa（29000psi），试确定导致断裂的最小的表面裂纹的长度。假设Y的值为1.0。

WILEY 9.9 试计算7075-T651铝合金（表9.1）零件最大内部裂纹长度，承受的应力为其屈服强度的一半。假设Y的值为1.35。

9.10 某合金钢制成的大板结构件的平面应变断裂韧度为77.0 MPa$\sqrt{m}$（70.1ksi$\sqrt{in.}$），屈服强度为1400MPa（205000psi）。缺陷检测设备的缺陷尺寸分辨极限为4mm（0.16in.）。如果设计应力是屈服强度的一半，且Y的值为1.0。试确定临界裂纹是否可以通过缺陷检测发现。

陶瓷材料的断裂

高分子材料的断裂

9.11 简单解释：

(a) 为什么有些陶瓷材料断裂强度会呈现显著的分散性；

(b) 为什么断裂强度随试样尺寸的减小而增大。

9.12 脆性材料的抗拉强度可由式（9.1）的变化决定，试计算Al_2O_3试样承受275MPa（40000psi）张应力而产生断裂的临界裂纹尖端半径。假设临界表面裂纹长2×10^{-3}mm，而理论断裂强度为$E/10$，其中E为弹性模量。

WILEY 9.13 通过蚀刻掉玻璃的薄表面层可以增加其断裂强度。该蚀刻可改变表面裂纹的几何形状（即降低了裂纹的长度和增加了尖端半径）。如果裂纹长度变为1/3，试计算断裂强度增加了8倍时的原始和蚀刻裂缝尖端半径比。

9.14 列出有利于热塑性聚合物发生脆性断裂的5个因素。

断裂韧性测试

9.15 下表是球墨铸铁的一组夏比冲击试验的数据。

温度/℃	冲击能/J	温度/℃	冲击能/J
–25	124	–110	52
–50	123	–125	26
–75	115	–150	9
–85	100	–175	6
–100	73		

(a) 试绘制冲击能与温度的关系图。

(b) 试确定韧脆转变温度，此温度对应的冲击能为最大和最小冲击能的平均值。

(c) 试确定韧脆转变温度，此温度对应的冲击能为80J。

9.16 下表是4140合金钢的一组夏比冲击试验的数据。

温度/℃	冲击能/J	温度/℃	冲击能/J
100	89.3	–65	66.0
75	88.6	–75	59.3
50	87.6	–85	47.9
25	85.4	–100	34.3
0	82.9	–125	29.3
–25	78.9	–150	27.1
–50	73.1	–175	25.0

(a) 试绘制冲击能与温度的关系图。

（b）试确定韧脆转变温度，此温度对应的冲击能为最大和最小冲击能的平均值。

（c）试确定韧脆转变温度，此温度对应的冲击能为70J。

交变应力

S-N 曲线

高分子材料的疲劳

9.17 某疲劳试验的平均应力为50MPa（7250psi），应力振幅为225MPa（32625psi）。

（a）试计算最大和最小应力。

（b）试计算应力比。

（c）试计算应力范围。

WILEY 9.18 圆柱形1045合金钢钢筋（如图9.41所示）沿轴向承受重复拉伸-压缩载荷。若加载振幅为22000N（4950 lbf），试计算保证钢筋不发生疲劳失效的最小直径。假设安全因子为2.0。

WILEY WILEY GM 9.19 以红铜合金（如图9.41所示）制成直径为8.0mm（0.31in.）的圆杆，沿其轴向承受反向拉伸-压缩载荷。若最大拉伸和压缩载荷分别为+7500N（+7500 lbf）和–7500N（–7500 lbf），试确定其疲劳寿命。假设图9.41中曲线的纵轴代表应力振幅。

WILEY 9.20 以2014-T6合金（如图9.41所示）制成直径为12.5mm（0.50in.）的圆杆，其轴向承受重复拉伸-压缩载荷。试确定使其疲劳寿命为1.0×10^7次循环的最大和最小载荷。假设纵轴代表应力振幅，且平均应力为50MPa（7250psi）。

WILEY 9.21 某黄铜合金的疲劳数据如下：

应力振幅/MPa	断裂的循环次数	应力振幅/MPa	断裂的循环次数
310	2×10^5	153	3×10^7
223	1×10^6	143	1×10^8
191	3×10^6	134	3×10^8
168	1×10^7	127	1×10^9

（a）利用这些数据绘制*S-N*曲线（应力振幅与断裂的循环次数的对数）。

（b）试确定在5×10^5循环的疲劳强度。

（c）试确定应力振幅为200MPa时的疲劳寿命。

WILEY 9.22 假设习题9.21黄铜合金的疲劳数据来自扭转试验，且合金轴用于平均转速为1500r/min的电机耦合，试确定下列耦合寿命所能许用的最大扭转应力大小。（a）1年，（b）1月，（c）1天，（d）2小时。

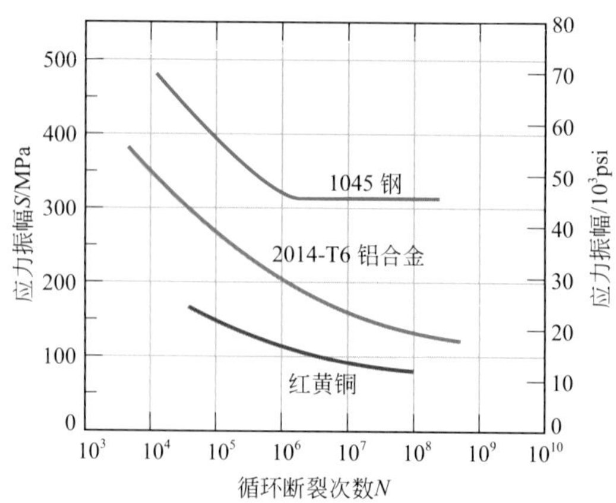

图9.41 红黄铜、铝合金和碳素钢的应力大小*S*对产生疲劳破坏循环次数*N*的对数关系图

（摘自H.W.Hayden，W.G.Moffatt，and J. Wulff，The Structure and Properties of Materials，Vol.III，Mechanical Behavior，p.15.Copyright © 1965 by John Wiley & Sons，New York. 重印得到John Wiley & Sons，Inc. 允许Also 摘自ASM Handbook，Vol.2，Properties and Selection：Nonferrous Alloys and Special-Purpose Materials，1990. 重印得到ASM International允许.

WILEY 9.23 某球墨铸铁的疲劳数据如下：

应力振幅/MPa（ksi）	断裂的循环次数	应力振幅/MPa（ksi）	断裂的循环次数
248（36.0）	1×10^5	201（29.1）	1×10^7
236（34.2）	3×10^5	193（28.0）	3×10^7
224（32.5）	1×10^6	193（28.0）	1×10^8
213（30.9）	3×10^6	193（28.0）	3×10^8

（a）利用这些数据绘制*S-N*曲线（应力振幅与断裂的循环次数的对数）。

（b）试确定该合金的疲劳极限。

（c）试确定应力振幅为230MPa（33500psi）和175MPa（25000psi）时的疲劳寿命。

（d）估算在2×10^5和6×10^6循环时的疲劳强度。

WILEY 9.24 假设习题9.23黄铜合金的疲劳数据来自弯曲-旋转试验，且合金杆用于汽车轴，平均转速为750r/min，试确定能许用下列应力的最大连续驱动寿命。（a）250MPa（36250psi），（b）215MPa（31000psi），（c）200 MPa（29000psi），（d）150MPa（21750psi）。

WILEY 9.25 3个相同的疲劳试样（记作A、B和C）由某一非铁合金制成，每一试样分别承受以下所列的最大-最小应力循环；3个试验的频率都相同。

试样	σ_{max}/MPa	σ_{min} /MPa
A	+450	–350
B	+400	–300
C	+340	–340

（a）将这3个试样的疲劳寿命由最长至最短排序。

（b）绘出*S-N*曲线以证实排序的正确性。

9.26 （a）比较聚苯乙烯（图9.27）和铸铁（疲劳数据由习题9.23给出）的疲劳极限。

（b）比较聚对苯二甲酸乙二醇酯（PET，图9.27）和红铜合金（图9.41）在10^6循环的疲劳强度。

9.27 列出5个可以导致疲劳寿命数据离散的因素。

裂纹的萌生与扩展

影响疲劳寿命的因素

9.28 简要从（a）尺寸和（b）起源两方面说明疲劳辉纹和沙滩纹的区别。

9.29 列出4种可以增加金属合金抗疲劳性能的方法。

广义蠕变行为

WILEY 9.30 给出蠕变在下列金属中体现其重要作用的近似温度：镍、铜、铁、钨、铅和铝。

9.31 下列蠕变数据得自400℃（750 ℉），25MPa（3660psi）恒定应力的铝合金。绘制应力与时间的关系图并确定稳态或最小应变速率。注意：数据未包含初始和瞬时应变。

时间/min	应变	时间/min	应变
0	0.000	4	0.043
2	0.025	6	0.065

续表

时间/min	应变	时间/min	应变
8	0.078	20	0.172
10	0.092	22	0.193
12	0.109	24	0.218
14	0.120	26	0.255
16	0.135	28	0.307
18	0.153	30	0.368

应力和温度的影响

9.32 某S-590合金（如图9.38所示）试样原长750mm（30in.），处于815℃（1500℉），80MPa（116000psi）拉应力作用下。试确定其5000h后的伸长量。假设其瞬时和第一阶段蠕变的总伸长量是1.5mm（0.06in.）。

9.33 某圆柱形S-590合金试样（如图9.38所示）原直径10mm（0.40in.），长度500mm（20in.），则需要多大负荷才能使该试样在730℃（1350℉），2000h后总伸长量达到145mm（5.7in.）？假设瞬时和第一期蠕变的伸长量总共为8.6mm（0.34in.）。

WILEY • 9.34 某S-590合金（如图9.37所示）零件处于650℃（1200℉），300MPa（43500psi）拉应力作用下。估算其断裂寿命。

WILEY • 9.35 某圆柱形零件由S-590合金（如图9.37所示）制成，其直径为12mm（0.50in.），试确定其可以在925℃（1700℉）下，经历500h还不断裂的最大载荷。

WILEY • 9.36 根据式（9.20），如果绘出$\dot{\epsilon}_s$的对数与σ的对数的关系图，那么将会得到一条直线，其斜率为应力指数n。参照图9.38，试确定S-590合金在925℃以及直线段起始部分（低温）650℃、730℃、815℃下的n值。

WILEY • 9.37 （a）根据S-590合金在图9.38中稳态蠕变行为估算其蠕变活化能（即式9.21中的Q_c）。可以利用300MPa（43500psi）应力及650℃和730℃温度下测得的数据。假设应力指数n与温度无关。（b）试估算600℃（873K），300MPa下的$\dot{\epsilon}_s$。

WILEY • 9.38 镍在1000℃（1273 K）下的稳态蠕变速率数据如下：

$\dot{\epsilon}_s/s^{-1}$	σ/MPa（psi）
10^{-4}	15（2175）
10^{-6}	4.5（650）

如果已知蠕变激活能为272000J/mol，试计算在850℃（1123K）及25MPa（3625psi）应力下的稳态蠕变率。

9.39 不锈钢在应力70MPa下的稳态蠕变速率如下：

$\dot{\epsilon}_s/s^{-1}$	T/K
1.0×10^{-5}	977
2.5×10^{-3}	1089

如果已知合金应力指数n的值为7.0，试计算在1250K及50MPa（7250psi）应力下的稳态蠕变速率。

高温用合金

WILEY 9.40 列举三种可以提高金属合金抗蠕变能力的冶金/加工技术。

表格题

9.1SS 给出一系列疲劳应力振幅及断裂的循环次数数据，并设计一个表格，使得读者可以绘出S-lg$N$曲线。

9.2SS 给出一系列蠕变应变和时间数据，并设计一个表格，使得读者可以绘出应变—时间曲线，并可以由此计算出稳态蠕变速率。

设计问题

9.D1 每一个学生（或者一组学生）要获得一个失效的物体/结构/零件，可以来自家庭、汽车维修店、机械修理店等等。展开调查以确定他们失效的原因（即简单断裂、疲劳、蠕变）。另外，提出可以在未来预防这一类断裂的措施。最后，递交一份包括以上内容的报告。

断裂力学原理

9.D2 （a）如设计例题9.1中的薄壁球形槽，根据临界裂纹尺寸理论［如（a）小题中说明］，将下列高分子材料的临界裂纹长度由长至短排序；尼龙66（50%相对湿度）、聚碳酸酯、聚对苯二甲酸乙二酯、聚甲基丙烯酸甲酯。计算值可与表9.3中金属合金的排序作对比，对两者的差异进行评论。可以使用附录B中表B.4和B.5的资料计算。

（b）现在对这四种高分子，以设计例题9.1中（b）小题的先泄漏再断裂理论加以排序，也和表9.4中金属合金的值作比较，并提出你的观点。

WILEY 9.D3 某S-590合金零件（如图9.39所示）在500℃（773 K）下至少要有100天的蠕变断裂寿命。试计算其最大许用应力。

WILEY 9.D4 某S-590合金零件（如图9.39所示）承受200MPa（29000psi）应力。试计算其可以维持500h断裂寿命的温度。

WILEY 9.D5 某18-8钼不锈钢（如图9.42所示）零件在700℃（973K）下承受80MPa（11600psi）应力，试预测其断裂寿命。

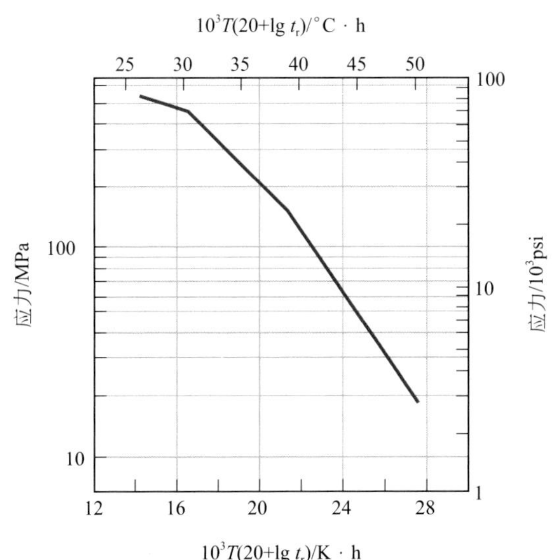

图9.42 18-8钼不锈钢应力对数与纳森–米勒参数的关系。

（来源于F.R.Larson and J.Miller，Trans.ASME，74，765，1952.重印得到ASME.允许）

9.D6 某18-8钼不锈钢零件（如图9.42所示）在500℃（773K）下断裂寿命为5年和20年的最大许用应力为多少？

工程基础问题

9.1FE 金属试样经历拉伸测试直至断裂。以下哪一种金属会经历这种断裂？

（A）延性很好

（B）不确定

（C）脆性

（D）延性适中

9.2FE 以下哪种断裂与晶间裂纹扩展相关？

（A）延性

（B）脆性

（C）延性和脆性

（D）既不是延性也不是脆性

9.3FE 一长度为0.25mm的椭圆形表面裂纹的扩展造成了一种脆性材料的断裂，其尖端曲率半径为0.004mm，已知施加应力大小为1060MPa，试估算这种脆性材料的理论断裂强度（MPa）。

（A）16760 MPa

（B）8380 MPa

（C）132500 MPa

（D）364 MPa

9.4FE 一圆柱形1045钢杆进行轴向压缩-拉伸应力循环。已知施加载荷为23000N，试计算保证疲劳断裂不发生的最小杆直径（mm）。假设安全因子为2.0。这种合金的*S-N*疲劳曲线如下图所示。

（A）19.4 mm

（B）9.72 mm

（C）310 MPa

（D）13.7 mm

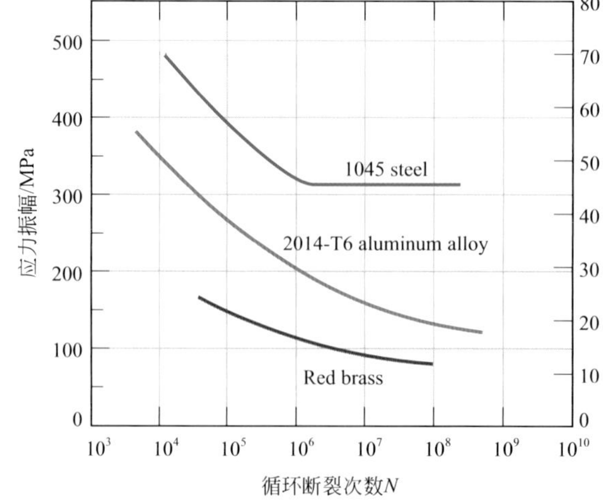

第10章 相图

下图为纯净水的相图。图中参数为外部压力（纵轴，对数坐标）和温度。这是我们所熟悉的一个三相相图——固相（冰）、液相（水）和气相（蒸汽）。3条红色曲线分别代表分隔3个不同区域的相界。位于每个区域照片代表其所在区域的相——冰块，倒入玻璃杯的液态水和从水壶向外喷出的蒸汽（照片由iStockphoto提供。）

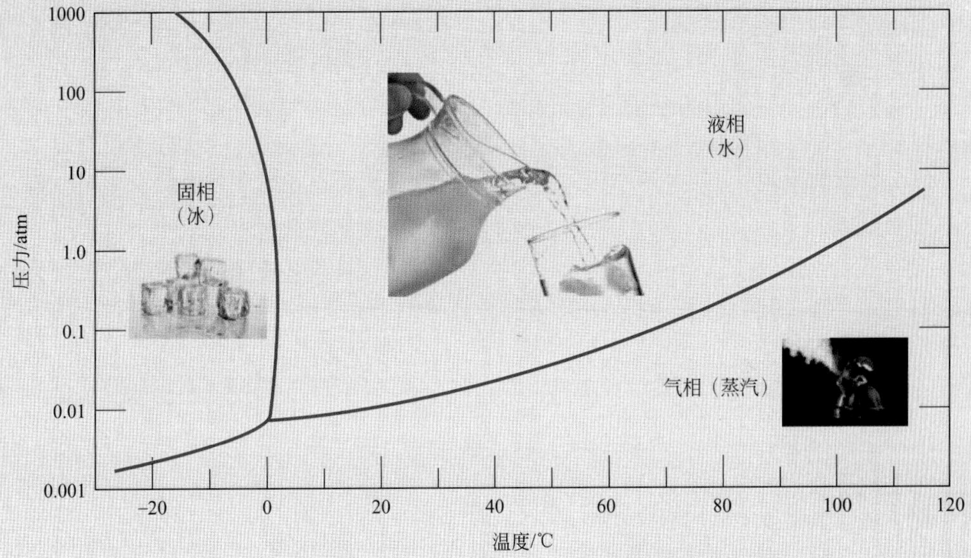

照片展示了H_2O中的三相：冰（冰山）、水（海洋）和蒸汽（云）。三相之间处于非平衡状态。

©Achim Baqué/Stockphoto/

为什么学习相图？

学习并理解相图的原因在于，这对工程师进行热处理过程的设计和控制是很重要的；材料的某些性质与其显微结构相关，同时和它的受热过程也相关。虽然大多数相图表示的是稳态（或平衡状态）状态的显微结构，但是它对非平衡结构的存在和发展，以及对与之相关性质的理解都是有用的；非平衡结构的性质通常比平衡状态结构的性质更值得关注。上述情况可以通过析出硬化现象解释（11.10 节和 11.11 节）。

学习目标

通过本章的学习，你需要掌握以下内容。

1.（a）大致画出简单的匀晶和共晶的相图。
（b）在相图中标出各个相区。
（c）标出液相线，固相线和固溶线。

2. 给定二元相图，同时给定其合金的组成和温度，并假设合金处于平衡状态，确定
（a）此时存在哪些相。
（b）相的组成。
（c）相的质量分数。

3. 对于某些给定的二元相图，可以进行以下内容：
（a）确定所有共晶，共析，包晶和同成分相变的温度和成分；
（b）在加热或冷却的条件下写出所有转变的反应式。

4. 铁碳合金中包含 0.022%（质量）~ 2.14%（质量）的碳元素，需要掌握以下内容：
（a）确定合金为亚共析合金或过共析合金，
（b）命名先共析相，
（c）计算先共析相和珠光体的质量分数，
（d）画出一个温度低于共析温度时的微观结构示意图。

10.1 概述

对于合金体系相图的理解是极其重要的，因为在显微结构和力学性能之间存在很强的关联性，同时，合金显微结构的变化与相图的特点也是相关的。此外，相图为熔炼、铸造、结晶和其他现象提供了有价值的信息。

本章主要介绍和讨论以下问题：① 与相图和相变有关的术语；② 纯净物质的压力–温度相图；③ 能够解说相图；④ 包括铁碳系统在内的一些简单常见的二元合金相图；⑤ 一些情况下，平衡状态显微结构在冷却过程中的变化。

定义和基本概念

在研究相图的含义与应用之前，首先需要建立与合金，相以及平衡状态相关的基本定义和概念的基础。组元是一个在下面的讨论中频繁用到的概念。组元是组成合金的纯净金属或化合物。例如，铜-锌黄铜的组元是 Cu 和 Zn。溶质和溶剂也是常用到的概念，并且已在第 5.4 节中定义过。另外一个在本章会用到的概念是系统，它有两层含义。首先，系统可以指所考虑材料集合中的特定部分

组元

系统

（例如，一勺熔融的钢液）。其次，系统可能是指由相同组元组成的一系列合金，但是不考虑合金的组成（例如铁碳系统）。

固溶体的概念在5.4节中已介绍。回顾一下，固溶体至少由两种不同类型的原子组成；溶质原子取代了溶剂原子的位置或填充了溶剂原子点阵的间隙位置，同时溶剂的晶体结构不发生变化。

10.2 溶解度极限

溶解度极限

对于在某一特定温度下的大多数合金系统而言，在溶剂中能够溶解最大浓度的溶质原子从而形成固溶体，这个最大的浓度称为溶解度极限。如果增加溶质的量超过了溶解度极限，会形成其他的固溶体或不同组成的化合物。下面通过糖-水（$C_{12}H_{22}O_{11}$—H_2O）组成的系统来说明这个概念。首先，将糖加到水里，会形成糖水溶液或糖浆。随着更多的糖加到水里，溶液的浓度增高，直至达到溶解度极限，最后溶液中糖饱和。此时，溶液不能溶解更多的糖，并且多余的糖将会沉淀在容器底部。此时该系统由两个独立的物质组成：糖-水溶液和未溶解的固态晶体糖。

糖在水中的溶解度极限取决于水的温度，如图10.1所示，图中以温度为纵轴、成分组成（糖的质量百分比）为横轴。沿着横轴，糖的浓度由左向右逐渐增大，而水的百分比由右向左逐渐增长。由于溶液中只包含两种组元（糖和水），因此溶液在任何成分组成时的浓度的总和都等于100%（质量）。图中接近垂直的线代表的是溶解度极限。在溶解度曲线的左侧区域，只存在糖浆溶液；在曲线的右侧区域，糖浆溶液和固态糖是共存的。在特定的温度下的溶解度极限，可根据给定温度与溶解度曲线的交叉点对应的成分得到。例如，在20℃糖在水中的最大的溶解度是65%（质量）。如图10.1所示，溶解度极限随着温度的升高而轻微增加的。

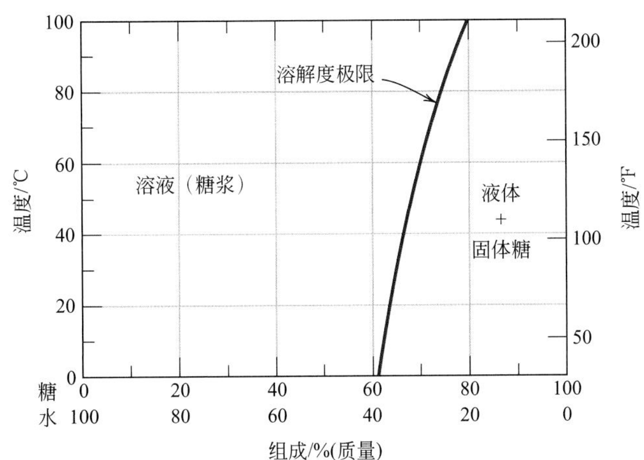

图10.1 糖（$C_{12}H_{22}O_{11}$）在糖水溶液中的溶解度

10.3 相

相

相的概念对于相图的理解也很重要。相可定义为系统中均匀的部分，具有均一的化学和物理性质。每一种纯净材料都可认为是一个相，包括固溶体、水溶液和气溶体中的任何一种。例如，前面讨论的糖水溶液是一个相，而固体糖是另一个相。每一个相有不同的物理性质（一个为液体，另一个为固体）；此外，每个相的化学性质也不同（即有不同的化学成分）；一个是纯净的糖，另一个是水和糖的水溶液。假如在一个给定的系统中存在多个相，每个相将会有自身独特的性质，则在物理或化学性质不连续的地方会存在界面将其分隔开。当系统中存在两个相时，两相的物理和化学性质不一定都不相同，只要其中一项性质不同就满足要求。当水和冰共存于容器中时，则存在两个不同的相，虽然它们物理性质不同（一个是固体，另一个是液体），但是它们的化学成分相同。另外，当一种物质以两种或两种以上的形态存在（比如FCC和BCC结构）时，因为它们各自的物理特性不同，每一种结构的物质都是一个单独的相。

由单相组成的系统为均质系统。由两个或多个相组成的系统为混合或多相系统。大多数金属合金、陶瓷、高分子和复合系统均属于多相系统。通常来说，多相系统的性质不同于单相系统，并且远远优于单相系统。

10.4 显微结构

多数情况下，材料的显微结构决定了材料的物理性质，特别是力学行为。显微结构是通过电子显微镜或光学显微镜直接观察的结果，在第5.12节介绍过。在金属合金中，显微结构是通过存在的相所占的百分比以及相的排布方式来决定其特征的。合金的显微结构取决于合金元素的种类和浓度，以及合金的热处理过程（即热处理的温度、时间以及冷却至室温的冷却速率）。

需要进行显微镜观察的样品制备过程已在第5.12节做了简单的介绍。样品经过抛光和腐蚀之后，通过观察外观就可以区分出不同的相。例如，观察一个两相合金，可能会出现一个相会相对明亮，另一个相则相对灰暗。当合金只存在一个相，或固溶体时，其外观除了一些裸露的晶界外，整体结构是比较均匀的［图5.19（b）］。

10.5 相平衡

平衡
自由能

平衡是另一个重要的概念，是通过名为自由能的热力学量来描述的。简而言之，自由能是系统内能的函数，同时表示系统中原子或分子的混乱或无序（或熵）的程度。在某些特定温度，压力和成分组成下，系统的自由能最小时，则系统处于平衡状态。在宏观意义上，意味着系统处于稳定状态，其性质不再随着时间的变化而发生改变。若改变平衡状态系统中的温度，压力或是成分组成中的的任一参数，将会导致自由能的增加，并且随后系统可能会自发地转向自由能最低的状态。

相平衡

相平衡在本章的学习中会经常用到，它指的是在多相系统中的平衡。相平衡是指系统中各相的特性不随时间而发生改变。下面通过举例来进行说明。假设在20℃，将糖-水溶液置于一密闭容器中，同时存在与溶液接触的固态糖。系统处于平衡状态时，糖浆的成分为65%（质量）$C_{12}H_{22}O_{11}$-35%（质量）H_2O（图10.1），并且糖浆和固体糖的含量随着时间保持不变。若将系统的温度突然升到100℃，此时系统的平衡将会被破坏，溶解度极限增加到80%（质量）$C_{12}H_{22}O_{11}$（图10.1）。因此，会有部分固态糖融入到溶液中形成糖浆。该现象会一直持续，直到在此高温下糖浆的浓度到达新的平衡状态。

糖-糖浆的例子解释了液态-固态系统的相平衡原理。在很多冶金材料中，相平衡只涉及了固相。在这种情况下，显微结构的特点将会反映系统所处状态，不仅包括相的状态和组成，还包括每个相的相对相含量和它们的空间排布。

亚稳态

对自由能的考虑，以及类似于图10.1所示的相图能够提供的有关平衡状态特点的信息，这些都是很重要的，但通过这些并不能获得达到新平衡状态所需要的时间。通常情况下，尤其是对于固态系统，由于系统趋于平衡的速率极其缓慢，平衡状态是永远不能够达到的；因此认为系统状态为非平衡状态或亚稳态。亚稳态或是显微结构不能够一直保持稳定的状态，随着时间的推移会持续发生极其轻微的变化。一般来说，亚稳态结构要比稳态结构更加重要。例如，钢和铝合金所需要的强度，在进行热处理时需要参考亚稳态显微结构来设计工序（11.5节和11.10节）。

因此，不仅对于平衡状态和平衡结构的理解很重要，对于建立平衡状态的速率和影响速率的因素的理解同样重要。本章主要研究平衡结构；对于反应速率和非平衡结构的研究将会在第11章介绍。

相平衡和亚稳态的区别是什么？
[解答可参考www.wiley.com/college/callister（学生之友网站）]

10.6 单组分（一元）相图

相图

对于一个特定的系统，有关控制相结构的信息可以简明地从相图中获得，相图也叫做平衡图。目前，有三个能够影响相结构的外部参数——温度、压力和组成，相图就是由其中任意两个参数组合而构成。

一元系统的相图是最简单的一类相图，原因是系统的组成是不变的（即相图是纯物质相图）；此时只有温度和压力是变量。单组分相图（或一元相图）[通常也叫做压力-温度（或*P-T*）图]是一个由压力（纵坐标，或垂直轴）和温度（横坐标，或水平轴）组成的二维平面图。通常，压力轴采用对数值表示。

下面用水的相图来举例说明这种类型的相图，如图10.2所示。图中可划分为三个区域分别代表三个不同的相——固相、液相和气相。平衡条件下，每一相存在于其对应温度——压力范围所组成的面积内。此外，图中的三条曲线（标注为*aO*，*bO*和*cO*）表示相界，位于曲线上的任意一点，表示相界两侧的相是彼此处于平衡状态（或共存）。也就是说，沿着*aO*固相与气相之间是平衡的，同样，沿着*bO*固相与液相之间是平衡的，沿着*cO*液相与气相之间是平衡的。此外，若跨越相界（如温度和压力任意一个或两个都发生改变），相也会随着发生变化。例如，在图10.2中所标记的2点（即水平虚线与固液相界的交点），当压力为101.325 kPa时，固相变为液相（即发生了融化），与2点对应温度为0℃时的相吻合。当然，在冷却的条件下，该点逆向转变（液态转变为固态，或固化）也会发生。相似地，在虚线与气液相界的交点处[3点（图10.2），100 ℃]，在加热时，会发生液相向汽相的转变（或汽化）；在冷却时，会发生冷凝的变化，最终，在越过曲线aO之后，加热使固体冰发生了升华或汽化。

从图10.2可以看出，3条相界曲线相交于一点，即为图中的O点（对于纯水系统，温度为273.16 K，压力为612 Pa）。意味着在该点时，固、液、气三相同时存在并相互平衡。大致而言，该点以及在其他P-T相图中能够使三相平衡的点称为三相点，有时因为该点的温度和压力数值是固定的，也叫做不变点。在温度和压力方面产生做任何改变都会偏离该三相点，会导致至少有一相消失。

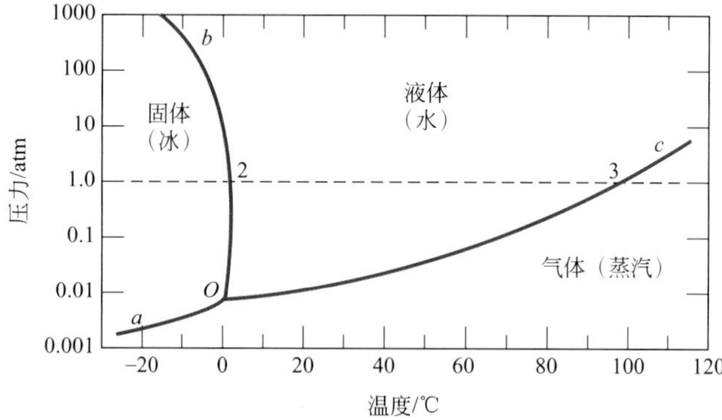

图10.2 纯水的压力-温度相图

压力为101.325kPa时，水平虚线与固液相界的交点（2点），与压力下的熔点相符合（T=0℃）。与气液相界的交点3点，则代表沸点（T=100℃）

大多数物质的压力-温度相图是经过实验测定的，包含固相、液相和气相三个区域。从这些实例中可以了解到，当存在多种固相时（即同素异形体，3.10节），对于每一种固相来说，在相图中都会有相应的区域和其他三相点。

二元相图

另一种极为常见的相图，将温度和组分作为变量，压力为常数，通常为101.325kPa。相图中通常有3个变量，在目前的讨论中，我们以二元合金为例，系统只含有两种组分。若存在超过两种组分，相图将会极其复杂和并且很难呈现。即使大多数合金中含有超过两种组分，对于主要原理和相图的理解也可以通过二元合金相图来解释。

二元相图表示的是在平衡状态下，温度、组成以及各相含量之间的关系，并会影响到合金的显微结构。许多微观结构变化是由相变引起的，相变是由温度变化引起的（通常是指冷却过程）。上述过程会涉及由一个相变化为另一个相，或是新相的出现，旧相的消失。二元相图对于预测平衡状态或非平衡状态下的相变和显微结构方面是很有用处的。

10.7 二元匀晶系统

最容易理解的二元相图就是铜-镍二元相图［图10.3（a）］。纵坐标为温度，横坐标代表合金中镍的含量，底部和顶部分别代表镍的重量百分比和原子百分比。合金组成范围，由水平轴最左边0%（质量）Ni［100%（质量）Cu］，到最右边0%（质量）Ni［100%（质量）Cu］。图中有3个不同的相区，分别为α相区（α），液相区（L）和（α+L）双相区。每个区域是由单相或多相对应的温度和组成的相界划分出来的。

液相L是铜和镍组成的均匀溶液。α相是由含铜和镍组成的置换固溶体，并具有FCC晶体结构。温度低于1080℃时，铜和镍能够以任何成分组成互溶成为固态。由于铜和镍具有相同的晶体结构（FCC），相近的原子半径和电负性，以及相似的价电子数，因此两者能够无限互溶，如第5.4节中讨论。由于在铜-镍系统中两种组元在液态和固态中是无限互溶的，因此称为匀晶系统。

匀晶系统

下面是关于专业术语命名的方法。首先，对于金属合金，通常用小写希腊字母（α，β，γ等）表示固溶体。此外，对于相界，划分液相区L和固液双相区（α+L）的线称为液相线，如图10.3（a）中所示；位于液相线之上所有温度和组成表示的区域仅存在液相。位于α和（α+L）之间的线称为固相线，在固相线之下只存在固相α。

如图10.3（a）所示，固相线和液相线相在成分的最左边和最右边相交，两个交点分别代表了纯组分的熔化温度。例如，纯铜和纯镍的熔化温度分别为1085℃和1455℃。加热纯铜时沿着最左边的温度轴垂直向上移动。铜会在熔点达到之前保持固态。到达熔化温度时发生固-液转变，一直到转变完成之前，加热也不能使温度升高。

至于除了纯组元的之外的任何组成，熔化现象将会在固相线和液相线之间的温度范围内发生；在该温度范围内，固相α和液相都处于平衡状态。例如，在加热组成为50%（质量）Ni-50%（质量）Cu的合金时［图10.3（a）］，在大约1280℃（2340 ℉）开始熔化；随着温度的升高，液相的量持续增加，直到温度到达1320℃（2410 ℉）时合金完全转变为液体。

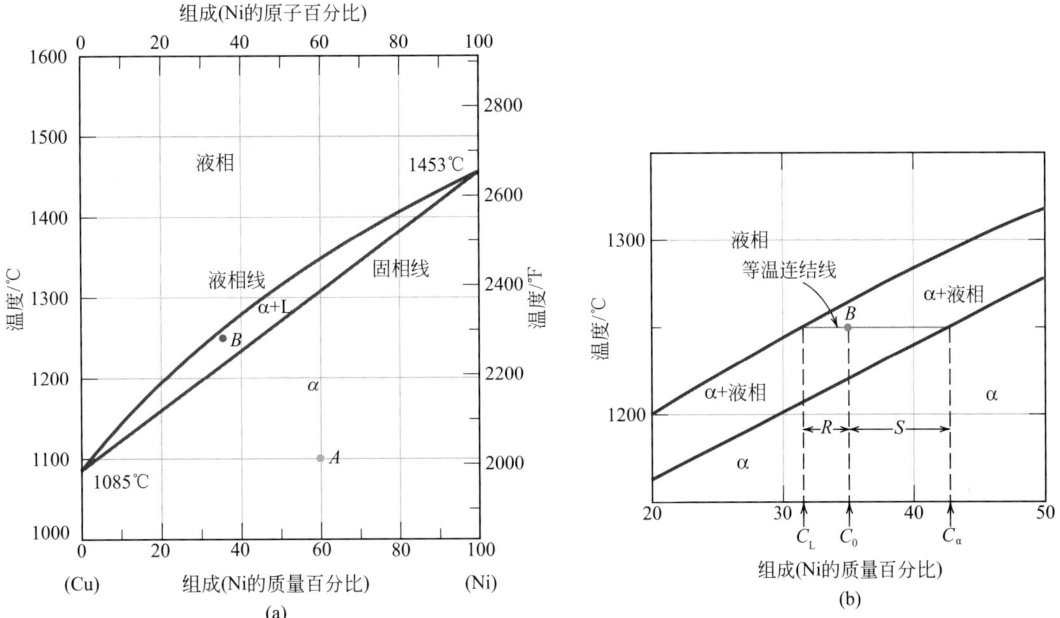

图10.3 （a）铜-镍相图（b）决定*B*点的组成和相含量的部分铜-镍相图

（图片摘自*Phase Diagrams of Nickel Alloys*，P. Nash，Editor，1991.重印获得了ASM International，Materials Park，OH.的许可）

10.8 相图分析

对于一个处于平衡状态并已知其组成和温度的二元系统，至少有3类信息是可知的：① 存在的相；② 相的组成；③ 相的百分比或分数。下面用铜-镍系统来说明如何获得上述信息。

(1) 存在的相

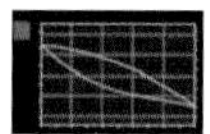

VMSE
匀晶（Sn-Bi）

确定有存在哪些相是相对简单的。需要在相图中任意确定一个温度-成分点，根据所在相区来标定存在的相。例如，在1100℃，图10.3（a）中的A点为60%（质量）Ni-40%（质量）Cu的合金，由于A点位于α相区，只存在单相α。另外，在1250℃，组成为35%（质量）Ni-65%（质量）Cu的合金（B点），在平衡状态时α相与液相共存。

(2) 相组成的确定

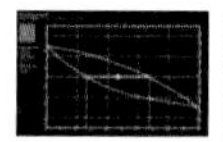

VMSE
包晶（Sn-Bi）

确定相组成（表示为组元的浓度）的第一步是找到位于相图中的温度-组成点。单相区和双相区的点采用不同的研究方法。若位于单相区，分析过程很简单：该相的组成与合金整体的组成是相同的。例如：在1100℃，组成为60%(质量）Ni-40%（质量）Cu的合金［A点，图10.3（a)］。在该温度和组成下，只存在α相，相组成为60%（质量）Ni-40%（质量）Cu。

对于组成和温度位于两相区的合金而言，情况会较为复杂。在所有的两相区（且仅在两相区）中，可以想象到对应于每一个温度值，均存在一系列水平线，这些线叫做等温连接线，或叫做等温线。等温联结线在两相区内延伸，并终止于任一侧相界处。为了计算平衡状态下两相的浓度，需要进行步骤如下。

等温连接线

① 在特定温度下，画一条横跨合金两相区的等温连接线。

② 标出等温连接线与两侧相界的交点。

③ 由这两个交点向下引垂线，相交于水平组成轴，根据与水平轴的交点可以读出对应相的组成。

例如，再来讨论1250℃，组成为35%（质量）Ni-65%（质量）Cu的合金，位于图10.3（b）中的B点，同时位于α+L相区内。此时的问题为分别确定α相和液相的组成（镍和铜的质量百分比）。如图10.3（b）所示，等温连结线横跨α+L相区。由等温连结线与液相线的交点向成分轴引垂线，相交于31.5%（质量）Ni-68.5%（质量）Cu处，即为液相的组成C_L。相同地，根据等温连接线与固相线的交点，向成分轴引垂线，能够得到固溶相α的组成C_α，为42.5%（质量）Ni-57.5%（质量）Cu。

(3) 相含量的确定

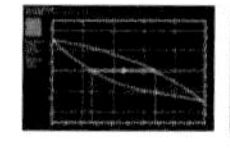
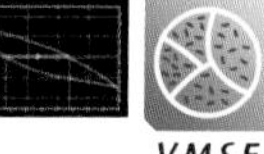

包晶系统（Sn-Bi）

借助相图，还可以计算平衡状态下相的相对含量（分数或百分数）。另外，单相和双相情况必须分开处理。固溶相明显位于单相区，由于只存在一个相，合金完全由该相组成，也就是说，该相的分数为1.0，或者所占百分比为100%。从之前的例子中可以看出，在1100℃，组成为60%（质量）Ni-40%（质量）Cu的合金［图10.3（a）中的A点］，只存在α相，因此该合金完全或100%是α相。

若组成-温度点位于双相区内，情况会较为复杂。此时等温连接线需要与杠杆定理（逆杠杆定理）相互配合运用，具体步骤如下。

杠杆定理

① 在特定温度下，画出一条横跨两相区的等温连接线。

② 整个合金组成位于等温连接线上。

③ 其中任意一相所占分数的计算，是通过取得等温连接线由该合金的组成到另一相界的长度，除以等温连接线的总长度得到。

④ 另一相的分数按照同样的方法来确定。

⑤ 如果要得到每相的百分比，可将相的分数乘以100。当组成轴的刻度是质量百分比时，则通过使用杠杆定理来计算相的质量百分比——某一相的质量除以合金的总质量。每一相的质量可由每相的分数和合金总质量的乘积求得。

在杠杆法则的应用中，等温连接线的线段长度可利用线性刻度尺直接由相图中测量而得，刻度最好是毫米；或是由组成轴减掉组成相而得。

再重新考虑图10.3（b）中的例子，组成为35%（质量）Ni-65%（质量）Cu的合金在1250℃时，存在α相和液相两相。此时的问题为计算α和液相各相的分数。用来决定α和液相的组成的等温连接线已在图中画好。假设合金的全部组成沿等温连接线分布，并表示为C_0，液相和α相的质量分数分别用W_L和W_α表示。根据杠杆定理，W_L可根据式（10.1a）计算：

$$W_L = \frac{S}{R+S} \tag{10.1a}$$

或通过成分组成进行计算：

计算液体质量分数的杠杆定理表达式［对照图10.3（b）］

$$W_L = \frac{C_\alpha - C_0}{C_\alpha - C_L} \tag{10.1b}$$

成分组成要以二元合金中的某一个组分来确定；将会利用镍的质量百分比来进行上式的计算［即，C_0=35%（质量）Ni，C_α=42.5%（质量）Ni，和C_L=31.5%（质量）Ni］，

$$W_L = \frac{42.5-35}{42.5-31.5} = 0.68$$

相似地，对于α相而言，有：

计算α-相质量分数的杠杆定理表达式［对照图10.3（b）］

$$W_\alpha = \frac{R}{R+S} \tag{10.2a}$$

$$= \frac{C_0 - C_L}{C_\alpha - C_L} \tag{10.2b}$$

$$= \frac{35-31.5}{42.5-31.5} = 0.32$$

当然，如果用铜的质量百分比来代替镍，会得到相同的答案。

因此，若二元合金的温度和组成是已知的，并且已经建立平衡状态，则可以运用杠杆定理来确定任意两相区中存在相的相对量或分数。推导过程通过例题来说明。

在确定相的组成和相的含量时，很容易将之前的步骤弄混，因此我们来做一个简要的总结。相的组成是以组成的质量百分比表示的［例如，%（质量）

Cu，%（质量）Ni]。对于任何单相合金系统来说，该相的组成与整体合金的组成是相同的。若系统由两相组成，则必须借助使用等温连接线，并且等温连接线的两个端点分别来决定两个相的组成。关于相含量分数（例如，α相或液相的质量分数），若在单相区中，相的含量即为合金本身的含量。若在两相合金中，则需要利用杠杆定理，通过取得等温连接线线段的比例来计算。

概念检查 10.2　组成为70%（质量）Ni-30%（质量）Cu的铜-镍合金，缓慢加热到1300℃。

（a）液相初次形成的温度是多少？

（b）液相的组成是什么？

（c）合金完全融化发生的温度是多少？

（d）在合金完全熔化之前存在的固相的组成是什么？

[解答可参考 www.wiley.com/college/callister（学生之友网站）]

概念检查 10.3　如果铜-镍合金处于平衡状态，组成为37%（质量）Ni-63%（质量）Cu，并且液相的组成为20%（质量）Ni-80%（质量）Cu。则合金所处的大致温度为多少？如果没有此种可能性，请解释原因。

[解答可参考 www.wiley.com/college/callister（学生之友网站）]

例题 10.1

杠杆定理的推导

推导杠杆定理。

解：

在1250℃时，铜镍相图［图10.3（b）］中合金的组成为C_0，同时令C_α，C_L，W_α和W_L分别代表之前已经设定的参数。由质量不变法则可以完成此推导过程。首先，由于只存在两个相，其质量分数的总和必然等于1，即：

$$W_\alpha + W_L = 1 \tag{10.3}$$

其次，存在的两相中的一种成分（镍或铜）的质量必须等于成分在合金中总的质量，即：

$$W_\alpha C_\alpha + W_L W_L = C_0 \tag{10.4}$$

联立下面两个方程式，即为该特殊情况下的杠杆定理的表达式，等式（10.1b）和式（10.2b）

$$W_L = \frac{C_\alpha - C_0}{C_0 - C_L} \tag{10.1b}$$

$$W_L = \frac{C_0 - C_L}{C_\alpha - C_L} \tag{10.2b}$$

对于多相合金，使用相的体积分数来代替质量分数来代表相含量会比较简便。

因为相的体积分数可以根据观察显微结构来确定。除此之外，多相合金的性质也是根据体积分数来估算的。

α相体积分数—与α和β相的关系

对于由α相和β相组成的合金，α相的体积分数V_α定义为：

$$V_\alpha = \frac{v_\alpha}{v_\alpha + v_\beta} \tag{10.5}$$

式中v_α和v_β分别表示α相和β相的体积。当然，V_β有一种类似的表达式存在，对于只由两相组成的合金，其情况为$V_\alpha+V_\beta=1$。

有时需要将质量分数转换成体积分数（反之亦然）。转换方程式如下：

$$V_\alpha = \frac{\dfrac{W_\alpha}{\rho_\alpha}}{\dfrac{W_\alpha}{\rho_\alpha} + \dfrac{W_\beta}{\rho_\beta}} \tag{10.6a}$$

α和β相的质量分数转换为体积分数

$$V_\beta = \frac{\dfrac{W_\beta}{\rho_\beta}}{\dfrac{W_\alpha}{\rho_\alpha} + \dfrac{W_\beta}{\rho_\beta}} \tag{10.6b}$$

和

α和β相的体积分数转化为质量分数

$$W_\alpha = \frac{V_\alpha \rho_\alpha}{V_\alpha \rho_\alpha + V_\beta \rho_\beta} \tag{10.7a}$$

$$W_\beta = \frac{V_\beta \rho_\beta}{V_\alpha \rho_\alpha + V_\beta \rho_\beta} \tag{10.7b}$$

在这些表达式中，ρ_α和ρ_β分别表示α相和β相的密度，可以通过式（5.13a）和式（5.13b）确定。

当两相合金中各相的密度差别很大时，所得到的质量分数和体积分数存在很大的差异；相反地，若两相密度相同，得到的质量分数和体积分数是相同的。

10.9 匀晶合金显微组织演变

（1）平衡冷却

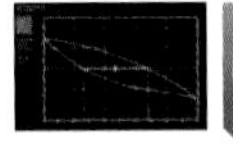

VMSE
匀晶（Sn-Bi）

对于匀晶合金在凝固阶段显微结构的变化的研究是非常有益的。首先来看冷却过程发生很缓慢的情况，此种情况是在相平衡状态下得到的。

首先来看铜-镍系统［图10.3（a）］，尤其是组成为35%（质量）Cu-65%（质量）Ni的合金，由1300℃开始冷却。如图10.4，展示的是该组成附近的Cu-Ni相图区域。该组成合金的冷却过程即为沿着垂直虚线向下移动。在1300℃，*a*点处合金完全为液体［其组成为35%（质量）Ni-65%（质量）Cu］，其显微结构如相图中的圆形插图所示。冷却过程开始之后，在到达液相线之前（*b*点，约为1260℃），显微结构和成分都不会发生改变。在*b*点，首先形成α固相，根据该温度时画的等温连结线，可得出α相的组成[即46%（质量）Ni-54%（质量）Cu，以α(46Ni)表示]；液相的组成仍约为35%（质量）Ni-65%（质量）Cu [L(35 Ni)]，该组成与固体α是不同的。继续进行冷却，相的组成和相对含量都将随着发生变化。液相和α相的组成将分别沿着液相线和固相线变化。此外，α相的相分数将会随着冷却的进行而增大。要注意在冷却的过程中，尽管铜和镍会在各相之间不断进行重新分配，但合金整体的组成［35%(质量)Ni-65%(质量）Cu］是保持不变的。

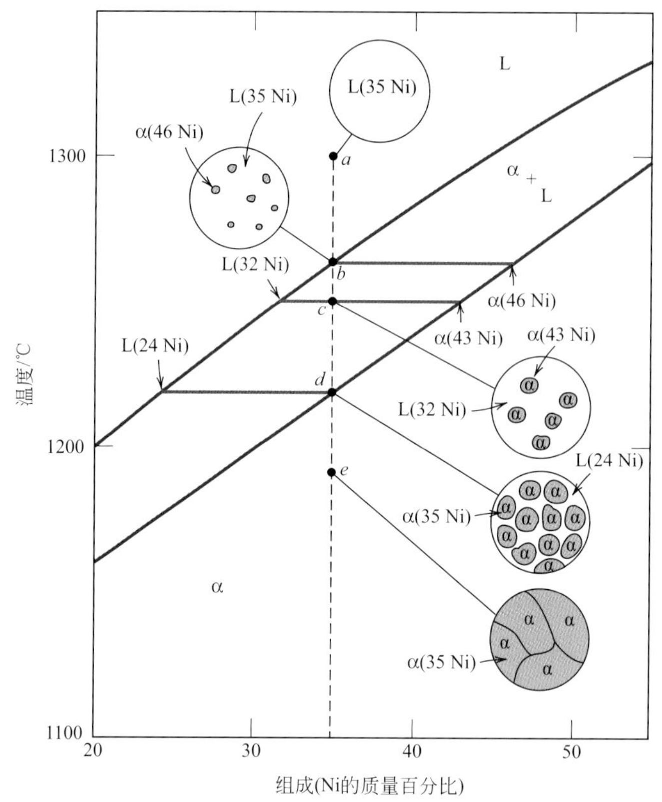

图10.4 组成为35%（质量）Ni-65%（质量）Cu的合金在平衡凝固过程显微结果变化示意图

在1250℃，如图10.4中的c点，液相和α相的组成分别为32%（质量）Ni-68%（质量）Cu[L(32Ni)]和43%（质量）Ni-57%（质量）Cu [α(43Ni)]。

在1220℃，如图10.4中的d点，凝固过程几乎全部完成；固体α的组成近似为35%（质量）Ni-65%（质量）Cu（合金的整体组成），然而剩余的液体的组成为24%（质量）Ni-76%（质量）Cu。跨过固相线之后，剩余的液相继续凝固，最终产物为多晶α相固溶体，是含有35%（质量）Ni-65%（质量）Cu的均匀成分（如图10.4中e点）。随后的冷却将不会引起显微结构和成分的变化。

（2）非平衡冷却

在前一节介绍过的平衡凝固和显微结构的变化，只有在极其缓慢的冷却速率下才可能发生。因为随着温度的变化，液相和固相在成分上需要进行重新调整，才能与之前讨论的相图相一致（即与液相线和固相线的组成一致）。成分的重新调整是通过扩散完成的，也就是说，在固液两相中发生扩散，而且跨过固液之间的界面。因为扩散是一个与时间有关的现象（6.3节），为了在冷却期间保持系统平衡，在每个温度阶段都需要提供足够的时间，来进行成分的重新调整。随着温度的下降，在固相或固液两相中的扩散速率（即扩散系数的大小）是非常低的。事实上，对于实际的凝固过程，冷却速率都很快，以至于成分不能够进行重新调整来维持平衡状态；因此，显微结构不能够按照前面所描述的情况进行变化。

现在来讨论组成为35%（质量）Ni-65%（质量）Cu的匀晶合金在非平衡状态下凝固的结果；与之前的平衡凝固用的是相同组成的匀晶合金。如图10.5，表示的是靠近该组成的部分相图；此外，圆形插图表示冷却过程中，温度变化范围内的显微结构以及相关相组成的变化。为了简化问题，假设液相中的扩散速率足够大，从而维持液相中的平衡状态。

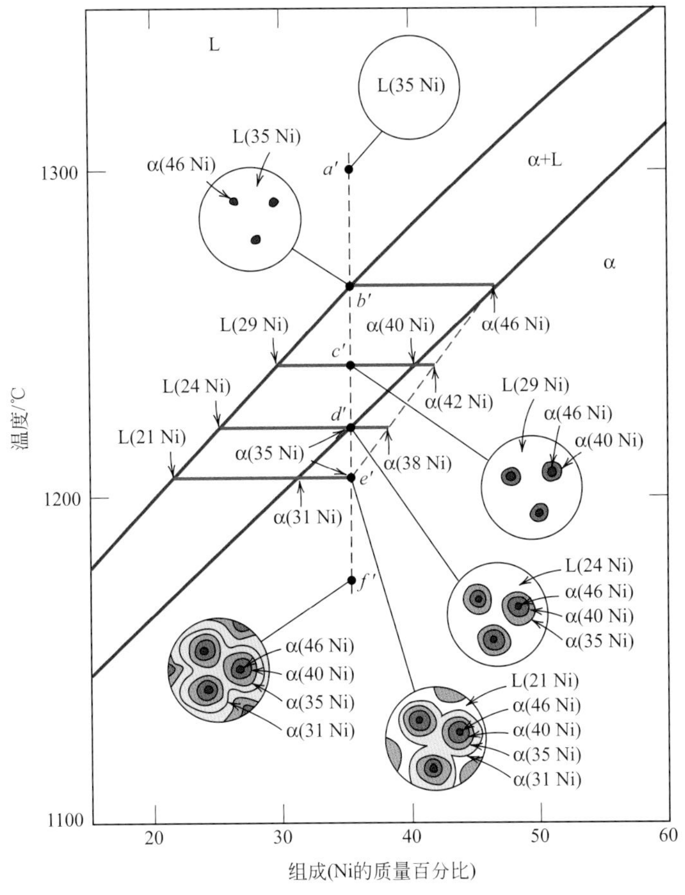

图10.5 组成为35%（质量）Ni-65%（质量）Cu的合金在非平衡冷却时显微结构变化示意图

假设合金从1300℃开始冷却，由液相区中的a'点开始冷却。此时液相的组成为35%（质量）Ni-65%（质量）Cu [以L(35 Ni)表示]，当冷却过程通过液相区（由a'点垂直向下）时没有发生任何变化。在b'点时（约为1260℃），开始形成少量α相微粒，通过画出等温连结线，得出此时α相的组成为46%（质量）Ni-54%（质量）Cu[α(46Ni)]。

进一步冷却至c'点（约为1240℃），液相组成转变为29%（质量）Ni-71%（质量）Cu；此外，在该温度下已凝固的α相的组成为40%（质量）Ni-60%（质量）Cu [α(40 Ni)]。然而，因为扩散在固体α相中进行的相当缓慢，因此之前在b'点形成的α相的组成没有明显的变化，即相中仍然含有46%（质量）Ni，同时α晶粒的组成是沿着径向位置变化的，由晶粒中心含46%（质量）Ni到晶粒边界含40%(质量)Ni。因此，在c'点，固体α晶粒的平均组成将会介于40% ～ 46%(质量）Ni之间中的任一组成。为了方便讨论，取42%（质量）Ni-58%（质量）Cu [α（42Ni）]为平均组成。此外，根据杠杆定理，非平衡条件下出现的液相比平衡冷却时占有更大的比重。在相图中，非平衡凝固的固相线转换到对应更高镍含量的位置，即到α相的平均组成［例如，在1240℃的镍含量为42%（质量)]，如图10.5虚线所表示。相图中的液相线没有明显变化，原因是在冷却过程中，有足够快的扩散速率来维持系统的平衡状态。

平衡冷却的速率下，在d'点（约为1220℃）已经完成凝固过程。然而对于非平衡冷却的情况，仍然会剩余一部分的液体，并且形成的α相的组成为35%（质量）Ni[α（35Ni)]；在该点α相的平均组成为38%（质量）Ni[α（38Ni)]。

非平衡凝固最终在e'点（约为1205℃）全部完成。该点最终凝固的α相组成为31%（质量）Ni；而完全凝固时的α相的平均组成为35%（质量）Ni。图中，f'点的插图表示整个固体材料的显微结构。

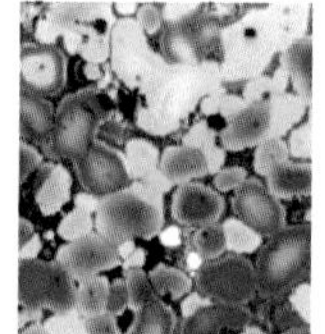

图为叙利亚发现的铸铜的显微组织照片，可以追溯到公元前19世纪。经过腐蚀可以使晶粒呈现彩色
（Courtesy of George F. Vander Voort，Struers Inc.）

非平衡凝固的固相线与平衡凝固的固相线相比偏移的程度取决于冷却速率。冷却速率越低，偏移程度越小；即非平衡时固相线与平衡时固相线之间的差别越小。此外，若固相中的扩散速率增大，偏移的程度也会减小。

从匀晶合金在非平衡条件下凝固过程中，我们会得到一些重要的结果。我们在前面讨论过，两种元素在晶粒中呈不均匀分布，这种现象叫做偏析；图10.5中所示的插图中可观察到晶粒内部会产生浓度梯度。在每个晶粒的中心是最先凝固的部分，富含高熔点元素（例如Cu-Ni系统中的Ni)，然而，对于低熔点元素来说，其浓度由中心向晶界逐渐增大。将上述情况形成的结构称为核心结构，该种结构会引起性能的下降。当对具有核心结构的铸件重新加热时，晶界处由于富含低熔点组元而首先融化。由于熔化的液态薄膜将晶粒分离开，从而导致失去力学完整性。此外，此种熔化现象将在低于合金平衡状态固相线之下的温度发生。对于特定组成的合金来说，可以在低于固相线下的温度进行均匀化热处理，来消除核心偏析。在这个过程中，原子进行扩散，得到了组成均匀的晶粒。

10.10 匀晶合金的力学性能

我们现在需要探究的是，当结构因素（例如晶粒大小）维持恒定时，组成是如何影响固体匀晶合金的力学性能的。对于所有低于最低熔点组元的熔化温度的组成和温度来说，只存在唯一的固相。因此，每个组元都会经历固溶强化的过程（8.10节），或是通过添加其他组元来加强强度和刚度。如图10.6（a)，是室温下铜镍系统的拉伸强度-组成图，该图说明了元素的固溶强化作用的效果；在某些中间组成，曲线必然通过最大值。如图10.6（b）所示，延展性（%EL）-组成图，该曲线与抗拉强度曲线趋势是相反的，也就是说，随着第二组元的加入延展性是减小的，同时曲线呈现出了最小值。

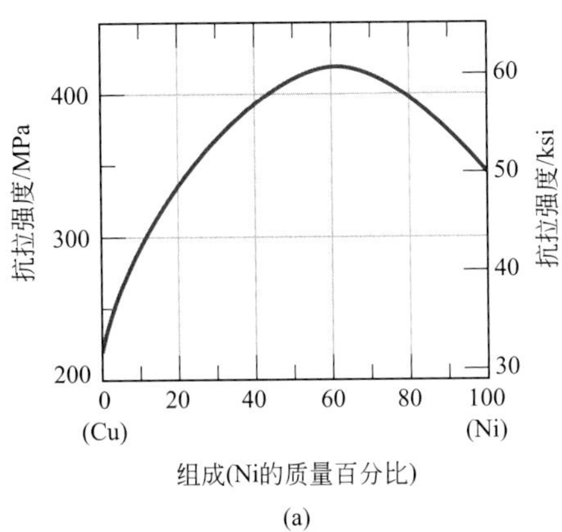

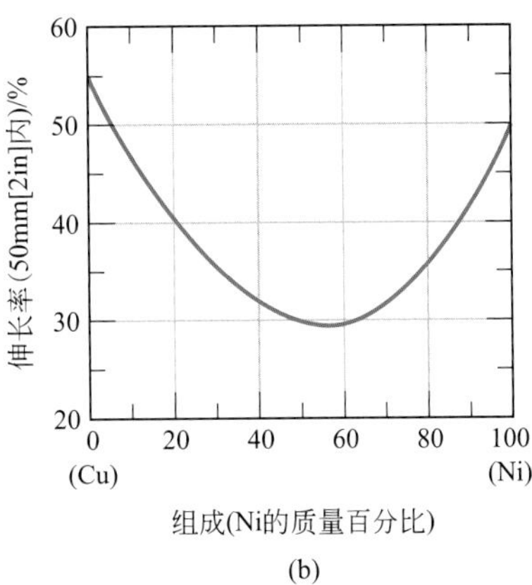

图10.6 铜镍系统在室温下，(a)抗拉强度-组成图；(b)伸长率(%EL)-组成图

对于系统而言，固溶体存在于整个组成范围内。

10.11 二元共晶系统

另外一种相对简单和常见的相图为二元合金相图，如图10.7所示的铜-银系统；该图为二元共晶相图。该相图有一些重要且值得注意的特征。首先，相图中存在三个单相区：α，β和液相。α相是一个富含铜的固溶体，以银作为溶质组元且具有FCC晶体结构。β相固溶体也具有FCC晶体结构，但是以铜为溶质形成的固溶体。纯铜和纯银也可以分别认为是α相和β相。

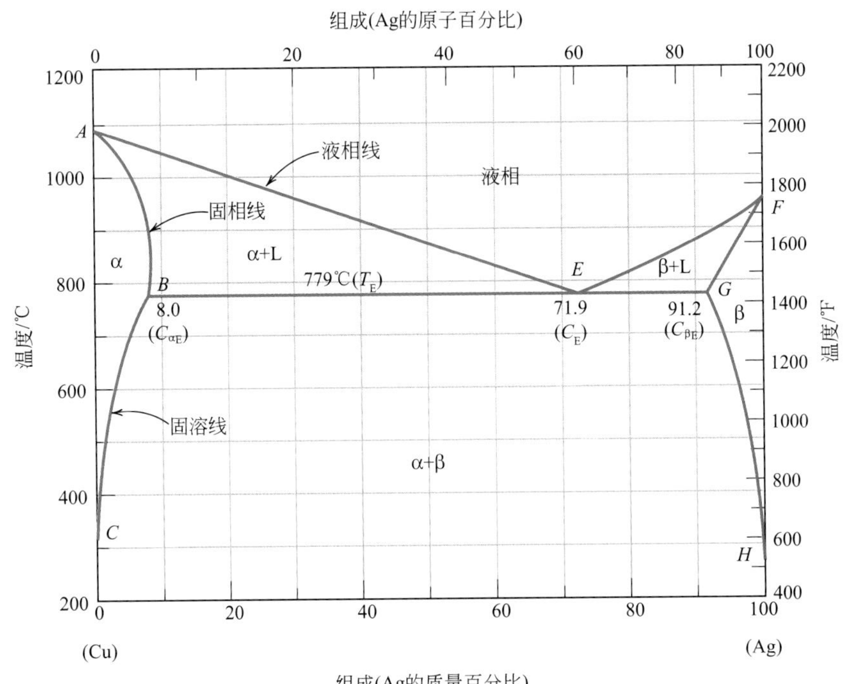

图10.7 铜-银相图

[图片摘自*Binary Alloy Phase Diagrams*, 2nd edition，Vol.1，T. B. Massalski（Editor-in-Chief），1990.重印获得了ASM International，Materials Park，OH.的许可）]

因此，在每种固相中的溶解度都是有限的，在低于*BEG*线的任何温度下，只有少量浓度的银能够溶解在铜中（对于α相而言），同样地也只有少量的铜溶解在银中（对于β相而言）。α相中的溶解度极限与界线重合，标记为*CBA*，位于α和（α+β）以及α和（α+L）相区之间；溶解度极限随着温度的升高而增

加，在B点达了最大值[在779℃时含8.0%（质量）Ag]，在纯铜熔点时，溶解度极限又减少为零，即A点[在1085℃（1985 ℉）]。当温度低于779℃（1434 ℉）时，将α相和（α+β）相分开的溶解度曲线，叫做固溶线；位于α相和（α+L）相之间的界线AB，叫做固相线，如图10.7中所示。对于β相，同样存在固溶线和固相线，分别是HG和GF。β相中铜的最大溶解度在G点［8.8%（质量）Cu]，位于779℃（1434 ℉）。水平线BEG平行于组成轴，并且延伸到两边最大溶解度的位置，可以认为是固相线；它代表了在平衡状态下的铜-银合金中，液相存在的最低温度。

固溶线

固相线

在铜-银系统中发现3个两相区（图10.7）：α+L，β+L和α+β。α相和β相固溶体在α+β两相区中，能够在任何温度和组成下共存；α+液相和β+液相也能够在各自的相区内共存。此外，相的组成和相对含量可以通过之前讲过的等温连接线和杠杆定理来确定。

液相线

随着银加入到铜中，合金完全变成液体所对应的温度是沿着液相线AE递减的，因此，银的加入使得铜的熔化温度降低。上述情况同样适用于银，铜的加入降低了银的熔化温度，沿着另一条液相线FE逐渐降低。相图中，这两条液相线相交于E点，是水平等温线BEG必须通过的点。E点成为共晶转变点，以组成C_E和温度T_E表示；对于铜-银系统，C_E和T_E的值分别为71.9%（质量）Ag和779℃（1434 ℉）。

共晶转变点

当合金组成为C_E，温度的变化通过T_E时，会发生一个重要的反应；该反应如下：

共晶反应（对照图10.7）

$$L(C_E)\underset{加热}{\overset{冷却}{\rightleftharpoons}}\alpha(C_{\alpha E})+\beta(C_{\beta E}) \tag{10.8}$$

随着冷却进行到到温度T_E时，液相转变为两个固相α相和β相，加热时反应向反方向发生。这种反应叫做共晶反应（共晶意味着“易于熔化”），C_E和T_E分别代表共晶组成和共晶温度；$C_{\alpha E}$和$C_{\beta E}$分别代表在共晶温度T_E时α相和β相的组成。因此，对于铜-银系统，共晶反应式（10.8），可以写成如下反应式：

共晶反应

$$L[71.9\%(质量)\ Ag]\underset{加热}{\overset{冷却}{\rightleftharpoons}}\alpha[8.0\%(质量)\ Ag]+\beta[91.2\%(质量)\ Ag]$$

通常，在T_E时的水平固相线叫做共晶等温线。

在冷却时，共晶反应与纯组元的凝固过程是相似的，是因为反应自始至终是在一个恒定的温度T_E或等温情况下进行的。然而，共晶凝固的固态产物总有两个固相，但是对于纯组元来说，只有单相形成。由于此种共晶反应的相图类似于图10.7，称为共晶相图；有此种行为的组元构成了共晶系统。

对于二元共晶相图，必须要了解一个相区内可能会有一个相存在或至多两个相以平衡状态共存。对于图10.3（a）和图10.7这种说法都是正确的。对于一个共晶系统，三相（α，β和L）可能会处于平衡状态，但是只有沿着共晶等温线上的点才能三相共存。另外一条规则就是：单相区之间会被一个两相区分隔开，而这个两相区正好是由被它分开的两个单相组成。例如，图10.7中，α+β双相区位于α单相区和β单相区之间。

其他常见的共晶系统有铅锡共晶系统；铅锡相图（图10.8）与铜银相图的外形类似。铅锡系统中固溶相也是通过α和β定义的；α表示的是锡在铅中的固溶体，在而β中锡为溶剂，铅为溶质。共晶转变点位于61.9%（质量）Sn和温度为183℃（361 ℉）处。当然，在铜-银系统和铅-锡系统中，最大固溶度的组成和组元的熔化温度是不同的，可以通过比较它们的相图得知。

低熔点合金在有时可由近似共晶的组成构成。例如，60-40焊料，含有60%（质量）Sn和40%（质量）Pb。如图10.8所示，上述组成的合金在185℃（365 ℉）完全融化，由于其容易熔化，使得作为低温焊料的特性十分理想。

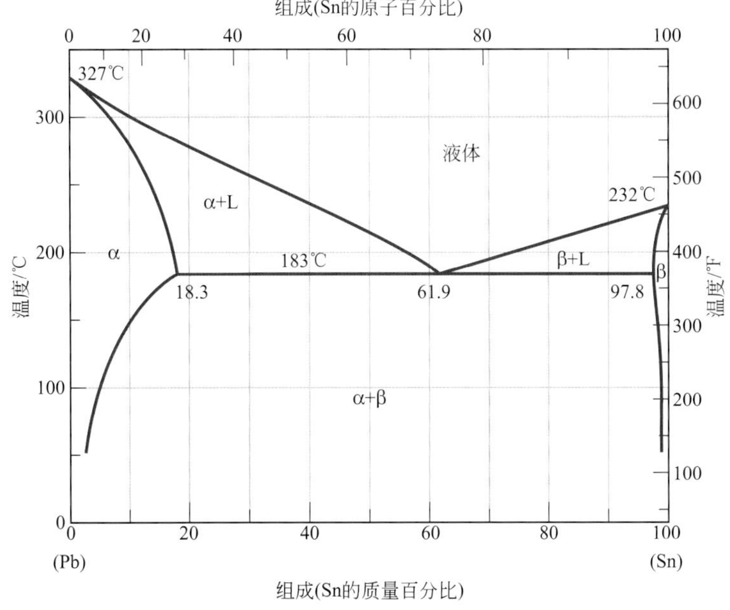

图10.8 铅-锡相图

[图片摘自*Binary Alloy Phase Diagrams*，2nd edition，Vol.3，T. B. Massalski（Editor-in-Chief），1990. 重印获得了ASM International，Materials Park，OH.的许可]

概念检查 10.4 在700℃（1290 ℉），求（a）铜溶于银（b）银溶于铜的最大溶解度。

概念检查 10.5 下图为盐水相图的一部分：

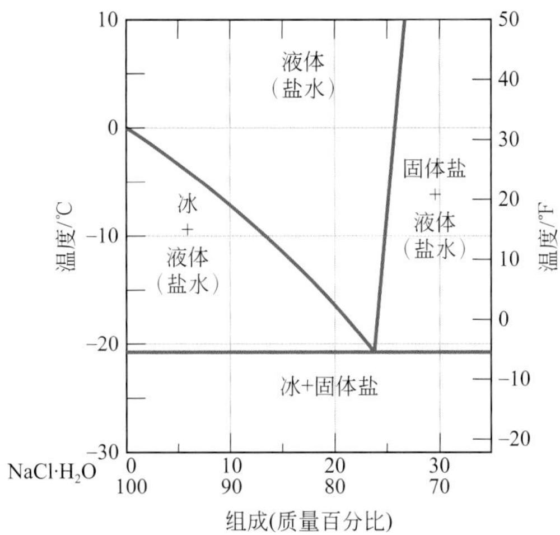

（a）利用相图，简单解释低于0℃（32 ℉）时，如何在冰上撒盐能够引起冰融化？

（b）当温度为多少时，盐对于冰的熔化不起任何作用？

[解答可参考www.wiley.com/college/callister（学生之友网站）]

例题 10.2

求解存在的相以及计算相的组成

在150℃（300 ℉），对于组成为40%（质量）Sn-60%（质量）Pb的合金，（a）系统中出现了哪些相？（b）这些相的组成是什么？

解

（a）在相图中画出此温度-成分点（图10.9中的B点）。由于该点在α+β双相区，α相和β相是共存的。

（b）由于两相共存，因此必须在150℃画一条横跨α+β双相区的等温连结线，如图10.9所示。等温连结线与α/α+β固溶线相界的交点，即为α相的组成为11%（质量）Sn和89%（质量）Pb，用C_α表示。同样的方法可以求β相的组成，组成约为98%（质量）Sn和2%（质量）Pb（C_β）。

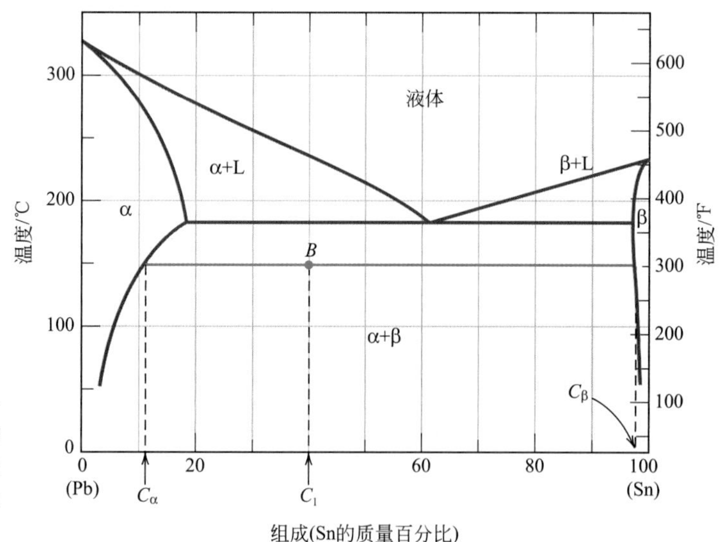

图10.9 铅-锡相图

组成为40%（质量）Sn-60%（质量）Pb的合金在150℃时（B点），相的组成及相对含量通过例题10.2和10.3计算。

例题 10.3

计算相的相对含量－质量和体积分数

如例题10.2的铅-锡合金，计算每一相的相对含量，以（a）质量分数（b）体积分数表示。在150℃，铅和锡的密度分别取11.23 g/cm^{3}和7.24 g/cm^3。

解：

（a）由于合金是由两个相组成的，因此必须借助杠杆定理来求解。设C_1表示合金总组成，可以通过减掉锡的总量百分比来进行计算质量分数，如下：

$$W_\alpha = \frac{C_\beta - C_1}{C_\beta - C_\alpha} = \frac{98-40}{98-11} = 0.67$$

$$W_\beta = \frac{C_1 - C_\alpha}{C_\beta - C_\alpha} = \frac{40-11}{98-11} = 0.33$$

(b)为了计算体积分数，必须根据式(5.13a)确定每一相的密度。因此

$$\rho_\alpha = \frac{100}{\dfrac{C_{Sn(\alpha)}}{\rho_{Sn}} + \dfrac{C_{Pb(\alpha)}}{\rho_{Pb}}}$$

式中，$C_{Sn(\alpha)}$和$C_{Pb(\alpha)}$分别代表在α相中锡和铅的质量百分比。由例题10.2知，它们的值分别是11%(质量)和89%(质量)。将上述数值和两组元的密度代入公式可得：

$$\rho_\alpha = \frac{100}{\dfrac{11}{7.24 g/cm^3} + \dfrac{89}{11.23 g/cm^3}} = 10.59 g/cm^3$$

同理，对β相：

$$\rho_\beta = \frac{100}{\dfrac{C_{Sn(\beta)}}{\rho_{Sn}} + \dfrac{C_{Pb(\beta)}}{\rho_{Pb}}} = \frac{100}{\dfrac{98}{7.24 g/cm^3} + \dfrac{2}{11.23 g/cm^3}} = 7.29 g/cm^3$$

需要根据式(10.6a)和式(10.6b)得到V_α和V_β为：

$$V_\alpha = \frac{\dfrac{W_\alpha}{\rho_\alpha}}{\dfrac{W_\alpha}{\rho_\alpha} + \dfrac{W_\beta}{\rho_\beta}} = \frac{\dfrac{0.67}{10.59 g/cm^3}}{\dfrac{0.67}{10.59 g/cm^3} + \dfrac{0.33}{7.29 g/cm^3}} = 0.58$$

$$V_\beta = \frac{\dfrac{W_\beta}{\rho_\beta}}{\dfrac{W_\alpha}{\rho_\alpha} + \dfrac{W_\beta}{\rho_\beta}} \frac{\dfrac{0.33}{7.29 g/cm^3}}{\dfrac{0.67}{10.59 g/cm^3} + \dfrac{0.33}{7.29 g/cm^3}} = 0.42$$

重要材料

无铅钎料

钎料是将两种或多种组元(通常为异种金属合金)组合或连接到一起形成金属合金的连接方法。在电子工业方面的物理连接方面应用十分广泛；此外，它必须承受多个元器件之间膨胀和收缩，能够传递电信号，同时能够分散所产生的热量。连接是通过将焊接材料熔化，并使材料能在各元器件间流动并接触，最终凝固之后，实现了各个组元之间的物理连接。

在以前，大量的钎料是铅-锡合金的。这些材料既可靠又便宜，同时有相对较低的熔点。最常见的铅-锡焊料组成为63%(质量)Sn和37%(质量)Pb。根据图10.8的铅-锡相图，能够得出该组成接近于共晶，同时熔化温度约为183℃，是对于铅-锡系统来说，液相存在的最低温度。通常把这种合金叫做"共晶铅锡焊接材料"。

表10.1　5种无铅钎料的组成，固相温度和液相温度

组成/%（质量）	固相温度/℃	液相温度/℃
52 In/48 Sn①	118	118
57 Bi/48 Sn①	139	139
91.8 Sn/3.4Ag/4.8 Bi	211	213
95.5 Sn/3.8Ag/0.7 Cu①	217	217
99.3 Sn/0.7Cu①	217	227

① 这些合金为共晶组成；因此固相和液相温度是确定的。

来源：表格摘自E. Bastow，“Solder Families and How They Work，” *Advanced Materials & Processes*，Vol.161，No.12，M.W.Hunt（Editor-in-chief），ASM International，2003，p.28. 重印获得了ASM International，Materials Park，OH.的许可。

但是，铅是一种有毒的金属，而且废弃的含铅产品对环境有严重的影响，如果将这些产品焚烧，会致使通过垃圾过滤得到地下水，同时会污染环境。因此，一些国家已经颁布禁止使用含铅焊接的相关法律。从而驱动了无铅焊接的发展，并且在其他方面，需要有相对低的熔化温度（或温度变化范围）。比如一些三元合金（即有3种金属组成），包括锡-银-铜和锡-银-铋等焊接材料。一些无铅的焊接材料的组成如表10.1所示。

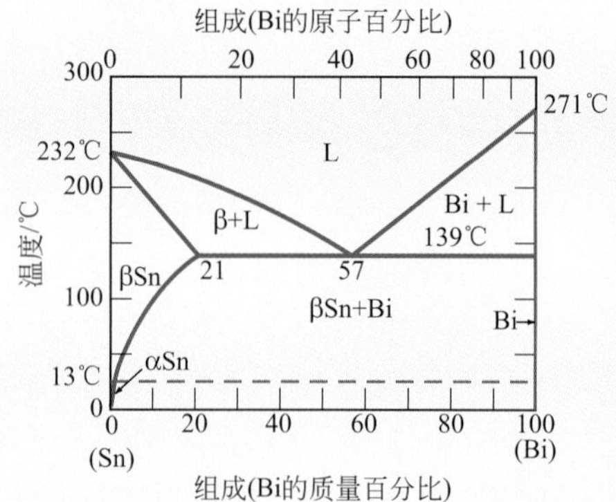

图10.10　锡-铋相图

[图片摘自自*ASM Handbook*，Vol.3，Alloy Phase Diagrams，H. Baker（Editor），ASM International，1992，p.2.106.重印获得了ASM International，Materials Park，OH.的许可]

由此看来，熔点（或温度变化范围）在无铅焊接材料的发展中是很重要的，有关新的焊接合金的信息可以通过相图得到。例如，如图10.10所示的锡-铋相图。图中所示在组成为57%（质量）Bi，温度为139℃是达到共晶，根据表10.1知，该温度即为铋-锡焊接材料的熔点

10.12　共晶合金显微组织演变

属于二元共晶系统的合金在缓慢冷却条件下，可根据组成的不同，得到不同类型的显微结构。这些不同类型的显微结构都可以根据铅-锡相图进行探讨，如图10.8。

第一种情况是在室温时20℃（70 ℉），组成范围在纯组元和最大固溶度之间。对于铅-锡系统，包括含有0～2%（质量）Sn（对于α相固溶体）的富铅合金，以及介于99%（质量）Sn和纯锡（对于β相固溶体）的合金。例如，组成为C_1（图10.11）的合金，由液相区的350℃开始缓慢冷却，相当于沿垂直的虚线ww'向下移动。合金一直保持全为液态和组成C_1直到通过约330℃的液相线时，开始形成固相α。当通过狭窄的α+L双相区时，合金的凝固方式与前一节描述的铜-镍合金的凝固方式是相同的，即随着继续冷却将析出更多固相α。此外，液相和固相的组成是不同的，它们分别沿着液相线和固相线发生变化。当ww'穿过与固相线的交点时，凝固过程完成。最终得到有均匀组成C_1的多晶合金，并且冷却至室温时没有任何后续变化。显微结构如图10.11中c点的插图所示。

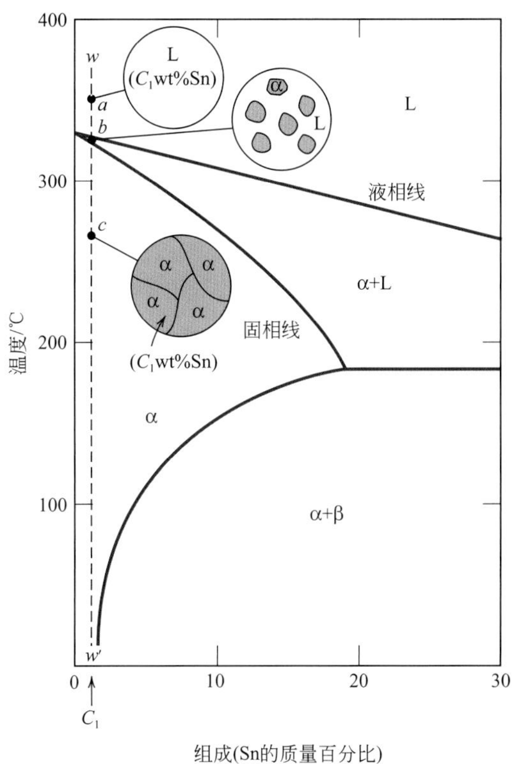

图10.11 组成为C_1的铅-锡合金由液相区开始冷却时平衡态显微结构示意图

第二种情况考虑的是介于室温下的溶解度极限和共晶温度下的最大固溶度之间的组成。对铅-锡系统（图10.8）而言，组成的变化为2%（质量）Sn到18.3%（质量）Sn（富铅合金），以及97.8%～99%（质量）Sn（富锡合金）。下面来观察一下图10.12中组成为C_2的合金沿垂直线xx'冷却的情况。当温度下降到xx'与固溶线的交点时，显微结构的变化与之前说的通过对应相区（如在d，e和f点示意图）的情况类似。在固溶线之上的f点，显微结构是由组成为C_2的α相组成的。跨过固溶线之后，超过了α相的固溶度，从而造成了β相小颗粒的析出，显微结构如g点的插图所示。再继续冷却时，由于β相的质量分数随着温度下降而稍有增加，因此这些β相颗粒的尺寸会稍有增大。

第三种情况涉及到共晶组成61.9%（质量）Sn（图10.13中C_3）的凝固。假设共晶组成的合金由液相区范围内的某一温度（例如，250℃）沿着图10.13中垂直线yy'开始冷却。当温度下降到共晶温度183℃之前，没有任何变化。一旦共晶等温线之后，液相转变成为α和β两相。这种转变可用以下反应式表示：

$$\text{L}[61.9\%(\text{质量})\text{Sn}] \underset{\text{加热}}{\overset{\text{冷却}}{\rightleftharpoons}} \alpha[18.3\%(\text{质量})\text{Sn}] + \beta[97.8\%(\text{质量})\text{Sn}] \quad (10.9)$$

式中，α相和β相的组成可由共晶等温线的两个端点组成得出。

在发生该转变期间，由于α相和β相的组成与液相的组成［如式（10.9）显示］不同，因此铅和锡必然需要进行重新分配。重新分配是通过原子的扩散完成的。由共晶变化得到的固态显微结构为α相和β相形成的交替层（或片层），并是在发生变化的同时形成的。如图10.13中所示i点处的组织，叫做**共晶结构**，是共晶反应的特征组织。图10.14所示的显微照片为铅-锡共晶组织的金相照片。随后由共晶温度冷却到室温的过程中，合金的显微结构只发生微小的改变。

共晶结构

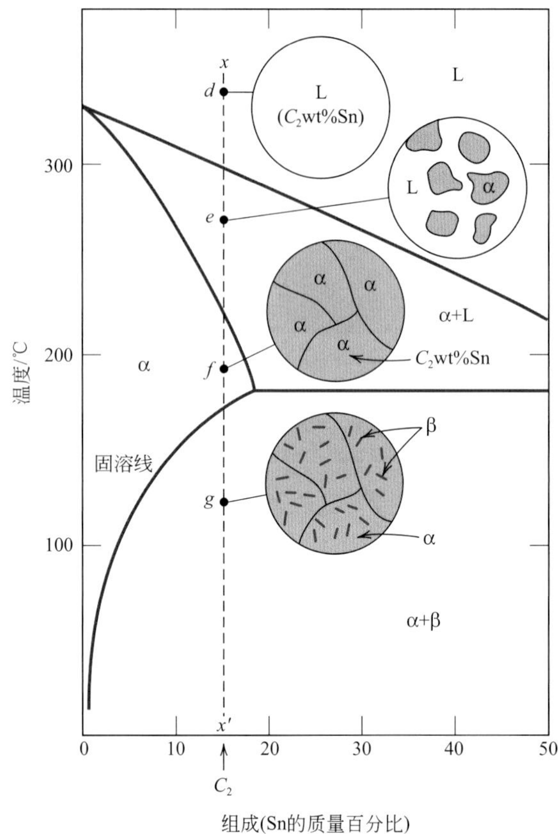

图10.12　组成为C_2的铅-锡合金由液相区开始冷却时平衡态显微结构示意图

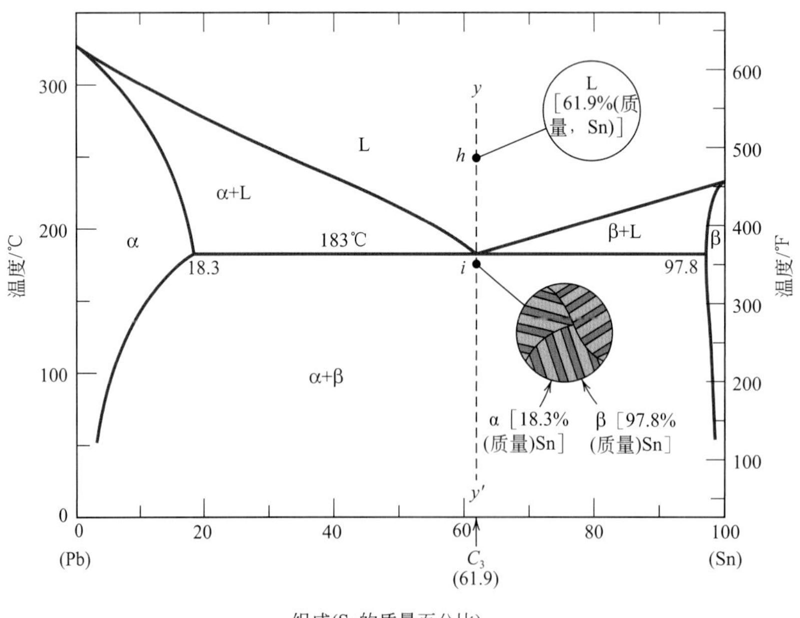

图10.13　组成为C_3的铅-锡合金由液相区开始冷却时平衡态显微结构示意图

图10.14 图为共晶组成时铅-锡合金的显微结构金相照片

此显微结构由富铅相固溶体（暗色层）和富锡相固溶体（亮色层）组成（375×）（由*Metals Handbook*，9th edition，Vol.9，*Metallography and Microstructure*，American Society for Metals，Materials Park，OH，1985许可复印）

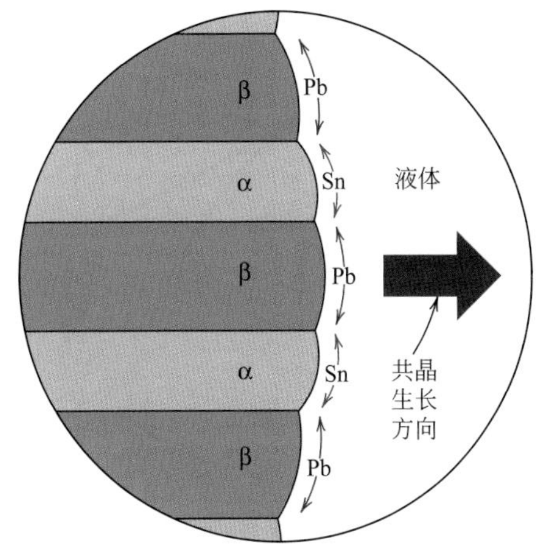

图10.15 铅-锡系统共晶结构形成示意图

锡和铅原子的扩散方向分别有蓝色

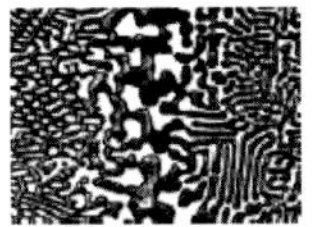

显微组织照片表示的是铅-铜共晶合金可逆模型的表面（即黑白模式的转换）

（由*Metals Handbook*，Vol.9，9th edition，*Metallography and Micrstructre*，American Society for Metals，Materials Park，OH，1985许可复印）

伴随共晶转变引起的显微结构变化表示在图10.15中；图中显示了α-β共晶片层组织向液相中生长并逐步代替液相的过程。铅和锡的成分重新分配过程是通过在液相中扩散实现的，刚好在共晶-液相界面的前面形成。箭头所指是铅和锡原子的扩散方向；因为α相富含铅［18.3%（质量）Sn-81.7%（质量）Pb］，因此铅原子向α相片层内扩散；相反，锡原子向富含锡［97.8%（质量）Sn-2.2%(质量)Pb］的β相片层的方向扩散。共晶组织由交替变化的片层结构形成，因为铅原子和锡原子的扩散只需要迁移相对较短的距离，就能够形成这种片层结构。

该系统中最后一种情形主要考虑除共晶以外的其他所有组成由高温冷却通过共晶等温线的显微结构变化。例如，图10.16中的成分点C_4，位于共晶点的左侧；随着温度的降低，由j点开始沿着虚线zz'向下移动。在j点与l点之间的显微结构变化类似于第二种情况，在刚好通过共晶等温线之前（l点），存在α相和液相，其组成分别为18.3%（质量）Sn和61.9%（质量）Sn。当温度降低至共晶温度之下，具有共晶成分的液相转变为共晶结构（即，α和β相互交错的片层组织）；而之前形成的α相，当冷却经过α+L双相区时，将不会发生重大变化。图10.16中m点的插图表示的是此种显微结构。因此，当该组成的合金冷却时通过α+L双相区时，α相会首先有液相中析出，存在于共晶结构中。为了区分这两种α相，存在于共晶结构中的叫做共晶α，另一种在通过共晶等温线前形成的叫做先共晶α，分别表示在图10.16中。图10.17是铅-锡合金中包含先共晶α和共晶结构的金相照片。

共晶

先共晶

微组元

在处理有关显微结构的问题时，为了方便会用到微组元这个名词，即具有可分辨且具有特征结构的显微结构要素。例如，图10.16中m点处的插图，存在两种微组元，即先共晶α和共晶结构。因此，共晶结构是由两相混合而成的微组元，因为它具有可分辨的片层结构，且两相具有固定的比例。

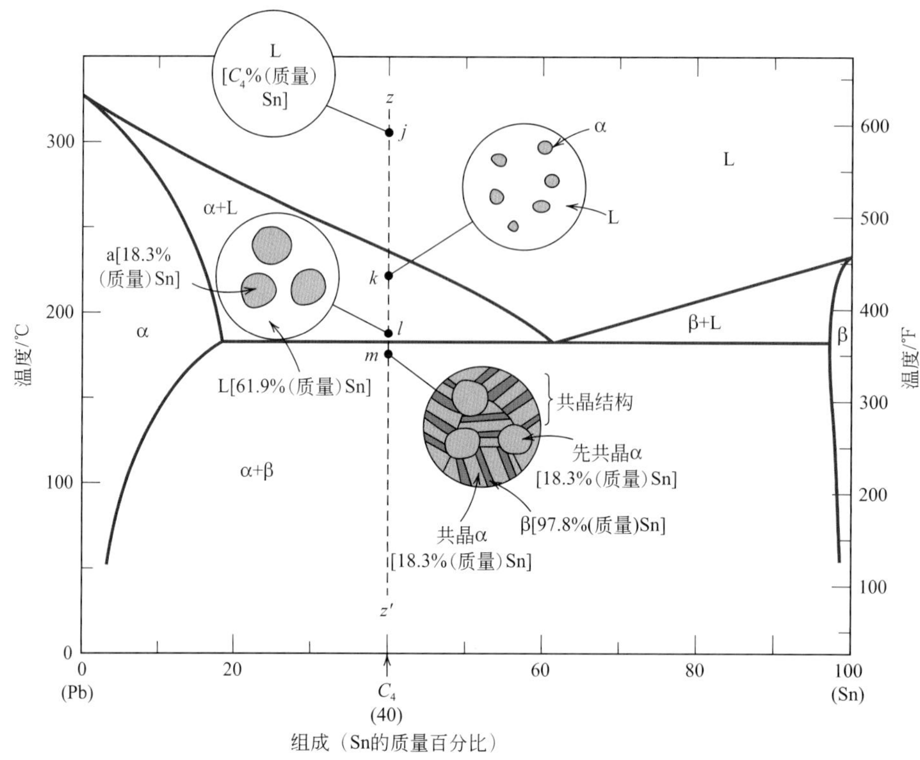

图10.16 组成为C_4的铅-锡合金由液相区冷却过程中平衡显微结构示意图

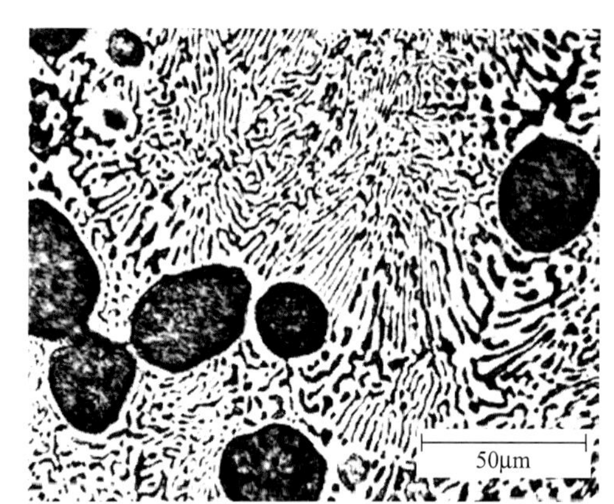

图10.17 组成为50%（质量）Sn-50%（质量）Pb的铅-锡合金金相显微图（由*Metals Handbook*，9th edition，Vol.9，*Metallography and Microstructure*，American Society for Metals，Materials Park，OH，1985许可复印）

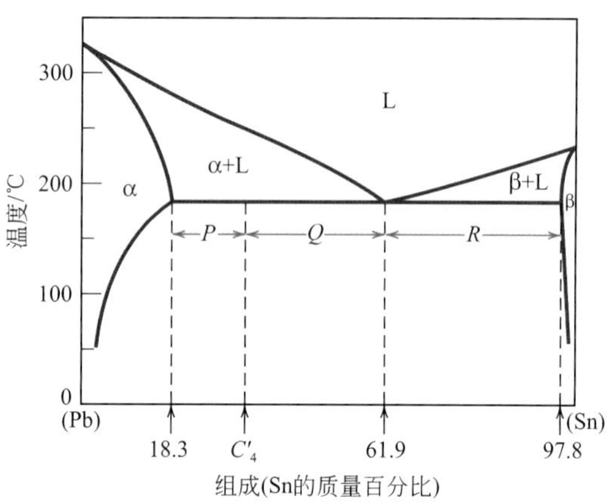

图10.18 计算组成为C_4的铅-锡合金中先共晶α和共晶微组元的相图

我们可以计算共晶α和先共晶α两种微组元的相对含量。由于共晶微组元是由共晶成分的液体形成的，可假设共晶组织的成分为61.9%（质量）Sn。因此，在α-(α+β)相界［18.3%（质量）Sn］与共晶组成之间画一条等温连接线，同时运用杠杆定理得到共晶组成。例如，图10.18中组成为C_4'的合金，共晶微组元的分数W_e，与转变之前的液相的分数W_L是相同的，或

共晶显微成分和液体质量分数计算的杠杆定理表达式（组成 C_4' 图10.18）

$$W_e = W_L = \frac{P}{P+Q} = \frac{C_4' - 18.3}{61.9 - 18.3} = \frac{C_4' - 18.3}{43.6} \tag{10.10}$$

此外，先共晶α的分数 W_α'，即为共晶转变之前形成的α相的分数，由图10.18，有：

先共析α相质量分数计算的杠杆定理表达式

$$W_\alpha' = \frac{Q}{P+Q} = \frac{61.9 - C_4'}{61.9 - 18.3} = \frac{61.9 - C_4'}{43.6} \tag{10.11}$$

全部α（包括共晶和先共晶）以及全部β的分数 W_α 和 W_β，可通过杠杆定理和横跨整个α+β相区的等温连结线决定的。对组成为 C_4' 的合金，有：

总体α相质量分数计算的杠杆定理表达式

$$W_\alpha = \frac{Q+R}{P+Q+R} = \frac{97.8 - C_4'}{97.8 - 18.3} = \frac{97.8 - C_4'}{79.5} \tag{10.12}$$

和

总体β相质量分数计算的杠杆定理表达式

$$W_\beta = \frac{P}{P+Q+R} = \frac{C_4' - 18.3}{97.8 - 18.3} = \frac{C_4' - 18.3}{79.5} \tag{10.13}$$

对于位于共晶点右侧的组成［即，在61.9%～97.8%（质量）Sn之间］，也会有类似的转变和微组元的产生。然而，在低于共晶温度时，显微结构由共晶组织和先共晶β两种微组元组成，因为当在高温时进行冷却，合金先通过β+L相区而先析出了β相。

对于第四种情况（图10.16），当通过α（或β）+液相区时，若没有一直保持平衡状态，在通过共晶等温线后，其显微结构将会有以下结果：① 先共晶微组元将会产生核心偏析，即整个晶粒内溶质的重新分布不均匀；② 共晶微组元的分数比将会比平衡条件下占更大的比重。

10.13 存在中间相或化合物的平衡相图

我们讨论过的匀晶相图和共晶相图是相对简单的，但对于许多二元合金系统大都比较复杂。铜-银和铅-锡的共晶相图（图10.7和图10.8）只有两种固相，α相和β相，通常定义为终端固溶体，因为它们位于整个组成范围内靠近相图浓度的两个端点。对于其他合金系统，除了两个成分的极端处，还会存在中间固溶体（或中间相）。就像在铜-锌系统的相图中（图10.19），首先看起来会比较复杂，因为相图中存在一些我们之前没有讨论过的共晶转变点和共晶反应。另外，相图中存在6种不同的固溶体——2种终端固溶体（α和η）和4种中间固溶体（β，γ，δ和ε）。（β′称为有序固溶体，是一种在每个晶胞内，铜原子和锌原子位于有序排列特定位置的固溶体）。在图10.19中靠近底部的一些相界为虚线，是因为它们具体位置尚不能确定。原因是在低温时，扩散速率非常缓慢，以至于获得平衡状态需要相当长的一段时间。同时，在相图中也存在的单相或双相区，可以运用第10.8节中讲过的相同的法则来计算相组成和相对含量。商用黄铜是富含铜的铜-锌合金；例如，弹壳用黄铜的组成为70%（质量）Cu-30%（质量）Zn，且它的显微结构由α单相组成。

终端固溶体

中间固溶体

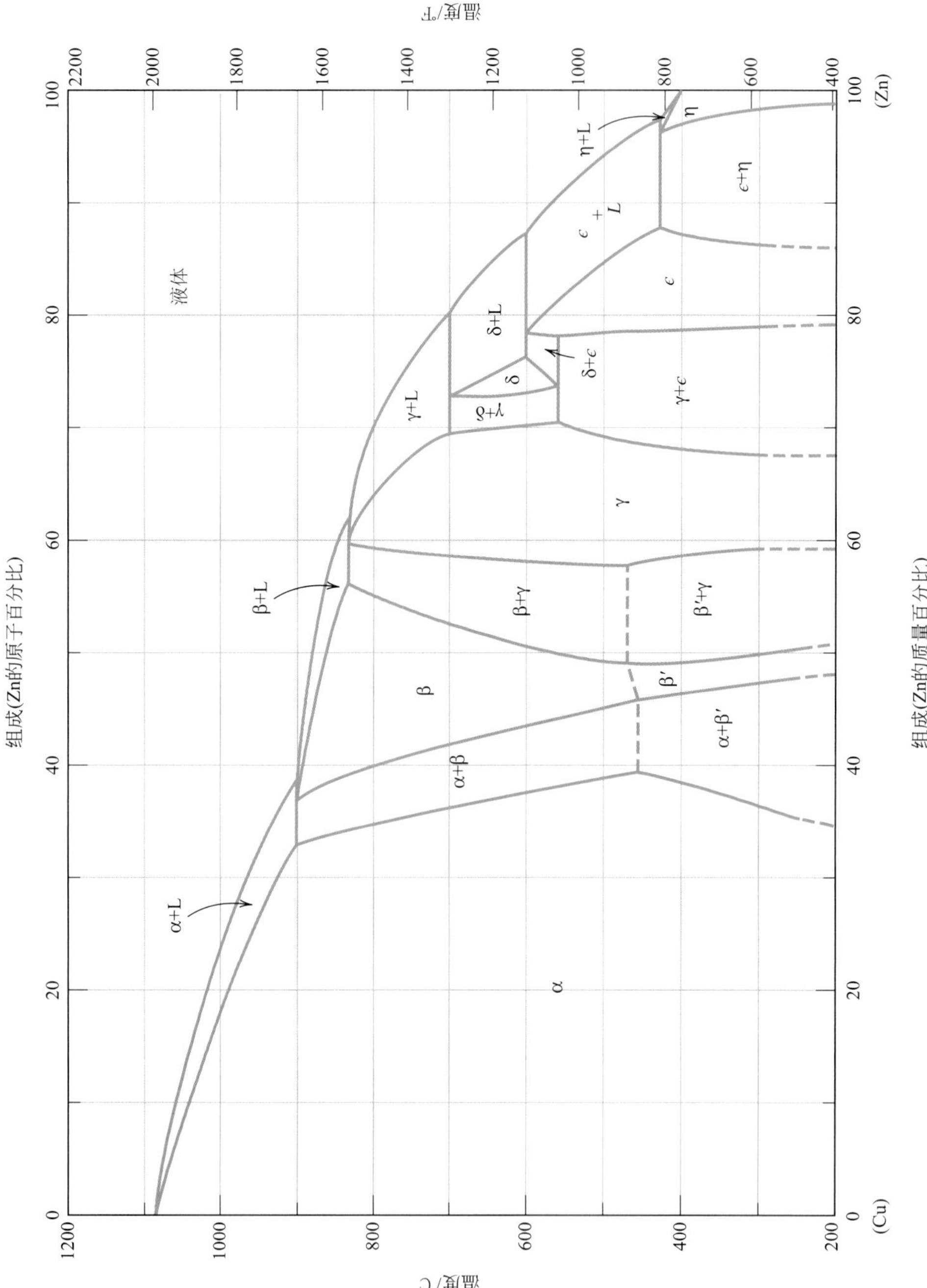

图10.19 铜-锌相图
[图片摘自Binary Alloy Phase Diagrams，2nd edition，Vol.2，T. B. Massalski（Editor-in-Chief），1990. 重印获得了ASM International，Materials Park，OH. 的许可]

对于某些合金系统，在相图中会存在一些不连续的中间化合物，而不是固溶体，这些化合物有严格的化学式；对于金属-金属系统，这些化合物叫做**金属间化合物**。例如镁-铅系统（图10.20），化合物Mg_2Pb的组成为19%（质量）Mg-81%（质量）Pb[33%（原子）Pb]，在相图中的一用条垂直线来表示该化合物，而不是用有限宽度的相区表示，因此，Mg_2Pb只能够在这种精确的组成下存在。

金属间化合物

在镁-铅系统中的一些其他特征值得注意。首先，化合物Mg_2Pb在大约550℃（1020℉）时熔化，如图10.20中的M点所示。其次，铅在镁中的溶解度是很大的，如图中α相区有相当大的组成范围，另外，镁在铅中的溶解度相当有限的，可以从相图的右侧或富铅侧很窄的β终端固溶体看出。最后，该相图可以看成两个简单的共晶相图拼接而成；一个是Mg-Mg_2Pb系统；另一个是Mg_2Pb-Pb系统。因此，化合物Mg_2Pb可视为一个组元。这种把复杂相图分解成更小组元的相图，能够简化复杂相图，同时加快对它的理解。

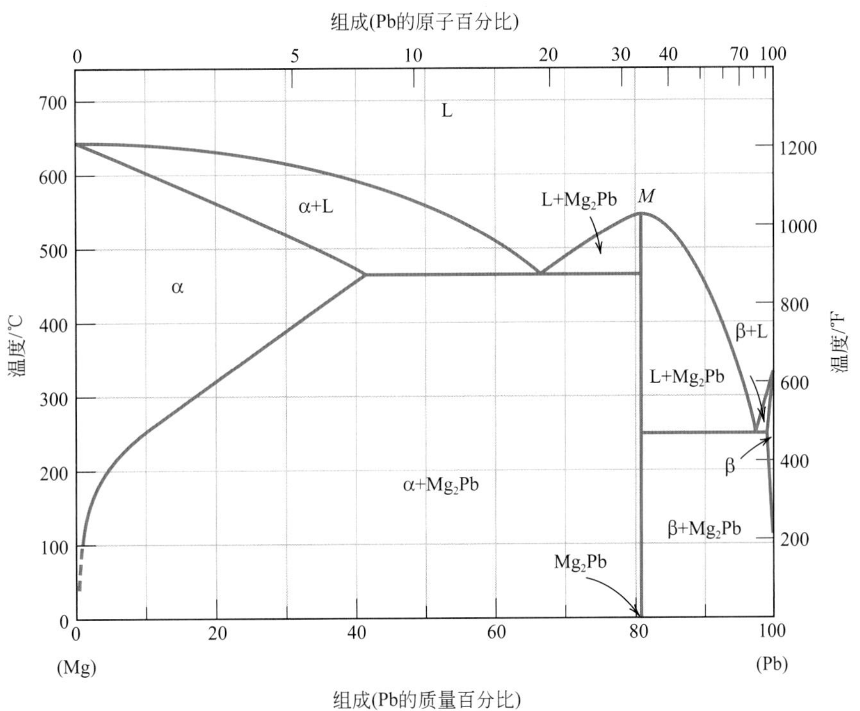

图10.20 镁-铅相图

[图片摘自*Phase Diagrams of Binary Alloy*，2nd edition，Vol.3，T. B. Massalski（Editor-in-Chief），1990.重印获得了ASM International，Materials Park，OH.的许可]

10.14 共析和包晶反应

在某些合金系统中除了发现共晶反应，还能够发现涉及3种不同相的共晶转变点。在560℃（1040℉），当铜-锌系统中组成为74%（质量）Zn-26%（质量）Cu时，就会发生上述情况。将位于该组成附近的相图放大，如图10.21。固相δ在共晶转变点温度下冷却时，将转变成另外两种固相（γ和ε），反应式如下：

共析反应（对照E点，图10.21）

$$\delta \underset{\text{加热}}{\overset{\text{冷却}}{\rightleftharpoons}} \gamma+\varepsilon \tag{10.14}$$

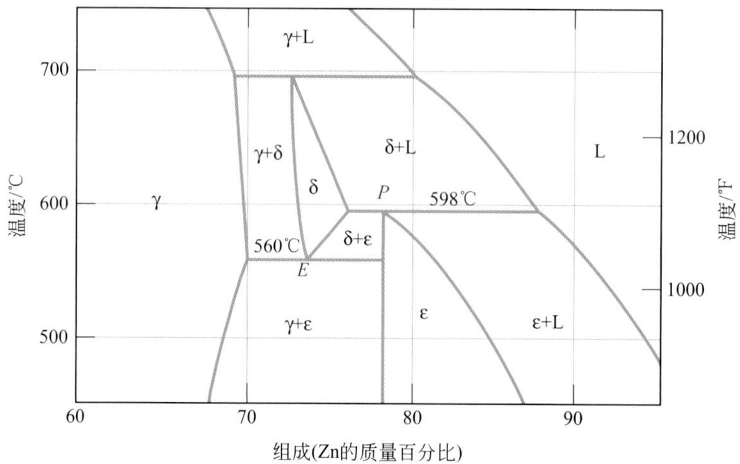

图10.21 放大后的铜-锌相图

共晶和包晶转变点分别为E点［560℃，74%（质量）Zn］和P点［598℃，78.6%（质量）Zn］［图片摘自*Binary Allo y Phase Diagrams*，2nd edition，Vol.2，T. B. Massalski (Editor-in-Chief)，1990.重印获得了ASM International，Materials Park，OH.的许可］

共析反应

加热会发生逆向反应。这就称为共析（或类共晶）反应，并且转变点（*E*点，图10.21）和560℃的水平等温连结线分别称为*共析*点和*共析*等温线。共析区别于共晶的特征是在一个特定的温度，固相代替了液相转变成另外两种固相。在铁-碳系统（10.19节）中的共析反应对于钢的热处理过程是非常重要的。

包晶反应

包晶反应是另外一种在平衡状态下包含3种相的转变反应。该反应在加热时，由一种固相转变成一种液相和另外一种固相。铜-锌系统的包晶反应发生在598℃与78.6%（质量）Zn-21.4%（质量）Cu组成的交点处（图10.21，*P*点），反应式如下：

包晶反应（对照*P*点，图10.21）

$$\delta+L \underset{\text{加热}}{\overset{\text{冷却}}{\rightleftharpoons}} \varepsilon \tag{10.15}$$

低温下的固相可能是中间固溶体（例如，在共析反应中的ε），或是终端固溶体。后面还有另一个包晶反应发生在435℃与97%（质量）Zn组成的交点处（参考图10.19），加热时η相将转变为ε相和液相。在铜-锌系统中还发现了另外两个包晶反应，反应包含了β，γ和δ三种中间固溶体，都是在加热时反应中的低温相。

10.15 同成分相变

同成分相变

相变可以通过在相变过程中相的组成是否发生变化来分类。对于一些相组成没有发生变化的转变叫做同成分相变。相反，为非同成分相变，即所有相中至少有一个相的组成发生了改变。全等相变的例子包括同素异形体转变（3.10节）和纯金属的熔化。共晶和共析反应，以及属于匀晶系统合金的熔化都均为非同成分相变。

对中间相进行分类的依据是它们属于同成分或不全等熔化。如图10.20所示的镁-铅相图中，金属间化合物Mg_2Pb在*M*点属于同成分熔化。同时，对于图10.22所示的镍-钛相图中，当温度为1310℃，组成为44.9%（质量）Ti时，γ固溶体有一个同成分熔化的点，该点为液相线和固相线的切点。此外，包晶反应属于涉及到中间相的非同成分相变。

概念检查 10.6 在下图所示的铪-钒相图中，只标记了单相区。请详细说明所有的共晶反应，共析反应，包晶反应和同成分相变发生时对应的温度以及成分组成。同时，写出在冷却的条件下的对应的反应。[相图来源于*ASM Handbook*，Vol.3，*Alloy Phase Diagrams*，H. Baker（Editor），1992，p.2.244。由ASM International，Materials Park，OH许可复印]

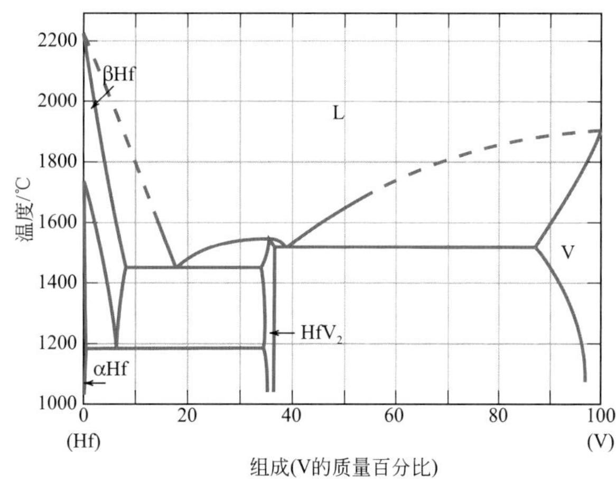

[答案可参考www.wiley.com/college/callister（学生之友网站）]

10.16 陶瓷相图

相图不仅仅存在于金属-金属系统；事实上，相图在设计和制造陶瓷材料过程中也是非常有用的。对于一个二元相图，通常是两种组元通过共享一种通用的元素，比如氧元素，从而形成化合物。这些相图的与金属系统的相图排布类似，并且可以通过相同的方式解读相图。

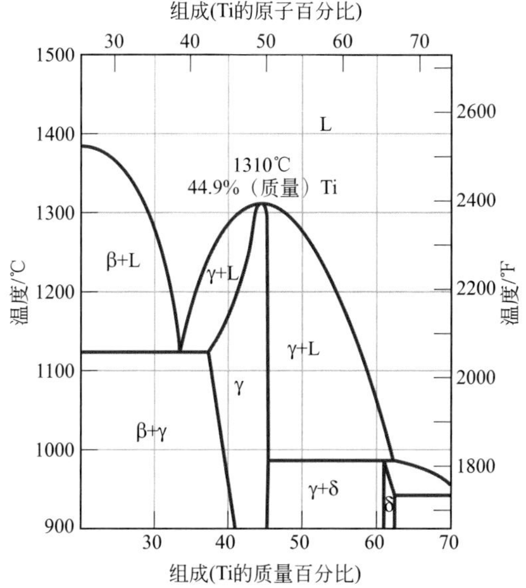

图10.22 γ相固溶体在1310℃，组成为44.9%（质量）Ti时的同成分熔融时的部分镍-钛相图

[图片摘自*Phase Diagrams of Binary Nickel Alloys*，2nd edition，P. Nash（Editor），1991.重印获得了ASM International，Materials Park，OH.的许可]

（1）Al_2O_3-Cr_2O_3 系统

陶瓷相图中相对简单的一个是氧化铝-氧化铬相图，如图10.23。该相图与铜-镍匀晶相图。图10.3（a）有相同的分布，由叶片状的固液双相区分割开单独的液相区和固相区组成。Al_2O_3-Cr_2O_3 固溶体是一种置换固溶体，Al^{3+} 取代 Cr^{3+}，反之亦然。在低于 Al_2O_3 的熔化温度的情况下以任何组成存在，原因是铝离子和铬离子带有相同的电荷，并且具有相似的离子半径（分别为0.053nm和0.062nm）。此外，Al_2O_3 和 Cr_2O_3 有相同的晶体结构。

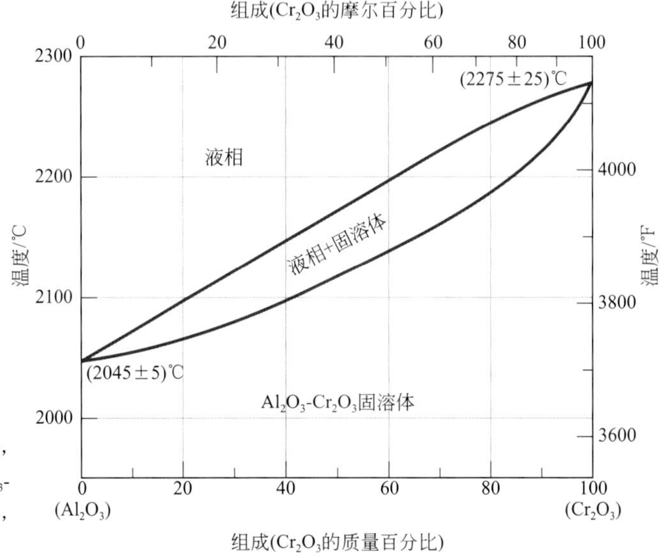

图10.23　氧化铝-氧化铬相图
（图片摘自E. N，Bunting，"Phase Equilibria in the System Cr_2O_3-Al_2O_3." *Bur.Standards J.Research*，6，1931，p.948）

（2）MgO-Al_2O_3 系统

氧化镁-氧化铝相图（图10.24）在很多方面与铅-镁相图（图10.20）类似。相图中存在中间相，或中间化合物，称为尖晶石，化学式为 $MgAl_2O_4$（或MgO-Al_2O_3）。尽管尖晶石是一种严格意义上的化合物｛组成为50%（摩尔）Al_2O_3-50%（摩尔）MgO［72%（质量）Al_2O_3-28%（质量）MgO］｝，并在相图中以单相区的形式表示，并不是像MgPb在相图（图10.20）中表示为一条垂直线；也就是说在一定的组成范围内，尖晶石一种稳定的化合物。因此，尖晶石是一种不同于50%（摩尔）Al_2O_3-50%（摩尔）MgO的非化学计量组成。此外，如图10.24左侧，在低于1400℃（2550 ℉）时，Al_2O_3 在MgO中的存在溶解度极限，基本上是由于 Mg^{2+} 和 Al^{3+} 所带电荷数和离子半径（分别为0.072nm和0.053 nm）的不同。同样地，MgO也几乎不溶解于 Al_2O_3，可以通过相图右侧少量的末端固溶体的缺失得以印证。另外，在尖晶石相区的一侧出现两种共晶体，并且化学计量组成的尖晶石在2100℃（3800 ℉）熔化。

（3）ZrO_2-CaO 系统

另外一个重要的二元陶瓷系统就是氧化锆和氧化钙系统；图10.25是相图的一部分。水平轴只延伸到了31%（质量）CaO［50%（摩尔）CaO］，此时形成化合物 $CaZrO_3$。值得注意地是在该系统中存在一个共晶反应［2250℃，23%（质量）CaO］和两个共析反应［1000℃，2.5%（质量）CaO和850℃，7.5%（质量）CaO］。

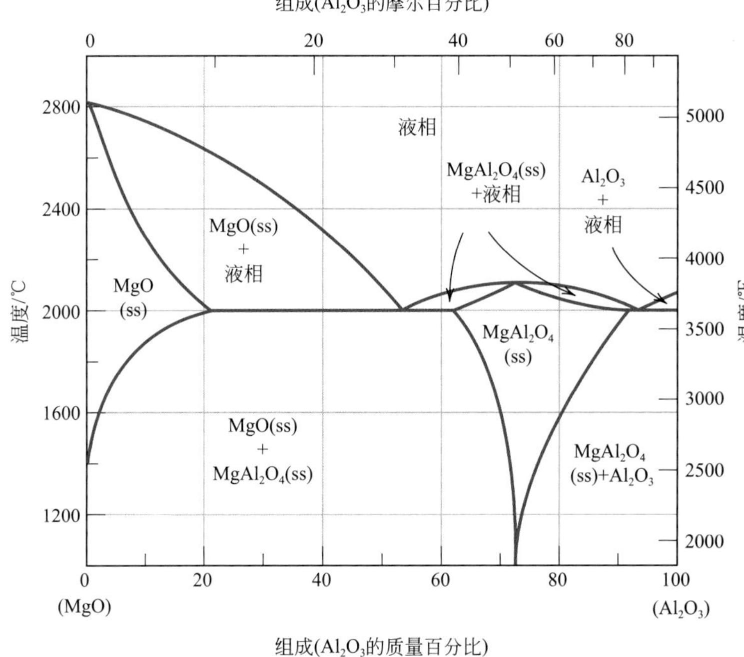

图10.24 氧化镁-氧化铝相图（ss表示固溶体）

（图片摘自B. Hallstedt，"Thermodynamic Assessment of the System MgO-Al_2O_3," *J.Am. Ceram. Soc.*，75，[6]，1502（1992）. 重印获得了American Ceramic Society的许可）

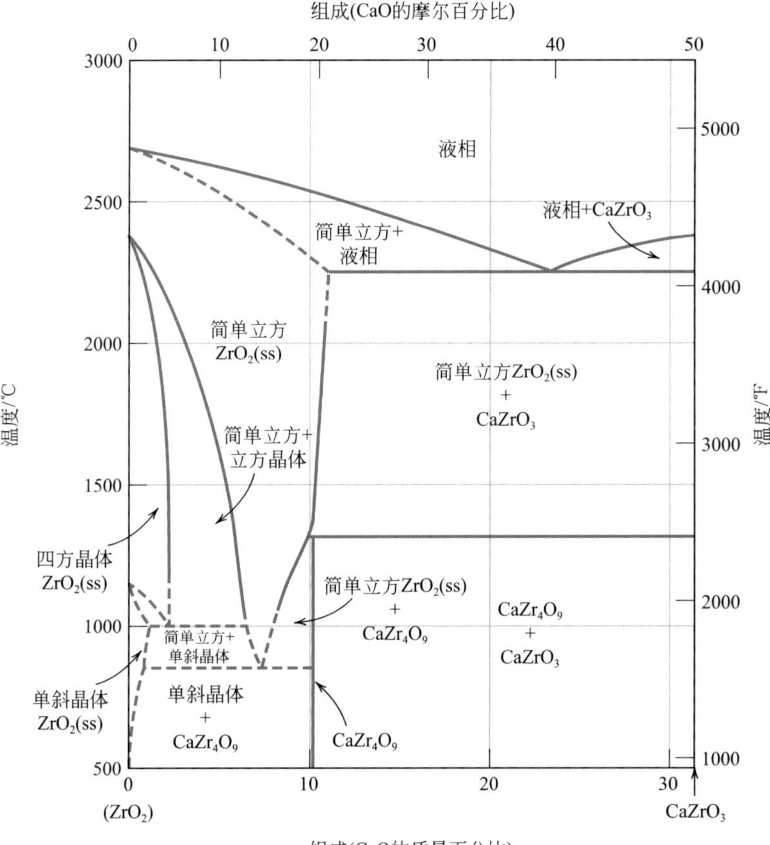

图10.25 氧化锆-氧化钙相图的一部分（ss表示固溶体）

（图片摘自V. S. Stubican and S. P. Ray，"Phase Equilibria and Ordering in the System ZrO_2-CaO，" *J. Am. Ceram.Soc.*，60[11-12]，535（1977）. 重印获得了American Ceramic Society. 的许可）

由图10.25可以发现，ZrO_2在系统中存在3种不同的晶体结构——四方晶体、单斜晶体和简单立方晶体结构。纯净的ZrO_2在1150℃（2102 ℉）时发生由四方晶体向单斜晶体的相变过程。该相变伴随着较大的体积改变，形成裂纹从而使陶瓷器皿失效。但该问题可以通过向氧化锆中添加3% ～ 7%（质量）CaO进行“稳定化处理”解决。在这种成分组成范围，大约1000℃时，简单立方晶体和四方晶体都存在。在正常冷却速率冷却到室温的情况下，不会形成单斜晶体和$CaZr_4O_9$相（如相图所示）；同时，仍然存在简单立方晶体与四方晶体，并且不会形成裂纹。在上述组成范围内，含有氧化钙成分的氧化锆材料称为部分稳定氧化锆，或PSZ。氧化钇（Y_2O_3）和氧化镁常用作稳定剂。此外，对于更加稳定的成分，在室温下只有简单立方晶体能够存在；例如完全稳定的材料。

（4）SiO_2-Al_2O_3系统

从商业方面来说，二氧化硅-氧化铝系统是最重要的，因为许多陶瓷耐火材料的主要成分就是这两种材料。图10.26就是SiO_2-Al_2O_3相图。在这些温度范围稳定存在的多晶形式的二氧化硅称为方晶石，其晶胞如图3.11所示。根据相图两端终端固溶体的缺失判断二氧化硅和氧化铝之间并不是互溶的。另外，需要注意的是中间化合物多铝红柱石，$3Al_2O_3$-$2SiO_2$的存在，在图10.26中表示为一个很窄的相区；多铝红柱石在1890℃（3435 ℉）熔化。唯一一个共晶反应发生在1587℃（2890 ℉），组成为7.7%（质量）Al_2O_3。第13.7节将会讨论陶瓷耐火材料，其基本成分就是二氧化硅和氧化铝。

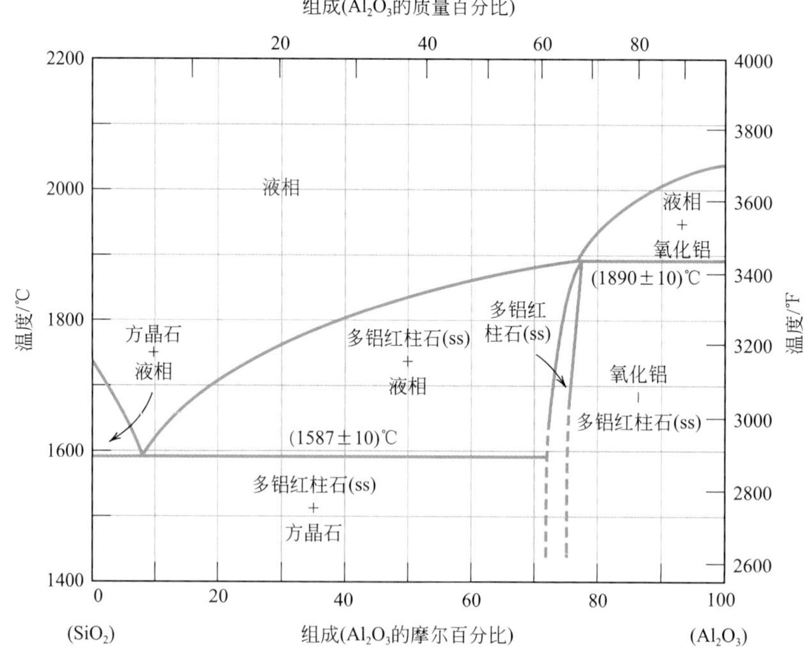

图10.26　二氧化硅-氧化铝相图（ss表示固溶体）

（图片摘自F. J. Klug，S. Prochazka，and R.H. Doremus，“Alumina-Silica Phase Diagram in the Mullite Region，” *J. Am. Ceram. Soc.*，70[10]，785（1987）. 重印获得了American Ceramic Society.的许可）

概念检查 10.7　（a）对于SiO_2-Al_2O_3系统，无液相形成的最高温度是多少？（b）在何种组成或组成范围内能够达到最高温度？

[解答可参考www.wiley.com/college/callister（学生之友网站）]

10.17 三元相图

对于含有超过两种组元的金属（或陶瓷）系统的相图已经可以确定，然而，对于相图的描绘和解读仍然过于复杂。例如，一个三元系统的组成-温度相图，需要通过三维的模型进行描述的，将三维相图或模型的特征虽然可以通过二维形式描述出来，但仍然存在一定的难度。

10.18 吉布斯相律

吉布斯相律

吉布斯相律的一般形式

相图的结构如同控制相平衡条件的原理一样，是由热力学定律来描述的。其中一条定律叫做吉布斯相律，是19世纪物理学家J.Willard Gibbs提出来的。这条定律规定了处于平衡状态下系统中共存相的数目，通过下面的等式表示：

$$P+F=C+N \tag{10.16}$$

式中，P是相的数目（相的概念在第10.3节讨论过）。参量F定义为自由度数或外部控制因素（例如温度、压力、组成），必须通过给定数据来完整地定理系统状态。另外一种说法，F是不改变平衡状态中共存相数的前提下，可以独立变化的参数。在式（10.16）中的参量C表示系统中组元的数目，组元通常是元素或稳定的化合物，在相图中，一般是位于水平组成轴两端的表示的材料[例如，图10.1和图10.3（a）分别表示的水和糖、铜和镍]。最后，式（10.16）中的N是非成分变量（例如，温度和压力）。

现在用一个二元温度-成分相图来说明吉布斯相律，确切地说是图10.7所示的铜-银系统。由于压力是常数（101.325 kPa），参量N为1——温度是唯一的非成分变量。代入等式（10.16）得：

$$P+F=C+1 \tag{10.17}$$

此外，组元数C是2（Cu和Ag），有：

$$P+F=2+1=3$$

或

$$F=3-P$$

首先考虑相图中单相区的情形（例如，α，β和液相区）。因为只存在一个相，P=1，因此有：

$$F=3-P=3-1=2$$

也就是说，若完整地描述存在于其中任意相区的合金的特征，需要明确两个参量；分别是所在位置的组成和温度，即相图中合金的水平位置和垂直位置。

对于两相共存的情形，如图10.7中，α+L，β+L和α+β相区，相律规定只有一个自由度，因为：

$$F=3-P=3-2=1$$

因此，必须了解温度或其中一相的组成，才能完整地定义该系统。例如，假设选定图10.27中的α+L相区的T_1温度，α相和液相的组成（C_α和C_L）由穿越α+L相区的T_1等温连结线确定。注意到此时只能知道存在的自然相，但不能得出各相的相对含量。也就是说，位于T_1温度的所有合金组成，都可以用连接C_α和C_L得到的等温连结线上的任意一点来表示α和液相。

第二种选择在两相区情况下，先规定两相中任何一相的组成，以便能够完全规定系统的状态。例如，如果我们规定C_α是平衡状态下与液相共存的α相的组成（图10.27），接着确定了合金的温度T_1和液相的组成C_L，画出穿过α+L相区的等温连结线，从而得到组成C_α。

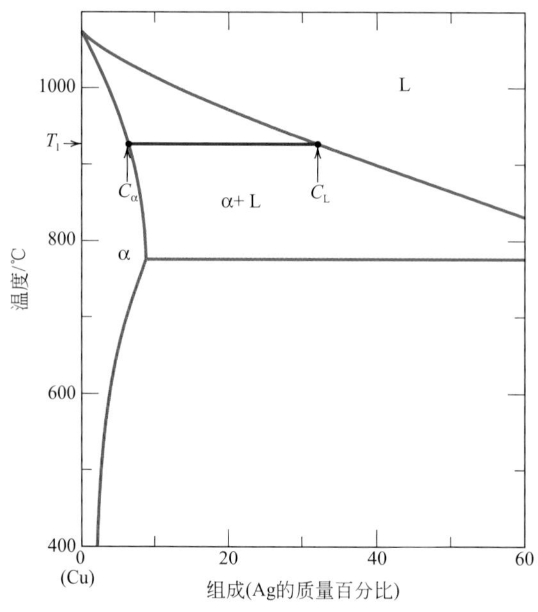

图10.27 铜-银相图中富铜区的放大图，可用来说明两相（α和L）共存的吉布斯相律

任何一相中的组成（C_α和C_L）或温度（T_1）确定，则剩余两个参数可以通过与其相关的等温连接线确定

对于二元系统，同时存在3个相时，此时是没有自由度的，因为：

$$F=3-P=3-3=0$$

也就是说，这三相的组成就如温度被确定一样。在共晶系统中的共晶等温线处会遇到这种情况；对于铜-银系统（图10.7），即为通过B点和G点之间的水平线。在779℃，该等温线与α、L和β各相区的交点分别于各相的组成有关；即，α相的组成固定在8.0%（质量）Ag，液相的组成为71.9%（质量）Ag，而β相的组成为91.2%（质量）Ag。因此，三相平衡的状态不是通过一个相区表示的，而是必须由唯一的水平等温线来表示。此外，沿着共晶等温线的任何组成的合金，都处于三相平衡状态［例如，在779℃，铜-银系统的组成范围是8.0%～91.2%（质量）Ag］。

吉布斯相律可以用于分析非平衡情况。例如，二元合金中，在一定温度范围内变化且由3个不同的相组成的显微结构，则系统处于非平衡状态；在这种情况下的3个相只会在某一特定温度下共存。

概念检查 10.8 对于一个三元系统，存在3种组元；温度是可变化的。请说明当压力是常数时，系统中可能存在最大的相数是多少？

［解答可参考www.wiley.com/college/callister（学生之友网站）］

铁–碳系统

在所有的二元合金系统中，最重要的就是铁碳系统。在各种先进科技文化中，钢和铸铁都是主要结构材料，在本质上都属于铁碳合金。本节重点在于对铁碳系统相图以及一些显微结构变化进行讨论。热处理，显微结构和力学性能之间的关系将在第11章进行探究。

10.19 铁碳（Fe–Fe_3C）相图

铁素体
奥氏体

图10.28为铁碳相图的一部分。对纯铁进行加热，在其熔化之前经历了两次晶体结构的变化。在室温下形成纯铁的稳定相为铁素体，或α-铁，具有BCC晶体结构。在912℃（1674 ℉），铁素体经过多晶转变，得到FCC晶体结构的奥氏体，或γ-铁。继续升温持续保持奥氏体的存在，至1394℃（2541 ℉），FCC晶体结构的奥氏体又转变成具有BCC晶体结构的δ-铁素体，加热到最后到1538℃（2800 ℉）时，铁完全熔化。以上所有的变化都是沿着相图左侧的垂直坐标轴向上所产生的。

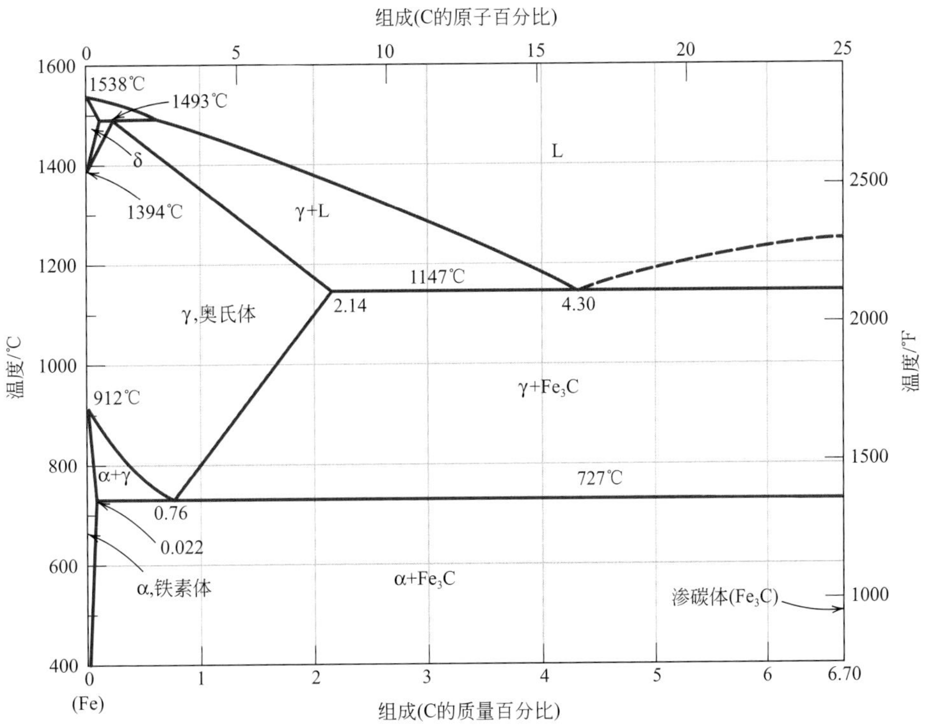

图10.28 铁碳相图

[图片摘自*Binary Allo y Phase Diagrams*，2nd edition，Vol.1，T. B. Massalski（Editor-in-Chief），1990.重印获得了ASM International，Materials Park，OH.的许可]

渗碳体

图10.28中，组成轴向右只延伸到了6.70%（质量）C，并在此浓度下形成了中间化合物碳化铁，或渗碳体（Fe_3C），在相图中用一垂直线表示。因此，铁碳系统可以分为两部分：如图10.28所示的富铁区，和另一部分（未显示）组成

为6.70%～100%（质量）C（纯净石墨）的相区。实际上，所有钢和铸铁的含碳量都少于6.70%（质量）C；因此，我们只考虑铁碳系统。图10.28更合适标为Fe-Fe_3C相图，原因认为Fe_3C是一种组元。惯例规定组成用“%（质量）C”表示，而不用“%（质量）Fe_3C”；6.70%（质量）C相当于100%（质量）Fe_3C。

碳在铁中是一种间隙杂质，并与α-，δ-铁素体以及奥氏体形成了固溶体，如图10.28所示的α，δ和γ的单相区。在BCC结构的α-铁素体中，只溶解小部分的碳元素，碳在α相中最大的溶解度是727℃（1341 ℉）时的碳含量为0.022%（质量）。这种有限的溶解度可以通过BCC晶格间隙位置的形状和尺寸来解释，因为尺寸过小且间隙位置有限，难以容纳过多的碳原子，因此碳的溶解度不高。尽管目前碳元素的浓度相对较低，但仍会影响到铁素体的力学性能。关于这种特殊的铁碳相，硬度较小，相对较软，在低于768℃（1414 ℉）时具有磁性，密度为7.88 g/cm^3。图10.29（a）是α-铁素体的金相照片。

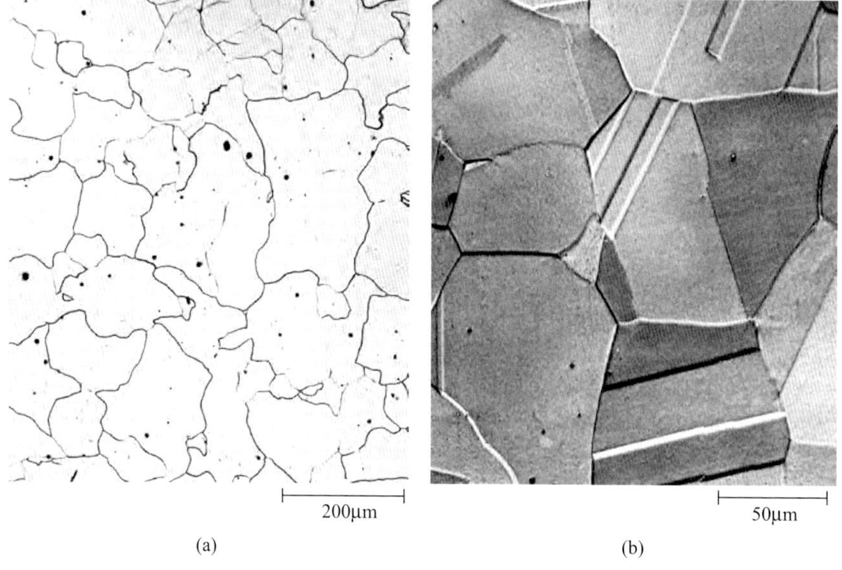

图10.29 （a）α-铁素体（90×）和（b）奥氏体（325×）的金相图片

（重拍来自1971年United State）Steel Corporation

如图10.28所示，奥氏体或γ相的铁，单独与碳合金化时，在低于727℃（1341 ℉）时是不稳定的。碳在奥氏体中最大的溶解度是在1147℃（2097 ℉）时的2.14%（质量）。该溶解度大约是碳在BCC结构铁素体中溶解度的100多倍，因为FCC结构的晶格间隙更大一些（见问题5.12的答案），因此，有碳溶入时，作用的铁原子周围的应变会更小。随后将进一步讨论证明，包含奥氏体的相变在钢的热处理中是非常重要的。同时，奥氏体是没有磁性的。图10.29（b）展示的是奥氏体相的金相照片。

δ-铁素体与α-铁素体除了各自存在的温度范围不同，其他性质几乎完全相同。因为δ-铁素体只在相对较高的温度下是稳定存在的，在技术上没有重要性，因此不再进一步讨论。

在温度低于727℃（1341 ℉）的条件下（组成在α+Fe_3C相区），碳元素在α-铁素体中的溶解度超过溶解度极限时析出渗碳体（Fe_3C）。如图10.28所示，温度在727～1147℃（1341～2097 ℉）之间，Fe_3C与γ相是共存的。从物理性质上来看，渗碳体硬而脆，在一些钢中渗碳体的存在提高了钢的强度。

严格来讲，渗碳体是亚稳相，即在室温下是以一种不确定状态的化合物存在。然而，若将渗碳体加热到650 ～ 700℃（1200 ～ 1300 ℉）之间并保持数年，它将逐渐转变成α-铁和石墨形态的碳，在之后冷却至室温的过程中，它都会以石墨的形式存在。因此，图10.28所示的相图不是一个真正平衡状态的相图，因为渗碳体是非平衡化合物。由于渗碳体的分解速率极其缓慢，几乎钢中的所有碳元素都将以Fe_3C而不是石墨形式存在，因此铁碳相图是有用且有效的。由13.2节可知，增加铸铁中硅的含量，可大大促进Fe_3C向石墨的转变。

如图10.28中标注的双相区，应该注意到在铁碳系统中存在共晶反应，在1147℃（2097 ℉），碳含量为4.30%（质量）时发生，共晶反应式为，

铁碳系统中的共晶反应

$$L \underset{\text{加热}}{\overset{\text{冷却}}{\rightleftharpoons}} \gamma + Fe_3C \tag{10.18}$$

液相凝固形成奥氏体和渗碳体。当然，在随后冷却至室温的过程，会促进另外的相变化。

共析转变点位于727℃（1341 ℉），碳含量为0.76%（质量）处。共析反应式如下：

铁碳系统中的共折反应

$$\gamma[0.76\%(\text{质量})C] \underset{\text{加热}}{\overset{\text{冷却}}{\rightleftharpoons}} \alpha[0.022\%(\text{质量})C] + Fe_3C[6.7\%(\text{质量})C] \tag{10.19}$$

或是在冷却的条件下，γ相转变成α-铁和渗碳体。（共析相的相变在第10.14节中已经介绍）。反应式（10.19）表示的共析相变非常重要，是钢热处理的基础，在随后的讨论中将会进行介绍。

在铁碳合金中，虽然铁是主要组元，但碳和其他合金元素也会存在。铁碳合金若以碳含量进行分类，可以分成三种类型：铁、钢和铸铁。工业纯铁的碳含量少于0.008%（质量），并且从相图来看，在室温下它几乎只由唯一的铁素体相组成。对于碳含量在0.008% ～ 2.14%（质量）之间的铁碳合金定义为钢。大部分钢的显微结构包括α相和Fe_3C相。在冷却至室温的过程中，该种组成的合金会通过γ-相区的一部分，并会产生一系列不同的特征显微结构。尽管钢中可能含有2.14%（质量）的碳元素，事实上碳的浓度很难超过1.0%（质量）。钢放入性质和分类将在第13.2节中讨论。铸铁是含碳量在2.14% ～ 6.70%（质量）之间的铁碳合金。但是工业铸铁的碳含量通常小于4.5%（质量）。这些合金也将会在13.2节中进一步探讨。

10.20 铁碳合金显微组织演变

目前我们讨论的是在钢中存在的不同类型的显微结构以及它们与铁碳相图的关系，同时展示了显微结构的变化与碳含量和热处理方式有关。该讨论的前提是钢的冷却速率非常缓慢，从而持续保持平衡状态。关于热处理方式对显微结构影响以及最后对钢的力学性质的影响将在第11章中讨论。

在穿过铁碳系统γ相区进入到α + Fe_3C相区（图10.28）时，将发生复杂的相变过程，与第10.12节中描述的共晶系统相似。例如，共析组成［0.76%（质量）C］的合金由γ相区内的某一温度，假设是800℃开始冷却，即在图10.30中从*a*点开始，沿着垂直线*xx'*向下。首先，合金全部由组成为0.76%（质量）C奥氏体相组成，与之对应的显微结构如图10.30所示。随着合金的继续冷却，在达

到共析温度（727℃）之前没有任何相变发生。当通过共析温度到*b*点，根据等式10.19发生奥氏体的转变。

共析钢的显微结构是以非常慢的冷却速度通过共析温度得到的，并由相变过程中生成的两相（α和Fe_3C）所形成的交变层错组成。在这种情况下，组织中相对片层的厚度大约是8 ∶ 1。图10.30中*b*点所表示的显微结构，称为**珠光体**，由于在显微镜下用低放大倍率观察时，其外观类似于珍珠母。图10.31是共析钢中表示珠光体的金相照片。珠光体以晶粒的形式存在，叫做珠光体团；每个珠光体团中片层的取向是相同的，但每个珠光体团的取向是不同的。片层较厚且颜色较浅的是铁素体相，而渗碳体则是较薄并且颜色较深的片层。大多数渗碳体片层都比较薄，因此与相邻的相界不易分辨，因此表现出来比较暗。从力学性能上来说，珠光体的力学性能是介于柔软、延展性好的铁素体和坚硬而且较脆的渗碳体之间的中间性质。

珠光体

在珠光体中α和Fe_3C层错的形成与共晶组织（图10.13和图10.14）的形成的原因是相同的，因为母相[奥氏体0.76%（质量）]的组成与各个产物相[铁素体0.022%（质量）]和渗碳体［6.70%（质量）］是不同的，因此相变要求通过碳的扩散从而使成分重新分布。图10.32说明了共析反应的显微结构变化情况：箭头指示的方向即为碳原子的扩散方向。碳原子由0.022%（质量）的铁素体区扩散到6.70%（质量）的渗碳体层，珠光体也由晶界处向未反应的奥氏体晶粒扩展。形成层片状的珠光体，是因为碳原子在形成这种结构时只需要扩散最小的距离。

此外，在图10.30中，由*b*点的珠光体随后冷却的过程中，显微结构不再发生重大变化。

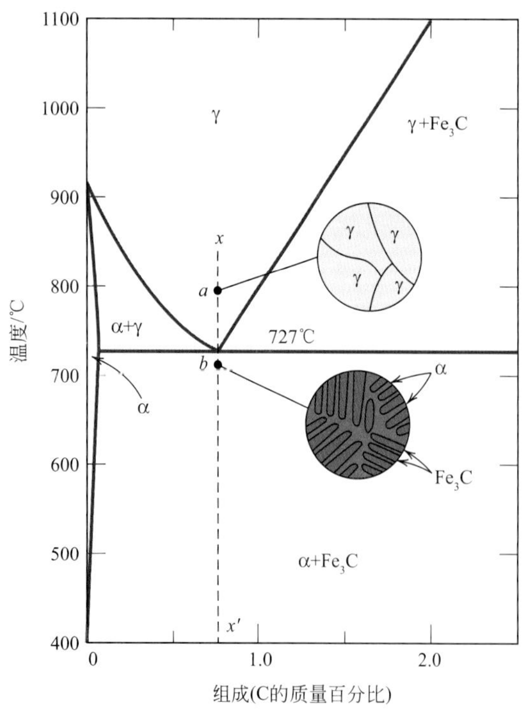

图10.30 共析组成［0.76%（质量）C］铁碳合金在低于共析温度之下的显微结构示意图

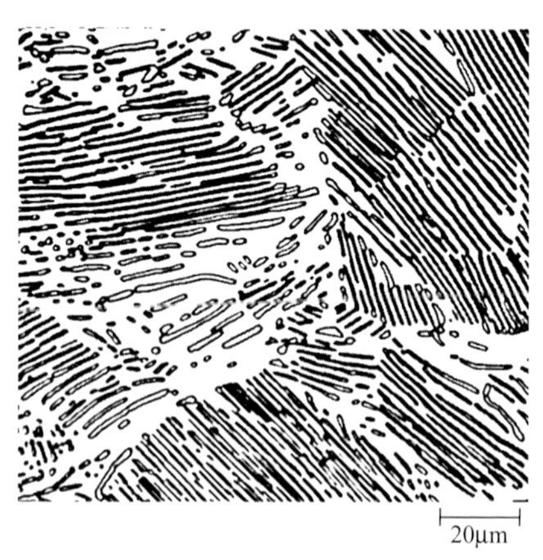

图10.31 共析钢中，α-铁素体与Fe_3C（外观比较黑的薄片层）交变层错组成的珠光体显微结构（470×）

（重印获得了Metals Handbook，9th edition，Vol.9，*Metallography and Microstructures*，American Society for Metals，Materials Park，OH，1985的许可）

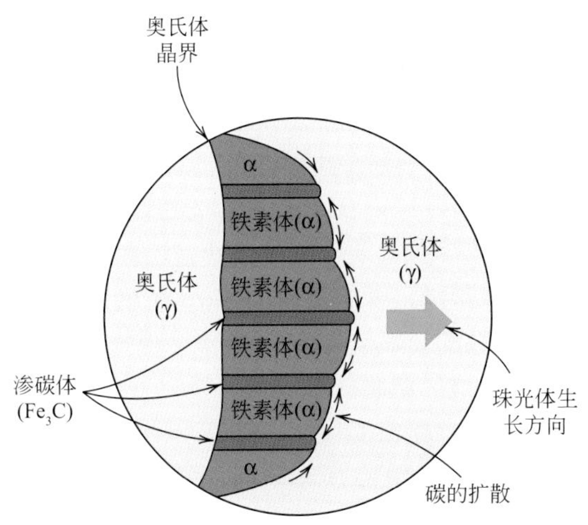

图10.32 由奥氏体形成珠光体的过程示意图
箭头表示碳扩散方向

（1）亚共析合金

现在来探讨共析组成之外铁碳合金的显微结构，这与第10.12节中的图10.16描述的共晶系统中的第四种情况类似。在共析成分左侧的C_0成分点，碳含量在0.022%～0.76%（质量）之间，称为亚共析（少于共析）合金。在图10.33中，沿着垂直线yy'向下，表示的是对应该种组成的合金冷却的过程。大约875℃的c点，获得完全是由γ相晶粒组成的显微结构，如图所示。冷却至d点时大约775℃，此时位于α+γ的双相区，如图所示显微结构中两相共存。沿着原γ相的晶界形成许多小的α相晶粒。α相和γ相的组成含量可以大致通过等温连结线来确定，大约分别是0.020%和0.40%（质量）C。

亚共析合金

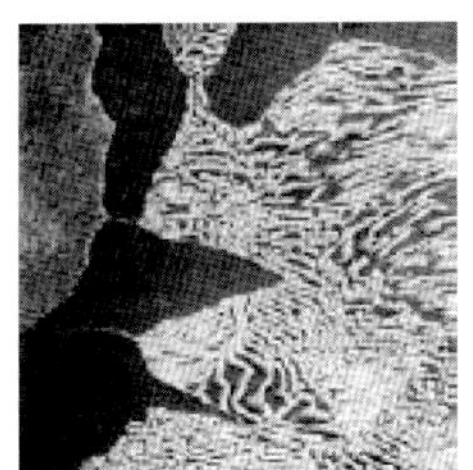

扫描电子显微照片显示的是含碳量为0.44%（质量），钢的显微结构。面积较大较暗区域是先共析铁素体。明暗交错的层状结构是珠光体；珠光体中明暗层分别是渗碳体相和铁素体相（700×）

（Micrograph coutesy of Republic Steel Corporation）

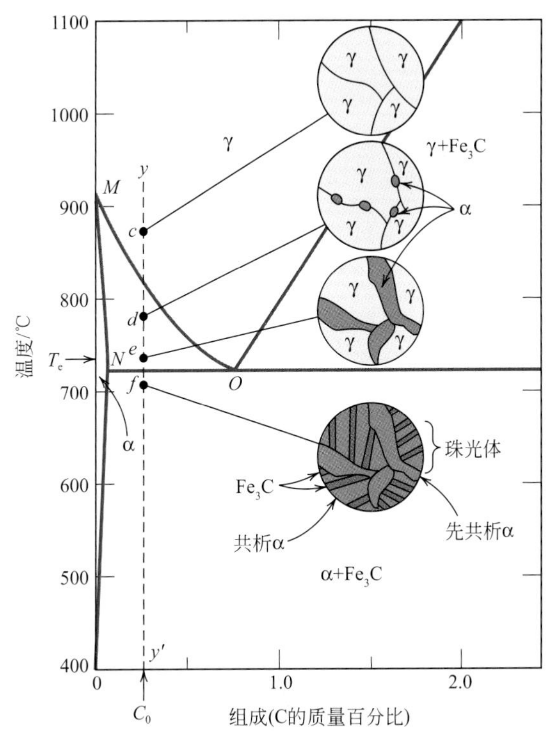

图10.33 亚共析组成C_0[含量少于0.76%（质量）C]的铁碳合金，由奥氏体相区冷却至低于共析温度之下过程中显微结构的示意图

当合金冷却穿过α+γ相区时，铁素体相的成分会随着温度沿α-（α+γ）相界*MN*发生改变，碳含量会有所增加。另一方面，奥氏体的组成变化更加明显，随着温度的降低沿（α+γ）-γ相界*MO*进行变化。

由*d*点冷却到*e*点，刚好在共析点之上，但仍然停留在α+γ相区，在这个过程中α相的分数会增加，同时显微结构中α相晶粒将长大。在该点，α相和γ相的组成可通过在T_e温度构建等温连结线决定，α相的含碳量为0.022%（质量），然而γ相仍然为共析组成，含碳量为0.76%（质量）。

随着温度降低到刚好低于共析点的*f*点，根据式（10.19），在T_e温度时的所有γ相（具有共析组成）都将转变成珠光体。当在*e*点得到的α相通过共析温度线的过程中，几乎没有任何变化，它将以一种连续的基体相围绕在珠光体团周围。*f*点的显微结构如图10.33所示。因此铁素体相既可以由珠光体冷却形成，又可以在穿过α+γ相区的冷却过程中形成。在珠光体冷却形成的铁素体相叫做共析铁素体，然而在T_e温度之上形成的另外一种铁素体叫做**先共析**（意思是在共析之前）**铁素体**，如图10.33中所示。图10.34是含碳量为0.38%（质量）的钢的金相照片，较大的白色区域为先共析铁素体。对于珠光体来说，α和Fe_3C片层之间的间距随不同的晶粒而改变，某些珠光体的颜色比较暗，是由于片层间距较小，这种放大倍数的金相照片中是无法分辨出来的。照片中同时出现了两种显微成分——先共析铁素体和珠光体，对于所有缓慢冷却至共析温度之下的亚共析的铁碳合金中都会出现这两种成分。

先共析
铁素体

先共析α相和珠光体的相对含量，可以通过用第10.12节中确定先共晶和共晶显微成分类似的方法确定。我们利用杠杆定理，再结合由α-（α+Fe_3C）相界［0.022%（质量）C］延伸到共析成分［0.76%（质量）C］的等温连结线，可获得由该组成的奥氏体转变得到的珠光体产物的含量。如图9.31，我们假设合金的组成为C_0'。因此，珠光体所占分数W_P，可以通过以下等式确定：

珠光体质量分数计算的杠杆定理表达式（组成C_0'，图10.35）

$$W_P = \frac{T}{T+U} = \frac{C_0' - 0.022}{0.76 - 0.022} = \frac{C_0' - 0.022}{0.74} \tag{10.20}$$

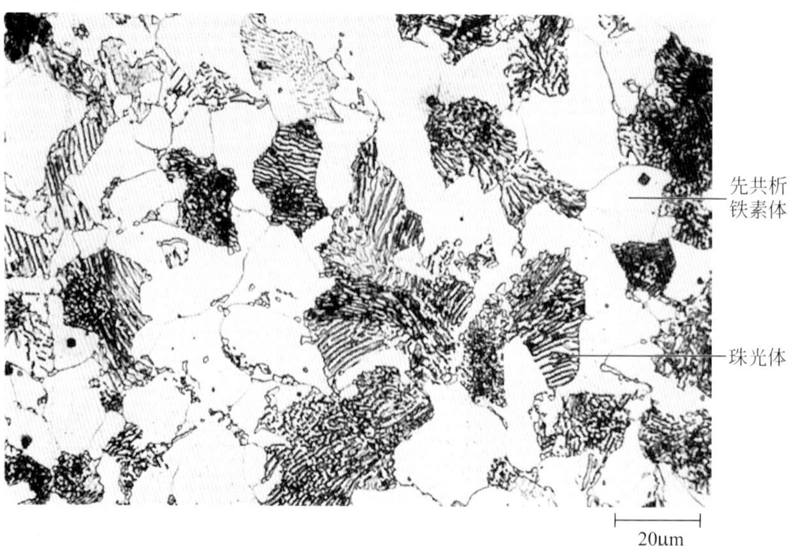

图10.34　含量为0.38%（质量）C的钢，包含珠光体和先共析铁素体的金相照片（635×）
（经Republic Steel Corporation允许刊印）

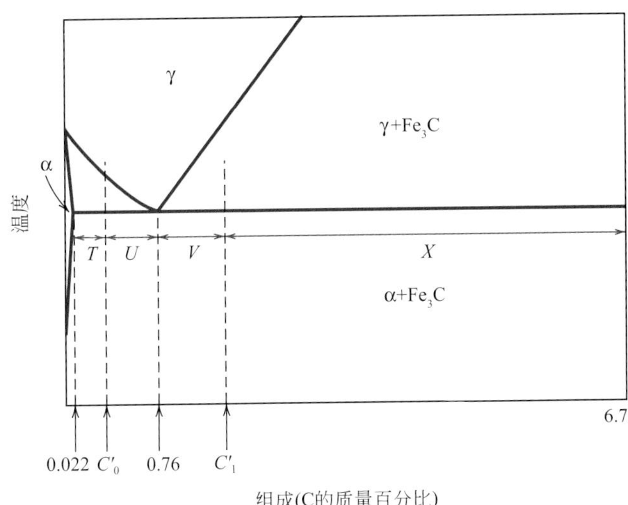

图10.35 用来计算亚共析（C_0'）和过共析（C_1'）组成中，先共析相和珠光体显微成分相对含量的相图的一部分。

先共析铁素体质量分数计算的杠杆定理表达式

此外，先共析α相的分数$W_{\alpha'}$，可以根据式（10.21）计算：

$$W_{\alpha'}=\frac{U}{T+U}=\frac{0.76-C_0'}{0.76-0.022}=\frac{0.76-C_0'}{0.74} \tag{10.21}$$

当然，全部α相（共析和先共析）和渗碳体所占的分数，通过运用杠杆定理和延伸整个α+Fe_3C相区［含碳量介于0.022%～6.70%（质量）之间］的等温连接线来计算。

（2）过共析合金

过共析合金

含碳量介于0.76%～2.14%（质量）之间的过共析合金，由γ相区范围内的温度开始冷却，可得到类似的转变和显微结构。如图10.36，假设合金的组成为C_1，沿着直线zz'向下对其进行冷却。在g点只存在组成为C_1的γ相；如图所示显微结构中只存在γ晶粒。冷却至γ+Fe_3C相区时，比如h点，渗碳体相将会沿着最初γ相晶界形成，与图10.33中d点的α相的形成类似。此时的渗碳体叫做先共析渗碳体，即在共析反应之前形成。当然，渗碳体的组成［6.70%（质量）C］不随温度的改变而改变。然而，奥氏体相的组成将会沿着PO线向共析点靠近。当温度降低穿过共析温度达到i点时，剩余所有的共析组成的奥氏体全部转变成珠光体；因此最终的显微结构由珠光体和先共析渗碳体两种显微成分组成（图10.36）。在含碳量为1.4%（质量）的钢的金相照片中（图10.37），先共析渗碳体的颜色较浅。因为先共析渗碳体与先共析铁素体（图10.34）的外观非常相似，因此在显微结构的基础上对先共析钢和过共析钢进行区别有一定的难度。

先共析渗碳体

过共析钢中的珠光体和先共析Fe_3C相对含量的计算，与亚共析钢中的计算是相似的；等温连接线大致位于0.76%～6.70%（质量）C之间。因此，如图10.35所示，合金组成为C_1'时，珠光体所占分数W_P和先共析渗碳体所占分数$W_{Fe_3C'}$可以通过杠杆定理确定：

$$W_P=\frac{X}{V+X}=\frac{6.70-C_1'}{6.70-0.76}=\frac{6.70-C_1'}{5.94} \tag{10.22}$$

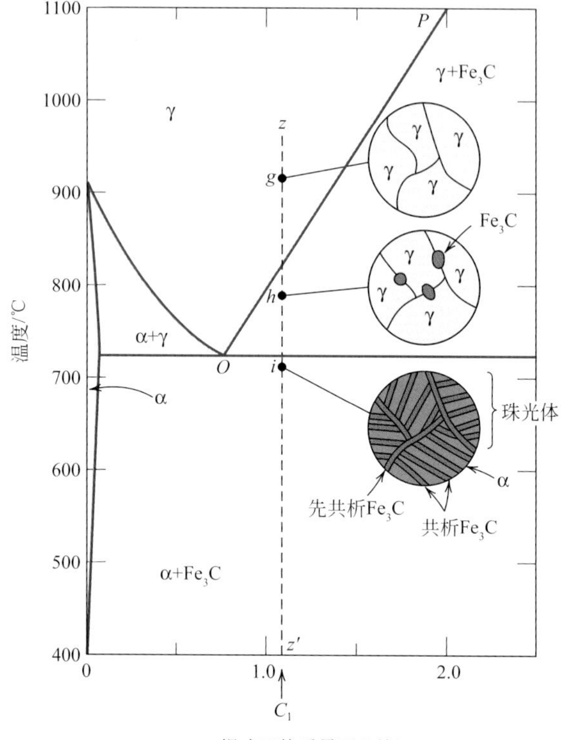

图10.36 过共析组成C_1［含量在0.76%～2.14%（质量）C之间］的铁碳合金，由奥氏体相区冷却至低于共晶温度之下过程中显微结构的示意图

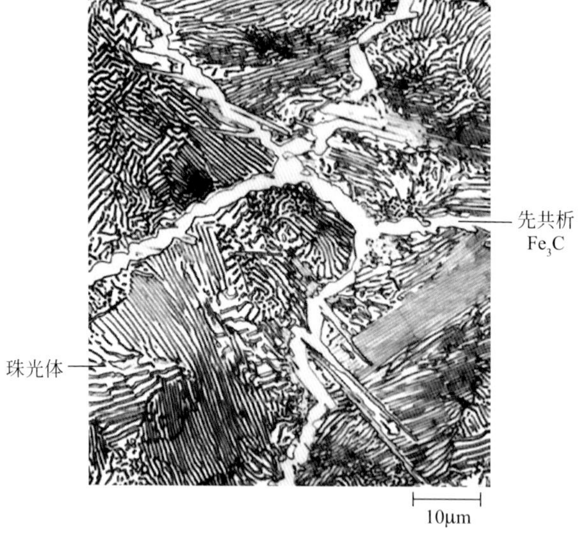

图10.37 含量为1.4%（质量）C的钢，由白色先共析渗碳体成网状围绕着珠光体团的金相照片（1000×）（副本来自1971年United States Steel Corporation）

和

$$W_{Fe_3C'} = \frac{V}{V+X} = \frac{C_1' - 0.76}{6.70 - 0.76} = \frac{C_1' - 0.76}{5.94} \qquad (10.23)$$

概念检查 10.9 简明地解释为什么先共析相（铁素体或渗碳体）依附奥氏体晶界生长。
提示：查阅第5.8节。
［解答可参考 www.wiley.com/college/callister（学生之友网站）］

例题 10.4

确定铁素体，渗碳体和珠光体等显微成分的相对含量

组成为99.65%（质量）Fe-0.35%（质量）C的合金，在低于共析温度的时，请求出：

（a）总的铁素体相和渗碳体相的分数；

（b）先共析铁素体相和珠光体的分数；

（c）共析铁素体相的分数。

解：

（a）该问题可以通过应用杠杆定理表达式和延伸至整个$\alpha+Fe_3C$相区的等温连结线确定。因此，C_0'为0.35%（质量）C，且

$$W_\alpha = \frac{6.70-0.35}{6.70-0.022} = 0.95$$

和

$$W_{Fe_3C} = \frac{0.35-0.022}{6.70-0.022} = 0.05$$

（b）先共析铁素体和珠光体所占的分数可以通过应用杠杆定理和延伸到共析组成［即，等式（10.20）和式（10.21）］的等温连接线确定。或

$$W_P = \frac{0.35-0.022}{0.76-0.022} = 0.44$$

和

$$W_{\alpha'} = \frac{0.76-0.35}{0.76-0.022} = 0.56$$

（c）总的铁素体既指先共析相，又指共析相（在珠光体中）。因此，这两种铁素体的总和等于总的铁素体的所占分数，即：

$$W_{\alpha'} + W_{\alpha e} = W_\alpha$$

式中，$W_{\alpha e}$表示总的合金中的共析铁素体。在（a）和（b）部分得出W_α和$W_{\alpha'}$的值分别为0.95和0.56，因此，有：

$$W_{\alpha e} = W_\alpha - W_{\alpha'} = 0.95 - 0.56 = 0.39$$

（3）非平衡冷却

在讨论铁碳合金的显微结构变化时，我们已经假设在冷却过程中一直保持亚稳平衡状态；也就是说，在到达下一个温度之前有足够充足的时间来进行相组成的调整，且其相对含量可通过铁碳相图预测。然而在大部分情况下，非常缓慢的冷却速率是不符合实际情况的，而且是不必要的；事实上，我们更愿意得到不平衡的条件下的结果。下面有两点非平衡效应很重要：① 相变并不是发生在相图中相界线能够预测的温度上；② 相图不会出现在室温下存在的非平衡相。这两点会在下一章进行讨论。

10.21 其他合金元素的影响

如图10.28所示，在二元铁碳相图中增加其他合金元素（铬、镍、钛等），能够产生显著的变化。相界位置和相区形状的改变程度，取决于合金元素的种类及其浓度。其中一个重要的变化就是共析温度和共析碳浓度的变化。这些影响可在图10.38和图10.39中观察到，图中分别将共析温度和共析组成（用碳含量表示）画成是合金元素浓度的函数。因此，其他合金元素的加入不仅改变了共晶反应发生的温度，也改变了珠光体和先共析相形成的相对分数。钢的合金化原因通常是为了改善它本身的耐蚀性，或是为了更好地符合热处理的要求（参考第14.6节）。

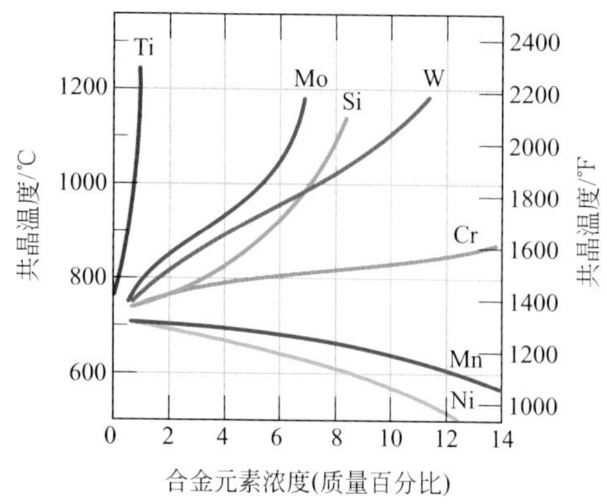

图10.38　在钢中加入不同合金元素，其浓度与共晶温度的关系图

（图片来源于Edgar C. Bain，*Functions of the Alloying Elements in Steel*，American Society for Metals，1939，p.127.）

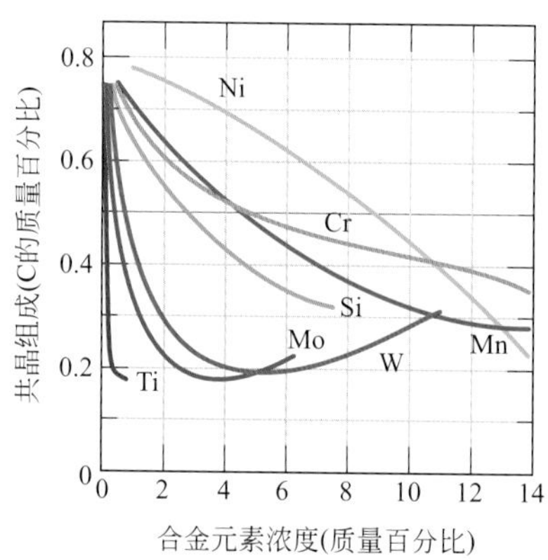

图10.39　在钢中加入不同合金元素，其浓度与共晶组成［%（质量）C］的关系图

（图片来源于Edgar C. Bain，*Functions of the Alloying Elements in Steel*，American Societyfor Metals，1939，p.127.）

总结

简介
- 平衡相图能够简洁明了地解释在合金系统中各相之间的稳态关系。

相
- 相是材料基体中的一部分，具有均匀的物理和化学性质。

显微结构
- 对于多元合金而言，下列3个显微结构特征非常重要：
  - 存在相的数目
  - 各相的相对比例
  - 各相的排布方式
- 影响合金显微结构的3个因素：
  - 所存在合金元素的种类
  - 各合金元素的浓度
  - 合金的热处理方式

相平衡
- 系统处于平衡状态，是最稳定的状态，也就是说，相的性质不随时间而改变。从热力学上来说，相平衡的条件就是系统的自由能在一定的温度，压力和组成的组合下处于最小值。
- 亚稳态系统属于非平衡状态，处于不确定状态，系统中所含相会随时间的变化而发生细微的改变。

单元（或一元）相图

- 在一元相图中，是压力的对数和温度作图得到的相图；在此类型相图中可找到固态，液态和气态相区。

二元相图

- 对于二元系统，温度和组成是变化的，但是外界的压力是常数。面积或相区，是由温度-组成作图定义的，其中存在单相或两相共存的区域。

二元匀晶系统

- 固相在匀晶相图中是完全互溶的；铜-镍系统［图10.3（a）］表现出了这种性质。

相图的解释

- 对于特定组成的合金，在已知的温度下，处于平衡状态，需要确定以下问题：

  哪些相存在——从相图中的温度–成分点的位置来确定。

  相的组成——对于两相区，可运用水平等温连结线。

  相的质量分数——在两相区应用杠杆定理[应用等温连结线其中的一部分［式（10.1）和式（10.2）］

二元共晶系统

- 在共晶反应中，一些合金系统会比较常见，在冷却时液相经过等温转变成两种不同的固相（即$L \rightarrow \alpha+\beta$）。在铜-银系统和铅-锡系统（分别为图10.7和图10.8）中都标有此类反应。
- 在特定温度时的溶解度极限，与特定相中的某一组元的最大浓度有关。对于一个二元共晶系统，溶解度极限会沿着固溶线或固相线移动。

共晶合金显微结构的变化

- 共晶组成的合金（液态）的凝固，会产生由两种固相交替变化的片层状显微结构。
- 在共晶等温线上所有组成，都可以凝固产生先共晶相和片层状的共晶组织。
- 先共晶相和共晶显微成分的质量分数，可以通过运用杠杆定理和延伸到共晶成分的等温连结线确定［例如，式（10.10）和式（10.11）］。

有中间相或中间化合物的平衡相图

- 其他的平衡相图会更加复杂，原因是相图中所包含的相/固溶体/化合物，没有出现在相图浓度轴（即，水平线）两端的位置。这些包括中间固溶体和中间金属化合物。
- 除了共晶之外，其他包含三相转变的反应发生在相图中的不同的点。

  在冷却条件下的共析反应，一种固相转变成两种其他的固相（例如，$\alpha \rightarrow \beta+\gamma$）。

  在冷却条件下的包晶反应，一种液相和一种固相转变成另外一种固相（例如，$L+\alpha \rightarrow \beta$）。

- 在成分组成上没有改变的相变叫做同成分相变。

陶瓷相图

- 陶瓷相图的大部分特点与金属系统相似。
- 对Al_2O_3-Cr_2O_3（图10.23），MgO-Al_2O_3（图10.24），ZrO_2-CaO（图10.25），SiO_2-Al_2O_3和（图10.26）的相图进行讨论。
- 这些相图在评估陶瓷材料在高温下的性能非常有用。

吉布斯相律

- 吉布斯相律是一个相对简单的公式［式（10.16）是它的一般形式］，它将平衡系统中存在的相数和自由度、组元数、非组成变化的数目联系在了一起。

铁-铁碳化合物（Fe-Fe_3C）相图

- 在铁碳相图（图10.28）中，比较重要的相有α-铁素体（BCC），γ-奥氏体（FCC）和铁碳中间化合物[或渗碳体（Fe_3C）]。
- 在成分组成的基础上，将铁碳化合物分成3类：

  铁［<0.008%（质量）C］

  钢［0.008%（质量）C ～ 2.14%（质量）C］

铸铁 [>2.14%（质量）C]

铁碳合金显微结构的变化

- 对于许多铁碳合金和钢显微结构的变化取决于共晶反应，该反应由组成为0.76%（质量）C的奥氏体相，等温转变（727℃）成α-铁素体 [0.022%（质量）C] 和渗碳体（即，$\gamma \rightarrow \alpha + Fe_3C$）。
- 对于共析组成的铁碳合金，显微结构产物是珠光体，其成分是交替变化的片层状铁素体和渗碳体。
- 碳含量小于共析成分（即先共析）的合金，其显微结构是由先共析铁素体和珠光体组成。
- 过共析合金的显微结构由珠光体和先共析渗碳体构成，它们的碳含量都超过了共析成分的碳含量。
- 先共析相（铁素体或渗碳体）和珠光体的质量分数，可以通过运用杠杆定理和延伸到共析组成 [0.76%（质量）C] 的等温连接线计算[例如，式（10.20）和式（10.21）（先共析合金），等式（10.22）和式（10.23）（过共析合金）]。

公式总结

公式编号	公式	求解问题
（10.1b）	$W_L = \dfrac{C_\alpha - C_0}{C_\alpha - C_L}$	二元匀晶系统中液相的质量分数
（10.2b）	$W_\alpha = \dfrac{C_0 - C_L}{C_\alpha - C_L}$	二元共晶系统中α固溶相的质量分数
（10.5）	$V_\alpha = \dfrac{v_\alpha}{v_\alpha + v_\beta}$	α相的体积分数
（10.6a）	$V_\alpha = \dfrac{\dfrac{W_\alpha}{\rho_\alpha}}{\dfrac{W_\alpha}{\rho_\alpha} + \dfrac{W_\beta}{\rho_\beta}}$	α相，质量分数向体积分数变换
（10.7a）	$W_\alpha = \dfrac{V_\alpha \rho_\alpha}{V_\alpha \rho_\alpha + V_\beta \rho_\beta}$	α相，体积分数向质量分数变换
（10.10）	$W_e = \dfrac{P}{P+Q}$	二元共晶系统中，共晶显微组织成分的质量分数（图10.18）
（10.11）	$W_{\alpha'} = \dfrac{Q}{P+Q}$	二元共晶系统中，先共晶α相显微组织成分的质量分数（图10.18）
（10.12）	$W_\alpha = \dfrac{Q+R}{P+Q+R}$	二元共晶系统中，总体α相显微组织成分的质量分数（图10.18）
（10.13）	$W_\beta = \dfrac{P}{P+Q+R}$	二元共晶系统中，β相的质量分数（图10.18）
（10.16）	$P+F=C+N$	吉布斯相律（一般形式）
（10.20）	$W_P = \dfrac{C_0' - 0.022}{0.74}$	对于先共晶的铁碳合金，珠光体的质量分数（图10.35）
（10.21）	$W_{\alpha'} = \dfrac{0.76 - C_0'}{0.74}$	对于先共晶的铁碳合金，先共晶α铁素体相的质量分数（图10.35）
（10.22）	$W_P = \dfrac{6.70 - C_1'}{5.94}$	对于过共晶的铁碳合金，珠光体的质量分数（图10.35）
（10.23）	$W_{Fe_3C'} = \dfrac{C_1' - 0.76}{5.94}$	对于先共晶的铁碳合金，先共晶Fe_3C的质量分数（图10.35）

符号列表

符号	含义
C（吉布斯相律）	系统中的组元数量
C_0	合金的组成（只含一种组元）
C_0'	先共晶和金的组成（碳的重量百分比）
C_1'	过共晶合金的组成（碳的重量百分比）
F	定义系统状态的外部控制因素
N	系统中非成分组成的数量
P，Q，R	等温连结线的部分长度
P（吉布斯相律）	给定系统中存在的相数
V_α，V_β	α相和β相的体积
ρ_α，ρ_β	α相和β相的密度

工艺/结构/性能/应用总结

对于铁碳合金（例如钢），需要通过铁碳相图，帮助理解在较低冷却速率情况下的显微结构（即珠光体和先共晶相）。在本章涉及的其他概念，已经在前言中介绍过——包括相、相平衡、亚稳态和共析反应的概念。在第11章中，我们将会对在更快的冷却速率下，铁碳合金中形成的其他显微结构进行研究。这些概念在413页的概念图中有总结。

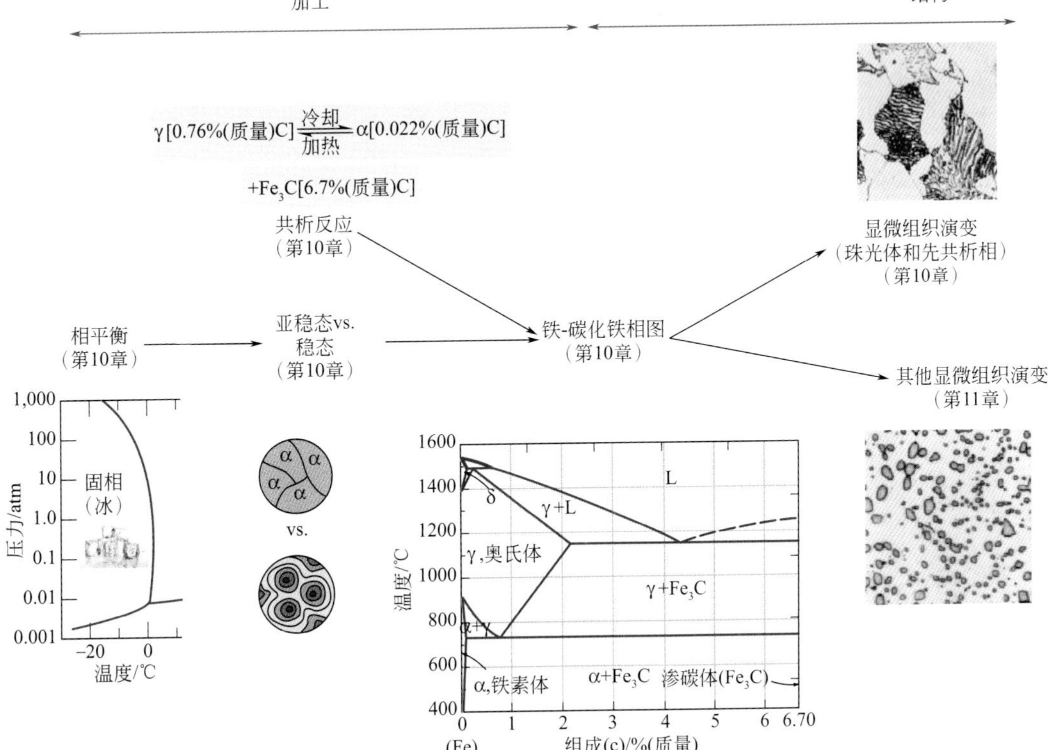

重要术语和概念

奥氏体	过共析合金	相
渗碳体	先共析合金	相图
组元	中间固溶体	相平衡
同成分相变	金属间化合物	先共晶相
平衡	共晶转变点	先共析渗碳体
共晶相	匀晶	先共析铁素体
共晶反应	杠杆定理	固相线
共晶结构	液相线	溶解度极限
共析反应	亚稳态	固溶线
铁素体	显微组织成分	系统
自由能	珠光体	终端固溶体
吉布斯相律	包晶反应	等温连结线

参考文献

ASM Handbook，Vol.3，*Alloy Phase Diagrams*，ASM International，Materials Park，OH，1992.

ASM Handbook，Vol.9，*Metallography and Microstructures*，ASM International，Materials Park，OH，2004.

Bergeron，C.G.，and S.H.Risbud，*Introduction to Phase Equilibria in Ceramics*，Wiley，Hoboken，NJ，1984.

Kingery，W. D.，H. K. Bowen，and D.R.Uhlmann，*Introduction to Ceramics*，2nd edition，Wiley，New York，1976.Chapter 7.

Massalski，T. B.，H. Okamato，P. R. Subramanian，And L. Kacprzak（Editors），*Binary Phase Diagrams*，2nd edition，ASM International，Materials Park，OH，1990. Three volumes.Also on CD-ROM with updates.

Okamato，H.，*Desk Handbook*：*Phase Diagrams for Binary Alloys*，ASM International，Materials Park，OH，2000.

Phase Equilibria Diagrams（for Ceramist），American Ceramic Society，Westrville，OH.Fourteen volumes，published between 1964 and 2005.Also on CD-ROM.

Villars，P.，A. Prince，and H. Okamoto（Editors），*Handbook of Ternary Alloy Phase Diagrams*，ASM International，Materials Park，OH，19-95. Ten volumes.Also on CD-ROM.

习题

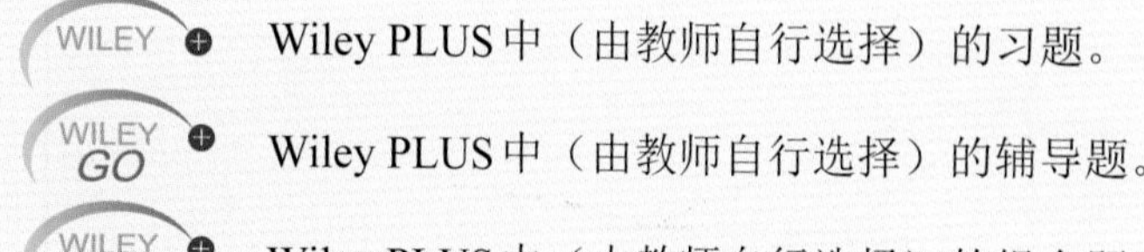

Wiley PLUS中（由教师自行选择）的习题。

Wiley PLUS中（由教师自行选择）的辅导题。

Wiley PLUS中（由教师自行选择）的组合题。

溶解度极限

10.1 参考图10.1的糖-水相图。

（a）在90℃（194 ℉）下，1500g的水能溶解多少糖？

（b）若（a）中的饱和液体被冷却至20℃（68 ℉），多余的糖以固体的方式沉淀。那么在20℃时饱和体液组成是什么（用糖的质量百分比表示）？

（c）在冷却至20℃时，会析出多少的固体糖？

WILEY 10.2 在500℃（930 ℉）下，求（a）Cu在Ag中；（b）Ag在Cu中的最大溶解度是多少？

显微结构

10.3 写出3个决定合金显微结构的参数。

相平衡

10.4 平衡状态时必须满足何种热力学条件是什么？

单元（或一元）相图

10.5 假设某冰的样品处于温度为–10℃和压力为101.3kPa的环境中。利用图10.2所示的水的压力-温度图，确定此样品发生（a）熔化和（b）升华时，压力需要增加还是减少。

10.6 压力在1.01kPa时，确定（a）冰熔化的温度；（b）水沸腾的温度。

二元匀晶系统

10.7 给定锗-锡系统的固态和液态温度。画出此系统的相图并标出每个区域。

组成（Si）/%（质量）	固相温度/℃	液相温度/℃
0	938	938
10	1005	1147
20	1065	1226
30	1123	1278
40	1178	1315
50	1232	1346
60	1282	1367
70	1326	1385
80	1359	1397
90	1390	1408
100	1414	1414

相图的解释

10.8 列出下列合金出现的相和相组成：

（a）90%（质量）Zn-10%（质量）Cu在400℃（750 ℉）

（b）75%（质量）Sn-25%（质量）Pb在175℃（345 ℉）

（c）55%（质量）Ag-45%（质量）Cu在900℃（1650 ℉）

（d）30%（质量）Pb-70%（质量）Mg在425℃（795 ℉）

（e）2.12kg Zn和1.88kg Cu在500℃（930 ℉）

（f）37lb_m Pb和6.5lb_m Mg在400℃（750 ℉）

（g）8.2mol Ni和4.3mol Cu在1250℃（2280 ℉）

（h）4.5mol Sn和4.5mol Pb在200℃（390 ℉）

10.9 铜-镍合金在平衡状态下是否能够出现组成为20%（质量）Ni-80%（质量）Cu的液相和组成为37%（质量）Ni-63%（质量）Cu的α相？如果存在，那么合金温度是多少？如果不存在，解释为什么。

10.10 铜-锌合金在平衡状态下是否能够出现组成为80%（质量）Zn-20%（质量）Cu组成的相和组成为95%（质量）Zn-5%（质量）Cu的液相？如果存在，那么合金温度是多少？如果不存在，解释为什么。

WILEY WILEY GM 10.11 组成为70%（质量）Ni-30%（质量）Cu的铜镍合金由1300℃（2370 ℉）的温度开始缓慢加热。

（a）在何温度时液相首先形成？

（b）该液相的成分是什么？

（c）在什么温度时合金能够完全熔化？

（d）在完全熔化前最后剩下的固体组成是什么？

10.12 组成为50%(质量)Pb-50%(质量)Mg合金由700℃(1290 ℉）缓慢冷却至400℃(750 ℉)。

（a）在何温度时首先形成固相？

（b）该固相成分是什么？

（c）在什么温度时液相发生凝固？

（d）最后剩下的液相组成是什么？

WILEY 10.13 对组成为74%（质量）Zn-26%（质量）Cu的合金，列出在下列温度时合金中出现的相以及它们的组成：850℃，750℃，680℃，600℃和500℃。

WILEY GO 10.14 确定习题10.8中给定温度合金的中相的相对量（用质量分数表示）。

WILEY 10.15 质量为1.5kg，组成为90%（质量）Pb-10%（质量）Sn的合金加热到250℃（480 ℉），在此温度下全部为α相固溶体（图10.8）。将合金加热到只含50%液体的温度，则剩余的相为α相。该过程可以通过加热合金或在温度不变的情况下改变合金成分的方式完成。

（a）该样品需要加热的温度是多少？

（b）250℃下需要在1.5kg的样品中加入多少锡才能够达到所需状态？

10.16 质量5.5kg的镁-铅合金由固体α相组成，在200℃（390 ℉）时其成分刚好稍低于溶解度极限。

（a）该合金中铅的质量是多少？

（b）假如合金被加热到350℃（660 ℉），在不会超过该相的溶解度极限的前提下，有多少多余的铅可以溶在α相中？

WILEY 10.17 组成为90%（质量）Ag-10%（质量）Cu的合金被加热到β+液相相区的温度范围内。如果β相组成是85%（质量）Ag，请确定：

（a）合金温度

（b）β相的组成

（c）两相的质量分数

10.18 组成为30%（质量）Sn-70%（质量）Pb的合金被加热到α+液相相区的温度范围内，如果每一相的质量分数均为0.5，请估计：

（a）该合金的温度

（b）两相的组成

10.19 合金有假想的金属A和B的两种组元，存在有富A相的α相和富B相的β相。对于表格所示两种不同的合金（在相同的温度下）中两相的质量分数，决定在该温度时α相和β相的相界组成（或溶解度极限）。

合金组成	α相分数	β相分数
60%（质量）A-40%（质量）B	0.57	0.43
30%（质量）A-70%（质量）B	0.14	0.86

WILEY 10.20 假设A-B合金其组成为55%（质量）B-45%（质量）A。在某温度时发现它由质量分数均为0.5的α和β相组成。如果β相组成是90%（质量）B-10%（质量）A，则α相的组成是什么？

10.21 假设铜-银合金，其组成是50%（质量）Ag-50%（质量）Cu，在平衡状态下是否能够有包含质量分数W_α=0.60和W_β=0.40的α和β相？则此时合金的温度大致是多少？如果不存在该种组成的合金，解释为什么。

10.22 质量为11.20kg的镁-铅合金，其组成为30%（质量）Pb-70%（质量）Mg，在平衡状态下是否能够有包含质量分别为7.39kg和3.81kg的α相和Mg_2Pb？则此时合金的温度是多少？如果不存在该种成分的合金，解释为什么。

10.23 对于式（10.6a）和式（10.7a）哪一个能够用来将质量分数转换成体积分数？反过来情况如何？

WILEY GM 10.24 确定习题10.8中（a）、（b）和（c）中给定温度的合金其相的相对含量（用体积分数表示）。下表是在给定温度时各金属的大致密度：

金属	温度/℃	密度/（g/cm^3）
Ag	900	9.97
Cu	400	8.77
Cu	900	8.56
Pb	175	11.20
Sn	175	7.22
Zn	400	6.83

匀晶合金中显微结构的变化

10.25 （a）简略描述中心偏析现象以及产生原因。
（b）解释不想得到中心偏析的理由。

匀晶合金的力学性能

10.26 若想要制造一种铜-镍合金，在非冷加工状态时，至少具有350MPa（50.750psi）的抗拉强度，和至少48%延伸率。是否存在该种类型合金？如果存在，其组成应该是什么？如果不存在，解释为什么。

二元共晶系统

10.27 组成为45%（质量）Pb-55%（质量）Mg的合金由高温快速淬火至室温，以保持高温下的显微结构。在该显微结构种发现包含α相和Mg_2Pb，质量分数分别为0.65和0.35。确定该合金淬火时的大致温度。

共晶合金中显微结构的变化

10.28 简略解释为什么在凝固过时，共晶组成的合金会形成一种包含两固相交替片层的显微结构。

10.29 相和微组元的差别是什么？

10.30 在775℃（1425 ℉）时，铜-银合金中是否有可能存在先共晶β和全部β的质量分数分别为0.68和0.925的情况？原因是什么？

10.31 质量为6.70kg的镁-铅合金在460℃（860 ℉），是否可能存在其先共晶α和全部α的质量分别为4.23kg和6.00kg的情况？原因是什么？

10.32 在775℃（1425 ℉），组成为25%（质量）Ag-75%（质量）Cu的铜银合金，回答下列问题：

（a）确定α相和β相的质量分数。

（b）确定先共晶α相和共晶微组元的质量分数

（c）确定共晶α的质量分数。

WILEY 10.33 铅-锡合金在180℃（355 ℉）的显微结构由先共晶β和共晶结构组成。如果这两个微组元的质量分数分别为0.57和0.43，确定合金的组成。

10.34 假想的共晶相图含金属A和B，与铅-锡相图（图10.8）类似。假设：（1）α和β相分别在相图中A和B两端；（2）共晶组成为47%（质量）B-53%（质量）A；（3）α相在共晶温度时的组成为92.6%（质量）A-7.4%（质量）B。确定合金获得先共晶α和全部α的质量分数分别为0.356和0.693时的组成。

WILEY 10.35 对组成为85%（质量）Pb-15%（质量）Mg的合金，绘出在缓慢冷却速率冷却到下列温度时能够观察到的显微结构示意图：600℃（1110 ℉），500℃（930 ℉），270℃（520 ℉）和200℃（390 ℉）。标出所有相并指出它们的大致组成。

WILEY 10.36 对组成为68%（质量）Zn-32%（质量）Cu的合金，绘出在缓慢冷却速率冷却到下列温度时能够观察到的显微结构示意图：1000℃（1830 ℉）760℃（1400 ℉），600℃（1110 ℉）和400℃（7500 ℉）。标出所有相并指出它们的大致组成。

10.37 对组成为30%（质量）Zn-70%（质量）Cu的合金，绘出在缓慢冷却速率冷却到下列温度时的显微结构示意图：1100℃（2010 ℉）950℃（1740 ℉），900℃（1650 ℉）和700℃（1290 ℉）。标出所有相并指出它们的大致组成。

10.38 在图10.17所示的铅-锡合金的金相照片（即微组元的相对量）和铅-锡相图（图10.8）的基础上，估计该合金的组成，然后将估计值和图10.17所给的已知组成进行比较。我们作下列假设：① 在照片中每一相的面积分数等于其体积分数；② α和β相以及共晶结构的密度分别为11.2g/cm^3，7.3g/cm^{3}及8.7g/cm^3；③ 该照片代表在180℃（355 ℉）时的平衡显微结构。

10.39 在室温时纯铅和纯锡的抗拉强度分别为16.8MPa和14.5MPa。

（a）画出室温下抗拉强度与纯铅和纯锡组成的图[提示：可参考第10.10和第10.11节，以及习题10.67中等式（10.24）]。

（b）在同一个图上画出在150℃下抗拉强度相与组成的图。

（c）解释两曲线的形状和两者的差异。

包含中间相或化合物的平衡相图

10.40 两种元素A和B，组成两种金属间化合物AB和AB_2。若AB和AB_2的组成分别为34.3%（质量）A-65.7%（质量）B及20.7%（质量）A-79.3%（质量）B，且元素A为钾，确定元素B。

同成分相变

共析和包晶反应

10.41 同成分与非同成分相变之间的基本差异是什么？

10.42 图10.40为铝-钕相图，图中只标出了单相区。确定共晶、共析、包晶和同成分相变发生的温度-成分点。同时写出在冷却条件下每种反应式。

10.43 图10.41是钛-铜相图的一部分，图中只标出单相区。确定共晶、共析、包晶和同成分相变发生的温度-成分点。同时写出在冷却条件下每种反应式。

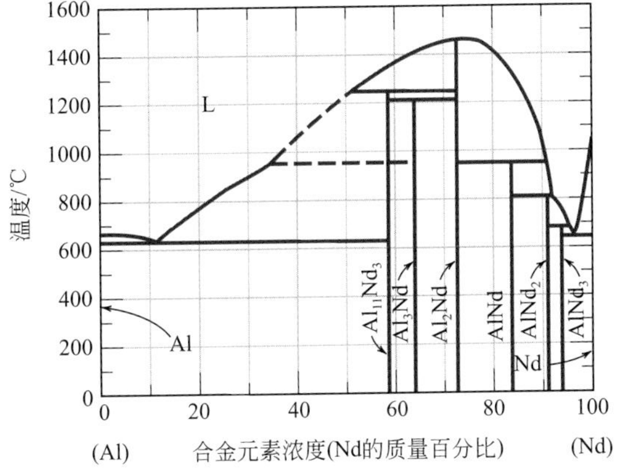

图10.40 铝-钕相图

（摘自 *ASM Handbook*，Vol.3，*Alloy Phase Diagrams*，H. Baker，Editor，1992.重印获得了ASM International，Materials Park，OH.的许可）

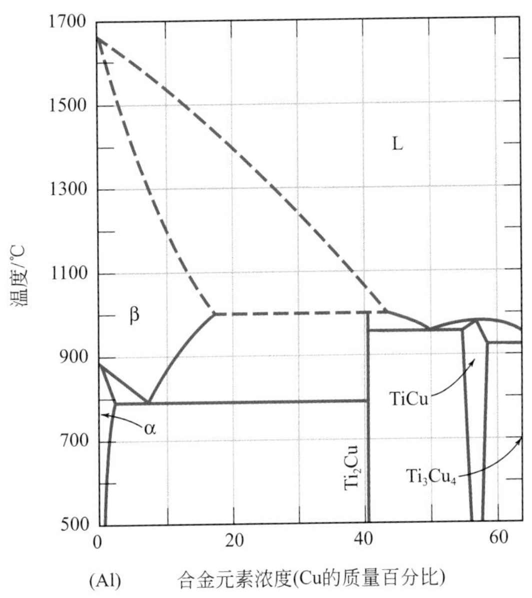

图10.41 钛-铜相图

（摘自 *Phase Diagrams of Binary Titanium Alloys*，J. L. Murray，Editor，1987.重印获得了ASM International，Materials Park，OH.的许可）

10.44 根据下列给定信息构建金属A和B在600～1000℃之间的假想相图：

- 金属A的熔化温度为940℃。
- 在所有温度范围内，B在A中固溶度是可以忽略的。
- 金属B在熔化温度为830℃。
- 在700℃，A在B中的最大固溶度为12%（质量）A。
- 在600℃，A在B中的固溶度为8%（质量）A。
- 第一个共晶反应发生在700℃，组成为75%（质量）B-25%（质量）A处。
- 第二个共晶反应发生在730℃，组成为60%（质量）B-40%（质量）A处。
- 第三个共晶反应发生在755℃，组成为40%（质量）B-60%（质量）A处。
- 第一个同成分相变发生在780℃，组成为51%（质量）B-49%（质量）A处。
- 第二个同成分相变发生在755℃，组成为67%（质量）B-33%（质量）A处。
- 金属间化合物AB组成为51%（质量）B-49%（质量）A时存在。
- 金属间化合物AB_2组成为67%（质量）B-33%（质量）A时存在。

陶瓷相图

10.45 对于ZrO_2-CaO系统（图10.25），写出在冷却条件下的共晶和共析反应。

10.46 由图10.24所示的MgO-Al_2O_3相图，注意在一定组成范围内存在的尖晶石固溶体，意味着它不同于50%（摩尔）MgO-50%（摩尔）Al_2O_3的非化学计量组成。

(a)2000℃(3630 ℉) 在尖晶石相区富含Al_2O_3的一端，最大的非化学计量组成是82%(摩尔)[92%（质量）] Al_2O_3。确定产生空位缺陷的类型，以及在该组成的条件下空位所占的百分比。

(b)2000℃(3630 ℉) 在尖晶石相区富含MgO的一端，最大的非化学计量组成是39%(摩尔)[62%（质量）] Al_2O_3。确定产生空位缺陷的类型，以及在该组成的条件下空位所占的百分比。

WILEY ● 10.47 将高岭石黏土[$Al_2(Si_2O_5)(OH)_4$]加热到一个足够高的温度，蒸发掉其中的水分。

（a）在这种情况下，剩余成分的组成是什么（用Al_2O_3的质量百分比表示）？

（b）该种材料的液相线和固相线温度分别是多少？

吉布斯相律

WILEY ● 10.48 图10.42为水的压力-温度相图。在A、B和C点应用吉布斯相律，确定出在每一点的自由度数目，即能够完全定义系统的可控制参数数目。

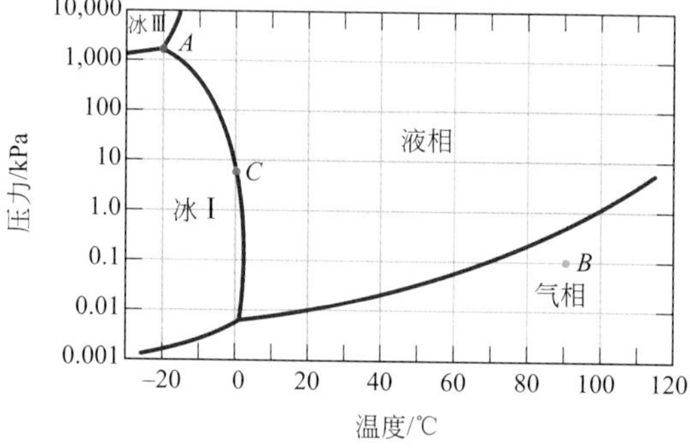

图10.42 水的压力（对数）-温度相图

铁碳（Fe-Fe_3C）相图

铁碳合金中显微结构的变化

10.49 计算珠光体中α铁素体和渗碳体的质量分数。

10.50 （a）亚共析钢和过共析钢的差别是什么？

（b）在亚共析钢中，存在共析和先共析铁素体。它们之间的差异是什么。在它们两者中的碳含量各是多少？

10.51 铁-碳合金中全部铁素体的含量0.94，则合金的碳含量是多少？

WILEY GM ● 10.52 铁-碳合金中全部铁素体和全部渗碳体的质量分数分别是0.92和0.08，此时，合金中的先共析相是什么？为什么？

WILEY ● 10.53 质量为1.0kg，碳含量为1.15%（质量）的奥氏体，当冷却到低于727℃（1341 ℉）时：

（a）先共析相是什么？

（b）形成的全部铁素体和渗碳体各是多少千克？

（c）形成的珠光体和先共析相各多少千克？

（d）绘图并标注最后的显微结构？

WILEY GM ● 10.54 质量为2.5kg，碳含量为0.65%（质量）的奥氏体，当冷却到低于727℃（1341 ℉）时：

（a）先共析相是什么？

（b）形成的全部铁素体和渗碳体各是多少千克？

（c）形成的珠光体和先共析相各多少千克？

（d）绘图并标注最后的显微结构？

10.55 计算含碳量为0.25%（质量）的铁-碳合金中，形成先共析铁素体和珠光体的质量分数。

WILEY 10.56 铁碳合金的显微结构由先共析铁素体和珠光体组成；这两种微组元的质量分数分别问0.286和0.714，确定该合金的碳含量。

10.57 在铁碳合金中所有铁素体和所有渗碳体的质量分数分别为0.88和0.12。判断合金是先共析或过共析合金？

WILEY 10.58 铁碳合金的显微结构包括先共析铁素体和珠光体；这两种微组元的质量分数分别问0.20和0.80，确定该合金的碳含量。

10.59 质量为2.0kg，组成为99.6%（质量）Fe-0.4%（质量）C的合金冷却至恰好低于共析温度。

（a）形成多少千克的先共析铁素体？

（b）形成多少千克的共析铁素体？

（c）形成多少千克的渗碳体？

WILEY 10.60 计算在过共析铁-碳合金中，可能出现的最大过共析渗碳体的质量分数。

WILEY 10.61 是否有可能出现铁-碳合金中全部渗碳体和先共析铁素体的质量分数分别为0.846和0.049的情况？原因是什么？

10.62 是否有可能出现铁-碳合金中全部渗碳体和先共析铁素体的质量分数分别为0.039和0.417的情况？原因是什么？

10.63 计算含碳量为0.43%（质量）的铁-碳合金中共析渗碳体的质量分数。

WILEY 10.64 在铁-碳合金中共析渗碳体的质量分数是0.104，在此基础上，是否能够确定该合金的组成？如果能，其组成是什么？如果不能，解释为什么。

WILEY 10.65 在铁-碳合金中共析铁素体的质量分数是0.82，在此基础上，是否能够确定该合金的组成？如果能，其组成是什么？如果不能，解释为什么。

10.66 对于组成为5%（质量）C-95%（质量）Fe的铁-碳合金，画出在缓慢冷却到以下温度时，能够观察到的显微结构示意图：1175℃（2150 ℉），1145℃（2095 ℉）和700℃（1290 ℉）。标出所有相并指出它们的大致组成。

WILEY GO 10.67 通常，多相合金的性质可由下列关系式计算：

$$E(\text{合金}) = E_\alpha V_\alpha + E_\beta V_\beta \tag{10.24}$$

式中，E表示某一特定性质（弹性模量、硬度等）；V是体积分数；下标α和β表示存在的相或微组元。利用上述关系式决定组成为99.80%（质量）Fe-0.20%（质量）C合金的贝氏硬度。假设铁素体和珠光体的贝氏硬度分别为80和280，其体积分数大约等于质量分数。

其他合金元素的影响

WILEY 10.68 钢合金组成包括97.5%（质量）Fe，2.0%（质量）Mo和0.5%（质量）C。

（a）该合金的共析温度是多少？

（b）共析组成是什么？

（c）先共析相是什么？

假设添加Mo不改变其他相界的位置。

10.69 钢合金组成包括93.8%（质量）Fe，6.0%（质量）Ni和0.2%（质量）C。

（a）该合金的共析温度是多少？

（b）当合金冷却至刚好低于共析温度时，合金的先共析相是什么？

（c）计算先共析相和珠光体相的相对含量。

假设添加Ni不改变其他相界的位置。

工程基础问题

10.1FE 系统处于平衡状态，通过改变下列哪个因素会导致平衡状态的变化？

（A）压力　　（B）组成

（C）温度　　（D）以上所有

10.2FE 一个匀晶系统的二元组分-温度相图，可能包含下列哪种相或相组成的相区组成？

（A）液相　　（C）液相+α

（B）α　　（D）α，液相，和液相+α

10.3FE 根据铅-锡相图（图10.8），合金组成为46%（质量）Sn-54%（质量）Pb，在44℃平衡状态时，存在的相或相组成是什么？

（A）α　　（B）α+β

（C）β+液相　　（D）α+β+液相

10.4FE 铅-锡合金成分组成为25%（质量）Sn-75%（质量）Pb，从下列选项中选择在200℃时合金中存在的相及其组成。（如图10.8所示为Pb-Sn相图）

（A）α=17%（质量）Sn-83%（质量）Pb；L=55.7%（质量）-44.3%（质量）Pb

（B）α=25%（质量）Sn-75%（质量）Pb；L=25%（质量）-75%（质量）Pb

（C）α=17%（质量）Sn-83%（质量）Pb；β=55.7%（质量）-44.3%（质量）Pb

（D）α=18.3%（质量）Sn-81.7%（质量）Pb；β=97.8%（质量）-2.2%（质量）Pb

第11章 相变

下面两图所示，分别为水（上图）和二氧化碳（下图）的温度-压力相图。随着温度或压力的改变，图上的对应点穿过相界（红色曲线），相变发生。例如，在加热的情况下冰融化（转变成液态水），即穿过固液相界，如H_2O相图中所示的箭头。同理，在CO_2相图中，当对应点穿过固气相界时，干冰（固态CO_2）升华（转变成气态CO_2）。同样，图中的箭头描述了这一相变过程。

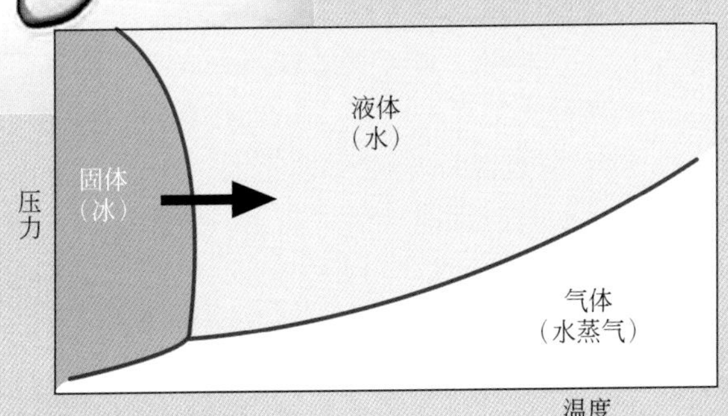

（照片来源，融化态的冰：SuperStock；干冰：Charles.D.Winters）

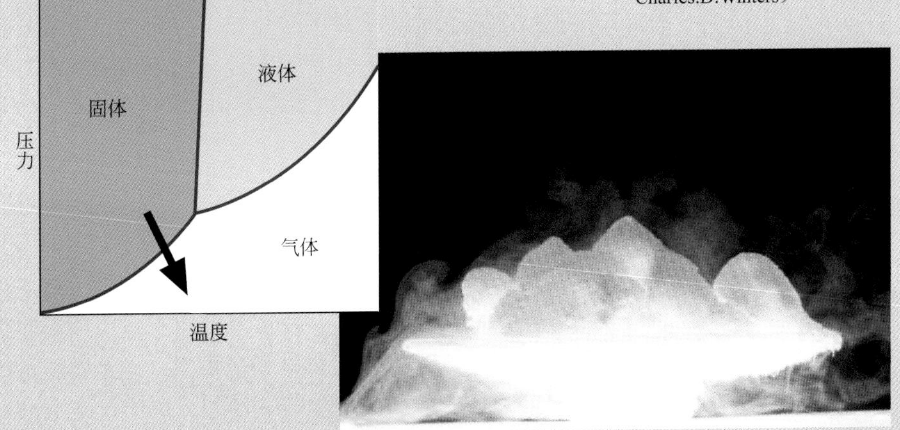

为什么学习相变?

满足一系列力学性能要求的材料都需要通过热处理，发生相变才可得到。相图可以很清晰地表示出时间和温度与相变之间的关系。因此我们要学会如何使用相图，针对特定的金属设计合适的热处理方式，从而获得所需的室温下的一定的力学性能，这是非常重要的。例如，含有共析成分的Fe-C合金［含碳量为0.76%（质量）］的抗拉强度由于热处理工艺的不同，大约可以在700～2000MPa（100000～300000psi）之间变化。

学习目标

通过学习本章，你需要掌握以下内容。

1. 能够画出部分典型固－固转变过程的转变程度与时间的对数之间的关系曲线，并列出相应的反应方程式。
2. 能够简述下面几种钢中微观组分的微观结构，如细珠光体、粗珠光体、球状渗碳体、贝氏体、马氏体和回火马氏体。
3. 叙述下面每个微观组分的力学性能，如细珠光体、粗珠光体、球状渗碳体、贝氏体、马氏体和回火马氏体。然后，根据显微结构（晶体结构），简要地解释这些行为。
4. 根据给定的一些铁碳合金的恒温转变（连续冷却转变）图，设计一个能够产生特定显微结构的热处理方式。
5. 利用相图，描述并解释用于合金沉淀强化的两种热处理过程。
6. 绘制恒温沉淀强化的室温下力学强度（硬度）与时间对数的关系图，并根据沉淀强化的机制解释曲线的形状。
7. 绘制出体积与晶体、半晶体、非晶体材料温度之间的关系图，并指出玻璃转化温度和熔化温度。
8. 列出影响高分子熔化温度和玻璃转化温度的4个特征或结构成分。

11.1 概述

很多材料的力学性能和其他性能取决于它们的微观结构，而微观结构是相变的产物。在本章的第一部分，我们首先讨论相变的基本原则。其次，我们主要讲对于铁-碳合金和其他合金相变在其微观结构发展中的作用，以及微观结构的变化是如何影响力学性能的。最后，我们讨论高分子结晶、熔化以及玻璃转变相变等。

金属中的相变

金属材料被广泛使用的一个原因是它们的力学性能（强度、硬度、延展性等）在相对大的范围内便于控制和操纵。第8章讲述了三种强化手段，即细晶强化、固溶强化、应变强化。其他的技术手段也是可行的，因为合金的力学行为受其显微结构影响。

在单相和双相合金中，微观结构的变化一般伴随着某种形式的相转变，可以在相的数量上或特征上发生变化。本节的第一部分主要讲与固相相变有关的一些基本原则。由于大多数相变不能立即发生，所以必须要考虑反应进程与时间的关系，即相变速率。在这之前，我们首先要讲一下铁碳合金微观成分的变化。从相图上可以看出，特定的热处理方式可以导致微观结构的改变。最后，本章除了讲述珠光体，还讲了其他的微观组分以及它们的力学性能。

相变速率

11.2 基本概念

相变

在材料加工的过程中，各种各样的相变是非常重要的，它们伴随着一些微观结构的改变。为了方便讨论，将相变分成了三类。第一种是与扩散有关的相变，存在相的数量和成分均不发生变化，包括纯金属的凝固、同素异形体转变、重结晶和晶粒长大过程。（见8.13节和8.14节）

第二种也是与扩散有关的相变，存在相的数量和成分有一些变化，最后的微观结构通常由两相组成。方程式（10.19）所描述的共析反应就属于这一类转变，详细的内容见11.5节。

相变的第三种是与扩散无关的，其中会产生一个亚稳态的相。如11.5节中提到的，在某些钢中发生的马氏体相变就属于这一类相变。

11.3 相变动力学

随着相变反应发生，至少要有一种和母相物理或化学性质不同或结构不同的新相产生。而且，大多数相变不是立即发生。它们以大量的小块新相形成为开端，新相会随之长大，直到相变完成。相变过程可以分成两个阶段：形核和长大。形核包括能够长大的新相通常由上千个原子组成小颗粒或者是新相原子核的出现。在长大过程中，这些原子核尺寸变大，从而导致一些（或所有）母相的消失。新相继续长大，直到反应达到平衡，相变完成。接下来，我们将讨论上述两个过程的机理和它们与固态相变的联系。

形核和长大

（1）形核

形核分为两种：均匀形核和非均匀形核。它们的区别在于形核的位置不同，对于均匀形核，新相的原子核均匀地分布在母相各处，然而，对于非均匀形核，原子核更多地集中在结构不均匀处，例如，容器表面、未溶解的杂质、晶界、位错等。我们先从均匀形核开始讨论，因为对它的描述和理论相对更简单一些。然后将这些原则延伸，再讨论非均匀形核。

自由能

①均匀形核。在讨论均匀形核过程中，将涉及一个热力学参数，即自由能（吉布斯自由能），G。简单地说，自由能是另两个热力学参数的函数：一个是系统的内能（即焓H）；另一个是恒量分子或原子随机性或混乱度（即熵S）。当然，我们的目的不是讨论物质系统的热力学参数的具体数值，但是，对于相变，自由能的变化量ΔG是一个重要的热力学参数，只有当$\Delta G<0$时，相变才会自发进行。

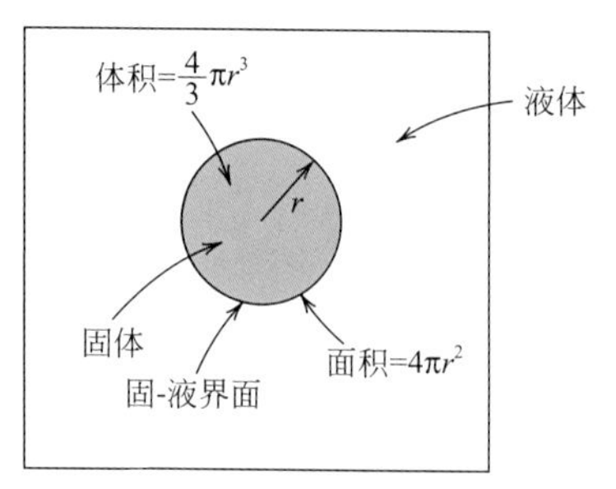

图 11.1　在液体中形核的球状固体颗粒示意图

为了简单起见，我们首先讨论纯物质的凝固过程，假设固相形核发生在液体内部，原子聚集在一起，从而有利于形成和固态相似的原子排列。而且，我们还要假设每一个晶核都是球形的，且半径为r，如图11.1所示。

在凝固过程中，有两个原因使总自由能变化。第一是固液两相自由能之差，或体积自由能ΔG_v。如果温度低于平衡凝固温度，它的值将是负的，大小是ΔG_v和球形晶核体积（即，$\frac{4}{3}\pi r^3$）的乘积。第二个原因是在凝固过程中固液相界的形成。与该相界相联系的是表面自由能，即γ，为正值，而且它的大小是γ和晶核表面积（$4\pi r^2$）的乘积。最后，总的自由能变化等于上述两者之和，即：

固化相变全部自由能的变化

$$\Delta G = \frac{4}{3}\pi r^3 \Delta G_v + 4\pi r^2 \gamma \tag{11.1}$$

其体积、表面积、总自由能组成都是晶核半径的函数，如图11.2（a）和图11.2（b）所示。在图11.2（a）中，其中一条曲线表示的是式（11.1）中等号右侧的第一部分，自由能（负数）以半径的3次方减少。而另一条曲线表示的是式（11.1）中第二部分，自由能是正值，随着半径的平方增加。因此，表示两者之和的曲线［图11.2（b）］先增加，到达一个最大值然后减小。从物理意义上讲，这就意味着，随着原子在液体中聚集，固相开始形成，它的自由能先增加。如果聚集原子的尺寸达到临界半径r^*，它将会继续长大，并伴随着自由能逐渐减小。另外，如果聚集原子的尺寸小于临界半径，那它将会收缩并再溶解。亚临界的粒子称为晶胚，然而半径超过临界半径的粒子称为晶核。临界自由能对应着临界半径，即图11.2（b）中曲线的最大值。ΔG^*等于活化自由能，是形成稳定晶核所需要的最小自由能。也就是说，它可以认为是形核过程中的能量势垒。

因为r^*和ΔG^*对应着自由能-半径曲线的最大值点，如图11.2（b），对含有这两个参数的表达式进行求导是非常容易的。对于r^*，我们将ΔG公式（公式11.1）相对于r求微分，并让其结果等于0。从而求出r（$=r^*$）。即

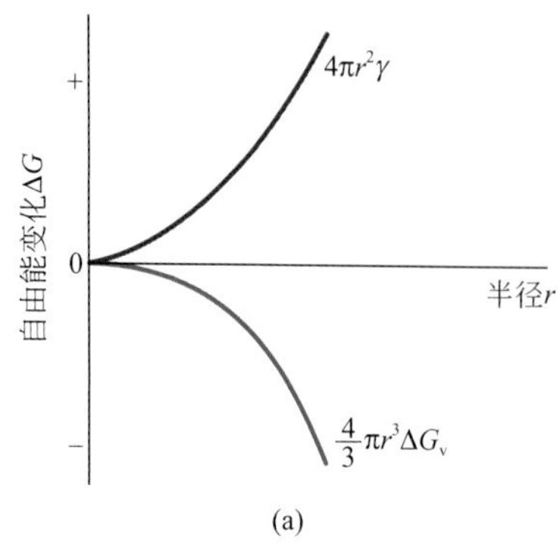

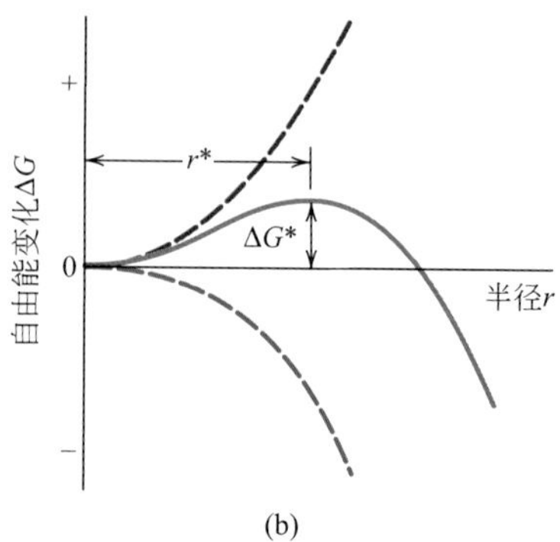

图 11.2　（a）在凝固过程中，形成球形晶胚/晶核的体积自由能和表面自由能的变化曲线；（b）自由能与晶胚/晶核半径的关系图

图中ΔG^*为临界自由能差，r^*为临界晶核半径。

$$\frac{d(\Delta G)}{dr}=\frac{4}{3}\pi\Delta G_{v}\left(3r^{2}\right)+4\pi\gamma\left(2r\right)=0 \tag{11.2}$$

均匀形核过程，稳定固体粒子临界晶核半径

从而得出结果：

$$r^{*}=-\frac{2\gamma}{\Delta G_{v}} \tag{11.3}$$

非均匀形核过程，形成稳定晶核所需要的激活自由能

现在，将r*的表达式带入到公式（11.1）中，从而求出ΔG^{*}的表达式：

$$\Delta G^{*}=\frac{16\pi\gamma^{3}}{3(\Delta G_{v})^{2}} \tag{11.4}$$

体积自由能的变化量ΔG_v是凝固过程的驱动力，它是温度的函数。在平衡凝固温度T_m，ΔG_v为0，随着温度的降低，它的值将继续减小，变得更负。

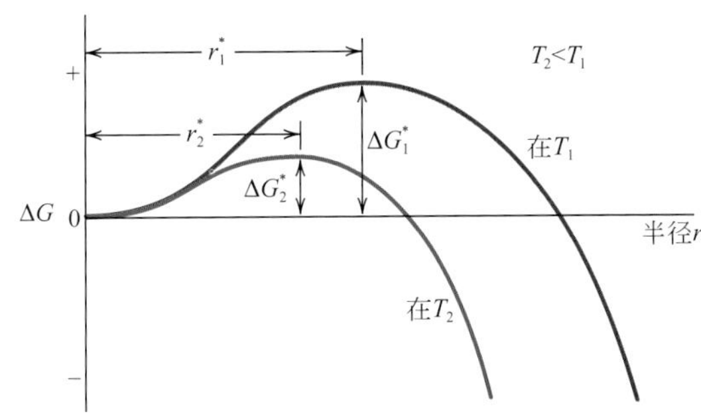

图11.3 在两个不同温度下，自由能-晶胚/晶核半径的关系图

图中指出每个温度下的临界自由能差ΔG^*和晶核半径r^*。

下面的公式可以证明ΔG_v是温度的函数，即：

$$\Delta G_{v}=\frac{\Delta H_{f}\left(T_{m}-T\right)}{T_{m}} \tag{11.5}$$

式中，ΔH_f是熔化潜热（即凝固所放出的热量）；T和T_m都是开氏温度。把ΔG_v的表达式带入式（11.3）和式（11.4），可得到：

临界半径与表面自由能、熔化潜热、熔化温度和相变温度之间的关系

$$r^{*}=\left(-\frac{2\gamma T_{m}}{\Delta H_{f}}\right)\left(\frac{1}{T_{m}-T}\right) \tag{11.6}$$

和

激活自由能表达式

$$\Delta G^{*}=\left(\frac{16\pi\gamma^{3}T_{m}^{2}}{3\Delta H_{f}^{2}}\right)\frac{1}{\left(T_{m}-T\right)^{2}} \tag{11.7}$$

因此，从以上两个方程式可知，临界半径和激活自由能都随温度T的下降而减少。（表达式中γ和ΔH_f相对不受温度变化的影响。）图11.3中，对应不同温度的两条ΔG-r曲线说明了它们之间的关系。这表明，在平衡凝固T_m温度下，温度越低，形核越容易。而且，稳定晶核n^*（半径大于临界晶核半径）是温度的函数，即：

$$n^{*}=K_{1}\exp\left(-\frac{\Delta G^{*}}{kT}\right) \tag{11.8}$$

式中，常数K_1与固相中晶核的数量有关。对于表达式中的指数项，温度的变化会对分子中的ΔG^*大小产生的影响比分母中T更大。因此，当温度低于T_m时，表达式（11.8）中指数部分也会减小，使得n^*增加。它与温度的关系（n^*–T）如图11.4（a）所示。

在此过程中，还有一个与温度有关的重要过程，同样会影响到形核过程，即在形核过程中，原子通过小范围扩散而聚集的过程。温度对扩散速率的影响（即扩散系数D的大小），见公式（6.8）。而且，扩散效应与原子由液态向固态原子核贴附频率有关，即v_d。也可以说v_d与温度的关系和扩散系数一样，即：

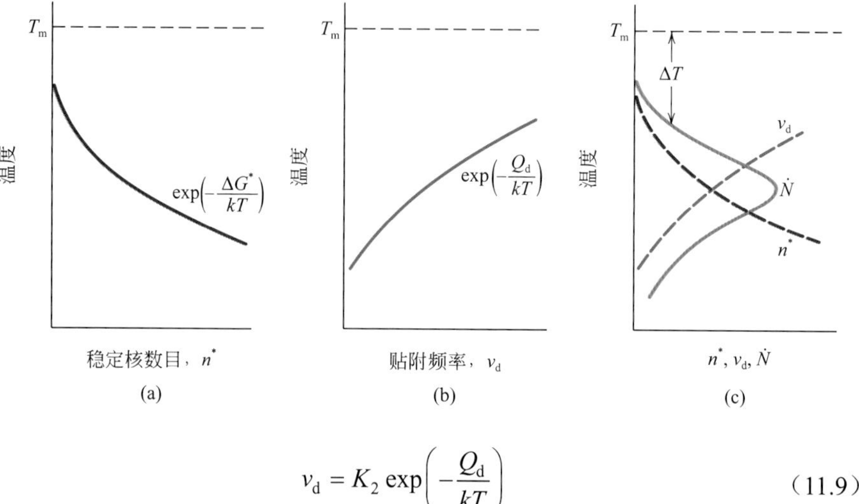

图11.4 固化过程图示，（a）稳定晶核数与温度关系图；（b）原子贴附频率与温度关系图；（c）形核速率与温度关系图［包括图（a）、（b）中部分曲线］

$$v_d = K_2 \exp\left(-\frac{Q_d}{kT}\right) \tag{11.9}$$

其中，Q_d是与温度无关的常数，为扩散激活能；K_2也是与温度无关的常数。因此，从公式（11.9）可知，温度降低导致v_d的减小，如图11.4（b）中曲线所示，恰好与之前讨论的n^*的关系相反。

根据上述的原理和内容，我们将进一步讨论另一个重要的形核参数，即形核速率$\dot{N}$（$\dot{N}$为单位时间单位体积内形成晶核的数目）。此形核速率与n^*［公式（11.8）］和v_d［公式（11.9）］的乘积成简单的比例关系，即：

均匀形核过程形核速率表达式

$$\dot{N} = K_3 n^* v_d = K_1 K_2 K_3 \left[\exp\left(-\frac{\Delta G^*}{kT}\right)\exp\left(-\frac{Q_d}{kT}\right)\right] \tag{11.10}$$

式中，K_3是原子核表面的原子数。如图11.4（c），表示出形核速率与温度的函数关系，而且，$\dot{N}$曲线可由图11.4（a）和图11.4（b）推导得到。图11.4（c）所示，随着温度从T_m开始逐渐降低，形核速率先增加，达到最大值之后，逐渐减小。

关于$\dot{N}$曲线形状的解释如下：对于曲线的上半部分（$\dot{N}$随着温度的降低而急剧增加），ΔG^*大于Q_d，这就意味着方程式（11.10）中，exp（$-\Delta G^*/kT$）远小于exp（$-Q_d/kT$）。换句话说，形核速率在高温下由于较小的活化驱动力被抑制。随着温度的继续减小，曲线到达某一点，ΔG^*小于Q_d，因此exp（$-Q_d/kT$）$<$ exp（$-\Delta G^*/kT$），或者说，在较低温度下，较小的原子迁移率抑制形核率。这可解释下半部分的曲线形状（N随着温度的逐渐减小而急剧减小）。而且，

图11.4（c）中，N曲线必定在经过中间温区的最大值，此时，ΔG^*和Q_d的数值相近。

对于之前的讨论有如下的一些评论。首先，尽管我们假设晶核是球形的，但是这种方法可以用在任意形状上所得结果相同。而且，这种处理除了凝固（即液态-固态）也可以用于各种类型的相变，例如，固态-气态和固态-固态转变。然而，除了不同原子种类的扩散速率不同之外，不同的相变类型也一定会导致ΔG_v和γ的大小不同。除此之外，对于固-固相变，在新相形成的过程中还可能存在体积的变化。这些变化将导致微观应变的产生，因此，在公式（11.1）ΔG的表达式中我们必须考虑这些因素，从而也会影响r^*和ΔG^*的大小。

由图11.4可知，在液态冷却过程中，只有在温度降低到平衡凝固（或熔化）温度（T_m）以下时，才开始有明显的形核速率（例如，凝固）。这一现象被称为过冷，均匀形核的过冷度在一些系统是非常大的（要达到几百度开氏温度）。表11.1所示是一些材料均匀形核时典型的过冷度。

表11.1 几种金属的过冷温度值（ΔT）（均匀形核）

金属	ΔT/℃	金属	ΔT/℃
锑	135	铁	295
锗	227	镍	319
银	227	钴	330
金	230	钯	332
铜	236		

资料来源：D.turnbull and R.E.Cech，“MIcroscopic Observation of the Solidification of Small Metal Droplets.” *J.Appl.Phys.*，21，808（1950）。

例题11.1

计算临界形核半径和激活自由能

（a）对于纯金的固化，计算均匀形核过程中，临界半径r^*和激活自由能ΔG^*。熔化潜热和表面自由能的值分别为-1.16×10^9J/m^{3}和0.132J/m^2。同时，可使用表11.1中过冷温度值。

（b）计算具有临界尺寸晶核的原子数目。假设固态金在熔点下的点阵参数为0.413nm。

解：

（a）为了计算临界晶核半径，我们用公式（11.6），已知金的熔点为1064℃，假设过冷温度值为230℃（表11.1），而且ΔH_f是负的。因此，

$$r^*=\left(-\frac{2\gamma T_m}{\Delta H_f}\right)\left(\frac{1}{T_m-T}\right)$$

$$=\left[-\frac{(2)(0.132\,\mathrm{J/m^2})(1064+273\,\mathrm{K})}{-1.16\times10^9\,\mathrm{J/m^3}}\right]\left(\frac{1}{230\,\mathrm{K}}\right)$$

$$=1.32\times10^{-9}\,\mathrm{m}=1.32\,\mathrm{nm}$$

对于激活自由能的计算，利用公式（11.7）。因此，有：

$$\Delta G^* = \left(\frac{16\pi\gamma^3 T_m^2}{3\Delta H_f^2}\right)\frac{1}{(T_m - T)^2}$$

$$= \left[\frac{(16)(\pi)\left(0.132\mathrm{J/m^2}\right)^3(1064+273\mathrm{K})^2}{(3)(-1.16\times10^9\mathrm{J/m^3})^2}\right]\left[\frac{1}{(230\mathrm{K})^2}\right]$$

$$= 9.64\times10^{-19}\mathrm{J}$$

（b）为了计算具有临界尺寸晶核的原子数目（假设球形晶核的半径为r^*），首先要确定单位晶胞的数目，然后再乘以每个晶胞的原子数目。在临界晶核里的晶胞数是临界晶核与单位晶胞体积的比值。由于金具有面心立方晶体结构（和一个立方晶胞），它的晶胞体积即为a^3，其中a是晶格常数（即晶胞边长）；在题目里已知它的体积是0.413nm。因此，具有临界尺寸半径的晶胞数量为：

$$\#\frac{\text{单位晶胞数}}{\text{晶粒}} = \frac{\text{临界晶核体积}}{\text{晶胞体积}} = \frac{\frac{4}{3}\pi r^{*3}}{a^3}$$
$$= \frac{\left(\frac{4}{3}\right)(\pi)(1.32\mathrm{nm})^3}{(0.413\mathrm{nm})^3} = 137\text{晶胞} \tag{11.11}$$

又因为每个面心立方晶胞中有4个原子（3.4节），每个临界晶核中所含有的原子总数为：

（137单位晶胞/临界晶核）（4个原子/晶胞）=548原子/临界晶核

②非均匀形核。尽管均匀形核过程中所需要的过冷度可能非常大（有时要达到几百摄氏度），但是在实际情况下，它们通常在约几摄氏度。这是因为当形核发生在先前存在的表面或界面时，形核活化能［即能量势垒，公式（11.4）中的ΔG^*］降低，因为表面自由能［即方程式（11.4）中的γ］降低。换句话说，和其他位置相比，形核更容易发生在表面或界面上，这类形核被称为非均匀形核。

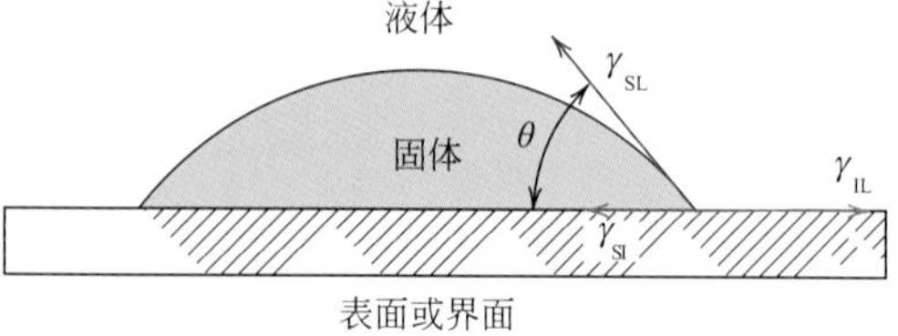

图11.5 在液体中，形成固体的非均匀形核

固体-表面(γ_{SI})、固体-液体(γ_{SL})、液体-表面(γ_{IL})界面能都用向量表示，θ为浸润角。

为了理解这一现象，我们首先考虑，从液相转变成固体颗粒的形核过程发生在一光滑平面上。假设固相和液相均浸润在光滑表面，即两相均能够铺展并覆盖在光滑表面，如图11.5所示。从图中还标出了三个界面能（用向量表示），存在于两相相界，分别为γ_{SL}、γ_{SI}、γ_{IL}，图中还标出了润湿角θ（矢量γ_{SL}和γ_{SI}之间的角度）。在平坦的表面上，根据表面张力平衡可推出表达式如下：

对于固体颗粒非均匀形核，固体-表面、固体-液体、液体-表面等界面能与润湿角之间的关系

$$\gamma_{IL} = \gamma_{SI} + \gamma_{SL}\cos\theta \qquad (11.12)$$

现在，使用与前述均匀形核类似的推导过程（在此省略），可以导出关于r^*和ΔG^*的公式，如下：

非均匀形核过程，稳定固体粒子临界形核半径

$$r^* = -\frac{2\gamma_{SL}}{\Delta G_v} \qquad (11.13)$$

非均匀形核过程，形成稳定晶核所需要的激活自由能

$$\Delta G^* = \left(\frac{16\pi\gamma_{SL}^3}{3\Delta G_v^2}\right)S(\theta) \qquad (11.14)$$

上式中$S(\theta)$是只与θ有关（即晶核的形状）的函数，其数值介于0到1之间[1]。

从公式（11.13）可以看出，均匀形核和非均匀形核的临界晶核半径是一样的，这是因为γ_{SL}和公式（11.3）中的γ是同一界面能。同时还可以看出，非均匀形核的激活能势垒［公式（11.14）］要小于均匀形核［公式（11.4)］，两者关系如下：

$$\Delta G_{het}^* = \Delta G_{hom}^* S(\theta) \qquad (11.15)$$

图11.6是ΔG与晶核半径关系图，包括均匀形核和非均匀形核两种类型的曲线，从图中可以看出，相同的r^*，具有不同大小的ΔG_{het}^*和ΔG_{hom}^*的大小差异。非均匀形核所需的ΔG^*低意味着在形核过程中所需克服的能量小（相对于均匀形核），因此，非均匀形核更容易发生［公式（11.10)］。对于形核速率来说，非均匀形核的$\dot{N}$-T曲线［图（11.4)］向高温移动。如图11.7所示，同样描述了非均匀形核所需过冷度（ΔT）较小。

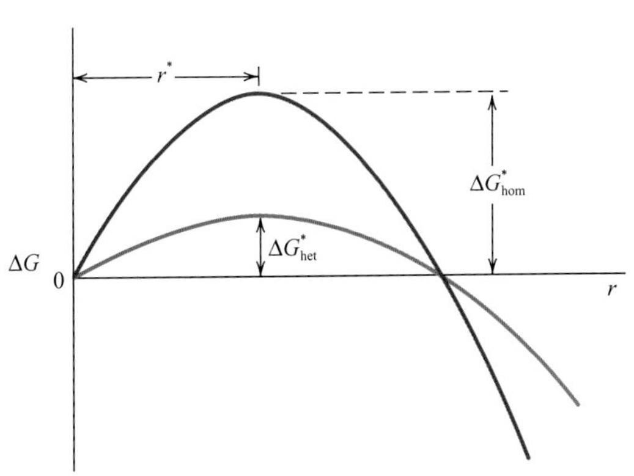

图11.6　均匀形核与非均匀形核的自由能-晶胚/晶核半径关系图
临界自由能和临界半径也标在图中。

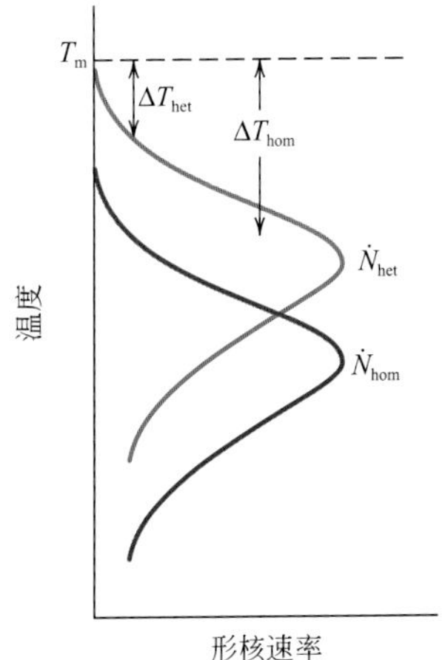

图11.7　均匀与非均匀形核速率与温度关系图
其过冷度也标在图中。

[1] 例如，θ为30°和90°时，$S(\theta)$的值分别为0.01和0.5。

（2）长大

在相变过程中，一旦晶胚超过临界尺寸r^*，长大过程便开始了，从而形成稳定的晶核。需要指出，伴随着新相粒子的长大，形核过程仍会继续，当然，已经完全转变为新相的区域，形核不再发生。而且，长大过程也会在与新相粒子相遇的任何区域停止，因为此处相转变已完成。

粒子是通过长程原子扩散而长大的，通常包括几个步骤，例如，通过母相扩散，穿过相界，然后进入晶核。因此，长大速率$\dot{G}$取决于扩散速率，而且它与温度的关系与扩散系数［方程式（6.8）］相似，即

晶粒长大速率与扩散激活能和温度的关系

$$\dot{G} = C\exp\left(-\frac{Q}{kT}\right) \tag{11.16}$$

式中，Q（激活能）和C（指数前常数）与温度无关[1]。$\dot{G}$与温度的关系曲线如图11.8所示，图中还描述了形核速率$\dot{N}$（通常指的是非均匀形核的速率）与温度的关系曲线。对于某一特定的温度，总相变速率等于$\dot{N}$和$\dot{G}$的乘积。图11.8中的第三条曲线表示总相变速率，显示出两者共同的影响。该曲线的整体形状与形核速率曲线相似，但相对于$\dot{N}$曲线，其峰值或最大值向更高的温度移动。

由于这种对相变的处理用在凝固中，因此，同样的原理也适用于固-固、固-气相变。

后面我们将会看到，相变速率和相变达到某一程度所需要的时间（例如，相变达到50%所需要的时间，即$t_{0.5}$）成反比关系［公式（11.18）］。因此，可以得到如图11.9（b）所示的图像，即转变时间的对数（比如$\lg t_{0.5}$）与温度的关系图。从图11.9可以看出，图11.9中的“C形”曲线与图11.8中转变速率曲线成镜面对称（通过一个垂直平面）。相转变动力学问题通常用对数时间（对应某一转变程度）与温度作图来描述。（例如，详见11.5节）。

一些物理现象可以根据图11.8中相变速率-温度曲线解释。首先，转变温度决定新相粒子的尺寸大小。例如，在T_m附近发生的相变，对应较低的形核速率和较高的长大速率，形核数目极少，但均快速长大。因此，所得显微结构由

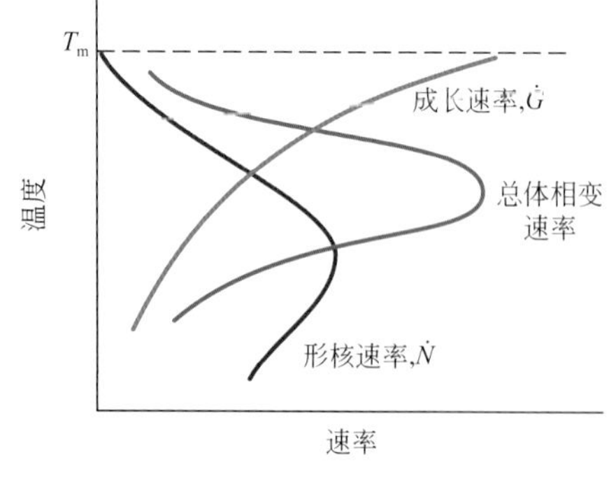

图11.8 形核速率（$\dot{N}$）、成长速率（$\dot{G}$）和总体相变速率与温度关系图

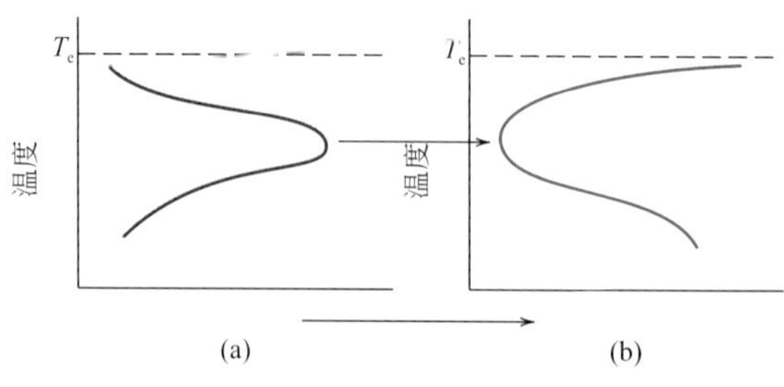

图11.9 （a）相变化速率与温度关系图；（b）对数时间［一定相变程度（例如，50%）］与温度关系图

曲线（a）和（b）由同一组数据产生；也就是说，对于水平轴，时间［（b）单位为对数］是速率的倒数。

热激活转变

[1] 有些过程的反应速率取决于温度，类似于公式（11.16）中$\dot{G}$，有时被称为热激活。同样，这种形式的速率方程（例如，与温度呈指数关系）被称为阿仑尼乌斯热激活相变速率方程。

数量较少但尺寸相对较大的新相粒子（例如，粗晶）组成。相反地，对于在较低温度下发生的相变，形核速率高但长大速率低，从而获得很多细小的新相粒子（例如，细晶）。

此外，从图11.8可知，当一种材料快速冷却，并在相对低的温度范围内通过相变速率曲线，此时相转变速率极低，从而可能产生非平衡相组织（例如，详见11.5节和11.11节）。

（3）固态相变动力学分析

动力学

本节之前的讨论集中于温度与形核、长大、相变速率的关系。通常在材料的热处理过程中，速率与时间的关系（通常被称为相变动力学）也同样非常重要。而且，因为很多材料科学家和工程师仅对与固态相变有关内容感兴趣，因此我们接下来将主要讨论固态相变的动力学问题。

根据很多动力学调查研究，当温度保持不变时，反应进行的程度与时间有关。相变进行程度通常可以由微观检测或物理性能（如电导率）的测量来确定，其值大小会因新相的生成量的不同而不同。将所得数据中材料相变百分比和时间对数作图，如图11.10所示，类似的“S形”曲线代表了大部分固态反应的典型动力学行为。图中包括形核和长大两个阶段。

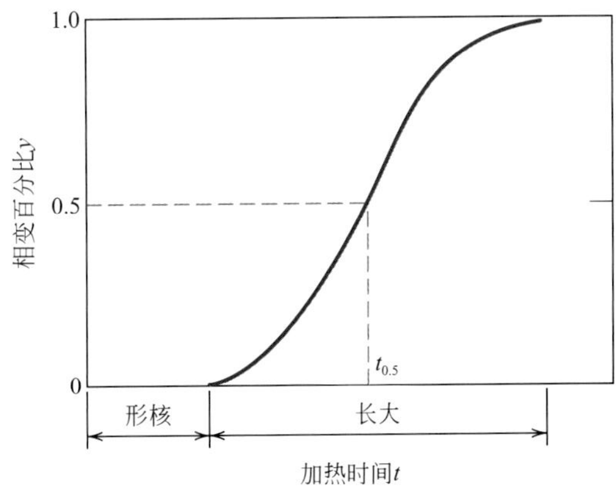

图11.10 许多固态相变典型的反应百分比与时间对数关系图，温度保持恒定

如图11.10所示固态相变的动力学行为，相变百分比y与时间t函数关系如下：

阿夫拉米方程—相变百分比与时间的关系

$$y=1-\exp(-kt^n) \quad (11.17)$$

式中，对于特定的反应，k和n是与时间无关的常数，上述表达式通常被称为阿夫拉米方程式。

相变速率—相变完成一半所需要时间的倒数

按照惯例，相变速率等于相转变完成一半所需要时间$t_{0.5}$的倒数，即：

$$\text{rate}=\frac{1}{t_{0.5}} \quad (11.18)$$

温度对动力学有很大影响，因此也影响着转变速率。如图11.11所示，是铜在不同温度下重结晶过程中的y-lg$t$的S形曲线。

11.5节将会详细讨论温度和时间对相变的影响。

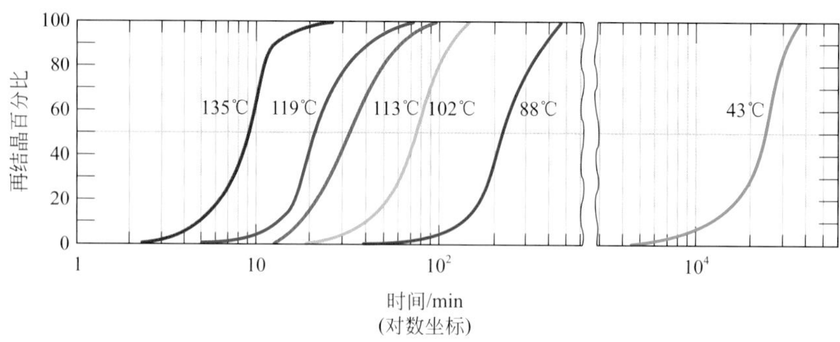

图 11.11　纯铜在固定温度下，再结晶百分比与时间关系图

（由 *Metallurgical Transactions*，Vol.188，1950，a publication of The Metallurgical Society of AIME，Warrendale，PA 允许翻印。取自 B.F.Decker and D.Harker，“Recrystallization in Rolled Copper，” *Trans.AIME*，188，1950，p.888.）

11.4　亚稳态与平衡态

在合金系统中，变化的温度、成分和外部压力等均会促使相变发生，然而，通过热处理方式改变温度是促使相变发生的最方便的方法。此过程相当于对给定成分的合金加热或冷却，使其跨越成分-温度相图中的某一相界。

在某一相变过程中，合金向平衡状态转变，可以用相图中的新相、成分及其相对含量来表征状态的特性。正如之前章节所提到的，大多数相变需要某一限定的时间完成，在热处理和显微结构发展的关系上，其反应速度或速率是非常重要的。相图的一个局限性在于它不能够表示出获得平衡态组织所需要的时间。

过冷
过热

对于固体系统，反应达到平衡的速率非常缓慢，以至于实际上很难得到真正的平衡结构。当通过温度变化促使相变发生时，只有维持极慢的加热或冷却速度或速率下才可能得到平衡状态。对于非平衡冷却过程，相变将会比相图标示温度向更低温度偏移；而对于加热过程，相变将会移向更高温度，这两种现象分别被称为过冷和过热。其程度取决于温度变化速率，加热或冷却速率越大，过冷或过热程度越大。例如，在正常冷却速率下，铁-碳共析温度低于典型平衡相变温度 10 ～ 20℃（18 ～ 36 ℉）[1]。

对于许多重要的工业合金，处于原始与平衡状态之间的亚稳态有着更广泛的应用，有时，我们更希望得到非平衡态结构。因此，研究时间对相变过程的影响更有必要。在很多情况下，非平衡过程的动力学信息要比平衡状态更有价值。

铁－碳合金中显微结构与性能的改变

现在将固态相变的一些基本的动力学原则，根据热处理、显微结构的演变和力学性能之间的关系，延伸并应用到铁-碳合金中。本书之所以选择此系统，是因为铁-碳合金非常常见，而且其包含多种显微结构和力学性能。

---

[1] 有必要指出，与 11.3 节中相变动力学有关的热处理过程受恒温条件的约束。通过对比可知，本节讨论的是在变温条件下发生的相变。同理，在 11.5 节（等温转变图）和 11.6 节（连续冷却转变图）中也存在这样的差异。

11.5 等温转变图

(1) 珠光体

再次考虑铁-碳化铁共析反应：

铁-碳化铁体系的共析反应

$$\gamma[0.76\%(\text{质量})C] \underset{\text{加热}}{\overset{\text{冷却}}{\rightleftarrows}} \alpha[0.022\%(\text{质量})C] + Fe_3C[6.70\%(\text{质量})C] \quad (11.19)$$

这是在钢合金显微结构发展的基础上。在冷却过程中，含有中等碳浓度的奥氏体转变为含有较低碳浓度的铁素体相和较高碳浓度的渗碳体相。珠光体是该转变的一种微观结构产物（图10.31），关于珠光体的形成机制在之前已经讨论过（10.20节），并在图10.32中说明。

温度在奥氏体转变为珠光体的速率上起着重要的作用。图11.12描绘了在三个不同温度下相变百分比与时间对数之间关系的“S形”曲线，显示了铁-碳合金共析成分与温度的关系。对于每一条曲线，数据均从将含有100%奥氏体的试样快速冷却至预设温度后得来，在整个反应过程中，预设温度保持不变。

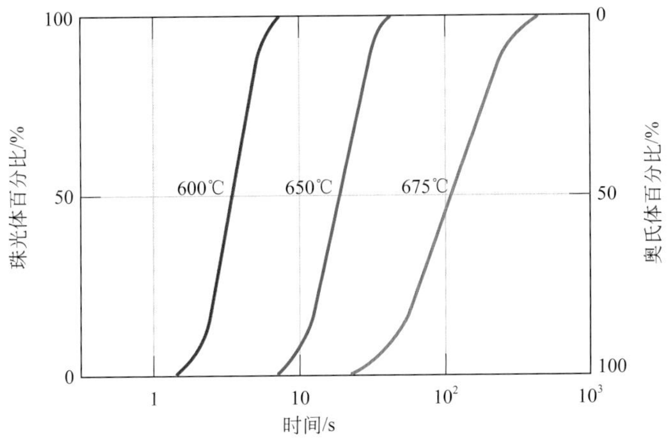

图11.12 共析成分（含碳量为0.76%）的铁-碳合金，在奥氏体转变为珠光体相变过程中，等温反应百分比与时间对数关系图

图11.13中的下图是表示温度和时间对转变过程影响的一种更简单的方法。其中，垂直和水平坐标分别为温度和时间对数。图中共有两条实线，上面一条代表在对应温度下转变开始所需要的时间，下面一条曲线代表转变完成所需要的时间，中间的虚线代表转变完成50%所需要的时间。这些曲线由整个温度范围内一系列相变百分比与时间对数的图所得。在图11.13的上图中，“S形”曲线[对于675℃（1247 ℉)]描述了如何实现这些数据的转变。

在解释此图时，首先应指出共析温度[727℃（1341 ℉)]由一条水平线表示，在共析温度之上的任何时间，只有奥氏体存在，正如图中所示。奥氏体向珠光体转变只有在合金快速冷却到低于共析温度时才可发生，转变从开始到结束所需要的时间由温度决定。起始线和终止线几乎是平行的，以渐近线方式逼近共析线。转变起始线的左侧，只有奥氏体（不稳定）存在，而转变终止线的右侧，只有珠光体存在。在两条线之间，表示奥氏体向珠光体转变的过程，因此，两者的显微组织均存在。

根据公式（11.18），在某一特定温度下的相变速率与相变完成50%所需要的时间成反比（对应图11.13中的虚线）。也就是说，所需时间越短，速率越

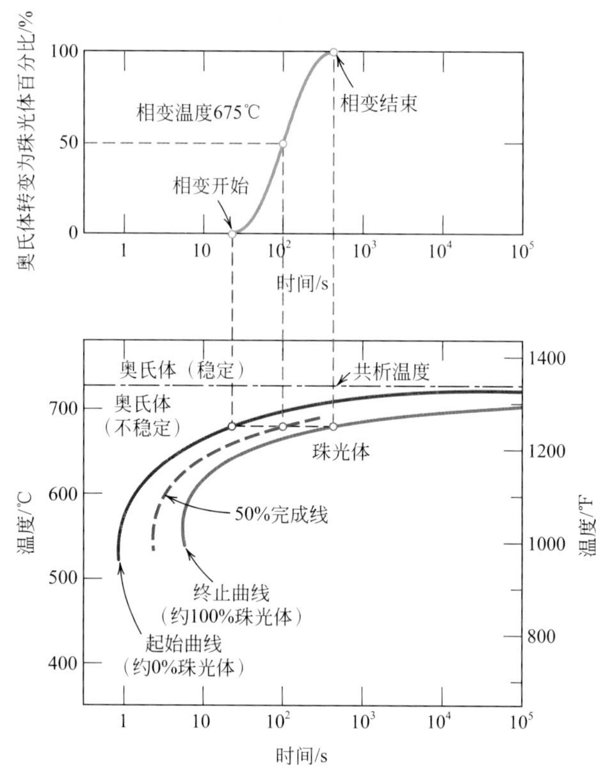

图11.13　说明等温转变图（下图）如何由相变百分比与时间对数关系图（上图）转换而来

［源于H.Boyer，（editor），*Atlas of Isothermal Transformation and Cooling Transformatio-n Diagrams*，American Society for Metals，1997，p.369.］

高。因此，从图11.13可以看出，在恰好低于共析温度下（对应非常小的过冷度），相变完成50%所需要的时间很长（大约在10^5的数量级），因此，反应速率非常缓慢。转变速率随着温度的降低而增大，因此，在540℃（1000 ℉）下，完成50%相变所需要的时间仅为3s。

在使用类似图11.13的图形时会有一些限制。首先，此图仅限于具有共析成分的铁-碳合金，对于其他的成分，曲线会有其他的形状。其次，还要求在整个反应过程中，合金的温度保持不变。温度固定不变这一条件被称为等温；因此，例如图11.13这样的图又被称为等温转变图，也称作时间-温度-相变（或T-T-T）曲线。

等温转变图

在图11.14共析铁-碳合金等温转变相图上，添加一条实际等温热处理曲线（*ABCD*）。几乎垂直的*AB*线代表将奥氏体快速冷却至某一温度，水平部分*BCD*代表在该温度下进行等温处理。当然，时间沿着这条线从左到右递增。奥氏体向珠光体转变在交点*C*处（大约在3.5s之后）开始，在大约15s即*D*点处完成整个相变。图11.14还显示出在整个相变过程中不同时间的显微结构。

在珠光体中，铁素体和渗碳体层的厚度比大约是8 ∶ 1。然而，交错层真正的厚度取决于等温转变发生的温度。在稍低于共析线的温度下，产生较厚的α铁素体和渗碳体相层，这种显微结构被称为粗珠光体，它形成的区域应在图11.14中终止线的右侧。在这些温度下，扩散速率相对较高，因此在图10.32所示的相变过程中，碳原子能够扩散的距离相对较远，从而导致厚的层状物形成。随着温度降低，碳原子扩散速率减小，层状物厚度较小。在540℃附近产生的薄层结构被称为细珠光体，如图11.14所示。关于力学性能与薄层厚度的关

粗珠光体

细珠光体

系将会在11.7节中讨论。图11.15所示是具有共析成分的粗珠光体和细珠光体的金相照片。

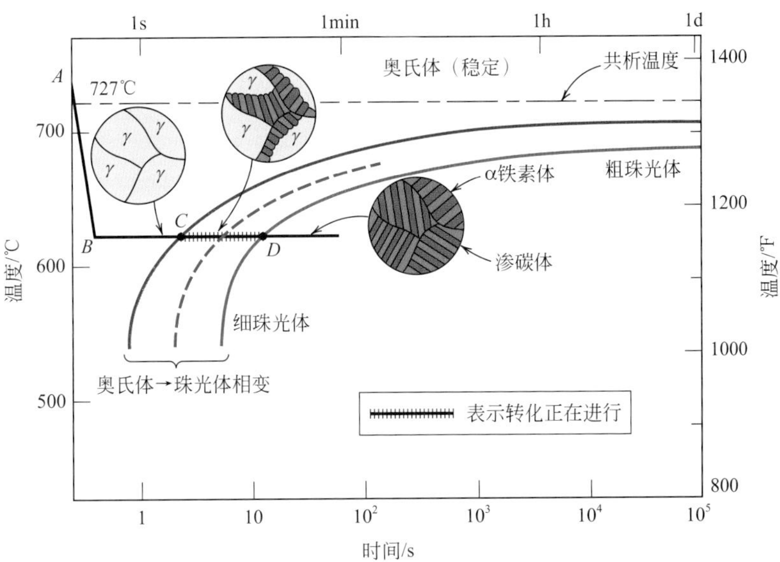

图11.14 共析成分铁-碳合金等温转变图，等温热处理由曲线（ABCD）表示。奥氏体转变为珠光体转变之前、过程中、之后的显微结构也表示在图中

[源于H.Boyer，（editor），*Atlas of Isothermal Transformation and Cooling Transformation Diagrams*，American Society for Metals，1977，p.28.]

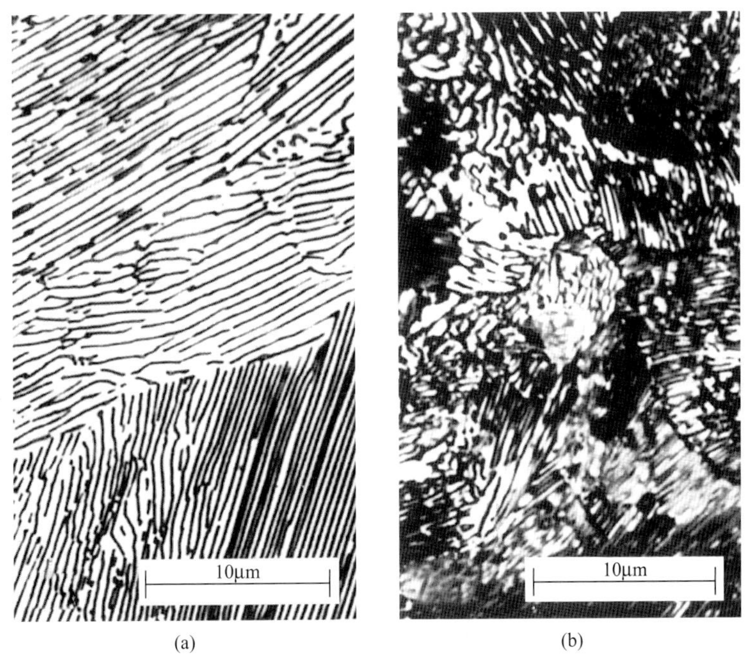

图11.15 （a）粗珠光体和（b）细珠光体的显微照片（3000×）

[源于K.M.Ralls et al.，*An Introduction to Materials Science and Engineering*，p.361.Copyright ©1976 by John Wiley & Sons，New York。由John Wiley & Sons，Inc.允许翻印。]

对于其他成分的铁-碳合金，会产生先共析相（先共析铁素体或先共析渗磁体）与珠光体共存，在10.20节讨论。因此，描述先共析转变的曲线也必须包括在等温转变图中。图11.16所示是含C1.13%（质量）的等温转变图的一部分。

（2）贝氏体

贝氏体

除珠光体以外，奥氏体相变过程中其他显微组织成分产生，其中一种被称为**贝氏体**。贝氏体的显微结构由铁素体和渗碳体相组成，因此它的形成也是来自扩散过程。由于转变温度的不同，贝氏体分为针状或板状。由于贝氏体的显微结构非常细小，因此只能用电子显微镜观察。图11.17是一贝氏体晶粒（位于左下到右上的对角）的电子显微照片。它由铁素体基体和伸长的渗碳体颗粒组成；在照片中已经标出各相。除此之外，围绕针状物的相是马氏体，具体内容将在下一节讨论。而且，贝氏体相变不会出现先共析相。

时间和温度与贝氏体相变之间的关系也可以在等温转变图中表示。它的形成温度低于珠光体相变的温度；其起始线、终止线以及半反应线恰好是珠光体相变的延长线，如图11.18所示，含有共析成分的铁-碳合金的等温转变图向更低的温延伸。三条曲线均为“C形”曲线，并存在一个“鼻端”N点，此点相变速率最大。值得注意的是，在鼻端之上540～727℃（1000～1341℉）之间，相变产物是珠光体，在215～540℃（420～1000℉）之间，相变产物是贝氏体。

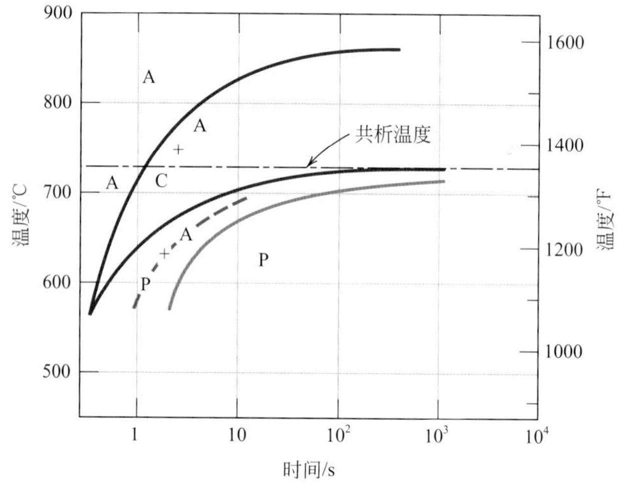

图11.16 含碳量为1.13%的铁-碳合金的等温转变图

A为奥氏体，C为先共析渗碳体，P为珠光体

[源于H.Boyer，(editor)，*Atlas of Isothermal Transformation and Cooling Transformation Diagrams*，American Society for Metals，1977，p.33.]

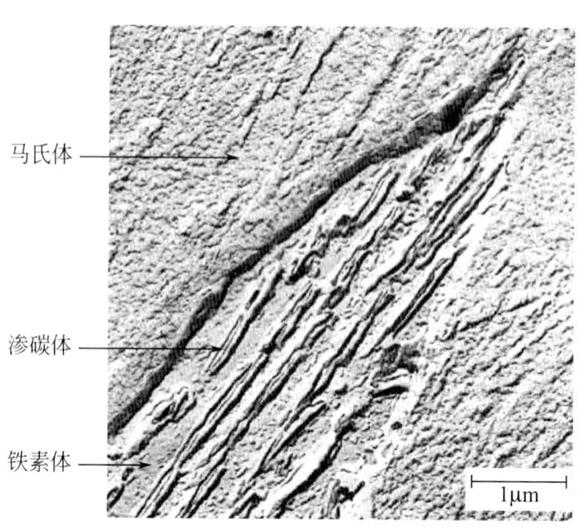

图11.17 贝氏体结构的透射电子显微照片

贝氏体晶粒从左下角穿过右上角，其中，被拉长的针状渗碳体颗粒分布在铁素体基体上。围绕贝氏体的相是马氏体（15000×）。（获得*Metals Handbook*，8th edition，Vol.8，*Metallography*，*Structures and Phase Diagrams*，American Society for Metals，Materials Park，OH，1973翻印许可。）

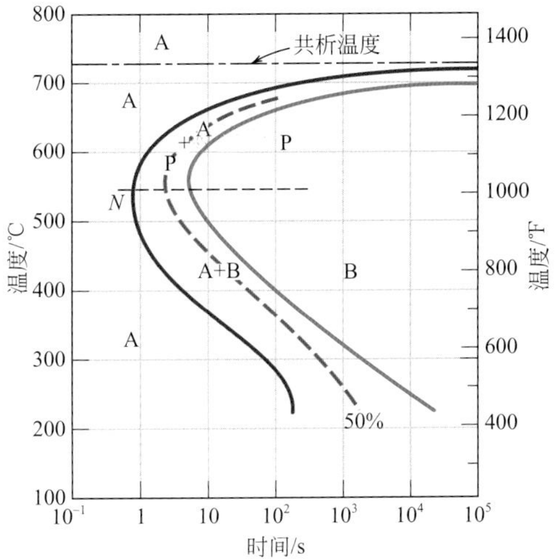

图 11.18 共析组成的铁-碳合金等温转变图，包括奥氏体-珠光体（A-P）相变和奥氏体-贝氏体（A-B）相变

[源于H.Boyer，（editor），*Atlas of Isothermal Transformation and Cooling Transformation Diagrams*，American Society for Metals，1977，p.28.]

注意珠光体相变和贝氏体相变是相互竞争的，一旦合金的一部分已经转变成珠光体（或贝氏体），若没有重新加热成奥氏体，将不会再转变为贝氏体（或珠光体）。

（3）球状珠光体

如果将具有珠光体或贝氏体显微结构的钢加热至低于共析温度，并保温相当长的一段时间，例如，加热到700℃（1300 ℉），并保温18～24h，会形成另一个显微结构，被称为**球状珠光体**（图11.19）。取代了铁素体和渗碳体交替分布的层状结构（珠光体）和贝氏体的显微结构，渗碳体相以球状颗粒形式存在，并嵌入到连续分布的α相基体中。此相变是通过碳原子扩散产生，组成以及铁素体和渗碳体的相对含量不改变。相变的驱动力是α-Fe_3C界面面积的减小。球状珠光体形成的动力学不包括在等温转变图中。

球状珠光体

> **概念检查 11.1** 珠光体和球状珠光体的显微结构哪一个更稳定？为什么？
> [解答可参考www.wiley.com/college/callister（学生之友网站）]

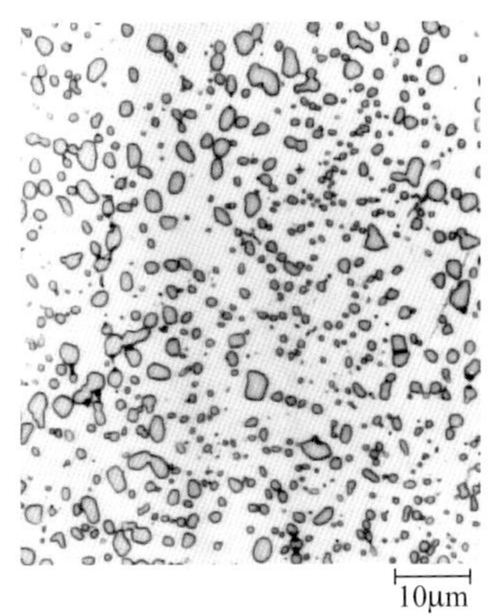

图 11.19 具有球状珠光体结构的钢的金相照片

细小颗粒为渗碳体，连续相为α-铁素体（1000×）（版权归1971 by United States Steel Corporation所有。）

图 11.20 部分转变为球状珠光体的珠光体钢的金相照片（1000×）

（版权归by United States Steel Corporation所有。）

(4)马氏体

马氏体

将奥氏体化的铁-碳合金快速冷却（淬火）至一个相对较低的温度（室温附近）会形成另一种微观组分或相，叫做**马氏体**。马氏体相变是奥氏体的非扩散型相变，因此马氏体是非平衡单相结构。它可以看做是珠光体和贝氏体相互竞争所得的相变产物。只有当淬火速度足够快到足以阻止碳的扩散，才发生马氏体相变。任何扩散反应都导致铁素体和渗碳体相的生成。

马氏体相变不太容易理解。然而，大量的原子都经历共同的运动，因此，相对于相邻原子每个原子仅产生微小位移，这种转变可以由面心立方结构的奥氏体经过多晶型转变成体心四方（BCT）结构的马氏体。BCT晶体结构（图11.21）的单位晶胞就是体心立方结构沿某一方向被拉长，这种结构明显不同于具有BCC结构的铁素体。所有碳原子均以间隙杂质的形式存在于马氏体中，同时，它们形成了不饱和固溶体，如果将其加热到扩散速率适当的温度下，它将会转变为其他结构。但是，在室温下，很多合金钢都能无限期保持它们的马氏体结构不变。

然而，马氏体相变并不仅存在于铁-碳合金，在其他系统中，也发现了这种非扩散型相变。

因为马氏体相变是非扩散型相变，所以相变几乎是瞬间发生；在奥氏体基体中，马氏体晶粒以极快的速度（声速）形核并长大。因此，就实际意义来讲，马氏体相变的速率与时间无关。

马氏体呈板状或针状，如图11.22所示。显微照片中的白色部分是淬火过程中发生相变的奥氏体（残余奥氏体）。正如之前所说，马氏体可以与其他微观组分（例如珠光体）共存。

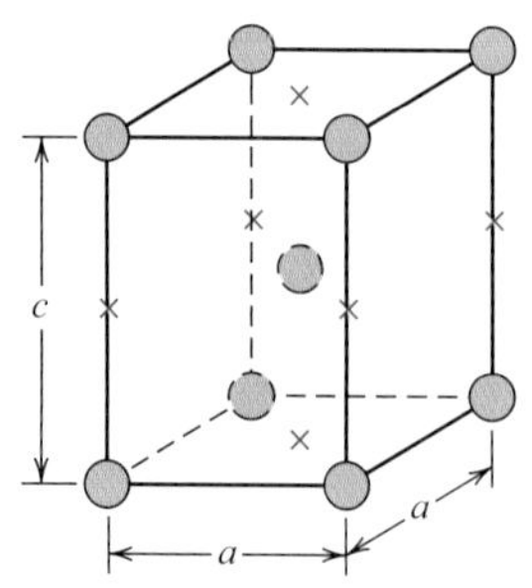

图11.21 马氏体钢的体心四方晶胞，画出了铁原子（圆圈）以及碳原子（×）所占据的位置

对此四方晶胞而言，$c > a$。

图11.22 马氏体显微结构的金相照片

针状晶粒为马氏体相，白色区域为在快速冷却过程中未发生转变的奥氏体（1220×）

（照片经United States Steel Corporation允许刊印.）

因为马氏体是非平衡相，所以不会出现在铁碳相图中（图10.28）。但是，奥氏体-马氏体相变能在等温转变图中表示出来。因为马氏体相变是非扩散型且瞬时发生的，所以它的图像与珠光体和贝氏体反应有所不同。相变的开始用一条标着*M*（开始）（图11.23）的水平线表示，另两条分别标着*M*（50%）和*M*（90%）的水平虚线表示相变进行的百分比。每条线对应的温度会因合金成分的不同而不同，但是其温度一定相对较低，因为碳扩散几乎不存在[1]。这些线的水平性和线性特征都表明马氏体相变与时间无关，它只与合金淬火或快速冷却后的温度有关，这一类相变称为非热相变。

非热相变

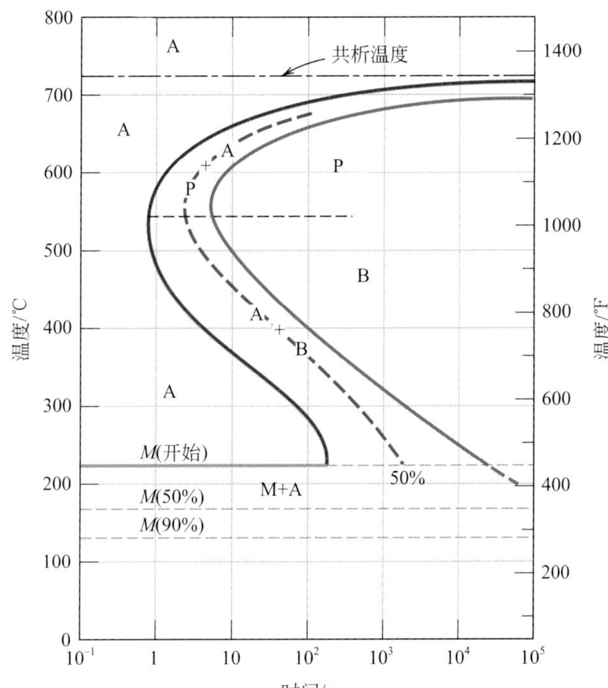

图11.23 共析成分铁-碳合金完全等温转变图

A为奥氏体，B为贝氏体，M为马氏体，P为珠光体。

考虑将含有共析成分的合金从727℃（1341 ℉）快速冷却至165℃（330 ℉），在等温转变图（图11.23）中，我们可以看出50%的奥氏体瞬间转变成马氏体，而且只要保持温度不变，将不会再发生其他相变。

除了碳以外的其他合金元素（例如，铬、镍、钼、钨）的存在会明显改变等温转变图中曲线的位置和形状。这些改变包括：① 奥氏体-珠光体转变的鼻端会向右移至更长的时间（如果存在先共析相，其鼻端也是如此）；② 形成分离的贝氏体鼻端。通过观察、比较图11.23和图11.24，我们将会发现这些改变。这两幅图分别是普通碳钢和合金钢的等温转变图。

普通碳钢

合金钢

以碳为主要合金元素的钢称为普通碳钢，而合金钢包含一定浓度的其他元素，包括之前所说的一些元素。第13章将会介绍更多有关铁基合金的分类和性质。

---

[1] 图11.22所示的合金并不是共析成分的铁-碳合金，而且，它的100%马氏体相变温度低于室温。由于其显微照片是在室温下拍摄的，还存在一些奥氏体相，例如残余奥氏体未转变为马氏体。

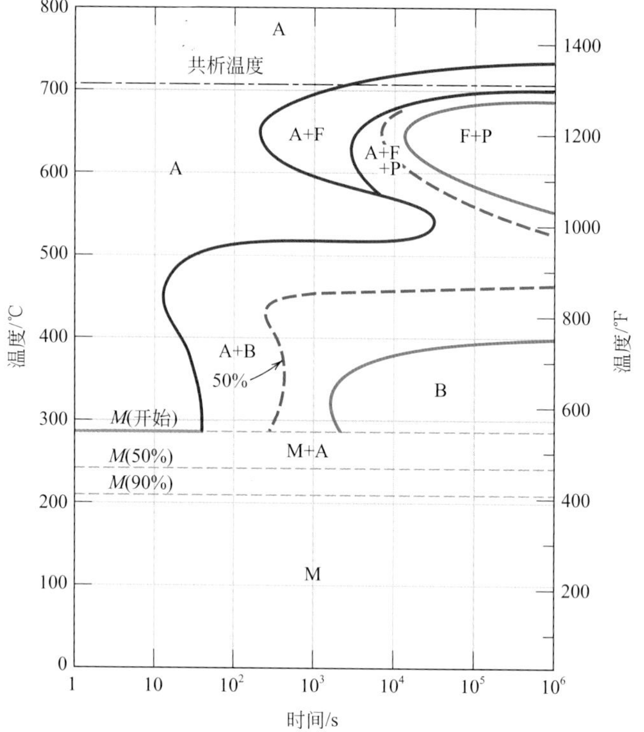

图11.24　合金钢（4340型）等温转变图

A为奥氏体，B为贝氏体，M为马氏体，P为珠光体，F为先共析铁素体。[源于H.Boyer，(editor)，*Atlas of Isothermal Transformation and Cooling Transformation Diagrams*，American Society for Metals，1977，p.181.]

概念检查 11.2　列出马氏体相变和珠光体相变的两个主要不同点。

[解答可参考www.wiley.com/college/callister（学生之友网站）]

例题 11.2

3种等温热处理显微结构的确定

根据共析成分铁-碳合金的等温转变图（图11.23），详细说明分别进行如下3种时间-温度处理后的试样的显微结构（用存在的显微组成和其百分比表示）。假设在每种情况下，试样均从760℃（1400 ℉）开始，并在此温度下保持足够长的时间，以获得完全且均匀的奥氏体结构。

（a）快速冷却至350℃（660 ℉），保温10^4s，然后淬火至室温。

（b）快速冷却至250℃（480 ℉），保温100s，然后淬火至室温。

（c）快速冷却至650℃（1200 ℉），保温20s，再快速冷却至400℃（750 ℉），保温10^3s，然后淬火至室温。

解：

3种热处理的时间-温度路径如图11.25所示。在每种情况下，最初冷却速率均足以阻止任何相变的发生。

（a）在350℃，奥氏体等温转变为贝氏体，此反应大约在10s之后开始，大约经过500s完成。因此，正如本题的要求，到10^4s，试样已100%转变为贝氏体，而且不会再发生进一步的相变，尽管最后的淬火线经过了马氏体区域。

（b）在250℃下，贝氏体相变大约在150s之后开始，因此，在100s内，试样仍为100%的奥氏体。当试样在冷却过程中经过马氏体区域，从215℃开始，逐渐地越来越多的奥氏体瞬间转变成马氏体。当到达室温时，此相变反应完全，因此最后的显微结构为100%马氏体。

（c）在650℃等温线上，大约7s之后珠光体开始形成，经过20s后，试样中只有大约50%转变为珠光体。快速冷却至400℃，如图垂直线所示，在冷却过程中，尽管冷却线经过珠光体和贝氏体区，但仅有很少量的奥氏体转变为珠光体或贝氏体。在400℃，我们从零开始计时（如图11.25所示），因此，在经过10^3s后，剩余的50%奥氏体均转变为贝氏体。在淬火至室温的过程中，由于已经不存在奥氏体，所以不会再发生进一步的相变。因此，最后室温下的显微结构由50%珠光体和50%贝氏体组成。

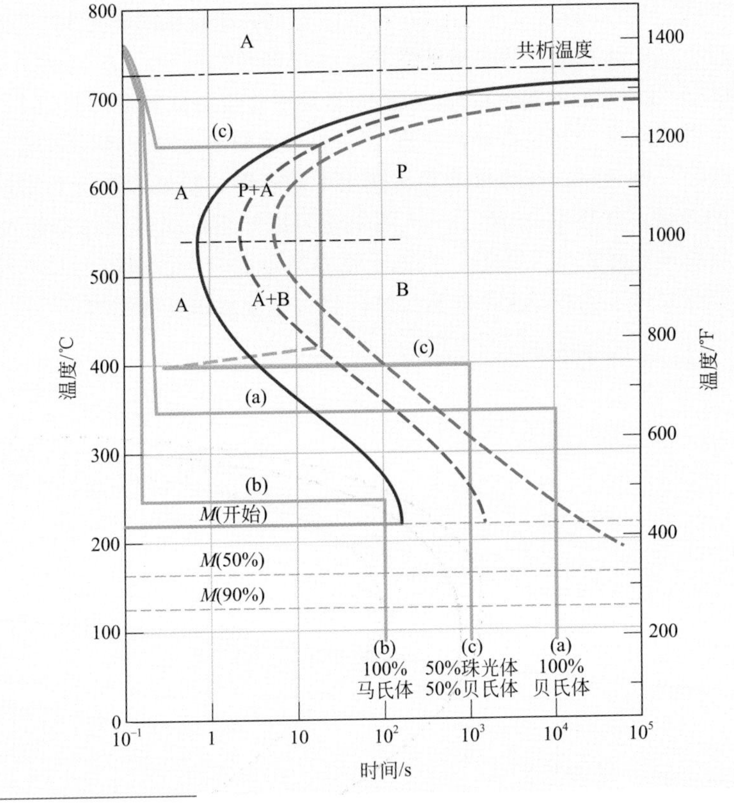

图11.25 共析成分铁-碳合金等温转变图，以及在例题11.2中的等温热处理过程（a）、（b）和（c）

概念检查11.3 重新绘制共析成分铁-碳合金的等温转变图（图11.23），并在此图上画出能够产生100%细珠光体的时间-温度路径。

[解答可参考www.wiley.com/college/callister（学生之友网站）]

11.6 连续冷却转变图

等温热处理不是最常用的方法，因为合金必须要快速冷却，并保持在共析线以上的高温下。钢的大部分热处理都要将试样连续冷却至室温，而等温转变图仅适用于温度恒定的情况下，因此当温度不断发生变化时，此相图就要做出修改。对于连续冷却过程，反应开始到结束所需要的时间将会延迟，因此，等温曲线将会向更长时间和更低温度移动，如图11.26所示，是共析成分的铁-碳合金。包括修正后的反应起始线和终止线的图被称为**连续冷却转变（CCT）图**。温度变化速率的控制取决于冷却环境。图11.27中还包括两条共析钢中等快速冷却曲线和缓慢冷却曲线。相变在冷却曲线和反应起始线的交点处开始，经过反应终止线后结束。图11.27中两种速率曲线的产物的微观结构分别为细珠光体和粗珠光体。

连续冷却转变图

通常，含有共析成分的合金不会形成贝氏体，同理，任何普通碳钢连续冷却至室温也不会形成贝氏体，这是因为在达到贝氏体形成条件之前，所有的奥氏体已经全部转变为珠光体。因此，表示奥氏体-珠光体转变的区域在刚到鼻端处就终止了，如图11.27中虚线*AB*所示。任何冷却曲线经过图11.27中的虚线*AB*，相变都会在交点处终止，继续冷却穿过*M*（起始）线时，未反应的奥氏体转变为马氏体。

对于马氏体相变，等温转变图和连续冷却转变图中，*M*（起始）、*M*（50%）、*M*（90%）线所对应的温度相同。我们可以通过比较图11.23和图11.26得到该结论。

在钢的连续冷却过程中，存在一个非常重要的冷却速率，即产生完全马氏体的最小冷却速率，在连续冷却转变图中表示即为恰好避开珠光体相变开始的鼻端的曲线，如图11.28所示。从图中还可以知道，当淬火速率超过临界速率时，只有马氏体产生；而且，当低于临界冷却速率一段范围内，可同时生成马氏体和珠光体；当冷却速率非常低时，将完全生成珠光体结构。

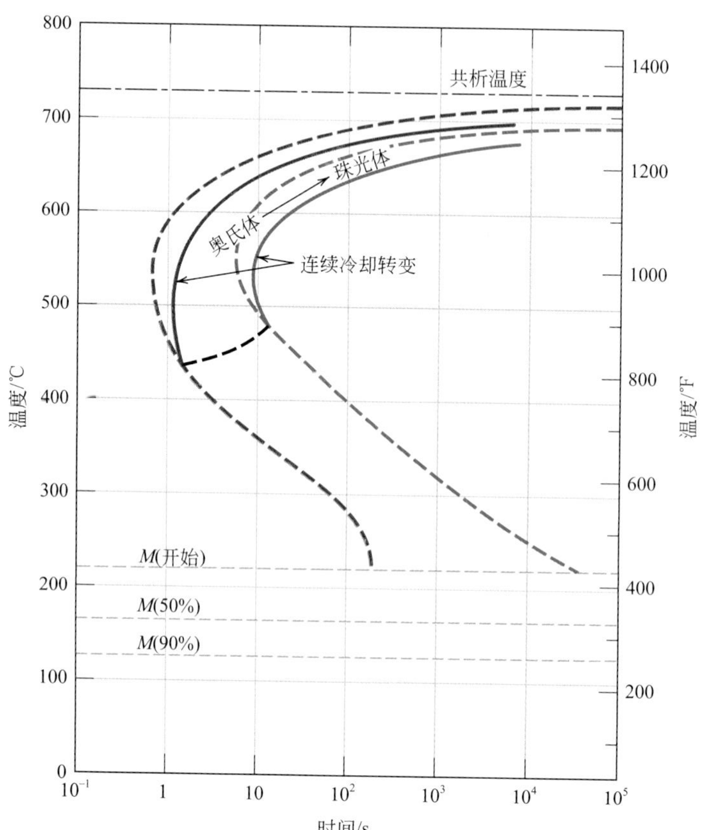

图11.26 共析成分铁-碳合金等温和连续冷却转变图的叠加

[源于H.Boyer，(editor)，*Atlas of Isothermal Transfo-rmation and Cooling Transfo-rmation Diagrams*，American Society for Metals，1977，p.376.]

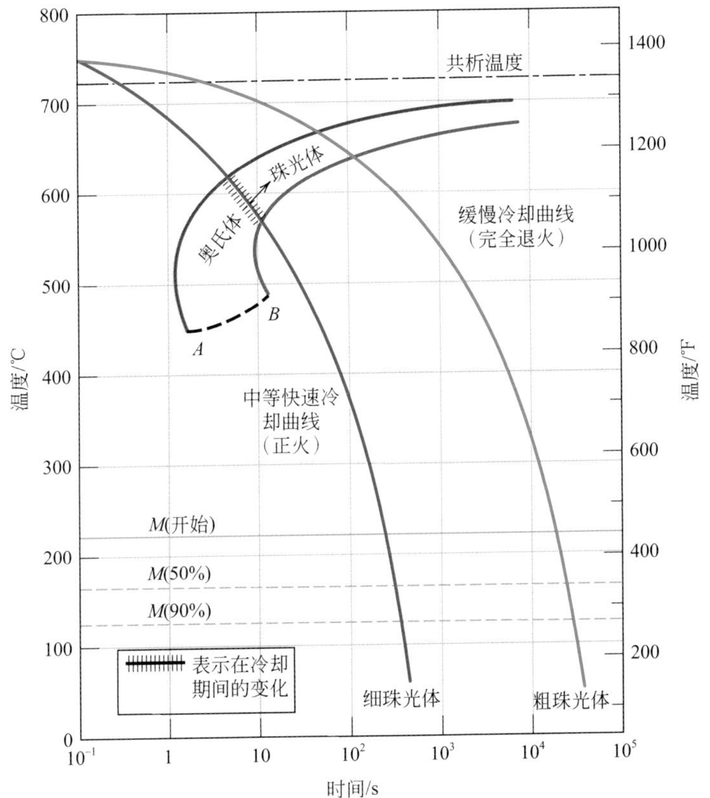

图 11.27 共析成分铁-碳合金连续冷却转变图的中等快速冷却和缓慢冷却曲线图

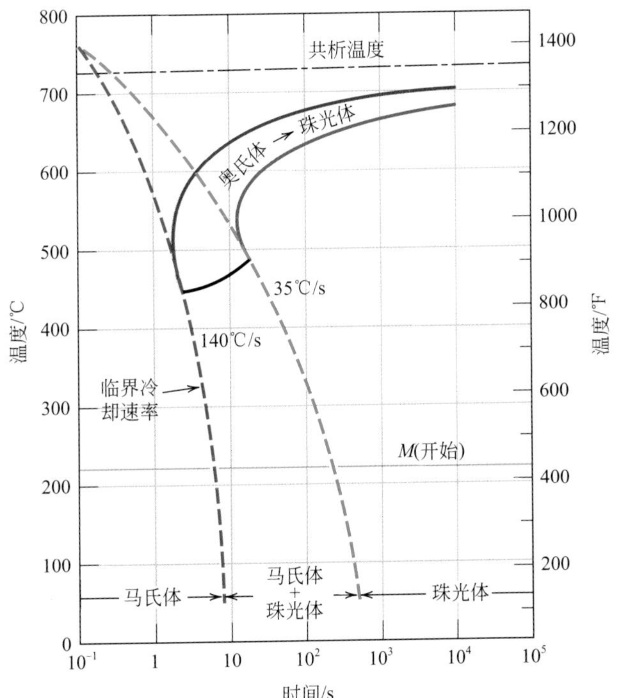

图 11.28 共析成分铁-碳合金的连续冷却转变图和冷却曲线

图中显示出最终显微结构与冷却过程之间的关系。

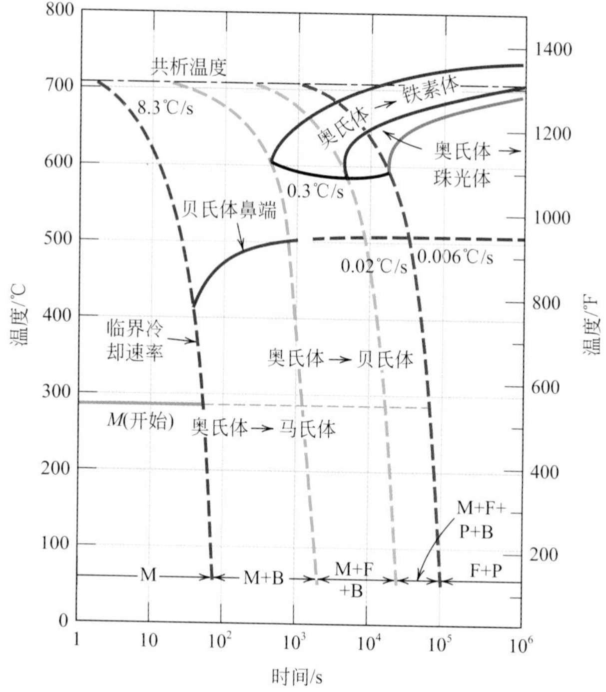

图11.29 合金钢（4340型）的连续冷却转变图及几条冷却曲线，表明此合金最后的微观结构与冷却过程中所发生相变的关系

［源于H.E.McGannon，(Editor)，*The Making Shaping and Treating of Steel*，9th edition，United States Steel Corporation，Pittsburgh，1971，p.1096.］

碳和其他合金元素同样会使珠光体相变（包括先共析相）和贝氏体相变的鼻端移向更长时间，从而降低了临界冷却速率。事实上，合金钢易于生成马氏体，因此，即使在截面积较厚的试样中也能生成马氏体。图11.29是与图11.24所示的等温转变图相同合金钢的连续冷却转变图。贝氏体鼻端的存在证明了在连续冷却过程中贝氏体形成的可能性。图11.29中几个冷却曲线表明了冷却速率对临界冷却速率、相变行为和最后产物的微观结构的影响。

碳的存在会降低冷却速率也是非常有趣的事情。事实上，碳含量小于0.25%的铁-碳合金一般不会通过热处理形成马氏体，因为所需要的淬火速率太快，实际很难达到。若要使钢通过热处理得到马氏体，必须要加入铬、镍、钼、锰、硅和钨等合金元素，而且这些元素必须在淬火过程中与奥氏体形成固溶体。

总而言之，等温转变图和连续冷却转变图均是与时间有关的相图。每个数据都是通过将含有规定组成的合金在变化的时间和温度下热处理得来的。这些相图可以分别预测等温热处理和连续冷却热处理一段时间后所得产物的微观结构。

概念检查11.4 简要描述使4340钢从（马氏体+贝氏体）转变为（铁素体+珠光体）的最简单的连续冷却热处理方式。

［解答可参考www.wiley.com/college/callister（学生之友网站）］

11.7 铁－碳合金的力学行为

现在我们将讨论铁-碳合金的力学行为，包括之前讨论的粗和细珠光体、球状珠光体、贝氏体和马氏体。除了马氏体以外，其他合金显微结构均有两相存在（铁素体和渗碳体），下面将深入讨论这些合金中力学性能与显微结构的关系。

(1)珠光体

渗碳体比铁素体硬但脆，因此，当合金显微结构中其他元素含量不变，增加渗碳体的含量，材料得到强化和硬化。如图11.30（a）所示，描述了细珠光体钢屈服强度、抗拉强度、布氏硬度与合金含碳量（相当于渗碳体的百分比）的关系。3个参数均随含碳量的增加而增大。又因为渗碳体较脆，增加其含量会降低延展性和韧性（或冲击能），这些效应显示在图11.30（b）中，对应于相同的细珠光体钢。

显微结构中，铁素体和渗碳体相的片层厚度同样影响材料的力学性能。细珠光体的强度和硬度均高于粗珠光体，如图11.31（a）中上部分两条曲线所示的硬度与含碳量之间的关系。

产生这种力学行为的原因与发生在α-Fe_3C 相界上一些现象有关。首先，相界两侧的两相间存在很大的粘着度，因此，强度大而且硬的渗碳体严格限制相界附近区域较软的铁素体相的生成，即渗碳体强化了铁素体。在细珠光体中，这种强化作用更加明显，因为其单位体积相界面积更大。除此之外，相界同晶界（8.9节）一样会阻碍位错运动。对于细珠光体，在塑性变形过程中，位错所穿过的相界更多，因此，更大的强化作用和位错运动的限制使细珠光体强度和硬度更大。

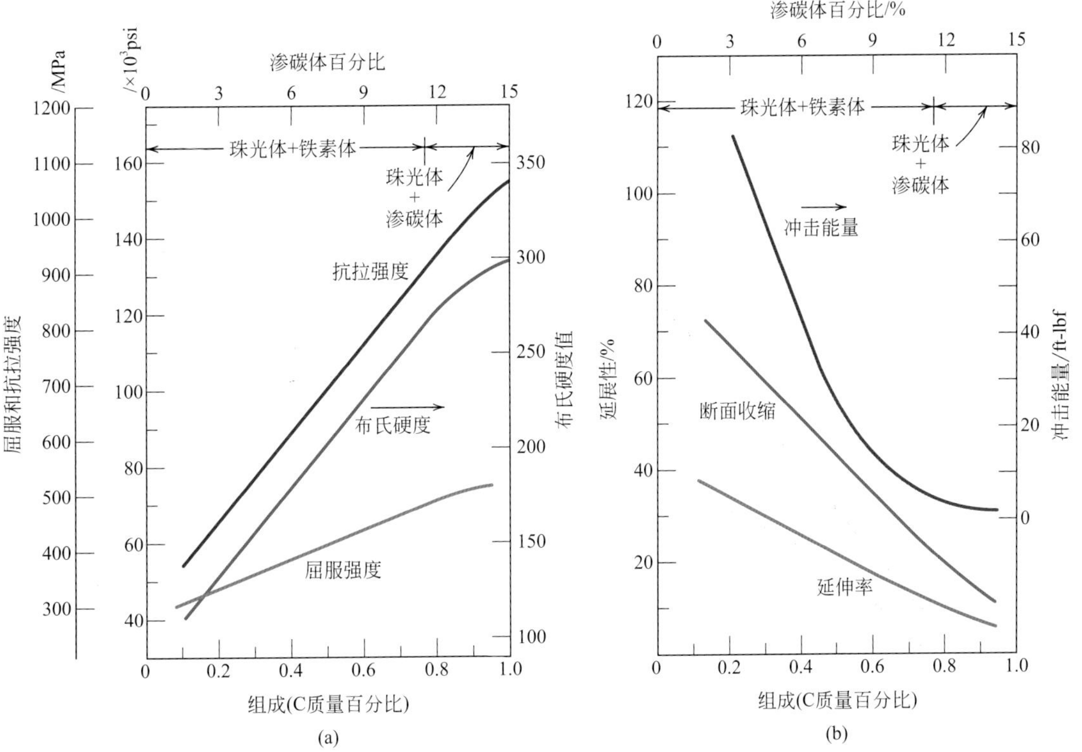

图11.30 （a）具有细珠光体显微结构的普通碳钢的屈服强度、抗拉强度和布氏硬度与含碳量之间的关系图；（b）含细珠光体微观成分的普通碳钢的延展性（%EL和%RA）和冲击能量与含碳量之间的关系图

[数据取自*Metals Handbook*：*Heat Treating*, Vol.4, 9th edition, V.Masseria(Managing Editor), American Society for Metals, 1981, p.9.]

粗珠光体具有较好的延展性，如图11.31（b）所示，描述了两种显微结构断面收缩率与含碳量的关系。这种行为也是因为细珠光体对塑性变形的限制较大。

（2）球状珠光体

显微结构中其他元素还包括相的形状和分布。就此而言，渗碳体相以完全不同的形状和分布存在于珠光体和球状珠光体中（图11.15和图11.19）。具有珠光体显微结构的合金的强度和硬度均高于球状珠光体，如图11.31（a）所示，将球状显微体的硬度与含碳量的关系，与两种珠光体结构对比。这种行为也可以用之前所讲述的强化机制和阻碍位错运动等解释。在球状珠光体中，单位体积中相界的面积很小，因此塑性变形几乎不被限制，从而使材料相对较软，而且强度较低。事实上，在所有的合金中，球状珠光体是最软的，也是强度最低的。

正如我们所预期的，球状珠光体钢的延展性要比粗和细珠光体钢好很多[图11.31（b）]。而且，球状珠光体韧性很好，因为所有裂纹前进通过延展性铁素体基体时，只遇到很少一部分脆性的渗碳体颗粒。

（3）贝氏体

贝氏体钢有较细的晶体结构（即较小的α-铁素体和渗碳体颗粒），因此它的强度和硬度都比珠光体钢好，同时，贝氏体钢兼有较好的强度和延展性。图11.32表示相变温度对铁-碳合金抗拉强度和硬度的影响，其中温度在珠光体形成和贝氏体形成温度之间变化（与此合金的等温转变图图11.18一致）如图11.32上端所示。

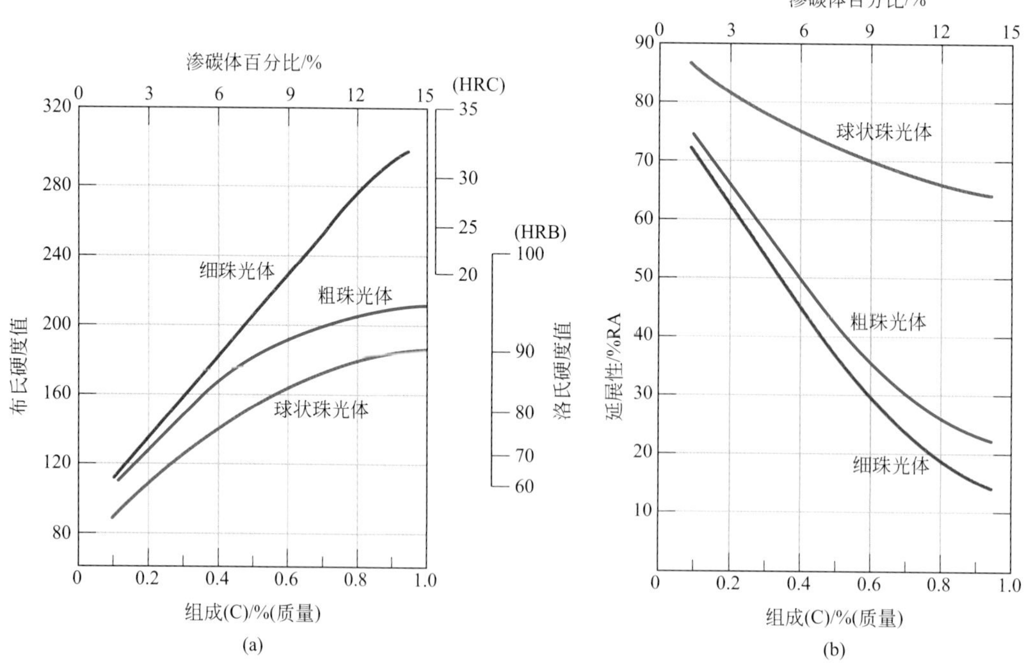

图11.31 （a）具有细和粗珠光体以及球状珠光体显微结构的普通碳钢的布氏硬度值和洛氏硬度值与含碳量的关系图；（b）具有细和粗珠光体以及球状珠光体显微结构的普通碳钢的延展性（%RA）与含碳量的关系图

（数据取自*Metals Handbook*：*Heat Treating*，Vol.4，9th edition，V.Masseria，Managing Editor，American Society for Metals，1981，pp.9 and 17.）

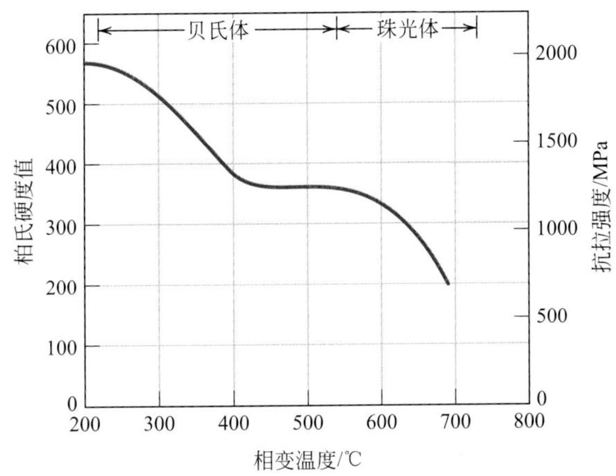

图11.32 在室温下，共析成分的铁-碳合金的布氏硬度和抗拉强度与等温转变温度之间的函数关系图，温度在贝氏体和珠光体显微结构形成温度之间

（源于E.S.Davenport，"Isothermal Transformation in Steels，" *Trans.ASM*，27，1939，p.847.由ASM International 允许翻印。）

(4) 马氏体

在合金可产生的已知显微结构中，马氏体是最硬、强度最高同时也是最脆的，事实上，它几乎没有延展性。在含碳量低于0.6%时，它的硬度与碳含量有关，图11.33所示是马氏体和细珠光体硬度与碳含量之间的关系（最上面与最下面的曲线）。与珠光体钢不同，马氏体钢的强度和硬度与显微结构无关。然而，这些性能却可以归因于间隙碳原子阻碍位错运动（如8.10节所述的固溶效应）和BCT结构滑移系较少（沿位错运动的方向）。

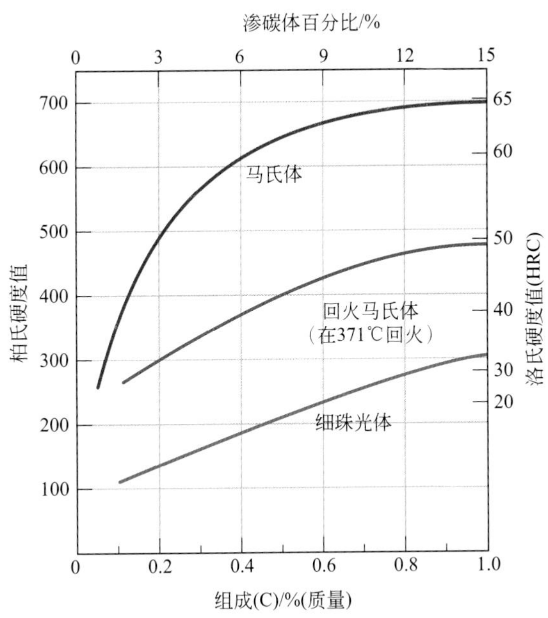

图11.33 在室温下，马氏体、回火马氏体[回火温度为371℃（700℉）]和珠光体等普通碳钢硬度与含碳量的函数关系图

（源于Edgar C.Bain，*Functions of the Alloying Elements in Steel*，American Society for Metals，1939，p.36；and R.A.Grange，C.R.Hribal，and L.F.Porter，*Metall.Trans.*A，Vol.8A，p.1776.）

由于奥氏体稍微比马氏体密集，因此在淬火相变过程中，将有体积的净增加。因此，较大试样在快速淬火过程中，因内部应力而产生裂纹，当含碳量大于0.5%时，这种现象更加严重。

概念检查 11.5　将下列铁-碳合金及其显微结构的抗拉强度由高到低排列，并证明：

(a) 含碳量为0.25%（质量）的球状珠光体

(b) 含碳量为0.25%(质量)的粗珠光体
(c) 含碳量为0.60%(质量)的细珠光体
(d) 含碳量为0.60%(质量)的粗珠光体
[解答可参考www.wiley.com/go/global/callister(学生之友网站)]

概念检查 11.6 描述如何用等温热处理的方式制备所需硬度为93(HRB)的共析钢样品。
[解答可参考www.wiley.com/college/callister(学生之友网站)]

11.8 回火马氏体

淬火状态的马氏体,不仅非常硬而且很脆,以至于不能广泛地应用,同时,淬火过程中引入的任何内部应力都会产生脆化效应。通过回火,可以提高马氏体的延展性和韧性,同时内部应力可以得到释放。

回火是将马氏体钢加热至共析温度下,并保温一段时间。通常的回火温度在250～650℃(480～1200℉)之间,然而在大约200℃(390℉)时,内部应力才可消除。回火热处理根据下述反应,通过扩散过程生成**回火马氏体**。

回火马氏体

马氏体转变为回火马氏体相变反应

$$\text{马氏体(BCT,单相)} \longrightarrow \text{回火马氏体}(\alpha\text{-}Fe_3C\ \text{相}) \tag{11.20}$$

其中,含有过饱和碳的单相BCT结构的马氏体转变成由稳定铁素体和渗碳体组成的回火马氏体,如铁-碳相图所示。

回火马氏体的显微结构由嵌入在连续铁素体基体上的非常小并且均匀分布的渗碳体颗粒组成的。它的结构与球状渗碳体非常相似,除了渗碳体颗粒要小得多。图11.34所示是回火马氏体显微结构的高分辨率电子显微照片。

回火马氏体的硬度和强度接近于马氏体,但其塑性和韧性大大提高。例如,在图11.33表示的硬度与碳含量之间关系图中,还包括一条回火马氏体的曲线。其强度高和硬度大是因为大量细小的渗碳体颗粒的存在使单位体积内相界面积很大。同时,硬的渗碳体相沿相界强化了铁素体基体,并且在塑性变形过程中,这些相界还会阻碍位错运动。连续的铁素体相具有良好的延展性和韧性,因此,回火马氏体的这两种性能也得到了改善。

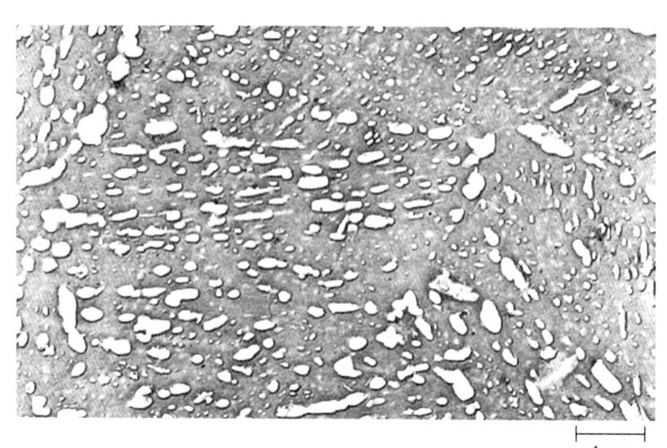

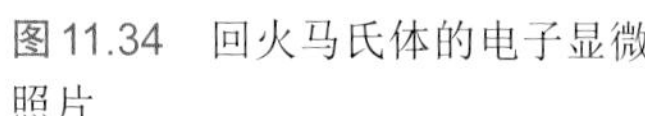
图11.34 回火马氏体的电子显微照片

回火温度为594℃(1100℉)。小颗粒为渗碳体相;基体相为α-铁素体(9300×)(版权归1971 by United States Steel Corporation所有。)

渗碳体的尺寸影响回火马氏体的机械行为，增大颗粒尺寸会降低相界面积，从而导致材料的弱化和软化，但材料会具有更好的韧性和延展性。另外，回火热处理过程决定渗碳体颗粒的尺寸。热处理过程中的变化量是温度和时间，而大多数的热处理都是等温过程。因为马氏体转变为回火马氏体的过程涉及到碳的扩散，所以增加温度会促进扩散，增大渗碳体颗粒的增长速率，从而增加了软化速率。图11.35表示了某种合金钢的抗拉强度、屈服强度及延展性与回火温度的关系。在回火之前，将材料在油中淬火产生马氏体组织，每个温度下的回火时间为1h，这种回火数据通常由钢制造厂家提供。

对于某一共析成分的水淬钢，其在不同温度下硬度与时间的关系如图11.36所示，时间刻度取对数形式。随着时间的延长，由于渗碳体颗粒的长大和合并，硬度减小。在接近共析温度[700℃（1300 ℉）]下回火几小时，显微结构变成球状珠光体（图11.19），大量球状渗碳体分布在连续的铁素体相上。因此，过度回火所得到的马氏体相对更软，延展性更好。

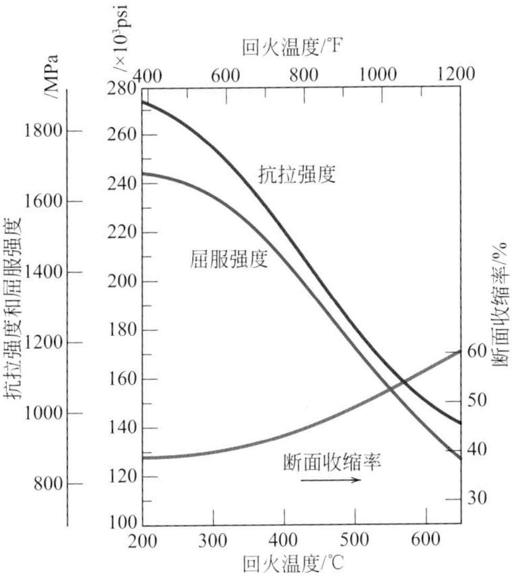

图11.35　在室温下，油淬合金钢（4340型）的抗拉强度和屈服强度以及延展性（%RA）与回火温度关系图

（源于Republic Steel Corporation.）

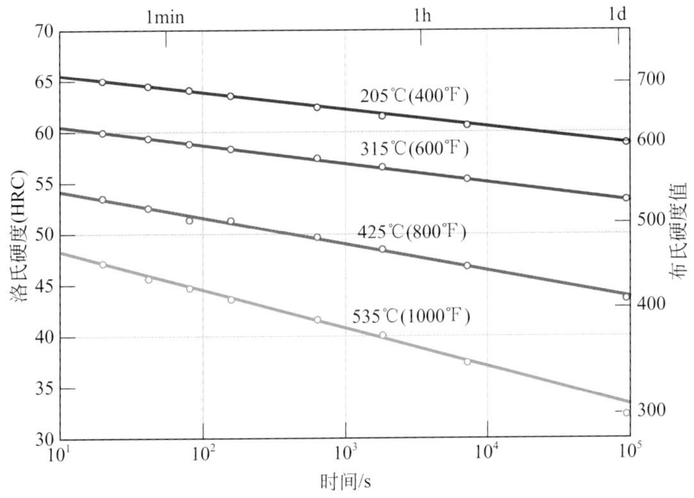

图11.36　在室温下，水淬共析普通碳钢（1080型）的硬度与回火时间关系图

（源于Edgar C.Bain，*Functions of the Alloying Elements in Steel*，American Society for Metals，1939，p.233.）

概念检查 11.7 将某一合金钢，从奥氏体相区的某一温度在水中淬火冷却至室温，形成马氏体，随后在高温下回火。

（a）绘制一条曲线表示室温下合金钢的延展性与高温回火时间对数的变化关系。（注意标出坐标轴的含义）

（b）在同一坐标轴上，画出在更高温度回火，其延展性与时间对数的关系，并简要解释在两个温度下行为的不同点。

[解答可参考www.wiley.com/college/callister（学生之友网站）]

回火脆性

由冲击试验可知（9.8节），一些钢的回火可能导致韧性的降低，这种现象称为回火脆性。当回火温度高于575℃（1070 ℉），并随之缓慢冷却到室温时，或者当回火温度在约375 ～ 575℃（700 ～ 1070 ℉）之间时，会出现此现象。对回火脆性比较敏感的钢中一般含有一定浓度的合金元素，比如锰、镍、铬等，还可能有一种或多种非常少量的锑、磷、砷、锡等杂质元素。这些合金元素和杂质的存在使韧脆转变温度升高，又因室温低于此转变温度而发生回火脆性。具有回火脆性材料的裂纹是沿着晶界扩展的（图9.7），即破裂路径是沿着先前奥氏体晶界。而且，合金和杂质元素更容易在晶界处发生偏析。

回火脆性可通过下面两种方法避免：① 控制成分；② 淬火至室温后，在575℃以上或375℃以下回火。同时，已经脆化的钢的韧性可以通过加热至600℃（1100 ℉）或快速冷却至300℃（570 ℉）以下这两种途径显著提高。

11.9 铁-碳合金的相变及力学性能的回顾

在本章，我们主要讨论了铁-碳合金在不同热处理方式下产生不同的显微结构。图11.37总结了产生这些显微结构的相变路径。图中假设珠光体、贝氏体、马氏体均通过连续冷却处理得到，且贝氏体仅在合金钢（不是普通碳钢）中形成。

同时，表11.2总结了铁-碳合金中一些显微组成的显微结构特征和力学性能。

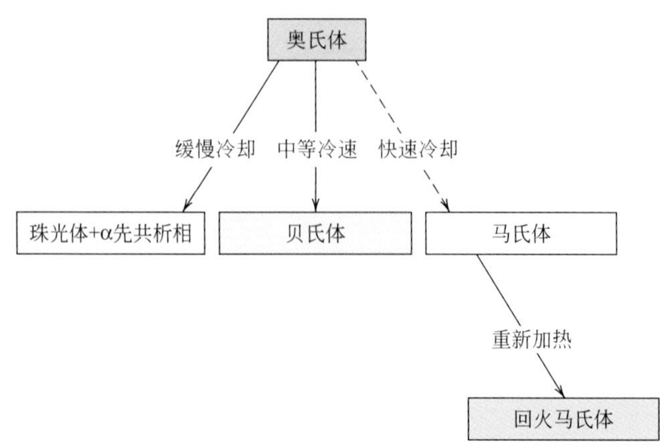

图11.37 奥氏体分解可能涉及到的相变

实线箭头代表包含扩散的相变；虚线箭头代表非扩散型相变。

表11.2 铁-碳合金显微结构和力学性能总结

显微成分	存在相	相排列	力学性能（相对）
球状珠光体	α铁素体+渗碳体	相对小的球状渗碳体颗粒分布在α铁素体基体上	软且具有延展性
粗珠光体	α铁素体+渗碳体	相对厚的α铁素体和渗碳体交替层	与球状珠光体相比硬且强度高，但延展性较差
细珠光体	α铁素体+渗碳体	相对薄的α铁素体和渗碳体交替层	与粗珠光体相比硬且强度高，但延展性较差
贝氏体	α铁素体+渗碳体	非常细且长的渗碳体颗粒分布在α铁素体基体上	与细珠光体相比硬且强度高，但硬度不如马氏体，延展性比马氏体好
回火马氏体	α铁素体+渗碳体	非常细的球状渗碳体颗粒分布在α铁素体基体上	强度高，不如马氏体硬，但延展性比马氏体好得多
马氏体	体心四方，单相	针状晶粒	硬且脆

重要材料

形状记忆合金

有着一个有趣的（实际的）现象的一类相对新型的金属叫做形状记忆合金（或SMAs）。这些材料能够在变形后，经过适当的热处理过程，恢复原来的尺寸和形状，也就是说，这种材料可以记住它本来的尺寸/形状。通常情况下，变形发生在较低温度下，而形状记忆则在加热过程中❶。目前发现的能够回复大变形量（例如，应变）的材料有镍-钛合金（商品名为镍钛诺❷）和一些铜基合金（Cu-Zn-Al和Cu-Al-Ni合金）。

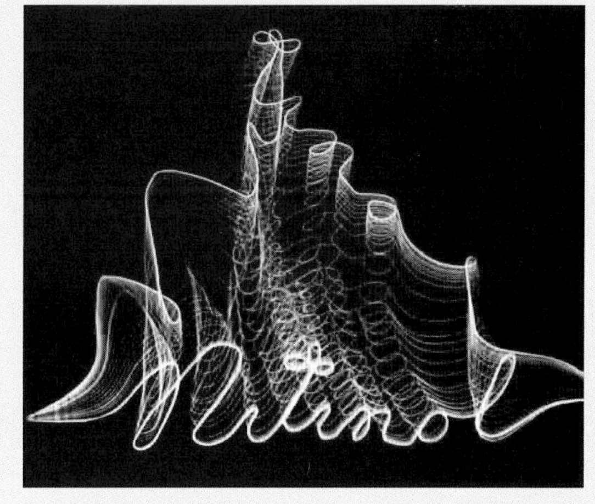

延时照片演示了形状记忆效应。形状记忆合金丝（镍钛诺）经过弯曲与处理，它的记忆形状为单词“Nitinol”。然后再将合金丝变形、加热（通过电流加热），使它恢复原来的形状。用照片将此形状恢复过程记录下来。[图片由the Naval Surface Warfare Center（曾经为the Naval Ordnance Laboratory）提供]。

形状记忆合金是多晶型的（3.10节），也就是说，它可能有两种晶体结构（或相），形状记忆效应涉及两者间的相变。其中一相（奥氏体相）在高温下为体心立方结构，如图11.38中第一阶段。在冷却过程中，奥氏体自发转变为马氏体，和铁-碳合金中马氏体相变相似（11.5节），也就是说，它是非扩散型的，大量原子有序并迅速地移动，其相变程度取决于温度；相变开始和结束的温度分别用“M_s”和“M_f”表示，如图11.38左侧竖轴所示。除此之外，马氏体有大量的孪晶❸，如图11.38第二

❶ 只有在加热过程中表现出这种现象的合金称为单向形状记忆合金。一些材料在加热和冷却过程中均存在尺寸/形状的变化，这一类材料被称为双向形状记忆合金。在本节，我们主要讨论单向形状记忆合金的变形机制。

❷ 镍钛诺是英美海军镍钛合金军械实验室（nickel-titanium Naral Ordnance Laboratory）的英文首字母缩写，这种合金也就是在这被发现的。

❸ 孪晶在8.8节中讲述。

阶段插图所示。在外加应力的作用下，马氏体相变（如图11.38从第二阶段到第三阶段的过程）通过孪晶界的迁移发生，从而使孪晶区域增加而其他部分减小；变形后的马氏体结构如图第三阶段所示。而且，当应力消失，此温度变形后的形状仍保持。最后，通过加热到初始的温度，材料恢复到（即“记住”）原来的尺寸和形状（第四阶段）。第三阶段-第四阶段过程是通过变形后的马氏体转变为初始高温下的奥氏体相完成。对于这些形状记忆合金，马氏体-奥氏体相变发生在A_s（奥氏体相变开始）-A_f（奥氏体相变结束）温度之间，如图11.38中右侧竖轴所示。当然，对于形状记忆合金，上述变形-相变过程是可以重复进行的。

通过加热至A_f温度以上（使奥氏体相变完全），可以恢复原始形状（被记住的形状），然后在充分的时间内，抑制材料从而变为理想的记忆形状。例如，对于镍钛诺，在500℃保温1h是非常必要的。

尽管形状记忆合金所经历的变形是暂时的，但它仍不是真正的塑性变形，如7.6节所述，也不是严格意义上的弹性变形（7.3节）。然而，它被称为热弹性变形，因为变形后的材料一旦经历热处理，变形便可恢复。热弹性材料的应力-应变曲线如图11.39所示，可恢复的最大变形量为8%。

对于镍钛诺系列合金，通过改变镍-钛比例或添加其他元素，可以使其相变温度在很大范围内变化（–200 ~ 110℃）。

形状记忆合金的一个重要应用在不需要焊接而形成收缩适应管道联接器，应用在航空器的液压线、海下输油管的接头以及轮船或潜水艇的水管设施上。每一个联接器（以圆柱形套筒的形式）都需要制造装配，使管道的内部尺寸略小于外部尺寸，从而连接，然后其将在低

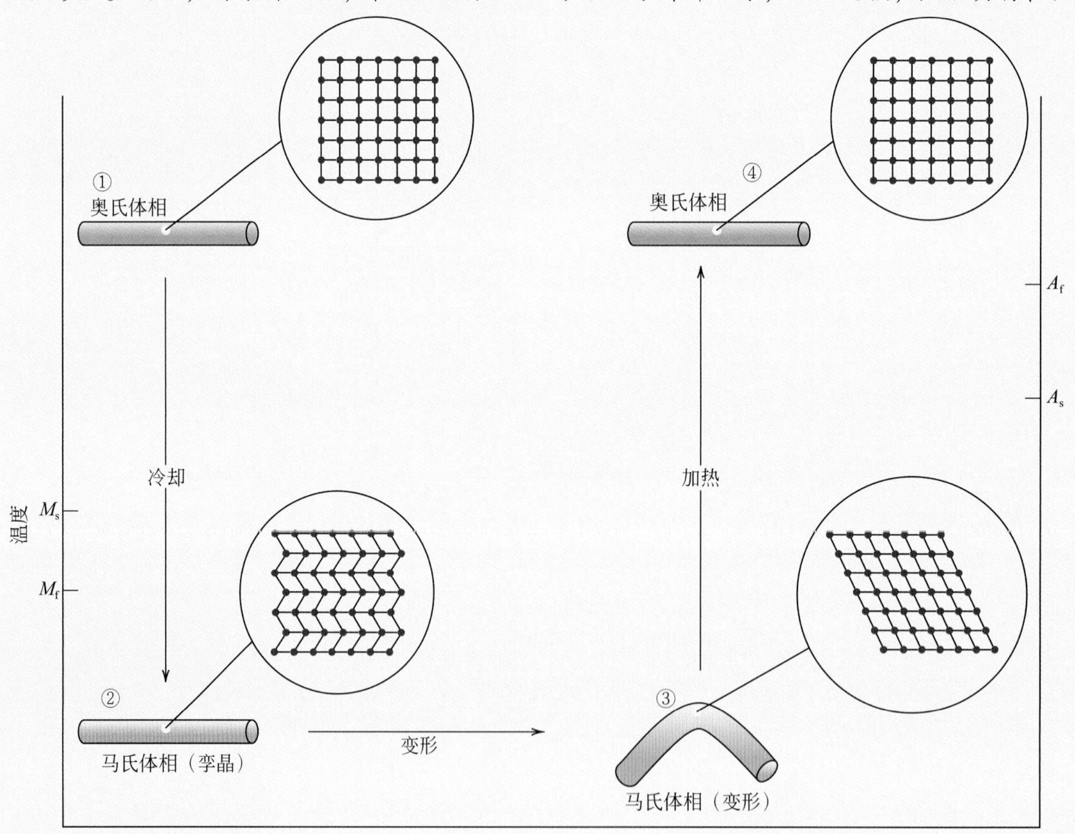

图11.38 图解说明形状记忆效应

插图为四个阶段晶体结构的图示

M_s和M_f分别表示马氏体相变开始和结束的温度。同样地，A_s和A_f分别表示奥氏体相变开始和结束的温度。

于常温下伸长（圆周）。当联接器能够实现管道的联结后，再将其加热至室温，通过加热使联接器恢复到原来的尺寸，从而在两管之间形成严密封口。

形状记忆合金还有很多其他的应用，例如，眼镜架、牙齿矫正器、折叠天线、温室窗开启工具、淋浴喷头防烫控制阀门、女士粉底和衣服、喷洒灭火器阀门以及生物医学应用（比如，血块过滤器、自扩展冠状动脉支架、骨锚）等。形状记忆合金也属于智能材料（1.5节），因为它对环境变化（比如温度）察觉并作出相应反应。

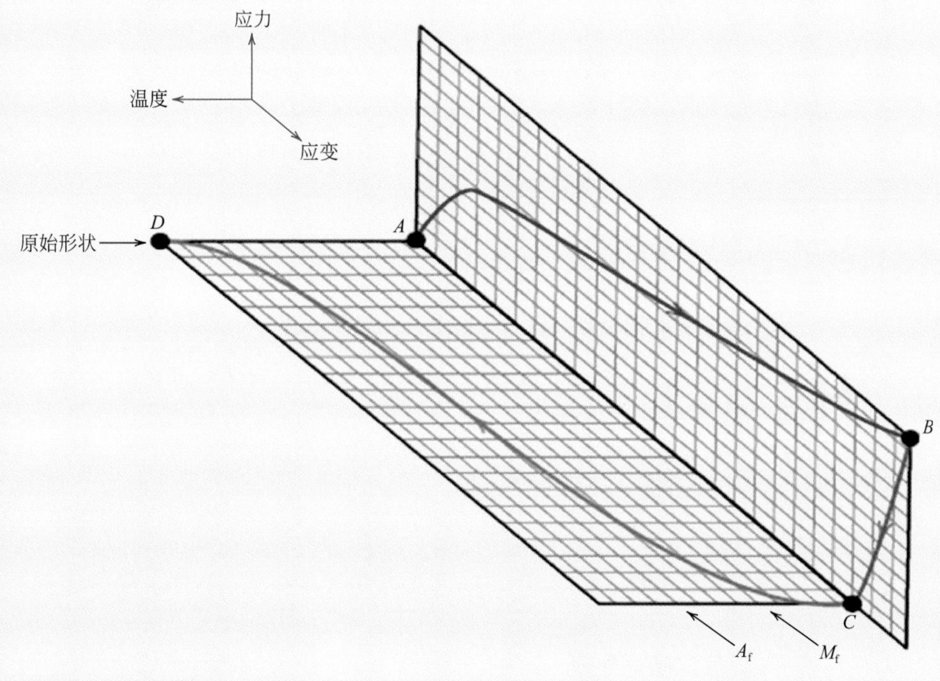

图11.39 形状记忆合金典型应力-应变-温度关系图，表示出其热弹性行为

试样沿着曲线从A到B变形，其温度在完全马氏体相变完成温度（例如，图11.38中的M_f）以下。卸载外加应力（也在M_f点），试样沿曲线BC变化。随后将其加热至完全奥氏体区（图11.38中的A_f），从而引起变形试样恢复原来的形状（沿着曲线从C到D）。[源于Helsen，J.A.，and H.J.Breme（Editors），*Metals as Biomaterials*，John Wiley & Sons，Chichester，UK，1998.]

沉淀硬化

沉淀硬化

由于在原始相基体上形成了非常细小、分布均匀的第二相粒子，因此一些合金的强度和硬度得到提高；这一过程必须通过恰当的热处理促使相变发生得以实现。因为新相小颗粒被称为沉淀相，所以这一过程称为沉淀硬化，时效硬化同样可以用于表示这一过程，因为其强度是随时间变化的，或者说是随时效时间变化的。铝-铜合金、铜-铍合金、铜-锡合金以及镁-铝合金都可以通过析出沉淀相而硬化，一些铁合金也可采取这种方式硬化。

沉淀强化与对钢的处理形成回火马氏体是完全不一样的现象，即便它们的过程非常相似。因此，这两种过程不要混淆。它们主要区别为硬化与强化机制不同。在对沉淀硬化进一步讲解中可以明显看出。

11.10 热处理

由于沉淀硬化是新相颗粒发展而来，利用相图来解释其热处理过程更容易。尽管事实上许多沉淀硬化合金都含有两种或更多的合金元素，但是为了简化，接下来的讨论都仅涉及二元体系。相图必须要以图11.40中假定的A-B体系的形式。

对于沉淀硬化的合金体系相图，有两个必不可少的特点：① 某一组元在另一组元中的最大溶解度可知，大约百分之几；② 随着温度的降低，主要组元的溶解度急剧下降。图11.40中的相图同时满足上述两个条件。最大溶解度对应图中M点的组成。而且，溶解度在α相和α+β相区域的边界从最大浓度逐渐减小至点N。除此之外，沉淀硬化合金的成分一定要小于最大溶解度。对于合金体系是否发生沉淀硬化，上述条件均为必要条件，而并非充分条件。接下来还会讨论其他需要的条件。

（1）固溶热处理

固溶热处理

沉淀硬化可以通过两种不同的热处理方式完成。第一种是固溶热处理，所有溶质原子溶解形成单一相固溶体。假设合金组成为图11.40中的C_0点。其热处理过程包括将合金加热至α相区域的某一温度，即T_0，并保温一段时间，直到存在的β相完全溶解。在此点，合金仅由浓度为C_0的α相组成。接下来，将其快速冷却或淬火至温度T_1，对于大多数金属来说其温度为室温，从而阻止任何扩散并且阻止了伴随形成的β相。因此，在T_1温度下，非平衡状态中仅有过饱和的α相固溶体和B原子存在，这种状态下的合金相对较软，强度也不太高。而且，对于大多数合金来说，T_1温度下的扩散速率非常小，单一α相可在该温度下存在相对长时间。

（2）沉淀硬化处理

沉淀热处理

第二种是沉淀热处理，将过饱和的α固溶体加热至α+β两相区域的中间温度T_2（图11.40），此时扩散速率适中。β沉淀相开始析出分散相的组元，有时将这一过程称为时效。在温度T_2老化适当时间后，将其冷却至室温；通常情况下，此时的冷却速率不是重要考虑因素。固溶热处理和沉淀热处理过程如图11.41中温度-时间关系图所示。β颗粒的特征以及合金的强度和硬度都取决

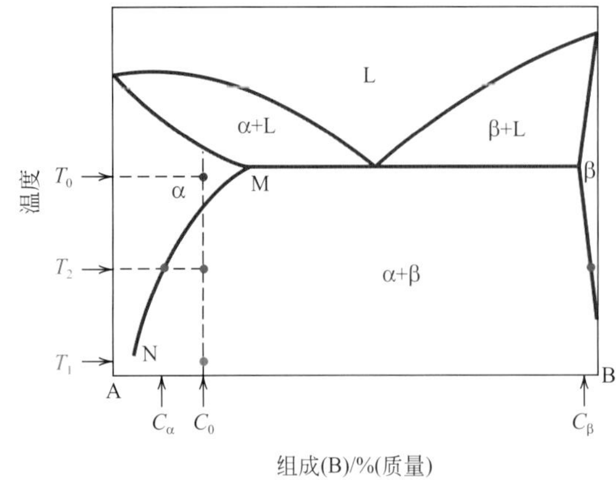

图11.40 成分为C_0的沉淀硬化合金的理想相图

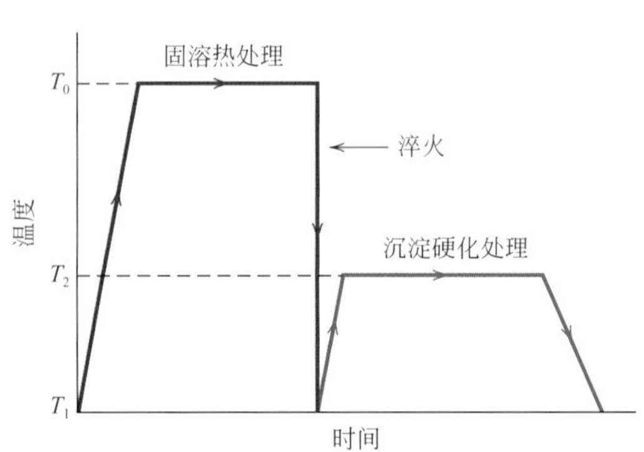

图11.41 温度-时间关系图表明沉淀硬化的固溶热处理和沉淀硬化处理过程

于沉淀温度T_2和该温度下的时效时间。对于某些合金，室温下，随着时间的延长，老化会自发发生。

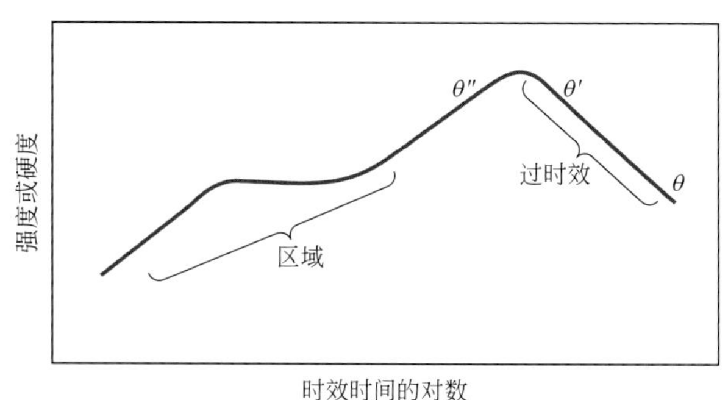

图11.42 在沉淀硬化处理过程中，在固定温度下，强度和硬度与时效时间对数的函数关系图

沉淀相β颗粒的长大取决于等温热处理条件下的时间和温度，也可用C曲线描述，类似于图11.18中钢的共析相变。然而，用室温下抗拉强度、屈服强度或硬度与温度T_2下时效时间对数的函数关系数据表示更有用、更方便。典型沉淀硬化合金的函数关系如图11.42所示。随着时间的延长，强度和硬度增加，到达一个最高点后，逐渐减小。强度和硬度的减小发生在很长时间之后的现象称为过时效。温度的影响体现在各个温度的叠加曲线中。

过时效

11.11 硬化机制

沉淀硬化普遍应用于高强铝合金。尽管大量的合金有着不同的合金元素的比例和组合，但是我们主要学习应用最广泛的铝-铜合金的硬化机制。图11.43所示是富含铝的铝-铜合金相图。α相是铜置换铝的置换固溶体，其中金属间化合物$CuAl_2$被命名为θ相。对于铝-铜合金来说，其中铝的质量分数为96%，铜的质量分数为4%，在析出热处理过程中，在平衡相θ相生成的过程中，一些过渡相依次生成。一些力学性能受到这些过渡相颗粒特征的影响。在初始硬化阶段（图11.42中短暂的时间内），铜原子聚集在一起形成又小又薄的片状，仅有1～2个原子厚，直径大约为25个原子长，无数个它们分布在α相的各处。这些聚集体有时被称作

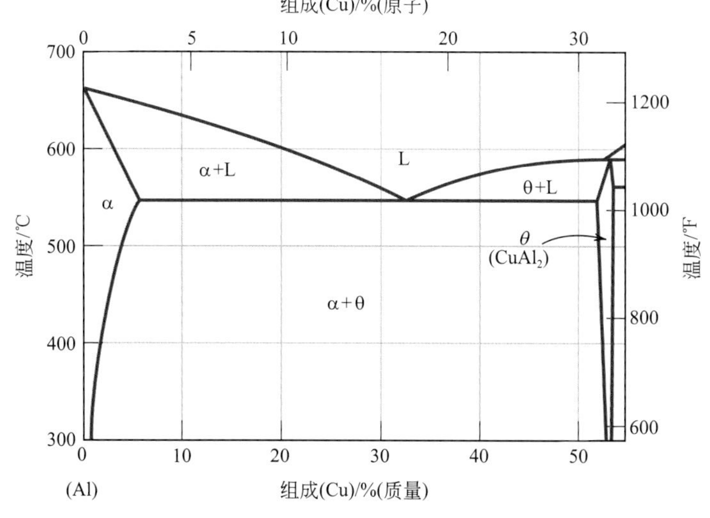

图11.43 富含铝的铝-铜合金相图（源于J.L.Murray，*International Me-tals Review*，30，5，1985.获得ASM International.翻印许可。）

区域，因为它们太小而不能算作独特的沉淀颗粒。然而，随着时间延长、铜原子不断扩散，小区域的尺寸变大从而形成颗粒。然后这些沉淀颗粒在形成平衡相θ相［图（11.44）］之前再经历两个过渡相（用θ″ 和θ′表示）。图11.45所示是沉淀硬化的7150铝合金过渡相粒子的电子显微照片。

强化和硬化效果均源自大量的过渡相和亚稳态相粒子的存在，如图11.42所示。如图所示，最大强度对应θ″ 的形成，并在合金冷却至室温的过程中维持。过失效是由于存在的粒子长大和θ′与θ相的变化。

当温度升高时，强化过程加速。如图11.46（a）所示，2014铝合金在一系列不同沉淀温度下，其抗拉强度与时间对数之间的关系图。理想状态下，可以通过设计沉淀硬化处理的温度和时间，使硬度和强度同时接近最大值。如图11.46（b）所示，对于相同温度的相同2014铝合金，在强度增加的同时，延展性必然降低。

不是所有的金属都满足上述的条件，组成和相图组态要符合沉淀硬化。而且，在沉淀相和基体的界面一定存在晶格应变。对于铝-铜合金，在过渡相粒子的附近存在着晶格点阵结构的畸变［图11.44（b）］。在塑性变形的过程中，畸变有效地阻碍了位错的运动，因此，合金变得更硬、强度更大。随着θ相的形成，随之而来的过时效（硬度、强度变小）可以用沉淀颗粒提供的对位错的阻碍作用的减弱来解释。

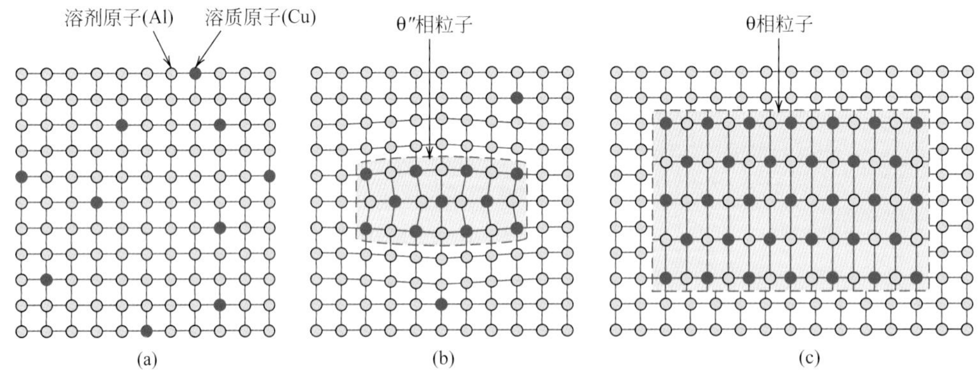

图11.44　描述平衡沉淀（θ）相形成的不同阶段

（a）过饱和α固溶体，（b）过渡相θ″，沉淀相。（c）平衡相θ相，分布在α基体相上。

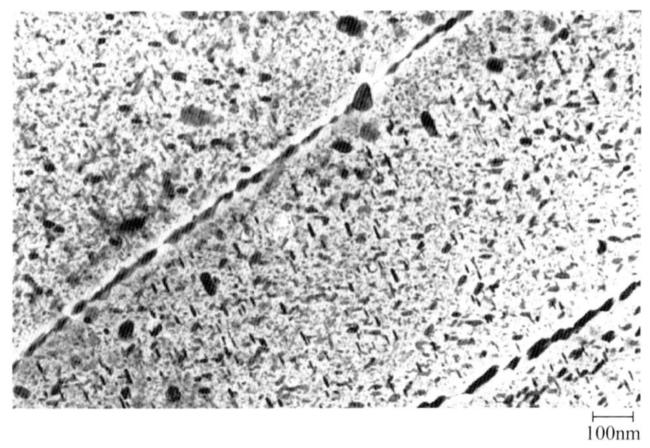

图11.45　沉淀硬化后的7150-T651铝合金（锌的质量分数为6.2%，铜的质量分数为2.3%，镁的质量分数为2.3%，锆的质量分数为0.12%，其余为铝）显微结构的透射电子显微照片

显微照片中浅色基体相为铝固溶体。大量的小的、板条状的、深色的沉淀颗粒为过渡相η′，其余为平衡相η（$MgZn_2$）。应当指出晶界被一些颗粒“点缀”（90000×）（源于G.H.Narayanan and A.G.Miller，Boeing Commercial Airplane Company.）

在室温下经过明显沉淀硬化的合金，必须在相对短的时间内淬火，并且在冷藏条件下储存。被用于制作铆钉的一些铝合金表现出了这种行为。它们的初始状态非常软，随后在室温下时效变硬。这种现象被称为自然时效，人工时效发生在相对较高的温度下。

自然时效
人工时效

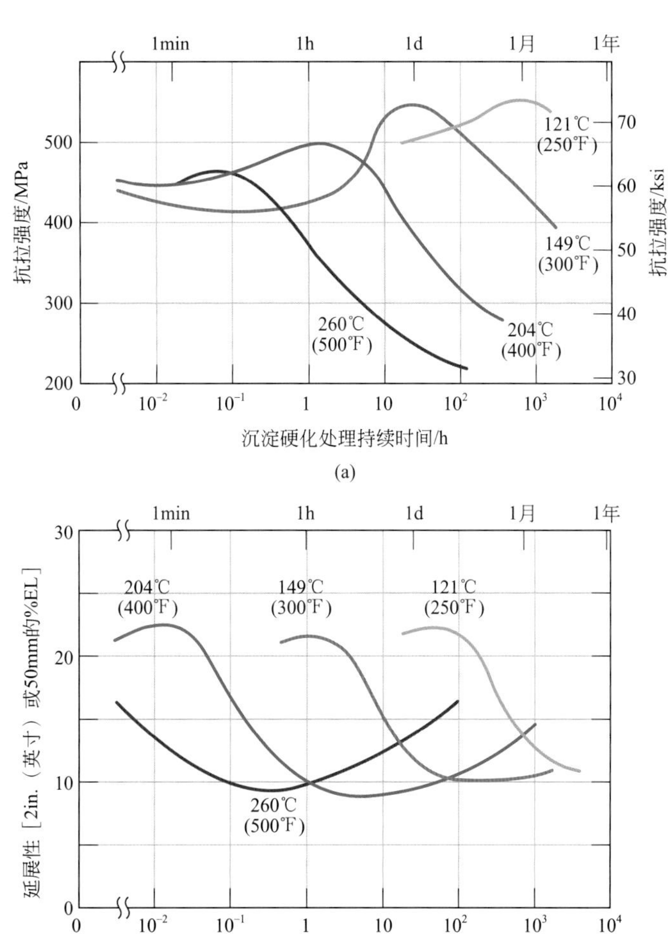

图11.46 2014型铝合金（Si的质量分数为0.9%、Cu的质量分数为4.4%、Mn的质量分数为0.8%、Mg的质量分数为0.5%）在4个不同时效温度下的沉淀硬化特征：(a) 抗拉强度 (b) 延展性（%EL）

［源于 *Metals Handbook：Properties and Selection：Nonferrous Alloys and Pure Metals*，Vol.2，9th edition，H.Baker（Managing Editor），American Society for Metals，1979，p.41.］

11.12 其他说明

应变硬化和沉淀硬化的共同作用可体现在高强合金中。这些硬化过程的次序对于产生最佳力学性能的结合的合金是非常重要的。通常情况下，合金要先经过固溶热处理之后再淬火，然后进行冷加工，最后进行沉淀硬化处理过程。在最后的处理过程中，由于再结晶过程会损失一小部分强度。如果合金在冷加工之前进行沉淀硬化，在变形过程中会消耗更多的能量。而且，在沉淀硬化的同时，由于延展性的降低可能会导致裂纹的产生。

大多数沉淀硬化合金服役的最高温度有一定的限制。长期置于时效温度下，会发生过时效，导致强度的降低。

高分子中的结晶、熔化和玻璃化转变现象

在设计和生产高分子材料的过程中，相变现象是非常重要的。在接下来的章节，我们将讨论3种相变现象，分别为结晶、熔化和玻璃态转变。

结晶是指在冷却过程中，一个有序的固相（例如晶体）从具有高度随机分布的分子结构的液态中产生。熔化相变是与其相反的过程，发生在高分子加热的过程中。玻璃化转变现象仅存在于无定形态或非晶态高分子中，在冷却过程中，从熔化的液体变为严格的固体，并保持液态下的混乱的分子结构的特征。在结晶、熔化和玻璃化转变的过程中，其物理性能和机械性能有所改变。而且，对于半结晶聚合物，晶区将经历熔化（或结晶化）过程，而非晶区经历玻璃化转变。

11.13 结晶

理解高分子结晶的机制和动力学是非常重要的，因为结晶度影响着材料的力学性能和热学性能。熔化的高分子结晶化包括形核和长大两个过程，即11.3节中所讲的相变内容。对于高分子，在冷却过程中，经历熔点时，晶核在混乱的小区域中形成，随机分子变得有序，并以折叠链层的方式排列（图4.12）。当温度超过熔点时，由于原子热振动破坏了有序的分子排列，晶核变得不稳定。形核之后在结晶长大阶段，晶核通过其余分子链的不断有序化和排列而长大，也就是说，折叠链层保持厚度不变，但是横向尺寸增加。对于球晶结构（图4.13），其半径增加。

时间与结晶化的关系和很多固态相变相同（图11.10），也就是说，相变百分比（例如，结晶百分百）与时间对数的关系（恒温下）可用“S曲线”来描述。如图11.47所示，聚丙烯在3个不同温度下的结晶。通过数学分析，结晶百分比y与时间t之间的关系满足阿夫拉米方程，如公式（11.17）：

$$y=1-\exp(-kt^n) \tag{11.17}$$

式中，k和n均为与时间无关的常数，其值取决于结晶系统。通常情况下，结晶度可以通过测量试样体积的变化得知，因为液相和结晶相的体积存在差异。结晶速率可以用与11.3节所讲的相变处理方式相同的方法，根据公式（11.18）

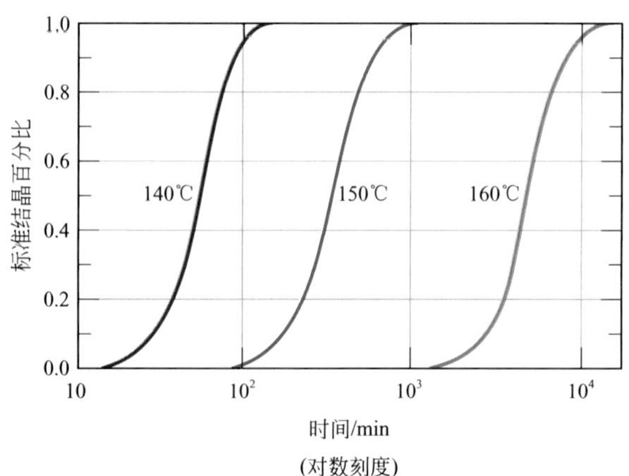

图11.47 聚丙烯在140 ℃、150 ℃和160 ℃恒温下标准结晶百分比与时间对数的关系图

（源于P.Parrini and G，Corrieri，Makromol.Chem, 62, 83 1963.由获得Hüthig & Wepf Publishers，Zug，Switzerland翻印许可。）

确定；即结晶速率等于结晶完成50%所用时间的倒数。其速率取决于结晶温度（图11.47）和高分子的分子量，速率随分子量的增加而减小。

对于聚丙烯（以及其他的高分子），100%完全结晶是不可能的。因此，在图11.47中，纵轴为“标准结晶百分比”，其1.0值代表实验过程中结晶度的最高值，事实上，要小于完全结晶。

11.14 熔化

熔化温度

高分子晶体的熔化过程类似于分子链规则排列的有序结构固体材料转变成高度随机分布的黏性液体的过程。此现象发生在加热的过程中，温度达到熔化温度 T_m时。高分子熔化的特征不同于金属和陶瓷，因为其高分子分子结构和层状晶体形态。首先，高分子熔化发生在一个温度区间内，稍后将详细讨论这一现象。而且，其熔化行为取决于试样的历史状态，尤其是结晶温度。折叠链层的厚度取决于结晶温度，片层越厚，熔点越高。高分子中的杂质和晶体中的缺陷也会降低熔点。最后，加热速率也会影响熔化行为，增加加热速率会提高熔点。

如8.18节所述，高分子材料对热处理过程敏感，会产生结构和性能的改变。通过低于熔点温度退火可以增加片层的厚度。由于退火降低了高分子晶体的空位和其他缺陷、增加了微晶的厚度，因此它也可以提高熔化温度。

11.15 玻璃化转变

玻璃化温度

玻璃化转变发生在非晶（玻璃态）和半结晶聚合物中，它是由于随着温度降低，大量分子链段移动减少。在冷却过程中，玻璃化转变是从液态到橡胶态材料逐渐转变，最后变成严格的固态。高分子从橡胶态转变为固态时的温度称为玻璃化温度 T_g。当将玻璃态从低于 T_g的温度加热时，会发生上述相反的过程。而且，在玻璃化转变过程中，物理性能会发生突变，例如，刚度（图7.28）、热容、热膨胀系数等。

11.16 熔化温度和玻璃化温度

在高分子应用过程中，熔化温度和玻璃化温度是非常重要的参数。它们分别确定了应用时的最高温度和最低温度，尤其对于半结晶聚合物。玻璃化温度也确定着玻璃非晶材料的最高使用温度。而且，T_m和 T_g同样影响高分子材料以及聚合物基复合材料的制造和加工过程。在其他章还会详细讨论这一问题。

高分子材料的熔化温度和玻璃化温度的确定方式与陶瓷材料相同，可通过体积（密度的倒数）与温度的关系图获得。如图11.48所示，其中A、C曲线分别代表非晶态聚合物和结晶聚合物，其形状均与其相应陶瓷体相同（图14.16）[1]。对于结晶材料，在熔点 T_m处比体积出现不连续变化。非晶材料的曲线全部连续但在玻璃化温度 T_g处，斜率会稍微有所下降。半结晶聚合物（曲线B）

[1] 工程高分子中不存在100%结晶；图11.48中的曲线C所示是完全结晶材料的一种极端行为。

的行为处于上述两个极端之间，可同时发现熔化和玻璃化转变过程，T_m和T_g分别取决于半结晶材料中晶体相和非晶体相的性质。如前面所述，图11.48所示的行为取决于加热或冷却的速率。一些典型高分子材料的熔点和玻璃化温度见表11.3和附录E。

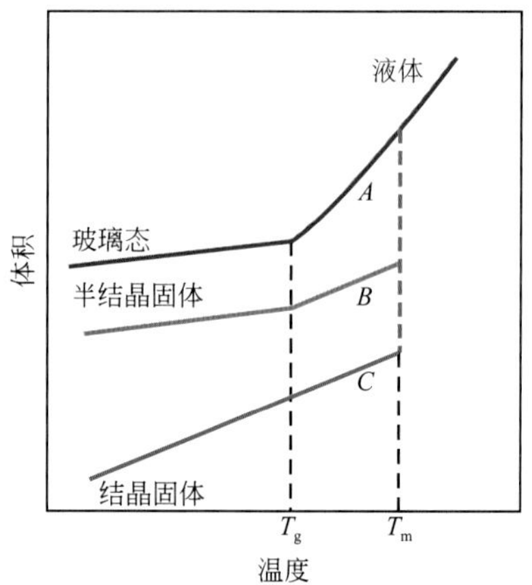

图11.48 非晶聚合物（曲线A）、半结晶聚合物（曲线B）、结晶聚合物（曲线C）在冷却过程中从液态熔化，比体积与温度的关系图

表11.3 典型高分子材料的熔点和玻璃化温度

材料	玻璃化温度/[℃（℉）]	熔化温度/[℃（℉）]
聚乙烯（低密度）	–110（–165）	115（240）
聚四氟乙烯	–97（–140）	327（620）
聚乙烯（高密度）	–90（–130）	137（279）
聚丙烯	–18（0）	175（347）
尼龙66	57（135）	265（510）
对苯二甲酸酯乙二醇酯	69（155）	265（510）
聚氯乙烯	87（190）	212（415）
聚苯乙烯	100（212）	240（465）
聚碳酸酯	150（300）	265（510）

11.17 熔化温度和玻璃化温度的影响因素

（1）熔化温度

在高分子熔化过程中，分子会重新排列，从有序分子态向无序分子态转变。分子的化学性质和结构会影响分子链重新排列的能力，从而影响熔点。

由沿着分子链方向化学键旋转自由度控制的，分子链刚度对熔化温度有很大的影响。高分子主链中双键和芳香族的存在会降低链的柔顺性，从而导致熔点T_m升高。而且，侧基的种类和尺寸也会影响主链的旋转自由度和柔顺性；庞大的侧基会限制分子的旋转，导致熔点T_m升高。例如，聚丙烯的熔点要高于聚乙烯（分别为175℃和115℃，如表11.3）；聚丙烯的侧基CH_3甲基的尺寸要大于聚乙烯中的氢原子。尽管极性基（Cl、OH和CN）的尺寸不是很大，但是它们的存在会显著增大分子间结合力，从而提高熔点T_m。通过比较聚丙烯（175℃）

和聚氯乙烯（212℃）的熔点即可证明这一观点。

高分子材料的熔点也取决于分子量。分子量相对较低时，增加$\overline{M}$（或分子链长度），会提高熔点T_m（图11.49）。而且，高分子的熔化发生在一定温度范围内；因此，有一定范围的熔点T_m，而非单一的熔点。这是因为高分子由很多不同分子质量的分子组成（4.5节），而且熔点T_m取决于分子量。对于大多数高分子，熔点范围通常在几摄氏度左右。表11.3和附录E所示的温度是此温度范围的最高值。

支化度也会影响高分子材料的熔点。侧支的存在会导致晶体材料中出现缺陷，从而降低熔点。高密度聚乙烯是一种线型高分子，其熔点（137℃，表11.3）要高于有分支的低密度聚乙烯（115℃）。

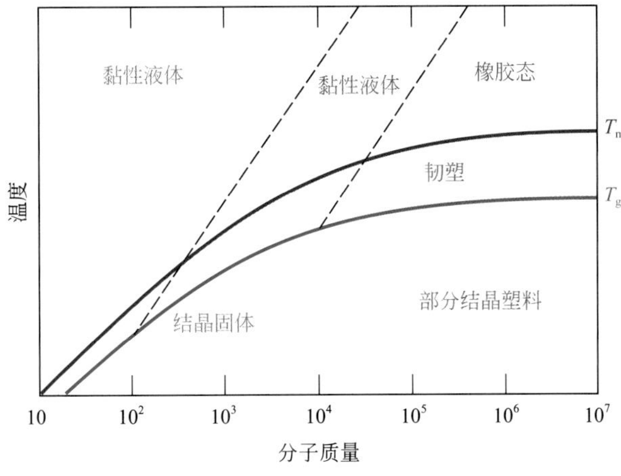

图11.49 高分子性质、熔点和玻璃化温度与分子量的关系

（源于F.W Billmeyer，Jr.，*Textbook of Polymer Science*，3rd edition. Copyright ©1984 by John Wiley & Sons，New York. 由John Wiley & Sons允许印刷。）

（2）玻璃化温度

在加热过程中经过玻璃化温度时，非晶固态高分子将转变为橡胶态。同样地，当温度低于T_g时，分子被冻结；当温度高于T_g时，分子开始旋转并平移。因此，玻璃化温度值取决于影响分子链刚度的分子特性。大多数因素以及它们的影响效果与之前讲的熔点相同。此外，分子链柔顺性降低，T_g增加，实例如下。

① 庞大的侧基：由表11.3知，聚丙烯和聚苯乙烯的T_g分别为–18℃和100℃。

② 极性基：例如，聚氯乙烯和聚丙烯的玻璃化温度T_g分别为87℃和–18℃。

③ 主链上的双键和芳香族趋向于增大高分子链的刚度。

增加分子量也会增加玻璃化温度，如图11.49所示。少量的分支会降低玻璃化温度T_g，另外，高密度分支会降低分子链的移动性，使玻璃化温度T_g升高。一些非晶聚合物交联可以提高玻璃化温度T_g，因为交联限制了分子的运动。如果交联密度很大，分子运动几乎停止；大范围的分子运动被阻止，以至于这些高分子不会经历玻璃化转变，或者说不会变软。

由之前的讨论可知，相同的分子特性可同时增加或降低熔点和玻璃化温度。一般T_g的值在$0.5T_m$和$0.8T_m$（开氏温度）之间。因此，对于内聚合物，单独改变T_m和T_g是不可能的。通过共聚物材料的合成和使用可以较大程度控制这两个参数。

概念检查 11.8　对于下述两个高分子材料，绘制并标出比体积-温度曲线（将两个曲线画在同一张图中）：

- 结晶度为25%的聚丙烯球晶，重均分子量为75000g/mol；
- 结晶度为25%的聚苯乙烯球晶，重均分子量为100000g/mol。

概念检查 11.9　对于下述两个高分子材料，① 是否可以确定一个高分子材料的熔点高于另一个；② 如果可以，指出哪一个熔点更高，并说明原因；③ 如果不可以，也请说明理由。

- 等规聚苯乙烯，密度为1.12g/cm^3，重均分子量为150000g/mol；
- 间规聚苯乙烯，密度为1.10g/cm^3，重均分子量为125000g/mol。

[解答可参考 www.wiley.com/college/callister（学生之友网站）]

总结

相变动力学

- 新相形成中包括形核和长大两个过程。
- 形核两种可能的类型：均匀形核和非均匀形核。

  对于均匀形核，新相的核均匀分布在母相上；

  对于非均匀形核，形核更易于发生在结构不均匀的表面上（例如容器表面、不溶性杂质等）。
- 对于溶液中球状固体颗粒的均匀形核过程，其临界晶核半径（r^*）和激活自由能（ΔG^*）的表达式分别为式（11.3）和式（11.4）。这两个参数如图11.2（b）所示。
- 非均匀形核（ΔG^*_{het}）过程的激活自由能低于均匀形核（ΔG^*_{hom}），如图11.6自由能-形核半径曲线所示。
- 非均匀形核比均匀形核更容易发生，因为非均匀形核所需要的过冷度较小，即$\Delta T^*_{het} < \Delta T^*_{hom}$，如图11.7所示。
- 一旦晶核超过临界晶核半径（r^*），粒子进入长大阶段。
- 对于典型固态相变，表示相变百分比与时间对数关系的曲线呈S形，如图11.10所示。
- 相变程度与时间的关系可用阿夫拉米方程式表示，即公式（11.17）。
- 相变速率被定义为相变完成一半时所需要时间的倒数，即公式（11.18）。
- 相变是由温度变化引起，当温度变化速率不满足平衡条件时，相变温度将会提高（加热）或降低（冷却），这些现象分别被称为过热和过冷。

等温转变图 连续冷却转变图

- 相图不能提供有关相变进程与时间关系的信息。然而，等温转变图中包括时间。这些示意图：

  描述温度与时间对数之间的关系，并包括相变起始线、相变完成50%线和相变终止线；

  包括在一定温度范围内的一系列相变百分比与时间对数的关系曲线（图11.13）；

  仅适用于等温热处理；

决定相变起始和终止的时间。

- 对于连续冷却热处理过程，等温转变图要修改，其起始和终止线要移向更长时间和更低温度（图11.26）。这些连续冷却曲线的交点代表相变开始和终止时间。
- 等温转变图和连续冷却转变图可以用来预测在特定热处理过程下获得产物的显微结构。此特点可以用铁碳合金来说明。
- 铁碳合金的显微结构如下。

粗珠光体和细珠光体——细珠光体中交替分布的α-铁素体和渗碳体层比粗珠光体薄。珠光体在较高温度（等温），且缓慢冷却速率（连续冷却）下形成。

贝氏体——结构细小，由铁素体基体和被拉长的渗碳体颗粒组成。相对于细珠光体而言，贝氏体在较低温度，且较快速冷却速率下形成。

球状珠光碳体——球状渗碳体颗粒分布在铁素体基体上。将粗/细珠光体或贝氏体加热至700℃保温几个小时，即可产生球状珠光体。

马氏体——具有体心四方晶体结构、含有板状或针状晶粒的铁碳固溶体。通过将奥氏体快速淬火至足够低的温度，阻止碳的扩散及珠光体或贝氏体的形成，从而形成马氏体。

回火马氏体——分布在铁素体基体上由非常小的渗碳体颗粒组成将马氏体加热至250～650℃，生成回火马氏体。

- 在连续冷却转变图中，一些合金元素（不包括碳元素）的增加，将珠光体和贝氏体鼻端移向更长时间，使马氏体相变更易发生（合金化后更易热处理）。

铁-碳合金的力学行为

- 马氏体钢硬度和强度最大，但是脆性也最大。
- 回火马氏体强度大，且具有韧性。
- 贝氏体兼具有良好的强度和延展性，但强度不如回火马氏体。
- 细珠光体比粗珠光体更硬、更强，但也更脆。
- 球状珠光体是最软的，延展性也是最好的。
- 对于一些合金钢，当特定的合金或杂质元素存在，同时在一定温度范围内回火时，会产生回火脆性。

形状记忆合金

- 这些合金可能会变形，但是通过加热可恢复原来的形状和尺寸。
- 变形通过孪晶界的迁移发生。马氏体转变为奥氏体的相变过程中伴随着原始尺寸和形状的恢复。

沉淀硬化

- 一些合金满足沉淀硬化，即可以通过形成细小第二相颗粒或沉淀相而强化。
- 通过两种热处理方法控制颗粒尺寸，从而控制其强度。

第一种为固溶热处理，所有溶质原子溶解形成单一相固溶体，之后淬火至相对低的温度并保持此状态。

第二种为沉淀硬化处理（在恒定温度下），沉淀颗粒形成并长大，其强度、硬度、延展性取决于热处理时间（和颗粒尺寸）。

- 强度和硬度随时间增加到一个最大值，然后在过时效过程中逐渐减小（图11.42）。升高温度可加速这一过程［图11.46（a）］。
- 强化现象可以由晶粒应变增加对位错运动的阻碍作用来解释，晶格应变是由微观细小沉淀颗粒引起的。

结晶（高分子）

- 在高分子结晶过程中，液相自由排列的分子转变为具有有序排列的分子结构的折叠链状的微晶。

熔化	● 高分子材料结晶区的熔化过程相当于具有有序排列分子链结构的固相转变为高度自由排列的黏性液体的过程。
玻璃化转变	● 玻璃化转变发生在高分子中的非晶区域。 ● 在冷却过程中，玻璃化转变相当于从液态逐渐转变为橡胶态材料，最后转变为严格的固态。随着温度的降低，大量分子链段的移动减少。
熔点和玻璃化温度	● 熔点和玻璃化温度可根据比体积-温度图确定（图11.48）。 ● 这些参数对高分子材料使用和加工的温度范围非常重要。
熔点和玻璃化温度的影响因素	● T_m和T_g随着分子链刚度的增加而增加，分子链中双键或庞大的、有极性的支链存在，会增加其刚度。 ● 在分子量较低时，T_m和T_g随着$\overline{M}$的增加而增加。

公式总结

公式编号	公式	应用
（11.3）	$r^* = -\dfrac{2\gamma}{\Delta G_v}$	稳定固体颗粒的临界形核半径（均匀形核）
（11.4）	$\Delta G^* = \dfrac{16\pi\gamma^3}{3(\Delta G_v)^2}$	形成稳定固体颗粒的激活自由能（均匀形核）
（11.6）	$r^* = \left(-\dfrac{2\gamma T_m}{\Delta H_f}\right)\left(\dfrac{1}{T_m - T}\right)$	临界半径—根据熔化潜热和熔点
（11.7）	$\Delta G^* = \left(\dfrac{16\pi\gamma^3 T_m^2}{3\Delta H_f^2}\right)\dfrac{1}{(T_m - T)^2}$	激活自由能—根据熔化潜热和熔点
（11.12）	$\gamma_{IL} = \gamma_{SI} + \gamma_{SL}\cos\theta$	非均匀形核界面能的关系
（11.13）	$r^* = -\dfrac{2\gamma_{SL}}{\Delta G_v}$	稳定固体颗粒的临界形核半径（非均匀形核）
（11.14）	$\Delta G^* = \left(\dfrac{16\pi\gamma_{SL}^3}{3\Delta G_v^2}\right)S(\theta)$	形成稳定固体颗粒的激活自由能（非均匀形核）
（11.17）	$y = 1 - \exp(-kt^n)$	转变百分比（阿夫拉米方程）
（11.18）	$\text{rate} = \dfrac{1}{t_{0.5}}$	转变速率

符号列表

符号	含义	符号	含义
ΔG_v	体积自由能	$t_{0.5}$	相变完成50%所需时间
ΔH_f	熔化潜热	γ	表面自由能
k，n	与时间无关常数	γ_{IL}	液体-表面界面能（图11.5）
$S(\theta)$	晶核形状函数	γ_{SL}	固体-液体界面能
T	温度（K）	γ_{SI}	固体-表面界面能
T_m	平衡固化温度（K）	θ	润湿角（γ_{SI}和γ_{SL}矢量之间的夹角）（图11.5）

工艺/结构/性能/应用总结

铁-碳合金（钢）

对于铁-碳合金，除了对于热处理过程产生一些不同的显微组元（细/粗珠光体、贝氏体、马氏体等）和力学性能的讨论以外，在力学性能和显微组成的结构之间存在着一定的联系。这些联系如下表所示。

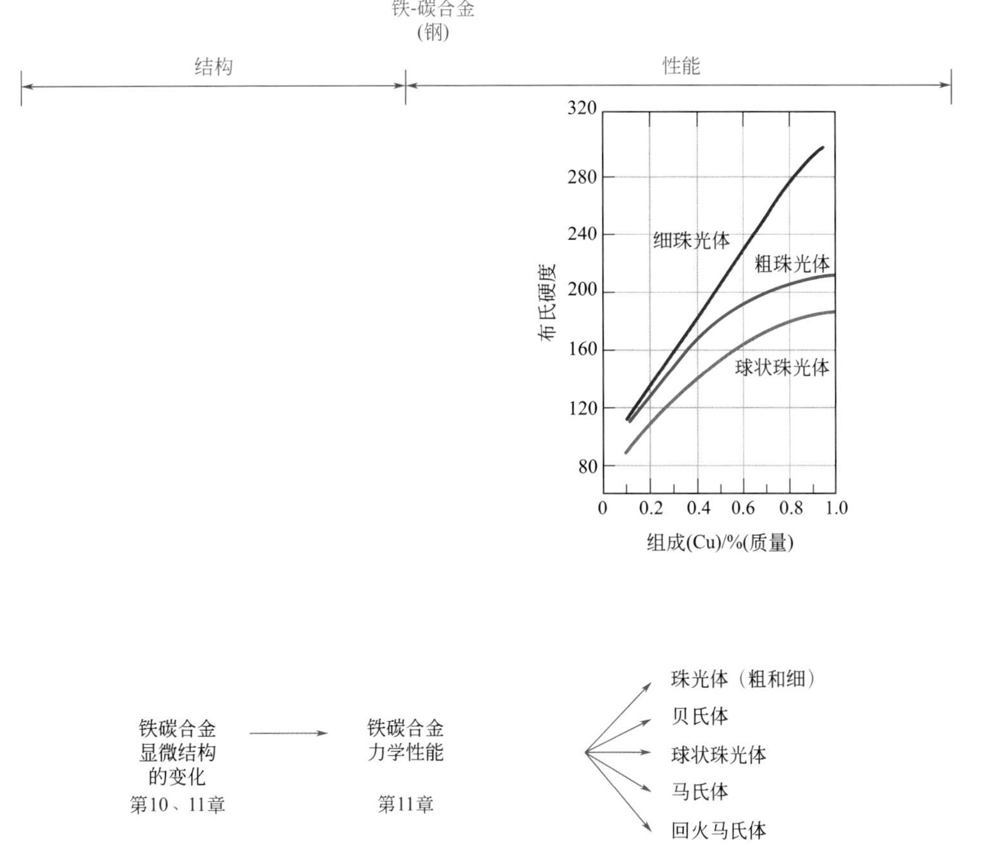

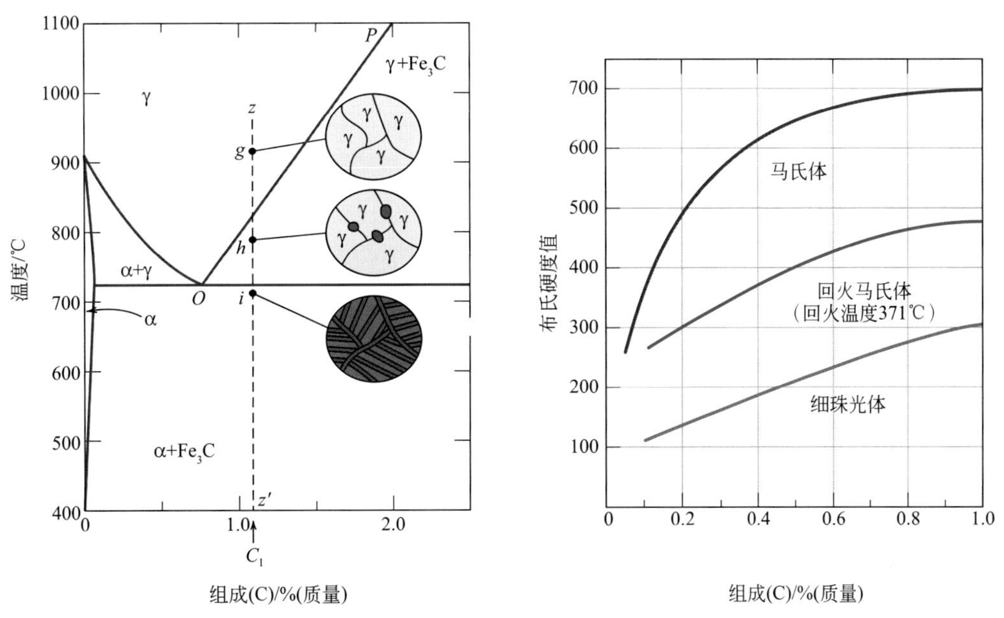

而且，提到钢的热处理（如第14章所讨论），通常指通过马氏体的回火处理形成回火马氏体的过程。通过使用连续冷却和等温转变图有利于更好地理解马氏体形成条件（11.5节和11.6节）。另外，这些图都是铁碳相图的扩展（10.19节）。以下概念图指出了各相图之间的联系。

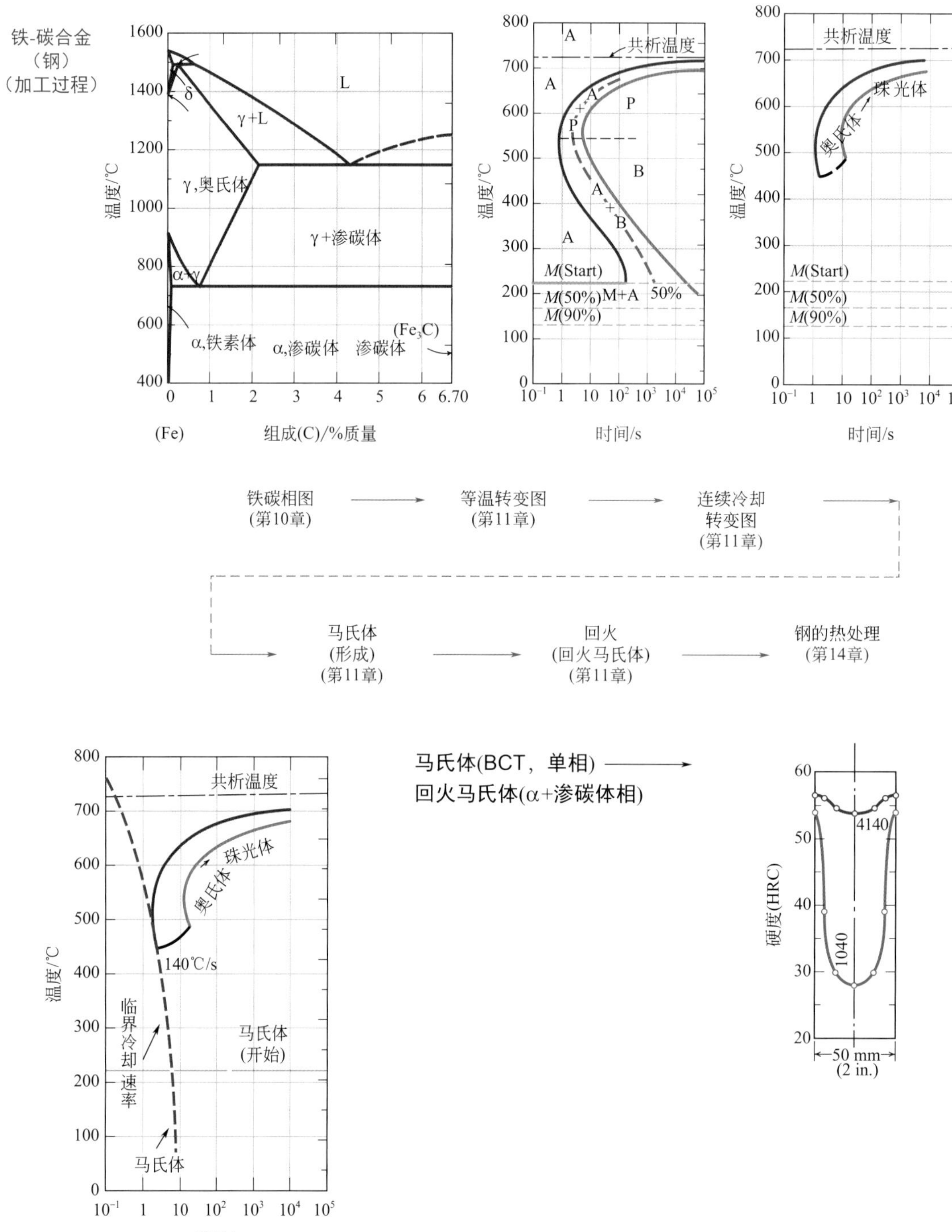

聚合物纤维

聚合物纤维的加工工艺和使用上限温度取决于它的熔点。熔化、熔点和影响熔点 T_m 大小的结构因素之间的关系如下述概念图所示。

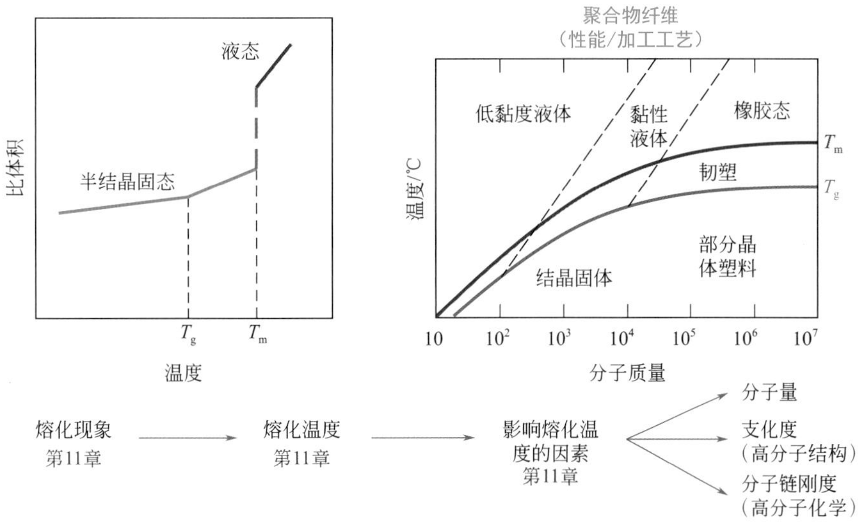

重要术语和概念

合金钢	等温转变图	沉淀热处理
人工时效	动力学	固溶热处理
非热相变	马氏体	球状珠光体
贝氏体	熔化温度（高分子）	过冷
粗珠光体	自然时效	过热
连续冷却转变图	形核	回火马氏体
细珠光体	过时效	热激活相变
自由能	相变	转变速率
玻璃转化温度	普通碳钢	
长大（相颗粒）	沉淀硬化	

参考文献

Atkins，M.，*Atlas of Continuous Cooling Transformation Diagram for Engineering Steels*，British Steel Corporation，Sheffield，England，1980.

Atlas of Isothermal Transformation and Cooling Transformation Diagram，ASM International，Material Park，OH，1977.

Billmeyer，F.W.，Jr.，*Textbook of Polymer Science*，3rd edition，Wiley-Interscience，New York，1984. Charpter 10.

Brooks，C.R.，*Principles of the Heat Treatment of Plain Carbon and Low Alloy Steels*，ASM International，Materials Park，OH，1996.

Porter，D.A.，K.E.Easterling，and M.Sherif，*Phase Transformations in Metals and Alloys*，3rd edition，CRC Press，Boca Raton，FL，2009.

Shewmon，P.G.，*Diffusion in Solids*，2nd edition，Wiley，New York，1989.

Vander Voort，G.（Editor），*Atlas of Time-Temperature Diagrams for Irons and Steels*，ASM International，Materials Park，OH，1991.

Vander Voort，G.（Editor），*Atlas of Time Temperature Diagrams for Nonferrous Alloys*，ASM International，Materials Park，OH，1991.

Young，R.J.and Lovell，*Introduction to Polymers*，2nd edition CRC Press，Boca Raton，FL，1991.

习题

WILEY ⊕ Wiley PLUS 中（由教师自行选择）的习题。

WILEY GO ⊕ Wiley PLUS 中（由教师自行选择）的辅导题。

Wiley PLUS 中（由教师自行选择）的组合题。

相变动力学

11.1 说出新相颗粒形成的两个过程，并简单描述。

11.2 （a）重新写出形核过程中自由能变化的表达式［公式（11.1）］，假设立方晶核的边长是a（代替球半径r）。并指出它与式（11.2）的差异，求出临界立方体边长a^*和临界自由能ΔG^*。

（b）比较立方晶核和球晶核的ΔG^*的大小，并说明理由。

11.3 计算铜（熔点为1085℃）在849℃均匀形核的临界晶核半径，已知熔化潜热和表面自由能分别为-1.77×10^9 J/m^{3}和0.200J/m^2。

11.4 （a）对于铁的固化，计算其均匀形核的临界晶核半径r^*和激活自由能ΔG^*，已知熔化潜热和表面自由能分别为-1.85×10^9 J/m^{3}和0.204J/m^2，并利用表11.1的过冷值。

（b）计算临界尺寸的晶核中的原子数。假设固态铁在其熔点下的晶格常数为0.292nm。

11.5 （a）假设铁凝固过程（习题11.4）是均匀形核，每立方米稳定晶核数为10^6，计算在过冷度为250K和350K下的临界晶核半径和稳定晶核数。

（b）临界半径和稳定晶核数大小的含义是什么？

11.6 一些相变的动力学满足阿夫拉米方程［式（11.17）］，其中参数n值为1.7。如果100s后，反应完成50%，则相变完成99%需要多长时间（总时间）？

11.7 计算满足阿夫拉米动力学的反应速率。假设常数n和k的值分别为3.0和7×10^{-3}，时间单位用秒表示。

11.8 一些合金再结晶作用的动力学满足阿夫拉米方程，其中指数n的值为2.5。如果在某一温度下，在200min后再结晶百分比完成0.40，求该温度下再结晶速率。

11.9 奥氏体转变为珠光体的动力学满足阿夫拉米方程，根据下表所给的相变百分比-时间数据，计算相变完成95%所需要的时间。

相变百分比	时间/s
0.2	12.6
0.8	28.2

11.10 下表是已受变形的钢在600℃下再结晶时的再结晶百分比-时间数据。假设此相变过程动力学满足阿夫拉米方程，求22.8min后再结晶百分比。

重结晶百分比	时间/min
0.20	13.1
0.70	29.1

11.11 （a）根据图11.11中的曲线和式（11.18），计算纯铜在一些温度下的再结晶速率。

（b）绘制ln（速率）-温度倒数（用K^{-1}表示）关系曲线，并计算该再结晶过程的激活能（参照6.5节）。

（c）通过外推法，估计在室温20℃（293K）下再结晶过程完成50%所需要的时间。

WILEY GO 11.12 计算在102℃下，铜的再结晶过程（图11.11）中常数n和k值［式（11.17）］。

亚稳态与平衡态

11.13 根据热处理和显微结构的发展，说明铁碳相图的两个主要局限性。

WILEY 11.14 （a）简要描述过冷现象和过热现象。

（b）并解释该现象发生的原因。

等温转变图

11.15 假设在0.5s的时间内将共析钢从760℃（1400℉）冷却到550℃（1020℉），并保持在该温度。

（a）奥氏体-珠光体相变完成50%和100%所需要的时间分别是多少？

（b）估算完全转变为珠光体的合金硬度。

11.16 简述珠光体、贝氏体、球状珠光体在显微结构和力学性能方面的差异。

WILEY 11.17 球状珠光体形成的驱动力是什么？

WILEY 11.18 用共析的等温转变图（图11.23），详细说明小试样在经过下列时间-温度处理后，最终的显微结构特征（存在的显微组分和各自比例）。在每种情况下，假设试样初始温度均为760℃（1400℉），并在此温度保温足够长的时间，以获得完全均匀的奥氏体结构。

（a）快速冷却至700℃（1290℉），并保温10^4s，然后淬火至室温。

（b）将（a）中试样重新加热至700℃（1290℉），并保温20h。

（c）快速冷却至600℃（1110℉），并保温4s，再快速冷却至450℃（840℉），并保温10s，然后淬火至室温。

（d）快速冷却至400℃（750℉），并保温2s，然后淬火至室温。

（e）快速冷却至400℃（750℉），并保温20s，然后淬火至室温。

（f）快速冷却至400℃（750℉），并保温200s，然后淬火至室温。

（g）快速冷却至575℃（1065℉），并保温20s，在快速冷却至350℃（660℉），并保温100s，然后淬火至室温。

（h）快速冷却至250℃（480℉），并保温100s，水淬至室温。重新加热至315℃（600℉），并保温1h，然后缓慢冷却至室温。

11.19 绘制共析铁-碳合金的等温转变图（图11.23），并在此图上画出并标出能够产生下列显微结构的时间-温度途径。

（a）100%细珠光体

（b）100%回火马氏体

（c）50%粗珠光体、25%贝氏体、25%马氏体

WILEY 11.20 利用含碳量为0.45%的合金钢的等温转变图（图11.50），确定小试样在经过下列时间-温度处理后最终的显微结构（存在的显微组元）。在每种情况下，假设试样初始温度均为845℃（1550℉），并在此温度保温足够长的时间，以获得完全均匀的奥氏体结构。

（a）快速冷却至250℃（480℉），并保温10^3s，然后淬火至室温。

（b）快速冷却至700℃（1290℉），并保温30s，然后淬火至室温。

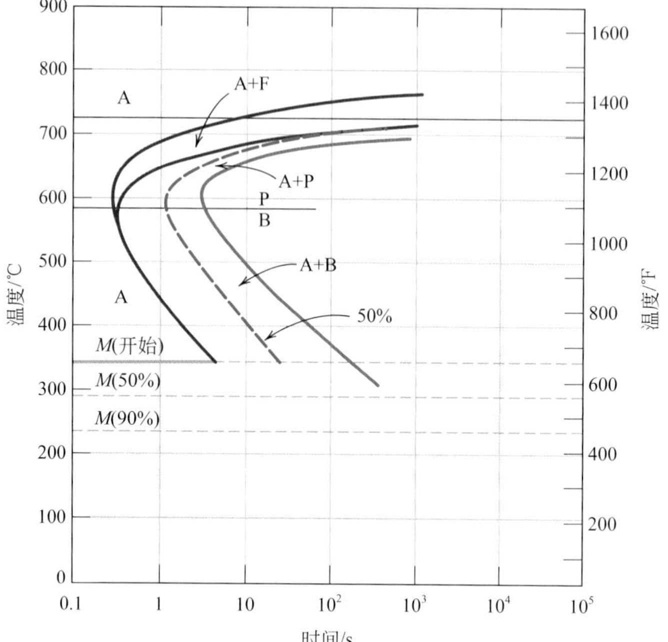

图11.50 含碳量为0.45%的铁-碳合金的等温转变图

A为奥氏体；B为贝氏体；F为先共析铁素体；M为马氏体；P为珠光体。（源于*Atlas of Time-Temperature Diagrams for Irons Steels*，G.F.Vander Voort，Editor，1991. 由ASM International Materials Park，OH允许翻印。）

（c）快速冷却至400℃（750 ℉），并保温500s，然后淬火至室温。

（d）快速冷却至700℃（1290 ℉），并保温10^5s，然后淬火至室温。

（e）快速冷却至650℃（1200 ℉），并保温3s，再快速冷却至400℃（750 ℉），并保温10s，然后淬火至室温。

（f）快速冷却至450℃（840 ℉），并保温10s，然后淬火至室温。

（g）快速冷却至625℃（1155 ℉），并保温1s，然后淬火至室温。

（h）快速冷却至625℃（1155 ℉），并保温10s，再快速冷却至400℃（750 ℉），并保温5s，然后淬火至室温。

11.21 说明问题11.20中（a）、（c）、（d）、（f）、（h）最终形成的微观组分的百分比。

11.22 绘制含碳量为0.45%的铁-碳合金等温转变图（图11.50），并在此图上画出并标出能够产生下列显微结构的时间-温度途径。

（a）42%先共析铁素体和58%粗珠光体

（b）50%细珠光体和50%贝氏体

（c）100%马氏体

（d）50%马氏体和50%奥氏体

连续冷却转变图

WILEY 11.23 说出共析铁-碳合金［0.76%（质量）C］试样在完全转变为奥氏体后，按如下速率冷却至室温所形成的显微结构：

（a）200℃ /s

（b）100℃ /s

（c）20℃ /s

11.24 图11.51是含碳量为1.13%的铁-碳合金连续冷却转变图。重画此图，然后在图中画出并标出获得下列显微结构的连续冷却转变曲线。

（a）细珠光体和先共析渗碳体

（b）马氏体

（c）马氏体和先共析渗碳体

（d）粗珠光体和先共析渗碳体

（e）马氏体、细珠光体和先共析渗碳体

11.25 列出普通碳钢和合金钢连续冷却转变图之间最重要的两个区别。

11.26 简要解释在共析铁-碳合金连续冷却转变图中没有贝氏体相变区域的原因。

11.27 说出4340型合金钢试样在完全转变为奥氏体后，分别以下列速率冷却至室温时获得的显微结构。

（a）10℃ /s

（b）1℃ /s

（c）0.1℃ /s

（d）0.01℃ /s

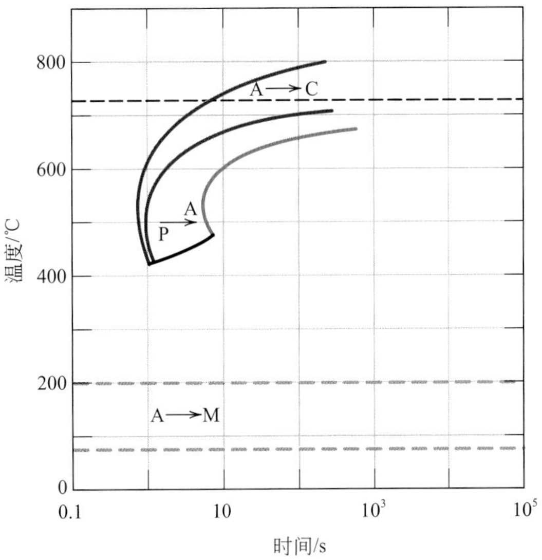

图11.51 含碳量为1.13%的铁-碳合金连续冷却转变图

11.28 简述将4340钢从一种显微结构转变为另一种的最简单的连续冷却热处理方式。

（a）（马氏体+贝氏体）转变为（铁素体+珠光体）

（b）（马氏体+贝氏体）转变为球状珠光体

（c）（马氏体+贝氏体）转变为（马氏体+贝氏体+铁素体）

11.29 根据扩散理论，解释为什么奥氏体以中等速率通过共析温度形成细珠光体，而以相对缓慢冷却速率形成粗珠光体。

铁-碳合金的力学行为

回火马氏体

11.30 简要解释为什么细珠光体比粗珠光体硬度、强度大，而粗珠光体比球状珠光体硬度、强度更大。

11.31 阐明马氏体又脆又硬的两个重要原因。

11.32 根据显微结构将下列铁-碳合金按照从延展性最大到脆性最大的顺序排列，并证明。

（a）含碳量为0.20%的粗珠光体

（b）含碳量为0.20%的球状珠光体

（c）含碳量为0.75%的细珠光体

（d）含碳量为0.75%的粗珠光体

11.33 简要解释为什么回火马氏体的硬度随回火时间（在恒定的温度）和回火温度的升高（固定回火时间）而减小。

11.34 简述将含碳量为0.76%的钢从一种显微结构转变为另一种显微结构的最简单的热处理过程。

（a）球状珠光体转变为回火马氏体

（b）回火马氏体转变为珠光体

（c）贝氏体转变为马氏体

（d）马氏体转变为珠光体

（e）珠光体转变为回火马氏体

（f）回火马氏体转变为珠光体

（g）贝氏体转变为回火马氏体

（h）回火马氏体转变为球状珠光体

WILEY 11.35 （a）简要描述球状珠光体和回火马氏体显微结构的区别。

（b）解释回火马氏体强度和硬度大的原因。

11.36 估算共析成分铁-碳合金试样在经过题11.18（b）、（d）、（f）、（g）、（h）热处理后的洛氏硬度。

11.37 估算含碳量为0.45%的铁碳合金在经过题11.20（a）、（d）、（h）热处理后的布氏硬度。

11.38 确定共析铁-碳合金试样在经过题11.23（a）、（c）热处理后的抗拉强度。

11.39 对于共析钢，描述使试样产生下列洛氏硬度的等温热处理过程：

（a）93（HRB）

（b）40（HRC）

（c）27（HRC）

热处理（析出硬化）

11.40 针对以下几个方面比较沉淀硬化（11.10节和11.11节）和通过淬火和回火进行钢硬化（11.5节，11.6节和11.8节）：

（a）全部热处理工艺

（b）显微结构的发展过程

（c）在不同热处理阶段力学性能如何变化

11.41 自然时效和人工时效的主要区别是什么？

结晶（高分子）

WILEY GO 11.42 计算聚丙烯（图11.47）在160℃结晶时方程式［式（11.17）］中的常数n和k值。

熔点和玻璃化温度

WILEY 11.43 下列哪一种或哪几种高分子材料适合制造盛热咖啡的杯子：聚乙烯、聚丙烯、聚氯乙烯、聚酯和聚碳酸酯，并说明理由。

WILEY 11.44 表11.3中所列的高分子材料，哪一种适合制造冰块托盘，为什么？

熔点和玻璃化温度的影响因素

11.45 在同一张图中绘制下列几对高分子材料的比体积与温度的关系曲线。[（a）（b）（c）要画在3个单独的图上]

（a）结晶度为25%的聚丙烯球晶，重均分子量为75000g/mol；结晶度为25%的聚苯丙烯球晶，重均分子质量为100000g/mol。

（b）接枝聚乙烯共聚物（苯乙烯-丁二烯），10%的位置交联；自由聚乙烯共聚物（苯乙烯-丁二烯），15%的位置交联。

（c）密度为0.985g/cm^{3}的聚乙烯，聚合度为2500；密度为0.915g/cm^{3}的聚丙烯，聚合度为2000。

WILEY 11.46 对于下列高分子材料组合，① 说明是否可以比较两个高分子材料的熔点；② 如果可以，指出哪一个材料熔点更高；③ 如果不可以，请说明理由。

（a）等规聚苯乙烯，密度为1.12g/cm^3，平均分子质量为150000g/mol；间规聚苯乙烯，

密度为1.10g/cm³，重均分子量为125000g/mol

（b）聚合度为5000的线性聚乙烯；聚合度为6500的线性等规聚丙烯。

（c）聚合度为4000的有支链的等规聚乙烯；聚合度为7500的线性等规聚丙烯。

11.47 绘制一个示意图，表示出非晶态聚合物材料的弹性模量与玻璃化温度的关系。假设分子量保持不变。

电子表格问题

11.1SS 对于一些相变，已知两个相变百分比以及它们所对应的时间，制作一个表格以便使用者可以获得如下信息：（a）阿夫拉米方程式中n和k的值，（b）相变进行到某一百分比例所需要的时间，（c）某一时间段后的相变百分比。

设计问题

连续冷却转变图

铁-碳合金的力学行为

11.D1 通过某种热处理方式是否可以设计一种共析成分铁-碳合金，其最小硬度是90HRB，最小延展性是35%RA？如果可以，请描述其连续冷却热处理过程。如果不可以，请说明原因。

11.D2 是否可以设计一种铁-碳合金，其最小抗拉强度为690MPa（100000psi），最小延展性为40%RA？如果可以，请说明其组成和显微结构（可选择粗或细珠光体、球状珠光体）；如果不可以，请说明原因。

11.D3 是否可设计一种铁碳合金，其最小硬度175HB，最小延展性52%RA？如果可以，请说明其组成和显微结构（可选择粗或细珠光体、球状珠光体）。如果不可以，请说明原因。

回火马氏体

WILEY 11.D4 （a）将1080钢水淬，估算要获得硬度为50HRC的合金需要在425℃（800 ℉）的回火时间。

（b）获得相同的硬度，在315℃(600 ℉）回火所需要的时间。

WILEY 11.D5 合金钢（4340）的性能要求：最小抗拉强度为1380MPa（200000psi），最小延展性为43%RA。油淬后进行回火，简要描述其回火热处理过程。

11.D6 是否可以设计油淬后回火的4340钢，其最小屈服强度为1400MPa（203000psi），最小延展性为42%RA？如果可以，请描述回火热处理过程，如果不可以，请说明原因。

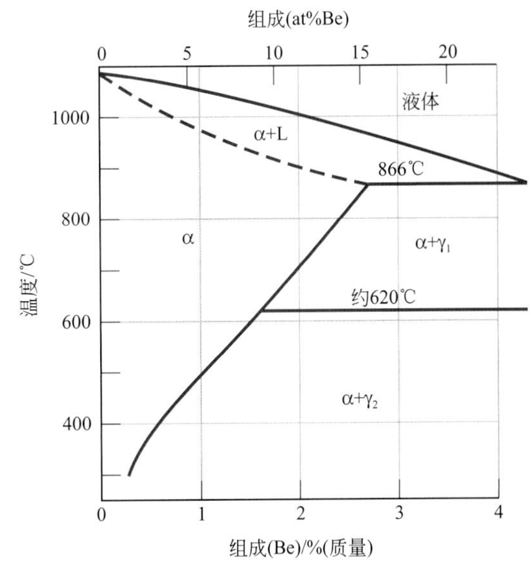

图11.52 铜-铍相图中富含铜的部分

［源于*Binary Alloy Phase Diagrams*, 2nd edition, Vol.2, T.B.Massalski (Editor-in-Chief), 1990. 由ASM International, Materials Park, OH允许印刷。］

热处理（析出硬化）

11.D7 以铜为主要元素的铜-铍合金经过沉淀硬化过程。阅读图11.52中的相图后，回答下列问题：

（a）详细说明该合金可以沉淀硬化的组成范围。

（b）简要描述你选择的合金进行沉淀硬化的热处理过程（用温度表示），而且要在（a）所要求的范围内。

硬化机制

11.D8 一经过固溶热处理的2014型铝合金，要求在经过沉淀硬化处理后，最小抗拉强度为450MPa（65250psi），最小延伸率为15% EI。详细说明获得该机械特征的沉淀硬化处理过程，可用温度和时间描述。并证明你的答案。

11.D9 是否可以产生一种析出沉淀硬化的2014型铝合金，其最小抗拉强度为425 MPa（61625psi），最小延伸率为12% EI？如果可以，请详细说明沉淀硬化处理过程。如果不可以，请说明理由。

工程基础问题

11.1FE 下列哪一项描述的是再结晶过程？

（A）扩散型且相变组成发生变化

（B）非扩散型

（C）扩散型但相变组成不发生变化

（D）以上都是

11.2FE 铁-碳合金室温下显微结构示意图如下所示。将其根据硬度，从最硬到最软排序（用字母表示）。

（a）A>B>C>D　　（b）C>D>B>A

（c）A>B>D>C　　（d）上述均不正确

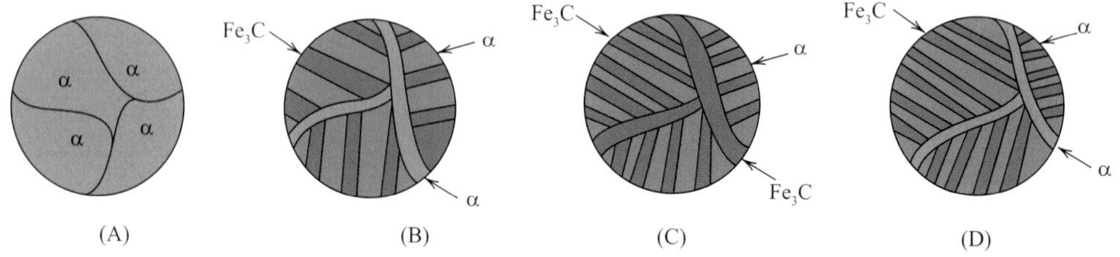

11.3FE 根据图11.50，说明下列哪一个热处理过程可以使微观结构从先共析铁素体和细珠光体转变为先共析铁素体和马氏体？

（A）在700℃左右将试样奥氏体化，然后快速冷却至675℃，保温1 ～ 2s，然后快速淬火至室温。

（B）将试样快速加热至675℃左右，保温1 ～ 2s，然后快速淬火至室温。

（C）在775℃左右将试样奥氏体化，然后快速冷却至500℃，保温1 ～ 2s，然后快速淬火至室温。

（D）在775℃左右将试样奥氏体化，然后快速冷却至675℃，保温1 ～ 2s，然后快速淬火至室温。

第12章 电学性能

(a)

(b)

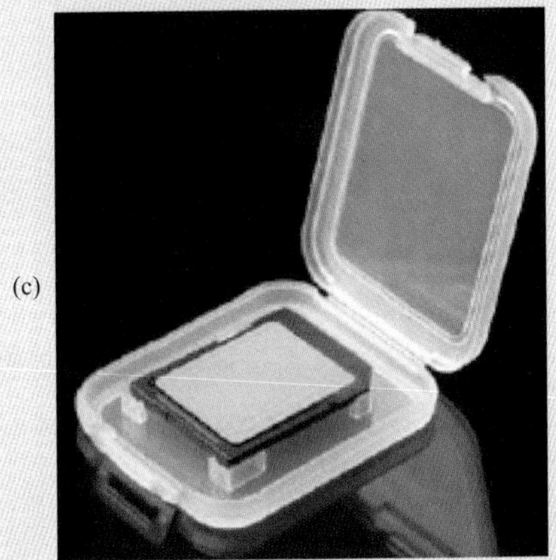
(c)

现今的闪存卡（棒）依靠一种半导体材料——硅的独特电学性能来实现数字信息的储存功能。（闪存将在12.15节中讨论）

（a）由硅片和金属互连组成的集成电路的扫描电子照片（200×）。集成电路的元器件用于将信息以数字格式进行储存。

（b）两张闪存卡。

（c）一张储存盒里的闪存卡。

（d）照片中显示一张闪存卡正被插入数码相机中。这张闪存卡将被用于储存摄影图像（有时也用于GPS定位）。

（e）闪存卡也应用于手机中用来储存拨出和接听电话所需的程序，以及常用的电话号码。现今的手机可能还具有其他必要的信息存储功能，例如文字、游戏、照相机或者录像机。

［图（a）来自Andrew Syred/Photo Researchers，Inc.；图（b）© Oleksiy Mark/iStockphoto；图（c）© eROMAZe/iStockphoto；图（e）© Roger Davies/Alamy。］

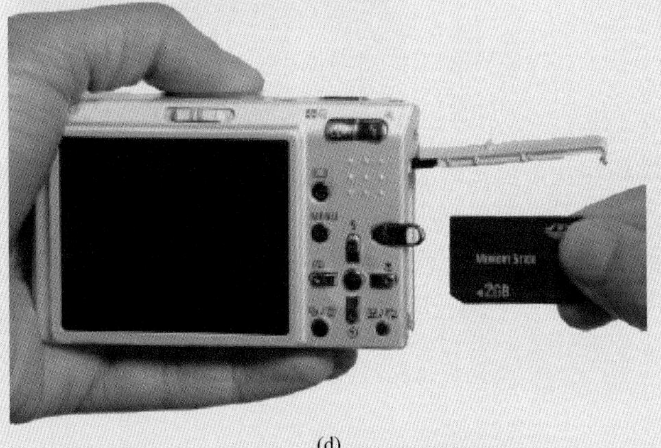
(d)

(e)

为什么学习材料的电学性能？

在元器件或结构的设计中，材料的选择及工艺的确定都与材料的电学性能息息相关。例如，一个集成电路的封装中所包含的各种材料的电学行为就各不相同。有些部分需要很好的导电性（例如连接导线），而其他部分则需要具有绝缘性（例如保护性包装封装）。

学习目标

通过本章的学习，你需要掌握以下内容。

1. 描述固体材料中可能存在的四种电子能带结构。
2. 简要描述（a）金属，（b）半导体（本征和杂质），及（c）绝缘体中产生自由电子/空穴的电子激发过程。
3. 计算金属、半导体（本征和杂质）及绝缘体的电导率，给出它们的电荷载流子浓度和迁移率。
4. 区分本征和杂质半导体材料。
5. （a）作出体征及杂质半导体载流子（电子、空穴）浓度的对数关于绝对温度的曲线示意图。
（b）在杂质半导体曲线中，标出冻析、杂质及本征区域。
6. 对于一个p-n结，根据电子和空穴的运动，解释其整流过程。
7. 计算一个平行板电容器的电容值。
8. 根据介质的电容率定义介电常数。
9. 简单解释电容器的电荷储存容量是如何随着介电材料板间的插入物和极化而增加的。
10. 命名并描述3种极化类型。
11. 简单描述*铁电*和*压电*现象。

12.1 概述

本章的主要目标是探究材料的电学性能，也就是它们对一个外加电场的反馈。我们先从电传导现象开始：已明确的参数、电子的传导机理以及材料的电子能带结构是如何影响其传导能力的。这些原理可以延伸到金属、半导体及绝缘体中。特别需要注意的是半导体及半导体装置的特性。此外还有绝缘材料的介电特性。在最后一节中将介绍铁电及压电现象。

电导

12.2 欧姆定律

欧姆定律

固体材料最重要的一个电学特性就是可以轻易地传送电流。欧姆定律将电流I，或者单位时间内通过的电荷量与外加电压V关联如下：

欧姆定律表达式

$$V=IR \tag{12.1}$$

式中，R为电流经过部分材料的电阻；V、I及R的单位分别为伏特（J/C）、安培（C/s）及欧姆（V/A）。R的值受样品结构的影响，对大多数材料来说R与电流无关。电阻率ρ与样品的几何形状无关，但与R有关如表达式：

电阻率

与电阻值、样品横截面积和两个测量点间的距离相关

$$\rho = \frac{RA}{l} \tag{12.2}$$

式中，l为已测电压确定的两点间的距离；A为垂直于电流方向的横截面面积。ρ的单位为欧姆-米（Ω·m）。由欧姆定律的表达式和公式（12.2），有：

与外加电压、电流、样品横截面积和两个测量点间的距离相关

$$\rho = \frac{VA}{Il} \tag{12.3}$$

图12.1为测量电阻率的实验电路示意图。

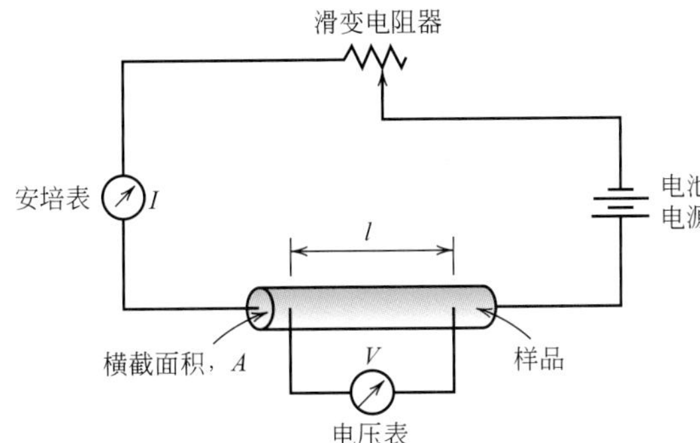

图12.1 用于测量电阻率的实验电路示意图

12.3 电导率

电导率

有时，电导率σ可用来描述材料的电学特性。它是电阻率的倒数：

电导率与电阻率间呈倒数关系

$$\sigma = \frac{1}{\rho} \tag{12.4}$$

它表示一种材料传导电流的能力。σ的单位是欧姆-米的倒数［$(\Omega \cdot m)^{-1}$］。下面关于电学性能的讨论将用到电阻率及电导率。

除式（12.1）之外，欧姆定律还可表达为：

欧姆定律表达式——以电流密度、电导率及外加电场来表示

$$J = \sigma \mathscr{E} \tag{12.5}$$

式中，J为电流密度——样品单位面积上通过的电流I/A，ξ是电场强度，或者两点间的电压差与两点间距离的比值，如：

电场强度

$$\mathscr{E} = \frac{V}{l} \tag{12.6}$$

关于欧姆定律的两个表达式［式（12.1）和式（12.5）］之间等价关系的证明留作家庭作业练习。

固体材料的电导率可横跨27个数量级，涵盖范围极广，也许没有其他的物理性能具备如此宽泛的变化范围。实际上，电流传导的难易程度就是一种区分

固体材料的一种方法，根据这种方法可将固体材料归为三类：导体、半导体和绝缘体。金属是良导体，其电导率通常在10^7（Ω·m）$^{-1}$左右。相对于此，另一种材料则具有很低的电导率，范围在10^{-10}～10^{-20}（Ω·m）$^{-1}$之间，称为电绝缘体。具有中等电导率的材料称为半导体，范围一般在10^{-6}～10^4（Ω·m）$^{-1}$之间。不同种类材料电导率范围的对比如图1.7中的柱状图所示。

金属
绝缘体
半导体

12.4　电子和离子导电

电流是在外加电场的作用下带电粒子受力产生运动的结果。带正电的粒子沿电场方向加速，而带负电的离子则沿电场方向减速。对于绝大多数固体材料，电流是由电子的漂移产生的，称为电子导电。此外，对于离子材料，带电离子的运动也可能产生电流，称为离子导电。在此关于电子导电和离子导电的论述将在12.16节中简单探讨。

离子导电

12.5　固体能带结构

在所有的导体和半导体，以及许多的绝缘材料中只存在电子导电，并且它们的电导率数量级在很大程度上取决于参与导电过程的电子数目。然而，并不是每个原子中的所有电子在电场的作用下都会加速。某一材料中可参与电子传导的电子数目与电子能态或能级的排布，以及这些能态中电子占据的状态有关。关于这些问题的详细探讨涉及到量子力学的原理，内容复杂且已超出了本书的范围，接下来的内容将省略并简化一些概念。

电子能态、占有率及独立原子的电子结构相关概念已经在2.3节中讨论过。通过回顾这些内容，我们知道每个独立的原子都存在能被电子占据的分立能级，它们分布在电子层及亚电子层中。电子层由整数表示（1、2、3等），亚电子层由字母表示（s、p、d及f）。对于每个s、p、d、f亚电子层又分别存在着1条、3条、5条、7条轨道。绝大多数原子中的电子只会占据能量最低的轨道——每个轨道有两个自旋方向不同的电子，这与泡利不相容原理一致。一个独立原子的电子结构代表着电子在其可用轨道中的排布。

现在我们将利用其中的一些概念推断固体材料的能带结构。一个固体是由很多的原子（N个）组成的，这些原子最初都是互相分离的，而后以某种方式结合到一起并形成具有有序原子排布的晶体材料。由于原子之间的距离相对较远，可以将每个原子视为独立的，并且具有类似独立的原子能级和电子结构。但是，随着原子与原子之间越来越接近，电子就会受到相邻原子的电子或原子核扰动或影响。这种影响表现为每个原子轨道分裂成一系列间距很近的电子态，在固体中形成了电子能带。分裂的程度取决于原子间距（图12.2），并且分裂始于最外层的电子层，因为它们是原子结合过程中最先受到扰动的部分。在每条能带中，能量状态都是分立的，但是相邻能态的能量差是非常小的。当处于平衡原子间距时，能带的形成并不会因离原子核最近的亚电子层而发生，如图12.3（b）所示。此外，如图中所示，相邻能带间存在间隙，一般来说，这些能带间隙所对应的能量不能被电子占据。固体中电子能带结构的常用表达方式如图12.3（a）所示。

电子能带

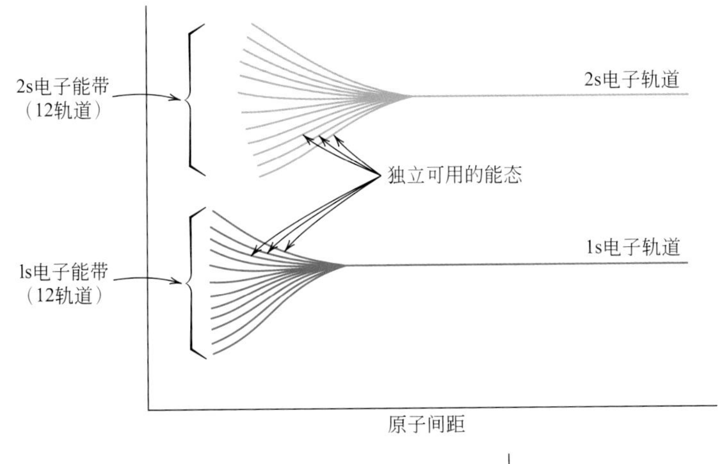

图12.2　12个原子（N=12）聚集后的电子能量与原子间距关系示意图

当距离很近时，每个1s和2s的原子轨道分裂，形成一个由12个轨道组成的电子能带。

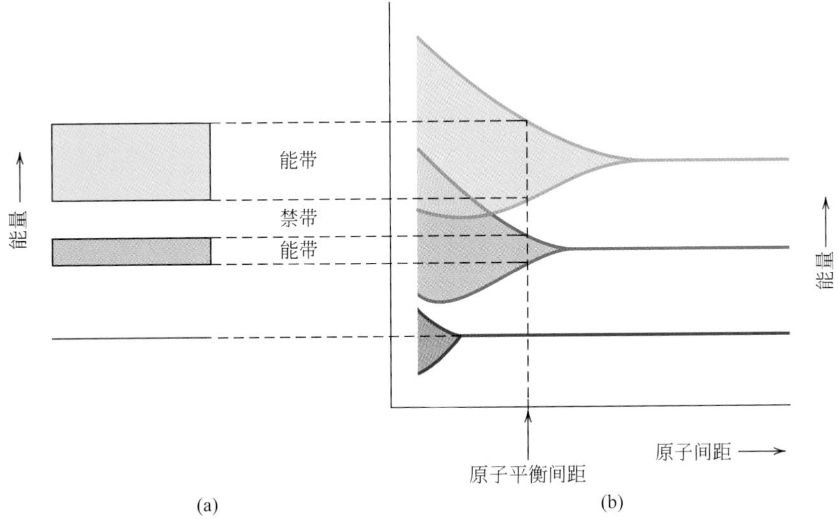

图12.3　（a）固体材料中电子能带结构处于原子平衡间距时的常用表达方式；（b）原子聚集后的电子能量与原子间距关系示意图，说明（a）中原子平衡间距状态下的电子能带结构是如何形成的。

（来自Z. D. Jastrzebski，*The Nature and Properties of Engineering Materials*，第三版。版权© 1987 by Wiley & Sons，Inc.再版由John Wiley & Sons，Inc.授权）

每个能带中轨道的数量与N个原子提供的所有轨道的总数量相等。例如，一个s带由N个轨道组成，而p带由3N个轨道组成。关于占据率，每个能态能容纳两个自旋方向相反的电子。此外，能带中包含独立原子中相应能级的电子。例如，固体中的一个4s能带包含了那些独立原子中4s层的电子。当然，这些可能是空带，也可能是部分被填满的半满带。

固体材料的电学性能与其电子能带结构密切相关，即最外层电子能带的排布及其电子填充状态。

在绝对零度时可能存在4种类型的能带结构。对于第一种［图12.4（a）］，最外层的能带只被部分电子填满。在绝对零度时，对应最高电子填充态的能量被称为**费米能**，用E_f表示。一些金属具有这种典型的能带结构，特别是那些具有一个单独的s价电子的金属（例如铜）。每个铜原子都有一个4s电子，但是，对于一个由N个原子组成的固体，其4s能带可容纳2N个电子。那么这个4s能带中可用的电子空位只有一半被填满。

费米能

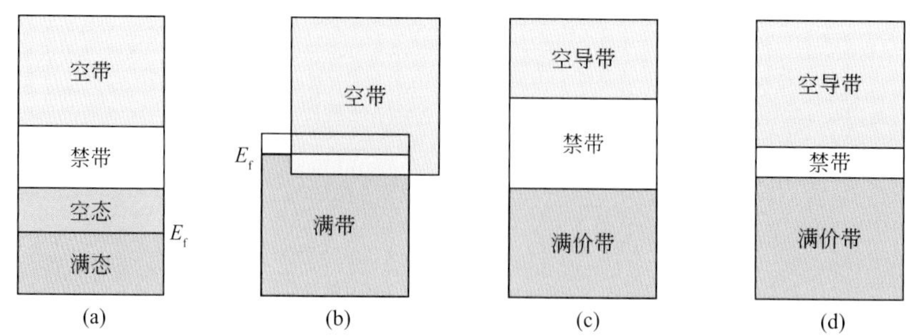

图12.4 固体处于绝对零度时，几种可能存在的电子能带结构

（a）铜等金属中的电子能带结构，在同一个能带中，满态的上部或者相邻区域有可用的电子轨道。（b）镁等金属的电子能带结构，其中满带和外层的空带间存在一个重叠区域。（c）绝缘体电子能带结构的特点：价带和空导带间被一个相对较宽的禁带（>2eV）隔开。（d）半导体中的电子能带结构与绝缘体中相似，只不过禁带宽度相对较窄（<2eV）。

第二种能带结构同样存在于金属中［图12.4（b）］，其空带和满带间存在一个重叠区域。镁就具有这种能带结构。每个独立的镁原子都有两个3s电子。然而，当形成固体时，它的3s和3p能带发生重叠。以此为例，在绝对零度时，可将费米能看做低于将N个原子的N个能态填满的能量，其中每个能态包含两个电子。

价带
导带　禁带

最后的两个能带结构相似，一个被电子完全填满的能带（价带）与一个空导带分开，在它们之间存在一个禁带。对于很纯净的材料，在这个间隙中的电子是没有能量的。这两种能带结构的差别在于禁带的数量级。对于绝缘材料，其禁带相对较宽［图12.4（c）］；而对于半导体，其禁带较窄［图12.4（d）］。这两种能带结构的费米能存在于禁带之中，且在靠近中心的位置。

12.6 能带传导与原子成键模型

自由电子
空穴

在讨论这个部分时，需要理解另一个至关重要的概念，即只有当电子的能量高于费米能时才可能发生运动并在电场中加速。这些电子参与导电过程，称为自由电子。半导体和绝缘体中另一种荷电实体称为空穴。空穴的能量低于E_f并且也参与电子导电。接下来的讨论表明，电导率与自由电子及空穴的数量成函数关系。除此之外，导体与非导体（绝缘体和半导体）之间的区别就在于这些自由电子以及空穴载流子的数量。

（1）金属

一个电子若要成为自由电子，就需要被激发或推到能量高于E_f的空轨道中。金属具有图12.4（a）和图12.4（b）中所示的任意一种能带结构，在E_f能级空轨道与满轨道相邻。因此，只需要很小的能量就可使电子跃迁至空轨道，如图12.5所示。一般来说，电场提供的能量足够激发大量的电子进入这些导电轨道。

在2.6节中讨论过的金属键模型中，假设所有的价电子都是可自由运动的，并形成在离子核构成的点阵中均匀分布的电子云。虽然这些电子并没有在其位置上被任何特定的原子束缚起来，但是它们必须经历激发才能真正自由，成为可导电的电子。因此，虽然只有一小部分电子被激发，但金属仍然能提供相对大量的自由电子，进而成为良导体。

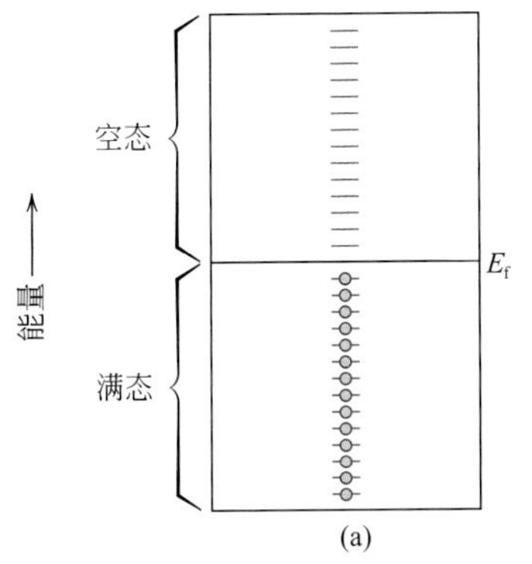

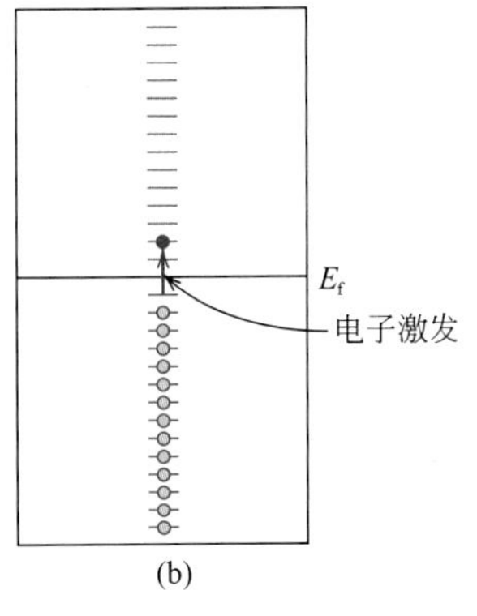

图12.5 金属电子能态的填充（a）一个电子激发之前和（b）之后。

（2）绝缘体和半导体

对于绝缘体和半导体，与价带顶相邻的空轨道并不可用。因此，电子需要穿过禁带进入到位于导带底部的空轨道以成为自由电子。而这种情况只有在提供一个电子提供了这两个轨道间能量差值的能量（近似等于禁带能量E_g）时才可能发生。这个激发过程如图12.6所示[1]。对许多材料来说，这个禁带宽度可达几个电子伏特。大多数情况下，激发能并非来源于电源，通常为热或光。

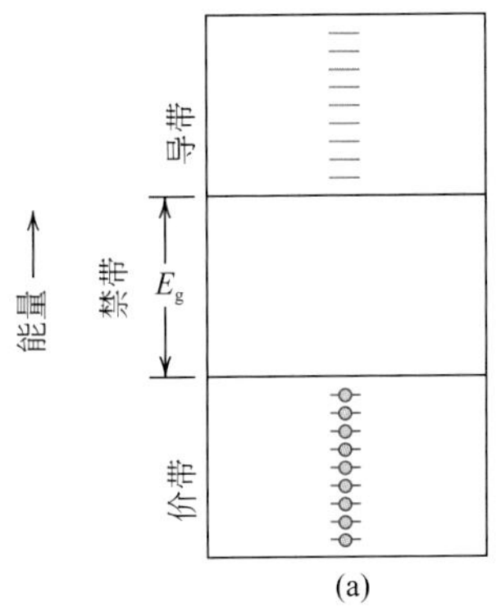

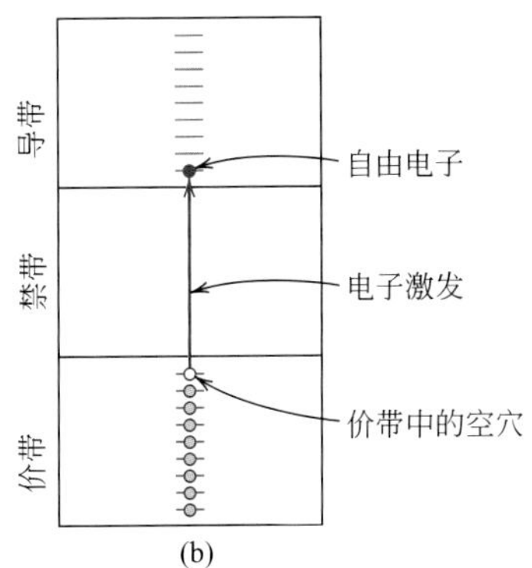

图12.6 绝缘体或半导体电子能态的填充（a）一个电子被激发而从价带跃迁至导带之前和（b）之后，会产生一个自由电子和一个空穴

受热（通过热能）激发而进入导带的电子数量取决于禁带宽度及温度。对于给定的温度，E_g越大，价电子跃迁至导带中能级的可能性越低，导致导电电子的数量越少。换句话说，在一定温度下，禁带越大，电导率越低。因此，半导体和绝缘体间的区别在于禁带宽度，半导体的禁带窄，而绝缘材料的禁带相对较宽。

提高半导体或绝缘体的温度可使其热能增加，有利于电子的激发。因此，更多的电子跃迁至导带，提高了材料的电导率。

根据第2.6节中原子键模型的讨论也可看出绝缘体和半导体的电导率。对于电绝缘材料，原子间的结合键为离子键或强共价键。因此，价电子会共享独立原子，或与之紧密结合。换句话说，这些电子会被固定住而不能自由地在晶体里移动。半导体中的结合键为相对较弱的共价键（或主要是共价键），也就意味着其价电子与原子间的结合没有那么紧密。因此，相比于绝缘体，这些电子将更容易在热激活的作用下发生移动。

---

[1] 图12.6中并没有量化禁带能及价带和导带中相邻能级间的能量。介于禁带能大约为一个电子伏特，这些能级被分为大约10^{-10}eV。

12.7 电子迁移率

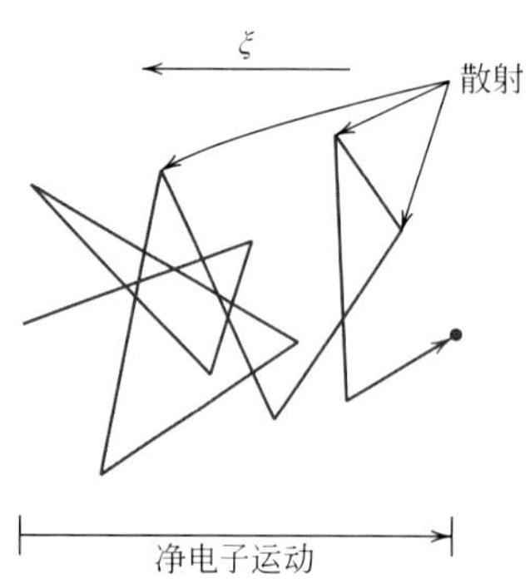

图 12.7 电子运动轨迹在散射作用下发生偏转的示意图

当施加一个电场时，自由电子会受到一个力的作用。由于电子携带负电荷，因此它们将沿电场的反方向被加速。根据量子力学，加速电子与具有完美晶体结构的原子间没有相互作用。在这种情况下，只要施加电场，所有自由电子就应该加速，这将产生一个随时间而连续增长的电流。但是，我们知道一旦施加电场，电流将瞬间达到恒定值，这说明存在与外加电场加速方向相反的摩擦力。这些摩擦力是电子散射的结果，它们来自晶体中的缺陷，包括杂质原子、空位、间隙原子、位错甚至原子自身的热振动。每次散射将使一个电子失去动能并改变它的运动方向，如图12.7所示。因此，不管怎样，一些净电子沿电场反方向运动，这种电荷的流动即电流。

迁移率

散射现象表现为电流通过的阻力。我们用几个参数用来描述这个散射的大小，包括电子的漂移速度和迁移率。漂移速度v_d表示在电场作用下沿电场力方向的平均电子速度。它与电场间存在如下比例关系：

电子迁移速率——与电子迁移率及电场强度相关

$$v_d=\mu_e\xi \tag{12.7}$$

比值常数μ_e称为电子迁移率，表示散射发生的频率；它的单位为平方米每伏-秒［$m^2/(V\cdot s)$］。

电导率——与电子浓度、电荷及迁移率相关

大多数材料的电导率σ可用式（12.8）表达：

$$\sigma= n|e|\mu_e \tag{12.8}$$

式中，n为单位体积中自由电子或导电电子的数量（例如，每立方米），$|e|$是一个电子所带电荷的绝对值（1.6×10^{-19}C）。因此，电导率与自由电子数量和电子迁移率都具有比例关系。

概念检查 12.1 如果将一个金属材料从它的熔点以极快的速率冷却，它将形成一个非晶态固体（例如，一个金属玻璃）。非晶态金属的电导率相对于其晶态会增大还是减小？为什么？

［解答可参考 www.wiley.com/college/callister（学生之友网站）］

12.8 金属的电阻率

如上所述，绝大多数金属都是电的良导体，几种常见金属室温下的电导率如表12.1所示（附录B中的表B.9列出了多种金属和合金的电阻率）。此外，金属由于含有大量被激发至高于费米能的空态中的自由电子而具有高电导率。因此，电导率表达式（12.8）中的n值很大。

表12.1 9种常见金属及合金室温下的电导率

金属	电导率/(Ω·m)$^{-1}$
银	6.8×10^7
铜	6.0×10^7
金	4.3×10^7
铝	3.8×10^7
黄铜（70Cu-30Zn）	1.6×10^7
铁	1.0×10^7
铂	0.94×10^7
碳素钢	0.6×10^7
不锈钢	0.2×10^7

至此已可以根据电阻率（电导率的倒数）来讨论金属中的传导特性。在接下来的讨论中，它们这种相互之间的转换关系将显而易见。

Matthiessen's定则——金属的总电阻率等于热、杂质及变形的贡献之和

由于金属中的晶体缺陷是导电电子的散射中心，因此增加缺陷的数量即可提高电阻率（或者降低电导率）。这些缺陷的密集程度取决于温度、组成及金属样品的冷加工程度。事实上，通过实验已观察到金属的总电阻率等于金属中的热振动、杂质及塑性变形的贡献的总和。也就是说，它们之间的散射机理是相互独立的。这可以通过数学形式表达如下：

$$\rho_{\text{total}}=\rho_t+\rho_i+\rho_d \tag{12.9}$$

Matthissen's定则

式中，ρ_t、ρ_i和ρ_d分别表示独立的热、杂质及变形对电阻率的贡献。式(12.9)有时也称为Matthiessen's定则。每个ρ对总电阻率变化的影响如图12.8所示，其中显示了铜及几种铜-镍合金在退火及变形情况下其电阻率和温度的关系。总电阻率中每个独立部分的加和性是在–100℃下论证的。

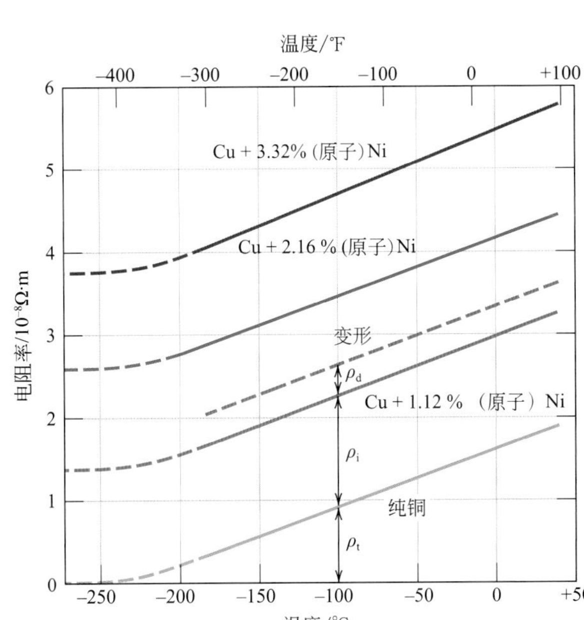

图12.8 铜及3种铜-镍合金的电阻率与温度之间的关系

其中一种合金存在形变。热、杂质和形变对电阻率的贡献均为在–100 ℃条件下。

（1）温度的影响

热电阻率的贡献与温度相关

对于图12.8中所示的纯金属和所有铜-镍合金，当温度在–200℃左右及以上时，其电阻率与温度呈线性关系。因此，有：

$$\rho_t = \rho_0 + aT \tag{12.10}$$

式中，ρ_0和a为每种金属的常数。热阻项对温度的依赖性是由于热振动和点阵缺陷（例如空位）随温度的升高而增加，这些缺陷将成为电子的散射中心。

（2）杂质的影响

杂质电阻率的贡献（对于固溶体）——与杂质浓度相关（原子分数）

对于加入一种单一杂质形成的固溶体，其杂质电阻率ρ_i与杂质浓度c_i可通过原子百分比（at%/100）相关联如下：

$$\rho_i = Ac_i(1-c_i) \tag{12.11}$$

式中，A为与组成不相关的常数，它与杂质及基体金属间存在函数关系。图12.9显示了室温下镍杂质的添加量对铜电阻率的影响，镍添加量最高为50%（质量）。在这个组成范围内，镍完全固溶在铜中［图10.3（a）］。同样的，镍原子在铜中起到散射中心的作用，增加铜中镍的浓度可显著提高其电阻率。

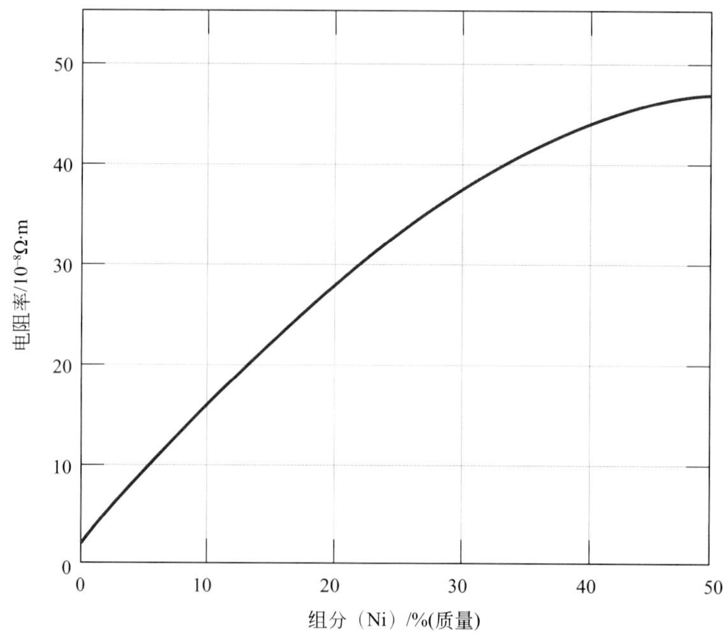

图12.9　室温下电阻率与铜-镍合金组分的关系

杂质电阻率的贡献（对于两相合金）——与体积分数及两相的电阻率相关

对于由α和β两相组成的合金，可通过如下的混合物表达式得到近似的电阻率：

$$\rho_i = \rho_\alpha V_\alpha + \rho_\beta V_\beta \tag{12.12}$$

式中，V_α和ρ_α分别表示各自相的体积分数和独立电阻率。

（3）塑性变形的影响

塑形变形可通过增加电子散射位错的数量来提高电阻率。变形对电阻率的影响同样表示在图12.8中。此外，塑性变形对电阻率的影响比提高温度和添加杂质要小的多。

概念检查 12.2　室温下纯铅和纯锡的电阻率分别为2.06×10^{-7}和$1.11\times10^{-7}\Omega\cdot m$。

（a）对纯铅和纯锡间所有组成而言，做其组分与室温下电阻率间关系的示意图。

（b）在这幅图中，大致画出150℃下电阻率与组分的关系。

（c）解释这两条曲线的形状及它们之间的区别。

提示：你可能要用到铅-锡相图，图10.8。

[解答可参考 www.wiley.com/college/callister（学生之友网站）]

12.9 工业合金的电学特性

铜的电学及其他性能使其成为应用最广的金属导体。高导无氧铜（OFHC）含有极少的氧及其他杂质组分，被用于诸多的电学领域。虽然铝的电导率只有铜的一半左右，但也经常被用作电导体。银的电导率要高于铜及铝，但其应用受成本因素的限制。

有时，需要在不显著降低电导率的前提下提高金属合金的力学性能。固溶合金化（8.10节）和冷加工（8.11节）的方法在提高强度的同时都会降低其电导率。因此，就需要权衡这两种性能间的关系。通常，加入第二相可以提高强度，这就需要加入的第二相对电导率没有负面影响。例如，铜-铍合金可沉淀强化（11.10节和11.11节），即使如此，它的电导率相比于高纯铜仍降低了大约1/5。

对于某些应用领域，例如加热炉的元件，就需要具有高的电阻率，因为电子散射中失去的能量将以热能的形式消散。这种材料不仅需要具有高的电阻率，还要有高温下的抗氧化能力以及高的熔点。镍铬耐热合金，一种镍-铬合金，已广泛应用于加热元件。

重要材料

铝电导线

铜作为电线材料已广泛应用于民用及商用建筑中。但是，在1965 ~ 1973年间，铜的价格发生了明显的增长。因此，在这段时期内，价格较便宜的铝成为许多建筑物建造及改造中使用的电导体。但是这些建筑曾多次发生火灾，事故调查结果表明相对于铜导线，铝导线的使用将提高发生火灾的危险。

其实，使用得当时，铝导线与铜导线一样安全可靠。铜导线用于与铝导线相连的电子设备终端的互连（断路器、插座、开关等），铝和铜之间的互连点会引发安全问题。

导线随着电路的开与闭而发生升温与降温。这种温度循环将导致导线经历交替的膨胀与收缩。铝的热膨胀系数高于铜（17.3节）[1]，所以铝的膨胀与收缩比铜更剧烈。因此，铝导线和铜导线间膨胀和收缩的差异将造成互连的

---

[1] 用于导线的铝和铜合金的热膨胀系数值、组成及其他性能如表12.2所示。

松动。

蠕变是另一个造成铜-铝互连导线松动的因素（9.15节）。互连导线中存在机械应力，而铝在室温下比铜更容易发生蠕变变形。互连的松动会影响到电路导线和导线间的接触，进而增加互连间的电阻率，最终导致温度的上升。铝比铜更容易氧化，而这层氧化膜更加剧了互连电阻率的增加。最终，电弧放电引起的热积累将引燃连接附近的易燃材料，造成互连性能的恶化。只要仍有大量的插座、开关或其他互连存在，这些材料都有可能慢慢被引燃，并且其燃烧在很长一段时间内都不易察觉。

当互连发生问题时可能会出现一些警告现象，包括开关或插座的面板发热、开关或插座的附近有塑料燃烧的味道、出现闪光或快速被烧毁，收音机或电视机上出现不常见的静电现象，以及无明显原因的电路断路。

有几种选择可保证建筑物中的铝导线安全使用[1]。其中，最显而易见的（也是成本最高的）方法就是将铝导线全部换成铜导线。除此之外，在每个铝-铜互连上安装压接连接器，以个体为单位维修也是一种较好的选择。在这项技术中，一小段铜导线通过一个特制的金属套筒与旁边铝导线的分支相接触，进而为压接装置提供电源。其中的金属套筒称为"COPALUM并连接头连接器"。从本质上说，压接装置使两个导线间以冷压接的方式连接起来。COPALUM装置示意图如图12.10所示。只有有资质且经过专业训练的电工才能安装这些COPALUM连接器。

另两种不可取的方法为CO/ALR装置及引出尾线。CO/ALR装置本身就是由铝导线组成的开关或墙式插座。而尾线的引出将用到螺旋接线螺帽，螺帽上的润滑油可在保持接头附近高电导率的同时防止腐蚀的发生。

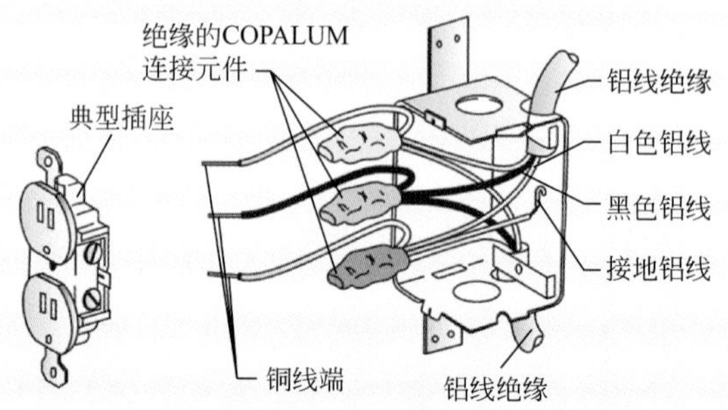

图12.10 用于电路中铝导线互连的COPALUM连接器装置示意图

（再版由美国消费品安全委员会授权）

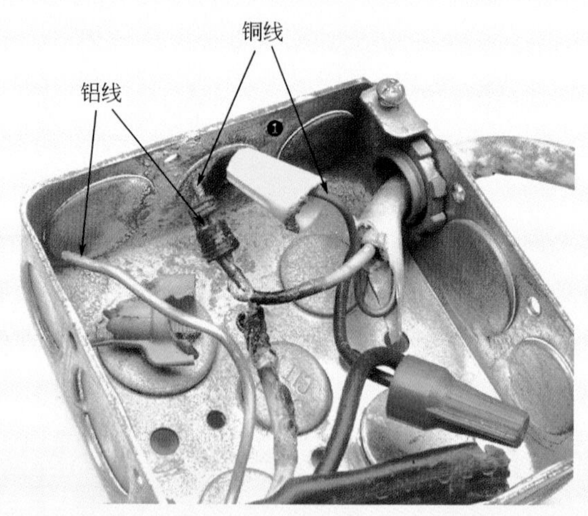

图为两个过热的铜导线-铝导线接头（在一个接线盒中）图中右侧（在黄色接线螺帽中）的接头已完全失效。（感谢John Fernez.提供的图片）。

表12.2 用于导线的铝和铜合金的组成、电导率及热膨胀系数值

合金名称	合金标号	组成/%（质量）	电导率/$(\Omega \cdot m)^{-1}$	热膨胀系数/$℃^{-1}$
铝（电导体级）	1350	99.50 Al，0.10Si，0.05Cu，0.01Mn，0.01Cr，0.05Zn，0.03Ga，0.05B，	3.57×10^7	23.8×10^{-6}
铜（电解韧铜）	C11000	99.90Cu，0.04O	5.88×10^7	17.0×10^{-6}

[1] 可从网站http：//www.cpsc.gov/cpscpub/pubs/516.pdf.中下载多种维修方法的详述。

半导电性

本征半导体

杂质半导体

半导体材料的电导率没有金属高，但是它们的某些独特的电特性使其具有很大应用价值。这些材料的电学性能对浓度极小的杂质也很敏感。本征半导体是指电学行为取决于纯材料中固有电子结构的半导体材料。而电学特性受杂质原子控制的半导体材料则称为杂质半导体。

12.10 本征半导体

本征半导体的特征表现在电子能带结构上，如图12.4（d）所示：在绝对零度下，其满价带与空导带间被一个相对较窄（通常小于2eV）的禁带隔开。硅（Si）和锗（Ge）这两种半导体元素的禁带能分别约为1.1eV和0.7eV。它们都来自元素周期表（图2.6）中的ⅣA族，并且通过共价键键合❶。此外，许多化合物型的半导体材料也表现出本征特性由ⅢA族和ⅤA族元素组成的化合物就具有这种特性，例如砷化镓（GaAs）和锑化铟（InSb），它们通常被称为Ⅲ-Ⅴ化合物。由ⅡB族和ⅥA族元素组成的化合物也具有半导体特性，包括硫化镉（CdS）和碲化锌（ZnTe）。随着形成这些化合物的两种元素在元素周期表上的位置越来越远（例如，电负性差异越大），其原子键合方式具有更多的离子性，并且禁带能的数量级也会增加——材料将趋于绝缘。表12.3中给出了一些半导体化合物的禁带能。

表12.3 室温下半导体材料的禁带能、电子和空穴迁移率及本征电导率

材料	禁带/eV	电导率/$(\Omega\cdot m)^{-1}$	电子迁移率/$[m^2/(V\cdot s)]$	空穴迁移率/$[m^2/(V\cdot s)]$
元素				
Si	1.11	4×10^{-4}	0.14	0.05
Ge	0.67	2.2	0.38	0.18
Ⅲ-Ⅴ化合物				
GaP	2.25	—	0.03	0.015
GaAs	1.42	10^{-6}	0.85	0.04
InSb	0.17	2×10^{4}	7.7	0.07
Ⅱ-Ⅵ化合物				
CdS	2.40	—	0.03	—
ZnTe	2.26	—	0.03	0.01

概念检查 12.3 ZnS和CdSe谁的禁带能E_g更大？并解释原因。

[解答可参考 www.wiley.com/college/callister（学生之友网站）]

❶ 硅及锗的价带相当于其单个原子的sp^3杂化能级，这些杂化的价带在绝对零度时是被完全填满的。

(1) 空穴的概念

在本征半导体中，每个电子被激发跃迁至导带后，都会在其中的一个共价键中留下一个缺失电子，或者在能带结构的价带中出现一个电子空位，如图12.6(b) 所示[1]。在电场的影响下，晶体阵点中缺失电子的位置会随其他价电子的运动而改变，并反复地填充到不全共价键中（图12.11)。这个过程通过把一个价带中的缺失电子变为带正电荷的粒子——空穴而加速。视一个空穴携带的电荷量与一个电子相同，但是符号相反（$+1.6\times10^{-19}$C)。因此，激发电子与空穴在电场作用下运动方向相反。此外，半导体中的电子和空穴都会被点阵缺陷散射。

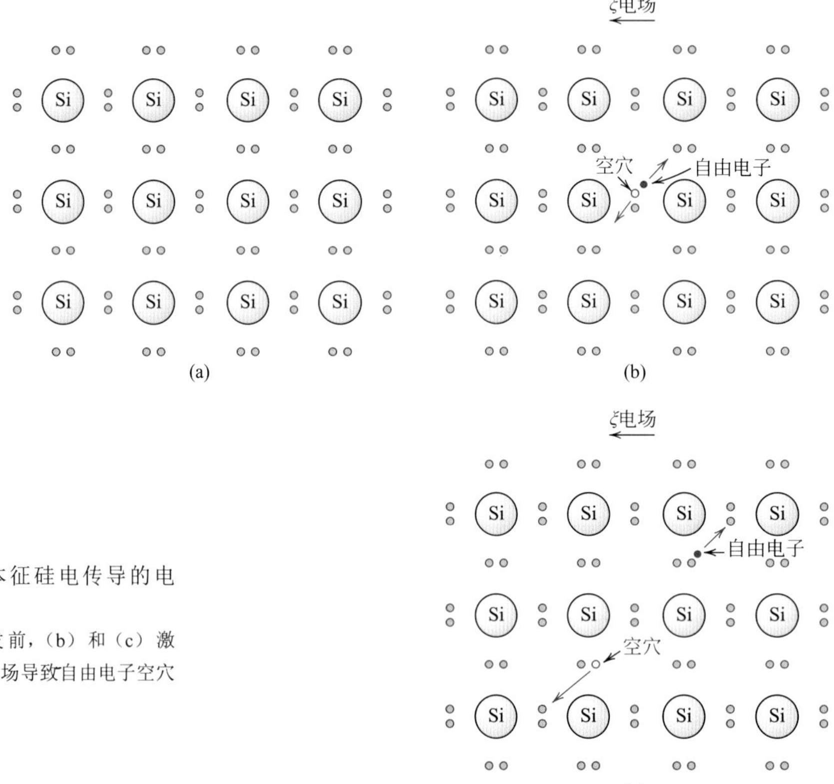

图12.11 本征硅电传导的电子成键模型

(a) 激发前，(b) 和 (c) 激发后（外加电场导致自由电子空穴发生运动)。

(2) 本征电导率

本征半导体的电导率——与电子/空穴浓度及电子/空穴迁移率相关

由于本征半导体中有两种载流子（自由电子和空穴)，因此，为了计算出其中空穴电流对电导的作用，式（12.8）中的电导表达式需要被改写为如下所示：

$$\sigma = n|e|\mu_e + p|e|\mu_h \tag{12.13}$$

式中，p为每立方米中的空穴数；μ_h为空穴迁移率。半导体中μ_h的数量级总是小于μ_e。对于本征半导体，每个受激发而穿过禁带的电子都会在价带中留下一个空穴。因此，有：

[1] 半导体和绝缘体中的空穴（除了自由电子）会出现在电子从价带中的满态跃迁至导带中的空态的过程中（图12.6)。在金属中，电子的跃迁通常发生在同一个能带的空态和满态之间（图12.5)，因而不会产生空穴。

$$n=p=n_i \tag{12.14}$$

对于本征半导体，其电导率取决于本征载流子浓度

式中，n_i为本征载流子浓度。此外，有：

$$\begin{aligned}\sigma &= n|e|(\mu_e+\mu_h)=p|e|(\mu_e+\mu_h) \\ &= n_i|e|(\mu_e+\mu_h)\end{aligned} \tag{12.15}$$

几种半导体材料室温下的本征电导率、电子和空穴迁移率如表12.3所示。

例题12.1

计算室温下砷化镓的本征载流子浓度

本征砷化镓室温下的电导率为10^{-6}（Ω·m）$^{-1}$，电子和空穴迁移率分别为$0.85m^2/(V·s)$和$0.04m^2/(V·s)$。计算室温下的本征载流子浓度n_i。

解：

由于砷化镓是本征的，因此其载流子浓度可由式（12.15）计算如下：

$$\begin{aligned} n_i &= \frac{\sigma}{|e|(\mu_e+\mu_h)} \\ &= \frac{10^{-6}(\Omega\cdot m)^{-1}}{(1.6\times10^{-19}C)[(0.85+0.04)m^2/(V\cdot s)]} \\ &= 7.0\times10^{12}m^{-3}\end{aligned}$$

12.11 杂质半导体

实际上，所有的商用半导体都是杂质半导体，也就是它们的电学行为由杂质决定，极微量的杂质浓度就会引入额外的电子或空穴。例如，10^{12}个原子中有一个杂质原子就足以在室温下在硅中引入非本征杂质。

（1）n-型杂质半导体

下面以半导体元素硅为例解释掺杂是如何完成的。一个Si原子有4个电子，每个电子都与相邻的4个Si原子的一个电子以共价键结合。现在，假设在其中以置换的形式加入一个化合价为5的杂质原子，杂质原子可能包括元素周期表ⅤA族中的元素（例如P、As和Sb）这些杂质原子的5个价电子中只有4个能参与键合，因为相邻的原子只有4个位置可能成键。额外的没有成键的电子会在一个弱静电引力作用下游离在杂质原子周围的区域，如图12.12（a）所示。这些电子的束缚能相对较小（大约0.01eV），因此它们可轻易地离开杂质原子而成为自由或导电电子［图12.12（b）和图12.12（c）］。

这些电子的能态可从电子能带体系模型的角度来看。每个游离电子都有一个独立的能级或能态，它们位于导带底下面的禁带中［图12.13（a）］。电子束缚能的大小就相当于将电子从这些杂质能态激发至导带中能态所需的能量。每次激发［图12.13（b）］都会向导带提供或捐献一个独立电子，这种类型的杂质

被贴切地称为施主。由于每个施主电子都是从杂质能级激发的，因此价带中并不会相应地产生空穴。

施主能级

室温下，现有的热能足够激发大量施主能级中的电子。此外，某些价-导带跃迁也会发生［图12.6（b）］，但基本可以忽略。因此，导带中电子的数量要远超过价带中空穴的数量（或者 $n \gg p$ ），式（12.13）中等号右侧的第一项远大于第二项，即，

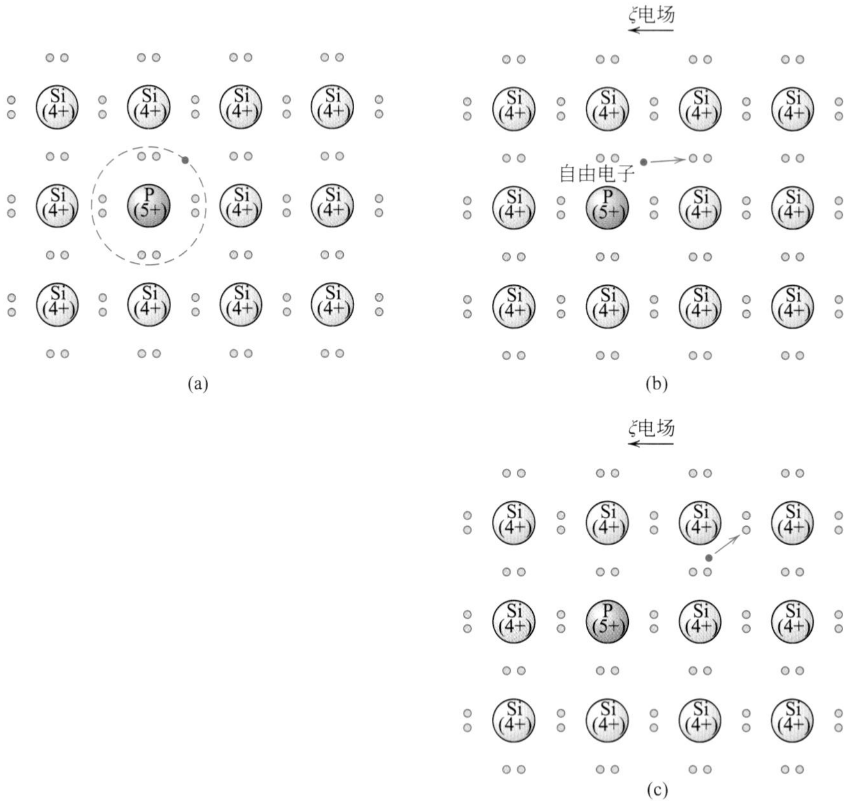

图12.12　杂质n-型半导体模型（电子成键）

（a）一个具有5个价电子的杂质区原子（如磷）会置换一个硅原子。这将产生一个多余的价电子，它会被杂质原子束缚并围绕其轨道运动。（b）激发以形成一个自由电子。（c）这个自由电子的运动受电场控制。

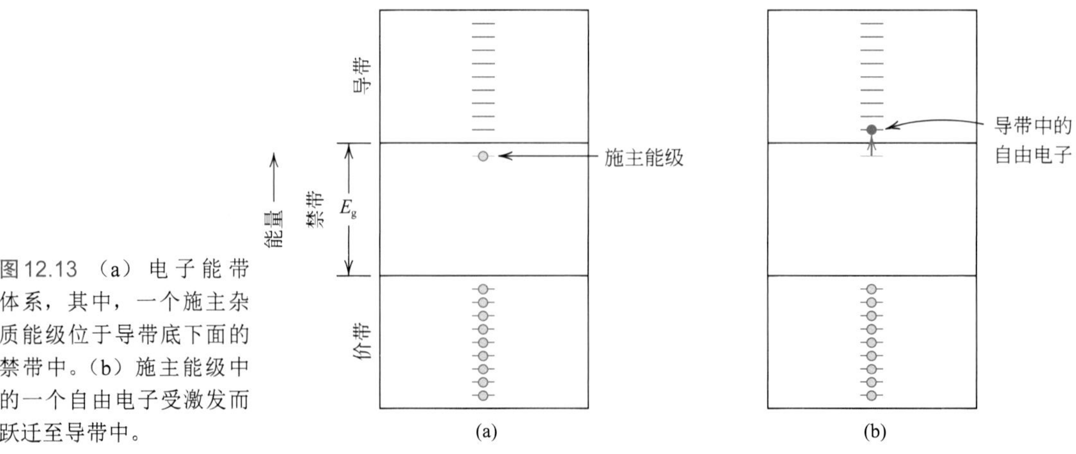

图12.13（a）电子能带体系，其中，一个施主杂质能级位于导带底下面的禁带中。（b）施主能级中的一个自由电子受激发而跃迁至导带中。

对于n-型杂质半导体，其电导率与电子浓度及迁移率相关

$$\sigma \cong n|e|\mu_e \tag{12.16}$$

这种类型的材料称为n-型半导体。鉴于电子的密度或浓度，其为n-型半导体的多数载流子。从另一方面来说，空穴为少数载流子。对于n-型半导体，其禁带中的费米能级升高至接近施主能级，而费米能级的确切位置与温度及施主浓度都存在函数关系。

（2）p-型半导体

在硅或锗中掺入元素周期表中ⅢA族的三价置换杂质例如铝、硼和镓，将会产生与上述相反的作用。每个原子旁围绕的共价键中将有一个共价键缺失一个电子，这个电子的缺失可视为一个被杂质原子微弱束缚的空穴。当一个电子从相邻的共价键中转移过来时，这个空穴就可能被杂质原子释放出来，如图12.14所示。实质上就是电子和空穴交换了位置。一个移动的空穴处于激发状态并参与到导电的过程当中，其形式与前文描述的激发状态的施主电子相似。

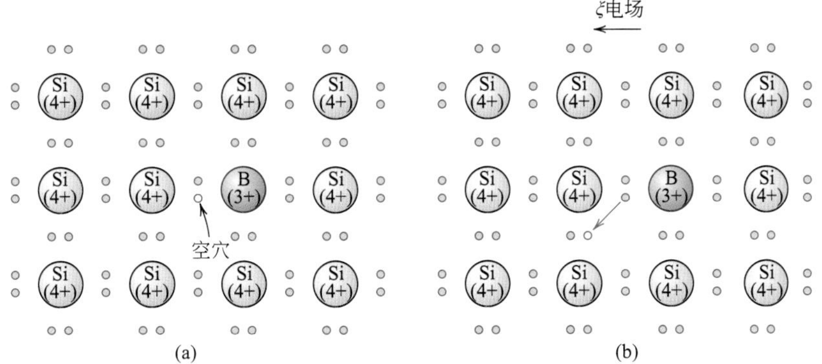

图12.14 p-型杂质半导体模型（电子成键）（a）一个具有3个价电子的杂质原子，如硼，可能置换硅原子。这会造成一个价电子的缺失亦或产生一个与杂质原子有联系的空穴。（b）这个空穴的运动受电场控制。

杂质激发而产生空穴的过程也可以用能带模型表示。每个这种类型的杂质原子会在禁带中引入一个能级，该能级位于距价带顶部上方非常近的位置［图12.15（a）］。我们想象价带中的空穴是由热激发产生的，热激发使一个电子从价带跃迁至这个杂质电子的能级，如图12.15（b）所示。这样的跃迁只能产生一个载流子，也就是一个价带中的空穴，而在杂质能级或导带中都不会产生自由电子。这种杂质被称为受主，因为它可以接受来自价带的一个电子并留下一个空穴。因而禁带中由这种杂质引入的能级就称为受主能级。

受主能级

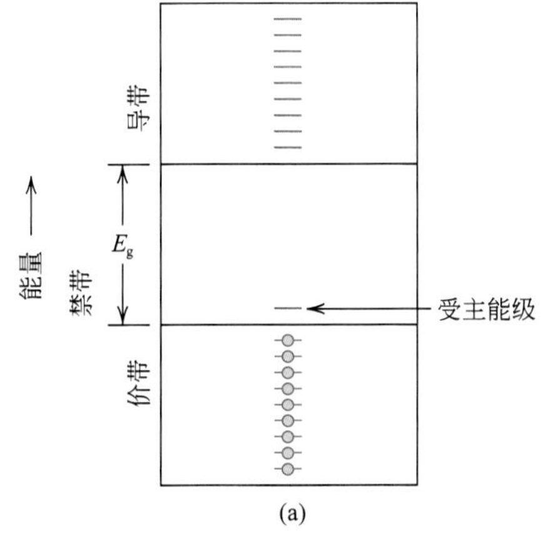

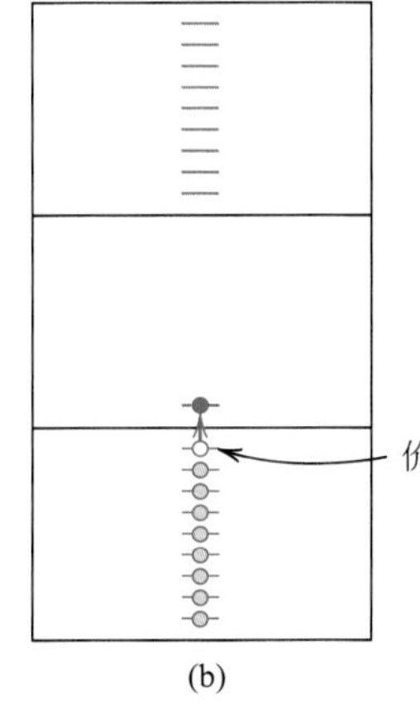

图12.15 （a）电子能带体系，其中，一个受主杂质能级位于价带顶上方的禁带中；（b）受主能级中的一个自由电子受激发而在价带中留下一个空穴。

这种类型的杂质导电中空穴的浓度要比电子高很多（即$p \gg n$），在这种情况下，因为导电主要由带正电荷的粒子负责，所以这些材料被称为p-型。当然，空穴为多数载流子，而电子的浓度很低。这使得式（12.13）中等号右侧的第二项占主导地位，或

对于p-型杂质半导体，其电导率与空穴浓度及迁移率相关

$$\sigma \approx p|e|\mu_h \tag{12.17}$$

对于p-型半导体，费米能级位于禁带中受主能级的附近。

杂质半导体（n-型和p-型）由初始纯度极高的材料制成，通常加入的杂质总量约为10^{-7}%（原子）。采用多种工艺加入一定浓度的某种施主或受主原子。这种合金化过程在半导体材料中称为掺杂。

掺杂

室温下，现有的热能可使杂质半导体中产生大量的载流子（电子或空穴，视杂质类型而定）。因而，杂质半导体在室温下就具有相对较高的电导率。大多数杂质半导体材料用于室温条件下维持电子设备的正常运行。

概念检查 12.4　施主掺杂和受主掺杂的半导体材料在相对较高的温度下都具有本征特性（12.12节）。基于12.5节及之前章节的论述，作n-型半导体在温度升至其具有本征特性时，费米能级与温度的示意图，并在图中标出价带顶部及导带底相应的能级位置。

概念检查 12.5　Zn会以施主还是受主的形式掺杂到半导体化合物GaAs中？为什么？（假设Zn为置换杂质）

[解答可参考 www.wiley.com/college/callister（学生之友网站）]

12.12　温度对载流子浓度的影响

图12.6为硅和锗本征载流子浓度n_i与温度的对数曲线，其中有几点需要注意。首先，电子和空穴的浓度随温度的升高而增加，这是因为升高温度后具有更多热能，将电子从价带激发至导带［图12.6（b）］。此外，在所有温度下锗中的载流子浓度都要大于硅。这是由于锗的禁带能更小（0.67eV相对1.11eV，表12.3），因此，在任何温度下，锗中都有更多的电子受激发而穿过禁带。

另一方面，杂质半导体的载流子浓度与温度间的关系则大不相同。例如，掺杂了$10^{21}m^{-3}$磷原子的硅，其电子浓度关于温度的曲线图如图12.17所示。[为了对比，图中的虚线曲线为本征硅（出自图12.16）][1]。其中，杂质曲线可分为3个区域。在中温段（约150～475K），材料表现为n-型（因为将P看做施主杂质），其电子浓度为定值，这个区域被称为“非本征温区”[2]。磷施主能级的电子

---

❶ 可以看出，即使图中参数都相同，图12.16中硅曲线的形状与图12.17中n_i曲线仍不同。这是由于图中坐标尺度不同造成的：两图中的温度（即横坐标）轴尺度都是线性的；但是，图12.16中载流子浓度的坐标轴是对数的，而图12.17中的相同坐标轴为线性的。

❷ 对于施主掺杂半导体，这个区域有时也称为饱和区；对于受主掺杂材料，它通常被称为冻结区。

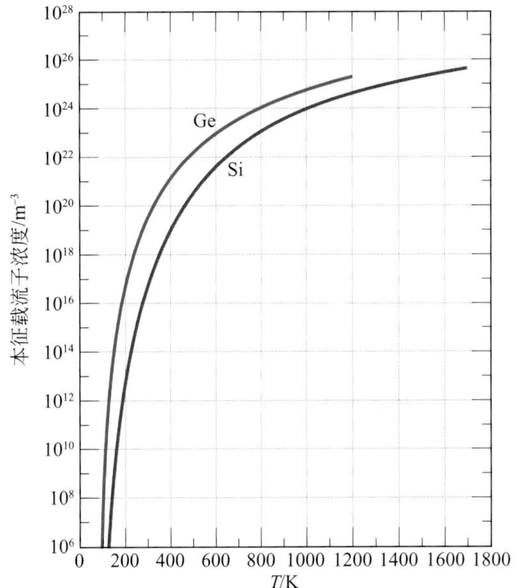

图12.16 锗和硅本征载流子浓度（对数标尺）与温度的函数关系

（图片来自C. D. Thurmond，“The Standard Thermo-dynamic Functions for the Formation of Electrons and Holes in Ge，Si，GaAs，and GaP，” *Journal of the Electrochemical Society*，122，[8]，1139（1975）. 再版由The Electrochemical Society，Inc.授权）

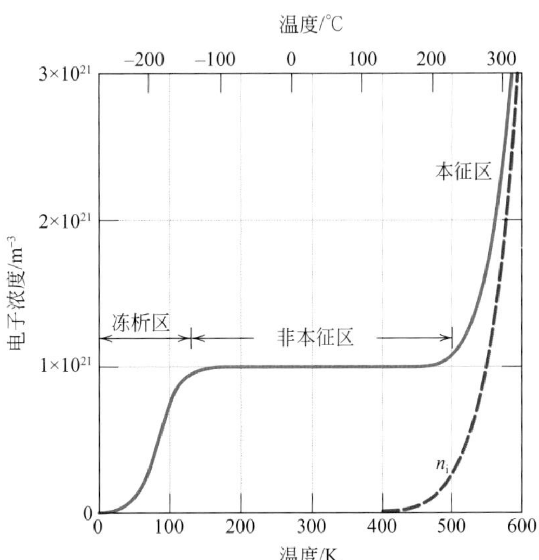

图12.17 掺杂了$10^{21}m^{-3}$磷原子的硅，及本征硅（虚线）的电子浓度与温度关系

图中标出了冻结区、非本征区和本征区的温度范围。（图片来自S. M. Sze，*Semiconductor Devices，Physics and Technology*. Copyright©1985 by Bell Telephone Laboratories，Inc.。再版由John Wiley & Sons，Inc.授权）

受激发而进入导带［图12.13（b）］，并且由于导带中电子的浓度近似等于磷的含量（$10^{21}m^{-3}$），因此，实质上是所有的磷原子都被电离了（即提供了电子）。此外，穿越禁带的本征激发与这些杂质施主激发间几乎没有关系。这个杂质区域存在的温度范围取决于杂质的浓度，此外，大多数固态元件都设计为在这个温度范围内运行。

在温度低于100K的低温区（图12.17），电子浓度会随着温度的降低而急剧下降，并在绝对零度时达到0。这个温度区间内的热能不足以激发P施主能级中的电子跃迁至导带。由于其载流子（即电子）被“冻结”为掺杂原子，这个区域就称为“冻结温区”。

最后，在图12.17中温度坐标的最高点，电子浓度随温度升高而增加并超过了P含量，逐渐接近本征曲线。该区域称为本征温区，因为在这样的高温条件下半导体表现出本征特性，即随着温度的上升，由电子激发穿越禁带而产生的载流子浓度首先与施主载流子浓度持平，进而远远超过施主载流子浓度。

概念检查 12.6 基于图12.17，若提高掺杂能级的能量，则半导体表现出本征特性的温度会提高、与原来保持一致、还是降低？为什么？

[解答可参考www.wiley.com/college/callister（学生之友网站）]

12.13 影响载流子迁移率的因素

半导体材料的电导率（或电阻率）除了与其电子或空穴浓度有关，还与载流子迁移率［式（12.13）］成函数关系。载流子迁移率即电子和空穴在晶体中传输的难易程度。此外，电子和空穴迁移率的数量级受晶体缺陷的影响，这些缺陷同样是造成电子在金属中散射——热振动（即温度）和杂质原子的原因。现在我们就来探讨掺杂的杂质量及温度是如何影响电子和空穴迁移率的。

（1）掺杂量的影响

图12.18为室温下硅中电子和空穴迁移率与掺杂量（受主和施主）的函数关系，图中的两个坐标轴都为对数坐标。当掺杂浓度低于$10^{20}m^{-3}$时，两种载流子迁移率都达到最大，且其大小与掺杂浓度无关。此外，两种迁移率都随杂质含量的增加而减小。另外值得注意的是，电子迁移率总是大于空穴迁移率。

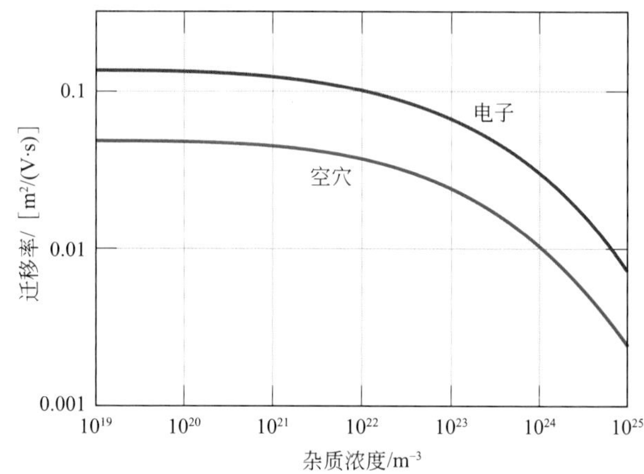

图12.18 室温下硅中电子和空穴迁移率（对数）与掺杂浓度（对数坐标）的函数关系

（图片来自W.W.Gärtner，"Temperature Dependence of Junction Transistor Parameters，" *Proc. Of the IRE*，*45*，*667*，*1957*.Copyright©1957 IRE now IEEE.）

（2）温度的影响

图12.19（a）和图12.19（b）分别为温度对硅中电子及空穴迁移率的影响。两种类型载流子的杂质掺杂量曲线如图所示，注意坐标轴都取对数。从图中注意到，当掺杂浓度等于或低于$10^{24}m^{-3}$时，其电子和空穴迁移率随温度的增加而明显减小，这同样是载流子的热散射作用增强所造成的。当掺杂浓度低于$10^{20}m^{-3}$且温度一定时，电子和空穴的迁移率与受主/施主浓度（即其中一条曲线）无关。此外，当掺杂浓度高于$10^{20}m^{-3}$时，两张图中的曲线都表现为迁移率随着掺杂浓度的增加而逐步减小。这两个现象都与图12.18中的数据一致。

以上讨论了温度及掺杂量对载流子浓度及其迁移率的影响。在某一种特定的施主/受主浓度及温度下（用图12.16～图12.19），当n、p、μ_e及μ_h确定时，可用式（12.15）、式（12.16）或式（12.17）计算σ。

概念检查 12.7 根据图12.17所示硅的电子浓度-温度曲线，及图12.19（a）所示温度对电子迁移率的对数的影响，作硅中掺杂$10^{20}m^{-3}$施主杂质后，其电导率与温度的对数图。简单解释该曲线的形状。回忆式（12.16）表达的电导率与电子浓度及电子迁移率的关系。

［解答可参考www.wiley.com/college/callister（学生之友网站）］

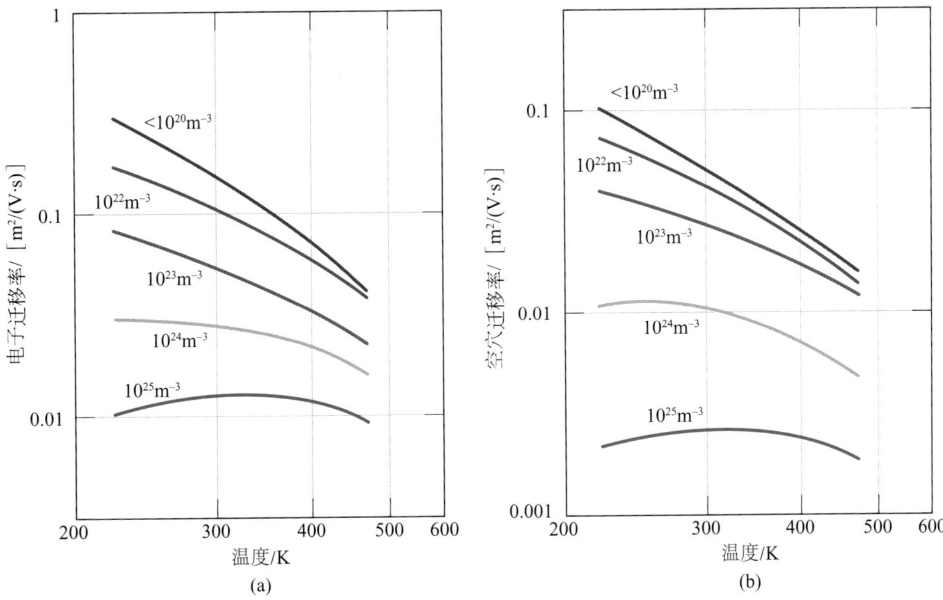

图12.19 温度对硅中多种施主和受主掺杂浓度的（a）电子和（b）空穴迁移率的影响

坐标轴都取对数。（图片来自 W. W. Gärtner，"Temperature Dependence of Junction Transistor Parameters，" *Proc.Of the IRE*，45，667，1957.Copyright©1957 IRE now IEEE.）

例题 12.2

本征硅在150℃下电导率的计算

计算本征硅在150℃（423K）时的电导率。

解：

这个问题可用式（12.15）解决，其中需要确定n_i、μ_e及μ_h的值。根据图12.16可知硅在423K时n_i值为4×10^{19}m^{-3}。此外，本征电子及空穴迁移率可由图12.19（a）和图12.19（b）中＜10^{20}m^{-3}的曲线得到，在423K分别为，μ_e=0.06m^2/（V · s）和μ_h=0.022m^2/（V · s）（注意迁移率和温度的坐标都取了对数）。最后，由式（12.15）可得出电导率：

$$\begin{aligned}\sigma &= n_i|e|(\mu_e + \mu_h)\\ &= (4\times10^{19}\,\mathrm{m}^{-3})(1.6\times10^{-19}\,\mathrm{C})[0.06\mathrm{m}^2/(\mathrm{V}\cdot\mathrm{s}) + 0.022\mathrm{m}^2/(\mathrm{V}\cdot\mathrm{s})]\\ &= 0.52(\Omega\cdot\mathrm{m})^{-1}\end{aligned}$$

例题 12.3

杂质半导体在室温下及高于室温条件下电导率的计算

加入10^{23}m^{-3}砷原子的高纯硅。

（a）这种材料是n-型还是p-型的？

（b）计算这种材料在室温下的电导率。

（c）计算100℃（373K）时的电导率。

解：

（a）砷是ⅤA族元素（图2.6），在硅中作为施主元素，因此这种材料为n-型。

（b）如图12.17所示，室温下（298K）正处于非本征温度区，这意味着砷原子具有可提供的电子（即n=$10^{23}m^{-3}$）。此外，由于这种材料为n-型，因此可以用式（12.16）计算其电导率。所以就需要确定施主浓度为$10^{23}m^{-3}$时的电子迁移率。通过图12.18可知，n=$10^{23}m^{-3}$时，μ_e=0.07m^2/（V・s）（记住图12.18中的坐标均取对数）。那么，电导率为：

$$\begin{aligned}\sigma &= n|e|\mu_e \\ &= (10^{23}\,m^{-3})(1.6\times10^{-19}\,C)[0.07m^2/(V\cdot s)] \\ &= 1120(\Omega\cdot m)^{-1}\end{aligned}$$

（c）为了计算这种材料在373K下的电导率，我们再次使用式（12.16）及该温度下的电子迁移率。通过图12.18（a）中的$10^{23}m^{-3}$曲线可知，在373K下，有：μ_e=0.04m^2/（V・s）

因此：

$$\begin{aligned}\sigma &= n|e|\mu_e \\ &= (10^{23}\,m^{-3})(1.6\times10^{-19}\,C)[0.04m^2/(V\cdot s)] \\ &= 640(\Omega\cdot m)^{-1}\end{aligned}$$

设计实例12.1

硅中的受主杂质掺杂

一种p-型杂质硅材料需要在室温下具有50（Ω・m）$^{-1}$的电导率。指定一种可用的受主杂质，并确定可达到这种电学特性所需的浓度（原子百分比）。

解：

首先，加入硅中能形成p-型材料的元素应位于元素周期表中硅左侧一族。这就包括了ⅢA族元素（图2.6）：硼、铝、镓和铟。

由于这种材料是非本征的而且为p-型（即$p \gg n$），根据式（12.17），则其电导率与空穴浓度及空穴迁移率都成函数关系。另外，假设在室温下，所有的受主掺杂原子都会接受电子来形成空穴（即处于图12.17中的“非本征区”），则空穴的数量近似等于受主杂质的数量N_a。

如图12.18所示，μ_h大小取决于杂质量，这就使得问题更加复杂化。因此，其中一种方法就是反复地试验：假设一个杂质的浓度，而后使用这个值计算电导率，并从图12.18的相应曲线中找出对应的空穴迁移率。然后，根据这个结果重复整个过程，假设另一个杂质浓度。

例如，我们选择N_a的值为$10^{22}m^{-3}$　（即p值）。在这个浓度下，空穴迁移率接近0.04m^2/（V・s）（图12.18），根据这些值可得电导率为：

$$\begin{aligned}\sigma &= p|e|\mu_h \\ &= (10^{22}\,m^{-3})(1.6\times10^{-19}\,C)[0.04m^2/(V\cdot s)] \\ &= 64(\Omega\cdot m)^{-1}\end{aligned}$$

电导率值偏高。若降低杂质量至大约$10^{21}m^{-3}$只会使μ_h略微上升至$0.045m^2/$（V·s），因此这时的电导率为：

$$\sigma = (10^{21}\,\text{m}^{-3})(1.6\times10^{-19}\,\text{C})[0.045\,\text{m}^2/(\text{V}\cdot\text{s})]$$
$$= 7.2\Omega^{-1}\cdot\text{m}^{-1}$$

对这些数字做一些微小的调整，则当电导率为$50\Omega^{-1}\cdot m^{-1}$时，$N_a=p\approx8\times10^{21}m^{-3}$，而$\mu_h$保持在大约$0.04m^2/$（V·s）。

下面需要计算受主杂质原子的浓度（原子百分比）。该计算首先需要使用式（5.2）确定每立方米中硅原子的数量N_{Si}，如下所示：

$$N_{\text{Si}} = \frac{N_{\text{A}}\rho_{\text{Si}}}{A_{\text{Si}}}$$
$$= \frac{(6.02\times10^{23}\,\text{atoms}/\text{mol})(2.33\text{g}/\text{cm}^3)(10^6\,\text{cm}^3/\text{m}^3)}{28.09\text{g}/\text{mol}}$$
$$= 5\times10^{28}\,\text{m}^{-3}$$

受主杂质的浓度用原子百分比表示为N_a与N_a+N_{Si}的比值乘以100，或

$$C'_{\text{a}} = \frac{N_{\text{a}}}{N_{\text{a}}+N_{\text{Si}}}\times100$$
$$= \frac{8\times10^{21}\,\text{m}^{-3}}{(8\times10^{21}\,\text{m}^{-3})+(5\times10^{28}\,\text{m}^{-3})}\times100 = 1.60\times10^{-5}$$

因此，一个硅材料若要在室温下具有$50(\Omega\cdot m)^{-1}$的p-型电导率，就需要含有1.60×10^{-5}%（原子）的硼、铝、镓或铟。

12.14 霍尔效应

对于一些材料来说，我们有时希望能确定它们的多数载流子类型、浓度及迁移率。而这些结果不可能通过简单的电导率计算就能得到，因此，就需要进行一个霍尔效应的实验。这个霍尔效应的现象表现为：当施加一个垂直于带电粒子运动方向的磁场时，在该粒子上会产生一个同时垂直于磁场和粒子运动方向的力。

霍尔效应

为了证明霍尔效应，考虑一个如图12.20所示几何形状的样品——一个平行六面体，其中的一个角位于一个笛卡尔坐标系的原点。当外加一个电场时，电子或空穴会沿x轴方向移动，并且电流将增大至I_x。当在z轴正方向上施加一个磁场时（用B_z表示），载流子会受力向y轴偏转——空穴（正载流子）向右转，电子（负载流子）向左转，如图所示。那么，y轴上产生的电压就称为霍尔电压V_H。V_H的数量级取决于I_x、B_z及样品厚度d，如下：

霍尔电压与霍尔系数、样品厚度、电流及磁场参数相关，如图12.20所示

$$V_{\text{H}} = \frac{R_{\text{H}}I_xB_z}{d} \tag{12.18}$$

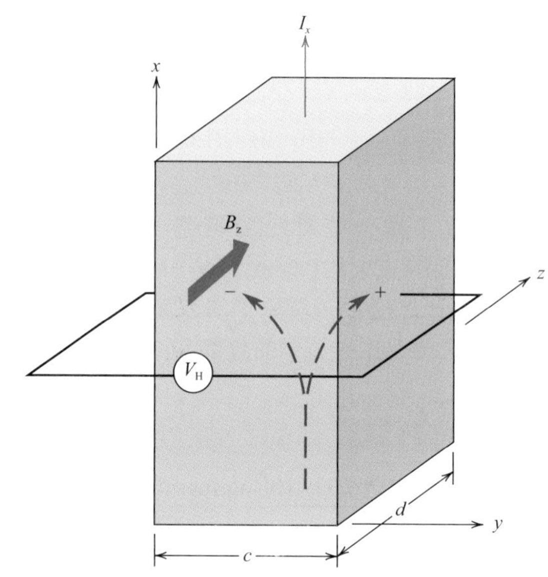

图12.20 霍尔效应示意图

I_x中包括的正载流子和负载流子在磁场B_z作用下发生偏转，并增加了霍尔电压V_H。

表达式中的R_H称为霍尔系数，对于给定的材料为一常量。对于靠电子导电的金属，其R_H为负值，表达为：

金属的霍尔系数

$$R_H = \frac{1}{n|e|} \tag{12.19}$$

式中，n可由R_H确定，而R_H又可通过式（12.18）确定，并且单个电子携带电荷量e是已知的。

此外，由式（12.8）可知，电子迁移率μ_e为：

$$\mu_e = \frac{\sigma}{n|e|} \tag{12.20a}$$

金属的电子迁移率取决于霍尔系数及电导率

或者使用公式（12.19），

$$\mu_e = |R_H|\sigma \tag{12.20b}$$

那么，若测得电导率σ，则可确定μ_e的数量级。

半导体材料多数载流子类型的确定，及其载流子浓度和迁移率的计算更为复杂，这里不再讨论。

例题 12.4

计算霍尔电压

铝的电导率和电子迁移率分别为$3.8\times10^7(\Omega\cdot m)^{-1}$和$0.0012m^2/(V\cdot s)$。当磁场为0.6T（施加方向垂直于电流），电流为25A时，计算厚度为15mm的铝样品的霍尔电压。

解：

可用公式（12.18）计算霍尔电压V_H。但是，需要先使用公式（12.20b）计算霍尔系数（R_H），如下：

$$R_H = -\frac{\mu_e}{\sigma}$$

$$= -\frac{0.0012\text{m}^2/\text{V}\cdot\text{s}}{3.8\times10^7(\Omega\cdot\text{m})^{-1}} = -3.16\times10^{-11}\text{V}\cdot\text{m}/\text{A}\cdot\text{T}$$

现在，使用公式（12.18）：

$$V_H = \frac{R_H I_x B_z}{d}$$

$$= \frac{(-3.16\times10^{-11}\text{V}\cdot\text{m}/\text{A}\cdot\text{T})(25\text{A})(0.6\text{T})}{15\times10^{-3}\text{m}}$$

$$= -3.16\times10^{-8}\text{V}$$

12.15 半导体器件

半导体具有的独特电学性能使其在器件中表现出特殊的电子功能。代替了老式真空管的二极管和晶体管就是其中两个常见的例子。半导体器件（有时也称固态器件）具有尺寸小、耗电低及无预热时间的优点。一个小小的硅芯片上就可能包含了大量尺寸极小的，由许多电子器件组成的线路。半导体器件的发明造就了微型电路，并引领了新型工业在过去几年间的萌芽及飞速发展。

（1）p-n整流结

二极管

整流结

整流器或**二极管**是只允许电流单向流动的电子器件，例如，一个整流器可将交流电转变为直流电。在p-n结半导体整流器出现以前，上述功能是通过真空二极管实现的。p-n**整流结**为一块独立的半导体，其中一端掺杂为n-型而另一端掺杂为p-型［图12.21（a）］。若n-型和p-型部分接触在一起，由于在两部分之间出现了一个界面，则将导致器件的效率极低。此外，所有的器件都需要单晶半导体材料，因为在晶界处发生的电子现象对器件的运行是有害的。

正向偏压

反向偏压

在给p-n结样品施加电位前，空穴为p端的主导载流子，电子为n端的主导载流子，如图12.21（a）所示。一个外加电位会产生贯穿p-n结的两个不同极性。当使用电池时，p端与正极相连而n端与负极相连，此为**正向偏压**。与之相反的极性（p与负极相连，n与正极相连）则称为**反向偏压**。

图12.21（b）为施加正向偏压电位后载流子的反应。p端的空穴和n端的电子都被吸引到结点处。随着电子和空穴在结点附近随机碰撞，并根据以下公式不断地和其他载流子发生重组和湮灭：

$$\text{电子}+\text{空穴}\rightarrow\text{能量} \tag{12.21}$$

那么对于这个偏压，在大电流和低电阻率的条件下已证实有大量的载流子流经半导体及结点。正向偏压的电流–电压特性如图12.22中右半侧所示。

对于反向偏压［图12.21（c）］，其多数载流子——空穴和电子都快速从结点处流走，这种正负电荷（或极性）的分离使结点区域几乎没有移动的载流子。这使得在结点周围相当大的区域内都不会发生载流子的重组，因此结点现在处于高度绝缘状态。图12.22还表示了反向偏压下的电流-电压行为。

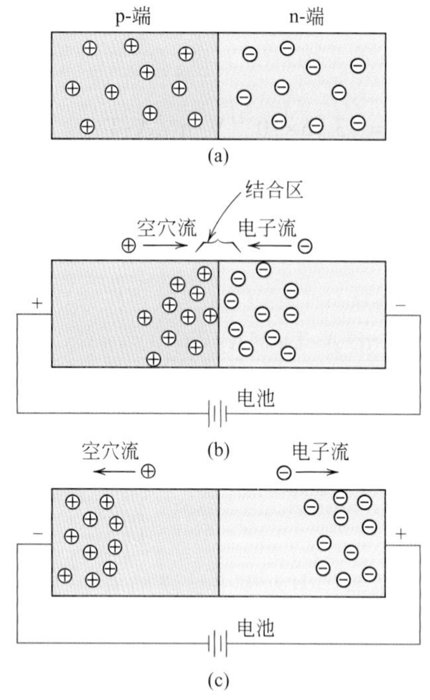

图 12.21　一个p-n整流结的电子和空穴分布
（a）没有电位时，（b）正向偏压时和（c）反向偏压时

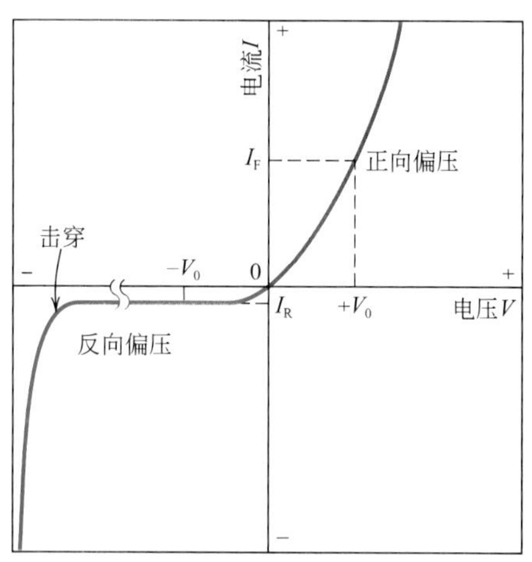

图 12.22　p-n结在正向偏压和反向偏压下的电流-电压特性击穿现象也标出

以输入电压和输出电流表示的整流过程如图12.23所示。鉴于电压随时间的变化呈正弦函数［图12.23（a）］，反向偏压下的电流最大值I_R与正向偏压I_F［图12.23（b）］相比显得极小。此外，I_F、I_R和施加电压的最大值（$\pm V_0$）之间的联系如图12.22所示。

高反向偏压（有时为几百伏特）会产生大量的载流子（电子和空穴）。这会使电流突然增加从而发生击穿现象，如图12.22所示。这部分在12.22节中详细讨论。

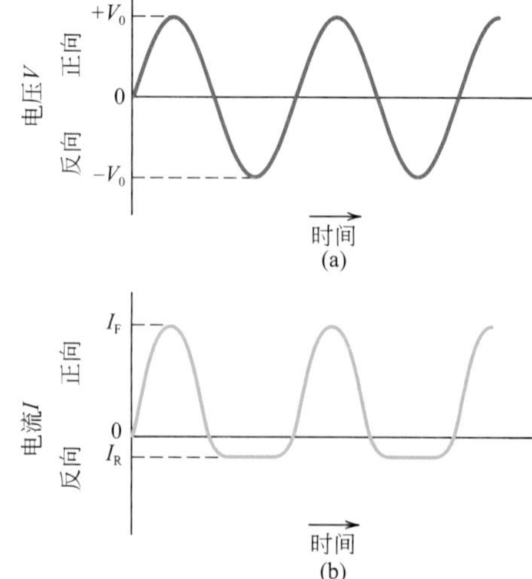

图 12.23（a）一个p-n整流结中输入电压与时间的关系；（b）电流与时间的关系，表示了一个具有图12.22中所示电压–电流特性的p-n整流结对电压的整流作用

（2）晶体管

晶体管是现今微电子产品中极为重要的半导体设备，它具有两种主要的功能。首先，它们具备与其前身——真空管（三极管）相同的作用，即放大一个电子信号。此外，它们可在电脑中作为处理和储存信息开关的装置。两种主要类型的晶体管为**结式（或双峰）晶体管**和金属氧化物半导体场效应晶体管（缩写为**MOSFET**）。

结式晶体管
MOSFET

① 结式晶体管　结式晶体管由两个背靠背放置的p-n结组成，其结构为n-p-n和p-n-p中的一种，这里将讨论后者的种类。图12.24为一个处于电路中的p-n-p结晶体管示意图。在p-型的发射极和集电极中夹着一个非常薄的n-型基极。包括发射极–基极结（结点1）在内的电路处于正向偏压下，而基极–集电极结（结点2）则处于反向偏压下。

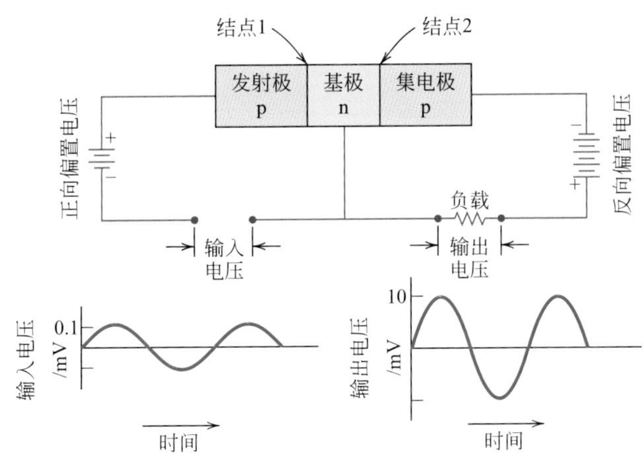

图12.24　一个p-n-p结式晶体管及与之相连的电路示意图，包括输入和输出的电压–时间特性，显示了电压的放大作用

（改编自A. G. Guy，*Essentials of Materials Science*，McGraw–Hill Book Company，New York，1976.）

图12.25为工作情况下载流子的运动方式。由于发射极是p-型的且结点1处于正向偏压，因此，大量的空穴进入了基极区域。这些流入的空穴在n-型基极中为少数载流子，其中一些空穴将与多数载流子——电子结合。但是，若基极足够薄且半导体材料经过了适当的处理，绝大多数的空穴将只是流经基极而不会与电子结合，之后通过结点2进入p-型集电极。现在，这些空穴已成为集电极-发射极电路的一部分。略微增加发射极–基极电路端的输入电压将使通过结点2的电流大幅增加。此外，集电极电流的大幅增加还表现在通过负载电阻器的电压显著增长上，同时也体现在电路中（图12.24）。因此，经过结式晶体管的电压信号被放大，图12.24中的两个电压–时间图也解释了这个作用。

除了电子替代空穴流经基极而进入集电极外，n-p-n型晶体管的作用结果与上述相似。

② MOSFET　图12.26显示了一种由两小块p-型半导体封装在一个n-型硅基板上所构成的MOSFET的截面，其中的两小块p-型半导体通过一个很窄的p-型通道连接。在这些小块上存在适当的金属互连（源极和漏极），表面氧化使得硅上形成了一层绝缘的二氧化硅。最后的一个连接器（栅极）就位于这个绝缘层上。

通道的电导率取决于施加在栅极上电场的大小。例如，在栅极上施加一个正电场会驱动载流子（在这里指空穴）离开通道，从而减小了电导率。因此，

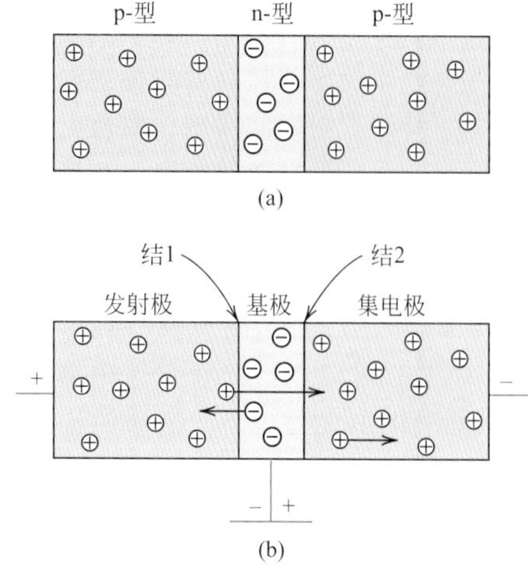

图12.25 结式晶体管（p-n-p型）中电子和空穴移动的分布与方向

（a）没有施加电位时（b）为放大电压而施加合适的偏压时

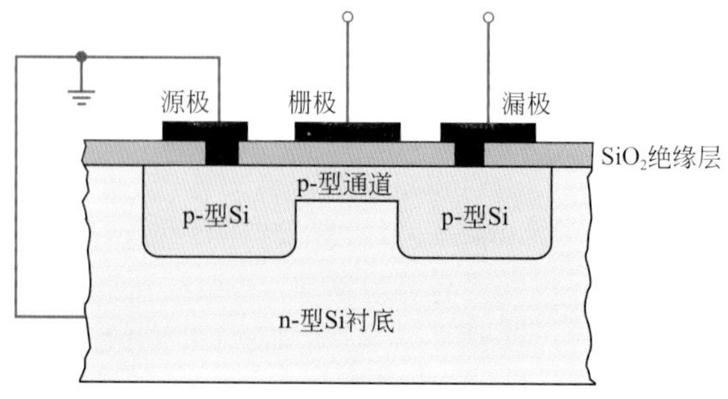

图12.26 一个MOSFET晶体管的横截面示意图

栅极上电压的一个微小变化都将使源极和漏极间的电流产生一个相对较大的变化。MOSFET在某些方面的作用与结式晶体管很相似。主要的区别就在于栅极电流远小于结式晶体管中的基极电流。因此，MOSFET用于放大的信号源不足以支撑足够大电流的场合。

MOSFET和结式晶体管间的另一个重要区别是多数载流子（即图12.26所示的消耗型p-型MOSFET中的空穴）支配着MOSFET的功能，而对于结式晶体管其次要载流子（即图12.25中流经n-型基极区域的空穴）同样在其中起着重要作用。

概念检查 12.8　你认为升高温度会对p-n整流结和晶体管的运行产生影响吗？并解释原因。
[解答可参考www.wiley.com/college/callister（学生之友网站）]

③ 计算机中的半导体　除了上述放大电信号的功能，晶体管和二极管还可作为开关装置，也用于计算机中的算术和逻辑运算及信息存储。计算机的数字和功能都用二进制码表示。基于这个框架，数字都可由一系列这两种状态的形式表示（有时称为0和1）。现在，数字电路中晶体管和二极管作为开关运行时也存在两个状态——开和关，或导通和不导通。“关”相当于其中一种二进制数字，而“开”则相当于另一种。因此，一个单一的数字可能要通过一系列的电路元件来表达，其中就包括作为开关的晶体管。

（3）闪存（固态硬盘）

闪存是一项应用半导体元件的相对较新并迅速发展的信息存储技术。如前所述，闪存具有电子设定和擦除的功能。此外，闪存技术是永久性的，即不需要电力去支撑信息的存储。其不需移动的特点（像磁盘驱动器和磁带，18.11节）使闪存在一般存储和便携设备间的数据传输方面具有很大吸引力，例如数码相机、笔记本电脑、手机、数字音频播放器和游戏机。此外，闪存技术如记忆卡[见本章开头图（b）和（d）]，固态硬盘和USB闪存盘一样被封装起来。但不同于磁存储器，闪存封装非常耐用，且能经受相对较宽的温度极限及水浸。与此同时，随着时间的推进和闪存技术的发展，存储容量将持续增长，而芯片尺寸将减小且成本将降低。

闪存运作的机理较为复杂，已超出了讨论的范围。实质上，信息储存在一个由许多储存单元组成的芯片上。每个单元由阵列排布的类似于MOSFET（如前所述）的晶体管组成，主要的区别就在于闪存晶体管有两个栅极而MOSFET只有一个（图12.26）。闪存具有电可擦的、可编程和只读储存（首字母缩写为EEPROM）的特殊功能。整个单元的数据擦除非常迅速，因此这种类型的存储在应用中就需要频繁地更新大量的数据（如前所述的应用）。擦除将清空单元的内容使其能够被重新写入，这一过程是通过其中一个栅极电荷的变化来实现的，而这个变化发生的非常迅速——即“闪”的由来。

（4）微电子电路

微电子电路由一个狭小空间内的数百万个电子元件和电路组成，它的出现使电子领域发生了彻底的变革。在某种程度上，这个变革是由航空航天技术带来的，因为它所需要的是小体积、低能耗的计算机和电子设备。在工艺及制造技术的改进下，集成电路的成本急剧下降。因此，很多国家中的大部分人已能负担得起个人计算机。而**集成电路**的应用也已进入了我们生活的方方面面——计算器、通信、工业生产和控制及电子工业中的所有部分。

集成电路

廉价的微电子电路由设计独特的制造工艺批量生产。整个工艺从切好的圆形薄硅片中生长相对较大的圆柱形高纯单晶硅开始。许多的微电子或集成电路，有时也称为芯片，都是在独立的硅片上制备的。芯片为矩形，其中一边的长度通常约为6mm，并包含着数百万的电子元件：二极管、晶体管、电阻和电容。图12.27为一个微处理器芯片的放大图像及元件分布图，这些显微图像展示了错综复杂的集成电路。这时，晶体管密度接近十亿的微处理器芯片就制成了，并且这个数字将每18个月翻一番。

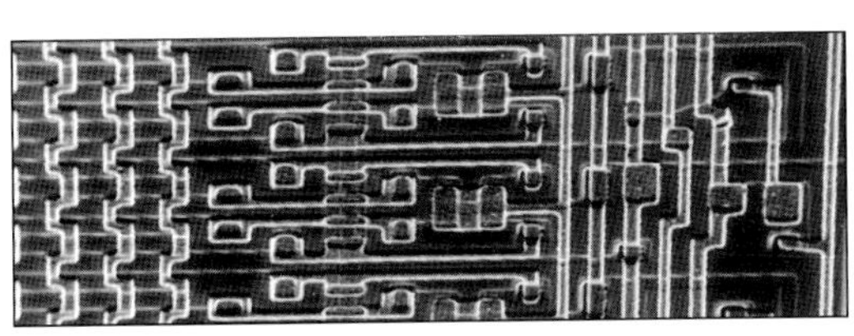

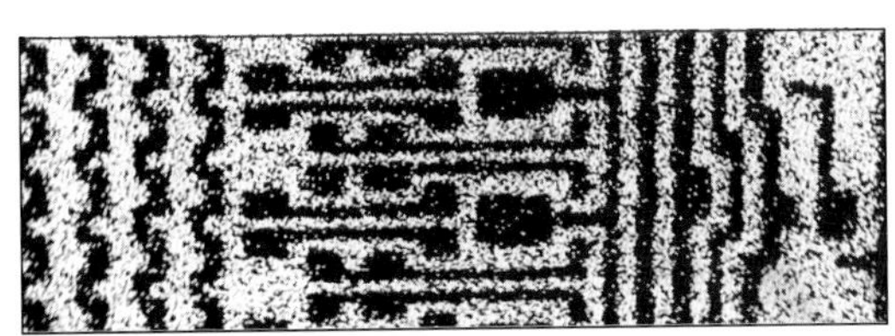

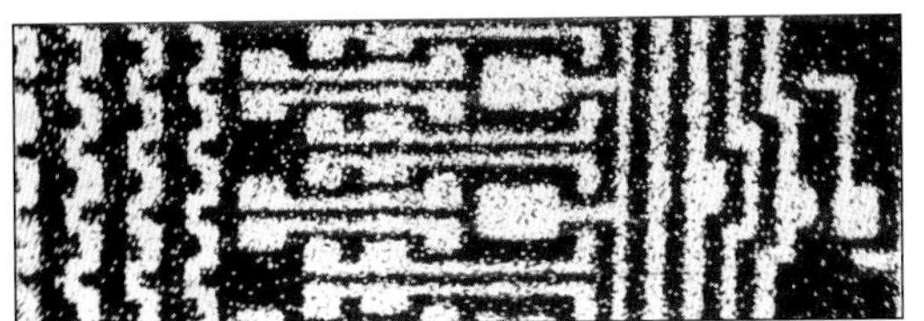

图12.27　上图：一个集成电路的扫描电子图像。

中图：上图中集成电路的硅元素点分布，显示了硅原子集中的区域。杂质硅是组成集成电路元件的半导体材料。

下图：铝元素的点分布图。金属铝是一种电导体，作为导线将电路元件连接在一起。

大约放大200倍。

注意：5.12节提到扫描电子显微图像是由电子束在被检测的样品表面扫描所产生的。电子束中的电子会导致样品表面的一些原子发射X射线；一个X射线光子的能量取决于发射它的某一个原子。可将某一种原子发射出的X射线选择性地过滤出来。当把X射线投射到阴极射线管上时，产生的白色小点即表示该种原子所在的位置，从而获得一个点分布的图像。

微电子电路由许多具有精确详细模版的层组成，这些层位于硅片内部或叠加在硅片顶部。在每一层运用光刻技术，就可根据显微图案将每个微小的元件遮盖住。电路元件通过有选择性的在没有被遮盖的区域引入特殊材料[通过扩散（第6.6节）或离子注入]创造n-型、p-型、高电阻或电导的局部区域来构建。在每一层都重复这个过程直到整个集成电路制备完成，如MOSFET示意图中所示（图12.26）。集成电路元件如图12.27及本章开头图片（a）所示。

离子型陶瓷和聚合物的电导

多数聚合物和离子型陶瓷在室温下是绝缘材料，因此它们具有与图12.4（c）中相似的电子能带结构，其满价带与空导带间被一个相对较宽的禁带隔开，禁带能通常大于2eV。所以，室温下只有很少的电子被热能激发而穿过禁带，也就导致材料的电导率值很小。表12.4给出了几种这类材料室温下的电导率（附录B中的表B.9提供了大量陶瓷和聚合物材料的电阻率）。许多材料的应用是基于它们的绝缘性的，这就需要一个高的电阻率。随着温度的升高，绝缘材料的电导率将会升高。

表12.4　13种非金属材料室温下典型的电导率

材料	电导率/$(\Omega\cdot m)^{-1}$	材料	电导率/$(\Omega\cdot m)^{-1}$
石墨	$3\times10^{4}\sim2\times10^{5}$	聚合物	
陶瓷		苯酚-甲醛	$10^{-9}\sim10^{-10}$
混凝土（干）	10^{-9}	聚酯纤维（甲基丙烯酸甲酯）	$<10^{-12}$
钙钠玻璃	$10^{-10}\sim10^{-11}$	尼龙66	$10^{-12}\sim10^{-13}$
瓷器	$10^{-10}\sim10^{-12}$	聚苯乙烯	$<10^{-14}$
硼硅酸盐玻璃	约10^{-13}	聚乙烯	$10^{-15}\sim10^{-17}$
氧化铝	$<10^{-13}$	聚四氟乙烯	$<10^{-17}$
熔融石英	$<10^{-18}$		

12.16　离子型材料的电导

离子型材料的电导率等于电子和离子电导率之和

计算一个离子的电导率

离子型材料中的阳离子和阴离子都带有一个电荷，因此当施加电场时离子可以发生移动或扩散。那么这些带电离子的运动会在电子运动形成电流的基础上产生额外的电流。阴离子和阳离子的移动方向相反。一个离子型材料的总电导率$\sigma_{总}$等于电子和离子电导率的总和，如下：

$$\sigma_{总}=\sigma_{电子}+\sigma_{离子} \tag{12.22}$$

这两个因素中的任一个都可能为主导因素，这取决于材料、纯度和温度。迁移率μ_I与每一个离子间都存在如下关系：

$$\mu_I=\frac{n_I e D_I}{kT} \tag{12.23}$$

式中，n_I和D_I分别代表某一离子的价态和扩散系数；e、k和T所表示的参数在之前的章节中已说明。因此，离子对总电导率的贡献随温度的增加而增加，电子元件也一样。但是，尽管电导率来源于两方面，大多数离子型材料即便在高温下也仍然是绝缘的。

12.17 聚合物的电学性能

由于大量的自由电子不能参与到导电过程中，大多数聚合物材料是电的不良导体（表12.4）。这些材料的导电机理尚不是很清楚，但是人们认为高纯聚合物中电的传导依靠电子。

导电聚合物

导电聚合物：人工合成的聚合物材料具有和金属导体一样好的电导率；它们被称为导电聚合物。这些材料的电导率可高达$1.5\times10^{7}\ (\Omega\cdot m)^{-1}$；以体积为基准，这个值等于铜电导率的1/4，或者以重量为基准为铜电导率的2倍。

这个现象在多种聚合物中都能观察到，包括聚乙炔、聚对苯、聚吡咯和聚苯胺。每种聚合物的聚合链中都包含着一系列交互的单键和双键或者芳香基。例如，聚乙炔的链结构如下所示：

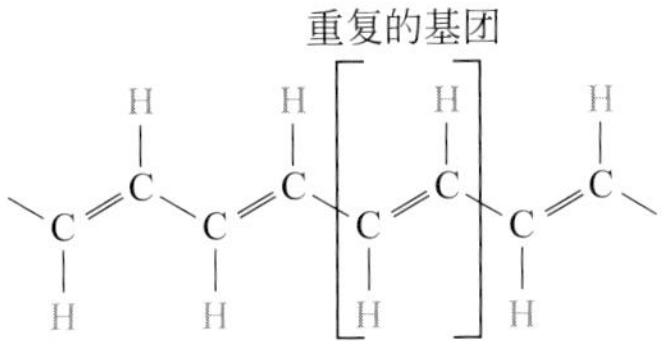

重复的基团

与交替的单链键和双链键相连接的价电子是离域的，这意味着聚合链上的骨架原子共享这些电子，这与金属中部分被填满的能带里的电子被离子核共享的方式相似。此外，导电聚合物的能带结构具有电绝缘的特征［图12.4（c）］，在绝对零度时，满价带与空导带间被一个禁带分隔开。当在其中掺杂适当的杂质时，如AsF_5、SbF_5或碘，这些聚合物将变成导体。如同半导体，导电聚合物可为n-型（即自由电子主导），也可为p-型（即空穴主导），这取决于掺杂的物质。但是，与半导体不同，掺杂的原子或分子不会置换或替代任何聚合物原子。

这些导电聚合物中产生大量自由电子和空穴的机理很复杂，人们对此也不十分清楚。简单来说，掺杂原子的加入导致本征聚合物中有新的能带形成。新的能带与价带和导带重叠，提供了一个丰满的能带，从而在室温下即可产生高浓度的自由电子或空穴。在合成聚合物时，无论是采用力学方法还是采用磁学方法诱导聚合物链的取向，都会获得高度各向异性的材料，且沿取向方向电导率最大。

这些导电聚合物在很多应用方面都极具潜力，因为它们的密度低、韧性好并且易于生产。聚合物电极已应用到充电电池和燃料电池的制造中。这些电池在很多方面都要优于金属电池。导电聚合物其他可能的应用包括航空和航天元件的连接、防静电涂料或涂层、电磁屏蔽材料及电子设备（例如晶体管和二极管）。

介电性能

介电材料
电偶极子

介电材料是电绝缘（非金属）材料，它可表现出或使其表现出电偶极子的结构，即在分子或原子水平存在一对荷正电与荷负电的实体。这个关于电偶极子的概念在2.7节已经介绍过。由于偶极子与电场间的相互作用，介电材料主要应用于电容器中。

12.18 电容器

电容

当在电容上施加电压时，一侧金属板带正电荷而另一侧带负电荷，这与从正极金属板指向负极金属板的电场方向一致。电容C与任一金属板上储存的电荷数Q有关：

电容值取决于储存的电荷及外加电压

$$C = \frac{Q}{V} \tag{12.24}$$

式中，V是施加在电容器上的电压。电容的单位为库伦每伏特，或法拉（F）。

一个平行板电容器在真空状态下的电容值

现在，考虑一个平行板电容器，板间区域为真空状态［图12.28（a）］。其电容可通过如下关系计算：

$$C = \epsilon_0 \frac{A}{l} \tag{12.25}$$

介电常数

式中，A代表板的面积；l为板间距离；系数ϵ_0为真空的介电常数，它是值为8.85×10^{-12}F/m的普适常量。

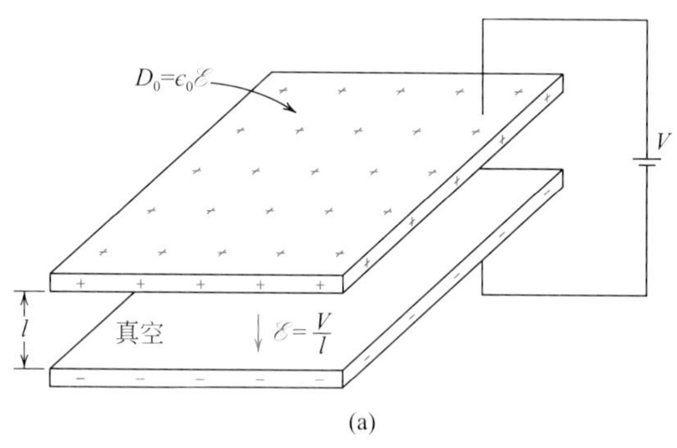

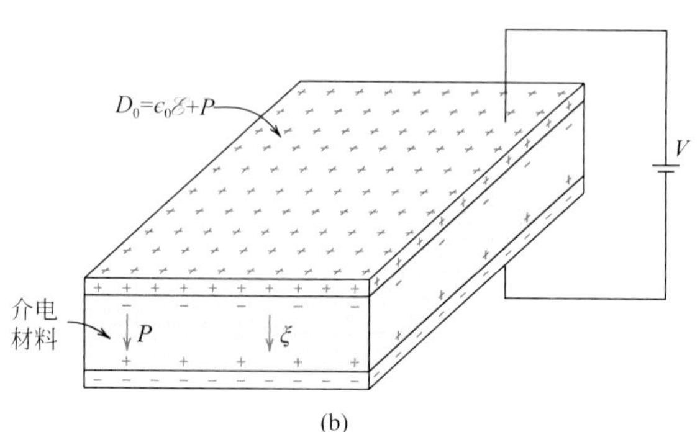

图12.28 一个平行板电容器（a）板间真空（b）插入介电材料

（图片来自K. M. Ralls，T.H.Courtney，和J.Wulff，*Introduction to Materials Science and Engineering*. Copyright © 1976 by John Wiley & Sons，Inc.再版由John Wiley & Sons，Inc.授权。）

一个平行板电容器中存在电介质时的电容值

若将一个介电材料插入板间的区域［图12.28（b）］，那么

$$C=\epsilon\frac{A}{l} \tag{12.26}$$

相对介电常数

式中，ϵ为这种介电媒质的介电常数，它远远大于ϵ_0。**相对介电常数**ϵ_r，等于如下比值：

相对介电常数的定义

$$\epsilon_r=\frac{\epsilon}{\epsilon_0} \tag{12.27}$$

其值大于单位一，代表了当在板间插入介电媒质时电荷储存容量的增加。相对介电常数是在设计电容器时首先要考虑的材料性能。表12.5给出了多种介电材料的ϵ_r值。

表12.5　一些介电材料的介电常数和介电强度

这些介电强度的值为平均值，其大小取决于样品的厚度、几何形状及外加电场的施加速度和持续时间

材料	相对介电常数		介电强度/(V/mil)[a]
	60Hz	1MHz	
陶瓷			
钛酸盐陶瓷	—	600～400000	2000～12000
云母	—	220～350	40000～79000
滑石（$MgO-SiO_2$）	—	220～300	7900～14000
钙钠玻璃	275	275	9900
瓷器	240	240	1600～16000
熔融石英	150	150	9900
聚合物			
苯酚-甲醛	210	200	12000～16000
尼龙66	150	150	16000
聚苯乙烯	100	100	20000～28000
聚乙烯	100	100	18000～20000
聚四氟乙烯	80	80	16000～20000

12.19　场矢量和极化

也许场矢量是帮助解释电容现象的最佳的方法。首先，每个电偶极子中的正电荷和负电荷间存在一个间距，如图12.29所示。一个电偶极矩p与每个偶极子间有如下关系：

电偶极矩

$$p=qd \tag{12.28}$$

式中，q是每个偶极子携带电荷的数量级，d为偶极子间距。一个偶极矩就是一个由负电荷指向正电荷的矢量，如图12.29所示。当施加一个电场$\mathscr{E}$（同时也是一个矢量）时，在电偶极子上会产生一个力（或力矩）的作用，这个作用会根据外加电场来确定电偶极子的方位；此现象如图12.30所示。这个偶极子方位调整的过程称为**极化**。

极化

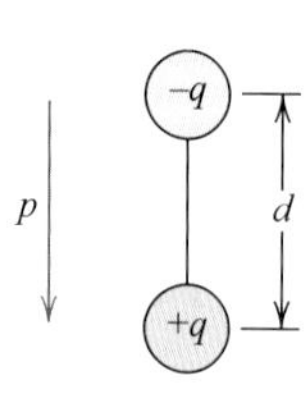

图12.29　一对由两个电荷（电荷量都为q）产生，并被分隔间距为d的电偶极子示意图。其相关的极化适量p如图所示

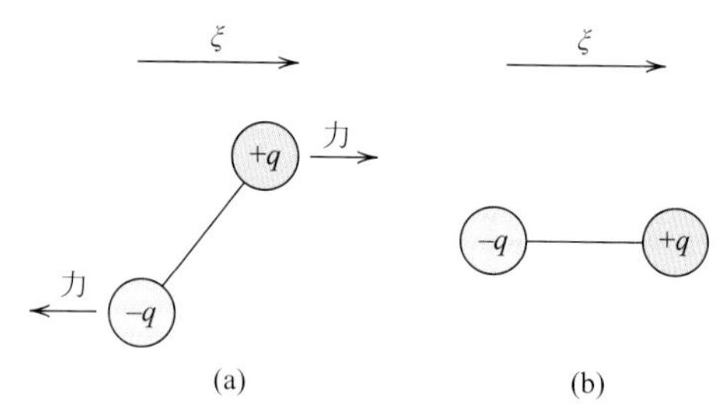

图12.30　(a）电场施加的力（和力矩）作用于一个偶极子；(b）偶极子最终按电场方向排列

真空下的介电位移（表面电荷密度）

同样，我们再回到电容器，其表面电荷密度D（或电容板上单位面积的电荷量）与电场存在比例关系。当处于真空条件时，有：

$$D_0=\epsilon_0\mathscr{E} \tag{12.29}$$

式中，ϵ_0为比例常数。此外，当有介电质存在时，还有另一个类似的表达式：

插入介电质时的介电位移

$$D=\epsilon\mathscr{E} \tag{12.30}$$

介电位移

有时D也称为介电位移。

电容或介电常数的增加可用一个关于介电材料极化的简单模型来解释。把图12.31（a）所示的电容看作在真空条件下，电荷量为$+Q_0$的电荷储存在顶部的板上，而电荷量为$-Q_0$的电荷储存在底部的板上。当外加一个电场并插入一个电介质时，板间的全部固体物质都发生了极化［图12.31（c)］。在极化的作用下，在介电质靠近正极板的表面上聚集了净电荷量为$-Q'$的负电荷，同样，在靠近负极板的表面上聚集了多余的$+Q'$电荷。对于远离这些表面的介电区域，极化作用并不重要。因此，如果将每个板及其相邻的介电质表面看做一个独立的实体，那么介电质产生的电荷（$+Q'$或$-Q'$）则可能与真空状态下板上原本就存在的电荷（$+Q_0$或$-Q_0$）相抵消。外加的电压穿过金属板，并通过在负极板（或底部）上增加$-Q'$的电荷，及在正极板（或顶部）上增加$+Q'$的电荷来保持真空下的电压值不变。在外加电压源的作用下电子将从正极板流向负极板，使电压重新回到一个合适的值。这样，现在每个板上的电荷就达到Q_0+Q'，比初始增加了Q'。

介电位移与电场强度及极化（介电媒质）相关

当插入一个电介质时，一个电容器金属板表面的电荷密度可表示为：

$$D=\epsilon_0\mathscr{E}+P \tag{12.31}$$

式中，P代表极化，或在真空下由于插入介电质而增加的电荷密度，或如图12.31（c）所示的$P=Q'/A$，其中A是每个板的面积。P的单位与D一样为（C/m^2）。

也可以将极化P看作介电材料中单位体积的总偶极矩，或介电质中，在外加场ξ作用下彼此排列整齐的任何原子或分子偶极子所产生的一个极化电场。对于很多介电材料，P与$\mathscr{E}$间存在如下比例关系：

介电媒质的极化与相对介电常数及电场强度相关

$$P=\epsilon_0(\epsilon_r-1)\mathscr{E} \tag{12.32}$$

式中，ϵ_r与电场大小无关。

表12.6中列出了介电参数及其单位。

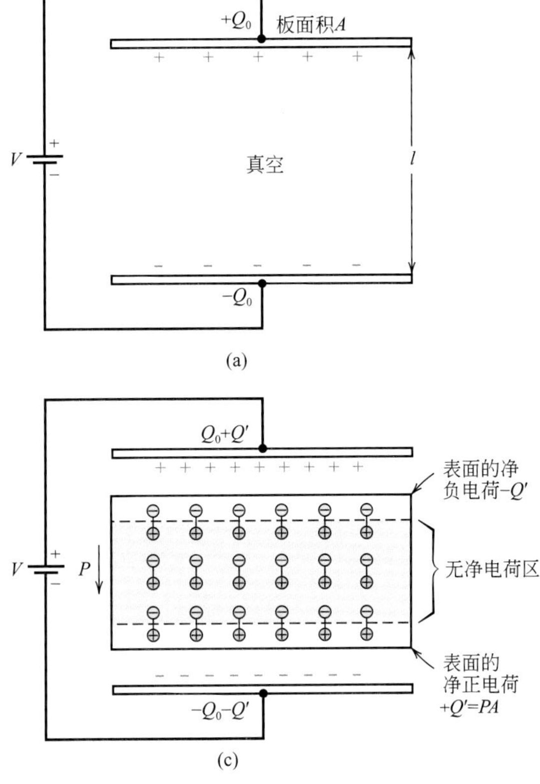

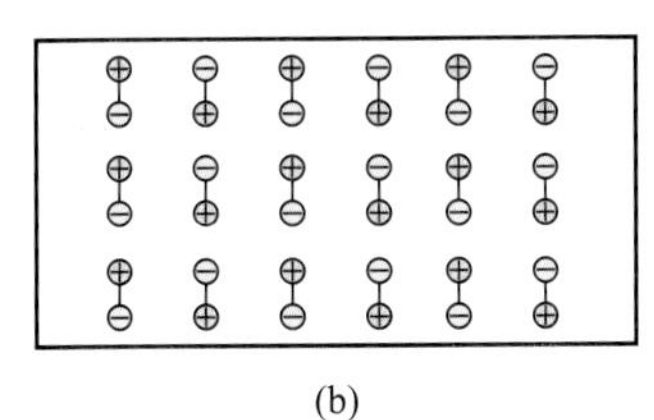

图12.31 （a）真空下电容板上储存的电荷，（b）没有被极化的电介质中的偶极子排布，（c）介电材料极化造成电容电荷储存的增加

（根据A. G. Guy，*Essentials of Materials Science*，McGraw–Hill Book Company，New York，1976改编。）

表12.6 多种电学参数及场矢量的基本单位及衍生单位

量	符号	SI单位	
		衍生	基本
电势	V	伏特	kg・m²/（s²・C）
电流	I	安培	C/s
电场强度	$\mathscr{E}$	伏特/米	kg・m/（s²・C）
电阻	R	欧姆	kg・m²/（s・C）
电阻率	ρ	欧姆–米	kg・m³/（s・C²）
电导率	σ	（欧姆–米）$^{-1}$	s・C²/（kg・m³）
电荷	Q	库伦	C
电容	C	法拉	s・C²/（kg・m³）
介电常数	ϵ	法拉/米	s・C²/（kg・m³）
相对介电常数	ϵ_r	无量纲	无量纲
介电位移	D	法拉–伏特/m²	C/m²
电极化	P	法拉–伏特/m²	C/m²

例题 12.5

电容性能的计算

一个平行板电容器的板面积为$6.45\times10^{-4}m^2$，板间距为$2\times10^{-3}m$，对其施加10V的势能。若将某一相对介电常数为6.0的材料置于板间区域，请计算下列数值：

（a）电容

（b）每个板上储存的电荷

（c）介电位移D

（d）极化

解：

（a）运用式（12.26）计算电容；但介电媒质的介电常数ϵ需要先根据式（12.27）来确定：

$$\epsilon = \epsilon_r \epsilon_0 = (6.0)\left(8.85\times\frac{10^{-12}\,\mathrm{F}}{\mathrm{m}}\right)$$
$$= 5.31\times10^{-11}\,\mathrm{F/m}$$

那么，电容由如下计算得出

$$C = \epsilon\frac{A}{l} = (5.31\times10^{-11}\,\mathrm{F/m})\left(\frac{6.45\times10^{-4}\,\mathrm{m}^2}{20\times10^{-3}\,\mathrm{m}}\right)$$
$$= 1.71\times10^{-11}\,\mathrm{F}$$

（b）由于电容已确定，则储存的电荷可由式（12.24）计算，根据

$$Q=CV=(1.71\times10^{-11}F)(10\mathrm{V})=1.71\times10^{-10}\mathrm{C}$$

（c）由式（12.30）计算介电位移

$$D = \epsilon\mathscr{E} = \epsilon\frac{V}{l} = \frac{(5.31\times10^{-11}\,\mathrm{F/m})(10\mathrm{V})}{2\times10^{-3}\,\mathrm{m}}$$
$$= 2.66\times10^{-7}\,\mathrm{C/m^2}$$

（d）由式（12.31）可确定极化如下：

$$P = D - \epsilon_0\mathscr{E} = D - \epsilon_0\frac{V}{l}$$
$$= 2.66\times10^{-7}\,\mathrm{C/m^2} - \frac{(8.85\times10^{-12}\,\mathrm{F/m})(10\mathrm{V})}{2\times10^{-3}\,\mathrm{m}}$$
$$= 2.22\times10^{-7}\,\mathrm{C/m^2}$$

12.20 极化类型

极化是在外加电场作用下稳定的偶极子排列，或产生的原子或分子偶极矩。极化有三种类型或来源：电子、离子和取向。介电材料属于典型的最后一种类型的极化，这主要取决于材料及施加电场的性质。

（1）电子极化

电子极化

电子极化可由所有原子中的一个或多个引起。它是原子的负电荷电子云在电场作用下，相对于原子核向正极方向的偏移［图12.32（a）］。这种极化类型在所有的介电材料中都可找到，并且只在电场下存在。

（2）离子极化

离子极化

离子极化只发生在离子型材料中。阳离子在电场的作用下向同一方向移动，而阴离子则向反方向移动，因此而增加了净偶极矩。这种现象如图12.32（b）所示。每对离子p_i的偶极矩大小等于相对位移d_i和离子携带电荷的乘积：

一对离子的电偶极矩

$$p_i=qd_i \tag{12.33}$$

（3）取向极化

取向极化

取向极化只存在于具有稳定偶极矩的物质中。极化导致这些力矩的方向旋转至与电场一致，如图12.32（c）所示。这种排列的趋势可被原子的热振动抵消，这种极化作用随温度的升高而减弱。

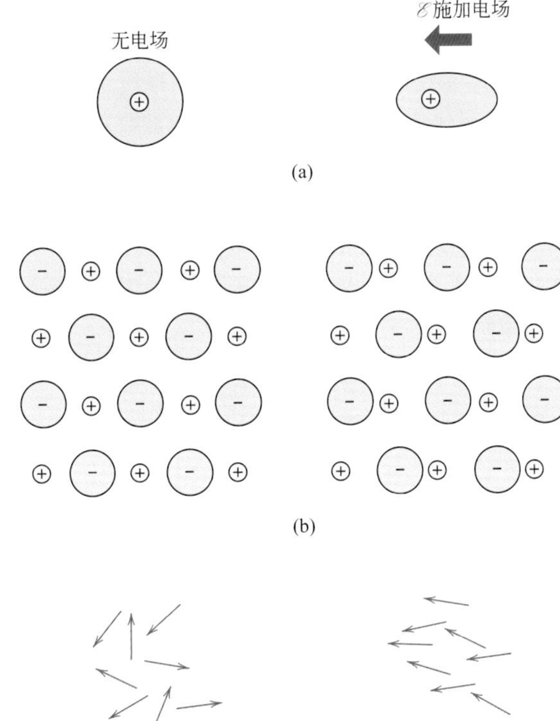

图12.32 （a）电子极化，电场作用下原子电子云的畸变；（b）离子极化，电场产生的电荷离子的相对偏移；（c）稳定的电偶极子（箭头）对外加电场的反应，产生取向极化

（图片来自O. H. Wyatt and D. Dew-Hughes，*Metals*，*Ceramics and Polymers*，Cambridge University Press，Cambridge，1974）

某一物质的总极化P等于其电子、离子及取向（分别为P_e、P_i和P_o）极化之和，或

某一物质的总极化等于电子、离子和取向极化之和

$$P=P_e+P_i+P_o \tag{12.34}$$

相对其他而言，总极化中的一个或多个组成部分都可能缺失或被忽略。例如，共价键材料中没有离子，因此不存在离子极化。

对于固体钛酸铅（$PbTiO_3$），它可能具有哪种极化？为什么？注意：钛酸铅的晶体结构与钛酸钡（图12.35）相同。

[解答可参考 www.wiley.com/college/callister（学生之友网站）]

12.21 与频率相关的相对介电常数

在许多的实际情况中电流都是交变的（交流电）；即外加电压或电场的方向随时间而变化，如图12.23（a）所示。现考虑一个介电材料在一个交变电场作用下经受极化作用。随着电场方向的每一次反转，偶极子会随着电场而重排，如图12.33所示，整个重排过程需要一定的时间。每种极化类型都有其最小的重排时间，这取决于其特定偶极子发生重排的难易程度。这个最小重排时间的倒数称为**弛豫频率**。

弛豫频率

当外加电场的频率超过偶极子的弛豫频率时，偶极子将不能跟随其改变排列方向，因此也就不会对相对介电常数有所贡献。一个具备三种极化类型的介电媒质，其相对介电常数ϵ_r与电场频率的关系如图12.34所示，注意频率坐标取对数。如图12.34所示，当极化作用结束时，相对介电常数发生了骤降；而除此之外，ϵ_r实际上是与频率无关的。表12.5中给出了频率为60Hz和1MHz时的相对介电常数值，这些表明了其在低频范围内的频率相关性。

介电材料在交变电场中消耗的电能称为介电损耗。对某种特定材料中每种有效的偶极子类型来说，当电场频率与弛豫频率接近时这种损耗很重要。在实际应用中期望更低的介电损耗。

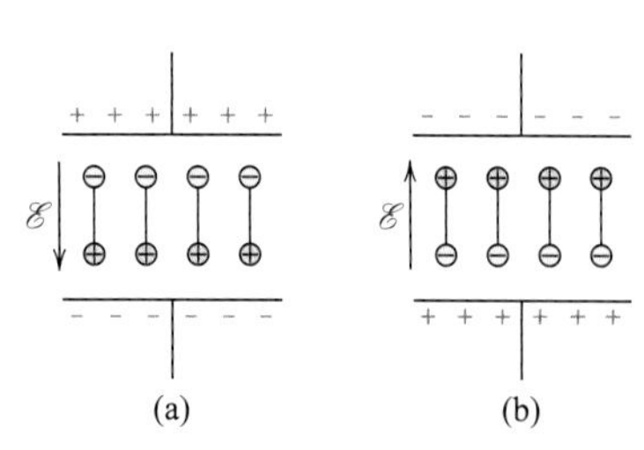

图12.33 偶极子排列（a）交变电场的一种极性和（b）相反的极性

（图片来自Richard A. Flinn and Paul K.Trojan，*Engineering Materials and Their Applications*，4th edition.Copyright © 1990 by John Wiley &Sons，Inc.再版由John Wiley & Sons，Inc.授权）

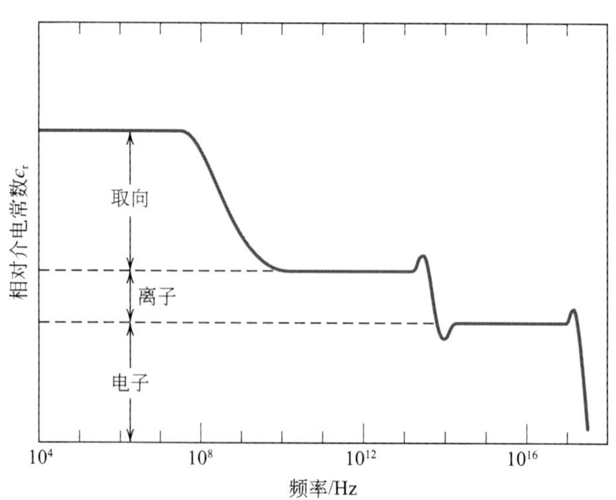

图12.34 相对介电常数随交变电场频率的变化。表示了电子、离子和取向极化对相对介电常数的贡献

12.22 介电强度

当在介电材料上施加高强的电场时，大量的电子被突然激发至导带中。因此，由电子运动所形成的穿过介电质的电流急剧增加，有时会造成局部熔化、燃烧或蒸发从而产生不可逆的恶化，甚至是材料的失效。这种现象称为介电击穿。介电强度有时也称为击穿强度，表示可以引发击穿的电场大小。表12.5列出了几种材料的介电强度。

介电强度

12.23 介电材料

许多陶瓷和聚合物被用作绝缘体和/或电容器。很多陶瓷，包括玻璃、瓷器、滑石和云母的相对介电常数范围在6 ～ 10（表12.5）。这些材料也具有很高的尺寸稳定性和机械强度。其典型的应用包括电源线、电气绝缘、开关底座和灯插座。二氧化钛（TiO_2）和钛酸盐陶瓷，例如钛酸钡（$BaTiO_3$），可被制成相对介电常数极高的材料，并在某些电容器的应用上具有特殊功用。

陶瓷材料的相对介电常数大于多数聚合物，这是因为陶瓷具有更大的偶极矩：聚合物的ϵ_r值通常为2 ～ 5之间。这些材料通常用于导线、电缆、发动机、发电机等的绝缘，此外，还有某些电容器的制造。

材料的其他电学特性

某些材料中还存在另外两个相对重要、新颖的电学特性，值得在这里简单一提——铁电性和压电性。

12.24 铁电性

铁电体

具有自发极化现象的介电材料称为铁电体——即没有电场时的极化。它们的介电特性与具有永磁性的铁磁材料相似。铁电材料中存在永久电偶极子，这可以用一种最常见的铁电体——钛酸钡来解释。自发极化是晶胞中Ba^{2+}、Ti^{4+}和O^{2-}排列的结果，如图12.35所示。Ba^{2+}位于晶胞的角点，其晶胞结构为四方对称（某一方向被拉长的立方）。偶极矩由位置对称的O^{2-}和Ti^{4+}间的相对位移造成，如晶胞的侧面结构所示。O^{2-}位于六个面上每个面中心旁边略靠下的位置，而Ti^{4+}位于晶胞中心略向上的位置。因此，每个晶胞都存在一个永久离子偶极矩［图12.35（b)］。然而，当将钛酸钡加热至其铁电体居里温度之上时（120℃），晶胞将变为立方，立方晶胞里的所有离子位于对称位置。此时的材料具有钙钛矿晶体结构（3.6节），其铁电性能消失。

这类材料的自发极化导致相邻的永久偶极子间相互反应，并相互排列成同一方向的直线。例如，对于钛酸钡，在样品的一定体积区域内，O^{2-}和Ti^{4+}间的相对位移在所有的晶胞中方向一致。其他具有铁电性的材料包括Rochelle盐（$NaKC_4H_4O_6 \cdot 4H_2O$)、磷酸二氢钾（KH_2PO_4)、铌酸钾（$KNbO_3$）和锆钛酸铅

（$Pb[ZrO_3$，$TiO_3]$）。铁电体在相对低的外加电场频率下就具有极高的相对介电常数，例如，在室温下钛酸钡的ϵ_r可能高达5000。因此，用此类材料制作的电容器体积要远小于其他介电材料的电容器。

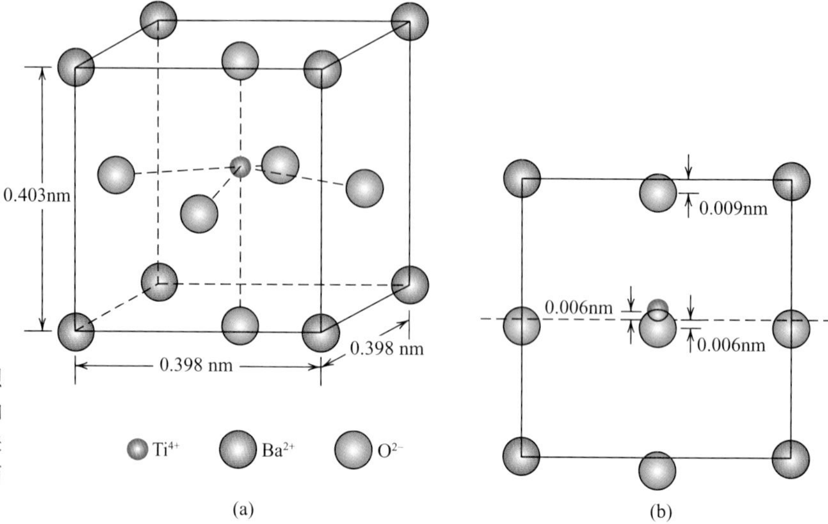

图12.35 一个钛酸钡（$BaTiO_3$）晶胞（a）等轴侧投影和（b）从一面来看，显示了Ti^{4+}和O^{2-}在面心的位移。

12.25 压电性

少数陶瓷材料可表现出一种独特的性能——压电性，或字面意义压电：在外力作用下发生极化而产生穿过样品的电场。改变外力的符号（如从拉伸变为压缩）即改变了电场的方向。压电作用如图12.36所示。这种现象及其应用实例将在13.10节中的“重要材料”部分讨论。

压电

传感器是可将电能转变为机械应变或反之转变的设备，压电材料可用于传感器的制造。其他的一些可以使用到压电体的相似应用有留声机拾音器、麦克风、扬声器、声响报警和超声成像。在一个留声机里，唱针划过唱片上的沟槽时会在置于留声机内部的压电材料上产生一个压力的改变，这个改变将转变为电信号，并被大扬声器放大。

压电材料包括钛酸钡和铅、锆酸铅（$PbZrO_3$）、磷酸二氢铵（$NH_4H_2PO_4$）和石英。具有这种特殊性能的材料其晶体结构复杂，对称性低。对于多晶样品的压电行为，可通过将其加热至居里温度之上，而后在一个强电场里冷却到室温来提高。

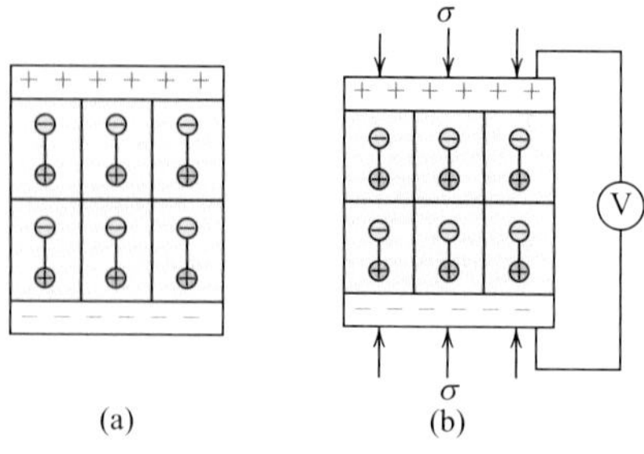

图12.36 （a）压电材料中的偶极子（b）材料经受压应力时产生了一个电压

（图片来自*VAN VLACK，L. H.，ELEMENTS OF MATERIALS SCIENCE AND ENGINEERING，6th*，© *1989*.纸质及电子再版 由Pearson Education，Inc.，Upper Saddle River，New Jersey.授权）

 概念检查 12.10 你希望一个压电材料（例如$BaTiO_3$）的物理尺寸在电场作用下改变吗？为什么？

[解答可参考 *www.wiley.com/college/callister*（学生之友网站）]

总结

欧姆定律

- 对于可传导电流的材料，其传导电流的难易程度可根据电导率或它的倒数——电阻率表示［式（12.2）和式（12.3）］。

电导率

- 欧姆定律［式（12.1）］为施加的电压、电流和电阻间的关系。一个等价的表达式，式（12.5）为电流密度、电导率和电场强度的关系。
- 一个固体材料可根据电导率分为金属、半导体或绝缘体。

电子和离子导电

- 对大多数材料而言，电流是自由电子运动的结果，其运动可在外加电场作用下加速。
- 离子型材料中还存在离子的净运动，这对导电过程也有贡献。

固体能带结构

- 自由电子的数量取决于材料的电子能带结构。

能带传导及原子键模型

- 一个电子能带由一系列具有相似能量的电子态组成，独立原子中的每个电子亚层中存在一个这样的能带。
- 电子能带结构指的是最外层的能带相对于另一个能带排列并被电子填满的行为。

  金属可能具有两种能带结构［图12.4（a）和图12.4（b）］——空电子能态与满态相邻。

  半导体和绝缘体的能带结构相似，都含有一个禁带。在0K下，它存在于满价带和空导带之间。绝缘体的禁带宽度相对较大（＞2eV）而半导体的禁带宽度较小（＜2eV）［图12.4（d）］。
- 高能量下，电子从满态被激发而进入可用的空态，成为自由电子。

  金属中电子的激发能量相对较小（图12.5），使其具有大量的自由电子。

  半导体和绝缘体中电子的激发能量较大（图12.6），导致它们的自由电子浓度更低，电导率值更小。

电子迁移率

- 在电场作用下自由电子被晶体点阵中的缺陷散射。电子迁移率的大小由这些散射发生的频率表示。
- 在很多材料中，电导率与电子浓度和迁移率的乘积成比例关系［依照式（12.8）］。

金属的电阻率

- 金属材料的电阻率随温度、杂质浓度和塑性变形的增加而增长。每个部分对总电阻率的贡献之和为Matthiessen's定则，式（12.9）。
- 式（12.10）、式（12.11）和式（12.12）描述了热及杂质的贡献（对于固溶体和两相合金）。

本征半导体

- 半导体可为元素（Si和Ge）或共价化合物。

杂质半导体

- 对于这些材料，除了自由电子之外，空穴（价带中缺失的电子）也可参与导电过程（图12.11）。
- 半导体可分为本征半导体或杂质半导体。

本征半导体的电学性能是其纯材料所固有的，并且其电子和空穴浓度相等。它的电导率可由式（12.13）计算［或式（12.15）］。

杂质半导体的电学行为受杂质影响。杂质半导体可为n-型或p-型，这取决于主导的载流子是电子还是空穴。

- 施主杂质引入额外的电子（图12.12和图12.13），受主杂质引入额外的空穴（图12.14和图12.15）。
- n-型半导体的电导率可由式（12.16）计算，p-型半导体的电导率可由式（12.17）计算。

温度对载流子浓度的影响

- 本征载流子浓度随温度的升高而急剧增加（图12.16）。
- 对于杂质半导体，在多数载流子浓度关于时间的曲线中，“非本征区”的载流子浓度与温度无关（图12.17）。这个区域中的载流子浓度大小近似等于杂质能级。

影响载流子迁移率的因素

- 杂质半导体的电子和空穴迁移率（1）随杂质含量的增加而减小（图12.18），而且（2）通常，随温度的升高而减小［图12.19（a）和图12.19（b）］。

霍尔效应

- 霍尔效应实验可以确定载流子类型（即电子或空穴），及载流子浓度和迁移率。

半导体设备

- 许多半导体设备利用这些材料独特的电学特性来展现特殊的电子功能。
- p-n整流结（图12.21）用来将交流电转变为直流电。
- 另一种半导体设备为晶体管，可用来放大电信号或用做计算机线路中的开关设备。也可用做p-n结和MOSFET晶体管（图12.24、图12.25和图12.26）。

离子型陶瓷和聚合物的电导

- 多数离子型陶瓷和聚合物在室温下是绝缘体。电导率范围在$10^{-9}\sim10^{-18}(\Omega\cdot m)^{-1}$之间；通过比较，多数金属的$\sigma$在$10^{7}$（$\Omega\cdot m$）$^{-1}$数量级。

介电行为
电容

- 存在于原子或分子能级的一个偶极子，其正电荷和负电荷被一个净空间分隔开来。

场矢量和极化

- 极化是电偶极子在电场作用下的整齐排列。
- 可被电场极化的电绝缘体称为介电材料。
- 这个极化现象表示了介电质提高电容器电荷储存容量的能力。
- 根据式（12.24），电容值与外加电压和储存的电荷量有关。
- 电容器储存电荷的能力由介电常数或相对介电常数表示［式（12.27）］。
- 根据式（12.26），平行板电容器的电容值随板间材料的介电常数、板面积及板间距的变化而变。
- 根据式（12.31），介电媒质中的介电位移取决于外加电场及感应极化。
- 对于某些介电材料，其由电场造成的极化可由式（12.32）表示。

极化类型

- 现有的极化种类包括电子［图12.32（a）］、离子［图12.32（b）］和取向［图12.32（c）］，这三种极化并不一定都存在于某一电介质中。

与频率相关的介电常数

- 对于交变电场，无论哪种类型的极化作用于总极化，介电常数都取决于频率；当外加电场的频率超过弛豫频率时，极化作用将终止（图12.34）。

材料的其他电学特性

- 铁电材料表现为自发极化——即无电场时的极化。
- 在一个压电材料上施加机械应力时会产生一个电场。

公式总结

公式编号	公式	求解	页码
(12.1)	$V=IR$	电压(欧姆定律)	444
(12.2)	$\rho=\frac{RA}{l}$	电阻率	445
(12.4)	$\sigma=\frac{1}{\rho}$	电导率	445
(12.5)	$J=\sigma\mathscr{E}$	电流密度	445
(12.6)	$\mathscr{E}=\frac{V}{l}$	电场强度	445
(12.8) (12.16)	$\sigma=n\|e\|\mu_e$	电导率(金属);n-型杂质半导体的电导率	450 459
(12.9)	$\rho_{total}=\rho_t+\rho_i+\rho_d$	金属的总电阻率(Matthiessen’s定则)	451
(12.10)	$\rho_t=\rho_0+aT$	热阻率贡献	452
(12.11)	$\rho_i=Ac_i(1-c_i)$	杂质电阻率贡献——单相合金	452
(12.12)	$\rho_i=\rho_\alpha V_\alpha+\rho_\beta V_\beta$	杂质电阻率贡献——两相合金	452
(12.13) (12.15)	$\sigma=n\|e\|\mu_e+p\|e\|\mu_h$ $=n_i\|e\|(\mu_e+\mu_h)$	本征半导体的电导率	456 457
(12.17)	$\sigma\approx p\|e\|\mu_h$	p-型杂质半导体的电导率	460
(12.24)	$C=\frac{Q}{V}$	电容	474
(12.25)	$C=\epsilon_0\frac{A}{l}$	真空下平行板电容器的电容值	474
(12.26)	$C=\epsilon\frac{A}{l}$	板间有介电媒质的平行板电容器电容值	475
(12.27)	$\epsilon_r=\frac{\epsilon}{\epsilon_0}$	相对介电常数	475
(12.29)	$D_0=\epsilon_0\mathscr{E}$	真空下的介电位移	476
(12.30)	$D=\epsilon\mathscr{E}$	介电材料中的介电位移	476
(12.31)	$D=\epsilon_0\mathscr{E}+P$	介电位移	476
(12.32)	$P=\epsilon_0(\epsilon_r-1)\mathscr{E}$	极化	476

符号列表

符号	意义
A	平行板电容器的板面积；与浓度无关的常量
a	与温度无关的常量
c_i	以原子分数为单位的浓度
$\|e\|$	一个电子携带电荷量的绝对值（1.6×10^{-19}C）
I	电流
l	用于测量电压的两个接触点间的距离（图12.1）；平行板电容器的板间距（图12.28a）
n	单位体积内的自由电子数
n_i	本征载流子浓度
p	单位体积内的空穴数
Q	电容器金属板上储存的电荷量
R	电阻
T	温度
V_α，V_β	α和β相的体积分数
ϵ	介电材料的介电常数
ϵ_0	真空下的介电常数（8.85×10^{-12}F/m）
μ_e，μ_h	电子，空穴迁移率
ρ_α，ρ_β	α和β相的电阻率
ρ_0	与浓度无关的常量

工艺/结构/性能/应用总结

我们在第6章中讨论过的扩散原理与加工相关，可运用到半导体上（特别是硅）。在一些实例中，杂质原子（使半导体非本征）的掺杂是通过扩散来实现的。下面的概念图解释了这些关系：

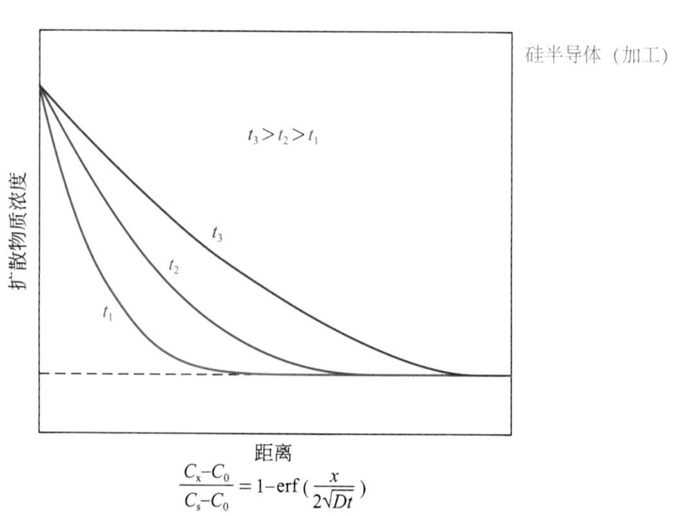

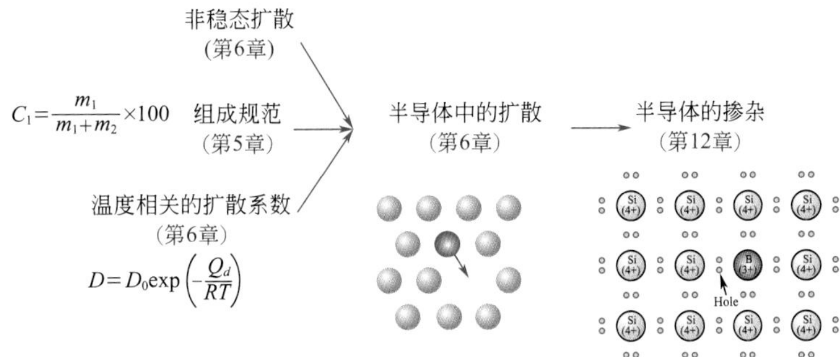

半导体中的一个重要结构元素为电子能带结构。我们已经讨论过这一概念及本征和杂质材料的能带结构。能带结构在一定程度上是由原子间以共价键结合引起的（或主要是共价键），这也是由半导体的电子结构造成的（第2章）。下面的概念图指出了它们间的关系：

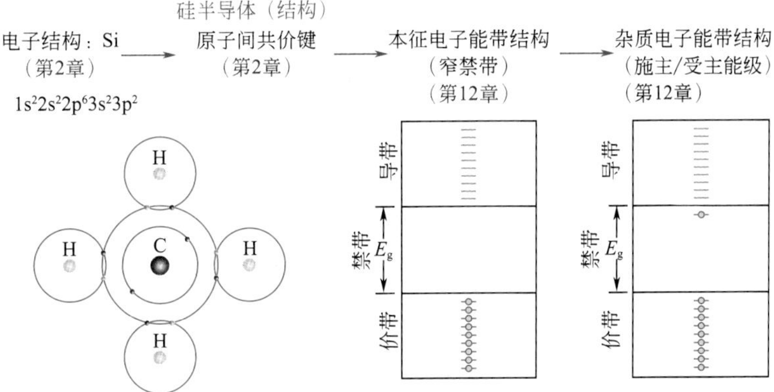

本征和杂质半导体的电导率都随载流子浓度及迁移率（电子和/或空穴）的变化而变化。载流子浓度和迁移率都取决于温度和杂质含量。下面的概念图指出了它们间的关系：

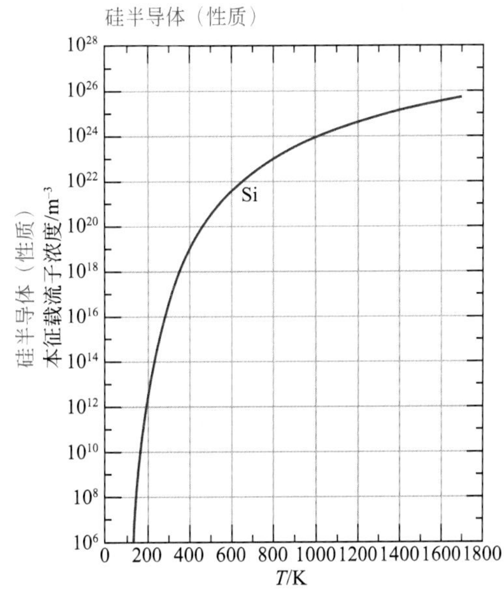

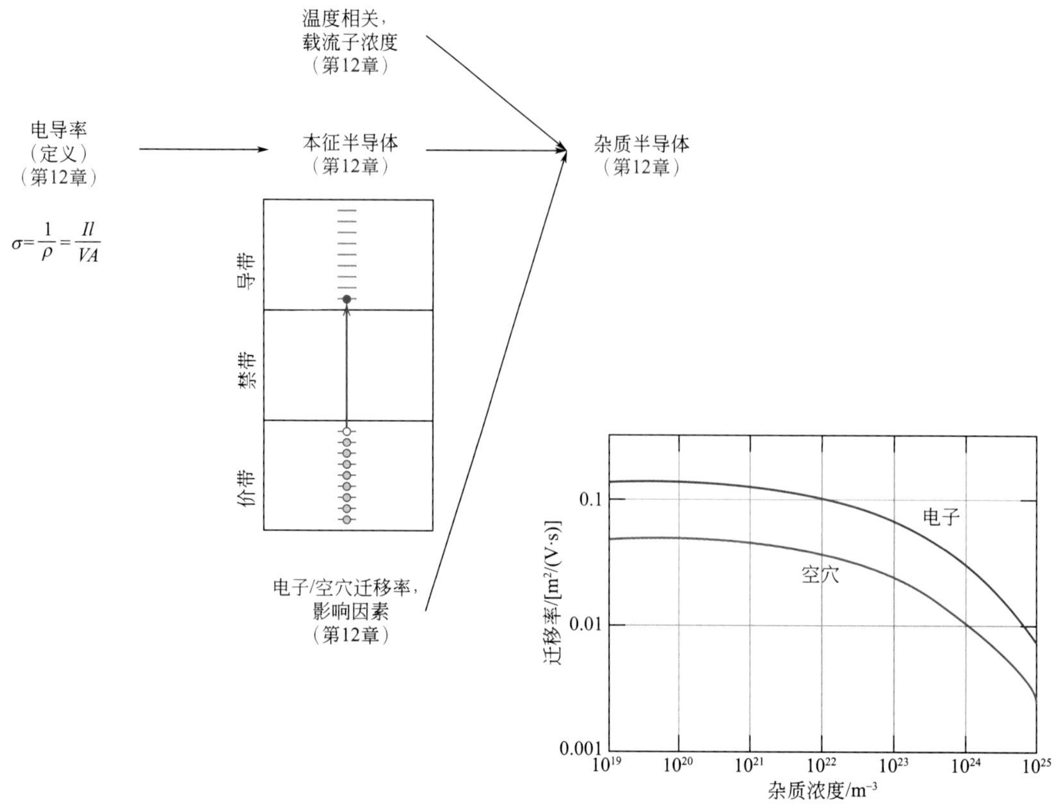

半导体材料常用于集成电路元件。我们详细讨论了两种元件——整流结和晶体管的电学特性及运作方式，如下概念图所示：

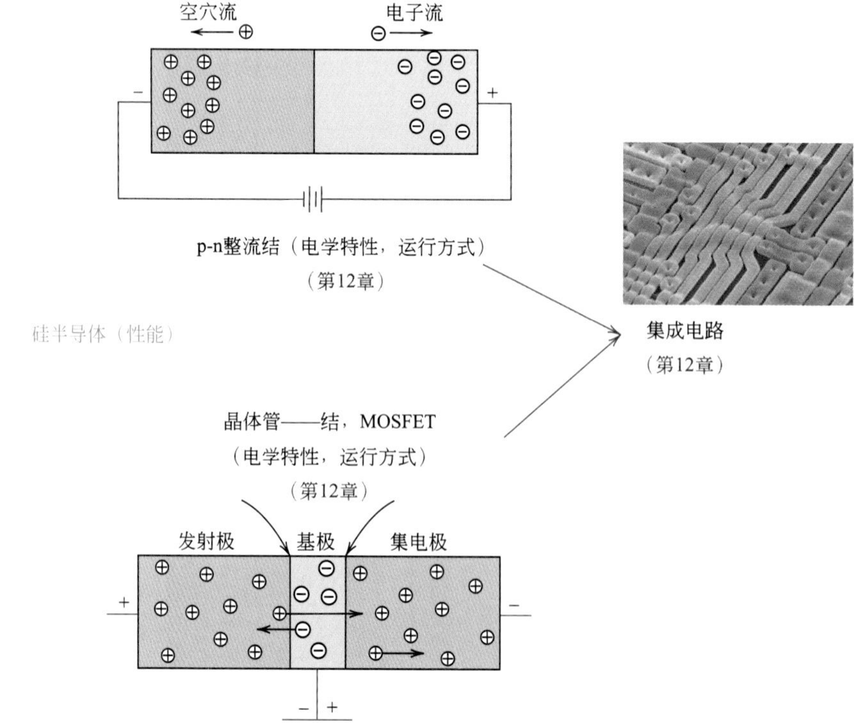

以上讨论了硅半导体的加工/结构/性质/性能。上述关系中的大部分独立元件是概念上的，即它们表现出了材料应用科学的一面（与工程相反）。图12.37为这些材料从材料工程角度出发的加工/结构/性质/性能关系图。

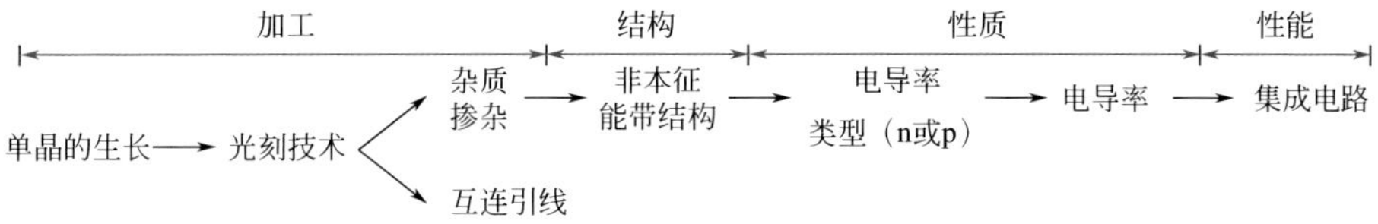

图12.37 包括材料工程元件的硅半导体加工、结构、性质和性能的总结示意图

重要术语和概念

受主态（能级）
电容
导带
电导率，电学的
介电质
相对介电常数
介电位移
介电强度
二极管
偶极子，带电体
施主态（能级）
掺杂
电子能带
禁带
杂质半导体
费米能
铁电体
正向偏压
自由电子
霍尔效应
空穴
绝缘体
集成电路
本征半导体
离子导体
结式晶体管
Matthiessen's定则
金属
迁移率
MOSFET
欧姆定律
介电常数
压电体
极化
极化，电子
极化，离子
极化，取向
整流结
弛豫频率
电阻率；电学
反向偏压
半导体
价带

参考文献

Bube，R.H.，*Electrons in Solids*，3rd edition，Academic Press，San Diego，1992.

Hummel，R.E.，*Electronic Properties of Materials*，4th edition，Springer-Verlag，New York，2011.

Irene，E.A.，*Electronic Materials Science*，Wiley，Hoboken，NJ，2005.

Jiles，D.C.，*Introduction to the Electronic Properties of Materials*，2nd edition，CRC Press，Boca Raton，FL，2001.

Kingery，W.D.，H.K.Bowen，and D.R.Uhlmann，*Introduction to Ceramics*，2nd edition，Wiley，New York，1976.Chapters 17 and 18.

Kittel，C.，*Introduction to Solid State Physics*，8th edition，Wiley，Hoboken，NJ，2005.An advanced treatment.

Livingston，J.，*Electronic Properties of Engineering Materials*，Wiley，New York，1999.

Pierret，R.F.，*Semiconductor Device Fundamentals*，Addison-Wesley，Boston，1996.

Rockett，A.，*The Materials Science of Semiconductors*，Springer，New York，2008.

Solymar，L.，and D.Walsh，*Electrical Properties of Materials*，8th edition，Oxford University Press，New York，2009.

习题

WILEY ⊕ Wiley PLUS中（由教师自行选择）的习题。

Wiley PLUS中（由教师自行选择）的辅导题。

Wiley PLUS中（由教师自行选择）的组合题。

欧姆定律

电导率

12.1 （a）计算直径为5.1mm，长为51mm圆柱形硅样品的电导率，在轴向上通过0.1A的电流。两个相距38mm的探头测量的电压值为12.5V。

（b）计算长为51mm样品的总电阻。

12.2 当将2.5A的电流通过一根长为100m的铜线时，铜线将经受小于1.5V的压降。运用表12.1中的数据计算铜线的最小直径。

12.3 一根直径4mm的金线其电阻不超过2.5Ω。运用表12.1中的数据计算金线的最大长度。

12.4 证明欧姆定律的两个表达式，式（12.1）和式（12.5）是等价的。

12.5 （a）计算直径为3mm，长2m的铁线电阻（利用表12.1中数据）。

（b）若通过铁线末端的电势能下降0.05V，那么电流大小为多少？

（c）电流密度为多少？

（d）通过铁线末端的电场大小为多少？

电子和离子导电

12.6 电子导电和离子导电的区别是什么？

固体能带结构

12.7 一个独立原子的电子结构与一个固体材料有何不同？

能带传导与原子键模型

12.8 根据电子能带结构，讨论金属、半导体和绝缘体电导率不同的原因。

电子迁移率

12.9 简要阐述什么是自由电子的漂移速度和迁移率？

12.10 （a）计算室温下电场大小为1000V/m时，锗的电子迁移速率。（b）在这种条件下，一个电子穿过一个长度为25mm的晶体需要多长时间？

12.11 室温下铜的电导率和电子迁移率分别为6.0×10^{7}（Ω·m）$^{-1}$和0.0030m^{2}/（V·s）。（a）计算室温下每立方米铜中的自由电子数。（b）每个铜原子中的自由电子数为多少？假设铜的密度为8.9g/cm^{3}。

12.12 （a）计算金中每立方米内的自由电子数，假设每个金原子中含有1.5个自由电子。电导率和密度分别为3.8×10^{7}（Ω·m）$^{-1}$和2.7g/cm^{3}，原子质量为26.98g/mol。（用科学计数法表示。）（b）计算金的电子迁移率。

金属的电阻率

12.13 当铜-锌合金中锌为杂质时，通过图12.38估算式（12.11）中的A值。

12.14 (a) 运用图12.8中的数据，确定式（12.10）中铜的ρ_0和a值。温度T的单位为摄氏度。(b) 运用图12.8中的数据，确定当铜中掺杂镍时，式（12.11）中的A值。(c) 运用（a）和（b）的结果，估算100℃时，包含1.75%（原子）Ni的铜镍合金电导率。

12.15 确定屈服强度为125MPa的Cu-Ni合金的电导率，参考图8.16。

12.16 锡青铜由92%（质量）的Cu和8%（质量）的Sn组成，在室温下由两相构成：α相——铜中包含有很少量锡的固溶体，以及ϵ相——含有大约37%（质量）的Sn。计算室温下这种合金的电导率，给出如下数据：

相	电阻率/Ω·m	密度/(g/cm³)
α	1.88×10^{-8}	8.94
ϵ	5.32×10^{-7}	8.25

12.17 要求一根直径为2mm的圆柱形金属导线可负载10A的电流，每英尺（300mm）的最小压降为0.03V。表12.1中列出的金属和合金中哪种符合此要求？

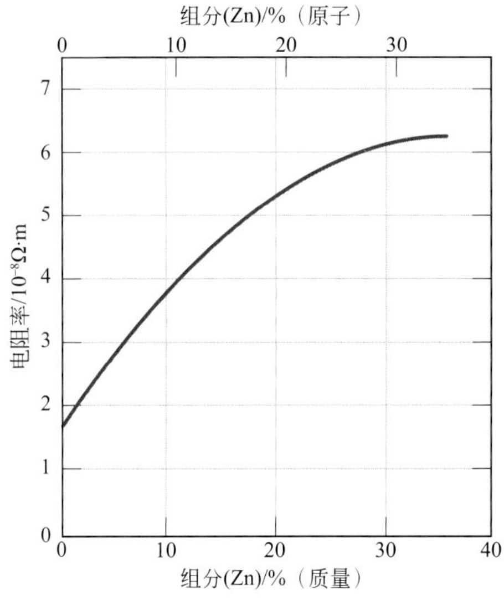

图12.38 室温下电阻率随铜-锌合金组分的变化

[改编自*Metals Handbook*：*Prope-rties and Selection*：*Nonferrous Alloys and Pure Metals*，Vol.2，9th edition，H.Baker（Managing Editor），American Society for Metals，1979，p.315.]

本征半导体

12.18 (a) 运用图12.16中的数据，确定室温下（298K）每个本征锗原子和硅原子中的自由电子数。Ge和Si的密度分别为5.32g/cm³和2.33g/cm³。(b) 解释它们每个原子中自由电子数不同的原因。

12.19 对于本征半导体，其本征载流子浓度n_i取决于温度：

$$n_i \propto \exp\left(-\frac{E_g}{2kT}\right) \tag{12.35a}$$

或取自然对数，

$$\ln n_i \propto -\frac{E_g}{2kT} \tag{12.35b}$$

因此，$\ln n_i$对$1/T$（K）$^{-1}$的图表应用线性表示，其斜率为$-E_g/2k$。运用这些信息及图12.16中的数据，确定硅和锗的禁带能，并将其与表12.3中给出的值进行比较。

12.20 简要解释公式12.35（a）中分母上系数2的存在。

12.21 室温下某种半导体材料的电导率为500（Ω·m）$^{-1}$，电子和空穴迁移率分别为0.16 m^2/（V·s）和0.075m^2/（V·s）。计算这种材料的本征载流子浓度。（用科学计数法表示。）

12.22 化合物半导体能展现出本征行为吗？解释你的答案。

WILEY 12.23 下列的每对半导体中，选出禁带能E_g最小的一组，并证明你的选择。（a）ZnS和CdSe，（b）Si和C（金刚石），（c）Al_2O_3和ZnTe，（d）InSb和ZnSe，（e）GaAs和AlP。

杂质半导体

12.24 定义下列有关半导体材料的术语：本征、非本征、化合物、元素。每个术语举一个例子。

12.25 一个n-型半导体的电子浓度为3×10^{18}m^{-3}。若在500V/m的电场中电子的迁移速率为100m/s，计算这种材料的电导率。

12.26 （a）用你自己的语言解释，为何半导体中施主杂质引起的自由电子数的增加要大于由价带至导带激发产生的自由电子数。（b）解释为何受主杂质引起的空穴数的增加要大于由价带至导带激发产生的空穴数。

12.27 （a）解释为什么含有施主杂质的原子，其电子激发不产生空穴。（b）解释为什么含有受主杂质的原子，其电子激发不产生自由电子。

WILEY 12.28 下列元素添加到指定的半导体材料中时为施主还是受主？假设杂质元素的掺杂方式为取代。

杂质	半导体	杂质	半导体
P	Ge	Al	Si
S	AlP	Cd	GaAs
In	CdTe	Sb	ZnSe

12.29 （a）室温下硅半导体样品的电导率为5.93×10^{-3}（Ω·m）$^{-1}$。已知空穴浓度为7.0×10^{17}m^{-3}。图表12.3中硅的电子迁移率和空穴迁移率数据。计算电子浓度。（用科学计数法表示。）（b）根据（a）的结果可知样品是本征、n-型杂质还是p-型杂质？

WILEY 12.30 加入了5×10^{22}m^{-3}个Sb原子的锗在室温下为杂质半导体，实际上可将所有的Sb原子看做离子（即每个Sb原子中存在一个载流子）。（a）这种材料为n-型还是p-型？（b）计算这种材料的电导率，假设电子和空穴迁移率分别为0.1m^2/（V·s）和0.05 m^2/（V·s）。

12.31 本征和p-型磷化铟在室温下的下列电学特性已确定：

项目	s/（Ω·m）$^{-1}$	n/m^{-3}	p/m^{-3}
本征	2.5×10^{-6}	3.0×10^{13}	3.0×10^{13}
杂质（n-型）	3.6×10^{-5}	4.5×10^{14}	2.0×10^{12}

计算电子和空穴迁移率。

温度对载流子浓度的影响

WILEY 12.32 计算本征硅在100℃时的电导率。

12.33 在室温附近，温度与本征锗电导率间存在如下等式关系：

$$\sigma = CT^{-3/2}\exp\left(-\frac{E_g}{2kT}\right) \tag{12.36}$$

式中，C是与温度无关的常数，T以开尔文为单位。运用式（12.36）计算锗在150℃下的本征电导率。

12.34 运用式（12.36）及例题12.33中的结果，确定本征锗的电导率为228$(\Omega\cdot m)^{-1}$时的温度。

WILEY 12.35 由式（12.36）中总结的σ与温度的关系，估算当GaAs的电导率为$3.7\times10^{-3}$$(\Omega\cdot m)^{-1}$时的温度。表12.3中的数据可能会有所帮助。

12.36 比较温度对金属和本征半导体电导率的影响。简要阐述温度作用的区别。

影响载流子迁移率的因素

WILEY 12.37 在硅中掺杂$5\times10^{22}m^{-3}$的硼原子，计算其室温下的电导率。

12.38 在硅中掺杂$2\times10^{23}m^{-3}$的砷原子，计算其室温下的电导率。

WILEY 12.39 在硅中掺杂$10^{23}m^{-3}$的铝原子，估算其在125℃下的电导率。

12.40 在硅中掺杂$10^{20}m^{-3}$的磷原子，估算其在85℃下的电导率。

霍尔效应

12.41 假设某种金属的电阻率为$4\times10^{-8}\Omega\cdot m$。在一个由该种金属制成的厚为25mm的样品上通过30A的电流，当同时施加一个大小为0.75特斯拉且与电流方向垂直的电场时，测得霍尔电压为$-1.26\times10^{-7}V$。计算（a）这种金属的电子迁移率，和（b）每立方米中的自由电子数。

WILEY 12.42 一种金属合金的电导率和电子迁移率分别为$1.5\times10^{7}$$(\Omega\cdot m)^{-1}$和$0.0020m^2/(V\cdot s)$。样品厚度为35mm，在其上通过45A的电流。若需要产生$-1.0\times10^{-7}V$的霍尔电压，则需要施加多大的电场？

半导体设备

12.43 简要描述正向及反向偏压下p-n结中的电子和空穴运动，并解释这些运动是怎么实现整流的。

12.44 式（12.21）描述的反应中的能量是如何耗尽的？

12.45 电路中的晶体管具备哪两种功能？

12.46 阐述结式晶体管及MOSFET在作用和应用上的区别。

离子型材料的导电

12.47 我们注意到在第5.3节（图5.4）中，铁离子在FeO（铁酸盐）中可以以Fe^{2+}和Fe^{3+}的形式存在。每种离子类型的数量取决于温度和大气氧分压。此外，我们还注意到为了保持电中性，每形成两个Fe^{3+}将产生一个Fe^{2+}空位，因此为了表示出这些空位，铁酸盐的化学式通常为$Fe_{(1-x)}O$，其中x为小于1的某个分数。

这个非化学计量的材料$Fe_{(1-x)}O$是通过电子导电的，实际上它的表现类似于p-型半导体，即Fe^{3+}充当电子受主。电子较容易从价带中被激发而进入Fe^{3+}受主能级，并形成一个空穴。当x值为0.060时，确定空穴迁移率为$1.0\times10^{-5}m^2/(V\cdot s)$的铁酸盐样品电导率。假设受主能级为饱和状态（即每个Fe^{3+}都存在一个空穴）。铁酸盐与氯化钠的晶体结构相同，其晶胞边长为0.437nm。

WILEY GO 12.48 在775℃（1048K）到1100℃（1373K）之间，FeO中Fe^{2+}的激活能及其扩散系数前的指数分别为102000J/mol和$7.3\times10^{-8}m^2/s$。计算Fe^{2+}在1000℃（1273K）时的迁移率。

电容

12.49 一个平行板电容器中的介电材料ϵ_r值为2.5，板间距为1mm。若使用另一种相对介电常数为4.0的材料而保持电容值不变，则需要多大的板间距？

WILEY 12.50 一个平行板电容器的尺寸为100mm×25mm，板间距为3mm。在频率为1MHz的电场下施加500V的直流电势时，需要电容值最小为38pF（3.8×10^{-11}F）。可使用表12.5中列出的哪种材料？为什么？

12.51 一个平行板电容器面积为2500mm^2，板间距为2mm，一个相对介电常数为4.0的材料置于板间。（a）电容器的电容值为多少？（b）若要每个板储存8.0×10^{-9}C的电荷，计算需要的电场大小。

12.52 用你自己的语言，解释在电容器板间插入一个介电材料会使电荷储存容量增加的机理。

场矢量和极化

极化类型

12.53 NaCl中Na^+和Cl^-的半径分别为0.102nm和0.181nm。若一个外加电场使点阵发生3%的膨胀，计算每对Na^+-Cl^-的偶极矩。假设材料在无电场时未被极化。

WILEY 12.54 将一个极化为P的介电材料置于一个电容为1.0×10^{-6}C/m^{2}的平行板电容器中。

（a）若外加电场为5×10^4V/m，则相对介电常数为多少？

（b）介电位移D为多少？

WILEY WILEY GM 12.55 一个面积为160mm^2，板间距为3.5mm的平行板电容器，其每个板上储存的电荷为3.5×10^{-11}C。

（a）若在板间插入一个相对介电常数为5.0的材料，则需要多大的电压？

（b）若板间为真空状态，则需要多大的电压？

（c）（a）和（b）中的电容值为多少？

（d）计算（a）中的介电位移D。

（e）计算（a）中的极化。

12.56 （a）简要描述每种极化类型中，偶极子在外加电场作用下感应并发生排列的机理。（b）固态钛酸铅（$PbTiO_3$）、气态氖、金刚石、固态KCl和液态NH_3中可能存在着何种极化？为什么？

12.57 （a）如图12.35所示，计算每个$BaTiO_3$晶胞的偶极矩大小。

（b）计算这种材料的最大极化。

频率对相对介电常数的影响

12.58 在很高的频率下（约为10^{15}Hz）测得钙钠玻璃的相对介电常数约为2.3。在相对低的频率下，相对介电常数中的哪一部分是由离子极化产生的？忽略取向极化的作用。

铁电体

12.59 简要解释为什么当温度高于铁电居里温度时，$BaTiO_3$的铁电行为会消失？

数据表练习题

12.1SS 根据式（12.36），本征半导体的电导率与温度相关。作出能使用户确定某一特定电导率值下温度的表格，并给出常数C及禁带能E_g的值。

设计问题

金属的电阻率

12.D1 已知室温下（25℃）组分为95%（质量）Pt-5%（质量）Ni的合金电阻率为$2.35\times10^{-7}\Omega\cdot m$。计算室温下电阻率为$1.75\times10^{-7}\Omega\cdot m$的铂镍合金组分。室温下纯铂的电阻率可由表12.1确定；假设铂和镍之间形成固溶体。

12.D2 运用图12.8和图12.38中的信息，确定–150℃时80%（质量）Cu-20%（质量）Zn合金的电导率。

12.D3 铜镍合金可能在最小拉伸强度为375MPa时仍保持电导率为$2.5\times10^6(\Omega\cdot m)^{-1}$吗？如果不能，为什么？如果能，镍的浓度为多少？参考图8.16（a）。

杂质半导体

影响载流子迁移率的因素

12.D4 确定一个受主杂质的类型及浓度（质量分数），使其能产生一种室温下电导率为$50(\Omega\cdot m)^{-1}$的p-型硅材料。

12.D5 集成电路的设计需要在较高的温度下将硼扩散进高纯硅中。室温下，在距硅片表面0.2μm处的电导率需达到$1.2\times10^3(\Omega\cdot m)^{-1}$。Si表面上B的浓度保持在一个恒定的水平$1.0\times10^{25}m^{-3}$；此外，假设B在初始Si材料中的浓度可忽略不计，且室温下B原子处于饱和状态。确定当处理时间为1h时，可使这个扩散热处理发生的温度。B在Si中的扩散系数随温度的变化如下

$$D\left(m^2/s\right)=2.4\times10^{-4}\exp\left(-\frac{347kJ/mol}{RT}\right)$$

半导体设备

12.D6 集成电路生产中的一个步骤是在芯片表面形成一层薄的SiO_2绝缘层（图12.26）。这是依靠将硅置于一个温度较高的氧化氛围中（即气态氧或水蒸气）而使其表面氧化所实现的。氧化层的生长速度呈抛物线——即氧化层的厚度（x）依照如下等式随时间（t）的变化：

$$x^2=Bt \tag{12.37}$$

这里的参数B与温度和氧化氛围相关。

（a）在压强为101.325kPa的O_2氛围下，温度对B的影响（单位为$\mu m^2/h$）如下：

$$B=800\exp\left(-\frac{1.24eV}{kT}\right) \tag{12.38a}$$

式中，k为玻尔兹曼常数（8.62×10^{-5}eV/atom），T的单位为开尔文。计算在750℃和900℃时，生长厚度为75nm的氧化层（在O_2氛围下）所需的时间。

（b）在H_2O氛围下（压强101.325kPa），B（同样单位为$\mu m^2/h$）的表达式为：

$$B=215\exp\left(-\frac{0.70eV}{kT}\right) \tag{12.38b}$$

计算在750℃和900℃时，生长厚度为75nm的氧化层（在H_2O氛围下）所需的时间，并将这些时间与（a）中结果比较。

12.D7 实际上，硅是应用在所有现代集成电路中基本的半导体材料。然而，硅的使用也存在一些局限和限制。写一篇短文比较硅和砷化镓的性能和应用（或潜在应用）。

离子型材料的导电

12.D8 例题12.47说明FeO（铁酸盐）由于Fe^{2+}和Fe^{3+}的转变，及Fe^{2+}空位的产生而表现出半导体行为，为了保持电中性，每形成两个Fe^{3+}将产生一个Fe^{2+}空位。铁酸盐非化学计量的化学式$Fe_{(1-x)}O$反应出了这些空位的存在，其中x为小于1的某个分数。非化学计量数（即x值）可随温度及氧分压而变化。当$Fe_{(1-x)}O$材料的p-型电导率为2000（Ω·m）$^{-1}$时，计算x的值，假设空穴迁移率为$1.0\times10^{-5}m^2$/（V·s），FeO的晶体结构与氯化钠相同（晶胞边长为0.437nm），受主能级饱和。

工程基础问题

12.1FE 某金属的电导率为6.1×10^7（Ω·m）$^{-1}$，计算直径为4.3mm，长为8.1m的导线电阻值。

（A）$3.93\times10^{-5}\Omega$　（B）$2.29\times10^{-5}\Omega^{-3}$

（C）$9.14\times10^{-5}\Omega^{-3}$　（D）$1.46\times10^{-5}\Omega^{11}$

12.2FE 半导体材料的典型电导率值/范围是多少？

（A）10^7（Ω·m）$^{-1}$　（B）$10^{-20}\sim10^7$（Ω·m）$^{-1}$

（C）$10^{-6}\sim10^4$（Ω·m）$^{-1}$　（D）$10^{-20}\sim10^{-10}$（Ω·m）$^{-1}$

12.3FE 已知一种两相金属合金由α相和β相组成，它们的质量分数分别为0.64和0.36。运用室温下的电导率及下列密度数据，计算这种合金在室温下的电阻率。

相	电阻率/Ω·m	密度/（g/cm³）
α	1.9×10^{-8}	8.26
β	5.6×10^{-7}	8.60

（A）$2.09\times10^{-7}\Omega\cdot m$　（B）$2.14\times10^{-7}\Omega\cdot m$

（C）$3.70\times10^{-7}\Omega\cdot m$　（D）$5.90\times10^{-7}\Omega\cdot m$

12.4FE n型半导体的费米能级位于什么位置？

（A）价带内　（B）禁带内靠近价带顶部

（C）禁带中部　（D）禁带内靠近导带底部

12.5FE 某个半导体样品室温下的电导率为2.8×10^4（Ω·m）$^{-1}$。若电子浓度为$2.9\times10^{22}m^{-3}$，电子和空穴迁移率分别为$0.14m^2$/（V·s）和$0.023m^2$/（V·s），计算空穴浓度。

（A）$1.24\times10^{24}m^{-3}$　（B）$7.42\times10^{24}m^{-3}$

（C）$7.60\times10^{24}m^{-3}$　（D）$7.78\times10^{24}m^{-3}$

第13章 材料类型及其应用

上：由苯酚甲醛（酚醛塑料）制作的台球的照片。在后面的13.12重要材料一节中讨论了苯酚甲醛的发明以及用其替代象牙制作台球

下：一位在打台球的女士照片

为什么学习材料类型及其应用？

工程师经常要在材料选择上作出决定，这要求他们熟悉各种材料的一般特征。此外，访问大量有关材料性能的数据库也需要这方面的知识。例如，在机械工程在线维护模式中的章节M.2和M.3中，我们讨论了选择用于一个圆柱扭转应力轴材料的过程。

学习目标

通过本章的学习，你需要掌握以下内容。

1. 指出4种不同类型的钢材，并列出每一种钢材的成分差别、独特的性能及典型应用。
2. 指出5种类型的铸铁，并描述其微观组织、阐明其一般力学特性。
3. 指出7种不同类型的非铁合金，列出其独特的物理及力学特性，并列出至少3种典型应用。
4. 描述制备玻璃–陶瓷的过程。
5. 指出两种类型的黏土产品并举出两个例子。
6. 列出高温陶瓷和耐磨陶瓷必须满足的3个重要条件。
7. 描述水加入水泥的硬化机制。
8. 列举出7种不同应用类型的高分子材料，说明其一般特征。

13.1 概述

通常，材料的问题就是为某种特定的应用选择具有适当特征材料的问题。因此，那些做决定的人应该具备一些材料选择的知识。这一章简明扼要地概述了金属合金、陶瓷和高分子基材料的一些类型及它们的一般性能和不足之处。

金属合金的类型

金属合金根据成分的不同，通常分成两大类——铁和非铁合金。铁合金——铁是主要元素的合金——包括钢和铸铁。这些合金及其特征是这部分讨论的重点。非铁合金——不是铁基的合金——将在下个章节中介绍。

13.2 铁合金

铁合金

铁合金——铁是主要元素的合金——比其他任何类型金属合金的产量都大，是非常重要的工程结构材料。它们的应用广泛，这有3个方面的原因：① 在地壳中存在非常丰富含铁化合物；② 金属基铸铁和钢可通过相对经济的提炼、细化、合金化和制造技术生产；③ 铁合金非常优异，这是因为它们具备优良的力学和物理性能。许多铁合金的主要缺点是它们对腐蚀的敏感性。这部分讨论大量不同种类的钢和铸铁的成分、组织和性能。各种铁合金的系统分类表如图13.1所示。

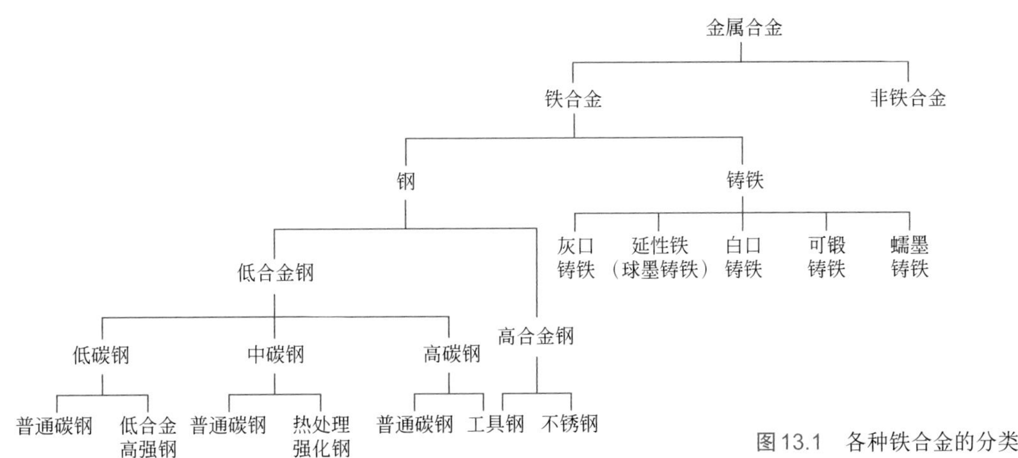

图13.1　各种铁合金的分类

（1）钢

钢是含有一定量的其他合金元素的铁-碳合金，它们是具有不同的成分和/或热处理工艺的多种类合金。钢的力学性能与碳含量密切相关，通常碳含量小于1.0%（质量）。按照含碳量的多少，将一些常用的钢分为低碳、中碳和高碳钢。在每一种类型的钢中，又根据其他合金元素的含量分为一些小类。普通碳钢除碳以外仅含有少量杂质和少量的镁。对于合金钢来说，会特意加入一定量的更多种类的合金元素。

普通碳钢
合金钢

（2）低碳钢

在各种不同类型的钢中，低碳钢是产量最大的钢种。通常，这些钢的含碳量不超过0.25%，并且不能通过热处理形成马氏体来强化，强化是通过冷加工实现的。低碳钢的显微组织由铁素体和珠光体组成。因此，这些合金的硬度、强度较低，但是具有优良的塑性和韧性；此外，它们还可切削加工、可焊接，在所有的钢中生产成本最低。典型的应用有汽车车身构件、结构型材（I-字梁，槽钢和角铁）和管线、建筑、桥梁和罐头中使用的薄板。表13.1（a）和表13.1（b）给出了几种普通低碳钢的成分和力学性能。通常，它们具有275MPa（40000psi）的屈服强度，抗拉强度在415 ～ 550MPa（60000 ～ 80000psi）之间，塑性为25%EL。

低合金高强钢

另一类低碳合金是低合金高强钢（HSLA）。它们含有的其他合金元素总量最高为10%，如铜、钒、镍、钼，它们具有比普通碳钢更高的强度。大多数合金钢可通过热处理强化，抗拉强度超过480MPa（70000psi）；此外，这类钢延展性好、易成形、可切削加工。几种低合金高强钢在表13.1（a）和表13.1（b）列出。在大气环境中，HSLA比普通碳钢更耐腐蚀，因此在结构强度要求严格的许多应用中取代了普通碳钢（例如桥梁、塔、高层建筑的支柱和压力容器）。

（3）中碳钢

中碳钢的含碳量在0.25% ～ 0.60%之间。这些合金可通过进行奥氏体化、淬火及回火热处理来提高力学性能。它们通常在回火状态下使用，具有回火马氏体组织。普通中碳钢具有低的硬化性（14.6节），仅在非常薄的构件和在非常快的淬火速率下才可成功进行热处理。铬、镍、钼元素的添加提高了这些合金可热处理的能力（14.6节），导致了强度-塑性的结合。这些热处理合金的强度高于普通碳钢，但是却牺牲了塑性和韧性。这些合金主要应用包括铁路轮轨、齿轮、曲轴、其他机械零件和需要高强度、耐磨性和韧性结合的高强度结构件。

表13.1（a） 4种普通低碳钢和3种低合金高强钢的化学成分

牌号[①]	成分[②]/%（质量）			
AISI/SAE或ASTM数	UNS数	C	Mn	其他
普通碳钢				
1010	G10100	0.10	0.45	
1020	G10200	0.20	0.45	
A36	K02600	0.29	1.00	0.20铜（最低）
A516的70级	K02700	0.31	1.00	0.25 Si
低合金高强钢				
A440	K12810	0.28	1.35	0.30Si（最高）、0.20Cu（最低）
A633的E级	K12002	0.22	1.35	0.30Si、0.08V、0.02N、0.03Nb
A656的I级	K11804	0.18	1.60	0.60Si、0.1V、0.20Al、0.015N

① 编号由American Iron and Steel Institute（AISI），the Society of AutomotiveEngineers（SAE）and the American Society for Testing and Materials（ASTM）使用，在课本中有统一数字代号系统（UNS）的说明。

② 最大含量为0.04%P，0.05%S和0.30%Si（如果没有说明则不是）。

来源：摘自*Metal Handbook*：*Properties and Selection*：*Irons and Steels*，Vol.1，9th edition，B. Bardes（Editor），American Society for Metals，1978，pp185，407.

表13.1（b） 热轧材料的力学特性和各种普通低碳钢及低合金高强钢的典型应用

AISI/SAE或ASTM数	抗拉强度/MPa（ksi）	屈服强度/MPa（ksi）	延伸率[%EL50mm（2in.）]	典型应用
普通碳钢				
1010	325（47）	180（26）	28	汽车车身构件、金属钉和钢丝
1020	380（55）	210（30）	25	管道、结构件和钢板
A36	400（58）	220（32）	23	结构件（桥梁和建筑）
A516的70级	485（70）	260（38）	21	低温压力容器
低合金高强钢				
A440	435（63）	290（42）	21	铆接或拴接结构件
A633的E级	520（75）	380（55）	23	低温使用的结构件
A656的I级	655（95）	552（80）	15	卡车框架、铁路车辆

几种中碳合金钢的化学成分如表13.2（a）所示。有关表中涉及的代号体系的一些说明按顺序给出。汽车机动车工程师学会（SAE）、美国钢铁协会（AISI）和美国材料与试验协会（ASTM）负责了钢和其他合金的分类及编号。这些钢的AISI/SAE编号是由四位数字组成：前两位数字表示合金的含量；后两位为碳含量。对于普通碳钢，前两位数字是1和0；合金钢为其他两数字的组合（例如，13、41、43）。第3、第4位数字为碳质量百分数的100倍。例如，1060钢是含碳量为0.60%的普通碳钢。

表13.2(a) AISI/SAE 和UNS统一代号体系以及普通碳钢和各种低合金钢的成分

AISI/SAE牌号①	UNS牌号	成分范围[除碳外合金元素的%(质量)]②			
		Ni	Cr	Mo	其他
10××,普通碳钢	G10××0				0.08 ~ 0.33S
11××,非切削	G11××0				0.10 ~ 0.35S
12××,非切削	G12××0				0.04 ~ 0.12P
13××	G13××0				1.60 ~ 1.90Mn
40××	G40××0			0.20 ~ 0.30	
41××	G41××0		0.80 ~ 1.10	0.15 ~ 0.25	
43××	G43××0	1.65 ~ 2.00	0.40 ~ 0.90	0.20 ~ 0.30	
46××	G46××0	0.70 ~ 2.00		0.15 ~ 0.30	
48××	G48××0	3.25 ~ 3.75		0.20 ~ 0.30	
51××	G51××0		0.70 ~ 1.10		
61××	G61××0		0.50 ~ 1.10		0.10 ~ 0.15V
86××	G86××0	0.40 ~ 0.70	0.40 ~ 0.60	0.15 ~ 0.25	
92××	G92××0				1.80 ~ 2.20Si

① 每一种钢的碳含量以重量百分比的100倍表示,在“××”之前的位置。

② 除了13××合金以外,其余合金的镁含量小于1.00%。除了12××合金以外,其余合金的磷含量不小于0.35%。除了11××和12××合金以外,其余合金的硫含量小于0.04%。除了92××合金以外,其余合金的硅含量在0.15% ~ 0.35%之间。

表13.2(b) 几种油淬-回火的普通碳钢及合金钢的力学性能范围和典型应用

AISI数	UNS数	抗拉强度/MPa(ksi)	屈服强度/MPa(ksi)	延伸率[%EL50mm(2in.)]	典型应用
普通碳钢					
1040	G10400	605 ~ 780(88 ~ 113)	430 ~ 585(62 ~ 85)	33 ~ 19	曲轴、螺栓
1080①	G10800	800 ~ 1300(116 ~ 190)	480 ~ 980(70 ~ 142)	24 ~ 13	凿子、锤子
1095①	G10950	760 ~ 1280(110 ~ 186)	510 ~ 830(74 ~ 120)	26 ~ 10	刀具、钢锯条
合金钢					
4063	G40630	786 ~ 2380(114 ~ 345)	710 ~ 1770(103 ~ 257)	24 ~ 4	弹簧、手工工具
4340	G43400	980 ~ 1960(142 ~ 284)	895 ~ 1570(130 ~ 228)	21 ~ 11	轴套、飞行器管路
6150	G61500	815 ~ 2170(118 ~ 315)	745 ~ 1860(108 ~ 270)	22 ~ 7	轴、活塞、齿轮

① 为高碳钢。

统一编号体系(UNS)用来将铁合金和有色合金统一编号。每一个UNS编号由一个字母和后面5位数字组成。这个字母表示一种合金属于的金属体系。

这些合金的UNS编号以“G”开头，随后是AISI/SAE编号的数字；第5位数字为0。表13.2（b）为几种淬火-回火钢的力学特征和典型应用。

（4）高碳钢

高碳钢的含碳量通常在0.6%～1.4%之间，是硬度和强度最高而延展性最低的碳钢。它们几乎总是在硬化及回火状态下使用，本身特别耐磨损以及能够具有锋利的切削刃。工具钢和模具钢通常是含有Cr、V、W和Mo元素的高碳合金钢。这些合金元素与碳形成非常硬的、耐磨损的碳化物（如$Cr_{23}C_6$，V_4C_3和WC）。一些工具钢的成分和它们的应用如表13.3所示。这些钢可用来做切削工具以及材料成形的模具，以及刀具、剃须刀、钢锯刀片、弹簧和高强度钢丝。

表13.3　六种工具钢的牌号、成分及应用

AISI数	*UNS数*	*成分①/%（质量）*						*典型应用*
		C	*Cr*	*Ni*	*Mo*	*W*	*V*	
M1	T11301	0.85	3.75	0.30最高	8.70	1.75	1.20	钻头、锯；车床和刨刀
A2	T30102	1.00	5.15	0.30最高	1.15	—	0.35	冲头、压花模
D2	T30402	1.50	12	0.30最高	0.95	—	1.10最高	餐具、拉丝模具
O1	T31501	0.95	0.50	0.30最高	—	0.50	0.30最高	剪切机刀片、切削工具
S1	T41901	0.50	1.40	0.30最高	0.50最高	2.25	0.25	切管机、混凝土钻机
W1	T72301	1.10	0.50最高	0.20最高	0.10最高	0.15最高	0.10最高	铁匠工具、木工工具

① 其余的成分为铁。镁的含量与不同的合金有关，在0.10%～1.4%之间；硅含量与不同的合金有关，在0.20%～1.2%之间。

来源：摘自*ASM Handbook*，Vol.1，*Properties and Selection*：*Irons*，*Steels*，*and High-Performance Alloys*，1990.复制得到*ASM* International，Materials Park，OH.

（5）不锈钢

不锈钢

不锈钢在多种环境下都具有高度的耐腐蚀（锈蚀）性能，特别是在大气中。它们主要的合金元素是Cr，Cr含量至少11%以上。也可添加Ni和Mo元素来进一步提高耐腐蚀性能。

按照显微组织的主要相结构——马氏体、铁素体或奥氏体，不锈钢分为三大类。表13.4按类别列出了几种不同不锈钢的成分、典型力学性能和应用。优良的力学性能结合良好的耐腐蚀性使不锈钢具有广泛地应用。

马氏体不锈钢是可热处理的，因此马氏体为主要的组成相。大量合金元素的添加使$Fe-Fe_3C$相图发生了很大的变化（图10.28）。奥氏体不锈钢在室温下为单相奥氏体（或γ）组织。铁素体不锈钢主要是由铁素体（BCC）相组成。由于奥氏体和铁素体不锈钢不能通过热处理进行强化，所以只能通过冷加工进行硬化和强化。由于含Cr量高以及Ni元素的添加，奥氏体不锈钢具有最好的耐腐蚀性能；它们的产量最大。铁素体和马氏体不锈钢有磁性，而奥氏体不锈钢无磁性。

表13.4 奥氏体、铁素体、马氏体和沉淀硬化不锈钢的牌号、成分、力学性能和典型应用

AISI数	UNS数	成分①/%（质量）	状态②	力学性能			典型应用
				抗拉强度/MPa（ksi）	屈服强度/MPa（ksi）	延伸率/[%EL50mm（2in.）]	
铁素体不锈钢							
409	S40900	0.08C、11.0Cr、1.0Mn、0.50Ni、0.75Ti	退火态	380（55）	205（30）	20	汽车尾气部件、农药喷雾罐
446	S44600	0.20C、25Cr、1.5Mn	退火态	515（75）	275（40）	20	阀门（高温）、玻璃模具、燃烧室
奥氏体不锈钢							
304	S30400	0.08C、19Cr、9Ni 2.0Mn	退火态	515（75）	205（30）	40	化学和食品加工设备、低温容器
316L	S31603	0.03C、17Cr、12Ni 2.5Mo、2.0Mn	退火态	485（70）	170（25）	40	焊接结构
马氏体基不锈钢							
410	S41000	0.15C、12.5Cr、1.0Mn	退火态 淬火&回火	485（70） 825（120）	275（40） 620（90）	20 12	步枪枪管、喷气发动机部件
440A	S44002	0.70C、17Cr、0.75Mo、1.0Mn	退火态 淬火&回火	725（105） 1790（260）	415（60） 1650（240）	20 5	餐具、轴承、手术刀具
沉淀硬化不锈钢							
17-7PH	S17700	0.09C、17Cr、7Ni 1.0Mn、1.0Mn	沉淀硬化态	1450	1310	1-6	弹簧、刀具、压力容器

① 其余的成分为铁。

② Q&T代表淬火和回火。

来源：摘自*ASM Handbook*，Vol.1，*Properties and Selection*：*Irons*，*Steels*，*and High-Performance Alloys*，1990.复制得到*ASM* International，Materials Park，OH.

一些不锈钢经常在高温和严苛环境中使用，因为这些钢具有抗氧化性，在这种环境中能够保持力学性能的完整性；氧化气氛最高温度的限制大约是1000℃（1800℉）。这些钢的应用包括汽轮机叶片、高压蒸汽锅炉、热处理炉、飞行器、导弹和核电站的部件。表13.4中也包括了一种超高强不锈钢（17-7PH），这种钢具有超高的强度和耐腐蚀性，强化是通过沉淀强化热处理来完成的（11.10节）。

概念检查13.1 简要说明为什么铁素体和奥氏体不锈钢不能通过热处理进行强化。提示：你可参考13.3节的第1小节的内容。

[解答可参考www.wiley.com/college/callister（学生之友网站）]

（6）铸铁

铸铁

通常铸铁是含碳量在2.14%以上的一类铁合金。但是，实际上，大多数铸铁含碳在3.0%～4.5%之间并且包含一些其他的合金元素。仔细观察$Fe-Fe_3C$相

图（图10.28）发现，这个成分的合金在温度为1150～1300℃（2100～2350℉）之间处于完全的液态，此温度比钢的液相线温度低很多。

因此，它们很容易熔化并易于铸造。此外，一些铸铁非常脆，铸造是最方便的制备方法。渗碳体（Fe_3C）是一种亚稳的化合物，在某些环境下，能按照式（13.1）反应分解形成α-Fe和石墨。

渗碳体分解形成α-铁素体和石墨

$$Fe_3C \rightarrow 3Fe(\alpha) + C（石墨） \tag{13.1}$$

因此，实际的平衡Fe-C相图并不是如图10.28所示的，而是如图13.2所示。两个相图在富铁一侧实际上是相同的（例如，Fe-Fe_3C相图的共晶和共析转变温度分别是1147℃和727℃，而Fe-C相图中两个温度则分别为1153℃和740℃）；但是，图13.2将C扩展到100%，这样石墨是富碳的相，而不是含碳6.7%的渗碳体（图10.28）。

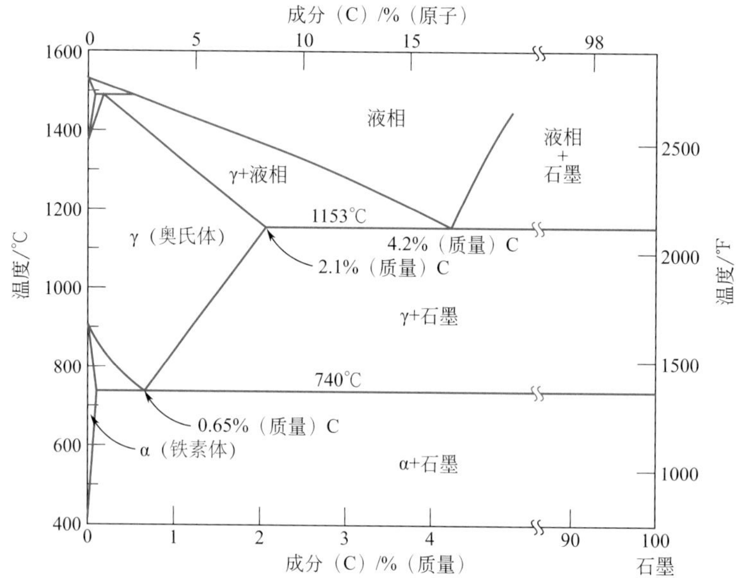

图13.2 石墨为稳定相而不是渗碳体的真平衡铁-碳相图

［摘自*Binary Alloy Phase Diagrams*，T. B. Massalski（Editor-in-Chief），1990.复制得到ASM International，Materials Park，OH许可］

可通过成分和冷却速率来调整形成石墨的倾向。1%以上的硅含量促进石墨的形成。同样，在凝固过程中慢的冷却速率有利于石墨化（石墨的形成）。大多数铸铁中碳以石墨的形式存在，并且石墨的组织和力学行为取决于成分和热处理。最通常的铸铁类型是灰口铸铁、球墨铸铁、白口铸铁、可锻铸铁和蠕墨铸铁。

（7）灰口铸铁

灰口铸铁

灰口铸铁的C和Si含量分别在2.5%～4.0%和1.0%～3.0%范围内变化。大多数这些灰口铸铁，石墨以片状存在（近似于玉米片），通常分布于铁素体或珠光体基体；典型灰口铸铁的显微组织如图13.3（a）所示。由于这些石墨呈片状分布，其断口呈现灰色——因此称为灰口铸铁。

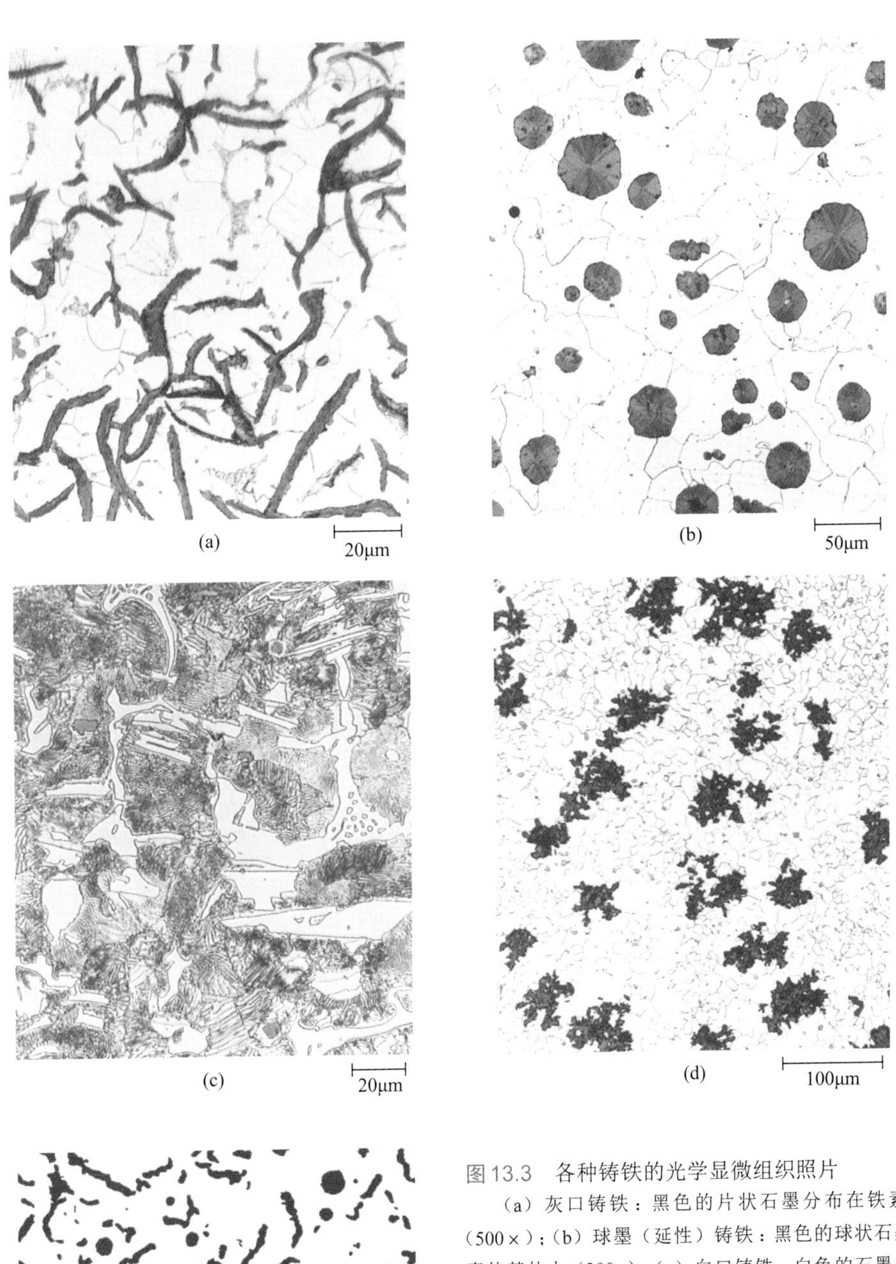

100μm

(e)

图13.3 各种铸铁的光学显微组织照片

(a) 灰口铸铁：黑色的片状石墨分布在铁素体基体上（500×）；(b) 球墨（延性）铸铁：黑色的球状石墨分布在铁素体基体上（200×）；(c) 白口铸铁：白色的石墨分布在具有铁素体-渗碳体的片层结构的珠光体基体上（400×）；(d) 可锻铸铁：黑色团絮状石墨（回火碳化物）分布在铁素体基体上（150×）；(e) 蠕墨铸铁：黑色蠕虫状石墨分布在铁素体基体上（100×）[图（a）和图（b）得到C. H. Brady L. C. Smith，National Bureau of Standards，Washington，DC（现在的National Institute of Standards and Technology，Gaithersburg，MD）。图（c）得到Amcast Industrial Corporation许可。图（d）复制得到the Iron Castings Society，Des Plaines，IL许可。图（e）复制得到SinterCastgs公司的许可]

表 13.5 灰口铸铁、球墨铸铁、可锻铸铁和蠕墨铸铁的牌号、最低力学性能、大致成分和典型应用

级别	UNS 数	成分[①]/%（质量）	基体组织	力学性能			典型应用
				抗拉强度/MPa（ksi）	屈服强度/MPa（ksi）	延伸率/[%EL 50mm（2in.）]	
			灰口铸铁				
SAE G1800	F10004	3.40～3.7C、2.55Si、0.7Mn	铁素体+珠光体	124（18）	—	—	不考虑强度要求的其他软铁铸件
SAE G2500	F10005	3.2～3.5C、2.20Si、0.8Mn	铁素体+珠光体	173（25）	—	—	小的汽缸组、汽缸盖、活塞、离合器、变速箱
SAE G4000	F10008	3.0～3.3C、2.0Si、0.8Mn	珠光体	276（40）	—	—	柴油发动机铸件、衬垫、汽缸和活塞
			延性（球墨）铸铁				
ASTM A536							
6040-18	F32800	3.5～3.8C、2.0～2.8Si、0.05Mg、<0.20Ni、<0.10Mo	铁素体	414（60）	276（40）	18	承压部件，例如阀门和泵体
100-70-03	F34800		珠光体	689（100）	483（70）	3	高强度齿轮和切削构件
120-90-02	F36200		回火马氏体	827（120）	621（90）	2	小齿轮、齿轮、轧辊、slides
			可锻铸铁				
32510	F22200	2.3～2.7C、1.0～1.75Si、<0.55Mn	铁素体	345（50）	224（32）	10	在常温和高温服役的常规工程构件
45006	F23131	2.4～2.7C、1.25～1.55Si、<0.55Mn	铁素体+珠光体	448（65）	310（45）	6	
			蠕墨铸铁				
ASTM A842							
250 级	—	3.1～4.0C、1.7～3.0Si	铁素体	250（36）	175（25）	3	柴油发动机机体、排气导管、高速火车的刹车盘
450 级	—	0.015～0.035Mg、0.06～0.013Ti	珠光体	450（65）	315（46）	1	

① 其余的成分为铁。

来源：摘自 *ASM Handbook*，Vol.1，*Properties and Selection：Irons，Steels，and High-Performance Alloys*，1990. 复制得到 *ASM* International，Materials Park，OH.

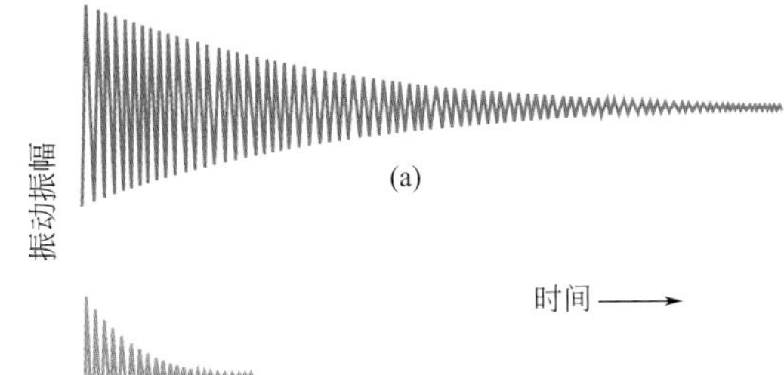

图13.4 (a)钢和(b)灰口铸铁相对减振能力的对比

(摘自*Metals Engineering Quarterly*，Feb 1961，版权©1961由美国金属学会所有)

力学上，灰口铸铁的组织使其在拉应力下相对弱且脆；当外部施加拉应力时，片状石墨的尖端是尖锐的、点状的，成为应力集中源。在压应力作用下，具有较高的强度和塑性。几种常用灰口铸铁的成分和典型的力学性能如表13.5所示。由于灰口铸铁具有一些优良的性能因而被广泛使用。它们能有效地衰减振动能，如图13.4所示，这幅图比较了灰口铸铁与钢的减振能力。处于振动环境下的机床和重型设备的床身通常由这种材料制造。另外，灰口铸铁具有优良的耐磨损性能。此外，在铸造温度的液态灰口铸铁具有很好的流动性，这就允许铸件具有复杂形状；同时，铸造的疏松率很低。最后，可能是最重要的，灰口铸铁是所有的金属基材料中最便宜的。

具有不同于如图13.3（a）所示组织的灰口铸铁，可通过调整成分和/或使用合适的热处理工艺来生产。例如，降低硅含量或增加冷却速率可阻碍渗碳体完全分解而形成石墨［式（13.1)］。在这些条件下，形成了片状石墨分布在珠光体基体上的组织。图13.5详细地比较了通过改变成分和热处理工艺来获得几种灰口铸铁的组织的示意图。

(8)延性(球墨)铸铁

延性(球墨)铸铁

在铸造前向灰口铸铁中添加少量的镁和/或铈可产生具有非常特别的组织和力学性能。虽然仍能形成石墨，但是石墨是粒状或球状的，而不是片状，所得到的合金被称为**球墨或延性铸铁**，代表性的组织如图13.3（b）所示。根据热处理工艺（图13.5）的不同，包围这些石墨的基体是珠光体或铁素体，铸态件的基体通常是珠光体。但是，经过大约700℃（1300 ℉）保温几小时的热处理后会产生如图所示的铁素体基体。比较表13.5中的力学性能可知，铸件比灰口铸铁的强度更高、延展性更好。事实上，球墨铸铁的力学特性接近于钢的性能。例如，铁素体球墨铸铁的抗拉强度在380～480MPa（55000～70000psi）之间，塑性（延伸率的百分数）在10%～20%之间。这种材料的典型应用包括阀门、泵体、曲轴、齿轮和其他汽车、机械零件。

(9)白口铸铁和可锻铸铁

白口铸铁

如图13.5所示，低硅铸铁（Si含量低于1.0%）在高的冷却速率下，大多数碳以渗碳体而不是以石墨形式存在。这种合金的断面呈现白色，因此被称为**白口铸铁**。白口铸铁组织的光学显微组织如图13.3（c）所示。

在铸造过程中，厚大结构可能仅有一表层被“冷冻”的白口铸铁；在冷却速率更慢的内部区域形成灰口铸铁。由于大量渗碳体作用的结果，白口铸铁非常硬且脆，以至于不可切削。它的应用仅限于不需要较大塑性的非常硬且耐磨损的表面。例如

可锻铸铁

轧机的轧辊。通常，白口铸铁是作为生产另一种铸铁-可锻铸铁的中间产物。

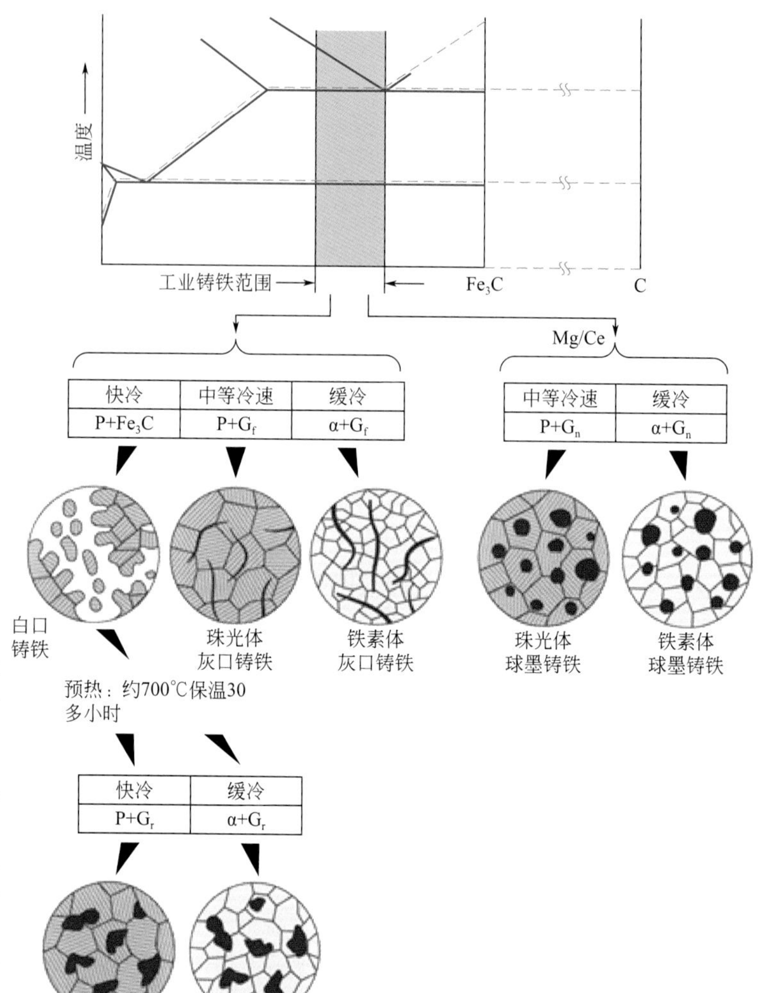

图 13.5 铁-碳相图中各种工业铸铁的成分范围。也显示了各种热处理作用下的组织示意图

G_f，片状石墨；G_r，蠕虫石墨；G_n，球状石墨；P，珠光体；α，铁素体。

（摘自 W. G. Moffatt，G. W. Pearsall，and J.wulff，*The Structure and Properties of Materials*，Vol.I，*Structure*，p.195.版 权©1964 John Wiley & Sons，New York.重印获得了 John Wiley & Sons，Inc.的许可。）

在一种中性气体中（防止氧化）在800～900℃（1470～1650℉）之间加热白口铸铁并保温一段时间使渗碳体分解，形成石墨，由于冷却速率的不同，会在铁素体或珠光体基体上形成团絮状石墨，如图13.5所示。铁素体可锻铸铁如图13.3（d）所示。微观组织与球墨铸铁［图13.3（b）］组织相似，说明具有相对高的强度和高塑性。一些典型的力学特性也在表13.5中列出。代表性的应用包括连杆、传动齿轮和汽车工业的不同构件，法兰、管件、铁路阀门零件、海洋和其他重型构件。

灰口铸铁和球墨铸铁的产量大约相同，但是白口和可锻铸铁产量较少。

概念检查 13.2 生产片状、球状或蠕虫状石墨分布在马氏体基体的铸铁是可能的。简要描述生产这三种组织的所需的热处理工艺。

［解答可参考 www.wiley.com/college/callister（学生之友网站）。］

(10)蠕墨铸铁

蠕墨铸铁

蠕墨铸铁(简写为CGI)是铸铁家族中近年来发展起来的一种新型铸铁。与灰口铸铁、球墨铸铁和可锻铸铁一样,碳以石墨形式存在,Si元素促进石墨的形成。Si含量在1.7% ~ 3.0%之间,然而碳含量通常在3.1% ~ 4.0%之间。表13.5中包括了两种CGI材料。

CGI合金的石墨在组织形态上是蠕虫状;CGI典型组织的光学显微组织照片如图13.3(e)所示。在某种意义上,这种组织是灰口铸铁[图13.3(a)]和延性球墨铸铁[图13.3(b)]之间的一类中间组织,实际上,一些石墨(不到20%)可能会形成结节状。但是,应该避免出现尖锐的棱(石墨片的特征);这种特征的出现使得材料的断裂和抗疲劳性降低。也加入镁和/或铈,但是含量低于球墨铸铁的添加量。CGI的化学成分比其他类型的铸铁更复杂,必须控制镁、铈和其他添加剂的成分来产生一种蠕虫状石墨颗粒组成的组织,同时必须限制石墨球化的程度并阻止片状石墨的形成。此外,由于热处理工艺的不同基体可能是珠光体和/或铁素体。

与其他类型的铸铁相同,CGI的力学性能与其微观组织密切相关:石墨颗粒的形状和基体的相结构/相组成。石墨颗粒球度的增加导致了强度和塑性的提高。此外,铁素体基的CGI的强度比珠光体基低而塑性高于珠光体基。相对于球磨铸铁和可锻铸铁,蠕墨铸铁的抗拉强度和屈服强度值较低,但是相对于观察到的较高强度的灰口铸铁,其强度更高(表13.5)。另外,CGI的塑性介于灰口铸铁和球墨铸铁之间;弹性模量范围在140 ~ 165GPa(20×10^6 ~ 24×10^6psi)。

与其他类型的铸铁相比,CGI有以下的理想特性:

- 较高的热导率;
- 较好的耐热冲击性(例如,快速温度变化导致的断裂);
- 高温条件下较低的氧化性。

蠕墨铸铁现在有大量的重要应用,包括柴油机机体、排气导管、箱体、高速火车的刹车盘和飞轮。

13.3 非铁金属及其合金

由于具有较好的综合力学性能,因此钢和其他铁基合金应用广泛,并且生产、制造相对容易,成本较低。但是,它们也有一些局限性,主要有:① 相对高的密度;② 相对低的导电性;③ 在某些环境中固有的腐蚀敏感性。因此,在许多应用场合下,使用其他合金更有优势,或者甚至必须使用更合适的综合性能的其他金属。合金体系可按照基体金属或一组合金共有的某些特性来分类。这部分讨论下面的金属和合金体系:铜、铝、镁和钛合金、难熔合金、超合金、贵金属、含有镍、铅、锡、锆和锌为基的其他合金。

有时,铸造和锻造合金有明显区别。那些非常脆以至于通过大量塑性变形来成型的合金通常采用铸造成型,这些合金称为铸造合金。另外,那些可以以机械成形方式加工的合金被称为锻造合金。

锻造合金

此外,人们经常关注一个合金系的可热处理性。“可热处理”合金是指一种合金可通过沉淀强化(11.10节和11.11节)或马氏体相变(一般是前者)来提高其强度,这两种方法都有特定的热处理程序。

（1）铜及其合金

铜及其合金具有理想的综合物理性能，自古以来在工业上有着广泛地应用。纯铜特性柔软易延展以至以难以加工。但纯铜具有良好的冷加工性能。此外，在多种环境中具有优良的耐蚀性，包括在大气、海水和一些工业化学制品中。可通过合金化来提高铜的力学和耐腐蚀性能。大多数的铜合金不能通过热处理来硬化或强化；因此，必须使用冷加工和/或固溶强化来提高这些合金的力学性能。

黄铜

最常用的铜合金是黄铜，Zn作为置换杂质，是黄铜主要的合金元素。从Cu-Zn相图（图10.19）可知，在大约低于35%的Zn含量的铜合金中，α相是稳定的。α相为FCC晶体结构，因此α-黄铜合金相对柔软，易延展容易冷加工成形。较高Zn含量的铜合金在室温下含有α、β′两相。β′相为有序BCC晶体结构，比α相更硬和更强。因此，α+β′合金通常是可热加工的。

常用的一些黄铜合金为黄铜、海军黄铜、弹壳黄铜、蒙氏黄铜、首饰铜。几种常用黄铜的成分、性能和应用见表13.6。黄铜的常见用途包括化妆首饰、弹壳、汽车散热器、乐器、电子封装和硬币。

表13.6　8种铜合金的成分、力学性能和典型应用

合金名	UNS数	成分[①]/%（质量）	状态	力学性能			典型应用
				抗拉强度/MPa（ksi）	屈服强度/MPa（ksi）	延伸率/[%EL 50mm（2in.）]	
锻造合金							
电解铜	C11000	0.04O	退火态	220（32）	69（10）	45	电线、铆钉、隔板、垫圈、平锅、钉子、屋顶
铍青铜	C17200	1.9Be、0.20Co	沉淀硬化态	1140～1310（165～190）	965～1205（140～175）	4～10	弹簧、风箱、撞针、衬套、阀门、隔板
弹壳黄铜	C26000	30Zn	退火态 冷加工（H04硬）	300（44） 525（76）	75（11） 435（63）	68 8	汽车散热器芯、弹药部件、灯固定物、手电筒外外壳、刮板
磷青铜，5%A	C51000	5Sn、0.2P	退火态 冷加工（H04硬）	325（47） 560（81）	130（19） 515（75）	64 10	风箱、离合器盘、隔板、保险丝夹、弹簧、焊条
Cu-30%Ni合金	C71500	30Ni	退火态 冷加工（H02硬）	380（55） 515（75）	125（18） 485（70）	36 15	冷凝器和热交换器部件、海水管道
铸造合金							
含铅黄黄铜	C85400	30Zn、3Pb、1Sn	铸态	234（34）	83（12）	35	家具五金、散热器固定支架、照明灯具、蓄电池电缆夹
锡青铜	C90500	10S、2Zn	铸态	310（45）	152（22）	25	轴承、衬套、活塞环、蒸汽管道配件、齿轮
铝青铜	C95400	4Fe、11Al	铸态	586（85）	241（35）	18	弹簧、齿轮、螺旋管、衬套、阀座和阀挡、酸洗钩

① 其余成分为铜。

来源：摘自*ASM Handbook*，Vol.1，*Properties and Selection：Irons，Steels，and High-Performance Alloys*，1990.复制得到ASM International，Materials Park，OH.

青铜

青铜是由铜和其他元素组成的合金，这些元素包括锡、铝、硅和镍。这些合金的强度稍高于黄铜，然而它们仍然具有优良的耐腐蚀性能。表13.6列出了几种青铜合金以及它们的成分、性能和应用。青铜通常在需要耐腐蚀以及良好的拉伸性能的情况下使用。

最常用的、可热处理的铜合金是铍青铜。它们有良好的综合性能：抗拉强度可达1400MPa（200000psi），优异的电性能和腐蚀性能以及适当润滑时的耐磨损性能。

它们可铸造、热加工或冷加工，可通过沉淀强化热处理（11.10节）来提高强度。由于添加1.0%～2.5%之间的铍，这些合金价格较贵。主要应用于飞机起落架轴承和轴套、弹簧以及外科和牙科器械。一种铍青铜合金（C17200）见表13.6。

概念检查13.3 黄铜和青铜的主要差别是什么？

[解答可参考网页www.wiley.com/college/callister（学生之友网站）.

（2）铝及其合金

铝及其合金相对密度小（2.7g/cm^{3}相比于钢的7.9 g/cm^3）、导电性及导热性好，以及在大气中良好的耐蚀性。这些合金延展性好，容易成型；可通过轧制纯金属制备成铝箔片就可用来证明这一点。由于铝是FCC晶体结构，甚至在非常低的温度下铝仍能保持较好的塑性。主要的局限性在于铝的熔点低［660℃（1220 ℉）］限制了应用的最高温度。

可通过冷加工和合金化来提高铝的力学强度，但是，这两种方法都降低了铝的耐蚀性。铝合金主要的合金元素有Cu、Mg、Si、Mn和Zn。非热处理铝合金由单相组成，可通过固溶强化来提高其强度。依据合金化的作用，其他合金可进行热处理强化（能够进行沉淀强化）。在这样的几种合金中，沉淀强化是由于两种非铝的元素形成的一种中间化合物的沉淀析出，如$MgZn_2$。

状态代号

通常铝合金分为铸造铝合金或形变铝合金两类。两种类型合金的成分由代表主要杂质的四位数字表示，在某些情况下代表铝合金的纯度。对于铸造合金，小数点位于铸造合金最后两个数字之间。这些数字后是一个连字符和基本的状态代号——1个字母和表示合金受到的力学和/或热处理的1～3位数字。例如，F、H、O分别代表加工态、应变硬化和退火态。T3的含义是合金经过固溶强化、冷加工和自然时效（时效硬化）后的处理状态。T6表示固溶强化之后进行人工时效。几种形变和铸造铝合金的成分、性能和应用见表13.7。铝合金的常见应用有飞机结构件、饮料罐、公共汽车车身和汽车零件（发动机、活塞和歧管）。

比强度

为了有效地降低燃油消耗，最近铝合金和其他低密度金属（如Mg和Ti）形成的合金作为交通运输工业的工程材料得到重视。这些材料的一个重要的特征是比强度高，用抗拉强度与相对密度的比来表示。即使这些合金的抗拉强度可能比重金属的强度（如钢）低，但在相同的重量下可承受更大的载荷。

航空航天工业最近研发了一种新型的铝锂合金。这些材料有相对密度低（2.5～2.6g/cm^3）、比模量高（弹性模量与密度之比）和优良的疲劳和低温韧性。此外，其中的某些合金还可进行沉淀强化。但是，由于锂的化学活性需要特殊的加工技术，所以这些材料比通常的铝合金生产成本高。

概念检查 13.4　解释在某些情况下为什么不建议焊接一个3003铝合金结构件。提示：可查阅8.13节。

[答案可参考网页www.wiley.com/college/callister（学生之友网站）。]

表13.7　常用铝合金的成分、力学性能和典型应用

铝合金牌号	UNS数	成分①/%（质量）	力学性能				典型应用
			状态（回火代号）	抗拉强度/MPa	屈服强度/MPa	延伸率/(%EL 50mm)	
锻造、不能热处理强化合金							
1100	A91100	0.12Cu	退火态（O）	90（13）	35（5）	35～45	食品/化学处理和存储设备、热交换器、折光器
3003	A93003	0.12Cu、1.2Mn、0.1Zn	退火态（O）	110（16）	40（6）	30～40	炊具、压力容器和管道
5052	A95052	2.5Mg、0.25Cr	沉淀硬化态（H32）	230（33）	195（28）	12～18	飞机燃料输油管道、燃料箱、器具、铆钉和铝丝
锻造、可热处理强化合金							
2024	A92024	4.4Cu、1.5Mg、0.6Mn	热处理（T4）	470（68）	325（47）	20	飞机构件、铆钉、卡车轮胎、螺丝切削机产品
6061	A96061	1.0Mg、0.6Si、0.30Cu、0.20Cr	热处理（T4）	240（35）	145（21）	22～25	卡车、皮划艇、铁路车辆、家具、管道
7075	A97075	5.6Zn、2.5Mg、1.6Cu、0.23Cr	热处理（T6）	570（83）	505（73）	11	飞机结构件和其他高应力应用的构件
铸造、可热处理强化合金							
295.0	A02950	4.5Cu、1.1Si	热处理（T4）	221（32）	110（16）	8.5	飞轮和后轴套、汽车和飞机轮胎、曲轴箱
356.0	A03560	7.0Si、0.3Mg	热处理（T6）	228（33）	164（24）	3.5	飞机泵部件、汽车变速箱、水冷气缸体
铝锂合金							
2090	—	2.7Cu、0.25Mg、2.25Li、0.12Zr	热处理、冷加工（T83）	455（66）	455（66）	5	飞机结构和低温液罐结构
8090	—	1.3Cu、0.95Mg、2.0Li、0.1Zr	热处理、冷加工（T651）	465（67）	360（52）	—	高损伤容限的飞机结构件

①其余成分为铝。

来源：摘自*ASM Handbook*，Vol.1，*Properties and Selection：Irons，Steels，and High-Performance Alloys*，1990.复制得到ASM International，Materials Park，OH.

（3）镁及其合金

镁最突出的特点就是它的密度低，1.7g/cm^3，是所有结构金属中最低的，因此镁合金主要应用在重点考虑重量的场合（例如飞机结构件）。镁具有HCP晶体结构，相对较软，且弹性模量低，只有45GPa（6.5×10^{6}psi）。在室温，镁及其合金很难加工成形。实际上，在不退火的条件下仅能施加微量的冷加工。因此，大多数的制造是通过铸造或在250～350℃（400～650℉）之间的热加工成型。镁与铝一样，具有较低的熔点［651℃（1204℉）］。化学上，镁合金的化学性质相对不稳定的，特别是在海洋环境中易于腐蚀。但是，在通常的大气中的抗腐蚀性或抗氧化性是非常好的；这种性质与镁合金的杂质有关而与镁合金本身的特性无关。在空气中加热晶粒细小的镁合金粉末容易燃烧；因此，在这种状态处理时要格外小心。

镁合金也被分为形变或铸造镁合金，其中的一部分为可热处理的镁合金。Al、Zn、Mn和一些稀土元素是主要的合金元素。镁合金使用与铝合金的成分-回火编号体系相似的牌号。常用镁合金及其成分、性能和应用见表13.8。这些合金主要应用在飞机、导弹以及行李箱上。此外，近些年来镁合金在其他工业领域的应用大量增加。镁合金已经取代了密度较低的工程塑料这是因为镁合金材料刚度更好、更利于回收、生产的价格更低。例如，镁在大量的手持设备上使用（例如链锯、粉末工具、篱笆剪刀）、汽车（例如转向轮柱，座椅骨架、变速箱）以及音响、视频影像、计算机和通信设备（如笔记本电脑、摄像机、电视机、手机）。

从熔点、抗氧化性、屈服强度和脆性方面讨论是否建议（a）铝合金和（b）镁合金进行热加工或冷加工。提示：你可查阅8.11节和8.13节。

［解答可参考网页www.wiley.com/college/callister（学生之友网站）。］

（4）钛及钛合金

钛及钛合金是具有优异特性的新型工程材料。纯钛的密度低（4.5g/cm^3）、熔点高［1668℃（3035℉）］和弹性模量高［107GPa（15.5×10^{6}psi）］。钛合金强度非常高：室温下可获得1400MPa（200000psi）的抗拉强度，且具有非常高的比强度。此外，钛合金的延性好，能够锻造和切削加工。

非合金化的钛（即工业纯钛）具有HCP晶体结构，有时在室温下表示为α相。在883℃（1621℉），HCP结构转变为BCC（或β）相。合金元素的出现对相转变温度有重要影响。例如，V、Nb和Mo降低$\alpha \rightarrow \beta$的转变温度，促进β相的形成（即是β相稳定剂），可在室温下存在。另外，某些合金成分使α、β相同时存在。

根据加工后出现的相结构类型，钛合金分为4类：α型、β型、α+β型和近α型钛合金。

α型钛合金通常以铝和锡合金化的，由于具有优越的蠕变特性，适合在高温下使用。此外，由于α相是稳定相，α型钛合金不能进行热处理强化；因此，这些材料通常在退火或再结晶状态下使用。强度和韧性好，但可锻性不如其他类型的钛合金。

表 13.8　六种常用镁合金的成分、力学性能和典型应用

ASTM数	UNS数	成分[①]/%（质量）	状态	力学性能			典型应用
				抗拉强度/MPa（ksi）	屈服强度/MPa（ksi）	延伸率/[%EL 50mm（2in.）]	
锻造合金							
AZ31B	M11311	3.0Al、1.0Zn、0.2Mn	挤压	262（38）	200（29）	15	结构和管道、阴极保护
HK31A	M13310	3.0Th、0.6Zr	应变硬化、部分退火	255（37）	200（29）	9	315℃（600℉）时具有高强度
ZK60A	M16600	2.5Mg、0.45Zr	人工时效	350（51）	285（41）	11	飞机最高强度的锻件
铸造合金							
AZ91D	M11916	9.0Al、0.7Zn、0.15Mn	铸态	230（33）	150（22）	3	汽车、行李箱和电子器件的压铸件
AM60A	M10600	6.0Al、0.13Mn	铸态	220（32）	130（19）	6	汽车轮毂
AS41A	M10410	4.3Al、1.0Si、0.35Mn	铸态	210（31）	140（20）	6	需要良好抗蠕变性的压铸件

① 其余成分为镁。

来源：摘自*ASM Handbook*，Vol.2，*Properties and Selection*：*Irons*，*Steels*，*and High-Performance Alloys*，1990. 复制得到ASM International，Materials Park，OH.

β型钛合金含有足够含量的β相稳定元素（V和Mo），因此以足够快的冷却速率冷却，β（亚稳）相可在室温下保留下来。这些材料可锻性好并具有高的断裂韧性。

α+β型钛合金中加入α、β两相的稳定元素进行合金化。这些合金可以通过热处理来提高和控制强度。由α相以及保留的或转变后的β相可形成各种组织。通常，这些材料的成形性非常好。

近α型钛合金也是由α、β相组成，但β相的比例很小，也就是，它们含有低含量的β相稳定元素。除了近α型钛合金的显微组织和性能更多样以外，它们的性能和制造性与α型钛合金的相似。

钛的主要不足是在高温下易于与其他材料发生化学反应。由于这个特性使钛合金生产时必须使用特殊的提炼、熔化和铸造技术；因此，钛合金的价格非常昂贵。虽然在高温下化学活性高，但是钛合金在常温的耐蚀性非常好；它们在大气、海洋和各种工业环境中耐腐蚀。表13.9列出了几种钛合金及它们的性能和应用。它们通常应用在飞机结构、航天器和外科种植以及石油、化工工业。

（5）难熔金属

难熔金属是指具有非常高熔点的金属。这类金属包括Nb、Mo、W、Ta。Nb的熔点范围在2468～3410℃（4474～6170℉）之间，W是金属中具有最高熔点的金属。这些金属中原子间键结合非常强，这是高熔点以及在室温和高温下具有高的弹性模量、高强度、高硬度的原因。这些金属的应用是多种多样

的。例如，不锈钢添加Ta和Mo来提高其耐腐蚀性能。Mo合金在压铸模和航天器结构件中使用；白炽灯灯丝、X射线管以及焊条使用W合金。Ta合金在温度低于150℃环境中具有良好的耐蚀性，因而常用在需要这种耐腐蚀的场合。

表13.9 几种常用钛合金的成分、力学性能和典型应用

合金类型	常用名称（UNS数）	成分/%（质量）	状态	力学性能			典型应用
				抗拉强度/MPa（ksi）	屈服强度/MPa（ksi）	延伸率/[%EL 50mm（2in.）]	
α	纯金属（R50250）	99.5 Ti	退火态	240（35）	170（25）	24	喷气发动机罩、箱体和机身，海洋和化学加工工业的耐腐蚀设备
近α	Ti-5Al-2.5Sn（R54520）	5Al、2.5Sn、其余Ti	退火态	826（120）	784（114）	16	燃气涡轮发动机外壳和吊环；需要480℃（900℉）温度保持高强度的化工设备
α+β	Ti-8Al-1Mo-1V（R54810）	8Al、1Mo、其余Ti	退火态（双重）	950（138）	890（129）	15	喷气发动机部件的锻件（压气机盘、厚板和集线器）
α+β	Ti-6Al-4V（R56400）	6Al、4V、其余Ti	退火态	947（137）	877（127）	14	高强度假体植入、化工设备、机身结构件
β	Ti-6Al-6V-2Sn（R56620）	4Al、2Sn、6V、0.75Cu、其余Ti	退火态	1050（153）	985（143）	14	火箭发动机壳体和机身应用和高强度机身结构
AS41A	Ti-10V-2Fe-3Al	6V、2Fe、3Al、其余Ti	固溶+时效	1223（178）	1150（167）	10	工业钛合金的高强度和高韧性的最佳组合；在表面和中心位置保持抗拉性能一致性的应用；高强度机身构件

来源：摘自*ASM Handbook*，Vol.2，*Properties and Selection*：*Irons*，*Steels*，*and High-Performance Alloys*，1990.复制得到ASM International，Materials Park，OH.

（6）超合金

超合金具有优良的综合性能。大多数合金用在飞机发动机涡轮构件，这些合金必须忍受暴露在严重氧化和长时间高温的环境中。在这些条件下的力学性能完整性是非常关键的；在这方面，密度是一个需要重点考虑的因素，这是因为当密度降低时离心应力会在转动时消失。这些材料根据合金中主要的金属来分为3类——Fe-Ni、Ni、Co。其他的合金元素包括难熔金属（Nb、Mo、W、Ta）、Cr和Ti。另外，这些合金也可分为锻造超合金或铸造超合金。几种超合金的成分如表13.10所示。

除了涡轮上的应用，超合金也被应用在原子反应器和石化设备中。

（7）贵金属

贵金属或稀有金属是指一组含有8种元素的金属，它们具有某些相同物理特征。它们的价格昂贵（稀少）并且具有优良的性能——特征上柔软、延展性好和抗氧化性高。贵金属有银、金、铂、钯、铑、钌、铱和锇；前3种最常用且广泛地用于首饰。银、金可加入Cu通过固溶强化来强化；纯银是含有大约7.5%Cu的银-铜合金。银、金合金常用作牙科修补材料。一些集成电路的电触点的材料是金。

表 13.10 几种超合金的成分

合金名称	成分/%（质量）									
	Ni	Fe	Co	Cr	Mo	W	Ti	Al	C	其他
铁-镍合金（锻造）										
A-286	26	55.2	—	15	1.25	—	2.0	0.2	0.04	0.005B、0.3V
Incoloy925	44	29	—	20.5	2.8	—	2.1	0.2	0.01	1.8Cu
镍合金（锻造）										
Inconel-718	52.5	18.5	—	19	3.0	—	0.9	0.5	0.08	5.1Nb、0.15Cu（最高）
Waspaloy	57.0	2.0最高	13.5	19.5	4.3	—	3.0	1.4	0.07	0.006B、0.09Zr
镍合金（铸造）										
Rene80	60	—	9.5	14	4	4	5	3	0.17	0.015B、0.03Zr
Mar-M-247	59	0.5	10	8.25	0.7	10	1	5.5	0.15	0.015B、3Ta、0.05Zr、1.5Hf
钴基合金（锻造）										
Haynes25（L-605）	10	1	54	20	—	15	—	—	0.1	
钴基合金（铸造）										
X-40	10	1.5	57.5	22	—	7.5	—	—	0.50	0.50Mn、0.5Si

来源：复制得到ASM国际的许可。版权所有www.asminternational.org。

铂作为一种催化剂（特别是在天然气管道的生产）常用于化学实验室设备，以及在热电偶中来测量高温温度。

（8）其他非铁合金

前面的讨论涵盖了大量的非铁合金；但是，其他的一些金属合金有大量的工程应用，有必要做一简单的介绍。

镍及其合金在多种环境中具有耐腐蚀性能，特别是在碱性的环境中。通常在某些金属上镀镍作为保护层来提高耐腐蚀性能。蒙乃尔合金是一种含有大约65%Ni和28%Cu（其余为Fe）镍基合金，具有非常高的强度和耐腐蚀性；主要用于泵、阀和其他与酸、石油溶液接触的结构件。如上所述，镍是不锈钢中主要的合金元素之一，也是超合金中的主要成分之一。

铅、锡及其合金作为工程材料也有一些应用。低熔点的铅、锡力学上都很柔软，强度低，在腐蚀环境中耐蚀性强，并且再结晶温度低于室温。一些常用的钎料包括具有低熔点的铅-锡合金。铅及其合金应用在X射线防护和储能电池。锡的主要应用是在食品容器作为普通碳钢罐的内壁薄涂层；这种涂层抑制了钢与食品之间发生化学反应。

重要材料

欧元硬币所用的金属合金

在2002年1月，欧元成为欧洲12个国家唯一的货币；从那以后，其他几个国家也加入到了欧洲货币联盟并采用欧元作为国家的官方货币。铸造了8种不同面值的欧元硬币：1欧元、2欧元、50欧分、20欧分、10欧分、5欧分、2欧分以及1欧分。硬币的一面具有相同的设计，而另一面的设计是由货币联盟国家选择的几种设计之一。这些硬币的照片如图13.6所示。

在决定这些硬币使用什么金属合金时，需要考虑很多问题，多数的问题集中在材料的性能上。

- 区分一种面值硬币与另一种面值硬币的能力是非常重要的。这可通过硬币的不同尺寸、颜色和形状来完成。关于颜色，必须挑选能够保留独特颜色的合金，这意味着这种合金在空气中以及其他通常所处的环境中不容易掉色。
- 保密是需要考虑的一个很重要的问题——也就是，生产的硬币很难仿制。大多数的售货机通过电导率来鉴别硬币，防止使用假币。这意味着每一个硬币必须有它自己独特的“电子签名”，这取决于这个硬币合金的成分。
- 选择的硬币必须是“可压印的”或容易铸造，也就是说，合金需要足够的柔软并具有延伸性，能够允许设计的图案印到硬币的表面。
- 为了能够长期使用，合金必须耐磨损（例如硬度和强度高），这样印到硬币表面的图案能够保留下来。在印制过程中发生的应力应变（8.11节）提高了硬度。
- 所选合金在常规环境中必须有优良的耐腐蚀性，以确保硬币在长期的使用中具有最小的材料损失。
- 所采用的金属合金能够保留它本身的价值是非常理想的。
- 合金可回收性是使用合金的另一种要求。
- 制造硬币的合金还须考虑到人类的健康，也就是说，具有抗病毒的特性，这样不必要的微生物不能在硬币的表面生长。

由于铜及其合金能够满足这些条件，因此铜被选中作为所有欧元硬币的基体金属。使用几种不同铜合金和合金组合来制造8种不同面值的硬币。这些硬币如下。

- 2欧元硬币：这个硬币是双金属的——它由一个外环和一个内盘组成。外环使用的是具有银色的75Cu-25Ni合金，内盘由三层结构组成——在金色的镍-铜合金（75Cu-20Zn-5Ni）的两侧镀覆高纯度镍。
- 1欧元硬币：这个硬币也是双金属组成，但是外环和内盘使用的合金与2欧元硬币的合金相反。
- 50欧分、20欧分和10欧分：这些硬币是由一种“北欧金”制造——89Cu-5Al-5Zn-1Sn。
- 5分、2分和1分硬币：使用钢镀铜来制造这些硬币。

图13.6 1欧元、2欧元、20欧分和50欧分的照片（照片得到Outokumpu Copper许可）

纯锌也是相对较软的金属，熔点和再结晶温度低。在大多数的普通环境中表现出化学活性，因此易于受到腐蚀。镀锌钢是表面镀了一薄层锌的普通碳钢，锌作为阳极起到保护钢的作用（16.9节）。镀锌钢的典型应用为人们所熟悉（金属板、栅栏、显示器、螺母等）。锌合金的常见应用有挂锁、卫生设备、汽车零件（门把手和护栅）和办公设备。

虽然锌在地壳中的含量相对丰富，但是直到近代，才开发了工业提炼技术。锌及其合金延伸性好，并具有与钛合金和奥氏体不锈钢相当的力学特性。但是，这些合金的主要价值是它们在大量腐蚀介质中的耐腐蚀性，包括在过热水中。此外，锌对热中子是透明的，因此，锌合金在水冷的核反应堆中可用作铀燃料的熔覆层。考虑到成本，这些合金也通常作为化学和核工业领域中的热交换器、反应堆容器以及管道系统所选择使用的材料。它们也用于真空管的燃烧弹药和密封装置中。

附录B列出了大量金属和合金的各种性能（密度、弹性模量、屈服和抗拉强度、电阻率、热扩展系数等）。

陶瓷的种类

我们前面对材料性能的讨论中已经说明了金属和陶瓷的物理性能有很大的差异。因此，这些材料被用于完全不同的领域，且往往相辅相成，当然这其中也包括高分子。大多数陶瓷材料根据其应用大致分为以下几类：玻璃、建筑用黏土制品、白瓷、耐火材料、磨料、水泥以及新发展起来的先进材料。图13.7给出了上面几种陶瓷的分类；对于每种分类我们都会进行简要讨论。在本节内，我们还会对钻石以及石墨的特性和应用进行一些讨论。

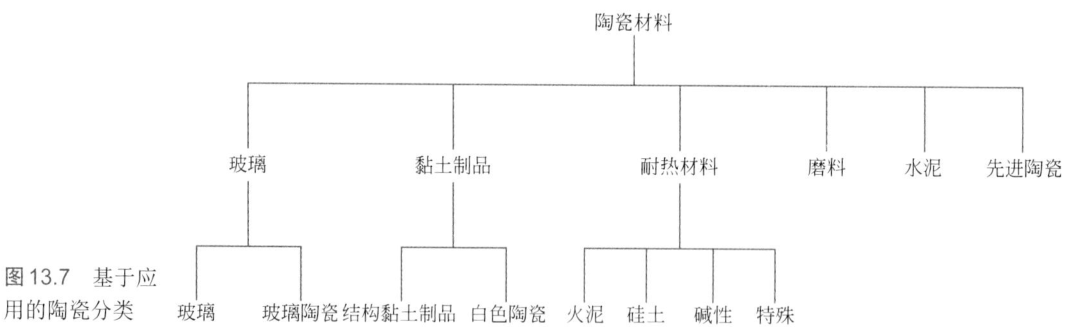

图13.7　基于应用的陶瓷分类

13.4　玻璃

玻璃是一类很常见的陶瓷材料；容器、透镜、和玻璃纤维代表了几种典型的应用。我们在前面已经提到过，玻璃是含有各种氧化物的非晶硅酸盐，常见的包括CaO、Na_2O、K_2O和Al_2O_3等，这些氧化物会影响玻璃的性能。一个典型的钠钙玻璃含有大约70%（质量）的SiO_2，剩下的部分主要是Na_2O和CaO。表13.11给出了几种常见玻璃的成分。这类玻璃材料的两大主要优势在于它们的光透明性以及相对简单的制造工艺。

表 13.11 一些常见商业玻璃的成分和性能

玻璃种类	成分						特征和应用
	SiO_2	Na_2O	CaO	Al_2O_3	B_2O_3	其他	
石英玻璃	>99.5						高熔点，极低的热膨胀系数（抵抗热冲击）
96%二氧化硅（维克玻璃）	96				4		抗热冲击和化学腐蚀——实验室器皿
硼硅酸盐（派热克斯玻璃）	81	3.5		2.5	13		抗热冲击和化学腐蚀——烤箱器皿
容器（钠钙玻璃）	74	16	5	1		4 MgO	低熔点，易加工，持久耐用
玻璃纤维	55		16	15	10	4 MgO	易于被拉制成丝——玻璃树脂复合材料
火石玻璃	54	1				37 PbO，8 K_2O	高密度和高折射率——光学透镜
玻璃陶瓷（微晶玻璃）	43.5	14		30	5.5	6.5 TiO_2，0.5 As_2O_3	易于加工；强度大；抗热冲击——烤箱器皿

13.5 玻璃陶瓷

结晶
玻璃陶瓷

很多无机玻璃都可以通过恰当的高温热处理过程实现从非晶态到晶态的转变。该过程我们称之为**结晶**，而得到的细晶材料常被称为**玻璃陶瓷**。从某种意义上来说，这些小的玻璃陶瓷晶粒的形成是一个相转变的过程，该过程包含了形核和长大两个阶段。因此，结晶动力学（即，速率）可以用类似于11.3节中介绍的金属体系相变原理进行描述。比如，相转变程度对温度和时间的依赖性可以使用等温转变和连续冷却转变图（11.5节和11.6节）进行描述。图13.8给出了月白玻璃结晶过程的连续冷却转变图；该图上转变曲线的起点和终点与具有共晶成分铁碳合金的曲线（图11.26）形状大致相同。图中还包含了两条分别标为1和2的连续冷却曲线；曲线2所表示的冷却速率要远远大于曲线①。我

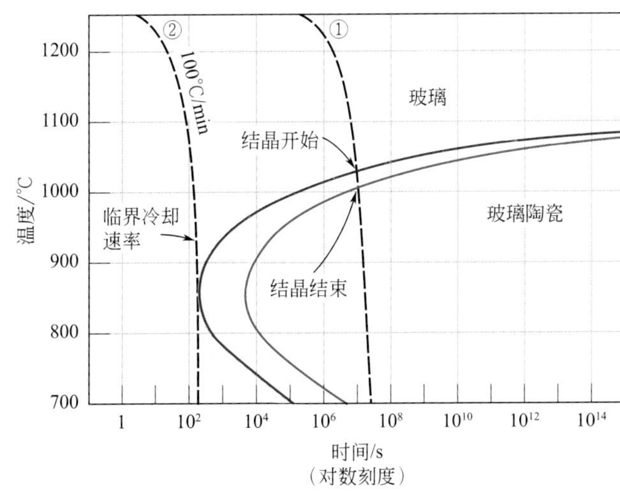

图13.8 月白玻璃[35.5%（质量）SiO_2，14.3%（质量）TiO_2，3.7%（质量）Al_2O_3，23.5%（质量）FeO，11.6%（质量）MgO，11.1%（质量）CaO，和0.2%（质量）Na_2O]结晶的连续冷却转变曲线

另外两条虚线曲线为两条冷却曲线，分别标为①和②。

[重印来源为*Glass：Science and Technology*，Vol. 1，D. R. Uhlmann and N. J. Kreidl（Editors），"The Formation of Glasses，" p.22，copyright 1983，with permission from Elsevier.]

们在这幅图上还能注意到，对于曲线①给出的连续冷却路径，结晶开始于该曲线与上曲线的交点处，并随着时间的增加以及温度的连续下降而持续进行；当与下曲线相交时，原来的所有玻璃都完成了结晶。另外一条冷却曲线（曲线②）正好错过了结晶开始曲线的鼻形温度位置。它表示临界冷却曲线（对于这种玻璃，100℃ /min）——即最终室温产品是100%玻璃所对应的最小冷却速率；若冷却速率小于该速率，则会形成一定量的玻璃陶瓷材料。

通常会向玻璃中添加成核剂（常用二氧化钛）来促进结晶。成核剂的添加会使转变曲线由开始到结束需要更短的时间。

玻璃陶瓷的性能和应用

经过设计得到的玻璃陶瓷材料具有下列性能：相对较高的力学强度；低热膨胀系数（为了避免热冲击）；良好的高温性能；良好的介电性能（用于电子封装）；以及良好的生物相容性。有些玻璃陶瓷可以制作成透明的；也可以是不透明的。这类材料最具吸引力的特点可能就是其制造的方便性；我们可以使用传统的玻璃成型技术大批量生产几乎无气孔的器皿。

商用的玻璃陶瓷的生产商有Pyroceram、CorningWare、Cercor和Vision。这些材料最常见的应用是作为烤箱器皿、餐具、烤箱玻璃门以及炉头——因为这种材料具有优良的力学强度和抗热冲击性能。它们也被用于印刷电路板的电学绝缘和基板材料，而且被用于建筑覆层以及热交换器和蓄热器。表13.11中给出了一种典型的玻璃陶瓷；图13.9是一张玻璃陶瓷材料显微组织的扫描电镜显微照片。

图13.9 玻璃陶瓷材料显微组织的扫描电镜显微照片

其中长的刃形组织使材料具有不同寻常的强度和韧性（37000×）

（照片由L.R.Pinckney and G.J.Fine，Corning Incorporated提供。）

> 概念检查 13.6 简要解释说明为什么玻璃陶瓷可能是不透明的。提示：可以参考第19章。
> [解答可参考www.wiley.com/college/callister（学生之友网站）。]

13.6 黏土制品

黏土是使用最广泛的一种陶瓷原材料。这种在自然界中大量存在的廉价原料，通常不需要对其性能进行升级，可以直接使用开采得到的原矿。黏土制品很受欢迎的另一个原因是由于其易于成型；当与水以适宜比例混合时，黏土和水会形成一种易于被塑造的胶质体。成型后的制品可通过干燥去除其中的水分，之后在更高的温度进行烧制来增强其力学强度。

结构黏土制品
白瓷
烧制

大多数基于黏土的制品可以被分成两大类：结构黏土制品和白陶瓷品。结构黏土制品包括砌砖、瓷砖以及污水管——结构完整性十分重要的应用。白瓷在高温烧制后会变成白色。白瓷包括瓷器、陶器、餐具以及卫生洁具。除了黏土之外，上述很多制品中还有非塑性成分，这些成分会影响在干燥和烧制过程中所产生的变化以及最终成品的性能（14.8节）。

13.7 耐火材料

耐火材料

另一类重要且被大量生产使用的陶瓷材料是耐火材料。这些材料的显著性能包括在高温条件下不发生熔化或分解的耐热性，以及在严峻环境条件下的化学惰性。另外，热绝缘性通常也是一项需要考虑的重要因素。市场上可见的耐火材料有多种形式，但最常见的还是耐火砖。典型的应用包括炉衬，用于金属精炼、玻璃制造、冶金热处理以及发电。

耐火陶瓷的性能很大程度上取决于其成分。以其成分为基础，我们可以将其分为以下几类——火泥、硅土、碱性和特种耐火材料。表13.12给出了一些商用耐火材料的成分。对于很多商用材料来说，其原始成分由可能具有不同成分的大小颗粒组成。在烧制时，细小的颗粒通常参与到黏结相的形成中，该相的形成主要起到增强砖块强度的作用；该相可能是玻璃相或结晶相。耐火材料的服役温度一般来说要低于其烧制温度。

表13.12 五种耐火陶瓷材料的成分

耐火材料类型	成分/%（质量）							表观孔隙率/%
	Al_2O_3	SiO_2	MgO	Cr_2O_3	Fe_2O_3	CaO	TiO_2	
火泥	25～45	70～50	0～1		0～1	0～1	1～2	10～25
高铝耐火土	90～50	10～45	0～1		0～1	0～1	1～4	18～25
硅土	0.2	96.3	0.6			2.2		25
方镁石	1.0	3.0	90.0	0.3	3.0	2.5		22
方镁石-铬矿	9.0	5.0	73.0	8.2	2.0	2.2		21

来源：摘自W. D. Kingery，H. K. Bowen，and D. R. Uhlmann，*Introduction to Ceramics*，2nd edition. Copyright©1976 by John Wiley & Sons，New York. 重印得到了John Wiley & Sons，Inc.的许可。

为了生产出合适的耐火砖，孔隙率是一项必须得到合理控制的显微结构变量。强度、承载能力以及抗腐蚀能力都会随着孔隙率的下降得到增强。但与此同时，热绝缘性以及抗热冲击的性能则会随着孔隙率的下降而下降。最优的孔隙率取决于具体的服役条件和要求。

（1）火泥耐火材料

火泥耐火材料的主要成分是高纯度火泥——通常是含有25%～45%（质量）氧化铝的氧化铝和二氧化硅混合物。根据SiO_2-Al_2O_3相图（图10.26），在面给出的成分区间内不会形成液相的最高温度为1587℃（2890 ℉）。在该温度以下，平衡相为莫来石和二氧化硅（方晶石）。耐火材料服役过程中，在不影响其机械完整性的前提下可以允许一定量的液相存在。在1587℃以上出现的液相比例取决于耐火材料的成分。增加氧化铝的含量会提高耐火材料所能承受的最大服役温度，允许形成一定量的液相。

火泥耐火砖主要被用于窑炉建造，用以限制热气氛，并对其他结构元件起到绝热保护的作用。对于火泥耐火砖来说，强度并不是一项考虑的重要因素，因为一般来说并不要求结构支撑。对于尺寸精度以及成品稳定性的保持需要一定的控制。

（2）硅土耐火材料

硅土耐火材料，有时也称之为酸性耐火材料，其主要成分是硅土。因为这些材料具有公认的优良的高温和承载性能，因此常被用于炼钢和玻璃制造炉的拱形顶；在这些应用中温度可能会达到1650℃（3000 ℉）的高温。在这种温度条件下，有一部分的砖实际上会以液态的形式存在。即使只是少量的氧化铝也会对这些耐火材料的性能产生不利的影响，我们可以通过二氧化硅-氧化铝相图进行解释，如图10.26所示。由于共晶成分［7.7%（质量）Al_2O_3］离相图中硅的极限成分很近，因此即使添加很少量的Al_2O_3都会显著降低液相转变温度，这也就意味着在超过1600℃（2910 ℉）时会存在大量的液相。因此，我们需要将氧化铝的含量控制得很低，一般在0.2%～1.0%（质量）之间。

（3）碱性耐火材料

富含方镁石或氧化镁（MgO）的耐火材料，我们称为碱性耐火材料；它们也可能含有钙、铬以及铁的化合物。氧化硅的存在会损害其高温性能。碱性耐火材料对含有高浓度MgO和CaO的炉渣具有极强的抵抗力，而且在一些炼钢平炉中有广泛应用。

（4）特种耐火材料

还有一些陶瓷材料被用于特殊的耐火用途。有些材料是具有相对高纯度的氧化物，它们中很多都能被制成具有极小孔隙率的材料。这一组材料包括氧化铝、二氧化硅、氧化镁、氧化铍（BeO）、氧化锆（ZrO_2）以及莫来石（$3Al_2O_3$-$2SiO_2$）。其他的还包括碳化物，除了碳和石墨外。碳化硅（SiC）作为坩埚材料，被用于电阻加热元件以及内部炉组件中。碳和石墨具有很好的耐热性，但是由于在高于800℃（1470 ℉）的温度条件下极易发生氧化，因此其应用有一定的限制。不难预想，这一类特种耐火材料相对来说会更加昂贵。

概念检查 13.7　根据SiO_2-Al_2O_3的相图（图10.26）考虑下列成分，你认为哪种成分是更好的耐热材料？解释你的选择。

20%（质量）Al_2O_3-80%（质量）SiO_2

25%（质量）Al_2O_3-75%（质量）SiO_2

[解答可参考 www.wiley.com/college/callister（学生之友网站）]

13.8 磨料

磨料陶瓷

磨料陶瓷通常用于磨损、研磨、或切除其他更软的材料。因此对这一类材料最主要的要求是其硬度和耐磨性；此外，较高的韧度对于保证磨料颗粒不轻易发生断裂也十分关键。另外，在磨料摩擦的过程中也可能产生高温，因此磨料材料也需要一定的耐热性。

天然和合成的钻石都被用作磨料；然而它们的价格相对较贵。更常见的陶瓷磨料包括碳化硅、碳化钨（WC）、氧化铝（或刚玉）以及硅砂。

磨料有多种使用形式——作为砂轮结合的黏合研磨剂、作为涂覆磨料以及作为自由磨粒。在第一种情况下，磨料颗粒通过一种玻璃陶瓷或有机树脂与砂轮相结合。砂轮表面要有一定的孔洞；孔洞中连续的气流或冷却液包围着耐热颗粒以避免过热。图13.10给出了黏合研磨剂的显微结构，从图中可以看出磨料颗粒、粘结相以及孔洞。

图13.10　氧化铝陶瓷模量的照片

浅色的区域是Al_2O_3磨料颗粒；灰色和暗色的区域分别是黏结相和孔洞（100×）

（摘自W. D. Kingery，H. K. Bowen，and D.R.Uhlmann，*Introduction to Ceramics*，2nd edition，p.568.版权©1976 by John Wiley & Sons.重印得到了John Wiley & Sons，Inc.的许可。）

涂覆磨料是指在某些纸或布料上涂覆上磨料粉；砂纸大概是最常见的例子。木材、金属、陶瓷以及塑料通常都使用这种形式的磨料进行打磨和抛光。

砂轮、研磨轮以及抛光轮通常使用悬浮于油液或水中的自由磨粒。一定粒度范围的钻石、刚玉、碳化硅以及红铁粉（一种铁氧化物）会以松散的形式被用作磨粒。

13.9 水泥

水泥

几种常见的陶瓷材料被归为无机水泥：水泥、熟石膏以及石灰，它们的产量极大。这些材料的特征是当与水混合后，它们会形成一种能够凝固并硬化的膏状物。这种特点在迅速形成具有各种形状的固态刚性结构过程中十分有用。与此同时，有些材料还会起到粘结的作用，在团聚的颗粒之间形成化学结合使之成为单一的黏结结构。有一点要注意的是，这种水泥胶结键是在室温下形成的。

这组材料中，波特兰水泥的消耗量是最大的。它是通过将黏土和含石灰的矿物进行研磨和完全混合，并在回转炉内将混合物加热至1400℃（2550 ℉）

煅烧

得到的；这一过程会使原材料发生物理和化学变化，有时我们称为煅烧。煅烧得到的“熟料”产物被磨成非常细的粉，并在其中加入少量的石膏（$CaSO_4 \cdot 2H_2O$）来减缓其凝固。经过上述步骤所得到的产品就是波特兰水泥。波特兰水泥的性能，包括凝固时间以及最终的强度，在很大程度上都取决于其成分。

在波特兰水泥中有几种不同的组分，其中最主要的组分是硅酸三钙（$3CaO \cdot SiO_2$）和硅酸二钙（$2CaO \cdot SiO_2$）。这种材料的凝固和硬化是通过多种水泥组分与水之间发生相对复杂的水合反应所实现的。比如，一种涉及硅酸二钙的水合反应是：

$$2CaO \cdot SiO_2 + xH_2O \longrightarrow 2CaO \cdot SiO_2 \cdot xH_2O \tag{13.2}$$

式中，x是一个取决于水含量的变量。这些水合物是以复杂的凝胶或结晶状的物质形式而存在的。水合反应是在加入水的瞬间就开始的。该反应首先体现为凝固（塑性膏状物的硬化），通常在混合几个小时之内发生。混合物的硬化会随着水合反应的进一步进行而发生，这个过程相对缓慢，有时甚至可以持续几年。需要强调的是水泥的硬化并不是一个干燥的过程，水分子实际上参与到了化学成键反应中。

波特兰水泥被称为水硬水泥，因为其硬度是通过与水的化学反应而变化的。它主要被用于砂浆和混凝土中，将惰性颗粒（砂和/或碎石）的聚集体结合成黏结块；这些材料被看作是复合材料（见15.2节）。其他水泥材料，如石灰，是非水化的；亦即，非水的其他化合物（如CO_2）参与到硬化反应中。

概念检查 13.8　解释为什么将水泥研磨成细粉很重要。

[解答可参考 www.wiley.com/college/callister（学生之友网站）]

13.10　先进陶瓷

尽管前面讨论的传统陶瓷被大量生产，但新型陶瓷或所谓的先进陶瓷已经开始而且将在高科技市场中占据越来越大的份额。尤其是陶瓷材料独特的电学、磁性以及光学性能或性能的组合在一系列新产品中得到了广泛的开发和应用；在第12、第18、第19章对这一部分内容进行了讨论。先进陶瓷被用于光纤通信系统、微机电系统、作为滚珠轴承以及一些用到陶瓷材料压电行为的应用中。接下来我们会对上述相关应用进行简要的讨论。

（1）微机电系统

微机电系统

微机电系统（简写为MEMS）是由与硅基片上的电气元件集成为一体的大量机械装置所组成的微型“智能”系统（1.5节）。机械元件包括微传感器和微执行器。微传感器通过测量力、热、化学、光学、和/或磁现象来收集外部环境中的相关信息。然后，微电子元件对这些感官信息输入进行处理，然后将相应行为指令输出至微执行器，并对其行为进行指导。微执行器所能做出的相应行为包括定位、移动、抽吸、调整以及过滤。这些执行器件包括横梁、凹点、齿轮、电动机以及薄膜，均为微观维度，大小为微米级。图13.11是一个线性齿条齿轮减速传动微机电系统的扫描电镜显微照片。

图13.11 一个线性齿条齿轮减速传动微机电系统的扫描电镜显微照片

该齿轮链将左上方的回转运动转换为线性运动，以驱动右下方的线性齿条。放大倍数约为100×。

（图片由Sandia National Laboratories，SUMMIT* Technologies，www.mems.sandia.gov提供）

MEMS的加工过程基本上和生产硅基集成电路一样；其生产过程包括光刻、离子注入、蚀刻以及沉积技术，这些生产工艺都已得到了成熟的发展。另外，一些机械元件通过微细加工进行制造。MEMS元件相当精细、可靠、而且尺寸极小。此外，由于前面所介绍的制造技术都属于批量制造，因此MEMS技术相当经济且具有较高的成本效益。

在MEMS中使用硅有一些限制。硅的断裂韧性较低（约0.90MPa$\sqrt{m}$），软化温度相对较低（600℃）而且对环境中的水和氧气相当敏感。因此，我们开始研究陶瓷材料——更强、更耐热、而且具有更好的化学惰性——用于MEMS元件的制造，特别是高速设备和纳米涡轮。我们考虑的陶瓷材料是非晶硅碳氮化物（碳化硅-氮化硅合金），可以通过金属有机前驱体进行生产。另外，这些陶瓷MEMS的制造无疑会涉及一些我们在第14章中讨论过的传统工艺技术。

一个实际的MEMS应用是加速计（加速器/减速器传感器），用于汽车碰撞中安全气囊系统的部署。在这种应用中的重要微电子元件是一个独立的微梁。与传统的安全气囊系统相比，MEMS单元更小、更轻、更可靠，而且生产成本更低。

MEMS的潜在应用包括电子显示屏、数据存储单元、能量转换设备、化学检测器（针对于有害化学物质、生物制剂、和药物筛选），以及DNA扩增和鉴定的微系统。无疑对MEMS技术的应用还有很多未能预见的可能，这些潜在的应用可能会对社会的发展产生深远的影响；并且可能会使过去30年中微电子集成电路所带来的影响黯然失色。

（2）光导纤维

光导纤维

一种在当今光通信系统中占据重要地位的新型先进陶瓷材料就是光导纤维。光导纤维由纯度极高的二氧化硅制成，这种材料必须不含任何，即使是极少量的杂质和其他可能吸收、散射以及减弱光束的缺陷。现在已经发展出了能够满足严格应用标准光导纤维的高级的精细的生产制造工艺技术。在本书的19.14节中讨论了光导纤维以及它们在通信中所扮演的角色。

（3）陶瓷球轴承

陶瓷材料的另外一种新的而且有趣的应用就是轴承。轴承由球和套圈组成，两者在使用过程中相互接触并彼此产生摩擦。典型的球和套圈组件都是用轴承钢制成的，轴承钢具有较高的硬度且十分耐腐蚀，而且可被抛光而具有光洁的表面。在过去大约10年的时间内，氮化硅（Si_3N_4）球逐渐开始在一些应用中取代钢球，因为Si_3N_4的一些性能使其成为更理想的材料。在大多数情况下，套圈还是由钢制成，因为其拉伸性能要优于氮化硅。这种陶瓷球和钢套圈的组合被称为混合轴承。

由于Si_3N_4的密度要远小于钢（3.2g/cm^{3}对7.8g/cm^3），所以混合轴承比传统轴承重量更轻；因此在混合轴承中所产生的离心载荷更小，这样他们能在更高的转速（高出20%～40%）下运转。另外，氮化硅的弹性模量比轴承钢更高（320GPa对200GPa）。因此，Si_3N_4球更加刚硬，在使用过程中发生的变形更小，产生的噪声和振动级别也更低。混合轴承比钢轴承的使用期更长——通常为三到五倍。使用寿命之所以更长是因为Si_3N_4硬度更高［75～80（HRC）相对于轴承钢的58～64（HRC）］，而且氮化硅具有优异的抗压强度（3000MPa对900MPa），从而降低了磨损率。使用混合轴承产生的热量更小，因为Si_3N_4的摩擦系数大概只有钢的30%；这也增长了润滑脂的使用期。陶瓷材料和金属合金相比具有更好的抗腐蚀性；因此，氮化硅球可以被用于腐蚀性更强以及温度更高的环境条件下。最后，由于Si_3N_4是电绝缘体（轴承钢具有更好的导电性），陶瓷轴承不会受到灭弧损害。

重要材料

压电陶瓷

有些陶瓷材料（以及一些高分子）会表现出一种不同寻常的压电现象[1]——当陶瓷材料被施与力学应变（尺寸变化）时会引起电极化[2]（即，一个电场或电压）。这种材料也会表现出逆压电效应；亦即当施加电场时会产生力学应变。

压电材料可被用作电能与机械能间的转换器。压电陶瓷早期的一种应用是在声呐系统中，在该系统中，水下物体（如潜水艇）的位置通过超声波发射和接受系统进行测定。一个压电晶体在一个电学信号的作用下发生振荡，从而产生高频的机械振动并通过水进行传播。当该机械波遇到物体时，这些信号会被反射回来，此时另一个压电材料接收到这一振动能并将其再次转换成电学信号。超声发射源与反射物体间的距离由从发送到接收所经过的时间来计算。

近年来，由于现代精密设备对自动化装置及消费者吸引力的增加，压电器件的使用发生大幅增长。压电器件的应用可以在汽车、计算机、商业/消费者以及医药行业。一些应用列出如下：汽车——车轮平衡、安全带蜂鸣器、胎面磨损指示器、无钥匙门入口以及安全气囊传感器；计算机——硬盘的微执行器和笔记本变压器；商业/消费者行业——喷墨印刷头、应变仪、超声焊接机以及烟雾探测器；医药行

[1] 压电现象在12.25节中进行了详细介绍。

[2] 电极化（在12.19节和12.20节中有详细介绍）是指电偶极子（2.7节）排列于同一个方向，从而在该方向产生电场。

业——胰岛素泵、超声治疗仪以及超声波白内障切除装置。

常用的压电陶瓷包括钛酸钡（$BaTiO_3$），钛酸铅（$PbTiO_3$），锆钛酸铅（PZT）[$Pb(Zr，Ti)O_3$]，以及铌酸钾（$KNbO_3$）。

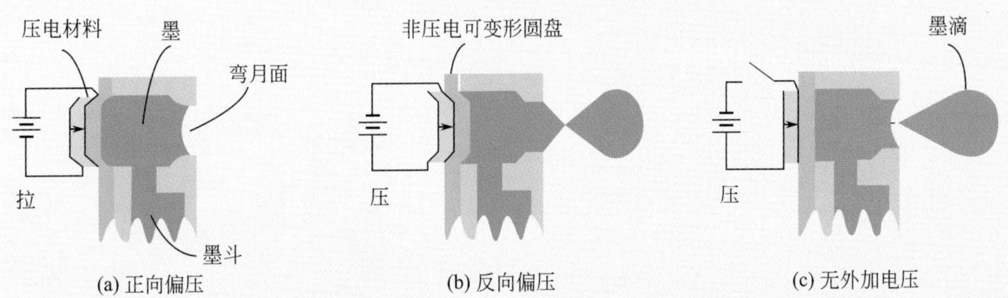

(a) 正向偏压　(b) 反向偏压　(c) 无外加电压

一种喷墨印刷头采用了压电材料。这种类型的印刷头使用了由压电陶瓷（橘黄色层）组成的双层圆盘，该圆盘与一可变形的非压电材料（绿色层）结合在一起。图中压电材料里的箭头表示永久偶极矩的方向。这个双层圆盘在电压作用下会发生弯曲；弯曲的方向取决于偏压。(a) 正向偏压使圆盘朝远离喷嘴的方向发生弯曲，从而从墨盒中吸入更多墨水。(b) 改变偏压方向使圆盘向喷嘴方向弯曲，从而喷射出一滴墨水。(c) 最后，移除电压使圆盘恢复到不弯曲的状态。

（图片由Epson America，Inc.提供。）

涉及混合轴承的应用包括直排轮、自行车、电动机、机床主轴、精密医疗手工具（如高速牙钻和外科用锯）以及纺织、食物加工和化工设备。

全陶瓷轴承（包括陶瓷套圈和球）的使用范围有限，主要被用于要求极高抗腐蚀性能的应用中。

人们对这种氮化硅轴承材料的发展已经进行了大量研究。主要的挑战在于加工/制造无孔材料技术、用最低限度的加工制造球形件以及得到比钢球更光洁表面的抛光/研磨技术。

13.11 金刚石和石墨

（1）金刚石

金刚石的物理特性使其成为了一种非常具有吸引力的材料。它的硬度极高（已知的最硬的材料）而且电导率非常低；这些特性都是由于其晶体结构以及很强的原子间共价键导致的。此外，它作为一种非金属材料，具有异常高的热导率，在电磁光谱的可见光和红外光范围内具有光学透明性，还具有很高的折射率。相对较大的金刚石单晶被用作宝石。工业上，金刚石被用于研磨或切除其他一些相对较软的材料（13.8节）。从19世纪50年代中期开始就发展出了合成金刚石的工艺技术。通过对这些工艺进行改良，现在大量的工业级质量的金刚石都采用人工合成，有些合成金刚石达到了宝石级。

在过去的几年里，人们生产出了薄膜形式的金刚石。薄膜生长技术涉及气相化学反应，随后进行薄膜沉积。薄膜的最大厚度在几个毫米的数量级。目前所能生产出的薄膜都不具有和自然金刚石一样的长程有序晶体结构。生产出的金刚石是多晶体，可能由非常细小和/或相对较大的晶粒组成；此外，也可能存在无定形碳和石墨。图13.12是一金刚石薄膜表面的扫描电镜显微照片。金刚石薄膜的力学、电学以及光学性能都接近金刚石块体材料。人们会继续开发这些出色的特性，从而创造出新的更好的产品。比如，钻头的表面、模具、轴承、刀具以及其他涂有金刚石薄膜来增强表面硬度的工具；有些透镜和天线罩通过添加金刚石涂层仍能够保持透明；金刚石涂层还被用于高频扬声器以及高精度千分尺。这些薄膜的潜在应用包括机械元件（比如齿轮）的表面处理以及光记录头和盘面，还有半导体器件的基体。

图13.12　金刚石薄膜表面的扫描电镜显微照片

图中可以看到大量的多面微晶粒（1000×）

（照片由Norton Company提供。）

（2）石墨

石墨的结构如图3.17所示；另外，在3.9节的讨论中指出了在呈六边形排列的碳原子层之间电子结合属于范德华力。由于这种晶面间的作用力较弱，因此层面间很容易发生解理，于是石墨便具有了优良的润滑性。同时，在沿着六边形层的晶体方向具有相对高的电导率。

石墨的其他一些出色性能包括以下方面：高强度以及高温和非氧化气氛下良好的化学稳定性，高热导率，低热膨胀系数以及高的抗热冲击性能，对气体的高吸附能力，以及良好的可加工性。石墨常被用作电阻炉的加热元件；电弧焊电极；冶金坩埚；金属合金和陶瓷的模具；高温耐热和绝热材料；火箭喷管；化学反应堆容器；电触头，电刷和电阻器；电池中的电极材料以及空气净化装置。

聚合物的类型

有许多为大家所熟悉并且具有广泛应用的高分子材料。事实上，高分子材料的一种分类方法是根据它们的最终用途分类。这一分类体系中的聚合物类型包括塑料、弹性体（或橡胶）、纤维、涂料、胶黏剂、泡沫和薄膜。根据其性能，一种特定聚合物可被应用于两种或更多种应用类别中。例如，塑料如果被交联并在其玻璃化转变温度以上使用，有可能成为一种满足要求的弹性体，或者，没有经过拉伸成丝的纤维材料可以用作塑料。本节内容包括对每种聚合物类型的简要讨论。

13.12　塑料

塑料

塑料类可能是各种高分子材料中数量最多的一类。塑料是指受力时具有一些结构刚性，且用于一般用途的材料。聚乙烯、聚丙烯、聚氯乙烯、聚苯乙烯和氟碳化合物、环氧树脂、酚醛树脂，及聚酯都可以归为塑料类。它们具有广泛的综合性能。一些塑料非常坚硬并且呈脆性（图7.22的A曲线）。另一些是柔韧的，在承受应力时表现出弹性和塑性变形，有时在断裂前会经受相当大的变形（图7.22的B曲线）。

这一类聚合物具有各种结晶度和各种分子结构和构型（线形、支化、全同，等）。塑料材料可以是热塑性的，也可以是热固性的。事实上，通常塑料是按这种方式进一步划分的。然而，被当作塑料的线形和支化聚合物必须在其玻璃化转变温度（如果是无定形的）或熔融温度（如果是半结晶的）以下使用，或者必须充分交联以保持其外形。表13.13中给出了一些塑料的商品名称、特性和典型应用。

表13.13 一些塑料材料的商品名称、特性和典型应用

材料种类	商品名	主要应用特征	典型应用
热塑性塑料			
聚丙烯腈-丁二烯-苯乙烯（ABS）	Abson Cycolac Kralastic Lustran Novodur Tybrene	杰出的强度和韧性，抗热变形；可燃，可溶解于一些有机溶剂	冰箱内衬、草坪和园林设备、玩具、公路安全装置
丙烯酸树脂（聚甲基丙烯酸甲酯）	Acrylite Diakon Lucite Plexiglas	杰出的透光性和耐候性；力学性能一般	透镜、透明飞机部件、绘图器材、户外标志
氟碳化合物类（PTFE或TFE）	Teflon Fluon Halar Hostaflon TF Neoflon	几乎在所有环境中的化学惰性、优良的电性能；低摩擦系数；可用在260℃（500℉）；低温流动性相对较弱	防腐密封件、化学品管道和阀门、轴承、防粘涂料、高温电子零部件
聚酰胺类（尼龙）	Nylon Baylon Durethan Herox Ultramid Zytel	优良的机械强度、耐磨损性和韧性；低摩擦系数；吸水和其他一些液体	轴承、齿轮、凸轮、轴衬、手柄、电线和电缆套
聚碳酸酯类	Caliber Iupilon Lexan Makrolon Merlon	尺寸稳定；低吸水性；透明；非常优秀的抗冲击性和韧性；耐化学性不突出	安全头盔、透镜、灯泡、照相胶片的基质
聚乙烯类	Alathon Alkathene Fortiflex Hi-fax Petrothene Rigidex Rotothene Zendel	耐化学性、电绝缘；坚韧、相对低的耐磨性；低强度、耐候性差	柔性瓶、玩具、滚筒、电池部件、冰盘、薄膜包装材料

续表

材料种类	商品名	主要应用特征	典型应用
聚丙烯类	Herculon Meraklon Moplen Poly-pro Pro-fax Propak Propathene	抗热变形、优异的电性能和疲劳强度、化学惰性、相对廉价、耐紫外光性能差	可消毒的瓶子、包装薄膜、电视柜、行李箱
聚苯乙烯类	Carinex Dylene Hostyren Lustrex Styron Vestyron	优异的电性能和光学透明性、良好的热稳定性和尺寸稳定性、相对廉价	墙面砖、电池盒、玩具、室内照明面板、家电外壳
乙烯树脂	Darvic Exon Geon Pliovic Saran Tygon Vista	良好的低成本通用材料、通常是坚硬的，但也可加增塑剂制成柔韧的、通常是共聚物、对热变形敏感	地板覆盖物、管道、电线绝缘、花园浇水用软管、留声机唱片
聚酯类（PET或PETE）	Celanar Dacron Eastapak Hylar Melinex Mylar Petra	最坚韧的塑料薄膜之一；优异的疲劳强度和撕裂强度；耐湿、酸、油脂、油和溶剂	磁记录带、服装、汽车轮胎帘线、饮料容器
		热固性聚合物	
环氧树脂	Araldite Epikote Epon Epi-rez Lekutherm Lytez	优异的力学性能和耐腐蚀性的结合；尺寸稳定；良好的粘接性；相对廉价；良好的电性能	电气模塑、水槽、黏合剂、保护涂料，与玻璃纤维层压材料一起使用
酚醛树脂	Bakelite Amberol Arofene Durite Resinox	150℃（300℉）以上优异的热稳定性；可与大量树脂、填料等混合；廉价	电机外壳、电话、汽车分配器、电气固定设备
聚酯类	Aropol Baygal Derakane Laminac Selectron	优异的电性能和低成本；可为室温或高温应用配制；通常用纤维增强	头盔、玻璃纤维船、汽车车身部件、椅子、风扇

来源：改编自C.A.Harper（编辑），*Handbook of Plastics and Elastomers*. Copyright © 1975 by McGraw-Hill Book Company. 经许可转载。

重要材料

酚醛台球

在1912年之前，几乎所有的台球都是由象牙制成的。对于一只需真正滚动的球，它需要用无瑕疵象牙的中心部位的高品质象牙制作——大概50只象牙中有1只具备所要求的密度一致性。在当时，由于越来越多的大象被杀（因为台球变得更加流行），象牙变得稀有昂贵。从那以后，因猎象牙而引起的大象总数的减少及可能导致大象的最终灭绝受到深切关注。直到现在，一些国家对象牙和象牙制品的进口强加了苛刻的限制。

因此，人们寻找用于替代象牙制作台球的材料。早期的一种替代物是木浆和骨粉的混合物压制而成的。这种材料相当不合格。到今天仍被用作台球的最适合的替代材料是最早合成的聚合物之一——苯酚-甲醛聚合物，有时也称为酚醛聚合物。

这种材料的发明在合成聚合物的史册中是一件重要且令人关注的事件。苯酚-甲醛材料的合成过程的发现者是利奥贝克兰。作为一名年轻且非常聪明的博士化学家，他在20世纪早期，从比利时移民到美国。他到达美国后不久，开始研究用于替代相对昂贵的天然虫胶的合成虫胶。虫胶在当时，现在仍是，用作天然漆、木材防腐剂及当时兴起的电气行业中的电绝缘体。他的工作最终开启了可通过苯酚（或石炭酸C_6H_5OH，一种白色的结晶）和甲醛（HCHO，一种无色的有毒气体）在控制的温度和压力条件下反应合成适当的替代物的这一发现。该反应的产物是一种液体，该液体随后被固化成透明的琥珀色固体。贝克兰把这种新材料命名为Bakelite。现在，我们用通用名苯酚-甲醛或只用酚醛。这一发现之后不久，酚醛被发现是制作台球的理想合成材料（本章开篇的照片）。

苯酚-甲醛是一种热固性聚合物，具有许多理想性能。该聚合物非常耐热且坚硬，比许多陶瓷的脆性低，在多数常用溶液和溶剂中非常稳定呈惰性，不易切削、失去光泽或退色。此外，它是一种相对廉价的材料，现代的酚醛可被制成具有各种颜色的。该聚合物的弹性特性与象牙非常相似，当酚醛台球碰撞时，发出与象牙球相似的咔嗒声。表13.13中给出了这种重要的高分子材料的其他应用。

有几种塑料显示出特别卓越的性能。对于光学透明性要求严格的应用，聚苯乙烯和聚甲基丙烯酸甲酯尤为适用。然而，不可避免的是该材料是高度无定形的，或者即使是半结晶的，晶体也非常小。氟碳化合物具有低的摩擦系数，即使是在相对高的温度下耐化学腐蚀性能极佳。它们被用作不粘炊具的涂料、轴承和轴衬以及高温电气元件。

13.13 橡胶

之前探讨过橡胶的特性和变形机理（8.19节）。因此，现在着重讨论橡胶材料的类型。

表13.14列出了常用橡胶的性能和应用。这些性能是典型的，并取决于硫化程度和是否使用了强化剂。天然橡胶仍在大量使用，因其具有理想性能的优越

组合。然而，最重要的合成橡胶是SBR，用炭黑增强，在汽车轮胎中的应用占主导地位。NBR是另一种通用合成橡胶，具有很强的耐降解和溶胀性能。

对于许多应用（例如汽车轮胎），硫化橡胶的力学性能甚至都不能满足拉伸强度、耐磨性和抗撕裂性能及硬度的要求。这些性能可通过添加如炭黑这样的添加剂而进一步提高（15.2节）。

表13.14　5种常用橡胶的重要特性和典型应用

化学类型	商品（通用）名	伸长率/%	可用的温度范围/℃（℉）	主要应用特性	典型应用
天然聚异戊二烯	天然橡胶（NR）	500～760	–60～120（–75～250）	优异的物理性能；良好的耐切割、刨削和磨损性；低耐热、臭氧和油；良好的电气性能	充电轮胎和管道；鞋跟和鞋底；垫圈
苯乙烯-丁二烯共聚物	GRS，布纳S（SBR）	450～500	–60～120（–75～250）	良好的物理性能；优异的耐磨性；不耐油、臭氧或气候；电气性能良好但不突出	与天然橡胶一样
丙烯腈-丁二烯共聚物	布纳A，丁腈橡胶（NBR）	400～600	–50～150（–60～350）	优异的耐植物油、动物油和汽油；低温性能差；电气性能不突出	汽油、化学品和油软管；密封件和O圈；鞋跟和鞋底
氯丁二烯	氯丁橡胶（CR）	100～800	–50～105（–60～225）	优异的耐臭氧、热和气候性；良好的耐油性；优异的耐燃性；在电气应用中不如天然橡胶好	电线和电缆；化学储罐衬套；传送带、软管、密封件和垫圈
聚硅氧烷	硅橡胶（VMQ）	100～800	–115～315（–175～600）	优异的耐高温和低温性；强度低；优异的电气性能	高、低温绝缘；密封件、隔板；食品用和医用管道

来源：改编自C. A. Harper（编辑），*Handbook of Plastics and Elastomers.* Copyright © 1975 by McGraw-Hill Book Company.经许可转载；及Materials Engineering's Materials Selector，copyright Penton/IPC.

最后应该说一说硅橡胶。这些材料的骨架链是由交替的硅原子和氧原子组成的：

$$\left[\begin{array}{c} \mathrm{R} \\ | \\ \mathrm{Si} \\ | \\ \mathrm{R'} \end{array}\!-\mathrm{O}\right]_n$$

式中，R和R′代表结合在侧基的原子，如氢原子或如CH_3的原子基团。例如，聚二甲基硅氧烷的重复单元为：

$$\left[\begin{array}{c} \mathrm{CH_3} \\ | \\ \mathrm{Si} \\ | \\ \mathrm{CH_3} \end{array}\!-\mathrm{O}\right]_n$$

当然，作为橡胶这些材料也是交联的。

硅橡胶在低温下［到–90℃（–130℉）］具有高度的柔韧性，在温度高达250℃（480℉）仍稳定存在。此外，硅橡胶耐气候和润滑油性能好，这使其成为汽车发动机舱中的特别理想的应用。硅橡胶的另一个有益特性是生物相容性，因此，它们常被用于医疗领域如血液管道。更吸引人的特性是一些硅橡胶可在室温下硫化（RTV橡胶）。

概念检查 13.9 在冬季的几个月里，阿拉斯加的一些地区的气温可低至–55℃（–65 ℉）。在天然橡胶、丁苯橡胶、丁腈橡胶、氯丁橡胶和硅橡胶这些橡胶中，哪种适合做这种环境条件下的汽车轮胎？为什么？

概念检查 13.10 在室温下可制备以液态存在的有机硅聚合物。列举它们与硅橡胶之间分子结构的差异。

提示：可查阅4.5节和8.19节。

[答案可参考www.wiley.com/college/callister（学生之友网站）。]

13.14 纤维

纤维

纤维聚合物能被拉伸成长径比至少为100 ∶ 1的长丝。多数商用纤维聚合物被用于纺织工业，梭织或编织成布或织物。此外，芳纶纤维被应用于复合材料中（15.8节）。作为有应用价值的纺织材料，纤维聚合物主体须具有相当严格的物理和化学性能。在使用时，纤维可能经受各种机械变形——拉伸、扭转、剪切及磨损。因此，它们必须具有高的拉伸强度（在相对宽泛的温度范围）及高的弹性模量及耐磨性。这些性能由聚合物链的化学性质和纤维牵伸过程控制。

纤维材料应具有相对较高的分子量，否则熔融材料将太脆弱，并且在拉伸过程中会断裂。而且，由于拉伸强度随结晶度的增加而增加，分子链的结构及构象应便于制成高度结晶的聚合物。也就是要求具有对称性的重复单元结构，规整的线形或非支化的分子链。聚合物中的极性基团还可以通过增加结晶度和分子链之间的分子间作用力来提高纤维成型性能。

服装的清洗和维护的便利性主要取决于纤维聚合物的热性能，也就是熔点和玻璃化转变温度。此外，纤维聚合物必须对包括酸、碱、漂白剂、干洗溶剂和光照的相当宽泛的环境呈现出化学稳定性。同时，它们必须是相对不可燃而且能经受烘干操作的。

13.15 其他应用

(1) 涂料

涂料通常应用于材料表面，提供以下功能中的一种或多种：① 保护物品由环境侵害引发腐蚀或变质反应；② 改善物品的外观；③ 提供电绝缘。涂料组分中的多为聚合物，其中多数是有机物。这些有机涂料划分为几种不同类型：色漆、清漆、磁漆、亮漆和虫胶。

许多常用的涂料是胶乳。胶乳是一种分散在水中的微小的不可溶聚合物颗粒的稳定悬浮液。由于这些材料不大量含有释放到环境中的有机溶剂——即它们具有低排放的挥发性有机化合物（VOC），而变得更加受欢迎。VOC在空气中反应生成烟雾。涂料的大量使用者如汽车生产商一直在减少VOC排放以遵守环境条例。

(2) 胶黏剂

胶黏剂

胶黏剂是一种用于将两种固体材料（称为被黏物）表面黏结在一起的物质。黏结机理有两种：机械黏结和化学黏结。在机械黏结中，有胶黏剂渗透进入表面气孔和裂缝中。化学黏结涉及胶黏剂与被粘物之间的分子间作用力，这种作用力可以是共价键和/或范德华力；当胶黏剂含极性基团时，范德华力结合的程度得到增强。

尽管天然胶黏剂（动物胶、酪蛋白、淀粉和松香）仍有许多应用，但已经开发出了基于合成聚合物的新型胶黏剂；这些新型胶黏剂包括聚氨酯、聚硅氧烷（有机硅）、环氧树脂、聚酰亚胺、丙烯酸酯和橡胶材料。胶黏剂可用于连接各种材料——金属、陶瓷、聚合物、复合材料、皮肤等，而选择使用哪种胶黏剂将取决于如下因素：① 被粘接的材料及其孔隙率；② 黏结性能的要求（即黏结是暂时的还是永久的）；③ 最高/最低暴露温度；④ 施工条件。

对于除了压敏胶黏剂（随后讨论）之外的所有胶黏剂以低黏度液体的形式应用，这样可均匀并完全覆盖被粘物表面并提供最大黏结作用。当胶黏剂经历物理过程（如结晶、溶剂挥发）或化学过程［如聚合反应（14.11 节）、硫化］而完成液体到固体的转变（或固化）后，就形成了实际的黏结结合。完好的连接所具有的特征应包括高剪切强度、剥离强度和断裂强度。

黏结结合有一些其他连接工艺（如铆接、螺栓连接和焊接）所没有的优势，包括重量轻、可连接非相似材料和薄部件的能力、更好的抗疲劳性，及低生产成本。此外，当要求零件的精密定位和加工速率时，粘接是可选择的工艺。黏接结合的主要缺点是服役温度的限制；聚合物只在相对低的温度下保持机械性能，且随温度升高强度迅速降低。对于一些最新开发的聚合物，可持续使用的最高温度是300℃。粘接结合在大量应用中使用，尤其是在航空航天、汽车、建筑工业、包装、及一些家用产品中。

这类材料中的一种特殊类型是压敏粘接剂（或自粘接材料），如自黏胶带、标签和邮票。通过接触并施加轻微压力，这些材料可设计为粘接到任何表面。与之前描述的粘接剂不同，粘接作用不是物理转变或化学反应的结果。这些材料包含黏性的聚合物树脂；当分离两个黏结表面时，形成了连接表面的细小的原纤维，并且这些细小的原纤维趋于将两个表面结合在一起。用于压敏粘接剂的聚合物包括丙烯酸树脂、苯乙烯类嵌段共聚物（13.16 节）及天然橡胶。

(3) 薄膜

聚合物材料以薄膜的形式应用很广泛。厚度在0.025 ～ 0.125mm（0.001 ～ 0.005in.）之间的薄膜被制成食品和其他商品的包装袋、纺织产品及其他用途的主体并广泛应用。这些制成并以薄膜形式应用的材料的重要特征包括低密度、高度柔韧、高拉伸和撕裂强度、耐湿气和其他化学品攻击及对一些气体，尤其是水蒸气（6.8 节）的低渗透性。符合这些条件并制成薄膜形式的一些聚合物有聚乙烯、聚丙烯、赛璐玢和醋酸纤维素。

(4) 泡沫

泡沫

泡沫是包含体积分数相对较高的小孔和气泡的塑料材料。热塑性和热固性材料都可用作泡沫；包括聚氨酯、橡胶、聚苯乙烯和聚氯乙烯。泡沫通常用作汽车和家具中的缓冲垫以及包装和热绝缘中。发泡过程通常通过在材料中混入加热时可分解并释放气体的发泡剂来实现。气泡产生于整个流动介质中，并在冷却形成的固体中保持，从而产生了类似海绵的结构。通过高压条件下在熔融聚合物中溶解惰性气体可产生相同的效果。当压力迅速减小时，气体从溶液中逸出并形成在冷却形成的固体中保持下来的气泡和孔洞。

13.16 先进高分子材料

在过去几年，已开发出大量具有独特且理想的综合性能的新聚合物；许多已在新工艺中找到适合的参数，并/或已成功取代其他材料。其中一些包括超高分子量聚乙烯、液晶聚合物和热塑性弹性体。现在分别讨论以上聚合物。

（1）超高分子量聚乙烯

超高分子量聚乙烯（UHMWPE）

超高分子量聚乙烯（UHMWPE）是一种具有非常高的分子量的线型聚乙烯。它的典型平均分子重量$\overline{M}_w$大约是4×10^6g/mol，比高密度聚乙烯的分子量高一个数量级（即10倍）。纤维形式的UHMWPE是高度取向的，商品名为Spectra。这种材料的一些突出特性如下：

① 抗冲击性非常高；

② 抗磨损和耐磨性卓越；

③ 摩擦系数非常低；

④ 自润滑和不粘表面；

⑤ 对常见溶剂有非常好的耐化学性；

⑥ 优异的低温性能；

⑦ 优异的隔声和能量吸收特性；

⑧ 电绝缘和优异的介电性能。

然而，由于这种材料具有相对低的熔点，其力学性能随温度升高而迅速衰减。

这种不寻常的综合性能导致这一材料有许多不同应用，包括防弹背心、复合材料军用头盔、钓鱼线、滑雪道的底表面、高尔夫球的芯、保龄球球道和溜冰场表面、生物医用假体、血液过滤器、记号笔笔尖、散料运输设备（用于煤炭、粮食、水泥、碎石等）、衬套、泵的叶轮和阀门垫片。

（2）液晶高分子

液晶高分子

液晶高分子（LCP）是一类化学成分复杂且具有独特性能，并用于多种用途的结构特殊的材料。对这些材料的化学方面的讨论超出了本书的范围。LCP是由伸展的棒状刚性分子组成的。按照分子排列，这些材料不属于液体、无定形、晶体或半结晶这些传统类别中的任意一种，但是可被视为一种新的物态——液晶态，既不是晶态，也不是液态。在熔融（或液态）状态，其他聚合物分子是无规取向的，而LCP分子可变成高度有序排列的结构。在固态，这种分子取向保留，此外，分子形成具有特征分子间距的微区结构。液晶、无定形聚合物和半结晶聚合物在熔融态和固态的对比图示于图13.13中。基于取向和位置排列，液晶有3种类型——近晶型、向列型和胆甾型；这些类型之间的区别也超出本书的讨论范围。

液晶高分子的主要应用是在数字手表、平板计算机显示器和电视，以及其他数字显示器上的液晶显示中。在此应用的是胆甾型LCP，在室温下，胆甾型LCP是流动的液体、透明且是光学各向异性。显示器是由两层玻璃组成，在玻璃之间夹有液晶材料。每一层玻璃的外层用透明的导电薄膜覆盖；此外，形成字符的数字/字母元素被刻蚀到薄膜上用于观察的那一面。通过导电薄膜施加电压（于是在两层玻璃之间施加电压）到其中一个形成字符的区域，引起LCP分子在这一区域的取向的破坏，相应的LCP材料变黑，反过来，形成了可视字符。

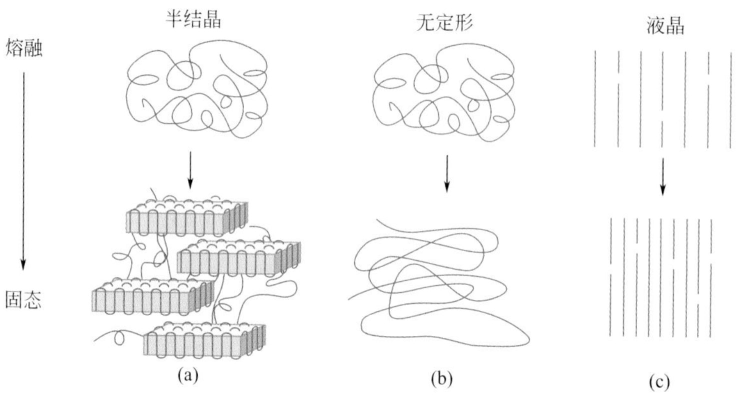

图13.13 熔融态和固态的（a）半结晶，（b）无定形和（c）液晶高分子的分子结构示意图

（根据G.W.Calundann and M.Jaffe，"Anisotropic Polymers，Their Synthesis and Properties，" Chapter VII in *Proceedings of the Robert A.Welch Foundation Conferences on Polymer Research*，26th Conference，Synthetic Polymers，Nov.1982改编）

一些向列型液晶高分子在室温下是坚硬的固体，基于突出的综合性能和加工特性，在各种商业应用领域中得到了广泛应用。例如，这些材料表现出以下行为。

① 优异的热稳定性；可用于高达230℃（450℉）的温度。

② 硬而强；其拉伸模量在10～24GPa（1.4×10^6～3.5×10^6psi）之间的范围，拉伸强度从125～255MPa（18000～37000psi）。

③ 在冷却到相对低温时仍保持高冲击强度。

④ 对多种酸、溶剂、漂白剂等显示化学惰性。

⑤ 固有的阻燃性，且燃烧产物相对无毒。

这些材料的热稳定性和化学惰性可通过其分子间作用非常强来解释。

关于其加工和制造特性，可以说有以下几点。

① 可采用所有可用于热塑性材料的传统加工工艺。

② 在模塑过程中，产生非常低的收缩和翘曲。

③ 各部分的尺寸再现性优越。

④ 熔体黏度低，可成型薄的制件和/或复杂的外形。

⑤ 熔融热低；导致熔融和冷却迅速，缩短成型周期时间。

⑥ 制品性能具有各向异性；分子取向效果产生于模塑过程中的熔体流动。

这些材料被广泛应用于电子工业（互连设备、继电器和电容器外壳、支架等)、医疗设备工业（反复消毒的部件）及复印机和光纤中的构件。

(3) 热塑性弹性体

热塑性弹性体

热塑性弹性体（TPE或TE）是一种在环境条件下显示弹性体的（或橡胶似的）行为，但是热塑性的（4.9节）聚合材料。作为对比，在此之前讨论的大部分弹性体是热固性材料，因为其在硫化过程中转化为交联的结构。在几个品种的TPE中，最著名并广泛应用的是由硬而刚的热塑性嵌段（通常是苯乙烯[S]）和软而韧的弹性嵌段（通常是丁二烯[B]或异戊二烯[I]）交替组成的嵌段共聚物。对于常见的TPE，硬的聚合段位于链末端，而软的中间段由聚合的丁二烯或异戊二烯单元组成。这些TPE往往被称作苯乙烯类嵌段共聚物；这两种类型（S-B-S和S-I-S）的TPE的链化学结构示于图13.14中。

在环境温度下，软的无定形中间段为材料提供橡胶似的弹性行为。另外，在硬（苯乙烯）段的熔点以下的温度，由大量相邻链的硬的链末端链段聚集在一起形成了刚性结晶区。这些结晶区是“物理交联”，起锚点作用，以限制软链段的运动；对于热固性弹性性，它们以与“化学交联”相同的方式起作用。这种类型的TPE的结构示意图列于图13.15中。

这种TPE材料的拉伸模量会改变；增加每个分子链中软组分嵌段的数量导致模量的降低，进而导致硬度的降低。此外，使用温度范围处于软而柔韧的组分的T_g和硬而刚性的组分的T_m之间。对于苯乙烯类嵌段共聚物，这一范围是在–70 ～ 100℃（–95 ～ 212 ℉）之间。

除了苯乙烯类嵌段共聚物，还有其他类型的TPE，包括热塑性烯烃、共聚酯、热塑性聚氨酯和弹性聚酰胺。

TPE优于热固性弹性体的主要优点是加热到硬相的T_m以上时会熔化（即物理交联消失），进而可采用传统的热塑性塑料的成型工艺加工[吹塑成型、注射成型等（14.13节）]；热固性聚合物不会熔融，因而成型通常更困难。此外，由于热塑性弹性体的熔融-固化过程是可逆的，并且可反复进行，TPE可再加工成其他形状。换句话说，它们是可循环利用的；热固性弹性体在很大程度上是不可循环利用的。成型过程中产生的废料不可以回收利用，从而使制造成本低于热固性材料。此外，对于TPE，可更严格控制尺寸，且TPE具有更低的密度。

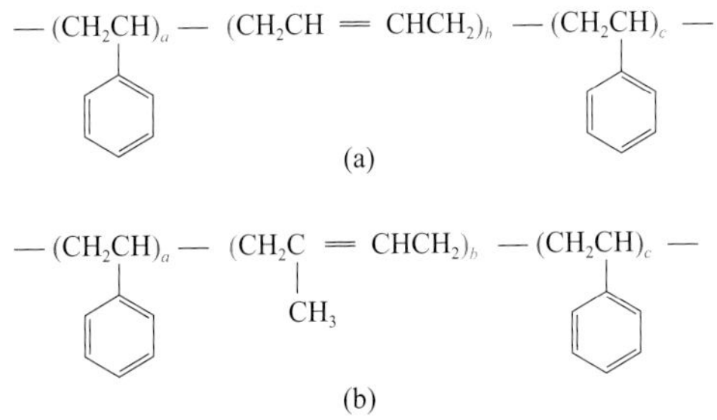

$$—(CH_2CH)_a— \ (CH_2CH{=}CHCH_2)_b \ —(CH_2CH)_c—$$

(a)

$$—(CH_2CH)_a— \ (CH_2C(CH_3){=}CHCH_2)_b \ —(CH_2CH)_c—$$

(b)

图13.14 (a) 苯乙烯-丁二烯-苯乙烯（S-B-S）和（b）苯乙烯-异戊二烯-苯乙烯（S-I-S）热塑性弹性体的链化学结构示意

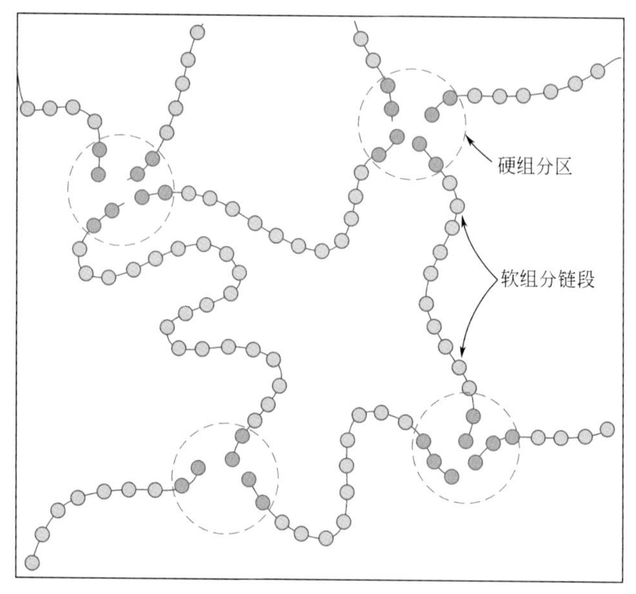

图13.15 热塑性弹性体的分子结构示意图

该结构由“软”（即丁二烯或异戊二烯）重复单元中间链段和在室温下作为物理交联的“硬”（即苯乙烯）区（链末端）组成。

（源自 ASKELAND/PHULE，*The Science and Engineering of Materials*，5E.© 2006. Cengage Learning，a part of Cengage Learning，Inc.经许可转载。www.cengage.com/permissions.）

在相当多的应用中，热塑性弹性体已经取代传统的热固性弹性体。TPE的典型应用包括汽车外饰（保险杠、仪表板等）、汽车发动机舱部件（电绝缘、连接器和垫圈）、鞋底、鞋跟、体育用品（如足球和橄榄球的球胆）、医用阻隔性薄膜和保护涂层及密封胶、嵌缝和胶黏剂中的组分。

总结

铁基合金

- 铁基合金（钢和铸铁）是指那些以铁为主要成分的合金。大多数钢的碳含量小于1.0%（质量），此外还有一些能使其容易受到热处理影响和/或增强其抗腐蚀性的合金元素。
- 铁基合金被广泛用作工程材料，因为：含铁化合物很丰富；具备经济的提取、精炼以及制造工艺；可被加工成具有多样机械和物理性能的材料。
- 铁基合金的局限性包括：密度较高；电导率相对较低；在一般的环境下均易被腐蚀。
- 最常见的钢包括普通低碳钢、高强度低合金钢、中碳钢、工具钢以及不锈钢。
- 普通低碳钢含有（除了碳以外）一点锰以及只有剩余浓度的其他杂质。
- 不锈钢是根据其主要的显微组织进行分类的。三类不锈钢为铁素体、奥氏体以及马氏体不锈钢。
- 铸铁比钢含有更多碳——通常在3.0%～4.5%（质量）C之间——以及其他合金元素，尤其是硅。对于这些材料来说，大多数碳以石墨的形式存在，而不是与铁结合形成渗碳体。
- 灰色、延性（球墨）、可锻的以及致密石墨铸铁是4种最常用的铸铁；后三种具有较好的延展性。

有色合金

- 所有其他合金都被归类于有色合金，这些合金根据其金属基或某些独特的特性进行近一步的细分。
- 有色合金可以被细分为锻造或铸造合金。易于通过变形进行成型的合金被归类于锻造合金。铸造合金相对较脆，因此通过铸造是更加适宜的制造方法。

- 我们讨论了7种有色金属的分类——铜、铝、镁、钛、难熔金属、超合金、以及贵金属——一个杂类（镍、铅、锡、锌和锆）。

玻璃

- 人们所熟知的玻璃材料是含有其他氧化物的非晶硅酸盐。除了二氧化硅（SiO_2），一种典型的钠钙玻璃的两大基本成分是苏打（Na_2O）和石灰（CaO）。
- 玻璃材料的两大主要特点是光学透明性和可制造性好。

玻璃陶瓷

- 玻璃陶瓷在初始阶段先被制成玻璃，然后通过热处理进行结晶，形成晶粒细小的多晶材料。
- 玻璃陶瓷优于玻璃的两大性能是更强的力学强度和更低的热膨胀系数（增强其抵抗热冲击的能力）。

黏土制品

- 黏土是白色陶瓷器皿（如，陶器和餐具）以及结构黏土制品（如，建筑砖和瓷砖）的主要成分。也可能添加除了黏土以外的其他成分，如长石和石英；这些会引起黏土制品在烧制过程发生变化。

耐火材料

- 在高温条件下使用，且通常处于反应环境中的陶瓷材料被称为耐火陶瓷。
- 对于这类材料的要求包括具有高熔点、在严峻的环境（通常是高温环境）下能够保持化学惰性以及隔热的能力。
- 基于其成分和应用，耐火材料的四大主要分类为耐火土（氧化铝-二氧化硅混合物）、硅土（高二氧化硅含量）、碱性耐火材料（富有氧化镁，MgO）以及特殊的耐火材料。

磨料

- 磨料陶瓷被用于剪切、磨碎以及抛光其他更软的材料。
- 这类材料必须具有高硬度和高强度，并且要能够承受由摩擦力引起的高温。
- 钻石、碳化硅、碳化钨、金刚砂以及石英是最常见的磨料材料。

水泥

- 波特兰水泥是通过在回转窑中加热黏土和含石灰的矿石混合物所产生的。烧制得到的“渣块”被磨碎成细小的颗粒，并在其中添加少量的石膏。
- 当与水混合后，无机石灰会变成膏状，并能被制成几乎任何形状。
- 随后的凝结硬化是水泥颗粒在环境温度下发生化学反应的结果。对于水硬水泥，波特兰水泥中最常见的一种，化学反应是水合作用。

高级陶瓷

- 很多现代技术会用到而且会持续使用到高级陶瓷，因为它们具有独特的力学、化学、电学、磁性和光学性能以及性能组合。

  压电陶瓷——当受到力学应变（即尺度变化）时会产生电场。

  微机电系统（MEMS）——由微型机械装置和基体（通常是硅）上的电气元件组成的智能系统。

  陶瓷球轴承——对于某些轴承应用，Si_3N_4球轴承替代了不锈钢。Si_3N_4具有更高的硬度、密度更低、而且比轴承钢具有更强的抗压强度。

聚合物类型

- 划分聚合物材料的一种方式是按照它们的最终应用。按照这种方案，可以分为塑料、纤维、涂料、胶黏剂、薄膜、泡沫和先进材料几种类型。
- 塑料材料可能是最广泛应用的一类聚合物，包括以下聚合物：聚乙烯、聚丙烯、聚氯乙烯、聚苯乙烯和氟碳化合物、环氧、酚醛和聚酯。
- 许多聚合物材料可纺成纤维，主要用于纺织品中。对这些材料的力学、热和化学特性要求尤其严格。
- 讨论了三种先进聚合物材料：超高分子量聚乙烯、液晶高分子和热塑性弹性体。这些材料具有独特的性能，用于高科技应用的主体中。

工艺/结构/性能/应用总结

在生产玻璃陶瓷的过程中涉及了硅玻璃的形成，在这一过程中添加了其他有助于成型和热处理的成分。非结晶以及硅玻璃结构（图3.42）的概念在第3章中进行了介绍。另外，本章给出了这种材料由玻璃态向多晶体转变过程的细节。下面的概念图指出了这些概念在发展过程中的关系图。

玻璃陶瓷（结构）

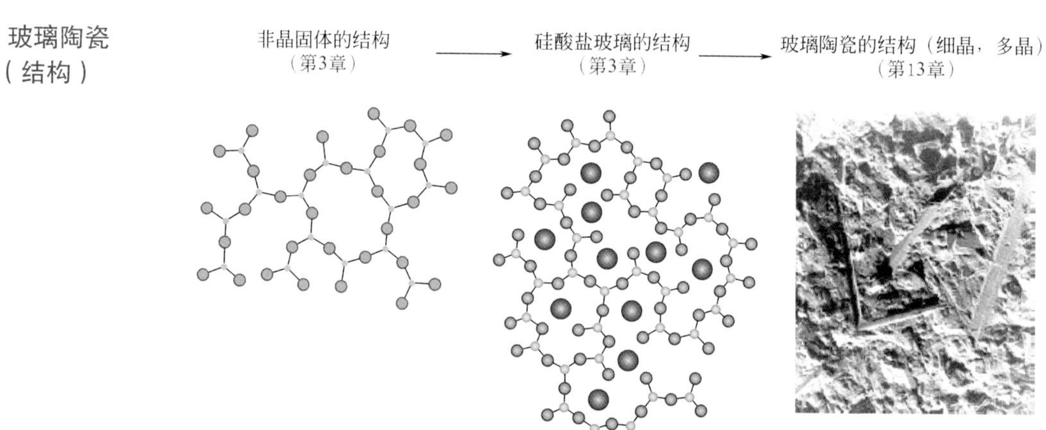

第11章中给出了铁碳合金连续冷却转变曲线在热处理和显微组织控制中所扮演的角色。在本章中，我们讨论了如何使用这种曲线图来设计玻璃陶瓷结晶的热处理过程。下面的概念图展示了加工这些材料的关系。

玻璃陶瓷（加工）

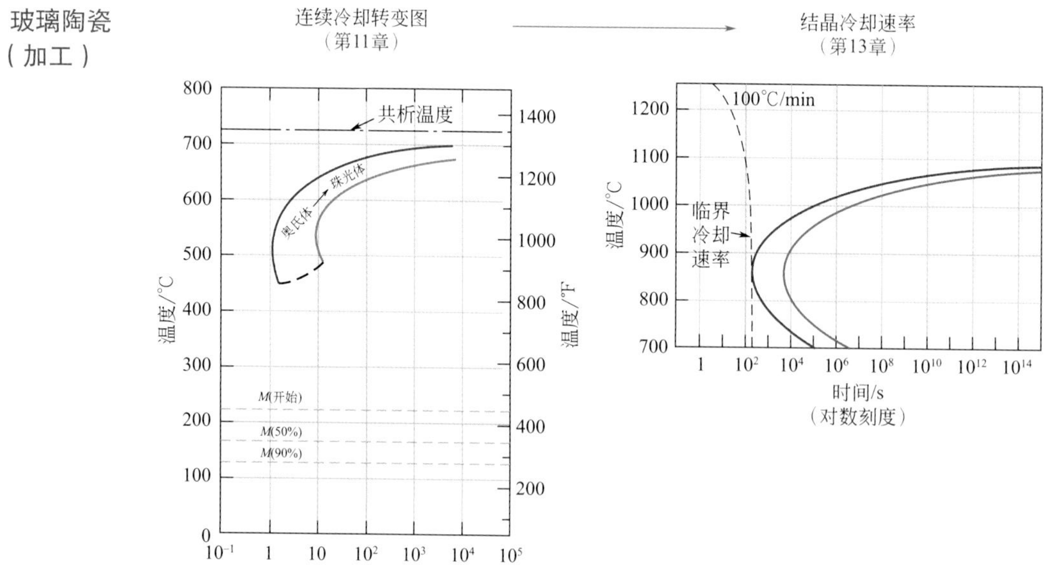

结晶也可能造成性能的转变。玻璃陶瓷件可能会保持透明（和前驱体玻璃一样）或变得不透明，取决于晶粒大小。晶粒非常细的材料是透明的，如19.10节中将要讨论的。下面的概念图画出了本章和第19章间的关系。

玻璃陶瓷
（性能）

透明/不透明度（第13章） → 在多晶和无气孔陶瓷中光的散射（第19章）

重要术语和概念

磨料（陶瓷）	纤维	塑料
胶黏剂	烧制	耐火陶瓷
合金钢	发泡	比强度
黄铜	玻璃陶瓷	不锈钢
青铜	灰铸铁	结构黏土制品
煅烧	高强度低合金钢（HSLA）	回火名称
铸铁	液晶高分子	热塑性弹性体
水泥	可锻铸铁	超高分子量聚乙烯（UHMWPE）
蠕墨铸铁	微机电系统（MEMS）	
结晶（玻璃陶瓷）	有色合金	白口铸铁
延性（球墨）铸铁	光纤	白陶瓷品
铁基合金	普通碳钢	可锻合金

参考文献

ASM Handbook，Vol.1，*Properties and Selection*：*Irons*，*Steels*，*and High Performance Alloys*，ASM International，Materials Park，OH，1990.

ASM Handbook，Vol.2，*Properties and Selection*：*Nonferrous Alloys and Special-Purpose Materials*，ASM International，Materials Park，OH，1990.

Billmeyer，F.W.，Jr.，*Textbook of Polymer Science*，3rd edition，Wiley-Interscience，New York，1984.

Davis，J.R.，*Cast Irons*，ASM International，Materials Park，OH，1996.

Engineered Materials Handbook，Vol.2，*Engineering Plastics*，ASM International，Materials Park，OH，1988.

Engineered Materials Handbook，Vol.4，*Ceramics and Glasses*，ASM International，Materials Park，OH，1991.

Flick，J.（Editor），*Woldman's Engineering Alloys*，9th edition，ASM International，Materials Park，OH，2000.

Harper，C.A.（Editor），*Handbook of Plastics*，*Elastomers and Composites*，4th edition，McGraw-Hill，New York，2002.

Henkel，D.P.and A.W.Pense，*Structures and Properties of Engineering Materials*，5th edition，McGraw-Hill，New York，2001.

Hewlett，P.C., *Lea's Chemistry of Cement & Concrete*，4th edition，Elsevier Butterworth-Heinemann，Oxford，2003.

Metals and Alloys in the Unified Numbering System，11th edition，Society of Automotive Engineers，and American Society for Testing and Materials，Warrendale，PA，2008.

Schat，C.A.（Editor），*Refractories Handbook*，Marcel Dekker，New York，2004.

Shelby，J.E，*Introduction to Glass Science and Technology*，2nd edition，Royal Society of Chemistry，Cambridge，2005.

Varshneya，A.K.，*Fundamentals of Inorganic Glasses*，Elsevier，1994.

Worldwide Guide to Equivalent Irons and Steels，5th edition，ASM International，Materials Park，OH，2006.
Worldwide Guide to Equivalent Nonferrous Metals and Alloys，4th edition，ASM International，Materials Park，OH，2001.

习题

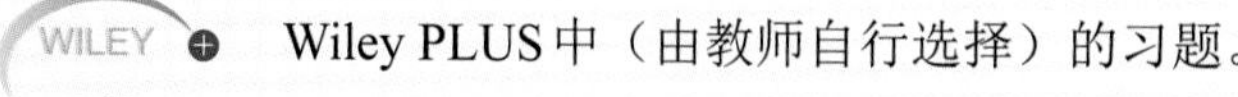

Wiley PLUS中（由教师自行选择）的习题。

Wiley PLUS中（由教师自行选择）的辅导题。

Wiley PLUS中（由教师自行选择）的组合题。

铁基合金

13.1 （a）列出钢的四种分类。（b）简要介绍每一种的性能和典型应用。

13.2 （a）给出铁基合金之所以被广泛应用的3个原因。（b）指出3条限制铁基合金应用的特性。

13.3 合金元素在工具钢中起到了什么作用？

13.4 如果所有的碳都以石墨的形式存在，计算含3.3%（质量）C的铸铁中石墨的体积百分数V_{Gr}。假设铁素体和石墨的密度分别为7.9 g/cm^{3}和2.3 g/cm^3。

13.5 基于显微组织，简要说明灰口铸铁的脆性和拉伸强度低的性质。

13.6 从以下几个方面比较灰口铸铁和可锻铸铁（a）成分和热处理，（b）显微组织，以及（c）力学性能。

13.7 从以下几个方面比较白口铸铁和球墨铸铁（a）成分和热处理，（b）显微组织，以及（c）力学性能。

13.8 有没有可能生产具有大横截面积的可锻铸铁片？为什么？

有色合金

13.9 锻造和铸造合金的主要区别是什么？

13.10 为什么2017铝合金铆钉在使用前要冷藏？

13.11 可热处理和不可热处理合金的主要区别是什么？

13.12 给出下列合金的区别性特征、局限性以及应用：钛合金、难熔金属、超合金以及贵金属。

玻璃

玻璃陶瓷

13.13 指出玻璃材料的两大性能要求。

13.14 （a）什么是结晶？

（b）指出玻璃可以通过结晶得到提升的两种性能。

耐火陶瓷

13.15 指出随着孔隙率的上升，耐火陶瓷材料的3个得到提升以及两个受到损害的性能。

13.16 找到下面给出的两种氧化镁-氧化铝材料在出现液相之前可被加热到的最高温度。

（a）成分为95%（质量）Al_2O_3-5%（质量）MgO的尖晶石氧化铝材料。

（b）成分为65%（质量）Al_2O_3-35%（质量）MgO的氧化镁-氧化铝尖晶石。参照图10.24。

13.17 根据图10.26中给出的SiO_2-Al_2O_3相图，你认为下面列出两种成分组合是更加合适的耐火材料？说出你的理由。

（a）20%（质量）Al_2O_3-80%（质量）SiO_2和25%（质量）Al_2O_3-75%（质量）SiO_2。

（b）70%（质量）Al_2O_3-30%（质量）SiO_2和80%（质量）Al_2O_3-20%（质量）SiO_2。

WILEY GO 13.18 计算下列耐热材料在1600℃（2910 ℉）时液相的质量分数：

（a）6%（质量）Al_2O_3-94%（质量）SiO_2

（b）10%（质量）Al_2O_3-90%（质量）SiO_2

（c）30%（质量）Al_2O_3-70%（质量）SiO_2

（d）80%（质量）Al_2O_3-20%（质量）SiO_2

13.19 对于MgO-Al_2O_3系统，在不形成液相的条件下可以承受的最高温度为多少？该最高温度对应怎样的成分或成分范围？

水泥

13.20 比较黏土基混合物在烧制过程中结合以及水泥凝结过程中集料颗粒的结合方式。

弹性体

纤维

各种应用

13.21 简要解释有机硅高分子和其他聚合物材料的分子化学结构的差别。

WILEY 13.22 列举用作纤维的聚合物的2个重要特征。

13.23 说明用作薄膜的聚合物的5个重要特征。

设计问题

铁基合金

有色合金

13.D1 从下面列出的合金中选出可以通过热处理、冷加工、或两种工艺进行增强的合金：R50250 钛，AZ31B镁，6061铝，C51000磷青铜，铅，6150钢，304不锈钢以及C17200铍铜合金。

13.D2 一个150 mm长的结构组件必须要能够支撑60000 N而不发生塑性变形。下表列出了黄铜、球墨铸铁、铝以及钛，根据上述标准将它们按重量从低到高进行排列。

合金	屈服强度/MPa（ksi）	密度/（g/cm^3）
黄铜	415（66）	8.5
球墨铸铁	276（125）	7.1
铝	310（45）	2.7
钛	550（80）	4.5

13.D3 基于熔点、抗氧化性、屈服强度以及脆性程度等方面的考虑，讨论下列金属和合金是否适合热加工或冷加工：锡、钨、铝合金、镁合金以及4140钢。

13.D4 下面列出了一系列金属和合金：

普通碳钢	镁
黄铜	锌
灰口铸铁	工具钢
铂	铝
不锈钢	钨

钛合金

对于下面给出的应用，从上表中选出一种满足要求的金属或合金，并对你的选择给出至少一种原因。

（a）内燃机的汽缸体；

（b）蒸汽的冷凝换热器；

（c）喷气发动机涡轮风扇叶片；

（d）钻头；

（e）低温容器；

（f）引爆装置（即在照明弹和烟花中）；

（g）用于氧化气氛中的高温加热元件。

陶瓷

13.D5 现代的一些厨房炊具是由陶瓷制成的。

（a）列出至少3个符合这种应用的重要材料特性。

（b）比较3种陶瓷材料的相对性能和价格。

（c）基于上述比较结果，选择最适用于炊具的材料。

高分子

13.D6 （a）列举采用透明聚合物材料作为眼镜镜片的几个优点和缺点。

（b）说明对于这一应用来说的4个重要性能（除了是透明的以外）。

（c）指出可能作为眼镜镜片候选材料的三种聚合物，然后将这3种材料在（b）中列举的几种性能的值作列表。

13.D7 写一篇关于应用于食品和饮料包装的聚合物材料的论文。包括一系列用于这些领域一般所需的材料特性。列举应用于3种不同的容器类型的具体材料及选择依据。

工程基础问题

13.1FE 下列哪些元素是铁基元素的主要组分。

（A）铜　　（B）碳

（C）铁　　（D）钛

13.2FE 下列哪种是低碳钢中典型的显微组织/相组成。

（A）奥氏体　　（B）珠光体

（C）铁素体　　（D）珠光体和铁素体

13.3FE 下列哪种性能可将不锈钢和其他种类的钢区别开来？

（A）具有更强的抗腐蚀性　　（B）强度更大

（C）更耐磨损　　（D）延展性更好

13.4FE 随着耐火陶瓷砖的孔隙率上升，其：

（A）强度降低，耐化学腐蚀性降低，而热绝缘性上升

（B）强度增加，耐化学腐蚀性增加，而热绝缘性下降

（C）强度降低，耐化学腐蚀性增加，而热绝缘性下降

（D）强度增加，耐化学腐蚀性增加，而热绝缘性上升

第14章 材料的合成、制备和加工

(a)

图（a）为制备铝饮料罐不同阶段的照片。罐体是由铝合金薄板成形的。生产过程包括冲压、修剪、清洗、装饰以及颈和凸缘成形

(b)

图（b）所示为一名工人正在检测铝板的照片

[PEPSI是百事公司注册的商标，允许使用。图（b）Daniel R.Patmore/©AP/Wide World Photos]

为什么学习材料的合成、制备和加工？

有时候，材料的制备及加工工艺对材料的某些性能具有反常的影响。例如，在11.8节中，我们注意到一些钢材在退火过程中可能会发生脆化。还有，当一些不锈钢被加热到某一特定温度并保温一段时间，它们容易发生晶间腐蚀（16.7节）。另外，如14.4节所述，临近焊缝的区域由于组织结构的不利变化，可能会导致其强度和韧性的降低。为了防止发生意外的材料失效，工程师熟悉加工和制备工艺带来的结果是非常重要的。

学习目标

通过本章的学习，你需要掌握以下内容。

1. 指出并描述4种用来成型金属合金的成型工艺。
2. 指出并描述5种铸造方法。
3. 说出下述热处理的目的，并描述热处理的工艺：中间退火、退应力退火、均匀化退火、完全退火和球化退火。
4. 定义淬透性。
5. 对于某种合金，在合金的淬透性曲线、淬火速率－圆柱直径参数一定的条件下，绘出奥氏体化后进行淬火的圆柱钢试样的硬度分布曲线。
6. 指出并简要描述5种用来制备玻璃零件的成型方法。
7. 简要描述并说明对玻璃工件进行热处理回火的过程。
8. 简要描述在烘干和焙烧黏土基陶瓷砖过程的工艺。
9. 简要描述/绘制粉末颗粒聚集的烧结过程。
10. 简要描述加聚反应和缩聚反应的机制。
11. 指出5种类型的高分子添加剂，并说明每一种添加剂是如何改变高分子性能的。
12. 指出并简要描述5种塑性高分子的制备方法。

14.1 概述

制备工艺是材料成型或制成构件的方法，这些构件可组合成为有用的产品。有时为了获得所需的性能，有必要对构件进行加工处理。此外，有时一种材料对某种应用的适用性是由制备、加工工艺成本来决定的。在这一章中，我们将讨论多种用来制备和加工金属、陶瓷和高分子（以及高分子是如何合成）的方法。

金属的制备

金属的制备方法通常要先进行精炼-合金化，并采用热处理工艺以使合金获得理想的性能。制备方法的分类包括各种金属成型方法、铸造、粉末冶金、焊接和切削。在一个零件完成之前，通常使用两种或更多的方法。方法的选择取决于几个因素，最重要的是金属的性能、完成零件的尺寸和形状以及成本。我们所讨论的金属的制备方法可按照图14.1所示的体系进行分类。

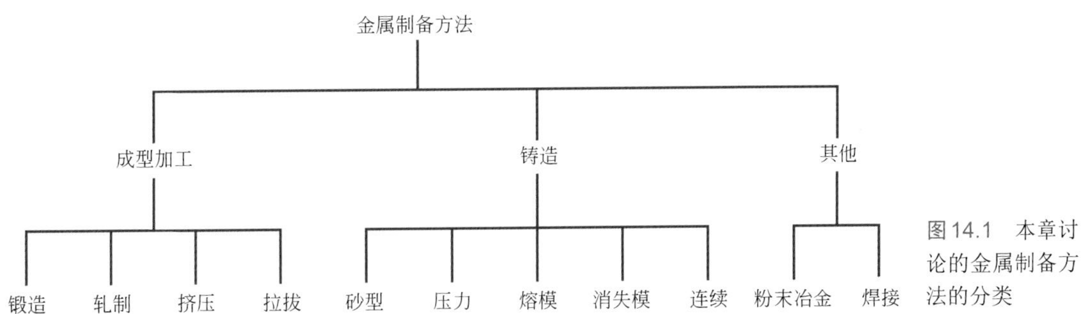

图14.1 本章讨论的金属制备方法的分类

14.2 成型加工

成型加工是通过塑性变形来改变金属件的形状，例如，锻造、轧制、压缩或冲压是通常的成型方法。变形必须施加一个外部的力或应力，应力的大小必须超过材料的屈服极限。大多数金属材料都至少具有适度的延展性，可产生永久变形却不会产生裂纹或断裂，因此这些材料都特别易于进行加工。

热加工

当变形发生在再结晶温度以上的温度时，称为**热加工**（8.13节）；否则，称为冷加工。对于大多数的成型方法，热加工和冷加工过程都是可行的。由于金属质软且能够保持良好的延展性，热加工可连续不断地进行，大量的塑性变形是可能产生的。此外，热加工需要的变形能小于冷加工所需的变形能。但是，大多数金属的表面会发生一定的氧化，这会导致材料重量的损失和最终表面的破坏。由于金属的应变强化作用，**冷加工**会使材料的塑性降低而强度提高。冷加工优于热加工的方面还在于更高质量的成型表面，更广泛、优秀的力学性能以及最终产品尺寸的更精密地控制。有时，总变形是通过一系列连续少量的冷加工步骤来完成的，然后进行退火处理（14.5节）。然而，这是一种昂贵且不便的方法。

冷加工

将要讨论的成型方法如图14.2所示。

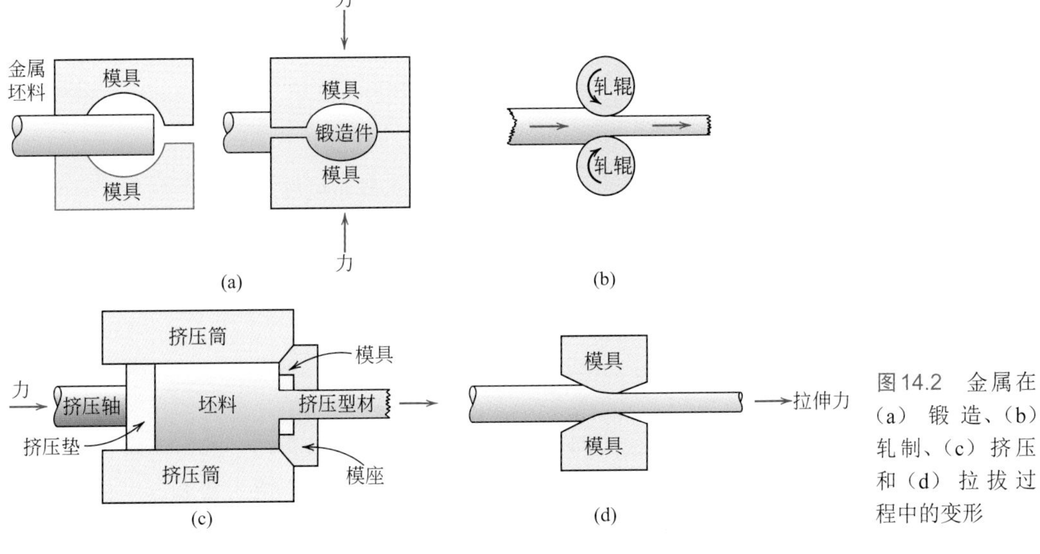

图14.2 金属在（a）锻造、（b）轧制、（c）挤压和（d）拉拔过程中的变形

(1)锻造

锻造

锻造是将常见的热金属工件进行机械加工或成型，这主要通过不断地锤击或连续挤压完成的。锻造可分为合模或开模锻造。闭模锻造是在两个或多个具有产品最终形状的模上施加外力，从而使金属在模的空腔内成型［图14.2（a)］。开模锻造通常使用具有简单几何形状（例如平行片、半圆形）的两个模，通常用于大工件。锻造的产品具有优良的晶粒组织以及最好的综合力学性能。扳手、汽车曲轴、油塞连接砧就是使用这种方法的典型产品。

(2)轧制

轧制

轧制是应用最广泛的成型工艺，该工艺由一金属板在两个轧辊之间通过构成，轧辊产生的压应力使板材的厚度减薄。冷轧可用来生产高质量表面的薄板、带和丝产品。圆形、I-字梁和铁路铁轨的制备使用带槽的轧辊。

(3)挤压

挤压

挤压是将一块金属放入一挤压模中，在一端锤上施加压应力，使金属通过规定的模孔中挤出而成型；挤压生产的工件具有理想的形状和减小的横截面积。挤压产品有相当复杂截面的棒、管，无缝管也可挤压成型。

(4)拉拔

拉拔

拉拔是在出口一侧施加一拉应力，将金属工件拉过锥形模孔而成型，工件截面积减小而相应长度增加。整个拉拔过程可由许多模依次组成。棒、丝和管产品通常以这种方式生产。

14.3 铸造

铸造是将完全熔化的液态金属倒入一个所需形状的型腔中的制备过程。在凝固过程中，金属保持铸模的形状，但是会发生一些收缩。在以下情况下常使用铸造方法成型：① 要生产的工件形状很大或非常复杂以至于不能采用其他方法成型；② 塑性很差的特殊合金，采用热加工或冷加工成型都非常困难；③ 与其他制备方法比较，铸造是最经济的。在细化延展性金属的最后一步也可使用铸造方法。常用的不同铸造方法包括砂型铸造、压力铸造、熔模铸造、消失模铸造和连续铸造。本部分仅提供每一种方法的简单介绍。

(1)砂型铸造

砂型铸造是最常用的铸造方法，采用普通型砂作为铸型材料。在所需铸造成型形状的图案的周围，通过压实型砂而形成两箱铸型。为了使液态金属向型腔流动，通常采用一个浇注系统与型腔结合使用，可减小铸件内部的铸造缺陷。砂型铸造的零件有汽车圆柱体活塞、消防龙头以及大直径管道的固定设施。

(2)压力铸造

在压力铸造中，使液态金属在压力下以较高的速度充填铸型型腔，并且在压力下凝固成型。使用两箱金属铸模，并将其组合在一起，两箱铸模形成了所需的形状。当金属完全凝固，打开铸模拿出铸件。由于铸造速度快，因此这种方法的成本低。此外，一套铸模可用来生产数以千计的铸件。但是，这种方法只适用于尺寸较小的工件以及低熔点的锌合金、铝合金和镁合金等产品。

（3）熔模铸造

熔模铸造（有时也叫失蜡铸造）是用具有低熔点的蜡或塑料制成模样。在模样周围涂敷一层液体泥浆，通常使用石膏，目的是为了形成固态模具或熔模。然后加热这种模具，这样模样熔化并排出型外，从而获得所需的形状。当要求尺寸精度高、形状较复杂以及表面质量高时使用这种方法——例如，珠宝、牙冠的镶嵌物。同时，汽轮机和喷气发动机的叶片也常采用此方法铸造成型。

（4）消失模铸造

脱模（或者消失模）铸造是熔模铸造的一种演变。在此，消失模是一种通过压实聚苯乙烯球珠形成所需的形状，然后通过加热将它们连接起来。模样形状也可从薄板切割并用胶组装。然后型砂包围在模样周围压实而形成模具。当液态金属倒入模具时，代替了蒸发的模样。压实型砂在负压作用下保持在原位置，凝固后金属获得了模具的形状。

消失模铸造适用于复杂形状和紧密性高的铸件。此外，与砂型铸造相比，消失模铸造工艺更简单，生产速度更快，成本更低廉，且环境污染物的排放更少。通常使用这种方法的金属是铸铁和铝合金；汽车发动机活塞、圆柱体头、曲轴、海洋发动机活塞和电机框等铸件常用此方法铸造成型。

（5）连续铸造

在挤压过程的最后，许多熔化金属通过铸造凝固成大的铸锭。铸锭通常经过基本的热轧后形成薄板或金属条；这些形状作为后续第二次金属成型加工（锻造、挤压、拉拔）的起点，更便于成型。铸造和轧制结合起来的步骤称为连续铸造（有时也叫薄板坯连铸）工艺。使用这种方法，细化的熔融金属可直接铸造成具有矩形或圆形截面的连续板带；采用水冷模具凝固的工件具有理想的截面形状。连续铸造铸锭比铸造产品在整个横截面上具有更均匀的化学成分和力学性能。此外，连续铸造是高度自动化工艺，具有更高的效率。

14.4 其他技术

（1）粉末冶金

粉末冶金

还有另一种制备方法，是将金属粉末压实后进行某种热处理来获得更致密的工件。这个过程被恰当地称为**粉末冶金**，常用P/M来表示。粉末冶金使生产一种具有完全无孔工件成为可能，此工件具有的性能几乎与完全致密的母材性能相当。热处理时的扩散过程是形成这些性能的关键。这个方法特别适用于低塑性的金属，这是由于粉末颗粒仅能发生微小的塑性变形。高熔点金属很难熔化和铸造，可使用P/M进行制备。此外，要求非常精确尺寸的工件（例如轴套和齿轮）可使用这种方法来经济地生产，且十分经济。

概念检查 14.1　（a）列举出粉末冶金优于铸造的两大优势。（b）列举出两个不足之处。
[解答可参考 www.wiley.com/college/callister（学生之友网站）。]

（2）焊接

焊接

在某种意义上说，焊接被认为是一种制造方法。当一体化制造非常昂贵或不方便时，采用**焊接**可将两个或更多金属工件连接起来形成一个工件。同种和异种材料都可进行焊接。焊接接头是冶金连接（涉及一定程度的扩散）而不是如铆接和栓接一样的机械连接。焊接有各种方法，包括电弧焊、气焊以及硬钎焊和软钎铅焊。

在电弧焊和气焊过程中，被连接的工件和填充材料（例如，焊条）被加热到足够高的温度并熔化；在凝固过程中，填充材料形成了两工件之间的熔化接头。因此，焊缝附近区域的材料可能发生了组织和性能的改变，这个区域被称为热影响区（有时简写为HAZ）。可能的变化如下。

① 如果工件材料原来是冷加工的，热影响区可能发生再结晶和晶粒长大，因此导致强度、硬度和韧性降低。这种情况下，HAZ的示意图如图14.3所示。

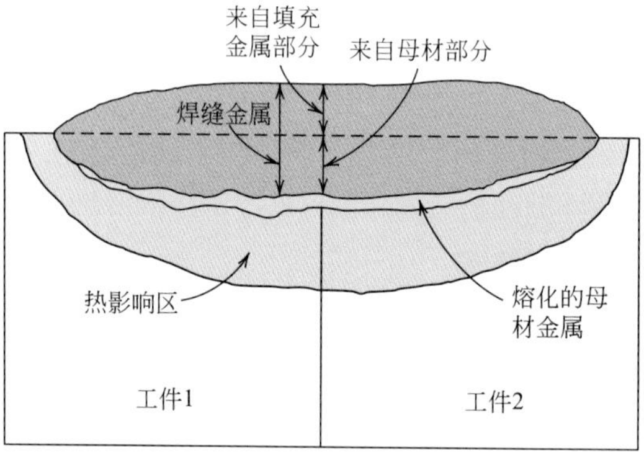

图14.3　一种典型熔化焊缝附近区域横截面的示意图
[来自*钢铁铸造手册*，C.F.Walton和T.J.Opar（编辑），钢铁铸造学会，Des Plaines，IL，1981]

② 冷却过程中，在这个区域可能会形成残余应力，而使接头的强度降低。

③ 对于钢来说，这个区域的材料可能被加热到足以形成奥氏体的温度。在冷却至室温的过程中，所形成的组织取决于冷却速率和合金成分。普通碳钢通常是形成珠光体和一种亚共析相。但是，合金钢可能形成一种马氏体组织，由于马氏体很脆，通常这不是理想的组织。

④ 在焊接过程中一些不锈钢可能被“敏化”，这使得不锈钢易于发生晶间腐蚀，如16.7节所述。

一种较为现代的连接方法是激光焊接，在焊接过程中一个高度聚焦的、能量集中的激光束作为热源。激光束将母材熔化，在冷却过程中，形成一个熔化接头；通常不需要填充材料。这种方法的优点有：它是一种非接触的工艺，有利于消除工件的机械变形；焊接速度快并且高度自动化；输入到工件的能量很低，因此热影响区尺寸是最小的；焊缝尺寸可以非常小且精确；使用这种方法可焊接多种金属和合金；可获得强度与母材相当或超过母材的无气孔焊缝。激光焊接广泛应用在需要高质量和高速焊接的汽车、电子工业。

概念检查14.2　焊接、钎焊和铅焊之间的主要差别是什么？你需要查阅其他参考书。
[解答可参考www.wiley.com/college/callister（学生之友网站）]

金属的热加工

前面的章节已经讨论了金属和合金在高温下发生的许多现象——例如，再结晶和奥氏体的分解。当使用适当的热处理或热加工工艺时，这些方法对于改变材料的力学性能是有效的。实际上，在工业合金中使用热处理工艺是非常广泛的。因此，接下来我们将讨论这些热处理工艺中的一部分，包括退火的过程，以及钢的热处理。

14.5 退火工艺

退火

退火是指材料在高温下保温一段时间后缓慢冷却的一种热处理工艺。通常，退火是用来：① 消除应力；② 提高软度、塑性和韧性；③ 形成一种特定的组织。有多种退火热处理方法通常以其导致的组织上的变化为特征，因为这是力学性能改变的原因。

退火过程由3个阶段组成：① 加热到所需的温度；② 在此温度保持或“浸泡”；③ 冷却，通常到室温。在这些过程中时间是一个重要的参数。在加热和冷却过程中，在工件的外部和内部存在温度梯度。

温度梯度的大小与工件的尺寸和几何形状有关。如果温度变化速率太快，温度梯度和引起的内应力会导致翘曲甚至开裂。此外，实际退火时间必须足够长，以便发生必要的相变反应。退火温度也是一个重要的参数，由于通常有扩散发生，退火可通过提高温度来加快进程。

（1）中间退火

中间退火

中间退火是一种用来去除冷加工效果的热处理工艺，也就是，来软化和提高之前应变硬化金属的塑性。通常在需要较大塑性变形的制备过程中使用，目的是为了实现连续的塑性变形而不发生断裂或过多的能量消耗。中间退火允许发生回复和再结晶过程。通常，理想的结果是获得细小晶粒组织，因此在晶粒长大之前这种热处理就会停止。可通过较低温度（但在再结晶温度以上）或在非氧化气氛中的退火来防止或减小表面氧化或鳞化。

（2）去应力退火

去应力退火

金属工件在下述过程中可形成内部残余应力：① 如切割和研磨的塑性变形过程；② 在高温下加工或制备的工件的不均匀冷却；③ 冷却过程中由母相与新相密度不同而导致的相变。如果这些残余应力未能去除，将导致工件变形和翘曲。这些应力可通过去应力退火来消除，退火时将工件加热到推荐温度，保持足够长时间来获得均一的温度，最后在空气中冷却到室温。退火温度通常相对较低，这样冷加工和其他热处理的效果不会受到影响。

（3）铁合金的退火

可使用几种不同的退火工艺来提高钢材的力学性能。但是，在讨论它们之前，必须说明一下有关相界的标定。图14.4给出了Fe- Fe_3C 相图在共析转变附近区域的部分。

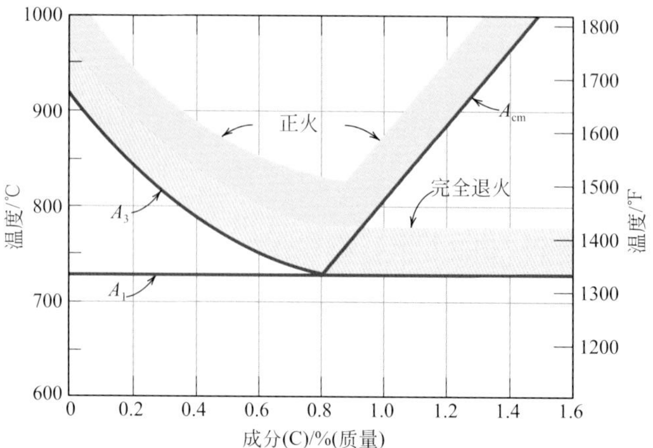

图14.4 Fe- Fe_3C相图在共析转变附近的区域，表明了普通碳钢的热处理温度范围

[摘自G. Krauss，*Steels：Heat Treatment and Processing Principles*，ASM International，1990，p.108]

较低临界温度

较高临界温度

共析温度的水平线，一般用A_1来表示，被称为较低临界温度，在平衡条件下，在这个温度以下，所有的奥氏体将转变成铁素体和渗碳体相。代表亚共析钢和过共析钢的较高临界温度的相界线分别标定为A_3和A_{cm}线。这些界限以上的温度和成分，仅得到奥氏体相。如10.21节所讨论的，其他合金元素将使共析转变和这些相界限的位置发生变化。

（4）均匀化退火

均匀化退火

奥氏体化

发生塑性变形的钢，例如，由于轧制而形成的珠光体晶粒（和最可能的一种先共析相）形状不规则且相对粗大、在尺寸上变化很大。用来细化晶粒（例如，降低平均晶粒尺寸）并且产生更均匀和理想的尺寸分布的一种退火热处理称为均匀化退火。细晶粒珠光体钢比粗晶粒钢的韧性好。均匀化退火需要至少加热到较高临界温度以上55℃（100℉）——也就是，对于成分小于共析成分（0.76%C）的钢是在A_3线上，对于大于共析成分的钢是A_{cm}线以上，如图14.4所示。需要足够的时间使合金完全转变为奥氏体后——这个过程被称为奥氏体化——这个处理将以在空气中冷却而作为结束。在连续冷却转变相图上附加的均匀化冷却曲线（图11.27）。

（5）完全退火

完全退火

完全退火通常是在低碳及中碳钢中使用，这些钢在成型加工过程中被切削或将经历大的塑性变形。通常，成分低于共析成分的合金被加热到A_3线以上50℃（为了形成奥氏体）或者超过共析成分的合金被加热到A_1线以上50℃（为了形成奥氏体和渗碳体相）如图14.4所示，然后将合金在炉中冷却，也就是说，关闭热处理炉，炉和钢以相同的速率冷却到室温，这需要几个小时。这种退火产生的粗大珠光体（和一些先共析相）较软，具有塑性。完全退火（图11.27）需要的时间很长；但是，形成的组织具有细小的晶粒和均匀晶粒结构。

（6）球化退火

球化

具有粗大珠光体组织的中碳和高碳钢的硬度太高，以至于不能进行切削或塑性成形。这些钢与11.5节所述的任何钢，都可通过热处理或退火处理形成球状组织。球化后的钢具有最高的塑性，很容易被切削或变形。球化热处理可通过下述几种方法来进行，在这过程中，Fe_3C聚合形成球状颗粒（图11.20）。

① 在相图的$\alpha+Fe_3C$区的共析温度［图14.4中的A_1线或大约700℃（1300 ℉）］以下加热合金。如果原组织中含有珠光体，球化时间一般在15 ～ 25h之间。

② 在共析温度以上加热合金，然后或者在炉中非常缓慢冷却或在共析温度下保持一个温度。

③ 在图14.4中的A_1线以上和以下50℃范围内交替进行加热和冷却。

在某种程度上，球化速率取决于原来的组织。例如，珠光体的球化速率最慢，且珠光体越细，球化速率越快。此外，预先冷加工会提高球化反应速率。

也可以进行其他的退火处理。例如，为了去除导致材料脆断的残余内应力，可按照如14.7节所示的方法将玻璃退火。此外，在某种意义上，如13.2节所讨论的，退火处理可使铸铁的组织和相应的力学性能发生变化。

14.6 钢的热处理

通常形成马氏体的热处理过程包括奥氏体化，试样在一些类型的淬火介质（如水、油或空气）中的连续快速冷却。在淬火过程中，只有当试样大量的被转化为马氏体时，淬火和随后回火的钢才能获得最优性能；任何珠光体和/或贝氏体的形成不会产生最优的综合力学性能。在淬火处理过程中，将试样始终以均一的速率冷却是不可能的——材料的表面总是比内部区域冷却更快。因此，奥氏体会在一定的温度范围内发生转变，随着试样内的不同位置产生组织和性能的变化。

在试样整个横截面上全部形成马氏体组织的成功热处理主要取决于3个因素：① 合金的成分；② 淬火介质的类型和特性；③ 试样的尺寸和形状。现在来介绍每一个因素的影响。

（1）淬透性

淬透性

对于某一特定的淬火过程，合金成分对这种钢合金转变为马氏体能力的影响与一个称为**淬透性**的参数有关。每一种钢的力学性能与冷却速率之间存在一种特定的关系。使用淬透性这个名词来描述一种合金在给定的热处理条件下通过形成马氏体而硬化的能力。淬透性不是硬度，硬度是对于压痕的抵抗能力；相反，淬透性是一种定性测量硬度随着到工件内部距离的增加而降低的速率，这是由于马氏体含量逐渐降低。具有高淬透性的钢合金不仅在工件表面，而且贯穿整个工件内部，在很大程度上硬化或形成了马氏体。

（2）乔米尼末端淬火实验

乔米尼末端淬火实验

广泛用来测定淬透性的一种标准方法是**乔米尼末端淬火实验**[1]。在此实验中，除了合金成分以外，影响到工件硬化深度的所有因素（例如，试样尺寸、形状、淬火处理）均保持恒定不变。直径为25.4mm（1.0in.）、长为100mm（4in.）的圆柱体试样在设定的温度保温一定时间进行奥氏体化，从加热炉中取出后，迅速地放置在如图14.5（a）所示的实验装置上，较低的端部被特定的流速和温度的喷水冷却。因此，冷却速度在淬火端部最大，并且从这点沿着试样长度方向随着位置的变化而逐渐降低。

[1] ASTM Standard A255，“Standard Test Methods for Determining Hardenability of Steel”.

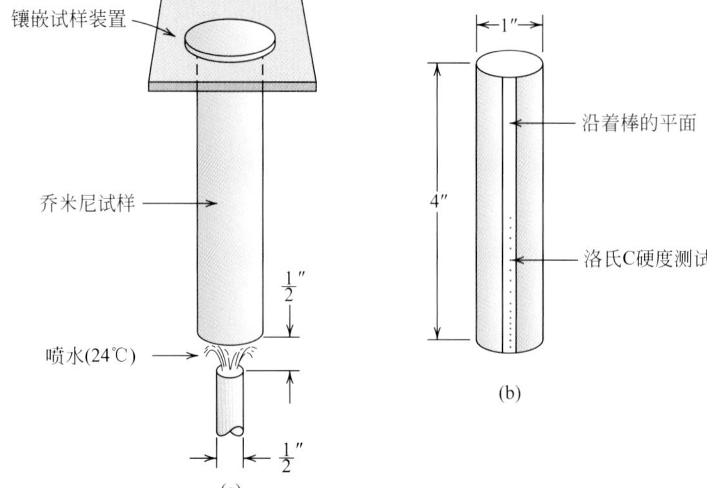

图 14.5 乔米尼末端淬火试样的示意图（a）淬火过程中的实验装置和（b）沿着磨出的平面从淬火端部开始测定过硬度后的试样

（摘自 A. G. Guy，*Essentials of Materials Science*，版权© 1978 McGraw-Hill Book Company，New York）

当工件冷却到室温，沿着试样长度磨出0.4mm（0.015in.）深的窄平面，在前50mm（2in.）沿磨出的平面进行洛氏硬度的测试［图14.5（b）］；对于前12.8 mm（0.5in.），每距1.6 mm（$\frac{1}{16}$in.）测一次硬度，对于剩余的38.4mm（$1\frac{1}{2}$in.），每隔3.2mm（$\frac{1}{8}$in.）距离测一次硬度，画出硬度与距淬火末端距离的关系曲线，从而获得淬透性曲线。

（3）淬透性曲线

典型的淬透性曲线如图14.6所示。淬火末端冷却最快，表现为硬度最高，对于大多数钢在这个位置可获得100%马氏体。冷却速率随着离开末端距离的增大而降低，硬度也降低，如图所示。随着冷却速率的降低，碳扩散需要更多的时间，大量较软的珠光体形成，也可能是马氏体和贝氏体的混合组织。因此，高淬透性钢将在相对长的距离保持高硬度值，而低淬透性钢不会。此外，每一个合金有其自己的唯一的淬透性曲线。

有时，将硬度与冷却速率直接相关联是方便的，而不是与乔米尼标准末端淬火试样的距离。冷却速率［在700℃（1300 ℉）上取］通常出现在淬透性曲线图中较高水平轴上，在这里出现的淬透性曲线图中包括了这个范围。

这种距离和冷却速率的关系对于普通碳钢和合金钢的规律是相同的，因为热传递的速率几乎与成分没有关系。有时，冷却速率或淬火末端位置用乔米尼距离来表示，一个乔米尼距离单位等于1.6mm（1/16in.）。

可以得到沿着乔米尼试样的位置与连续冷却转变的关系曲线。例如，图14.7是共析成分铁-碳合金连续冷却转变相图，在这幅图中有4个不同乔米尼位置的冷却曲线和对应的微观组织。图中也包括了这种合金的淬透性曲线。

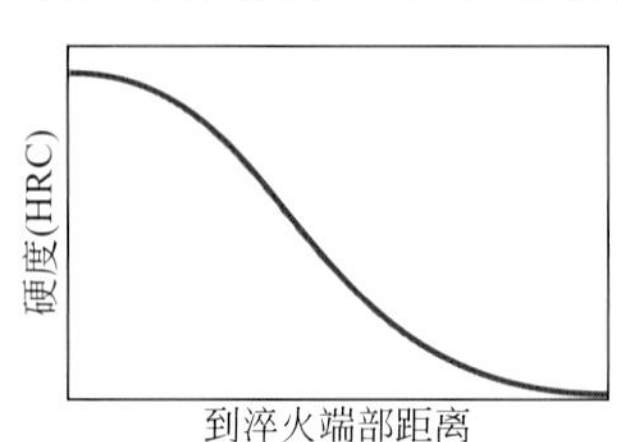

图 14.6 洛氏硬度随离淬火端部距离变化的典型淬透性曲线

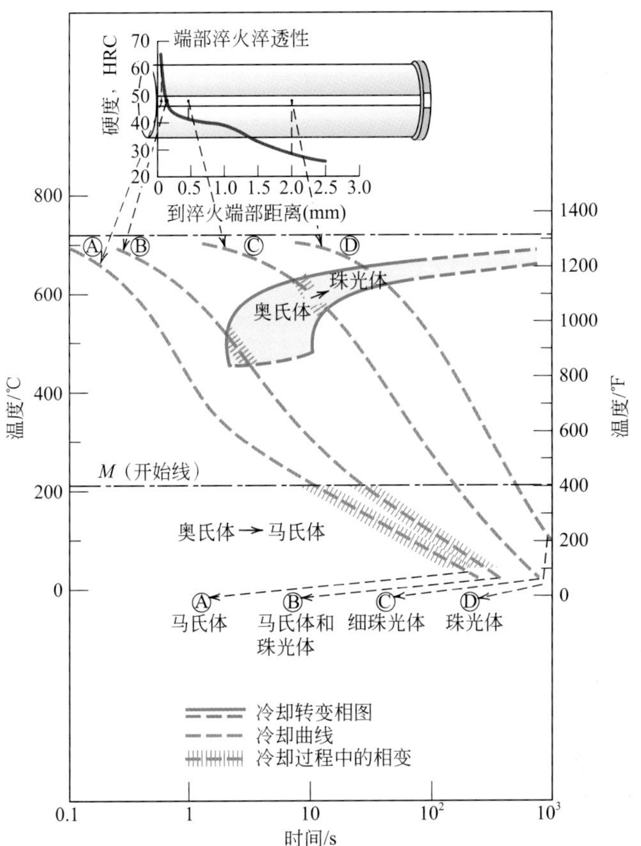

图14.7 共析成分铁-碳合金淬透性与连续冷却的关系

[摘自H. Boyer（Editor），*Atlas of Isothermal Transformation and Cooling Transformation Diagrams*，American Society for Metals，1977，p.376]

图14.8所示为5种不同合金的淬透性曲线，碳含量均为0.4%，但是其他合金元素含量不同。一种试样为普通碳钢（1040），其余4种（4140、4340、5140和8640）是合金钢，在图中有4种合金钢的成分。合金牌号（例如，1040）的含义已在13.2节中解释。从这个图中我们需要注意几点。第一，5种合金在末端具有相同的硬度［57（HRC）］，因为这个硬度仅与碳含量有关，因此所有合金中硬度都相同。

可能这些曲线最重要的特征很可能就是形状，这与淬透性有关。普通碳钢1040的淬透性位置低，这是因为在相对较短的乔米尼距离（6.4mm，$\frac{1}{4}$in.）内硬度急剧降低［到30（HRC）］。与之相比，其他四种合金钢硬度的降低倾向明显缓慢。例如，4340、8640合金钢在乔米尼距离为50mm（2in.）的硬度分别为50（HRC）和32（HRC）；因此，这两种合金钢中4340钢的淬透性更好。普通碳钢1040的水淬试样仅在表面很浅的深度硬化，然而其他4种合金钢，高淬火硬度可持续到更大的深度。

图14.8中的硬度分布表明了冷却速率对微观组织的影响。在淬火末端淬火速率大约为600℃/s（1100 ℉/s）的，5种合金都形成了100%马氏体。对于冷却速率低于70℃/s（125 ℉/s）或超过大约6.4mm（$\frac{1}{4}$in.）的乔米尼距离的1040钢，其微观组织为大量的珠光体和一些先共析铁素体。但是，4种合金钢的微观组织主要由马氏体和贝氏体混合组成；贝氏体含量随着冷却速率的降低而增加。

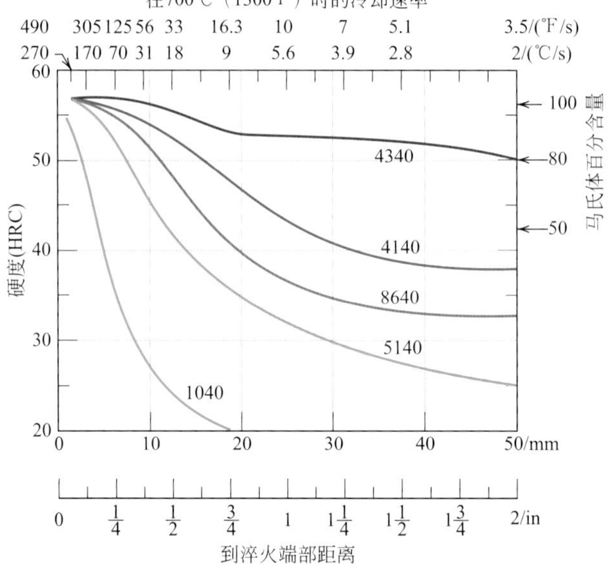

图14.8 5种不同合金的淬透性曲线，每一种合金含碳量0.4%

合金的大致成分如下：4340-1.85Ni，0.8Cr，0.25Mo；4140-1.0Cr和0.20 Mo；8640-0.55Ni，0.50Cr和0.20 Mo；5140-0.85Cr和1040是非金属钢

（图片修改得到Republic Steel Corporation的许可）

图14.8中5种合金淬透性行为的差别可用合金钢中Ni、Cr和Mo元素的存在来解释。这些合金元素延缓了奥氏体-珠光体和/或贝氏体反应，如11.5节、11.6节所述，对于一定的冷却速率，这有利于形成更多的马氏体，产生更高的硬度。图14.8的右坐标轴显示了各种硬度的钢中在各种硬度的马氏体百分数。

淬透性曲线也与含碳量有关。此影响规律如图14.9所示，图中的一系列合金钢只有碳含量的变化。在任意的乔米尼位置，硬度随着碳含量增加而升高。

此外，在工业生产过程中，各批次钢材的成分和平均晶粒尺寸总是不可避免地出现一定的变化。这种变化导致了测量的硬度数据的分散，因此对于特定的合金，经常希望用代表最高值和最低值的区域来做图，8640钢的淬透性带如图14.10所示。一种合金（例如8640H）牌号后的H表示这种合金的成分和特性的淬透性曲线位于这个特定的区域之内。

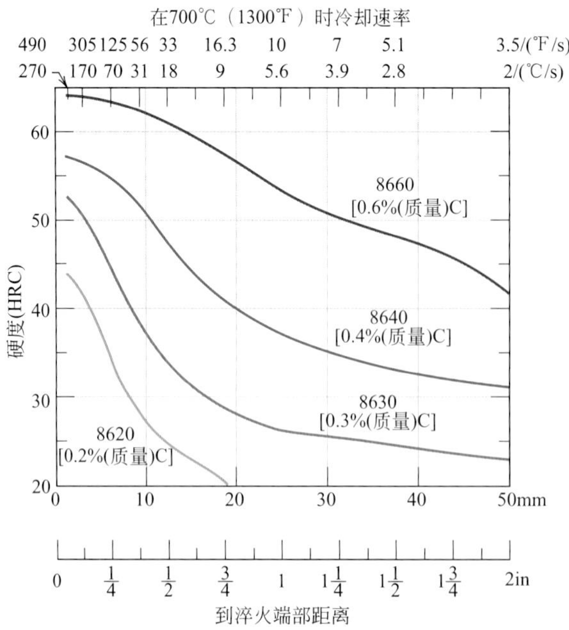

图14.9 4种标明碳含量的8600系合金的淬透性曲线

（图片修改得到Republic Steel Corporation的许可）

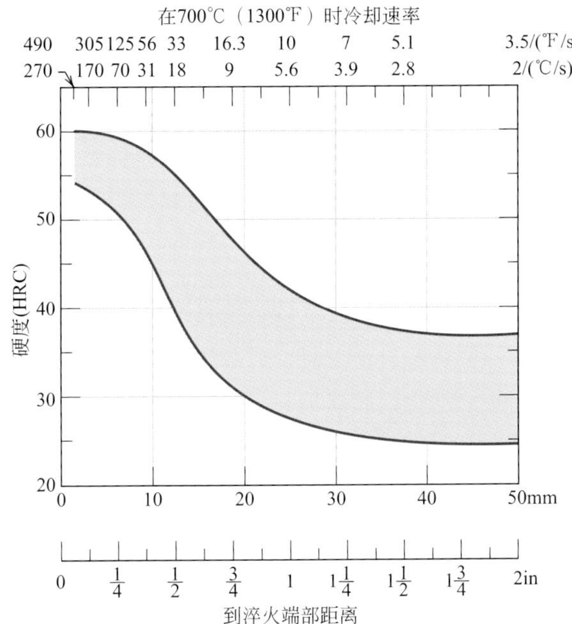

图14.10 表明最高和最低范围的8640钢的淬透性带
（图片修改得到Republic Steel Corporation的许可）

（4）淬火介质、试样尺寸和形状的影响

前面部分讨论了合金成分和冷却速率或淬火速率对硬度的影响。试样的冷却速率取决于热能交换的速率，这与试样表面接触的淬火介质的特性、试样的尺寸和几何形状有关。

淬火急冷度经常被用来描述冷却速率，淬火越快，淬火的急冷度越高。在3个最常用的淬火介质中——水、油和空气——水产生最高的淬火急冷度最高，其次是油，而油又比空气更有效[1]。每一种介质振动的程度也会影响热量散失的速率。提高淬火介质经过试样表面的速率，可促进淬火的有效性。油淬适用于各种合金钢的热处理。实际上，对于高碳钢而言水淬太过剧烈，易导致裂纹和变形。空冷奥氏体化普通碳钢通常几乎全部形成珠光体组织。

在钢试样淬火过程中，热能必须在它消散到淬火介质之前传到工件表面。因此，在一个钢结构件内和贯穿整个内部的冷却速率会随着位置的不同而变化，且与工件的几何形状和尺寸有关。图14.11（a）和图14.11（b）给出了在700℃（1300℉）时的淬火速率与圆柱棒直径在四种位置（表面、3/4半径、1/2半径和中心）的关系。淬火在轻微振动的水［图14.11（a）］和油［图14.11（b）］中进行。冷却速率也采用相对乔米尼距离来表征，因为这些数据经常在淬透性曲线中使用。对于非圆柱体的几何形状（如平板），也可作出与图14.11相似的图形。

这种图的一个应用是预测沿试样横截面的硬度。例如，图14.12（a）比较了普通碳钢（1040）和合金钢（4140）试样的硬度分布，两个试样直径都是50mm（2in.）并且都是水淬。从这两个硬度的分布曲线看，淬透性的差别是明显的。试样直径也影响着硬度分布，如图14.12（b）所示，该图为直径为50mm（2in.）和75mm（3in.）的4140钢圆柱体试样油淬后的硬度分布曲线。例题14.1示出了如何确定这些硬度分布曲线。

[1] 近来研发的水溶性高分子淬火剂[由水和高分子组成的溶液——通常聚酯纤维（乙二醇）或PAG]能够提供在水和油之间的淬火速率。淬火速率可通过改变高分子浓度和淬火浴温度的特定要求来控制。

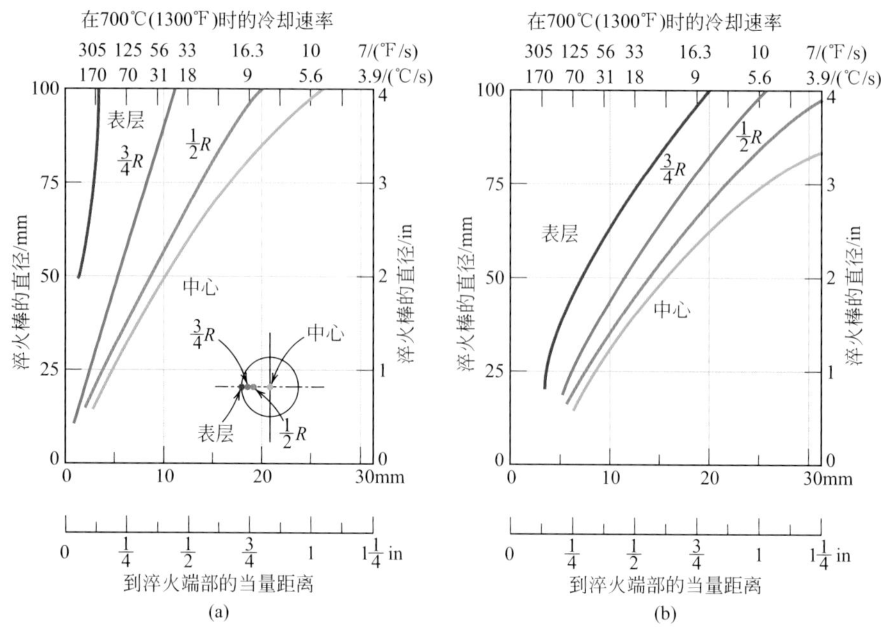

图14.11 圆柱棒工件经过轻微振动（a）水淬和（b）油淬表面的直径、3/4半径（3/4*R*）、1/2半径（1/2*R*）和中心位置与冷却速率的关系

[摘自 *Metal Handbook*：*Properties and Selection*：*Irons and Steels*，Vol.1，9th edition，B.Bardes（Editor），American Society for Metals，1978，p.492]

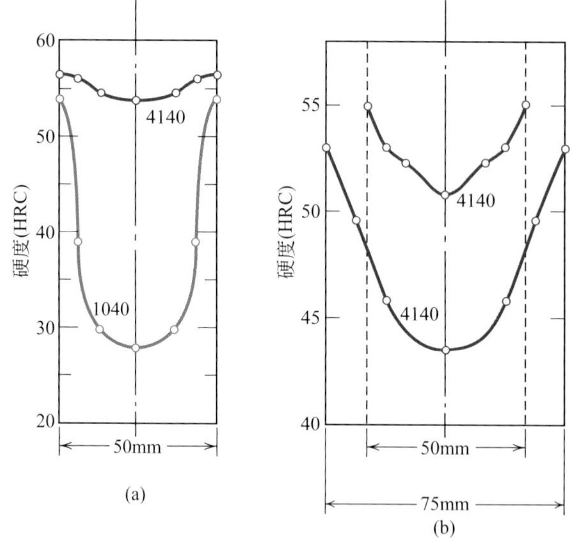

图14.12 放射状硬度曲线（a）在轻微振动的水中淬火的1040圆柱体和4140钢试样，（b）在轻微振动的油中淬火的直径为50mm（2in.）和75mm（3in.）的4140钢圆柱体试样在轻微振动的油中

就试样形状而言，由于试样表面的热能消散到淬火介质中，淬火处理的冷却速率取决于试样表面积与试样质量的比。这个比值越大，冷却速率越快，因此硬化效果越深。带有棱和角不规则形状的试样，比那些规则、圆形（例如球和圆柱体）试样具有较大的表面/质量的比值，因此易于通过淬火硬化。

大量的钢都可进行马氏体化热处理，并且在选择工艺时的最关键的因素之一是淬透性。将淬透性曲线与图14.11中各种介质中所示的曲线结合起来使用，可判断某种特定的钢是否适合于一种特定的应用。相反，也可用来确定一种合金的淬火工艺的适当性。对于那些在相对高应力下使用的工件，通过淬火工艺使工件整个内部形成最少80%的马氏体。在中等应力下的工件仅需最少50%的马氏体。

概念检查14.3 说出在钢试样的整个横截面上马氏体形成数量的3个因素。对于每一种因素，讲述马氏体形成的数量是如何提高的。

[解答可参考*www.wiley.com/college/callister*（学生之友网站）。]

例题14.1

热处理1040钢的硬度分布曲线的测定

直径为50mm（2in.）的1040钢圆柱体试样在轻微振动的水中淬火后，确定半径上不同位置上的硬度分布。

解：

首先，在圆柱体试样的中心、表面、1/2半径和3/4半径位置测定冷却速率（用端部距离来表征）。在这种情况下，如图14.11（a）所示，在合适的淬火介质条件下，使用冷却速率与棒直径的关系来画图。然后，将在每一个位置的冷却速率转化为某种合金的淬透性图中的硬度值。最后，通过画出硬度与位置的关系曲线可确定硬度分布。

本步骤在图14.13试样的中心位置得到了证明。注意，一个水淬的直径为50mm（2in.）的圆柱体当进行水淬时，其中心位置的冷却速率与试样淬火端部9.5mm（3/8in.）位置相当[图14.13（a）]。这对应于硬度值28（HRC），如1040钢淬透性曲线所示[图14.13（b）]。最后，此数据点画在如图14.13（c）所示的硬度分布曲线上。

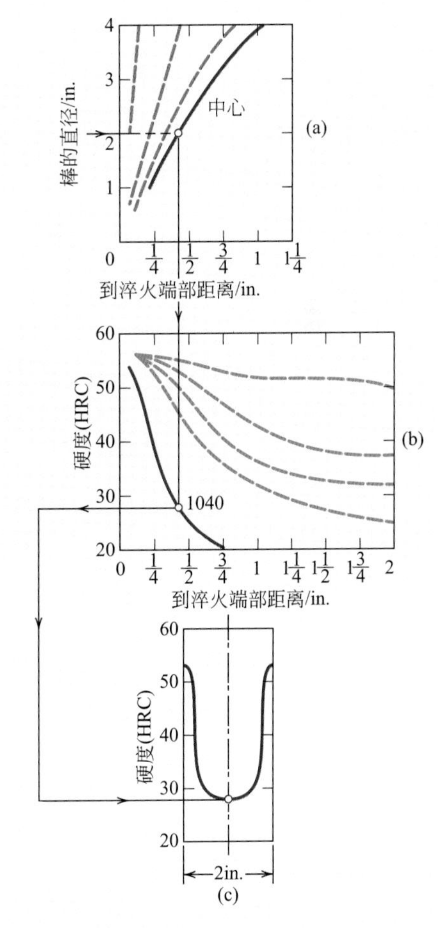

图14.13 使用淬透性数据获得硬度分布

（a）直径为50mm（2in.）水淬圆柱体试样其中心的冷却速率。（b）1040钢的冷却速率被转化为HRC硬度。（c）将洛氏硬度画在硬度分布曲线上。

表面、1/2半径和3/4半径位置的硬度也用相同的方式确定。下表中包含了完整的硬度分布和使用的数据。

半径上的位置	*距离淬火端部的相对距离/mm（2in.）*	*硬度（HRC）*
中心	9.5（3/8）	28
1/4半径	8（5/16）	30
3/4半径	4.8（3/16）	39
表面	1.6（1/16）	54

设计例题 14.1

合金钢和热处理的选择

需要为一个齿轮箱的输出曲轴选择一种合金钢。设计要求，直径为25.4mm的曲轴表面的硬度最小为38（HRC），塑性最小为12%EL。确定一种合金和满足这些条件的热处理。

解：

首先，成本可能是设计最重点考虑的因素。基于此可能不会选择相对昂贵的钢种，例如不锈钢和那些沉淀硬化钢。因此，让我们从普通碳钢和低合金钢开始，看一下哪些可行的热处理可改变它们的力学性能。

仅通过对钢材进行冷加工就同时获得所需的硬度和塑性是不大可能的。例如，从图7.31可知，38HRC对应于1200MPa的抗拉强度。1040钢抗拉强度与冷加工变形率之间的关系如图8.19（b）所示。在这注意到，在50%CW时取得的抗拉强度仅为900MPa；此外，对应的塑性大约是10% EL［图8.19（c）］。因此，这两种性能都不满足设计的要求。此外，其他普通碳钢或合金钢的冷加工也不可能取得所需达到的最小值。

另一种可能性就是对钢进行一系列热处理，这些热处理包括奥氏体化、淬火（为了形成马氏体）和最后回火。让我们看一下各种普通碳钢和低合金钢经过这种热处理后的力学性能。如前面两部分所讨论，淬火材料（最终影响回火硬度）的表面硬度取决于合金含量和曲轴的直径。例如，1060钢油淬的表面硬度随着直径增加降低的程度如表14.1所示。此外，回火硬度也取决于回火的温度和时间。

表 14.1　各种不同直径的1060钢圆柱体油淬的表面硬度

直径/in.	表面硬度（HRC）	直径/in.	表面硬度（HRC）
0.5	59	2	30.5
1	34	4	29

一种普通碳钢（AISI/SAE1040）和几种普通低合金钢的淬火、回火硬度和塑性数据如表14.2所示。在表中已标出了淬火介质（油或水），回火温度分别是540℃（1000 ℉）、595℃（1100 ℉）和650℃（1200 ℉）。值得注意的是，满足条件的合金-热处理组合是4150/油-540℃回火、4340/油-540℃回火、6150/油-540℃回火。这些合金/热处理的数据在表中以粗体表示。这3种材料的成本可能基本相当，但是，还需要进行成本分析。此外，6150合金具有最高的塑性（窄的边距），在选择过程中这使它有一些优势。

表 14.2　直径为1in.的6种圆柱体合金钢在淬火态和各种回火热处理的洛氏C硬度（表面）和延伸率百分数值

合金牌号/淬火介质	淬火态	540℃回火		595℃回火		650℃回火	
	硬度（HRC）	硬度（HRC）	塑性/%EL	硬度（HRC）	塑性/%EL	硬度（HRC）	塑性/%EL
1040/油	23	（12.5）①	26.5	（10）①	28.2	（5.5）①	30.0
1040/水	50	（17.5）①	23.2	（15）①	26.0	（12.5）①	27.7
4130/水	51	31	18.5	26.5	21.2	—	—
4140/油	55	33	16.5	30	18.8	27.5	21.0

续表

合金牌号/淬火介质	淬火态	540℃回火		595℃回火		650℃回火	
	硬度（HRC）	硬度（HRC）	塑性/%EL	硬度（HRC）	塑性/%EL	硬度（HRC）	塑性/%EL
4150/油	62	**38**	**14.0**	35.5	15.7	30	18.7
4340/油	57	**38**	**14.2**	35.5	16.5	29	20.0
6150/油	60	**38**	**14.5**	33	16.0	31	18.7

① 这些硬度值仅为大致的数值，因为它们的数值不到20（HRC）。

如前面章节所述，淬火的圆柱合金钢试样的表面硬度不仅取决于合金成分和淬火介质，还与试样直径有关。同样，淬火和随后回火的合金钢试样的力学性能也与试样直径有关。这个现象如图14.14所示，12.5mm（0.5in.）、25mm（1in.）、50mm（2in.）和100mm（4in.）四种直径的油淬4140钢的抗拉强度、屈服强度和塑性（%EL）与回火温度的关系。

陶瓷材料制造

在陶瓷应用中的一个主要关注点就是其制造工艺方法。在本章前面部分讨论到的那些依赖于铸造和/或其他技术的金属成型工序都包含了一定程度的塑性变形。由于陶瓷具有相对较高的熔点，因此采用铸造的方法是不切实际的。此外，陶瓷材料的脆性阻碍了其变形。一些陶瓷件是由粉末（或颗粒）的完全干燥和烧结所得到的（图14.5）。

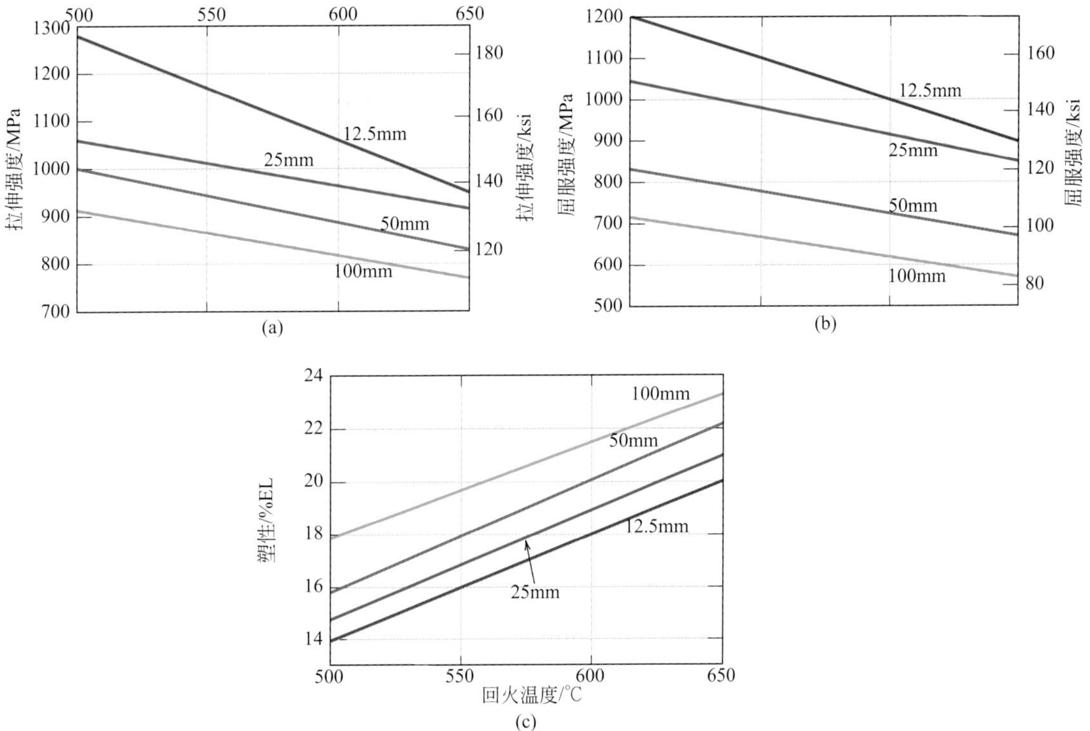

图14.14 油淬4140钢圆柱形试样，（a）拉伸强度、（b）屈服强度和（c）塑性（伸长百分比）对回火温度的曲线图

圆柱试样的半径分别为12.5mm（0.5in.），25mm（1in.），50mm（2in.）和100mm（4in.）。

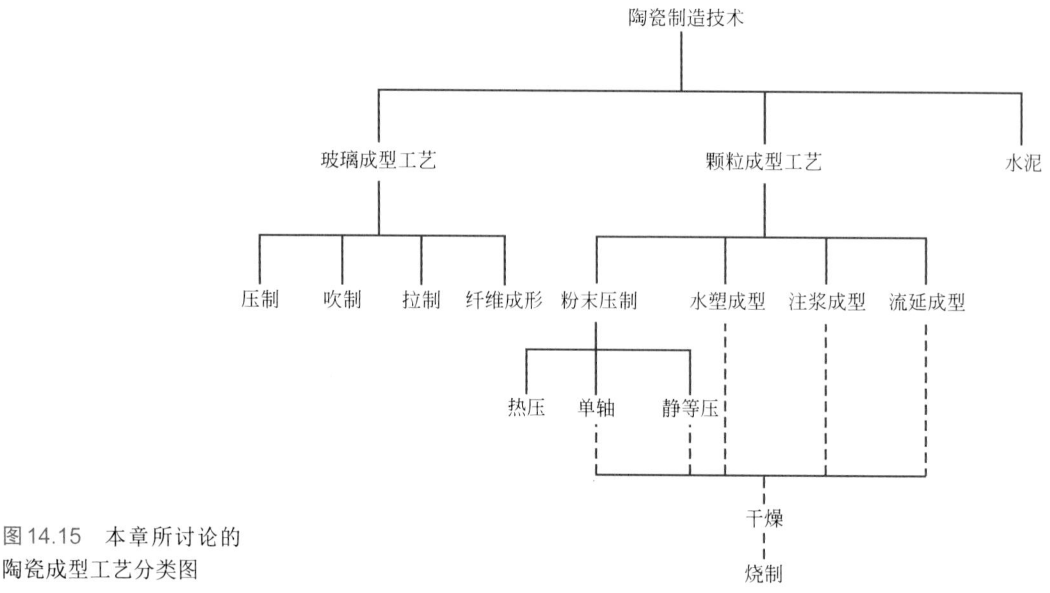

图 14.15　本章所讨论的陶瓷成型工艺分类图

14.7　玻璃和玻璃陶瓷的制造与加工

(1) 玻璃性能

在讨论具体的玻璃成型技术前，我们必须先了解一下玻璃材料的温度敏感的特性。玻璃质的或非晶材料的凝固过程不同于晶体材料。在冷却的时候，随着温度的降低，玻璃会以一种连续的方式变得越来越黏滞；而并不是像晶体材料那样有一个明确的从液相向固相进行转变的温度。实际上，晶体和非晶体材料的一个区别就在于比容对温度的依赖性，如图14.16所示；高度结晶的以及非晶高分子也展现出了类似的行为（图11.48）。对于晶体材料来说，在熔点 T_m 时，体积的变化是非连续性的。然而，对于玻璃质材料来说，随着温度的降低，体积会连续减小；在曲线斜率略有减小的位置所对应的温度，我们称之为**玻璃化转变温度**，或假想温度，T_g。在该温度之下，材料被认为是玻璃；在该温度之上，材料首先是一种过冷液体，并最终成为液体。

玻璃化转变温度

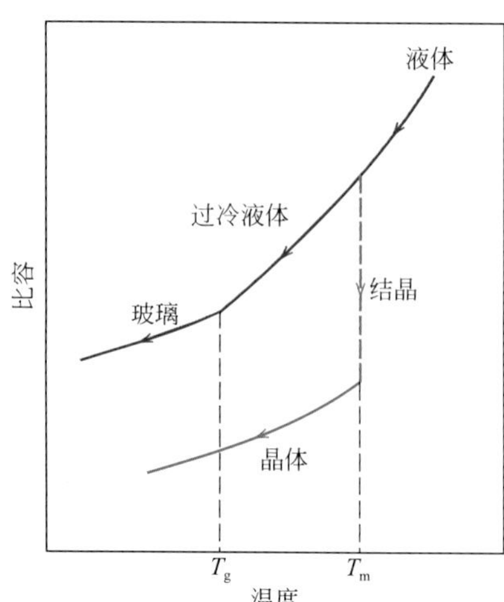

图 14.16　晶体材料和非晶材料比容随温度变化的行为对比

晶体材料在熔点 T_m 时结晶。非晶材料的特征温度是玻璃化转变温度 T_g。

另外在玻璃成型技术中很重要的一点是玻璃的黏度-温度特征。图14.17给出了熔融石英、高硅、硼硅酸盐和钠钙玻璃黏度的对数随温度变化的曲线。在黏度坐标上，标出了在玻璃制造和加工过程中几个重要的温度点。

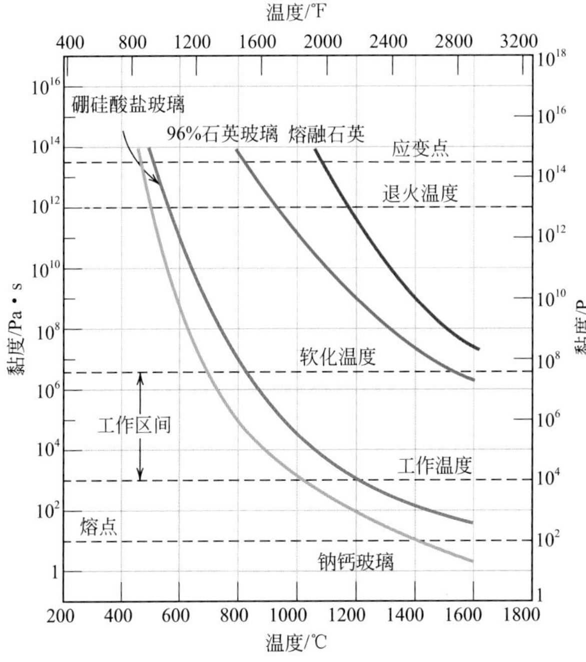

图14.17 熔融石英和3种石英玻璃的黏度对数随温度变化的曲线
（摘自E. B. Shand，*Engineering Glass*，Modern Materials，Vol.6，Academic Press，New York，1968，p.262.）

熔点

① **熔点** 对应于黏度为10Pa·s（100P）的温度；玻璃具有足够的流动性，可以被看作液体。

工作温度

② **工作温度** 对应于黏度为10^3 Pa·s（10^4P）的温度；玻璃在该黏度时很容易发生形变。

软化温度

③ **软化温度** 对应于黏度为4×10^6 Pa·s（4×10^7P）的温度，是在夹持玻璃器件过程中不会造成剧烈尺寸变化的最高温度。

退火温度

④ **退火温度** 对应于黏度为10^{12} Pa·s（10^{13}P）的温度；在该温度下，原子扩散速率足够快，任何残余应力都可以在大约15min内被消除。

应变点

⑤ **应变点** 对应于黏度为3×10^{12} Pa·s（3×10^{14}P）的温度；当温度在应变点之下时，在塑性变形开始前就会发生断裂。玻璃化转变温度会在应变点之上。

大多数玻璃成型的操作都在工作区间——工作和软化温度之间——进行。

上述各个温度点的位置取决于玻璃的成分。比如，从图14.17中可以看出，钠钙玻璃以及96%石英玻璃的软化温度分别约为700℃（1300℉）和1550℃（2825℉）。亦即，对于钠钙玻璃来说，成型操作的温度要明显低于石英玻璃。玻璃的可成型性可以通过成分调节进行大幅度的调整。

（2）玻璃成型

玻璃是通过将原材料加热到熔点温度以上所产生的。大多数商用玻璃都是硅-氧化钠-石灰品种；石英通常来自于石英砂，而Na_2O和CaO则分别来源于苏打灰（Na_2CO_3）和石灰岩（$CaCO_3$）。对于大多数应用，特别是当光透明性十分重要时，玻璃产品的同质性和致密度至关重要。同质性可以通过对原始成分完全的熔化和搅拌实现。孔隙产生于小的气体气泡；这些气泡必须被熔化物吸收，或是被消除，这就要求对熔融物的黏度进行适当的调整。

用于制造玻璃产品的五种主要的成型方法：压制、吹制、深拉以及板材和纤维成型。压制通常用于制造壁厚相对较厚的器件，如盘碟等。玻璃器件通过具有石墨涂层的特定形状的铸铁模具进行压制而得；模具通常会被加热以保证表面的平整。

尽管有些玻璃的吹制是手工进行的，特别是对于艺术品来说，但对于玻璃罐、玻璃瓶以及灯泡的生产来说，该过程完全是自动化的。图14.18给出了该技术所包含的一系列步骤。通过在模具中对毛坯玻璃进行压制先形成一个型坯，或临时形状，再将该型坯放入一个吹制模，并通过吹入具有一定压强的空气使玻璃按照模具的轮廓发生形变。

深拉被用于制造具有恒定横截面的长玻璃器件，如板、棒、管和纤维。

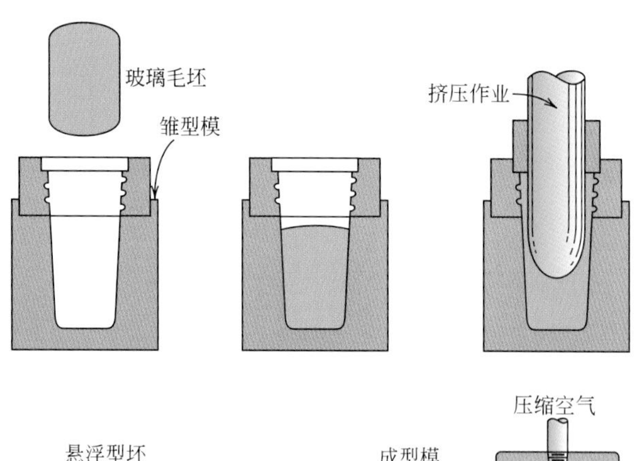

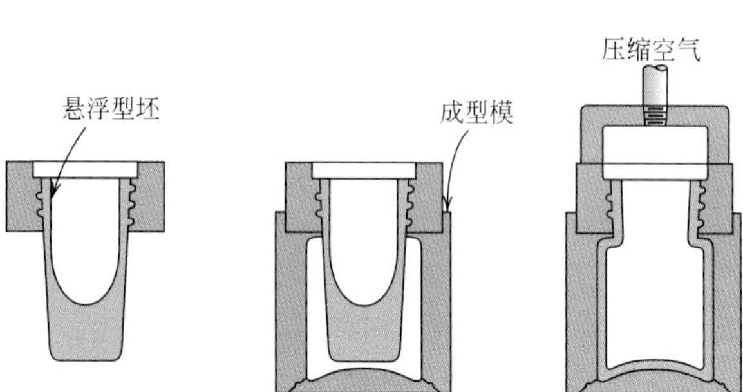

图14.18 生产玻璃瓶的压-拉技术

（摘自C. J. Phillips，*Glass：The Miracle Maker*，Pitman，London，1941.Reproduced by permission of Pitman Publishing Ltd.，London.）

在20世纪50年代之前，玻璃板都是通过将玻璃浇注（或深拉）成板状，然后对玻璃板进行打磨，使其平整平行，并最后对其表面进行抛光使其变得透明——是一个相对较贵的工艺过程。在1959年，英国出了一项更加经济的浮法工艺专利。使用该工艺（图14.19），熔融玻璃从一个炉子到达位于第二个炉子中的液态锡槽上方，因此，当连续的玻璃带在熔融锡表面漂浮的时候，在重力和表面张力的作用下，玻璃的表面会形成完全平行的平整面，并且达到均匀地厚度。此外，板的表面在炉子的火烧区间进行抛光，从而得到一个光洁的表面。之后，玻璃板被送入一个退火炉（lehr），最终被切割分段（图14.19）。该工艺的成功要求对温度和气氛进行严格的控制。

连续的玻璃纤维是通过相当精细的深拉工艺形成的。熔融玻璃被置于一个铂加热室中。纤维则通过加热室底部的很多小口拉出得到。关键参数——玻璃黏度可通过加热室和小口的温度进行控制。

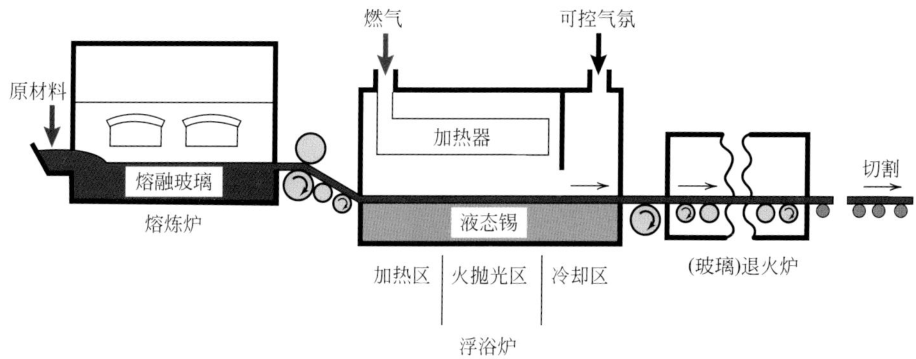

图14.19 制造平板玻璃的浮法工艺示意图
（经由Pilkington Group Limited提供。）

（3）热处理玻璃

① 退火　当一个材料从高温开始冷却时，会由于表面和内部的冷却速率不同以及热收缩产生内部应力，我们称之为热应力。这些热应力在脆性陶瓷，尤其是玻璃中十分重要，因为它们会降低材料的强度，在一些极端的情况下甚至会导致断裂，我们称之为**热冲击**（见17.5节）。通常情况下，我们会通过使用足够慢的冷却速率来尽力避免热应力。然而，当引入这种应力之后，我们可以通过退火消除或者减小这些应力。退火的过程是通过将玻璃器具加热到退火温度，并缓慢冷却至室温来实现的。

热冲击

② 玻璃回火　玻璃器件的强度可以通过人为地在其表面引入压应力来增强，可以通过**热回火**这一热处理工艺实现。利用这种技术，玻璃被加热到玻璃转化区间以上，软化点以下的温度。然后通过压缩空气冷却到室温，在某些情况下，也会使用油浴进行冷却。由于材料表面和内部的冷却速率间的差异会产生残余应力。初始阶段，材料表面的冷却速率更快，而且一旦温度低于应变点后，表面会变得十分坚硬。而与此同时，材料内部由于冷却速率较慢，温度仍然高于应变点，因此仍表现出较好的塑性。随着冷却过程的持续进行，材料内部的体积收缩程度会大于已经变得僵硬的材料表面所能允许的变形程度。因此，材料内部会倾向于向里拉扯外表面，或对外表面施加一个向内的径向应力。因此，当玻璃器件冷却到室温时，其表面处于压应力状态，而其内部则处于拉应力状态。室温下一玻璃片横截面的真应力分布示意图如图14.20所示。

热回火

陶瓷材料的失效几乎总是由于表面拉伸应力作用下产生的裂纹所引起的。为了使回火玻璃器件发生断裂，外加的拉伸应力首先必须要大于表面残余压缩应力，此外，拉伸应力还要足够大，使表面产生裂纹并发生裂纹扩展。对于未经回火的玻璃，引入裂纹的外加应力水平会更低，因此，相应的断裂强度会更小。

回火玻璃被用于对强度要求较高的应用中；这些应用包括大门和眼镜镜片。

概念检查 14.4　玻璃器件的厚度会如何影响可被引入的热应力大小？为什么？
[解答可参考 www.wiley.com/college/callister（学生之友网站）。]

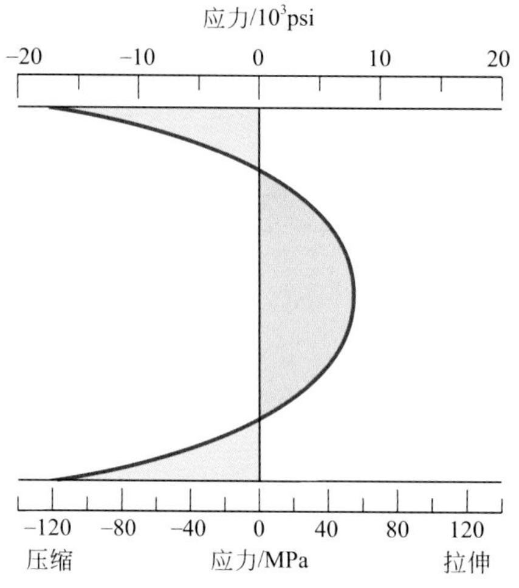

图 14.20 回火玻璃片横截面的室温残余应力分布

（摘自 W. D. Kingery，H. K. Bowen，and D.R.Uhlmann，*Introduction to Ceramics*，2nd edition. 版 权©1976 by John Wiley & Sons，New York. 重印得到了 John Wiley & Sons，Inc. 的许可。）

（4）玻璃陶瓷的制造和热处理

制造玻璃陶瓷器件的第一步是将其制成想要的形状。玻璃陶瓷器件成型所涉及的技术与玻璃器件相同，如前所述——比如，压制和深拉。由玻璃向玻璃陶瓷（即结晶，13.5 节）的转变可以通过适当的热处理工艺实现。图 14.21 给出了一套完整的 Li_2O-Al_2O_3-SiO_2 玻璃陶瓷热处理工艺曲线。在熔化和成型操作后，结晶相颗粒的形核和生长分别在不同的温度进行。

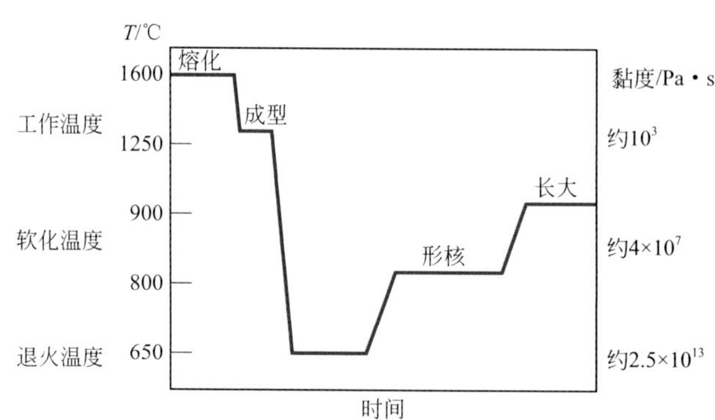

图 14.21 Li_2O-Al_2O_3-SiO_2 玻璃陶瓷典型的时间 - 温度热处理曲线

（摘自 Y. M. Chiang，D. P. Birnie，Ⅲ，and W.D.Kingery，*Physical Ceramics-Principles for Ceramic Science and Engineering*. 版权 ©1997 by John Wiley & Sons，New York.Reprinted by permission of John Wiley & Sons，Inc.）

14.8 黏土制品的制造与加工

我们在 13.6 节中提到过，这一类材料包括结构陶瓷和白瓷。除了黏土以外，很多产品还包含了其他的一些成分。在成型之后，器件通常需要经过干燥和烧制；每种成分都会对这些过程中所发生的变化以及最终产品的性能产生一定的影响。

（1）黏土的特性

黏土矿物在陶瓷体中扮演了两个重要的角色。首先，当在黏土中加水后，它们会变得十分可塑，我们称为水塑性。该性能对于成型操作来说非常重要。此外，黏土会在一定的温度区间发生熔化；因此在烧制过程中，我们不用完全使其熔化便能得到致密和坚固的陶瓷器件，从而保持其形状。具体的熔化区间取决于黏土的成分。

黏土是由氧化铝（Al_2O_3）和二氧化硅（SiO_2）组成的含有化学结合水的铝硅酸盐。它们具有范围广泛的物理性能、化学成分以及结构；常见的杂质包括化合物（通常是氧化物），如钡、钙、钾、和铁以及一些有机物。黏土材料的晶体结构相对来说比较复杂；然而，其最普遍的结构特征是具有层状结构。人们所关注的最为常用的黏土材料具有所谓的高岭石结构。高岭土[$Al_2(Si_2O_5)(OH)_4$]具有图3.14所示的晶体结构。在添加水之后，水分子穿插于各层之间并在黏土颗粒周围形成一层薄膜。因此颗粒彼此之间可以自由移动，这也就解释了水-黏土混合物具有很好塑性的原因。

（2）黏土制品的成分

除了黏土，很多黏土制品（特别是白瓷）也包含有非塑性成分；非黏土矿物包括燧石、或石英粉以及熔剂[1]，如长石。石英主要用作填充材料，该材料较便宜、相对较硬、且具有化学惰性。它在高温热处理过程中几乎不发生任何变化，这是由于它的熔点远高于一般的烧制温度；然而当石英被熔化时，则可以形成玻璃。

当与黏土混合时，熔剂会形成具有相对较低熔点的玻璃。长石是一种比较常见的熔剂；它们是一组含有K^+、Na^+和Ca^{2+}的铝硅酸盐材料。

我们可以预想，在干燥和烧制过程中发生的变化以及最终产品的特性会受到三种组分比例的影响，这三种组分是：黏土、石英和熔剂。一个典型的瓷器可能含有约50%黏土、25%石英以及25%长石。

（3）制造技术

被开采出来的原材料通常需要经过研磨工艺来减小颗粒的尺寸；在研磨之后我们会对其进行筛分，进而得到需求粒度范围内的粉末产物。对于多组分系统，粉末必须与水以及其他可能的成分充分融合，使其具有适合于特定成型技术的流动特性。制成的制品必须具有足够的力学强度以保证在运输、干燥和烧制过程中的完整性。两种常见的用于黏土基成分的成型技术分别是：**水塑性成型**和**注浆成型**。

水塑性成型
注浆成型

① 水塑性成型　我们在前面已经提到过，黏土矿物与水混合时会具有更强的塑性和韧性，而且可以在塑造过程中不产生裂纹；然而，它们的屈服强度相当低。这种水塑性物质的稠度（水-黏土比例）必须使其具有足够的屈服强度，以在处理和干燥过程中保持其形状不变。

最常用的水塑成型技术是挤出成型，在这一过程中，具有塑性的陶瓷块被压入具有所需要的横截面形状的模具口中；该过程类似于金属的挤出成型［图14.2（c）］。砖块、管道、陶瓷砌块、和瓷砖通常使用水塑成型技术。一般来说，具有塑性的陶瓷通过电动螺旋钻被推入模具中，而空气则通常会在一个真空室中被排出来，以提高其密度。挤压件（如空心砌块）中的内部中空支柱是由模具内的镶嵌件形成的。

[1] 黏土制品中的熔剂是指在烧制热处理过程中能够促进玻璃相形成的物质。

② 注浆成型　另一个用于黏土基成分成型的工艺是注浆成型。浆液是由黏土和/或其他非塑性材料在水中形成的悬浮液。浆液注入多孔模具（一般由熟石膏制成）时，浆液里的水被模具吸收，从而在模具壁上留下一层固态层，该固态层的厚度取决于时间。该过程可以一直持续，直到整个模具中的空洞都变成固态（实心注浆），如图14.22（a）所示。另外，也可以在固态层厚达到想要的厚度值时停止该过程，并将多余的浆料从模具中倒出来；我们称这一过程为空心注浆［图14.22（b）］。当注件干燥并发生收缩时，它便会脱离模具；这时候我们便可以将模具拆解，并移出注件。

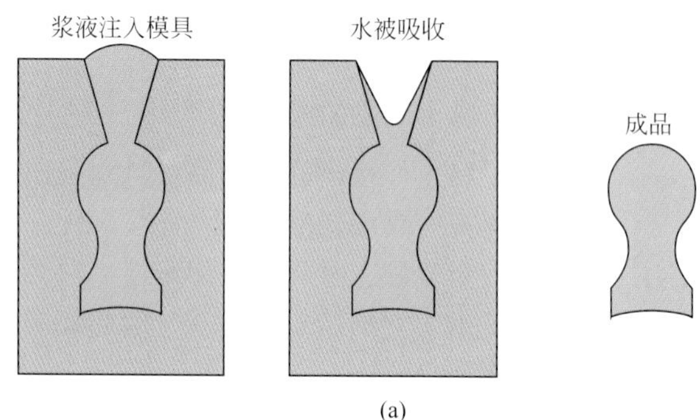

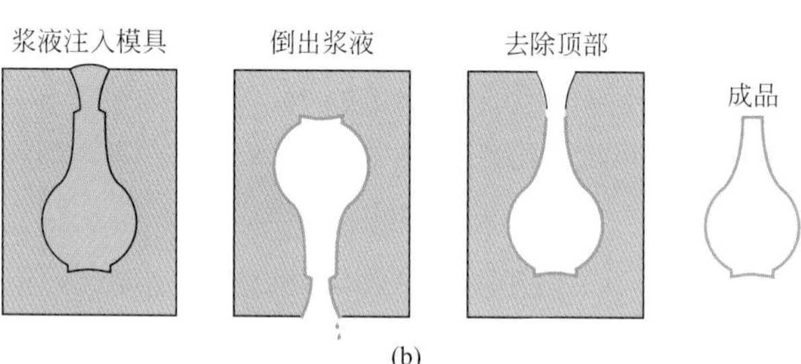

图14.22　使用熟石膏进行（a）实心注浆和（b）空心注浆的步骤

（摘自W. D. Kingery，*Introduction to Ceramics*.Copyright©1960 by John Wiley & Sons，New York.重印得到了John Wiley & Sons，Inc.的许可。）

注浆的性质十分重要；它必须具有高密度，而且与此同时要有很好的流动性和可浇注性。这些特性取决于固体-液体的比例以及其他的添加剂。符合要求的浇注速率是一项最基本的要求。此外，注件中不能有气泡，而且它必须具有低的干燥收缩度和相对较高的强度。

模具的性能会对注浆的质量产生一定的影响。通常来说，熟石膏这种经济的、能够被制成各种复杂形状、且可重复使用的材料往往被用作模具材料。大部分模具都属于组合坯，在注浆之前都需要将各坯件进行组合。可以通过改变模具的孔隙率来控制注浆的速率。可通过注浆成型制得的复杂陶瓷形状包括卫生厕所洁具、艺术品以及专业的科学实验室器皿，如陶瓷管。

（4）干燥和烧制

由水塑成型和注浆成型所得到的陶瓷器件含有大量的孔洞且不具备实际应用的强度。而且可能还会还有一定量在成型操作中所添加的液体（如水）。这些液体在干燥的过程中被去除；而且通过高温热处理或烧制过程，陶瓷器件的密度和强度都会得到提高。一个成型并干燥但未经过烧制的陶瓷体被称为**陶瓷坯体**。由于缺陷会使器件发生失效（如翘曲、扭曲和开裂），因此干燥和烧制技术

陶瓷坯体

十分关键。这些裂纹通常产生于不均匀收缩所导致的应力。

① 干燥　当一个陶瓷坯在干燥时，它也会经历一定程度的收缩。在干燥的初期，黏土颗粒实际上是被一层薄薄的水膜所包裹隔离的。随着干燥的进行，水逐渐被移除，颗粒间的间距减小，其宏观表现为体积的缩小（图14.23）。在干燥过程中，控制水的移除速率十分关键。陶瓷坯体内部的干燥是通过水分子扩散到表面实现的，水在表面处蒸发出去。如果表面的蒸发速率高于内部水的扩散速率，那么表面会比内部干得更快（发生收缩），这种情况下很容易产生前面提到过的一系列缺陷。

表面蒸发的速率应该被减小，最大不超过水的扩散速率；蒸发速率可以通过对温度、湿度以及空气的流动速率进行控制。

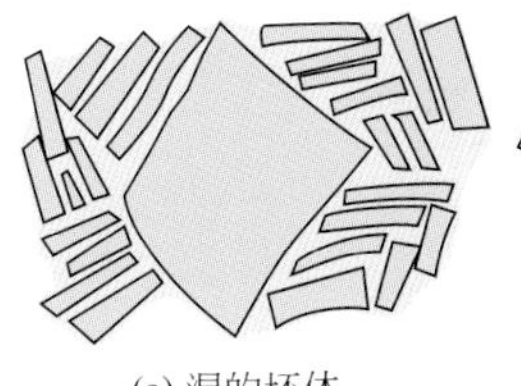
(a) 湿的坯体

(b) 部分干燥的坯体

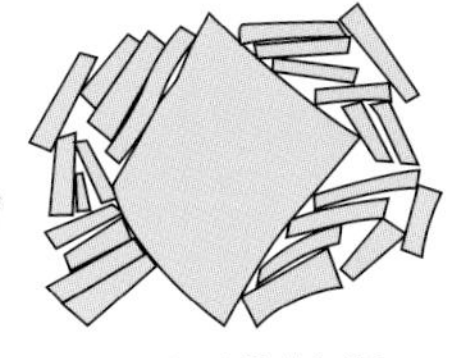
(c) 完全干燥的坯体

图14.23　干燥过程中黏土之间水分移除的几个步骤

（摘自W.D.Kingery，*Introduction to Ceramics*.版权©1960 by John Wiley & Sons，New York.重印得到了John Wiley & Sons，Inc.允许。）

还有其他一些会影响收缩的因素。其中一项是坯体的厚度；厚器件中的非均匀收缩和缺陷形成比薄器件更为显著。形成的坯体中的水含量也很关键；水的含量越大，收缩程度越大。因此，水的含量要被控制得尽可能低。黏土颗粒的大小也会产生一定影响；颗粒尺寸减小会增强坯体收缩。为了减小收缩，我们可以加大颗粒的大小，或添加具有相对较大体积的非塑性材料颗粒。

微波能也可以用于干燥陶瓷器件。这种技术的一个优势在于可以避免传统工艺中的高温；干燥温度可以保持在50℃（120 ℉）以下。这一点很重要，因为对于某些对温度很敏感的材料来说，干燥温度应该尽量保持在较低的温度。

> 概念检查 14.5　厚的陶瓷在干燥过程中比薄的陶瓷更容易发生破裂。为什么会这样？
> [解答可参考www.wiley.com/college/callister（学生之友网站）。]

② 烧制　在干燥之后，陶瓷坯体通常会在900 ～ 1400℃（1650 ～ 2550 ℉）间进行烧制；烧制温度的选定取决于陶瓷坯体的成分和对最终制品的性能需求。在烧制过程中，陶瓷坯体的密度会进一步提高（伴随着孔隙率的下降），力学强度也会得到增强。

玻璃化

当黏土基材料被加热到较高温度时，会发生一些相当复杂的反应。其中一个就是**玻璃化**——液态玻璃的逐渐形成并填充进空隙的过程。玻璃化的程度取决于烧制温度和时间，以及坯体的成分。液相形成的温度可以通过添加如长石一类的熔剂得到降低。该熔融液在未熔的颗粒表面流动并在表面张力（毛细管作用）的作用下填入孔隙内；该过程也会伴随着体积收缩。在冷却过程中，该熔融相形成一个玻璃态基质，进而得到一个致密、牢固的陶瓷体。因此，最后得到的显微结构包含了玻璃相、未发生反应的石英颗粒以及一些孔隙。图14.24给出了一个烤瓷扫描电镜显微照片，从图中我们可以看到上述显微结构元素。

玻璃化的程度决定了陶瓷器件的室温性能；强度、耐用性以及密度都会随着玻璃化程度的增加而得到增强。烧制温度决定了玻璃化发生的程度；亦即，玻璃化随着烧制温度的增加而增加。砌砖的烧制温度通常在900℃（650 ℉），且相对多孔。而与之相对的，那些几近透明的高度玻璃化的瓷器，其烧制温度则要高出很多。在烧制过程中我们要避免完全的玻璃化，因为这会使得坯体变得过软而发生塌陷。

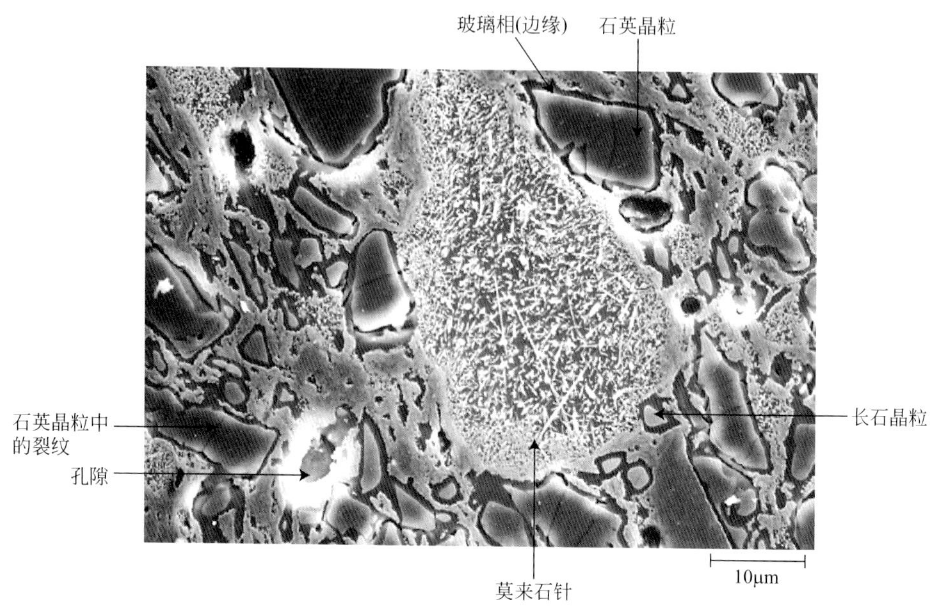

图 14.24 一个烤瓷试样的扫描电镜显微照片（侵蚀15 s，5℃，10%HF）

图中可以观察到以下特征：石英晶粒（大的黑色颗粒），被暗色的玻璃质溶液圈包围着；部分溶解的长石区域（小的无明显特征的区域）；莫来石针；以及孔隙（具有白色边缘的深色圈）。我们还会注意到在石英颗粒中有裂纹存在，这些裂纹是由于玻璃态基质与石英在冷却过程中收缩速率不一致所产生的（1500×）。

（经由H. G. Brinkies，Swinburne University of Technology，Hawthorn Campus，Hawthorn，Victoria，Australia提供。）

概念检查 14.6 解释为什么黏土在高温烧制后会失去其水塑性。

[解答可参考www.wiley.com/college/callister（学生之友网站）。]

14.9 粉末压制

我们在前面已经讨论了几种与玻璃以及黏土制品制造相关的成型技术。另外一个重要而且常用的方法是粉末压制。粉末压制——类似于粉末冶金——被用于制造黏土和非黏土成分，包括电子和磁性陶瓷，以及一些耐火砖产品。大体上来讲，一个通常含有少量水和其他胶黏剂的粉体，在压力的作用下被压制成所需要的形状。通过对粗颗粒和细颗粒的比例调控，可以最大程度的压实粉体并减小孔隙空间。与金属粉末不同，在压实过程中，陶瓷粉末不会发生塑性变形。胶黏剂的一个功能就是在压实的过程中润滑粉末，使彼此之间更容易移动。

有3种基本的粉末压制工艺：单轴压、等静压（或静液压）和热压。对于单轴压制的情况，置于金属模具中的粉末在单一方向的压力作用下被压制。粉体在压力的作用下会呈现出压台和模具的形状。这种方法仅局限于那些相对简单的形状；但是，该工艺方法的生产速率快而且较为经济。图14.25给出了该工艺所对应的步骤。

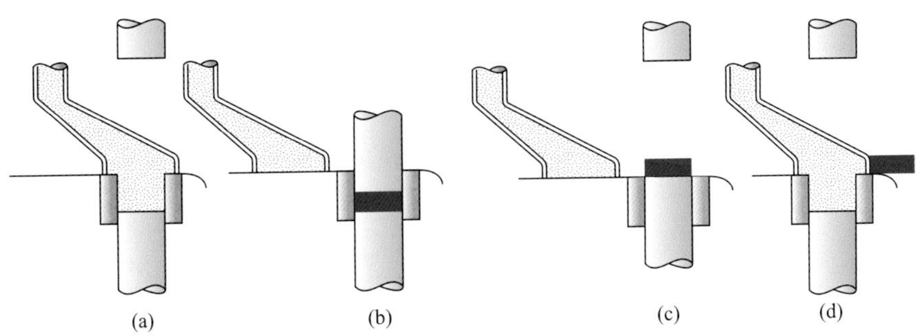

图14.25　单轴压制步骤的示意图

（a）模具腔内填充粉末；（b）通过对顶部模具施压压实粉末；（c）通过抬升下冲模来取出压实的粉块；（d）灌注式鞋将压实的粉块推开，并重复粉末填充的步骤

（来源于W. D. Kingery，editor，*Ceramic Fabrication Processes*，MIT Press，Cambridge，MA，1958.版权©1958 by the Massachusetts Institute of Technology.）

在等静压制过程中，粉体材料被封于橡胶中，压强则来自于各个方向的液体（各个方向的压强相同）。和单轴压制相比，用这种方法可以制造出更加复杂的形状；但是，等静压技术耗时更长而且更加昂贵。

烧结

无论是单轴压制还是等静压制，在粉末压制之后都需要进行烧制。在烧制过程中，成型的粉体的体积会发生收缩，孔隙率会降低，而且机械完整性也会增强。这些变化通过粉末合并成更为致密的基体进行，我们称这一过程为烧结。烧结的机理示意图如图14.26所示。在压制之后，很多粉末都彼此相互接触［图14.26（a）］。

在烧结的初始阶段，在两相邻粉末颗粒间形成烧结颈；此外，在每个烧结颈处形成晶界，而且颗粒之间的间隙形成孔隙［图14.26（b）］。随着烧结的进行，孔隙变得更小更圆［图14.26（c）］。烧结氧化铝材料的扫描电镜显微照片如图14.27所示。烧结的驱动力是总颗粒面积的减小；表面能要大于晶界能。烧结是在熔点温度之下进行的，因此液相一般很难形成。产生如图14.26所示现象所对应的物质迁移是由颗粒体内向烧结颈处扩散形成的。

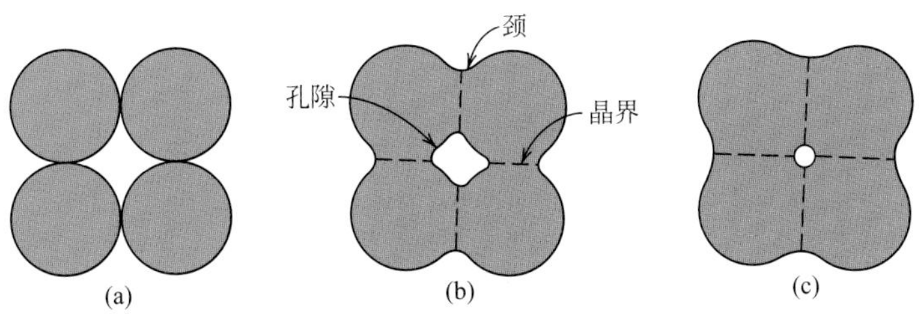

图14.26　粉末压块在烧结过程中的显微结构变化

（a）压制后的粉末颗粒；（b）随着烧结的开始，颗粒开始结合并形成孔隙；（c）随着烧结的进行，孔隙的形状和大小均发生改变

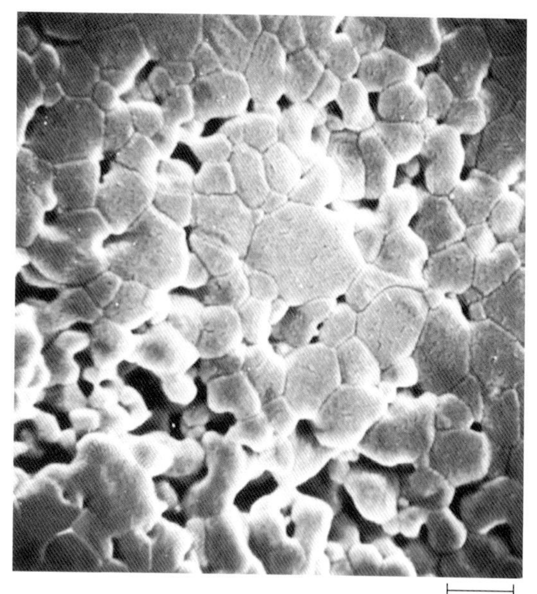

图14.27　在1700 ℃烧结6 min后的氧化铝粉末压块扫描电镜显微照片（5000×）

（来源于W. D. Kingery，H. K. Bowen，and D.R.Uhlmann，*Introduction to Ceramics*，2nd edition，p.483.版权©1976 by John Wiley&Sons，New York.重印得到了John Wiley & Sons，Inc.的许可。）

对于热压的情况，粉末压制和热处理是同时进行的——粉料在高温条件下进行压实。该过程用于那些除了极高的不切实际的温度外都不会形成液相的材料；另外，该方法被用于获得具有较高密度且晶粒生长受到限制的试样。这是一个昂贵的工艺技术且存在着一定的限制。该过程的时间较长，因为模具也要被加热和冷却。此外，用于该工艺的模具通常比较昂贵而且寿命较短。

14.10　流延成型

流延成型是一个重要的陶瓷加工工艺，又称为带式浇注。由其命名可以看出，该工艺通过浇注形成一个柔性的薄带。这些薄带由浆液制成，所用的浆液从很多方面来看都与注浆成型所用到的相似（14.8节）。这种浆液由陶瓷颗粒和含有胶黏剂以及塑化剂的有机溶液构成，胶黏剂和塑化剂的添加可以使铸带的强度和柔韧性更强。在该工艺过程中，还有必要在真空中进行除气，以排除任何浮泡或溶剂蒸气泡沫，这些气泡都有可能成为器件中的裂纹萌生点。生坯带是通过将浆液倒在一个平面（不锈钢、玻璃、高分子膜或纸）上；然后用刮刀将浆液铺展成具有均匀厚度的薄带，如图14.28所示。在干燥的过程中，浆液中的挥发性物质通过蒸发而被移除；得到的生坯带是一

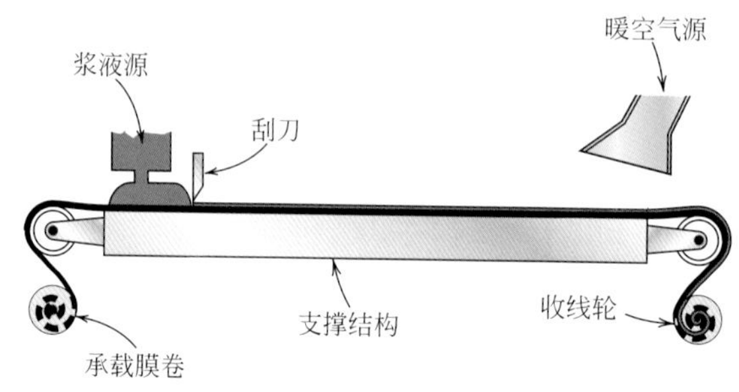

图14.28　使用刮刀进行的流延成型示意图

（来源于D. W. Richerson，*Modern Ceramic Engineering*，2nd edition，Marcel Dekker，Inc. New York，1992. Reprinted from *Moddern Ceramic Eng-ineering*，2nd edition，p.472，　由Marcel Dekker，Inc.提供。）

个柔性的带子，可以在烧制之前对其进行切割，或在上面冲压孔洞。生坯带的厚度通常在0.1 ～ 2mm（0.004 ～ 0.08in.）之间。流延成型被广泛用于生产用作集成电路和多层电容的陶瓷基片。

水泥灌浆也被认为是一种陶瓷加工工艺（图14.15）。水泥材料在与水混合之后会变成膏状，当将水泥膏塑造成我们所需要的形状之后，会发生一系列复杂的化学反应，并最终硬化。水泥和水泥灌浆工艺在13.9节中有简要的介绍。

聚合物的合成与加工

商用聚合物的大分子必须要通过一个称作聚合反应的过程，由含小分子的物质合成。此外，聚合物的性能可通过加入添加剂而改进或增强。最后，一件具有所需形状的成品必须在成型操作中制成。本节探讨聚合过程和各种形式的添加剂，以及具体的成型工序。

14.11 聚合反应

这些大分子（聚合物）的合成被称作聚合反应；它只是由单体链接在一起，产生由重复单元组成的长链的过程。合成聚合物的原材料最普遍的来源是煤、天然气和石油产品。按照接下来讨论的反应机理，聚合中发生的反应一般分为两个类别——加成和缩合。

（1）加成聚合反应

加成聚合反应

加成聚合反应（有时称作链式聚合反应）是一个单体单元以链状方式逐个连接，形成线形大分子的过程。产物分子的组成是原反应物单体的整数倍。

加成聚合反应涉及三个不同阶段——引发、增长和终止。在引发步骤中，通过引发剂（或催化剂）与单体单元之间的反应生成了可增长的活性中心。对于聚乙烯，式（14.1）中的这一过程已经得到证实，重复如下：

$$\mathrm{R}\cdot + \mathrm{CH_2{=}CH_2} \longrightarrow \mathrm{R{-}CH_2{-}CH_2}\cdot \tag{14.1}$$

式中，R·代表活性的引发剂，·是一个未成对电子。

增长反应涉及聚合物链的线形生长，通过单体单元到活性增长链分子的顺序加成反应来实现。对于聚乙烯，这一过程可表示如下：

$$\mathrm{R{-}CH_2{-}CH_2}\cdot + \mathrm{CH_2{=}CH_2} \longrightarrow \mathrm{R{-}CH_2{-}CH_2{-}CH_2{-}CH_2}\cdot \tag{14.2}$$

链增长相对迅速；增长为一个包含1000个重复单元的分子所需的时间大约为10^{-3} ～ 10^{-2}s。

增长反应可能以不同方式结束或终止。首先，两个增长链的活性端可按照以下反应连接在一起，形成一个分子[❶]：

$$\mathrm{R{+}CH_2{-}CH_2{\rangle}_m CH_2{-}CH_2\cdot + \cdot CH_2{-}CH_2{+}CH_2{-}CH_2{\rangle}_n R \longrightarrow R{+}CH_2{-}CH_2{\rangle}_m CH_2{-}CH_2{-}CH_2{-}CH_2{+}CH_2{-}CH_2{\rangle}_n R} \tag{14.3}$$

其他的终止方式可能涉及两个增长的分子反应生成如下所示的两个“死链”[❷]

$$\mathrm{R{+}CH_2{-}CH_2{\rangle}_m CH_2{-}CH_2\cdot + \cdot CH_2{-}CH_2{+}CH_2{-}CH_2{\rangle}_n R \longrightarrow R{+}CH_2{-}CH_2{\rangle}_m CH_2{-}CH_2{-}H + CH{=}CH{+}CH_2{-}CH_2{\rangle}_n R} \tag{14.4}$$

因而终止每一个链的增长。

分子量由引发、增长和终止的相对速率决定。通常要控制这三个过程，以确保生产出具有要求聚合度的聚合物。

加成聚合用于合成聚乙烯、聚丙烯、聚氯乙烯，和聚苯乙烯及许多共聚物。

概念检查 14.7 说明对于以下情况，通过加成聚合合成的聚合物的分子量是相对高、中等或相对低：

（a）快引发，慢增长和快终止；

（b）慢引发，快增长和慢终止；

（c）快引发，快增长和慢终止；

（d）慢引发，慢增长和快终止。

[答案可参考 www.wiley.com/college/callister（学生之友网站）。]

（2）缩合聚合反应

综合聚合反应

缩合（或逐步）聚合反应是通过可能涉及不只一种单体种类的，逐步的分子间化学反应形成聚合物的过程。通常有低分子量的副产物如水。反应物不具有重复单元的化学结构，并且每发生一次分子间的反应，就生成一个重复单元。例如，考虑由乙二醇和对苯二酸反应生成聚酯聚对苯二甲酸乙二醇酸（PET）的过程；其分子间反应如下所示：

$$\underset{\text{乙二醇}}{\mathrm{HO{-}CH_2{-}CH_2{-}OH}} + \underset{\text{对苯二酸}}{\mathrm{HO{-}\overset{O}{\overset{\|}{C}}{-}C_6H_4{-}\overset{O}{\overset{\|}{C}}{-}OH}} \longrightarrow \mathrm{HO{-}CH_2{-}CH_2{-}O{-}\overset{O}{\overset{\|}{C}}{-}C_6H_4{-}\overset{O}{\overset{\|}{C}}{-}OH + H_2O} \tag{14.5}$$

这种逐步的过程连续重复，生成线型分子。缩合聚合的反应时间通常比加成聚合的长。

对于上述的缩合反应，乙二醇和对苯二酸都是双官能度的。然而，缩合反

❶ 这种类型的终止反应称作偶合终止。

❷ 这种类型的终止反应称作歧化终止。

应可包括可形成交联的或网状的聚合物的三官能度的或更高官能度的单体。热固性聚酯和酚醛树脂、尼龙、聚碳酸酯是通过缩合聚合反应生产的。一些聚合物，如尼龙可通过两种聚合方法中的任一种聚合。

概念检查 14.8　尼龙66可由缩合聚合反应生成，其中己二胺和己二酸互相反应，伴随副产物水的生成。以式（14.5）的方法写出这一反应。提示：己二酸的结构为：

$$\mathrm{HO-\overset{\overset{\displaystyle O}{\|}}{C}-\underset{\underset{\displaystyle H}{|}}{\overset{\overset{\displaystyle H}{|}}{C}}-\underset{\underset{\displaystyle H}{|}}{\overset{\overset{\displaystyle H}{|}}{C}}-\underset{\underset{\displaystyle H}{|}}{\overset{\overset{\displaystyle H}{|}}{C}}-\underset{\underset{\displaystyle H}{|}}{\overset{\overset{\displaystyle H}{|}}{C}}-\overset{\overset{\displaystyle O}{\|}}{C}-OH}$$

[答案可参考 www.wiley.com/college/callister（学生之友网站）。]

14.12 聚合物添加剂

之前在本章中讨论的大多数聚合物性能是本质特性——即，它们是聚合物的独特性能或特定聚合物的基本性能。这些性能中的一些是与分子结构相关的，并受分子结构控制。然而，通常有必要改进力学、化学和物理性能，使之达到比通过单纯改变分子的基本结构可能达到的程度更高。有意引入被称作添加剂的外来物质，以增强或改进许多性能，因而使得聚合物的使用性能更好。典型的添加剂包括填充材料、增塑剂、稳定剂、着色剂和阻燃剂。

（1）填料

填料

填料材料是最常见地加入到聚合物中，用于提高拉伸和压缩强度、耐磨性、韧性、尺寸和热稳定性，以及其他性能。用作颗粒填料的材料包括木屑（细粉木屑）、石英粉和沙子、玻璃、黏土、滑石粉、石灰石，甚至是一些合成聚合物。颗粒尺寸范围为10nm到宏观尺度。包含填料的聚合物还可以归类为在第15章中讨论的复合材料。通常填料是廉价材料，用于替代一部分成本较高的聚合物，以降低最终产物的成本。

（2）增塑剂

增塑剂

聚合物的柔性、塑性和韧性可借助于被称作增塑剂的添加剂来提高。它们的存在还导致硬度和刚性的降低。增塑剂通常是具有低的蒸气压和低分子量的液体。增塑剂的小分子占据了聚合物分子链之间的位置，有效增加了分子链之间的距离，同时降低了分子间的次价键力。增塑剂常用于在室温下呈现固有脆性的聚合物，如聚氯乙烯和一些醋酸共聚物。增塑剂降低了玻璃化转变温度，因而在环境条件下聚合物可用于要求一定程度的柔韧性和延展性的应用。这些应用包括薄板或薄膜、管道、雨衣和窗帘。

概念检查 14.9　（a）为什么增塑剂的蒸气压必须要相对较低？

（b）聚合物的结晶度是怎样受增塑剂的加入影响的？为什么？

（c）增塑剂的加入是怎样影响聚合物的拉伸强度的？为什么？

[答案可参考 www.wiley.com/college/callister（学生之友网站）。]

（3）稳定剂

一些聚合物材料在一般环境条件下，通常在机械性能方面会发生迅速恶化。
稳定剂 阻碍这种恶化过程的添加剂被称作稳定剂。

常见的一种恶化形式是因暴露于光线［尤其是紫外（UV）辐射］下产生的。紫外辐射光与沿分子链的一些共价键作用并导致其断裂，这一过程还可能产生一些交联。有两种针对UV稳定化的主要方法。第一种是添加一种UV吸收材料，通常是在被保护的表面上覆盖一薄膜层UV吸收材料。这种材料本质上是作为遮光剂，在UV辐射渗透进入并破坏聚合物之前阻挡UV辐射。第二种方法是加入与被UV辐射断裂的键反应的材料，在这些断裂键参与导致聚合物更进一步破坏的其他反应之前。

另一种重要的恶化类型是氧化（16.12节）。这是氧［可以是双原子氧（O_2），也可以是臭氧（O_3）］与聚合物分子之间的化学作用的结果。保护聚合物免受氧化的稳定剂可在氧到达聚合物之前消耗它，和/或阻止会进一步破坏材料的氧化反应的发生。

（4）着色剂

着色剂 着色剂赋予聚合物特定的颜色；它们可能以染料或颜料的形式加入。染料中的分子实际上是溶解于聚合物中的。颜料是不溶解，以单独的相保留在聚合物中的填充材料；通常它们的颗粒尺寸小，折射系数接近聚合物母体。除了颜色之外，还可能赋予聚合物不透明性。

（5）阻燃剂

聚合物材料的可燃性是一个主要关注的问题，尤其是在纺织品和儿童玩具的生产中。多数聚合物在它们的纯物质形态时是可燃的；例外的情况包括那些氯和/或氟含量显著的聚合物，如聚氯乙烯和聚四氟乙烯。其余可燃聚合物的阻
阻燃剂 燃性能可通过称作阻燃剂的添加剂来增强。这些阻燃剂起作用的方式可以是通过气相干扰燃烧过程，或引发生成较少热量的其他燃烧反应，因而降低温度；这就导致燃烧变慢或终止。

14.13 塑料成型技术

在聚合物材料的成型中，有相当多的各种不同的技术被采用。对于特定聚合物，采用的方法取决于几个因素：① 材料是热塑性的还是热固性的；② 如果是热塑性塑料，其软化的温度是多少；③ 成型材料在空气中的稳定性；④ 成品的几何形状和尺寸。其中一些技术与那些用于金属和陶瓷的制造技术有许多相似之处。

聚合物材料的加工通常是在升温条件下进行的，并且通常要通过施加压力。如果是无定形的热塑性弹性体，在其玻璃化转变温度之上成型，如果是半结晶的，在其熔融温度以上成型。在制品冷却时，必须保持压力，以便成型的制品保持其外形。热塑性弹性体应用的一个重要的经济利益是其可循环利用；热塑性塑料制品的废弃物可再熔融并再成型为新的形状。

热固性聚合物的成型通常分两个阶段完成。第一个阶段是制备具有低分子

量的液态线形聚合物（有时称作预聚物）。该材料在第二阶段中转化为最终的硬而刚的制品，这一过程通常在具有所需形状的模具中进行。第二个阶段定义为固化，可在加热和/或加入催化剂，并且通常在加压条件下发生。在固化过程中，发生分子水平上的化学和结构变化：形成交联或网状结构。固化后，热固性聚合物在热仍然热的时候即可从模具中移出，因为它们那时是尺寸稳定的。热固性聚合物很难循环利用，不能熔融，可在比热塑性塑料更高的温度下使用，并且通常化学惰性更强。

模塑

模塑是热塑性聚合物最常用的成型方法。应用的几种模塑技术包括压缩、转移、吹塑、注射和挤出模塑。对于每一种技术，细颗粒或塑料粒料在升温和加压条件下，被迫流入、充满并呈现模具腔的形状。

（1）模压和传递模塑成型

对于模压成型，将适量彻底混合的聚合物和必要的添加剂放入阴模和阳模之间，如图14.29所示。阴模和阳模部分均加热；但是，只有一个是可移动的。合上模具，加热加压，使塑料变得黏稠并流动，以符合模具的形状。在成型之前，可将原材料混合并压成片，这一过程称作预成型。预成型时的预热可减少模塑的时间和压力，延长了模具的使用寿命，并使生产的制品更均一。这种模塑技术适合于热塑性和热固性聚合物的成型；但是，与下面要讨论的，通常采用的挤出或注射模塑技术相比，压缩成型用于热塑性塑料更耗时，且成本更高。

在传递成型中——模压成型的变体——固态原材料首先在一个加热的加料室内熔融。当熔融的材料注射进入模具腔时，在所有表面上的压力分配更均匀。该过程用于热固性聚合物，以及具有复杂的几何形状的制品。

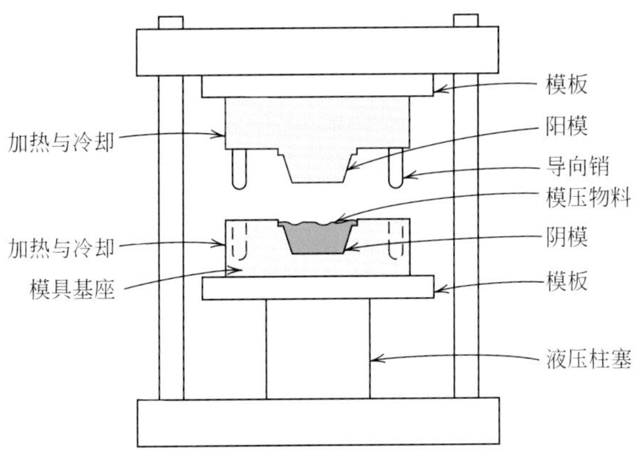

图14.29 模压成型装置示意图

（来自F. W. Billmeyer，Jr.，*Textbook of Polymer Science*，3rd edition.Copyright © 1984 by John Wiley & Sons，New York.Reprinted by permission of John Wiley & Sons，Inc.）

（2）注射成型

注射成型——与金属压力铸造类似的聚合物成型方法——是最广泛应用的热塑性材料加工技术。所采用装置的横截面示意图如图14.30所示。准确称量的粒料通过柱塞或活塞的推动下由料斗加入到圆筒内。这些物料被向前推动，进入加热室，在加热室中被强行围绕在分流芯周围，以使其与加热壁更好地接触。结果是热塑性材料熔融成为黏稠液体。然后，熔融的塑料再次在柱塞的推动下，经由喷嘴推入密闭的模具腔中；保持压力直至其中的制件固化。最后，打开模具，弹出制件，关闭模具，重复整个注塑周期。该技术最突出的特点可能是制件的加工速率。对于热塑性弹性体，注射物料的固化几乎是立即完成的；因此，这一过程的周期时间较短（通常在10～30s的范围内）。热固性聚合物也可以注射成型；当材料在加热的模具中保压时，发生固化，这导致了其注塑周期比热塑性材料要长。该过程有时被称作反应注射成型（RIM），通常用于如聚氨酯这样的材料。

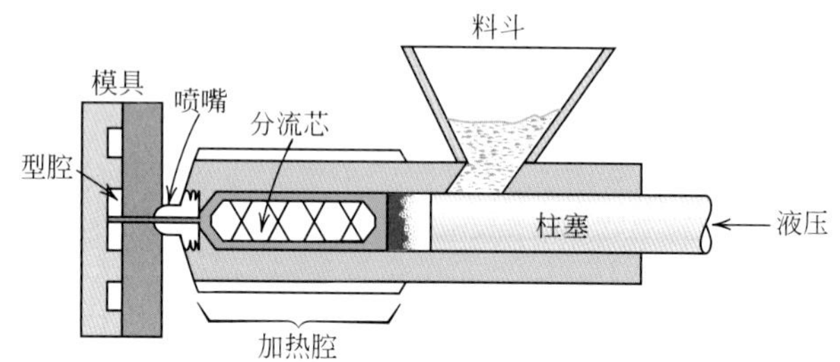

图14.30 注射成型装置示意图

（Adapted from F. W. Billmeyer, Jr., *Textbook of Polymer Science*, 2nd edition. Copyright © 1971 by John Wiley & Sons, New York. Reprinted by permission of John Wiley & Sons, Inc.）

（3）挤出

与金属的挤出成型相似，塑料的挤出成型是在压力作用下将黏性的热塑性材料通过开放的模口成型［图14.2（c）］。机械螺杆或螺旋转推动粒料通过腔体，在腔体中物料依次被压紧、熔融，成型为连续的黏性液体（图14.31）。当这种熔融物料被强行通过模口时，挤出成型得以实施。挤出物的固化可通过鼓风、喷水，或冷却浴的方式加快进行。该技术尤其适用于生产具有恒定截面形状的连续长度的制品——例如，棒、管、中空软管、片材和丝。

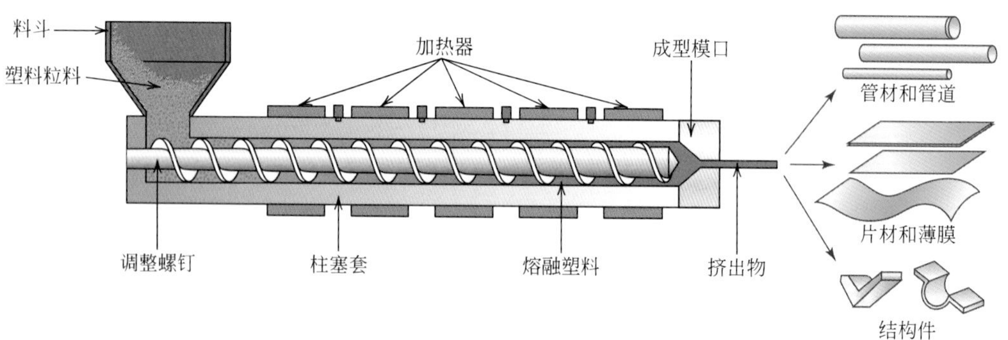

图14.31 挤出机示意图

（Reprinted with permission from *Encyclopædia Britannica*, © 1997 by Encyclopædia Britannica, Inc.）

（4）吹塑成型

制造塑料容器的吹塑成型过程与图14.18中所示的用于吹玻璃瓶的过程相似。首先，挤出一个型坯或一段聚合物管。当型坯还处于半熔融状态时，将其放入一个具有所需容器结构的两件式模具中。中空制件的成型是通过将加压空气或蒸汽吹入型坯中，使管壁贴合模具的轮廓成型。型坯的温度和黏度必须要严格掌握。

（5）浇铸成型

当把熔融的塑料材料倒入模具中，并使之凝固时，像金属一样，聚合物材料可以浇铸成型。热塑性和热固性塑料都可浇铸成型。对于热塑性塑料，当从熔融状态冷却时，发生凝固；而对于热固性塑料，固化实际上是聚合反应或固化过程的结果，通常是在升温条件下进行的。

14.14 橡胶的成型

橡胶制品的成型所采用的技术本质上与塑料所采用的技术相同，如之前所描述的——模压、挤出等。此外，多数橡胶材料是硫化的（8.19节），且其中一些是用炭黑增强的（15.2节）。

概念检查 14.10 对于最终形式是硫化物的橡胶组成，硫化应该是在成型操作之前进行，还是在成型操作之后进行？为什么？

提示：可翻阅8.19节。

［答案可参考www.wiley.com/college/callister（学生之友网站）。］

14.15 纤维和薄膜的成型

（1）纤维

纺丝

纤维从块状聚合物材料成型的过程被称作纺丝。多数情况下，纤维是由熔融态纺丝的，这一过程称作熔融纺丝。纺丝材料首先加热至形成相对黏稠的液体。然后，在泵的作用下，通过被称作喷丝板的盘子，喷丝板包含许多通常是圆的小孔。当熔融材料从每一个孔穿过时，形成单丝，单丝通过空气鼓风机或水浴冷却而迅速凝固。

纺丝纤维的结晶度取决于在其纺丝过程中的冷却速率。纤维的强度借助一个被称作牵伸的后成型过程而提高，如8.18节中讨论过的。牵伸只是纤维在轴向上的一个永久的机械伸长。在这一过程中，分子链变得沿牵伸方向取向［图8.28（d）］，这样使得拉伸强度、弹性模量和韧性提高。熔融纺丝、牵伸后的纤维的横截面接近圆形，且其性能在整个横截面是均一的。

另两个涉及从溶解聚合物的溶液中生产纤维的成型工艺是干法纺丝和湿法纺丝。对于干法纺丝，聚合物溶解在挥发性的溶剂中。聚合物-溶剂溶液在泵的作用下，通过喷丝板，进入加热区；在此区域，当溶剂蒸发时，纤维即凝固。在湿法纺丝中，将聚合物-溶剂溶液通过喷丝板，直接进入第二溶剂中，从而导致聚合物纤维从溶液中析出（即沉淀）而成纤。对于这两种工艺，首先会在纤维表面上形成表层。然后，会出现一些收缩，从而使纤维干缩（像葡萄干）；这会导致非常不规则的横截面，从而导致纤维变得刚性更强（即增加弹性模量）。

（2）薄膜

许多薄膜仅仅是从一个薄的模口狭缝中挤出成型的；接着可能是卷绕（压延）或牵伸操作，以减小厚度和提高强度。或者，可吹膜：从环状的模口中挤出连续管材，然后，通过在管道中保持严格控制的正气压，并且在薄膜从模口中出来时，沿轴向牵伸薄膜，材料像气球一样围绕这个被包围的气泡膨胀（图

14.32）。结果是气泡壁的厚度连续减小，得到薄的圆筒状薄膜，可在其尾部密封，以制造垃圾袋，或可切割并展开，以制造薄膜。这一过程被称作双轴拉伸过程，生产在两个拉伸方向上强度都高的薄膜。一些较新型的薄膜是由共挤出方法生产的；即同时挤出一种以上聚合物类型的多层薄膜。

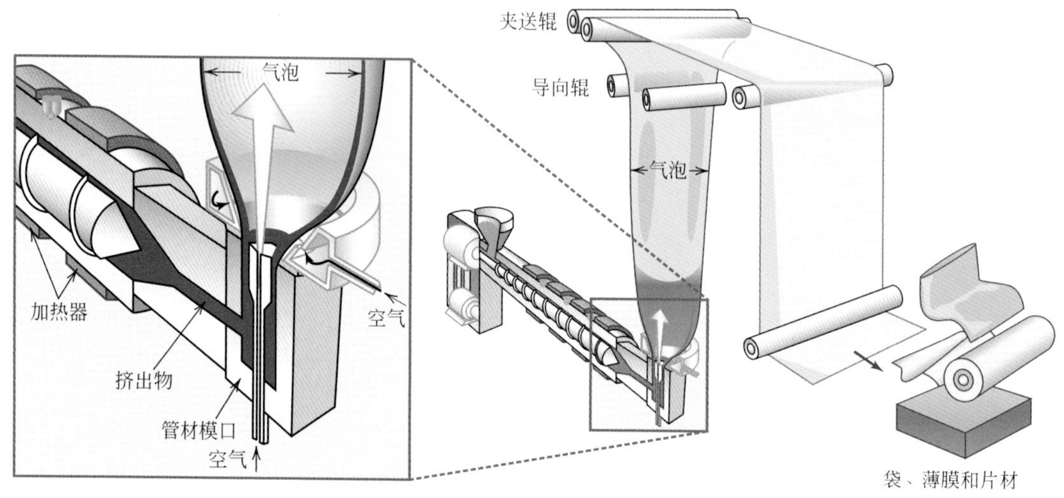

图 14.32　用于成型薄的聚合物薄膜的装置示意图

（Reprinted with permission from *Encyclopædia Britannica*，© 1997 by Encyclopædia Britannica，Inc.）

总结

成型加工（金属）

- 成型加工是通过塑性变形来改变金属件的形状。
- 当变形是在再结晶温度以上的温度进行的，称为热加工；反之则为冷加工。
- 锻造、轧制和挤压是最常用的成型工艺（图 14.2）。

铸造

- 取决于成品的性能和形状，铸造大概是最为可取和经济的加工工艺。
- 最常用的铸造技术包括砂型铸造、压力铸造、熔模铸造、消失模铸造、和连续铸造。

其他技术

- 粉末冶金是指将金属粉末压缩后进行热处理来获得具有特定形状的工件。P/M 主要用于具有低塑性和高熔点的金属。
- 焊接被用于连接两种或更多的工件；通过熔化部分工件或填充材料在工件之间形成熔化连接。

退火工艺

- 退火是指材料在高温下保温一段时间后缓慢冷却的一种热处理。
- 在退火过程中，冷加工工件会由于再结晶的作用变软且呈现更好的韧性。
- 被引入的内应力会在去应力退火的过程中被消除。
- 对于铁基合金，正火被用于细化和促进晶粒结构。

钢的热处理

- 对于高强钢，最好的性能组合可以通过先在整个工件中形成马氏体结构；再在回火热处理过程中将其转变为回火马氏体。
- 淬透性是一个用于判断成分对某些特定热处理过程中形成以马氏体为主结构倾向性的参数。马氏体含量是通过硬度测试进行确定的。

- 淬透性的确定是通过乔米尼末端淬火标准测试实现的（图14.5），从而得到淬透性曲线。
- 淬透性曲线给出了从乔米尼末端开始，硬度随着距离变化的曲线。从末端开始，硬度随着距离的增加而减小（图14.6），这是因为冷却速率随着距离的增加而减小，马氏体的含量也随之减小。每种不同的钢合金都有其与众不同的淬透性曲线。
- 冷却介质也会影响马氏体的形成量。在常用的冷却介质中，水是最有效的，其后分别是液态高分子、油以及空气。增加介质的搅拌程度也会提高冷却效率。
- 对于特定的冷却介质，冷却速率和试样大小及几何形状之间的关系通常如经验表格［图14.11（a）和图14.11（b）］所示。这些数据可以淬透性数据相结合，用以预测横截面硬度分布（例题14.1）。

玻璃和玻璃陶瓷的制造与加工

- 因为玻璃是在高温条件下形成的，所以温度-黏度行为是一个重要的考察因素。熔化、工作、软化、退火以及应变温度都对应着特定的黏度值。
- 常用的玻璃成型工艺包括压制、吹制（图14.18）、深拉（图14.19）以及纤维成型。
- 当玻璃器件被冷却时，内应力可能由于器件内部和外部冷却速率（以及热收缩程度）的差异而产生。

黏土制品的制造与加工

- 黏土矿物在陶瓷体中扮演了两个重要的角色。
  当在黏土中加水后，它们会具有很强的塑性。
  黏土会在一定的温度区间发生熔化；因此在烧制过程中，我们不用完全使其熔化便能得到致密和坚固的陶瓷器件。
- 对于黏土产品，有水塑成型和注浆成型两种成型技术。
  对于水塑成型，通过把物质压入模口将具有塑性和刃型的物质塑造成我们需要的形状。
  对于注浆成型，浆液（黏土和其他矿物在水中的悬浊液）被倒入多孔的模具。当水被模具吸收后，就会在模具内壁形成一层固态层。
- 在成型之后，一个黏土基坯体必须首先经过干燥，然后在较高的温度进行烧制来减小孔隙率并提高强度。

粉末压制

- 有些陶瓷器件通过粉末压制成型；等轴、静等压以及热压是常用的技术。
- 压实的坯体的致密化是通过高温烧结机制（图14.26）实现的。

流延成型

- 生坯带是通过将浆液倒在一个平面（不锈钢、玻璃、高分子膜或纸）上；然后用刮刀将浆液铺展成具有均匀厚度的薄带，如图14.28所示。这条带子在进一步进行干燥和烧结。

聚合反应

- 高分子量聚合物的合成是通过聚合反应来完成的，聚合反应有两种类型：加成聚合和缩合聚合。
  对于加成聚合反应，单体单元是以链状方式逐一连接起来的，形成线型分子。
  缩合聚合反应涉及逐步的分子间化学反应，可能包括一个以上的分子种类。

聚合物添加剂

- 聚合物的性能可通过使用添加剂来进一步改进；这些添加剂包括填料、增塑剂、稳定剂、着色剂和阻燃剂。
  添加填料是为了提高聚合物的强度、耐磨性、韧性，和或热/尺寸稳定性。
  柔性、延展性和韧性通过加入增塑剂来提高。

稳定剂阻碍由于暴露于光线和空气中的气体物质而引起的恶化过程。

着色剂用于赋予聚合物特定的颜色。

聚合物的阻燃性通过阻燃剂的引入而提高。

塑料成型技术

- 塑性聚合物的加工通常是通过采用几种不同的成型技术——模压（图14.29）、传递模塑、注射（图14.30）和吹塑中的至少一种，在升温条件下，将熔融态的材料成型。挤出（图14.31）和浇铸也可以采用。

纤维和薄膜的成型

- 一些纤维是由黏稠的熔融态或溶液纺丝，之后在牵伸操作中塑性伸长，从而提高机械强度。
- 薄膜是由挤出和吹塑（图14.32）成型的，或由压延成型。

工艺/结构/性能/应用总结

铁-碳合金

我们已经完成了对于铁碳合金加工/结构/性质/性能的探讨。作为总结，图14.33给出了这组合金加工、结构以及性质之间的关系。该总结图包括了前面章节和本章节所讨论的相关内容。

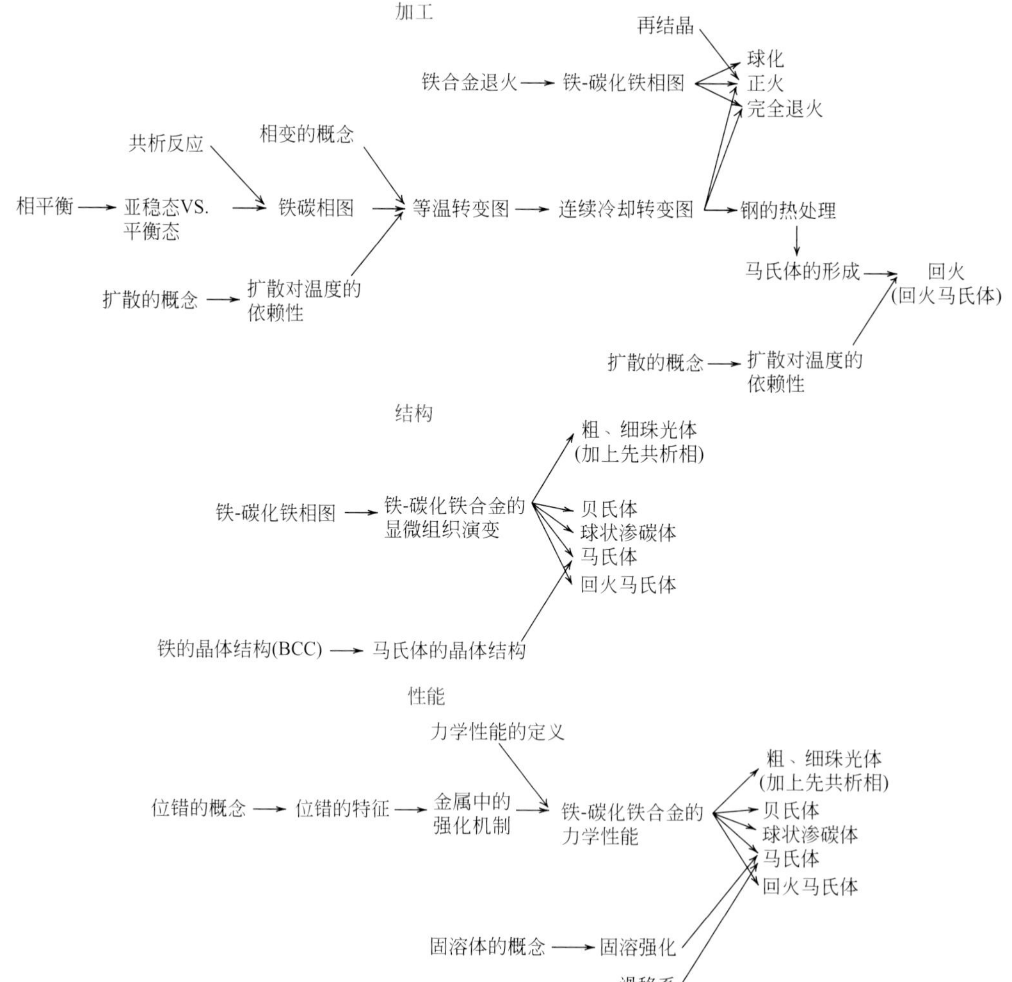

图14.33 从材料科学的角度解释铁碳合金加工、结构以及性质等各个元素的总结性概念图

图14.33中各个独立组分间的相互关系在很大程度上都是概念性的——亦即，它们显示材料的科学（而不是工程）方面的特征。我们也在图14.34中从材料工程的角度给出了铁碳合金加工、结构、性质，亦即性能等各个方面的相互关系。

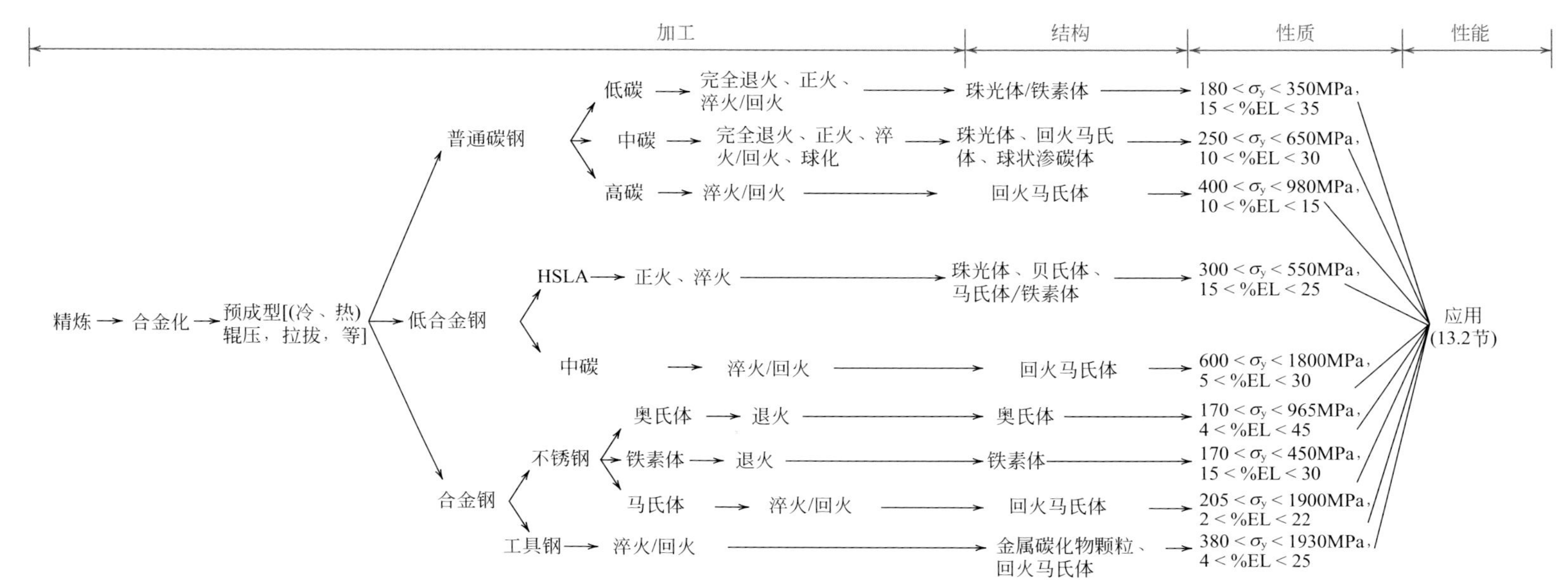

图14.34 从材料工程的角度解释铁碳合金加工、结构、性质以及性能等各个元素的总结性概念图

玻璃陶瓷　在本章中我们也讨论了玻璃的黏度如何受到成分和温度的影响（图14.17）。该信息十分重要，因为玻璃熔化和成型的能力均取决于黏度。与玻璃陶瓷加工相关概念之间的关系如下概念图所示：

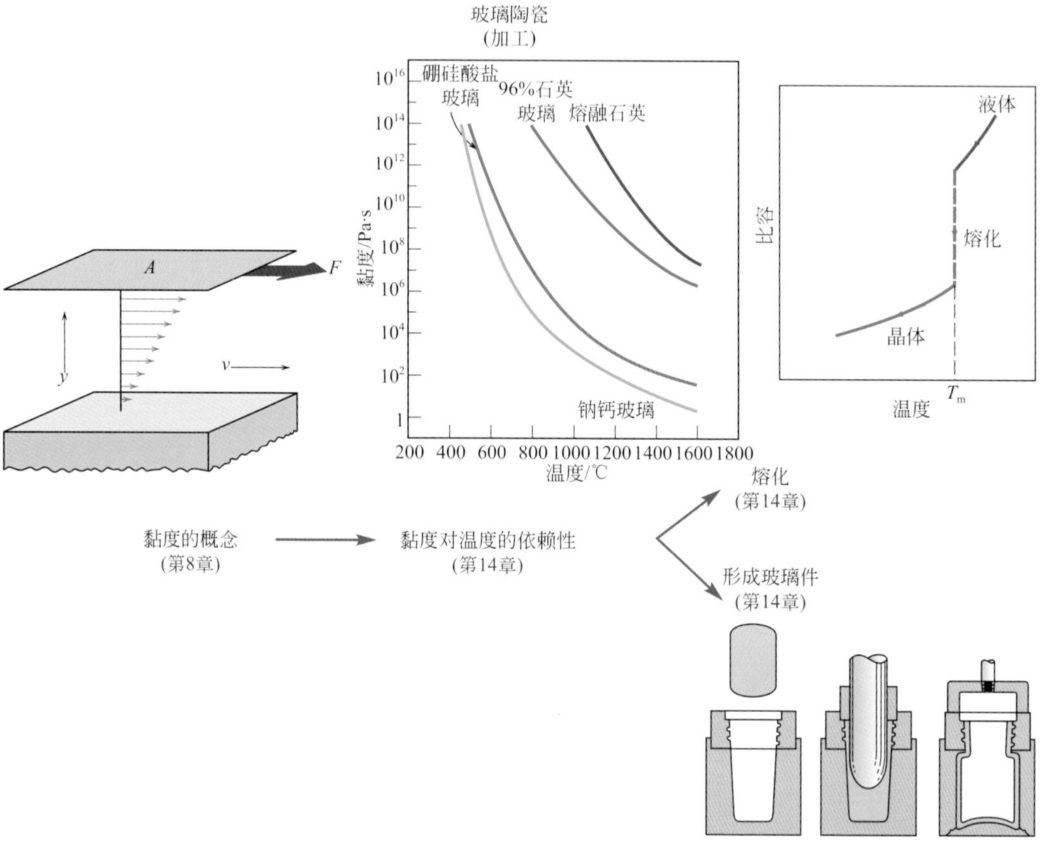

玻璃陶瓷
(加工)

硼硅酸盐玻璃　96%石英玻璃　熔融石英
钠钙玻璃
黏度/Pa·s
温度/℃
比容　液体　熔化　晶体　温度　T_m

黏度的概念
(第8章)
→ 黏度对温度的依赖性
(第14章)
→ 熔化
(第14章)
→ 形成玻璃件
(第14章)

至此我们结束了有关玻璃陶瓷加工/结构/性质/性能的讨论。在本章以及前面章节中出现的各个独立组分间的相互关系都是概念性的——以及，它们体现了材料科学（而不是工程）方面的特点。我们也在图14.35中从材料工程的角度总结了玻璃陶瓷加工/结构/性质/性能的概念图。

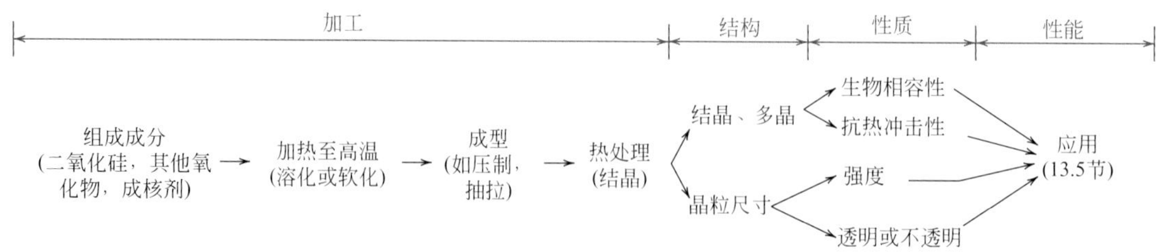

图14.35　从材料工程的角度解释玻璃陶瓷加工、结构、性质以及性能等各个元素的总结性概念图

聚合物纤维　在此给出关于聚合物纤维的加工/结构/性质/性能的评价。在前面章节中的这些材料之间的相互关系的概念图在本质上是概念性的——即它们代表材料的科学方面（相对于工程而言）。我们还从材料工程的角度制作了聚合物纤维的加工/结构/性质/性能概念图，示于图14.36中。

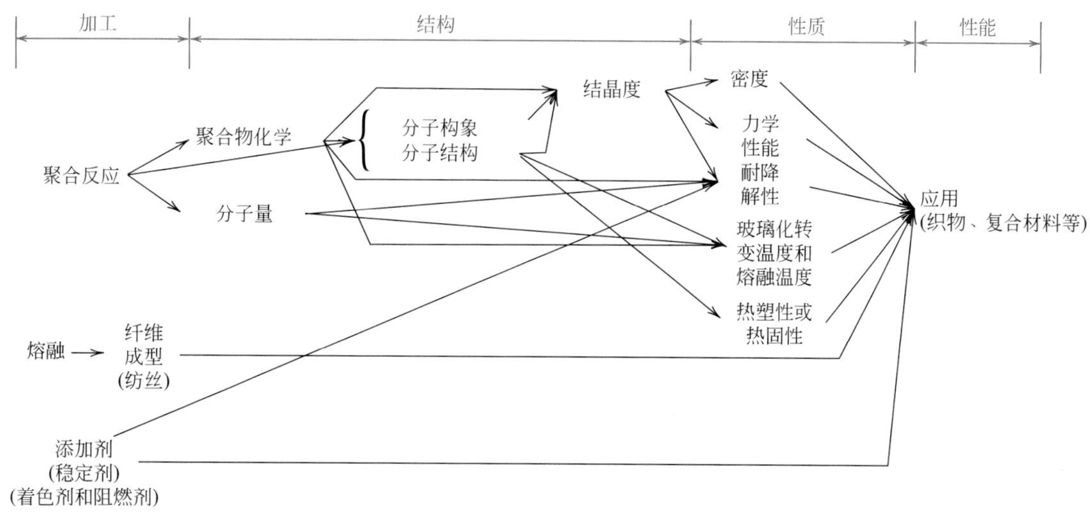

图14.36 汇总聚合物纤维的加工、结构、性质和性能因素的示意图，包括材料工程的各要素

重要术语和概念

加成聚合反应
退火
退火温度（玻璃）
奥氏体化
冷加工
染色剂
缩合聚合反应
拉拔
挤压
填料
烧制
阻燃剂
锻造
完全退火
玻璃化转变温度
陶瓷坯体
淬透性
乔米尼末端淬火
下临界温度
熔点（玻璃）
铸造
正火
增塑剂
粉末冶金（P/M）
中间退火
轧制
烧结
注浆成型
软化温度（玻璃）
球化
纺丝
稳定剂
应变点（玻璃）
应力释放
热冲击
回火
上临界温度
玻璃化
焊接
加工温度（玻璃）

参考文献

ASM Handbook，Vol.4，*Heat Treating*，ASM International，Materials Park，OH，1991.

ASM Handbook，Vol.6，*Brazing and Soldering*，ASM International，Materials Park，OH，1993.

ASM Handbook，Vol.14A：*Metalworking*：*Bulk Forming*，ASM International，Materials Park，OH，2005.

ASM Handbook，Vol.14B：*Metalworking*：*Sheet Forming*，ASM International，Materials Park，OH，2006.

ASM Handbook，Vol.15，*Casting*，ASM International，Materials Park，OH，2008.

Billmeyer，F.W.，Jr.，*Textbook of Polymer Science*，3rd edition，Wiley-Interscience，New York，1984.

Dieter，G.E.，*Mechanical Metallurgy*，3rd edition，McGraw-Hill，New York，1986.Chapter 15-21 provide an excellent discussion of various metal-forming techniques.

Heat Treater's Guide：*Standard Practices and Procedures for Irons and Steels*，2nd edition，ASM International，Materials Park，OH，1995.

Kalpakjian，S.，and S.R.Schmid，*Manufacturing Processes for Engineering Materials*，5th edition，Pearson Education，Upper Saddle River，NJ，2008.

Krauss，G.，*Steels：Processing，Structure，and Performance*，ASM International，Materials Park，OH，2005.

McCrum，N.G.，C.P.Buckley，and C.B.Bucknall，*Principles of Polymer Engineering*，2nd edition，Oxford University Press，Oxford，1997.

Muccio，E.A.，*Plastic Part Technology*，ASM International，Materials Park，OH，1991.

Muccio，E.A.，*Plastic Part Technology*，ASM International，Materials Park，OH，1994.

Lakes，R.S.，*Viscoelastic Solids*，CRC Press，Boca Raton，FL，1999.

Powell，P.C.，and A.J.Housz，*Engineering with Polymers*，2nd edition，CRC Press，Boca Raton，FL，1998.

Reed，J.S.，*Principles of Ceramic Processing*，2nd edition，Wiley，New York，1995.

Richerson，D.W.，*Modern Ceramic Engineering*，3rd edition，CRC Press，Boca Raton，FL，2006.

Strong，A.B.，*Plastics：Materials and Processing*，3rd edition，Pearson Education，Upper Saddle River，NJ，2006.

习题

WILEY ⊕ Wiley PLUS中（由教师自行选择）的习题。

WILEY GO ⊕ Wiley PLUS中（由教师自行选择）的辅导题。

WILEY GM ⊕ Wiley PLUS中（由教师自行选择）的组合题。

成型加工（金属）

WILEY ⊕ 14.1 指出热加工和冷加工各自的优缺点。

14.2 （a）指出挤出成型与轧制成型相比的优势。（b）指出其劣势。

铸造

WILEY ⊕ 14.3 列出铸造是首选成型技术的四种情形。

14.4 比较砂型铸造、压力铸造、熔模铸造、消失模铸造以及连续铸造技术。

其他技术

WILEY ⊕ 14.5 假设在对于合金钢来说，焊缝附近热影响区的平均冷却速率是10℃ /s，比较1080（共析）和4340合金在其热影响区的显微组织以及相关性能。

14.6 描述一下当钢材焊接区冷却速度非常快是可能出现的问题。

退火工艺

14.7 描述以下列出的热处理工艺，并描述钢材在经过这些不同的热处理工艺后，可能形成的最终显微组织：完全退火、正火、淬火以及回火。

14.8 指出金属构件中内部残余应力的三个来源。这些内应力可能造成哪两种相反的结果？

14.9 给出在正火热处理过程中可能使下列铁-碳合金奥氏体化的近似最低温度：（a）0.20%（质量）C，（b）0.76%（质量）C，以及（c）0.95%（质量）C.

14.10 给出在完全退火过程中加热下列铁-碳合金的适宜温度：（a）0.25%（质量）C，（b）0.45%（质量），（c）0.85%（质量）C，和（d）1.10%（质量）C.

WILEY ⊕ 14.11 球化热处理的目的是什么？通常用于哪种合金类型？

钢的热处理

14.12 简要说明硬度和淬透性的区别。

WILEY 14.13 合金元素（除了碳以外）的存在对淬透性曲线的形状有什么影响？简要解释这一效应。

WILEY 14.14 你认为奥氏体的晶粒尺寸的减小会如何影响合金钢的淬透性？为什么？

14.15 指出会影响液体介质淬火效果的两种热特性。

14.16 确定下列试样的径向硬度分布曲线：

（a）在中速搅拌的油中冷却的直径为50 mm的圆柱形8640合金钢试样。

（b）在中速搅拌的油中冷却的直径为75 mm的圆柱形5140合金钢试样。

（c）在中速搅拌的水中冷却的直径为65 mm的圆柱形8620合金钢试样。

（d）在中速搅拌的水中冷却的直径为70 mm的圆柱形1040合金钢试样。

14.17 对于在中速搅拌的水和油中进行冷却的淬火效果，通过画图的形式进行比较，在一张图上画出直径为65 mm的圆柱形8630合金钢试样在两种液体介质中淬火的径向硬度分布曲线。

玻璃和玻璃陶瓷的制造与加工

14.18 氧化钠与氧化钙以碳酸钠（Na_2CO_3）和石灰石（$CaCO_3$）的形式加入玻璃配合料中。在加热过程中，这两种物质发生分解，生成二氧化碳（CO_2），最终得到氧化钠及氧化钙。计算为了生成由73%（质量）SiO_2、18%（质量）Na_2O以及9%（质量）CaO组成的玻璃，需要在77kg石英（SiO_2）中加入（a）碳酸钠和（b）石灰石的质量。

WILEY 14.19 玻璃化转变温度与熔点之间有什么区别？

WILEY 14.20 比较钠钙硅酸盐玻璃、硼硅玻璃、96%石英以及熔融石英的退火温度。

WILEY 14.21 比较96%石英、硼硅玻璃、和钠钙硅酸盐玻璃的软化温度。

WILEY 14.22 玻璃黏度随温度变化的关系如下式

$$\eta = A\exp\left(\frac{Q_{vis}}{RT}\right)$$

式中，Q_{vis}是黏滞流动的激活能；A是不依赖于温度的常数；R和T分别是气体常数和绝对温度。$\ln\eta$与1/T的关系曲线近似于一条直线，其斜率为Q_{vis}/R。利用图14.17中的数据，（a）画出硼硅玻璃的该关系曲线，（b）计算500～900℃间的激活能。

14.23 对于许多黏性材料，黏度的表达式可定义为

$$\eta = \frac{\sigma}{d\epsilon/dt}$$

式中，σ和$d\epsilon/dt$分别表示拉伸应力和应变率。苏打石灰玻璃圆柱试样直径为5mm（0.2in.），长度为100mm（4in.），沿着轴线承受1N（0.224lbf）的拉力，如果试样在一周时间内的变形小于1mm（0.04in.），利用图14.17，确定试样可被加热的最高温度。

14.24 （a）解释冷却过程中在玻璃器件中引入残余热应力的原因。

（b）热应力是在加热过程中引入的吗？为什么或为什么不是？

14.25 硼硅玻璃和熔融石英能够抵抗热冲击。为什么？

14.26 用自己的语言简要描述一个玻璃器件在回火热处理过程中发生了些什么。

WILEY 14.27 玻璃器件也可以通过化学钢化法进行强化。在该工序中，通过将玻璃表面的阳离子替换为其他直径更大的阳离子，使其表面处于压应力状态中。请指出一种可用于替换钠钙硅

酸盐玻璃中Na^+的阳离子，对其进行化学钢化。

黏土制品的制造和加工

14.28 指出黏土矿物两种与制造工艺相关的可取特征。

14.29 从分子的角度，简要说明黏土矿物在加水后变成水塑性的原理。

WILEY • 14.30 （a）白瓷器皿的3个主要组成成分是什么？

（b）每种组分在成型和烧结过程中起到什么作用？

14.31 （a）为什么控制水塑成型或注浆成型陶瓷坯体的干燥速率很重要？

（b）指出三个影响干燥速率的因素，并解释每种因素是如何影响干燥速率的。

14.32 对于黏土颗粒较小的注浆成型或水塑成型的产品，给出其干燥收缩程度较大的原因。

WILEY • 14.33 （a）指出影响黏土基陶瓷器皿玻璃化发生程度的三个因素。

（b）解释一下密度、烧结变形、强度、抗腐蚀性以及热导率是如何受到玻璃化程度影响的。

粉末压制

14.34 有些陶瓷材料是通过热等静压进行制作的。指出与该工艺相关的一些限制和困难。

聚合反应

14.35 列举加成聚合反应和缩合聚合反应技术之间的主要差别。

14.36 （a）按照式（14.5），要生产线形链结构的聚（对苯二甲酸乙二醇酯），须在47.3kg的对苯二甲酸中加入多少乙二醇？

（b）生成的聚合物的质量是多少

WILEY • 14.37 尼龙66可通过己二胺[NH_2-（CH_2）$_6$-NH_2]和己二酸互相反应，并生成副产物水的缩合聚合反应而生成。要生成37.5kg完全线形的尼龙66，需多少己二胺和己二酸？（提示：概念检查14.8的答案即为该反应的化学反应式）

聚合物添加剂

14.38 染料和颜料着色剂之间的区别是什么？

塑料成型技术

14.39 列举决定聚合材料成型所采用的成型技术的四个因素。

14.40 对比用于成型塑料材料的压缩模塑、注射和传递模塑技术。

纤维和薄膜的成型

14.41 为什么熔融纺丝并随后拉伸的纤维材料必须是热塑性的？列举两个原因。

WILEY • 14.42 下列聚乙烯薄膜中的哪个具有更好的机械特性？（1）吹塑成型的；（2）挤出并随后卷绕成型的。为什么？

设计问题

钢的热处理

14.D1 一个直径为25mm（1.0in.）的圆柱形钢试样在中速搅拌的油中被冷却。其表面和内部的硬度必须至少为55（HRC）和50（HRC）。下列哪种合金会满足上述要求：1040，5140，4340，4140和8640？解释你的选择。

14.D2 一个直径为75mm（3in.）的圆柱形钢试样要经过奥氏体化并淬火，使该试样整体硬度最小值都达到40（HRC）。在合金8660，8640，8630和8620这些合金中，如果淬火介质为（a）中速搅拌的水和（b）中速搅拌的油，哪些会满足要求？解释你的选择。

14.D3 一个直径为38mm（$1^1/_2$in.）的圆柱形钢试样要经过奥氏体化并淬火，使其显微组织由至少80%的马氏体组成。在合金4340，4140，8640，5143和1040中，如果（a）中速搅拌的水和（b）中速搅拌的油，哪些会满足要求？解释你的选择。

14.D4 一个直径为90mm（$3^1/_2$in.）的圆柱形钢试样在中速搅拌的水中淬火。其表面和内部的硬度必须分别至少为55和40 HRC。下列哪种合金会满足要求：1040，5140，4340，4140，8620，8630，8640和8660？解释你的选择。

14.D5 一个圆柱形4140钢试样要经过奥氏体化并在中速搅拌的油中淬火。如果要求整个试样的显微组织由至少50%马氏体组成，该试样的最大直径为多少？请说明原因。

14.D6 一个圆柱形8640钢试样要经过奥氏体化并在中速搅拌的油中淬火。如果该试样表面硬度必须至少达到49（HRC），该试样的最大直径为多少？请说明原因。

14.D7 有没有可能通过对一个经过油冷的直径为100mm（4in.）的4140钢圆杆进行回火处理，使其最小拉伸强度达到850MPa（125000psi），最小塑性达到21% EL？如果可能的话，请给出一个回火温度。如果不可能，请解释原因。

14.D8 有没有可能通过对一个经过油冷的直径为12.5mm（0.5in.）的4140钢圆杆进行回火处理，使其最小屈服强度达到850MPa（145000psi），最小塑性达到16% EL？如果可能的话，请给出一个回火温度。如果不可能，请解释原因。

工程基础问题

14.1FE 热处理的温度在金属的什么温度之上

（A）熔点　（B）再结晶温度

（C）共析温度　（D）玻璃化转变温度

14.2FE 在退火处理过程中会发生什么？

（A）应力会被释放　（B）塑性增强

（C）韧性增强　（D）上述所有现象

14.3FE 下列哪些因素会影响一个钢试样淬硬性？

（A）钢的成分　（B）冷却介质的种类

（C）冷却介质的特性　（D）试样的大小和形状

14.4FE 下列哪两种是黏土的主要组成成分？

（A）氧化铝（Al_2O_3）和石灰石（$CaCO_3$）

（B）石灰石（$CaCO_3$）和氧化铜（CuO）

（C）二氧化硅（SiO_2）和石灰石（$CaCO_3$）

（D）氧化铝（Al_2O_3）和二氧化硅（SiO_2）

14.5FE 无定形热塑性塑料的成型是高于它们的

（A）玻璃化转变温度　（B）软化点

（C）熔融温度　（D）以上都不是

第15章 复合材料

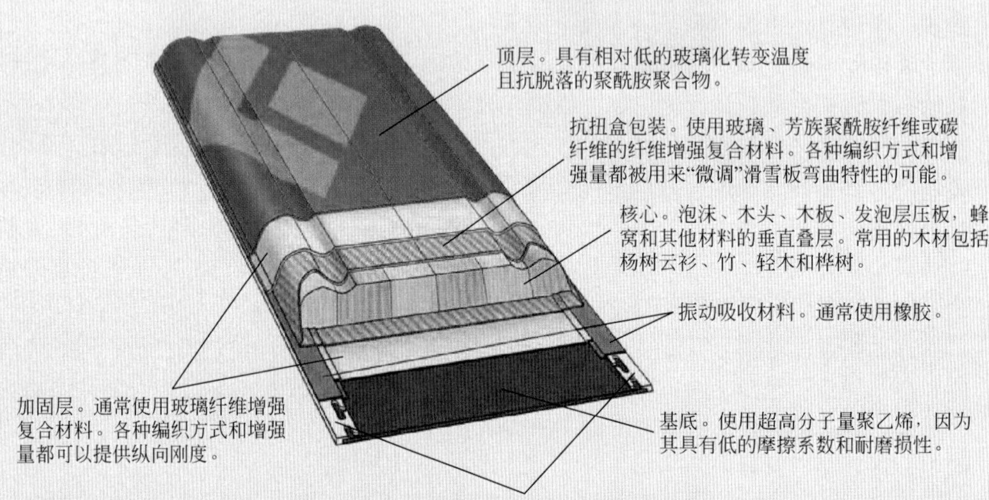

上图：现代滑雪板相对复杂的复合结构。图中，高性能滑雪板的横截面呈现出多种组成部分，其每一部分的功能和材料如图所示。左图：滑雪者在雪中自得其乐。

（Top diagram courtesy of Black Diamond Equipment，Ltd. Bottom photograph–iStockphoto.）

为什么要学习复合材料?

了解多种复合材料，并且理解它们的行为与其特性、相对含量、几何形状/分布以及组成相性质之间的关系，从而设计具有复合性能的材料，其性能较任何单一金属合金、陶瓷和聚合物材料都更为优越。例如在设计例题15.1中，我们讨论如何设计管状轴以使其满足特定的刚度要求。

学习目标

通过本章的学习，你需要掌握以下内容。

1. 说出复合材料的3种主要的分类，并指明每一种的特征。
2. 指明大颗粒复合材料和弥散增强复合材料在增强原理上的区别。
3. 根据纤维长度和取向区别3种类型的纤维增强复合材料，并说明每种类型的不同机械性能。
4. 预估单向连续纤维增强复合材料的纵向模量和纵向强度。
5. 计算非连续单向纤维增强复合材料的纵向强度。
6. 指出3种常用的聚合物基复合材料的纤维增强材料，并且指明每一种增强材料的优缺点。
7. 指明金属基复合材料的优点。
8. 指出制造陶瓷基复合材料的主要原因。
9. 说出并简要描述结构复合材料的两种分类。

15.1　概述

20世纪中期，玻璃纤维增强聚合物基多相复合材料的设计制造开辟了复合材料的新纪元。早在数千年前，人类就接触和使用了各种多相材料，如树木、采用草梗和泥土制作的砖块、贝壳、甚至是钢这一类的合金；在生产制造中，结合多种不同的材料，开发出一类新型的区别于金属、陶瓷和聚合物的材料，这类材料即为复合材料。复合材料这一理念，为我们提供了设计名目繁多的材料的机会，并且其性能较任何单一金属合金、陶瓷和聚合物材料都要优越[1]。

许多高科技的应用，例如在航空航天、水下、生物工程和运输行业中，需要具有特殊性能的材料。例如，飞机工程师越来越需要低密度、高强度、高刚度、耐磨损、耐冲击、耐腐蚀的结构材料。这对材料的性能提出了更高的要求。对于单一材料，强度高的材料通常密度较高；增加材料的强度或刚度通常会降低材料的韧性。

随着复合材料的发展，材料性能的组合和范围都得到了很大的发展。一般而言，复合材料就是两种组成相的性能相互配合，组合成具有优于各单一组分性能的多相材料。根据这种叠加效应，通过混合两种或两种以上的材料开发出更为优越的性能组合。这种性能的综合对于许多复合材料而言是一种性能互补。

叠加效应

前面讨论过的多相材料称得上复合材料，包括多相金属材料、陶瓷和聚合物。例如珠光体钢（10.20节）的显微组织由α-铁素体和渗碳体的片层结构

[1] “单一”是指微观结构均匀连续并且由单一材料制成；此外，可以存在少量的其他的成分。

组成（如图10.31所示）。铁素体是软韧相，而渗碳体是硬脆相。珠光体（相应地具有高韧性和强度）的组合力学性能优于两相中的任一相。自然界中存在许多天然的复合材料，例如，树木是强韧的纤维素和围绕并支撑它的坚硬的木质素的复合体；骨骼则由强韧的蛋白质胶原和硬脆的无机磷酸盐复合而成。

复合材料，顾名思义，是与天然存在或形成的材料相对的“人造的”多相材料。另外，组成相的化学性质不同并且两种材料之间必然存在显著的界面。

在复合材料的设计过程中，科学家和工程师选用多种金属、陶瓷和聚合物相互配合，开发出一类新型的材料。复合材料的性能不是各组分材料性能的简单加和，而是有所改进，如刚度、韧性及室温和高温下的强度。

基体相
分散相

许多复合材料仅由两相组成：其中一相为连续相，称为**基体**；另一相以独立形态分布于整个连续相中，称为**分散相**。复合材料的性能受到组分相性能、组分相相对含量以及分散相几何形状的影响。这里的“分散相几何形状”代表颗粒的形状以及颗粒的尺寸、分布和取向，如图15.1所示。

图15.2为复合材料的分类图。如图15.2所示，复合材料主要分为3类：颗粒增强复合材料、纤维增强复合材料和结构复合材料，同时，每一类又至少包含两种以上的分类。颗粒增强复合材料的分散相是各向等大的（即颗粒尺寸在各个方向接近相同），对于纤维增强复合材料，分散相呈纤维状（即具有大的长径比）。结构复合材料是复合材料和均质材料的结合。将按照该分类图进行本章剩余部分的讨论。

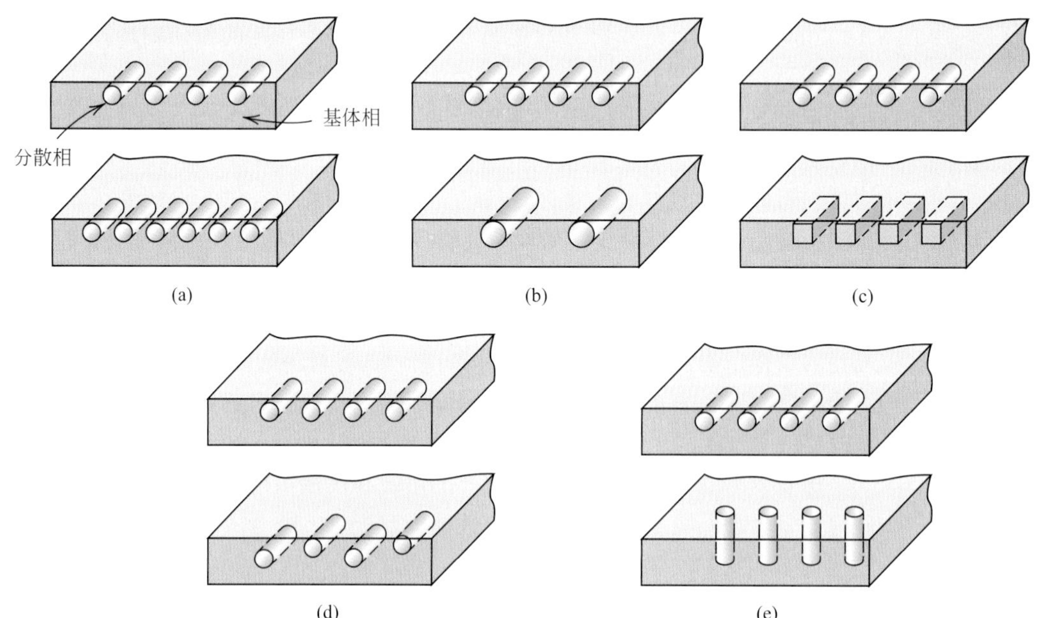

图15.1　可能影响复合材料性能的颗粒分散相的多种几何和空间特征示意图

（a）浓度，（b）尺寸，（c）形状，（d）分布和（e）取向。（From Richard A.Flinn and Paul K.Trojan，*Engineering Materials and Their Applications*，4th edition.Copyright © 1990 by John Wiley & Sons，Inc.Adapted by permission of John Wiley & Sons，Inc.）

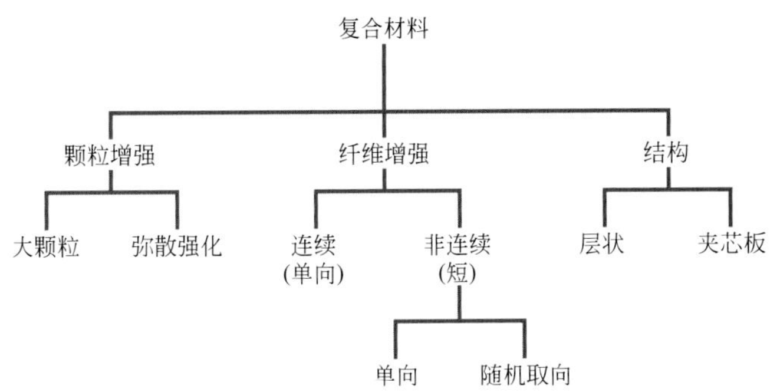

图15.2 本章讨论到的几种复合材料的分类图

颗粒增强复合材料

大颗粒复合材料
弥散增强复合材料

如图15.2所示，颗粒增强复合材料分为大颗粒复合材料和弥散增强复合材料两类。这两类的区别在于其增强或者强化机理。“大”表明颗粒-基体的相互作用不在原子或分子水平；而针对弥散增强复合材料，则可以应用连续机理。对于大部分的这类复合材料，颗粒相较基体具有更高的硬度和刚度。这些增强颗粒可以限制颗粒附近基体相的移动。其实，基体传递了一部分载荷到颗粒，使颗粒承担了部分载荷。复合材料机械性能增强或改善的程度取决于基体-颗粒的界面结合强度。

对于弥散增强复合材料，颗粒通常小得多，直径为0.01 ～ 0.1μm（10 ～ 100nm）。产生增强作用的颗粒-基体相互作用发生在原子或分子水平。增强机理与11.11节讨论的析出强化机理相似。外加载荷主要由基体承担，细小的弥散颗粒阻碍了位错运动。因此，塑性变形受限，屈服强度、拉伸强度及硬度均有所提高。

15.2 大颗粒复合材料

某些掺入填充物（14.12节）的聚合物材料实际上就是大颗粒复合材料。另外，填充物改变或改善了材料的性能和/或用相对低廉的材料——填充物替代聚合物材料。

另一种常见的大颗粒复合材料是混凝土，它由水泥（基体）和砂砾（颗粒）组成。混凝土将会在下节进行讨论。

混合法则

颗粒可以有很多种几何形状，但是它们应该在各个方向具有近似相同的尺寸（各向等大的）。对于有效增强，颗粒应该细小且均匀地分布于基体中。此外，两相的体积分数会影响复合材料的力学性能，其力学性能随着颗粒含量的增加而提高。对于两相复合材料，可以通过两个数学表达式表示弹性模量与组成相体积分数的关系。应用这些混合法则等式预测得到的弹性模量将会落在一个区间内，其上界可表示为：

两相复合材料

$$E_c(u) = E_m V_m + E_p V_p \tag{15.1}$$

其下界或下限为：

两相复合材料弹性模量的下界表达式

$$E_c(l)=\frac{E_m E_p}{V_m E_p+V_p E_m} \tag{15.2}$$

式中，E和V分别代表弹性模量和体积分数；下标c、m和p分别代表复合材料、基体和颗粒相。图15.3为铜/钨复合材料E_c与V_p关系曲线的上界和下界，其中钨为颗粒相；试验数据点落在这两条曲线间。与式（15.1）和式（15.2）类似的针对纤维增强复合材料的等式见15.5节。

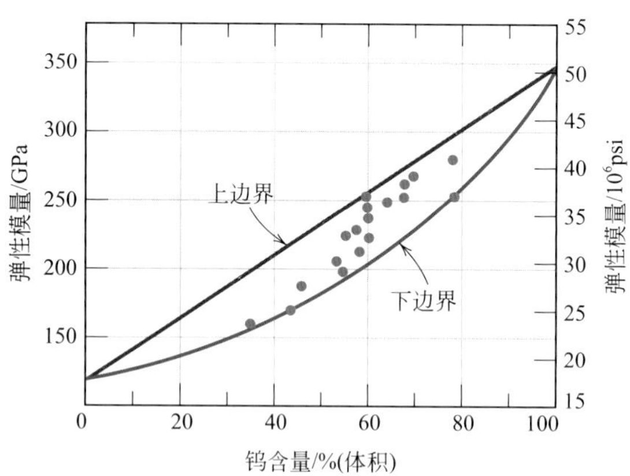

图15.3 钨颗粒增强铜基复合材料的弹性模量与钨的体积分数关系曲线

上、下界分别根据式(15.1)和式(15.2)得出，且图中包含实验数据点。(From R. H. Krock，*ASTM Proceedings*，Vol.63，1963. Copyright ASTM，1916 Race Street，Philadelphia，PA 19103.Reprinted with permission.)

金属陶瓷

大颗粒复合材料可应用于全部三种类型的材料（金属、聚合物和陶瓷）。金属陶瓷是陶瓷金属复合材料的实例。最常见的金属陶瓷是硬质合金，它由相当硬的难熔金属碳化物陶瓷颗粒组成，如在钴或镍的金属基体中掺入碳化钨（WC）或碳化钡。这类复合材料广泛应用于硬质钢的切割工具。硬质碳化颗粒能够切削表面，然而它们非常脆，不能单独承受切削应力，而韧性金属基体能够提高韧性，分离碳化物颗粒，并且阻止颗粒间的裂纹扩展。基体和颗粒相都十分难熔，足以承受切削高硬度材料所产生的高温。没有任何一种单一材料可以提供金属陶瓷所具备的综合性能。可以采用较大体积分数的颗粒相［通常超过90%（体积）］使复合材料的磨损性能达到最佳。图15.4为WC-Co硬质合金的显微图片。

图15.4 WC-Co硬质合金的显微图片

亮区为钴基体；暗区为碳化钨颗粒。放大倍数为100倍。(Courtesy of Carboloy Systems Department，General Electric Company.)

人造橡胶和塑料一般通过几种颗粒材料来得到增强。没有增强颗粒材料，如炭黑，许多现代橡胶的应用会受到严重限制。炭黑由非常小且呈球形的碳颗粒组成，碳颗粒由天然气或石油在空气不足的气氛中燃烧产生。这种非常廉价的材料被掺入到硫化橡胶中，增加了橡胶的拉伸强度、韧性、抗扯强度和抗磨损性。汽车轮胎大约包含15% ～ 30%（体积）的炭黑。为了使炭黑起到有效的增强作用，其颗粒尺寸必须非常小，直径为20 ～ 50nm，同时，颗粒必须均匀分布于橡胶中并且与橡胶基体间形成强的黏结键。应用其他增强材料（如二氧化硅）时，颗粒的增强效果不明显，这是因为不存在橡胶分子和颗粒表面所形成的这种特殊的界面（图15.5）。

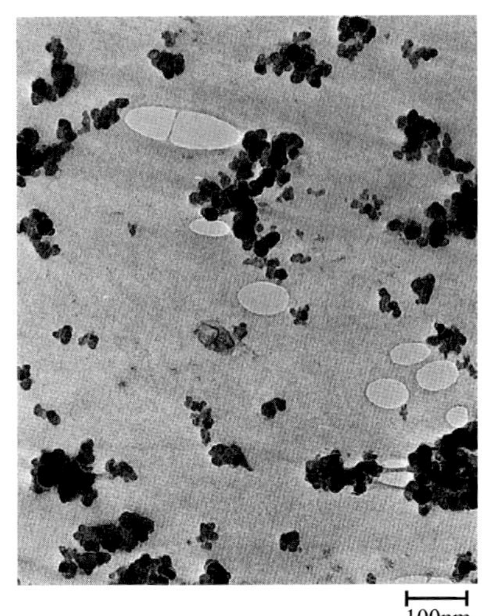

图15.5 合成橡胶轮胎外带复合材料中球形增强炭黑颗粒的电子显微镜图片

类似水痕的区域为橡胶中微小的气孔。放大倍数为80000×。（Courtesy of Goodyear Tire & Rubber Company.）

混凝土

混凝土是一种常见的大颗粒复合材料，其基体和分散相均为陶瓷材料。由于“混凝土”和“水泥”这两个名词有时在使用上容易混淆，需要对它们进行区分。在某种意义上，混凝土是一种包含颗粒骨料的复合材料，这些骨料由某种胶凝材料结合在一起形成固体，这种胶凝材料即为水泥。两种最常见的混凝土是由硅酸盐和沥青水泥制成的，里面的骨料是砂和石子。沥青混凝土应用广泛，主要用于铺路；而硅酸盐水泥混凝土则广泛应用于结构建筑材料。这里只讨论后者。

（1）硅酸盐混凝土

混凝土的原料是硅酸盐水泥、细骨料（砂）、粗骨料（石子）和水。13.9节简要介绍了硅酸盐水泥的生产过程以及其凝固硬化机理。由于骨料颗粒价格低廉，水泥价格相对昂贵，骨料颗粒在起到填充材料作用的同时，降低了混凝土制品的总成本。为了获得混凝土混合材料最佳的强度和可加工性，骨料必须以正确的比例掺入水泥中。应用两种尺寸的颗粒可以获得密实的骨料和良好的界面接触；细颗粒的砂填充石子颗粒的空隙。这些骨料一般占据总体积的60% ～ 80%。水泥净浆的量应该足够涂覆全部砂砾颗粒；否则，水泥黏合剂是不完整的。而且，所有的组分应该充分彻底地混合。水泥和骨料颗粒的完全黏结取决于水的正确添加量，水太少会导致不完全黏结，水太多会导致多孔，这两种情况均会导致最终的强度低于最佳强度。

骨料颗粒的性质十分重要，特别是骨料的尺寸分布会影响水泥净浆的需求量，同时，骨料颗粒表面应该不含影响颗粒表面良好黏结的黏质粉土。

硅酸盐水泥混凝土是主要的建筑材料，这主要是因为它可以灌入合适的位置并且在室温下硬化，甚至是在水下。然而，作为结构材料，它存在一些局限和缺点。类似于大多数陶瓷，硅酸盐水泥混凝土的强度较低并且十分脆，它的拉伸强度仅为其压缩强度的1/15 ～ 1/10。此外，随着温度的变化，大的混凝土结构件会经历相当大的热膨胀和收缩，此时，水渗入外孔，在寒冷的天气里会由于冻结-融化循环而引起结构件严重的开裂。通过增强作用和/或掺入填充物，均可以消除或者改善这些不足。

（2）钢筋混凝土

添加增强材料可以提高硅酸盐水泥混凝土的强度，常通过在新拌未凝固的混凝土中加入钢棍、钢丝、钢条（钢筋）或钢筋网的方法实现。因此，增强材料使得硬化的结构有能力承受更大的拉伸、压缩及剪切应力。即使裂纹在混凝土中扩展，恰当的增强材料会阻碍其扩展。

由于钢与混凝土的热膨胀系数相当，可以作为合适的增强材料。此外，钢在水泥环境中不会被快速腐蚀，并且它与凝固的混凝土之间可以形成相对强的黏合键。另外，通过增加钢构件表面的粗糙度，可以得到更大程度的机械互锁，使得黏附力得到提高。

通过在新拌混凝土中加入高模量材料，如玻璃、钢、尼龙或聚乙烯，可以提高硅酸盐水泥混凝土的强度。在应用这一类增强材料时必须谨慎，因为当某些纤维材料处于水泥环境中时，其性质会发生急剧恶化。

预应力混凝土

另一种混凝土增强技术采用在结构件中引入残余压应力的方式实现，得到的材料称作**预应力钢筋混凝土**。这种方法应用了脆性陶瓷的一个特性——即，相对于拉应力而言，陶瓷能承受更大的压应力。因此，为使预应力钢筋混凝土结构件断裂，外加拉应力的数值必须超过其预加压应力。

在一项这类预应力技术中，高强钢丝被置于空的模具中，并且被一大的恒定拉力拉紧，在混凝土浇筑凝固后，解除该拉力。随着钢丝的收缩，由于应力通过形成的混凝土-钢丝黏结传递给了混凝土，结构处于压缩状态。

另一项技术是在混凝土硬化后才施加应力，该项技术被形象地称为后张法（posttensioning）。金属板或橡胶套管被置于并穿过整个混凝土结构，在其周围浇注混凝土。混凝土凝固后，在套管内预留孔道中穿过钢丝，通过千斤顶接触并紧靠结构表面以在这些钢丝上施加拉应力。与先张法类似，压应力也被施加于混凝土构件，而此时是通过千斤顶。最后，为了保护钢丝不受腐蚀，用水泥浆填满套管里的空隙。

预应力混凝土具有高质量、低收缩率及低蠕变速率的特性。预应力混凝土（通常为预制体）广泛应用于公路桥或铁路桥。

15.3 弥散增强复合材料

可以通过占几个体积百分比的均匀分散相提高金属和金属合金的强度和硬度，分散相是十分坚硬的惰性材料微粒，可以是金属或非金属，大多为氧化物材料。同样，增强机理涉及基体中的颗粒和位错的相互作用，类似于析出强化机理。弥散强化效果作用不如析出强化效果明显，然而，由于选取的弥散颗粒不与基体相发生化学反应，高温下的颗粒增强效果不随时间发生变化。而对于析出强化合金，热处理会造成析出相的长大或溶解，可能会造成析出强化效果消失。

在镍合金中掺入3%（体积）的氧化钍（ThO_2）弥散微粒会使其高温强度显著提高，这种材料被称为氧化钍弥散（或TD）增强镍。铝-氧化铝系统中会产生类似的影响，在铝金属基体中弥散的十分细小的（厚度为0.1 ～ 0.2μm）薄铝片表面形成一层十分薄且具附着力的氧化铝层，这种材料被称为烧结铝粉（SAP）。

概念检查 15.1　指出大颗粒复合材料和弥散增强复合材料在增强机制上的区别。
[解答可参考www.wiley.com/college/callister（学生之友网站）]

纤维增强复合材料

纤维增强复合材料　比强度　比模量

纤维增强复合材料是最为重要的复合材料。纤维增强复合材料的设计目标通常包括在重量不变的情况下获得具有高强度和/或高刚度的复合材料。拉伸强度与密度的比和弹性模量与比重的比分别定义为比强度和比模量。应用低密度纤维和基体材料可以制造特殊的具有高比强度和比模量的纤维增强复合材料。

如图15.2所示，纤维增强复合材料可以根据纤维长度来分类。对于短纤维增强复合材料，由于纤维太短，复合材料的强度不会得到明显改善。

15.4　纤维长度的影响

纤维增强复合材料的机械性能不仅取决于纤维的性能，也取决于基体相传递外加载荷给纤维的程度。纤维和基体相间的界面键合程度对于这种载荷传递十分重要。在外加应力的作用下，在纤维末端不存在纤维-基体的键合，产生如图15.6所示的基体变形模式。就是说，在每一根纤维的末端不存在由基体向纤维的载荷传递。

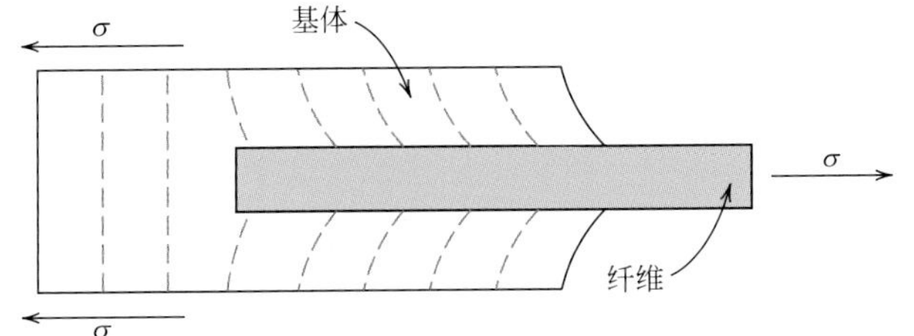

图15.6　一根纤维于外加拉伸载荷作用下，其周围基体的变形图

临界纤维长度对于复合材料强度和刚度的有效提高是必要的。临界长度l_c取决于纤维长度d、其极限（或拉伸）强度σ_f^*以及纤维–基体结合强度（或基

体剪切屈服强度，取两者中的较小值）τ_c，根据：

临界纤维长度–取决于纤维长度和直径，纤维基体结合强度（基体剪切屈服强度）

$$l_c = \frac{\sigma_f^* d}{2\tau_c} \tag{15.3}$$

对于许多玻璃和碳纤维-基体组合，临界长度大约为1mm，为纤维直径的20～150倍。

当等于σ_f^*的应力施加于临界长度状态下的纤维时，应力-位置曲线如图15.7（a）所示，即，最大的纤维负荷出现在纤维轴的中心处。随着纤维长度l的增加，纤维增强效果愈加显著。当外加应力等于纤维强度且$l > l_c$时，应力-轴向位置曲线如图15.7（b）所示；当$l < l_c$时，应力-位置曲线如图15.7（c）所示。

$l \gg l_c$（通常为$l > 15l_c$）的纤维称为连续纤维；长度小于这个规格的纤维称为非连续纤维或短纤维。对于长度远小于l_c的非连续纤维，基体在纤维附近产生变形，实际上不存在应力转移，纤维的强化作用不明显，在本质上属于先前描述的颗粒增强复合材料。要想使复合材料的强度有大幅提高，纤维必须是连续的。

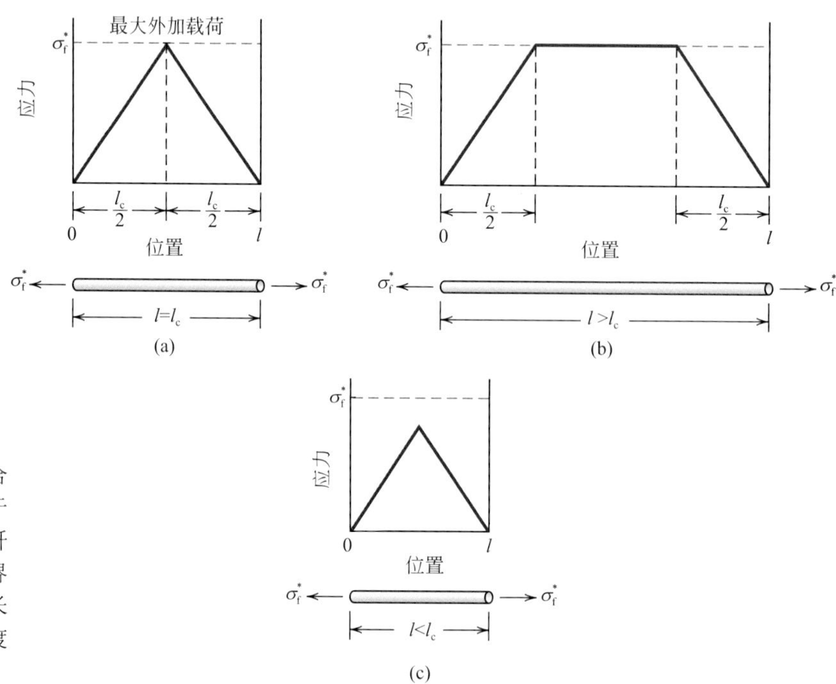

图15.7 纤维增强复合材料受到的拉应力等于纤维拉伸强度σ_f^*，当纤维长度l（a）等于临界长度l_c，（b）大于临界长度和（c）小于临界长度时的应力-位置图

15.5 纤维取向和浓度的影响

纤维间的排列和取向、纤维的浓度和分布对纤维增强复合材料的强度和其他性能有重要的影响。纤维的取向可能存在两种极端情况：① 纤维的纵轴平行排列于一个方向；② 完全呈随机取向分布。连续纤维通常呈单向排列［如图15.8（a）所示］，而非连续纤维可能呈单向［如图15.8（b）所示］、随机取向分布［如图15.8（c）所示］或者部分取向分布。当纤维分布均匀时，会获得更为优越的复合材料综合性能。

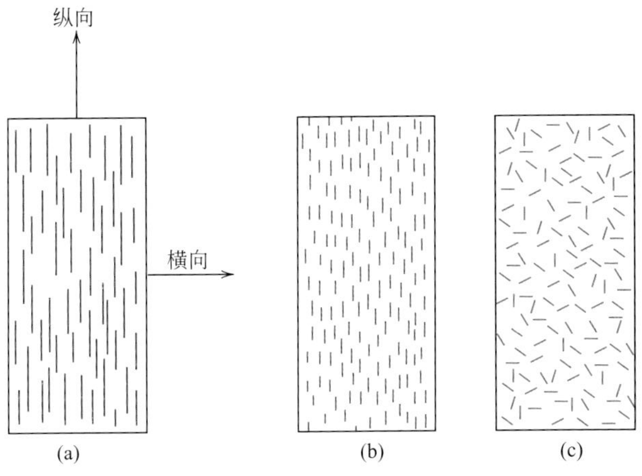

图15.8 （a）单向连续，（b）单向非连续和（c）非连续随机取向分布纤维增强复合材料示意图

（1）连续单向纤维增强复合材料

拉伸应力–应变行为–纵向载荷

连续单向纤维增强复合材料的机械响应取决于多个因素，包括纤维相和基体相的应力-应变行为、相体积分数和应力或载荷施加的方向。而且，单向纤维增强复合材料的性能具有高度的各向异性，即，取决于测量的方向。我们首先考虑应力施加于纤维排列的方向，即，纵向情况下的应力-应变行为，如图15.8（a）所示。

纵向

首先假设纤维和基体相的应力–应变行为如图15.9（a）所示。这里我们认为纤维是完全脆性的，基体相具有一定的韧性。并且，图上分别标明了纤维和基体的拉伸断裂强度σ_f^*和σ_m^*以及相应的断裂应变ϵ_f^*和ϵ_m^*。此外，假设$\epsilon_m^* > \epsilon_f^*$，这也是普遍情况。

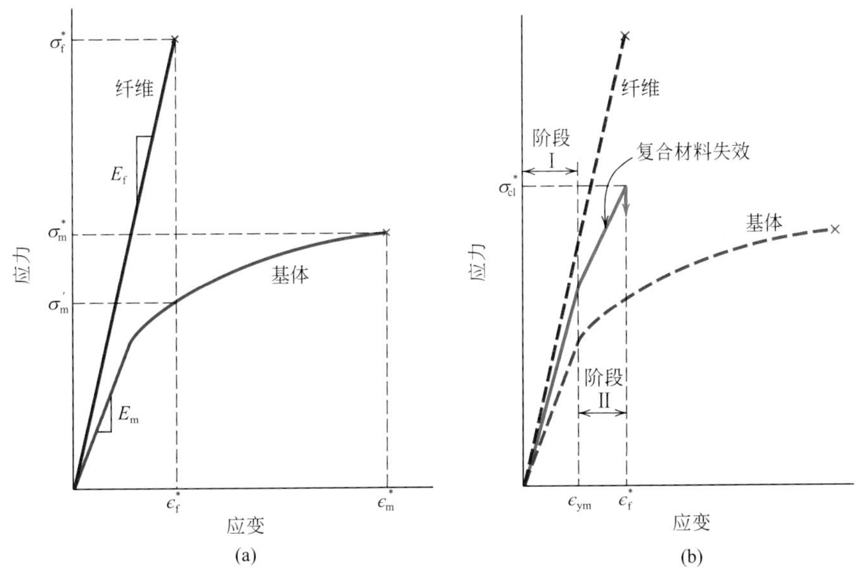

图15.9 （a）脆性纤维增强韧性基体材料应力-应变曲线示意图

图中标出了两种材料的断裂应力和应变。（b）施加于排列方向的单轴向应力作用下的单向纤维增强复合材料应力–应变曲线示意图；（a）中显示的纤维和基体材料曲线也标于图上。

如图15.9（b）所示，包含纤维和基体材料的纤维增强复合材料，会表现出单轴向应力-应变关系；图中也包括图15.9（a）所示的纤维和基体行为。在初始第一阶段，纤维和基体都发生弹性变形，曲线的这一部分通常呈直线状态；通常，对于这类复合材料，基体屈服并产生塑性变形［在ϵ_{ym}处，如图15.9（b）所示］的同时，纤维继续进行弹性拉伸，这是由于纤维的拉伸强度比基体的屈服强度大得多。如图所示，这一过程形成第二阶段，这个过程通常接近线性，但是相对于第一阶段，斜率有所降低，而且，从第一阶段到第二阶段，纤维承担载荷的比例增加。

复合材料的失效始于纤维的断裂，如图15.9（b）所示，当应力接近ϵ_f^*时，纤维开始断裂。复合材料不会发生灾难性的失效，这是由于以下两个原因：首先，不是所有的纤维都在同一时间断裂，因为脆性纤维材料的断裂强度总是存在很大的变动性（9.6节）。另外，由于$\epsilon_f^* > \epsilon_m^*$，即使是在纤维失效后，基体还是完好无损［如图15.9（a）所示］。因此，这些断裂了的纤维（比初始纤维短）还存在于完好无损的基体中，并且因此能够承受减小了的负荷（基体继续发生塑性变形）。

弹性行为——纵向载荷

现在我们考虑当载荷加载于沿纤维排列方向时，连续的且具有取向分布纤维增强复合材料的弹性行为。首先，假设纤维–基体界面键合状态良好，因此基体和纤维的变形相同（等应变状态）。在这种情况下，复合材料承受的总载荷F_c等于基体相承担的载荷F_m和纤维相承担的载荷F_f之和为：

$$F_c = F_m + F_f \tag{15.4}$$

根据应力的定义，式（7.1），$F=\sigma A$；因此可以用相应的应力（σ_c、σ_m和σ_f）和横截面面积（A_c、A_m和A_f）表示应力（F_c、F_m和F_f）。代入方程（15.4）得到：

$$\sigma_c A_c = \sigma_m A_m + \sigma_f A_f \tag{15.5}$$

然后，除以复合材料横截面总面积A_c，得到：

$$\sigma_c = \sigma_m \frac{A_m}{A_c} + \sigma_f \frac{A_f}{A_c} \tag{15.6}$$

式中，A_m/A_c和A_f/A_c分别为基体相和纤维相的面积分数。如果复合材料、基体和纤维相的长度相等，那么A_m/A_c等于基体的体积分数V_m，同样，对于纤维相，$V_f=A_f/A_c$。式（15.6）变为：

$$\sigma_c = \sigma_m V_m + \sigma_f V_f \tag{15.7}$$

由先前的等应变状态假设得到：

$$\epsilon_c = \epsilon_m = \epsilon_f \tag{15.8}$$

式（15.7）的各项除以相应的应变，得到：

$$\frac{\sigma_c}{\epsilon_c} = \frac{\sigma_m}{\epsilon_m} V_m + \frac{\sigma_f}{\epsilon_f} V_f \tag{15.9}$$

而且，如果复合材料、基体和纤维全部发生弹性变形，那么$\sigma_c/\epsilon_c=E_c$，$\sigma_m/\epsilon_m=$

单向连续纤维增强复合材料的纵向弹性模量

E_m，$\sigma_f/\epsilon_f=E_f$，E_s代表各相的弹性模量。代入式（15.9）得到连续单向纤维增强复合材料在沿“纤维排列方向”（或“纵向”）的弹性模量E_{cl}的表达式：

$$E_{cl}=E_m V_m+E_f V_f \tag{15.10a}$$

或：

$$E_{cl}=E_m(1-V_f)+E_f V_f \tag{15.10b}$$

这是由于复合材料只包括基体和纤维相两相，即$V_m+V_f=1$。

因此，E_{cl}等于体积分数与纤维和基体相弹性模量的加权平均值。其他的特性，包括密度，与体积分数之间也存在类似的关系。式（15.10a）与式（15.1）颗粒增强复合材料上界类似。

此外，对于纵向载荷，纤维承担的载荷与基体承担的载荷比为：

纤维和基体纵向载荷比

$$\frac{F_f}{F_m}=\frac{E_f V_f}{E_m V_m} \tag{15.11}$$

该公式的证明过程留作课后作业。

例题 15.1

玻璃纤维增强复合材料性能的确定——纵向

连续单向玻璃纤维增强复合材料包含40%（体积）的玻璃纤维和60%（体积）的聚酯树脂，玻璃纤维的弹性模量为69GPa，聚酯树脂凝固后的模量为3.4 GPa。

（a）试计算复合材料纵向弹性模量。

（b）如果横截面积为250mm²，纵向外加应力为50 MPa，试计算纤维和基体相分别承担的载荷大小。

（c）当施加（b）中的应力时，试确定两相分别产生的应变。

解：

（a）复合材料的弹性模量由式（15.10a）计算得到：

$$E_{cl}=(3.4\text{GPa})(0.60)+(69\text{GPa})(0.4)=30\text{GPa}$$

（b）为了解决这个问题，首先计算纤维承担载荷与基体承担载荷的比，应用式（15.11），得到：

$$\frac{F_f}{F_m}=\frac{(69\text{ GPa})(0.4)}{(3.4\text{ GPa})(0.6)}=13.5$$

或$F_f=13.5F_m$。

此外，可以由外加应力σ和复合材料总横截面积A_c计算复合材料承担的总力F_c，根据

$$F_c=A_c\sigma=(250\text{mm}^2)(50\text{MPa})=12500\text{N}$$

而总载荷等于纤维和基体相承担的载荷之和，即：

$$F_c=F_f+F_m=12500\text{N}$$

将F_c代入上式得到：

$$13.5F_m+F_m=12500N$$

或

$$F_m=860N\ (200lbf)$$

而

$$F_f=F_c-F_m=12500N-860N=11640N(2700lbf)$$

因此，纤维相承担大部分外加载荷。

（c）首先需要先计算出纤维和基体相承担的应力，然后，可以利用每一相的弹性模量［其数值由（a）部分得到］，确定应变数值。

要计算应力，需要得到两相的横截面积：

$$A_m=V_mA_c=(0.6)(250mm^2)=150mm^2(0.24in.^2)$$

且

$$A_f=V_fA_c=(0.4)(250mm^2)=100mm^2(0.16in.^2)$$

因此，有：

$$\sigma_m=\frac{F_m}{A_m}=\frac{860N}{150\ mm^2}=5.73MPa\ (833psi)$$

$$\sigma_f=\frac{F_f}{A_f}=\frac{11640N}{100\ mm^2}=116.4MPa\ (16875psi)$$

最终，计算应变得到：

$$\varepsilon_m=\frac{\sigma_m}{E_m}=\frac{5.73MPa}{3.4\times10^3\ MPa}=1.69\times10^{-3}$$

$$\varepsilon_f=\frac{\sigma_f}{E_f}=\frac{116.4MPa}{69\times10^3\ MPa}=1.69\times10^{-3}$$

因此，基体和纤维相的应变相等，这也符合式（15.8）得出的结论。

弹性行为——横向载荷

横向

连续取向分布纤维增强复合材料可能会受到横向载荷的作用，即，载荷施加的方向与纤维排列方向呈90°，如图15.8（a）所示。在这种情况下，复合材料和两相承受的应力σ相同，或

$$\sigma_c=\sigma_m=\sigma_f=\sigma \tag{15.12}$$

定义为等应力状态。并且，复合材料整体的应变或者变形ϵ_c为：

$$\epsilon_c=\epsilon_mV_m+\epsilon_fV_f \tag{15.13}$$

而由于$\epsilon=\sigma/E$，有：

$$\frac{\sigma}{E_{ct}}=\frac{\sigma}{E_m}V_m+\frac{\sigma}{E_f}V_f \tag{15.14}$$

式中，E_{ct}为横向弹性模量。将上式各项均除以σ得到：

$$\frac{1}{E_{ct}}=\frac{V_m}{E_m}+\frac{V_f}{E_f} \tag{15.15}$$

由此得到：

单向连续纤维增强复合材料的横向弹性模量

$$E_{ct}=\frac{E_m E_f}{V_m E_f+V_f E_m}=\frac{E_m E_f}{(1-V_f)E_f+V_f E_m} \tag{15.16}$$

式（15.16）类似于颗粒增强复合材料的下界表达式［式（15.2）］。

例题15.2

玻璃纤维增强复合材料弹性模量的确定——横向

试计算例题15.1中复合材料的弹性模量，此时假设应力施加方向与纤维排列方向垂直。

解：

根据式（15.16），有：

$$E_{ct}=\frac{(3.4\ \text{GPa})(69\ \text{GPa})}{(0.6)(69\ \text{GPa})+(0.4)(3.4\ \text{GPa})}=5.5\ \text{GPa}(0.81\times10^6\text{psi})$$

E_{ct}稍高于基体相的弹性模量，然而，根据例题15.1a，只有纤维排列方向弹性模量（E_{cl}）的近似1/15，这表明了连续取向分布纤维增强复合材料各向异性的程度。

纵向拉伸强度

我们现在关注连续单向纤维增强复合材料纵向加载时的强度特性。在这种情况下，强度通常取应力-应变曲线上的最大应力值，如图15.9（b）所示；这一点通常对应纤维的断裂，并且代表复合材料失效的开始。表15.1列出了3种常见的纤维增强复合材料的纵向和横向拉伸强度值。这种复合材料的断裂是一个相对复杂的过程，可能存在几种不同的失效模式。在特定复合材料中采用的模式取决于纤维和基体的性能以及纤维-基体界面结合的类型和强度。

表15.1 3种单向纤维增强复合材料典型的纵向和横向拉伸强度

材料	*纵向拉伸强度/MPa*	*横向拉伸强度/MPa*
玻璃-聚酯	700	20
碳（高模量）-环氧树脂	1000	35
Kevlar-环氧树脂	1200	20

资料来源：D. Hull and T. W. Clyne，*An Introduction to Composite Materials*，2nd edition，Cambridge University Press，New York，1996，p.179.

注：每一种复合材料的纤维含量接近50%（体积）。

如果假设$\epsilon^*<\epsilon_m^*$［如图15.9（a）所示］，这也是普遍情况，纤维会先于基

体发生断裂。一旦纤维发生断裂，由纤维承担的大部分的载荷都传递给了基体，在这种情况下，对于单向连续纤维增强复合材料，可以将其应力代入式（15.17）以计算复合材料的纵向强度，σ_{cl}^*：

单向连续纤维增强复合材料的纵向拉伸强度

$$\sigma_{cl}^* = \sigma_m'(1-V_f)+\sigma_f^* V_f \tag{15.17}$$

式中，σ_m'为纤维失效时基体承受的应力［如图15.9（a）所示］；σ_f^*为纤维拉伸强度。

横向拉伸强度

连续单向纤维增强复合材料的强度具有高度的各向异性，这种复合材料常被设计成纵向受力。然而，在其服役期也可能存在横向拉伸载荷。在这种情况下，由于横向强度通常十分低（有时比基体拉伸强度还要低），可能会发生早期破坏。因此，纤维没有发挥出其增强作用。表15.1列出了3种单向复合材料的横向拉伸强度。

纵向强度受纤维强度的影响，横向强度则受到多种因素的影响，这些因素包括：纤维和基体的性能、纤维-基体结合强度以及孔洞的存在。改善复合材料横向强度的方法通常包括改善基体的性能。

概念检查 15.2　下表列出了四种假定的单向纤维增强复合材料（记为A～D）及其性能。根据这些数据，按纵向强度由高到低的顺序对这4种复合材料进行排序，并证明该排序的正确性。

复合材料	*纤维类型*	*纤维体积分数*	*纤维强度/MPa*	*纤维平均长度/mm*	*临界长度/mm*
A	玻璃	0.20	3.5×10^3	08	0.70
B	玻璃	0.35	3.5×10^3	12	0.75
C	碳	0.40	5.5×10^3	08	0.40
D	碳	0.30	5.5×10^3	08	0.50

［解答可参考www.wiley.com/college/callister（学生之友网站）］

（2）非连续单向纤维增强复合材料

尽管非连续纤维的增强能力较连续纤维弱，非连续单向纤维增强复合材料［如图15.8（b）所示］在商业市场的地位却越来越重要。短切玻璃纤维是应用最为广泛的增强材料，然而，碳及聚芳酰胺增强非连续纤维也有广泛应用。制作的这些短纤维增强复合材料的弹性模量和拉伸强度分别接近其对应的连续纤维的90%和50%。

对于$l>l_c$且纤维均匀分布的非连续单向纤维增强复合材料，其纵向强度（σ_{cd}^*）由下式给出：

单向非连续（$l>l_c$）纤维增强复合材料的纵向拉伸强度

$$\sigma_{cd}^* = \sigma_f^* V_f\left(1-\frac{l_c}{2l}\right)+\sigma_m'(1-V_f) \tag{15.18}$$

式中，σ_f^*和σ_m'分别代表纤维的断裂强度和复合材料失效时基体承担的应力

[如图15.9（a）所示]。

如果纤维的长度小于临界长度（$l<l_c$），那么纵向强度$\left(\sigma_{cd'}^*\right)$由式（15.19）给出：

单向非连续（$l<l_c$）纤维增强复合材料的纵向拉伸强度

$$\sigma_{cd'}^* = \frac{l\tau_c}{d}V_f + \sigma_m'\left(1-V_f\right) \tag{15.19}$$

式中，d为纤维直径，τ_c为纤维–基体结合强度和基体剪切屈服强度两者中较小的一项。

（3）非连续随机取向分布纤维增强复合材料

通常，当纤维取向呈随机分布，采用非连续短纤维，图15.8（c）为非连续随机取向分布纤维增强复合材料的示意图。在这种情况下，可能会用到与式（15.10a）类似的弹性模量的“混合法则”表达式：

非连续随机取向分布纤维增强复合材料弹性模量

$$E_{cd}=KE_fV_f+E_mV_m \tag{15.20}$$

式中，K为纤维效率参数，取决于V_f和E_f/E_m。当然，它的值比1小，通常为0.1～0.6。因此，对于随机取向分布（及取向分布）纤维增强复合材料，其模量按纤维体积分数呈一定比例增长。表15.2列出了一些未增强聚碳酸酯和非连续随机取向分布玻璃纤维增强聚碳酸酯的机械性能，并列出了可能产生的增强程度。

表15.2 未增强聚碳酸酯及随机取向分布玻璃纤维增强聚碳酸酯的性能

性能	未增强	纤维增强/%（体积）		
		20	30	40
相对密度	1.19～1.22	1.35	1.43	1.52
拉伸强度/MPa	59～62	110	131	159
弹性模量/GPa	2.24～2.345	5.93	8.62	11.6
伸长率/%	90～115	4～6	3～5	3～5
冲击强度，艾氏缺口/kPa	83～110	14	14	17

资料来源：Adapted from Materials Engineering's *Materials Selector*，copyright © Penton/IPC.

总之，由于沿排列方向（纵向）具有最大强度和增强作用，单向纤维增强复合材料具有各向异性。在横向，纤维增强作用实际上是不存在的，断裂通常会发生在较低的拉伸应力下。对于其他的应力方向，复合材料的强度介于两个极值之间。表15.3列出了几种情况下的纤维增强效率，对于取向分布纤维增强复合材料，取应力平行于纤维排列方向时的增强效率为1，则垂直于纤维排列方向时为0。

当多向应力作用于一个平面时，经常会用到通过分层铺叠式固定在一起的不同取向的单向层片组成的复合材料，这种复合材料称作层状复合材料（laminar composites），将于15.14节讨论。

涉及到多向应力的应用时经常会使用到非连续纤维，这时纤维在基体材料中呈随机取向分布。表15.3显示其增强效率仅为单向增强复合材料纵向增强效率的五分之一，然而，其机械性能具有各向同性。

表 15.3 几种纤维取向以及应力加载方向条件下纤维增强复合材料的增强效率

纤维取向	*应力方向*	*增强效率*
全部纤维平行排列	平行于纤维	1
	垂直于纤维	0
纤维随机并且一致地分布于一特定平面	纤维平面任意方向	3/8
纤维随机并且一致地分布于三维空间	任意方向	1/5

资料来源：H. Krenchel，*Fibre Reinforcement*，Copenhagen：Akademisk Forlag，1964 [33]。

特定复合材料的取向和纤维长度的设计取决于外加应力的大小和性质以及成本。短纤维增强复合材料的生产率（单向和随机取向分布）高，并且相对连续纤维增强，可以形成复杂形状。同时，相较连续单向复合材料的成本低，短纤维复合材料制造技术包括压制成型、注射成型和挤出成型，与14.13节描述的未增强聚合物的制造技术相同。

概念检查 15.3 指出①非连续取向分布和②非连续随机取向分布纤维增强复合材料的一项优点和缺点。
[解答可参考www.wiley.com/college/callister（学生之友网站）。]

15.6 纤维相

对于多数材料而言，特别是脆性材料，其小直径纤维比大体积材料的强度高，这是一种重要的性质。如9.6节所述，临界表面裂纹导致断裂的可能性随着试样体积的减小而降低，这一特征可应用于纤维增强复合材料。同时，用作增强纤维的材料具有高拉伸强度。

晶须

根据纤维的直径和特性，纤维可分为3类：晶须、纤维和金属丝。晶须是具有十分大的长径比非常细的单晶。由于他们尺寸小，晶须高度的结晶完整性和无缺陷性，赋予了它们很高的强度，晶须是已知的高强度材料之一。尽管晶须的强度很高，但由于其价格极其昂贵，所以没有广泛用作增强材料。而且，将晶须掺入基体相当困难，甚至经常是不可能实现的。晶须材料包括石墨、碳化硅、氮化硅和氧化铝。表15.4给出了这些材料的一些力学性能。

纤维

具有小直径的多晶或非晶材料被归类为纤维。纤维材料通常是聚合物或陶瓷（如聚芳酰胺聚合物、玻璃、碳、硼、氧化铝和碳化硅）。表15.4也列出了几种材料纤维形式的一些数据。

表 15.4 几种纤维增强材料的性能

材料	*相对密度*	*拉伸强度/GPa*	*比强度/GPa*	*弹性模量/GPa*	*比模量/GPa*
晶须					
石墨	2.2	20	9.1	700	318
氮化硅	3.2	5 ～ 7	1.56 ～ 2.2	350 ～ 380	109 ～ 118
氧化铝	4.0	10 ～ 20	2.5 ～ 5.0	700 ～ 1500	175 ～ 375
碳化硅	3.2	20	6.25	480	150

续表

材料	相对密度	拉伸强度/GPa	比强度/GPa	弹性模量/GPa	比模量/GPa
纤维					
氧化铝	3.95	1.38	0.35	379	96
聚芳酰胺（Kevlar 49）	1.44	3.6 ～ 4.1	2.5 ～ 2.85	131	91
碳①	1.78 ～ 2.15	1.5 ～ 4.8	0.70 ～ 2.70	228 ～ 724	106 ～ 407
E- 玻璃	2.58	3.45	1.34	72.5	28.1
硼	2.57	3.6	1.40	400	156
碳化硅	3.00	3.9	1.30	400	133
超高分子量聚乙烯（Spectra 900）	0.97	2.6	2.68	117	121
金属丝					
高强钢	7.9	2.39	0.30	210	26.6
钼	10.20	2.2	0.22	324	31.8
钨	19.30	2.89	0.15	407	21.1

① 采用碳而不是石墨来表示纤维，因为它们由结晶石墨、非晶物质以及晶体错位区组成。

金属丝直径较大，典型的材料包括钢、钼和钨。金属丝应用于辐射状钢筋汽车轮胎、缠绕火箭外壳和缠绕高压胶管。

15.7 基体相

纤维增强复合材料的基体相可以是金属、聚合物或陶瓷。通常，金属和聚合物被用作基体材料是由于它们具有较好的韧性。对于陶瓷基复合材料（15.10节），加入增强材料以改善其断裂韧性。本节将针对聚合物基体和金属基体进行讨论。

对于纤维增强复合材料，基体相起到三个作用：第一，基体把纤维约束在一起并且作为将外加应力传递和分配给纤维的介质。基体相只承担很小部分外加应力，而且，基体材料应该具有韧性，此外，纤维的弹性模量应该比基体大很多。第二，保护纤维不受机械性擦伤和与外界发生化学反应导致的表面损坏。这种反应可能会引入足够形成裂纹的表面缺陷，导致低拉伸应力水平下的失效。第三，基体相分隔开纤维，而且由于其相对的柔软性和塑性，阻止脆性裂纹从一条纤维到另一条纤维的扩展，有效地防止了灾难性失效，也就是说，基体相充当了裂纹扩展的障碍。即使某些单根的纤维发生失效，也不会发生复合材料的整体断裂，直至大量的相邻近的纤维发生了断裂，形成了一系列临界尺寸。

纤维和基体间的高附着黏合力对减少纤维断裂的最少化是十分必要的。其实，选择基体-纤维体系时黏结强度是一个重要的考虑因素。复合材料的极限强度很大程度上取决于键合强度的大小，足够强的键合可以保障应力从低强度的基体最大程度地传递到高强度的纤维上。

15.8 聚合物基复合材料

聚合物基复合材料

聚合物基复合材料（PMCs）包括聚合物树脂[1]基体和纤维增强材料。聚合物基复合材料由于其室温特性，易于制造和低成本，成为复合材料应用中种类最多，规模最大的一类。本节讨论根据增强类型划分的不同种类的PMCs（如玻璃、碳和聚芳酰胺），以及它们的应用和采用的不同种类的聚合物树脂。

（1）玻璃纤维增强聚合物基（GFRP）复合材料

玻璃纤维是一种由连续或者非连续的玻璃纤维掺入聚合物基体中组成的复合材料，这种复合材料保留最大批量的生产。表13.11列出了通常被拉拔成纤维的玻璃（有时可称作E-glass）的成分。纤维直径一般为3 ～ 20μm。玻璃适合作为纤维增强材料有以下几个原因。

① 玻璃在熔融状态容易被拉拔成高强度纤维。

② 可以通过很多种复合材料制备工艺将玻璃高效经济地制成玻璃增强塑料。

③ 纤维形式的玻璃强度较高，并且当被掺入塑料基体后，形成的复合材料具有非常高的比强度。

④ 当与多种塑料进行组合时，玻璃具有的化学惰性使复合材料可以应用于多种腐蚀性环境。

玻璃纤维的表面特征非常重要，因为如12.8节所述，即使是表面缺陷也可以对拉伸性能造成影响。表面缺陷很容易由与另一种硬质材料的刮擦引入。同时，玻璃表面即使是短时间暴露于大气中通常也会造成脆弱的表面层，阻碍其与基体的结合。刚拉拔的纤维通常在拉拔过程中上浆，浆料会保护纤维表面不发生损伤和不良的环境反应。通常会在复合材料制造之前去除这层浆料，取而代之的是一层偶联剂或涂饰剂，这会在纤维和基体之间产生化学键合。

这种材料尽管具有高强度的特性，同时也有局限性，其刚度不是很好，并且不具备某些应用（如作为飞机和桥梁结构件）所必备的刚度。大部分玻璃纤维材料服役温度被限制在200℃（400 ℉）以下，因为高温下，大部分聚合物开始流动或者性能发生恶化。通过采用高纯熔融石英制作纤维并且采用类似聚酰亚胺树脂的高温聚合物，服役温度可提高到接近300℃（575 ℉）。

许多玻璃纤维的应用很常见：车身和船身、塑料管、储存容器和地板。运输业正在应用越来越多的玻璃纤维增强塑料以减小汽车重量和提高燃料效率。玻璃纤维在汽车工业中还有其许多新的应用和研究领域。

（2）碳纤维增强聚合物基（CFRP）复合材料

碳是最常用于增强先进（即，非玻璃纤维）聚合物基复合材料的高性能纤维材料。原因如下。

① 在所有的增强纤维材料中，碳纤维具有最高的比模量和比强度。

② 碳纤维能在高温下保持其高拉伸模量和高强度；然而高温氧化气氛可能会对其性能造成影响。

③ 室温下，碳纤维不会受水分和多种溶剂、酸和碱的影响。

---

[1] “树脂”在这里是指高分子量增强塑料。

④ 碳纤维具有多种物理和化学性能，这使得包含碳纤维的复合材料获得了特殊的工程性能。

⑤ 纤维和复合材料的制备工艺已发展为低成本、性价比高的加工过程。

碳纤维这个词汇常常使人困惑，如3.9节所述，碳是一种元素，结晶碳在室温下的稳定型是石墨，石墨具有如图3.17所示的结构。碳纤维是不完全结晶，是由石墨和非晶区组成的，非晶区不具有与石墨类似的六方三维有序排列（如图3.17所示），而这种六方碳原子网状结构是石墨特有的。

碳纤维的制造工艺相对复杂，本书不进行讨论。然而，该工艺应用到三种不同的有机前驱体：人造丝、聚丙烯腈（PAN）和沥青。生产工艺根据前驱体的不同以及生成纤维性能的不同而有所差别。

碳纤维按拉伸模量的不同可以分为四级：标准、中、高和超高模量。而且，不论是连续还是短切纤维模式，其纤维直径通常为4 ~ 10μm。此外，碳纤维通常涂覆一层保护性环氧树脂涂料，这层涂料也可以改善其与聚合物基体的黏合力。

碳增强聚合物基复合材料目前广泛应用于体育和娱乐器材（钓鱼竿、高尔夫球杆），缠绕火箭发动机、压力容器和飞机结构件——包括军用的和商用的，固定翼和直升机（如作为机翼、机体、稳定器和方向舵结构件）。

（3）聚芳酰胺纤维增强聚合物基复合材料

聚芳酰胺纤维是在20世纪70年代早期发展起来的具有高强度和高模量的材料，它们优异的比强度甚至高于金属。这类材料在化学上称为聚对苯二甲酰胺。目前有许多聚芳酰胺材料，最常用的两种是Kevlar和Nomex。三种类型的Kevlar（Kevlar 29、Kevlar 49和Kevlar 149）具有不同的力学性能。合成过程中，分子如同液晶一样沿着纤维轴向排列（13.16节），图15.10为其重复单元和链状排列模式示意图。在力学性能方面，纤维的纵向拉伸强度和拉伸模量（表15.4）高于其他的聚合物纤维材料，然而，它们承受压缩载荷的能力较差。此外，这种材料以其韧性、抗冲击性、抗蠕变性和抗疲劳破坏性著称。即使聚芳酰胺是热塑性塑料，它具有良好的抗氧化性和高温稳定性，在–200 ~ 200℃（–330 ~ 390 ℉）的温度范围内仍然能保持其高温机械性能。它们在化学上对强酸和强碱较为敏感，但对于其他溶剂和化学试剂不敏感。

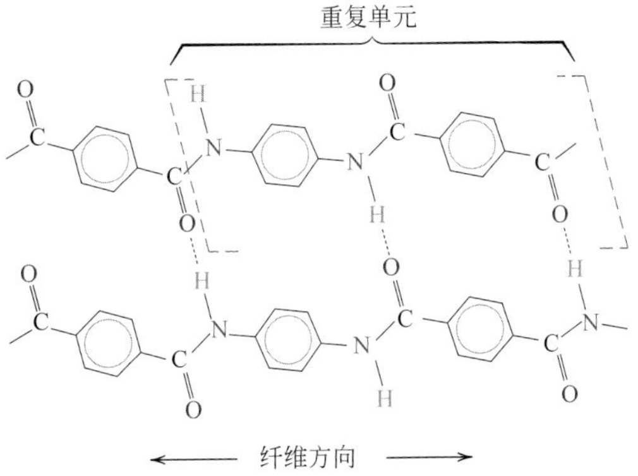

重复单元

纤维方向

图15.10 聚芳酰胺（Kevlar）纤维重复单元和链状排列模式示意

显示了沿纤维方向的链条排列以及相邻链之间的氢键。[From F. R. Jones（Editor），*Handbook of Polymer-Fibre Composites*. Copyright © 1994 by Addison-Wesley Longman. Reprinted with permission.]

聚芳酰胺纤维是最常用的聚合物基复合材料，常见的基体材料为环氧树脂和聚酯。由于纤维相对柔软并且具有一定的韧性，可以用最常用的纺丝法纺出纤维。这类聚芳酰胺复合材料的典型应用包括防弹产品（防弹背心和防穿甲弹坦克）、体育用品、轮胎、绳索、导弹、压力容器、汽车闸及离合器衬片和衬垫中石棉的替代品。

表15.5列出了连续单向玻璃纤维、碳纤维和聚芳酰胺纤维增强环氧树脂复合材料的性能，可以从横向和纵向对这3种材料的力学性能进行对比。

表15.5　连续单向玻璃纤维、碳纤维和聚芳酰胺纤维增强环氧树脂基复合材料纵向和横向的性能①

性能	*玻璃（E-glass）*	*碳（高强度）*	*聚芳酰胺（Kevlar 49）*
相对密度	2.1	1.6	1.4
拉伸模量/GPa			
纵向	45	145	76
横向	12	10	5.5
拉伸强度/MPa			
纵向	1020	1240	1380
横向	40	41	30
临界拉伸应变			
纵向	2.3	0.9	1.8
横向	0.4	0.4	0.5

① 纤维体积分数为0.60。

资料来源：Adapted from R. F. Floral and S. T. Peters，“Composite Structures and Technologies，”tutorial notes，1989.

（4）其他的纤维增强材料

玻璃、碳和聚芳酰胺是最常用的与聚合物基体结合的纤维增强材料。其他不常用的纤维材料包括硼、碳化硅和氧化铝，表15.4列出了这些材料纤维形式的拉伸模量、拉伸强度、比强度和比模量。硼纤维增强聚合物基复合材料应用于军用飞机结构件、直升机旋翼桨叶片和某些体育用品。碳化硅和氧化铝纤维应用于网球拍、电路板、军用装甲和火箭鼻锥。

（5）聚合物基材料

15.7节描述了聚合物基体的作用。此外，基体常限定了最高服役温度，因为它在较纤维增强材料低得多的温度通常会变软、融化或降解。

聚酯和乙烯酯是应用最为广泛和最低廉的聚合物树脂❶。这些基体材料主要用于玻璃纤维增强复合材料。大量的树脂配方提供了这些聚合物广泛的性能。环氧树脂较为昂贵，此外，对于商业应用，广泛应用于航空航天PMCs材料中。它们具有更好的力学性能并且较聚酯和乙烯酯具有更好的耐水性。对于高温应用，常应用聚酰亚胺树脂，它们的连续使用高温上限接近230℃（450 ℉）。最后，高温热塑性树脂具有未来应用于航空航天的潜力，这类材料包括聚醚醚酮（PEEK）、聚苯硫醚（PPS）和聚醚酰亚胺（PEI）。

❶ 本节讨论的一些基体材料的化学和特殊性质见附录B、附录D和附录E。

设计例题15.1

管状复合材料轴的设计

拟设计一管状复合材料轴，其外径为70mm（2.75in.），内径为50mm（1.97in.），长度为1.0m（39.4in.），如图15.11所示。根据纵向弹性模量，其首要的力学性能是弯曲挠度，可以根据纵向弹性模量进行规范，而强度和抗疲劳性不是纤维增强复合材料应用的重要参数，刚度是弯曲时最大的容许挠度，如图7.18所示，当进行三点弯曲试验时，（即，支撑点位于管的两个端点且载荷施加于纵向中心点），1000N（225lbf）的载荷在中心点位置产生的弹性挠曲不超过0.35mm（0.014in.）。

采用取向平行于管轴向的连续纤维，可用的纤维材料为玻璃和标准、中和高模量碳纤维。基体材料是环氧树脂，最大容许纤维体积分数为0.60。

这个设计问题需要分为以下几步。

（a）确定四种纤维材料中的哪几种能在掺入环氧树脂基体后达到规定标准。

（b）从中选择一种纤维材料使复合材料成本最低（假设所有纤维的加工费相同）。

表15.6列出了纤维和基体材料的弹性模量、密度和成本数据。

解：

（a）首先需要确定符合复合材料规定标准的纵向弹性模量值。应用三点偏移表达式：

$$\Delta y=\frac{FL^3}{48EI} \tag{15.21}$$

式中，Δy为中点偏移量；F为外加力；L为支撑点间距离；E为弹性模量；I为横截面惯性矩。

对于内径和外径分别为d_i和d_o的管材，有：

$$I=\frac{\pi}{64}\left(d_o^4-d_i^4\right) \tag{15.22}$$

并且

$$E=\frac{4FL^3}{3\pi\Delta y\left(d_o^4-d_i^4\right)} \tag{15.23}$$

对于轴的设计，

$$F=1000\text{N}$$

$$L=1.0\text{ m}$$

$$\Delta y=0.35\text{ mm}$$

$$d_o=70\text{ mm}$$

$$d_i=50\text{ mm}$$

因此，对于轴，符合复合材料规定标准的纵向弹性模量值为：

$$E = \frac{4(1000\ \text{N})(1.0\text{m})^3}{3\pi(0.35\times10^{-3}\text{m})\left[(70\times10^{-3}\text{m})^4-(50\times10^{-3}\text{m})^4\right]}$$

$$= 69.3\ \text{GPa}\ (9.9\times10^6\ \text{psi})$$

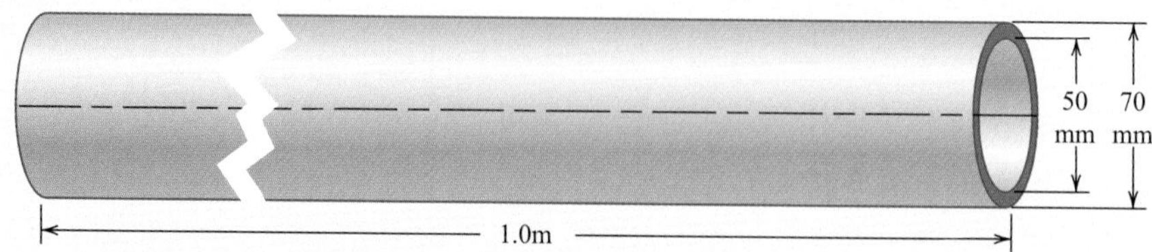

图 15.11 管状复合材料轴示意图

表 15.6 玻璃、多种碳纤维和环氧树脂的弹性模量、密度和成本数据

材料	弹性模量/GPa	密度/(g/cm^3)	费用/($US/kg)
玻璃纤维	72.5	2.58	2.10
碳纤维（标准模量）	230	1.80	60.00
碳纤维（中级模量）	285	1.80	95.00
碳纤维（高模量）	400	1.80	250.00
环氧树脂	2.4	1.14	6.00

下一步是确定这4种待选纤维材料每一种的纤维和基体的体积分数。应用式（15.10b）所示的混合法则表达式得到：

$$E_{cs}=E_m V_m+E_f V_f=E_m(1-V_f)+E_f V_f$$

表15.7列出了达到E_{cs}=69.3 GPa要求的V_m和V_f的值，计算中用到式（15.10b）和表15.6中的模量数据。根据V_f值小于0.6的要求，只有3种碳纤维合格。

（b）现在需要确定这三种碳纤维的纤维和基体的体积分数。管的总体积V_c（单位为cm）为：

$$V_c=\frac{\pi L}{4}\left(d_o^2-d_i^2\right) \tag{15.24}$$

$$=\frac{\pi(100\text{cm})}{4}\left[(7.0\text{cm})^2-(5.0\text{cm})^2\right]$$

$$=1885\ \text{cm}^3\ (114\text{in}^3)$$

表 15.7 依照复合材料模量69.3 GPa的要求得到的3种碳纤维和基体体积分数

纤维种类	V_f	V_m
玻璃	0.954	0.046
碳（标准模量）	0.293	0.707
碳（中模量）	0.237	0.763
碳（高模量）	0.168	0.832

表15.8 纤维和基体的体积、质量和费用以及3种碳纤维增强环氧树脂基体复合材料总的材料成本

纤维种类	纤维体积 /cm^3	纤维质量 /kg	纤维费用 /$US	基体体积 /cm^3	基体质量 /kg	基体费用 /$US	总费用 /$US
碳（标准模量）	552	0.994	59.60	1333	1.520	9.10	68.70
碳（中模量）	447	0.805	76.50	1438	1.639	9.80	86.30
碳（高模量）	317	0.571	142.80	1568	1.788	10.70	153.50

因此，由这个数值和表15.7中V_f和V_m的值得到纤维和基体的体积，这些值如表15.8所示，然后根据密度数据转换得到其质量（表15.6），最后又由单位质量的成本得到材料的总成本（表15.6）。

由表15.8注意到，选用的材料（即最为廉价）是标准级模量碳纤维复合材料，这种纤维材料虽然具有较低的弹性模量并且需要更高的体积分数，然而其单位质量的成本较低。

15.9 金属基复合材料

金属基复合材料

顾名思义，金属基复合材料（MMCs）的基体是延性金属。相比于其基体金属这类材料可以应用于更高的服役温度下，而且，增强材料可能会提高其比刚度、比强度、抗磨损性、抗蠕变性、导热性和尺寸稳定性。这类材料相比于聚合物基复合材料具有的优点包括：更高的服役温度、不易燃、更高的抗有机溶剂溶解性。金属基复合材料比PMCs昂贵得多，因此，MMC的应用受到一定程度的限制。

超合金和铝合金、镁合金、钛合金及铜合金可用作基体材料。增强材料可能是颗粒形式、连续和非连续纤维形式和晶须形式，通常占总体积的10%～60%（体积）。连续纤维材料包括碳、碳化硅、硼、氧化铝和难熔金属，而非连续增强材料主要由碳化硅晶须、氧化铝短切纤维和碳纤维、碳化硅和氧化铝颗粒组成。从某种意义上讲，金属陶瓷（15.2节）应列入MMC的范围。表15.9列出了几种常见的连续单向纤维增强金属基复合材料的性能。

在高温下，某些基体-增强材料体系发生剧烈的界面反应。因此，高温处理或者MMC的高温服役过程可能导致复合材料的热解。通常可以通过在增强材料上涂覆保护性表面涂层或者改变基体合金成分解决这个问题。

MMCs的制备工艺通常至少包括两步：固态法和复合法（即在基体中掺入增强材料），以及随后进行的切割成型操作。固态法有许多种，其中一些相对复杂，非连续纤维MMCs可由标准的金属成型方法（如锻造、挤压、轧制）切割成型制备。

最近MMCs开始应用于汽车制造业。例如，某些发动机部件采用氧化铝和碳纤维增强的铝合金基体，这种MMC质轻且抗磨损和热变形。金属基复合材料也用于发动机的驱动轴（具有较高的转速并可降低振动噪声）、挤压成型稳定器杆件以及铸造悬臂波导结构。

表 15.9　几种连续单向纤维增强金属基复合材料的性能

纤维	基体	纤维含量 /%(体积)	密度/（g/cm）^{3}	纵向拉伸模量 /GPa	纵向拉伸强度 /MPa
碳	6061 Al	41	2.44	320	620
硼	6061 Al	48	—	207	1515
SiC	6061 Al	50	2.93	230	1480
氧化铝	380.0 Al	24	—	120	340
碳	AZ31 Mg	38	1.83	300	510
硅硼丝	Ti	45	3.68	220	1270

资料来源：Adapted from J.W.Weeton，D.M.Peters，and K.L.Thomas，*Engineers' Guide to Composite Materials*，ASM International，Materials Park，OH，1987.

由于MMCs具有低密度并可控的性质（即机械性和热学性），因此也被应用于航空航天工业。先进的铝合金金属基复合材料用于结构件上；连续石墨纤维用来哈勃太空望远镜的天线加固；全球定位系统（GPS）卫星采用碳化硅-铝和石墨-铝基复合材料作为电子封装和热处理系统，因其具有较高的热导性，能够与GPS上其他电子材料有较匹配的热膨胀系数。

难熔金属（如钨）纤维增强材料可以提高某些超合金的高温蠕变和断裂性能（Ni-和Co-基合金），还可以保持其优良的高温抗氧化性和耐冲击强度。包含这些复合材料的设计使涡轮发动机获得了更高的运转温度和更高的效率。

15.10　陶瓷基复合材料

如第13章所述，陶瓷材料本身具有针对高温下氧化和性能恶化的自愈合现象，假如它不存在致命的弱点，即脆性断裂特性，某些陶瓷材料会成为高温和严峻应力下应用的理想选择，特别是在汽车和飞机燃气轮机引擎上的应用。如表9.1和附录B中的B.5所示，陶瓷材料的断裂韧性值较低，通常在1 ～ 5MPa$\sqrt{m}$(0.9 ～ 4.5ksi$\sqrt{in.}$)。相反，大部分材料的K_{Ic}值要高得多[15 ～ 150MPa$\sqrt{m}$(14 ～ 140ksi$\sqrt{in.}$)]。

陶瓷基复合材料

新一代陶瓷基复合材料（CMCs）（一种陶瓷材料的颗粒、纤维或晶须掺入另一种陶瓷材料）的发展大大改善了陶瓷的断裂韧性。陶瓷基复合材料的断裂韧性的范围扩大到约6 ～ 20MPa$\sqrt{m}$(5.5 ～ 18ksi$\sqrt{in.}$)。

实际上，断裂性能的改善是在于早期裂纹和分散相颗粒间的相互作用。裂纹的萌生通常发生在基体相，而裂纹的扩展会受到颗粒、纤维或晶须的阻碍或抑制。下面将讨论几种阻碍裂纹扩展的方法。

一种相当有趣和有前景的韧化技术是利用相变抑制裂纹扩展，称为相变增韧。局部稳定的氧化锆小颗粒（10.16节）弥散于基体材料内，基体材料通常为Al_2O_3或者ZrO_2。通常，CaO、MgO、Y_2O_3和CeO可作为稳定剂。局部稳定性使得ZrO_2小颗粒在室温时仍可以保持亚稳态四方相而不是稳态单斜相，如图10.25所示，ZrO_2-$ZrCaO_3$相图中标明了这两相。裂纹扩展前端的应力场导致这些亚稳态四方相发生到稳态单斜相的转变，并伴有微小颗粒体积的增加，最终结果是在裂纹表面接近裂纹尖端位置产生了压应力，相当于施加了一个闭合裂纹的力，因此抑制了裂纹的扩展。图15.12为这一过程的示意图。

其他最新的韧化技术包括陶瓷晶须的应用，通常为SiC或Si_3N_4。这些晶须抑制裂纹生长的方式包括：① 裂纹偏转；② 裂纹表面晶须桥联；③ 晶须从基体拔出吸收能量；④ 造成应力在裂纹尖端附近区域的重新分配。

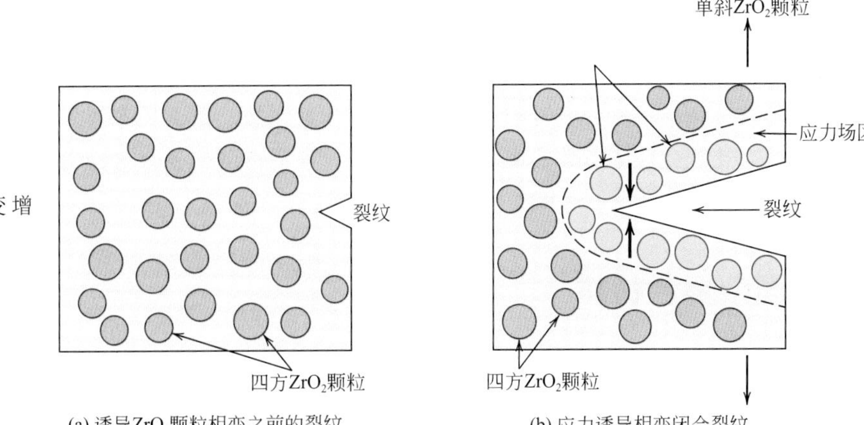

图15.12 相变增韧示意图

通常，增加纤维含量会改善强度和断裂韧性，如表15.10列出的SiC晶须增强氧化铝。而且，相对于对应的未增强的陶瓷，晶须增强陶瓷断裂强度的分散性会有很大程度的降低。此外，CMCs的存在改善了高温蠕变性能和抗热冲击性（即，温度突变造成的断裂）。

表15.10 几种包含SiC晶须Al_2O_3的室温断裂强度和断裂韧性

晶须含量/%（体积）	*断裂强度/MPa*	*断裂韧性/MPa*$\sqrt{m}$
0	—	4.5
10	455±55	7.1
20	655±135	7.5 ～ 9.0
40	850±130	6.0

资料来源：Adapted from *Engineered Materials Handbook*，Vol.1，*Composites*，C.A.Dostal（Senior Editor），ASM International，Materials Park，OH，1987.

陶瓷基复合材料的制备工艺包括：热压烧结法、热等静压法和液相烧结法。SiC晶须增强氧化铝已应用于切削刀具，在硬质合金的加工中发挥作用，这种材料制成的刀具比硬质合金刀具耐用（15.2节）。

15.11 碳/碳复合材料

碳/碳复合材料

碳纤维增强碳基复合材料是一种最为先进和最有前景的工程材料，通常称为碳/碳复合材料，顾名思义，增强材料和基体均为碳。这种材料较新并且昂贵，因此，目前还未得到广泛应用。碳/碳复合材料的优越性能包括在超过2000℃的高温下仍能保持高拉伸模量和拉伸强度，抗蠕变性能以及较高的断裂韧性。而且，碳/碳复合材料具有低热膨胀系数和较高的热导率，这些性能，连同高强度，使其对热冲击具有较低的敏感度。碳/碳复合材料的主要缺点是高温下的易氧化性。

碳/碳复合材料应用于火箭发动机，飞机和高性能汽车的摩擦元件，或者制成热压模具，也可作为先进的涡轮发动机的构件，或者作为飞行器再入大气层时的抗烧蚀材料。

碳/碳复合材料相对复杂的制备工艺是导致其价格昂贵的主要原因。其制备的初始步骤与制备碳纤维增强聚合物基复合材料的步骤类似。即将连续碳纤维按照所需的二维或三维图形放置，随后，用液态聚合树脂浸渍这些纤维（通常为酚醛塑料），接下来部件被制成最终的形状，树脂凝固。这时基体树脂热解（pyrolyzed），即在惰性气氛中加热转变为碳，高温分解过程中，生成的分子成分包括氧气、氢气和氮气，这些气体被驱散，留下长碳链分子。随后的高温热处理会使碳基体的密度和强度增加。最后得到的复合材料由初始的本质上没有任何改变的碳纤维和热解碳基体组成。

15.12 混杂复合材料

混杂复合材料

混杂复合材料是一种较新的纤维增强复合材料，这是一种在单一基体中应用两种或两种以上不同种类纤维的形成的复合材料，混杂复合材料比只包含一种纤维的复合材料具有更为优越的综合性能。多种纤维与基体材料的组合体系已得到应用，但是最常见的体系是碳纤维和玻璃纤维与聚合树脂的组合。碳纤维是一种强度高、刚度高、密度低的增强材料，然而其价格昂贵。玻璃纤维价格低廉，刚度较碳纤维低。玻璃-碳混杂复合材料更为强韧，抗冲击性更好，成本较具有相同性能的全碳和全玻璃增强塑料低。

两种不同的纤维可以通过多种方式进行组合，最终都会影响其综合性能。例如，纤维都呈单向且互相混杂，或者通过叠层进行复合，每层都包含单种纤维，相同纤维错层排列。实际上，所有的混杂复合材料都具有各向异性。

当混杂复合材料承受拉应力，通常不会发生灾难性失效（即不会突然发生）。碳纤维首先断裂，这时载荷转移给玻璃纤维。当玻璃纤维发生断裂时，基体相需承担外加载荷，最终的复合材料失效为基体相发生失效。

混杂复合材料的主要应用在轻量水陆空运输结构部件、体育用品和轻量整形部件。

15.13 纤维增强复合材料的加工

制备符合设计规范的连续纤维增强塑料，纤维应该均匀分布于塑料基体中，并且在多数情况下，所有的取向实际上分布于相同的方向。这一节将讨论几种可制造出可用的复合材料产品的工艺（拉挤成型、预浸料生产工艺和缠绕成型）。

（1）拉挤成型

拉挤成型用于制备具有连续长度和连续横截面形状的部件（杆、管、梁等）。应用这项工艺，如图15.13所示，连续纤维粗砂或纱束[1]，首先用热固树脂浸渍，然后拉成一个预成型钢模，预制成需要的形状并且确定树脂/纤维比。材料随后经过成型模精确加工定形，并且成型模需要加热以固化树脂基体。拉拔装置由成型模中连续拉拔出型材制品并且也决定了生产速度。管子和空心产品

[1] 粗砂或纱束是分散了的连续纤维束，连续纤维束以平行的方式一起引出。

可以通过采用心模或可插入的空心内核制造。拉挤成型用量最多的增强材料是玻璃纤维、碳纤维和聚芳酰胺纤维，通常添加量为40% ～ 70%（体积）。常用的基体材料包括聚酯树脂、乙烯基酯树脂和环氧树脂。

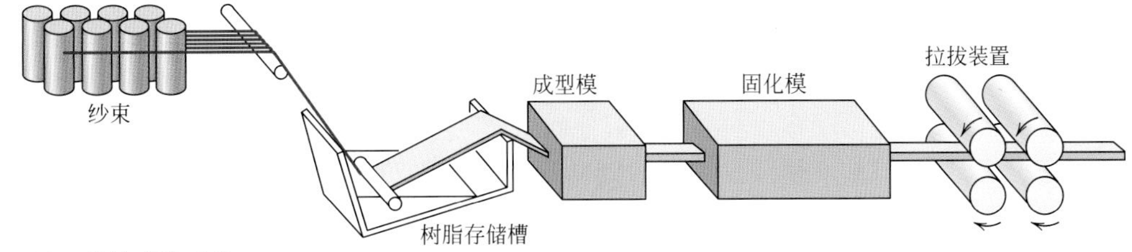

图15.13　拉挤成型工艺

拉挤成型是连续成型工艺技术，该项技术易于自动化，具有生产效率高、性价比高的优点。而且，可连续生产任意长度的各种异型制品。

（2）预浸料生产工艺

预浸料

预浸料是复合材料工业中的名词，是用部分熔化的聚合树脂基体预浸渍连续纤维，制成树脂基体与增强材料的复合物，是制造复合材料的中间材料。预浸料呈带状，然后直接定形并完全固化形成产品，在这一过程中不添加任何树脂。它可能是应用最为广泛的结构复合材料。

热固树脂聚合物的预浸渍过程如图15.14所示，首先调节从纱架引出的多束连续纤维束，使得这些纤维束成夹芯状，然后通过加热辊于上、下隔离纸之间挤压成型，这一过程称为压延。隔离纸之间涂覆较低黏度的熔融态树脂以使树脂充分浸渍纤维。刮刀使树脂形成一层厚度和宽度均匀的胶膜。最终的预浸料产品——部分固化的树脂中掺入连续单向纤维的薄型预浸料带——缠绕于芯板后即可进行包装。如图15.14所示，预浸渍带分卷后移走隔离纸。典型的预浸渍带厚度为0.08 ～ 0.25mm，带宽为25 ～ 1525mm，其中树脂含量通常为35% ～ 45%（体积）。

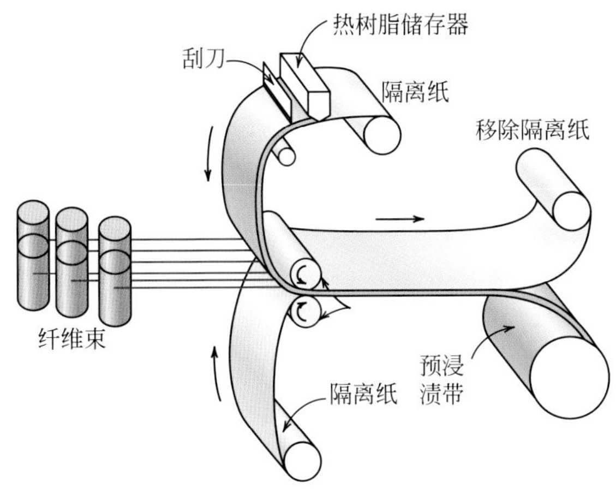

图15.14　采用热固树脂聚合物制作预浸料带的示意图

室温下，热固树脂基体经历固化过程，因此，预浸料需要存储于0℃（32℉）或者更低的温度。此外，在室温下的使用时间必须减至最短。如果控制合理，热固树脂预浸料至少有6个月或通常更长的储存期。

可以应用热塑性和热固性树脂；碳、玻璃和聚芳酰胺纤维是常用的增强材料。

实际生产中由叠层开始——将预浸料带置于模具上。通常采用许多层交替铺叠的方式（去除离型纸后），直到所需厚度。叠层排列可以是单向的，但是更常见的情况是纤维取向交替排列以形成正交层板或斜交层板。最终的固化过程由热和压力的共同作用完成。

叠层过程可以完全由手工完成（手糊成型），操作者切断一段预浸料带，然后将它们按需要的取向置于模具上。预浸料带也可以由机械切断，随即手糊成型。通过自动预浸料叠层和其他的生产工序还可以进一步降低制造成本（如缠绕成型，见下段），这实际上消除了对人工劳动的所需性。这些自动化方法是许多复合材料应用中性价比高的基本方法。

（3）缠绕成型

缠绕成型（Filament winding）是把连续增强纤维准确地置于预定模中，形成中空形（常为圆柱形）。纤维，以单股形式或纤维束形式，首先浸渍树脂，然后通常由自动缠绕机（如图15.15所示）连续地缠绕到芯模上。缠绕了合适的层数后，通过加热或常温固化成型，然后取出芯模。缠绕成型可以制造10 mm或更窄的窄薄预浸料（如预浸料束）。

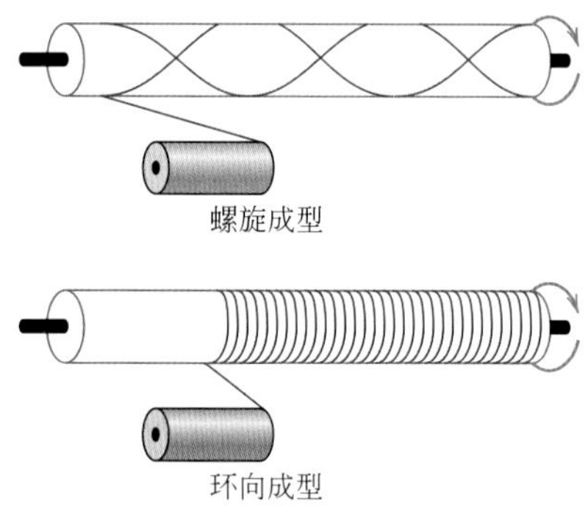

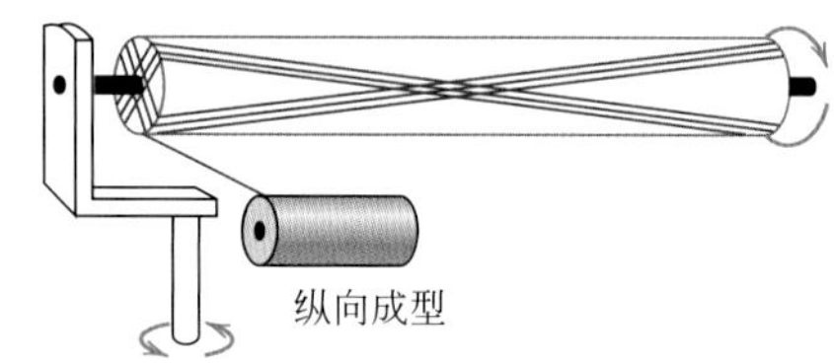

图15.15　螺旋、环向和纵向的缠绕成型技术示意图

[From N. L. Hancox，(Editor)，*Fibre Composite Hybrid Materials*，The Macmillan Company，New York，1981.]

多种缠绕线型（如环向、螺旋和纵向）都可以满足机械性能的要求。缠绕成型部件具有非常高的比强度。此外，缠绕成型这项技术可以准确控制纱线的均匀性和路径。而且，自动化缠绕过程成本低。常用的缠绕成型结构件包括火箭发动机壳、储罐、管道和压力容器。

这项制备工艺目前不仅限于制作回转面的结构形状（如I-型），也可被用来制造其他各种各样的结构形状。这项技术因其高性价比而发展迅速。

结构复合材料

结构复合材料

结构复合材料由均质复合材料构成，其性能不仅取决于组成材料的性能，还取决于多种结构因素的几何设计。层状复合材料和夹芯板是两种最常见的结构复合材料。这里只进行简单的介绍。

15.14 层状复合材料

层状复合材料

层状复合材料由具有单方向高强度的层板组成，例如树木和连续单向纤维增强塑料。单层板堆垛起来，随后复合在一起，相邻铺层都具有不同的高强度取向（图15.16）。例如，胶合板中相邻的木层纹理取向呈直角。也可以采用织物材料（如棉布、纸张或机织玻璃纤维布）增强塑料基体制造叠层。因此，层状复合材料在层面的许多方向都具有相对高的强度，然而，对于给出的任意方向的强度必然低于纤维全部沿这个取向分布所具有的强度。比较复杂的层状结构的例子是现代滑雪板（见本章开篇图）。

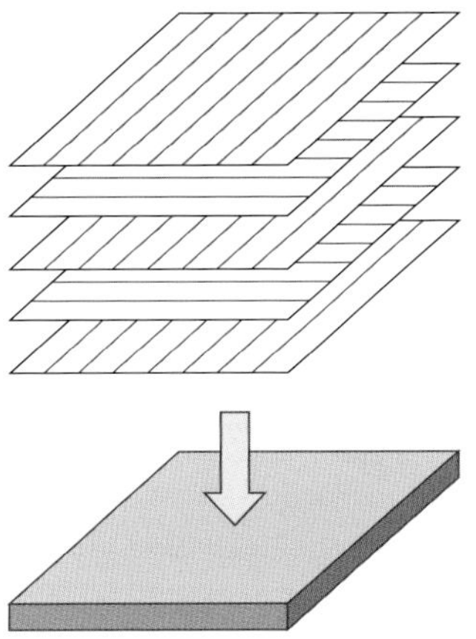

图15.16 层状复合材料中连续取向分布纤维增强层的堆垛

15.15 夹芯板

夹芯板

夹芯板属于结构复合材料类，设计成具有较高刚度和强度且质轻的束或板状复合材料。夹芯板包含两层外层板或面板，它们由一个较厚的内芯分离并黏附（图15.17）。面板由刚度和强度相对较高的材料制成，典型的如铝合金、纤维增强塑料、钛、钢或胶合板，它们赋予整个结构高刚度和强度，并且必须足够厚以承受外加载荷造成的拉应力和压应力。内芯材料采用质轻的通常具有低弹性模量的材料制成。典型的核材料分为3类：硬聚合物材料（如酚醛塑料、环氧树脂、聚亚安酯）、木材（如轻木）和蜂窝材料（即将讨论）。

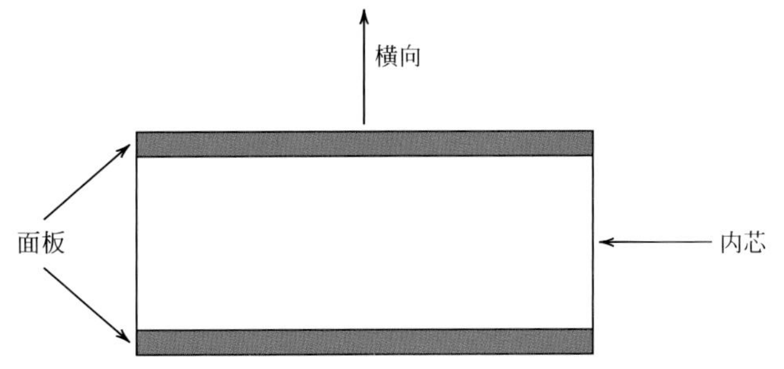

图15.17 夹芯板横截面示意图

在结构上，内芯有几个作用。首先，为面板提供连续支撑。另外，它需要具有足够的剪切强度以承受横向剪切应力，同时，它还需要具有足够的厚度以提供高的抗剪刚度（以抵抗板的皱折）。（芯板上的拉应力和压应力比面板上低得多。）

另一种常用的内芯由“蜂窝”结构组成——互锁的六边形孔格间存在着薄片，其轴向垂直于面板平面，图15.18为蜂窝状内芯夹芯板的剖视图。蜂窝材料通常选择铝合金或聚芳酰胺聚合物。蜂窝状结构的强度和刚度取决于巢的尺寸、槽壁厚度和制作材料。

夹芯板广泛应用于顶板、地板和建筑物的墙板以及航空航天和飞机领域（如机翼、机身和尾翼外壳）。

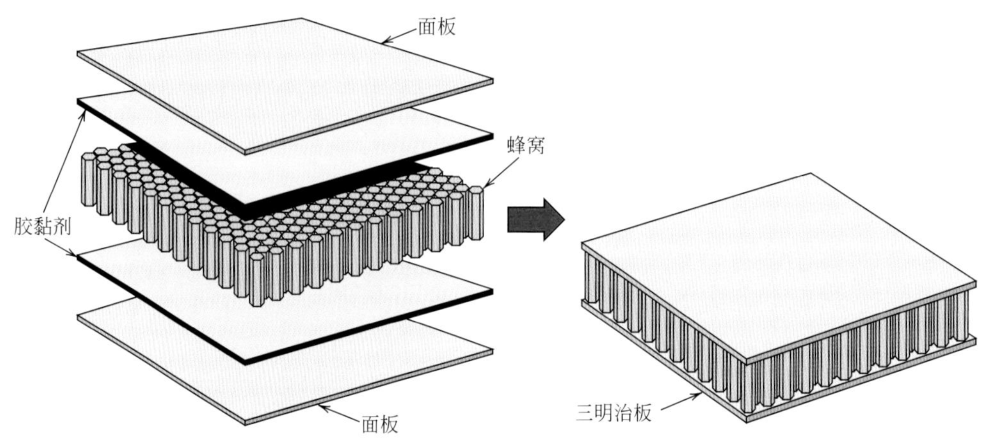

图15.18 蜂窝状中心夹芯板结构示意图

（Reprinted with permission from *Engineered Materials Handbook*，Vol.1，*Composites*，ASM International，Metals Park，OH，1987.）

重要材料

纳米复合涂层

纳米复合材料——纳米尺寸的颗粒增强复合材料是一类有前景的新材料，无疑会渗入我们的现代技术。其实，高性能网球目前正在应用一种纳米复合材料。这些网球的压致弹跳能力为传统网球的两倍。覆盖内核的柔韧的纳米复合材料薄（10～50μm）涂层阻碍空气渗入球壁❶，网球横截面示意图如图15.19所示。由于其出色的性能，这种双核球最近被选为重要网球赛事的官方用球。

纳米复合材料涂层基体为丁基橡胶，增强材料为蛭石❷薄层片状晶，蛭石是一种天然的黏土矿物。蛭石薄层片状晶存在单分子薄片——大约为1nm厚——具有非常大的宽高比（大约为10000）。宽高比（aspect ratio）是薄层片状晶的侧向尺寸与其厚度的比。而且，蛭石薄层片状晶呈鳞片状（exfoliated）—即，片状晶之间是分离的。同时，蛭石薄层片状晶在丁基橡胶中呈单向排列，因此它们的横轴位于相同的平面内，且涂层包含多层片状晶（如图15.19中的插图所示）。

❶ 该涂层由InMat公司研发，称为“Air D-Fense”。Wilson体育用品公司将其应用于双核网球。

❷ 蛭石属于12.3节讨论的层硅酸盐类。

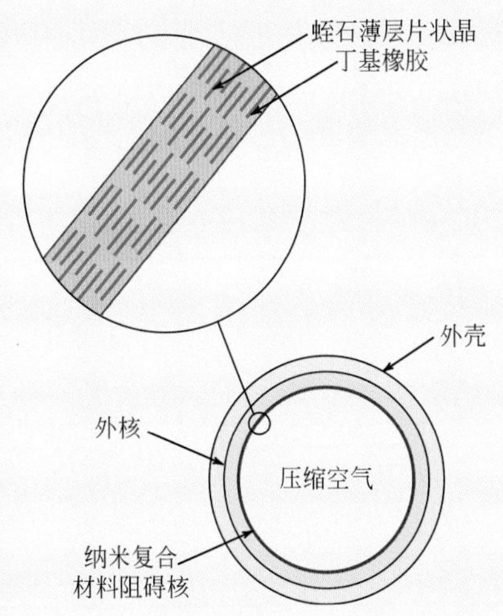

图15.19 高性能双核网球横截面的示意图

插图显示阻碍空气渗入的纳米复合材料涂层的详细示意图。

一罐双核网球和一个网球的图片。(Photograph courtesy of Wilson Sporting Goods Company.)

新的纳米复合涂层的设计已应用到其他弹性体（丁腈橡胶和氯丁橡胶）、塑料薄膜（PET和聚丙烯）和纳米颗粒（例如，蒙脱石黏土）。与其他聚合物涂层相比，这种新的纳米涂层能够有效地阻止空气、氧气、水蒸气和其他一些化学物质。纳米复合材料拥有的先进特点可以满足制作一些特殊涂层的要求。此外，这些材料都是环保的，它们以水为主要成分，不含溶剂或危险物质，且无挥发性有机化合物（VOCs)。其中一些是可回收的或者是生物可降解的生物衍生膜。此外，非常膜的涂层可用于商标准的设备以降低其成本。

这种阻隔涂层也可用于其他运动球、透明食品包装（柔性和刚性的）、轮胎（汽车和山地自行车）、防化学手套和医疗设备。

蛭石薄层片状晶的存在使得纳米复合材料涂层具备更加有效地保持网球内部气压的性能，这些薄层片状晶作为空气分子扩散的多层屏障可减慢空气分子的扩散速率，即由于空气分子必须绕过多层堆叠片状晶形成的曲折路径才能扩散渗入涂层，空气分子扩散的长度大幅增加。同时，丁基橡胶中薄层片状晶的添加不会降低其柔韧性。

总结

导言

- 复合材料是人工合成的，具有各组成相最佳性能的高综合性能的多相材料。
- 通常，其一相（基体）为连续相并且完全包围另一相（分散相）。
- 本章中，复合材料分为颗粒增强复合材料、纤维增强复合材料和结构复合材料。

大颗粒复合材料
弥散增强复合材料

- 大颗粒和弥散增强复合材料属于颗粒增强复合材料类。
- 对于弥散增强复合材料，在基体中掺入十分细小的颗粒分散相，能够阻止位错运动，改善强度性能。
- 大颗粒复合材料中的颗粒尺寸通常较大，由于增强作用其力学性能得以提高。
- 对于大颗粒复合材料，根据混合法则表达式（15.1）和式（15.2），弹性模量的上限值和下限值取决于基体和颗粒相的模量和体积分数。
- 混凝土属于大颗粒复合材料，包括水泥及其黏合在一起的颗粒骨料。对于硅酸盐水泥混凝土，骨料包括砂和石子，通过硅酸盐水泥和水的化学反应使得水泥的黏合增强。
- 混凝土的机械强度可以通过加入增强材料的方法得以提高（如在新拌的混凝土中加入钢筋、钢丝等）。

纤维长度的影响

- 在几种复合材料中，纤维增强复合材料的增强效率最高。

- 对于纤维增强复合材料，外加载荷通过基体相传递并分散给纤维相，基体材料通常韧性较好。
- 只有当基体-纤维结合强度高时才能产生较大的增强作用，因为在纤维两端增强作用不连续，增强效率取决于纤维长度。
- 对于每一种纤维-基体组合，存在临界纤维长度（l_c），根据式（15.3），它取决于纤维直径和强度以及纤维-基体结合强度。
- 连续纤维的长度远远超过临界值（即，$l > 15l_c$），短纤维是非连续纤维。

纤维取向和浓度的影响

- 根据纤维长度和取向，可能存在3种不同类型的纤维增强复合材料。

  连续单向［如图15.8（a）所示］——力学性能具有高度各向异性。在排列方向，增强程度和强度最大；在垂直于纤维排列方向，强度值最小。

  非连续单向［如图15.8（b）所示］——纵向可能具有高强度和高刚度。

  非连续随机取向分布［如图15.8（c）所示］——增强效率受到某些限制，具有各向同性。
- 对于连续单向复合材料，式（15.10）和式（15.16）分别为其纵向和横向弹性模量的混合法则表达式。此外，式（15.17）为其纵向强度的表达式。
- 对于非连续单向复合材料，复合材料强度的表达式分为两种情况。

  当$l > l_c$，应用式（15.18）。

  当$l < l_c$，应用式（15.19）。
- 非连续随机取向分布纤维增强复合材料的弹性模量可由式（15.20）得出。

纤维相

- 根据纤维直径和种类，纤维增强材料分为以下几种：

  晶须——直径极小、强度极高的单晶；

  纤维——通常为非晶或多晶的聚合物或陶瓷材料；

  金属丝——较大直径的金属/合金。

基体相

- 尽管3种基本材料都用于基体材料，最常用的是聚合物和金属。
- 基体相通常起到3种作用。

  将纤维黏结在一起并向纤维传递外载荷。

  保护单根纤维不受表面损坏。

  阻碍裂纹由一根纤维到另一根纤维的扩展。
- 纤维增强复合材料有时会根据其基体种类分为3类：纤维增强聚合物基复合材料，纤维增强金属基复合材料和纤维增强陶瓷基复合材料。

聚合物基复合材料

- 聚合物基复合材料应用最为广泛，其增强材料为玻璃纤维、碳纤维和聚芳酰胺纤维。

金属基复合材料

- 对于金属基复合材料，其服役温度高于聚合物基复合材料。MMCs也采用多种纤维增强材料和晶须增强材料。

陶瓷基复合材料

- 对于陶瓷基复合材料，设计目标为提高断裂韧性，可通过早期裂纹和分散相颗粒之间的相互作用实现。
- 相变增韧的方法可以改善K_{Ic}。

碳/碳复合材料

- 碳/碳复合材料由碳纤维和热解碳基体组成。

- 这类材料极其昂贵，用于具有高强度和刚度（高温下仍能保持）、抗蠕变和良好断裂韧性需求的应用。

混杂复合材料

- 混杂复合材料包含至少两种不同种类的纤维。混杂复合材料的应用使设计具有更优异综合性能的复合材料成为可能。

纤维增强复合材料的加工

- 几种复合材料加工技术得到发展，得到了均匀的纤维分布和高度的单向性。
- 通过拉挤成型得到连续长度和等横截面的零件，树脂浸渍纤维束从一个成型模拉拔出型材。
- 应用于许多结构件的复合材料的制备通常由叠层操作开始（手糊成型或自动化成型），将预浸料带置于模具上，随后其在热和压力的共同作用下充分固化。
- 采用自动化缠绕成型过程可以制作某些空心结构，将树脂浸渍粗砂、束或预浸料带连续缠绕于芯棒上，然后进行固化操作。

结构复合材料

- 讨论了两种常见的结构复合材料：层状复合材料和夹芯板。

层状复合材料在层面内呈现各向同性，通过高度各向异性复合材料叠层实现，其中单层板采用高强度方向逐层变化的方式铺叠在一起。

夹芯板包括两层高强度和刚度的面板，两者由内芯材料或结构分开。这样的结构可以获得高强度、高刚度与低密度的组合性能。

公式总结

公式编号	公式	求解
（15.1）	$E_c(u)=E_mV_m+E_pV_p$	混合法则表达式–下界
（15.2）	$E_c(l)=\dfrac{E_mE_p}{V_mE_p+V_pE_m}$	混合法则表达式–上界
（15.3）	$l_c=\dfrac{\sigma_f^* d}{2\tau_c}$	临界纤维长度
（15.10a）	$E_{cl}=E_mV_m+E_fV_f$	单向连续纤维增强复合材料纵向弹性模量
（15.16）	$E_{ct}=\dfrac{E_mE_f}{V_mE_f+V_fE_m}$	单向连续纤维增强复合材料横向弹性模量
（15.17）	$\sigma_{cl}^*=\sigma_m'(1-V_f)+\sigma_f^*V_f$	单向连续纤维增强复合材料纵向拉伸强度
（15.18）	$\sigma_{cd}^*=\sigma_f^*V_f\left(1-\dfrac{l_c}{2l}\right)+\sigma_m'(1-V_f)$	单向非连续纤维增强复合材料纵向拉伸强度（$l>l_c$）
（15.19）	$\sigma_{cd'}^*=\dfrac{l\tau_c}{d}V_f+\sigma_m'(1-V_f)$	单向非连续纤维增强复合材料纵向拉伸强度（$l<l_c$）

符号列表

符号	意义	符号	意义
d	纤维直径	V_f	纤维相体积分数
E_f	纤维相弹性模量	V_m	基体相体积分数
E_m	基体相弹性模量	V_p	颗粒相体积分数
E_p	颗粒相弹性模量	σ_f^*	纤维拉伸强度
l	纤维长度	σ_m'	复合材料失效时基体承担的应力
l_c	临界纤维长度	τ_c	纤维-基体结合强度或基体剪切屈服强度

重要术语和概念

碳/碳复合材料
陶瓷基复合材料
金属陶瓷
混凝土
分散相
弥散强化复合材料
纤维
纤维增强复合材料
混杂复合材料
层状复合材料
大颗粒复合材料
纵向
基体相
金属基复合材料
聚合物基复合材料
预浸料
预应力混凝土
叠加效应
钢筋混凝土
混合法则
夹芯板
比模量
比强度
结构复合材料
横向
晶须

参考文献

Agarwal，B. D.，L. J. Broutman，and K.Chandrashekhara，*Analysis and Performance of Fiber Composites*，3rd edition，Wiley，Hoboken，NJ，2006.

Ashbee，K. H.，*Fundamental Principles of Fiber Reinforced Composites*，2nd edition，CRC Press，Boca Raton，FL，1993.

ASM Handbook，Vol.21，*Composites*，ASM International，Materials Park，OH，2001.

Barbero，E. J.，*Introduction to Composite Materials design*，2nd edition，CRC Press，Boca Raton，FL，2010.

Chawla，K. K.，*Composite Materials Science and Engineering*，2nd edition，Springer，New York，2010.

Gerdeen，J. C.，H. W. Lord，and R. A. L. Rorrer，*Engineering Design with Polymers and Composites*，CRC Press，Boca Raton，FL，2005.

Hull，D. and T. W. Clyne，*An Introduction to Composite Materials*，2nd edition，Cambridge University Press，New York，1996.

Mallick，P. K.，*Composites Engineering Handbook*，CRC Press，Boca Raton，FL，1997.

Mallick，P. K.，*Fiber-Reinforced Composites*，*Materials*，*Manufacturing*，*and Design*，3rd edition，CRC Press，Boca Raton，FL，2008.

Strong，A. B.，*Fundamentals of Composites*：*Materials*，*Methods*，*and Applications*，2nd edition，Society of Manufacturing Engineers，Dearborn，MI，2008.

习题

Wiley PLUS中（由教师自行选择）的习题。

Wiley PLUS中（由教师自行选择）的辅导题。

大颗粒复合材料

15.1 加入氧化铝（Al_2O_3）颗粒可改善铝的力学性能。已知铝和Al_2O_3的弹性模量分别为69GPa（10×10^6psi）和393GPa（57×10^6psi），应用上界和下界表达式，绘制弹性模量与Al_2O_3在Al中体积分数0～100%（体积）的曲线图。

15.2 碳化钛（TiC）颗粒增强钴基金属陶瓷中TiC颗粒的含量为75%（体积），试估算其最大和最小热导率值。假设TiC和Co的热导率分别为27W/（m·K）和69W/（m·K）。

15.3 需制备大颗粒钨增强铜基复合材料。如果钨和铜的体积分数分别为0.60和0.40，试估算这种复合材料比刚度的上限。其性能参数如下表。

项目	相对密度	弹性模量/GPa
铜	8.9	110
钨	19.3	407

15.4 （a）水泥和混凝土的区别是什么？

（b）指出限制混凝土作为结构材料应用的3个重要原因。

（c）简要说明采用增强材料增加混凝土强度的3种方法。

弥散增强复合材料

15.5 指出析出强化和弥散强化的一个相同点和两个不同点。

纤维长度的影响

15.6 对于玻璃纤维-环氧树脂基体组合，临界纤维长度的纤维长径比是65。应用表15.4所示的数据，试确定纤维-基体结合强度。

15.7 （a）对于纤维增强复合材料，增强率η与纤维长度l的关系如下：

$$\eta=\frac{l-2x}{l}$$

其中x是纤维端处对载荷转移无影响的长度。试绘制l到40mm（1.6in.）的η与l的曲线，假设x=0.75mm（0.03in.）。

（b）增强率为0.80时要求的纤维长度。

纤维取向和浓度的影响

15.8 连续单向纤维增强复合材料包含37%（体积）的聚芳酰胺纤维和63%（体积）聚碳酸酯基体，这两种材料的力学性能如下：

项目	弹性模量/GPa（psi）	拉伸强度/MPa（psi）
聚芳酰胺纤维	131（19×10^6）	3600（520000）
聚碳酸酯	2.4（3.5×10^5）	65（9425）

当聚芳酰胺纤维断裂时，聚碳酸酯基体承担的应力为45 MPa（6500psi）。

试计算这种复合材料的

（a）纵向拉伸强度

（b）纵向弹性模量

15.9 制造纵向弹性模量和横向弹性模量分别为57.1GPa（8.28×10^6psi）和4.12GPa（6×10^5psi）的连续取向分布聚芳酰胺-环氧树脂基复合材料可能吗？为什么？假设环氧树脂的弹性模量为2.4GPa（3.5×10^5psi）。

15.10 对于连续取向分布纤维增强复合材料，其纵向弹性模量和横向弹性模量分别为19.7GPa（2.8×10^6psi）和3.66GPa（5.3×10^5psi）。如果纤维的体积分数为0.25，试确定纤维和基体相的弹性模量。

15.11 （a）证明纤维-基体承载比（F_f/F_m）的表达式（15.11）的正确性。（b）利用E_f、E_m和V_f推导F_f/F_c的表达式。

15.12 连续单向玻璃纤维增强尼龙66基复合材料中，纤维承担94%的纵向载荷。

（a）应用给出的数据，试确定需求的纤维体积分数。

（b）试确定复合材料的拉伸强度。假设纤维断裂时基体承担的应力为30 MPa（4350psi）。

项目	弹性模量/GPa（psi）	拉伸强度/MPa
玻璃纤维	72.5（10.5×10^6）	3400（490000）
尼龙 66	3.0（4.35×10^5）	76（11000）

WILEY WILEY GO 15.13 假设题15.8中描述的复合材料的横截面面积为320mm²（0.5in.²），其承担的纵向载荷为44500N（10000lb_f）。

（a）试计算纤维-基体承载比。（b）试计算纤维和基体相的实际承载。

（c）试计算纤维和基体相的应力值。（d）复合材料经历的应变过程是什么？

WILEY 15.14 承担外加拉伸载荷的连续单向纤维增强复合材料的横截面面积为1130 mm²（1.75in.²）。如果由纤维相和基体相承担的应力分别为156MPa（22600psi）和2.75 MPa（400psi），纤维相受力为74000N（16600lb_f），总的纵向应变为1.25×10^{-3}，试确定

（a）基体相受力的数值；

（b）复合材料纵向弹性模量；

（c）纤维和基体相的弹性模量。

15.15 单向碳纤维增强环氧树脂基复合材料的纤维体积分数为0.25，试计算其纵向强度。假设如下：① 平均纤维直径为10×10^{-3}mm（3.94×10^{-4}in.），② 平均纤维长度为5mm（0.20in.），③ 纤维断裂强度为2.5GPa（3.625×10^5psi），④ 纤维-基体结合强度为80MPa（11600psi），⑤ 纤维断裂时基体承担的应力为10.0MPa（1450psi），⑥ 基体的拉伸强度为25MPa（11000psi）。

WILEY 15.16 要求制作纵向拉伸强度为750MPa（109000psi）的单向碳纤维增强环氧树脂基复合材料。试计算所需纤维体积分数。如果① 纤维平均直径和长度分别为1.2×10^{-2}mm（4.7×10^{-4}in.）和1mm（0.04in.）；② 纤维断裂强度为5000MPa（725000psi）；③ 纤维-基体结合强度为25MPa；④ 纤维断裂时基体承担的应力为10MPa（1450psi）。

15.17 试计算单向纤维增强环氧树脂基复合材料的纵向拉伸强度。已知平均纤维直径和长度分别为0.010mm（4×10^{-4}in.）和2.5mm（0.10in.），纤维的体积分数为0.40。假设① 纤维-基体结合强度为75MPa（10900psi），② 纤维的断裂强度为3500MPa（508000psi），③ 纤维断裂时基体承担的应力为8.0MPa（1160psi）。

WILEY 15.18 （a）由表15.2列出的玻璃纤维增强聚碳酸酯复合材料的弹性模量数据确定当纤维含量分别为20%（体积）、30%（体积）和40%（体积）时的纤维效率参数值。

（b）试估算玻璃纤维含量为50%（体积）时的弹性模量。

纤维相

基体相

15.19 对于纤维增强聚合物基复合材料，

（a）列出基体相的3个作用。

（b）比较基体和纤维相分别具有的优越的力学性能。

（c）指出纤维和基体界面必须形成强结合的两个原因。

WILEY 15.20 （a）复合材料基体和分散相的区别是什么？

（b）比较纤维增强复合材料基体中和分散相的力学性能。

聚合物基复合材料

15.21 （a）试计算表15.5列出的玻璃纤维、碳纤维和聚芳酰胺纤维增强环氧树脂基复合材料的纵向强度，并将其数值与下列合金进行比较，回火（315℃）440A马氏体不锈钢，正火1020碳素钢，2024-T3铝合金，冷加工（HO2回火）C36000易切削黄铜，轧制AZ31B镁合金，退火Ti-6Al-4V铝合金。

（b）比较三种纤维增强环氧树脂基复合材料与其对应的未增强金属合金的比模量。这些金属合金的密度（即比重）、拉伸强度和弹性模量分别见附录B中的表B.1、表B.4和表B.2。

15.22 （a）列出玻璃纤维为最常用增强材料的四个原因。

（b）为什么玻璃纤维的表面完整性十分重要？

（c）采用什么方法保护玻璃纤维的表面？

15.23 指出碳和石墨的区别。

15.24 （a）指出玻璃纤维增强复合材料应用广泛的几个原因。

（b）指出这种复合材料的几个局限性。

混杂复合材料

WILEY 15.25 （a）什么是混杂复合材料？

（b）列举混杂复合材料较普通纤维增强复合材料的两个重要的优点。

WILEY 15.26 （a）给出两种纤维取向分布相同的混杂复合材料的弹性模量表达式。

（b）混杂聚酯树脂基［E_m=2.5GPa（3.6×10^5psi）］复合材料中聚芳酰胺和玻璃纤维的体积分数分别为0.30和0.40，利用该表达式计算混杂复合材料纵向弹性模量。

15.27 推导类似于式（15.16）的包含两种连续纤维的单向混杂复合材料横向弹性模量的通用表达式。

纤维增强复合材料的制备工艺

15.28 简述拉挤成型、缠绕成型和预浸料制备工艺，指出每一种工艺的优点和缺点。

层状复合材料

夹芯板

15.29 简要描述层状复合材料。制备这种材料的主要原因是什么？

15.30 （a）简述夹芯板的定义。

（b）制备这种结构复合材料的主要原因是什么？

（c）面板和内芯的作用分别是什么？

表格题

15.1SS 对于单向聚合物基复合材料，设计一个表格，使读者在填入以下参数后可以计算出纵向拉伸强度，包括：纤维体积分数、纤维平均直径、纤维平均长度、纤维断裂强度、纤维-基体结合强度、复合材料断裂时基体承担的应力和基体拉伸强度。

15.2SS 针对管状复合材料轴的设计（设计例题15.1）生成一个电子表格——即，哪一种纤维材料满足刚度需求，其中哪一种纤维成本最低。纤维连续且单向平行于管轴。使读者可以输入以下参数：管的内径和外径、管的长度、某些规定负荷下相对轴向中心点的最大偏移，最大的纤维体积分数、基体和所有的纤维材料的弹性模量、基体和纤维材料的密度以及基体和所有纤维材料单位质量的费用。

设计问题

15.D1 复合材料目前在体育装备中应用广泛。

（a）列出至少4种不同的由复合材料制作或者包含复合材料的体育器械。

（b）针对其中一种写一篇文章，包含以下内容：① 指出所用的基体和分散相材料，如果可能，指出各相的比例；② 指明分散相的类型（如连续纤维）；③ 描述其制备工艺。

纤维取向和浓度的影响

15.D2 需要制作一种连续单向纤维增强环氧树脂基复合材料，其最大纤维体积分数为50%。此外，要求最小的纵向弹性模量为50GPa（7.3×10^6psi），最小的拉伸强度为1300MPa（189000psi）。E-glass、碳（PAN标准模量）和聚芳酰胺纤维材料中哪种是可能选用的材料？为什么？环氧树脂的弹性模量为3.1GPa（4.5×10^5psi），拉伸强度为75MPa（11000psi）。此外，假设纤维断裂时，环氧树脂基体承受以下应力大小：E-glass为70MPa（10000psi）；碳（PAN标准模量）为30MPa（4350psi）和聚芳酰胺为50MPa（7250psi）。纤维的其他数据见附录B中的表B.2和B.4。对于聚芳酰胺纤维和碳纤维，应用由表B.4给出的强度最大和最小值计算出的平均强度。

WILEY 15.D3 要求制作一种连续取向分布碳纤维增强环氧树脂基复合材料，其纤维排列方向弹性模量至少为83GPa（12×10^6psi）。最大容许相对密度为1.40。已知下表数据，可能设计出这种复合材料吗？为什么？假设复合材料的相对密度可以由与式（15.10a）类似的关系确定。

项目	相对密度	弹性模量/GPa（psi）
碳纤维	1.80	260（37×10^6）
环氧树脂	1.25	2.4（3.5×10^5）

15.D4 需要制作一种连续单向玻璃纤维增强聚酯基复合材料，其纵向拉伸强度至少为1400 MPa（200000psi）。最大可能相对密度为1.65。已知下表数据，确定这种复合材料是否可能被设计出来。证明你的判断。假设纤维断裂时基体承担的应力为15MPa。

项目	相对密度	拉伸强度/GPa（psi）
玻璃纤维	2.50	3500（5×10^5）
聚酯	1.35	50（7.25×10^3）

WILEY 15.D5 需要制作一种单向非连续碳纤维增强环氧树脂基复合材料，其纵向拉伸强度为1900 MPa（275000psi），纤维体积比为0.45。平均纤维直径和长度分别为8×10^{-3} mm（3.1×10^{-4}in.）和3.5mm（0.14in.），试计算纤维断裂强度。纤维-基体结合强度为40MPa（5800psi），纤维断裂时基体承担的应力为12MPa（1740psi）。

WILEY 15.D6 需要设计与图15.11所示结构相似的管状轴，其外径为80mm，长度为0.75m（2.46ft）。最重要的力学性能是以纵向弹性模量规范的弯曲挠度。刚度由最大许用弯曲挠度表示。当进行如图7.18所示的三点弯曲试验时，1000N（225lb_f）载荷在中点产生的弹性挠曲不超过0.40 mm（0.016in.）。

采用取向分布平行于管轴的连续纤维，可选的纤维材料为玻璃纤维、标准模量碳纤维、中模量碳纤维及高模量碳纤维。基体材料为环氧树脂，纤维体积分数为0.35。

(a) 确定可以选用的纤维材料，确定每一种纤维材料的内径和单位。

(b) 针对每一种纤维材料，确定其费用，在此基础上，指出成本最低的纤维材料。

表15.6列出了纤维和基体材料的弹性模量、密度和费用数据。

工程基础问题

15.1FE 在某些金属中加入其对应的细小的金属氧化物颗粒可以提高其机械性能。如果金属和氧化物的弹性模量分别为55 GPa和430GPa，含有31% 氧化物颗粒复合材料的弹性模量值（GPa）的上界是多少？

(A) 48.8 GPa

(B) 75.4 GPa

(C) 138 GPa

(D) 171 GPa

15.2FE 连续纤维在纤维复合材料中通常怎样排列？

(A) 单向

(B) 部分有序

(C) 随机排列

(D) 以上均是

15.3FE 与陶瓷材料相比，陶瓷基复合材料具有更好的/更高的：

(A) 抗氧化性

(B) 高温稳定性

(C) 断裂强度

(D) 以上均是

15.4FE 连续单向混杂复合材料由芳族聚酰胺、玻璃纤维及聚合物基体组成。如果两种纤维的体积分数分别为0.24和0.28，试计算其纵向弹性模量（GPa），应用下表数据：

材料	*弹性模量/GPa*
聚酯	2.5
芳族聚酰胺纤维	131
玻璃纤维	72.5

(A) 5.06 GPa

(B) 32.6 GPa

(C) 52.9 GPa

(D) 131 GPa

第16章 材料腐蚀和降解

上图：1936年福特豪华轿车的照片，其车身全部由无镀层不锈钢制造。为了对不锈钢的耐久性和抗腐蚀性能进行全面的测试，生产了6辆这样的轿车。每一辆汽车每天都行驶上万公里。然而，不锈钢表面的光亮度与轿车刚下生产线时车身的光亮度完全一样，其他的非不锈钢构件必须替换，如发动机、减震器、刹车闸、弹簧、离合器、变速器和齿轮，例如，一辆小轿车换了3个发动机。

下图：相比之下，在加利福尼亚，与上面同样年份生产的一辆普通汽车的车身完全锈蚀。这辆车的车身是用当时涂漆的普通碳钢制造。这层漆对于钢的保护作用是有限的，在普通的大气环境中就很容易被腐蚀。

（上图：图片得到Dan L Greenfield，Allegheny Ludlum Corporation，Pittsburgh，PA的许可。下图：图片得到iStockphoto许可。）

为什么学习材料的腐蚀和降解?

具备材料的腐蚀类型的知识以及对腐蚀与降解的机制和原因的理解，我们才可能采取措施使材料免于腐蚀。例如，我们可改变环境的特性，选择活泼性相对低的材料，保护材料不被大幅破坏。

学习目标

通过本章的学习，你需要掌握以下内容。

1. 区分电化学反应中的氧化和还原反应。
2. 描述下面的名词：镀锌电偶、标准半电池和标准氢电极。
3. 计算电池的电势并写出两种相连并浸入它们各自离子溶液的纯金属的自发电化学反应的方向。
4. 在给定的反应电流密度下，确定金属的氧化速率。
5. 列出和简要描述2种不同类型的极化，并确定每一种速率控制的极化的条件。
6. 对于8种类型的腐蚀和氢脆，描述每一种腐蚀的破坏过程的特性，然后提出可能的机制。
7. 列出5种常用的防腐措施。
8. 解释陶瓷材料一般情况下非常耐腐蚀的原因。
9. 针对高分子材料，讨论（a）当暴露在液体溶剂时发生的2种降解过程和（b）分子链键断裂的原因和结果。

16.1 概述

在某种程度上，大多数材料与周围的多种环境相互作用发生了一些反应，这样的反应经常破坏了材料的应用性，这是由于材料的力学性能（例如塑性和强度）、其他物理性能或外表遭到破坏的结果。有时，工程师在设计材料时，忽略了材料在一些应用中的损坏行为导致的一些有害的结果。

腐蚀

3种类型材料的破坏机制是不同的。金属的腐蚀是通过溶解（腐蚀）或形成非金属氧化皮或薄膜（氧化）导致的实际材料的损失。陶瓷材料相对来说耐腐蚀性较好，通常在高温下或在非常严苛环境中才发生腐蚀，这个过程也通常称为腐蚀。高分子材料的腐蚀机理及结果，与金属、陶瓷材料完全不同，因此通常使用降解这个名词。暴露在液体溶剂中的高分子材料可能溶解，或者吸收溶剂而膨胀。另外，电磁辐射（主要是紫外线）和热的作用可改变它们的分子结构。

降解

在这一章将讨论这些材料的每一种的腐蚀类型及相关的机理，对各种环境破坏的抗力以及防止或降低腐蚀的措施。

金属的腐蚀

腐蚀的定义为对金属的非故意性破坏。它是电化学的，通常从材料的表面开始。金属的腐蚀问题是非常重要的，据统计，由于腐蚀反应，一个工业化国家收入的5%都花在防腐和维护，或者失效或污染产品的更换上。腐蚀的后果实在是有目共睹的。熟悉的例子有汽车车身、散热器和尾气构件的锈蚀。

腐蚀的过程有时也是有利的。例如，5.12节讨论过的腐蚀步骤，利用了晶界或各种组织结构进行选择性的化学反应。

16.2 电化学因素

金属材料的腐蚀过程通常是电化学的，也就是说，在化学反应中，存在着从一种化学元素到另一种元素的电子转移。金属原子失去或放弃电子的反应称为氧化反应。例如，假设n价（或n价电子）金属M可能按照如下反应发生氧化。

氧化

金属M的氧化反应

$$M \longrightarrow M^{n+} + ne^- \quad (16.1)$$

式中，金属M形成了带正电荷的阳离子，在这个过程中失去了n价电子，e^-用来表示一个电子。金属氧化的例子有：

$$Fe \rightarrow Fe^{2+} + 2e^- \quad (16.2a)$$

$$Al \rightarrow Al^{3+} + 3e^- \quad (16.2b)$$

阳极

发生氧化的位置称为阳极，氧化有时被称为阳极反应。

还原

金属原子被氧化产生的电子必须转移到或成为另一个称为还原反应的化学元素的一部分，例如，一些金属在酸溶液中发生腐蚀，溶液中有高浓度的氢离子（H^+），H^+按如下反应发生还原并产生氢气。

酸溶液中氢离子的还原

$$2H^+ + 2e^- \rightarrow H_2 \quad (16.3)$$

也可能有其他的还原反应，取决于金属所处的溶液的特性。对于溶解氧的酸溶液，按照下式进行还原反应

含有溶解氧的酸溶液中的还原反应

$$O_2 + 4H^+ + 4e^- \rightarrow 2H_2O \quad (16.4)$$

对于溶解氧的中性或碱性溶液：

在含有溶解氧的中性或碱性溶液中的还原反应

$$O_2 + 2H_2O + 4e^- \rightarrow 4(OH^-) \quad (16.5)$$

任何出现在溶液中的金属离子也可能被还原。存在大于1价（多价离子）的离子发生还原反应。

高价金属离子还原形成较低价态的反应

$$M^{n+} + e^- \rightarrow M^{(n-1)+} \quad (16.6)$$

在反应中，金属离子通过接受电子降低了它的化合价，金属可完全被还原，从一个离子转化为一个中性金属：

金属离子还原形成中性原子

$$M^{n+} + ne^- \rightarrow M \quad (16.7)$$

阴极

发生还原的位置称为阴极。两个或更多的还原反应可同时发生。

一个完整的电化学反应必须由至少一个氧化和一个还原反应组成，并且是它们反应的总和。通常，单独的氧化和还原反应称为半反应，没有来自电子和

离子的净电荷积累。也就是说，氧化的总速率必须等于还原的总速率，或者通过氧化产生的所有电子必须被还原反应消耗。

例如，以浸入含有H^+金属锌的酸溶液为例。在金属表面的一些区域，锌将按照下面反应发生氧化或腐蚀，如图16.1所示。

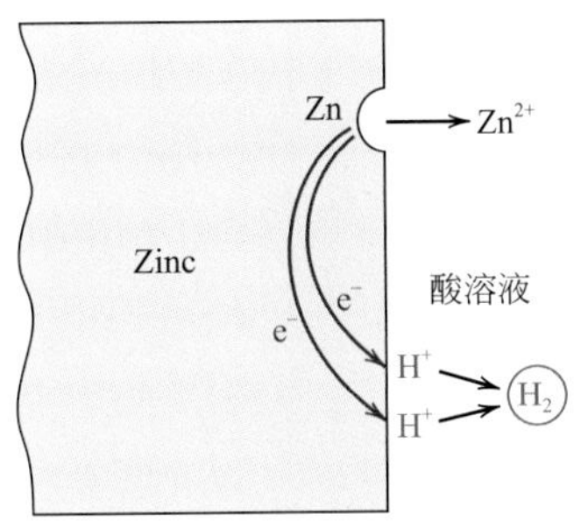

图16.1 锌在酸溶液中的电化学反应以及发生的腐蚀

（摘自M. G. Fontana，*Corrosion Engineering*，3rd edition.版权©1986 McGraw-Hill Book Company所有，复制得到许可。）

$$Zn \rightarrow Zn^{2+} + 2e^- \qquad (16.8)$$

因为锌是一种金属，因此是良好的电导体，这些电子可被转移到H^+被还原的相邻区域，按照下式

$$2H^+ + 2e^- \rightarrow H_2\text{（气体）} \qquad (16.9)$$

如果没有其他的氧化或还原反应发生，总电化学反应是式（16.8）和式（16.9）反应的总和。

$$\begin{array}{r} Zn \rightarrow Zn^{2+} + 2e^- \\ 2H^+ + 2e^- \rightarrow H_2\text{（气体）} \\ \hline Zn + 2H^+ \rightarrow Zn^{2+} + H_2\text{（气体）} \end{array} \qquad (16.10)$$

另一个例子，铁在溶解了氧的水中的氧化或锈蚀。这个过程有两步：在第一步，Fe被氧化成Fe^{2+}[如$Fe(OH)_2$]。

$$Fe + \frac{1}{2}O_2 + H_2O \rightarrow Fe^{2+} + 2OH^- \rightarrow Fe(OH)_2 \qquad (16.11)$$

在第二步，按照下述反应形成Fe^{3+}[如$Fe(OH)_3$]。

$$2Fe(OH)_2 + \frac{1}{2}O_2 + H_2O \rightarrow 2Fe(OH)_3 \qquad (16.12)$$

化合物$Fe(OH)_3$即为大家熟悉的铁锈。

作为氧化的结果，金属离子或者进入腐蚀液中形成离子［反应式（16.8）］，或者形成一种非溶解的非金属元素的化合物，如反应式（16.12）。

概念检查16.1 你认为铁在高纯度水中会腐蚀吗？为什么会或者不会？

[解答可参考网页www.wiley.com/college/callister（学生之友网站）。]

(1) 电极电势

金属材料被氧化形成离子的难易程度不同，以图16.2所示的电化学电池为例。左手侧为一纯铁片浸入在Fe^{2+}浓度为1mol/L的溶液中❶，电池的另一侧为纯铜电极浸入Cu^{2+}浓度为1mol/L的溶液中。电池的两极用一个薄膜隔开，这限制了两种溶液互相混合。如果铁和铜电极被连接通电，铁将被氧化而铜发生还原反应。

$$Cu^{2+}+Fe \rightarrow Cu+Fe^{2+} \tag{16.13}$$

或者Cu^{2+}会以金属铜沉积（镀铜）在铜电极上，然而铁在电池的另一侧溶解（腐蚀）并以Fe^{2+}进入溶液。因此，两个半电池反应用关系式来表示：

$$Fe \rightarrow Fe^{2+}+2e^- \tag{16.14a}$$

$$Cu^{2+}+2e^- \rightarrow Cu \tag{16.14b}$$

当有电流通过外部回路时，铁氧化产生的电子有序地流向铜电池以便将Cu^{2+}还原。此外，会有一些净离子从各自的电池经过薄膜向另一电池运动，这称为电偶对——两种金属通过一种液态电解质相连，电解液中一种金属被腐蚀成为阳极而另一种金属形成阴极。

电解质

在两个电极之间存在着电势或电压，并且如果在外部连接一个电压表就能确定这个电势的大小。在温度25℃（77 ℉）时，铜-铁电偶电池的电势是0.780V。

现在看一下由同样的铁半电池与浸在Zn^{2+}浓度（图16.3）为1mol/L溶液中的金属锌电极组成的另一组电偶对。在这种情况下，锌是阳极且发生腐蚀，而铁为阴极。因此电化学反应为：

$$Fe^{2+}+Zn \rightarrow Fe+Zn^{2+} \tag{16.15}$$

这个电池反应的电极电势是0.323 V。

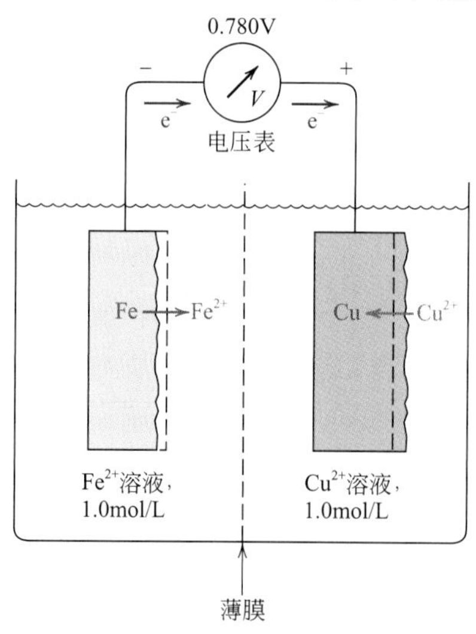

图16.2 铁与铜电极组成的电化学电池

两电极浸入其各自为1mol/L的离子溶液。铁腐蚀而铜电镀沉积。

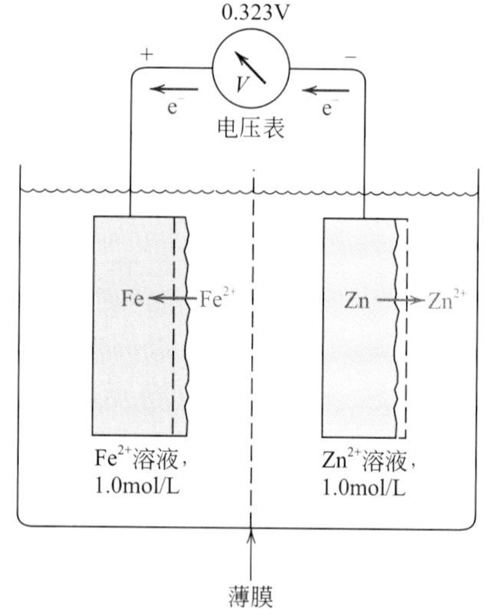

图16.3 铁和锌电极组成的一个电化学电池

两电极浸入其各自离子浓度为1mol/L的溶液。铁沉积而锌腐蚀。

摩尔浓度

❶ 液体溶液的浓度通常用体积摩尔浓度mol/L来表示，每百万立方毫米（10^6 mm^3或1000 cm^3）溶液的溶质摩尔数。

因此，各种不同的电极对有不同的电压。人们认为电压的大小代表了电化学氧化-还原反应的驱动力。因此，当金属材料与其他金属在其各自的离子溶液中组成电极对时，可按照它们发生氧化的倾向排序。与刚刚描述的电极[也就是，纯金属电极浸入在其离子浓度为1mol/L的25℃（77℉）溶液]相似的半电池被称为标准半电池。

标准半电池

（2）标准电位序

这些测得的电极电压仅代表了电极电势的差别，因此可方便地建立一个参考点或参考电池，让其他电池的电极与之比较。这个主观选择的参考电池就是标准氢电极（图16.4）。它是由惰性铂电极浸入在H^+浓度为1mol/L溶液中，且氢气泡通过的压力为一个标准大气压、温度为25℃（77℉）。铂本身不发生电化学反应，它仅作为氢原子被氧化或氢离子被还原的表面。各种金属通过与标准氢电极组成的标准半电池的电极电位比较，并按照测得的电压排序，得到的顺序表称为标准电位序（表16.1）。表16.1表明了各种金属发生腐蚀的倾向。那些在表中最上面的（如金和铂）是贵金属，化学呈现惰性。当向表的下方移动，金属变得越来越活泼，也就是，越来越易于氧化。钠和钾具有最强的还原性。

标准电位序

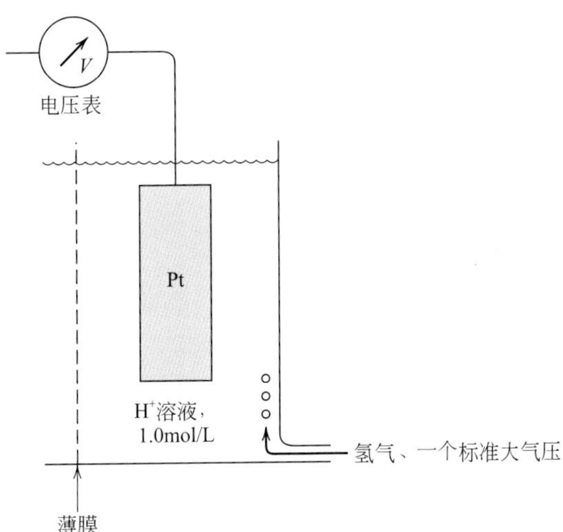

图16.4 标准氢参比电极

表16.1中的电压是化学公式左侧的电子发生半反应为还原反应的电压；氧化反应方向是相反的，并且电压符号也发生变化。

通常的反应包括金属M_1的氧化和金属M_2的还原反应

$$M_1 \rightarrow M_1^{n+} + ne^- - V_1^0 \tag{16.16a}$$

$$M_2^{n+} + ne^- \rightarrow M_2 + V_2^0 \tag{16.16b}$$

式中，V^0是标准电位序中的标准电势。因为金属M_1被氧化，V_1^0的符号与表16.1中出现的数值符号相反。式（16.16a）和式（16.16b）相加得到：

$$M_1 + M_2^{n+} \rightarrow M_1^{n+} + M_2 \tag{16.17}$$

表 16.1 标准电位序

项目	电极反应	标准电极电势，V^0/V
↑	$Au^{3+}+3e^- \to Au$	+1.420
	$O_2+4H^++4e^- \to 2H_2O$	+1.229
	$Pt^{2+}+2e^- \to Pt$	～ +1.2
	$Ag^++e^- \to Ag$	+0.800
惰性增加（阴极的）	$Fe^{3+}+e^- \to Fe^{2+}$	+0.771
	$O_2+2H_2O+4e^- \to 4(OH^-)$	+0.401
	$Cu^{2+}+2e^- \to Cu$	+0.340
	$2H^++2e^- \to H_2$	0.000
	$Pb^{2+}+2e^- \to Pb$	–0.126
	$Sn^{2+}+2e^- \to Sn$	–0.136
	$Ni^{2+}+2e^- \to Ni$	–0.250
	$Co^{2+}+2e^- \to Co$	–0.277
	$Cd^{2+}+2e^- \to Cd$	–0.403
	$Fe^{2+}+2e^- \to Fe$	–0.440
	$Cr^{3+}+3e^- \to Cr$	–0.744
活性增加（阳极的）	$Zn^{2+}+2e^- \to Zn$	–0.763
	$Al^{3+}+3e^- \to Al$	–1.662
	$Mg^{2+}+2e^- \to Mg$	–2.363
	$Na^++e^- \to Na$	–2.714
↓	$K^++e^- \to K$	–2.924

电耦合的两个标准半电池的电化学电池电势

整个电池的电极电势 ΔV^0 为：

$$\Delta V^0 = V_2^0 - V_1^0 \tag{16.18}$$

这个自发进行反应的 ΔV^0 必须是正的，如果它是负的，自发电池反应的方向与式（16.17）相反。当标准半电池同时反应，位于表16.1中较低的金属发生氧化（即腐蚀），而位置较高的金属被还原。

（3）浓度和温度对电池电势的影响

电位序适用于高度理想化的电化学电池（也就是说，纯金属浸入在其离子浓度为1mol/L的25℃溶液）。改变温度或溶质浓度或使用合金电极而不是纯金属，将会改变电池电势，并且在某些情况下，自发反应方向可能相反。

能斯特公式——导电连接的两半电池的电化学电池电势，适用于溶液中离子的浓度不是1mol/L的情况

再以式（16.17）描述的电化学反应为例。如果 M_1 和 M_2 电极是纯金属，根据能斯特公式，电池电势取决于绝对温度 T 和摩尔离子浓度 $[M_1^{n+}]$ 和 $[M_2^{n+}]$：

$$\Delta V = \left(V_2^0 - V_1^0\right) - \frac{RT}{n\mathscr{F}} \ln \frac{\left[M_1^{n+}\right]}{\left[M_2^{n+}\right]} \tag{16.19}$$

式中，R 是气体常数；n 是参与任一半电池反应电子的数量，并且 $\mathscr{F}$ 是法拉第常数，表示每摩尔的电荷数量（6.022×10^{23}）为96500C/mol。在25℃（大约室温），有：

$$\Delta V = \left(V_2^0 - V_1^0\right) - \frac{0.0592}{n} \lg \frac{\left[M_1^{n+}\right]}{\left[M_2^{n+}\right]} \tag{16.20}$$

ΔV的单位是伏特，对于自发反应，ΔV一定是正的。如果两种类型离子的浓度为1mol/L（也就是，$[M_1^{n+}]=[M_2^{n+}]=1$），式（16.19）简化为式（16.18）。

概念检查 16.2　当金属M_1和M_2是合金时，修改式（16.19）。
[解答可参考网页www.wiley.com/college/callister（学生之友网站）。]

例题16.1

确定电化学电池的特征

电化学电池的一半由纯镍电极浸入Ni^{2+}溶液中组成，另一半是镉电极浸入Cd^{2+}溶液中。

（a）如果是一个标准电池反应，写出发生的总反应并计算产生的电压。

（b）在25℃时，如果Cd^{2+}和Ni^{2+}的浓度分别是0.5mol/L和10^{-3}mol/L，计算电池的电势。自发反应的方向与标准电池的方向相同吗？

解：

（a）由于镉在电位序表中的位置更低，所以镉电极被氧化，镍被还原，因此自发反应将是

$$\begin{gathered}Cd \rightarrow Cd^{2+}+2e^- \\ Ni^{2+}+2e^- \rightarrow Ni \\ Ni^{2+}+Cd \rightarrow Ni+Cd^{2+}\end{gathered} \tag{16.21}$$

由表16.1可知，镉、镍的半电池的电势分别是–0.403V和–0.250V。因此，根据式（16.18）有：

$$\Delta V^0 = V_{Ni}^0 - V_{Cd}^0 = -0.250V - (-0.403V) = +0.153V$$

（b）解答这部分的问题必须使用式（16.20），因为半电池溶液的浓度不再是1mol/L。在这点上，非常有必要计算预测哪种金属被氧化（或被还原）。依据计算结果，假设ΔV的符号被确认或被否定。为了便于讨论，与部分（a）对比，我们根据公式假定镍被氧化、镉被还原：

$$Cd^{2+}+Ni \rightarrow Cd+Ni^{2+} \tag{16.22}$$

因此，有：

$$\Delta V = \left(V_{Cd}^0 - V_{Ni}^0\right) - \frac{RT}{n\mathscr{F}}\ln\frac{\left[Ni^{2+}\right]}{\left[Cd^{2+}\right]}$$

$$= -0.403V - (-0.250V) - \frac{0.0592}{2}\lg\left(\frac{10^{-3}}{0.50}\right) = -0.073V$$

因为ΔV是负的，自发反应方向与式（16.22）的方向相反，或

$$Ni^{2+}+Cd \rightarrow Ni+Cd^{2+}$$

也就是，镉被氧化而镍被还原。

（4）电偶序

电偶序

表16.1是在高度理想化的条件下产生的，虽然它的应用有限，但是它表明了金属的相对活性。表16.2所示的**电偶序**提供了一个更真实、实用的金属排序，代表了大量金属和工业合金在海水中的相对活性。表中位于上部的合金为阴极，不发生反应，而在位于表中底部的大多数金属为阳极，不提供电压。标准电位序和电偶序的比较显示了纯金属活性的相对顺序的高度一致性。

大多数金属和合金在各种环境中都受到某种程度的氧化或腐蚀，也就是说，它们在离子态比金属态更稳定。在热动力学方面，从金属态向氧化态的转化存在着自由能的降低。因此，重要的是，所有的金属自发地形成化合物，例如，氧化物、氢化物、碳化物、硅酸盐、硫化物和硫酸盐。只有两种贵金属金和铂例外，这是因为在大多数环境中它们不发生氧化，在自然界中它们可以金属态存在。

16.3 腐蚀速率

表16.1中列出的半电池电势是平衡体系下的热动力学参数。例如，有关图16.2和图16.3中的讨论，假定了外部回路没有电流通过。现实的腐蚀体系并不是平衡的，总会有电子从阳极流向阴极（对应于图16.2和图16.3中的电化学电池的短路-回路），这意味着不能采用半电池的电压参数（表16.1）。

表16.2　电偶序

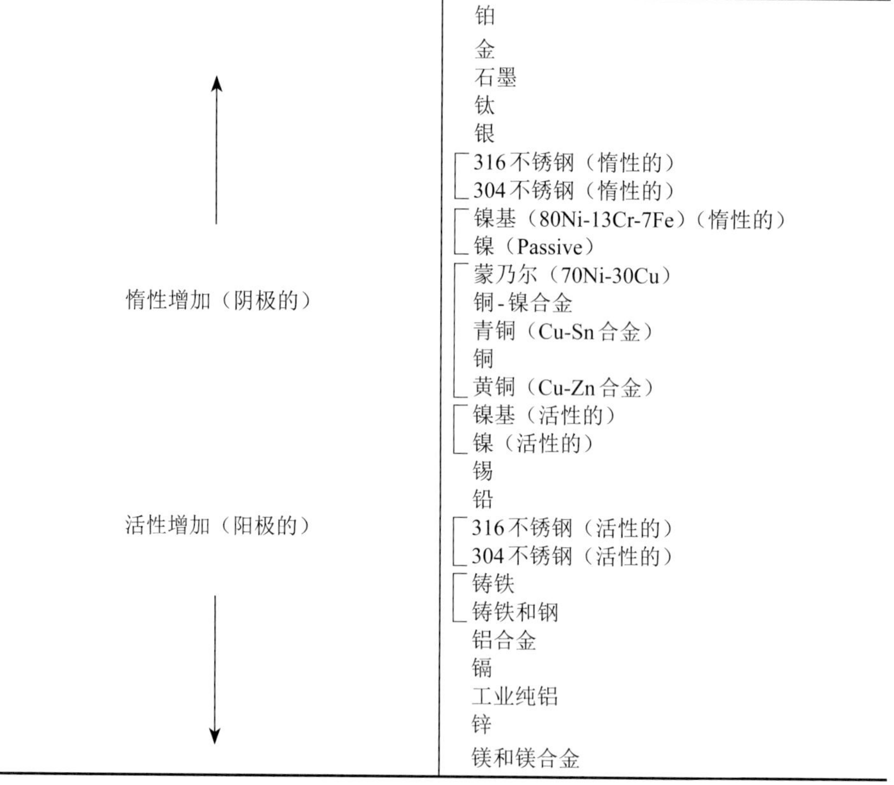

↑	铂
	金
	石墨
	钛
	银
	316不锈钢（惰性的）
	304不锈钢（惰性的）
	镍基（80Ni-13Cr-7Fe）（惰性的）
	镍（Passive）
	蒙乃尔（70Ni-30Cu）
惰性增加（阴极的）	铜-镍合金
	青铜（Cu-Sn合金）
	铜
	黄铜（Cu-Zn合金）
	镍基（活性的）
	镍（活性的）
	锡
	铅
活性增加（阳极的）	316不锈钢（活性的）
	304不锈钢（活性的）
	铸铁
	铸铁和钢
	铝合金
	镉
	工业纯铝
	锌
↓	镁和镁合金

摘自M. G. Fontana，*Corrosion Engineering*，3rd edition. 版权©1986 McGraw-Hill Book Company所有，复制得到许可。

此外，这些半电池电势代表了发生特定半电池反应的驱动力或者倾向的大小。虽然这些电势可用来确定自发反应的方向，但是它们不能提供腐蚀速率的大小。也就是说，在特定的腐蚀条件下，虽然使用式（16.20）计算的电势 ΔV 是一个相对大的正数，但是反应却以一种非常慢的腐蚀速率进行。对于一个工程师来说，我们对预测体系的腐蚀速率非常感兴趣，这需要使用其他的参数，将在接下来讨论。

腐蚀渗透速率（CPR）

由于化学反应产生的腐蚀速率或者材料损失的速率，是一个非常重要的腐蚀参数，可用腐蚀渗透速率（CPR）来表征，或者单位时间内材料损失的深度。计算的公式是：

腐蚀渗透速率——与试样损失的重量、密度、面积和暴露时间的关系

$$\mathrm{CPR} = \frac{KW}{\rho At} \tag{16.23}$$

式中，W是试样暴露时间t后的失重量；ρ和A分别代表了密度和暴露试样的面积，且K是一个常数，它的大小取决于使用的单位体系。CPR可方便地用毫米/年（mm/a）来表示，式中，K=87.6，并且W、ρ、A和t的单位分别用毫克、每立方厘米克、平方厘米和小时来表示。大多数情况下，低于0.50mm/a的腐蚀渗透速率是可接受的。

因为伴随着电化学腐蚀反应有电流产生，我们也可以更确切地用电流密度i，即发生腐蚀的材料的单位表面积上的电流来表征腐蚀速率。速率r的单位是mol/（$m^2 \cdot s$），使用下面的表达式来确定

腐蚀速率与电流密度关系的表达式

$$r = \frac{i}{n\mathscr{F}} \tag{16.24}$$

式中，n是每一个金属原子离子化失去的电荷数量，并且$\mathscr{F}$=96500 C/mol。

16.4 腐蚀速率预测

极化如下所述。以图16.5所示的标准Zn/H_2电化学电池为例，它们被短路连接，在电极表面发生锌的氧化和氢的还原。由于现在的体系是非平衡的，因此两个电极的电势不能采用表16.1来确定。每个电极电势与平衡电位的偏差被称为极化，且这种偏差的大小称为过电位，通常用符号η表示。过电位用相对于平衡电位增加或减少的伏特（或毫米伏特）来表征。例如，当锌电极与铂电极相连后，假设图16.5中的锌电极的电势为–0.621V，平衡电势是–0.763V（表16.1），因此，有：

极化

$$\eta = -0.621\mathrm{V} - (-0.763\mathrm{V}) = +0.142\mathrm{V}$$

有两种类型的极化——活化和浓差极化。因为它们控制了电化学反应的速率，所以我们现在讨论它们的机制。

① 活化极化。所有的电化学反应都是由金属电极和电解质溶液界面之间发生的一系列步骤串联组成的。活化极化指的是反应速率取决于这一系列串联反应中速率最慢的步骤，称这种类型的极化为活化，这是因为活化能屏障与这个最慢的、被速率限制步骤密切相关。

活化极化

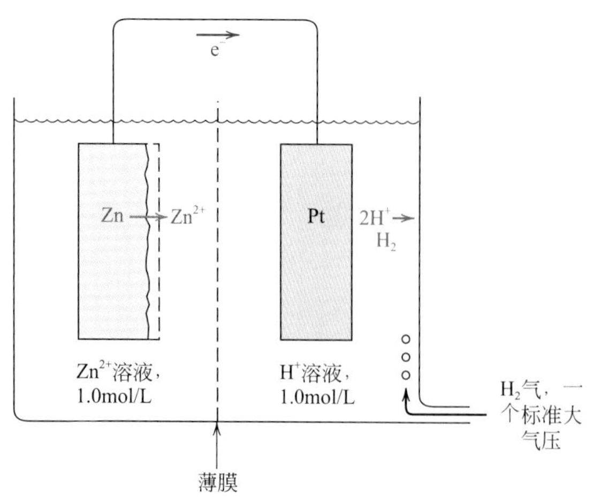

图16.5 由标准锌和氢电极短路连接组成的电化学电池

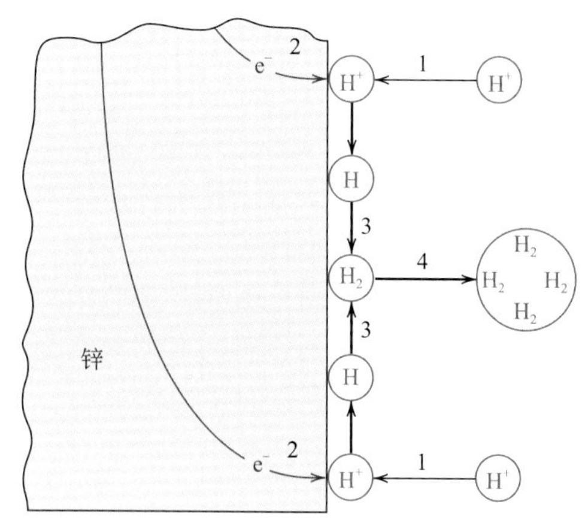

图16.6 在氢还原反应中可能发生的步骤的示意图

反应速率由活化极化控制。

（摘自M. G. Fontana，*Corrosion Engineering*，3rd edition.© 版权1986 McGraw-Hill Book Company所有，复制得到许可。）

让我们用氢离子在锌电极表面被还原形成气泡来说明（图16.6）。这个反应过程有下述的步骤顺序进行。

a. H^+从溶液中被吸附到锌表面；

b. 电子从锌转移形成氢原子；

$$H^+ + e^- \rightarrow H$$

c. 两个氢原子结合形成一个氢分子；

$$2H \rightarrow H_2$$

d. 许多氢分子聚集形成一个气泡；

这些过程中最慢的步骤决定了整个反应的速率；

活化极化中过电位η_a和电流密度i之间的关系式是：

活化极化的过电压与电流密度的关系

$$\eta_a = \pm\beta \lg \frac{i}{i_0} \tag{16.25}$$

式中，β和i_0对于特定的半电池来说是常数。有必要简要介绍一下，参数i_0被称为交换电流密度。某些特定的平衡态半电池反应，实际上在原子级别上是一种动态的平衡。也就是说，虽然氧化和还原反应同时发生，但是两个反应以相同的速率，因此没有净反应。例如，标准氢电池（图16.4）中，溶液中的氢离子在铂电极表面按照下式以相应的速率r_{red}发生还原：

$$2H^+ + 2e^- \rightarrow H_2$$

类似，溶液中的氢气会以速率r_{oxid}发生如下的氧化

$$H_2 \rightarrow 2H^+ + 2e^-$$

存在平衡，当

$$r_{red} = r_{oxid}$$

这种交换电流密度正是式（16.24）平衡的电流密度，即

在平衡时，氧化和还原速率相等，并且它们与电流密度的关系

$$r_{red}=r_{oxid}=\frac{i_0}{n\mathscr{F}} \tag{16.26}$$

对于i_0用电流密度这个词有一点误导，因为没有净电流产生。此外，i_0的大小根据体系不同而变化，是通过实验确定的。

按照式（16.25），将过电位与电流密度对数之间的关系画成曲线时，结果是得到的是直线段，如图16.7所示的氢电极结果。斜率为$+\beta$的线段对应于氧化半反应，而斜率为$-\beta$的线段对应于还原半反应。还需注意的是，两个线段起源于i_0（H_2/H^+），交换电流密度，并且过电位为零，因为系统的这点处于平衡态，没有净反应发生。

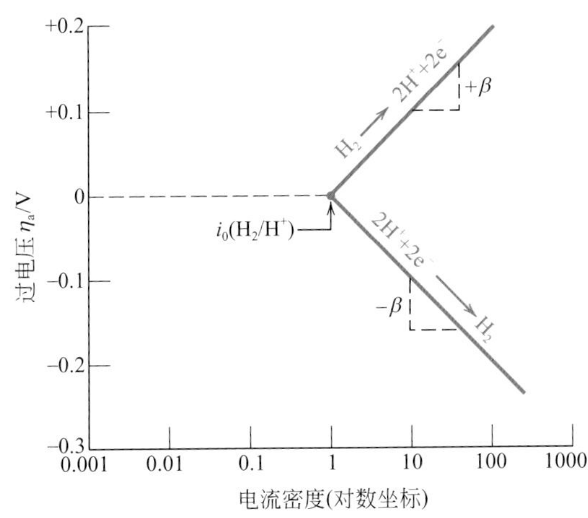

图16.7 氢电极氧化和还原反应的活跃极化过电位与电流密度对数之间的关系曲线

（摘自M.G.Fontana，*Corrosion Engineering*，3rd edition.© 版权1986 McGraw-Hill Book Company所有，复制得到许可）

浓差极化

② 浓差极化。当溶液中的反应速率受到扩散控制而进行得非常有限时，存在浓差极化。例如，再以氢参与的还原反应的过程为例。当反应速率低或H^+浓度高时，在电极界面［图16.8（a)］附近区域的溶液中总是有足够的H^+提供。但是，高速率或低H^+浓度时，由于H^+不能以足够高的速率跟上反应［图16.8（b)］，在界面附近区域会形成一个H^+贫乏区。因此，H^+向界面的扩散是由速率控制，这种系统被认为是浓差极化。

通常，浓差极化的数据也以过电位和电流密度对数的关系画出曲线，这曲线的示意图如图16.9（a）所示[1]。由此图可知，直到i接近i_L之前过电压位与电流密度无关；在这点上，η_c突然显著降低。

还原反应中浓差极化和活化极化都可能存在。在这种情况下，总的过电位是两个过电位贡献的总和。图16.9（b）为η与$\lg i$关系曲线的示意图。

---

[1] 浓差极化的过电位η_c和电流密度i的数学表达式是：

浓度极化的过电压与电流密度的关系

$$\eta_c=\frac{2.3RT}{n\mathscr{F}}\lg\left(1-\frac{i}{i_L}\right) \tag{16.27}$$

式中，R和T分别是气体常数和绝对温度，n和$\mathscr{F}$与以前的含义相同，并且i_L是有限扩散电流密度。

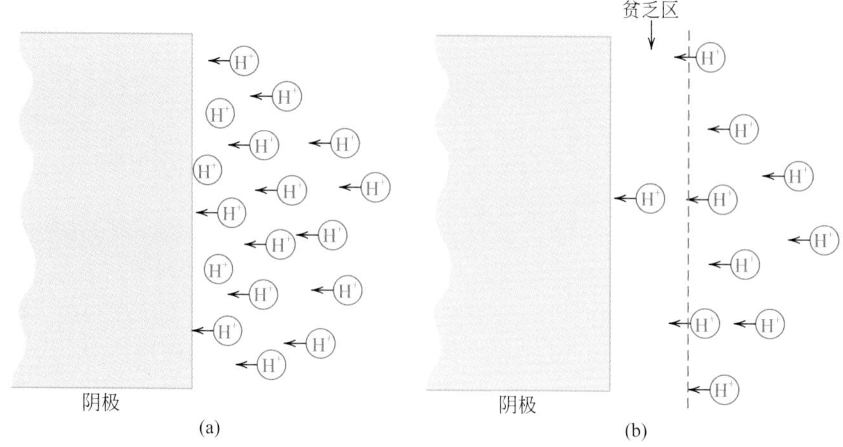

图 16.8 氢还原反应中 H^+ 在电极附近分布的示意图

（a）低反应速率或 H^+ 高浓度和（b）高速率或低 H^+ 浓度，这里形成 H^+ 贫乏区导致浓差极化。

（摘自 M. G. Fontana，*Corrosion Engineering*，3rd edition. 版权 ©1986 McGraw-Hill Book Company 所有，复制得到许可。）

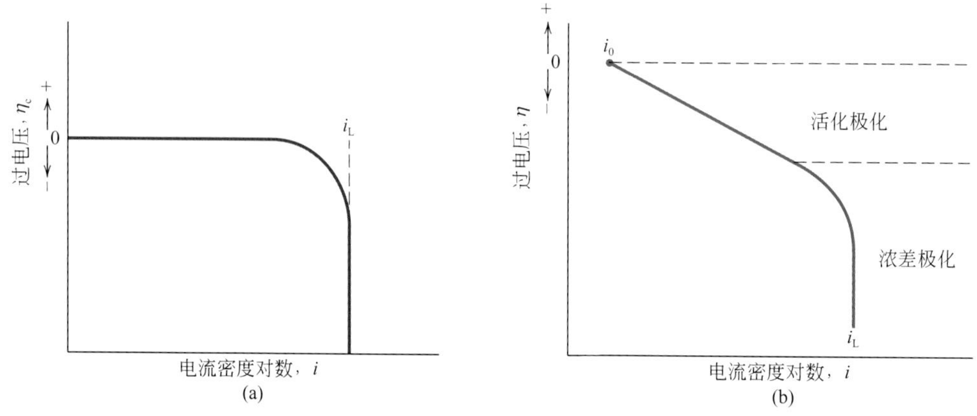

图 16.9 还原反应的过电位与电流密度对数的关系曲线

（a）浓差极化和（b）活化-浓差极化的组合。

> 概念检查 16.3 简要解释浓差极化不是通常氧化反应的速率控制的原因。
> [解答可参考网页 www.wiley.com/college/callister（学生之友网站）]

来自极化数据中的腐蚀速率

现在让我们使用一下刚刚得到的确定腐蚀速率的概念。将讨论两种类型的体系。第一种情况，氧化和还原反应都由活化极化的速率限制。第二种情况，浓差极化和活化极化都控制还原反应。然而仅有活化极化对氧化反应很重要。第一种情况用锌浸入在酸溶液（图 16.1）中的腐蚀来说明。H^+ 还原形成氢气泡的反应在锌界面按照式（16.3）进行：

$$2H^+ + 2e^- \longrightarrow H_2$$

锌按式（16.8）发生氧化

$$Zn \rightarrow Zn^+ + 2e^-$$

这两个反应可能没有净电荷的积累，也就是说，式（16.8）产生的所有电子必须被式（16.3）消耗，也就是氧化和还原的速率必须相同。

两反应的活化极化用图16.10所示的曲线表示为相对于标准氢电极（不是过电位）的电池电势与电流密度对数的关系。氢和锌半电池的电势分别为V（H^+/H_2）和V（Zn/Zn^{2+}），它们各自的交换电流密度为i_0（H^+/H_2）和i_0（Zn/Zn^{2+}）。氢还原和锌氧化反应为直线段。一旦浸入，氢和锌沿着它们各自的线段都有活化极化。而且，氧化和还原速率必须相同，如前面所述，这仅可能发生在两线段的交点上。这个交点发生的腐蚀电势设定为V_C，腐蚀电流密度为i_C。因此，锌腐蚀速率（也对应于氢反应速率）可通过将这个i_C值代入式（16.24）来计算。

第二种腐蚀情况（氢还原的活化极化和浓差极化与金属M氧化的活化极化的结合）也采用相同方式来处理。图16.11给出了两极化曲线，如前面所述，腐蚀电势和腐蚀电流密度对应于氧化和还原线段相交的那个点。

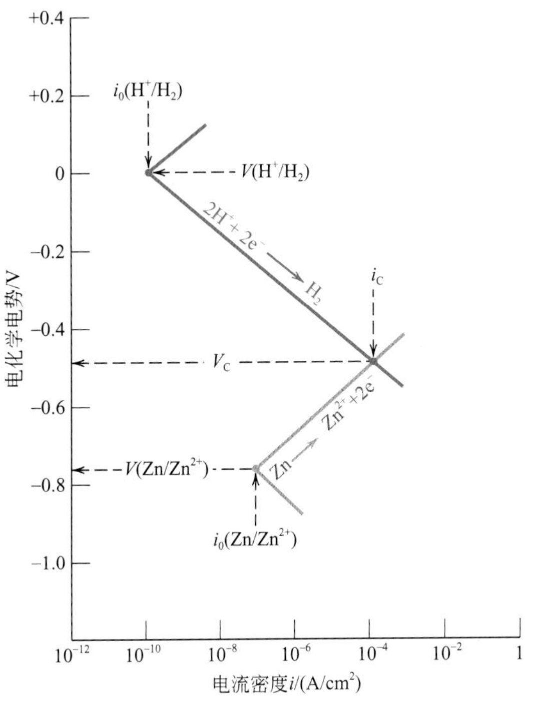

图16.10 锌在酸溶液中的电极动态行为，氧化和还原反应受到活化极化速率限制

（摘自M. G. Fontana，*Corrosion Engineering*，3rd edition.© 版权1986 McGraw-Hill Book Company所有，复制得到许可。）

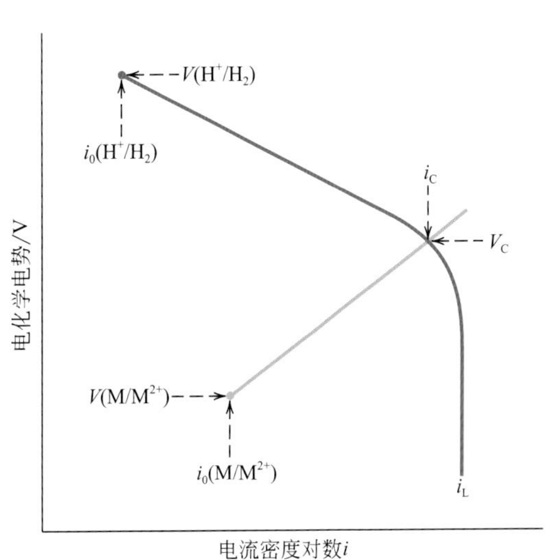

图16.11 金属M的电极动态行为的示意图

受到活化极化和浓差极化结合控制的还原反应

例题16.2

计算氧化速率

锌在酸溶液中按照如下反应发生腐蚀

$$Zn+2H^+ \longrightarrow Zn^{2+}+H_2$$

氧化和还原半反应速率由活化极化来控制。

（a）按照下面给定的活化极化数据，计算Zn的氧化速率［mol/（cm²·s）］

锌	氢
$V_{(Zn/Zn^{2+})}=-0.763$ V	$V_{(H^+/H_2)}=0$V
$i_0=10^{-7}$A/cm²	$i_0=10^{-10}$A/cm²
$\beta=+0.09$	$\beta=-0.08$

（b）计算腐蚀电势的大小。

解：

（a）为了计算Zn的氧化速率，首先必须为氧化和还原反应的电势建立与式（16.25）的关系。接着，我们设定这两个表达式相等，然后求出i值，即腐蚀电流密度i_C。最后，使用式（16.24）来计算腐蚀速率。两个反应的电势表达式如下：

对于氢还原反应

$$V_H = V_{\left(H^+/H_2\right)} + \beta_H \lg\left(\frac{i}{i_{0_H}}\right)$$

对于Zn氧化反应

$$V_{Zn} = V_{\left(Zn/Zn^{2+}\right)} + \beta_{Zn} \lg\left(\frac{i}{i_{0_{Zn}}}\right)$$

现在，设$V_H=V_{Zn}$

$$V_{\left(H^+/H_2\right)} + \beta_H \lg\left(\frac{i}{i_{0_H}}\right) = V_{\left(Zn/Zn^{2+}\right)} + \beta_{Zn} \lg\left(\frac{i}{i_{0_{Zn}}}\right)$$

$$\begin{aligned}\lg i_C &= \left(\frac{1}{\beta_{Zn}-\beta_H}\right)\left[V_{\left(H^+/H_2\right)} - V_{\left(Zn/Zn^{2+}\right)} - \beta_H \lg i_{0_H} + \beta_{Zn} \lg i_{0_{Zn}}\right] \\ &= \left[\frac{1}{0.09-(-0.08)}\right]\left[0-(-0.763)-(-0.08)\left(\lg 10^{-10}\right)+(0.09)\left(\lg 10^{-7}\right)\right] \\ &= -3.924\end{aligned}$$

或者

$$i_C=10^{-3.924}=1.19\times10^{-4}\text{A/cm}^2$$

根据式（16.24），有：

$$\begin{aligned}r &= \frac{i}{n\mathscr{F}} \\ &= \frac{1.19\times10^{-4}\text{C}/\left(\text{cm}^2\cdot\text{s}\right)}{(2)(96500\text{C/mol})} = 6.17\times10^{-10}\text{mol/(cm}^2\cdot\text{s)}\end{aligned}$$

（b）现在必须计算腐蚀电势V_C的数值。使用前面的V_H或V_{Zn}任一公式即可，然后将前面求得的i_C代入i。因此，使用V_H表达式得到：

$$V_C = V_{(H^+/H_2)} + \beta_H \lg\left(\frac{i_C}{i_{0_H}}\right)$$
$$= 0 + (-0.08V)\lg\left(\frac{1.19\times10^{-4}\,A/cm^2}{10^{-10}A/cm^2}\right) = -0.486V$$

这与图16.10中出现和解决的电压与电流密度对数关系曲线的问题是相同的。值得注意的是，我们这种分析得到的i_C和V_C，与图中在两条线段交点处的那些数值是一致的。

16.5 钝化

钝化

在某些特殊的环境条件下，一些通常活泼的金属和合金失去了它们的化学活性，变得极不活泼，这个现象称为**钝化**，这在Cr、Fe、Ni、Ti和它们的合金上有很好的体现。这种钝化行为是由于金属表面形成了一层高度致密且非常薄的氧化膜，作为保护层阻止进一步氧化。不锈钢在各种环境中具有优良的耐腐蚀性，主要是由于这种钝化作用的结果。不锈钢含有至少11%的Cr，Cr在Fe中可形成固溶体，减少了锈蚀的形成，在氧化气氛中表面形成了一种保护膜。（不锈钢在某些环境中也发生腐蚀，因此并不总是“不锈”）。铝在多种环境中具有优良的耐蚀性也是由于铝的钝化。如果保护膜被破坏，通常会非常迅速地再形成保护膜。但是，环境特性的变化（例如，活性腐蚀剂浓度的变化）可能导致钝化的材料转变为活化状态。对于一种预置钝化膜的持续破坏能导致腐蚀速率的显著增加，可达100000倍。

这种钝化现象可用前一章节讨论的极化电势与电流密度对数的关系曲线来解释。钝化金属的极化曲线具有图16.12所示的常规形状。对于普通金属，在“活化”区域相对低的电势值范围内，活化行为是线性的。随着电势的增加，电

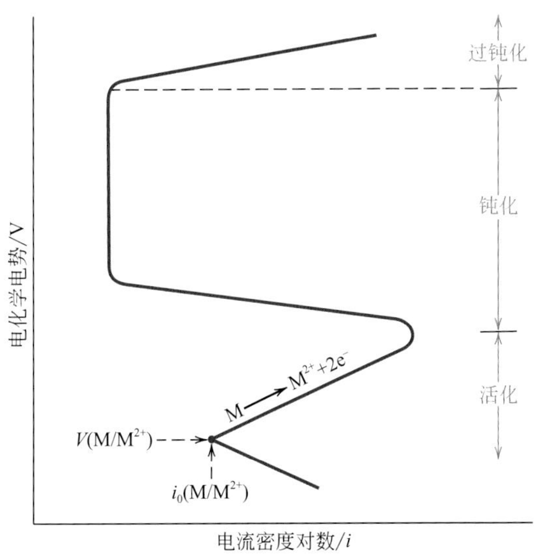

图16.12 一种金属活化-钝化转变的极化曲线示意图

流密度突然降低到非常低的一个值，并且与电势无关，这被称为“钝化”区。最后，电势更高时，电流密度在“过钝化”区域内随着电势增加而再次增加。

图16.13表明一种金属如何发生活化和钝化两种行为，这取决于腐蚀环境的变化。此图为金属M活化-钝化的S形的氧化极化曲线，以及两种不同溶液中发生的标记为1和2的还原极化曲线。曲线1与氧化极化曲线在活化区相交于点A，形成腐蚀电流密度$i_C(A)$，与曲线2相交于钝化区电流密度为$i_C(B)$的点B。金属M在溶液1中的腐蚀速率大于在溶液2中的腐蚀速率，这是因为$i_C(A)$大于$i_C(B)$，根据式（16.24），腐蚀速率与电流密度成正比。两种溶液腐蚀速率的差别可能很大，有几个数量级。在图16.13中的电流密度单位是以对数标注的。

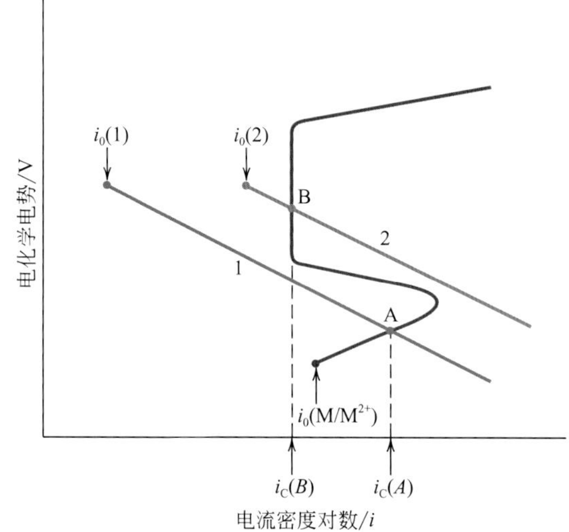

图16.13　活化-钝化金属是如何具有活化和钝化行为的示意图

16.6　环境影响

腐蚀环境的变化，包括流体的速率、温度和成分，对与它接触的材料的腐蚀性能有决定性的作用。在大多数情况下，如后面章节的讨论，流体速率的增加提高了腐蚀的速率。大多数化学反应的速率随着温度升高而增加，对大多数腐蚀环境也适用。在许多情况下，增加腐蚀剂浓度（例如，酸中的H^+）会使腐蚀速率更快。但是，对于能够钝化的材料，增加腐蚀剂含量，随着腐蚀速率的显著降低，产生一种活化向钝化的转变。

冷加工或塑性变形用来提高延性金属的强度。但是，冷加工的金属比同样成分的退火态金属更易发生腐蚀。例如，用变形工艺来成形一个钉子的头和钉尖，结果是，这些位置成为阳极易受到腐蚀。因此，当在服役过程中遇到腐蚀环境时，必须考虑不同的冷加工对于结构腐蚀性能的影响。

16.7　腐蚀形式

根据腐蚀呈现的方式很方便地将腐蚀分类，有时金属腐蚀被分为8种形式：均匀腐蚀、电偶腐蚀、缝隙腐蚀、点蚀、晶间腐蚀、选择性腐蚀、冲刷腐蚀和应力腐蚀。我们简单地讨论每一种类型腐蚀形成的原因和防止措施。此外，在这章我们还要讨论一下氢脆的问题。严格来说，氢脆是一种失效而不是一种腐蚀形式，但是，它通常是由于腐蚀反应产生的氢导致的。

（1）均匀腐蚀

均匀腐蚀是暴露于腐蚀环境中的整个表面以大体相同速率进行的一种电化学腐蚀，通常留下污垢或沉积物。在微观意义上，氧化和还原反应在表面随机发生。熟悉的例子有钢和铁的锈蚀以及银的退色，这可能是最常见的腐蚀形式。由于均匀腐蚀能够相对容易地被预测和设计，因此它的危害性是最小的。

（2）电偶腐蚀

电偶腐蚀

当不同成分的两种金属或合金在一种电解液中通电连接时发生电偶腐蚀。这种类型的腐蚀或溶解，在16.2节中有所描述。在一定环境中，情性越小或越活泼的金属越易发生腐蚀，金属越不活泼，阴极越不易被腐蚀。例如，在海水环境中钢螺丝与黄铜接触，如果铜和钢管在热水器内连接上，则钢在接头附近区域发生腐蚀。根据溶液的特性，在阴极材料的表面将发生一种或几种还原反应，如式（16.3）～式（16.7）。图16.14所示为发生的电偶腐蚀。

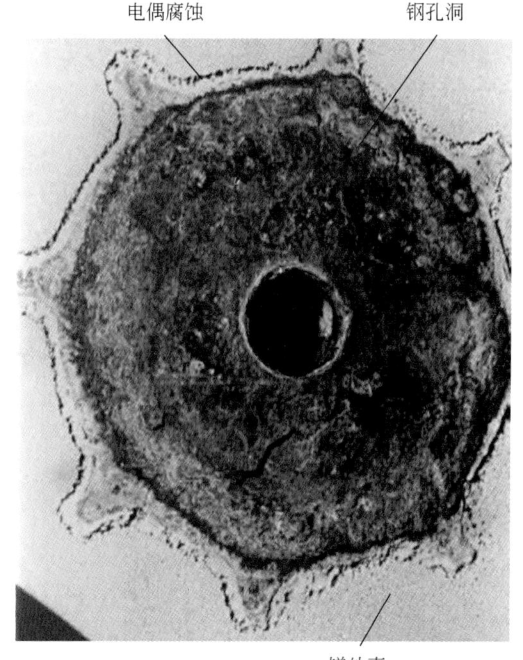

图16.14 在渔船上发现的单循环舱底泵的进口附近发生的电偶腐蚀图片

在钢芯周围与铸造的镁合金外壳之间发生的腐蚀。

（照片得到LaQue Center for Corrosion Technology，Inc许可。）

表16.2中的电偶序表明了一些金属和合金在海水中的相对反应活性。当两种合金在海水中连接，电偶序较低的金属将发生腐蚀。表中的一些合金用方括号分组，通常括号内的这些合金的基体金属是相同的，如果在单括号内的合金被连接，则几乎没有发生腐蚀的危险。需要注意的是，这个系列中被列出两次（如镍和不锈钢）的一些合金具有活化和钝化两种状态。

电偶腐蚀的速率取决于阳极与阴极在电解液中暴露的相对表面积，并且腐蚀速率与阴极和阳极的面积比密切相关。也就是说，对于一定的阴极面积，较小的阳极将会比较大的阳极腐蚀速率更快，这种现象的原因是由于腐蚀速率取决于电流密度［式（16.24）］，腐蚀表面单位面积上的电流，并不是简单的电流。因此，当阳极面积相对阴极的面积较小时，导致了阳极上的高电流密度。

采用大量的措施来降低电偶腐蚀的作用。这些方法包括以下几点：

① 如果需要连接不同的金属，选择电偶序彼此接近的那两种金属；

② 避免不合适的阳极与阴极表面积比，使用尽可能大的阳极面积；

③ 使异种金属彼此电绝缘；

④ 通电连接第三种金属成另外两种金属的阳极，这是阴极保护一种形式，在16.9节讨论。

概念检查 16.4 （a）在电偶序（表16.2）中举出能用来保护活化态金属镍的3种金属或合金。

（b）有时可通过在两个相连金属之间形成导电接触来防止电偶腐蚀，或者第三种金属为另外两种金属的阳极。使用电偶序，找出一种可用来保护Cu-Al电偶的金属。

概念检查 16.5 列举电偶腐蚀有利的两个例子。提示：在本章后面引用了一个例子。

［解答可参考网页 www.wiley.com/college/callister（学生之友网站）。］

（3）缝隙腐蚀

同一金属的两个区域之间在电解质溶液中因离子或溶解气体的浓度差别作用也可能发生电化学腐蚀。

对于这样的浓度一个电池，腐蚀发生的区域具有较低的浓度。这种类型腐蚀多发生在缝隙和凹坑，或者尘土沉积处，或者腐蚀产物的地方，这里溶液变得无法流动并且形成了溶解氧的贫乏区。倾向于发生在这些位置的腐蚀，被称为缝隙腐蚀（图16.15）。裂缝必须足够宽，允许溶液渗入，但必须又很狭窄使溶液无法流动，宽度通常是一英寸的千分之几。

缝隙腐蚀

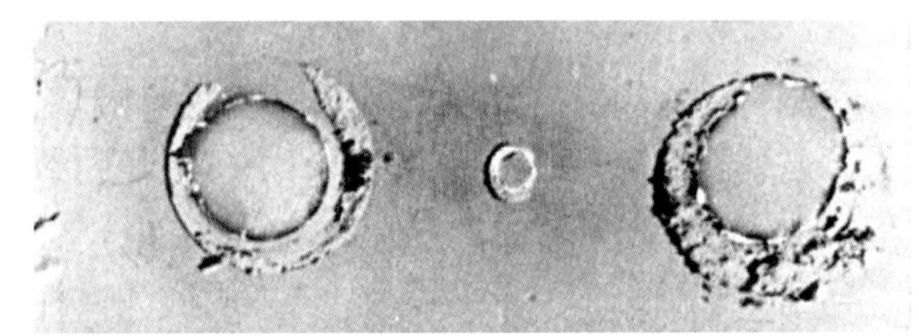

图16.15 浸入海水中的这块钢板上，缝隙腐蚀发生在被垃圾罐覆盖的区域

（照片得到LaQue Center for Corrosion Technology，Inc许可。）

已提出的缝隙腐蚀机制可用图16.16加以说明。缝隙中的氧贫乏之后，按照式（16.1），在这个位置发生金属的氧化。来自这个电化学反应的电子通过金属传递到邻近的外部区域，被还原反应消耗，最可能按式（16.5）发生反应。在许多水环境中，缝隙内的溶液形成了高浓度的H^+和Cl^-，特别容易发生腐蚀。由于保护膜通常被H^+和Cl^-破坏，许多钝化的合金容易受到缝隙腐蚀。

可通过使用焊接而不是铆接或拴接的接头来防止缝隙腐蚀。尽可能使用非吸收垫圈，时常去除连续的沉积物，并设计容器导管来避免溶液残留以及确保溶液完全的排出。

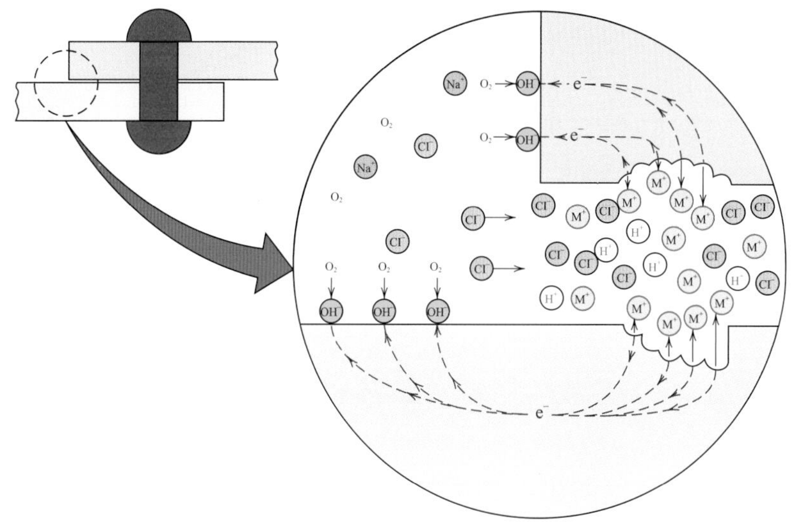

图16.16 两铆接的板之间的缝隙腐蚀的机理的示意图

（摘自M. G. Fontana，*Corrosion Engineering*，3rd edition.©版权1986 Mc-Graw-Hill Book Com-pany所有，复制得到许可）

（4）点蚀

点蚀

点蚀是另一种以小点或小洞形状发生的局部腐蚀的形式。它们通常从纵表面的顶部几乎以垂直方向向下渗入。它是一种非常危险的腐蚀类型，通常难以发现并且材料残缺非常少直到断裂发生。一个发生点蚀的例子如图16.17所示。

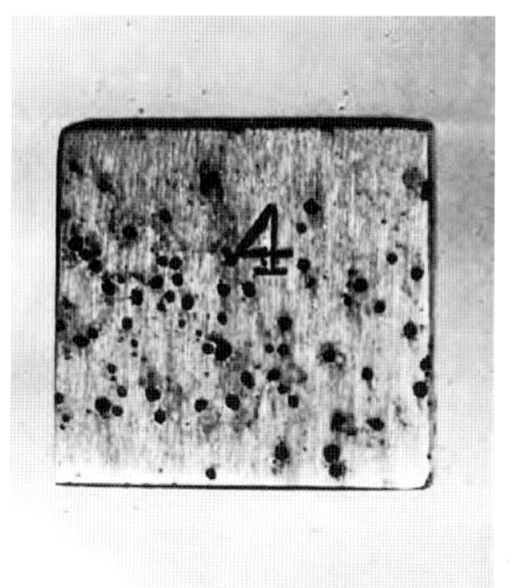

图16.17 酸性氯化物溶液在304不锈钢钢板上形成的点蚀

（摘自M. G. Fontana，*Corrosion Engineering*，3rd edition.©版 权1986 McGraw-Hill Book Company所有，复制得到许可）

点蚀的机理可能与缝隙腐蚀相同，因为在点内本身发生氧化，在表面可发生补偿的还原反应。人们认为重力使腐蚀点向下生长，随着腐蚀点的生长，腐蚀点尖端的溶液更浓且更致密。点蚀可能由局部表面缺陷激发，如划痕或轻微的成分变化。实际上，研究发现抛光的试样表面具有更好的耐点蚀性。不锈钢有时发生这种形式的腐蚀，但是，进行约2%Mo的合金化就可显著地提高它们的耐蚀性。

概念检查 16.6　式（16.23）对于均匀腐蚀和点蚀是否同样有效？为什么是或不是？

[解答可参考网页 www.wiley.com/college/callister（学生之友网站）]

（5）晶间腐蚀

晶间腐蚀

顾名思义，晶间腐蚀是一些合金在特定环境中倾向于沿着晶界发生的腐蚀。总的结果是宏观试样沿着晶粒的晶界发生断裂。这种类型的腐蚀在某些不锈钢中特别普遍。当在500～800℃（950～1450℉）之间加热足够长的时间时，这些合金对晶间腐蚀非常敏感。一般认为，这种热处理导致了不锈钢中铬与碳之间反应形成了细小的析出相颗粒碳化铬（$Cr_{23}C_6$），这些颗粒沿着晶界形成，如图16.18所示。铬和碳必须扩散到晶粒晶界才能形成析出相，这导致了晶界附近形成了贫铬区。因此，此时的晶界附近区域很容易发生腐蚀。

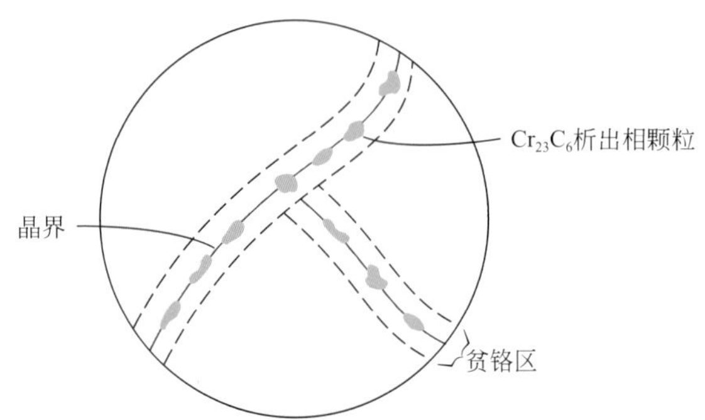

图16.18　不锈钢中碳化铬颗粒沿着晶界析出的示意图，形成相应的贫铬区

焊缝腐蚀

晶间腐蚀在不锈钢焊接中是一个特别严重的问题，经常被称为焊缝腐蚀。图16.19为这种类型的晶间腐蚀。

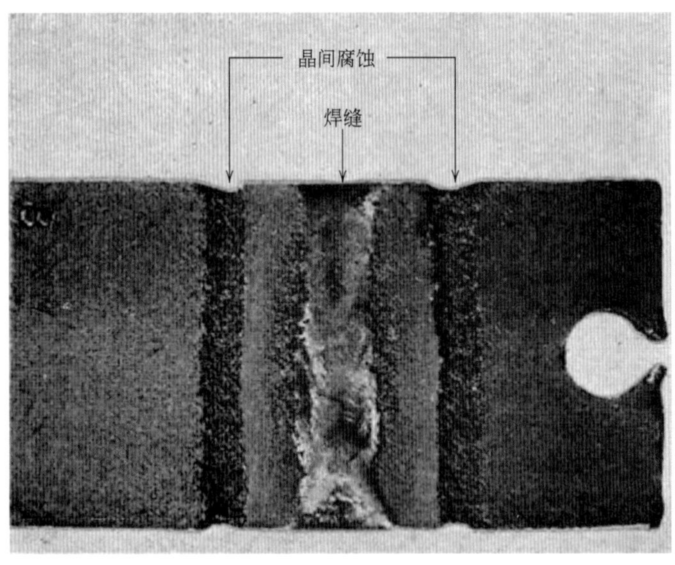

图16.19　不锈钢焊缝的腐蚀

当焊缝冷却时形成的坡口区域非常敏感。

（摘自H. H. Uhlig and R. W. Revie，*Corrosion and Corrosion Control*，3rd edion，Fig.2，p.307.版权©1985 John Wiley & Sons. 重印获得了John Wiley & Sons，Inc.的许可。）

可采用下述措施防止不锈钢的晶间腐蚀：① 对敏感金属进行高温热处理，使碳化铬颗粒重新溶解；② 降低碳含量到0.03%以下，这样形成的碳化物最少；③ 不锈钢与另一种金属如Nb或Ti进行合金化，这些元素形成碳化物的倾向大于铬，因此Cr仍可以固溶体形式存在。

（6）选择性腐蚀

选择性腐蚀

选择性腐蚀发生在在固溶体合金中，由于腐蚀作用使一种元素或一种相优先被去除。最常见的例子是黄铜的脱锌，锌被选择性地从Cu-Zn黄铜合金中脱除。合金的力学性能受到很大削弱，因为在脱锌区形成了一种多孔的铜合金骨架。此外，材料从黄色变为红色或黄铜颜色。选择性腐蚀也可能发生在含Al、Fe、Co、Cr的其他合金系中，相应的其他元素易于被优先去除。

（7）冲刷腐蚀

冲刷腐蚀

冲刷腐蚀是流体运动的化学腐蚀和力学磨损的综合结果。实际上，在某种程度上，所有的金属合金都易受到冲刷腐蚀。冲刷腐蚀对于那些表面形成钝化膜保护的合金是非常有害的，磨损会冲刷掉氧化膜，将裸露金属表面暴露。如果涂层不能连续地和快速地再次形成保护屏障，腐蚀可能非常严重。相对较软的金属如铜和铅也易受到这种形式的腐蚀，通常可用流体的流动冲刷在表面留下的沟槽或回流凹陷的形貌来鉴定。

图16.20　一个气体冷凝管线部件弯头的冲击失效的形貌（摘自M. G. Fontana，*Corrosion Engineering*，3rd edition. 版权©1986 McGraw-Hill Book Company所有，复制得到许可。）

流体的特性对腐蚀行为有很大的影响，通常增加流体的流率导致腐蚀速率显著增加。同时，当流体中出现气泡和悬浮的固体颗粒时更易腐蚀。

通常在管道中易发生冲刷腐蚀，特别是在弯曲、肘部和管道直径突然改变的地方。在这些位置流体改变方向或流动突然变得很剧烈。螺旋桨、涡轮叶片、阀门和泵也易于受到这种腐蚀。图16.20为一个管道弯头的冲击失效的形貌。

减少冲刷腐蚀最好的方法是改变设计，去除流体的剧烈流动和冲击的作用，添加其他的材料也可用来阻止冲刷。此外，从溶液中去除固体颗粒和气泡也会减轻冲蚀的程度。

（8）应力腐蚀

应力腐蚀

应力腐蚀有时也称为应力腐蚀裂纹，是由外加的拉伸应力和腐蚀介质环境的联合作用产生的，且这两种作用都是必要的。实际上，某些材料在特定的腐蚀介质中为惰性，但当有应力存在时就发生这种腐蚀。首先形成小裂纹，然后在垂直于应力的方向上扩展（图16.21），最后导致失效的发生。虽然金属合金本身是具有延展性的，但是有时失效行为也会具有脆性材料的特性。此外，裂纹可能在显著低于抗拉强度的相对较低的应力水平上产生。大多数合金在特定环境中易于发生应力腐蚀，特别是在中等应力水平。例如，大多数不锈钢在含有氯离子的溶液中发生应力腐蚀，然而黄铜暴露在氨液中特别容易受到腐蚀。图16.22给出了黄铜发生晶间应力腐蚀裂纹的显微组织照片。

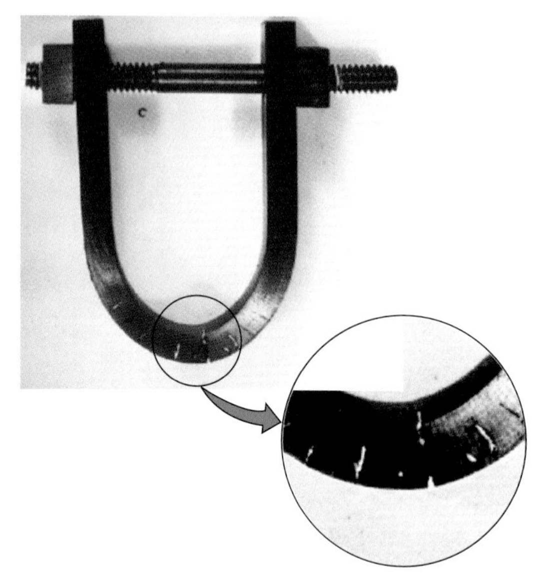

图16.21　由螺母和螺栓组装的弯曲成马蹄状的条钢照片

然而浸入海水后，沿着受到拉伸应力最大的那些弯曲区域形成应力腐蚀裂纹。

（图片得到F. L. LaQue的许可。来自F. L. LaQue，*Marine Corrosion，Causes and Prevention*。版权©1975 John Wiley & Sons公司所有。图片复制得到John Wiley & Sons公司许可。）

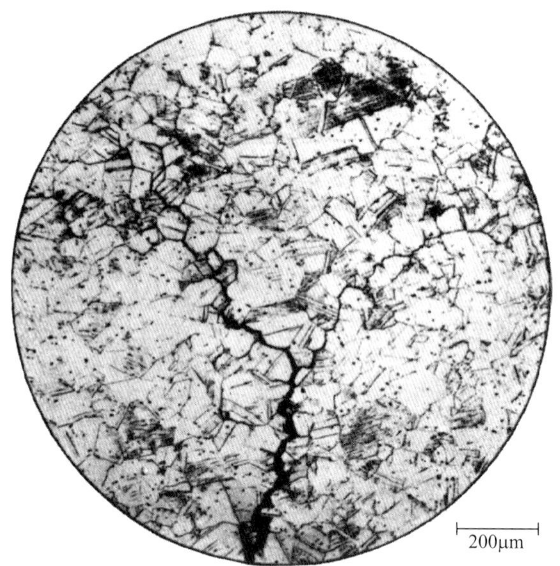

图16.22　黄铜晶间应力腐蚀裂纹的金相照片（75×）

（来自H. H. Uhlig和R.W.Revie，*Corrosion and Corrosion Control*，3rd edition，Fig.5，p.335。版权©1985John Wiley & Sons公司所有。复制得到John Wiley & Sons公司许可。）

产生应力腐蚀裂纹的应力不一定是外部施加的，这种应力也可能是温度快速变化、不均匀收缩或两相合金中每一相的扩展系数不同导致的残余应力。此外，还有被内部包围的气体的或固体的腐蚀产物导致的内应力。

也许减少或完全去除应力腐蚀的最好方法是降低应力的大小，这可通过减小外部载荷或增加垂直于外应力的横截面面积来实现。此外，也可采用适当的热处理来退火去除残余热应力。

（9）氢脆

氢脆

当氢原子进入材料中时，各种金属合金，特别是一些钢，塑性和抗拉强度都会显著降低，习惯上这种现象被称为氢脆，有时氢致裂纹和氢应力裂纹术语也被使用。严格来说，氢脆是一种失效行为；在外部施加的应力或残余拉伸应力的作用下，裂纹生长和快速扩展，造成的脆性断裂是灾难性应力的。氢以原子形式（H与分子形式H_2不同）穿过晶格间隙向内扩散，H浓度低至百万分之几就能导致裂纹。此外，虽然发现一些合金系的断裂为沿晶断裂，但是氢致裂纹引起的通常是穿晶断裂。已经提出了大量机制用来解释氢脆产生的原因，大多数是以溶解氢阻碍位错的运动为基础。

氢脆与应力腐蚀相似（如前面章节的讨论），这是因为当延性金属暴露在拉伸应力和腐蚀介质环境中会发生脆性断裂。但是，这两种现象可用它们与外加电流的相互作用来区分。阴极保护（16.9节）可减小或引起应力腐蚀的终止，然而另一方面，它可能激发或促进氢脆的发生。

氢脆的发生必须有氢的来源以及氢原子形成的可能性。满足这些条件的情况有：钢在硫酸中的酸洗[1]、电镀、以及在高温如焊接和热处理过程中含氢气氛（包括水蒸气）的出现。此外，被称为“毒药”，如硫（即H_2S）的出现和砷化合物加速了氢脆，这些物质阻碍了分子氢的形成，因此提高了原子氢在金属表面的停留时间。在石油流体、天然气、油井盐水和地热流体中的H_2S可能是导致氢脆的主要原因。

高强钢易于发生氢脆，并且强度的增加提高了材料对氢脆的敏感性。马氏体钢特别容易发生这种腐蚀而失效，贝氏体、铁素体和球化钢具有更好的回弹性。此外，面心立方合金（奥氏体不锈钢、铜合金、铝合金和镍）是相对耐氢脆腐蚀的，主要由于它们本身的塑性好。但是，这些合金的应变硬化提高了它们对氢脆的敏感性。

一般用来降低氢脆可能性的方法有：采用热处理降低合金的抗拉强度；去除氢的来源；在高温“烘烤”合金来赶走溶解氢；或者用一种更耐氢脆的合金来替代。

16.8 腐蚀环境

腐蚀环境包括空气、水溶液、土壤、酸、碱、无机溶剂、溶解盐、液体金属以及甚至是人体。按重量计算，空气中的腐蚀是损失最大的。含有溶解氧的湿气是主要的腐蚀剂，但是其他物质，包括硫化物和氯化钠，也可作为腐蚀剂。海洋环境中因为含有氯化钠，具有高度的腐蚀性。在工业环境中，稀释的硫酸溶液（酸雨）也能引起腐蚀问题。通常在大气环境中应用的金属有铝、铜合金和镀锌钢。

水环境也有各种成分和腐蚀特性。通常，淡水含有溶解的氧和矿物质，其中几种是硬水产生的原因。海水含有大约3.5%的盐（主要是氯化钠）以及矿物质和无机物，海水通常比淡水更易腐蚀，时常产生点蚀和缝隙腐蚀。

---

[1] 酸洗是一种将钢件浸入热的、稀释的硫酸或盐酸来去除钢件表面氧化膜的方法。

一般来说，铸铁、钢、铝、铜、黄铜和一些不锈钢是适合在淡水中使用的，钛、黄铜、一些青铜、铜-镍合金和Ni-Cr-Mo合金抗海水腐蚀性能较高。

有各种成分的土壤易于发生腐蚀，成分的变量有湿度、氧、盐含量、碱度和酸度，以及各种形式的细菌。铸铁和普通碳钢，不论有涂层和没有表面保护涂层的，对于地下的结构件来说都是非常经济的。

因为这样的酸、碱和无机溶剂很多，在本教材中没有办法全部讨论，有很多详细地讨论这些内容的好资料。

16.9 腐蚀防护

可采用一些防止腐蚀的方法来处理8种形式的腐蚀。但是，仅针对各种腐蚀类型的一种特定的措施进行讨论。现在，出现了一些更通用的方法，这些包括材料的选择、改变环境、设计涂层和阴极保护。

一旦腐蚀环境确定，可能防止腐蚀的最常见和容易的方法是明智地选择材料。在这一点上，标准腐蚀的参考资料是有帮助的。因此，成本可能是一个非常重要的因素。使用具有最优耐腐蚀性能的材料并不总是最经济的，有时，必须使用另一种合金或一些其他措施。

如果可能，环境特性的改变也对腐蚀有重要影响。通常，降低流体的温度或速率使腐蚀发生的速率降低。多数情况下，增加或减少溶液中一些元素的浓度对防止腐蚀有利，例如，金属可能发生的钝化。

抑制剂

当以较低的浓度加入到环境中时，抑制剂是降低环境腐蚀性的物质。特定的抑制剂取决于合金和腐蚀环境，可用几种机制来解释抑制剂的作用。抑制剂与溶液中的一些（例如溶解的氧）化学活性物质反应而将它们彻底去除。其他抑制剂分子将它们自己附着在腐蚀表面，阻止氧化或还原反应或形成非常薄的保护涂层。抑制剂通常用在封闭体系中，如汽车散热器和气体锅炉。

已经讨论了设计因素的几个方面，特别是关于电偶腐蚀、缝隙腐蚀和冲刷腐蚀。此外，设计应该实现在关机的情况下完全排水和容易清洗，因为溶解氧提高了许多溶液的腐蚀性。如果可能，设计要包括提供排气的附件。

腐蚀的物理防护措施是在表面制备薄膜和涂层，有多种金属和非金属涂层材料可选择。重要的是，涂层要保持较高程度的表面黏着力，不容置疑，这需要进行反复的表面处理。在大多数情况下，涂层在腐蚀环境中必须是惰性的，并且能够抗机械损伤，因为损伤会使裸露的金属暴露在腐蚀环境中，3种类型的材料：金属、陶瓷和高分子被用来作为金属的涂层。

阴极保护

阴极保护

防止腐蚀的最有效方法之一是阴极保护。它可用于前面讨论过的所有8种不同形式的腐蚀，在某些情况下，可完全防止腐蚀。

金属M的氧化反应

而且，金属M的氧化或腐蚀通过反应式（16.1）发生：

$$M \longrightarrow M^{n+} + ne^-$$

阴极保护作为外部来源只为被保护的金属提供电子，使其成为阴极，因此前面提到的反应就与阴极保护反应的反应方向相反。

一种阴极保护的方法是使用电偶：在特定环境中，将被保护的金属与另一种更活泼的金属导电连接。后者发生氧化，失去电子，保护第一种金属免于腐蚀。被氧化的金属通常被称为**牺牲阳极**，镁和锌是常用的阳极金属，因为它们位于电偶序中阳极的末端。埋在地下结构的这种电偶保护的形式如图16.23（a）所示。

牺牲阳极

镀锌的过程是简单的，将一层锌通过热浸入在钢表面沉积。在空气和大多数水环境中，如果钢有任何表面损伤（图16.24），锌作为阳极来保护作为阴极的钢，由于阳极与阴极的表面积比非常大，锌涂层的任何腐蚀都将以非常慢的速率进行。

另一种阴极保护的方法中，电子来源于外部直流电源的外加电流，以地下水槽为例，如图16.23（b）所示。在这种情况下，电源的负极被接到需要保护的结构上，被埋在土壤中，另一端被接到一个惰性阳极（通常为石墨）。高导电性填充材料为阳极和周围土壤提供了良好的导电接触，在阴极和阳极之间通过中间的土壤存在一电流路径，构成了导电回路。阴极保护对于防止加热器、地下水槽及管道和海洋设备的腐蚀是特别有用的。

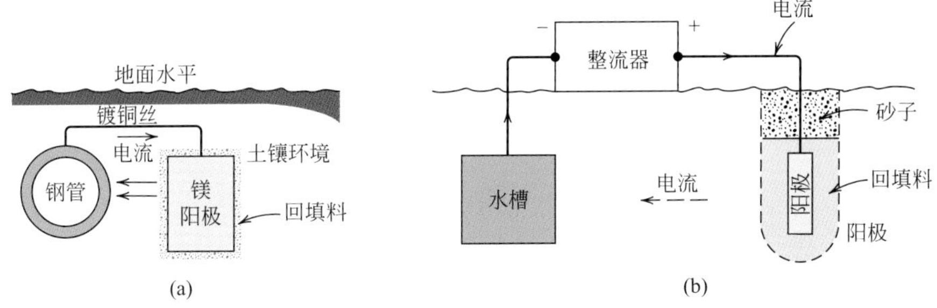

图16.23　阴极保护（a）使用镁牺牲阳极的地下管道和（b）使用外加电流的地下水槽。
（摘自M. G. Fontana，*Corrosion Engineering*，3rd edition. 版权©1986 McGraw-Hill Book Company所有，复制得到许可。）

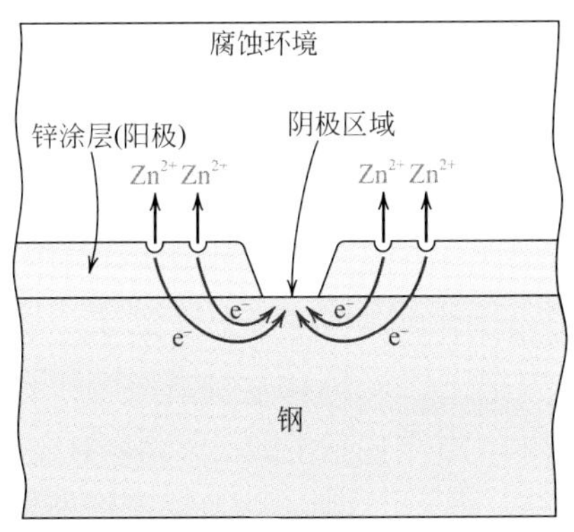

图16.24　提供锌涂层的钢的镀锌保护

概念检查 16.7　由钢制造的锡罐内壁被镀了一薄层锡。锡保护钢免于食物腐蚀的方式与锌保护钢免于大气腐蚀的方式相同。简单解释锡罐的这种阴极保护是可行的，已知锡在电偶序中的电化学活性低于钢（表16.2）。

[解答可参考网页www.wiley.com/college/callister（学生之友网站）。]

16.10 氧化

16.2节的讨论中用发生在水溶液中的电化学反应解释了金属材料的腐蚀。此外，金属合金的氧化也可能在气体环境中发生。通常，在空气中，金属的表面形成一层氧化膜或氧化皮，这种现象时常称为磷化或干腐蚀。在这部分，我们将讨论这种腐蚀的可能机制，形成氧化膜的类型以及氧化物形成的动力学。

（1）机制

二价金属M在液体腐蚀中形成氧化膜的过程是一种电化学反应，可用下述反应来表达[1]：

$$M+\frac{1}{2}O_2 \longrightarrow MO \tag{16.28}$$

上述的反应由氧化和还原半反应组成，氧化反应产生了金属离子。

$$M \longrightarrow M^{2+}+2e^- \tag{16.29}$$

在金属-氧化皮界面发生，还原半反应产生了氧离子。

$$\frac{1}{2}O_2+2e^- \longrightarrow O^{2-} \tag{16.30}$$

在氧化皮-气体界面发生，这个金属-氧化皮-气体体系示意图如图16.25所示。

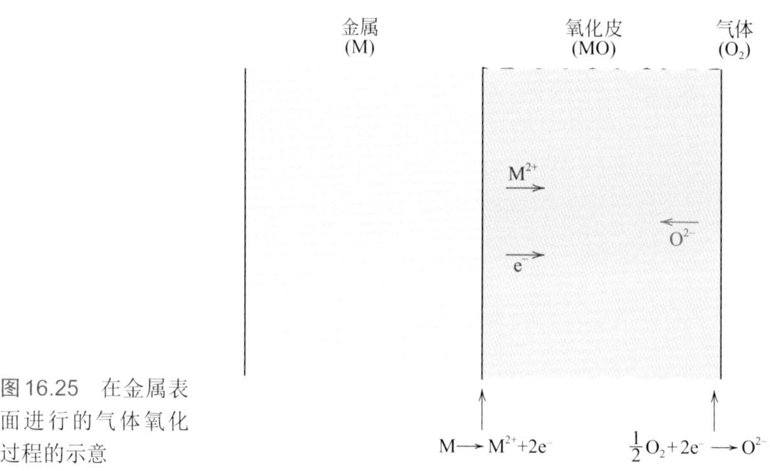

图16.25 在金属表面进行的气体氧化过程的示意

根据式（16.28）氧化膜厚度增加，电子必须被传导到氧化皮-气体界面，在这里还原反应发生。此外，M^{2+}必须从金属和氧化皮界面向外扩散，O^{2-}从这个相同的界面（图16.25）[2]向里扩散。因此，氧化皮既作为离子扩散的电解液也作为导电回路的电子通道。此外，当氧化皮作为离子扩散和电子传导的障碍时，氧化皮可保护金属避免快速氧化。大多数金属氧化物是高度绝缘的。

---

[1] 对于不是二价的金属，这个反应可以表示为：

$$aM+\frac{b}{2}O_2 \longrightarrow M_aO_b \tag{16.31}$$

[2] 或者，可能是电子孔洞（12.10节）和空位发生扩散而不是电子和离子。

（2）氧化皮类型

毕林-彼得沃尔斯比

氧化速率（即薄膜厚度增加的速率）和阻止金属进一步氧化的薄膜的倾向与氧化物和金属的相对体积有关。这些体积的比，被称为毕林-彼得沃尔斯比，可用式（16.32）来决定[1]：

二价金属的毕林-彼得沃尔斯比——取决于金属与其氧化物的密度和分子重量之比

$$\text{P-B比}=\frac{A_O\rho_M}{A_M\rho_O} \tag{16.32}$$

式中，A_O是氧化物的分子重量（或化学式量）；A_M是金属的原子重量；ρ_O和ρ_M分别是氧化物和金属的密度。P-B比＜1的金属，氧化膜是疏松多孔的，不具有保护性，因为生成的氧化膜不能完全覆盖金属的表面；如果P-B比＞1，压应力导致形成完整的薄膜；如果P-B比值在2～3之间，氧化物涂层可能会形成裂纹并脱落，使新鲜且没有保护的金属表面持续地暴露。保护氧化膜形成的理想的P-B比值是1。表16.3给出了形成保护性添层和那些没有形成保护性涂层的一些金属的P-B比。需要注意的是，通常形成保护性涂层金属的P-B比在1～2之间，然而当P-B比值小于1或者大于2时非保护性涂层形成。除了P-B比，其他因素也影响薄膜的抗氧化性；这些因素包括薄膜和金属之间的高度黏着力，金属和氧化物之间的热膨胀系数的相似性，以及氧化物的相对高的熔点和高温塑性。

表16.3 一些金属的P-B比（来源：B.Chalmers，Physical Metallurgy. 版权© 1959ohn Wiley & Sons所有。复制得到ohn Wiley & Sons公司许可。）

保护性的		*非保护性的*	
铈	1.16	钾	0.45
铝	1.28	锂	0.57
铅	1.40	钠	0.57
镍	1.52	镉	1.21
铍	1.59	银	1.59
钯	1.60	钛	1.95
铜	1.68	钽	2.33
铁	1.77	锑	2.35
锰	1.79	铌	2.61
钴	1.99	铀	3.05
铬	1.99	钼	3.40
硅	2.27	钨	3.40

非二阶金属的毕林-彼得沃尔斯比

[1] 对于其他化合价金属，式（16.32）变为：

$$\text{P-B比}=\frac{A_O\rho_M}{aA_M\rho_O} \tag{16.33}$$

式中，a是式（16.31）描述的整个氧化反应的金属元素的系数。

有几种方法可用来提高金属的抗氧化性，其中一种方法是在金属上附着另一种抗氧化材料形成的表面保护性涂层。在某些情况下，添加合金元素将产生一种更有利的P-B比值或提高其他氧化物的特性，从而形成更致密的保护性氧化膜。

（3）动力学

金属氧化的主要问题之一是反应进行的速率。因为氧化物反应产物通常保留在表面，反应速率可通过测量每单位面积增加的重量与时间的关系来确定。

当形成的氧化物是无孔的，并在金属表面黏着时，氧化膜生长的速率由离子扩散控制。在每单位面积增加的重量W和时间t之间存在如下的一种抛物线关系：

抛物线速率表达式—重量与时间的关系

$$W^2=K_1t+K_2 \tag{16.34}$$

式中，在一定温度下，K_1和K_2是与时间无关的常数。重量的增加和时间的关系曲线如图16.26所示，铁、铜和钴的氧化规律符合这个速率表达式。

对于氧化膜是多孔的或易脱落的金属的氧化（即P-B比值<1或者>2），氧化速率的变化是线性的，也就是：

金属氧化的线性速率表达式

$$W=K_3t \tag{16.35}$$

式中，K_3是一常数。在这些情况下，因为氧化物不能阻止氧化反应，氧总是与未能保护的金属表面反应。钠、钾和钽按这个速率公式发生氧化，并且具有的P-B比值与1相差很大（表16.3）。线性生长速率动力学也如图16.26所示。

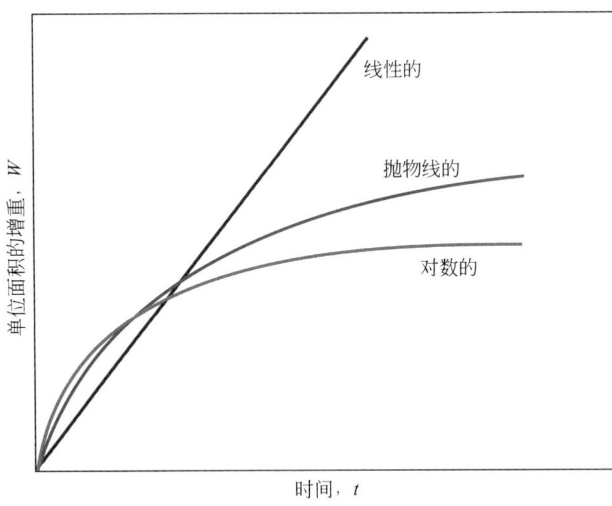

图16.26 线性、抛物线和对数关系速率法则的氧化膜生长曲线

在相对低的温度下形成非常薄的氧化膜（通常小于100nm）符合第三反应速率法则。重量的增加与时间的关系是对数关系，且形式为

金属氧化的对数速率表达式

$$W=K_4\lg(K_5t+K_6) \tag{16.36}$$

同样，K_s是常数。在室温下，铝、铁和铜金属被发现具有如图16.26所示的氧化行为。

陶瓷材料的腐蚀

陶瓷材料作为金属元素和非金属元素的化合物，可以被看成是已经经历了腐蚀的过程。因此，它们在几乎所有环境中都对腐蚀具有很强的免疫能力，尤其是在室温条件下。与之前金属的电化学过程相比，陶瓷材料的腐蚀通常包括单纯的化学溶解过程。

陶瓷材料很常用的原因之一是由于它们具有抗腐蚀性。因此我们常用玻璃来作为水容器。耐火陶瓷不仅要能够耐高温，实现绝热保温，在很多情况下，还要能够抵抗熔融金属、熔盐、炉渣以及玻璃在高温条件下对其的腐蚀。目前有些更加有用地、用于实现能量转换的新工艺方案要求相对更高的温度、更耐腐蚀以及高于常压的气压。与金属相比，陶瓷材料具有能够更加长时间地忍受这样的环境。

聚合物的降解

聚合材料在环境作用下也会发生性能恶化。然而，不良的相互作用被认为是降解，而不是腐蚀，因为这两个过程本质上是不同的。多数金属的腐蚀反应是电化学反应，而聚合物的降解反应是物理化学反应，它既涉及物理现象，又涉及化学现象。此外，对于聚合物的降解，可能有各种反应及相反结果。聚合物可能通过溶胀和溶解而恶化，还可能因热能、化学反应和辐射而发生共价键的破坏，通常还伴随力学性能的降低。由于聚合物的化学结构的复杂性，其降解机理还不是很清楚。

列举几个聚合物降解的实例：聚乙烯若暴露于高温含氧气氛中，会变脆而使机械性能降低；还有当聚氯乙烯暴露于高温时，尽管可能不会影响其机械特性，但可能因褪色而使应用受限。

16.11 溶胀和溶解

当聚合物处于液体中时，降解的主要形式是溶胀和溶解。溶胀时，液体或溶解物扩散进入并吸附在聚合物中；小的溶解物分子融入并占据了聚合物分子之间的位置。因此，大分子被迫分开，从而使样品膨胀或溶胀。此外，链与链的分离程度的增加会导致分子间的次价键作用的减小；结果是材料变得更软，更为柔韧。液态的溶解物还使玻璃化温度降低，若环境温度降低，曾经是高强度的材料会变得有弹性且强度变低。

溶胀可看作是一个部分溶解过程，只有聚合物在溶剂中的有限溶解。当聚合物发生完全溶解，可认为是溶胀的延续。按照经验法则，溶剂和聚合物的化学结构越相似，溶胀或溶解的可能性就越大。例如，许多烃类橡胶易吸收烃类液体，如汽油。表16.4和表16.5中给出了选定聚合材料对有机溶剂的反应。

溶胀和溶解特性还受温度和分子结构特性的影响。通常，增加分子量、交联度和结晶度以及降低温度都会导致这些恶化过程的减弱。

通常，聚合物对酸类和碱类溶液的抵抗力比金属强。例如，氢氟酸（HF）对许多金属有腐蚀性，并可刻蚀和溶解玻璃，因而被储存于塑料瓶中。各种聚合物在这些溶液中的行为的定性对比也列于表16.4和表16.5中。对两种溶液均显示突出抵抗力的材料包括聚四氟乙烯（和其他氟碳化合物）和聚醚醚酮。

表16.4　选定塑料材料对由各种环境因素引起的降解的抵抗性①

材料	*非氧化性酸（20%H_2SO_4）*	*氧化性酸（10%HNO_3）*	*盐的水溶液（NaCl）*	*碱的水溶液（NaOH）*	*极性溶剂（C_2H_5OH）*	*非极性溶液（C_6H_6）*	*水*
聚四氟乙烯	S	S	S	S	S	S	S
尼龙66	U	U	S	S	Q	S	S
聚碳酸酯	Q	U	S	U	S	U	S
聚酯	Q	Q	S	Q	Q	U	S
聚醚醚酮	S	S	S	S	S	S	S
低密度聚乙烯	S	Q	S	—	S	Q	S
高密度聚乙烯	S	Q	S	—	S	Q	S
聚对苯二甲酸乙二醇酯	S	Q	S	S	S	S	S
聚苯醚	S	Q	S	S	S	U	S
聚丙烯	S	Q	S	S	S	Q	S
聚苯乙烯	S	Q	S	S	S	U	S
聚氨酯	Q	U	S	Q	U	Q	S
环氧树脂	S	U	S	S	S	S	S
硅树脂	Q	U	S	S	S	Q	S

①S=符合要求的；Q=不确定的；U=不符合要求的。

来源：源自R. B. Seymour，*Polymers for Engineering Applications*，ASM International，Materials Park，OH，1987.

表16.5　选定橡胶材料对由各种环境因素引起的降解的抵抗性①

材料	*风化-光照老化*	*氧化*	*臭氧龟裂*	*碱液稀、浓*	*酸液稀、浓*	*氯化烃脱脂剂*	*脂肪烃煤油*	*动物，植物油*
聚异戊二烯（天然）	D	B	NR	A/C-B	A/C-B	NR	NR	D-B
聚异戊二烯（合成）	NR	B	NR	C-B/C-B	C-B/C-B	NR	NR	D-B
丁二烯橡胶	D	B	NR	C-B/C-B	C-B/C-B	NR	NR	D-B
丁基橡胶	D	C	NR	C-B/C-B	C-B/C-B	NR	NR	D-B
氯丁橡胶	B	A	A	A/A	A/A	D	C	B
丁腈橡胶（高）	D	B	C	B/B	B/B	C-B	A	B
硅橡胶（聚硅氧烷）	A	A	A	A/A	B/C	NR	D-C	A

①A=优秀；B=良好；C=一般；D=谨慎使用；NR=不推荐。

来源：*Compound Selection and Service Guide*，Seals Eastern，Inc.，Red Bank，NJ，1977。

概念检查 16.8 从分子的角度来看，解释为什么增加聚合材料的交联度和结晶度可提高其耐溶胀和溶解性。你认为交联或结晶哪个具有更大的影响？证明你的选择是正确的。

提示：可翻阅4.7节和4.11节。

［答案可参考www.wiley.com/college/callister（学生之友网站）。］

16.12 键断裂

断裂

聚合物还可能通过被称作断裂的过程而降解——分子链上的键断开或被破坏。这就导致分子链在断裂点分离为链段，分子量降低。如前面所讨论的（第8章），聚合材料的几种性能，包括机械强度和耐化学性，取决于分子量。因此，聚合物的一些物理和化学性能可能受这种形式的降解的不利影响。键断裂可能产生于辐射或热的作用以及化学反应。

（1）辐射效应

某些类型的辐射［电子束、X射线、β射线和γ射线以及紫外（UV）辐射］具有能穿透聚合物样品，并与组成的原子或它们的电子发生相互作用的能量。其中之一的反应是离子化，辐射从样品原子中移去一个轨道电子，使该原子转化为一个带正电的离子。结果是与特定原子相连的其中一个共价键被断开，在该位置发生原子或原子团的重排。该键的断裂导致在离子化位置上的链的断裂或交联，取决于聚合物的化学结构及辐射的剂量。可加入稳定剂（14.12节）来保护聚合物，避免辐射损伤。在日常使用中，对聚合物最严重的辐射损伤是由UV辐射引起的。在长时间曝光之后，多数聚合物薄膜变脆、褪色、破裂以及失效，例如，露营帐篷开始撕裂破坏、仪表盘出现裂缝、塑料窗户变得模糊不清。对于一些应用，辐射问题更为严重。空间飞行器上的聚合物长时间曝露于宇宙射线，必须要耐降解。类似地，在核反应器中应用的聚合物必须能经受高水平的核辐射，开发能经受这些极端环境的聚合物材料是一个持续的挑战。

并不是所有的辐射暴露结果都是有害的，通过辐射可引入交联，从而改进机械行为和降解特性。例如，商业上应用γ射线交联聚乙烯，以加强其在高温下的耐软化和流动性。事实上，该过程可在已成型的产品上实施。

（2）化学反应效应

作为化学反应的结果，氧气、臭氧及其他物质可引起或加速链的断裂。对于在骨架分子链上带有双键碳原子，并暴露于大气污染物臭氧（O_3）中的硫化橡胶，该效应尤为普遍。其中之一的断裂反应可表示如下：

$$-\mathrm{R}-\underset{\mathrm{H}}{\underset{|}{\mathrm{C}}}=\underset{\mathrm{H}}{\underset{|}{\mathrm{C}}}-\mathrm{R'}-+\mathrm{O_3}\longrightarrow -\mathrm{R}-\underset{\mathrm{H}}{\underset{|}{\mathrm{C}}}=\mathrm{O}+\mathrm{O}=\underset{\mathrm{H}}{\underset{|}{\mathrm{C}}}-\mathrm{R'}-+\mathrm{O}\cdot \tag{16.37}$$

其中分子链在双键的位置断裂，R和R′分别代表在反应过程中不受影响的原子团。通常，如果橡胶是处于无应力状态，在其表面将会形成氧化物薄膜，保护材料本体，避免任何进一步反应。然而，当这些材料受到拉伸应力作用时，产生裂缝和缺口，并沿与应力垂直的方向生长，最终可能产生材料的破坏。这就是橡胶自行车轮胎老化时在侧壁产生裂缝的原因。显然，这些裂缝产生于大量的由臭氧引发的断裂。对于应用于空气污染物如烟雾和臭氧含量很高的区域的聚合物，化学降解是一个特别的问题，表16.5中的橡胶按照它们对暴露于臭氧的降解的抵抗能力被评定为不同级别。许多断链反应涉及称作自由基的反应性基团，可加入稳定剂（14.12节）来保护聚合物免于氧化。这些稳定剂或者是与臭氧反应以消耗臭氧，或者是在自由基造成更多损害之前，与自由基反应并消除自由基。

(3) 热效应

热降解与分子链在高温下的断裂相关，结果是一些聚合物经历生成气态物质的化学反应，通过材料的失重证实了这些反应。聚合物的热稳定性是其对这种分解的适应能力的度量。热稳定性主要与聚合物的各种组成原子之间的键能的数量级有关，键能越大，材料的热稳定性越大。例如，C-F键的数量级高于C-H键，而C-H键的数量级高于C-Cl。带有C-F键的氟碳化合物属于最耐热的聚合材料，可用于相对较高的温度下。然而，由于C-Cl键弱，当聚氯乙烯加热到200℃，即使几分钟，也会褪色，并释放出大量HCl，释放的HCl加速随后的分解。稳定剂（14.12节）如ZnO可与HCl反应，提高聚氯乙烯的热稳定性。

热稳定性最高的聚合物是梯形聚合物[1]。例如，具有以下结构的梯形聚合物其热稳定性很高，这种材料的编织布可以直接在明火中加热而不降解。这种类型的聚合物用于高温手套的石棉位置。

重复单元

16.13 风化

许多聚合物材料应用于需要暴露于室外条件下的领域，任何由此引起的降解被称作风化。风化可能是几种不同过程的组合，在这些条件下，恶化主要是氧化的结果，由来自太阳的紫外辐射引发。一些聚合物，如尼龙和纤维素还易受吸水的影响，吸水导致其硬度和刚度的降低。各种聚合物对风化的抵抗能力非常不同，氟碳化合物在这些条件下是完全惰性的；而包括聚氯乙烯和聚苯乙烯的一些材料，很容易被风化。

概念检查 16.9 列举金属的腐蚀与下列每个选项的2个不同点：

（a）陶瓷的腐蚀；

（b）聚合物的降解。

[答案可参考www.wiley.com/college/callister（学生之友网站）。]

[1] 梯形聚合物的链结构在其整个长度包括两组交联的共价键。

总结

电化学因素

- 金属腐蚀是一个包含了氧化和还原过程的典型的电化学反应。

  氧化反应发生于阳极，金属原子失去价电子，形成的金属离子可能进入腐蚀介质或者形成不溶性化合物。

  在还原反应（发生于阴极）过程中，这些电子被转移到至少一种化学物质中。腐蚀环境的特性决定了可能发生哪些还原反应。

- 金属的氧化难易度不尽相同，我们可以通过一个电偶进行说明。

  在电解液中，一个金属（阳极）被腐蚀，而还原反应则发生于另一种金属上（阴极）。

  阳极和阴极间的电势差表明了腐蚀反应驱动力的大小。

- 电位序的标准电动势是以金属材料与其他金属配对后被腐蚀的难易程度为基础进行的分级排序。

  标准电动势序的等级排序是以金属的标准电池与标准氢电极进行配对后在25℃（77 ℉）时的电压大小为基础的。

  电位序由金属和合金在海水中的相对反应度组成。

- 标准电动势序中的半电池电势是只在平衡状态有效的热力学参数；腐蚀系统并不处于平衡状态。此外，这些电势值的大小无法表明腐蚀反应发生的速率。

腐蚀速率

- 腐蚀速率可以被理解为腐蚀穿透率，亦即单位时间内材料的厚度损失。CPR可以通过式（16.23）计算得到，该参数的单位常用密耳（千分之一寸）每年和毫米每年。
- 根据式（16.24）可知，腐蚀速率和与电化学反应相关的电流密度成比例。

腐蚀速率预测

- 腐蚀系统会经历极化，也就是每个电极的电势会偏离其平衡电位，该电位的大小被称为过电压。
- 腐蚀反应的速率受到极化作用的限制。极化分为两种——活化极化和浓差极化。

  活化极化与腐蚀速率由发生最慢的反应步骤所决定的体系相关。对于活化极化，会出现如图16.7所示过电压与电流密度对数曲线。

  浓差极化普遍出现于溶液中腐蚀速率由扩散所限制的情形。此时的过电压与电流密度对数曲线如图16.9（a）所示。

- 某特定反应腐蚀速率可以通过式（16.24）进行计算，利用与氧化和还原极化曲线交点有关的电流密度。

钝化

- 有一部分金属和合金会在某些特定环境条件下发生钝化或失去其化学活性。这一现象被认为牵涉到一层薄薄的保护氧化膜的形成。不锈钢以及铝合金显示出这种行为。
- 活化-钝化转变行为可以通过合金的S形电化学势对电流密度对数曲线（图16.12）进行解释。该曲线与还原极化曲线在活化与钝化区间的交点分别对应于高和低腐蚀速率（图16.13）。

腐蚀的形式

- 我们有时将金属腐蚀分为8种不同的形式。

  均匀腐蚀——所有外表面的腐蚀程度大致相同。

电偶腐蚀——发生于两种不同金属或合金在电解液中形成电偶时。

裂隙腐蚀——腐蚀发生于裂隙处或其他局部缺氧的区域。

点蚀——局部发生的腐蚀，在水平面顶端形成小坑或孔洞。

晶间腐蚀——在一些特定金属/合金（如一些不锈钢）中倾向于沿着晶界发生。

选择性侵蚀——合金中的某种元素/组分通过腐蚀反应被选择性移除。

冲蚀——在流体运动作用下化学腐蚀与机械磨损同时发生的过程。

应力腐蚀——在腐蚀效应和拉伸应力的共同作用下产生的裂纹（或可能的失效）萌生与扩展。

氢致脆化——随着氢原子进入金属/合金发生的显著塑性下降现象。

防腐蚀

- 几种措施可被用于防止或至少减少腐蚀。这些措施包括材料选择、环境调整、使用抑制剂、设计变更、使用涂层以及阴极保护。
- 在阴极保护中，被保护的金属被作为阴极，并通过外部来源提供电子。

氧化

- 金属材料的电化学氧化也可能在干燥的气体环境下发生（图16.25）。
- 金属表面的氧化层可能会起到阻碍进一步氧化的作用，如果金属和氧化层的体积相近，即Pilling-Bedworth比［式（16.32）和式（16.33）］接近于单位1。
- 氧化膜的形成动力学可能会遵循抛物线［式（16.34）］、线性［式（16.35）］、或对数［式（16.36）］速率定律。

陶瓷材料的腐蚀

- 本质上耐蚀的陶瓷材料常被用在高温或腐蚀性极强的环境。

聚合物的降解

- 聚合物材料通过非腐蚀过程恶化。暴露于液体时，它们可能通过溶胀或溶解而发生降解。

  对于溶胀，溶质分子实际上是融入到分子结构中的。

  当聚合物在液体中完全可溶时，可能发生溶解。
- 分子链上的键的断裂或断开可能由辐射、化学反应或热引起。这导致分子量的降低，以及聚合物的物理和化学性能的恶化。

公式总结

公式编号	公式	求解
（16.18）	$\Delta V^0 = V_2^0 - V_1^0$	两个标准半电池的电化学电池电势
（16.19）	$\Delta V = \left(V_2^0 - V_1^0\right) - \dfrac{RT}{n\mathscr{F}} \ln \dfrac{\left[\mathrm{M}_1^{n+}\right]}{\left[\mathrm{M}_2^{n+}\right]}$	两个非标准半电池的电化学电池电势
（16.20）	$\Delta V = \left(V_2^0 - V_1^0\right) - \dfrac{0.0592}{n} \lg \dfrac{\left[\mathrm{M}_1^{n+}\right]}{\left[\mathrm{M}_2^{n+}\right]}$	室温条件下，两个非标准半电池的电化学电池电势
（16.23）	$\mathrm{CPR} = \dfrac{KW}{\rho At}$	腐蚀渗透速率
（16.24）	$r = \dfrac{i}{n\mathscr{F}}$	腐蚀速率
（16.25）	$\eta_a = \pm \beta \lg \dfrac{i}{i_0}$	活化极化的过电压

续表

公式编号	公式	求解
(16.27)	$\eta_c = \frac{2.3RT}{n\mathscr{F}}\lg\left(1-\frac{i}{i_L}\right)$	浓差极化的过电压
(16.32)	$\text{P-B比} = \frac{A_O\rho_M}{A_M\rho_O}$	二价金属的毕林-彼得沃尔斯比
(16.33)	$\text{P-B比} = \frac{A_O\rho_M}{aA_M\rho_O}$	不是二价金属的毕林-彼得沃尔斯比
(16.34)	$W^2 = K_1t + K_2$	金属氧化的抛物线速率表达式
(16.35)	$W = K_3t$	金属氧化的线性速率表达式
(16.36)	$W = K_4\lg(K_5t + K_6)$	金属氧化的对数速率表达式

符号列表

符号	意义	符号	意义
A	暴露的表面积	n	参与任一半电池反应电子的数量
A_M	金属M的原子量	R	气体常数［8.31 J/(mol・K)］
A_O	金属M氧化物的化学式量	T	温度（K）
$\mathscr{F}$	法拉第常数[96500C/mol]	t	时间
i	电流密度	V_1^0，V_2^0	金属1和金属2［反应式（16.17）］的标准半电池电极电势（表16.1）
i_L	扩散极限电流密度	W	重量损失［式（16.23）］；单位面积的重量增加［式（16.34），式（16.35），式（16.36）］
i_0	交换电流密度	β	半电池常数
K	CPR常数	ρ	密度
K_1，K_2，K_3，K_4，K_5，K_6	不依赖于时间的常数	ρ_M	金属M的密度
$[M_1^{n+}]$,$[M_2^{n+}]$	金属1和金属2的摩尔离子浓度［反应（16.17）］	ρ_O	金属M氧化物的密度

重要术语和概念

活化极化
阳极
阴极
阴极保护
浓差极化
腐蚀
腐蚀速度
裂隙腐蚀
降解
电解液
电位（emf）序
冲蚀
电化腐蚀
电势序
氢脆化
抑制剂
晶间腐蚀
摩尔浓度
氧化
钝化
Pilling-Bedworth比
点蚀
极化
还原
牺牲阳极
断链
选择性析出
标准半电池
应力腐蚀
焊缝腐蚀

参考文献

ASM Handbook，Vol.13A，*Corrosions：Fundamentals，Testing，and Protection*，ASM International，Materials Park，OH，2003.

ASM Handbook，Vol.13B，*Corrosions：Materials*，ASM International，Materials Park，OH，2005.

ASM Handbook，Vol.13C，*Corrosions：Enviroments and Industries*，ASM International，Materials Park，OH，2006

Craig，B. D.，and D. Anderson（Editors），*Handbook of Corrosion Data*，2nd edtion，ASM International，Materials Park，OH，1995.

Gibala，R.，and R. F. Hehemann，*Hydrogen Embrittlement and Stress Corrosion Cracking*，ASM International，Materials Park，OH，1984.

Jones，D. A.，*Principles and Prevention of Corrosion*，2nd edition，Pearson Education，Upper Saddle River，NJ，1996.

Marcus，P.（Editor），*Corrosion Mechanisms in Theory and Practice*，2nd edition，CRC Press，Boca Raton，FL，2002.

Revie，R. W.，*Corrosion and Corrosion Control*，4th edition，Wiley，Hoboken，NJ，2008.

Revie，R. W.，（Editor），*Uhlig's Corrosion Handbook*，3rd edition，Wiley，Hoboken，NJ，2011.

Roberge，P. R.，*Corrosion Engineering：Principles and Practice*，McGraw-Hill，New York，2008.

Schweitzer，P. A.，*Atmospheric Degradation and Corrosion Control*，CRC Press，Boca Raton，FL，1999.

Schweitzer，P. A.（Editor），*Corrosion Engineering Handbook*，2nd edition，CRC Press，Boca Raton，FL，2007.Three volume set.

Talbot，E. J.，and D. R. Talbot，*Corrosion Science and Technology*，2nd edition，CRC Press，Boca Raton，FL，2007.

习题

 Wiley PLUS中（由教师自行选择）的习题。

 Wiley PLUS中（由教师自行选择）的辅导题。

 Wiley PLUS中（由教师自行选择）的组合题。

电化学因素

 16.1 （a）简单解释氧化和还原电化学反应间的区别。

（b）阳极和阴极分别发生什么反应?

16.2 （a）写出当镁放入以下几种溶液中后可能发生的氧化和还原半反应式：（Ⅰ）HCl，（Ⅱ）溶解了氧气的HCl溶液，（Ⅲ）含有溶解氧以及Fe^{2+}的HCl溶液。

（b）你认为在上述哪种溶液中镁会氧化得最快？为什么？

16.3 证明（a）式（16.19）中的$\mathscr{F}$值为96500C/mol，以及（b）在25℃（298K）时

$$\frac{RT}{n\mathscr{F}}\ln x=\frac{0.0592}{n}\lg x$$

16.4 （a）一电化学电池由浸在Cd^{2+}浓度为2×10^{-3}mol/L中的纯镉和浸在Fe^{2+}浓度为0.4mol/L溶液中的纯铁组成，计算25℃时该电池的电压。

（b）写出自发的电化学反应。

16.5 一个Zn/Zn^{2+}浓差电池的两个电极都是纯锌。一个半电池的Zn^{2+}浓度是1.0mol/L，另一个

半电池的Zn^{2+}浓度是10^{-2}mol/L。这两个半电池间会产生电压吗？如果是这样，该电压的大小是多少以及哪个电极会被氧化？如果没产生电压，解释该结果。

WILEY 16.6 一个电化电池由纯铜和纯铅电极组成，两电极分别浸在含有相应离子的溶液中。对于Cu^{2+}浓度为0.6mol/L的溶液，铅电极被氧化，产生的电池电位为0.507V。如果温度为25℃，计算Pb^{2+}的浓度。

16.7 一个电化学电池的一半为浸在Ni^{2+}浓度为3×10^{-3}mol/L溶液中的纯镍电极。另外一半为浸在Fe^{2+}浓度为0.1mol/L溶液中的纯铁电极。在什么温度下两电极间的电势为+0.140 V？

WILEY 16.8 对于下面给出的海水中的合金对，预测腐蚀的可能性；如果可能发生腐蚀，指出哪个金属或合金会被腐蚀。

（a）铝和镁

（b）锌和低碳钢

（c）黄铜［60%（质量）Cu-40%（质量）Zn］以及蒙乃尔合金［70%（质量）Ni-30%（质量）Cu］

（d）钛合金和304不锈钢

（e）铸铁和316不锈钢

WILEY 16.9 （a）根据电位序（表16.2），举出3种可被用于保护处于活化状态304不锈钢的金属或合金。

（b）概念检查16.4（b）指出，电化学腐蚀可以通过将第三个呈阳极的金属与电偶中的两个金属相互接触而被阻止。根据电位序，指出一种可以用于保护铜-铝电偶的金属。

腐蚀速率

WILEY 16.10 证明式（16.23）中的常数K在CPR单位为mm/a时的值是87.6。

16.11 在一个沉没的远洋船舶中找到了一块被腐蚀的钢板。那块钢板的原始面积估计约为10in.^{2}，在淹没长时间后大约2.6kg被腐蚀掉了。假设该合金在海水中的腐蚀侵入速度为200mpy。请估算这艘船沉没了多少年？钢的密度为7.9 g/cm^3。

16.12 一块面积为400cm^{2}的钢板被暴露于海边的空气中。该钢板在一年后由于被腐蚀，重量减少了375g。若以mm/a来计算的话，该钢板的腐蚀速率是多少？

WILEY 16.13 （a）证明CPR与腐蚀电流密度i（A/cm^2）间的关系式如下

$$\mathrm{CPR}=\frac{KAi}{n\rho} \qquad (16.38)$$

式中，K为常数；A是被腐蚀金属的原子量；n金属原子所对应的离子所带电荷数；ρ是金属的密度。

（b）计算CPR单位为mm/a以及i的单位为μA/cm^2（10^{-6} A/cm^2）时常数K的值。

16.14 根据习题16.13的结果，计算以mm/a为单位的腐蚀渗透速率，已知铁在柠檬酸中（形成Fe^{2+}），腐蚀电流密度为1.15×10^{-5}A/cm^2。

腐蚀速率的预测

WILEY 16.15 （a）指出活化极化和浓差极化间的主要区别。

（b）活化极化速率控制的条件是什么？

（c）浓差极化速率控制的条件是什么？

16.16 （a）描述氧化和还原电化学反应的动态平衡现象？

（b）什么是交换电流密度？

16.17 铅在酸性溶液发生腐蚀时的反应式为

$$Pb+2H^+ \longrightarrow Pb^{2+}+H_2$$

氧化和还原半反应的速率都由活化极化所决定。

（a）根据下表给出的数据计算Pb的氧化速率：

铅	氢
$V_{(Pb/Pb^{2+})}=-0.25$ V $i_0=2\times10^{-9}$ A/cm^2 $\beta=+0.12$	$V_{(H^+/H_2)}=0$ V $i_0=1.0\times10^{-8}$ A/cm^2 $\beta=-0.10$

（b）计算该反应的腐蚀电位。

16.18 现要计算某二价金属M在含氢离子溶液中的腐蚀速率。金属在溶液中的腐蚀数据如下表所示：

金属M	氢
$V_{(M/M^{2+})}=-0.47$ V $i_0=5\times10^{-10}$ A/cm^2 $\beta=+0.15$	$V_{(H^+/H_2)}=0$ V $i_0=2\times10^{-9}$ A/cm^2 $\beta=-0.12$

（a）假设活化极化控制了氧化和还原反应，根据上表给出的数据计算M的腐蚀速率[单位为mol/（cm^2·s）]。

（b）计算该反应的腐蚀电位。

16.19 图16.27给出了随着溶液速率的增加，经历着活化极化和浓差极化共同作用的溶液的过电压与电流密度对数的关系。依据给出的关系，画出金属氧化过程中腐蚀速率随溶液速率变化的示意图；假设氧化反应受活化极化控制。

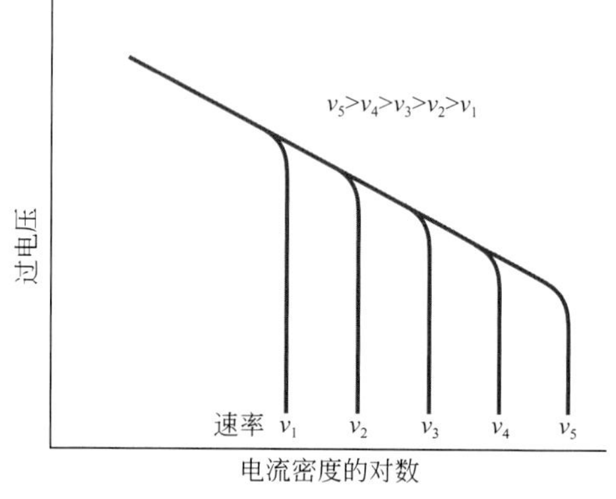

图16.27 同时经历活化与浓差极化的溶液在不同溶液速率时的过电压与电流密度对数的关系图

钝化

16.20 简要描述钝化现象。给出两种常见的会发生钝化的金属。

16.21 为什么含铬的不锈钢使其在很多环境下都比普通碳钢更耐腐蚀？

腐蚀的形式

16.22 针对于除了均匀腐蚀外的其他腐蚀情况：

（a）描述各种腐蚀发生的原因、场所以及发生条件。

（b）给出3种防止或控制各种腐蚀的措施。

16.23 简要说明为什么经过冷加工的金属比未经过冷加工的金属更容易被腐蚀。

16.24 解释为什么对于较小的阳极/阴极面积比，其腐蚀速率为什么高于具有较大阳极/阴极面积比的情况。

16.25 解释为什么在浓差极化电池中，腐蚀发生在浓度较低的区域。

防腐

16.26 （a）什么是抑制剂？

（b）它们的效力由哪些可能的机理决定？

16.27 简要描述两种用于阴极保护的技术。

氧化

WILEY GO 16.28 计算下表给出的每种金属的Pilling–Bedworth比。并且根据计算得到的结果详细说明你认为表面所形成的氧化层是否能起到保护作用，给出相应的原因。金属以及其相应氧化物的密度值如下表所示。

金属	金属密度/（g/cm^3）	金属氧化物	氧化物密度/（g/cm^3）
Zr	6.51	ZrO_2	5.89
Sn	7.30	SnO_2	6.95
Bi	9.80	Bi_2O_3	8.90

16.29 根据表16.3，银表面形成的氧化层应该是非保护性的，然而室温条件下银在空气中并不会发生明显的氧化。你怎样解释这种明显的不一致性？

16.30 在下表中给出了铜在高温下氧化的重量增加–时间数据。

W/（mg/cm^2）	时间/min
0.316	15
0.524	50
0.725	100

（a）计算氧化动力学是否符合线性、抛物线形或对数速率表达式。

（b）计算经过450 min后增加的重量W。

16.31 下表给出了高温条件下某些金属在氧化过程中的重量增加–时间数据。

W/（mg/cm^2）	时间/min
4.66	20
11.7	50
41.1	135

（a）计算氧化动力学是否符合线性、抛物线形或对数速率表达式。

（b）计算经过1000 min后增加的重量W。

WILEY 16.32 下表给出了高温条件下某些金属在氧化过程中的重量增加–时间数据。

W/（mg/cm^2）	时间/min
1.90	25
3.76	75
6.40	250

（a）计算氧化动力学是否符合线性、抛物线形或对数速率表达式。

（b）计算经过3500 min后增加的重量W。

数据表练习题

16.1SS 请为用户制作一张电子数据表，使其能计算金属在酸性溶液中的氧化速率［单位mol/(cm^2·s)］以及腐蚀电位。用户可以为两个半电池输入下列参数：腐蚀电位、交换电流密度以及β值。

16.2SS 对于给定的金属，在给出其重量随时间增加的数据（至少3个值）后，请为用户制作一张电子数据表，使其能够计算下列问题：（a）氧化动力学是否符合线性、抛物线形或对数速率表达式，（b）相应速率表达式中的常数值以及（c）在经过一段时间后的所增加的重量。

设计问题

16.D1 在一个钢的热交换器中用的冷却介质是盐水溶液。该盐水溶液在热交换器中循环且含有一些溶解氧。建议3种除了阴极保护外的减轻钢在盐水中腐蚀的措施，对每种建议措施给出解释说明。

16.D2 对于下面列出的每种应用建议一个合适的材料，而且，如果有必要的话，建议应该采取的防腐措施。对你的建议给出说明。

（a）用于盛装稀硝酸溶液的实验瓶

（b）装苯的桶

（c）运输热碱性溶液的管道

（d）储存纯水的地下水箱

（e）高层建筑的建筑装修

16.D3 每位（或每组）学生要找到生活中一种尚未被解决的腐蚀问题，对于其产生原因以及腐蚀类型进行深入调查，并给出可能的解决方案，指出最好的解决方法。提交一份针对上述问题的报告。

工程基础问题

16.1FE 下面哪个反应是还原反应？

（A）$Fe^{2+} \rightarrow Fe^{3+}+e^-$　　（B）$Al^{3+}+3e^- \rightarrow Al$

（C）$H_2 \rightarrow 2H^++2e^-$　　（D）A和C

16.2FE 一电化学电池由纯镍与纯铁电极组成，两电极分别置于含有其二价离子的溶液中。如果Ni^{2+}和Fe^{2+}的浓度分别为0.002mol/L和0.40mol/L，在25℃时产生的电压为多少？（Ni和Fe的标准还原电位分别为–0.250V和–0.440V。）

（A）–0.76V　　（B）–0.26V

（C）+0.12V　　（D）+0.76V

16.3FE 以下哪个描述了裂隙腐蚀？

（A）倾向于沿着晶界发生的腐蚀

（B）在拉伸应力和腐蚀环境的共同作用下发生的腐蚀

（C）可能从表面缺陷处开始的局部腐蚀

（D）由电解液中离子或溶解气体浓度差异引起的腐蚀

16.4FE 由溶胀引起的聚合物恶化可通过下列选项中的哪一个减弱？

（A）增加交联度，增加分子量，以及增加结晶度

（B）降低交联度，减小分子量，以及降低结晶度

（C）增加交联度，增加分子量，以及降低结晶度

（D）降低交联度，增加分子量，以及增加结晶度

第17章 热学性能

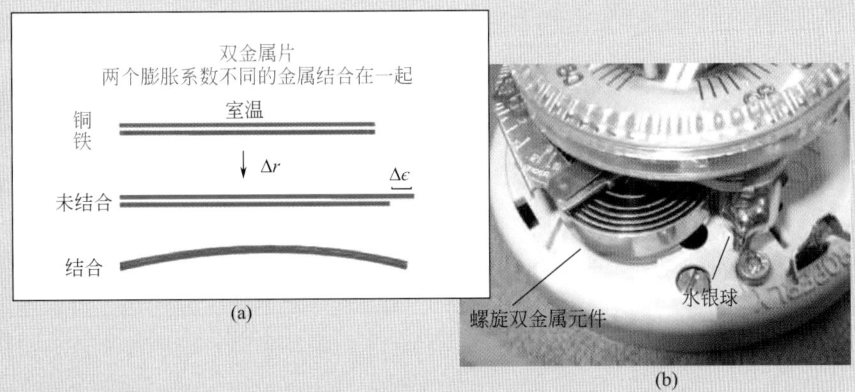

(a)

(b)

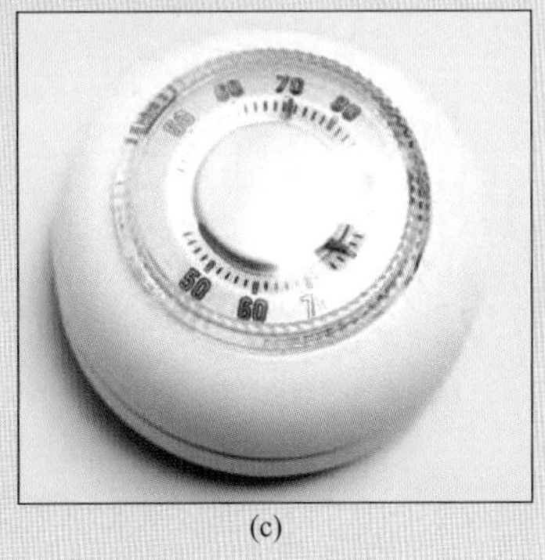
(c)

一种恒温器——调节温度的设备，利用的就是热膨胀现象，即材料在受热时会伸长。这种恒温器的核心是双金属片——两个沿它们的长度方向结合在一起的具有不同热膨胀系数的金属片。温度的变化导致这个金属片发生弯曲；加热时，膨胀系数大的金属伸长量大，产生了如图（a）所示方向的伸长。图（b）中的恒温器，其双金属片绕成盘装或呈螺旋形；这种结构的双金属片相对较长，温度的变化越大越精确。膨胀系数大的金属位于金属片的下部，这样在受热时盘状物就会展开。盘状物的末端与一个水银开关相接触，开关为一个装有几滴水银或其他物质的小玻璃球。相应的，滴状的水银从玻璃球的一端滚到另一端。当温度达到恒温器的设定值时，电触点随着水银滚落到一端而接通，这个开关位于加热或冷却组件处（例如炉子或空调）。当达到极限温度时，组件会关闭。随着玻璃球向反方向倾斜，滴状的水银会滚向另一端，继而电触点断开。

(d)

图（d）显示了1978年7月24日，新泽西州Asbury公园旁的铁轨在反常的高温下，由于没有先兆的热膨胀产生的应力而发生变形[导致一辆路过的车辆出轨（背景资料）]。

［图（b）© steven langerman/Alamy Limited.图（c）来自iSt℃ kphoto。图（d）ASSOCIATED PRESS/©AP/Wide World Photos。］

为什么学习材料的热学性能?

在3种主要的材料中，陶瓷对热冲击最为敏感——温度的极速变化将在一片陶瓷中产生内应力（通常在冷却时），进而发生脆断。通常来说，我们不希望热冲击的发生，而陶瓷材料对这一现象的敏感性随着热学及力学性能的变化而变化（热膨胀系数、热导率、弹性模量及断裂强度）。从热冲击参数与这些性能间关系的知识，可能① 在某些情况下，适当的改变热学和/或力学特性可提高陶瓷的热冲击抗性，此外② 估算某种陶瓷材料在不发生断裂时能承受的最大温度变化。

学习目标

通过本章的学习你需要掌握以下内容。

1. 定义热容及比热容。
2. 了解热能被固体材料吸收的主要机理。
3. 确定线性热膨胀系数，给出长度随某一温度变化的改变。
4. 从原子的角度，运用势能-原子间距图简要解释热膨胀现象。
5. 定义热导率。
6. 了解固体中的两个主要的热传导机理，并比较这些贡献在金属、陶瓷及聚合物材料中的相对大小。

17.1 概述

热学性能指的是材料对热环境下应用的反馈。如一个固体将热以能量的形式吸收，那么它的温度将升高且尺寸也会增加。若样品中存在温度梯度，则能量将传递到温度较低的区域，最终样品将熔化。热容、热膨胀系数及热导率是固体实际应用中常用的评价性能。

17.2 热容

热容

热容定义——能量变化（获得或失去能量）与相应温度变化的比值

固体材料在受热时将经历温度的升高，这意味着某些能量的吸收。热容表示了一种材料从外界环境中吸收热的能力；它代表了温度升高一个单位所需要的能量。在数学中热容可表示为：

$$C = \frac{dQ}{dT} \tag{17.1}$$

比热容

式中，dQ是产生dT个温度变化需要的能量。热容通常以每摩尔材料为计量［例如J/（mol·K)］。有时也用比热容表示（通常表示为小写c)，它代表单位质量的热容，其单位有很多形式［J/（kg·K)］。

根据环境的热传递，有两种方法可测量这一性能。一种是保持体积为常数时的热容C_v，另一种是保持外压为常数时的热容C_p。C_p的大小通常大于或等于C_v，然而对于大多数固体材料，其值在室温及室温以下温度几乎没有区别。

（1）振动热容

对于大多数固体，热能吸收的主要模型是通过原子振动能的增加而建立的。固体材料中的原子在很高的频率下以相对较小的振幅不断振动。不同于与其他原子间相互独立，相邻原子的振动被原子键相连接。这些振动通过产生移动的点阵波来进行相互协调，这一现象如图17.1所示。可将这些波视为弹性波或简单的声波，其波长短且频率很高，以声速在晶体中传播。材料的振动热能由一系列的弹性波组成，它们具有各种分布和频率。具有特定能量值（能量被量子化）的一个量子的振动被称为一个声子。（声子类似于电磁辐射的量子，光子。）有时，振动波本身也被称为声子。

声子

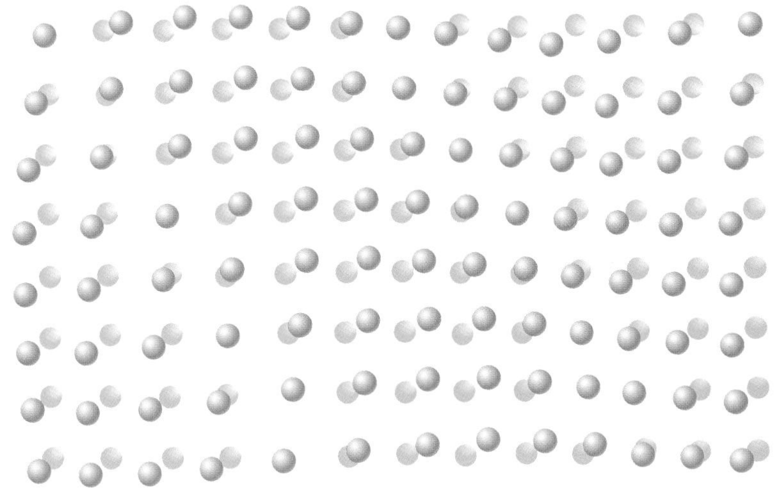

图17.1　晶体中由原子振动而产生点阵波的示意图
（改编自"The Thermal Properties of Materials" by J. Ziman. Copyright © 1967 by Scientific American，Inc.版权所有。）

电导（12.7节）过程中自由电子的热散射就是通过这些振动波来实现的，且这些弹性波也参与到了热导过程的能量传递中（见17.4节）。

（2）温度对热容的影响

对许多相对简单的固态晶体，等容状态下其温度随振动对热容贡献的变化如图17.2所示。C_v在0K时为0，但其值随温度的上升而快速增加，这与温度升高时点阵波增加以提高它们的平均能相一致。低温时，C_v与绝对温度T间的关系如下：

低温下（0K附近）温度对热容（等容）的影响

$$C_v=AT^3 \qquad (17.2)$$

式中，A为与温度无关的常数。当温度超过德拜温度θ_D时，C_v趋于稳定且变为与温度无关的常数，其值接近$3R$，R为气体常数。因此，尽管材料的总能量随温度升高而增加，但产生1℃变化所需的能量值是恒定的。许多固体材料的θ_D值低于室温，室温下C_v的值接近25J/（mol·K）[1]。表17.1给出了许多材料的实验比热容，更多金属的C_p值在附录B的表B.8中列出。

[1] 对于固态金属元素，$C_v\approx$25J/（mol·K）。但这并不适用与所有固体。例如，当温度高于θ_D时，某种陶瓷材料的C_v值接近25焦耳每摩尔离子——例如，Al_2O_3的"摩尔"热容约为（5）[25J/(mol·K)]=125J/(mol·K)，假设每个Al_2O_3化学式中有5个离子（两个Al^{3+}和3个O^{2-}）。

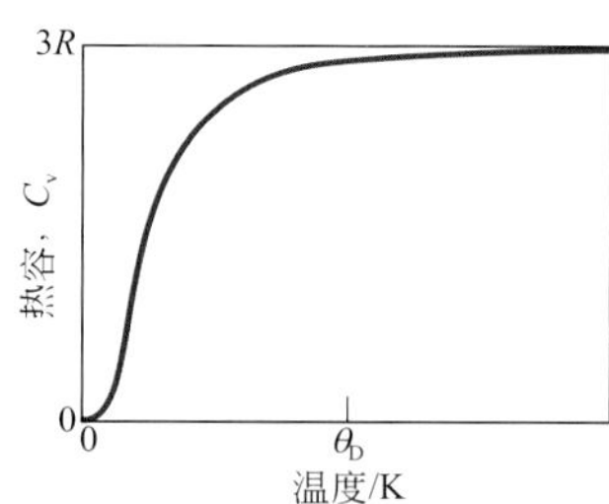

图 17.2 等容状态下温度对热容的影响，θ_D为德拜温度

表 17.1 多种材料的热学性能

材料	c_p/[J/(kg·K)]①	α_l/[(℃)$^{-1}$×10^{-6}]②	k/[W/(m·K)]③	L/[Ω·W/(K)^2×10^{-8}]
金属				
铝	900	23.6	247	2.20
铜	386	17.0	398	2.25
金	128	14.2	315	2.50
铁	448	11.8	80	2.71
镍	443	13.3	90	2.08
银	235	19.7	428	2.13
钨	138	4.5	178	3.20
1025 钢	486	12.0	51.9	—
316 不锈钢	502	16.0	15.9	—
黄铜(70Cu-30Zn)	375	20.0	120	—
可伐(54Fe-29Ni-17Co)	460	5.1	17	2.80
因瓦(64Fe-36Ni)	500	1.6	10	2.75
超因瓦(63Fe-32Ni-5Co)	500	0.72	10	2.68
陶瓷				
氧化铝(Al_2O_3)	775	7.6	39	—
氧化镁(MgO)	940	13.5④	37.7	—
尖晶石($MgAl_2O_4$)	790	7.6④	15.0⑤	—
熔融石英(SiO_2)	740	0.4	1.4	—
钙钠玻璃	840	9.0	1.7	—
硼硅酸盐(耐热玻璃)玻璃	850	3.3	1.4	—
聚合物				
聚乙烯(高密度)	1850	106 ～ 198	0.46 ～ 0.50	—
聚丙烯	1925	145 ～ 180	0.12	—
聚苯乙烯	1170	90 ～ 150	0.13	—
聚四氟乙烯(特氟龙)	1050	126 ～ 216	0.25	—
苯酚-甲醛，酚的	1590 ～ 1760	122	0.15	—
尼龙6，6	1670	144	0.24	—
聚异戊二烯	—	220	0.14	—

① 乘以2.39×10^{-4}转换成单位cal/（g·K）；乘以2.39×10^{-4}转换成单位Btu/（lbm·℉）。

② 乘以0.56转换成单位（℉）$^{-1}$。

③ 乘以2.39×10^{-3}转换成单位cal/（s·cm·K）；乘以0.578转化成单位Btu/（ft·h·℉）。

④ 100℃时的测量值。

⑤ 温度范围为0 ～ 1000℃时的平均值。

(3) 其他热容贡献

还存在着其他的能量吸收的机理可以用于固体总热容中。对于大多数例子，总热容与振动贡献的大小无关。而与电子有关，增加电子的动能可使其吸收能量。但这只针对于自由电子，因为它们可从满态激发至费米能之上的空态（12.6节）。对于金属，只有费米能附近能态中的电子可以发生这样的跃迁，而这些电子只占到总电子数的很小一部分。绝缘和半导体材料中只有更少的电子能被激发。因此，这种电子贡献通常是微不足道的，除非在温度接近OK时。

此外，在某些材料中，其他一些能量吸收过程可在特定温度下发生——例如，将铁电材料加热至居里温度以上时，其电子会随机旋转。这种转变将在其热容–温度曲线上产生一个热容的陡增。

17.3 热膨胀

热膨胀取决于线性热膨胀系数中长度及温度的微小变化

大多数固体材料在受热时膨胀而在受冷时收缩。某一固体材料长度随温度的变化可由式（17.3a）表示：

$$\frac{l_f - l_0}{l_0} = \alpha_l \left(T_f - T_0\right) \tag{17.3a}$$

或

$$\frac{\Delta l}{l_0} = \alpha_l \Delta T \tag{17.3b}$$

线性热膨胀系数

式中，l_0和l_f分别表示温度从T_0变为T_f时的初始及最终长度。参数α_l称为线性热膨胀系数；它是材料的一种性能，表示了材料受热时膨胀的能力，其单位为温度的倒数[(℃)$^{-1}$或（℉）$^{-1}$]。受热或受冷会影响一个物体在所有方向上的尺寸，从而造成体积的改变。体积随温度的变化可由下式计算得到：

热膨胀取决于体积热膨胀系数中体积及温度的微小变化

$$\frac{\Delta V}{V_0} = \alpha_v \Delta T \tag{17.4}$$

式中，ΔV和V_0分别为体积的变化和初始体积，α_v为体积热膨胀系数。在很多材料中，α_v的值呈各向异性；即α_v的值取决于沿着测量方向的晶体取向。对于热膨胀呈各向同性的材料，α_v接近于$3\alpha_v$。

从原子角度来看，热膨胀是平均原子间距增加的反应。这一现象可由之前提到的［图2.8（b）］并在图17.3（a）中再次出现的固体材料势能-原子间距曲线来解释。这个曲线以势能槽的形式表现了当原子间距在0K下处于平衡状态时，r_0与势能槽的最低点重合。持续加热到更高的温度（T_1，T_2，T_3等）使得振动能从E_1升高到E_2再到E_3，并以此类推。一个原子的平均振幅与每个温度下的槽宽相对应，平均原子间距由原子的平均位置表示，并随温度的增加而从r_0变为r_1再到r_2，以此类推。

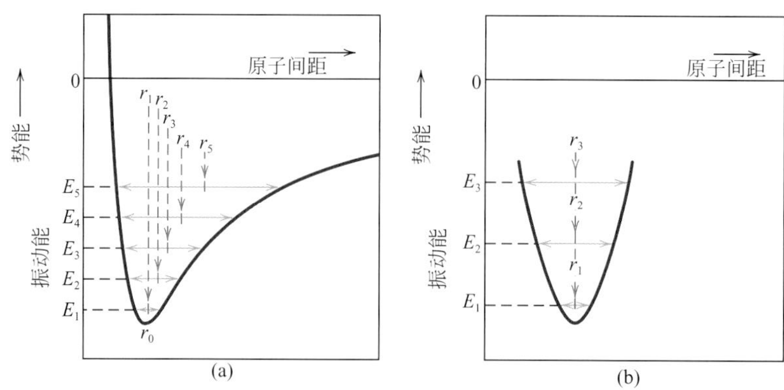

图17.3 （a）势能-原子间距示意图，表示原子间距随温度升高而增加，受热时，原子间距由r_0增加至r_1再至r_2，以此类推；（b）对于一个对称的势能-原子间距曲线，原子间距不随温度升高而增加（即$r_1 = r_2 = r_3$）

（改编自R. M. Rose，L. A. Shepard，and J. Wulff，*The Structure and Properties of Materials*，Vol.IV，Electronic Properties. Copyright © 1966 by John Wiley & Sons，New York。再版由John Wiley & Sons，Inc.授权）

这个弯曲不对称的势能槽所引起的热膨胀要远大于由温度升高导致的原子振动增加所引起的热膨胀。若势能曲线是对称的［图17.3（b）］，则原子间距不会发生净变化，也就不会发生热膨胀。

对于每种材料（金属、陶瓷和聚合物），原子键能越大，这个势能槽越深且包含的箭头越多。因此，对于给定的升，其所对应的原子间距的增加则较少，并造成α_1的值较小。表17.1中列出了多种材料的线性热膨胀系数。至于与温度的关系，膨胀系数的大小随温度的升高而增加。如无其他说明，表17.1中的值均为室温下测量。附录B中的表B.6提供了更全面的热膨胀系数。

（1）金属

如表17.1所示，一些常见金属的线性热膨胀系数范围在5×10^{-6}～25×10^{-6}（℃）$^{-1}$之间；这些值的大小位于陶瓷和聚合物材料之间。如后续“材料的重要性”中所述，人们已开发多种低膨胀和可控膨胀的金属合金，用于需要在温度变化下保持尺寸稳定的应用领域。

（2）陶瓷

许多陶瓷材料中存在相对较强的原子键能，这也反应在它们相对较小的热膨胀系数上；其热膨胀系数值的范围通常在0.5×10^{-6}～15×10^{-6}（℃）$^{-1}$之间。对于非晶及具有立方晶体结构的陶瓷，α_1呈各向同性，否则呈各向异性。一些陶瓷材料在受热时沿某些晶体取向收缩，而在其他方向上膨胀。对于无机玻璃，其膨胀系数取决于其组成。熔融石英（高纯SiO_2玻璃）的膨胀系数较小，为0.4×10^{-6}（℃）$^{-1}$。其较低的原子堆积密度使得原子间膨胀产生了相对较小的宏观尺寸变化。

可经受温度变化的陶瓷材料需要具有相对较小及各向同性的热膨胀系数。

热冲击

否则这些脆性材料将在由热冲击造成的不均匀尺寸变化下发生断裂，热冲击将在后续章节中讨论。

（3）聚合物

一些聚合物材料在受热时将发生很大的热膨胀，其膨胀系数范围为50×10^{-6}～

400×10^{-6}（℃）$^{-1}$之间。线性和支链聚合物具有最高的α_1值，因为其第二分子结合键很弱且交联作用最小。随着交联的增加，膨胀系数的数量级将减少。由于结合键几乎全为共价键，热固性网络聚合物的膨胀系数最低，例如苯酚-甲醛。

重要材料

因瓦和其他低膨胀系数合金

1896年，法国的Charles-Edouard Guillaume凭借一个有趣且重要的发现获得了1920年的诺贝尔物理学奖：一种在室温至230℃之间具有极低热膨胀系数（接近0）的铁镍合金。这种材料也随之成为了“低膨胀”（有时也称为“可控膨胀”）金属合金家族的先驱。它的组分为64%（质量）Fe-36%（质量）Ni，由于其长度不随温度的变化而改变，因此在商业上被称为因瓦合金。它在室温附近的热膨胀系数为1.6×10^{-6}（℃）$^{-1}$。

有一种猜测，即对称的势能-原子间距曲线［图17.3（b）］可用于解释这种接近0的膨胀行为。又或者，这种行为与因瓦合金的磁特性有关。铁和镍都为铁磁材料（18.4节）。铁磁材料用于形成一个永久的强磁场；而在受热时，这一性能将在某一特定温度消失，该温度称为居里温度，每种铁磁材料的居里温度各不相同（18.6节）。对于一个受热的因瓦样品，其膨胀的趋势被由铁磁性质（称为磁致伸缩）引起的收缩现象所抵消。在居里温度之上（接近230℃），因瓦合金正常膨胀，其热膨胀系数值远大于之前。

因瓦合金的热处理及工艺过程同样会影响它的热膨胀特性。将样品从高温（接近800℃）淬火后再冷加工会得到最小的α_1值。退火则会导致α_1增加。

其他的低膨胀合金也被开发出来。其中一种热膨胀系数［0.72×10^{-6}（℃）$^{-1}$］低于因瓦的合金被称为超级因瓦合金。然而，这种低膨胀特性存在的温度范围也相对较窄。在组成上，超级因瓦合金将因瓦合金中的一部分镍替换为另一种铁磁材料，钴；超级因瓦合金含有63%（质量）Fe，32%（质量）Ni和5%（质量）Co。

另一种商品名为可伐的类似合金，其膨胀特性接近于硼硅酸盐（或耐热）玻璃。将可伐合金加入耐热玻璃中并经受温度变化时，可避免接合处的热应力和潜在的断裂。可伐合金的组成为54%（质量）Fe，29%（质量）Ni和17%（质量）Co。

这些低膨胀合金用于尺寸在温度变化下需要保持稳定的应用中，包括以下领域：

- 校正机械钟和机械手表的钟摆和摆轮。
- 光学和激光测量系统中的结构元件，需要在光波的波长附近保持尺寸稳定。
- 水暖系统中用于开动微型开关的双金属片。
- 电视机和显示屏中阴极射线管上的荫罩使用低膨胀材料来提高对比度、亮度和清晰度。
- 储存盒运输液化天然气的容器和管道。

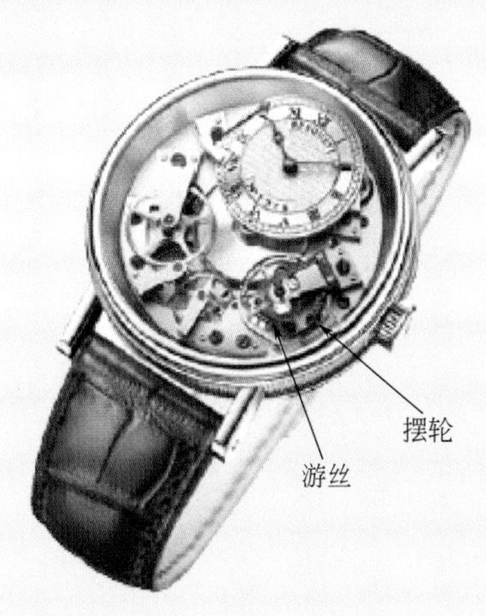

一块手表的照片，展示了它精确的运动——测量时间流逝的机理。这个运动中的两个重要元件为摆轮（用一个箭头表示）和游丝——位于摆轮中心的螺旋盘装物（用另一个箭头表示）。时间被圆形摆轮绕其转动轴周期性地来回摆动分为相等的增量。而游丝控制摆轮周期性摆动的频率并使其保持恒定。

表的准确度受温度影响。例如，温度的升高会使摆轮的直径略微增大，这会使摆轮的周期性摆动减缓而导致表走得慢。使用低膨胀合金可以减小这些误差，例如因瓦合金的摆轮。现今大多数的高精度表都使用一种商品名为Glucydur的铍-铜-铁低膨胀合金，它的防磁特性要优于因瓦合金。

（感谢Montres Breguet SA Switzerland提供照片。）

概念检查 17.1 （a）解释为何一个套在玻璃罐子上的黄铜环在受热时会变松。

（b）假设这个环是由钨做成的而不是黄铜。当加热盖和罐子时会发生什么？为什么？

[解答可参考www.wiley.com/college/callister（学生之友网站）。]

17.4 热导率

热传导是一个物质中热从高温区域传导到低温区域的现象。描述一个材料传导热的能力的性质称为热导率。它的最佳定义可表达为：

热导率

稳态热流下，热通量取决于热导率和温度梯度

$$q=-k\frac{\mathrm{d}T}{\mathrm{d}x} \tag{17.5}$$

式中，q表示单位时间单位面积的热通量，或热流，（面积垂直于流动方向）；k为热导率；$\mathrm{d}T/\mathrm{d}x$为通过传导媒质的温度梯度。

q和k的单位分别为$\mathrm{W/m^2}$和W/（m·K）。式（17.5）只适用于稳态热流状态下，即热流不随时间变化。表达式中的负号说明热流的方向从热端指向冷端，或是沿温度梯度下降的方向。

式（17.5）与稳态扩散的菲克第一定律［式（6.3）］形式相似。对于这两个表达式，k与扩散系数D相似，而温度梯度与浓度梯度$\mathrm{d}C/\mathrm{d}x$相似。

（1）热传导机理

热通过晶格振动波（声子）和自由电子在固体材料中传导。热导率与这两个机理都相关，总热导率为这两部分的贡献之和：

$$k=k_l+k_e \tag{17.6}$$

式中，k_l和k_e分别代表晶格振动和电子热导率，通常由其中一种主导。与声子或晶格波相关的热能沿它们的运动方向传导。当存在一个温度梯度时，k_l的贡献来自于声子在一个物体中从高温区域向低温区域的净运动。

自由或传导电子参与到电子热传导中。获得的动能将传导给样品中高温区域的自由电子。这些吸收了动能的自由电子将迁移到低温区域，一部分动能会通过与声子或晶体中其他缺陷的碰撞转移到原子上（以振动能的形式）。k_e对总

热导率的相对贡献随自由电子浓度的增加而增加，因为有更多的电子参与到了热转移的过程中。

（2）金属

对于高纯金属，热传导的电子贡献远比声子贡献要大，这是因为电子不像声子那么容易散射且速度更高。此外，由于有相对较多的自由电子存在并参与到热传导中，金属是极好的热的导体。表17.1中给出了多种常见金属的热导率；其热导率值范围在20～400W/（m・K）之间。

Wiedemann-Franz定律——对于金属，其热导率比值、电导率乘积及温度应为常量

由于纯金属中的自由电子同时参与到电导和热导中，理论上假设这两种传导率间可根据*Wiedemann-Franz*定律建立联系：

$$L = \frac{k}{\sigma T} \tag{17.7}$$

式中，σ为电导率；T为绝对温度；L为常数。L的理论值为2.44×10^{-8} $\Omega\cdot W/(K)^2$，它与温度无关，且这一结论也适用于热能全部由自由电子传导的金属。表17.1中包括了多种金属L的实验值，注意实验值与理论值间存在相应的关系（在2倍以内）。

含有杂质的合金材料热导率较低，与电导率下降的原因相同（12.8节），固溶体中的杂质原子作为散射中心降低了电子运动的效率。铜-锌合金的热导率-组成图（图17.4）中就表现了这一作用。

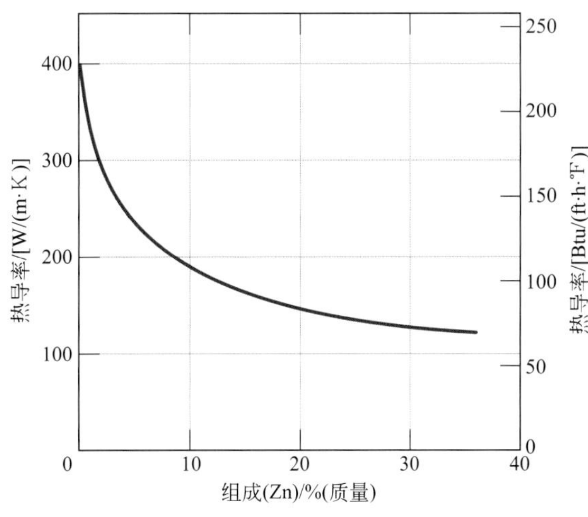

图17.4 铜-锌合金的热导率-组成关系

[摘自*Metals Handbook*：*Properties and Selection*：*Nonferrous Alloys and Pure Metals*，Vol.2，9th edition，H.Baker（Managing Editor），American Soc iety for Metals，1979，p.315.]

概念检查17.2 普通碳素钢的热导率高于不锈钢。为什么会这样？提示：你可能需要翻阅13.2节。

[解答可参考www.wiley.com/college/callister（学生之友网站）。]

（3）陶瓷

由于缺少大量的自由电子，非金属材料是热的绝缘体。因此，其热传导主要依靠声子：k_e要远小于k_l。声子会在晶格缺陷作用下大量散射，其传导热能的能力不如自由电子。

表17.1中给出了大量陶瓷材料的热导率值，其室温下的热导率范围约在2～50W/（m·K）之间。玻璃和其他非晶陶瓷的热导率低于晶体陶瓷，这是因为光子的散射在高度杂乱和不规则的原子结构中更强烈。

晶格振动的传播随温度的升高而愈加明显。因此，至少在温度相对较低时，大多数陶瓷材料的热导率通常随温度的升高而减小（图17.5）。如图17.5所示，由于热辐射（大量的红外热辐射通过一个透明的陶瓷材料传导）的转移，热导率在更高的温度下会增加。这一过程的作用随温度升高而增强。

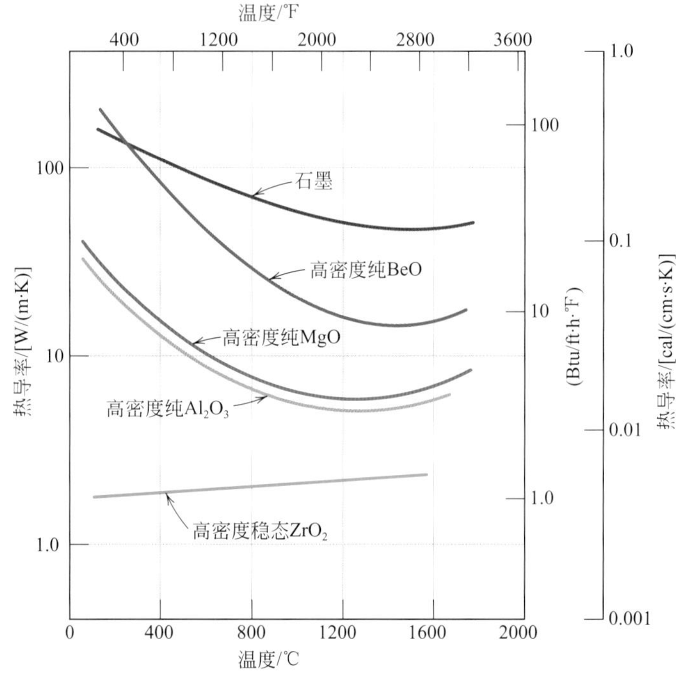

图17.5 多种陶瓷材料热导率与温度的关系

（摘自W.D.Kingery，H.K.Bowen，and D.R.Uhlmann，*Introduction to Ceramics*，2nd edition.Copyright © 1976 by John Wiley & Sons，New York.再版由John Wiley & Sons，Inc.授权。）

陶瓷材料的多孔性对热导率有很大的影响，通常来说，增加孔的体积会导致热导率的减小。实际上，许多用于热绝缘的陶瓷都为多孔陶瓷。通过孔的热传递通常较慢且效率低。材料内部的孔中常含有空气，而空气的热导率极低——约为0.02W/（m·K）。此外，孔洞中的气体对流也相对较弱。

概念检查 17.3　单晶陶瓷样品的热导率比其同种的多晶材料要略高。这是为什么？

[解答可参考www.wiley.com/college/callister（学生之友网站）。]

（4）聚合物

如表17.1所示，大多数聚合物的热导率约为0.3W/（m·K）。这类材料的能量传递依靠振动和分子链的转动来实现。其热导率的大小取决于结晶程度，高度结晶且结构排列整齐的聚合物相比于等量的非晶材料具有更高的热导率。这归因于晶态的分子链中更多的有效协调振动。

聚合物常用于热绝缘，因为它们的热导率很低。与陶瓷相似，添加小孔同样可以增强聚合物的绝热性能，通常采用发泡来实现孔的添加（13.15节）。发泡聚苯乙烯常用于制造水杯和隔热箱。

概念检查 17.4 线型聚乙烯（$\overline{M}_n = 450000\text{g/mol}$）和轻度支链聚乙烯（$\overline{M}_n = 650000\text{g/mol}$）谁的热导率更高？为什么？提示：你可能需要翻阅第4.11节。

[解答可参考 www.wiley.com/college/callister（学生之友网站）]

概念检查 17.5 解释为什么天冷时，即使温度相同，汽车的金属门把手摸上去也要比塑料方向盘更凉？

[解答可参考 www.wiley.com/college/callister（学生之友网站）]

17.5 热应力

热应力

热应力是物体中由温度变化而产生的应力。了解这些应力的来源及性质很重要，因为它们可引起断裂或不必要的塑性变形。

（1）热膨胀和热收缩应变导致的应力

控制热膨胀和收缩而产生的应力：我们假设一个均匀且各向同性的固体棒材均匀受热或受冷，即不存在温度梯度。棒材在自由膨胀或收缩下不受应力作用。但是，若棒材在轴向上的运动受到限制，则会产生热应力。应力σ的大小取决于从T_0到T_f的温度变化

热应力取决于弹性模量、线性热膨胀系数及温度变化

$$\sigma = E\alpha_l (T_0 - T_f) = E\alpha_l \Delta T \tag{17.8}$$

式中，E为弹性模量，α_l为线性热膨胀系数。受热时（$T_f > T_0$），应力状态为压应力（$\sigma < 0$），因为棒材的膨胀受到了限制。若棒材样品受冷（$T_f < T_0$）则会受到拉应力（$\sigma > 0$）。同时，式(17.8)中的应力也是在$T_0 \sim T_f$温度变化区间内使棒材从自由膨胀（或受缩）变回原始长度所需的弹性压缩（或伸长）应力。

例题 17.1

受热而产生的热应力

黄铜棒材的使用需固定。若棒材在室温下［20℃（68℉）］为无应力状态，那么棒材在受热时使压应力不超过172MPa（25000psi）的最高温度为多少？假设黄铜的弹性模量为100GPa（14.6×10^6psi）。

解：

运用式（17.8）解答此题，其中172MPa的应力符号为负。此外，初始温度T_0为20℃，由表17.1得到线性热膨胀系数值为20.0×10^{-6}（℃）$^{-1}$。因此，最终温度T_f为：

$$T_f = T_0 - \frac{\sigma}{E\alpha_l} = 20℃ - \frac{-172\text{MPa}}{(100 \times 10^3\text{MPa})\left[20 \times 10^{-6}(℃)^{-1}\right]}$$

$$= 20℃ + 86℃ = 106℃(223℉)$$

（2）由温度梯度产生的热应力

当一个固体物质受热或受冷时，其内部的温度分布将取决于它的尺寸和形状、材料的热导率和温度变化速率。贯穿物体的温度梯度会产生热应力，温度梯度常由速热或速冷造成，其外部的温度变化远快于内部，而不同方向上的变

化也限制了物体内相邻体积元的自由膨胀或收缩。例如，受热时，样品外部温度更高，因此外部区域比内部区域的膨胀更严重。因此，样品表面产生了压应力，并被内部的拉应力所中和。这种内部-外部的应力状态在速冷过程中反复交替，使得样品表面处于张力状态。

（3）脆性材料的热冲击

对于延性金属和聚合物，由热产生的应力可通过塑性变形来缓解。但是，这些应力增加了大多数非韧性陶瓷发生脆性断裂的可能性。脆性物体在热冲击中受快冷的影响比快热要大，因为速冷产生表面拉应力。表面的缺陷在拉应力的作用下更易发生裂纹的萌生和扩展（9.6节）。

材料承受这种失效的能力称为热冲击抗力。对于一个经历快冷的陶瓷物体，它的热冲击抗力不仅与温度变化值有关，还取决于材料的力学和热学性能。具有高断裂强度σ_f和高热导率，以及低弹性模量和低热膨胀系数的陶瓷材料热冲击抗力最好。多种材料对这类失效的抗力可由热冲击抗力参数TSR来近似表示：

（4）热应力参数的定义

$$\mathrm{TSR} \approx \frac{\sigma_f k}{E\alpha_1} \tag{17.9}$$

通过改变升温或降温速率、最小化贯穿物体的温度梯度等外部条件，可减小热冲击带来的影响。改进式（17.9）中的热学或力学特性同样可以增强材料的热冲击抗力。在这些参数中，热膨胀系数是最易改变和控制的。例如，常见的钙钠玻璃对热冲击很敏感，这一点可在焙烧时证实，其α_1接近9×10^{-6}(℃)$^{-1}$。减少其中CaO和Na_2O的含量，同时加入足量的B_2O_3来形成硼硅酸盐（或耐热）玻璃可将热膨胀系数降低至3×10^{-6}（℃）$^{-1}$左右。这种材料可完全适应厨房炉灶的加热和冷却循环[1]。

引入大孔结构和韧性第二相都可以阻止热裂纹的扩展，从而提高材料的热冲击特性。

作为提高陶瓷材料机械强度和光学特性的一种方法，常需消除其热应力。这可以通过退火热处理来实现，如14.7节关于玻璃的讨论。

总结

热容

- 热容为使1mol的物质温度升高一个单位所需的热量；在每单位质量的基础上，可称其为比热。
- 能量在固体材料中的吸收与其原子振动能的增加有关。
- 具有特定能量值（能量被量子化）的一个量子的振动能称为一个声子。
- 对于多数温度处于0K附近的晶态固体，一个恒定体积的热容测量值随绝对温度的立方而变化［式（17.2)］。

---

❶ 在美国，一些耐热焙烧的玻璃器具现在已由更廉价的热回火钙钠玻璃制造。这种玻璃器具的热冲击抗力不如硼硅酸盐玻璃好。因此，大量这种材料的烤盘在正常的焙烧过程中经受适当的温度变化时发生破碎，玻璃碎片相四周飞溅（有些实例中造成伤害）。欧洲销售的耐热玻璃器具热冲击抗力更佳。欧洲的一家公司拥有派莱克斯耐热玻璃的商标权，其在生产制造中仍沿用硼硅酸盐玻璃。

热膨胀

- 温度超过德拜温度时，某些材料的C_v变得与温度无关，其值假定为近似$3R$。固体材料受热时膨胀，受冷时收缩。其长度变化的百分比与温度的变化成比例，这个比值常数即为热膨胀系数［式（17.3）］。
- 热膨胀是平均原子间距增加的宏观反应。而平均原子间距的增加是不对称的势能-原子间距曲线槽所造成的［图17.3（a）］。原子间结合能越大，热膨胀系数越小。
- 聚合物的热膨胀系数值通常大于金属，而金属的热膨胀系数要大于陶瓷材料。

热传导

- 热能在材料中由高温区域向低温区域的传输称为热传导。
- 对于稳态热传导，热通量可由式（17.5）确定。
- 固体材料的热传导可通过自由电子、晶格振动波或声子实现。
- 相对纯的金属具有高热导率，这是因为它们含有大量的自由电子，并且这些自由电子传导热能的效率很高。通过比较，陶瓷和聚合物的自由电子浓度低，其传导主要依靠声子，因而热传导能力很差。

热应力

- 温度的变化导致物体中产生热应力，热应力可造成断裂或不必要的塑形变形。
- 热应力的其中一个来源是热膨胀（或收缩）在物体中的受限。应力的大小可由式（17.8）算出。
- 物体的速冷或速热会在材料的外部和内部产生温度梯度，并伴随着不同的尺寸变化，最终产生热应力。
- 温度快速变化引发的热应力而造成的热冲击是物体中发生断裂的原因。由于陶瓷材料很脆，因此它们对这类失效非常敏感。

公式总结

公式编号	公式	求解
（17.1）	$C=\dfrac{\mathrm{d}Q}{\mathrm{d}T}$	热容定义
（17.3a）	$\dfrac{l_f-l_0}{l_0}=\alpha_l\left(T_f-T_0\right)$	线性热膨胀系数定义
（17.3b）	$\dfrac{\Delta l}{l_0}=\alpha_l\Delta T$	线性热膨胀系数定义
（17.4）	$\dfrac{\Delta V}{V_0}=\alpha_v\Delta T$	体积热膨胀系数定义
（17.5）	$q=-k\dfrac{\mathrm{d}T}{\mathrm{d}x}$	热导率定义
（17.8）	$\sigma=E\alpha_l\left(T_0-T_f\right)=E\alpha_l\Delta T$	热应力
（17.9）	$\mathrm{TSR}\approx\dfrac{\sigma_f k}{E\alpha_l}$	热冲击抗力参数

符号列表

符号	意义	符号	意义
E	弹性模量	T_f	最终温度
k	热导率	T_0	初始温度
l_0	初始长度	α_l	线性热膨胀系数
l_f	最终长度	α_v	体积热膨胀系数
q	热通量——热流/单位时间/单位面积	σ	热应力
Q	能量	σ_f	断裂强度
T	温度		

重要术语和概念

热容
线性热膨胀系数
声子
比热容
热导率
热冲击
热应力

参考文献

Cverna，F.（Editor），ASM Ready Reference：*Thermal Properties of Metals*，ASM International，Materials Park，OH，2003.

Hummel，R. E.，*Electronic Properties of Materials*，3rd edition，Springer-Verlag，New York，2000.

Jiles，D. C.，*Introduction to the Electronic Properties of Materials*，2nd edition，Nelson Thornes，Cheltenham，UK，2001.

Kingery，W. D.，H. K. Bowen，and D. R. Uhlmann，*Introduction to Ceramics*，2nd edition，Wiley，New York，1976.Chapters 12 and 16.

习题

Wiley PLUS中（由教师自行选择）的习题。

Wiley PLUS中（由教师自行选择）的辅导题。

Wiley PLUS中（由教师自行选择）的组合题。

热容

17.1 估算将质量为2kg（4.42lbm）的下列材料从20℃（68 ℉）加热到100℃（212 ℉）所需的能量：铝、钢、钙钠玻璃、高密度聚乙烯。

17.2 若提供132kJ的热能，则质量为11.3kg的1025钢温度可从25℃（77 ℉）升高至多少？

17.3 （a）计算下列材料室温定压下的热容：铝，银，钨和70Cu-30Zn黄铜。（b）如何将这些值之间进行比较？怎么解释这些对比结果？

17.4 铝在定压C_v且温度为30K时的热容为0.81J/（mol·K），德拜温度为375K。估算其（a）50K时及（b）425K时的比热容。

WILEY • 17.5 式（17.2）中的常数A为$12\pi^4R/5\theta_D^3$，其中，R是气体常数，θ_D为德拜温度（K）。给出铜在10K时的比热为0.78J/(kg·K)，估算其θ_D值。

WILEY • 17.6 （a）简单解释为什么在0K附近，C_v会随着温度的升高而增大。（b）简单解释为什么当温度远离0K时，C_v变得几乎与温度无关。

热膨胀

WILEY • 17.7 一长度为10m的铝线从38℃冷却到–1℃，求其长度变化。

17.8 一根0.1m长的金属杆从20℃（68 ℉）升到100℃（212 ℉）伸长了0.2mm，试计算该材料的热膨胀系数。

WILEY • 17.9 运用势能-原子间距曲线简单解释热膨胀。

WILEY • 17.10 已知镍室温下的密度为8.902g/cm^3，计算其500℃时的密度。假设体积热膨胀系数α_v等于$3\alpha_l$。

WILEY GM • 17.11 金属受热时其密度会减小。这种密度ρ的减小有两种来源：① 固体的热膨胀及② 空位的形成（5.2节）。室温下（20℃）铜样品的密度为8.940g/cm^3。（a）只考虑热膨胀，计算加热到1000℃时的密度。（b）若再考虑空位因素，重新计算上述结果。假设空位形成能为0.90eV/atom，体积热膨胀系数α_v等于$3\alpha_l$。

17.12 定压和定容情况下比热容的差异可有式（17.10）表示

$$c_p - c_v = \frac{\alpha_v^2 v_o T}{\beta} \tag{17.10}$$

式中，α_v为体积热膨胀系数；v_o为比容（即体积每单位质量，或密度的倒数）；β为压缩率；T为绝对温度。运用表17.1中的数据计算铜和镍在室温（293k）时的c_v值，假设$\alpha_v=3\alpha_l$，且已知Cu和Ni的β分别为$8.35\times10^{-12}(\text{Pa})^{-1}$和$5.51\times10^{-12}(\text{Pa})^{-1}$。

WILEY • 17.13 一钨圆柱形棒材直径为10.000mm，一316钢的金属板有一个直径为9.988mm的圆孔。需将金属板加热到多少度才能将钨棒插入圆孔？假设初始温度为25℃。

热传导

WILEY GO • 17.14 （a）若一块厚为10mm（0.39in.）的钢板两面的温度分别为300℃（572 ℉）和100℃（212 ℉），计算通过它的热通量，假设为稳态热流。（b）若钢板的面积为0.25m^2(2.7ft^2)，每小时损失的热量为多少？（c）若换成钙钠玻璃，每小时损失的热量为多少？（d）若将钢板的厚度增加到20mm（0.79in.)，计算每小时损失的热量。

WILEY • 17.15 （a）陶瓷和聚合物材料可使用式（17.7）吗？为什么能（或不能）？（b）估算下列材料室温（293k）下的Wiedemann-Franz常数L值[$\Omega\cdot\text{W/(K)}^2$]：硅（本征），微晶玻璃（耐热陶瓷），熔融石英，聚碳酸酯和聚四氟乙烯。翻阅附录B中的表B.7和表B.9。

WILEY • 17.16 简单解释为什么晶体陶瓷的热导率比非晶陶瓷高。

17.17 简单解释为什么金属的热传导普遍比陶瓷材料要好。

17.18 （a）简单解释为什么多孔会降低陶瓷和聚合物材料的热导率，使它们变得更加绝热。（b）简单解释结晶程度会对聚合物材料的热导率产生怎样的影响，并阐述原因。

WILEY • 17.19 为什么某些陶瓷材料的热导率随温度的升高会首先下降，而后升高？

WILEY • 17.20 下面每组材料中，谁的热导率更高，并证明你的选择。

（a）纯铜；铝青铜［95%(质量)Cu-5%(质量)Al］

（b）熔融石英；石英

(c)线性聚乙烯；支链聚乙烯

(d)无规则聚酯纤维(苯乙烯-丁二烯-苯乙烯)共聚物；交联聚酯纤维(苯乙烯-丁二烯-苯乙烯)共聚物

WILEY WILEY GO 17.21 我们可以将一个多孔材料看做其中一相为气孔相的复合材料。一种氧化镁材料，其充满空气的气孔占到体积分数的0.30，估算该材料在室温下热导率的最大值和最小值。

WILEY 17.22 非稳态热流可用下列公式表示：

$$\frac{\partial T}{\partial t} = D_T \frac{\partial^2 T}{\partial x^2}$$

式中，D_T为热扩散系数，这个表达式相当于热的菲克第二扩散定律[式(6.4b)]。热扩散系数根据下式定义

$$D_T = \frac{k}{\rho c_p}$$

在这个表达式中，k，ρ和c_p分别代表热导率、质量密度和定压比热。

(a)D_T的国际单位是什么？

(b)运用表17.1中数据确定铝，钢，氧化铝，钙钠玻璃，聚苯乙烯和尼龙66的D_T值。密度值见附录B的表B.1。

热应力

17.23 由式(17.3)求证式(17.8)可用。

17.24 (a)简单解释为什么速冷或速热会在结构中产生热应力。(b)冷却时物体表面表现为何种应力？(c)受热时物体表面表现为何种应力？

17.25 (a)若一根长为0.5m的1025钢棒从20℃(68℉)加热到80℃(176℉)，且两端被固定，确定其中产生的应力类型及大小。假设20℃时钢棒处于无应力状态。(b)若钢棒长度为1.0m(39.4in.)，则应力大小为多少？(c)若(a)中的钢棒从20℃(68℉)冷却至–10℃(14℉)，确定其中产生的应力类型及大小。

17.26 一铜线在20℃(68℉)时被70MPa(10000psi)的应力拉伸。若保持长度不变，要将应力减小至35MPa(5000psi)，则需将铜线加热到多少度？

17.27 一青铜圆柱形棒材长100.00mm，直径为8.000mm。若将它从20℃加热至200℃，且其两端固定，确定直径的变化量。你可能需要翻阅表7.1。

WILEY 17.28 长75.00mm，直径10.000mm的1025钢棒两端被固定。若钢棒初始温度为25℃，将钢棒降低到多少度才能使其直径缩小0.008mm？

17.29 何种方法能降低陶瓷片遭受热冲击的可能性？

设计问题

热膨胀

WILEY 17.D1 由1025钢制成的铁路轨道铺设在年平均温度为10℃(50℉)的地方。若两条长11.9m(39ft)的标准轨道间允许存在4.6mm(0.180in.)的接点间隙，则在不考虑热应力的情况下，铁轨可承受的最高温度是多少？

热应力

17.D2 长250mm（10in.），直径为6.4mm（0.25in.）的圆柱形棒材两端被镶嵌在固定支架间。室温下［20℃（68 ℉）］棒材处于无应力状态；若冷却至–40℃（–40 ℉），可能产生的最大热拉伸应力为125MPa（18125psi）。此棒材可由以下哪种金属或合金制成：铝、铜、黄铜、1025钢和钨？为什么？

17.D3 （a）热冲击抗力参数（*TSR*）的单位是什么？（b）根据热冲击抗力排列下列陶瓷材料：微晶玻璃（耐热玻璃），部分稳定的氧化锆和硼硅酸盐（耐热）玻璃。相关数据可由附录B中的表B.2，表B.4，表B.6和表B.7得到。

17.D4 式（17.9）中材料的热冲击抗力适用于相对较低的热传递速率。当热传递速率高时，在物体受冷时可允许的不产生热冲击的最大温度变化 ΔT_f接近于

$$\Delta T_{\mathrm{f}} \approx \frac{\sigma_{\mathrm{f}}}{E\alpha_{1}}$$

式中，σ_f为断裂强度。运用表B.2、表B.4和表B.6中的数据（附录B），确定微晶玻璃（耐热玻璃），部分稳定的氧化锆和熔融石英的 ΔT_f值。

工程基础问题

17.1FE 向质量为23.0kg，温度为100℃的物体提供255kJ的热量会将其温度提高至多少度？假设这种材料的c_p值为423J/（kg・K）。

（A）26.2℃

（B）73.8℃

（C）126℃

（D）152℃

17.2FE 某种材料的长度为0.50m的棒材从50℃加热到151℃后长度伸长了0.40mm。这种材料的线性热膨胀系数值为多少？

（A）5.30×10^{-6}（℃）$^{-1}$

（B）7.92×10^{-6}（℃）$^{-1}$

（C）1.60×10^{-6}（℃）$^{-1}$

（D）1.24×10^{-6}（℃）$^{-1}$

17.3FE 下列哪组性质会导致高热冲击抗力？

（A）高断裂强度；高热导率
高弹性模量；高热膨胀系数

（B）低断裂强度；低热导率
低弹性模量；低热膨胀系数

（C）高断裂强度；高热导率
低弹性模量；低热膨胀系数

（D）低断裂强度；低热导率
高弹性模量；高热膨胀系数

第18章 磁学性能

(a)

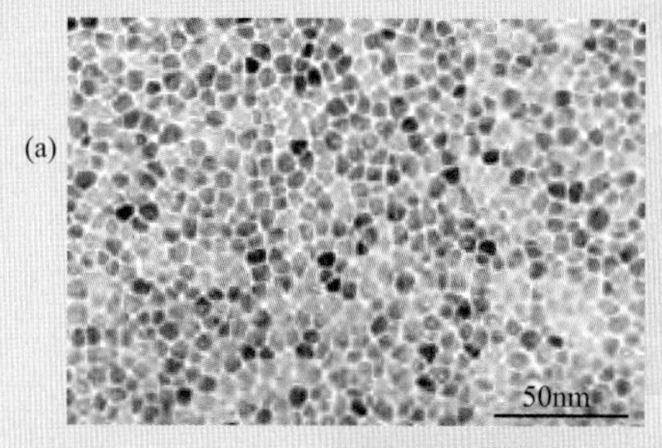

(a)透射电子显微图片显示了硬盘驱动器中垂直磁记录媒介的微观组织。

(b)

(b)笔记本电脑（左）和台式电脑（右）中应用的磁性存储硬盘。

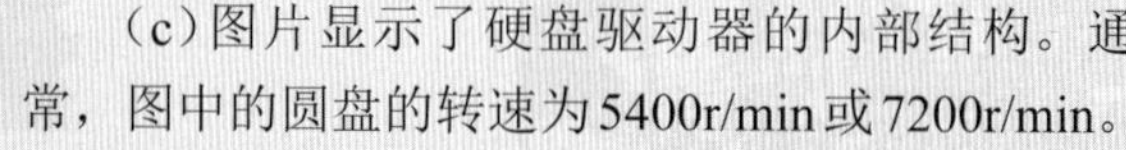

(c)图片显示了硬盘驱动器的内部结构。通常，图中的圆盘的转速为5400r/min或7200r/min。

(c)

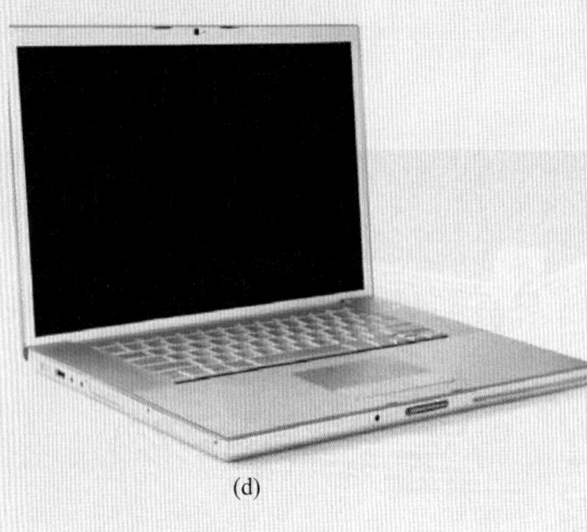

(d)

(d)一台笔记本电脑的照片，它的内部组件之一就是硬盘。

[承蒙希捷记录媒体提供图片（a）；希捷公司提供图片（c）；图片（d）©iStockphoto]

为什么学习材料的磁性能?

认识材料永磁行为的机理有助于我们改变或调整材料的磁性能。例如，在设计例题18.1中，我们指出了怎样通过改变陶瓷磁性材料的成分来增强材料的磁性能。

学习目标

通过本章的学习，你需要掌握以下内容。

1. 通过给定的材料磁化率和外加磁场强度，计算材料的磁化强度。
2. 从电子的角度，提出并简要解释材料磁矩的两个来源。
3. 简要解释（a）逆磁性、（b）顺磁性、和（c）铁磁性的本质和来源。
4. 从晶体结构的角度出发，解释立方铁素体的亚铁磁性的来源。
5. （a）描述磁滞现象。

   （b）解释为何铁磁性和亚铁磁性材料会表现出磁滞现象。

   （c）解释为什么这些材料可以成为永磁体。
6. 列举软磁性材料和硬磁性材料磁性能的不同。
7. 描述超导现象。

18.1 概述

磁性——材料对其他材料施加吸引或排斥的力或影响的现象——千百年前就已经被发现。但用以解释磁性现象的基础原理和机制却是复杂和微妙的，直到近几年科学家才做出了合理解释。许多现代的技术设备都依仗磁性和磁性材料，包括发电机和变压器、电动机、收音机、电视、电话、电脑、音频视频复制系统所需的元件等。

铁，某些种类的钢和天然磁铁矿石是人们熟知的磁性材料。很少有人知道，事实上所有物质在磁场中都会受到或多或少的影响。本章简要描述了磁场的来源并讨论了磁场矢量和磁性参数；逆磁性、顺磁性、铁磁性与亚铁磁性；不同的磁性材料；以及超导电性。

18.2 基本概念

（1）磁偶极子

磁力产生于带电粒子的运动，因此磁场力和静电场力是相对概念。为了方便，通常用磁场代替磁力的概念。一般画出假想的磁力线用以指示磁场源附近位置磁力的方向。图18.1用磁力线的方式表示了条形磁铁和电流环周围的磁场分布。

存在于磁性材料中的磁偶极子，从某种程度上来说类似于电偶极子（12.19节）。磁偶极子可被视为一个由北极和南极组成的小条形磁铁，其中的北极和南极相当于电偶极子的正电荷和负电荷。目前，磁偶极矩一般用箭头表示，如图18.2。磁偶极子受磁场影响的方式相似于电偶极子受电场影响的方式（12.30节）。在一个磁场中，磁场力会向偶极子施加一个扭矩促使其方向与磁场方向一致。比较常见的实例，即罗盘针的指向总是与地球磁场同向。

（2）磁场向量

磁场强度

在讨论固体材料中磁矩的来源之前，需要先用几个场向量来描述磁性行为。外加磁场，又被称为磁场强度，用H表示。如果磁场是由长度为l而且紧密排列的N匝螺线圈（或螺线管），通以电流I后产生的，则有：

线圈内的磁场强度——取决于匝数，外加电流和线圈长度

$$H = \frac{NI}{l} \tag{18.1}$$

此种排列的示意如图18.3（a）所示。图18.1中电流环和条形磁铁产生的磁场强度为H，其单位为安培-匝数每米，或者安培每米。

磁感应强度

磁通量密度

磁感应强度，或者说磁通量密度，记作B，是表示外加磁场H作用下物质内部的磁场强度大小的量。B的单位是特斯拉［或者韦伯每平方米（Wb/m^2）］。B和H均为场矢量，不仅描述大小，而且具有空间方向。

一种材料的磁通量密度——取决于其磁导率和磁场强度

磁场强度与磁通量密度有如下联系：

$$B = \mu H \tag{18.2}$$

磁导率

式中的参数μ称为磁导率，是磁场H通过的特定介质的性质，如图18.3（b）所示。磁导率的单位是韦伯每安培-米（Wb/A·m）或亨利每米（H/m）。

真空中的磁通量密度

在真空中，

$$B_0 = \mu_0 H \tag{18.3}$$

式中，μ_0是真空磁导率，是一个值为$4\pi \times 10^{-7}$H/m（1.257×10^{-6}）H/m的常量。参数B_0表示真空中的磁通量密度，如图18.3（a）所示。

很多参数都可以用来描述固体的磁性质。其中之一就是材料磁导率与真空

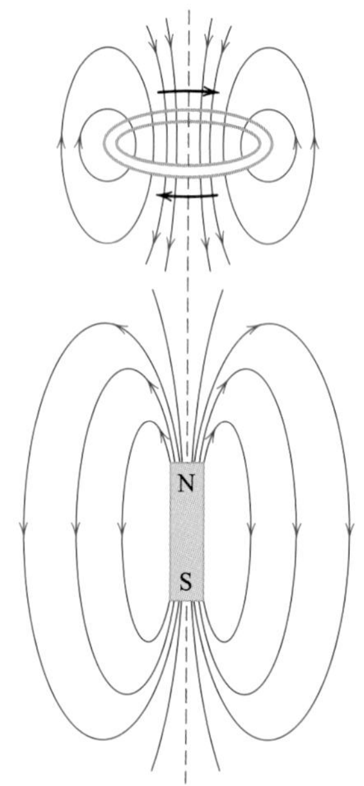

图18.1　电流环和条形磁铁周围的磁力线

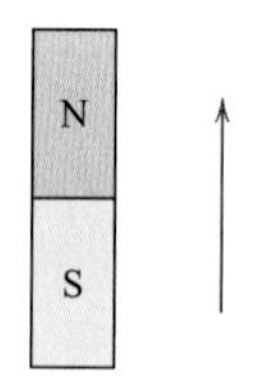

图18.2　用箭头表示的磁矩

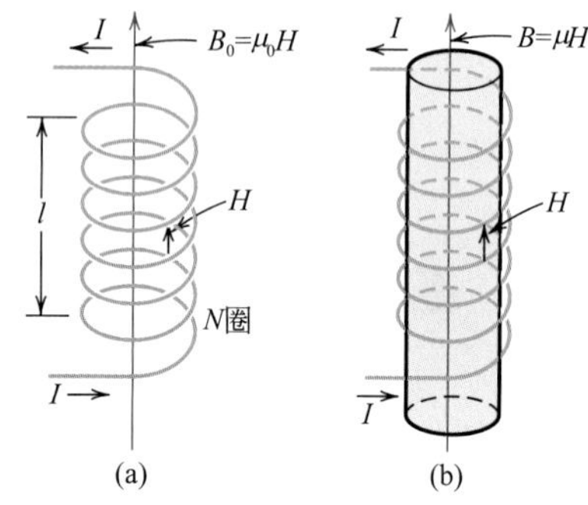

图18.3　（a）根据式（18.1），圆柱线圈所产生的磁场H取决于电流I、螺线圈匝数N和线圈长l，在真空状态下，磁通量密度B_0等于$\mu_0 H$，μ_0为真空磁导率$4\pi \times 10^{-7}$H/m；（b）介质为固体材料时，固体材料中的磁通量密度B等于μH，μ为固体材料的磁导率

（取自A.G.Guy，*Essentials of Materials Science*，McGraw-Hill Book Company，New York，1976）

磁导率的比值：

相对磁导率的定义

$$\mu_r = \frac{\mu}{\mu_0} \tag{18.4}$$

式中，μ_r被称为相对磁导率，没有单位。材料的磁导率和相对磁导率都可以用来衡量材料能否被磁化和被磁化的程度，或者说材料在外加H场下B场被诱发的难易程度。

磁化强度

另一个磁场量，M，被称为固体的磁化强度，由式（18.5）定义：

磁通量密度—磁场强度和材料磁化强度和函数

$$B = \mu_0 H + \mu_0 M \tag{18.5}$$

在H场下，材料的磁矩趋向于与磁场方向一致，而且会借助自身的感应磁场来增强原磁场；式（18.5）中的$\mu_0 M$即为对这种贡献的度量。

M的大小与外加磁场的大小成比例：

材料的磁化强度—取决于磁化系数和磁场强度

$$M = \chi_m H \tag{18.6}$$

其中χ_m被称为磁化系数，无单位[❶]。磁化系数和相对磁导率有如下联系：

磁化系数与相对磁导率的关系

$$\chi_m = \mu_r - 1 \tag{18.7}$$

上面提到的每个磁场参数都具有相对应的介电参数。B场和H场分别类似于电位移D和电场E，磁导率μ类似于电导率ε[参见式（18.2）和式（12.30）]。磁化强度M对应极化强度P［式（18.5）和式（12.31）]。

磁化单位常常会引起混淆，因为在日常应用中存在两个标准体系。应用比较广泛的是SI制[合理化的MKS单位制（米-千克-秒）]；而另一个标准体系为cgs-emu体系（厘米-克-秒-电磁单位）。表18.1给出了两个体系的单位以及恰当的转换因子。

表18.1 SI单位制与cgs-emu单位制中的磁场量单位和转化因子

物理量	符号	SI单位制		cgs–emu单位制	转化因子
		派生单位	基本单位		
磁感应强度(通量密度)	B	特斯拉(Wb/m^2)①	kg/(s · C)	高斯	1 Wb/m^2=10^4高斯
磁场强度	H	安培–匝数/m	C/(m · s)	奥斯特	1安培–匝数/m=$4\pi\times10^{-3}$奥斯特
磁化强度	M(SI) I(cgs-emu)	安培–匝数/m	C/(m · s)	麦克斯韦/cm^2	1安培–匝数/m=10^{-3}麦克斯韦/cm^2
真空磁导率	μ_0	亨利/m②	kg · m/C^2	无单位(emu)	$4\pi\times10^{-7}$亨利/m=1emu
相对磁导率	μ_r(SI) μ'(cgs-emu)	无单位	无单位	无单位	$\mu_r=\mu'$
磁化系数	χ_m(SI) χ'_m(cgs-emu)	无单位	无单位	无单位	$\chi_m=4\pi\chi'_m$

① 韦伯（Wb）的单位是伏特–秒。

② 亨利（Henry）的单位是韦伯每安培。

❶ 这里的χ_m在SI单位制中指体积磁化系数，也就是说，当磁化系数乘以H时得到材料每单位体积（立方米）的磁化强度。其他类型的磁化系数也是存在的，具体参见问题18.3。

（3）磁矩的产生

宏观磁性质是材料中各个电子磁矩作用的结果。其中的某些概念非常复杂而且需要引入一些超出讨论范围的量子力学原理，因此我们忽略具体细节将问题进行简化。原子中的每个电子都具有磁矩，磁矩的来源有两个。其一与电子围绕原子核的轨道运动有关，因为运动中的电子可看做小电流环，具有非常小的磁场，沿着它旋转轴的方向就产生了一个磁矩，示意图说明见图18.4（a）。

每个电子都可以看做正在绕轴自转；另一个磁矩产生的源头就是电子自旋，如图18.4所示，电子自旋产生磁矩的方向沿着自转轴。自旋磁矩只有“向上”或者与之反向的“向下”两种方向。因此，原子中的每个电子都可以视为一个有着永久轨道和自旋磁矩的小磁铁。

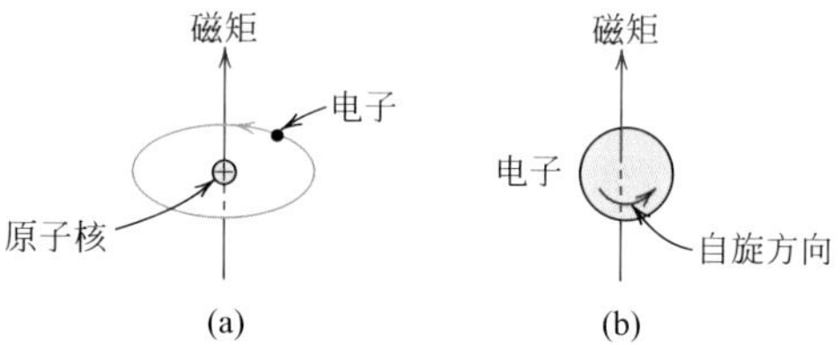

图18.4 磁矩与（a）环绕轨道运行的电子（b）一个自旋的电子之间联系的示意图

玻尔磁子

磁矩最基本的单位是玻尔磁子μ_B，其值为9.27×10^{-24}A·m^2。原子中每个电子的自旋磁矩大小为$\pm\mu_B$（自旋向上为正值，自旋向下为负值）。此外，轨道磁矩的大小等于$m_l\mu_B$，m_l为电子的磁量子数，在之前的2.3节中曾有提及。

在每个原子中，一些电子对的轨道磁矩会发生相互抵消；自旋磁矩也会如此。例如，一个电子自旋向上的磁矩会和另一个电子自旋向下的磁矩相抵消。因此，一个原子的净磁矩即原子中所有电子的磁矩之和，包括轨道磁矩和自旋磁矩，并考虑磁矩的相互抵消。对于电子层或亚电子层完全充满的原子，所有电子的轨道磁矩和自旋磁矩发生完全抵消。也就是说这样的原子组成的材料不能被永久磁化。这类材料包括惰性气体（He、Ne、Ar等）以及一些离子材料。磁性的类型包括逆磁性，顺磁性和铁磁性；此外，铁磁性还包括反铁磁性和亚铁磁性。所有的材料都存在至少一种磁性，其磁行为取决于电子和原子的磁偶极子对外加磁场的反应。

18.3 反磁性和顺磁性

反磁性

反磁性是一种非常微弱的磁性形式，非永久并且只有在外加磁场存在的情况下才会存在。它由外加磁场引起的轨道磁矩变化感应产生。感应磁矩的强度非常小，与外加磁场方向相反。因此相对磁导率μ_r小于1（不过差距非常细微），磁化系数是负值；也就是说，反磁性固体的B场比真空中的B场还要小。反磁性固体材料的体积磁化系数在-10^{-5}数量级。当反磁性材料被放置在一个强电磁场的两极之间，它将被吸引到磁场较弱的区域。

图18.5（a）用示意图说明了反磁性材料于存在和不存在外加磁场的条件下原子的磁偶极子组态；图中箭头表示原子磁偶极矩，然而本书之前的讨论中，箭头则仅表示电子磁矩。反磁性材料外加磁场H与B的关系如图18.6所示。表18.2给出了一些反磁性材料的磁化系数。事实上所有材料都具有反磁性，但这

类磁性过于微弱，所以只有在其他磁性都不存在的情况下才能观察到。反磁性没有实际应用价值。

对于某些固体材料，电子的自旋或者轨道磁矩没有完全相互抵消，所以每个原子都拥有永久的磁偶极矩。不存在外加磁场时，这些原子磁矩的方向是随机的，也就是说物质此时没有任何宏观磁性。原子的偶极矩方向可以旋转，当它们在外加磁场作用下通过旋转达到方向的完全相同时，就产生了顺磁性，如图18.5（b）所示。这些磁偶极子各自独立，相邻偶极子之间不存在相互作用。偶极矩顺着外加磁场方向排列，从而起到了增强磁场的作用，因此拥有了大于1的相对磁导率和相当小但为正值的磁化系数。顺磁性物质的磁化系数在 $10^{-5}\sim10^{-2}$ 范围内变化（表18.2）。顺磁性物质的 B-H 曲线如图18.6所示。

顺磁性

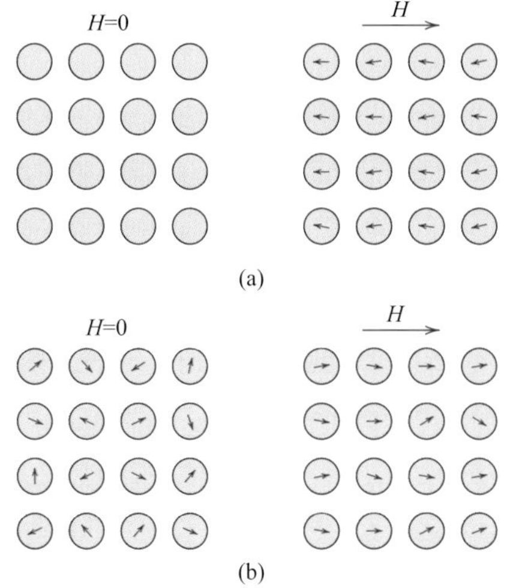

图18.5 （a）在外加磁场、无外加磁场情况下，反磁性物质原子偶极矩的组态。在无外加磁场的情况下，不存在偶极矩，而外加磁场存在时，偶极矩产生且方向与外加磁场相反；（b）在外加磁场、无外加磁场情况下，顺磁性物质原子偶极矩的组态

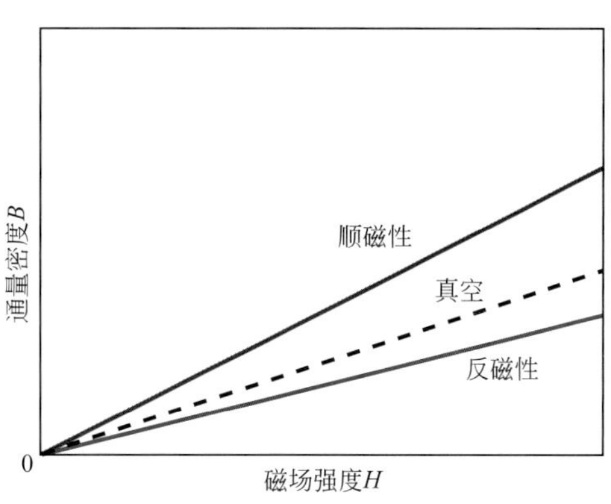

图18.6 反磁性物质与顺磁性物质磁通量密度 B 与磁场强度 H 关系曲线

表18.2 室温下反磁性和顺磁性物质的磁化系数

反磁性		顺磁性	
材料	磁化系数 χ_m（体积）（SI单位制）	材料	磁化系数 χ_m（体积）（SI单位制）
氧化铝	-1.81×10^{-5}	铝	2.07×10^{-5}
铜	-0.96×10^{-5}	铬	3.13×10^{-4}
金	-3.44×10^{-5}	氧化铬	1.51×10^{-3}
汞	-2.85×10^{-5}	硫化锰	3.70×10^{-3}
硅	-0.41×10^{-5}	钼	1.19×10^{-4}
银	-2.38×10^{-5}	钠	8.48×10^{-6}
氯化钠	-1.41×10^{-5}	钛	1.81×10^{-4}
锌	-1.56×10^{-5}	锆	1.09×10^{-4}

反磁性与顺磁性两种材料只有在外加磁场存在的条件下才表现出磁性，因此在无外加磁场时，它们被认为是无磁性的。这两种材料的磁通量密度B与真空的磁通量密度几乎相等。

18.4 铁磁性

铁磁性

即使无外加磁场存在，某些金属材料也具有永久磁矩，并表现出很大且永久的磁化。这种特性被称为铁磁性，普遍存在于过渡金属以及一些稀土金属中，比如铁（BCC α-铁素体）、钴、镍、钆。铁磁性材料的磁化系数可能高达10^6。因此，$H \ll M$，根据式（18.5）我们可以得到：

铁磁性材料中，磁通量密度与磁化强度的关系

$$B \approx \mu_0 M \tag{18.8}$$

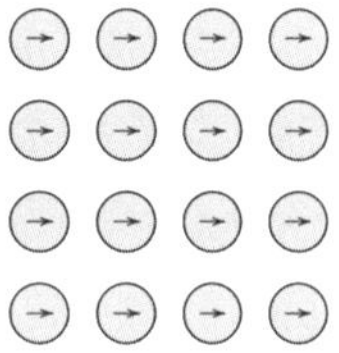

铁磁性物质的永久磁矩是原子磁矩的结果，而原子磁矩来源于电子结构导致的电子自旋磁矩未抵消。轨道磁矩对此也有贡献，但与自旋磁矩相比其值过小。在铁磁性物质中，不需要外加磁场存在，凭借耦合作用就可以使相邻原子的净自旋磁矩同向排列。如图18.7所示。耦合力的来源目前尚不清晰，但普遍认为其产生自金属的电子结构。这种原子的相互自旋排列存在于较大的体积区域内，此区域被称为磁畴（见18.7节）。

H=0

图18.7 铁磁性材料的原子偶极相互排列示意图，无外加磁场依然存在

磁畴

饱和磁化强度

铁磁性物质的最大可能磁化强度，或者说饱和磁化强度M_s表示固体块中所有的磁偶极子与外加磁场呈相同排列时的磁化强度；此时也存在对应的饱和磁通量密度B_s。饱和磁化强度等于每个原子的净磁矩与总原子数的乘积。对于铁、钴和镍而言，每个原子的净磁矩分别为2.22、2.72和0.60个玻尔磁子。

例题 18.1

计算镍的饱和磁化强度和磁通量密度

计算镍的（a）饱和磁化强度（b）饱和磁通量密度，已知镍的密度为8.90g/cm^3。

解：

（a）饱和磁化强度即每个原子的玻尔磁子数（之前已给出为0.60），玻尔磁子的大小μ_B和每立方米原子个数的乘积：

$$M_s = 0.60\mu_B N \tag{18.9}$$

每立方米原子数可以通过密度ρ，原子量A_{Ni}以及阿仑尼乌斯常数N_A求出：

$$\begin{aligned} N &= \frac{\rho N_A}{A_{Ni}} \\ &= \frac{(8.90\times10^6\,\mathrm{g/m^3})(6.022\times10^{23}\,\mathrm{atom/mol})}{58.71\mathrm{g/mol}} \\ &= 9.13\times10^{28}\,\mathrm{atom/m^3} \end{aligned} \tag{18.10}$$

最终可求得：

$$M_s = \left(\frac{0.60\ \text{Bohr magneton}}{\text{atom}}\right)\left(\frac{9.27\times10^{-24}\ \text{A}\cdot\text{m}^2}{\text{Bohr magneton}}\right)\left(\frac{9.27\times10^{28}\text{atoms}}{\text{m}^3}\right) = 5.1\times10^5 \text{A/m}$$

（b）由式（18.8）可得，饱和磁通量密度为：

$$B_s = \mu_0 M_s = \left(\frac{4\pi\times10^{-7}\ \text{H}}{\text{m}}\right)\left(\frac{5.1\times10^5\ \text{A}}{\text{m}}\right) = 0.64\text{tesla}$$

18.5 反铁磁性和亚铁磁性

（1）反铁磁性

反铁磁性

相邻原子或离子磁矩耦合的现象不只发生于铁磁性材料中。有时，这种耦合会导致一种反相平行排列；这种相邻原子或离子自旋磁矩的完全反方向排列被定义为反铁磁性。氧化锰（MnO）是具有这种性质的材料之一。氧化锰是一种离子性的陶瓷材料，由Mn^{2+}和O^{2-}组成。O^{2-}净磁矩为零，因为它的自旋磁矩和轨道磁矩存在完全的抵消。然而，Mn^{2+}具有主要源于自旋磁矩的净磁矩。这些Mn^{2+}在晶体结构中以相邻离子磁矩反向平行的方式排列。排列方式示意如图18.8所示。显然，一对方向相反的磁矩将会发生相互抵消，结果导致整个固体材料不具有净磁矩。

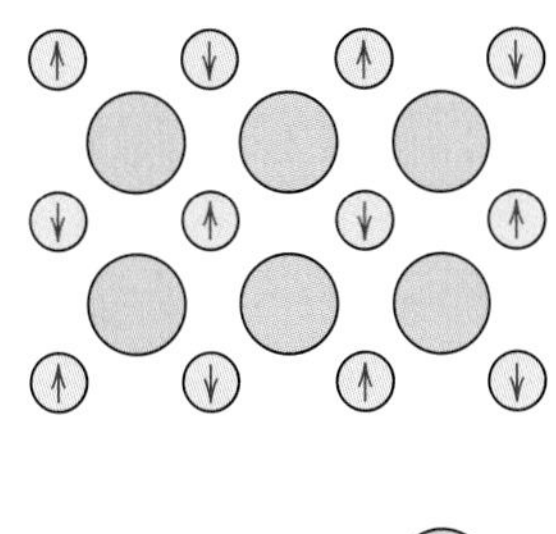

图18.8 反铁磁性材料氧化锰自旋磁矩的反向平行排列示意

（2）亚铁磁性

亚铁磁性
铁氧体

一些陶瓷材料也具有永久磁性，这类磁性被称为亚铁磁性。铁磁性和亚铁磁性的宏观磁性特征是相同的，区别在于不同的净磁矩来源。我们利用立方铁氧体[1]来解释亚铁磁性的原理。立方铁氧体这类离子材料可以用化学式MFe_2O_4表示，其中M代表任意一种金属元素。铁氧体的原型是Fe_3O_4，一种被称为磁铁矿石或天然磁石的磁性矿物。

Fe_3O_4的化学式可写为$Fe^{2+}O^{2-}$-$(Fe^{3+})_2(O^{2-})_3$，其中铁离子具有+2价和+3价两种价位，两种铁离子的数量比为1 ∶ 2。每个Fe^{2+}和Fe^{3+}都各自具有净自旋磁矩，其值分别为4个玻尔磁子和5个玻尔磁子。O^{2-}没有磁性。铁离子之间存在反向平行自旋耦合作用，其性质与反铁磁性相似。只不过亚铁磁性的净磁矩来源于自旋磁矩之间的抵消不完全。

立方铁氧体具有反尖晶石的晶体结构，属于一种立方对称结构，与尖晶石结构类似（3.16节）。反尖晶石晶体结构可以被看作是由O^{2-}的密排面堆积而成。

[1] 磁性概念中的铁氧体（Ferrite）不应与10.19节中的α-铁素体（Ferrite）相混淆；在本节中，“Ferrite”表示磁性陶瓷。

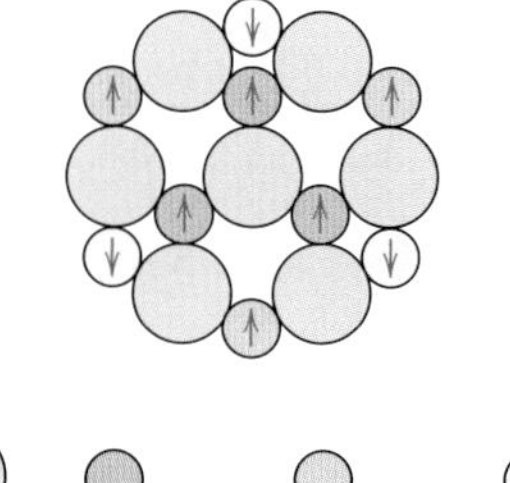

图18.9　Fe_3O_4中Fe^{2+}和Fe^{3+}的自旋磁矩排列示意图

（摘自 Richard A.Flinn and Paul K. Trojan，*Engineering Materials and Their Applications*，4th edition.Copyright © 1990 by John Wiley & Sons，Inc。引用得到 John Wiley & Sons，Inc. 许可。）

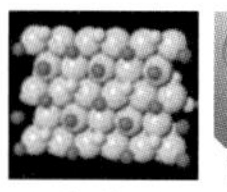

尖晶石/反尖晶石

如图18.9所示，这种堆积会产生两种间隙位置供铁的阳离子占据。一种配位数为4（四面体配位）；即每个铁离子有四个相邻最近的氧离子。另一种配位数为6（八面体配位）。对于这种反尖晶石结构，其中一半的三价（Fe^{3+}）离子会位于八面体间隙，另一半位于四面体间隙。二价Fe^{2+}全部位于八面体间隙。亚铁磁性的关键因素即铁离子的自旋磁矩排列，如图18.9与表18.3所示。所有八面体间隙中Fe^{3+}的自旋磁矩相互平行；但与四面体间隙中的Fe^{3+}的自旋磁矩呈反向平行排列。这是相邻铁离子间反平行耦合的结果。也就是说，所有Fe^{3+}的自旋磁矩都发生相互抵消从而对于最终的固体磁性没有任何净贡献。位于八面体间隙的Fe^{2+}磁矩方向均相同排列，其总磁矩即材料净磁化强度（表18.3）。因此，亚铁磁性材料的饱和磁化强度可以通过将每个Fe^{2+}的净自旋磁矩与Fe^{2+}的个数相乘得到；相当于所有Fe^{2+}在Fe_3O_4样品中的相互排列结果。

表18.3　$Fe_3O_4$①晶胞中Fe^{2+}和Fe^{3+}自旋磁矩的区别

阳离子	八面体晶格位置	四面体晶格位置	净磁矩
Fe^{3+}	↑↑↑↑	↓↓↓↓	完全抵消
	↑↑↑↑	↓↓↓↓	
Fe^{2+}	↑↑↑↑	—	↑↑↑↑
	↑↑↑↑		↑↑↑↑

① 每个箭头代表一个阳离子的磁矩方向。

表18.4　六种阳离子的净自旋磁矩

阳离子	净自旋磁矩（玻尔磁子）	阳离子	净自旋磁矩（玻尔磁子）
Fe^{3+}	5	Co^{2+}	3
Fe^{2+}	4	Ni^{2+}	2
Mn^{2+}	5	Cu^{2+}	1

具有其他成分的立方铁氧体可以通过添加金属离子以代替晶体结构中部分铁离子的方法得到。再者，通过铁氧体化学式$M^{2+}O^{2-}$-$(Fe^{3+})_2(O^{2-})_3$可以看出，除了Fe^{2+}，M^{2+}还可以表示Ni^{2+}、Mn^{2+}、Co^{2+}和Cu^{2+}等二价离子，每种离子的净自旋磁矩都不是4；这些数据列于表18.4。因此，通过成分调整。铁氧体化合物可具有一系列磁性质。例如，化学式为$NiFe_2O_4$的镍铁氧体，也可以通过添加包含两种二价金属离子的混合物得到其他化合物，例如（Mn，Mg）Fe_2O_4，其中Mn^{2+} ：Mg^{2+}的比例可以有所变化；这类化合物被称为混合铁氧体。

除了立方铁氧体，其他的陶瓷材料也都具有亚铁磁性；包括六方铁氧体和石榴石。六方铁氧体具有与反尖晶石相近的晶体结构，不同之处在于六方铁氧体是六方对称而不是立方对称。这类材料的化学式可以表示为$AB_{12}O_{19}$，其中A是二价金属，例如钡、铅、锶，B是三价金属，例如铝、镓、铬、铁。最常见的两种六方铁氧体为$PbFe_{12}O_{19}$和$BaFe_{12}O_{19}$。

石榴石具有非常复杂的晶体结构，其通式可以用$M_3Fe_5O_{12}$表示；其中M表示稀土离子，诸如钐、铕、钆、钇。钇铁石榴石（$Y_3Fe_5O_{12}$），有时写作YIG，是这种类型材料中最常见的。

亚铁磁性材料的饱和磁化强度不像铁磁性物质那么高。另一方面，铁氧体作为陶瓷材料是良好的电绝缘体，适用于某些要求低导电性的磁性应用，比如高频变压器。

概念检查 18.1　列出铁磁性物质和亚铁磁性物质的主要相似点和不同点。

概念检查 18.2　尖晶石和反尖晶石结构的不同之处是什么？提示：参考3.16节。

[解答可参考www.wiley.com/college/callister（学生之友网站）]

例题 18.2

计算Fe_3O_4的饱和磁化强度。

计算Fe_3O_4的饱和磁化强度，已知每个立方晶胞包含8个Fe^{2+}和16个Fe^{3+}，晶胞边长0.839nm。

解：

这个问题的解法与例题18.1相似，不同在于计算基础是每晶胞而不是每原子或离子。

饱和磁化强度等于每立方米Fe_3O_4的玻尔磁子数N'与每个玻尔磁子的磁矩μ_B的乘积。

亚铁磁性材料（Fe_3O_4）的饱和磁化强度

$$M_s = N'\mu_B \tag{18.11}$$

N'可通过每个晶胞的玻尔磁子数n_B除以晶胞体积V_C求得：

单位晶胞玻尔磁子数的计算

$$N' = \frac{n_B}{V_C} \tag{18.12}$$

Fe_3O_4的净磁矩全部来自Fe^{2+}。已知每个晶胞中含有8个Fe^{2+}而且每个Fe^{2+}中有4个玻尔磁子，n_B为32。由晶胞为立方还可以得到$V_C=a^3$，a为晶胞边长。综上所述：

$$\begin{aligned} M_s &= \frac{n_B \mu_B}{a^3} \\ &= \frac{(32\ \text{Bohr magnetons/unit cell})(9.27\times10^{-24}\ \text{A}\cdot\text{m}^2/\text{Bohr magneton})}{(0.839\times10^{-9}\ \text{m})^3/\text{unit cell}} \qquad (18.13) \\ &= 5.0\times10^5\ \text{A/m} \end{aligned}$$

设计例题 18.1

设计一种混合铁氧体磁性材料

设计一种饱和磁化强度为5.25×10^{5}A/m的立方混合铁氧体磁性材料。

解：

通过例题18.2可知，Fe_3O_4的饱和磁化强度为5.0×10^{5}A/m。为了增加M_S的大小，有必要用具有更大磁矩的二价金属离子代替部分Fe^{2+}——比如说Mn^{2+}；通过表18.4可知Mn^{2+}中有5个玻尔磁子，而Fe^{2+}中只有4个玻尔磁子。我们首先根据式（18.13）计算每个晶胞的玻尔磁子数（n_B），假设Mn^{2+}的加入不改变晶胞边长（0.839nm）。可得：

$$n_B = \frac{M_s a^3}{\mu_B}$$
$$= \frac{(5.25\times10^5\ \text{A/m})(0.839\times10^{-9}\ \text{m})^3\ /\ \text{unit cell}}{9.27\times10^{-24}\ \text{A}\cdot\text{m}^2\ /\ \text{Bohr magneton}}$$
$$= 33.45\ \text{Bohr magnetons/unit cell}$$

用x表示Mn^{2+}替换Fe^{2+}的比例，那么剩下未被替代的Fe^{2+}比例为（$1-x$）。每个晶胞中含有8个二价离子，我们可以得出等式：

$$8\left[5x+4(1-x)\right]=33.45$$

根据等式求得x=0.181。也就是说，当Fe_3O_4中18.1%的Fe^{2+}被Mn^{2+}取代的时候，材料的饱和磁化强度将增加至5.25×10^{5}A/m。

18.6 温度对磁性行为的影响

温度可以影响材料的磁性质。我们都知道提高固体的温度可以加剧原子热振动。原子磁矩是可以自由转动的，因此，当温度升高时，加剧的原子热振动将趋向于使原本排列整齐的磁矩发生方向随机化。

对于铁磁性，反铁磁性和亚铁磁性材料，原子热振动会抵制相邻原子偶极矩之间的耦合力，不论外加磁场是否存在，都会引起某些偶极的方向偏斜。这个结果导致铁磁性和亚铁磁性物质饱和磁化强度的降低。饱和磁化强度在0K的时候达到最大值，因为这时的原子热振动最小。随着温度的上升，饱和磁化强度逐渐降低直至在某个温度下突然变为零，这个温度被称为居里温度T_c。铁和Fe_3O_4的磁化强度-温度曲线见图18.10。在T_c下，偶极子相互间的自旋耦合力完全被摧毁，因此铁磁性和亚铁磁性物质在高于T_c的温度下呈顺磁性。各种材料的居里温度大小也是变化的；例如，对于铁、钴、镍和Fe_3O_4，居里温度分别为768℃、1120℃、335℃和585℃。

居里温度

反铁磁性也受温度影响；反铁磁性在被称作*Néel*温度的温度下消失。在高于此温度时，反铁磁性也会转变为顺磁性。

概念检查 18.3 解释为什么将一个永磁铁反复扔向地板会导致磁铁磁性消失。

[解答可参考www.wiley.com/college/callister（学生之友网站）]

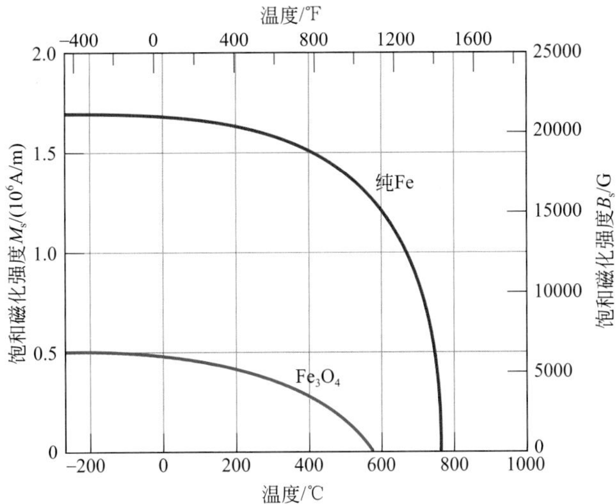

图18.10 铁和Fe_3O_4的磁化强度-温度曲线

[摘自J. Smit and H. P. J. Wijn, Ferrite. Copyright©1959 by/V. Y. Philips. Gloeilampenfabrieken, Eindhoven (Holland) 重印得到允许。]

18.7 磁畴和磁滞现象

温度低于T_c时，所有铁磁性和亚铁磁性材料均由一个个小体积区域组成，区域内所有磁偶极矩都按同一方向相互排列，如图18.11所示。这样的区域被称为磁畴，每个磁畴都可被磁化至饱和磁化强度。相邻磁畴被磁畴边界（或称为磁畴壁）分隔开来，穿过边界时磁化方向会逐渐改变（图18.12）。就尺寸而言，磁畴是微观概念，对于多晶样品来说，其中的每个晶粒都由数量为一个以上的磁畴组成。因此，宏观层次上，一个物质块，会存在大量的磁畴，而且可能每个磁畴都具有不同的磁化方向。整个固体的M场大小是所有磁畴磁化强度的矢量和，每个磁畴的贡献用各自的体积分数加权平均。对于一个未被磁化的样品，所有磁畴磁化强度的加权矢量和为零。

磁通量密度B和场强度H在铁磁性和亚铁磁性材料中是不成比例的。如果材料开始并未被磁化，此时B随H变化的函数如图18.13。曲线由原点出发，当

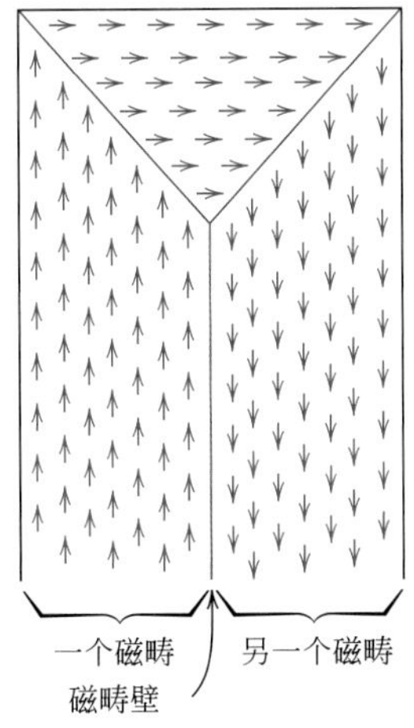

图18.11 铁磁性和亚铁磁性物质中磁畴的示意图

箭头表示原子磁偶极子。每个磁畴内，偶极子规则排列。不同磁畴中的排列方向是变化的。

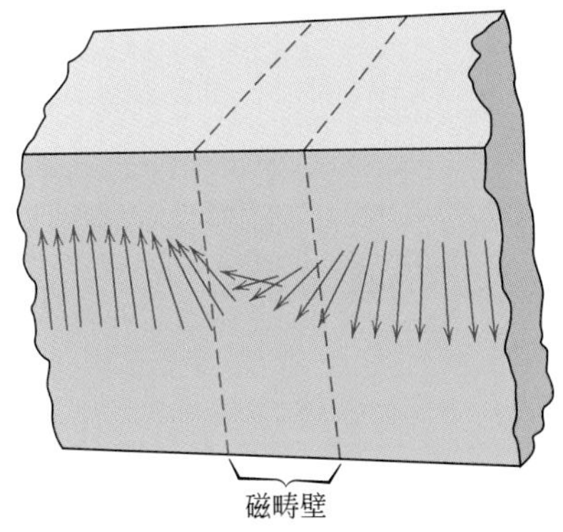

图18.12 穿过磁畴壁时磁偶极方向的逐渐变化

（摘自W.D.Kingery，H.K.Bowen，and D.R. Uhlmann，*Introduction to Ceramics*，2nd edition.Copyright © 1976 by John Wiley & Sons，New York.重复印刷得到John Wiley & Sons，Inc.许可。）

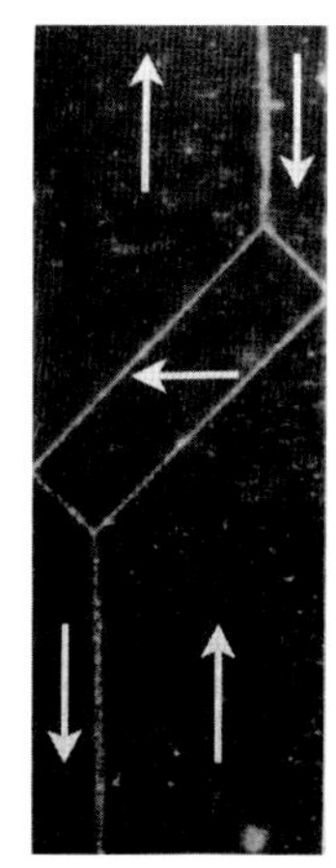

铁单晶中的磁畴（箭头表示磁化方向）（承蒙通用电气研究实验室提供显微照片）

H增强时，B开始缓慢增大，随后快速增大，最后趋于平稳不再受H影响。B的最大值是饱和磁通量密度B_s，相对应的磁化强度为之前提及的饱和磁化强度M_s。由等式（18.2）可知磁导率μ是B-H曲线的斜率，那么通过图18.13可以看出磁导率是随着H变化的。B-H曲线在H=0时的斜率被称为最初磁导率μ_i，是一种磁性材料的特性，如图18.13所标明。

外加磁场存在时，磁畴通过磁畴边界的移动改变自身的形状和尺寸。磁畴结构示意图如图18.13中插图（编号U～Z）所示，这些插图分别对应沿着B-H曲线取得的若干点。最初，组织中含有多个磁畴，且磁矩方向随机，因此不存在净B（或M）场（插图U）。外加磁场后，外加磁场的方向成为有利取向，磁矩方向为有利取向的磁畴会吞并其他非有利取向（插图V～X）的磁畴，面积逐渐增大。这个过程会随着增加的磁场强度持续下去直到整个宏观样品转换为单一磁畴，而且这个磁畴的磁矩方向与外加磁场基本相同（插图Y）。当这个磁畴通过旋转达到与H场方向相同时，就达到了饱和（插图Z）。

磁滞

图18.14中，若将对应磁通量密度饱和点S的H场反向进行减小磁场时，曲线不会按照原来的路径返回。磁滞效应随之产生，所谓磁滞效应即B场变化滞后于外加H场变化，或者说B场的减小速度过慢的现象。在H场为零时（曲线上的R点），存在一个被称为剩磁或剩余磁通量密度的残余B场，B_r，显然在不存在外加H场的情况下材料依然具有磁性。

剩磁

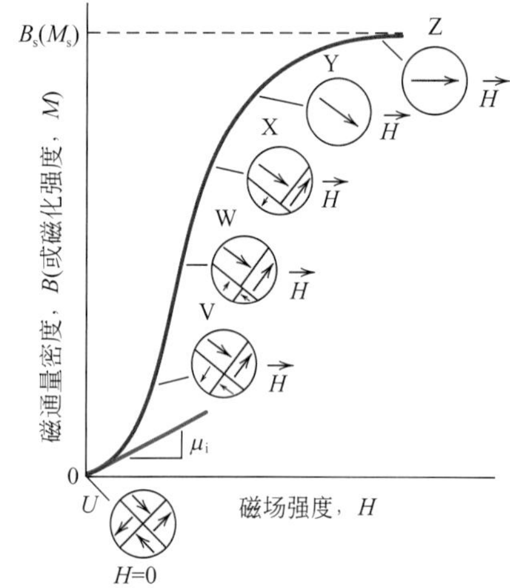

图18.13　铁磁性和亚铁磁性物质的B-H曲线（最初材料未被磁化）

图中示意了不同磁化阶段的磁畴排列，标出了饱和磁通量密度B_s，磁化强度M_s和最初磁导率μ_i。

（摘自 O.H.Wyatt and D.Dew-Hughes，*Metals*，*Ceramics and Polymers*，Cambridge University Press，1974.）

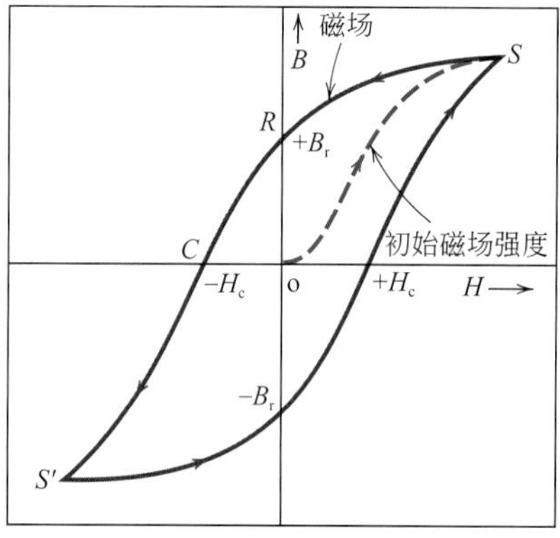

图18.14　铁磁性物质经历正向和反向饱和后得出的磁通量密度-磁场强度曲线（点S到点S'）

实线表示磁滞回线；虚线表示初始磁化曲线。剩余磁感应强度B_r和矫顽力H_c也被标出。

磁滞行为和永久磁化可以用磁畴壁的运动解释。从饱和状态（图18.14中点S）反向增加H时，磁畴结构中的磁矩也在向相反方向变化。首先，随着反向的磁场，单磁畴的方向会发生转动。接着，具有与新磁场方向相同磁矩的磁畴通过吞并之前的磁畴而长大。这种解释方法的关键在于反方向磁场强度的增加所引起的对磁畴壁运动的阻力；这个阻力解释了B对H的滞后或者说磁滞现象。当外加磁场为零时，所有磁畴的磁矩不能完全相互抵清，仍然有一些净体积分数的磁畴方向与之前的磁畴方向相同，这解释了剩磁B_r的存在。

矫顽力

反向磁场继续加大，样品中的B场降低，直至为零（图18.14中点C），此刻对应的反向磁场被称为**矫顽力**或保磁力，用H_c表示，一般情况下，由于矫顽力与最初的磁场方向相反，因此常写为$-H_c$。持续增加反向外加磁场，如图中第三象限所示，在相反的情况下最终达到饱和状态，即点S'。接着磁场再次反向，回到初始饱和点（点S），得到对应的磁滞回线，并产生一个负值的剩余磁场强度（$-B_r$）和一个正值的矫顽力（$+H_c$）。

图18.14中的B-H曲线即一条取至饱和的磁滞回线。当然，在增加反向磁场之前是没有必要增加H场到饱和的；如图18.15，回线NP对应一个未到饱和状态的磁滞回曲线。此外，还可以在曲线的任一点通过逆转磁场方向得到其他磁滞回曲线。图18.15中的回线LM画出了在饱和磁滞回线中，一个用前述方法得到的闭合回线：由L点开始，H场回复到零。使铁磁性或亚铁磁性物质消磁的方法之一即将其置于不断改变方向并逐渐减小强度的磁场中进行反复循环。

此时若将顺磁性、反磁性和铁磁性/亚铁磁性材料的B-H行为进行对比，结果如图18.16所示。顺磁性和反磁性材料的B-H线性关系在图18.16的小插图中被表明，而典型铁磁性/亚铁磁性物质的B-H曲线是非线性的。此外，可以通过比较两个图表纵坐标B的范围得到将顺磁性和反磁性材料列为非磁性材料的原因，当磁场强度为50A/m时，铁磁性/亚铁磁性物质的磁通量密度为1.5T，而顺磁性和抗磁性材料的磁通量密度仅为5×10^{-5}T。

注意只具有顺磁性/抗磁性的材料中产生的B场是非常小的，这解释了为什么这类物质会被认为没有磁性。

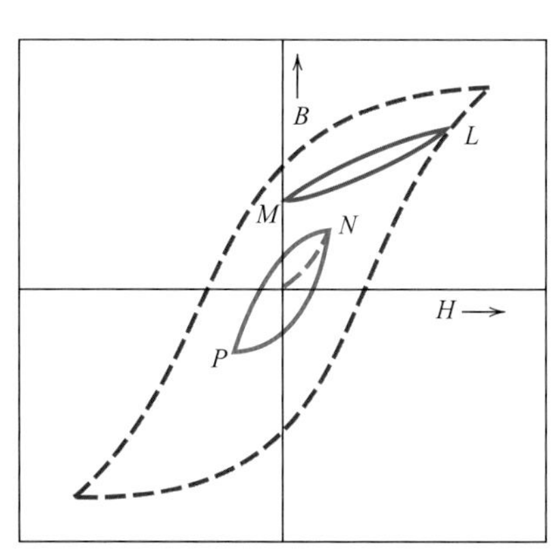

图18.15 铁磁性材料的B-H行为曲线

在饱和环内小于饱和的磁滞回线（NP小环）；未到达饱和状态就施加反向磁场得到的磁滞回线（LM小环）。

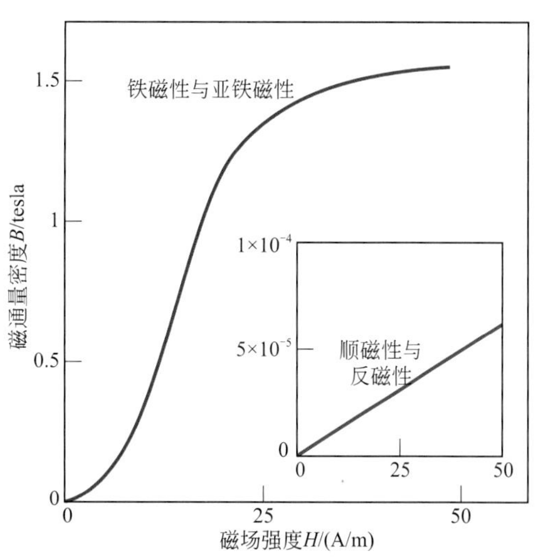

图18.16 顺磁性、反磁性（小插图）和铁磁性/亚铁磁性材料的B-H行为比较

概念检查 18.4 在图表中画出铁磁性材料的*B–H* 行为曲线，（a）0K时（b）居里温度下（c）高于居里温度的温度下。简要解释为什么这些曲线拥有不同的形状。

概念检查 18.5 画出在不断变换方向并减小的*H*场中循环的磁铁逐渐消磁的磁滞回行为示意图。

[解答可参考 www.wiley.com/college/callister（学生之友网站）]

18.8 磁各向异性

很多因素都会导致磁滞回线形状的不同：① 样品是单晶还是多晶；② 如果是多晶，晶粒的择优取向；③ 孔洞或第二相粒子的存在；④ 温度、外加机械应力、应力状态等其他因素。

例如，一个铁磁性物质单晶的*B-H*曲线取决于它与外加*H*场相关的晶体取向。图18.17示意了在[100]、[110]和[111]晶向施加磁场时镍（FCC）和铁（BCC）单晶的行为，图18.18示意了在[0001]和[10$\bar{1}$0]/[11$\bar{2}$0]晶向施加磁场时钴（HCP）单晶的行为。这种取决于晶体取向的磁性行为被称为磁（或磁晶体）各向异性。

这些材料都存在一个最易磁化的晶体取向——也就是说在这个方向上，达到饱和（对*M*而言）所需施加的*H*场最小；这样的方向被称为易磁化方向。比如Ni（图18.17）的易磁化方向为[111]，因为饱和发生在A点，而[110][100]方向对应的饱和点分别为B和C。同理可得，Fe和Co的易磁化方向分别为[100]和[0001]方向（图18.17与图18.18）。反之，难磁化方向即饱和磁化最难发生的

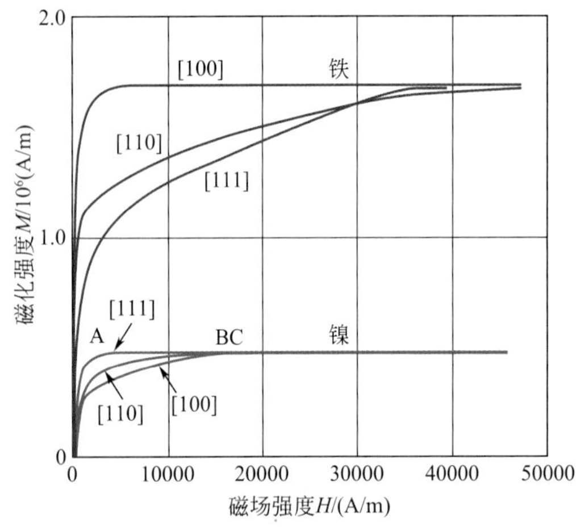

图18.17 铁、镍单晶的磁化曲线

对于这两种金属，分别于[100]、[110]和[111]晶向施加磁场，会得到不同的曲线

[摘自 K.Honda and S.Kaya，"On the Magnetisation of Single Crystals of Iron，" *Sci.Rep.Tohoku Univ.*，15，721（1926）；和 S.Kaya，"On the Magnetisation of Single Crystals of Nickel，" *Sci.Rep.Tohoku Univ.*，17，639（1928）.]

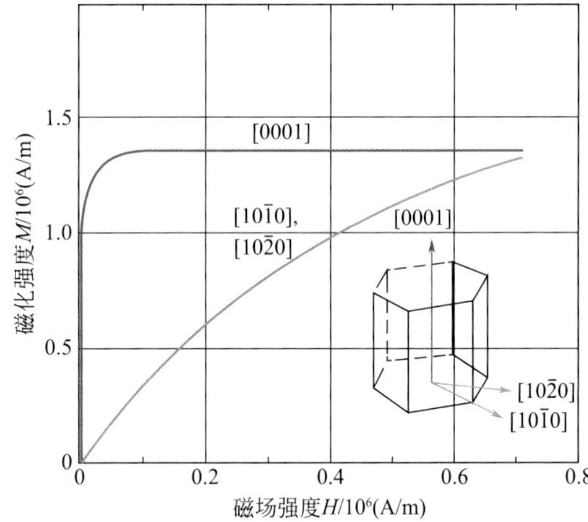

图18.18 钴单晶的磁化曲线

在[0001]和[10$\bar{1}$0]/[11$\bar{2}$0]晶向施加磁场时得到的曲线

[摘 自S.Kaya，"On the Magnetisation of Single Crystals of Cobalt，" *Sci.Rep.Tohoku Univ.*，17，1157（1928）.]

方向；Ni、Fe和Co的难磁化方向分别为[100]，[111]和[10$\bar{1}$0]/[11$\bar{2}$0]。

如前一节所指出，图18.13中的插图表示了铁磁性/亚铁磁性物质磁化过程*B-H*曲线上不同阶段的磁畴排列。其中每个箭头都表示一个磁畴的易磁化方向；随着*H*场的增大，易磁化方向与外场方向最接近的磁畴，将会吞并其他磁畴（插图V ～ X）。插图*Y*中的单磁畴磁化也对应易磁化方向。当磁畴方向从易磁化方向旋转到外加磁场方向时就达到饱和状态（插图Z）。

18.9 软磁材料

铁磁性和亚铁磁性材料磁滞回线的形状和大小具有相当的现实意义。回线圈内的区域表示在每个磁化–消磁的循环中，单位体积材料的磁化能损失；这些能量损失表现为磁性样品内部产生的热量，热量可以使样品的温度上升。

软磁材料

铁磁性和亚铁磁性材料都可以基于他们的磁滞特性被分为软磁或硬磁。软磁材料主要应用于在变化磁场要求低能量损失的设备中，常见的例子即变压器铁芯。因此磁滞回线所圈出的相关区域面积必须很小，形状窄薄，如图18.19所示。因此软磁材料必须有高初始磁导率和低矫顽力。拥有这类性质的材料通常在非常低的外加磁场下就可以达到饱和（换言之就是非常容易进行磁化和消磁）而且有着十分小的磁滞能量损失。

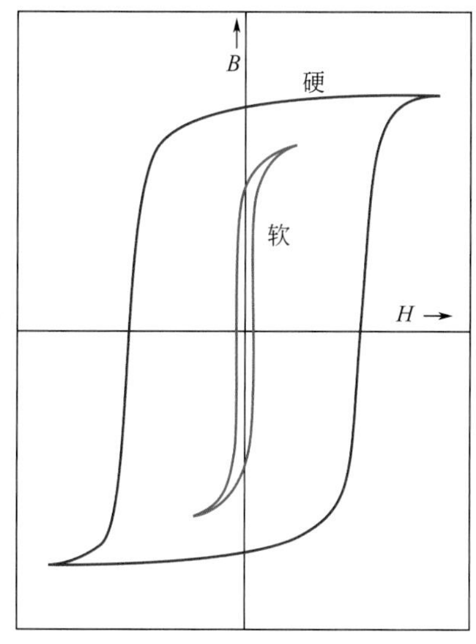

图18.19　软磁和硬磁材料的磁化曲线示意图

（取自 K.M.Ralls，T.H.Courtney，and J.Wulff，*Introduction to Materials Science and Engineering*. Copyright © 1976 by John Wiley & Sons，New York. 使用得到 John Wiley & Sons，Inc. 许可。）

饱和磁场或磁化强度只受材料组成的影响。例如在立方铁氧体中，像Ni^{2+}替换$FeO\text{-}Fe_2O_3$中Fe^{2+}这样的二价金属离子替换将会改变材料的饱和磁化强度。然而，磁化系数和矫顽力（H_c）也会影响磁滞回线的形状，与成分变化相比它们对结构变化更敏感。例如，在磁场变换大小和/或方向时，低矫顽力材料的磁畴壁运动更加容易。结构缺陷如磁性材料中的非磁性相或孔洞倾向于限制磁畴壁的运动，从而提高矫顽力。因此，软磁材料必须避免类似的结构缺陷。

软磁材料需考虑的另一个性质即电阻率。除了之前介绍的磁滞能量损失，在磁性材料中，大小和方向随时间变化的磁场诱导产生的电流，也可能导致能量损失；这种电流被称为涡电流。要使软磁材料中的这种能量损失最小化，最可取的方法即提高电阻率。在铁磁性材料中可以通过形成固溶体合金来达到此目的，如铁-硅和铁-镍合金。陶瓷铁氧体通常用于需要软磁材料的设备，因为他们从本质上讲是电绝缘体。由于软磁材料的磁化系数相对小，所以这类材料的适用性受到了一定的限制。表18.5列出了6种软磁材料的性质。

软磁材料的磁滞特性在某些应用中可以通过磁场下合适的热处理得到增强。运用这种技术，可以得到方形的磁滞回线，适用于某些磁性放大器和脉冲变压器。除此之外，软磁材料还被应用于发电机、电动机和开关电路。

重要材料

用于变压器铁芯的铁－硅合金

如本节之前的内容中所提及的，变压器铁芯要求使用软磁材料，原因是这种材料易于磁化和消磁（还具有相对高的电阻率）。一种常用于变压器铁芯的合金即表18.5中列出的铁-硅合金［97%（质量）Fe-3%（质量）Si］。和铁单晶相同（之前已有解释），这种金属的单晶也是磁各向异性的。因此，如果变压器铁芯是由单晶制造的，外加磁场方向会与[100]方向[易磁化方向（图18.17）]平行，变压器的能量损失随之实现最小化；变压器铁芯的这种布局如图18.20所示。但是单晶制备的花费非常高，因此单晶作为铁芯的想法从经济角度考虑是不实际的。一种较好的替代法——已经商用，更加经济——即使用各向异性金属的多晶片制造铁芯。

通常，多晶材料的晶粒取向是随机的，因此它们的性能表现是各项同性的。不过提升多晶材料各向异性的方法仍然存在，其中之一即塑性变形，例如通过轧制，轧制是片状变压器铁芯的一种制造技术。轧制而成的扁平片材内存在轧制（或片状）织构，也就是晶粒具有了择优晶体取向。片材中的绝大部分晶粒都在轧制过程中获得了这种织构，一个特定的晶面（*hkl*）变得与片材表面平行，除此之外，晶面上的一个方向[*uvw*]变得与轧制方向平行（或接近平行）。因此，轧制织构是用晶面–晶向（*hkl*）[*uvw*]表示的。对于体心立方合金（包括之前提及的铁–硅合金），轧制织构为（110）[001]，如图18.21所示。铁–硅材料制造的片状变压器铁芯，其轧制方向（对应绝大部分晶粒的[001]方向）平行于外加磁场。❶

合金的磁性可以通过一系列能够得到（100）[001]织构的变形和热处理得到进一步提升。

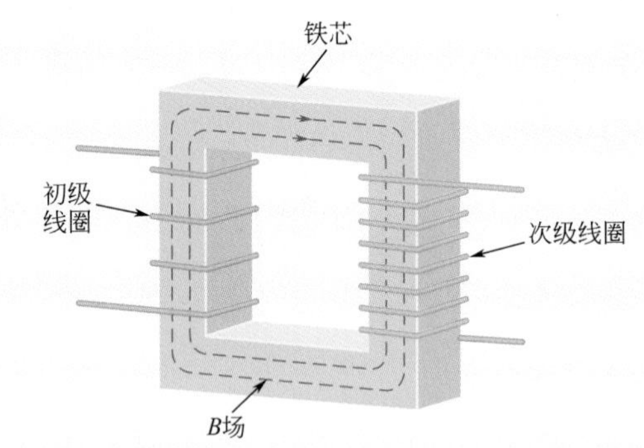

图18.20　变压器铁芯示意图，包括所产生*B*场的方向

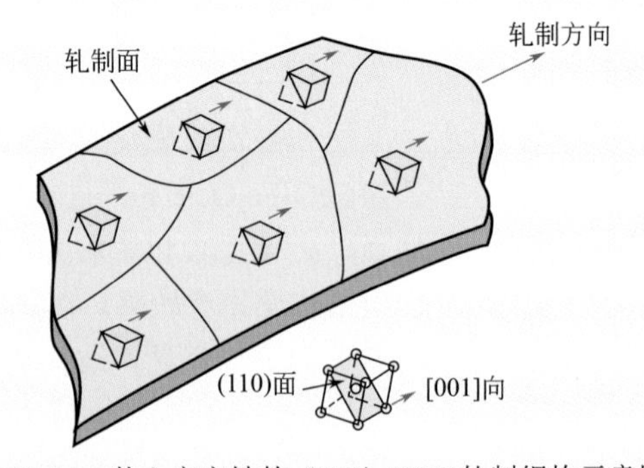

图18.21　体心立方铁的（110）[001]轧制织构示意图

❶ 体心立方金属和合金的[100]和[001]方向是相同的（3.9节）—这两个晶向都是易磁化方向。

表18.5 几种软磁材料的典型性质

材料	组成/%（质量）	最初相对磁导率μ_i	饱和磁通量密度B_s /T(Ga)	磁滞损失/循环[J/m^3（erg/cm^3）]	电阻率$\rho/\Omega\cdot m$
商用铁锭	99.95 Fe	150	2.14（21400）	270（2700）	1.0×10^{-7}
硅-铁（取向）	97 Fe，3 Si	1400	2.01（20100）	40（400）	4.7×10^{-7}
45高磁导合金	55 Fe，45 Ni	2500	1.60（16000）	120（1200）	4.5×10^{-7}
超高磁导合金	79 Ni，15 Fe 5 Mo，0.5 Mn	75000	0.80（8000）	—	6.0×10^{-7}
铁氧磁体A	48 $MnFe_2O_4$， 52 $ZnFe_2O_4$	1400	0.33（3300）	约40（约400）	2000
铁氧磁体B	36 $NiFe_2O_4$， 64 $ZnFe_2O_4$	650	0.36（3600）	约35（约350）	10^7

资料来源：取自*Metals Handbook*：*Properties and Selection*：*Stainless Steels*，*Tool Materials and Special–Purpose Metals*，Vol.3，9th edition，D.Benjamin（Senior Editor），American Society for Metals，1980。

再者，磁滞行为与磁畴边界移动的难易程度有关，通过阻碍磁畴壁的运动，矫顽力和磁化系数得到增强，因此消磁时就需要一个非常大的反向外加磁场。因此，磁特性与材料的微观结构是相互关联的。

概念检查18.6 有很多方法可以控制铁磁性和亚铁磁性材料在外加磁场下磁畴壁的运动（即微观结构的改变和杂质的添加）。画出铁磁性物质的*B-H*磁滞回线，并在图表上添加磁畴壁运动被阻碍时可能会发生的回线变化。

[解答可参考www.wiley.com/college/callister（学生之友网站）]

18.10 硬磁材料

硬磁材料

硬磁材料一般应用于永磁铁，这种磁铁必须具有高抗消磁性。从磁滞行为的角度出发，硬磁材料具有高剩磁，强矫顽力，强饱和磁通量，还有低初始磁导率和高磁滞能量损失。硬磁和软磁材料的磁滞特性比较见图18.19。与这种材料应用相关的最重要性质是矫顽力和用（BH）$_{max}$表示的能量积。（BH）$_{max}$对应在磁滞回线的第二象限内能画出的最大的*B-H*矩形的面积，如图18.22；单位是kJ/m^3(MGOe)[❶]。能量积的值代表永磁铁消磁所需的能量；因此（BH）$_{max}$越大，材料的磁性越硬。

（1）传统硬磁材料

硬磁材料分为两种——传统和高能硬磁材料。传统材料（BH）$_{max}$值的范围在2～80kJ/m^3之间（0.25～10MGOe）。其中包括铁磁性材料——磁性钢、铜镍铁（Cu-Ni-Fe）合金、铝镍钴（Al-Ni-Co）合金和六方晶系铁氧体（$BaO\text{-}6Fe_2O_3$）。表18.6给出了部分硬磁材料的临界性质。

❶ MGOe定义：1MGOe = 10^6guass-oersted。
由cgs-emu到SI单位制的转换关系：1MGOe = 7.96kJ/m^3。

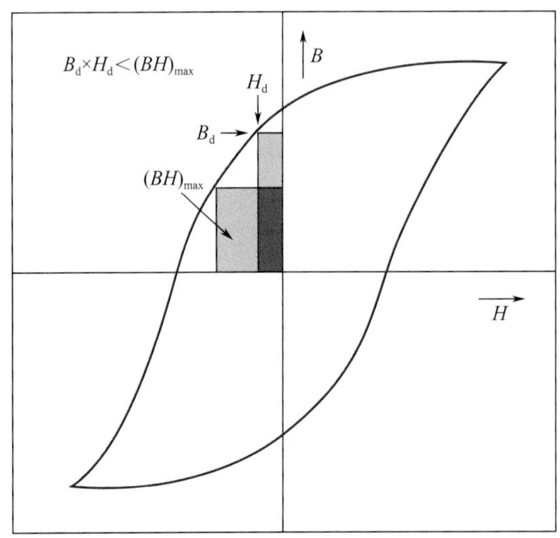

图 18.22　磁滞现象的磁化曲线

第二象限中画出了两个 B-H 能量积矩形；标为（BH）$_{max}$ 的矩形面积是所有可能画出的矩形中面积最大的，大于由 B_d-H_d 定义的面积。

硬磁钢通常是钨或/和铬合金。经过合适的热处理后，这两种元素很容易与钢中的碳元素结合成钨和铬的碳化物第二相粒子，这些粒子可有效阻碍磁畴壁的运动。对于其他硬磁合金而言，合适的热处理可以在非磁性基体相中形成非常细小的单磁畴和强磁性铁-钴粒子。

（2）高能硬磁材料

能量积值在 80kJ/m^3（10MGOe）以上的永磁材料被认为是高能硬磁材料。通常指最近发展出来的一些金属间化合物材料，具有多种组成；其中已经得到商业应用的两种是 $SmCo_5$ 和 $Nd_2Fe_{14}B$。表 18.6 列出了它们的磁性质。

① 钐钴磁铁　$SmCo_5$ 是钴或铁与少量稀土元素钐结合而成的合金中的一种，这类金属大多都具有高能和硬磁行为，但只有 $SmCo_5$ 具有商业意义。$SmCo_5$ 的能量积[120 ～ 240kJ/m^3 之间（15 ～ 30MGOe）]比传统硬磁材料（表 18.5）高很多，此外，$SmCo_5$ 具有相当高的矫顽力。一般用粉末冶金技术来制备 $SmCo_5$ 磁体。合金首先被研磨成细粉末，利用外加磁场将粉末颗粒的磁矩规则排列后压制成所需形状。将试块高温烧结，然后用其他热处理方法提高磁性质。

② 钕-铁-硼磁体　钐是一种稀有而且相当昂贵的金属，铬的价格多变且来源不稳定。因此，$Nd_2Fe_{14}B$ 合金成为在制造需要硬磁材料的设备时的另一种选择，它可以满足设备的大批量生产和多样性。这类材料的矫顽力和能量积可与钐钴媲美（表 18.6）。

钕-铁-硼高能硬磁材料的磁化-消磁行为是磁畴壁移动难易程度的函数，磁畴壁移动则取决于最终显微结构——即尺寸，形状和微晶或晶粒的取向，还有材料中存在的任何第二相粒子的性质和分布。当然，显微组织取决于材料的加工过程。两种加工技术可用于制备 $Nd_2Fe_{14}B$ 磁体：粉末冶金（烧结）和快速凝固（熔融纺丝）。粉末冶金方法的具体过程与制备 $SmCo_5$ 材料的过程相似。快速凝固，即将熔融状态的合金快速淬火从而制备非晶或者细晶固体薄带的材料加工技术。得到的带状材料将会被粉碎，之后压制成型，最后进行热处理。两个制备方法中更常用的是快速凝固法，虽然这种方法存在不足，但它可以进行连续制造，比只能进行分批处理的粉末冶金更方便。

表 18.6 几种硬磁材料的典型性质

材料	组成/%(质量)	剩磁 B_r[特斯拉(高斯)]	矫顽力 H_c[安培-转/米(Oe)]	$(BH)_{max}$ /[J/m^3(MGOe)]	居里温度 T_c/℃(℉)	电阻率 $\rho/\Omega \cdot m$
钨钢	92.8 Fe,6W,0.5Cr,0.7C	0.95 (9500)	5900 (74)	2.6 (0.33)	760 (1400)	3.0×10^{-7}
铜镍铁永磁合金	20 Fe,20 Ni,60Cu	0.54 (5400)	44000 (550)	12 (1.5)	410 (770)	1.8×10^{-7}
烧结铝镍钴磁钢 8	34 Fe,7Al,15 Ni,35 Co,4Cu,5Ti	0.76 (7600)	125000 (1550)	36 (4.5)	860 (1580)	—
烧结铁氧体 3	$BaO\text{-}6Fe_2O_3$	0.32 (3200)	240000 (3000)	20 (2.5)	450 (840)	约 10^4
钴基稀土族 1	$SmCo_5$	0.92 (9200)	720000 (9000)	170 (21)	725 (1340)	5.0×10^{-7}
烧结钕-铁-硼	$Nd_2Fe_{14}B$	1.16 (11600)	848000 (10600)	255 (32)	310 (590)	1.6×10^{-6}

资料来源：取自 *ASM Handbook*，Vol.2，*Properties and Selection*：*Nonferrous Alloys and Special-Purpose Materials.* Copyright © 1990 by ASM International.Reprinted by permission of ASM International，MaterialsPark，OH。

这些高能硬磁材料应用于各技术领域中的多种不同设备。常见的应用之一即电动机。永磁体远远优于电磁铁，因为它们的磁场可以持续保持而且不需要消耗电力，在工作时也不会产生热。永磁体电动机比电磁铁电动机体积小很多，应用广泛。人们熟知的电动机应用包括：无绳电钻和螺丝刀；汽车（启动装置、窗口络筒机、雨刮器和风扇电机），音频和视频录像机以及时钟。其他应用这种磁性材料的常见设备包括音响系统扬声器、轻巧的耳机、助听器及电脑外围设备。

18.11 磁存储器

磁性材料在信息存储领域中有着重要作用，事实上，磁记录[1]已经成为电子信息存储的通用技术。通过现在硬盘存储媒体 [电脑（台式机和笔记本），iPods 和 MP3 播放器，高清摄像机的硬盘驱动器]，信用卡/借记卡等工具的广泛应用，磁记录的普遍性可见一斑。然而在电脑中，半导体元件是主存储器，磁性硬盘一般用于二次存储器，这是因为尽管硬盘能够存储更大量的信息并且花费更低，他们的运行速度却很慢。另外，记录和电视行业也严重依赖于磁带来存储和复制音频和视频。而且，磁带还被用来进行大型计算机系统的数据备份和数据归档。

本质上，计算机的电子信号如字节、声音或视觉图像都被磁性存储于磁性存储媒体的一小部分中，媒介一般为一盘磁带或一个磁盘。磁带或磁盘的转存（即写入）和检索（即读取）是通过一个由写入和读取磁头组成的记录系统完成

[1] 磁性记录（*magnetic recording*）常用于视频、音频信号的记录和存储，而在计算机领域，通常采用磁性存储（*magnetic storage*）的说法。

的。硬盘驱动器中，磁头系统被放置在磁性介质的上方，当磁性介质在下方高速转动[1]时，两个系统之间会产生空气轴承，这样磁头系统就会被磁性介质支撑在上方并且与它靠得很近。另外，在读取和写入操作过程中，磁带还会与磁头进行物理接触。磁带转动速率高达10m/s。

如之前提到的，磁性媒体有两种基本形式——硬盘驱动器（HDDs）和磁带。下面对这两种磁性媒体进行详细介绍。

（1）硬盘驱动器

磁存储硬盘的硬盘驱动器由刚性圆盘组成[半径范围大约为65mm（2.5in）至95mm（3.75in）]。在读取和写入过程中，圆盘转动速度非常快——一般为5400r/min和7200r/min。HDDs可以实现高速、高存储密度的数据存储和检索。

目前的HDD技术中，“磁位”垂直于硬盘表面所在平面，指向上方或者下方，这种状态被形象的称为垂直磁记录（简称PMR），如图18.23所示。

数据（或磁位）被一个感应写入磁头引入（写入）到存储介质中。在如18.23所示的磁头设计中，主极是由线圈缠绕的铁磁性或亚铁磁性芯材，当线圈中通有电流时，一个随时间变化的写入磁通量在主极的尖端产生。磁通量穿过磁存储层进入下方的软磁底层，随后通过返回极重新进入磁头系统（图18.23）。一个非常强的磁场集中于主极尖端下方的存储层中。在这一磁场集中点，数据被写入存储层被磁化的一个非常小的区域内。除去磁场时（磁盘保持转动时），磁化仍然存在，也就是说信号（即数据）已经被存储。数字信号的存储（以零和一的方式）以瞬间的磁化模式进行，一和零分别表示相邻区域间磁性逆转方向的存在或不存在。

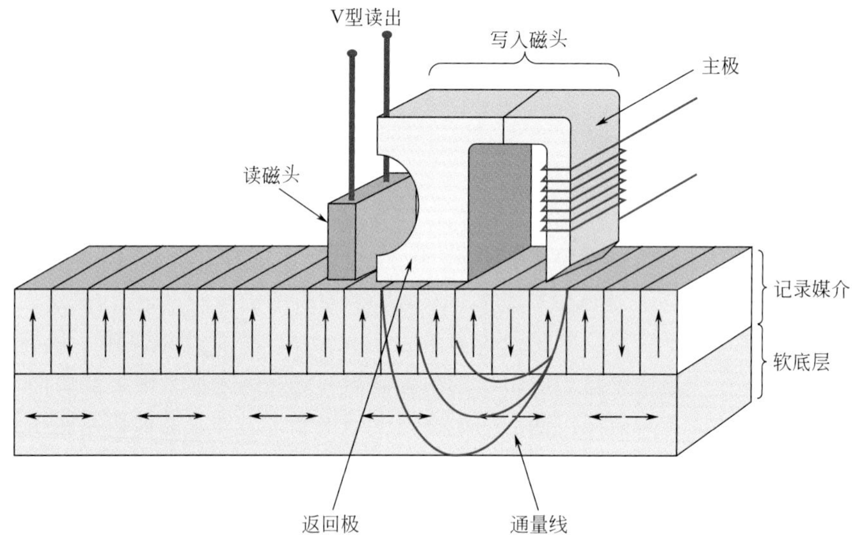

图18.23 使用垂直磁存储介质的硬盘驱动器示意图

感应写入磁头和磁阻读取磁头也被画出。

存储介质的数据检索由一个磁阻读取磁头完成（图18.23）。在回读过程中，写磁模式时写入的磁场造成的电阻变化将被读取磁头感知。电阻变化的信号将被处理以重现原始数据。

---

[1] 有时也描述为磁头“飞翔”在磁盘上。

存储层由颗粒状介质构成——是一层由非常小（直径约为10nm）、相互独立且具有磁各向异性的HCP钴-铬合金晶粒组成的薄膜（15～20nm厚）。其他合金元素（尤其是Pt和Ta）被添加进材料，起到增强磁各向异性的作用，还可以形成氧化晶界分离体来隔离晶粒。图18.24是HDD存储层材料晶粒结构的透射电子显微图片。每个晶粒都是一个单磁畴，这些单磁畴的取向沿着其c轴（即[0001]晶向），垂直（或接近垂直）于磁盘表面。[0001]晶向是钴的易磁化方向（图18.18），因此在磁化过程中，每个晶粒的磁化方向都趋向垂直于磁盘表面。数据的稳定存储要求写入磁盘的每磁位数据都占据约100个晶粒。此外，晶粒尺寸还存在最小极限，如果晶粒尺寸低于下限，磁化方向可能由于受到热振动（18.6节）的影响而产生自发逆转，引起存储数据的丢失。

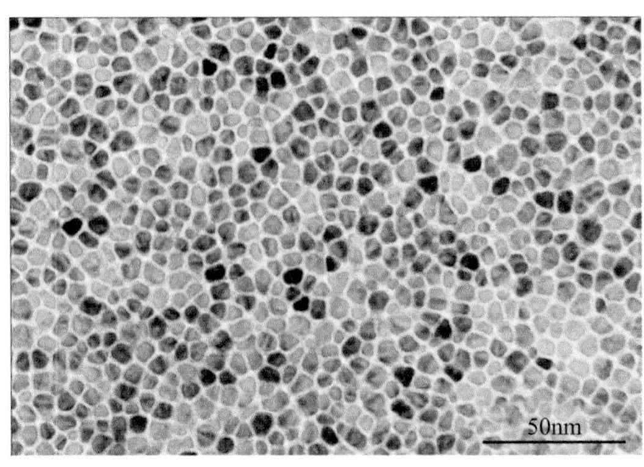

图18.24 用于硬盘驱动器的垂直磁记录介质的透射电子显微图片，显示了介质的显微结构

这种“粒状介质”由钴–铬合金的小晶粒（较暗的区域）和分隔各个晶粒氧化物晶界（较亮的区域）组成。（图片经Seagate Recording Media允许刊印。）

目前，垂直HDDs的存储容量已超过100Gbit/in.^{2}（10^{11} bit/in.^{2}），HDDs存储容量的最终目标是1Tbit/in.^{2}（10^{12}bit/in.^{2}）。

（2）磁带

磁带存储形式的发展早在硬盘驱动器之前。现今，磁带存储比HDD便宜很多，然而面存储密度却较低（低100倍）。为了保护数据和简化操作，磁带[标准宽度0.5in（12.7mm）]被缠绕在卷筒上并封入盒子中。在操作过程中，磁带驱动器利用一个精密的同步电机将磁带从一个卷筒绕动至另一个，经过读取/写入磁头系统进行读写处理。一般的磁带转速为4.8m/s，某些系统可以达到10m/s。磁带存储的磁头系统与之前介绍的HDDs磁头系统相似。

最近的磁带存储器技术中使用的存储媒介是磁性材料的颗粒，这些颗粒的尺寸在几十个纳米的水平上，包括针状铁磁性金属颗粒和六边形或板状亚铁磁性钡-铁氧体颗粒。两种媒介类型的显微图片如图18.25所示。磁带产品会根据应用情况使用其中的一种或另一种颗粒（但不会两种都使用）。这些磁性颗粒被完全且均匀的分散在专门的高分子有机胶黏剂中，形成厚度大约为50nm的磁性层。磁性层的下方是与磁带连接在一起的无磁性的薄膜支撑基材（厚度在100～300nm之间）。聚（萘二甲酸乙二醇酯）（PEN）或聚对苯二甲酸乙二醇酯（PET）都是用于制造磁带的材料。

上面的两种磁性颗粒都是磁各向异性的——也就是说，他们可以沿着一个“容易”或择优的取向进行磁化，对于金属颗粒，这个易磁化方向平行于其长轴。在制造过程中，这些颗粒的排列方向与磁带通过写入磁头的运动方向相同。

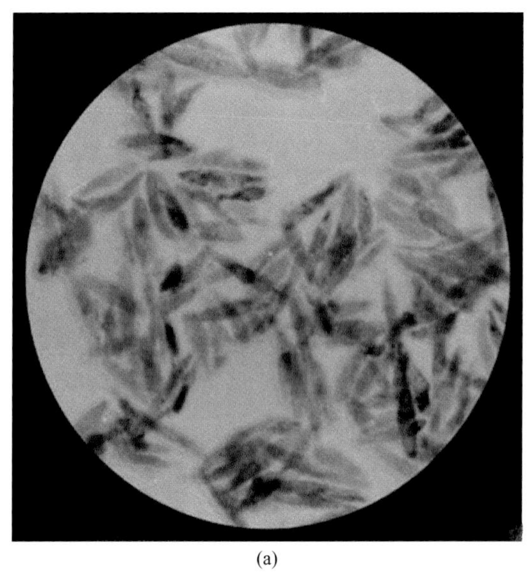
(a)

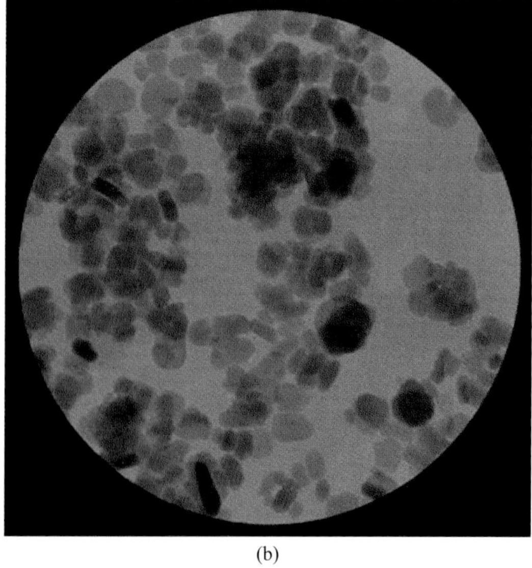
(b)

图 18.25 磁带存储器中颗粒状介质的扫描电子显微图片
（a）针形铁磁性金属颗粒；（b）片状亚铁磁性钡–铁氧体颗粒。放大倍数不明。（图片经Fujifilm，Inc.，Recording Media Division允许刊印。）

每个颗粒都被写入磁头只沿着一个方向或其反方向磁化，因此可导致两种状态。这两种状态以0和1的形式完成数字信息的存储。

用板状钡–铁氧体颗粒介质制造的磁带存储器的存储密度可达到6.7Gbit/in.^{2}。LTO盒装磁带的工业标准存储密度表明这种磁带具有8T未压缩数据的存储能力。

18.12 超导现象

超导从本质上来说是一种电学现象，把它推迟到这里讨论是因为超导状态与磁性有关，而且超导材料主要应用于能产生高磁场的磁体中。

将大多数高纯金属冷却到0K附近的温度时，电阻率会逐渐下降并接近某个小且有限的值，这个值是材料的特性。在某个很低的温度下，一些材料的电阻率会从一个有限值突然猛跌到几乎为零，并在持续冷却的过程中保持为零的状态。具有这种特性的材料被称为超导体，达到超导的温度被称为临界温度T_C❶。图18.26对比了超导和非超导材料的电阻–温度行为。超导体的临界温度各不相同，但金属和合金的临界温度均在0K到20K的范围内。近日，某些复杂氧化物陶瓷被证实拥有大于100K的临界温度。

温度低于T_C时，一个足够大的外加磁场将终止材料的超导状态，这个被称为临界磁场H_C的磁场取决于温度，并随着温度的升高而降低。同理可得到一个临界外加电流密度J_C，即超导材料能承受的最大电流。图18.27在温度–磁场强度–电流密度空间坐标中示意性地表示了分隔正常状态和超导状态的边界，边

❶ 符号T_c在科技文献中既用来表示居里温度（章节18.6）又用来表示超导临界温度。它们是完全不同的物理量，不可以混为一谈。在本书的讨论中分别用T_c和T_C表示他们。

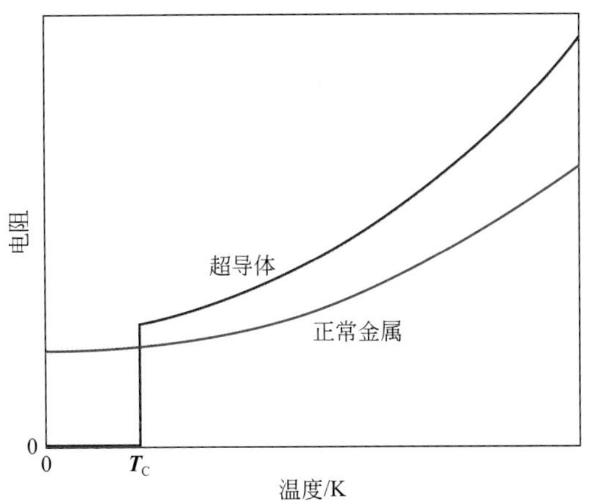

图18.26 0K附近正常导电材料和超导材料温度与电阻率的关系

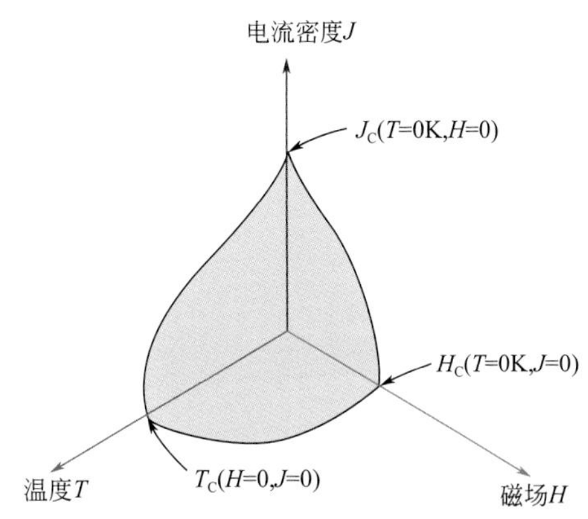

图18.27 分隔超导状态和正常状态的临界温度，临界电流密度，临界磁场强度边界（图示）

界位置依材料而定。当温度，磁场强度和电流密度在原点与边界构成的区域内时，材料将处于超导状态，当他们在边界外时导电性正常。

超导现象已经可以借助一种非常复杂难懂的理论得到令人满意的解释。本质上，超导状态是由导电电子对的相互吸引产生的，这些电子对的协调运动导致热运动和杂质原子散射的高度无效性。也就是说，此时正比于电子散射发生率的电阻率为零。

在磁响应的基础上，超导材料可以分为类型Ⅰ和类型Ⅱ两种。处于超导状态的类型Ⅰ材料完全是反磁性的，也就是说，所有的外加磁场都将会被排除在材料体之外。这个现象被称为迈斯纳效应，图示见图18.28。当H增大时，材料会保持反磁性直到达到临界磁场强度H_C。达到临界磁场强度后，导电性正常化，发生完全的磁通渗透。包括铝、铅、锡和汞在内的一些金属元素都属于类型Ⅰ。

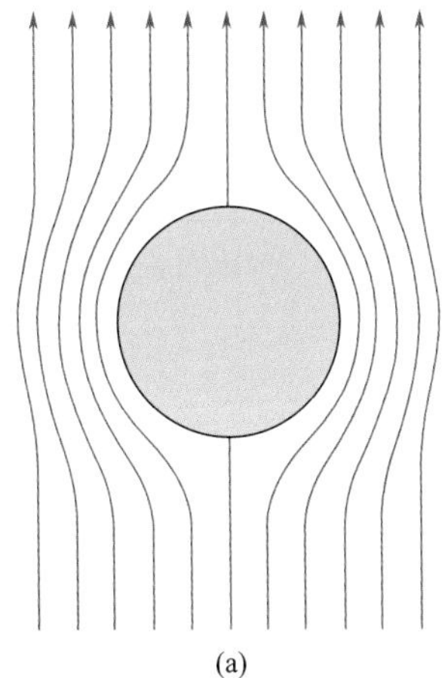

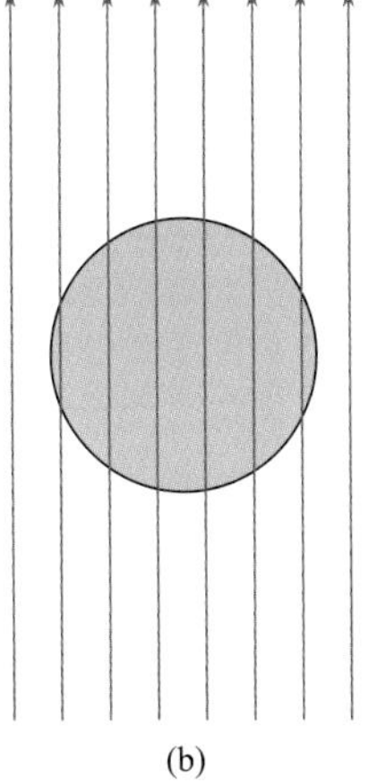

图18.28 迈斯纳效应示意图
（a）超导状态下，一个圆形材料排斥磁场于自身之外。（b）正常导电性的相同材料被磁场渗透。

类型Ⅱ超导体在低外加磁场下是完全反磁性的，场排斥也很完全。然而，从超导状态到正常状态的转变是逐渐的并且发生在低临界磁场强度H_{C1}和高临界磁场强度H_{C2}之间。磁感线在H_{C1}时开始向材料体中渗透，随着外加磁场强度的增加，这种渗透持续进行；到H_{C2}时，场渗透完成。对于在H_{C1}和H_{C2}之间的场强，材料存在所谓的混合状态——既存在超导区域也存在正常导电区域。

对于大多数实际应用，类型Ⅱ超导体比起类型Ⅰ超导体更受欢迎，这是由于它们的临界温度和临界磁场强度更高。目前，3种最常应用的超导材料是铌-锆（Nb-Zr）和铌-钛（Nb-Ti）合金和铌–锡金属间化合物Nb_3Sn。表18.7列出了几种类型Ⅰ和类型Ⅱ超导体，以及他们的临界温度和临界磁通量密度。

表18.7 部分超导材料的临界温度和临界磁通量密度

材料	临界温度T_C/K	临界磁通量密度B_C/T①
元素②		
钨	0.02	0.0001
钛	0.40	0.0056
铝	1.18	0.0105
锡	3.72	0.0305
汞（α）	4.15	0.0411
铅	7.19	0.0803
化合物与合金②		
Nb–Ti合金	10.2	12
Nb–Zr合金	10.8	11
$PbMo_6S_8$	14.0	45
V_3Ga	16.5	22
Nb_3Sn	18.3	22
Nb_3Al	18.9	32
Nb_3Ge	23.0	30
陶瓷化合物②		
$YBa_2Cu_3O_7$	92	—
$Bi_2Sr_2Ca_2Cu_3O_{10}$	110	—
$T_{l2}Ba_2Ca_2Cu_3O_{10}$	125	—
$HgBa_2Ca_2Cu_2O_8$	153	—

① 元素的临界磁通量密度（μ_0H_C）在0K下测得。合金和化合物的磁通量取为μ_0H_{C2}（单位特斯拉），在0K下测得。

② 来源：经允许取自*Materials at Low Temperatures*，R.P.Reed and A.F.Clark（Editors），American Society for Metals，Metals Park，OH，1983.

最近，一类在通常状态下为电绝缘体的陶瓷材料，被发现可在非常高的临界温度下转换为超导体。最初的研究以钇钡铜氧化物为中心，$YBa_2Cu_3O_7$，其临界温度约为92K。这种材料具有复杂的钙钛矿型晶体结构（3.6节）。据报道，各种具有更高临界温度的新型超导陶瓷材料已经问世或正处于研发阶段。表18.7列出了其中一些材料和它们的临界温度。这类材料潜力巨大，因为他们的临界温度在77K以上，这个温度允许使用液氮这种廉价的冷却液代替液氢和液氦。这些新型陶瓷超导材料也存在缺点，其中最主要的便是它们的脆性。这个特性限制了材料的成型能力，他们很难被加工成如电线那样的有用形式。

超导现象有着很多重要的实际意义。可以在低电力消耗的条件下产生高磁场的超导磁体，目前正应用于科学测试和研究设备中。此外，它们还作为一种诊断工具应用于医学领域的磁共振成像（MRI）。在横截面图像的基础上，可以检测身体组织和器官的异常。身体组织的化学分析也可以通过磁共振波谱学（MRS）实现。超导材料还存在许多其他的应用前景。一些正在探索中的领域包括：① 通过超导材料进行电力传输——电力损失将极低，设备可在低电压水平下工作；② 高能粒子加速器所用磁体；③ 电脑的高速转换和信号传输；④ 高速磁悬浮列车，所谓悬浮是磁场互斥的结果。获得并维持超导状态所需的低温十分困难，是超导材料不能被广泛应用的主要原因。要克服这个问题，只能寄希望于具有高临界温度的新一代超导材料的研发。

总结

基础概念

- 材料的宏观磁性质是外加磁场和原子磁偶极矩相互作用的结果。
- 线圈中的磁场强度（H）与线圈匝数和电流大小成正比，与线圈长度成反比［式（18.1）］。
- 磁通量密度与磁场强度成正比。

  真空中，比例常数为真空磁导率［式（18.3）］。

  材料存在时，比例常数为材料的磁导率［式（18.2）］。
- 每个单独电子都存在轨道和自旋磁矩。

  一个电子轨道磁矩的大小等于玻尔磁子和电子磁量子数的乘积。

  一个电子的自旋磁矩是正或负的玻尔磁子值（正数即自旋向上，负数即自旋向下）。
- 一个原子的净磁矩即原子中每个电子贡献的和，其中每个电子对都会出现自旋和轨道磁矩的抵消。当抵消完全时，原子不具有磁性。

反磁性和顺磁性

- 反磁性源于外加磁场导致的电子轨道运动改变。影响极小（磁化率在10^{-5}数量级）并与外加磁场相反。所有材料都具有反磁性。
- 顺磁性物质具有永久原子偶极，这些磁偶极子相互独立且与外加磁场方向相同。
- 反磁场和顺磁场材料都被认为不具有磁性，因为磁化强度非常小而且只有在外加磁场存在的情况下才会存在。

铁磁性

- 铁磁性金属（Fe、Co、Ni）中可能会产生大且永久的磁化强度。
- 原子磁偶极矩源于自旋，与相邻原子的磁矩相互耦合并列。

反铁磁性

- 某些离子材料中存在相邻阳离子自旋磁矩的反平行耦合的现象。这种材料发生自旋磁矩的完全抵消的现象被称为反铁磁性。

亚铁磁性

- 由于自旋磁矩的抵消不完全，在亚铁磁性材料中有可能存在永久磁化。
- 立方铁氧体的净磁化强度源自位于八面体晶格位置中的二价离子（例如 Fe^{2+}），其自旋磁矩均相互对齐。

温度对磁行为的影响

- 随着温度的升高，热运动的加剧将会抵消铁磁性与亚铁磁性材料中的偶极子耦合力。结果使饱和磁化强度随温度逐渐减小，当温度升高到居里温度时，饱和磁化强度会降到接近零（图18.10）。

- 在 T_c 温度附近，铁磁性和亚铁磁性材料是顺磁性的。

磁畴和磁滞

- 温度低于 T_c 时，铁磁性和亚铁磁性材料由磁畴组成，磁畴即所有静偶极矩相互对齐且达到磁化饱和的小体积区域（图18.11）。
- 固体的总磁化强度即所有磁畴磁化强度在适当加权后的向量和。
- 外加磁场存在的条件下，磁化向量方向与磁场方向相同的磁畴会通过吞并不利磁化方向的磁畴实现长大（图18.13）。
- 完全饱和的状态下，整个固体是一个磁化方向与磁场方向相同的单磁畴。
- 磁场增加或反向之时磁畴结构的变化是通过磁畴壁的运动完成的。磁滞（B 场相对于外加 H 场变化的滞后性）和永久磁化（或剩磁）现象均由对磁畴壁运动阻碍导致的。
- 通过铁磁性/亚铁磁性物质的完整磁滞回线可以得到：

  剩磁–H=0时 B 场的值（B_r，图18.14）

  矫顽力–B=0时 H 场的值（H_C，图18.14）
- 铁磁性单晶的 M（或 B）–H 行为是各向异性的–取决于沿着外加磁场的晶体方向。

磁各向异性

- 达到 M_s 时，H 场强度最低的晶体方向即易磁化方向。
- Fe,Ni和Co的易磁化方向分别为[100]、[111]和[0001]。
- 磁性铁基合金制变压器铁芯的能量损失可以利用各向异性磁性行为达到最小化。

软磁材料

硬磁材料

- 在磁化和消磁过程中，软磁材料的磁畴壁运动更加容易。因此他们的磁滞回线圈所围面积小而且能量损失低。
- 磁畴壁运动在硬磁材料中较难进行，这是由于其较大的磁滞回线；这类材料若进行消磁需要较大的磁场，因此磁化会更加持久。

磁性存储

- 信息存储是由磁性材料完成的；磁性媒体的两种主要形式为硬盘驱动器和磁带。
- 硬盘驱动器的存储介质由纳米尺寸的HCP钴铬合金晶粒组成的。这些晶粒的易磁化方向（即[0001]方向）与磁盘平面垂直。
- 针状铁磁性金属颗粒或板状亚铁钡铁氧体颗粒用于制造磁带存储器。颗粒尺寸在几十纳米的水平上。

超导现象

- 超导现象存在于很多材料，将超导材料冷却到绝对零度附近，电阻将消失（图18.26）。
- 温度，磁场或者电流密度超过临界值，超导状态将停止。
- 磁场强度大小低于临界值时，Ⅰ类型超导体具有完全的磁场排斥，一旦超过临界值，即变为完全的场渗透。Ⅱ类型超导体的渗透是随着磁场强度的增加逐渐进行的。
- 具有高临界温度的新型复杂氧化陶瓷正在研发中，这种材料允许廉价冷却剂如液氮的使用。

公式总结

公式编号	公式	应用于
(18.1)	$H=\dfrac{NI}{l}$	线圈内的磁场强度
(18.2)	$B=\mu H$	材料中的磁通量密度

续表

公式编号	公式	应用于
（18.3）	$B_0=\mu_0 H$	真空中的磁通量密度
（18.4）	$\mu_r=\dfrac{\mu}{\mu_0}$	相对磁导率
（18.5）	$B=\mu_0 H+\mu_0 M$	用磁化强度表示磁通量密度
（18.6）	$M=\chi_m H$	磁化强度
（18.7）	$\chi_m=\mu_r-1$	磁化系数
（18.8）	$B\approx\mu_0 M$	铁磁性材料的磁通量密度
（18.9）	$M_s=0.60\mu_B N$	Ni的饱和磁化强度
（18.10）	$M_s=N'\mu_B$	亚铁磁性材料的饱和磁化强度

符号列表

符号	意义	符号	意义
I	通过磁线圈的电流大小	μ	材料的磁导率
l	线圈长度	μ_0	真空磁导率
N	磁线圈的匝数［式（18.1）］ 每单位体积材料的原子数［式（18.9）］	μ_B	玻尔磁子（9.27×10^{-24}A・m^2）
N'	每单位晶胞的玻尔磁子数		

重要术语和概念

反铁磁性
玻尔磁子
矫顽力
居里温度
反磁性
磁畴
亚铁磁性
铁氧体（陶瓷）
铁磁性
硬磁材料
磁滞
磁场强度
磁通量密度
磁感应强度
磁化系数
磁化强度
顺磁性
磁导率
剩磁
饱和磁化强度
软磁材料
超导现象

参考文献

Bozorth，R.M.，*Ferromagnetism*，Wiley-IEEE Press，New York/Piscataway，NJ，1993.

Brockman，F.G.，"Magnetic Ceramics—A Review and Status Report，" *American Ceramic SocietyBulletin*，Vol.47，No.2，February 1968，pp.186–194.

Craik，D.J.，*Magnetism：Principles and Applications*，Wiley，New York，2000.

Jiles，D.，*Introduction to Magnetism and Magnetic Materials*，2nd edition，CRC Press，Boca Raton，FL，1998.

Morrish，A.H.，*The Physical Principles of Magnetism*，Wiley-IEEE Press，New York/Piscataway，NJ，2001.

O'Handley，R.C.，*Modern Magnetic Materials：Principles and Applications*，Wiley，New York，2000.

Spaldin，N.A.，*Magnetic Materials：Fundamentals and Device Applications*，Cambridge UniversityPress，Cambridge，2003.

习题

 Wiley PLUS中（由教师自行选择）的习题。

 Wiley PLUS中（由教师自行选择）的辅导题。

Wiley PLUS中（由教师自行选择）的组合题。

基本概念

18.1　线圈长度0.20m，匝数200匝，通电流10A。

（a）磁场强度H大小是多少？

（b）计算线圈在真空状态下的通量密度B。

（c）计算在线圈内放置钛块后的通量密度。钛的磁化系数见表18.2。

（d）计算磁化强度M的大小。

18.2　根据式（20.7）证明相对磁导率和磁化系数的关系。

18.3　磁化率χ_m可以用很多不同单位表示，在本章的讨论中，χ_m用于描述体积磁化率，SI单位，乘以H后可得到材料每单位体积（m^3）的磁化强度。质量磁化率χ_m（kg）乘以H后得到每千克材料的磁矩（或磁化强度）；同理，原子磁化率χ_m（a）乘以H得到材料每千克-摩尔的磁化强度。后两个物理量与χ_m之间有如下关系：

$\chi_m=\chi_m$（kg）×质量密度（单位kg/m^3）

χ_m（a）$=\chi_m$（kg）×原子质量（单位kg）

当使用cgs–emu系统时，存在类似的系数，这些系数可以用χ'_m、χ'_m（g）、和χ'_m（a）表示，χ'_m和χ_m的关系符合表18.1中所列。由表18.2可得，银的χ_m为-2.38×10^{-5}；将这个值转化为其他5种磁化率。

18.4　（a）解释电子磁矩的两个来源。

（b）所有电子都具有净磁矩么？为什么？

（c）所有原子都具有净磁矩么？为什么？

反磁性和顺磁性

铁磁性

18.5　某种材料的棒材在大小为3.44×10^5A/m的外加H场下产生的磁通量密度为0.435特斯拉。计算材料的：（a）磁导率（b）磁化率（c）你认为这种材料显何种（或哪几种）磁性？为什么？

18.6　某种金属合金棒材在大小为50 A/m的外加H场下棒内磁场强度为3.2×10^5A/m。计算：（a）磁化率（b）磁导率（c）材料内部的磁通量密度（d）你认为这种材料显何种（或哪几种）磁性？为什么？

18.7　每个钴原子的净磁矩为1.72玻尔磁子，钴的密度为$8.90g/cm^3$，计算钴的：（a）饱和磁化强度（b）饱和磁通量密度。

18.8　已知铁的饱和磁化强度为1.70×10^6A/m，晶体结构为BCC，晶胞边长为0.2866nm，证明每个铁原子的净磁矩为2.2个玻尔磁子。

18.9　假设存在某种铁磁性金属，这种金属（1）具有简单立方晶体结构（图3.43），（2）原子半径为0.153nm，（3）饱和磁通量密度为0.76T。计算这种金属每个原子的玻尔磁子数。

18.10 结合顺磁性和铁磁性材料中每个原子的净磁矩，解释为什么铁磁性材料可以被永久磁化而顺磁性材料不可以。

反铁磁性和亚铁磁性

18.11 查阅关于洪德规律的其他资料，解释表18.4中所列每种阳离子的净磁矩。

18.12 估计镍铁氧体$[(NiFe_2O_4)_8]$的（a）饱和磁化强度（b）饱和磁通量。这种材料的晶胞边长为0.8337nm。

18.13 锰铁氧体的化学式可以写为$(MnFe_2O_4)_8$，因为每个晶胞中有八个化学式单位。如果这种材料的饱和磁化强度为5.6×10^{5}A/m，密度为5.00 g/cm^3，计算每个Mn^{2+}的玻尔磁子数。

18.14 钇铁石榴石的化学式为（$Y_3Fe_5O_{12}$），也可以写作$Y_3^cFe_2^aFe_3^dO_{12}$，上标a、c和d表示Y^{3+}和Fe^{3+}所在的不同位置。位于a和c位置的Y^{3+}和Fe^{3+}自旋磁矩取向相互平行，并且与d位置的Fe^{3+}取向反平行。计算每个Y^{3+}的玻尔磁子数，已知：(1) 每个晶胞包含八个（$Y_3Fe_5O_{12}$）单位；(2) 立方晶胞边长1.2376nm；(3) 材料的饱和磁化强度为1.0×10^{4}A/m；(4) 每个Fe^{3+}有5个玻尔磁子。

磁性行为的温度影响

18.15 简要解释为什么铁磁性材料的饱和磁化强度值会随着温度的上升而下降，为什么在高于居里温度的温度下铁磁行为会消失。

磁畴和磁滞

18.16 简要描述磁滞现象，解释为什么这种现象会发生在铁磁性以及亚铁磁性材料中。

18.17 线圈长度0.1m，匝数15匝，通电流1.0A。

(a) 计算线圈在真空状态的磁通量密度。

(b) 将一个铁硅合金棒放入线圈内之后，棒材内部的磁通量密度为？合金的*B-H*行为见图18.29。

(c) 假设一个钼棒被放置在线圈内。要在Mo棒中产生与铁硅合金通电1.0A时相同的*B*场大小，需通多大的电流？

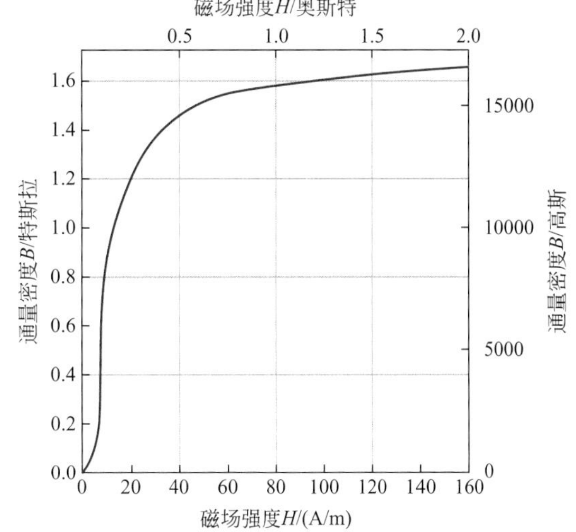

图18.29 一种铁硅合金的初始磁化*B-H*曲线

18.18 铁磁性材料的剩磁为1.25T，矫顽力50000A/m。达到饱和时的磁场强度为100000A/m，磁通量密度为1.50T。根据以上数据，画出*H*在–100000～+100000A/m范围内的完整磁滞回线。标出坐标刻度及名称。

18.19 变压器用钢的数据：

H/(A/m)	*B*/teslas	*H*/(A/m)	*B*/teslas
0	0	200	1.04
10	0.03	400	1.28
20	0.07	600	1.36
50	0.23	800	1.39
100	0.70	1000	1.41
150	0.92		

（a）画出 B-H 图像。

（b）初始磁导率和初始相对磁导率的值为多少？

（c）最大磁导率的值为多少？

（d）最大磁导率发生在 H 场大小为多少时？

（e）最大磁导率处的磁化率为多少？

18.20 准备将一根矫顽力为4000A/m的磁铁棒退磁化。如果此棒材被放置在长度0.15m、匝数100的圆筒形线圈中，产生必要大小磁场需要通电流多少？

WILEY WILEY GM 18.21 铁硅合金棒材的 B-H 行为如图18.29所示，棒材被放置于长度0.20m、匝数60的线圈中，通电0.1A。

（a）棒材内部B场大小为多少？

（b）在这个磁场下，

（i）磁导率为多少？

（ii）相对磁导率为多少？

（iii）磁化率为多少？

（iv）磁化强度为多少？

磁各向异性

18.22 估算单晶铁在[100]、[110]和[111]晶向上的饱和 H 场值。

18.23 将铁磁性材料磁化至饱和需要的能量：

$$E_s = \int_0^{M_s} \mu_0 H \ \mathrm{d}M$$

即 E_s 等于 μ_0 和 M-H 曲线所围区域面积的乘积，从纵轴（或 M 轴）到饱和点——例如，图18.7中纵轴和直到 M_s 的磁化曲线之间的面积。估算单晶镍在[100]、[110]和[111]晶向上的 E_s 值（单位 J/m^3）。

软磁材料

硬磁材料

18.24 列出软磁材料和硬磁材料在磁滞行为和典型应用方面的不同点。

WILEY 18.25 假设表18.5中的商业用铁［99.95%（质量）Fe］被放入问题18.1中的线圈中，刚好达到饱和磁化状态。计算饱和磁化强度。

18.26 图18.30为一种合金钢的 B–H 曲线。

（a）饱和磁通量密度为多少？

（b）饱和磁化强度为多少？

（c）剩磁为多少？

（d）矫顽力为多少？

磁存储

18.27 简要解释对信息进行磁性存储的方式。

超导现象

WILEY WILEY GM 18.28 超导材料所处温度 T 在临界温度 T_C 之下，临界磁场强度 $H_C(T)$ 取决于温度，两者关系如下：

$$H_C(T)=H_C(0)\left(1-\frac{T^2}{T_C^2}\right) \quad (18.14)$$

式中，$H_C(0)$是0K时的临界场强。

（a）结合表18.7中的数据，计算锡在1.5K和2.5K下的临界磁场强度。

（b）在20000A/m的磁场下，使锡变为超导材料需要的温度是多少？

18.29 运用式（18.14），判断表18.7中的哪种超导元素可以在温度3K，磁场强度15000A/m的条件下达到超导状态。

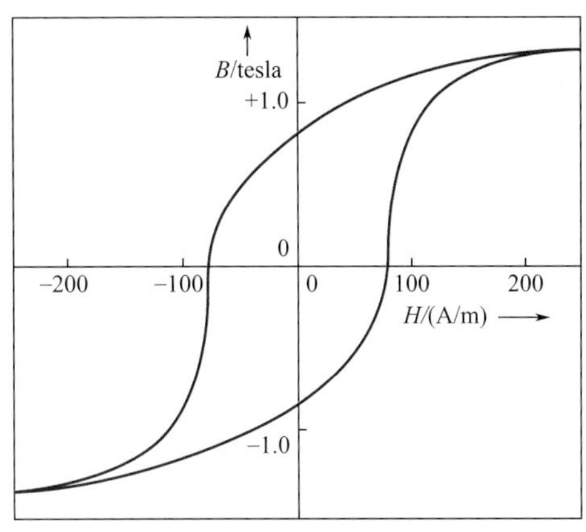

图18.30 18.26题图

18.30 列举类型Ⅰ和类型Ⅱ超导体的不同。

18.31 简要描述迈斯纳效应。

18.32 列举具有高临界温度的新型超导材料所受到的主要限制。

设计例题

铁磁性

WILEY 18.D1 设计一种钴镍合金，要求饱和磁化强度为1.3×10^6A/m。请给出这种材料由镍体积分数表示的成分。钴是一种HCP晶体结构的金属，其c/a比为1.623，室温下Ni在Co中的最大溶解度为大约35%（质量）。假设这种合金的晶胞体积与纯Co相同。

亚铁磁性

WILEY 18.D2 设计一种饱和磁化强度为4.6×10^5A/m的混合-铁氧体陶瓷材料。

工程基础问题

18.1FE 在52 A/m的H场下，某种金属合金棒内的磁化强度为4.6×10^5A/m。求这种合金的磁化系数。

（A）1.13×10^{-4}　　（B）8.85×10^3

（C）1.11×10^{-2}H/m　　（D）5.78×10^{-1}T

18.2FE 下列哪对材料表现出亚铁磁性行为？

（A）氧化铝和铜　　（B）铝和钛

（C）MnO和Fe_3O_4　　（D）铁（α-铁素体）和镍

第19章 光学性能

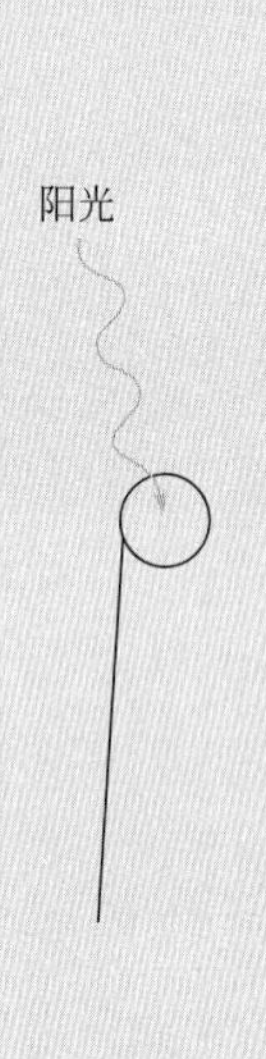

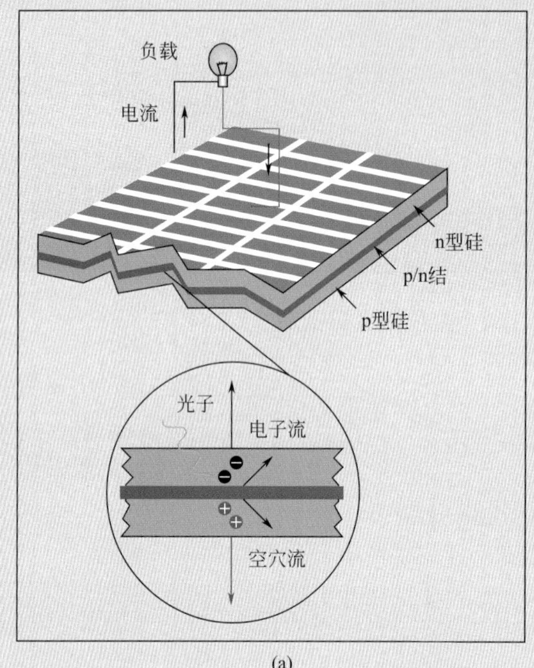

(a)

(b)

（a）示意图展示了太阳能电池的工作过程。电池由多晶硅制造并形成p-n结（见12.11节和12.15节）。太阳光中的光子激发材料中的电子，并使之跃迁至p-n结n侧的导带中，同时在p侧产生空位。这些电子和空位从结中反向离开并变为外部电流

（b）一组多晶硅光伏电池的示意图

（c）图中展示的房子配有众多太阳能板

(c)

[图（a）感谢Research Institute for Sustainable Energy（www.rise.org.au）和Murdoch University提供，图（b）© Gabor Izso/iStockphoto，图（c）iStockphoto]

为什么学习材料的光学性能？

在某些情况下，描述和改变材料对电磁辐射的响应状态是必要的。如果人们熟知材料的光学性能并懂得材料光学行为的机理，那么上述问题就能迎刃而解。例如，19.14节展示的光纤材料，光纤的服役表现可以通过光纤外表面折射指数的逐步变化而提高（例如渐变折射率）。上述变化可以采用添加具有可控浓度的特定杂质来实现。

学习目标

通过本章的学习你需要掌握以下内容。

1. 计算光子能量，给出其频率及Planck常数值。
2. 简要描述电磁辐射下的电子极化-原子反应，并说出电子极化的后续现象。
3. 简要解释金属材料不透明的原因。
4. 定义折射指数。
5. 描述（a）高纯度绝缘体和半导体以及（b）含有电活性缺陷的绝缘体和半导体光子吸收的机制。
6. 针对本征透明介电材料，注明可使其转变为半透明和非透明的内部散射的3个来源。
7. 简要描述红宝石激光和半导体激光的构造和运行原理。

19.1 概述

材料的光学性能是指材料暴露在电磁辐射（特别指可见光）环境下所表现的特征。本章将首先讨论一些与电磁辐射有关的基本原理和概念，及其与固体材料可能发生的相互反应。之后将探索金属材料和非金属材料的光学行为，包括吸收、反射、透射等特性。最后将给出荧光、光电导性、基于受激辐射（激光）的光放大、上述现象的实际应用及光纤在通信中应用的概要。

基本概念

19.2 电磁辐射

经典力学的电磁辐射概念定义如下：电磁辐射是波浪状的，由包括传播方向都相互垂直的电场和磁场组成的（图19.1）。光、热（或辐射能）、无线电波

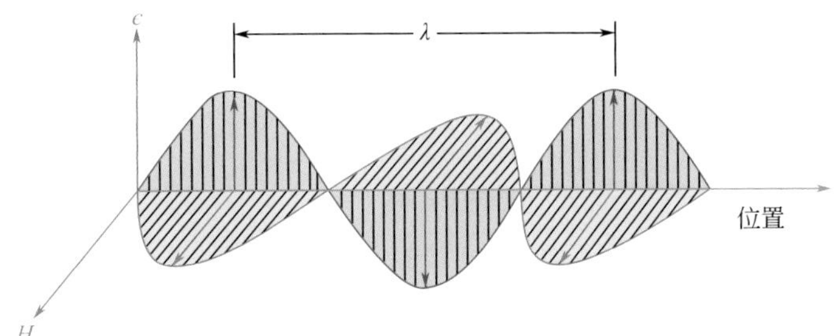

图19.1 由电场$\mathscr{E}$和磁场H组成的波长为λ的电磁波

及X射线都属于电磁辐射的形式。上述波之间的特征可以由其具体的波长范围和波的形成技术来区分。按辐射的电磁谱来分，其宽度范围从波长为10^{-12}m（10^{-3}nm）的γ射线（由放射性材料射出）到X射线、紫外线、可见光、红外线及最终的波长为10^5m的无线电波。该光谱以对数比例显示在图19.2中。

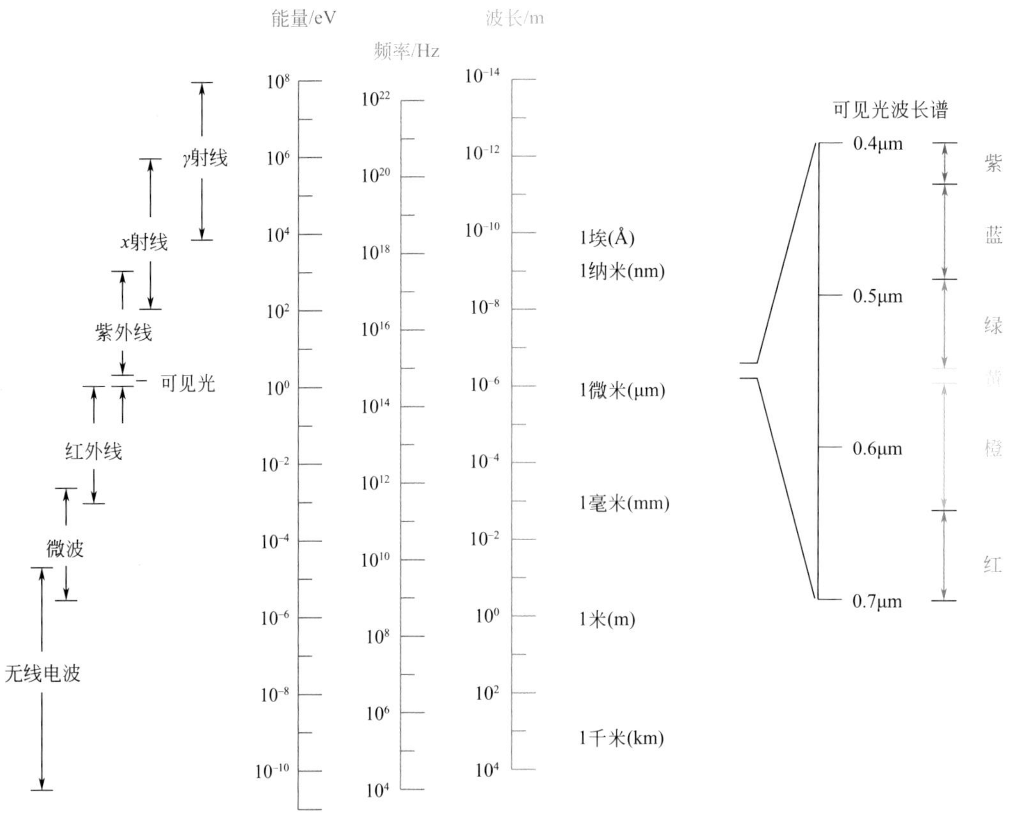

图19.2 电磁辐射光谱，包括可见光中不同颜色的波长范围

可见光在图谱中只占很窄的范围，波长从0.4μm（4×10^{-7}m）到0.7μm。可见光中具体的颜色由波长决定。例如，波长约为0.4μm的辐射显示为蓝紫色，绿色和红色则分别为0.5μm和0.65μm。其他一些颜色光的光谱范围已显示在图19.2中。白光为所有颜色光的简单混合。本章首要讨论的就是这些可见辐射，可见辐射的定义为人眼可见的。真空状态下所有电磁辐射速度都一致，即光速3×10^8m/s（186000miles/s）。这一速度c可通过真空介电常数ϵ_0和真空磁导率μ_0表示。

真空下，介电常数和磁导率与光速之间的关系

$$c=\frac{1}{\sqrt{\epsilon_0\mu_0}} \tag{19.1}$$

因此，电磁常数c与电学和磁学常数之间的关系可以确立。

电磁辐射中速度，波长，及频率之间的关系

此外，频率v和电磁辐射波长λ也与速度之间存在关系等式。

$$c=\lambda v \tag{19.2}$$

频率以赫兹表示（Hz），且1Hz=1循环每秒。不同形式电磁辐射的频率范围，见图19.2。

光子

有时，从量子力学的角度阐述电磁辐射更为简便。在量子力学中，辐射不被看作由波组成，而是由不同组或级别的能量构成，这些能量单位被称为光子。光子的能量E可以被量子化，或直接被认为是某一特定值，其定义如下：

电磁辐射的光子，其能量与频率，速度，及波长有关

$$E = h\nu = \frac{hc}{\lambda} \tag{19.3}$$

普朗克常数

式中，h为被称为普朗克常数的恒量，其值为6.63×10^{-34}J·s。因此，光子与辐射频率成正比，或与波长成反比。光子能量同样列于图19.2的电磁波谱中。

光学现象的描述涉及辐射和物质间的相互作用，并且如果用光子表示光通常可以简化相应的解释内容。其他情况下，波动说较为常用；两种方式均在本章讨论中有适当应用。

概念检查 19.1 简要讨论光子和声子的相似和不同之处。提示：可参考17.2节。

概念检查 19.2 电磁辐射可从经典力学和量子力学两角度考虑。简要比较这两种观点。
[解答可参考www.wiley.com/college/callister（学生之友网站）]

19.3 光与固体间的相互作用

当光从一个媒介进入到另一个媒介时（例如从空气进入到固体物质中），会产生一系列光学现象。一些光辐射可能会透过这一媒介，一些将被吸收，还有一些会被两种介质的界面反射。固体媒介表面入射线强度I_0等同于透射，吸收，及反射线强度的总和，分别表示为I_T、I_A、I_R：

表面入射线强度等于透射，吸收，反射线强度之和

$$I_0 = I_T + I_A + I_R \tag{19.4}$$

辐射强度，单位瓦特每平方米，即在垂直于传播方向上，每单位时间穿过单位面积的能量。

式（19.4）可以表示为：

$$T + A + R = 1 \tag{19.5}$$

式中，T、A及R分别表示透射率（I_T/I_0）、吸收率（I_A/I_0）及反射率（I_R/I_0），或一种材料入射光的透射，吸收及反射部分；由于入射光分为透过、吸收、反射光，所以它们的和为入射总体。

透明
半透明

如果，材料的透光能力强，仅有很少的吸收和反射现象，则称其透明——人们可以透过它们看到对面。半透明则指光漫射，即观察材料的样品时，光在材料内部被分散成为不可清晰分辨的目标。材料不能透过可见光时则被称为不透明。

不透明

在整个可见光谱内，块体金属是不透明的。即所有光辐射或者被吸收，或者被反射。另外，电绝缘材料可制造成为透明物。此外，一些半导体材料为透明的，其余则为不透明。

19.4 原子和电子间的相互作用

发生在固体材料中的光学现象包括电磁辐射与原子，离子和/或电子之间的相互作用。其中两个最为重要的相互作用为电子极化和电子能量跃迁。

（1）电子极化

电磁辐射组成的要素之一就是简单快速波动的电场（图19.1）。对可见的频率范围，电场与围绕在原子周围按轨道运动的原子云相互作用，以这样的形式引起电子极化，或者通过每次磁场方向的改变，使电子云相对原子核的位置发生转移，如图12.32（a）所示。这一极化现象的两个结果是：① 一些辐射能量被吸收；② 穿过媒介时光波的速度降低。第二种结果可表述为折射，19.5节中对这一现象进行了讨论。

（2）电子能量跃迁

电磁辐射的吸收和放出行为包含了从一个能级到另一个能级的电子跃迁。相关讨论涉及孤立原子，图19.3绘出了电子能量图。电子通过吸收光子能量受激后可从一个已经占据的能级E_2跃迁至空闲能级或更高能级，并献出能量E_4。电子经历的能量变化ΔE与辐射频率有关：

对电子跃迁来说，能量变化等于普朗克常数和辐射吸收（或放出）的频率

$$\Delta E = h\nu \tag{19.6}$$

式中，h为普朗克常数。等式中含有一些需要理解的重要概念。第一，原子的能量状态是不连续的，能级之间存在特定的ΔE_s。因此，通过电子跃迁能够被原子吸收的光子的频率与ΔE_s相关联。此外，每次激发都会吸收所有的光子能量。

激发态

基态

第二个重要的概念就是受激电子不能无限地保持其激发态。一段时间后，受激电子伴随电磁辐射的再发射衰减为基态，或非受激水平。可能的衰减路径将在后面讨论。

通过上述讨论可以得出，与电磁辐射的吸收和放射有关的固体材料的光学特性可以通过材料的电子能带结构（12.5节讨论了电子能带）以及电子跃迁原则（前面两段内容）来解释。

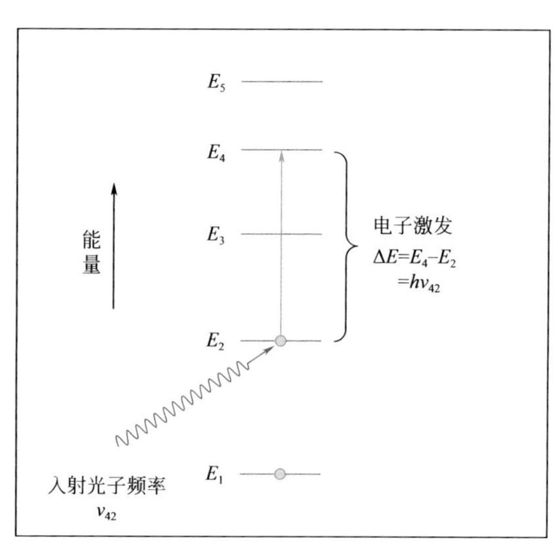

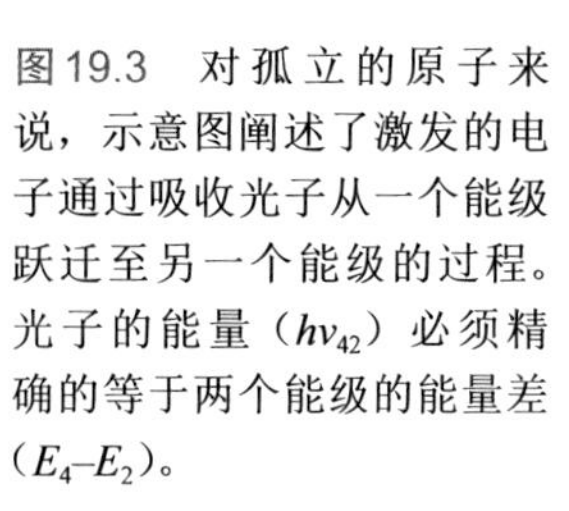

图19.3 对孤立的原子来说，示意图阐述了激发的电子通过吸收光子从一个能级跃迁至另一个能级的过程。光子的能量（$h\nu_{42}$）必须精确的等于两个能级的能量差（E_4-E_2）。

金属材料的光学性质

图12.4（a）和图12.4（b）显示了两种金属的电子能量带，高能带仅部分填充有电子。如图19.4（a）所示，频率落在可见光范围内的入射辐射激发出的电子将跃迁至费米能级之上的未被占据的能量状态。像式（19.6）描述的那样，这些入射辐射会被吸收，导致金属光学特性为不透明。这一完全吸收发生在金属外层很窄的一个薄层上，厚度通常低于0.1μm。因此，只有那些厚度低于0.1μm的金属薄膜可以透过可见光。由于具有连续不断的空缺的能级，金属可以吸收可见光的所有频率，并产生如图19.4（a）一样的电子跃迁。实际上，对所有频率光谱的低频电磁辐射来说，金属都是非透明的：从电波、红外、可见光到紫外线中段。金属在高频辐射（X和γ射线）下是透明的。

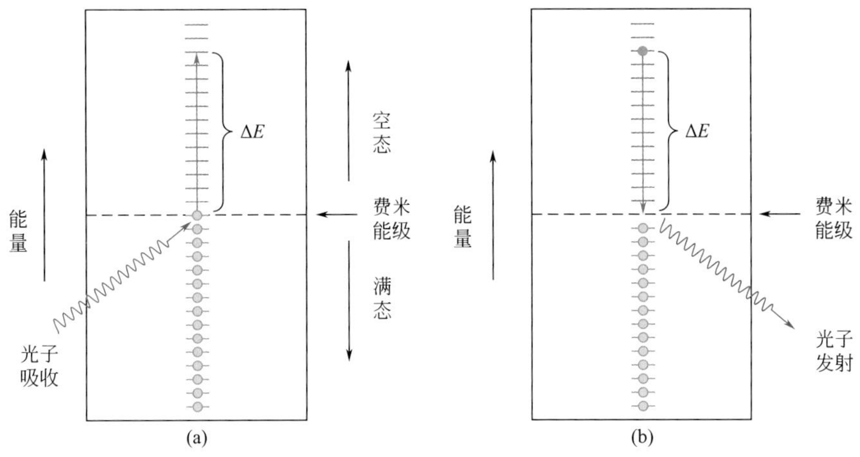

图19.4 （a）示意图显示了金属材料吸收光子的机制，其中电子受激跃迁至高能态，电子变化的能量 ΔE 与光子能量相等；（b）光中由高能态向低能态过度的光子的再发射

如图19.4（b）所示的电子再辐射过程，大多数被吸收的辐射都会从金属表面以某种波长的可见光的形式再发射出去，即反光。大多数金属的反射率在0.90 ～ 0.95之间，能量的一小部分通过热量散发的形式损失，即电子衰退。

由于金属的非透明和高度反光性。可观察到的金属光泽是由反射的辐射波长分布决定的，而不是吸收的波长。白光下的亮银色外观表示该金属对全部可见光具有高度的反射性。换句话说，反射光束中再发射光子的组成，即其频率和数量与入射光束基本一致。铝和银两种金属就显示出这种反射行为。铜和金分别展现橘红色和黄色，这是因为具有短波长的光子能量没有作为可见光发生再发射。

概念检查 19.3　为什么金属在X射线和γ射线下是透明的？

[解答可参考 www.wiley.com/college/callister（学生之友网站）]

非金属材料的光学性质

由于自身电子能带的优势，非金属材料在可见光下可能展现透明特性。因此，除反射和吸收外，折射和透射现象也需要考虑。

19.5 折射

折射

光在材料内部的传输将经历减速过程并导致在界面处的弯曲，这一现象被称为折射。某种材料的折射指数n定义为光在真空中的速度c与光在介质中的速度v的比值：

$$n = \frac{c}{v} \tag{19.7}$$

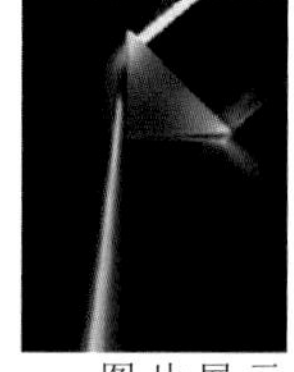

图片展示了白光通过棱镜的弥散（©PhotoDisc/Getty Images）

指数n的数量级（或弯曲程度）取决于光的波长。这种作用可以生动地由一束白光通过玻璃棱镜弥散或分离出其中某一种颜色光的过程来描述（左边界的图片）。进入和通过棱镜后，每种颜色光的弯曲程度不一，也就造成了颜色的分离。折射指数不仅会影响光的光学路径，也会影响在表面发生反射的那部分入射光。

如同式（19.1）定义c的量级一样，光在介质中的速度v可相应的表示为：

用介质的介电常数和磁导率表示的光在介质中的速度

$$v = \frac{1}{\sqrt{\epsilon\mu}} \tag{19.8}$$

式中，ϵ和μ分别为物质的介电常数和磁导率。从式（19.7）可以得到：

用介质的相对介电常数和相对磁导率表示的介质的折射指数

$$n = \frac{c}{v} = \frac{\sqrt{\epsilon\mu}}{\sqrt{\epsilon_0\mu_0}} = \sqrt{\epsilon_r\mu_r} \tag{19.9}$$

式中，ϵ_r和μ_r分别为相对介电常数和相对磁导率。由于大多数物质磁性能很低，$\mu_r \approx 1$，所以：

无磁性材料中，介电常数与折射指数的关系

$$n \approx \sqrt{\epsilon_r} \tag{19.10}$$

因此，对透明材料来说，折射指数与介电常数之间存在关系等式。如前所述，高频率可见光中的折射现象与电子极化有关（19.4节），电子元件的介电常数可以通过式（19.10）的折射指数测量来确定。

由于电磁辐射在介质中的光程差是由电子极化导致的，因此材料结构中的原子或离子——对电子极化有明显影响——也会对光的折射产生影响。通常原子或离子越大，电子极化现象越明显，光在材料中的传播速度越慢，折射指数也越大。一种典型的钠钙硅酸盐玻璃的折射指数约为1.5。在玻璃中添加较大的钡和铅离子（如BaO和PbO）可导致n的明显增加。例如，含有90%（质量）的PbO的高铅含量玻璃的折射指数约为2.1。

对于具有立方晶体结构的晶体陶瓷和玻璃来说，其折射指数与其晶体学方向（如各向同性）无关。另一方面，非立方晶系拥有各向异性n，即离子密度最高的方向拥有最高的指数值。表19.1给出了一些玻璃、陶瓷、高分子材料的折射指数。由于晶体陶瓷的n是各向异性的，因此给出了平均值。

表19.1 一些透明材料的折射指数

材料	平均折射
陶瓷	
石英玻璃	1.458
硼硅酸玻璃	1.47
钠钙硅酸盐玻璃	1.51
石英（SiO_2）	1.55
致密光学火石玻璃	1.65
尖晶石（$MgAl_2O_4$）	1.72
方镁石（MgO）	1.74
刚玉（Al_2O_3）	1.76
高分子	
聚四氟乙烯	1.35
聚甲醛聚甲基丙烯酸酯	1.49
聚丙烯	1.49
聚乙烯	1.51
聚苯乙烯	1.60

概念检查 19.4 当加入熔融硅后，下列哪些氧化物材料的折射指数可得到提高：Al_2O_3、TiO_2、NiO、MgO，为什么？可在表3.4中找到提示。

[解答可参考 www.wiley.com/college/callister（学生之友网站）]

19.6 反射

当光从一个介质进入到拥有不同折射指数的另一个介质时，即使这两种介质都是透明的，光的一部分也会在这两种介质的界面发生散射。反射率R代表在界面发生反射的那部分入射光：

反射率定义涉及反射和入射光束强度

$$R = \frac{I_R}{I_0} \tag{19.11}$$

式中，I_0和I_R分别为入射光束和反射光束的强度。如果光为法向（或垂直）于界面，则：

反射率（法向入射）在界面两端介质中折射率为n_1和n_2

$$R = \left(\frac{n_2 - n_1}{n_2 + n_1}\right)^2 \tag{19.12}$$

式中，n_1和n_2为两种介质的折射指数。如果入射光相对于界面不是法线方向，R则依赖于入射角。当光从真空或空气传向固体s时：

$$R = \left(\frac{n_s - 1}{n_s + 1}\right)^2 \tag{19.13}$$

由于空气的折射指数接近于1，因此固体的折射指数越高，反射率也就越高。对典型的硅酸盐玻璃来说，反射率约为0.05。如同固体的折射指数依赖于入射光的波长一样，反射率也随波长的变化而变化。通过在棱镜及其他光学仪器的反射表面上涂覆一层介电材料可以使反射的损失降到最低，如氟化镁（MgF_2）。

19.7 吸收

非金属材料在可见光下既可能是非透明的，也可能是透明的。透明的非金属材料通常是彩色的。原则上讲，这类材料（有颜色金属）的光辐射吸收依赖于两种基本机制，这两种机制也会对这些非金属材料的光传播特性产生影响。一种机制为电子极化机制（19.4节）。通过电子极化的吸收仅在组分原子弛豫频率附近的光频率范围起重要作用。另一个机制则涉及价带-导带电子迁移，其依赖于材料的电子能带结构。半导体和绝缘体的能带结构已经在12.5节中讨论过。

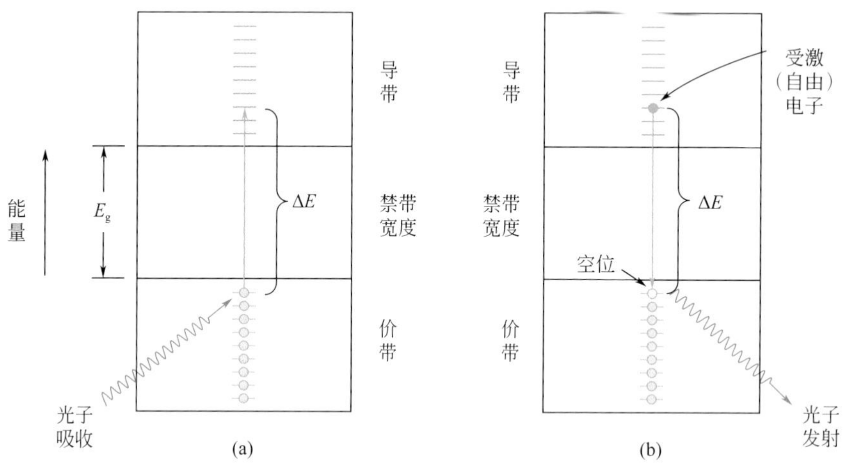

图19.5 （a）非金属材料光子吸收的机制为电子受激穿过带隙，并在价带中留下空位，吸收的光子能量为 ΔE，其应大于带宽能 E_g；（b）电子穿过带隙后发射光子。

非金属材料，以辐射频率计算通过电子跃迁进行的光子（或辐射）吸收条件

如图19.5（a）所示，光子的吸收可以通过促使或激发几乎填满的价带中的电子，使之穿越带隙，并进入导带中的空态实现。导带中的自由电子和价带中的空位也随之产生。同样，通过式（19.6）可知，激发能 ΔE 与吸收的光子频率有关。这些伴有吸收的激发仅在光子能量大于带宽能 E_g 时发生：

$$h\nu > E_g \tag{19.14}$$

非金属材料，以辐射波长计算通过电子跃迁进行的光子（或辐射）吸收条件

或用波长表达：

$$\frac{hc}{\lambda} > E_g \tag{19.15}$$

可见光最小波长，λ（min），约为0.4μm。因为，$c=3\times10^8$m/s，且 $h=4.13\times10^{-15}$eV·s，所以可见光的吸收的最大带宽能为：

通过价带-导带电子跃迁进行的可见光吸收的最大带宽能

$$E_g(\max) = \frac{hc}{\lambda(\min)} = \frac{(4.13\times10^{-15}\,\mathrm{eV\cdot s})\ (3\times10^8\,\mathrm{m/s})}{4\times10^{-7}\,\mathrm{m}} = 3.1\mathrm{eV} \tag{19.16a}$$

换句话说，带宽能大于3.1eV的非金属材料不能吸收可见光；高纯度的这些材料将展现透明或无颜色。

另一方面，可见光的最大波长$\lambda(\max)$约为0.7μm。计算可知，能够吸收可见光的最小带宽能E_g（min）为：

$$E_g(\min) = \frac{hc}{\lambda(\max)} = \frac{(4.13\times10^{-15}\,\mathrm{eV\cdot s})\ (3\times10^8\,\mathrm{m/s})}{7\times10^{-7}\,\mathrm{m}} = 1.8\mathrm{eV} \tag{19.16b}$$

上述结果表明，带宽能低于1.8eV的半导体材料能够通过价带-导带电子跃迁吸收所有可见光。因此，这些材料为非透明材料。材料的带宽能在1.8～3.1eV之间的材料，仅能够吸收部分可见光谱。这些材料会显现其特有颜色。

每一种非金属材料都会在某些波长光的照射下呈现非透明状态，这取决于E_g的量级。例如，带宽为5.6eV的金刚石，在辐射波长低于0.22μm时为非透明材料。

属于材料中含有这样一种杂质能级的价带-导带电子激发

不同于价带-导带电子跃迁，光辐射的相互作用可以发生在带宽较宽的介电固体中。如果存在其他杂质或电激活缺陷，带宽内将引入电子能级，且位置接近于带宽中心，如施主和受主能级（图12.11）。特定波长光辐射的发射与带宽中的这些能级之间发生的电子跃迁有关。如图19.6（a）描述了一个含有这样的杂质能级的材料中，价带-导带机制作用下的电子跃迁。同样，这种电子激发所吸收的电磁能量也必须通过某种方式消耗掉。相关的消耗机制有几种可能，其中之一就是通过电子和空位再复合的方式达到能量的消耗：

电子-空位复合产生能量的反应过程

$$\text{电子}+\text{空位}\rightarrow\text{能量}\ (\Delta E) \tag{19.17}$$

图19.5（b）示意图描述了上述反应。此外，电子跃迁可能会分多步骤发生，这一过程涉及带宽中的杂质能级。如图19.6所示，其中一个可能性就是发射出两个光子。这两个光子中的一个光子是通过电子从导带状态迁至杂质能级释放；另一个则通过电子衰退至价带释放。另外，其中的一个跃迁过程可能会产生声子［图19.6（c）］，声子的能量将以热的形式散出。

净吸收辐射的强度与介质的特性和路径长度有关。透射或未被吸收辐射的强度I'_T随光传播的距离x持续减小：

非吸收辐射强度取决于吸收因子和光在吸收介质中的传播距离

$$I'_T = I'_0 e^{-\beta x} \tag{19.18}$$

式中，I'_0为未被反射的入射线强度；β为吸收因子（mm^{-1}），属于材料本身性质；β随入射辐射波长变化。距离x为光线从入射表面射入材料的距离。拥有大β值的材料一般认为其吸收性高。

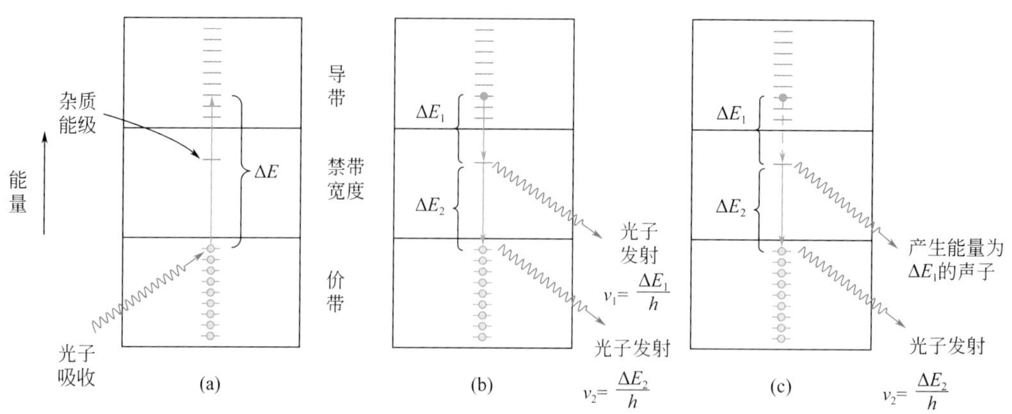

图19.6 （a）含有的杂质能级在带宽内的材料，通过价带-导带电子激发进行的光子吸收行为；（b）发射两个光子的能量衰退过程，首先进入到杂质能级，最后回到初始态；（c）产生两个光子，其中之一作为受激电子首先进入到杂质能级，最后回到初始态的过程中产生一个声子和一个光子。

例题 19.1

计算玻璃的吸收因子

在200mm厚玻璃中传播的非反射光部分的比例为0.98，计算这种材料的吸收因子。

解：

这一问题需要我们利用式（19.18）来计算β。我们首先对公式变形如下：

$$\frac{I'_\mathrm{T}}{I'_0}=\mathrm{e}^{-\beta x}$$

公式两边取对数得到：

$$\ln\left(\frac{I'_\mathrm{T}}{I'_0}\right)=-\beta x$$

最后通过计算得到β，注意$I'_\mathrm{T}/I'_0=0.98$，且$x=200\mathrm{mm}$，则有

$$\beta=-\frac{1}{x}\ln\left(\frac{I'_\mathrm{T}}{I'_0}\right)$$

$$=-\frac{1}{200\mathrm{mm}}\ln(0.98)=1.01\times10^{-4}\mathrm{mm}^{-1}$$

概念检查 19.5　可见光下的元素半导体硅和锗是否透明？为什么？提示：可查阅表12.3。
［解答可参考 www.wiley.com/college/callister（学生之友网站）］

19.8 透射

通过厚度为l样品的辐射强度，计入所有的吸收的反射损失

如图19.7所示，光穿过透明固体的过程伴随着吸收，反射，及透射现象。当强度为I_0的入射光束与试样厚度为l，吸收因子为β的前表面接触时，试样背面的透射光强度I_T为：

$$I_T = I_0 (1-R)^2 e^{-\beta l} \tag{19.19}$$

式中，R为反射率。该式中假设正反面介质一致。读者可自行尝试式（19.19）的推导过程。

图19.7 光在透明介质中的传播包含了前、后面的反射和介质中的吸收

（摘自R.M.Rose，L.A.Shepard，及J.Wulff，*The Structure and Properties of Materials*，Vol.IV，*Electronic Properties*.Copyright © 1966 by John Wiley & Sons，New York.Reprinted by permission of John Wiley & Sons，Inc.）

因此，能够穿过透明材料的入射光束部分取决于吸收和反射过程中的损耗程度。根据式（19.5）可知，反射率R，吸收率A及透射率T的总和为1。并且，R，A及T的变化与光的波长有关。上述结论可以在图19.8中绿色玻璃的光谱中的可见区域得到印证。例如，波长为0.4μm的光，其透射、吸收及反射部分约为0.90、0.05及0.05。然而，当光的波长为0.55μm时，相应数据变为0.50、0.48及0.02。

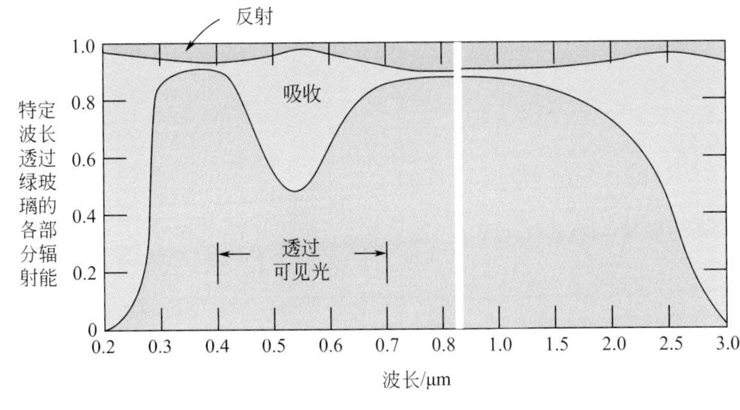

图19.8 入射光通过绿玻璃的透射，吸收及反射率随波长变化的示意图

（摘自W.D.Kingery，H.K.Bowen，and D.R.Uhlmann，*Interoduction to Cerramics*，2nd edition.Copyright © 1976 by John Wiley & Sons，New York.Reprinted by permission of John Wiley & Sons，Inc.）

19.9 颜色

颜色

透明材料显现颜色的原因是选择性吸收了某些特定波长的光，可分辨出的颜色是透过的波长的综合结果。如果对可见波长的吸收是均匀的，材料会显示为无色。例如高纯度的无机玻璃，高纯度的单晶金刚石和石墨。

通常，选择性吸收通过电子激发实现。这种情况存在于带宽落在可见光的

光子能量范围内（1.8 ～ 3.1eV）的半导体材料中。因此，能量大于E_g的可见光部分会选择性地被价带-导带电子跃迁过程吸收。这一过程中的一些吸收辐射会以受激电子衰落至其初始的低能量稳定态的形式再发射。这些再发射不一定会与吸收频率一致。因此，材料的颜色决定于透射和再发射光束的频率分布。

例如，带宽为2.4eV的硫化镉（CdS），可以吸收能量大于2.4eV的光子，即可见光谱中的蓝色-蓝紫色部分；这些能量的中一部分会以其他波长光的形式发生再辐射。未吸收可见光的组成为能量在1.8 ～ 2.4eV的光子。透射光束的成分使得硫化镉呈现橘黄色。

如前所述，在绝缘陶瓷材料中，特定的杂质也可将电子能级引入到禁带间隙中。如图19.6（b）和图19.6（c）所示，低于带宽的光子能量可能会伴随杂质原子或离子的电子衰退过程进行发射。再一次，材料的颜色为透射光束波长分布的函数。

例如，高纯度的单晶氧化铝或蓝宝石是无色的。在蓝宝石中加入0.5% ～ 2%的氧化铬（Cr_2O_3）可使其变为呈现亮红色的红宝石。Cr^{3+}在Al_2O_3晶体结构中替换了Al^{3+}，并在蓝宝石的宽能带间隙中引入杂质能级。由价带-导带电子跃迁吸收的光辐射的一部分，会以到达或发自杂质能级的电子跃迁的形式以特定波长再发射。图19.9展示了红宝石和蓝宝石的透光率随波长的变化。对蓝宝石来说，在一定可见光谱范围内其透射率相对恒定，这说明材料在这一范围内显示为无色。然而，红宝石在蓝色-蓝紫色区域（约0.4μm处）和黄色-绿色光（约0.6μm处）显示了强烈的吸收峰（或最小值）。未吸收或透射光与再发射光的混合赋予了红宝石的深红颜色。

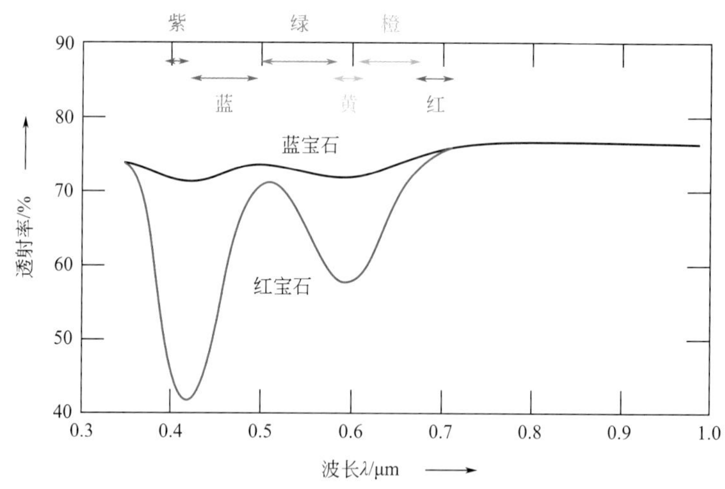

图19.9　蓝宝石（单晶氧化铝）和红宝石（含有一定成分氧化铬的氧化铝）的光辐射透射率随波长变化的示意图

由于在特定波长范围内发生的选择性吸收，蓝宝石呈现为无色，红宝石成为微红色。（摘自“The Optical Properties of Materials,” by A.Javan.Copyright © 1967 by Scientific American，Inc.All rights reserved.）

通过向熔融状态的玻璃中加入过渡元素或稀土元素离子可以赋予无机玻璃色彩。代表性的颜色-离子对包括Cu^{2+}的蓝-绿色、Co^{2+}的蓝-蓝紫色、Cr^{3+}的绿色、Mn^{2+}的黄色以及Mn^{3+}的紫色。这些有色玻璃还被常用于上釉——陶瓷制品的表面装饰。

概念检查 19.6　对比可决定金属和非金属颜色的因素。

[解答可参考 www.wiley.com/college/callister（学生之友网站）]

19.10 绝缘体中的不透明和半透明

固有透明介电材料的半透明和不透明程度在很大程度取决于其自身的反射和透射特性。由于内部的反射和折射，一些原本透明的介电材料可能会呈现半透明，甚至不透明特征。一束透射光发生方向偏转，并且会由于多重散射呈现漫射。当散射范围很广，以至没有入射光能不发生偏转，就到达材料背面时，材料就表现为不透明。

上述内部散射可能源自不同渠道。折射指数为各向异性的多晶样品通常呈现半透明特性。均在晶界处发生的反射和折射可引起入射光束的分离。这是拥有不用晶体学取向的临近的晶粒，在折射指数上呈现的微小差别所导致的结果。

光的散射同样在两相材料中存在，其中一个相细小的分散在另一个相中。同样，当两个相的折射指数存在差异时，光束分离将发生在所有相界处。两个相的折射指数差异越大，散射效果越明显。由微晶玻璃相和残余玻璃相组成的玻璃-陶瓷（13.5节），如果微晶小于可见光波长，且两个相的折射指数几乎一致时（可通过调整成分实现），可呈现高度透明特性。

通过调控制造过程和加工工艺，残余气孔会以细小分散的气孔形式存在于一些陶瓷体中。这些气孔同样有效地作用于光的散射。

图19.10显示了单晶，完全致密多晶，及多孔（孔隙率约为5%）的氧化铝样品的不同光学传播特征。单晶呈现完全透明特征，多晶和多孔材料则分别呈现半透明和不透明特征。

图19.10 3种氧化铝样品的光透明度

从左至右样品分别为透明的单晶材料（蓝宝石），半透明的多晶且完全致密的（无孔）材料，以及不透明的孔隙率约为5%的多晶材料

（样品由P.A.Lessing制备，由S.Tanner拍摄图像。）

对本征聚合物（无添加剂或杂质）来说，其半透明度受结晶度影响。由于结晶区域和非晶区域的折射指数不同，可见光的一些散射将发生在上述两者的相界处。

光学现象的应用

19.11 发光

发光

有一部分材料能够吸收能量并重新发射出可见光，我们称这为发光。发射光的光子产生于固体中电子的跃迁。当能量被吸收时，电子被激发至激发能态；如果$1.8\text{eV}<h\nu<3.1\text{eV}$，当电子跌落至较低能态时便会发出可见光。如紫外线等的高能电磁辐射可作为发光现象的初始被吸收能量［导致价带-导带跃迁，图19.6（a）］，其他能量来源还有高能电子；或热、力、化学能。另外，发光现

荧光现象
磷光现象

象是通过吸收和再发射之间延迟时间的大小进行分类的。如果再发射的时间远小于1s，我们称为荧光现象；对于更长的时间，我们称为磷光现象。有一些材料可被制成荧光或磷光材料；这些材料包括一部分硫化物、氧化物、钨酸盐以及一些有机材料。一般来说，纯材料不会表现出发生现象，为了诱发这一现象，我们需要在其中加入一定浓度的杂质。

发光现象被用于一些商业应用。荧光灯的玻璃外壳内表面涂有一层特制的钨酸盐或硅酸盐。紫外线产生于灯管内部的汞辉光放电，从而使灯管上的涂层发生荧光现象并发出白光。电视荧屏（阴极射线管荧光屏）上的图像产生于发光现象。荧光屏的内部被涂上了一层材料，该材料在电子束快速穿过时会发出荧光。我们也可以通过发光现象探测X或γ射线；有一些荧光粉在放射线的作用下会发出可见光或辉光，从而变得可见。

19.12 光电导

由式（12.13）可知，半导体材料的导电性取决于导带中的自由电子数以及价带中的空位数。与晶格振动相关的热能可以激发电子，从而产生自由电子和/或空位，如12.6节所述。额外的载流子还可能通过光子激发的电子跃迁产生，在该过程中光被吸收；随之增加的电导率被称为光电导率（光电导）。因此，当一光电导材料被照亮时，其电导率会增加。

光电导

这一现象被用于测光表。该仪器测量由光所引发的电流，该电流的大小是入射光强度或光子撞击光电导材料速率的直接函数。可见光必定会引发光电子材料中的电子发生跃迁；硫化镉是常用于测光表的材料。

在使用半导体材料的太阳能电池中，太阳光可被直接转换成电能。从某种意义上说，这种器件的操作与发光二极管正好相反。如本章开头图表（a）所示，光激发的电子和空位被拉至一p-n结的两端并成为外部电流的一部分。

重要材料

发光二极管

在12.15节中我们讨论了半导体p-n结以及它们如何被用作二极管或整流器[1]。在某些情况下，对p-n结两端施加相对较高的正向偏压时，p-n结会发出可见光（或红外线辐射）。我们将这种电能向光能的转换称为电致发光，而产生这种光的器件被称为发光二极管（LED）。正向偏压吸引n-侧的电子，一部分电子进入（或“注入”）p-侧［图19.11（a）］。这时候，电子是少数载流子，因此会与p-n结附近的空穴重新结合或者说被空穴抵消，由式（19.17）可知，能量会以光子的形式存在［图19.11（b）］。p-端也会发生类似的过程——空穴移动至p-n结处并与n-侧的电子结合。

元素半导体硅和锗由于其能带结构的细节不适用于LEDs。与之相对的，Ⅲ-Ⅳ族半导体化合物砷化镓（GaAs）和磷化铟（InP）以及由这些材料组成的合金（如，$GaAs_xP_{1-x}$，其中x是小于1的数）常被用于LEDs。发出

[1] 图12.21给出了在无外加电压，以及正向和反向偏压条件下p-n结两侧电子和空穴的分布示意图。另外，图12.22给出了p-n结的电流-电压行为。

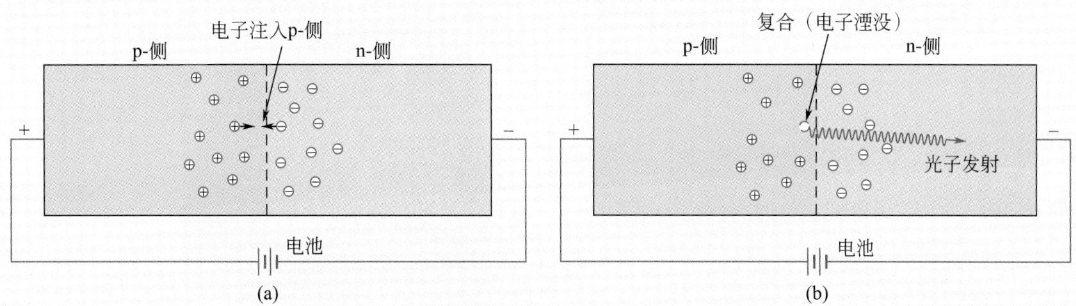

图19.11 正向偏压半导体p-n结的示意图，展示了（a）电子从n-侧注入p-侧，以及（b）电子与空穴重新结合时发射出光子。

辐射的波长（即颜色）与半导体的带隙有关（通常二极管n-和p-侧的带隙相同）。比如，GaAs-InP体系可能产生红、橙以及黄光。蓝色以及绿色LEDs也已经利用（Ga，In）N半导体合金被开发出来。因此，使用这些相互补充的颜色，我们可以利用LEDs制作全彩显示屏。

半导体LEDs的重要应用包括数字时钟和发光手表显示器，光电鼠标（计算机输入设备），以及扫描仪。电子遥控（用于电视机、DVD播放机等）也会用到发射红外光束的LEDs；这种光束将经过编码的信号传输至接收装置中的探测器中。此外，LEDs也被用作光源。与白炽灯相比，它们更加节能，只产生极少的热，而且使用寿命更长（因为不存在会被烧毁的灯丝）。大多数交通信号灯都用LEDs替代白炽灯。

在12.17节中我们注意到一部分高分子材料可能是半导体（n-型或p-型）。因此，发光二极管也可能由高分子制成，我们可将其大致分为两类：① 有机发光二极管（或OLEDs），其分子量相对较低；以及② 高分子量聚合物发光二极管（或PLEDs）。对于这些LED类型，非晶高分子薄层与电触头（阳极和阴极）被夹在一起。为了使光从LED中发射出去，接触的一侧必须是透明的。图19.12给出了一个OLED组件和构造的示意图。通过使用OLEDs和PLEDs可以得到多种不同的颜色，而且每个器件可以产生不止一种颜色（这点无法通过半导体LEDs实现）——因此，将不同的颜色相结合能够产生出白光。

尽管半导体LEDs比有机发射器的使用寿命更长，但是OLEDs/PLEDs具有独特的优势。除了能够产生多种颜色以外，它们的制作过程更加简单（通过喷墨打印机在基体上进行“打印”），而且相对来说更便宜，更加轻便，而且可以被制成产生高分辨率以及全彩色图案的形态。OLEDs显示器在市场上被用于数字照相机、移动电话以及汽车音响组件。其潜在的应用包括电视机、计算机以及广告牌的大型显示器。此外，通过对材料进行合理的结合，这些显示器也可能是柔性的。想象一下未来可以像投影银幕一样卷起来的计算机显示器和电视，或是绕在一个柱形建筑上的发光装置，或是被固定于房间墙壁上能发生持续变化的墙纸。

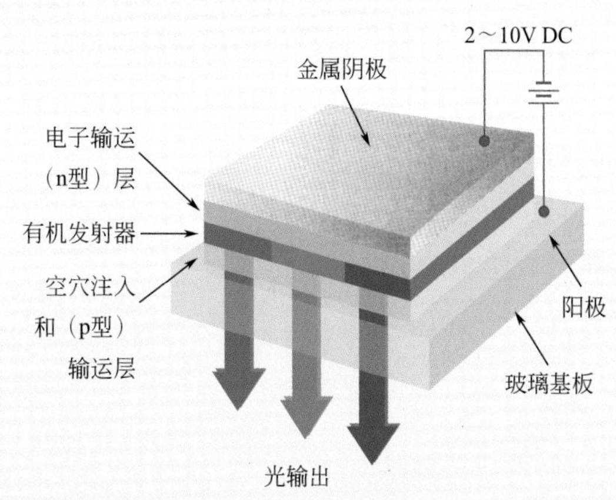

图19.12 有机电致发光二极管（OLED）组件和结构示意图

（转载*Silicon Chip*杂志）

纽约市百老汇和43号街街角的大型发光二极管视频显示器照片

概念检查 19.7　带隙为2.58eV的硒化锌半导体在可见光辐射作用下会发生光电导现象吗？为什么？

[解答可参考www.wiley.com/college/callister（学生之友网站）。]

19.13　激光

至今为止我们所讨论的辐射电子跃迁都是自发的过程；亦即，电子从一个较高的能态跌落至低能态时没有外界的激发。这些跃迁过程的发生彼此独立而且随机，产生的辐射不具有连贯性；也就是发出的光波是不同相的。但是激光是在外界激发下产生的电子跃迁所导致的相干光——laser是light amplification by stimulated emission of radiation的首字母缩写。

激光（laser）

虽然有几种不同的激光，但在这里我们通过固态红宝石激光器解释激光的基本工作原理。红宝石是添加了0.05%Cr^{3+}的Al_2O_3（蓝宝石）单晶。我们在前面（19.9节）中解释过，这些离子赋予了宝石这种特性红色；更重要的是，它们提供了使激光器正常工作所必需的电子态。红宝石激光器呈棒状，端面平整、相互平行且经过了精细抛光。两端都镀上了银，从而一端发生全反射，另一端局部透光。

红宝石被氙气闪光灯照亮（图19.13）。在该曝光之前，几乎所有的Cr^{3+}都处于基态；亦即，电子充满了最低的能级，如图19.14所示。然而，氙气灯发出波长为0.56μm的光子将Cr^{3+}中的电子激发到了更高的能态。这些电子可以通过两种途径变回基态。有些直接跌落，与之相关的光子发射不属于激光束的一部分。其他电子跌落至一个亚稳中间态（路径*EM*，图19.14），在发生自发发射（路径*MG*）前这些电子可在该亚稳中间态维持3ms（毫秒）。对于电子过程来说，

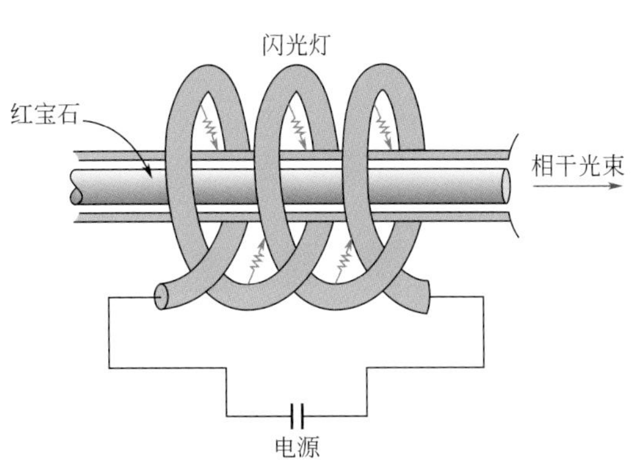

图19.13 红宝石激光器和氙气闪光灯示意图

（来源于R.M.Rose，L.A.Shepard，and J.Wulff，*The Structure and Properties of Materials*，Vol.Ⅳ，*Electronic Properties*.Copyright©1966 by John Wiley & Sons，New York.重印得到了John Wiley & Sons，Inc.的许可。）

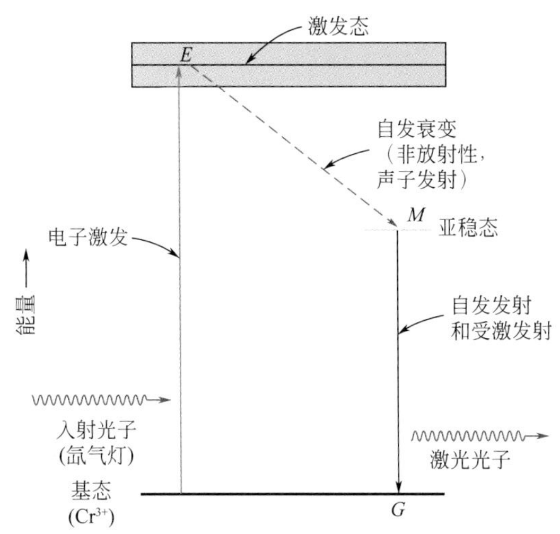

图19.14 红宝石激光器的能态示意图，给出了电子激发和衰变路径

3ms是一个相对长的时间，这也就意味着大量的亚稳态均被电子占据了。这种情形如图19.15（b）所示。

最初的由少量亚稳态电子产生的自发光子发射是引发其他仍处于亚稳态电子发生雪崩发射的刺激因素［图19.15（c）］。在那些平行于红宝石棒长轴的光子中，有些会在部分镀银的端面发生透射；其他光子则会射入完全镀银的端面并被反射。那些没有沿着轴向发射的光子则会丢失。光束沿着红宝石棒往复穿行，

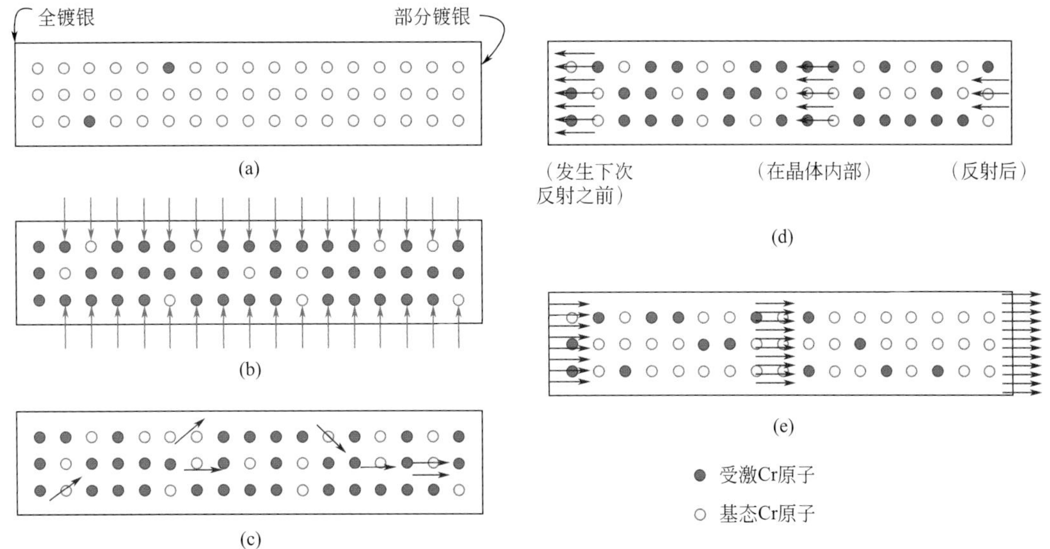

图19.15 红宝石激光器激发发射和光放大示意图

（a）被激发前的铬离子。（b）一部分铬离子中电子被氙气闪光灯激发至较高的能态。（c）自发发射的光子引发或刺激亚稳态电子产生发射。（d）被完全镀银端反射的光子在穿过红宝石棒的过程中继续激发光子发射。（e）相干且强度大的光束最终从部分镀银的一端发射出来。

（来源于R.M.Rose，L.A.Shepard，and J.Wulff，*The Structure and Properties of Materials*，Vol.Ⅳ，*Electronic Properties*.Copyright©1966 by John Wiley & Sons，New York.重印得到了John Wiley & Sons，Inc.的许可。）

而其强度也随着更多发射被激发而增强。最后，一个高强度、相干的以及高度准直的光束从红宝石棒部分镀银的一端发射出来［图19.15（e）］。这种单色红色光束的波长为0.6943μm。

半导体材料，如砷化镓可被用于激光器，并被应用于光盘播放机和现代电信工业中。对于这种半导体材料的一个要求是与其带隙能量E_g相关的波长λ必须为可见光。亦即，在对式（19.3）进行修改后：

$$\lambda = \frac{hc}{E_g} \tag{19.20}$$

我们得到的波长范围必须在0.4 ～ 0.7μm之间。在对材料施加电压后，电子从价带被激发，穿过能带带隙，进入导带；相应的，在价带产生空穴。这一过程如图19.16（a）所示，图中给出了半导体材料的能带示意图以及一些空穴和被激发的电子。随后，一部分这些被激发的电子和空穴自发重新结合。每次发生电子空穴结合时，都会发出对应的光子，光的波长可由式（19.20）计算得到［图19.6（a）］。一个这种光子会刺激另一对被激发电子-空穴对的结合，图19.16（b）～（f），并产生更多具有相同波长以及彼此同相的光子；从而得到单色的相干光束。与红宝石激光器一样（图19.15），半导体激光器的一端是全

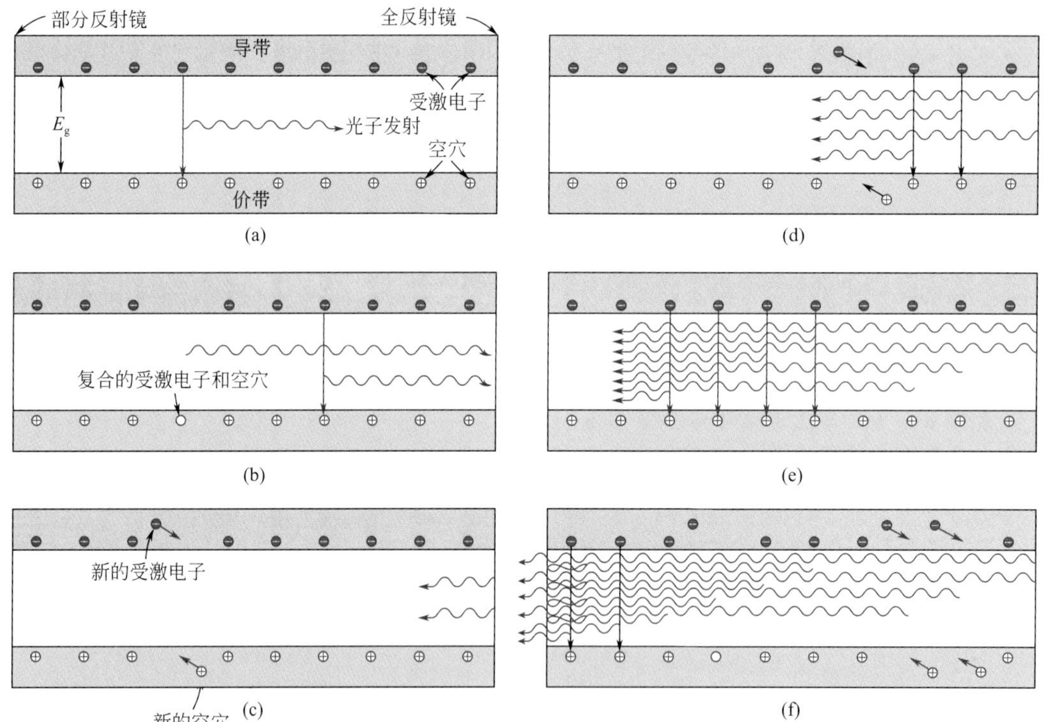

图19.16　半导体激光器导带中的被激发电子与价带中的空穴发生受激复合形成激光的示意图

（a）一个被激发电子与空穴重新结合；该过程释放的能量以光子的形式发射出来。（b）在（a）中发出的光子激发另一对电子与空穴的结合，发射出另一个光子。（c）在（a）和（b）中产生的光子具有相同的波长并且彼此同相，光子被全反射镜面反射回激光器内部。（d）和（e）光子在穿过半导体的时候会使更多被激发的电子与光子重新结合，产生更多的光子，并成为单色相干激光束的一部分。（f）一部分激光束从半导体材料另一端部分反射面逃逸出去。

（摘自“Photonic Materials”，by J.M.Rowell.版权©1986 by Scientific American，Inc.All rights reserved.）

反射面；在这一端光束被反射回材料内部并激发更多电子和空穴重新结合。激光器的另一端是部分反射的，因此可以允许一部分光束逃逸。使用这种激光器，只要提供一个持续的电压保证稳定的空穴和激发电子供应，就能够持续地产生激光。

半导体激光器由具有不同成分的几层半导体材料组成，并且被夹于一个热源和一个金属导体之间；一种典型的结构配置如图19.17所示。不同成分的选择是为了将被激发的电子和空穴以及激光光束限制于中央砷化镓层中。

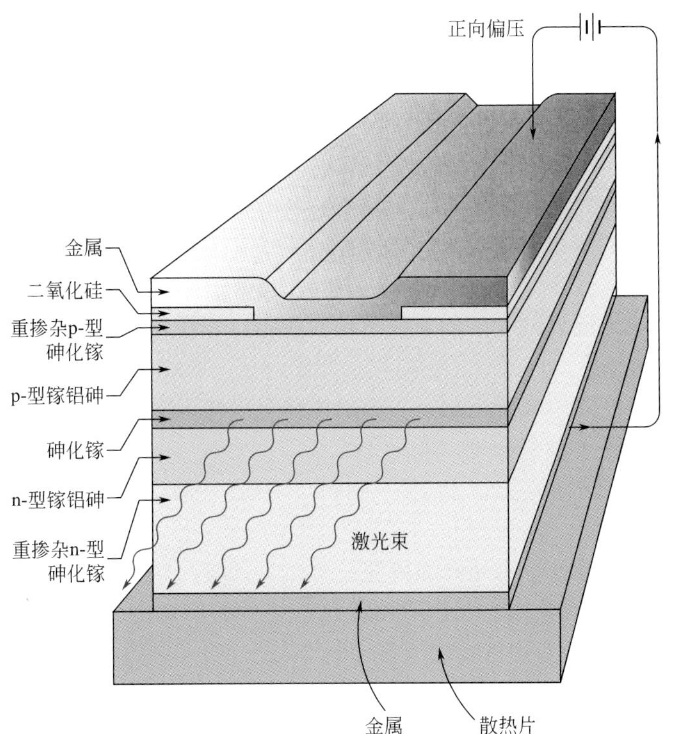

图19.17 GaAs半导体激光器层状结构横截面示意图

空穴、被激发电子以及激光束被相邻的n-和p-型GaAlAs层限制于GaAs层中。

很多其他物质也可被用于制作激光器，包括一些气体和玻璃。表19.2给出了几种常见的激光器和它们的特性。激光可以有多种多样的应用。由于激光可以被聚焦来进行局部加热，因此它们常被用于外科手术以及切割、焊接和加工金属。激光也被用于光通信系统中的光源。此外，由于激光是高度相干光源，因此激光也可被用于进行非常精确的距离测量。

表19.2 几种常见激光器的特征和应用

激光器	类型	常用波长/μm	最大输出功率①/W	应用
He-Ne	气体	0.6328，1.15，3.39	0.0005～0.05（CW）	影视通信，全息图录制/回放
CO_2	气体	9.6，10.6	500～15000（CW）	热处理，焊接，切割，刻绘，刻印
Ar	气体离子	0.488，0.5145	0.005～20（CW）	手术，测距，全息摄影
HeCd	金属蒸汽	0.441，0.325	0.05～0.1	灯光秀，光谱

续表

激光器	类型	常用波长/μm	最大输出功率①/W	应用
染料	液体	0.38 ～ 1.0	0.01（CW），1×10^6（P）	光谱，污染探测
红宝石	固体	0.694	（P）	脉冲全息，冲孔
Nd-YAG	固体	1.06	1000（CW），2×10^8（P）	焊接，冲孔，切割
钕玻璃	固体	1.06	5×10^{14}（P）	脉冲焊，冲孔
二极管	半导体	0.33 ～ 40	0.6（CW），100（P）	条形码识别，CDs和DVDs，光通信

①CW＝continuous；P＝pulsed。

19.14 光纤通信

光纤技术的发展带来了通信领域革命性的变化；几乎所有远程通信都是通过光纤而不是铜线进行传输的。通过金属导线实现的信号传输是电子的（即通过电子），而通过光纤维进行的信号传输是光子的，也就是说这种传输方式利用的是电磁波或光辐射的光子。光纤系统的使用显著提高了信息传输的速度、信息密度以及传输距离，减少了出错率；此外，在光纤通信中也不存在电磁干扰。就信息传输速度方面来看，在1s中内，光纤可以传送的信息量约为三集你喜欢的电视剧集。至于信息密度，两根小光纤可以同时传输相当于24000个电话的信息量。另外，传输等量信息需要30000kg（33吨）铜，但只需要0.1kg（1/4磅）光纤材料。

我们目前将着重讨论光纤的特性；但在此之前，先有必要简单讨论一下传输系统的组件和操作。图19.18给出了这些组件的示意图。电信号形式的信息（如一个电话对话）首先必须进行数字化转化，亦即1和0；这一过程在编码器中完成。接下来我们需要将这种电信号转化成光学信号，这一过程在电光转换器中进行（图19.18）。这种转换器通常是一个半导体激光器，我们已经在前面进行过讨论，激光器会发出单色相干光。光的波长通常在0.78 ～ 1.6μm之间，位于电磁波谱的红外区间；这一波长区间的吸收损失较低。这一激光转换器的输出形式为光脉冲；二进制1由强脉冲表示［图19.19（a)]，而0则对应着低脉冲（或零脉冲）[图19.19（b)]。这些光学脉冲信号被输入光纤电缆（有时候被称为导波管）并被传输至接收端。对于长距离信息传输，我们可能需要中继器；这些仪器对信号进行放大和再生。最后，在接收端，光学信号被重新转换为电学信号并被译解（非数字化）。

这种通信系统的核心就是光纤。它必须引导这些光学脉冲进行长距离的传输而不发生显著地信号损失（即衰减）以及脉冲失真。光纤组件包括芯、包层以及涂层；这些组件的截面示意图如图19.20所示。信号在光纤芯内进行传输；光纤周围的包层将光线限制在芯内；最外面的涂层保护光纤芯和包层免受外界摩擦以及压力可能造成的损伤。

高纯度的石英玻璃被用作光纤材料；光纤直径通常在5 ～ 100μm之间。光纤相对来说几乎没有缺陷，因此强度相当高；生产过程中会对连续长纤维进行测试，以确保它们满足最低强度要求。

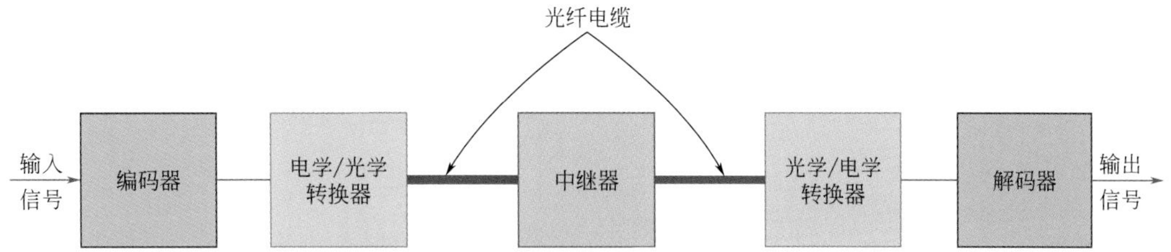

图19.18 光纤通信系统组件示意图

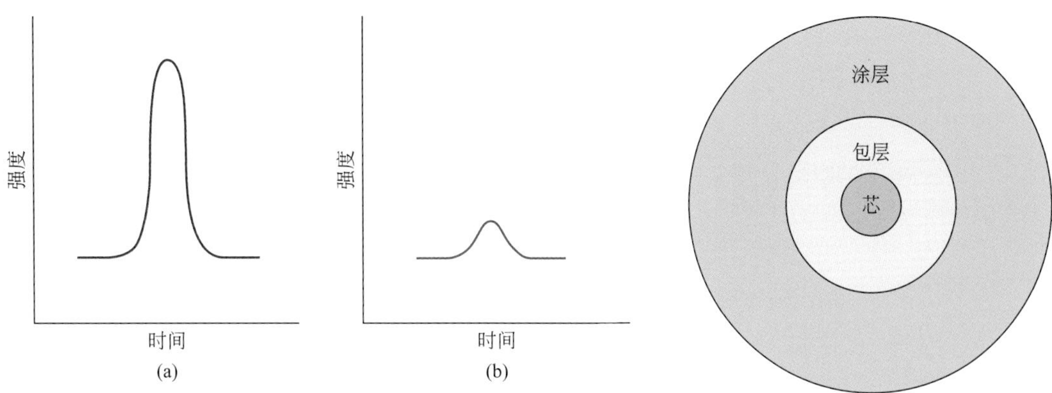

图19.19 光通信编码示意

（a）二进制中的1对应于高功率脉冲光子；（b）低功率脉冲光子对应于0。

图19.20 光纤横截面示意图

在光芯中对光的限制是通过全反射实现的；亦即，任何以一定倾角传入光纤的光线都被反射回光芯中。光的内反射是通过改变光芯以及包层玻璃材料的折射率实现的。就这一点而言有两种设计类型。其中一种（被称为阶跃折射率），包层材料的折射率稍低于光芯材料。折射率分布图以及内部反射的方式如图19.21（b）和图19.21（d）所示。对于这种设计，输出的脉冲比输入更宽［图19.21（c）和图19.21（e）］，这种现象是不利的，因为它限制了传输速率。脉冲之所以会变宽，是因为尽管各光线几乎同时被送入光纤，但其输出时间不尽相同；它们的传输路径不同，因此具有不同的路径长度。

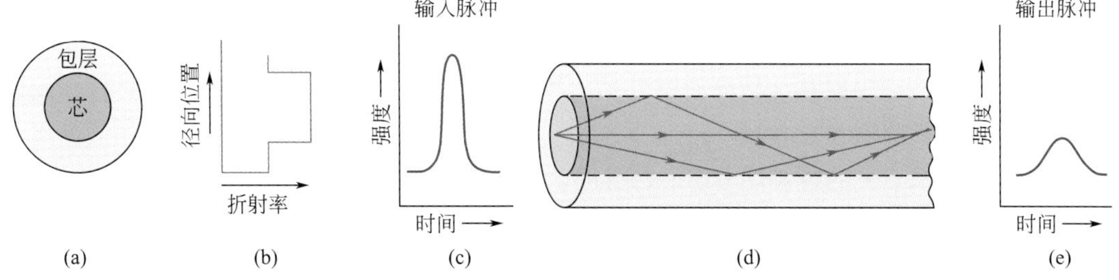

图19.21 阶跃折射光纤设计

（a）光纤横截面；（b）光纤径向折射率分布；（c）输入光脉冲；（d）光线内反射；（e）输出光脉冲

（摘自S.R.Nagel，*IEEE Communication Magazine*，Vol.25，No.4，p.34，1987.）

通过使用另一种渐变折射率设计可以在很大程度上避免脉冲变宽。在这种设计中，像氧化硼（B_2O_3）或二氧化锗（GeO_2）之类的杂质被加入硅玻璃，从而使截面的折射率呈抛物线变化［图19.22（b）］。因此，光芯内光的传播速度随径向位置的变化而变化，外围大于内部。因此，具有更长路径的光线在外周低折射率的材料中传输速度更快，并能与在光芯中心进行传输的光线几乎同时到达输出端。

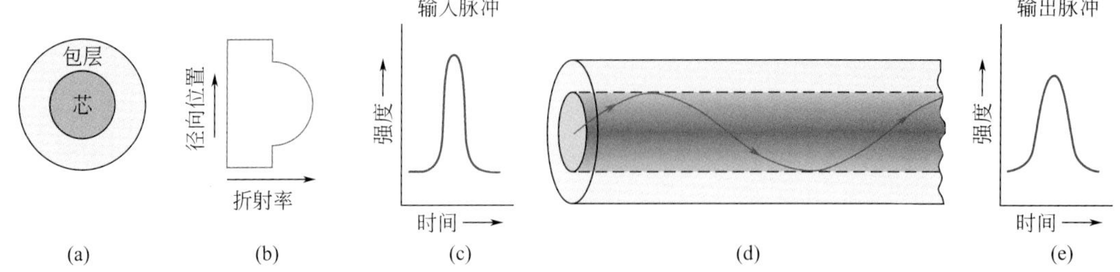

图19.22　渐变折射光纤设计

（a）光纤横截面；（b）光纤径向折射率分布；（c）输入光脉冲；（d）光线内反射；（e）输出光脉冲。

（摘自S.R.Nagel，*IEEE Communication Magazine*，Vol.25，No.4，p.34，1987.）

超高纯度以及高质量光纤的制造用到了高级且复杂的加工技术，在本书中不讨论有关内容。所有会吸收、散射、并削弱光束的杂质或缺陷必须被去除。铜、铁以及钒所能造成的损害尤其大，它们的浓度被降低至十亿分之几。同样地，水和羟基污染物的含量也极低。光纤横截面尺寸的均匀性以及光芯的圆形度十分关键；在1km（0.6mile）的长度范围内只能允许这些参数约1μm的偏差。此外，玻璃内的气泡及表面缺陷几乎都要被消除。光在这种玻璃材料中的衰减极其微小。比如，通过16km（10mile）厚的这种光纤玻璃的能量损耗大约相当于穿过25mm（1in.）厚的普通玻璃所产生的损耗！

总结

电磁辐射

- 固体材料的光学行为是其与位于可见光波长范围（0.4 ～ 0.7μm）内的电磁波相互作用的结果。
- 从量子力学的角度来看，电磁辐射可被看作由量子化的光子组或能量波组成；亦即，它们可以具有特定的能量。
- 光子能量等于普朗克常数与辐射频率的乘积［式（19.3）］。

光与固体的相互作用

- 当光辐射从一种介质进入另一种介质时可能发生的相互作用包括折射、反射、吸收以及透射。
- 从对光的透射性考虑，材料可以分为以下几类。

  透明——光穿过材料后只有极少的吸收和反射。

  半透明——光在传播过程中发生漫射；在材料内部存在一些散射。

  不透明——几乎所有的光都被散射或反射，没有光线穿过材料。

原子和电子相互作用

- 电磁辐射和物质之间可能存在的一种相互作用是电子极化——光波的电场分量引起原子周围的电子云相对原子核发生偏移［图12.32（a）］。
- 电子极化的两种结果是光的吸收和反射。
- 电磁辐射可能通过激发电子从一种能态跃迁到更高的能态而被吸收（图19.3）。

金属的光学性能	● 金属之所以不透明是因为其外表面对光的吸收和再发射。 ● 光吸收通过将电子从所处能态激发至高于费米能级的未被占据的能态而实现［图19.4（a）］。再发射通过电子的反方向衰变实现［图19.4（b）］。 ● 我们所看到的金属呈现出的颜色是由反射光的光谱组成所决定的。
折射	● 光辐射在透明的材料中会发生折射；亦即，其速度会变小，且光束在界面处发生弯曲。 ● 光折射现象是原子或离子发生电极化所产生的结果。原子或离子越大，折射率越大。
反射	● 当光从一种透明介质进入另一种具有不同折射率的介质时，一部分光线会在界面处发生反射。 ● 反射度取决于两种介质的折射率以及入射角的大小。对于法向入射，反射率可以通过式（19.12）进行计算。
吸收	● 纯的非金属材料要么是本征透明的要么是本征不透明的。 不透明性产生于能隙相对较窄（$E_g < 1.8$ eV）的材料中，被吸收的光子能量足够使电子从价带跃迁至导带（图19.5）。 透明的非金属能隙大于3.1 eV。 对于能隙在1.8 ～ 3.1eV之间的非金属材料，只有一部分可见光被吸收；这些材料呈现出一定的颜色。 ● 由于电子极化，即使在透明的材料中也会有一部分光被吸收。 ● 对于含有杂质的宽能隙绝缘体，激发态电子衰变至能隙中的能态可能伴随着能量小于带隙能量的光子的发射（图19.6）。
颜色	● 透明的材料之所以呈现出颜色是因为某些特定波长范围内的光被选择性吸收（通常通过电子激发）。 ● 我们所看见的颜色是透射光束内波长分布范围的结果。
绝缘体的不透明和半透明性	● 一般来说，透明的材料可以被制成半透明甚至不透明的材料，如果让光束在内部经历内部反射和/或折射的话。 ● 由内部散射产生的半透明和不透明性可在以下几种情况下发生： （1）在折射率具有各向异性的多晶材料中； （2）在二相材料中； （3）在含有小气孔的材料中； （4）在高度结晶的高分子中。
发光	● 在发光过程中，能量被吸收并激发电子，然后再以可见光的形式被释放出来。 光在电子被激发后1s内被发射出来的现象被称为荧光。 对于需要更长再发射时间的现象，我们称为磷光。 ● 电致发光是指在正向偏压二极管中电子和空穴重新结合所产生的发光现象（图19.11）。 ● 经历电致发光的器件是发光二极管（LED）。
光电导性	● 光电导是某些半导体材料的电导率在光的作用下得到增强的现象。这些半导体在光的作用下会产生额外的电子和空穴。
激光	● 激光器通过受激电子跃迁产生相干的高密度光束。

- 在红宝石激光器中，光束由处于亚稳激光态的电子衰变回Cr^{3+}基态产生。
- 半导体激光器发出的激光束产生于导带中的受激电子与价带中空位的再结合。

通信用光纤

- 现代远程通信中用到的光纤技术提供了无干扰、快速以及高密度的信息传输。
- 一根光纤由以下组件构成。

  光束传播的光芯。

  包层，提供内部全反射并将光束限制于光芯中。

  涂层，保护光芯和包层不受损害。

公式总结

公式序号	公式	求解
（19.1）	$c=\dfrac{1}{\sqrt{\epsilon_0\mu_0}}$	真空中的光速
（19.2）	$c=\lambda v$	电磁辐射的速率
（19.3）	$E=hv=\dfrac{hc}{\lambda}$	一个电磁辐射光子的能量
（19.6）	$\Delta E=hv$	电子跃迁过程中吸收或释放的能量
（19.8）	$v=\dfrac{1}{\sqrt{\epsilon\mu}}$	介质中的光速
（19.9）	$n=\dfrac{c}{v}=\dfrac{\sqrt{\epsilon\mu}}{\sqrt{\epsilon_0\mu_0}}=\sqrt{\epsilon_r\mu_r}$	折射指数
（19.12）	$R=\left(\dfrac{n_2-n_1}{n_2+n_1}\right)^2$	两介质界面处法向入射光线的反射率
（19.18）	$I'_T=I'_0e^{-\beta x}$	透射辐射的强度（没考虑反射损失）
（19.19）	$I_T=I_0(1-R)^2e^{-\beta l}$	透射辐射的强度（考虑了反射损失）

符号列表

符号	意义	符号	意义
h	普朗克常数（6.63×10^{-34} J·s）	ϵ	材料的介电常数
I_0	入射辐射强度	ϵ_0	真空的介电常数（8.85×10^{-12}F/m）
I'_0	非反射入射辐射强度	ϵ_r	相对介电常数
l	透明介质的厚度	λ	电磁辐射波长
n_1，n_2	介质1和介质2的折射率	μ	材料的磁导率
v	光在介质中传播的速度	μ_0	真空的磁导率（1.257×10^{-6}H/m）
x	光在透明介质中穿过的距离	μ_r	相对磁导率
β	吸收系数	v	电磁辐射频率

重要术语和概念

吸收
颜色
电致发光
激发态
荧光
基态
折射率
激光器
发光二极管（LED）
发光
不透明
磷光
光电导
光子
普朗克常数
反射
折射
半透明
透射
透明

参考文献

Fox，M.，*Optical Properties of Solids*，2nd edition，Oxford University Press，New York，2010.

Gupta，M.C.，and J.Ballato，*The Handbook of Photonics*，2nd edition，CRC Press，Boca Raton，FL，2007.

Hecht，J.*Understanding Lasers：An Entry-Level Guide*，3rd edition，Wiley-IEEE Press，Hoboken/Piscataway，NJ 2008.

Kingery，W.D.，H.K.Bowen，and D.R.Uhlmann，*Introduction to Ceramics*，2nd edition，Wiley，New York，1976，Chapter 13.

Rogers，A.，*Essentials of Photonics*，2nd edition，CRC Press，Boca Raton，FL，2008.

Saleh，B.E.A.，and M.C.Teich，*Fundamentals of Photonics*，2nd Edition，Wiley，Hoboken，NJ，2007.

Svelto，O.*Principles of Lasers*，5th edition，Springer，New York，2010.

习题

 Wiley PLUS中（由教师自行选择）的习题。

 Wiley PLUS中（由教师自行选择）的辅导题。

 Wiley PLUS中（由教师自行选择）的组合题。

电磁辐射

19.1 波长为6×10^{-7} m的光呈绿色。计算这种光的频率和能量。

光与固体的相互作用

19.2 区别不透明、半透明以及透明材料在外观以及透光率方面的区别。

原子和电子的相互作用

19.3 （a）简要描述电磁辐射导致的电子极化现象。

（b）透明材料中电子极化会产生哪两大结果？

金属的光学性质

19.4 简要说明为什么金属对于能量位于可见光范围内的电磁辐射呈现不透明性。

折射

19.5 在离子材料中，组分的离子大小如何影响电子极化的程度？

19.6 材料的折射率能小于1吗？为什么？

19.7 计算光在氟化钙（CaF_2）中的传播速率，已知其相对介电常数ϵ_r为2.056（频率在可见光范围内），磁化率为-1.43×10^{-5}。

WILEY 19.8 石英玻璃和一种钠钙玻璃在可见光范围内的折射率分别为1.458和1.51。对于上述每种材料，计算其相对介电常数在60Hz时由电子极化所产生的部分，使用表12.5中的数据。忽略任何取向极化效应。

WILEY 19.9 使用表19.1中的数据，估算硅硼酸盐玻璃、方镁石（MgO）、聚甲基丙烯酸甲酯以及聚丙烯的介电常数，并与下表中给出的数据进行对比。简要说明数据间的差异。

材料	介电常数（1MHz）
硼硅酸盐玻璃	4.65
方镁石	9.65
聚甲基丙烯酸甲酯	2.76
聚丙烯	2.30

WILEY 19.10 简单描述透明介质中光的色散现象。

反射

19.11 如果要求法向入射的光在透明介质表面的反射率小于6.0%。以下哪种材料可能符合上述描述？石英玻璃、高硅玻璃、刚玉，聚苯乙烯、聚四氟乙烯。这些材料的属性均被列于表19.1中。

19.12 简要解释透明材料为什么可以通过添加表面涂层减小反射损失。

WILEY 19.13 刚玉（Al_2O_3）的折射率具有各向异性。假设可见光从一个晶粒沿法向射入另一个具有不同晶体取向的晶粒，计算界面处的反射率。已知两晶粒在光传播方向上的折射率分别为1.757和1.779。

吸收

WILEY 19.14 碲化锌的能带带隙为2.26 eV。该材料在哪个可见光范围内是透明的？

19.15 简要说明为什么吸收系数（19.18式中的β）的大小取决于辐射波长。

WILEY 19.16 穿过一个10mm厚透明材料的非反光辐射所占比例为0.90。如果该材料的厚度增加至
WILEY GM 20mm，会有多少光被透过？

透射

19.17 由本章给出的其他表达式推导式（19.19）。

19.18 一厚为20mm的透明材料对法向入射光的透射率T为0.85。如果该材料的折射率为1.6，计算透射率为0.75的该材料厚度。考虑所有的反射损失。

颜色

WILEY 19.19 简要说明什么决定了（a）金属和（b）透明非金属的颜色。

19.20 简要说明为什么有些透明材料呈现一定颜色，有些无色。

绝缘材料的不透明和半透明性

WILEY 19.21 简要描述非金属材料的3种吸收机制。

19.22 简要说明为什么非晶高分子是透明的，而结晶高分子多不透明，或充其量是半透明的。

发光

光电导

激光器

WILEY 19.23 （a）用自己的语言简要描述发光现象。

（b）荧光和磷光有什么区别？

19.24 用自己的语言，简要描述光电导现象。

19.25 简单描述照相测光表的操作。

19.26 用自己的语言简单描述红宝石激光器是怎样工作的。

WILEY 19.27 计算红宝石激光器亚稳态和基态间的能量差。

光纤通信

19.28 19.14节的最后提到：通过一根16km长光纤玻璃被吸收的光强度与通过厚25mm普通窗户玻璃被吸收的光相同。计算光纤玻璃的吸收系数β，已知窗户玻璃的吸收系数是$10^{-4}\ mm^{-1}$。

设计问题

原子和电子的相互作用

WILEY 19.D1 砷化镓（GaAs）和磷化镓（GaP）是化合物半导体，其室温能带带隙分别为1.42eV和2.25eV，且能按各种比例形成固溶体。该合金的带隙随着GaP的添加［%（摩尔）］大致线性上升。这两种材料被用于发光二极管，其中光产生于导带向价带的电子跃迁。计算会产生波长为0.60μm橙光的GaAs-GaP成分。

工程基础问题

19.1FE 波长为3.9×10^{-7}m的光，其光子能量为多大（eV）：

（A）1.61×10^{-21} eV

（B）3.18 eV

（C）31.8 eV

（D）9.44×10^{7} m

19.2FE 一个完全非晶且无空隙的高分子材料会呈现：

（A）透明

（B）半透明

（C）不透明

（D）铁磁性

第20章 材料科学与工程学科中涉及的经济、环境及社会问题

（a）图片左、右分别为铝合金制和钢合金制饮料罐。钢合金制饮料罐已经严重腐蚀，说明其可降解，但不可回收。相反，铝合金制饮料罐则由于良好的耐腐蚀性表现出可回收和不可降解的特性。

（b）图片为由可降解高分子材料（乳酸）制成的餐叉的不同分解阶段。可以看到，餐叉完全降解的时间约为45天。

（c）图片显示了几种常用的餐具，其中一些是可回收并可以降解的，也有无法降解的（包括可食用的食物）。

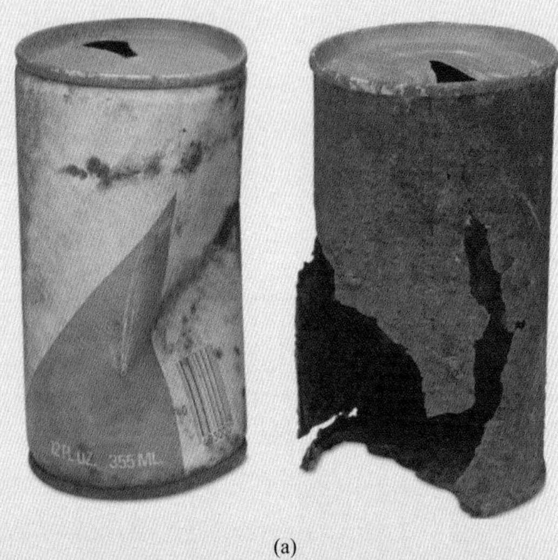

(a)

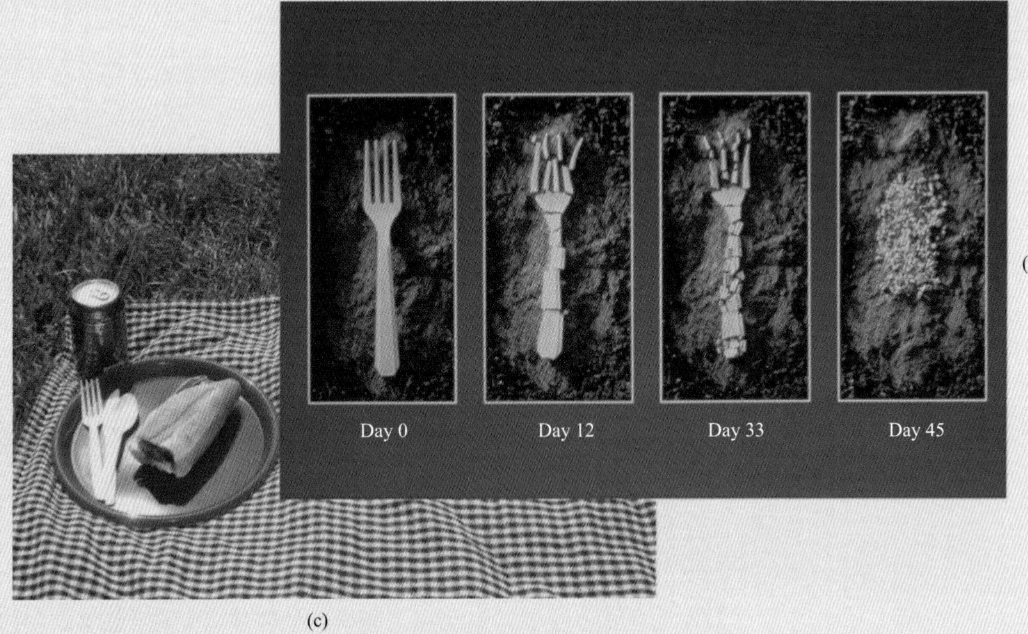

(b)

(c)

[图（b）感谢 Roger Ressmeyer/© Corbis 提供；图（c）感谢 Jennifer Welter 提供]

为什么学习材料科学与工程学科中涉及的经济、环境、及社会问题？

材料工程师必须要了解并掌握材料中蕴含的经济问题。只有这样，材料工程师才能够通过对材料的设计帮助公司或研究机构获得产品的利润。材料工程师的选择和判断将对材料成本和生产成本两方面造成影响。

随着社会的进步，人们对于自然资源的开发越加依赖，随之而来的是环境污染越加严重。而材料工程师的决定则会对环境和社会产生重要影响。如原材料和能源的消耗，河流和空气的污染，人类健康，全球气候变化以及消费者对废弃产品的循环利用和处置。从某种程度上讲，我们和子孙的生活质量都依赖于工程师们对上述问题的处理方式。

学习目标

通过本章的学习你需要掌握以下内容。

1. 列出并简要讨论工程师能通过哪三个因素来控制产品的成本。
2. 能够画出总物质循环图，并简要讨论循环中每一个阶段所涉及的问题。
3. 能够列出生命周期分析/评价流程中的2个输入和5个输出。
4. 能够列出有关产品“绿色设计”的案例。
5. 能够说出（a）金属，（b）玻璃，（c）塑料和橡胶，（d）复合材料中涉及的可循环/可处理的相关问题。

20.1 概述

在之前的章节中，我们讨论了许多材料科学和材料工程问题，其中包含着可被用于材料选择过程的一些准则。这些选取原则与材料性能指标的组合（如力学性能、电学性能、热学性能、腐蚀性能等性能的组合）有关。一些组件的服役性能依赖于构成它的材料的性质。在材料选择过程中，组分合成的简易程度或可加工性也是需要考虑的因素。本书将通过多种方式阐明上述性质和制造问题。

对于工程实践来说，考虑与产品的市场价值有关的准则是尤为重要的。一些准则属于完全的经济准则，这些准则在某种程度上与科学原理和工程实践无关，但可以使商品在商业市场中更具竞争力。另一些准则与环境和社会有关，如污染、处置、再循环、毒性及能耗。本章将讲述工程实践中涉及的重要的经济、环境和社会因素。

经济因素

工程实践就是运用科学原理设计出令人满意且可靠的组分和系统。工程实践的另一个关键驱动力就是经济因素。简单来说，一个公司或机构必须要从其制造和销售的商品中获得利润。工程师可以设计出完美的组分，但同时需要从制造的角度出发，确保这种设计所制造的产品及其价格能够吸引消费者，并且能够给公司带来可观的经济回报。

此外，对当今的全球市场来说，产品的经济价值不仅仅意味着其成本，生产者还需要考虑诸多环境因素。比如许多国家都针对化学品的使用，二氧化碳的排放以及废弃物处理制定了具体的管理条例。

本章会对材料工程师需要考虑的一些重要的经济原则进行简要的综述。学生可以自行阅读本章提供的参考文献获得详细的工程经济学知识。

材料工程师可以通过以下3个因素控制产品的成本：① 组件设计；② 材料的使用；③ 制造技术。上述3个因素互相关联。组件的设计会影响材料的选择，同时设计和材料的使用则决定产品制造技术的选择。接下来我们将从经济方面考虑对这三个因素进行简要讨论。

20.2 组件设计

组件成本与其设计密切相关。因此，元件的设计需要包含尺寸，形状，结构的详细说明。这些细节都会影响元件的服役表现。例如，如果服役过程中组件需承受机械力，那就要求相应的应力分析。工程师需要准备包含具体细节（上述提及的组件尺寸和形状等信息）的设计图，通常还会借助计算机进行辅助运算，使用专门的软件来实现最终的应力分析。

一个复杂的仪器或系统通常包含大量的组件（电视、手机、DVD播放器或录音机等）。因此，设计上需要考虑如何使每一个组件能够在完整的系统中有效地发挥其作用。

产品的成本可以通过预先设计环节进行估算，即使产品尚未正式制造。因此，采用创造性的设计并选取适当的材料可对产品的后期过程产生重要影响。

组件的设计是一个需要反复推敲的过程，这一过程可能包含设计上的大量折中和权衡。工程师应清楚地知道，由于系统限制，完美的组件设计可能并不存在。

20.3 材料

从经济的角度上看，人们通常想要选取的材料或原料具备适当的综合性能及最低的价格，当然也要考虑材料的可获得性。一旦某一族材料均可以满足设计的要求，那么就要开展不同候选材料之间的成本对比工作。原材料的价格通常使用单位质量来描述。部件体积由其尺寸和几何结构确定，之后通过材料的密度将其转换为质量。此外，产品制造期间将产生一些不可避免的原材料浪费现象，这些废料也应计入成本核算中。附录C中给出了多种工程材料的现行价格。

20.4 制造技术

如上所述，制造工艺的选择受材料选取和部件设计的影响。整个制造工艺通常由初期处理和再加工组成。初期处理是将原材料转变为雏形部件（铸造，塑性成形，粉末冶金，模制等）。再加工就是将雏形部件精加工成为最终的零部件（例如热处理、焊接、研磨、钻孔、上漆、装饰)。这些工艺步骤的主要成本包括设备、工具、人力、维修、停产期、生产损耗等。在成本分析中，生产率是一个重要的考量指标。如果生产率可看作是系统的一个特殊单元，那么组装成本也应该计入总成本中。当然，最终产品的成本还必须包括检查，包装，运输等花费。

一些可以影响成本的因素可能与设计、材料及制造过程没有直接的联系，但会体现在产品的销售价格上。这些因素有员工福利、人员管理、研发、资产管理和租赁、保险、红利、缴税等。

环境和社会因素

当代技术和相应产品的制造会在很多方面对我们的社会产生影响。有些影响是积极的，有些则是消极的。这些影响会以经济和环境的形式在全世界范围内产生，其原因有三。① 一种新技术所需的资源通常来源于很多不同的国家；② 技术进步所带来的经济繁荣属于全球范围；③ 环境影响将超越国界。

在技术-经济-环境的结构关系图中，材料将起到关键作用。一种材料被用在某个终端产品上，之后经过一系列步骤或阶段将其废弃处理，图20.1表明了这些步骤。图20.1的流程可被称为“完整的材料循环”或“材料循环”并表示为一种材料从生产到废弃或再利用的生命流程图。从图20.1最左端开始，通过开采，钻井，收获等方式从相应的自然产地获取原材料。这些原材料再经净化、精炼或转化为如金属、水泥、石油、橡胶和纤维的块体材料。通过再合成和加工可以获得成品，即所谓的“工程材料”，如金属合金、陶瓷粉末、玻璃、塑料、复合材料、半导体材料及人工橡胶。这些工程材料经过进一步的成形，处理，及组装后就可成为各类可供消费者使用的产品、设备及装置（“产品设计，制造，组装”阶段)。消费者购买并使用这些产品（“应用”阶段）直至其耗尽或变成废品并被遗弃。在这一阶段，产品可能进行再循环/再利用（即再次进入材料循环中）或被废弃成为废物。废弃物通常被焚烧或作为固体废弃物掩埋在政府制定的垃圾场。材料通过上述方式返回土壤中并完成整个材料生命周期。

据估算，全球每年将从地球中提取约150亿吨的原材料，其中一些是可再生的，另外一些则不可再生。随着时间的推移，我们越来越明显地认识到地球相对其组成材料来说是一个封闭系统，地球的资源是有限的。此外，随着人类社会的成熟和人口的增加，可用资源会变得越来越少。因此，人们应该广泛关注如何更加有效地利用资源。

每一个循环阶段都需要能源供给。据统计，美国的能源消耗中，约有一半被制造业用于生产及合成材料。在某种程度上讲，能源也是有限的。因此，必须采取措施使材料生产、应用及处理过程中使用的能源得到更加有效的利用。

实际上，材料循环中的每一个阶段都会与自然环境之间产生相互作用和影响。地球的大气、水源、及陆地的状态在很大程度上取决于人们对材料循环的关心程度。许多生态破坏和景观损毁都与自然资源的开采有关。在合成和加工的过程中可能产生的污染物会被排放到空气和河流当中。此外，产物中的所有有毒物质都需要处理或废弃。最终的产品，设备及装置都需要经过设计，使之在其生命周期内对环境产生的影响最小化。此外，在产品达到使用寿命后，应制定相应的条款促进各单元材料的循环使用，或至少使得相应材料处理过程的生态负担最小化（如材料可生物降解）。

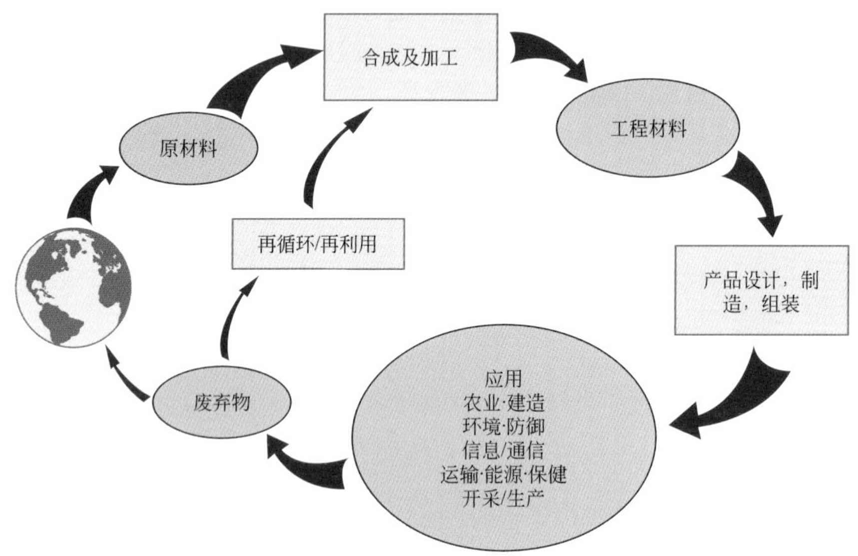

图20.1　完整材料循环的示意图

（取自M.Cohen，*Advanced Materials& Processes*，Vol.147，No.3，p.70，1995.Copyright © 1995 by ASM International.经由ASM International，Materials Park，OH.授权再版）

将使用过的产品再循环比起将其当作废物处理是一种更加理想的方案。其优点有三。第一，使用可循环材料可以避免无休止地向地球提取原材料，从而得以保护自然资源并消除开采带来的生态影响。第二，相比于自然开采，可循环材料的精炼和处理仅造成较低的能源消耗。例如，从天然铝矿石中精炼铝金属比从铝罐中回收要多消耗28倍的能源。第三，可循环材料可持续循环使用而不用废弃。

综上所述，材料循环（如图20.1）是一个包括了材料、能源和环境之间的相互作用以及相互交换的系统。而且，未来全世界的工程师都必须了解材料循环中这些阶段过程之间的相互关系，才能有效地利用地球的资源并且将产品生产、使用及处理过程中对自然环境的负面影响减少到最小。

许多国家已经通过政府立法机构建立了相关的标准，并用以重视和解决环境问题。(例如，一些国家正在对电子元件中使用的铅元素进行逐步淘汰)。从工业的角度上看，工程师们也应义不容辞地为解决现存和潜在的环境问题提出可行的方案。

任何通过制造过程解决环境问题的方案都会影响产品的成本。一个普遍错误的观念是环境友好的产品或工艺比相应的环境不友好的产品或工艺的成本必然要高。事实上，工程师的创造性思维可以产生出更好且成本更低廉的产品/工艺。另一个值得注意的问题是如何定义“成本”，在这里有必要将产品的整个生命周期及其相关的因素全部考虑进去（包括废弃处理和环境影响问题等）。

工业界已经在利用“生命周期分析/评价”的方法来提高产品的环境兼容性。使用这种方法的产品设计，通常需要考虑产品从无到有，再到废弃过程中每一个环节对环境的影响。即从原材料的开采到产品制造，从产品使用到再循环和处理。这种方法也被称为“绿色设计”。这种方法的一个重要方面就是可以定量地分析生命周期中每一阶段的各种输入（如材料和能源）和输出（如废物）。图20.2中给出了上述输入/输出的示意图。这种评价方法将从生态，人类健康，资源保护等方面得出相应产品对全球局部地区环境的影响。

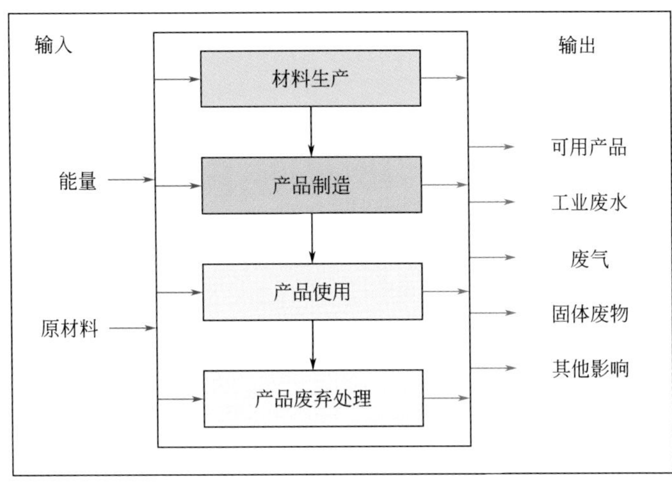

图20.2 产品生命周期评价的输入/输出目录示意图

（取自J.L.Sullivan and S.B. Young，*Advanced Materials& Processes*，Vol.147，No.2，p.38，1995.Copyright © 1995 by ASM International.经 由ASM International，Materials Park，OH.授权再版）

最近，在环境/经济/社会领域中较为流行的一个词是“可持续性”。在当前的背景下，可持续性可以解释为：在保护环境的前提下，将现有的人们认可的生活方式无限长的持续下去的能力。这就意味着，随着时间的推移和人口规模的增长，地球资源必须以可自然恢复的速率被开采和使用，且污染物的排放也应该在一个可接受的水平上。对工程师来讲，可持续性的概念应转化为开发可持续产品的责任。ISO 14001是一个国际公认的标准，它可以帮助各机构遵守相关的环境法律法规，并平衡利润与降低环境影响之间的关系[1]。

20.5 材料科学与工程中的回收问题

材料科学与工程基础在材料循环中的再循环和处理环节中将起到关键作用。可循环性和可处理性对新材料的设计和合成十分重要。在材料的选择过程中，所应用材料的最终处理是重要的选取原则。本章将简要讨论可循环性/可处理性涉及的一系列问题。

从环境角度出发，理想材料应该是可完全循环利用或可完全生物降解的材料。“可循环利用”意味着材料作为某一组件完成其生命周期后可再处理，之后能够再次进入材料循环中，并在新的组件中被再次利用。同时，这一过程可以无限次的循环下去。“完全生物降解”是指通过与环境（天然化学物、微生物、氧气、热、阳光等）反应，材料逐渐分解并返回到加工前的初始状态。不同工

[1] 国际标准化组织（ISO）。ISO是一个汇集了世界各国标准机构代表的组织，负责建立和颁布工业及商业标准。

程材料会展示出不同的可循环性和可生物降解性。

（1）金属

多数金属合金（如铁或铜合金）可通过一次或再次腐蚀达到生物降解的目的。然而，如将一些有毒金属放置在填埋场，则会对人类健康产生威胁。尽管多数金属合金都可以进行再循环，但是想要回收合金中的所有金属元素却是不可能的。此外，每次回收后合金的质量都会下降。

产品设计应包含不同合金元件的拆解。回收中涉及的另一问题是拆解和破碎后不同类型金属的分选（如从铁合金中分选出铝）。因此，一些分选技术也应运而生（如磁选和重力分选）。两种合金的焊接可能会带来污染问题，导致其不易被回收。涂层（涂料、阳极氧化层、包覆层等）也可能成为污染物并使材料无法循环回收。因此人们应该在设计的初期就要考虑好产品的整个生命周期所涉及的问题。

铝合金的抗腐蚀性很好，因此是非生物降解的。但很幸运，铝合金是可以被回收的。实际上，铝合金是非铁合金以外最重要的可回收金属。铝合金不易被腐蚀的特性意味着它可以完全被回收利用 。而且铝合金回收精炼所需的能量比制造其原始产品的能量还要低。再回收铝合金的来源主要为饮料罐和报废汽车。

（2）玻璃

陶瓷材料中最畅销的材料当属以容器形式存在的玻璃。玻璃属于惰性材料，不易分解，是非可生物降解的。城市填埋场的相当一部分是由废弃玻璃组成的，焚烧炉残留物也是如此。

此外，回收玻璃几乎没有经济驱动力可言。玻璃的基本原材料（沙子、苏打灰及石灰岩）十分廉价且提取简易。回收的玻璃（也称碎玻璃）应按颜色（如透明色、琥珀色、绿色），种类（盘子或容器），及成分（石灰、铅及硼硅酸盐）分类。这一分类回收过程既耗时又昂贵。因此，碎玻璃的市场价值很低，从而降低了其可回收性。应用再生玻璃的优点是其更快及更高的生产率以及更低的污染物排放。

（3）塑料和橡胶

合成高分子材料（包括橡胶）如此流行的一大原因就是其良好的化学和生物学惰性。这种特性使其废物处理成为了一个难题。大多数高分子材料是非可生物降解的。因此，他们不能在填埋场被分解。大部分高分子材料废弃物的来源为包装、废弃汽车、废弃轮胎及其他家庭耐用品。可生物降解的高分子材料已经能够合成，但其生产价格十分昂贵（见下文列出的重要材料）。此外，由于一些高分子材料易燃，且不会产生有毒气体或者释放污染物，因此这类材料通过焚烧处理。

热塑性高分子材料，具体为聚对苯二甲酸乙二醇酯、聚乙烯及聚丙烯，由于其良好的热塑性是最易于回收和再循环的高分子材料。材料按照其种类和颜色分类是十分必要的。在某些国家，包装材料的分类可根据其识别码进行简化。例如，a1 标识为聚对苯二甲酸乙二醇酯（PET 或 PETE）。表 20.1 所示是一些可循环标识码及其对应的材料。表中包括原始材料及其循环材料的编码。一些塑料材料中添加了填充物以改变其性能，这些填充物会使塑料的再循环过程复杂化（见14.12节）。再循环塑料的价值比其初始材料低，且随循环次数的增加其质量和外观会越来越差。再循环塑料的典型应用有鞋底，工具手柄，及类似货盘的工业产品。

表20.1 可循环编码，一些商用高分子材料的原材料编码及其再循环编码

回收编码	高分子材料名称	初生料应用	再循环产品
1	聚对苯二甲酸乙二醇酯（PET或PETE）	塑料饮料瓶，漱口水瓶，花生酱和沙拉罐	液体香皂瓶，橡皮膏，冬衣的纤维填充物，冲浪板，油漆刷，网球上的绒毛，软饮瓶，薄膜，鸡蛋纸板，滑雪板，地毯，船
2	高密度聚乙烯（HDPE）	牛奶、水、果汁的饮料瓶，食品袋，玩具，液态洗涤剂瓶子	纸杯型软饮瓶，花盆，排水管，标志牌，体育场座椅，垃圾桶，回收箱，交通障碍锥，高尔夫球包垫，洗涤剂瓶，玩具
3	聚氯乙烯或乙烯基（V）	清洁食物包装，洗发水瓶	楼梯垫，管子，软管，挡泥板
4	低密度聚乙烯（LDPE）	面包袋，冷冻食品袋，食品袋	垃圾箱衬垫，食品袋，多功能袋
5	聚丙烯（PP）	番茄酱瓶，酸奶瓶，黄油桶，药瓶	人孔梯，颜料桶，刮冰机，快餐盘，割草机轮胎，汽车电池部分
6	聚苯乙烯（PS）	光盘盒，咖啡杯，餐刀，餐匙，餐叉，餐盘，食品店肉盘，快餐三明治包装	牌照支撑物，高尔夫球道和化粪池排水系统，台式电脑配件，悬挂物，食品托盘，花盆，垃圾桶

来源：American Plastics Council。

热固性树脂的交联或网络状结构使得其不易被重铸或重塑，因而其再循环也十分困难。一些热固性塑料可以通过研磨，在加工前作为再生填充材料加入到原始材料中。

重要材料

生物可降解的和可生物再生的高分子材料/塑胶材料

现今的大多数高分子材料为合成的且石油基的。这些合成材料（如聚乙烯和聚苯乙烯）极其稳定，并不易降解，尤其是在潮湿的环境中。1970～1980年间，人们十分担心不断产生的大量塑料废弃物会填满所有的垃圾填埋场。因此，高分子材料的不可降解性被视为一种难题而非财富。可生物降解高分子材料的引入可视为缓解填埋场压力的一种方式。作为回应，高分子工业也开始研发可生物降解的材料。

可生物降解高分子材料是指可以在自然环境条件下分解的材料，通常由微生物分解。其分解机理如下，微生物切断高分子链，这将降低分子尺寸；这些较小的分子会被微生物摄取，这一过程如同给植物施肥。当然，天然高分子材料可被微生物消化，因此是可生物降解的，如羊毛，棉花及木头。

第一代可降解高分子材料是由普通高分子制作而成，如聚乙烯。化合物的添加使得这些材料能够在阳光下分解（如光降解）。其原理是所添加的化合物可与空气中的氧气反应氧化，并/或生物分解。不幸的是，第一代材料并未

达到预期。它们降解的十分缓慢，缓解填埋场压力的预期并未实现。失败的尝试对可降解高分子材料造成了不良的声誉，并给其发展带来了负面影响。作为回应，高分子工业界研究了相应的标准用以精确的测量分解速率并认知其分解方式。这些发展使可生物降解高分子塑料的研究重新充满活力。

最新一代可生物降解高分子材料的发展主要面向生态龛应用。优点在于它们较短的寿命。例如，可生物降解的叶子和垃圾袋可用于包装肥料，这样就免除了后续需要脱去肥料包装的麻烦。

如图20.3所示，可生物降解塑料的另一个重要的应用是农耕中使用的地面覆盖塑料（用以保持水分、消灭杂草等的塑料膜）。在气温比较低的地区，将种子覆盖上塑料薄膜可以延长种植物的生长期，同时增加农作物的产量且降低成本。塑料薄膜通过吸收热量提升地表温度并增加湿度。传统上，通常使用掺炭黑色聚乙烯（非生物降解）薄膜。但是，因为这种薄膜不可降解/非生物降解，种植季结束后往往需要人工将这些塑料薄膜从田地中回收并处理。近来，用于地面覆盖薄膜的可生物降解塑料已经被研发。收获完种植物后，这些可生物降解塑料薄膜可以被均匀的犁耕，并在分解之后使土地更加肥沃。

图20.3 图片显示了已经覆盖在田地上，用于耕种的可生物降解的地面塑料薄膜（照片由Dubois Agrinovation提供）

可生物降解塑料另一潜在的应用领域为快餐业。如果所有的塑料盘子、杯子、包装等都是可生物降解的材料制成的，那么相应废弃物就可以跟废弃食品一同混合处理，并进行大规模堆肥。这不仅降低了进入固体填埋场的材料数量，同时，如果高分子材料是用可再生材料制备的，温室气体的排放量也将得到降低。

为了降低人们对石油的依赖以及温室气体的排放量，必须要大力研发可生物降解高分子材料，或说基于植物来源的“生物可再生材料”（生物材料[1]）。这些新材料与传统高分子材料在价格竞争性上要更具优势，同时也能够应用现有技术进行加工制造（如挤压，注射成型等）。

过去的三十年里，人们已经合成了一系列可以与从石油中获取的高分子材料性能相媲美的生物再生材料。其中一些是可生物降解的，一些则不能。生物高分子材料中最为人们熟知的可能就是聚乳酸（PLA）了，其含有的重复性单分子结构如下：

$$\left[-\underset{\underset{CH_3}{|}}{C}H-\overset{\overset{O}{\|}}{C}-O- \right]_n$$

从商业的角度上讲，PLA是从乳酸中提取的。然而，其原材料往往为富含淀粉的可再生产品，如玉米，糖用甜菜及小麦。力学性能方面，PLA的弹性模量和抗拉强度与聚乙烯相当。如果与其他可生物降解的高分子材料进行共聚合［例如：聚羟基乙酸（PGA）］，则可以提高性能以至可以采用传统制造工艺进行生产，如注射成型，挤压成型，吹塑成型，纤维成型。PLA的其他性能使得它能够成为理想的包装材料，特别是其透明、防潮、抗油、无气味等性质特别适合用于饮料和食物产品的包装。PLA还具有可生物吸收性质，即其可以被生物系统吸收或称之为消化。例如，在人体内被吸收。因此，PLA已经被广泛用于生物医学中，包括可吸收性

[1] 生物材料指如茎，叶子，植物的种子等。这些材料可用于燃料或工业原料。

缝合、人体移植及药物的可控释放。PLA及其他可生物降解高分子材料广泛应用的首要障碍就是其较高的成本，这是任何新材料应用所遇到的普遍问题。更高效、更经济的合成工艺技术的研发已经使这类新型材料的成本急剧降低，并且使得它们比传统的基于石油生产的高分子材料更具竞争力。

尽管PLA是可生物降解材料，但其只能在特定环境下分解，如具有高温的商业堆肥设施中。在室温和正常环境条件下，PLA是非常稳定（无限期）的材料。PLA分解物包括水，二氧化碳及有机物。降解过程的最初阶段是高质量的高分子打破为小分子。这与之前所述“生物降解”过程不同，该过程包括高分子主链的水解，是没有微生物参与的分解过程。之后的低质量分解则有微生物参与。聚乳酸还具有可循环利用的特性，通过适当的设备可将其转化为最初的单体，并可再次合成为PLA。

PLA的一些其他特性也使之成为引人注目的材料，特别在纺织应用方面。通过传统的熔融纺丝工艺可以将PLA纺成纤维（见14.15节）。此外，PLA拥有优异的卷曲及卷曲保持性能，耐紫外线照射（如不会退色），且其具有相对的不可燃性。这种材料另外的一些潜在应用包括家用陈设，如帷帘、家居装饰材料、遮篷、尿布及工业擦拭布。

可生物降解/生物再生聚乳酸的应用举例：薄膜，包装及织物。（照片由Nature Works LLC and Imternational Paper，Inc.提供）

橡胶材料面临处理和回收方面的挑战。硫化后，橡胶会变为热固性材料，这就造成了化学回收方面的难题。此外，橡胶可能含有多种多样的填充物。美国的大多数橡胶废料来源于废弃汽车轮胎，这些轮胎是极其难生物降解的材料。在某些工业应用中，废旧轮胎可当成一种燃料，但会产生严重的废气问题。回收的橡胶轮胎被破碎，再次成型后可进行多种应用，如汽车保险杠、挡泥板、门垫及运输辊道，当然，旧轮胎也可以翻新后使用。此外，橡胶轮胎可以分解成小块，小块橡胶通过某些黏合剂重新结合形成理想的形状，并应用于要求不高的场合，如餐盘垫和橡胶玩具。

传统橡胶材料最可行的可循环利用替代品就是热塑性弹性体（热塑性橡胶）（13.16节）。热塑性橡胶的本质是非化学交联材料，因此很容易进行再成型。此外，因制造过程不需硫化，热塑性橡胶生产所需的能量低于热固性橡胶。

复合材料

复合材料含有多种物相的固有特性，因此其很难被循环利用。两种或更多的相/材料在很小的范围内相互混合构成复合材料，任何尝试回收此种材料的再循环工艺都必定十分复杂。当然，还是有一些技术已经得到发展，最为成功的再循环技术是聚合物基复合材料的回收处理。热塑性基与热固性基材料的再循环技术基本一致，仅存在微小不同。

热固性及热塑性基复合材料的再循环第一步为破碎/研磨，在这一步骤中元件被破碎为尺寸较小的颗粒。在某些案例中，这些破碎的颗粒与高分子材料

（或其他填充物）混合在一起作为填充材料使用。其他再循环工艺能够使纤维与/或基体材料分离。一些技术可以使基体挥发，另一些使基体恢复为单体。破碎/研磨工艺使恢复的纤维具有很短的长度。此外，纤维的机械强度也随之降低，其下降程度取决于恢复工艺及纤维类型。

总结

经济因素

- 为使产品成本最小化，材料工程师需要考虑组件的设计、材料的使用以及制造工艺。
- 其他重要的经济因素包括附加福利、劳动力、保险和利润。

环境和社会因素

- 生产制造的环境和社会影响已经成为了重要的工程问题。从这一角度上看，材料从合成到使用结束的生命周期是一个需要全盘考虑的重要问题。
- 生命周期包括提取，合成/加工，产品设计/制造，应用及处理阶段（图20.1）。
- 利用输入/输出目录进行产品的生命周期评价可以促进材料循环的有效运转。材料和能源为输入参数；输出参数包括可用产品，工业废水，气体排放及固体废弃物（图20.2）。
- 地球为一个封闭系统，含有的资源是有限的。在某种程度上，能源也是有限的。环境问题包括生态破坏，污染及废物处理。
- 旧产品的再循环和绿色设计的应用可以避免上述的一些环境问题。

材料科学与工程中的再循环问题

- 可循环性和可处理性问题是材料科学与工程的重要内容。理想情况下，一种材料应该是可循环的，或者至少应该是可生物降解或可处理的。
- 不同类型材料的可循环性/可处理性。

  金属合金的可循环型和可生物降解性各不相同（如腐蚀的敏感性）。一些有毒的金属是无法被处理的。

  玻璃是最普遍的商业陶瓷材料，具有不可生物降解性。此外，经济因素尚不足以诱使人们进行玻璃回收。

  多数塑料和橡胶具有不可生物降解的性质。热塑性高分子材料具有可循环性，而多数热固性材料则不可再循环。

  复合材料由两种或更多不同相在小范围内互相混合组成，因此很难再循环。

参考文献

工程经济

Newman，D.G.，T.G.Eschenbach，and J.P.Lavelle，*Engineering Economic Analysis*，10th edition，Oxford University Press，New York，2009

Park，C.S.，*Fundamentals of Engineering Economics*，2ndedition，Prentice Hall，Upper Saddle River，NJ，2008

White，J.A.，K.E.Case，and D.B.Pratt，*Principles of Engineering Economics Analysis*，5th edition，Wiley，Hoboken，NJ，2010.

社会

Cohen，M.，“Societal Issues Materials Science and Technology，” *Materials Research Society Bulletin*，September，1994，pp.3-8.

环境

Ackerman，F.，*Why Do We Recycle?：Markets，Values，and Public Policy*，Island Press，Washington，DC，1997.

Ashby，M.F.，*Materials and the Environment：Eco-Informed Material Choice*，Butterworth-Heinemann/Elsevier，Oxford，2009.

Azapagic，A.，A.Emsley，and I.Hamerton，*Polymer，the Environment and Sustainable Development*，Wiley，West Sussex，UK，2003.

Landreth，R.E.，and P.E.Rebers（Editors），*Municipal Solid Wates- Problems and Solutions*，CRC Press，Boca Raton，FL，1997.

McDonough，W.，and M.Braungart，*Cradle to Cradle：Remaking the Way We Make Things*，North Point Press，New Toyk，2002.

Nemerow，N.L.，F.J.Agardy，and J.A.Salvato（Editors），*Environmental Engineering*，6th edition，Wiley，Hoboken，NJ，2009.Three volumes.

Porter，R.C.，*The Economics of Waste*，Resources for the Future Press，Washington，DC，2002.

设计问题

20.D1 玻璃、铝及各种塑料材料均可用作容器（见第1章开篇图片和该章图片附言的重要材料）。列出这三种类型材料应用的优缺点，包括：成本、可再循环性、每种容器生产的能源消耗。

20.D2 讨论为什么考虑完整的生命周期是十分重要的问题，而不仅仅是第一阶段。

20.D3 讨论材料工程师在“绿色设计”中可以起到怎样的作用？

20.D4 除再循环方面，给产品使用者提出一些能够减轻环境负担的消费行为。

附录A 国际单位制（SI）

国际单位可分为两类：基础的和衍生的。基础单位是最基本的且不可分解的单位。表A.1列出了和材料科学与工程有关的基础单位。

衍生单位可以通过数学公式的乘除法由基础单位表示。例如，密度的国际单位表达为千克每立方米（kg/m^3）。对于某些衍生单位来说，存在特定的名称和符号。例如力的单位N，其贡献自牛顿，等同于$1kg \cdot m/s^2$。表A.2列出了一些重要的衍生单位。

为了方便起见，有时候十分必要以国际单位的十进制倍数或约数命名并表示相关单位。当采用国际单位的倍数时，用其前缀表达，即分子。这些前缀，也是其符号列在了表A.3中。本书应用的所有单位均为国际单位，或在相关页首给出。

表A.1 国际单位中的基础单位（SI）

参量	名称	符号
长度	米	m
质量	千克	kg
时间	秒	s
电流	安培	A
绝对温度	开尔文	K
物质的量	摩尔	mol

表A.2　国际单位中的衍生单位

参量	名称	方程式	符号
面积	平方米	m^2	—
体积	立方米	m^3	—
速度	米/秒	m/s	—
密度	千克/立方米	kg/m^3	—
浓度	摩尔/立方米	mol/m^3	—
力	牛顿	$kg\cdot m/s^2$	N
能量	焦耳	$kg\cdot m^2/s^2$，N·m	J
应力	帕斯卡	kg/ms^2，N/m^2	Pa
应变	—	m/m	—
功率，辐射通量	瓦特	$kg\cdot m^2/s^2$，J/s	W
黏度	帕斯卡-秒	kg/（m·s）	Pa·s
频率	赫兹	s^{-1}	Hz
电荷量	哥伦布	A·s	C
电势	伏特	$kg\cdot m^2/(s^2\cdot C)$	V
电容	法拉	$s^2\cdot C^2/(kg\cdot m^2)$	F
电阻	欧姆	$kg\cdot m^2/(s\cdot C^2)$	Ω
磁通量	韦伯	$kg\cdot m^2/(s\cdot C)$	Wb
磁感应强度	特斯拉	kg/（s·C），Wb/m^2	（T）①

① T是一个批准用于SI单位制但并未用于本书的特殊符号，本书用tesla（特斯拉）代替了这一符号。

表A.3　国际单位的倍数及其前缀

因子的倍数	前缀	符号
10^9	吉（giga）	G
10^6	兆（mega）	M
10^3	千（kilo）	k
10^{-2}	厘（centi①）	c
10^{-3}	毫（milli）	m
10^{-6}	微（micro）	μ
10^{-9}	纳（nano）	n
10^{-12}	皮（pico）	p

① 应尽量避免使用的单位。

附录B 部分工程材料的性能

B.1 密度
B.2 弹性模量
B.3 泊松比
B.4 强度和延展度
B.5 平面应变断裂韧性
B.6 线热膨胀系数
B.7 热导率
B.8 比热容
B.9 电阻率
B.10 金属合金成分

本附录编制了约100种通用工程材料的重要性能。每一个列表分别给出了这组材料的某一项性能，其中一个表格给出了各种合金的成分（见表B.10)。表格列出的数据按照材料类型（金属和金属合金；石墨，陶瓷及半导体材料；高分子材料；纤维材料；以及复合材料）分类。每一项分类都是按字母顺序进行排列。

数据值既可能会按照某一范围给出，也可能给出单一值。当出现（min）时，意味着给出值引用的是最小值。

表B.1 各种工程材料在室温下的密度值

材料	密度	
	/（g/cm^3）	/（$lb_m/in.^3$）
金属和金属合金 **普碳和低合金钢**		
合金钢A36	7.85	0.283
合金钢1020	7.85	0.283
合金钢1040	7.85	0.283
合金钢4140	7.85	0.283
合金钢4340	7.85	0.283
不锈钢		
不锈合金304	8.00	0.289
不锈合金316	8.00	0.289
不锈合金405	7.80	0.282
不锈合金440A	7.80	0.282
不锈合金17-7PH	7.65	0.276

续表

材料	密度	
	/（g/cm^3）	/（$lb_m/in.^3$）
铸铁		
灰铸铁		
•等级G1800	7.30	0.264
•等级G3000	7.30	0.264
•等级G4000	7.30	0.264
球墨铸铁		
•等级60-40-18	7.10	0.256
•等级80-55-06	7.10	0.256
•等级120-90-02	7.10	0.256
铝合金		
合金1100	2.71	0.0978
合金2024	2.77	0.100
合金6061	2.70	0.0975
合金7075	2.80	0.101
合金356.0	2.69	0.0971
铜合金		
C11000（电解韧铜）	8.89	0.321
C17200（铍铜合金）	8.25	0.298
C26000（弹壳黄铜）	8.53	0.308
C36000（易切削黄铜）	8.50	0.307
C71500（铜-镍合金，30%）	8.94	0.323
C93200（轴承青铜）	8.93	0.322
镁合金		
合金AZ31B	1.77	0.0639
合金AZ91D	1.81	0.0653
钛合金		
商业纯钛（ASTM 等级1）	4.51	0.163
合金Ti-5Al-2.5Sn	4.48	0.162
合金Ti-6Al-4V	4.43	0.160
贵金属		
金（商业纯度）	19.32	0.697
铂（商业纯度）	21.45	0.774
银（商业纯度）	10.49	0.379

续表

材料	密度	
	/（g/cm^3）	/（$lb_m/in.^3$）
难熔金属		
钼（商业纯度）	10.22	0.369
钽（商业纯度）	16.6	0.599
钨（商业纯度）	19.3	0.697
有色金属		
镍200	8.89	0.321
铬镍铁合金625	8.44	0.305
蒙乃尔镍基合金400	8.80	0.318
海恩斯合金25	9.13	0.330
因瓦合金	8.05	0.291
超级因瓦	8.10	0.292
可伐合金	8.36	0.302
化学铅	11.34	0.409
锑铅合金（6%）	10.88	0.393
锡（商业纯度）	7.17	0.259
锡铅钎料（60Sn-40Pb）	8.52	0.308
锌（商业纯度）	7.14	0.258
锆，反应级别702	6.51	0.235
石墨，陶瓷，及半导体材料		
氧化铝		
•纯度99.9%	3.98	0.144
•纯度96%	3.72	0.134
•纯度90%	3.60	0.130
混凝土	2.4	0.087
金刚石		
•天然	3.51	0.127
•合成	3.20 ～ 3.52	0.116 ～ 0.127
砷化镓	5.32	0.192
玻璃，硼硅酸盐（耐热玻璃）	2.23	0.0805
玻璃，钙钠玻璃	2.5	0.0903
玻璃陶瓷（耐高温陶瓷）	2.60	0.0939
石墨		
•挤压成型	1.71	0.0616
•等静压成型	1.78	0.0643
二氧化硅，熔凝	2.2	0.079
二氧化硅	2.33	0.0841

续表

材料	密度	
	/（g/cm^3）	/（$lb_m/in.^3$）
碳化硅		
•热压	3.3	0.119
•烧结	3.2	0.116
氮化硅		
•热压	3.3	0.119
•反应烧结	2.7	0.0975
•烧结	3.3	0.119
氧化锆，3mol%Y_2O_3，烧结	6.0	0.217
高分子		
人造橡胶		
•丁二烯-丙烯腈（腈）	0.98	0.0354
•苯乙烯-丁二烯（SBR）	0.94	0.0339
•硅酮	1.1 ～ 1.6	0.040 ～ 0.058
环氧树脂	1.11 ～ 1.40	0.0401 ～ 0.0505
尼龙6，6	1.14	0.0412
酚醛塑料	1.28	0.0462
聚对苯二甲酸丁二醇酯（PBT）	1.34	0.0484
聚碳酸酯（PC）	1.20	0.0433
涤纶（热固树脂）	1.04 ～ 1.46	0.038 ～ 0.053
聚醚醚砜（PEEK）	1.31	0.0473
聚乙烯		
•低密度（LDPE）	0.925	0.0334
•高密度（HDPE）	0.959	0.0346
•超高分子量（UHMWPE）	0.94	0.0339
聚对苯二甲酸乙二酯（PET）	1.35	0.0487
聚甲基丙烯酸甲酯（PMMA）	1.19	0.0430
聚丙烯（PP）	0.905	0.0327
聚苯乙烯（PS）	1.05	0.0379
聚四氟乙烯（PTFE）	2.17	0.0783
聚氯乙烯（PVC）	1.30 ～ 1.58	0.047 ～ 0.057
纤维材料		
芳纶（芳纶49）	1.44	0.0520
碳（聚丙烯腈原丝）		
•标准模量	1.78	0.0643
•中级模量	1.78	0.0643
•高模量	1.81	0.0653
电子级玻璃	2.58	0.0931

续表

材料	密度	
	/（g/cm³）	/（lbm/in.³）
复合材料		
芳纶纤维-树脂基体（V_f=0.60）	1.4	0.050
高模量碳纤维-树脂（V_f=0.60）	1.7	0.061
电子级玻璃纤维-树脂基体（V_f=0.60）	2.1	0.075
木料		
•花旗松（湿度12%）	0.46 ～ 0.50	0.017 ～ 0.018
•红橡木（湿度12%）	0.61 ～ 0.67	0.022 ～ 0.024

来 源：*ASM Handbooks*，Volumes 1 and 2，*Engineered Materials Handbooks*，Volumes 4，*Metals Handbooks*：*Properties and Selection*：*Nonferrous Alloys and Pure Metals*，Vol.2，9th edition，安 and *Advanced Materials & Processes*，Vol.146，No.4，ASM International，Materials Park，OH；*Modern Plastics Encyclopedia'96*，The McGraw-Hill Companies，New York，NY；R.F.Floral and S.T.Peter，"Composite Structures and Technologies，" tutorial notes，1989；and manufacturers' technical data sheets.

表B.2 各种工程材料在室温下的弹性模量

材料	弹性模量	
	/GPa	/10⁶psi
金属和金属合金 普碳和低合金钢		
合金钢A36	207	30
合金钢1020	207	30
合金钢1040	207	30
合金钢4140	207	30
合金钢4340	207	30
不锈钢		
不锈合金304	193	28
不锈合金316	193	28
不锈合金405	200	29
不锈合金440A	200	29
不锈合金17-7PH	204	29.5
铸铁		
灰铸铁		
•等级G1800	66 ～ 97①	9.6 ～ 14①
•等级G3000	90 ～ 113①	13.0 ～ 16.4①
•等级G4000	110 ～ 138①	16 ～ 20①
球墨铸铁		
•等级60-40-18	169	24.5
•等级80-55-06	168	24.4
•等级120-90-02	164	23.8

续表

材料	弹性模量	
	/GPa	/10^6psi
铝合金		
合金1100	69	10
合金2024	72.4	10.5
合金6061	69	10
合金7075	71	10.3
合金356.0	72.4	10.5
铜合金		
C11000（电解韧铜）	115	16.7
C17200（铍铜合金）	128	18.6
C26000（弹壳黄铜）	110	16
C36000（易切削黄铜）	97	14
C71500（铜-镍合金，30%）	150	21.8
C93200（轴承青铜）	100	14.5
镁合金		
合金AZ31B	45	6.5
合金AZ91D	45	6.5
钛合金		
商业纯钛（ASTM 等级1）	103	14.9
合金Ti-5Al-2.5Sn	110	16
合金Ti-6Al-4V	114	16.5
贵金属		
金（商业纯度）	77	11.2
铂（商业纯度）	171	24.8
银（商业纯度）	74	10.7
难熔金属		
钼（商业纯度）	320	46.4
钽（商业纯度）	185	27
钨（商业纯度）	400	58
有色金属		
镍200	204	29.6
铬镍铁合金625	207	30
蒙乃尔镍基合金400	180	26
海恩斯合金25	236	34.2
因瓦合金	141	20.5

续表

材料	弹性模量	
	/GPa	/10^6psi
有色金属		
超级因瓦	144	21
可伐合金	207	30
化学铅	13.5	2
锡（商业纯度）	44.3	6.4
锡铅钎料（60Sn-40Pb）	30	4.4
锌（商业纯度）	104.5	15.2
锆，反应级别 702	99.3	14.4
石墨，陶瓷，及半导体材料		
氧化铝		
•纯度 99.9%	380	55
•纯度 96%	303	44
•纯度 90%	275	40
混凝土	25.4 ～ 36.6[①]	3.7 ～ 5.3[①]
金刚石		
•天然	700 ～ 1200	102 ～ 174
•合成	800 ～ 925	116 ～ 134
砷化镓，单晶		
•<100>取向	85	12.3
•<110>取向	122	17.7
•<111>取向	142	20.6
玻璃，硼硅酸盐（耐热玻璃）	70	10.1
玻璃，钙钠玻璃	69	10
玻璃陶瓷（耐高温陶瓷）	120	17.4
石墨		
•挤压成型	11	1.6
•等静压成型	11.7	1.7
二氧化硅，熔凝	73	10.6
二氧化硅		
•<100>取向	129	18.7
•<110>取向	168	24.4
•<111>取向	187	27.1

续表

材料	弹性模量	
	/GPa	$/10^6$psi
碳化硅		
•热压	207 ~ 483	30 ~ 70
•烧结	207 ~ 483	30 ~ 70
氮化硅		
•热压	304	44.1
•反应烧结	304	44.1
•烧结	304	44.1
氧化锆，3%（摩尔）Y_2O_3	205	30
高分子		
人造橡胶		
•丁二烯-丙烯腈（腈）	0.0034②	0.00049②
•苯乙烯-丁二烯（SBR）	0.002 ~ 0.010②	0.0003 ~ 0.0015②
环氧树脂	2.41	0.35
尼龙6，6	1.59 ~ 3.79	0.230 ~ 0.550
酚醛塑料	2.76 ~ 4.83	0.40 ~ 0.70
聚对苯二甲酸丁二醇酯（PBT）	1.93 ~ 3.00	0.280 ~ 0.435
聚碳酸酯（PC）	2.38	0.345
涤纶（热固树脂）	2.06 ~ 4.41	0.30 ~ 0.64
聚醚醚砜（PEEK）	1.10	0.16
聚乙烯		
•低密度（LDPE）	0.172 ~ 0.282	0.025 ~ 0.041
•高密度（HDPE）	1.08	0.157
•超高分子量（UHMWPE）	0.69	0.100
聚对苯二甲酸乙二酯（PET）	2.76 ~ 4.14	0.40 ~ 0.60
聚甲基丙烯酸甲酯（PMMA）	2.24 ~ 3.24	0.325 ~ 0.470
聚丙烯（PP）	1.14 ~ 1.55	0.165 ~ 0.225
聚苯乙烯（PS）	2.28 ~ 3.28	0.330 ~ 0.475
聚四氟乙烯（PTFE）	0.40 ~ 0.55	0.058 ~ 0.080
聚氯乙烯（PVC）	2.41 ~ 4.14	0.35 ~ 0.60
纤维材料		
芳纶（芳纶49）	131	19

续表

材料	弹性模量	
	/GPa	/10^6psi
碳（聚丙烯腈原丝）		
•标准模量	230	33.4
•中级模量	285	41.3
•高模量	400	58
电子级玻璃	72.5	10.5
复合材料		
芳纶纤维-树脂基体（V_f=0.60）		
纵向	76	11
横向	5.5	0.8
高模量碳纤维-树脂（V_f=0.60）		
纵向	220	32
横向	6.9	1.0
电子级玻璃纤维-树脂基体（V_f=0.60）		
纵向	45	6.5
横向	12	1.8
木料		
花旗松（湿度12%）		
•与晶粒平行	10.8 ～ 13.6③	1.57 ～ 1.97③
•与晶粒垂直	0.54 ～ 0.68③	0.078 ～ 0.10③
红橡木（湿度12%）		
•与晶粒平行	11.0 ～ 14.1③	1.60 ～ 2.04③
•与晶粒垂直	0.55 ～ 0.71③	0.08 ～ 0.10③

① 形变量取自最终强度25%时。

② 模量取自延伸率100%时。

③ 弯曲条件下测得。

来 源：*ASM Handbooks*，Volumes 1 and 2，*Engineered Materials Handbooks*，Volumes 1 and 4，*Metals Handbooks*：*Properties and Selection*：*Nonferrous Alloys and Pure Metals*，Vol.2，9th edition，and *Advanced Materials & Processes*，Vol.146，No.4，ASM International，Materials Park，OH；*Modern Plastics Encyclopedia'96*，The McGraw-Hill Companies，New York，NY；R.F.Floral and S.T.Peter，"Composite Structures and Technologies，" tutorial notes，1989；and manufacturers' technical data sheets.

表B.3 各种工程材料在室温下的泊松比

材料	泊松比
金属和金属合金 **普碳和低合金钢**	
合金钢A36	0.30
合金钢1020	0.30
合金钢1040	0.30
合金钢4140	0.30
合金钢4340	0.30
不锈钢	
不锈合金304	0.30
不锈合金316	0.30
不锈合金405	0.30
不锈合金440A	0.30
不锈合金17-7PH	0.30
铸铁	
灰铸铁	
•等级G1800	0.26
•等级G3000	0.26
•等级G4000	0.26
球墨铸铁	
•等级60-40-18	0.29
•等级80-55-06	0.31
•等级120-90-02	0.28
铝合金	
合金1100	0.33
合金2024	0.33
合金6061	0.33
合金7075	0.33
合金356.0	0.33
铜合金	
C11000（电解韧铜）	0.33
C17200（铍铜合金）	0.30
C26000（弹壳黄铜）	0.35
C36000（易切削黄铜）	0.34
C71500（铜-镍合金，30%）	0.34
C93200（轴承青铜）	0.34
镁合金	
合金AZ31B	0.35
合金AZ91D	0.35
钛合金	
商业纯钛（ASTM 等级1）	0.34
合金Ti-5Al-2.5Sn	0.34
合金Ti-6Al-4V	0.34
贵金属	
金（商业纯度）	0.42
铂（商业纯度）	0.39
银（商业纯度）	0.37
难熔金属	
钼（商业纯度）	0.32
钽（商业纯度）	0.35
钨（商业纯度）	0.28
有色金属	
镍200	0.31
铬镍铁合金625	0.31
蒙乃尔镍基合金400	0.32
化学铅	0.44
锡（商业纯度）	0.33
锌（商业纯度）	0.25
锆，反应级别702	0.35
石墨，陶瓷，及半导体材料	
氧化铝	
•纯度99.9%	0.22
•纯度96%	0.21
•纯度90%	0.22
混凝土	0.20
金刚石	
•天然	0.10 ～ 0.30
•合成	0.20
砷化镓，单晶	
•<100>取向	0.30

续表

材料	泊松比	材料	泊松比
玻璃，硼硅酸盐（耐热玻璃）	0.20	聚碳酸酯（PC）	0.36
玻璃，钙钠玻璃	0.23	聚乙烯	
玻璃陶瓷（耐高温陶瓷）	0.25	•低密度（LDPE）	0.33 ～ 0.40
二氧化硅，熔凝	0.17	•高密度（HDPE）	0.46
二氧化硅		聚对苯二甲酸乙二酯（PET）	0.33
•<100>取向	0.28	聚甲基丙烯酸甲酯（PMMA）	0.37 ～ 0.44
•<110>取向	0.36	聚丙烯（PP）	0.40
碳化硅		聚苯乙烯（PS）	0.33
•热压	0.17	聚四氟乙烯（PTFE）	0.46
•烧结	0.16	聚氯乙烯（PVC）	0.38
氮化硅		**纤维材料**	
•热压	0.30	电子级玻璃	0.22
•反应烧结	0.22	**复合材料**	
•烧结	0.28	芳纶纤维-树脂基体（V_f=0.60）	0.34
氧化锆，3%（摩尔）Y_2O_3，烧结	0.31	高模量碳纤维-树脂（V_f=0.60）	0.25
高分子		电子级玻璃纤维-树脂基体（V_f=0.60）	0.19
尼龙6,6	0.39		

来 源：*ASM Handbooks*，Volumes 1 and 2，and *Engineered Materials Handbooks*，Volumes 1 and 4，ASM International，Materials Park，OH；R.F.Floral and S.T.Peter，"Composite Structures and Technologies，" tutorial notes，1989；and manufacturers' technical data sheets.

表B.4　各种工程材料在室温下的屈服强度，抗拉强度及延展性（伸长比）

材料/条件	屈服强度/MPa（ksi）	抗拉强度/MPa（ksi）	伸长率
金属和金属合金 **普碳和低合金钢**			
合金钢A36			
•热轧	220 ～ 250（32 ～ 36）	400 ～ 500（58 ～ 72.5）	23
合金钢1020			
•热轧	210（30）（min）	380（55）（min）	25（min）
•冷拔	350（51）（min）	420（61）（min）	15（min）
•退火（870℃）	295（42.8）	395（57.3）	36.5
•正火（925℃）	345（50.3）	440（64）	38.5
合金钢1040			
•热轧	290（42）（min）	520（76）（min）	18（min）

续表

材料/条件	屈服强度/MPa（ksi）	抗拉强度/MPa（ksi）	伸长率
•冷拔	490（71）（min）	590（85）（min）	12（min）
•退火（785℃）	355（51.3）	520（75.3）	30.2
•正火（900℃）	375（54.3）	590（85）	28.0
合金钢4140			
•热轧（815℃）	417（60.5）	655（95）	25.7
•正火（870℃）	655（95）	1020（148）	17.7
•油淬并回火（315℃）	1570（228）	1720（250）	11.5
合金钢4340			
•热轧（810℃）	472（68.5）	745（108）	22
•正火（870℃）	862（125）	1280（185.5）	12.2
•油淬并回火（315℃）	1620（235）	1760（255）	12
不锈钢			
不锈合金304			
•热精轧并退火	205（30）（min）	515（75）（min）	40（min）
•冷加工（1/4硬）	515（75）（min）	860（125）（min）	10（min）
不锈合金316			
•热精轧并退火	205（30）（min）	515（75）（min）	40（min）
•冷拔并退火	310（45）（min）	620（90）（min）	30（min）
不锈合金405			
•退火	170（25）	415（60）	20
不锈合金440A			
•退火	415（60）	725（105）	20
•回火（315℃）	1650（240）	1790（260）	5
不锈合金17-7PH			
•冷轧	1210（175）（min）	1380（200）（min）	1（min）
•沉淀硬化（510℃）	1310（190）（min）	1450（210）（min）	3.5（min）
铸铁			
灰铸铁			
•等级G1800（浇铸后）	—	124（18）（min）	—
•等级G3000（浇铸后）	—	207（30）（min）	—
•等级G4000（浇铸后）	—	276（40）（min）	—
球墨铸铁			
•等级60-40-18（退火）	276（40）（min）	414（60）（min）	18（min）
•等级80-55-06（浇铸后）	379（55）（min）	552（80）（min）	6（min）
•等级120-90-02（油淬并回火）	621（90）（min）	827（120）（min）	2（min）

续表

材料/条件	屈服强度/MPa（ksi）	抗拉强度/MPa（ksi）	伸长率
铝合金			
合金1100			
•退火（O回火）	34（5）	90（13）	40
•应变强化（H14回火）	117（17）	124（18）	15
合金2024			
•退火（O回火）	75（11）	185（27）	20
•热处理并老化（T3回火）	345（50）	485（70）	18
•热处理并老化（T351回火）	325（47）	470（68）	20
合金6061			
•退火（O回火）	55（8）	124（18）	30
•热处理并老化（T6及T651回火）	276（40）	310（45）	17
合金7075			
•退火（O回火）	103（15）	228（33）	17
•热处理并老化（T6回火）	505（73）	572（83）	11
合金356.0			
•浇铸后	124（18）	164（24）	6
•热处理并老化（T6回火）	164（24）	228（33）	3.5
铜合金			
C11000（电解韧铜）			
•热轧	69（10）	220（32）	45
•冷加工（H04回火）	310（45）	345（50）	12
C17200（铍铜合金）			
•固溶热处理	195～380（28～55）	415～540（60～78）	35～60
•固溶热处理并老化（330℃）	965～1205（140～175）	1140～1310（165～190）	4～10
C26000（弹壳黄铜）			
•退火	75～150（11～22）	300～365（43.5～53.0）	54～68
•冷加工（H04回火）	435（63）	525（76）	8
C36000（易切削黄铜）			
•退火	125（18）	340（49）	53
•冷加工（H02回火）	310（45）	400（58）	25
C71500（铜-镍合金，30%）			
•热轧	140（20）	380（55）	45
•冷加工（H80回火）	545（79）	580（84）	3
C93200（轴承青铜）			
•沙铸	125（18）	240（35）	20

续表

材料/条件	屈服强度/MPa（ksi）	抗拉强度/MPa（ksi）	伸长率
镁合金			
合金AZ31B			
•轧制	220（32）	290（42）	15
•挤压成型	200（29）	261（38）	15
合金AZ91D			
•浇铸后	97～150（14～22）	165～230（24～33）	3
钛合金			
商业纯钛（ASTM 等级 1）			
•退火	170（25）（min）	240（35）（min）	24
合金Ti-5Al-2.5Sn			
•退火	760（100）（min）	790（115）（min）	16
合金Ti-6Al-4V			
•退火	830（120）（min）	900（130）（min）	14
•固溶热处理并老化	1103（160）	1172（170）	10
贵金属			
金（商业纯度）			
•退火	nil	130（19）	45
•冷加工（60%缩小量）	205（30）	220（32）	4
铂（商业纯度）			
•退火	<13.8（2）	125～165（18～24）	30-40
•冷加工（50%缩小量）	—	205～240（30～35）	1-3
银（商业纯度）			
•退火	—	170（24.6）	44
•冷加工（50%缩小量）	—	296（43）	3.5
难熔金属			
钼（商业纯度）	500（72.5）	630（91）	25
钽（商业纯度）	165（24）	205（30）	40
钨（商业纯度）	760（110）	960（139）	2
有色金属			
镍200（退火）	148（21.5）	462（67）	47
铬镍铁合金625（退火）	517（75）	930（135）	42.5
蒙乃尔镍基合金400（退火）	240（35）	550（80）	40
海恩斯合金25	445（65）	970（141）	62
因瓦合金（退火）	276（40）	517（75）	30
超级因瓦（退火）	276（40）	483（70）	30

续表

材料/条件	屈服强度/MPa（ksi）	抗拉强度/MPa（ksi）	伸长率
可伐合金（退火）	276（40）	517（75）	30
化学铅	6～8（0.9～1.2）	16～19（2.3～2.7）	30～60
锑铅合金（6%）（急冷）	—	47.2（6.8）	24
锡（商业纯度）	11（1.6）	—	57
锡铅钎料（60Sn-40Pb）	—	52.5（7.6）	30～60
锌（商业纯度）			
•热轧（各向异性）	—	134～159（19.4～23.0）	50～65
•冷轧（各向异性）	—	145～186（21～27）	40～50
锆，反应级别702			
•冷加工并退火	207（30）（min）	379（55）（min）	16（min）
石墨，陶瓷，及半导体材料[①]			
氧化铝			
•纯度99.9%	—	282～551（41～80）	—
•纯度96%	—	358（52）	—
•纯度90%	—	337（49）	—
混凝土[②]	—	37.3～41.3（5.4～6.0）	—
金刚石			
•天然	—	1050（152）	—
•合成	—	800～1400（116～203）	—
砷化镓			
•{100}取向，抛光表面	—	66（9.6）[③]	—
•{100}取向，切片后表面	—	57（8.3）[③]	—
玻璃，硼硅酸盐（耐热玻璃）	—	69（10）	—
玻璃，钙钠玻璃	—	69（10）	—
玻璃陶瓷（耐高温陶瓷）	—	123～370（18～54）	—
石墨			
•挤压成型（晶粒择优取向）	—	13.8～34.5（2.0～5.0）	—
•等静压成型	—	31～69（4.5～10）	—
二氧化硅，熔凝	—	104（15）	—
二氧化硅			
•{100}取向，切片后表面	—	130（18.9）	—
•{100}取向，激光切割	—	81.8（11.9）	—
碳化硅			
•热压	—	230～825（33～120）	—
•烧结	—	96～520（14～75）	—

续表

材料/条件	屈服强度/MPa（ksi）	抗拉强度/MPa（ksi）	伸长率
氮化硅			
•热压	—	700 ~ 1000（100 ~ 150）	—
•反应烧结	—	250 ~ 345（36 ~ 50）	—
•烧结	—	414 ~ 650（60 ~ 94）	—
氧化锆，3%（摩尔）Y_2O_3（烧结）	—	800 ~ 1500（116 ~ 218）	—
高分子			
人造橡胶			
•丁二烯-丙烯腈（腈）	—	6.9 ~ 24.1（1.0 ~ 3.5）	400 ~ 600
•苯乙烯-丁二烯（SBR）	—	12.4 ~ 20.7（1.8 ~ 3.0）	450 ~ 500
•硅酮	—	10.3（1.5）	100 ~ 800
环氧树脂	—	27.6 ~ 90.0（4.0 ~ 13）	3 ~ 6
尼龙6，6			
•干燥，成型后	55.1 ~ 82.8（8 ~ 12）	94.5（13.7）	15 ~ 80
•相对湿度50%	44.8 ~ 58.6（6.5 ~ 8.5）	75.9（11）	150 ~ 300
酚醛塑料	—	34.5 ~ 62.1（5.0 ~ 9.0）	1.5 ~ 2.0
聚对苯二甲酸丁二醇酯（PBT）	56.6 ~ 60.0（8.2 ~ 8.7）	56.6 ~ 60.0（8.2 ~ 8.7）	50 ~ 300
聚碳酸酯（PC）	61.2（9）	62.8 ~ 72.4（9.1 ~ 10.5）	110 ~ 150
涤纶（热固树脂）	—	41.4 ~ 89.7（6.0 ~ 13.0）	<2.6
聚醚醚砜（PEEK）	91（13.2）	70.3 ~ 103（10.2 ~ 15.0）	30 ~ 150
聚乙烯			
•低密度（LDPE）	9.0 ~ 14.5（1.3 ~ 2.1）	8.3 ~ 31.4（1.2 ~ 4.55）	100 ~ 650
•高密度（HDPE）	26.2 ~ 33.1（3.8 ~ 4.8）	22.1 ~ 31.0（3.2 ~ 4.5）	10 ~ 1200
•超高分子量（UHMWPE）	21.4 ~ 27.6（3.1 ~ 4.0）	38.6 ~ 48.3（5.6 ~ 7.0）	350 ~ 525
聚对苯二甲酸乙二酯（PET）	59.3（8.6）	48.3 ~ 72.4（7.0 ~ 10.5）	30 ~ 300
聚甲基丙烯酸甲酯（PMMA）	53.8 ~ 73.1（7.8 ~ 10.6）	48.3 ~ 72.4（7.0 ~ 10.5）	2.0 ~ 5.5
聚丙烯（PP）	31.0 ~ 37.2（4.5 ~ 5.4）	31.0 ~ 41.4（4.5 ~ 6.0）	100 ~ 600
聚苯乙烯（PS）	25.0 ~ 69.0（3.63 ~ 10.0）	35.9 ~ 51.7（5.2 ~ 7.5）	1.2 ~ 2.5
聚四氟乙烯（PTFE）	13.8 ~ 15.2（2.0 ~ 2.2）	20.7 ~ 34.5（3.0 ~ 5.0）	200 ~ 400
聚氯乙烯（PVC）	40.7 ~ 44.8（5.9 ~ 6.5）	40.7 ~ 51.7（5.9 ~ 7.5）	40 ~ 80
纤维材料			
芳纶（芳纶49）	—	3600 ~ 4100（525 ~ 600）	2.8
碳（聚丙烯腈原丝）			
•标准模量	—	3800 ~ 4200（550 ~ 610）	2
•中级模量	—	4650 ~ 6350（675 ~ 920）	1.8
•高模量	—	2500 ~ 4500（360 ~ 650）	0.6
电子级玻璃	—	3450（500）	4.3

续表

材料/条件	屈服强度/MPa（ksi）	抗拉强度/MPa（ksi）	伸长率
复合材料			
芳纶纤维-树脂基体（定向，V_f=0.60）			
纵向	—	1380（200）	1.8
横向	—	30（4.3）	0.5
高模量碳纤维-树脂（定向，V_f=0.60）			
纵向	—	760（110）	0.3
横向	—	28（4）	0.4
电子级玻璃纤维-树脂基体（定向，V_f=0.60）			
纵向	—	1020（150）	2.3
横向	—	40（5.8）	0.4
木料			
花旗松（湿度12%）			
•与晶粒平行	—	108（15.6）	—
•与晶粒垂直	—	2.4（0.35）	—
红橡木（湿度12%）			
•与晶粒平行	—	112（16.3）	—
•与晶粒垂直	—	7.2（1.05）	—

① 石墨，陶瓷及半导体材料的强度为弯曲强度。

② 水泥强度在压力下测得。

③ 弯曲强度值定为断裂几率50%时。

来　源：*ASM Handbooks*，Volumes 1 and 2，*Engineered Materials Handbooks*，Volumes 1 and 4，*Metals Handbooks*：*Properties and Selection*：*Nonferrous Alloys and Pure Metals*，Vol.2，9th edition，*Advanced Materials & Processes*，Vol.146，No.4，and *Materials & Processing Datebook*（*1985*），ASM International，Materials Park，OH；*Modern Plastics Encyclopedia'96*，The McGraw-Hill Companies，New York，NY；R.F.Floral and S.T.Peter，"Composite Structures and Technologies，" tutorial notes，1989；and manufacturers' technical data sheets.

表B.5　各种工程材料在室温下的平面应变断裂韧度和强度值

材料	断裂韧性		强度[①]/MPa
	/MPa$\sqrt{\text{m}}$	/ksi$\sqrt{\text{in.}}$	
金属和金属合金 普碳和低合金钢			
合金钢1040	54.0	49.0	260
合金钢4140			
•回火（370℃）	55～65	50～69	1375～1585
•回火（482℃）	75～93	68.3～84.6	1100～1200
合金钢4340			
•回火（260℃）	50.0	45.8	1640
•回火（425℃）	87.4	80.0	1420

续表

材料	断裂韧性		强度[①]/MPa
	/MPa$\sqrt{m}$	/ksi$\sqrt{in.}$	
不锈钢			
不锈合金17-7PH			
•渗透强化（510℃）	76	69	1310
铝合金			
合金2024-T3	44	40	345
合金7075-T651	24	22	495
镁合金			
合金AZ31B			
•挤压成型	28.0	25.5	200
钛合金			
合金Ti-5Al-2.5Sn			
•空冷	71.4	65.0	876
合金Ti-6Al-4V			
•等轴晶	44～66	40～60	910
石墨，陶瓷，及半导体材料			
氧化铝			
•纯度99.9%	4.2～5.9	3.8～5.4	282～551
•纯度96%	3.85～3.95	3.5～3.6	358
混凝土	0.2～1.4	0.18～1.27	—
金刚石			
•天然	3.4	3.1	1050
•合成	6.0～10.7	5.5～9.7	800～1400
砷化镓，单晶			
•{100}取向	0.43	0.39	66
•{110}取向	0.31	0.28	—
•{111}取向	0.45	0.41	—
玻璃，硼硅酸盐（耐热玻璃）	0.77	0.70	69
玻璃，钙钠玻璃	0.75	0.68	69
玻璃陶瓷（耐高温陶瓷）	1.6～2.1	1.5～1.9	123～370
二氧化硅，熔凝	0.79	0.72	104
二氧化硅			
•{100}取向	0.95	0.86	—
•{110}取向	0.90	0.82	—
•{111}取向	0.82	0.75	—

续表

材料	断裂韧性		强度[①] /MPa
	$/MPa\sqrt{m}$	$/ksi\sqrt{in.}$	
碳化硅			
•热压	4.8 ～ 6.1	4.4 ～ 5.6	230 ～ 825
•烧结	4.8	4.4	96 ～ 520
氮化硅			
•热压	4.1 ～ 6.0	3.7 ～ 5.5	700 ～ 1000
•反应烧结	3.6	3.3	250 ～ 345
•烧结	5.3	4.8	414 ～ 650
氧化锆，3%（摩尔）Y_2O_3	7.0 ～ 12.0	6.4 ～ 10.9	800 ～ 1500
高分子			
环氧树脂	0.6	0.55	—
尼龙6，6	2.5 ～ 3.0	2.3 ～ 2.7	44.8 ～ 58.6
聚碳酸酯（PC）	2.2	2.0	62.1
涤纶（热固树脂）	0.6	0.55	—
聚对苯二甲酸乙二酯（PET）	5.0	4.6	59.3
聚甲基丙烯酸甲酯（PMMA）	0.7 ～ 1.6	0.6 ～ 1.5	53.8 ～ 73.1
聚丙烯（PP）	3.0 ～ 4.5	2.7 ～ 4.1	31.0 ～ 37.2
聚苯乙烯（PS）	0.7 ～ 1.1	0.6 ～ 1.0	—
聚氯乙烯（PVC）	2.0 ～ 4.0	1.8 ～ 3.6	40.7 ～ 44.8

① 金属合金及高分子强度值为其屈服强度，陶瓷材料则为弯曲强度

来源：*ASM Handbooks*，Volumes 1 and 19，*Engineered Materials Handbooks*，Volumes 2 and 4，and*Advanced Materials & Processes*，Vol.137，No.6，ASM International，Materials Park，OH

表B.6　各种工程材料在室温下的线性热膨胀系数值

材料	热膨胀系数	
	$/10^{-6}$（℃）$^{-1}$	$/10^{-6}$（℉）$^{-1}$
金属和金属合金 普碳和低合金钢		
合金钢A36	11.7	6.5
合金钢1020	11.7	6.5
合金钢1040	11.3	6.3
合金钢4140	12.3	6.8
合金钢4340	12.3	6.8
不锈钢		
不锈合金304	17.2	9.6
不锈合金316	16.0	8.9

续表

材料	热膨胀系数	
	$/10^{-6}$（℃）$^{-1}$	$/10^{-6}$（℉）$^{-1}$
不锈合金405	10.8	6.0
不锈合金440A	10.2	5.7
不锈合金17-7PH	11.0	6.1
铸铁		
灰铸铁		
•等级G1800	11.4	6.3
•等级G3000	11.4	6.3
•等级G4000	11.4	6.3
球墨铸铁		
•等级60-40-18	11.2	6.2
•等级80-55-06	10.6	5.9
铝合金		
合金1100	23.6	13.1
合金2024	22.9	12.7
合金6061	23.6	13.1
合金7075	23.4	13.0
合金356.0	21.5	11.9
铜合金		
C11000（电解韧铜）	17.0	9.4
C17200（铍铜合金）	16.7	9.3
C26000（弹壳黄铜）	19.9	11.1
C36000（易切削黄铜）	20.5	11.4
C71500（铜-镍合金，30%）	16.2	9.0
C93200（轴承青铜）	18.0	10.0
镁合金		
合金AZ31B	26.0	14.4
合金AZ91D	26.0	14.4
钛合金		
商业纯钛（ASTM 等级1）	8.6	4.8
合金Ti-5Al-2.5Sn	9.4	5.2
合金Ti-6Al-4V	8.6	4.8
贵金属		
金（商业纯度）	14.2	7.9
铂（商业纯度）	9.1	5.1
银（商业纯度）	19.7	10.9

续表

材料	热膨胀系数	
	$/10^{-6}(℃)^{-1}$	$/10^{-6}(℉)^{-1}$
难熔金属		
钼（商业纯度）	4.9	2.7
钽（商业纯度）	6.5	3.6
钨（商业纯度）	4.5	2.5
有色金属		
镍200	13.3	7.4
铬镍铁合金625	12.8	7.1
蒙乃尔镍基合金400	13.9	7.7
海恩斯合金25	12.3	6.8
因瓦合金	1.6	0.9
超级因瓦	0.72	0.40
可伐合金	5.1	2.8
化学铅	29.3	16.3
锑铅合金（6%）	27.2	15.1
锡（商业纯度）	23.8	13.2
锡铅钎料（60Sn-40Pb）	24.0	13.3
锌（商业纯度）	23.0 ～ 32.5	12.7 ～ 18.1
锆，反应级别702	5.9	3.3
石墨，陶瓷，及半导体材料		
氧化铝		
•纯度99.9%	7.4	4.1
•纯度96%	7.4	4.1
•纯度90%	7.0	3.9
混凝土	10.0 ～ 13.6	5.6 ～ 7.6
金刚石（天然）	0.11 ～ 1.23	0.06 ～ 0.68
砷化镓	5.9	3.3
玻璃，硼硅酸盐（耐热玻璃）	3.3	1.8
玻璃，钙钠玻璃	9.0	5.0
玻璃陶瓷（耐高温陶瓷）	6.5	3.6
石墨		
•挤压成型	2.0 ～ 2.7	1.1 ～ 1.5
•等静压成型	2.2 ～ 6.0	1.2 ～ 3.3
二氧化硅，熔凝	0.4	0.22
二氧化硅	2.5	1.4

续表

材料	热膨胀系数	
	$/10^{-6}(℃)^{-1}$	$/10^{-6}(℉)^{-1}$
碳化硅		
•热压	4.6	2.6
•烧结	4.1	2.3
氮化硅		
•热压	2.7	1.5
•反应烧结	3.1	1.7
•烧结	3.1	1.7
氧化锆，3%（摩尔）Y_2O_3	9.6	5.3
高分子		
人造橡胶		
•丁二烯-丙烯腈（腈）	235	130
•苯乙烯-丁二烯（SBR）	220	125
•聚硅氧烷	270	150
环氧树脂	81 ～ 117	45 ～ 65
尼龙6，6	144	80
酚醛塑料	122	68
聚对苯二甲酸丁二醇酯（PBT）	108 ～ 171	60 ～ 95
聚碳酸酯（PC）	122	68
涤纶（热固树脂）	100 ～ 180	55 ～ 100
聚醚醚砜（PEEK）	72 ～ 85	40 ～ 47
聚乙烯		
•低密度（LDPE）	180 ～ 400	100 ～ 220
•高密度（HDPE）	106 ～ 198	59 ～ 110
•超高分子量（UHMWPE）	234 ～ 360	130 ～ 200
聚对苯二甲酸乙二酯（PET）	117	65
聚甲基丙烯酸甲酯（PMMA）	90 ～ 162	50 ～ 90
聚丙烯（PP）	146 ～ 180	81 ～ 100
聚苯乙烯（PS）	90 ～ 150	50 ～ 83
聚四氟乙烯（PTFE）	126 ～ 216	70 ～ 120
聚氯乙烯（PVC）	90 ～ 180	50 ～ 100
纤维材料		
芳纶（芳纶49）		
•纵向	–2.0	–1.1
•横向	60	33

续表

材料	热膨胀系数	
	$/10^{-6}$（℃）$^{-1}$	$/10^{-6}$（℉）$^{-1}$
碳（聚丙烯腈原丝）		
标准模量		
•纵向	–0.6	–0.3
•横向	10.0	5.6
中级模量		
•纵向	–0.6	–0.3
高模量		
•纵向	–0.5	–0.28
•横向	7.0	3.9
电子级玻璃	5.0	2.8
复合材料		
芳纶纤维-树脂基体（V_f=0.60）		
•纵向	–4.0	–2.2
•横向	70	40
高模量碳纤维-树脂（V_f=0.60）		
•纵向	–0.5	–0.3
•横向	32	18
电子级玻璃纤维-树脂基体（V_f=0.60）		
•纵向	6.6	3.7
•横向	30	16.7
木料		
•花旗松（湿度12%）		
与晶粒平行	3.8 ～ 5.1	2.2 ～ 2.8
与晶粒垂直	25.4 ～ 33.8	14.1 ～ 18.8
•红橡木（湿度12%）		
与晶粒平行	4.6 ～ 5.9	2.6 ～ 3.3
与晶粒垂直	30.6 ～ 39.1	17.0 ～ 21.7

来源：*ASM Handbooks*，Volumes 1 and 2，*Engineered Materials Handbooks*，Volumes 1 and 4，*Metals Handbooks*：*Properties and Selection*：*Nonferrous Alloys and Pure Metals*，Vol.2，9th edition，and *Advanced Materials & Processes*，Vol.146，No.4，ASM International，Materials Park，OH；*Modern Plastics Encyclopedia'96*，The McGraw-Hill Companies，New York，NY；R.F.Floral and S.T.Peter，"Composite Structures and Technologies，" tutorial notes，1989；and manufacturers' technical data sheets.

表B.7 各种工程材料在室温下的热导率值

材料	热导率	
	/[W/(m·K)]	/[Btu/(ft·h·℉)]
金属和金属合金 普碳和低合金钢		
合金钢A36	51.9	30
合金钢1020	51.9	30
合金钢1040	51.9	30
不锈钢		
不锈合金304(退火)	16.2	9.4
不锈合金316(退火)	15.9	9.2
不锈合金405(退火)	27.0	15.6
不锈合金440A(退火)	24.2	14.0
不锈合金17-7PH(退火)	16.4	9.5
铸铁		
灰铸铁		
•等级G1800	46.0	26.6
•等级G3000	46.0	26.6
•等级G4000	46.0	26.6
球墨铸铁		
•等级60-40-18	36.0	20.8
•等级80-55-06	36.0	20.8
•等级120-90-02	36.0	20.8
铝合金		
合金1100(退火)	222	128
合金2024(退火)	190	110
合金6061(退火)	180	104
合金7075-T6	130	75
合金356.0-T6	151	87
铜合金		
C11000(电解韧铜)	388	224
C17200(铍铜合金)	105～130	60～75
C26000(弹壳黄铜)	120	70
C36000(易切削黄铜)	115	67
C71500(铜-镍合金,30%)	29	16.8
C93200(轴承青铜)	59	34
镁合金		
合金AZ31B	96①	55①
合金AZ91D	72①	43①

续表

材料	热导率	
	/［W/（m·K）］	/［Btu/（ft·h·℉）］
钛合金		
商业纯钛（ASTM 等级1）	16	9.2
合金Ti-5Al-2.5Sn	7.6	4.4
合金Ti-6Al-4V	6.7	3.9
贵金属		
金（商业纯度）	315	182
铂（商业纯度）	71②	41②
银（商业纯度）	428	247
难熔金属		
钼（商业纯度）	142	82
钽（商业纯度）	54.4	31.4
钨（商业纯度）	155	89.4
有色金属		
镍200	70	40.5
铬镍铁合金625	9.8	5.7
蒙乃尔镍基合金400	21.8	12.6
海恩斯合金25	9.8	5.7
因瓦合金	10	5.8
超级因瓦	10	5.8
可伐合金	17	9.8
化学铅	35	20.2
锑铅合金（6%）	29	16.8
锡（商业纯度）	60.7	35.1
锡铅钎料（60Sn-40Pb）	50	28.9
锌（商业纯度）	108	62
锆，反应级别702	22	12.7
石墨，陶瓷，及半导体材料		
氧化铝		
•纯度99.9%	39	22.5
•纯度96%	35	20
•纯度90%	16	9.2
混凝土	1.25 ～ 1.75	0.72 ～ 1.0
金刚石		
•天然	1450 ～ 4650	840 ～ 2700
•合成	3150	1820
砷化镓	45.5	26.3
玻璃，硼硅酸盐（耐热玻璃）	1.4	0.81

续表

材料	热导率	
	/[W/(m·K)]	/[Btu/(ft·h·℉)]
玻璃，钙钠玻璃	1.7	1.0
玻璃陶瓷（耐高温陶瓷）	3.3	1.9
石墨		
•挤压成型	130 ～ 190	75 ～ 110
•等静压成型	104 ～ 130	60 ～ 75
二氧化硅，熔凝	1.4	0.81
二氧化硅	141	82
碳化硅		
•热压	80	46.2
•烧结	71	41
氮化硅		
•热压	29	17
•反应烧结	10	6
•烧结	33	19.1
氧化锆，3mol% Y_2O_3	2.0 ～ 3.3	1.2 ～ 1.9
高分子		
人造橡胶		
•丁二烯-丙烯腈（腈）	0.25	0.14
•苯乙烯-丁二烯（SBR）	0.25	0.14
•硅酮	0.23	0.13
环氧树脂	0.19	0.11
尼龙6，6	0.24	0.14
酚醛塑料	0.15	0.087
聚对苯二甲酸丁二醇酯（PBT）	0.18 ～ 0.29	0.10 ～ 0.17
聚碳酸酯（PC）	0.20	0.12
涤纶（热固树脂）	0.17	0.10
聚乙烯		
•低密度（LDPE）	0.33	0.19
•高密度（HDPE）	0.48	0.28
•超高分子量（UHMWPE）	0.33	0.19
聚对苯二甲酸乙二酯（PET）	0.15	0.087
聚甲基丙烯酸甲酯（PMMA）	0.17 ～ 0.25	0.10 ～ 0.15
聚丙烯（PP）	0.12	0.069
聚苯乙烯（PS）	0.13	0.075
聚四氟乙烯（PTFE）	0.25	0.14
聚氯乙烯（PVC）	0.15 ～ 0.21	0.08 ～ 0.12

续表

材料	热导率	
	/[W/(m·K)]	/[Btu/(ft·h·℉)]
纤维材料		
碳（聚丙烯腈原丝）		
•标准模量	11	6.4
•中级模量	15	8.7
•高模量	70	40
电子级玻璃	1.3	0.75
复合材料		
木料		
•花旗松（湿度12%）		
与晶粒垂直	0.14	0.08
•红橡木（湿度12%）		
与晶粒垂直	0.18	0.11

① 100℃测得。

② 0℃测得。

来　源：*ASM Handbooks*，Volumes 1 and 2，*Engineered Materials Handbooks*，Volumes 1 and 4，*Metals Handbooks*：*Properties and Selection*：*Nonferrous Alloys and Pure Metals*，Vol.2，9th edition，and*Advanced Materials & Processes*，Vol.146，No.4，ASM International，Materials Park，OH；*Modern Plastics Encyclopedia'96*，and *Modern Plastics Encyclopedia 1977-1978*，The McGraw-Hill Companies，New York，NY；and manufacturers' technical data sheets.

表B.8　各种工程材料在室温下的比热容

材料	比热容	
	/[J/(kg·K)]	/[10^{-2}Btu/(lb_m·℉)]
金属和金属合金 **普碳和低合金钢**		
合金钢A36	486①	11.6①
合金钢1020	486①	11.6①
合金钢1040	486①	11.6①
不锈钢		
不锈合金304	500	12.0
不锈合金316	502	12.1
不锈合金405	460	11.0
不锈合金440A	460	11.0
不锈合金17-7PH	460	11.0
铸铁		
灰铸铁		
•等级G1800	544	13
•等级G3000	544	13
•等级G4000	544	13

续表

材料	比热容	
	/［J/（kg·K）］	/［10^{-2}Btu/（lb_m·℉）］
球墨铸铁		
•等级60-40-18	544	13
•等级80-55-06	544	13
•等级120-90-02	544	13
	铝合金	
合金1100	904	21.6
合金2024	875	20.9
合金6061	896	21.4
合金7075	960②	23.0②
合金356.0	963②	23.0②
	铜合金	
C11000（电解韧铜）	385	9.2
C17200（铍铜合金）	420	10.0
C26000（弹壳黄铜）	375	9.0
C36000（易切削黄铜）	380	9.1
C71500（铜-镍合金，30%）	380	9.1
C93200（轴承青铜）	376	9.0
	镁合金	
合金AZ31B	1024	24.5
合金AZ91D	1050	25.1
	钛合金	
商业纯钛（ASTM 等级1）	528③	12.6③
合金Ti-5Al-2.5Sn	470③	11.2③
合金Ti-6Al-4V	610③	14.6③
	贵金属	
金（商业纯度）	128	3.1
铂（商业纯度）	132④	3.2④
银（商业纯度）	235	5.6
	难熔金属	
钼（商业纯度）	276	6.6
钽（商业纯度）	139	3.3
钨（商业纯度）	138	3.3
	有色金属	
镍200	456	10.9
铬镍铁合金625	410	9.8
蒙乃尔镍基合金400	427	10.2

续表

材料	比热容	
	/[J/(kg·K)]	/[10^{-2}Btu/(lb_m·℉)]
海恩斯合金25	377	9.0
因瓦合金	500	12.0
超级因瓦	500	12.0
可伐合金	460	11.0
化学铅	129	3.1
锑铅合金(6%)	135	3.2
锡(商业纯度)	222	5.3
锡铅钎料(60Sn-40Pb)	150	3.6
锌(商业纯度)	395	9.4
锆,反应级别702	285	6.8
石墨,陶瓷,及半导体材料		
氧化铝		
•纯度99.9%	775	18.5
•纯度96%	775	18.5
•纯度90%	775	18.5
混凝土	850～1150	20.3～27.5
金刚石(天然)	520	12.4
砷化镓	350	8.4
玻璃,硼硅酸盐(耐热玻璃)	850	20.3
玻璃,苏打石灰	840	20.0
玻璃陶瓷(耐高温陶瓷)	975	23.3
石墨		
•挤压成型	830	19.8
•等静压成型	830	19.8
二氧化硅,熔凝	740	17.7
二氧化硅	700	16.7
碳化硅		
•热压	670	16.0
•烧结	590	14.1
氮化硅		
•热压	750	17.9
•反应烧结	870	20.7
•烧结	1100	26.3
氧化锆,3%(摩尔)Y_2O_3	481	11.5
高分子		
环氧树脂	1050	25

续表

材料	比热容	
	/[J/(kg·K)]	/[10^{-2}Btu/(lb_m·℉)]
尼龙6，6	1670	40
酚醛塑料	1590 ~ 1760	38 ~ 42
聚对苯二甲酸丁二醇酯（PBT）	1170 ~ 2300	28 ~ 55
聚碳酸酯（PC）	840	20
涤纶（热固树脂）	710 ~ 920	17 ~ 22
聚乙烯		
•低密度（LDPE）	2300	55
•高密度（HDPE）	1850	44.2
聚对苯二甲酸乙二酯（PET）	1170	28
聚甲基丙烯酸甲酯（PMMA）	1460	35
聚丙烯（PP）	1925	46
聚苯乙烯（PS）	1170	28
聚四氟乙烯（PTFE）	1050	25
聚氯乙烯（PVC）	1050 ~ 1460	25 ~ 35
纤维材料		
芳纶（芳纶49）	1300	31
电子级玻璃	810	19.3
复合材料		
木料		
•花旗松（湿度12%）	2900	69.3
•红橡木（湿度12%）	2900	69.3

① 在50 ~ 100℃测得。

② 在100℃测得。

③ 在500℃测得。

④ 在0℃测得。

来源：*ASM Handbooks*，Volumes 1 and 2，*Engineered Materials Handbooks*，Volumes 1，2，and 4，*Metals Handbooks*：*Properties and Selection*：*Nonferrous Alloys and Pure Metals*，Vol.2，9th edition，and *Advanced Materials & Processes*，Vol.146，No.4，ASM International，Materials Park，OH；*Modern Plastics Encyclopedia 1977-1978*，The McGraw-Hill Companies，New York，NY；and manufacturers' technical data sheets.

表B.9 各种工程材料在室温下的电阻率

材料	电阻率/Ω·m
金属和金属合金 **普碳和低合金钢**	
合金钢A36①	1.60×10^{-7}
合金钢1020（退火）①	1.60×10^{-7}
合金钢1040（退火）①	1.60×10^{-7}

续表

材料	电阻率/Ω · m
合金钢4140（淬火并回火）	2.20×10^{-7}
合金钢4340（淬火并回火）	2.48×10^{-7}
不锈钢	
不锈合金304（退火）	7.2×10^{-7}
不锈合金316（退火）	7.4×10^{-7}
不锈合金405（退火）	6.0×10^{-7}
不锈合金440A（退火）	6.0×10^{-7}
不锈合金17–7PH（退火）	8.3×10^{-7}
铸铁	
灰铸铁	
•等级G1800	15.0×10^{-7}
•等级G3000	9.5×10^{-7}
•等级G4000	8.5×10^{-7}
球墨铸铁	
•等级60–40–18	5.5×10^{-7}
•等级80–55–06	6.2×10^{-7}
•等级120–90–02	6.2×10^{-7}
铝合金	
合金1100（退火）	2.9×10^{-8}
合金2024（退火）	3.4×10^{-8}
合金6061（退火）	3.7×10^{-8}
合金7075（T6处理）	5.22×10^{-8}
合金356.0（T6处理）	4.42×10^{-8}
铜合金	
C11000（电解韧铜，退火）	1.72×10^{-8}
C17200（铍铜合金）	$5.7\times10^{-8}\sim1.15\times10^{-7}$
C26000（弹壳黄铜）	6.2×10^{-8}
C36000（易切削黄铜）	6.6×10^{-8}
C71500（铜–镍合金，30%）	37.5×10^{-8}
C93200（轴承青铜）	14.4×10^{-8}
镁合金	
合金AZ31B	9.2×10^{-8}
合金AZ91D	17.0×10^{-8}
钛合金	
商业纯钛（ASTM 等级1）	$4.2\times10^{-7}\sim5.2\times10^{-7}$
合金Ti–5Al–2.5Sn	15.7×10^{-7}
合金Ti–6Al–4V	17.1×10^{-8}

续表

材料	电阻率/Ω·m
贵金属	
金（商业纯度）	2.35×10^{-8}
铂（商业纯度）	10.60×10^{-8}
银（商业纯度）	1.47×10^{-8}
难熔金属	
钼（商业纯度）	5.2×10^{-8}
钽（商业纯度）	13.5×10^{-8}
钨（商业纯度）	5.3×10^{-8}
有色金属	
镍200	0.95×10^{-7}
铬镍铁合金625	12.90×10^{-7}
蒙乃尔镍基合金400	5.47×10^{-7}
海恩斯合金25	8.9×10^{-7}
因瓦合金	8.2×10^{-7}
超级因瓦	8.0×10^{-7}
可伐合金	4.9×10^{-7}
化学铅	2.06×10^{-7}
锑铅合金（6%）	2.53×10^{-7}
锡（商业纯度）	1.11×10^{-7}
锡铅钎料（60Sn–40Pb）	1.50×10^{-7}
锌（商业纯度）	62.0×10^{-7}
锆，反应级别702	3.97×10^{-7}
石墨，陶瓷，及半导体材料	
氧化铝	
•纯度99.9%	$>10^{13}$
•纯度96%	$>10^{12}$
•纯度90%	$>10^{12}$
混凝土（干燥）	10^{9}
金刚石	
•天然	$10\sim10^{14}$
•合成	1.5×10^{-2}
砷化镓（本征）	10^{6}
玻璃，硼硅酸盐（耐热玻璃）	约10^{13}
玻璃，苏打石灰	$10^{10}\sim10^{11}$
玻璃陶瓷（耐高温陶瓷）	2×10^{14}
石墨	
•挤压成型	$7\times10^{-6}\sim20\times10^{-6}$

续表

材料	电阻率/Ω·m
•等静压成型	$10\times10^{-6}\sim18\times10^{-6}$
二氧化硅，熔凝	$>10^{18}$
二氧化硅（本征）	2500
碳化硅	
•热压	$1.0\sim10^{9}$
•烧结	$1.0\sim10^{9}$
氮化硅	
•热压	$>10^{12}$
•反应烧结	$>10^{12}$
•烧结	$>10^{12}$
氧化锆，3%（摩尔）Y_2O_3	10^{10}
高分子	
人造橡胶	
•丁二烯-丙烯腈（腈）	3.5×10^{8}
•苯乙烯-丁二烯（SBR）	6×10^{11}
•硅酮	10^{13}
环氧树脂	$10^{10}\sim10^{13}$
尼龙6，6	$10^{12}\sim10^{13}$
酚醛塑料	$10^{9}\sim10^{10}$
聚对苯二甲酸丁二醇酯（PBT）	4×10^{14}
聚碳酸酯（PC）	2×10^{13}
涤纶（热固树脂）	10^{13}
聚醚醚砜（PEEK）	6×10^{14}
聚乙烯	
•低密度（LDPE）	$10^{15}\sim5\times10^{16}$
•高密度（HDPE）	$10^{15}\sim5\times10^{16}$
•超高分子量（UHMWPE）	$>5\times10^{14}$
聚对苯二甲酸乙二酯（PET）	10^{12}
聚甲基丙烯酸甲酯（PMMA）	$>10^{12}$
聚丙烯（PP）	$>10^{14}$
聚苯乙烯（PS）	$>10^{14}$
聚四氟乙烯（PTFE）	10^{17}
聚氯乙烯（PVC）	$>10^{14}$
纤维材料	
碳（聚丙烯腈原丝）	
•标准模量	17×10^{-6}
•中级模量	15×10^{-6}

续表

材料	电阻率/Ω·m
•高模量	9.5×10^{-6}
电子级玻璃	4×10^{14}
复合材料	
木料	
花旗松（烤箱干燥）	
•与晶粒平行	$10^{14}\sim10^{16}$
•与晶粒垂直	$10^{14}\sim10^{16}$
红橡木（烤箱干燥）	
•与晶粒平行	$10^{14}\sim10^{16}$
•与晶粒垂直	$10^{14}\sim10^{16}$

① 0℃测得。

来源：*ASM Handbooks*，Volumes 1 and 2，*Engineered Materials Handbooks*，Volumes 1，2，and 4，*Metals Handbooks*：*Properties and Selection*：*Nonferrous Alloys and Pure Metals*，Vol.2，9th edition，and *Advanced Materials & Processes*，Vol.146，No.4，ASM International，Materials Park，OH；*Modern Plastics Encyclopedia 1977–1978*，The McGraw–Hill Companies，New York，NY；and manufacturers' technical data sheets.

表B.10　表B.1至B.9中涉及金属合金的成分

合金（美国海军设计）	成分/%（质量）
普碳和低合金钢	
A36（ASTM A36）	98.0 Fe（min），0.29 C，1.0Mn，0.28 Si
1020（G10200）	99.1 Fe（min），0.20 C，0.45Mn
1040（G10400）	98.6 Fe（min），0.40 C，0.75Mn
4140（G41400）	96.8 Fe（min），0.40 C，0.90Cr，0.20Mo，0.9Mn
4340（G43400）	95.2 Fe（min），0.40 C，1.8Ni，0.8Cr，0.25Mo，0.7Mn
不锈钢	
304（S30400）	66.4 Fe（min），0.08 C，19.0Cr，9.25Ni，2.0Mn
316（S31600）	61.9 Fe（min），0.08 C，17.0Cr，12.0Ni，2.5Mo，2.0Mn
405（S40500）	83.1 Fe（min），0.08 C，13.0Cr，0.20Al，1.0Mn
440A（S44002）	78.4 Fe（min），0.70 C，17.0Cr，0.75Mo，1.0Mn
17–7PH（S17700）	70.6 Fe（min），0.09 C，17.0Cr，7.1Ni，1.1Al，1.0Mn
铸铁	
Grade G1800（F10004）	Fe（bal），3.4 ～ 3.7C，2.8 ～ 2.3Si，0.65Mn，0.15P，0.15S
Grade G3000（F10006）	Fe（bal），3.1 ～ 3.4C，2.3 ～ 1.9Si，0.75Mn，0.10P，0.15S
Grade G4000（F10008）	Fe（bal），3.0 ～ 3.3C，2.1 ～ 1.8Si，0.85Mn，0.07P，0.15S
Grade60–40–18（F32800）	Fe（bal），3.4 ～ 4.0C，2.0 ～ 2.8Si，0 ～ 1.0Ni，0.05Mg
Grade80–55–06（F33800）	Fe（bal），3.3 ～ 3.8C，2.0 ～ 3.0Si，0 ～ 1.0Ni，0.05Mg

续表

合金（美国海军设计）	成分/%（质量）
Grade120–90–02（F36200）	Fe（bal），3.4～3.8C，2.0～2.8Si，0～2.5Ni，0～1.0Mo，0.05Mg
铝合金	
1100（A91100）	99.00Al（min），0.20Cu（max）
2024（A92024）	90.75 Al（min），4.4Cu，0.6Mn，1.5Mg
6061（A96061）	95.85 Al（min），1.0Mg，0.6Si，0.30Cu，0.20Cr
7075（A97075）	87.2Al（min），5.6Zn，2.5Mg，1.6Cu，0.23Cr
356.0（A03560）	90.1 Al（min），7.0Si，0.3Mg
铜合金	
（C11000）	99.90Cu（min），0.040（max）
（C17200）	96.7Cu（min），1.9Be，0.20Co
（C26000）	Zn（bal），70Cu，0.07Pb，0.05Fe（max）
（C36000）	60.0Cu（min），35.5Zn，3.0Pb
（C71500）	63.75 Cu（min），30.0Ni
（C93200）	81.0 Cu（min），7.0Sn，7.0Pb，3.0Zn
镁合金	
AZ31B（M11311）	94.4Mg（min），3.0Al，0.20Mn（min），1.0Zn.0.1Si（max）
AZ91D（M11916）	89.0Mg（min），9.0Al，0.13Mn（min），0.7Zn.0.1Si（max）
钛合金	
商业级，等级1（R50250）	99.5Ti（min）
Ti-5Al-2.5Sn（R54520）	90.2Ti（min），5.0Al，2.5Sn
Ti-6Al-4V（R56400）	87.7Ti（min），6.0Al，4.0V
有色金属	
镍200	99.0Ni（min）
铬镍铁合金625	58.0Ni（min），21.5Cr，9.0Mo，5.0Fe，3.65Nb+Ta，1.0Co
蒙乃尔镍基合金400	63.0 Ni（min），31.0Cu，2.5Fe，0.2Mn，0.3C，0.5Si
海恩斯合金25	49.4Co（min），20Cr，15W，10Ni，3Fe（max），0.10C，1.5Mn
因瓦合金（K93601）	64Fe，36Ni
超级因瓦	63Fe，32Ni，5Co
可伐合金	54Fe，29Ni，17Co
化学铅（L51120）	99.90Pb（min）
锑铅合金，6%（L53105）	94Pb，6Sb
锡（商业纯度）（ASTM B339A）	98.85Pb（min）
锡铅钎料（60Sn–40Pb）（ASTM B32 grade 60）	60Sn，40Pb
锌（商业纯度）（Z21210）	99.9Zn（min），0.10Pb（max）
锆，反应级别702（R60702）	99.2Zr，+Hf（min），4.5Hf（max），0.2Fe+Cr

来源：*ASM Handbooks*，Volume 1 and 2，ASM International，Materials Park，OH。

附录C　部分工程材料的成本和相对成本

该附录包含了附录B中给定性能参数材料的价格信息。收集正确的材料价格数据是一项十分困难的工作，这也是文献中材料价格信息十分稀少的原因所在。价格会分为三个等级就是其中的一个原因：制造商、批发商、零售商。大多数情况下，本书采用批发商的价格。对某些材料（如碳化硅和氮化硅等特殊陶瓷材料），采用制造商的价格是十分必要的。此外，材料的价格往往具有波动性。原因有以下几点。首先，每一个销售商都有自己的价格方案；其次，材料的价格往往与其购买量、加工、处理方法有关。本书不遗余力的收集大订单[通常900kg（2000lb_m）的订单是典型的块材销售量]、常见形状、常见处理方式材料的价格。本书总结的材料价格尽可能地以至少三家批发商或制造商的价格为基础。

本书列出的材料价格信息收录于2007年1月。价格单位为美元/千克。价格以单一价格或价格区间的形式给出。当未给出价格区间时（仅给出单一价格），说明该材料价格波动较小，或者参考数据有限且不能依据这些有限的数据推出相应的价格区间。由于材料价格会随时发生变化，因此本书还应用了相对价格指数。该指数表示为一种材料的每单位–质量价格（或平均每–单位–质量价格）除以一个常见工程材料（A36普碳钢）的平均每–单位–质量价格。尽管材料的价格会时常波动，但该种材料与其他材料的比值的变化通常十分缓慢。

材料	价格/（$US/kg）	相对价格
普碳和低合金钢		
合金钢A36		
•平板状，热轧	0.90 ～ 1.50	1.00
•角钢，热轧	1.00 ～ 1.65	1.0
合金钢1020		
•平板状，热轧	0.90 ～ 1.65	1.0
•平板状，冷轧	0.85 ～ 1.40	0.9
合金钢1040		
•平板状，热轧	0.90 ～ 0.95	0.7
•平板状，冷轧	2.20	1.7
合金钢4140		
•棒状，正火	1.50 ～ 2.60	1.6
•H等级（圆钢），正火	5.00	3.9

续表

材料	价格/（$US/kg）	相对价格
合金钢4340		
•棒状，退火	2.55	2.0
•棒状，正火	3.60	2.8
不锈钢		
不锈合金304	6.20 ～ 9.20	6.0
不锈合金316	6.20 ～ 11.70	7.3
不锈合金17-7pH	9.20	7.1
铸铁		
灰铸铁（所有等级）	1.75 ～ 2.40	1.7
球墨铸铁（所有等级）	2.00 ～ 3.20	2.0
铝合金		
铝（非合金）	2.65 ～ 2.75	2.1
合金1100		
•板材，退火	5.30 ～ 5.50	4.2
合金2024		
•板材，T3回火	12.50 ～ 19.50	12.9
•棒材，T351回火	11.00 ～ 21.00	13.4
合金5052		
•板材，H32回火	4.85 ～ 5.10	3.9
合金6061		
•板材，T6回火	6.60 ～ 8.50	5.7
•棒材，T651回火	5.10 ～ 7.50	5.0
合金7075		
•板材，T6回火	11.30 ～ 14.70	10.0
合金356.0		
铸后，高产量	2.70 ～ 3.35	2.4
铸后，特种件	17.50	13.6
T6回火，特种件	18.90	14.7
铜合金		
铜（非合金）	5.60 ～ 7.00	4.8
合金C11000（电解韧铜），板材	7.60 ～ 11.60	7.4
合金C17200（铍铜合金），板材	9.00 ～ 36.00	17.5
合金C26000（弹壳黄铜），板材	7.10 ～ 12.80	7.5
合金C36000（易切削黄铜），板材，圆棒材	7.20 ～ 10.90	7.0
合金C71500（铜–镍合金，30%），板材	27.00	21.0

续表

材料	价格/（$US/kg）	相对价格
合金C93200（轴承青铜）		
•棒材	9.70	7.5
•铸后，特种件	23.00	17.9
镁合金		
镁（非合金）	3.00 ～ 3.30	2.4
合金AZ31B		
•板材（轧制）	17.60 ～ 46.00	23.4
•挤压成型	9.90 ～ 14.30	9.4
合金AZ91D（铸后）	3.40	2.6
钛合金		
商业纯钛		
ASTM等级1，退火	100.00 ～ 120.00	85.6
ASTM等级2，退火	90.00 ～ 160.00	95.9
合金Ti–5Al–2.5Sn	110.00 ～ 120.00	89.3
合金Ti–6Al–4V	66.00 ～ 154.00	94.2
贵金属		
金，条状	18600 ～ 20900	15300
铂，条状	32100 ～ 40000	28400
银，条状	350 ～ 450	313
难熔金属		
钼，商业纯度	180 ～ 300	161
钽，商业纯度	400 ～ 420	318
钨，商业纯度	225	175
有色金属		
镍，商业纯度	25.00 ～ 34.50	23.7
镍200	35.00 ～ 74.00	46.8
铬镍铁合金625	59.00 ～ 88.00	55.5
蒙乃尔镍基合金400	15.00 ～ 33.00	16.8
海恩斯合金25	143.00 ～ 165.00	120
因瓦合金	44.00 ～ 54.00	37.2
超级因瓦	44.00	34.2
可伐合金	50.00 ～ 66.00	44.3
化学铅		
•铸锭	1.50 ～ 2.00	1.4
•板材	2.15 ～ 4.40	2.5

续表

材料	价格/（$US/kg）	相对价格
锑铅合金（6%）		
•铸锭	2.30 ~ 3.90	2.4
•板材	3.10 ~ 6.10	3.4
锡，商业纯度	9.75 ~ 10.75	8.0
锡铅钎料（60Sn–40Pb），棒材	8.10 ~ 16.50	9.4
锌，商业纯度，铸锭或阳极	2.00 ~ 4.65	2.8
锆，反应级别702，板材	46.00 ~ 88.00	52.2
石墨，陶瓷，及半导体材料		
氧化铝		
•煅烧粉末，纯度99.8%，颗粒尺寸：0.4 ~ 5μm	1.85 ~ 2.80	1.8
•球磨粉，纯度99%，1/4 in.dia.	39.00 ~ 52.00	35.1
•球磨粉，纯度96%，1/4 in.dia.	33.00	25.6
•球磨粉，纯度90%，1/4 in.dia.	16.00	12.4
混凝土，混合	0.05	0.04
金刚石		
•合成，30 ~ 40网孔，工业级别	7700	6000
•天然，粉末，45μm，抛光模具	2300	1800
•天然，工业级，1/3克拉	50000 ~ 85000	52400
砷化镓		
•机械级别，直径75mm晶圆，厚度~ 625μm	3900	3000
•高级别，直径75mm的晶圆，厚度~ 625μm	6500	5000
玻璃，硼硅酸盐（耐热玻璃），板材	9.20 ~ 11.30	7.9
玻璃，苏打石灰，板材	0.56 ~ 1.35	0.7
玻璃陶瓷（耐高温陶瓷），板材	12.65 ~ 16.55	11.3
石墨		
•粉末，合成，纯度99%+，颗粒尺寸~ 10μm	1.80 ~ 7.00	3.1
•等静压成型粉末冶金，高纯，颗粒尺寸~ 20μm	50.00 ~ 125.00	65.3
二氧化硅，熔凝，板材	1200 ~ 1700	1100
二氧化硅		
•测试级别，未掺杂，直径100mm晶圆，厚度~ 425μm	5100 ~ 9000	5500
•高级别，未掺杂直径100mm的晶圆，厚度~ 425μm	8000 ~ 14000	8800
碳化硅		
•α-相球磨粉，1/4 in.dia.，烧结	250.00	194

续表

材料	价格/（$US/kg）	相对价格
氮化硅		
•粉末，次微米颗粒尺寸	100 ～ 200	100
•球型，表面处理，直径0.25 ～ 0.50in，等静压成型粉末冶金	1000 ～ 4000	1600
氧化锆［5%（摩尔）Y_2O_3］，直径15mm球磨粉	50 ～ 200	97.1
高分子		
丁二烯–丙烯腈橡胶		
•原材料且未经过加工	4.00	3.1
•挤压成型板（厚度1/4 ～ 1/8in）	8.25	6.4
•压延板材（厚度1/4 ～ 1/8in）	5.25 ～ 7.40	4.9
苯乙烯–丁二烯（SBR）橡胶		
•原材料且未经过加工	1.70	1.3
•挤压成型板（厚度1/4 ～ 1/8in.）	5.05	3.9
•压延板材（厚度1/4 ～ 1/8in.）	3.25 ～ 3.75	2.7
硅橡胶		
•原材料且未经过加工	9.90 ～ 14.00	9.5
•挤压成型板（厚度1/4 ～ 1/8in.）	28.00 ～ 29.50	22.4
•压延板材（厚度1/4 ～ 1/8in.）	7.75 ～ 12.00	7.7
环氧树脂，原材料形态	2.20 ～ 2.80	1.9
尼龙6，6		
•原材料形态	3.20 ～ 4.00	2.8
•挤压成型	12.80	9.9
酚醛塑料，原材料形态	1.65 ～ 1.90	1.4
聚对苯二甲酸丁二醇酯（PBT）		
•原材料形态	4.00 ～ 7.00	4.3
•板材	40.00 ～ 100.00	54.3
聚碳酸酯（PC）		
•原材料形态	3.00 ～ 4.70	2.9
•板材	10.50	8.2
涤纶（热固树脂），原材料形态	3.10 ～ 4.30	2.7
聚醚醚硐（PEEK），原材料形态	90.00 ～ 105.00	76.0
聚乙烯		
•低密度（LDPE），原材料形态	1.60 ～ 1.85	1.3
•高密度（HDPE），原材料形态	1.20 ～ 1.75	1.2
•超高分子量（UHMWPE），原材料形态	2.20 ～ 3.00	2.1

续表

材料	价格/（$US/kg）	相对价格
聚对苯二甲酸乙二酯（PET）		
•原材料形态	1.50 ～ 1.75	1.3
•板材	3.30 ～ 5.40	3.4
聚甲基丙烯酸甲酯（PMMA）		
•原材料形态	2.60 ～ 5.40	3.1
•挤压成型板（厚度 1/4in）	4.65 ～ 6.05	4.1
聚丙烯（PP），原材料形态	1.05 ～ 1.70	1.2
聚苯乙烯（PS），原材料形态	1.55 ～ 1.95	1.4
聚四氟乙烯（PTFE）		
•原材料形态	14.80 ～ 16.90	11.9
•棒材	21.00	16.3
聚氯乙烯（PVC），原材料形态	1.10 ～ 1.85	1.2
纤维材料		
芳纶（芳纶 49），连续纤维	35.00 ～ 100.00	38.8
碳（聚丙烯腈原丝），连续纤维		
•标准模量	40.00 ～ 80.00	48.1
•中级模量	60.00 ～ 130.00	69.1
•高模量	220.00 ～ 275.00	193
电子级玻璃，连续纤维	1.55 ～ 2.65	1.6
复合材料		
芳纶（芳纶 49），连续纤维，环氧预浸料	75.00 ～ 100.00	66.8
碳连续纤维，环氧预浸料		
•标准模量	49.00 ～ 66.00	43.1
•中级模量	75.00 ～ 240.00	123
•高模量	120.00 ～ 725.00	330
电子级玻璃连续纤维，环氧预浸料	24.00 ～ 50.00	28.3
木料		
•花旗松	0.61 ～ 0.97	0.6
•西黄松	1.15 ～ 1.50	1.0
•红橡木	3.35 ～ 3.75	2.8

附录D 常见聚合物的重复单元结构

化学名称	重复单元结构
环氧（双酚A二缩水甘油醚，DGEPA）	$\left[-O-C_6H_4-C(CH_3)_2-C_6H_4-O-CH_2-CH(OH)-CH_2- \right]$
三聚氰胺–甲醛（蜜胺）	$C_3N_3(-NH-CH_2-)_3$
苯酚–甲醛（酚醛）	$C_6H_2(OH)(-CH_2-)_3$
聚丙烯腈（PAN）	$\left[-CH_2-CH(C\equiv N)- \right]$
聚酰胺–酰亚胺（PAI）	$\left[-NH-C(=O)-C_6H_3(C(=O))_2N-R- \right]$
聚丁二烯	$\left[-CH_2-CH=CH-CH_2- \right]$
聚对苯二甲酸丁二酯（PBT）	$\left[-C(=O)-C_6H_4-C(=O)-O-CH_2-CH_2-CH_2-CH_2-O- \right]$

续表

化学名称	重复单元结构
聚碳酸酯（PC）	$\left[-O-C_6H_4-C(CH_3)_2-C_6H_4-O-C(=O)- \right]$
聚氯丁二烯	$\left[-CH_2-CCl=CH-CH_2- \right]$
聚三氟氯乙烯	$\left[-CF_2-CFCl- \right]$
聚二甲基硅氧烷（硅橡胶）	$\left[-Si(CH_3)_2-O- \right]$
聚醚醚酮（PEEK）	$\left[-C_6H_4-O-C_6H_4-O-C_6H_4-C(=O)- \right]$
聚乙烯（PE）	$\left[-CH_2-CH_2- \right]$
聚对苯二甲酸乙二酯（PET）	$\left[-C(=O)-C_6H_4-C(=O)-O-CH_2-CH_2-O- \right]$
聚己二酰己二胺（尼龙6,6）	$\left[-NH-\left[CH_2 \right]_6-NH-C(=O)-\left[CH_2 \right]_4-C(=O)- \right]$
聚酰亚胺	$\left[-N(C(=O))_2C_6H_2(C(=O))_2N-R- \right]$
聚异丁烯	$\left[-CH_2-C(CH_3)_2- \right]$

续表

化学名称	重复单元结构
顺式–聚异丁烯（天然橡胶）	$-[CH_2-C(CH_3)=CH-CH_2]-$
聚甲基丙烯酸甲酯（PMMA）	$-[CH_2-C(CH_3)(C(=O)-O-CH_3)]-$
聚苯醚（PPO）	$-[C_6H_2(CH_3)_2-O]-$
聚苯硫醚（PPS）	$-[C_6H_4-S]-$
聚对苯二甲酰对苯二胺（芳族聚酰胺）	$-[C_6H_4-NH-C(=O)-C_6H_4-C(=O)-NH]-$
聚丙烯（PP）	$-[CH_2-CH(CH_3)]-$
聚苯乙烯（PS）	$-[CH_2-CH(C_6H_5)]-$
聚四氟乙烯（PTFE）	$-[CF_2-CF_2]-$
聚醋酸乙烯酯（PVAc）	$-[CH_2-CH(O-C(=O)-CH_3)]-$

续表

化学名称	重复单元结构
聚乙烯醇（PVA）	$\left[\begin{array}{c}\mathrm{H} \quad \mathrm{H} \\ \vert \quad\ \vert \\ -\mathrm{C}-\mathrm{C}- \\ \vert \quad\ \vert \\ \mathrm{H} \quad \mathrm{OH}\end{array}\right]$
聚氯乙烯（PVC）	$\left[\begin{array}{c}\mathrm{H} \quad \mathrm{H} \\ \vert \quad\ \vert \\ -\mathrm{C}-\mathrm{C}- \\ \vert \quad\ \vert \\ \mathrm{H} \quad \mathrm{Cl}\end{array}\right]$
聚氟乙烯（PVF）	$\left[\begin{array}{c}\mathrm{H} \quad \mathrm{H} \\ \vert \quad\ \vert \\ -\mathrm{C}-\mathrm{C}- \\ \vert \quad\ \vert \\ \mathrm{H} \quad \mathrm{F}\end{array}\right]$
聚偏二氯乙烯（PVDC）	$\left[\begin{array}{c}\mathrm{H} \quad \mathrm{Cl} \\ \vert \quad\ \vert \\ -\mathrm{C}-\mathrm{C}- \\ \vert \quad\ \vert \\ \mathrm{H} \quad \mathrm{Cl}\end{array}\right]$
聚偏二氟乙烯（PVDF）	$\left[\begin{array}{c}\mathrm{H} \quad \mathrm{F} \\ \vert \quad\ \vert \\ -\mathrm{C}-\mathrm{C}- \\ \vert \quad\ \vert \\ \mathrm{H} \quad \mathrm{F}\end{array}\right]$

附录E 常见聚合物玻璃化转变温度和熔点

聚合物	玻璃化转变温度/℃（℉）	熔点/℃（℉）
聚芳酰胺	375（705）	约640（约1185）
聚酰亚胺（热塑性）	280～330 （535～625）	①
聚酰胺-酰亚胺	277～289 （530～550）	①
聚碳酸酯	150（300）	265（510）
聚醚醚酮	143（290）	334（635）
聚丙烯腈	104（220）	317（600）
聚苯乙烯 • 无规立构 • 全同立构	 100（212） 100（212）	 ① 240（465）
聚对苯二甲酸丁二酯	—	220～267 （428～513）
聚氯乙烯	87（190）	212（415）
聚苯硫醚	85（185）	285（545）
聚对苯二甲酸乙二酯	69（155）	265（510）
尼龙66	57（135）	265（510）
聚甲基丙烯酸甲酯	105（221）	160（320）
聚丙烯 • 全同立构 • 无规立构	 -10（15） -18（0）	 175（347） 175（347）
聚偏二氯乙烯 • 无规立构	 -18（0）	 175（347）

① 这些聚合物通常以95%以上的非晶态存在。

续表

聚合物	玻璃化转变温度/℃（℉）	熔点/℃（℉）
聚氟乙烯	–20（–5）	200（390）
聚偏二氟乙烯	–35（–30）	—
聚氯丁二烯（氯丁橡胶）	–50（–60）	80（175）
聚异丁烯	–70（–95）	128（260）
顺式-聚异戊二烯	–73（–100）	28（80）
聚丁二烯 •间同立构 •全同立构	 –90（–130） –90（–130）	 154（310） 120（250）
高密度聚乙烯	–90（–130）	137（279）
聚四氟乙烯	–97（–140）	327（620）
低密度聚乙烯	–110（–165）	115（240）
聚二甲基硅氧烷（硅橡胶）	–123（–190）	–54（–65）